Gestaltung Werk Gesellschaft

Gestaltung Werk Gesellschaft

100 Jahre Schweizerischer Werkbund SWB

Thomas Gnägi
Bernd Nicolai
Jasmine Wohlwend Piai
(Hg.)

Scheidegger & Spiess

Kapitel 1: Institution SWB

Kapitel 2: Öffentlichkeit und Vermittlung

Kapitel 3: Gesellschaft gestalten

Inhalt

Kapitel 4: Produktgestaltung und Design

Kapitel 5: Von der Wohnung zum Siedlungsraum

Porträts: Erste und Zweite Vorsitzende, Geschäftsführer/-führerinnen und *Werk*-Redaktoren

Anhang

Der Schweizerische Werkbund SWB feiert von Mai 2013 bis Mai 2014 an zahlreichen nationalen und regionalen Veranstaltungen sein 100-Jahr-Jubiläum. Die meisten dieser Anlässe sind aktuellen Themen gewidmet, dem heutigen Werkbund, oder sie richten den Blick nach vorne. Diese Fokussierung auf das Heute und Morgen ist keine Geringschätzung der letzten 100 Jahre, sondern eine bewusst vorgenommene Gewichtung: Das Zurückschauen war von Beginn weg als genaues Hinschauen gedacht, die Geschichte des Werkbundes sollte nicht vage erinnert, sondern sorgfältig aufbereitet werden – und die Auseinandersetzung mit ihr sollte weit über eine feierliche Rede hinaus dauern. Deshalb standen die zu feiernden 100 Werkbundjahre nicht am Anfang bzw. im Zentrum jedes Jubiläumsanlasses, sondern wurde die Präsentation der dokumentierten SWB-Geschichte zu einem Höhepunkt mitten im Jubiläumsjahr erklärt.

Prof. Dr. Bernd Nicolai, Dr. des. Thomas Gnägi und lic. phil. Jasmine Wohlwend Piai von der Universität Bern legen nun genau in der Mitte dieses Jubiläumsjahres die ebenso umfangreiche wie sorgfältig aufgearbeitete Geschichte des Schweizerischen Werkbundes vor. Zu deren Realisierung wurde bis anhin weitgehend unbearbeitetes Archivmaterial ausgewertet, auch wurden zahlreiche Gespräche geführt. Entstanden ist aus dieser immens aufwendigen Recherchearbeit ein in die grossen europäischen Reform- und Avantgardezusammenhänge eingebettetes und bis in die jüngste Vergangenheit reichendes Panorama des Schweizerischen Werkbundes als eine lebendige Institution mit sich verschiebenden inhaltlichen Schwerpunkten und einem jederzeit beachtlichen Aktivitätsspektrum.

Das Forschungs- und Buchprojekt zur Geschichte des SWB ins Rollen gebracht hatte Professor Bernd Nicolai vom Lehrstuhl für Architekturgeschichte und Denkmalpflege an der Universität Bern. Er stiess damit auf offene Ohren, war im SWB doch schon seit einigen Jahren die Rede von einem Buch zum 100-Jahre-Jubiläum. Mit den dafür zurückgestellten Geldern und dank erster Beiträge von Sponsorinnen und Sponsoren konnte die Startphase des Projekts finanziert werden. Für das Forschungsprojekt entscheidend war schliesslich aber die Unterstützung des Schweizerischen Nationalfonds, ohne sie wäre das vorliegende Werk, wäre die vertiefte Analyse der Werkbundgeschichte nicht zustande gekommen.

Die Herausgeberin und die Herausgeber haben das Buch in fünf übergeordneten Kapiteln sehr übersichtlich strukturiert. Zusammen mit der Grafikerin Simone Koller ist es ihnen gelungen, aus der Fülle an historischem Text- und Bildmaterial ein Buch zu komponieren, das die Geschichte des SWB überaus ansprechend und anschaulich vermittelt. Dabei unterstützt wurden sie von weiteren ausgewiesenen Fachexpertinnen und -experten sowie von Studierenden des Instituts für Kunstgeschichte der Universität Bern, die im Anschluss an ein Seminar zur Geschichte des Schweizerischen Werkbundes im Jahr 2011 einzelne Kurzartikel verfasst hatten.

Allen Autorinnen und Autoren, vor allem aber Bernd Nicolai, Thomas Gnägi und Jasmine Wohlwend Piai als Projektleitende und der Grafikerin Simone Koller danken wir sehr herzlich für das enorme Engagement. Ein grosses Dankeschön richten wir an die zahlreichen Geldgeberinnen und Geldgeber, an erster Stelle an das langjährige Werkbundmitglied Linoleum AG Giubiasco – die heutige Forbo International SA –, an die Ernst Göhner Stiftung, die Pro Helvetia, die

Bernische Denkmalpflege-Stiftung, die Volkart Stiftung, den bereits genannten Schweizerischen Nationalfonds sowie an alle hier nicht namentlich erwähnten grosszügigen Gönnerinnen und Gönner. Bei Thomas Kramer und Cornelia Mechler vom Verlag Scheidegger & Spiess schliesslich bedanken wir uns für die sorgfältige verlegerische Betreuung des Werks.

Das vorliegende Buch ermöglicht allen Interessierten eine fundierte Auseinandersetzung mit der Geschichte des Schweizerischen Werkbundes. Auch wir Werkbundmitglieder werden darin Überraschendes entdecken, Irritierendes vielleicht sogar, wir werden uns aber vor allem besser verorten können in dieser interdisziplinären und wachen Vereinigung von Gestalterinnen und Gestaltern, die der Schweizerische Werkbund vor 100 Jahren war. Und die er heute immer noch ist. Dank vieler engagierter Mitglieder. Auch ihnen, vor allem den Mitgliedern der Ortsgruppenvorstände und des Zentralvorstandes gehört unser Dank – er wiegt fast 500 Seiten.

Iwan Raschle, Erster Vorsitzender
Monika Imboden, Geschäftsführerin

1. November 2013

100 Jahre Gestaltung – Einführung

100 Jahre Schweizerischer Werkbund (SWB): Das ist zunächst vor allem die Geschichte von einem Jahrhundert Produkt- und Gestaltungskultur in der Schweiz, aber auch die Geschichte der Schweizer Avantgarde seit 1910. Warum aber braucht es eine historische Bearbeitung der Institution Werkbund? Nur schon deshalb, weil sich in dieser Institution nahezu die gesamte Schweizer Kulturgeschichte des 20. Jahrhunderts widerspiegelt.

Der SWB stellt, genau wie sein Pendant, der Deutsche Werkbund (DWB), eine programmatische Kulturvereinigung dar, die spartenübergreifend agiert und so unterschiedliche Berufsgruppen wie Industrielle, Gewerbetreibende und Handwerker, Gestalter, Produktedesigner und Fotografen sowie Architekten und Kulturvermittelnde verbindet. Der Charakter der Plattform, die durch den Werkbund geschaffen wurde, veränderte sich durch die Jahrzehnte immer wieder, aber einige Grundsätze blieben konstant erhalten: die Verfechtung eines Qualitätsbegriffs auf allgemeiner Ebene, die Themen Gestaltung und Vermittlung, Wohnen und Siedlung sowie ein kulturpolitischer Ansatz mit dem Bezug zur Gesellschaft. Der entscheidende Wandel zeigt sich vermutlich in den veränderten Rahmenbedingungen, unter denen Kultur heute entsteht, gefördert und in den ökonomischen Prozess integriert wird. Diese seit gut drei Jahrzehnten zu beobachtenden Veränderungen führten dazu, dass sich der SWB von einem «Gesinnungsverband» der ersten 50 Jahre seiner Existenz zu einer Plattform wandelte, dessen Stimme heute eine unter vielen ist. Das klingt nach Bedeutungsverlust, birgt aber auch Chancen für die Zukunft.

Als Peter Erni 1983 mit der Publikation *Die gute Form. Eine Aktion des Schweizerischen Werkbundes* (Erni 1983) eine Aufarbeitung der SWB-Geschichte vorlegte, beschränkte er sich auf die für den Verein glanzvolle Epoche der Nachkriegszeit, die damals mit dem Ende der Prämierungs- und Ausstellungsaktionen an der Mustermesse in Basel erst 15 Jahre zurücklag. Auch das von Christoph Bignens verfasste Mitgliederlexikon *Geschmackselite Schweizerischer Werkbund* (Bignens 2008) endet programmatisch mit der Jahreszahl 1968. Beide Autoren deuten damit eine Zäsur an, die in der Geschichte des SWB zwar einschneidend war, in der gesamten 100-jährigen Existenz allerdings nicht einen Endpunkt markiert, sondern einem Innehalten gleichkommt. Weitere Aufsätze und kürzere Darstellungen stammen vorwiegend aus interner Perspektive der Geschäftsleitung. Zu nennen sind an dieser Stelle die kurze Gesamtübersicht des langjährigen Geschäftsführers Leonhard Fünfschilling (Fünfschilling 2001) oder etwa Aufsätze und Artikel der auf ihn folgenden Geschäftsführerin Irma Noseda (Noseda 2007b).

Der vorliegende Band, dem ein Forschungsprojekt des Instituts für Kunstgeschichte der Universität Bern, gefördert durch den Schweizer Nationalfonds und den SWB, zugrundeliegt, stellt die Geschichte der Institution Werkbund fokussiert dar, um aus einer Innensicht, gestützt auf die Auswertung weitgehend unbearbeiteten Archivmaterials, diesen Bedeutungs- und Kulturwandel nachzuzeichnen. Diese Innensicht bot die Chance, den institutionellen Charakter deutlicher werden zu lassen und jenseits von Einzelpositionen und unterschiedlichen Gruppierungen die «Stimme des Werkbundes» herauszuarbeiten. Gleichzeitig wurde die Geschichte des SWB auch in einen grösseren Kontext gestellt, in dem die Auseinandersetzung mit den Schwesterverbänden DWB und L'Œuvre (→ OEV, S. 67) sowie die grossen Themen der Reformkunst um 1900 (→ S. 47), der Avantgarde der 1920er- und 1930er-Jahre (→ S. 335) sowie der Nachkriegs-Designdebatte (→ S. 171, 277), die die Schweiz zum Lehrstück für Europa und darüber hinaus machte (→ S. 309), zur Sprache kommen. Schliesslich wird die Geschichte des Werkbundes seit Ende der 1960er-Jahre, als der Werkbegriff innerhalb einer sich demokratisierenden alternativen Kulturbewegung neu verortet wurde, erstmals umfassend dargestellt. Damit ist eine Entwicklung nachgezeichnet, die von einem vergleichsweise hermetischen, elitären, von normativen Ansätzen nicht freien Werkbund, zu einem «offenen» Werkbund führt, der sich heute dezidiert als Plattform und Gestaltungsforum versteht.

Diese Entwicklungsschübe erfolgten nicht linear und sind oft gar nicht eindeutig auf ein Datum zu fixieren. Deshalb haben wir auch von einer chronologischen Gliederung des Buches abgesehen und das Material in fünf diachronen Kapiteln geordnet, die Institution, Vermittlung, gesellschaftlichen Anspruch, Produktgestaltung und Design sowie Wohnen und Siedlungen über die Zeitspanne von 100 Jahren thematisieren. Es gibt einzelne Ereignisse, die quasi quer zu einem damaligen common sense stehen, als Beispiele sich überlappender Prozesse. So konnte beispielsweise Hans Finsler (→ S. 428) in seiner berühmten Werkbundrede 1955, auf dem Höhepunkt von *Die gute Form,* darauf insistieren, dass es nicht die Form der Dinge allein sei, die im Mittelpunkt des Interesses stehen müsse, sondern die Beziehung der Dinge zu ihrem gesellschaftlichen Kontext (→ S. 288). Damit war bereits früh ein Prozess eingeleitet, der um 1970 zu einer radikalen Umwertung des Werkbegriffs führte (→ S. 171) und *Die gute Form* an ihr Ende brachte.

Ebenso veränderte sich die Stellung des SWB zu jenen Institutionen, die für Reformansätze standen. Musste man sich anfangs vom dominierenden Deutschen Werkbund absetzen, indem man zum Beispiel den Schwedischen Werkbund zum Partner in Gestaltungsfragen machte (→ S. 60, 273), agierte der SWB dann zur Durchsetzung neuer Wohn- und Architekturformen um 1930 Seite an Seite mit dem Deutschen und Österreichischen Werkbund. Im Rahmen der Siedlungen Eglisee (→ S. 360) und Neubühl (→ S. 356) sahen sich die Schweizer Kombattanten in einem internationalen Konzert der deutschsprachigen Avantgarden, die in der Weissenhofsiedlung (→ S. 353) einen triumphalen Durchbruch erreicht hatten. Dieses Miteinander zerbrach an den politischen Verhältnissen Deutschlands und Österreichs seit 1933/34. Zu seinem 25-Jahre-Jubiläum fühlte sich der Werkbund zur Bewahrung einer geistigen Haltung verpflichtet, für die man trotz der Kleinheit des Landes kämpfen müsse. Hermann Kienzle brachte es auf den Punkt: «Seit der Auflösung des DWB ist dem SWB die Aufgabe zugefallen, den Werkbundgedanken weiterzuführen.» (→ S. 349) Dieser Aufgabe widmete sich der Werkbund aussenpolitisch nach dem Zweiten Weltkrieg als «Lehrmeister» und «Entwicklungshelfer» im zerbombten Europa (→ S. 309). Infolgedessen sollte es vor allem durch Persönlichkeiten wie Max Bill und später Lucius Burckhardt zu einem engen Austausch zwischen dem neugegründeten DWB und dem SWB kommen, nur diesmal, verglichen mit der Gründungszeit, unter umgekehrten

Vorzeichen. Eine Mittlerrolle spielte hier auch die Hochschule für Gestaltung in Ulm, an der einige der später den Schweizerischen Werkbund leitenden Mitglieder studiert hatten.

Was aber zeichnet den SWB im Hinblick auf eine internationale Entwicklung besonders aus, beziehungsweise, wie ist seine Wirkung auf die Kultur der Schweiz im 20. Jahrhundert zu ermessen? Zwei komplexe Fragen, auf die im vorliegenden Buch noch keine erschöpfenden Antworten gegeben werden konnten.

Der SWB ist föderativ mit einzelnen Ortsgruppen aufgebaut. Die Ausbalancierung des Zentralvorstands mit den einzelnen Ortsgruppen, insbesondere den starken Gruppen Zürich und Basel, ist eine Besonderheit. Die Ortsgruppen Aargau, Bern und Luzern spielten seit den späten 1920er-Jahren auf nationaler Ebene eine untergeordnete Rolle, gewannen aber umso mehr regional an Bedeutung. Heute haben sich die regionalen Gewichte durch die Gründung der Ortsgruppen Graubünden 1978 und Romandie 2004 (→ S. 87) verschoben; die Umbenennung der Ortsgruppen St. Gallen und Luzern in Ostschweiz und Zentralschweiz unterstützt diese regionalpolitische Repräsentation.

Als im Grunde gesamtschweizerischer Verein war der Werkbund bis 2004 bemerkenswerterweise auf die Deutschschweiz beschränkt, in Abgrenzung zu L'Œuvre (→ S. 67) und der Romandie. Dieser Umstand zeigt deutlich, dass es zumindest vor dem Zweiten Weltkrieg noch keine einheitliche kulturelle Grundlage in gestalterischen Belangen für die Schweiz gab. Die Auseinandersetzungen zwischen SWB und OEV glichen einem Stellvertreter-Kulturkampf, wie er zur gleichen Zeit zwischen Deutschland und Frankreich geführt wurde. Erst mit der Lausanner Landesausstellung, der *Expo 64* (→ S. 213), an der der SWB indirekt beteiligt war, wurde der «Röstigraben» kulturell in vielerlei Hinsicht überwunden.

Der SWB gründet auf dem Ideal einer Produktveredlung und einer avancierten Form der Produktgestaltung. Von der Raumkunst über die Neue Sachlichkeit bis hin zu Wohnbedarf und *Die gute Form* besteht die Kontinuität einer sachlichen, knappen Formgestaltung, die bis heute das Credo des Schweizer Produkt- und Möbeldesigns, der Typografie und der baulichen Gestaltung ist. In besonderer Weise war der SWB mit den Kunstgewerbeschulen der Deutschschweiz verbunden, mit Aarau, Basel, Luzern und Zürich, die im Gegensatz zu Bern gleichzeitig eigene Ausstellungsinstitute hatten. Dadurch war von dort aus eine besondere Öffentlichkeitsarbeit durch den SWB möglich. Die Rolle der Direktoren dieser Schulen im Werkbund ist an den Personen von Alfred Altherr sen. (→ S. 419) und jun. (→ S. 430) sowie Hermann Kienzle (→ S. 422) exemplarisch greifbar. Der Werkbund konnte so seinen eigenen Nachwuchs generieren. Gleichzeitig war er mitverantwortlich, dass neue Medien wie die Fotografie in den Schulen verankert wurde, wie es mit Hans Finsler und der Einrichtung der Fotoklasse an der Kunstgewerbeschule Zürich (heute ZHdK) 1932 geschah.

Interessanterweise war die Architektur, mit welcher der Werkbund heute oft assoziiert wird, in der Anfangszeit – vielleicht mit Ausnahme der grossen Ausstellung in Zürich von 1918 (→ S. 127) – von untergeordneter Rolle. Die heroische Zeit der Moderne um 1930 und die Nachkriegsaktion *Die gute Form* stellten immer die Gestaltung der Lebenswelt und die Gestaltung der Dinge in den Mittelpunkt, zugegebenermassen oftmals unter normativen Vorzeichen. Auch wenn in der Nachkriegszeit Alfred Roth als Redaktor der Zeitschrift *Das Werk* der Architektur eine führende Stellung innerhalb des SWB einräumte (→ S. 430) – sie war bereits zuvor durch Peter Meyer (→ S. 425) prominent vertreten –, muss dennoch unterstrichen werden, dass der Werkbund keine Vereinigung vorwiegend von Architekten war; eine Entwicklung in diese Richtung zeichnete sich erst in der zweiten Hälfte der 100 Jahre ab.

Ausgangspunkt um 1913 war eine gesamthafte Auffassung von Produktgestaltung und Raumkunst, die sich dann Ende der 1920er-Jahre zum Neuen Wohnen wandelte und dadurch eng mit der Architektur verbunden blieb. Mit der Zeitschrift *Das Werk* hatte der Werkbund seit 1914 zusammen mit dem Bund Schweizer Architekten (BSA), der Herausgeber war, eine Monatszeitschrift, die in 63 Jahrgängen gemeinsam erschien (→ S. 149). Dieses «Propagandainstrument» ist, verglichen mit den anderen Werkbünden, einmalig, büsste allerdings Mitte der 1970er-Jahre diese Funktion für den SWB definitiv ein.

Während dieser Zeit aber erstarkte die Mitglieder-Zahl im SWB gerade unter den Architekten. Waren es 1964 keine 35 Prozent, verdoppelte sich diese Zahl innert 25 Jahre auf 600 Mitglieder von insgesamt 1000 (→ Statistik S. 445). Heute hat der SWB einen Architektenanteil von 66 Prozent. Daneben gibt es Fotografen, visuelle Gestalter und Grafiker, Produktedesigner und (Kunst-)Handwerker, Künstler, und nach wie vor auch Industrielle, Gewerbetreibende sowie Firmen, Museen und Schulen.

Offenbar wurde der Werkbund seit Mitte der 1960er-Jahre von den Architekten als alternative Vereinigung zu den Berufsverbänden wahrgenommen. Die zeitweise Distanzierung von einem klar umrissenen, dingfixierten Werkbegriff, brachte auch eine Divergenz in der publizistischen Tätigkeit in der Zeitschrift *Werk*, sodass ab 1980 mit der vom BSA neu lancierten Verbandszeitschrift *Werk, Bauen + Wohnen* eine Zusammenarbeit mit dem Architektenverband nicht mehr opportun erschien. Seit damals war das Spektrum der diskutierten Themen innerhalb des SWB breit angelegt und Architektur in Beziehung zur Umwelt, zu Stadt und Landschaft und zu gesellschaftlichen Veränderungen gesetzt worden – vielleicht stärker als anderswo. Ausbildungsfragen, stadt- und raumplanerische Aspekte sowie ein kulturelles Engagement lassen die inhaltliche Weite der Betätigungsfelder erahnen.

Dass der Werkbund im Gegensatz zu den Berufsverbänden eine interdisziplinär breit abgestützte Vereinigung ist und damit in Architekten- und Gestalterverbänden eine Ausnahme bildet, gibt ihm eine grosse Freiheit und Unbefangenheit. Dies ermöglicht ihm, sich mit spartenübergreifenden Inhalten zu befassen, unabhängig von den Standesinteressen geschuldeten Verpflichtungen. In der heutigen pluralen Gesellschaft, welche im ästhetischen Bereich keine Ausschliesslichkeitsansprüche mehr duldet, versteht sich der SWB als Plattform, als Ort des Austauschs – auch der Debatten. Dies hat bereits mit der Ausweitung des Kulturbegriffs in den 1970er-Jahren begonnen, als Lucius Burckhardt (→ S. 433), Otti Gmür (→ S. 438), Leonhard Fünfschilling (→ S. 437) und andere vom Werkbund aus allgemein gesellschaftliche und umweltrelevante Themen zuspitzten. Bereiche wie die Wohnung, Siedlungen und Verdichtung sind heute aktueller denn je und der SWB kann hier eine jahrzehntelange Expertise einbringen (→ S. 383).

Bei allen Brüchen und Ausschweifungen – der Schweizerische Werkbund war und ist ein Verein, der seit 100 Jahren die gestalterischen Möglichkeiten innerhalb des aktuellen gesellschaftlichen Umfelds auslotet. Die Aktionen des SWB waren immer Reaktionen auf die aktuelle gestalterische Realität, sei es die ästhetische Diversität in den 1980er-Jahren, sei es der computertechnische «impact» (→ S. 331) in den 1990er-Jahren – die Auseinandersetzung mit gestalterischen Fragen im Werkbund zielt auf Austausch, Verstehen, Lernen und Verbesserung der gestalterischen Bedingungen und des Gestaltens an sich.

Aus der jüngsten Geschichte ist als Beispiel die Einführung einer neuen Berufsprüfung (→ Chronik 2010 ff.) zu nennen, die der SWB zusammen mit dem *Haus der Farbe* Zürich, initiiert hat. Zielgruppe sind jene Schreiner, die nicht die managementorientierte Meisterprüfung machen, sondern ihre gestalterischen Kompetenzen erweitern wollen. Ein anderes Zeichen setzt der SWB im Bereich Bildung und Vermittlung, indem er im Netzwerk *Kulturvermittlung Schweiz* eine aktivere Rolle spielt. Nicht zuletzt hat der SWB im Jubiläumsjahr 2013 mit dem Wettbewerb *Die Halbe Miete, Wohnen in 50 m³* (→ S. 411) einen Akzent gesetzt, der sein ureigenes Engagement – nämlich Gestaltungsfragen zum Wohnen mit gesellschaftlichen Fragestellungen zu verknüpfen – weiterführt (in diesem Fall der Wohnflächenverbrauch pro Person).

Mit dem vorliegende Buch *Gestaltung Werk Gesellschaft. 100 Jahre Schweizerischer Werkbund SWB* liegt nun die Geschichte einer Institution vor, die wie keine andere eine Verbindungsposition zwischen gestaltenden Berufsgruppen einnimmt, selber aber an der «Werkproduktion» im Produktedesign und der Architektur nur begleitend, als Vermittler oder Schirmherr, agiert. Ausgehend von spezifischen SWB-Ereignissen wie Ausstellungen, Aktionen und Tagungen sowie deren Verknüpfung mit den entsprechenden Protagonisten wurde mit der Publikation der Versuch unternommen, diese Mittlerfunktion sichtbar zu machen.

Thomas Gnägi, Bernd Nicolai,
Jasmine Wohlwend Piai

1913–2013

SWB-Chronik

Tagungsthemen Ausstellungen Aktionen Publikationen

Thomas Gnägi und Jasmine Wohlwend Piai

TAGUNGSTHEMEN

Jahrestagungen des SWB widmen sich in der Regel einem speziellen Thema und finden spätestens alle drei Jahre statt. Die Lücken in der Reihe oben angeführter Jahresüberschriften sind durch Titel von wichtigen Vorträgen, Symposien und Themen von Orts- oder Delegiertenversammlungen ergänzt.

AUSSTELLUNGEN

Ausstellungen sind das wirksamste Mittel des Schweizerischen Werkbundes, seine Anliegen zu vermitteln. Im Unterschied zu den Publikationen tritt er damit in unmittelbaren Kontakt zum Konsumenten beziehungsweise Ausstellungsbesucher und propagiert darüber Produkte guter Qualität in direkter Anschauung. Vor allem die vom SWB favorisierten Wanderausstellungen entfalteten eine besonders grosse Breitenwirkung. Nach Verabschiedung des auf das Produkt fokussierten Werk-Begriffs erhalten dann die Ausstellungen eine vollkommen andere Ausrichtung. Ging es in der ersten Hälfte der Geschichte des Werkbundes vor allem um Präsentation und Darstellung des guten Produkts, wurden nun vermehrt abstrakte Themen wie Städte- und Raumplanung oder Bildung fokussiert. Es ist also verständlich, dass in den letzten Jahrzehnten die Ausstellungsdichte, bis auf wenige Themenausstellungen, oft in Zusammenarbeit mit dem Museum für Gestaltung in Zürich, zugunsten einer Konzentration auf Aktivitäten auf der Ebene der Ortsgruppen abgenommen hat.

AKTIONEN

Aufgeführt wird eine Auswahl von relevanten Wettbewerben, Vorträgen, Projekten, Beteiligungen und Stellungnahmen zu Vernehmlassungen und Pressemitteilungen, sofern sie von öffentlichem Interesse waren oder für die Ideengeschichte des SWB wichtig sind.

Nicht aufgeführt sind interne Tätigkeiten wie Arbeitssitzungen, Ausstellungsbesuche, Besichtigungen, Diskussionen, Exkursionen und Vorträge, es sei denn, sie erfuhren in der Öffentlichkeit eine gewisse Resonanz oder waren für die ideelle Ausrichtung des SWB unmittelbar von Bedeutung. Arbeitsgruppen innerhalb der Ortsgruppen, die Themen oft über einen längeren Zeitraum verfolgten, werden nur erwähnt, wenn daraus eine an die Öffentlichkeit gelangte Aktion wie Wettbewerb, Interpellation, Pressemitteilung, Unterschriftensammlung oder Vernehmlassungsverfahren resultierte. Bei den genannten Aktionen handelt es sich um eine Auswahl zahlreicher Veranstaltungen während des Jahres.

Nicht aufgeführt sind die jeweiligen Arbeiten in den vom Eidgenössischen Departement des Innern ernannten Jurien wie *Die schönsten Schweizer Bücher* oder *Die besten Plakate des Jahres* und die *Schweizerische Vereinigung für Filmkultur*, in denen Vertreter des SWB dauerhaft Einsitz nahmen.

PUBLIKATIONEN

In dieser Rubrik sind Publikationen aufgeführt, die ausschliesslich vom SWB selbst oder in seinem Auftrag herausgegeben wurden. Dazu gehören selbstständige Publikationen, gedruckte Broschüren und Zeitschriften sowie regelmässig publizierte Artikel in Zeitschriften und Zeitungen.

Nicht aufgeführt sind intern zirkulierende, vervielfältigte Typoskripte oder gedruckte Faltblätter wie die *SWB-Information*, die nur den Mitgliedern zugestellt wurden. Ferner unberücksichtigt sind Typoskripte mit Referatsammlungen zu Vortragsreihen und Tagungen sowie Programme und Flyer zu Tagungen, Veranstaltungen und Aktionen. Ebenfalls nicht aufgeführt sind die alljährlich erscheinenden Geschäftsberichte und Sitzungsprotokolle der verschiedenen Organe und Arbeitsgruppen.

1913

Gründungsversammlung

Zürich

17. Mai, Gründung des SWB
Kunstgewerbemuseum Zürich
30. August, Satzungen

Satzungen des Schweizer Werkbunds

1914

[wegen Krieg keine Tagung]

1915

Ortsgruppen, Spielwaren-Ausstellung, Bundessubventionen

Zürich

1916

Werkbund-abreisskalender

Zürich

1917

Schweizerische Werkbundausstellung

Basel

AUSSTELLUNGEN

1914

Beteiligung einzelner Mitglieder an der *Schweizerischen Landesausstellung*
Bern

Wanderausstellung des Schweizerischen Werkbundes und des Deutschen Museums
Zürich, Aarau, Winterthur und Basel

1915

Schweizerische Spielwaren/ Les jouets suisses. Wanderausstellung des SWB
Zürich, Aarau, Bern, Fribourg, Lausanne, La Chaux-de-Fonds und Neuenburg

1917

Deutsche Werkbund-Ausstellung
Organisation DWB, Basel, Winterthur und Bern

Ausstellung von Mitgliederarbeiten
Ortsgruppe Luzern, Rathaussaal

Beteiligung an der Abteilung *Angewandte Kunst an XIII. Nationaler Kunstausstellung* 1917
Zürich

Wanderausstellung
Friedhofskunst
Gewerbemuseen Aarau und Winterthur

AKTIONEN

1914

Subventionsantrag an Bundesrat mit OEV

1915

Beschlussfassung zur Gründung von Ortsgruppen
Zentralvorstand

Wahl Vertrauensmänner
Bern: Hermann Röthlisberger, Aargau: Ludwig Meyer-Zschokke, Basel: Albert A. Hoffmann, Zürich: Alfred Altherr sen.

Spielwaren-Wettbewerb

Werk-Wettbewerbe
Plakatentwürfe für Zentralheizungsfabrik Terma AG Bern und Verkaufsmagazin *Vier Jahreszeiten*

Werk-Wettbewerb
Kleinplastik für Firma A. Wiskemann-Knecht AG Zürich

Werk-Wettbewerb
Linoleum-Muster für Schweizerische Linoleum-Fabrik Giubiasco

Konferenz zum Spielwaren-Wettbewerb
mit Preisträgern, Fabrikanten und Händlern

1916

Gründung [?] der seit 1915 bestehenden Ortsgruppe Basel

Werk-Wettbewerbe
Plakatentwürfe für Elektrizitätswerke Zürich und Bern, Therma Schwanden, Grands Magasins Jelmoli SA Zürich, Schokoladenfabrik Villars Fribourg, Teppichhaus Meyer-Müller & Co. AG Zürich und Bern, Pilatus-Bahn und die Lotterie der Volkshaus AG Bern, Suchard SA Neuchâtel

Werk-Wettbewerbe
Grafische Drucksachen für Lebensmittelverein St. Annahof Zürich, A. Bangerter & Cie. Zementwaren und Kunststeinwerke Lyss, Neue Zürcher Zeitung und Graphische Anstalt Orell Füssli Zürich

Werk-Wettbewerb
Modelle für Beleuchtungskörper für Elektrizitätswerk der Stadt Zürich, Baumann, Koelliker & Co. Zürich und Bronzewarenfabrik Turgi AG

1917

Gründung der Ortsgruppe Bern mit Obmann Hugo Wagner

Gründung der Ortsgruppe Aargau mit Obmann Hans Klinger

Werk-Wettbewerbe
Entwürfe grafischer Drucksachen für Eidg. Postdepartement, Verkehrs-Verein Vevey, Uhrenfabrik-Zénith Le Locle und Werkbund-Ausstellung Zürich

Werk-Wettbewerb
Einfache Grabzeichen mit Gewerbemuseen Zürich und Winterthur, Stadt Zürich und Friedhofverwaltungen diverser Schweizer Städte

PUBLIKATIONEN

1914

Das Werk. Schweizerische Zeitschrift für Baukunst/Gewerbe/Malerei und Plastik
Offizielles Organ des Bundes Schweizer Architekten (B.S.A.) und des Schweizerischen Werkbundes (S.W.B.)

Wander-Ausstellung des Schweizerischen Werkbundes und des Deutschen Museums für Kunst in Handel und Gewerbe in Hagen i.W.
1. Flugblatt

1915

Hermann Röthlisberger und Hans Bloesch werden *Werk*-Redaktoren

Das moderne Inserat
2. Flugblatt

Schweizer. Spielwaren
3. Flugblatt

1916

Über den Garten
4. Flugblatt

Zeitgenössische kirchliche Kunst
5. Flugblatt

Les Jouets Suisse aux Musée Industriel A.S.T.E.D Lausanne. Exposition du Werkbund Suisse au Casino de Montbenon

Werkbund-Abreisskalender (1917)

1917

Was will der Schweizerische Werkbund?
6. Flugblatt

Werkbund-Abreisskalender (1918)

1918

Schweizerische Werkbundausstellung 1918

Zürich

AUSSTELLUNGEN

Schweizerische Werkbundausstellung
Zürich, anschliessend drei Zimmer davon im Rathaus Luzern

Wanderausstellung
Plakat-Wettbewerb zur Werkbund-ausstellung in Zürich 1918
Kunstgewerbemuseum Zürich, Gewerbemuseum Aarau

AKTIONEN

Gründung der Ortsgruppe Zürich mit Obmann Robert Froebel

spätestens ab 1918 besteht Ortsgruppe Luzern (ab 1985 Ortsgruppe Innerschweiz)

Werk-Wettbewerb
Schaufenster aus Anlass der Werkbund-Ausstellung Zürich

Werk-Wettbewerbe
Grafische Drucksachen für Verkehrs-verein für Graubünden Chur, Kunstsalon Ferd. Wyss Bern und Gaba AG Basel

Werk-Wettbewerb
Stoffdruckmuster für Textildruckerei Häusle, Wetter & Cie. Näfels

PUBLIKATIONEN

Hermann Röthlisberger wird alleiniger *Werk*-Redaktor

Einfache Grabzeichen
Broschüre zum SWB-Wettbewerb

Schweizerische Werkbund Ausstellung Zürich
Flugblätter mit Ausstellungsprogramm und Plan-Anlage

Schweizerische Werkbundausstellung SWB
Ausstellungskatalog, Zürich

Werkbund-Abreisskalender (1919)

1919

[unbekannt]

AUSSTELLUNGEN

Weihnachtsausstellung
Ortsgruppe Zürich, Kunstgewerbemuseum

AKTIONEN

Satzungsänderung

PUBLIKATIONEN

Die Berufsausbildung der Verkäuferin
7. Flugblatt

1920

Werkbund-Gedanken in der Schweiz

AKTIONEN

Initiative für künstlerisch erziehende Plakate in den Bahnhöfen

1921

[vertagt]

AUSSTELLUNGEN

Schweizerischer Werkbund S.W.B.
Gewerbemuseum Basel

Qualität und Schund. Wanderausstellung des SWB
Kunstgewerbemuseum Zürich, ab 1922 Aarau, Luzern, Bern, St. Gallen und Winterthur

Ausstellung angewandter Kunst
Ortsgruppe Bern mit Kunsthalle

Weihnachtsausstellung
Ortsgruppe Zürich, Kunstgewerbemuseum

AKTIONEN

Werk-Wettbewerb
Entwürfe von Zimmereinrichtungen für Möbelzentrale kantonal-bernischer Schreinermeister

Werk-Wettbewerb
Inlaid-Linoleum der Schweiz. Linoleum-Fabrik Giubiasco

Werk-Wettbewerb
Verpackungen für Conservenfabrik Lenzburg

Kalenderaktion
Platzierung von Aufsätzen in bekannten Volkskalendern

Wettbewerb für ein SWB-Signet
unter Mitgliedern

PUBLIKATIONEN

Kunst und Kaufmann. Werbeschrift
Albert Baur, hg. zur Mustermesse Basel

Wanderausstellung Qualität und Schund
Wegleitungen des Kunstgewerbe-museums Zürich

1922

Lausanne

AUSSTELLUNGEN

SWB-Stand
MUBA

Exposition Nationale d'Art Appliqué E.N.A.A.
mit OEV, Lausanne

Wanderausstellung
Schwedisches Kunstgewerbe
Zürich, Winterthur, Bern und Basel

Weihnachtsausstellung
Ortsgruppe Zürich, Kunstgewerbemuseum

AKTIONEN

Verkaufsaktion
Objekte von Mitgliedern
Buenos Aires

Schaufensterwettbewerb
Ortsgruppe Zürich

Friedhofsaktion
Wettbewerbe und Ausstellungen

Wettbewerb zu *Friedhof- und Grabmalkunst für Amateur-Photographen*

PUBLIKATIONEN

Joseph Gantner wird *Werk*-Redaktor

Kunst und Feste
8. Flugblatt

1re Exposition Nationale d'Art Appliqué Lausanne
Ausstellungskatalog, Lausanne

1923

[vertagt]

AUSSTELLUNGEN

Weihnachtsausstellungen
Ortsgruppen Aargau, Basel, Bern und Zürich

AKTIONEN

Organisation des freien Eintritts in diverse Museen für Mitglieder

Wettbewerb für Drechslerarbeiten
mit Gewerbemuseum Basel

Initiative zur Übernahme des technischen Teils der Schweizerischen Schreinerzeitung zwecks künstlerischer Erziehung

Wettbewerb zur Erlangung von Entwürfen für Propaganda-Wickelpapier
unter SWB-Grafikern

1924

Zürich

AUSSTELLUNGEN

Schweizerische Kunst und Kunstgewerbe
Städtische Kunsthalle Stockholm

Kunstausstellung KABA
Ortsgruppe Bern mit Sektion Bern der GSMBA, Burgdorf

SWB-Pavillon an der Kantonalen Gewerbeausstellung
Ortsgruppe Luzern

Weihnachtsausstellung
Ortsgruppe Zürich, Kunstgewerbemuseum

AKTIONEN

Wettbewerb für Weihwasserbecken und Beteiligung am *Wettbewerb für Heiligenbildchen*
aus Anlass der Ausstellung für christliche Kunst des katholischen Volksvereins Basel

Schaufensterwettbewerb
Ortsgruppe Basel

Verlegung Verkaufsstelle von Gewerbehalle der Zürcher Kantonalbank in Lokalitäten des Wohnbedarfs-Geschäfts Hartung am Stadthausquai
Ortsgruppe Zürich

PUBLIKATIONEN

Was will der Schweizerische Werkbund?
6. Flugblatt (Erstauflage 1917)

1925

Zürich

AUSSTELLUNGEN

Beteiligung
Exposition des Arts décoratifs
Paris

AKTIONEN

Einrichtung eines ständigen Zentralsekretariats
Friedrich T. Gubler wird erster Zentralsekretär, Büro zunächst bei Gubler zu Hause an der Freyastrasse 20, Zürich

Wettbewerb für Strassensignale des ACS
veranstaltet von Pro Campagna

1926

Unsere Aufgaben. Das Problem der Qualität in der schweizerischen Produktion

Basel, mit OEV

Weihnachtsausstellung
Ortsgruppe Bern, Gewerbemuseum

1927

Sinn und Ziel des Werkbund-Gedankens

Zürich

Beteiligung
Die Wohnung
Weissenhofsiedlung Stuttgart

Schweizer Beteiligung
Europäisches Kunstgewerbe
Grassimuseum Leipzig

Weihnachtsausstellungen
Ortsgruppen Aargau und Bern

1928

Fragen des Handwerks und der Industriearbeit

Bern (SAFFA)

Vermittlung von Gestaltern für die Schweizer Abteilung
Internationale Presse-Ausstellung (Pressa)
Köln

1929

Künstler und Allgemeinheit

La Neuveville

Schweizer Abteilung der Wanderausstellung *Film und Foto*
Organisation DWB, Stuttgart, später Zürich

Ausstellungsgestaltung
Schweizer Beitrag an der *Weltausstellung* Barcelona
nach Wettbewerb SWB

Weihnachtsausstellungen
Ortsgruppen Bern und Zürich

AKTIONEN

1926

Bezug Zentralsekretariat
Bahnhofstrasse 89, Zürich

Begründung eines Archivs des Sekretariates mit Fotos von Arbeiten, Auszeichnungen, Mustern von Kunstgewerbe; Beginn der Planungen zur Einrichtung einer Diapositiv-Sammlung

Wettbewerb für Leuchtplakatsäulen
der Firma H. Moser & Co. Bern

Wettbewerb für Insignien des ACS
mit OEV

Einladungswettbewerb für
Pro Juventute Zürich

Initiative für sog. *Sportpreisaktion* (Wettbewerbe)

Wettbewerb für Neugestaltung der Reklamo
der Firma Adolf Schmids Erben Bern

1927

Öffentliche Kundgebung mit Vorträgen E. Richard Bühler, Hermann Kienzle, Ernst May, Walter Gropius und Karl Moser im Rathaus Zürich aus Anlass der Werkbund-Tagung

Vortrag *Die Geburt der Form*
Adolf Loos
Ortsgruppe Zürich

Schaufenster-Wettbewerb
Ortgruppe Zürich mit Verkehrsverein Zürich, Zürcher Detaillistenverband und Vereinigung Zürcher Spezialgeschäfte, aus Anlass der Werkbund-Tagung

Wettbewerb für zeitgemässe, einfache Möbel
Ortsgruppe Zürich mit Gewerbemuseen Winterthur und Zürich

1928

Geschäftsführer Gubler nimmt an Gründung des CIAM in La Sarraz teil

Medienkampagne zur Notwendigkeit der Ausstellung *Neues Heim II* (Rotach-Häuser) des Kunstgewerbe-museums Zürich

Internationale Kundgebung betreffend Wettbewerb des Völkerbundpalastes mit Karl Moser und Sigfried Giedion

Einladungswettbewerb für *Schweizer Pavillon an der Weltausstellung in Barcelona 1929*

Stellungnahme des Vorstandes zur Neubesetzung der Nachfolge Professur Karl Moser an der ETH Zürich mit Vorschlag Hans Schmidt

1929

Bezug Geschäftsstelle
Börsenstrasse 10, Zürich

Beratung des Verkehrs- und Verschönerungsvereins der Stadt Biel für einen *Plakat-Wettbewerb*

Vorträge von Mart Stam, Ernst Jäckh, Hans Richter und Adolf Behne in Zürich
Ortsgruppe Zürich

Beginn *Sportpreisaktion*
mit EDI, EKaK, OEV und Sportverbänden

PUBLIKATIONEN

1927

Hans Bernoulli wird *Werk*-Redaktor

Werkbundfragen, Öffentliche Kundgebung im Rathaus Zürich
Textsammlung

1930

Wirtschaftliche Fragen des Kunstgewerbes

Basel (WOBA)

AUSSTELLUNGEN

Mitarbeit *Die praktische Küche*
Ortsgruppe Basel, Gewerbemuseum

Kunstgewerbe-Wanderausstellung SWB
Luzern, Bern, Aarau, Glarus und Basel

Beteiligung Kunstgewerbe-Ausstellung der American Federation of Arts
einzelne SWB-Mitglieder, Boston, Chicago, New York und Cleveland

Siedlung *Eglisee* und
Film *Die neue Wohnung*
Schweizerische Wohnungsausstellung
Basel (WOBA)

Weihnachtsausstellung
Ortsgruppe Zürich, Kunstgewerbemuseum

AKTIONEN

Baubeginn *Werkbundsiedlung Neubühl*
Zürich-Wollishofen

Vortrag *Der Film als künstlerische Sprache*
Hans Richter, vermutlich in Zürich

Intervention zugunsten
Le Corbusier für Projektauftrag
Pavillon Suisse der *Cité Universitaire*
Paris

Interventionen bei der Schweizerischen Post für bessere Gestaltung von Postkarten und Briefmarken

Auflösung der Verkaufsstelle der Ortsgruppe Aargau

Gründung eines Kinoklubs bei der Ortsgruppe Luzern

Vortrag *Wohnen im amerikanischen Einflussgebiet*
Richard Neutra Los Angeles
Ortsgruppe Zürich

PUBLIKATIONEN

Peter Meyer wird *Werk*-Redaktor

SWB. ausstellung kunst gewerbe
Ausstellungskatalog für Wanderausstellung in Basel und Luzern

1930

1931

Nationale Ausstellung für freie und angewandte Kunst

Genf, mit OEV

Abteilung für angewandte Kunst der *II. Nationalen Kunstausstellung*
mit OEV, Genf

Vermittlung Schweizer Delegation
Internationale Fotoausstellung
Brüssel

Weihnachtsausstellungen
Ortsgruppen Bern und Zürich

Wettbewerb für Schiessdiplome
im Rahmen der *Sportpreisaktion*

Wettbewerb für Teigwaren-Packungen
mit der Zentrale für Handelsförderung

Einladungs-*Wettbewerb für Teppichentwürfe*
für die Schweizerische Teppichfabrik Ennenda

Vorträge von Werner Gräff, Walter Gropius, Gregor Paulsson und Johannes Itten in Zürich
Ortsgruppe Zürich

1931

1932

Werkbundziele

Zürich (Lichtwoche)

Foto-Wanderausstellung SWB
St.Gallen, Aarau, Bern, Lausanne, La Chaux-de-Fonds, Basel, Luzern, Winterthur und Zürich

Schweizer Beteiligung der Plakatausstellung *Verkehrswerbung*, übernommen vom DWB
für Museum Musegg, Luzern

Schweizer Beteiligung der Ausstellung
Wohnbedarf – Typ und Standard
Organisation DWB, Stuttgart

Beteiligung *Zürcher Lichtwoche*
Ortsgruppe Zürich

SWB-Ausstellung mit Kunstgewerbe
Solothurn

Weihnachtsausstellung
Ortsgruppe Zürich mit Schweizer Heimatwerk

Satzungsänderung

Fertigstellung Werkbundsiedlung Neubühl

Schweizer Abteilung an der Florentiner Buchmesse
mit Zentrale für Handelsförderung

Wettbewerb für neuzeitliche Holzhäuser
mit Lignum

Wettbewerb Plakat für die Zürcher Gartenbau-Ausstellung ZÜGA 1933
Teilnehmer Max Bill, Walter Kaech und Ernst Keller

Wettbewerb zur Erlangung von Modellen und Entwürfen für Grabmäler
mit Sanitätsdepartement des Kantons Basel-Stadt

Einrichtung von Verkaufsstellen
Ortsgruppe Bern, Bern und Langenthal

Einrichtung einer Vertriebsstelle für Weberinnen
Ortsgruppe Zürich

1932

1933

Stellung und Aufgaben des Werkbundes

Beinwil a.S.

Wanderausstellung
Wettbewerb für neuzeitliche Holzhäuser
Zürich, Winterthur, Aarau, Bern, Fribourg, St.Gallen, Lausanne, Basel und Wattwil

Erweiterung der Ausstellung *Planvolles Werben* des Gewerbemuseums Basel
Aarau, Zürich und Fribourg

Beteiligung mit (Architektur-) Fotografien an der *V. Triennale*
Mailand

Plakatausstellung während der Zürcher Verkehrskongresse
ETH Zürich

Weihnachtsausstellungen
Ortsgruppen Aargau, Bern und Zürich

Schaffung *SWB-Filmstelle*
durch Übernahme der Studentischen Filmstelle der ETH Zürich
Ortsgruppe Zürich

1933

1934

Fragen der zentralen Verkehrswerbung

Bad Attisholz, Solothurn

AUSSTELLUNGEN

Wohnausstellung
Ortsgruppe Bern, Mehrfamilienhäuser Sonnenhof

Wohnungsausstellung
Ortsgruppe Luzern

Weihnachtsausstellungen
Ortsgruppen Aargau, Bern und Zürich

AKTIONEN

Stellungnahme bezüglich *Volkskunst / Internationale Volkskunstausstellung*
Bern

Einrichtung der *SWB-Filmstelle*
Vortragssaal des Kunstgewerbemuseums Zürich und in anderen Städten

Wettbewerb für eine Gedenkmedaille der Landschaft Davos

Friedhofaktion (Arbeitsgruppe, Medienkampagne)
SWB mit Ortsgruppe Basel

Vortrag *Wo stehen wir heute in der Architektur?*
Marcel Breuer in Aarau und Zürich
Ortsgruppen Aargau und Zürich mit SIA

PUBLIKATIONEN

1935

Kunstwerk und Öffentlichkeit

Luzern

AUSSTELLUNGEN

Beteiligung MUBA

Abteilung *Wohnbedarf* der Ausstellung *Land- und Ferienhaus*
Basel

Beteiligung *Hausrat von Heute* (Weiterentwicklung der Basler Ausstellung *Wohnbedarf*)
Kunstgewerbemuseum Zürich

Auswahl Exponate für Schweizer Abteilung der *Weltausstellung*
Brüssel

Werkbund-Ausstellung Ortsgruppe Bern SWB
Bern, Kunsthalle

Hausrat und Heimkunst
Ortsgruppe Luzern, Museum Musegg

Weihnachtsausstellung
Ortsgruppe Aargau, Privat-Haus

AKTIONEN

Wettbewerb für ein Signet der Sozialen Käuferliga SKL

Wettbewerb für Typenmöbel für die Firma I. H. Läubli AG in Sarnen unter zehn SWB-Architekten

Schaffung von Filmstellen in Luzern und Bern
Ortsgruppen Luzern und Bern

Vortrag
Tradition und Neues Bauen in England
P. Morton Shand (London)
Ortsgruppe Zürich mit Freunden des Neuen Bauens

PUBLIKATIONEN

SWB Hausrat und Heimatkunst
Broschüre zur Ausstellung im Gewerbemuseum Luzern

1936

Ausstellungs-Gestaltung

Bern

AUSSTELLUNGEN

Ausstellung zur Jahrestagung
Bern, Bürgerhaus

Mitwirkung *Grafa International*
Basel

Schweizer Beteiligung *VI. Triennale*
zusammen mit OEV, Mailand

Neues Bauen in der Schweiz
Ortsgruppe Luzern zusammen mit Kunstgesellschaft

Weihnachtsausstellung
Ortsgruppe Aargau, Gewerbemuseum

AKTIONEN

Plakatwettbewerb der Schuhfabriken AG Bally Schönenwerd

Beteiligung am *Holz-Kongress*
Bern

1937

Neuregelung des Lehrlingswesens

Zofingen

AUSSTELLUNGEN

Kunstgewerbe-Abteilung der Schweizer Beteiligung an der Weltausstellung *Kunst und Technik im modernen Leben* mit OEV, Paris

Weihnachtsausstellungen
Ortsgruppen Aargau und Zürich

AKTIONEN

Anregung *Wettbewerb für Wehranleihe-Fünfliber* beim EDI

Ausarbeitung eines *Standard-Services für die Porzellanfabrik in Langenthal* durch Arbeitsgruppe im Hinblick auf *Schweizerische Landesausstellung 1939*

Einstellung der Filmgruppe Zürich
Ortsgruppe Zürich

1938

Entwicklung des Werkbund-Gedankens

Bern

AUSSTELLUNGEN

SWB Werkbundausstellung Bern
Gewerbemuseum

Beteiligung *Amtliche Drucksachen in Vergangenheit und Gegenwart*
Gewerbemuseum Basel

Mitarbeit *Das Haus aus unserem Holz*
Zürich, Winterthur, St.Gallen, Schaffhausen, Luzern, Basel und Aarau

Werkbundarbeit 1938
Ortsgruppe Basel, Gewerbemuseum

Weihnachtsausstellung
Ortsgruppe Zürich mit Verkaufsgenossenschaft zur Spindel, Kunstgewerbemuseum

AKTIONEN

Wettbewerb für Stoffentwürfe
für den Schweizerischen Wirkereiverein

Wettbewerb zur Erlangung von Entwürfen für das Titelblatt der Zeitschrift *Werk*
mit BSA und SWB

PUBLIKATIONEN

Werkbundausstellung Bern und Marionettentheater
Broschüre zur Ausstellung im Gewerbemuseum Bern

1939

Werkbund und Landesausstellung, 25 Jahre SWB

[Zürich, abgesagt wegen Kriegsmobilmachung]

Beteiligung
Schweizerische Landesausstellung
Zürich

Weihnachtsausstellung
Ortsgruppe Zürich mit Verkaufsgenossenschaft zur Spindel, Kunstgewerbemuseum

Beteiligung
Schweizerische Landesausstellung
Zürich

SWB. 25 Jahre Schweizerischer Werkbund

Textsammlung zur Tagung an der Landesausstellung

1940

Möglichkeiten der Arbeitsbeschaffung

Twann

Schweizer Beteiligung
VII. Triennale
Mailand

Weihnachtsausstellungen
Ortsgruppen Aargau und Zürich

Ideen-Wettbewerb zur Erlangung von Entwürfen für Waren-Packungen
mit Kunstgewerbemuseum Zürich und VSG für Bally-Schuhfabriken, Caran d'Ache, Henkel & Cie., Migros und J. E. Wolfensberger Graphische Anstalt

Forderung an EKaK nach Zuziehung von Künstlern bei der Gestaltung von Abzeichen
Ortsgruppe Zürich

1941

SWB und nationale Ausstellungen

Schaffhausen

Beteiligung *Neustoff-Ausstellung*
Kongresshaus Zürich

Weihnachtsausstellungen
Ortsgruppen Aargau und Zürich

Satzungsänderung

Weisung an die Ortsgruppen, Vereinsstatuten zu erstellen

Wettbewerb für Beleuchtungskörper
der BAG Turgi unter Mitgliedern

Mitarbeit Gründung *Bel Ricordo*, Organisation für gut gestaltete Reiseandenken

Wettbewerb für ein Abzeichen der Schweizerischen Nationalspende für Soldaten durch Armeekommando, Abteilung Heer und Haus (vgl. 1940)

Andenken-Aktion für Schwyzer Feiern zu 650 Jahren Eidgenossenschaft

Modellbeschaffungs-Aktion
für Möbeltypen
mit EKaK

Programm ans EDI für Nationale Kunstausstellung

Auslobung der besten Miet- und Geschäftshäuser und Ladeneinbauten
Ortsgruppe Basel mit BSA und Heimatschutz

1942

Werkbund und Hotelprobleme

Schwyz und Brunnen

1943

Fragen der zukünftigen Entwicklung

Basel (Filmwoche)

1944

Gestaltung von Exportgütern

Bern

1945

Lehrfreiheit an den Kunstgewerbeschulen

Bellinzona

AUSSTELLUNGEN

Kunst im Handwerk.
SWB Ortsgruppe Bern
Ortsgruppe Bern, Kunsthalle

Wanderausstellung
Unsere Wohnung
Basel, Zürich und Aarau

Beteiligung
Schweizerisches Kunstgewerbe
Ortsgruppe Zürich,
Kunstgewerbemuseum

AKTIONEN

Skizzenwettbewerb für *einfache, handwerklich herstellbare Möbel*
unter zehn Mitgliedern

I. Wettbewerb für Mode-Fotografien der Schweizerischen Zentrale für Handelsförderung
mit OEV

Wettbewerb für Schaufenster-Plakate und Prospekt-Umschlag der Hch. Kuhn Metallwarenfabrik AG Rikon
unter vier Mitgliedern

II. Wettbewerb für Mode-Fotografien der Schweizerischen Zentrale für Handelsförderung
mit OEV

Auszeichnung der besten Miet- und Geschäftshäuser und Ladeneinbauten
Ortsgruppe Basel mit BSA und Heimatschutz

Schaffung eines *Werk*-Sekretariats
H. Keller, Winterthur

Wettbewerb für einfache Hotelzimmer

Wettbewerb *Künstler und Illustrierte* des Ringier-Verlags
Jury-Beteiligung

Allgemeiner schweizerischer Wettbewerb für Spielsachen
ausgerichtet vom EDI mit EKaK, SWB, OEV sowie unter finanzieller Beteiligung von Franz Carl Weber AG

Verlegung der Verkaufsstelle *Werkstube*
Ortsgruppe Aargau, Aarau

Arbeitsgruppe Modellbeschaffung zwecks Typenbildung, Einrichtung eines entsprechenden Studienbüros

Postulat für modernen Ausbau der schweizerischen Gesandtschaften an Eidgenössisches Politisches Departement (heute EDA)

Eingabe mit Forderung nach grafisch-künstlerischen Massstäben bei Briefmarken an Oberpostdirektion

Plakat-Wettbewerb für Buchausstellung in Buenos Aires, im Auftrag der Zentrale für Handelsförderung

Plakat-Wettbewerb für Architektur-Ausstellung in London, im Auftrag der Zentrale für Handelsförderung

Aktion zur Unterbringung von Intellektuellen aus kriegsgeschädigten Ländern

Finanzielle Unterstützung an die Organisation Schweiz. Schriftsteller-Vereins

PUBLIKATIONEN

Unsere Wohnung. Wanderausstellung des Schweizerischen Werkbundes
Gewerbemuseum Basel

Alfred Roth wird *Werk*-Redaktor

Unsere Wohnung. Wanderausstellung des Schweizerischen Werkbundes
Wegleitungen des Kunstgewerbemuseums Zürich

Gut wohnen. Ein Ratgeber für praktische Wohnungsgestaltung

Werkbund und Nachkriegszeit
Beiträge der Tagung in Basel 1943

1942 1943 1944 1945

1946

Aktuelle Wohnungsprobleme

Zürich

AKTIONEN

Kontaktaufnahme mit DWB, ÖWB (Wien) und Council of Industrial Design England

Programmerstellung und Auslobung des Plakatwettbewerbs Pro Telephon

Vorträge von Jane Drew und Ernesto Nathan Rogers zu Wohnungsfragen

PUBLIKATIONEN

Formgebung in der schweizerischen Industrie
Separatdruck aus *Werk*,
Egidius Streiff

1947

Formprobleme des Gebrauchsgeschirrs

Langenthal (Porzellanfabrik)

AUSSTELLUNGEN

Vorschläge für Innenarchitekten und Möbelfabrikanten für
Urbanisme et Habitation
Paris

Auswahl Typenmöbel für
VIII. Triennale
Organisation OEV, Mailand

Abteilung SWB an der
Zürcher Kantonalen Landwirtschafts- und Gewerbeausstellung (ZÜKA)
Ortsgruppe Zürich

AKTIONEN

Besuch der Gründungsversammlung des Landesbunds Südbaden des DWB
Erster Vorsitzender und Geschäftsführer, Konstanz

Ausleihe von schweizerischem Plakat-Material zu Ausstellungszwecken an ÖWB

Vertretung in der Kommission für den Lehrlings-Wettbewerb Winterthur
Franz Scheibler

Wettbewerb Schaufenster-Plakat für Arbeitsgemeinschaft der Schweizerischen Aluminium-Verarbeiter, Walzwerke und Hütten ALA

PUBLIKATIONEN

SWB
Werbeschrift

SWB-Wettbewerb zur Erneuerung von Hotelzimmern

Beilage *Hoteltechnik* der
Schweizer Hotel-Revue

1948

Formprobleme der Gegenwart

Basel

AKTIONEN

Bezug Geschäftsstelle
Bahnhofstrasse 16, Zürich

Signet-Wettbewerb
für Centralverband Schweizerischer Schneidermeister (CSS)

Wettbewerb zur Erlangung von neuen Modellen für Bel Ricordo
mit OEV

1949

Fragen der Wohnung

Zürich

AUSSTELLUNGEN

Vermittlung der Firma Wohnbedarf für Schweizer Abteilung
25 Jahre Konst in Industrie
Stedelijk Museum Amsterdam

Gut wohnen
Ortsgruppe Basel, Wohnkolonie Im Höfli Basel

Wanderausstellung *Die gute Form*
MUBA

Die gute Form. Wanderausstellung des Schweizerischen Werkbundes
Gewerbemuseum Bern

Wohnausstellung
Ortsgruppe Zürich, Wohnkolonie Eyhof

AKTIONEN

Plakat-Wettbewerb für Drahtseilbahn Davos-Parsenn [evtl. abgebrochen]

Vorarbeit *Schweizer Exportkatalog*

PUBLIKATIONEN

Die gute Form. Wanderausstellung des Schweizerischen Werkbundes
Ausstellungskatalog Max Bill

Schweizer Warenkatalog / Catalogue suisse de l'Equipement 1949

1950

Die Schweiz und das Ausland USA

Aarau

AUSSTELLUNGEN

SWB-Sonderschau (Trottoir-Schau)
MUBA

Werkbund-Ausstellung und *Die gute Form*
SWB mit Ortsgruppe Zürich,
Kunstgewerbemuseum Zürich

Wanderausstellung *Die gute Form*
Bonn, Schleiden, Eutin, Amsterdam,
Rotterdam und Eindhoven

Ausstellung von guten Schweizer
Plakaten zusammen mit Pro Helvetia,
Kassel, Norrköpping und München

Die neue Wohnung 1950
Ortsgruppe Basel, Gas- und Wasserwerk

Kunst in Schule und Haus
Ortsgruppe Luzern, im Auftrag des
Kantonalen Erziehungsdepartements,
Kunstmuseum

Fotoausstellung
Ortsgruppe Zürich

AKTIONEN

Engere Wettbewerbe Qualitätszeichen
und Plakat für Centralverband
Schweizerischer Schneidermeister
(CSS)

PUBLIKATIONEN

*1950 SWB Ausstellung
Kunstgewerbemuseum Zürich*
Wegleitung Kunstgewerbe-
museum Zürich

*Richtlinien für neutrale
Wohnberatungsstellen
Werk* Heft 2

1951

Triennale

Arth Goldau und Mailand

Wanderausstellung
Form & Farbe
im Pavillon der Eternit
MUBA, danach Gewerbemuseum Bern
und Winterthur

Schweizer Beteiligung
IX. Triennale
Mailand

Kunst und Wohnkultur
Ortsgruppe Luzern, Kunstmuseum

Weihnachtsausstellung
Ortsgruppe Bern, Gewerbemuseum

Schweizer Beteiligung an internatio-
nalem Wettbewerb zur Erlangung von
guten Handeinbänden, Festival of
Britain, London
mit Pro Helvetia, OEV und Eingeladenen

Auswahl der Einrichtung für
Verkaufslokal des Elektrizitätswerkes
Winterthur

Wettbewerb SWB-Kollektion
kleinmustriger Tapeten für die Firmen
Wirz-Wirz AG Basel, Tapeten AG
Zürich und Verband Schweizerischer
Tapetenhändler

1952

Theaterfragen

Baden

Wanderausstellung
Die gute Form
Oldenburg und Hamburg

Aufbereitung der für Europa vom
MOMA New York konzipierten
Wanderausstellung
*Industrie und Handwerk schaffen
neues Hausgerät in USA*
Gewerbemuseum Basel

Mitarbeit Schweizer Abteilung an der
Weltausstellung der Photographie
Schweizerischer Photographen-
Verband, Luzern

Erste Auszeichnung
Die gute Form / forme utile SWB 1952
mit Anerkennungsurkunde
Jury SWB und OEV, MUBA

Vortrag Geschäftsführer Alfred Altherr
jun. an Holztagung Salzburg

1953

Das Konstante und das Modische

Magglingen und Biel

Wanderausstellung
Die gute Form 1952
MUBA

Gut geformtes Gerät,
Sonderschau *Die gute Form 1952*
Gewerbemuseen Basel, Bern, St. Gallen

Doppel der Wanderausstellung
Die gute Form mit Textilien
Gewerbemuseum St. Gallen

Auswahl Schweizer Produkte für
*Schönheit der Technik – die gute
Industrieform*
Landesgewerbeamt Baden-
Württemberg, Stuttgart

Organisation der
kunstgewerblichen Abteilung für
Schweizer Kunst der Gegenwart
Staatliche Kunsthalle Baden-Baden

Contemporary Swiss Architecture
SWB-Delegierter mit Pro Helvetia, USA

Auszeichnung
Die gute Form / forme utile 1953
MUBA

*Wettbewerb für Stühle, Schultische
und Lehrerpult für das Schulhaus
Weisslingen*
mit Baukommission des Kantons Zürich

Wettbewerb Tapetenkollektion
mit Dessins der Salubra SA Basel
für Schüler der Gewerbeschulen Bern
und Basel sowie der Kunstgewerbe-
schule und Textilfachschule Zürich,
angeregt vom SWB

Eintragung *Die gute Form SWB*
ins Markenregister

1954

Triennale

Luzern, Ivrea (Olivetti-Werke) und Mailand

AUSSTELLUNGEN

Sonderschau
Die gute Form SWB 1953
MUBA

Die gute Form SWB
Kunstgewerbemuseum Zürich und Gewerbemuseum Winterthur

Produkteauswahl für Sonderabteilung *Industrial Design* und Schweizer Beteiligung *X. Triennale*
Organisation OEV, Mailand

AKTIONEN

Auszeichnung
Die gute Form/forme utile 1954
MUBA

Wettbewerb für neue Türdrücker in Metall oder Kunststoff für Schlossfabrik Heusser Murgenthal
für Mitglieder und Schüler der Kunstgewerbeschule Zürich

Auswahl SWB-Tapeten-Kollektion für Salubra SA Basel

Umbau der Werkstube Aarau, Ortsgruppe Aargau

Organisation einer Schaufenster-Aktion an der Gerechtigkeitsgasse
Ortsgruppe Bern

PUBLIKATIONEN

Schweizer Warenkatalog, Catalogue suisse de l'Equipement 1954

Das Konstante und das Modische
Beiträge der Tagung in Biel 1953

1955

Warum Werkbund?

St. Gallen, mit DWB und Svenska Slöjdföreningen

AUSSTELLUNGEN

Sonderschau
Die gute Form 1954
MUBA

Schweizer Abteilung an der *H55, Ausstellung für Wohnungseinrichtungen, industrielle Formgebung und Kunstgewerbe*
Helsingborg

Das Bild im Wohnraum unserer Zeit
Kunstmuseum St. Gallen

Der Mensch und die Dinge,
Schaufenster des Schweizerischen Bankvereins
Ortsgruppe Basel, Aeschenvorstadt

AKTIONEN

Auszeichnung
Die gute Form/forme utile 1955
MUBA

Kommission Verbesserung von Schriften der öffentlichen Hand im Stadtbild
Ortsgruppe Basel

PUBLIKATIONEN

Benedikt Huber wird *Werk*-Redaktor für die Architektur (zusammen mit Alfred Roth, ab 1960 alleine)

Warum Werkbund?
Beiträge der Tagung in St. Gallen

Bauen heute
Beilagen *Berner Tagblatt*

1956

Sind die Werkbundziele erreicht?

Hochschule für Gestaltung Ulm, mit DWB

AUSSTELLUNGEN

Sonderschau
Die gute Form 1955
MUBA

Schaufenster-Aktion
Die gute Form
Ortsgruppen Zürich und Luzern

Plan- und Fotoschau
Ortsgruppe Aargau, Werkstube

AKTIONEN

Auszeichnung
Die gute Form/forme utile 1956
MUBA

Eröffnung der Wohnberatungsstelle im Gewerbemuseum Winterthur
Alfred Altherr jun.

Protest bei Bundesbehörden bezüglich Wettbewerb für neue Goldmünzen

Schaufensteraktion
Die gute Form/forme utile 1956
Ortsgruppe Zürich

PUBLIKATIONEN

Bauen heute
Beilagen *Berner Tagblatt*

1957

Aufgaben der Triennale

Art-Goldau und Mailand

AUSSTELLUNGEN

Sonderschau
Die gute Form 1956
MUBA

Auswahl Produkte für *Gute Form aus der Schweiz. Architektur. Industrieprodukte*
Die neue Sammlung München

Wanderausstellung
Good Design in Switzerland
Gewerbemuseum Winterthur, dann bis 1958 in Washington, Toronto, Ottawa, Cambridge Mass., Kansas, Auburn, Kentucky, Ann Arbor, Williamstown, Kent, Winnipeg, New Haven und Troy

Wohnungs-Einrichtungen an der *Internationalen Bauausstellung IBA* 57 *(Interbau)* Berlin

Schweizer Beteiligung
XI. Triennale
Mailand

AKTIONEN

Auszeichnung
Die gute Form/forme utile 1957
MUBA

Vortrag Richard Neutra: *Bauen – ein menschliches Problem* in Basel, Ortsgruppe Basel mit Basler Ingenieur- und Architektenverein

PUBLIKATIONEN

Die gute Form. 6 Jahre Auszeichnung
mit Max Bill und Schweizer Mustermesse Basel

Good Design in Switzerland. Traveling Exhibition
Broschüre zur Ausstellung

Bauen heute
Beilagen *Berner Tagblatt*

1958	1959	1960	1961
SWB und Heimatschutz Lenzburg	**Aktuelle Forderungen des SWB zur Landesausstellung** Bern (Siedlung Halen)	**Triennale** Luzern und Mailand	**Funktion – Qualität – Preis** Basel
AUSSTELLUNGEN			
Sonderschau *Die gute Form 1957* MUBA Beteiligung zu *Wohnberatung* und *Die gute Form* an der *SAFFA* mit Kunstgewerbemuseum Zürich Beteiligung an der schweizerischen Abteilung an der *Weltausstellung* Brüssel Einzelne Mitglieder SWB Auswahl Schweizer Produkte für *Schönheit aus der Hand – Schönheit durch die Maschine* Städtische Museen Recklinghausen/Ruhr Schaufenster- und Ladenausstellung Teppichhaus Hans Hassler & Co. AG Ortsgruppe Aargau	Sonderschau *Die gute Form 1958* MUBA *Swiss Design* zusammen mit EDI, Pro Helvetia und Zentrale für Handelsförderung, Tea Center London Auswahl von Kunststoff-Gegenständen für *Plastic Exhibition* London Wohnausstellung *Wir wohnen anders* Ortsgruppe Luzern, Mehrfamilienhaus Hirtenegg	Sonderschau *Die gute Form 1959* MUBA Auswahl Produktfotografien für Ausstellung im *Warenhaus Au Bon Marché* Brüssel	Sonderschau *Die gute Form 1960* *Mensch und Gebrauchsgegenstand* MUBA *Good Design in Switzerland/ This is Switzerland* Warenhaus Shirokiya, Tokio Produktauswahl für internationale *Plastic Exhibition* London Fotovergrösserungen für *Home Furnishings Exposition & World Trade Fair* Cleveland *Schaufensterschau* der Schweizerischen Bankgesellschaft Filialen in Frauenfeld, St. Gallen, Bern, Zürich und Aarau Schweizer Abteilung der Ausstellung *Der gedeckte Tisch* im Auftrag der Zentrale für Handelsförderung, Messe FEMINA in Rotterdam
AKTIONEN			
Auszeichnung *Die gute Form/forme utile 1958* MUBA Arbeitstagung über Grundlagen des Werkbundes und Zukunftsperspektiven in Unterägeri Einsitz in die Jury des *Wettbewerbs für neue Bundesobligationen* des Eidgenössischen Finanzdepartements Eröffnung der Wohnberatungsstelle im Kunstgewerbemuseum Zürich Hans Fischli, Willy Rotzler	Auszeichnung *Die gute Form/forme utile 1959* MUBA Auswahl schweizerischer Gestalter für *International Design Competition for Sterling Silver Flatware* des Museum of Contemporary Crafts New York und The International Silver Company Stellungnahme ans EDI zu Vorentwurf einer neuen Verordnung über die Förderung der freien und angewandten Kunst	<u>Satzungsänderung</u> Auszeichnung *Die gute Form/forme utile 1960* MUBA Mitarbeit Wettbewerb neue Möbel Organisation Verband Schweizerischer Schreinermeister und Möbelfabrikanten (VSSM) Wettbewerb *Form 60* der Globus AG Sammlung Produkte für Keramik-Ausstellung Fiera Vicenza Geschäftsführer Alfred Altherr jun. an World Design Conference Tokio	Auszeichnung *Die gute Form/forme utile 1961* MUBA *Wettbewerb für neue Möbel. Die wachsende Wohnung*, veranstaltet vom Verband Schweizerischer Schreinermeister und Möbelfabrikanten unter Mithilfe des SWB Debatte Leszinski-Haus Luzern Wettbewerb *Form 61* des Warenhauses Globus, nach Vorbereitung des SWB Austritt der Ortsgruppe Aargau aus der Genossenschaft Werkstube Aarau
PUBLIKATIONEN			
Bauen heute Beilagen *Berner Tagblatt*	*SWB und Heimatschutz* Beiträge der Tagung in Lenzburg 1958 *Bauen heute* Beilagen *Berner Tagblatt*	*Wohnen heute 3* Warenkatalog 1960 *Die Probleme der Planung, Wohnung, Ausstattung an der Schweiz. Landesausstellung 1964 in Lausanne* Broschüre *Bauen heute* Beilagen *Berner Tagblatt*	*Bauen heute* Beilagen *Berner Tagblatt*
1958	**1959**	**1960**	**1961**

1962

Problem einer Fusion von Werkbund und Œuvre

Payerne, Avenches und Murten (Eternitmuseum)

AUSSTELLUNGEN

Sonderschau
Die gute Form 1961
MUBA

Vitrinen-Schau
im Winterthur-Haus
Stuttgart

AKTIONEN

Bezug Geschäftsstelle
Florastrasse 30, Zürich

Spendenaktion unter Förderern und Mitgliedern für Möblierung der neuen Geschäftsstelle

Auszeichnung
Die gute Form/forme utile 1962
MUBA

Ausstellung und Vorträge
formforum
Ortsgruppe Bern

Referat SWB Jahrestagung
Schweizerischer Verein für Handarbeit und Schulreform, St. Gallen

Organisation von Führungen und Besichtigungen für englische Designer des Council of Industrial Design in Zürich und Basel

PUBLIKATIONEN

Lucius Burckhardt wird *Werk*-Redaktor

Wohnen heute 4
Warenkatalog 1962

Funktion – Qualität – Preis
Beiträge der Tagung in Basel 1961

Bauen heute
Beilagen *Berner Tagblatt*

1963

Stockwerkeigentum; Gestalten und Erhalten; Gestaltungsprobleme der Gegenwart

Zürich

AUSSTELLUNGEN

Sonderschau
Die gute Form 1962
MUBA

Schaufensterschau
Wohnen heute
zum 50-Jahr-Jubiläum des SWB
Schweizerische Kreditanstalt Zürich

Gestalten und Erhalten
Ortsgruppe Zürich,
Kunstgewerbemuseum

Produkteauswahl für die *Interplas*
London

AKTIONEN

Gründung Ortsgruppe St. Gallen-Appenzell mit Obmann Arthur Niggli (ab 1972 Ortsgruppe St. Gallen, ab 1985 Ortsgruppe Ostschweiz)

Auszeichnung
Die gute Form/forme utile 1963
MUBA

Jubiläumstagung mit Vorträgen von Yona Friedman, Aldo van Eyck, Enrico Hartsuyker, Christian Norbert-Schulz

3. Lehrerfortbildungskurs
Einführung in die Fragen der Umweltgestaltung und der guten Form
ETH Zürich

Beitritt ICSID (International Council of Societies of Industrial Design), Teilnahme am Kongress in Paris

Einsitz in die Jury zur Verleihung von Qualitätspreisen der Eidgenössischen Filmkommission, alljährlich

Filmproduktion *Gestalten und Erhalten* von René und Hans Haubensak sowie Yves Yersin zum Jubiläum
[Film wird nie fertiggestellt]

PUBLIKATIONEN

Zum 50jährigen Bestehen des Schweizerischen Werkbundes

1913–1963. 50 Jahre Schweizerischer Werkbund. 200 Jahre unbewältigte Maschine
Georg Schmidt, Separatdruck Nationalzeitung

Bauen heute
Beilagen *Berner Tagblatt*

1964

Integration

St. Gallen

AUSSTELLUNGEN

Sonderschau
Die gute Form 1963
MUBA

Initiative zur Ausstellung
Industrielles Bauen
(Übernahme der Pariser Ausstellung *Jean Prouvé – L'Industriel du bâtiment* des Musée des Arts Décoratifs)
Ortsgruppe Bern, Kunsthalle Bern

Schweizer Beteiligung
XIII. Triennale
Mailand

Produktauswahl für Internationale Design Ausstellung innerhalb der *XIII. Triennale*
Organisation Associazione per il Disegno Industriale (ADI), Mailand

AKTIONEN

Auszeichnung
Die gute Form/forme utile 1963
MUBA

2. Lehrerfortbildungskurs
Einführung in die Fragen der Umweltgestaltung
ETH Zürich

Finanzielle Unterstützung der *Schweizerischen Landesausstellung 1964*

Organisation einer Führung durch die Schweiz inkl. Besuch der Expo 1964 für englische Designer des Council of Industrial Design

PUBLIKATIONEN

Bauen heute
Beilagen *Berner Tagblatt*

1965

Wer baut mit uns Werkbund-Wohnungen?

Baden

AUSSTELLUNGEN

Sonderschau
Die gute Form 1964
MUBA

Beteiligung an *Interplas*
London

Schau mit fotografischen Arbeiten
Ortsgruppe Basel,
Möbelgeschäft Wohnbedarf

AKTIONEN

Satzungsänderung

Auszeichnung
Die gute Form/forme utile 1965
MUBA

Design Center durch ausserordentliche Generalversammlung abgelehnt

3. Lehrerfortbildungskurs
Einführung in die Fragen der Umweltgestaltung
ETH Zürich

Bildung Fachausschuss Wohnbau (FAW) und Ausschuss SWB-Siedlungen

Werkbund an der
Berliner Tagung des DWB

Einsetzung Kommission
Zusammenschluss SWB und OEV

Besuch der Hochschule für Gestaltung in Ulm
Ortsgruppe St. Gallen-Appenzell

PUBLIKATIONEN

Wer baut mit uns Werkbund-Wohnungen?
Broschüre

Wohnen heute 5
Warenkatalog 1965

1966

Kleines Land – grosse Serie?

Zug und Menzingen

AUSSTELLUNGEN

Sonderschau *Die gute Form* 1965
Gesamt-Design
MUBA

SWB-Wanderausstellung *Unsere Möbel*
in Schulen in den Kantonen Aargau, Bern, Fribourg, Wallis, Zug und Zürich

Gute Form aus der Schweiz
Haus Industrieform Essen

Sonderschau *Gesamt-Design*
LGA-Zentrum Form Stuttgart

Präsentation von 55 Schweizer Produkten in Warschau, Prag, Bukarest und Sofia
Geschäftsführer

SWB-Wanderausstellung *Deine Möbel*
Ortsgruppe Bern, Möbelgeschäft Teo Jakob

Was meinen Sie dazu? Formgebung von Gebrauchsgegenständen
Ortsgruppe Bern

AKTIONEN

Auszeichnung
Die gute Form / forme utile 1966
MUBA

Teilnahme zahlreicher Mitglieder und Grusswort am Internationalen Kongress des World Craft Council (WCC) in Montreux

4. Lehrerfortbildungskurs
Einführung in die Fragen der Umweltgestaltung
ETH Zürich

Einsitz des Geschäftsführers in Jury
Auszeichnung *Gute Industrieform*
Hannover-Messe

Austritt aus dem ICSID (vgl. 1963)

PUBLIKATIONEN

1966

1967

Ein neuer Schultypus – die Mittelschule für Gestaltung

Bern

Sonderschau
Die gute Form 1966
Gute Form – gute Umwelt
SWB und Ortsgruppe Basel, MUBA

Ausstellung *Wohnen heute* des OEV
SWB-Standort an der MUBA

SWB-Wanderausstellung
Unsere Möbel
in Schulen in den Kantonen Aargau, Bern, Fribourg, Wallis, Zug und Zürich

Auszeichnung
Die gute Form / forme utile 1967
MUBA

5. Lehrerfortbildungskurs
Einführung in die Fragen der Umweltgestaltung
ETH Zürich

Wettbewerb Entwürfe von Sitzmöbeln und Tischen für Möbelfabrik Horgen-Glarus

Tagungsreihe
Gestaltbildende Mächte unseres Jahrhunderts
Ortsgruppe Aargau, Lenzburg

Versteigerungs-Aktion
Chair Fun, Bern

SWB Kommentare 1–2
Beilagen *Werk*

Wohnen heute 6
Warenkatalog 1967

Ist das eine Werkbundsiedlung?
Werk Heft 10

Bauen heute
Beilagen *Berner Tagblatt*

1967

1968

Kulturpolitik?

St. Gallen

Sonderschau
Die gute Form 1967 und 1968
MUBA

Teilnahme an der
Internationalen Handwerksmesse
Einladung des Rats für Formgebung
Darmstadt, München

Wohnen heute
mit Gips-Union und Zürcher Ziegeleien,
OLMA St. Gallen

SWB-Wanderausstellung
Unsere Möbel
in Schulen in den Kantonen Aargau, Bern, Fribourg, Wallis, Zug und Zürich

Auszeichnung
Die gute Form / forme utile 1968
vor Beginn der MUBA

Tagung
Reform Kunstgewerbeschule Zürich
Diskussion des Konzepts
Institut für Form und Gestaltung auf Mittelschulstufe (IFG)

6. Fortbildungskurs für Pädagogen und Gestalter
ETH Zürich

SWB Kommentare 3–8
Beilagen *Werk*

Ziele und Aufgaben des Industrial Design
Sonderbeilage des SWB zur MUBA, *NZZ*

1968

1969

Dem Werkbund eine Chance

Küsnacht

Sonderschau
Böses Buch für Zufriedene
als Diaschau mit Sprechstimme
MUBA

Wanderausstellung
Wohnen heute
Universität Karlsruhe, Ingenieurschule für Bauwesen in Biberach, Helmhaus Zürich und Gemeindehaus Muri

7. Fortbildungskurs, neu: Informationstagung
für Pädagogen und Gestalter
Aktuelle Kunst – Landart, arte povera, minimal art, Earth art, new art
ETH Zürich

Diskussionsrunde zur Rolle des Architekten
Heinz Ronner,
Globus-Provisorium Zürich

SWB Kommentare 9–10
Beilagen *Werk*

Wohnen heute 7
Warenkatalog 1969

1969

1970

Betrifft: Unsere Städte

Aarau

AUSSTELLUNGEN

Schautafeln und Film
Die Landschaft – Deine Umwelt, ein Kapital, das verpflichtet
MUBA

Wanderausstellung
für die Ostblockstaaten
Industrial Design in der Schweiz
Ortsgruppe Zürich, erste Station
Kunstgewerbemuseum

AKTIONEN

Statutenänderung

Arbeitsgruppen zu
Städtebau, Design (Do it yourself), Erziehung, Reform der Kunstgewerbeschulen, Kunst

Zusammenstellen von Arbeitsblättern zur schweizerischen Kulturpolitik

Referentenliste für Mittelschulen bezüglich Vortrags- und Aufklärungsarbeit
Ortsgruppe Aargau

Vortrag
Der visuelle Terror unserer Städte
Ortsgruppe Basel

Stellungnahme Hechtplatz-Vorlage
Ortsgruppe Zürich

PUBLIKATIONEN

SWB-Kommentare 14–16
Beilagen *Werk*

Bauen heute
Beilagen *Berner Tagblatt*

1971

Lehrzeit – Leerzeit

(Ortsgruppe Bern)

AUSSTELLUNGEN

Lehrzeit – Leerzeit
Ortsgruppe Bern, Gewerbemuseum

AKTIONEN

8. Informationstagung
Entwurf zum Bundesgesetz über Raumplanung
ETH Zürich

Stellungnahme zum Entwurf
Bundesgesetz über Raumplanung

Mitfinanzierung
Film *Die grünen Kinder*
von Kurt Gloor

Studie Hochbahn Region Basel
des SWB-Planteams
Ortsgruppe Basel

SWB-Aktion 71
Lehrzeit – Leerzeit
Ortsgruppe Bern

PUBLIKATIONEN

Arbeitsblätter zu kulturpolitischen Fragen
SWB-Schriftenreihe Nr. 1

SWB-Kommentare 17–21
Beilagen *Werk*

Bauen heute
Beilagen *Berner Tagblatt*

1972

Grenzfall Rhein

Basel, mit DWB

AUSSTELLUNGEN

Zusammenrücken
(Thema Raumplanung)
Ortsgruppe Basel, MUBA

AKTIONEN

Planung gemeinsamer Öffentlichkeitsarbeit von SWB und OEV

9. Informationstagung
Das Kind und sein Raum
ETH Zürich

Vernehmlassung Urheberrechtsgesetz

Eingabe Vernehmlassung über Wohnbau- und Eigentumsförderung

Vorträge zum Städtebau von Peter Cook, Johannes Spalt und Friedrich Kurrent, Niklaus Morgenthaler, Hans Schmidt Ortsgruppe Basel

Radio-Sendung zu Lehrlingsproblemen
Ortsgruppe Bern

Stellungnahme Entwurf
Altstadtverordnung
Ortsgruppe Luzern

Intervention bei geplantem Silobau in Egnach, Ortsgruppe St. Gallen

Podiumsdiskussion
Zürcher Theaterprobleme
mit Galerie Fournière und Radio Zürich,
Ortsgruppe Zürich

PUBLIKATIONEN

Diego Peverelli wird *Werk*-Redaktor

SWB-Kommentare 22–26
Beilage *Werk*

Zürcher Theaterprobleme
SWB-Schriftenreihe Nr. 2

1973

Stadt unter dem Hammer

Bern

AUSSTELLUNGEN

Wettbewerbsbeiträge Bärenplatz
Ortsgruppe Bern im Auftrag der Stadt,
Zelt auf dem Bundesplatz

Tatbestand Dorf
(Dorfkernplanung am Beispiel der Gemeinde Spreitenbach)
Ortsgruppe Aargau mit dem
Shoppingcenter Tivoli

AKTIONEN

Bezug Geschäftsstelle
Rieterstrasse 15, Zürich

Informationsaustausch mit diversen internationalen Design Centers und Organisationen wie dem Münchner Forum für Umweltfragen

Filmzyklus *Wohnen*
mit Sebastian Schröders *Unterschätzen Sie Amerika nicht* und *Der Bucheggplatz zum Beispiel*, Kurt Gloors *Die grünen Kinder* und Nina und Hans Stürms *Zur Wohnungsfrage 1972*

Beteiligung an Protestveranstaltung bezüglich Bau von Atomreaktoren,
Ortsgruppe Basel

Studien zu Museums- und Tonhallengebäude sowie Raumkonzept der OLMA
Ortsgruppe St. Gallen

Informationsveranstaltung
Thearena – Aktionshalle Zürich
Gründung Verein *Mobiles Museum*
Ausschuss für Projekt Jugendhaus Zürich
Ortsgruppe Zürich

PUBLIKATIONEN

Henri Stierlin wird *Werk*-Redaktor
zusammen mit Diego Peverelli

Das Kind und sein Raum
SWB-Schriftenreihe Nr. 3

swb-journal 27–31
swb-dokument 32
früher: *SWB-Kommentare*
Beilagen *Werk*

swb-journal-oev 33–34
swb-dokument-oev 35
Beilagen *Werk/Œuvre*

1974	1975	1976	1977
Qualität und Qualitätsbegriffe	**Stadtquartier** Zürich	**Kultur – Kulturförderung – Kulturpolitik** (Informationstagung)	**Quantität und Qualität – Design-Tendenzen von 1900 bis 1978 und der Werkbund** Basel
AUSSTELLUNGEN			
SWB-Musterwohnung *(16 × die gleiche Wohnung)* Ortsgruppe Zürich, Göhner-Siedlung Benglen	*Bericht über Altstadtplätze* innerhalb der Ausstellung *Denkmalpflege* Ortsgruppe Luzern, Kornschütte	Foto- und Texttafeln über den SWB in der Ausstellung *Zwischen Kunst und Industrie – Der Deutsche Werkbund* Organisation DWB, Biennale Venedig Tonbildschau *Lernen vom Industriequartier – Zürich, Kreis* 5 in der Ausstellung *Erholungsraum Stadt* Ortsgruppe Zürich, Kunstgewerbe-museum Sechzig Foto- und Texttafeln über Ziele und Aktionen des SWB Thearena, Rote Fabrik Zürich	*Lernort Umwelt* Gewerbemuseum Basel *Der Werkbund, seine Ziele und seine Aktivitäten* in der Ausstellung *Österreichische Architektur* 1945–75 Ortsgruppe Bern, Rathausgasse 62 *Kunst am Bau* (Wettbewerbsbeiträge *Künstlerischer Schmuck ETH-Hönggerberg)* Ortsgruppe Zürich mit GSMBA und ZIA, Rote Fabrik
AKTIONEN			
Stellungnahme Ausstellungspolitik im Kunsthaus Aargau Arbeitsgruppe *Information* Vorbereitung Vernehmlassung für zum neuen Bundesgesetz über Umweltschutz mit Fachverbänden Arbeitsgruppe *Ausbildungssituation der gestalterischen Berufe* und *Öffentliche Kulturförderung* Studie gegen Projekt Forstzentrum im Bremgartenwald Vernehmlassung zum Kultur-förderungsgesetz des Kantons Ortsgruppe Bern Nutzungs- und Gestaltungskonzepte der parkplatzfreien Altstadtplätze Ortsgruppe Luzern *Thearena*-Wochen, Schiffländeplatz Design-Information-Zürich (DIZ) Pavillon Le Corbusier scheitert Ortsgruppe Zürich	Tagung *Gestalterschulen und Gesellschaft* Zürich Teilnahme im Aktionskomitee für das Raumplanungsgesetz des Vereins für Landesplanung (VLP) Teilnahme an Vernehmlassung neues Bildungsgesetz Vorschlag Namensänderung *Kunstge-werbeschulen* in *Schulen für Gestaltung* Vortragsabende *Basel – bewohnbare Stadt* Unterstützung Initiative Aktionskomitee gegen Atomkraftwerke *Laufenstrasse* (Konzept Wohnstrasse) Ortsgruppe Basel *Bericht über Altstadtplätze* Ortsgruppe Luzern 2. *Thearena* Wochen, Münsterhof, Nutzungskonzept Rote Fabrik Stellungnahme Neubesetzung Direktionsstelle Kunstgewerbeschule Ortsgruppe Zürich	<ins>Bezug Geschäftsstelle Weinbergstrasse 11, Zürich</ins> Mitarbeit Design-Wettbewerb für Inneneinrichtung Möbelmesse Lausanne Vorbereitung der Abstimmungskampagne der Vereinigung für Landesplanung (VLP) Schaffung einer Serie von Abstimmungsplakaten zur Umweltgestaltung Resolution zur Dringlichkeit der Kernkraftwerk-Frage an die Presse Quartierplanung Gartenstrasse Beteiligung Förderprogramm Innenstadt Ortsgruppe Basel Projekte zur Neugestaltung verschiedener Bereiche der Altstadt Ortsgruppe Luzern Studie *Kulturzentrum im Stadtpark* Mitarbeit *Offene Planung Südumfahrung* Ortsgruppe St. Gallen *Thearena III* in der Roten Fabrik Arbeitsgruppe *Gestalterschulen* Ortsgruppe Zürich	Konzept zu Fragen der Umwelt-gestaltung im Bildungswesen Vernehmlassungsantrag Entwurf Kantonsverfassung Ortsgruppe Aargau *Grüne Achsen*, Plan für Spazierwege entlang der Birsig Ortsgruppe Basel Vorträge zu Beteiligung der Öffentlichkeit an Planungsprozessen Einsitz im Kulturausschuss der Stadt Vernehmlassung zur neuen Bauordnung Ortsgruppe Bern Stellungnahme zur Vernehmlassung zum städtebaulichen Leitbild Inventar aller Hinterhöfe der Stadt Nutzungsvorschläge zu vier Hinterhöfen Ortsgruppe St. Gallen Gründung Quartierforum für die Altstadt *Kunst im öffentlichen Raum* (Ziel ist Erarbeitung eines Handbuchs) Ortsgruppe Zürich u.a.
PUBLIKATIONEN			
swb-journal-oev 36–39 *swb-dokument-oev 40–42* Beilagen *Werk/Œuvre* SWB-Kolumne *Werk/Œuvre* Beiträge in der *National-Zeitung* Ortsgruppe Basel *16 × die gleiche Wohnung* Broschüre Ortsgruppe Zürich	SWB-Kolumne *Werk/Œuvre* Beiträge und Kolumne in der *National-Zeitung* Arbeitsgruppe Planteam und Archiforum Ortsgruppe Basel	SWB-Kolumne *Werk/Œuvre* Beiträge und Kolumne in der *National-Zeitung* Arbeitsgruppe Planteam und Archiforum Ortgruppe Basel Zeitung *Der Platz* Ortsgruppe Luzern	<ins>*Werk* und *Archithese* fusionieren</ins> SWB-Kolumne *Werk-Archithese* *Quantität und Qualität – Design-Tendenzen von 1900 bis 1978 und der Werkbund* Broschüre zur Tagung *Kunst am Bau* Ausstellungszeitung Ortsgruppe Zürich

1978

Landschaft als Lebensraum

Davos

AUSSTELLUNGEN

Offene Planung, was ist das?
Ortsgruppe St. Gallen, Waaghaus

AKTIONEN

Gründung Ortsgruppe Graubünden mit Obmann Peter Zumthor

Verbesserungsvorschläge an Regierungsrat für *Richtlinien bei der Durchführung von künstlerischen Wettbewerben*
Ortsgruppe Aargau

Gründung *Vereinskomitee für eine fussgängerfreundliche Innenstadt*
Ortsgruppe Basel

Stellungnahme für mehr Architekturwettbewerbe öffentlicher Bauten
Ortsgruppe Basel

Stellungnahmen zur Studie *Gestaltung der Gassen und Plätze in der Berner Altstadt* und Energiekonzept der Stadt Bern

Begleitung der Stadtplanungskommission
Ortsgruppe Luzern
mit SIA, BSA, FSAI, GSMBA

Koordination der Fachvereinskommission Kunst im öffentlichen Raum
Ortsgruppe Zürich

PUBLIKATIONEN

1979

Neues Bauen in alter Umgebung

(Ortsgruppe Graubünden)

AUSSTELLUNGEN

Kinder sammeln
Ortsgruppe Bern mit Kindern zu 100 Jahre Kunstmuseum

Visuelle Wahrnehmung
Ortsgruppe Basel mit Studenten der Kunstgewerbeschule

AKTIONEN

Arbeitsgruppe *Landi 1991*
Hans Fuchs, Leonhard Fünfschilling, Christian J. Haefliger, Aldo Henggeler, Wolf Henkel und Diego Peverelli

Beitritt World Craft Council (WCC)

Aktive Unterstützung und Mitfinanzierung Kulturinitiative, Leonhard Fünfschilling als SWB-Vertreter, mit 14 weiteren Verbänden

Organisation Architektentagung zum Thema Wettbewerb
Ortsgruppe Aargau mit BSA und SIA

Vorträge Rob Krier und James Stirling
Ortsgruppe Basel

Aktionen im Forum SWB
Ortsgruppe Bern

Stellungnahme *Blaue Post* zu Entscheid des Verwaltungsgerichts über Farbgebung an Neubauten
Streitgespräch zu *Neues Bauen in alter Umgebung*
Ortsgruppe Graubünden

PUBLIKATIONEN

Das Auto in der Schule
Zeitschrift *Werkbund Material*

1980

Landi 91: Zwang zum Alten oder Chance für Neues?

Luzern (Januar 1981)

AKTIONEN

Kostenbeitrag an Unterschriftensammlung für die Kulturinitiative
Unterstützung der Ortsgruppen bei Sammlung der Unterschriften

Vernehmlassung des Berner Planungs- und Baugesetz
Bauordnung Stadt Biel
Ortsgruppe Bern

Tagung Bündnerstil
Ortsgruppe Graubünden

Kollektivmitglied an der Interessengemeinschaft Rote Fabrik (IGRF)
Stellungnahme gegen Renovation und Ausbau Opernhaus
Schreiben an Stadtrat zur Unterstützung eines autonomen Jugend-Zentrums
Mithilfe in *Neubühl-Arbeitsgruppe Renovation*
Ortsgruppe Zürich

PUBLIKATIONEN

Werkbund ohne Zeitschrift *Werk*

Kommunaler Wohnungsbau und kommunale Wohnbaupolitik am Beispiel der Stadt Zürich
Zeitschrift *Werkbund Material*

Niemandsländer
Zeitschrift *Werkbund Material*

Zu Fuss gehen
Zeitschrift *Werkbund Material*

1981

Schweiz 1991 Experimente

Basel

AKTIONEN

Kostenbeitrag an Unterschriftensammlung Kulturinitiative

Arbeitsgruppen Didaktische Materialien und Kunsthandwerk

Stellungnahme *Schweiz 1991 Experimente* an Presse und Innerschweizer Regierungskonferenz

Resolution gegen den Bau weiterer Atomkraftwerke

Tagung Architekturwettbewerb Kunsthaus Chur
Aussprachen mit Baubehörden bezüglich ästhetischer Beurteilung von Neubauten
Arbeitsgruppe Tourismusplakate
Ortsgruppe Graubünden

Arbeitsgruppe Landi
Ortsgruppe Luzern

PUBLIKATIONEN

Landi 91. Zwang zum Alten oder Chance für Neues?
Zeitschrift *Werkbund Material*

Auf den Spuren einer (auch) kreativen Bewegung
Zeitschrift *Werkbund Material*

1982

Die Unregierbarkeit der Städte

(internationale Tagung mit DWB und Gottlieb Duttweiler Institut)

AUSSTELLUNGEN

Der SWB in den siebziger Jahren in der Jubiläumsausstellung *75 Jahre DWB* München

AKTIONEN

Vernehmlassung zur Kulturinitiative

Austritt aus Fachvereinkommission *Kunst im öffentlichen Raum* (KiöR), Beitritte einzelner Ortsgruppen

Vernehmlassung zu Nationalstrassenverbindung auf Zürcher Stadtgebiet (Expressstrassen-Y)

Presseerklärung über Unterstutzung des Amnestiebegehrens kirchlicher Jugendorganisationen bezüglich Straffreiheit für Jugendliche (Jugendunruhen)

PUBLIKATIONEN

Schweiz 1991 Experimente
Zeitschrift *Werkbund Material*

1983

Umweltgestaltung zwischen Ideal und ökonomischer Realität

Zürich

70 Jahre SWB
Kunstgewerbemuseum Zürich

Veranstaltungsreihe «Kultur im Gespräch», mit GSMBA und Schweizerischem Filmzentrum mit Vorträgen von Lucius Burckhardt, Frédéric Dubois, Hans Gantner, Paul Nizon, Josef Rennhard und Thomas Wagner

Präsentation des Buches *Die gute Form. Eine Aktion des SWB. Dokumentation und Interpretation*, Peter Erni, Verlag Lars Müller

Stellungnahme zum Verordnungsentwurf des Eidgenössischen Volkswirtschaftsdepartements über die Anerkennung von Höheren Fachschulen für Gestaltung

Tagung *Architektur und Identifikation*
Ortsgruppe Aargau

Veranstaltungsreihe *Utopien*
Ortsgruppe Basel

Architekturstreitgespräche
Siedlungsbau in der Schweiz 1948–1984
Ortsgruppe Zürich

70 Jahre Schweizerischer Werkbund SWB
Broschüre

1984

Gestaltung im Kreuzverhör

Aarau

Stellungnahmen zur CH 91, zur Eidgenössischen Kulturinitiative, und zur Schliessung des Instituts für Hochbauforschung

Interesse an Vernehmlassung zur Verordnung über das neue Umweltschutzgesetz bekundet

Beantragung Mitgliedschaft für Eidgenössische Kommission für die Höhere Fachschule für Gestaltung

Gesprächsabend *Stadtumbau Aarau*
Ortsgruppe Aargau

SWB-Gespräche zu Schule für Gestaltung, Heimatschutz und Neue Medien
Ortsgruppe Basel

Architekturstreitgespräche
Gegenwärtige Tendenzen in der nachmodernen Situation der Architektur
Ortsgruppe Zürich

Landesverkleidung 1991. Warnung vor der Rückkehr einer verbrauchten Idee
Konzept Hans Fuchs

1985

Der gute Geschmack – zeitloses Kriterium oder Urteilsweise einer Epoche?

Solothurn

Positionierung der Kulturinitiative zum Gegenvorschlag des Bundes

Projekt zu Gestaltungsfragen mit dem Medium Fernsehen

Gesprächsabend *Stadtumbau Aarau*
Ortsgruppe Aargau

Vorträge im SWB-Forum
Ortsgruppe Bern

Architekturstreitgespräche
Stadt – Erscheinungsbild – Bedeutung
Ortsgruppe Zürich

Risse im Lack. Auf den Spuren der Autokultur
hg. von Leonhard Fünfschilling und Hermann Huber

1986

Neue Technologien – Neue Formen?

Basel

AUSSTELLUNGEN

Mitarbeit
Jugendästhetik im 20. Jahrhundert
Realisation DWB, Stuttgart

AKTIONEN

Kulturinitiative wird abgelehnt

Einreichung Forschungsvorhaben zu *Entstehung, Formen und Bedeutung der räumlichen Aspekte von Jugendkultur* im Rahmen des Nationalfondsprogramms

Tagung *Aufbruch der 50er Jahre. Architektur und Stadtplaung in der BRD und in der Schweiz*
Gesamthochschule Kassel

Werkbundanlass *Idee – Produkt – Handel*
Firma Wogg AG Baden-Dättwil

Stellungnahme Baugesetzrevision
Informationsveranstaltung zu *Masterplan Bahnhof SBB, Konzept 86*
Ortsgruppe Basel

Vorträge *Randgebiete der Architektur*
SWB-Forum, Ortsgruppe Bern

Unterstützung des Symposiums der F+F Schule für experimentelle Gestaltung
Architekturstreitgespräche
Spannungsfeld Stadt
Ortsgruppe Zürich

PUBLIKATIONEN

1986

1987

Industrialisierung des Bewusstseins und Medienkultur

Basel

Tonbildschau
«Venedig ohne Wasser» oder: Die Rückeroberung des öffentlichen Raumes
Museum für Gestaltung Zürich

Statutenänderung

Projektvorschlag einer Ausstellung über zeittypische Räume (*Überall ist jemand*, 1992)

Vortragsreihe zur Gestaltung des öffentlichen Raums
SWB-Forum, Ortsgruppe Bern

Architekturstreitgespräche
Planungskultur in der Schweiz
Ortsgruppe Zürich

1987

1988

Heimat, Heimatschutz, Heimatdesign

Luzern

Beitritt zu Trägerverein EUROPAN Schweiz und Vorbereitung des europäischen Architekturwettbewerbs zum Thema *Lebensweisen und Wohnarchitektur*

Symposium *Stadt Architektur (Europa)* im Zusammenhang mit der Ausstellung O.M.A im Architekturmuseum Basel, mit Vorträgen von Hans Kolhoff, Jean Nouvel, Stanislaus von Moos, Fritz Neumeyer und Rem Koolhaas

Tagung *Architektur und Urheberrecht*
Ortsgruppe Aargau

Interdisziplinäre Vortragsreihe
SWB-Forum, Ortsgruppe Bern

Kanalarbeit. Medienstrategien im Kulturwandel
Hans Ulrich Reck im Auftrag des SWB

1988

1989

Der Gestaltungswettbewerb: Kulturinstrument, Modemacher oder Alibi?

Zürich

Wanderausstellung
Das Neue Bauen in der Ostschweiz
Ortsgruppe Ostschweiz, St. Gallen, Schaffhausen, Frauenfeld, Romanshorn

Bezug Geschäftsstelle Limmatstrasse 118, Zürich

Aussprache mit SWB-Vertreter in Fachkommission des BIGA zur Situation der verschiedenen Schulen für Gestaltung (Veranstaltungsreihe)

Die Stadt als Ware oder die Stadt als Ort
Ortsgruppe Bern

Bündner Architekturgespräche
Ortsgruppe Graubünden

Veranstaltungsreihe
Stadt – Stadtraum – Raumqualität
Ortsgruppe Innerschweiz

Vortrag Eugen Gomringer:
Architektur und Sprache
Ortsgruppe Zürich, Architekturforum

Der Schweizerische Werkbund
SWB-Faltplakat

Das Neue Bauen in der Ostschweiz,
Inventar Ortsgruppe Ostschweiz

1989

1990

Gestaltung im Zeichen des Computers: Typografie am Bildschirm

Basel

AUSSTELLUNGEN

Schweizer Plakate des Jahres 1990
Ortsgruppe Bern, Kursaal Bern

AKTIONEN

Tagung *Angemessenes Gestalten*
Zürich

Stellungnahme Raumplanungsgesetz

Protestbrief an Bundesrat Adolf Ogi wegen Stromlieferungsvertrag für SBB mit französischen Atomkraftwerken

Stellungnahme Leonhard Fünfschilling *Welche Schweiz braucht die Kultur?*
Schauspielhaus Zürich

Ideenwettbewerb zur Gestaltung der Bundesfeier 1991, Martin Heller als Vertreter SWB in der Jury

Unterschutzstellung der Bata-Kolonie in Möhlin
Unterstützung Petition Aargauer Heimatschutz

Mitunterstützung des Aufrufes *Stop der Zerstörung des Neuen Bauens!*
Ortsgruppe Basel

Engagement für integrale Erhaltung der Berner Reitschule
Ortsgruppe Bern u.a.

PUBLIKATIONEN

1990

1991

Kritik an der Energiepolitik des Bundes

(Delegiertenversammlung)

AUSSTELLUNGEN

Wohnmodelle Bayern 1984–1990: Keine Entwicklung ohne Innovation – Erfahrungen und Perspektiven des experimentellen Wohnungs- und Städtebaus
Bayerisches Staatsministerium des Innern, Realisation und Patronat Ortsgruppe Bern und andere Fachverbände, Dampfzentrale Bern

AKTIONEN

Stellungnahme Entwurf Kulturförderungsartikel ans EDI

Stiftung Sciaredo, Barbegno Tessin mit GSMBA und Verein Sciaredo

Tagung *Psychologie zu Architektur und Design*
Ortsgruppe Aargau, Stadtcasino Baden

Werkbund-Tagung *Stadt und Boden*
Ortsgruppe Ostschweiz, Hotel Ekkehard St.Gallen

PUBLIKATIONEN

Der Gestaltungswettbewerb. Kulturinstrument, Modemacher oder Alibi?
SWB-Dokument Nr. 1

Heimat, Heimatschutz, Heimatdesign
SWB-Dokument Nr. 2

Stadt und Boden
zur Tagung der Ortsgruppe Ostschweiz

1991

1992

Thesen zum Anspruch des SWB

(Delegiertenversammlung)

AUSSTELLUNGEN

Überall ist Jemand. Räume im besetzten Land
zusammen mit Museum für Gestaltung Zürich

Mitarbeit *Freudenberg. Der Architekt Jacques Schader und die Kantonsschule Zürich-Enge*
Realisation Ortsgruppe Zürich, Vestibül Museum für Gestaltung

Erste Staussiade,
Sicherung und Dokumentation des Werks Traugott Stauss' (1898–1952)
Ortsgruppe Ostschweiz, Historisches Museum St.Gallen

AKTIONEN

Dokumentation der SWB-Aktion *Die gute Form* an Designsammlung des Museums für Gestaltung Zürich

Podiumsgespräch über das neue Baugesetz des Kantons Aargau
Ortsgruppe Aargau

Arbeitsgruppe zur *Vernehmlassung zum Entwurf des neuen Raumplanungs- und Baugesetzes Baselland*
Ortsgruppe Basel

Veranstaltungsreihe *SWB-Debatte über Stadtideen: Grossbaustellen – Befragung von Projekten*
Ortsgruppe Zürich

PUBLIKATIONEN

Angemessenes Gestalten
SWB-Dokument Nr. 3

Überall ist Jemand. Räume im besetzten Land
Textband mit Museum für Gestaltung

Freudenberg. Der Architekt Jacques Schader und die Kantonsschule Zürich-Enge
mit Museum für Gestaltung Zürich

1992

1993

Gestaltung in der Rezession – eine Bewegungsraum-besichtigung

Zürich

AUSSTELLUNGEN

Zweite Staussiade
Ortsgruppe Ostschweiz, Historisches Museum St.Gallen

Beteiligung *New Realities – Neue Wirklichkeiten II*
Museum für Gestaltung Zürich

AKTIONEN

Tagung *CAAD: Architektonisches Entwerfen im Zeichen des Computers*
Museum für Gestaltung Zürich

Tagung *Fachhochschule für Gestaltung – Griff nach den Sternen?*
Gemeinschaftshaus Martinsberg Baden

Stellungnahme Entwurf Bundesgesetz über Fachhochschulen ans BIGA

Stellungnahme Ergänzung und Ratifizierung der UNESCO-Konvention 1970 (Handel und Verkehr mit Kulturgütern zwischen der Schweiz und dem Ausland) ans EDI

Veranstaltungsreihe *Kommunikation und neue Medien*
Ortsgruppe Basel

Vortrag *Zweite Staussiade*
Arbeitsgruppe Sicherung und Dokumentation des Toggenburger Design-Pioniers Traugott Stauss,
Ortsgruppe Ostschweiz, Historisches Museum St.Gallen

PUBLIKATIONEN

New Realities – Neue Wirklichkeiten. CAAD: Entwerfen im Zeichen des Computers
Tagungsband

Gestaltung in der Rezession – Eine Bewegungsraumbesichtigung
Faltbroschüre

1993

1994	1995	1996	1997
Gestaltung und Ökologie	**Softwarekritik**	**Kulturwandel – Entwicklungen im Banne der Neuen Medien**	**Visionen im Rückspiegel**
Luzern	(Gesprächsreihe)	Bern	(Werkbundbeitrag an die *Expo.01*)
AUSSTELLUNGEN			
		Churer Altstadt im Wandel – Beiträge zu einer Diskussion Ortsgruppe Graubünden, Stadtgalerie Chur *Dritte Staussiade. Raumkunst Lichtensteig – Ein Mann probt die Moderne* Ortsgruppe Ostschweiz zusammen mit Historischem Museum St.Gallen	*Vierte Staussiade. Traugott-Stauss-Werkschau* Ortsgruppe Ostschweiz, Seh-Zug der Bodensee-Toggenburg-Bahn
AKTIONEN			
Gesprächsreihe *Softwarekritik* Zürich, Kongresszentrum Limmat Tagung *Wahrnehmen und Planen mit Frauen und nicht gegen sie – Weiterdenken eines schwierigen Themas im Dialog* Ortsgruppe Basel, Offene Kirche Elisabethen Reaktivierung Trägerschaft *Auszeichnung guter Bauten 1994* Ortsgruppe Graubünden u.a.	Erfolglose Projekteingabe an Bund, *Umweltgestaltung im Zeichen einer mediatisierten Gesellschaft*, Veranstaltungsreihe zu *150 Jahre Bundesstaat, 200 Jahre Helvetische Republik* Tagung *Baugesetzgebung zwischen Architektur und Politik* Arbeitsgruppen Ortsgruppe Graubünden mit Ingenieurschule HTL Stellungnahme an Basler Regierung gegen Schliessung Museum für Gestaltung Arbeitsgruppe *Welche Zukunft für die Schule für Gestaltung Basel?* Ortsgruppe Basel Gründung Forum für Gestaltung im Kornhaus Bern Ortsgruppe Bern mit Schule für Gestaltung, ArchitekturForum und Schweizer Grafiker Verband Bern Stellungnahme Projektwettbewerb Webersbleiche St.Gallen Arbeitsgruppe *Stadtgestaltung* Ortsgruppe Ostschweiz	Jahrestagung *Expo.01 – Die Zeit oder die Schweiz in Bewegung* Neuenburg Gründung und Einsitznahme in Stiftung Sciaredo Tagung *Auf dem Weg in das 21.Jahrhundert: Wer trägt die Kultur? Welche Rolle spielen die Museen?* Ortsgruppe Basel, Kunsthalle Tagung *Der öffentliche Raum – Zwischen Verödung und Lebendigkeit* Ortsgruppe Basel, Werkraum Warteck Vorschläge an Regierung für Revision kantonales Raumplanungsgesetz Ortsgruppe Graubünden Internet-Schnupperkurs *Surf with Breakfast: Der SWB geht ans Internet* Ortsgruppe Zürich	Wiederaufbauprojekt in Bosnien *18961914193919642001 Visionen im Rückspiegel* Projekteingabe für Landesausstellung *Expo.01* Projekt Wettbewerb Kulturspots *Nahsehen im Fernsehen* mit Initiativgruppe Projekt *CuCo&Co* und Schweizer Fernsehen DRS Beteiligung Vernehmlassung zu Richtlinien über die Verwendung des Bundeskredites für kulturelle Organisationen Petitionskomitee *Kein Abbruch des Strandbades Lido ohne Neubau* Ortsgruppe Innerschweiz u.a. Stellungnahme zu umstrittener Erweiterung Kunstmuseum St.Gallen Arbeitsgruppe Stadtgestaltung, Ortsgruppe Ostschweiz
PUBLIKATIONEN			
		Raumkunst Lichtensteig – Ein Mann probt die Moderne: Traugott Stauss Ortgruppe Ostschweiz	*Kulturwandel. Entwicklungen im Banne der Neuen Medien* SWB-Dokument Nr. 4 *werkbund.ch* SWB-Faltbroschüre

1998

Informationsobjekte – alles Design?

Zürich, mit Verband Wirtschafts-informatiker und Swiss Computer Graphics Association

AUSSTELLUNGEN

Mitarbeit Eröffnungsausstellung
Detail-Design –
Die Liebe auf den zweiten Blick
Ortsgruppe Bern, Kornhausforum

AKTIONEN

18961914193919642001
Visionen im Rückspiegel
zweite Runde Projekteingabe für Landesausstellung *Expo.01*
[abgelehnt]

Veranstaltung Stadtgestaltung
Ortsgruppe Bern

Mitarbeit Informationsveranstaltung
Gestaltungsplan Bahnhof Chur
Gründung Arbeitsgruppe mit Bündner Heimatschutz
Mitarbeit Aktion Bauberatung
Ortsgruppe Graubünden

Stellungnahme Neugestaltung
Zuschauerraum Stadttheater
Ortsgruppe Luzern

Diskussionsreihe Stadtkochen
in der Stadtküche
Ortsgruppe Zürich

PUBLIKATIONEN

1999

Design vor dem Preis – transdisziplinäre Erkundungen und Reflexionen

Solothurn, mit OEV

Zehntätige Studienreise nach Bosnien
im Rahmen des Projektes Wiederaufbau

Symposium
Faszination der Oberfläche –
Die Innenwand
mit der Firma Tapeten Spörri Zürich

Fachgruppe Neue Medien

Projektteam Gestalten im Bildungswesen
mit Ortsgruppe Basel

Samstagsgespräche im Kornhaus
Beteiligung an Veranstaltungen
Forum für Medien und Gestaltung
Ortsgruppe Bern

Mitarbeit Auszeichnung guter Bauten
Ortsgruppe Luzern

Mitarbeit an Veranstaltungen im
Architektur Forum
Ortsgruppe Ostschweiz

www.werkbund.ch
Aufschaltung Homepage

2000

ReVisionen

(Ortsgruppe Zürich)

Gesuch an BAK für Beitrag an Kosten
einer Publikationsreihe zu Rechtsfragen
auf dem Gebiet der Kunst
mit OEV

Diskussion bezüglich Dachverband
gestalterischer Berufsverbände
auf Initiative des Schweizer Grafiker
Verbands (SGV)

Veranstaltungsreihe *Stadtraum!*
Ortsgruppe Bern

Stellungnahmen zum zukünftigen
Universitätsstandort Luzern
Inventar der Bauten des
20. Jahrhunderts
Ortsgruppe Innerschweiz

Mitträger *Stiftung für die Auszeichnung*
guter Bauten im Kanton Zürich
Ortsgruppe Zürich mit BSA,
der Zürcher Kantonalbank und dem
kantonalen Hochbauamt

2001

Werkbund und Wohnen – von Modellen für das 20. zu Perspektiven für das 21. Jahrhundert

Zürich, mit Institut für Geschichte und Theorie der Architektur (gta), ETH Zürich

Beteiligung Auszeichnung
Gutes Bauen in der Ostschweiz
Ortsgruppe Ostschweiz mit Architektur
Forum Ostschweiz

Mitwirkung *Auszeichnung für gute*
Bauten in Graubünden
Stellungnahme zur Baugesetz- und
Zonenplanänderung der Stadt Chur
mit AFC, BSA und SIA

Beteiligung am Tag des Denkmals
in Fürstenau im Rahmen der
Europäischen Tage der Kulturgüter
Ortsgruppe Graubünden

2002

Alt – Neu: Vergangenes und Zukünftiges

(Delegiertenversammlung)

AUSSTELLUNGEN

BlickMal!
Ortsgruppe Bern, Kornhausforum

AKTIONEN

Statutenänderung

Arbeitsgruppe Bericht über Werkbund-Perspektiven

Gesicherte Finanzierung des Projekts *Weiterbildung bosnischer Fachleute aus gestalterischen Berufen in der Schweiz*

Veranstaltungsreihe *Werk 1*
Ortsgruppe Basel

Aktion *BlickMal!*
im öffentlichen Raum
Ortsgruppe Bern

Workshop
Ortsgruppe Graubünden wohin?
Ortsgruppe Graubünden

Memorandum zum Thema Plakatierung im öffentlichen Raum
Ortsgruppe Innerschweiz

PUBLIKATIONEN

2003

Kulturlandschaft – eine Chance für die nachhaltige Regionalentwicklung

Tiefencastel (Ortsgruppe Graubünden)

AKTIONEN

Auflösung von L'Œuvre (OEV)

Jubiläumsfeier 90 Jahre SWB im Schweizerischen Landesmuseum Zürich

Resolution an Zürcher Regierungsrat zur Abschaffung Vorkurs der Hochschule für Gestaltung und Kunst HGKZ

Patronat der Tagung *Architektinnen als Ausstellungsmacherinnen*
Ortsgruppe Aargau, Aarau

Realisation einer *Multimedia CD Allmend*
Ortsgruppe Innerschweiz mit Projektgruppe Allmend

Veranstaltung
Die Stadt und die Agglomeration
Ortsgruppe Ostschweiz mit BSA, Bregenz

Vernehmlassung zum Entwurf für die neue Verfassung des Kantons Zürich
Gründung des Schaffhauser Architekturforums
Ortsgruppe Zürich mit SIA und BSA

PUBLIKATIONEN

Werk + Bund + Wohnen. Die zehn Werkbund-Siedlungen des 20. Jahrhunderts
Beilage *Hochparterre* Heft 12

2004

Crossover der Kulturen. Gestalten in der vielkulturellen Gesellschaft

Basel

AKTIONEN

Gründung Groupe Romandie mit Präsident Robert Walker in Neuchâtel

Abschluss der Pilotphase des Projekts *Weiterbildung bosnischer Fachleute*

Werkbundversammlung
zum Thema *Netzwerk*

Arbeitsgruppe *Inhalt und Gefäss* über generelle Ausrichtung des SWB

Tagung *Public Paradise – öffentliche Räume in Zeiten der Privatisierung*
Ortsgruppe Aargau

Einsitz im Stiftungsrat des Berner Kulturpreises für Architektur, Technik und Umwelt (Atu-Prix), Ortsgruppe Bern

Kampagne für die Erhaltung der Kantonsschule an der Halde Chur
Ortsgruppe Graubünden

Unterstützung Stadtbahn für die Agglomeration, Ortsgruppe Luzern

Tagung *Laut und Luise oder Lärm ist das Geräusch der andern*
Ortsgruppe Zürich

PUBLIKATIONEN

Die gute Fotografie der guten Form
Fotoessay Geschäftsbericht

2005

Reibungsverluste – Reibungsgelüste. Arbeiten an der Stadt: Vision und Umsetzung

Luzern

AKTIONEN

Stellungnahme neues Kulturförderungsgesetz

SWB ist Gründungsmitglied der *Coalition suisse pour la diversité culturelle / Schweizer Koalition für kulturelle Vielfalt*

Mitorganisation Tagung
Public Paradise – öffentliche Räume in Zeiten der Privatisierung
Ortsgruppe Aargau

Anregung eines Architekturwettbewerbs zur Sanierung des Hallenbads St. Moritz
Ortsgruppe Graubünden

Design-Versteigerung
Ortsgruppe Zürich

Workshop.05
zum Jahresthema 2006
Eile mit Weile

PUBLIKATIONEN

werkbund.ch
zweisprachige Neuauflage
SWB-Faltbroschüre 1997

2002 2003 2004 2005

2006

Hâte-toi lentement / Eile mit Weile

Aarau

AUSSTELLUNGEN

AKTIONEN

Workshop.06
zum Jahresthema 2007 und 2008
AGGLO/Agglomération

Tagung *Wohnen und Leben im Alter*
Ortsgruppe Aargau, Kölliken

Mitarbeit an Churer Stadtplanrevision
Ortsgruppe Graubünden

PUBLIKATIONEN

«die neue fotografie»
SWB-Fotosammlung
Broschüre zur Ausstellung

IMAGES raisonnées.
Réflexions sur le role de l'image dans l'œuvre de Rodolphe Luscher
Groupe Romandie

2007

AGGLO / Agglomération

Zürich

AUSSTELLUNGEN

Mitarbeit *Bilderstreit.*
Durchbruch der Moderne um 1930
Fotostiftung Schweiz,
Fotozentrum Winterthur

AKTIONEN

Statutenänderung

Stellungnahme zu Masterstudiengängen in Design an Fachhochschulen an Bundesamt für Berufsbildung und Technologie BBT sowie an Bundesrätin Doris Leuthard

Workshop.07
zum Jahresthema 2009
Der gute Rohstoff

Mitarbeit Arbeitsgruppe
Grabenstrasse in Chur
Ortsgruppe Graubünden

Stellungnahme Studie
Die Stadt Luzern im Jahr 2022
Ortsgruppe Innerschweiz

Engagement für Referendum Ausbau der historischen Reusswehranlage in Luzern
Ortsgruppe Innerschweiz

PUBLIKATIONEN

Bilderstreit.
Durchbruch der Moderne um 1930
Beteiligung Ausstellungskatalog
Fotostiftung Schweiz

2008

AGGLO II / Agglomération II

Bussigny-près-Lausanne

AUSSTELLUNGEN

Ausufern
Ortsgruppe Zürich, Forum Vebikus
Schaffhausen

AKTIONEN

Verleihung Förderpreis *Die gute Farbe*
mit IKEA-Stiftung und Haus der Farbe

Workshop.08
zum Jahresthema 2010
Blickmal – Augenmass

Aktionstag *Vision D*
Ortsgruppe Innerschweiz, Luzern

Verleihung *SWB Förderpreis 2008*
für Studierende Master Architektur,
Zürcher Fachhochschule Winterthur
Ortsgruppe Zürich

PUBLIKATIONEN

2009

Rohstoffe / Ressources

Winterthur

AUSSTELLUNGEN

Photographie Suisse des années 1930,
Conflits d'images
Groupe Romandie, Château de Prangins

AKTIONEN

Engagement für Höhere Berufsprüfung
Gestaltung im Handwerk
Haus der Farbe Zürich

Verleihung des
Werkbund Designpreis@embru 2009
mit Embru-Werke Rüti

Workshop.09
zum Jahresthema 2011
ECHO

Zwei Veranstaltungen der Reihe
horizonte:
Haus der Farbe Zürich

Projekt *IBA 2020* (von Zentralvorstand als nationales Projekt ernannt)
Ortsgruppe Basel und DWB

Table ronde *Dualités de la photographie récente: une situation analogue à celle des années 30?*
Groupe Romandie

Verleihung *SWB-Förderpreis 2009*
an Studierende Diplomstudiengang
Grafik, F+F Schule für Kunst
und Mediendesign
Ortsgruppe Zürich

PUBLIKATIONEN

Rundbrief (Mailversand)

2010

BlickMal / Point(s) de vue – Sehen und Wahrnehmen

Zürich

2011

ECHO

Kloster Schönthal

2012

Eine Stadt in bestem Licht: La Chaux-de-Fonds

La Chaux-de-Fonds

2013

100 Jahre SWB und Blick in die Zukunft

Zürich

AUSSTELLUNGEN

2010

Central Anywhere und
Berner Architektinnen und Planerinnen
Ortsgruppe Bern,
Galerie Margit Haldemann

2013

Analoges und digitales Gestalten – Begegnungen
Ortsgruppe Zürich, IG Halle Rapperswil

Wettbewerbspräsentation
Die Halbe Miete. Wohnen in 50 m³/ La moitié de notre loyer. Habiter dans 50 m³
Volkshaus und Haus der Farbe Zürich

Sichtweisen: gestern – heute – morgen
Ortsgruppe Basel,
Unternehmen Mitte Basel

Vision Werkbundquartier
Ortsgruppe Bern, Kornhausforum

Dichte Form: Dynamische Austauschexposition
Ortsgruppe Zentralschweiz,
Neubad Luzern

Schaufenster zum Jubiläum
Ortsgruppe Zürich, Volkshaus

AKTIONEN

2010

Erste Eidgenössische Berufsprüfung
Gestalter/in im Handwerk

Ja-Parole Erweiterungsbau
Schweizerisches Landesmuseum

Wann ist ein Schiff ein Schiff?
Dreidimensionales funktionales Gestalten mit vier- bis achtjährigen Kindern mit Pädagogischer Hochschule Bern und Schulverlag

Vier Veranstaltungen der Reihe *horizonte:*
Sitterwerk St. Gallen, Galerie Haldemann Bern und Bibliothek Oechslin Einsiedeln

Workshop 2010
zum Jubiläum 2013
Bern

Verleihung *SWB-Förderpreis 2010*
an Studierende Master Transdisziplinarität, ZHdK
Ortsgruppe Zürich

2011

Zweite Eidgenössische Berufsprüfung
Gestalter/in im Handwerk

Zwei Veranstaltungen der Reihe *horizonte:*
Sitterwerk St. Gallen und Cave du Château Yverdon

Workshop 2011
zum Jubiläum 2013
Haus der Farbe Zürich

2012

Dritte Eidgenössische Berufsprüfung
Gestalter/in im Handwerk

Zwei Veranstaltungen der Reihe *horizonte:*
Zeughaus Teufen und
Haus der Farbe Zürich

Verleihung *SWB-Förderpreis 2012*
an Studierende Master of Arts in Fine Arts, ZHdK
Ortsgruppe Zürich

2013

Wettbewerb *Die Halbe Miete. Wohnen in 50m³/La moitié de notre loyer. Habiter dans 50m³*

Vierte Eidgenössische Berufsprüfung
Gestalter/in im Handwerk

Zwei Veranstaltungen der Reihe *horizonte:*
Haus der Farbe Zürich

Veranstaltungsreihe
Scroll – die ausgelagerte Gestaltung
Ortsgruppe Aargau

Sainte-Croix: capitale de l'art automatique? Visite d'ateliers
Groupe Romandie, Sainte-Croix

Dichte Form: Dynamische Austauschexposition,
Umzug durch Luzern
Ortsgruppe Zentralschweiz,
Neubad Luzern

PUBLIKATIONEN

2010

BlickMal. Point(s) de vue
Beiträge zum Werkbund-Tag

Werkbrief / La Lettre
(Mailversand/online)

2013

Gestaltung Werk Gesellschaft. 100 Jahre Schweizerischer Werkbund SWB
Beteiligung

2010 2011 2012 2013

Kapitel 1

Institution SWB

Aufbruch und Reform

Der Schweizerische Werkbund in seinem ersten Jahrzehnt

001

Bernd Nicolai

002

003

004

001
Otto Ingold, Entwurf
Empfangsraum der
Raumkunstausstellung
Bern, 1910

002
Alfred Altherr,
Treppenaufgang
Landhaus Toelleturm
Barmen, 1911/12

003
Hermann Muthesius,
Haus Freudenberg
Berlin-Nikolassee,
1907/08

004
Spielzeugschränkchen
von Alfred Altherr,
Spielwarenausstellung
Zürich, 1916

005
Alfred Altherr,
Eingangsraum Abteilung
der angewandten Kunst,
*XIII. Nationale Kunst-
ausstellung* Zürich, 1917

005

006

007

008

009

006
Erwin Heman, Vorraum zum Lesesaal, Werkbund-Ausstellung Basel, 1917/18

007
Otto Ingold, Innenansicht des BSA-Pavillons an der Landesausstellung Bern, 1914, Foto Philipp und Ernst R. Linck Zürich

008
Wohnungseinrichtung der Klasse Wilhelm Kienzle der Gewerbeschule der Stadt Zürich, 1917

009
Otto Ingold, Grosser Saal Volkshaus Bern, 1914

010
Heinrich Tessenow, Einfamilienkleinhäuser für Gartengenossenschaft Hohensalza Provinz Posen, Zeichnung um 1915

011
Hans Bernoulli, Nutzgarten vor dem Arbeiterhaus, *Schweizerische Werkbundausstellung* Zürich, 1918

010

011

012
Alfred Altherr, Innenhofflügel mit Marionettentheater, Wandmalereien von W. Hartung, *Schweizerische Werkbundausstellung* Zürich, 1918, Foto Ernst R. Linck

013
Josef Hoffmann, Österreichische Kunstschau, Wien, Postkarte Emil Hoppe 1908

012

013

Es war die Halbzeit der Moderne ab 1890, als der Schweizerische Werkbund (SWB) am 17. Mai 1913 in Zürich gegründet wurde (→ S. 63). Auf dem Höhepunkt des «Reformstils» entstand in der Deutschschweiz eine Organisation zur Reform der Produktkultur, die sich stürmisch entwickeln und von 53 Mitgliedern 1914 auf 209 im Geschäftsjahr 1918/19 anwachsen sollte.[1] Am Vorabend des Ersten Weltkriegs befand sich der SWB im Konzert mehrerer gleichartiger Organisationen wie dem Österreichischen (1912), Tschechischen (1913/14) und Schwedischen Werkbund (1914),[2] alle im langen Schatten des 1907 gegründeten Deutschen Werkbundes (DWB), der 1913 gerade sein bedeutendstes Jahrbuch der Vorkriegzeit unter dem Titel *Die Kunst in Industrie und Handel* herausgebracht hatte.[3] Ein Jahr später, anlässlich der Jahrestagung der gross angelegten Werkbund-Ausstellung in Köln, die vom Ausbruch des Kriegs überschattet wurde, waren Vertreter der Geschwisterorganisationen als Mitstreiter unter dem martialisch anmutenden Titel «Der Werkbund-Gedanke in den germanischen Ländern» an der Werkbund-Tagung in Köln 1914 aufgeboten, um die sich radikalisierende nationalistische Ausrichtung des DWB zu unterstützen, rückblickend aus der Sicht des SWB als «Fata Morgana eines von der Welt anerkannten Stils deutscher Prägung».[4]

Der Schweizer Vertreter der Werkbund-Bewegung Alfred Altherr sen. (→ S. 419), Mitglied des DWB ab 1908 und Erster Vorsitzender des SWB, grenzte sich vorsichtig vom grossen Bruder ab: «Wenn der Schweizerische Werkbund sich nicht unmittelbar an den deutschen Werkbund angegliedert, sondern als selbstständige Gruppe sich konstituiert hat, so hat das seinen Grund in den wirtschaftlichen Interessen unseres Landes, die möglichste Unabhängigkeit fordern. [...] Bei uns mußte, und muß versucht werden, den Werkbundgedanken unabhängig, auf der Grundlage der eigensten Verhältnisse, in die Tat umzusetzen.»[5] Zürich sah er aufgrund seiner wirtschaftlichen und kulturellen Ausstrahlung als geografisches Zentrum, wo die «Bewegung (SWB) [...] erst im kleinen und sich in bescheidenen Grenzen als tüchtig erweisen» muss.[6]

Im Gegensatz zum DWB gelang es dem SWB rasch, zusammen mit dem 1908 gegründeten Bund Schweizer Architekten (BSA) die Zeitschrift *Das Werk* ab 1914 als monatlich erscheinendes «Propagandainstrument» zu etablieren und damit über Jahrzehnte ein kontinuierliches Sprachrohr zur Verfügung zu haben.

Altherrs Abgrenzungsrhetorik gegenüber dem DWB konnte nicht darüber hinwegtäuschen, dass der SWB ganz im kulturpolitischen Fahrwasser des DWB mit seinem Cheftheoretiker Hermann Muthesius stand, der Altherr zur Gründung des SWB ermuntert hatte.[7] Versuche, einen gesamtschweizerischen Verein zu gründen, schlugen aufgrund dieser Ausgangslage fehl: «Ein erster Annäherungs- und Vereinigungsversuch des Schweizerischen Werkbundes [mit der in der Romandie verankerten Œuvre (OEV)] scheiterte an den grundsätzlich verschiedenen Auffassungen von Originalwerk und Werkkunst in Verbindung mit Industrie.»[8]

Die Satzung des SWB, die sich an die des DWB anlehnte, formulierte folgende Ziele: «Sein Zweck ist die Veredelung gewerblicher Arbeit im Zusammenwirken von Kunst, Industrie und Handwerk durch Erziehung, Aufklärung und Stellungnahme zu künstlerischen und volkswirtschaftlich praktischen Fragen.»[9] Dem lag unausgesprochen das Ideal einer «Wiedereroberung harmonischer Kultur» zugrunde, das Fritz Schumacher in seiner Gründungsansprache des DWB 1907 in Dresden beschworen hatte.[10] Dazu sollten die Gewerbebewegung und die Reform der

(Kunst-)Gewerbeschulen einen substanziellen Beitrag leisten, wie sie Altherr nach seiner Berufung an die Zürcher Kunstgewerbeschule 1912 auch konsequent umsetzte. In der Schweiz fand Altherr angesichts der Berner Landesausstellung – an der der SWB ebenso wenig wie auf der Werkbund-Ausstellung in Köln aus Zeitgründen teilnehmen konnte[11] – die Leistungen der Technik, der Maschinen- und Seidenindustrie an erster Stelle, «das Produktdesign der Möbel- und Uhrenindustrien sehr im Hintertreffen.»[12] Gewerbekünstler sah er nur «spärlich» sich auf der neuen Linie des Werkbundes bewegen. Eine Verbindung mit der Industrie war vorerst nicht oder nur vereinzelt gegeben, ganz im Gegensatz zum DWB, der offensiv dabei war, einen industriebürgerlichen Stil als Corporate Design, insbesondere im Bereich der Elektro- und Maschinenindustrie, mitzugestalten und verkaufsfördernd einzusetzen. Davon war die Schweiz noch weit entfernt, obwohl einige wenige Industrielle wie der Direktor der Tapetenfabrik Salubra, Albert A. Hoffmann, sich im SWB engagierten. Unterstützung versprach sich Altherr von der Ende 1914 in Zürich durchgeführten Ausstellung des von Karl Ernst Osthaus gegründeten Deutschen Museums für Kunst in Handel und Gewerbe (→ S. 123) – eigentlich einem Museum des DWB –, das neuartige Beispiele aus den Bereichen Produktdesign, Typografie, Schaufenstergestaltung bis hin zu Tafeldekoration, Innenraumgestaltung und industriellen Bauten zeigte.[13]

Die von Hermann Kienzle rückblickend unterstrichene, selbstverständliche, enge kulturelle Beziehung zwischen der deutschsprachigen Schweiz und Deutschland,[14] macht deutlich, warum es unmöglich war, einen gesamtschweizerischen Werkbund zu begründen. Die Reform- und Kulturfragen, die damals in Deutschland und Frankreich debattiert wurden, führten zu einem regelrechten Kulturkampf beider Länder, – Kultur versus Zivilisation – dessen «Frontlinie» entlang des Röstigrabens mitten durch die Schweiz verlief. Dies war bereits vor dem Ersten Weltkrieg der Fall, als sich dann der Konflikt auch innenpolitisch zuspitzte (→ S. 67).[15] 1912, ein Jahr vor der Gründung des SWB, wurde Charles-Édouard Jeanneret von seinem Lehrer Charles l'Éplattenier aus La Chaux-de-Fonds mit der wichtigen Studie *Étude sur le mouvement d'art decoratif en Allemagne*[16] beauftragt, in der er die Vorbildlichkeit der deutschen Reformbewegung eindrucksvoll darstellte, aber in der Romandie auf taube Ohren stiess. 1915/16 plante er unter Eindruck des Kriegs auf Initiative von Auguste Perret die Studie *France ou Allemagne*, in der er die Errungenschaften der Reformbewegung in Deutschland kritisch betrachtete und eine zugespitzte Geschichte des Kulturkampfes beider Nationen entwarf: «1885 bis 1900: Epoche der Realisierungen in Frankreich; Unbeweglichkeit in Deutschland», um 1900 radikaler Wechsel, «Ermattung in Frankreich; intensive Tätigkeit in Deutschland», um dann zu präzisieren: «1900. Das Erwachen in Deutschland, der Alarm [das Signal]. Der Sieger, der Stolz, die Organisation für den Kampf. Französischer Samen in Deutschland. Die Geburt des deutschen Geschmacks. Die überbordende Aktivität, der Patriotismus und Nationalismus Deutschlands», schliesslich ab 1910 die Entstehung des «Pangermanismus bis hin zum Werkbund 1914».[17]

Kienzle sah in diesem Kontext die engen Zusammenhänge mit der deutschen Werkbund-Bewegung – ein grosser Teil der Reformarchitekten und Gewerbekünstler des SWB war in Deutschland ausgebildet worden – und würdigte die grossen Leistungen des DWB. Aber er konnte auch darauf verweisen, dass der SWB «ideologiefreier» agierte und keinesfalls von expansiven Absichten und einer normativen Kulturdoktrin getrieben war. Daher fand der SWB «schon sehr bald einen selbständigen Ausdruck. Allerdings darf dabei nicht ausser Acht gelassen werden, dass der Weltkrieg einerseits die Aktivität der deutschen Bewegung lähmte, andererseits das politische Distanzgefühl des politisch Neutralen stärkte. Diese [...] schweizerische Haltung unseres Werkbundes trat im Jahre 1918, fünf Jahre nach der Gründung des SWB [in der *Schweizerischen Werkbund-Ausstellung* 1918], offen zutage».[18] Wenn Hans Bloesch angesichts der Gründung des SWB moniert hatte, dieser hätte sich mehr eigenständig, «auch durch Namen und Ziele» unabhängig vom DWB profilieren müssen,[19] dann stellt sich die Frage nach realistischen Alternativen. Diese lagen nicht auf der Hand.

Ausgehend von den Reformen in Deutschland und Österreich verfolgte der SWB drei grosse Themenfelder: 1. Kunstgewerbe- und Gewerbeschulreform, 2. Raumkunst und sachliche Innenraumkunst, 3. Reformarchitektur.

Kunstgewerbe- und Gewerbeschulreform

Mit Altherr sen. und Kienzle (→ S. 422) besetzten ab 1912 bzw. 1917 zwei im deutschen Reformkontext sozialisierte Exponenten die Direktorenposten der beiden wichtigsten Kunstgewerbeschulen der Schweiz, und zwar in Zürich und Basel. In Zürich konnte Altherr auf die Reorganisation unter Jules de Praeteres, der von 1905 bis 1912 den Direktorenposten innehatte, aufbauen. Mit der Reform verbunden war die gemeinsame Leitung von Kunstgewerbeschule und -museum.[20] Altherr, der von 1904 bis 1912 die Professur für Raumkunst an der Gewerbeschule in Elberfeld (Wuppertal) bekleidete, hatte seine Ausbildung an der Unterrichtsanstalt des Kunstgewerbemuseums in Berlin absolviert, die ab 1906 von Bruno Paul geleitet wurde und an der Peter Jessen Direktor der Kunstbibliothek war, beide wichtige Vertreter des DWB. 1904 hatte Altherr, wie auch die Architekten und Inneraumkünstler Bruno Möhring, Joseph Maria Olbrich und Otto Pankok, eine Goldmedaille an der für die Reformkunst so entscheidenden Weltausstellung in St. Louis, USA, erhalten.

Zürich und Basel standen in Bezug zu einer Reihe von Reformschulen, von denen in Preussen Breslau (1903, Hans Poelzig), Düsseldorf (1903, Peter Behrens), Krefeld (1902, Jules de Praetere; 1904, Jan Thorn Prikker), Trier (1905, Heinrich Tessenow), Berlin (1906, Bruno Paul) und Offenbach (1907, Hugo Eberhardt) und ausserhalb Preussens Weimar (1908, Henry van de Velde) und München (1912, Richard Riemerschmid) die bedeutendsten waren und durch Muthesius' englische Erfahrungen massgeblich neu ausgerichtet wurden. Entscheidend war der 1906 auf Veranlassung von Muthesius vom preussischen Ministerium für Handel und Gewerbe ausgegebene «Lehrwerkstätten-Erlass», der Kunst- und Lehrwerkstätten als gemeinsame Bestandteile der Ausbildung definierte.[21]

Damit war eine Stufe erreicht, die ausgehend von Breslau und Weimar, direktes Vorbild für die Lehrorganisation des 1919 gegründeten Bauhauses wurde.[22] Dieses Konzept prägte massgeblich die Aktivitäten Altherrs, der, zusammen mit dem Schreiner und Innenarchitekten Wilhelm Kienzle, dem Leiter der neuen Abteilung Innenausbau von 1916 bis 1951 und Bruder von Hermann Kienzle, im Rahmen der *XIII. Nationalen Kunstausstellung* eine eigene Abteilung für angewandte und
Abb. 005 gewerbliche Kunst etablierte, die «für unser Gewerbe und unsere Industrie und für unser kulturelles Leben von grösster Bedeutung» war.[23] Auch die erste Ausstellung des SWB 1914/15 in Zürich organisierte Altherr als integrale Präsentation von praktischen und künstlerischen Gegenständen (Gebrauchskunst), zwar «in keiner

Weise als Erfüllung des Werkbundgedankens schlechthin», aber modellhaft mit dem Material des Deutschen Museums für Kunst in Handel und Gewerbe in Hagen.[24] Hier wurde eine sachliche Gewerbekunst angestrebt. In ähnlicher Weise agierte Kienzle in Basel mit einer Reihe von Ausstellungen zusammen mit dem Schreinermeister Alfred Anklin, während in Bern die Schule vom Museum getrennt blieb und vor allem der selbstständige Architekt Otto Ingold mit Hugo Wagner, dem Leiter der Werkstätten für Inneneinrichtung und ersten Obmann der Berner Ortsgruppe des SWB, beispielgebende Raumkunst schuf.

Aus der Verbindung von Kunstgewerbe und Werkstätten gingen bereits 1918 durch den Schreiner und Politiker Johannes Sigg[25] Bestrebungen hervor, «gute, billige Wohnungseinrichtungen in breite Schichten» zu vermitteln.[26] Er schlug dem SWB in diesem Zusammenhang 1921 vor, einen nicht kommerziellen Dachverband für den Möbelhandel zu schaffen. Diese Initiative muss als Vorstufe zum «Wohnbedarf» gesehen werden.[27] Sigg sah eine gewisse Gefahr darin, dass Kunstgewerbefragen den SWB zu stark dominierten und die Vielfalt der Mitglieder nicht genügend berücksichtigt würde. Als er 1924 den Vorstand der Ortsgruppe Zürich verliess, sagte er: «Den Ideen des SWB bleibe ich gewogen, wenn mir auch scheinen will, er selbst sollte ihnen mehr Schwungkraft und Blutauffrischung geben und sich hüten, zu einem Verbande von nur Gewerbeschullehrern zu werden.»[28]

Raumkunst und «schlichte Innenraumkunst»

Altherr kritisierte 1914 die Raumkunstausstellung an der Schweizer Landesausstellung in Bern 1914 als «protzige[n] Luxus», «das Gegenteil von schweizerischer Art, von Kraft und Einfachheit – Die einfache, schlichte Innenraumkunst fehlte vollständig». Künstlerisch sah er in der einfachen, monumentalen Kunst Ferdinand Hodlers die «Wegleitung» einer neuen ästhetischen Linie.[29] In diesem Zusammenhang stellte Altherr Luxus gegenüber Schlichtheit, Raumkunst gegenüber Innenraumkunst, womit die sachliche Ausrichtung der Werkbund-Arbeit umschrieben war.

Um 1910 gab es in der Schweiz bereits eine Reihe von Raumkunstausstellungen: in Zürich drei aufeinanderfolgende 1908, 1909/10 und 1911/12, in Basel eine 1909 und in Bern jeweils eine 1910 und 1914. Sie stellten eine Linie dar, die sich über die Basler Raumkunstausstellung 1917 bis zur Kunstgewerbeausstellung in Lausanne, die vom OEV dominiert wurde, ziehen lässt. Daneben standen die Ausstellungen, die von den Kunstgewerbeschulen in Zürich und Basel als Musterschauen der Reformanstrengungen gezeigt wurden.

In Zürich wurden bereits früh von de Praetere auch ausländische Beispiele moderner Innenraumgestaltung präsentiert, unter anderem 1908 ein schlichtes Wohnzimmer vom DWB-Gründungsmitglied Paul.[30] In diesem sachlichen Leitbild sah auch Altherr sein Ideal. Er hatte 1909 in einer vorübergehend leer stehenden Villa 16 Räume von Elberfelder Firmen ausgestatten lassen, seine erste kunstgewerbliche «Leistungsschau» in Verbindung mit der Kunstgewerbeschule.[31] Kurz vor seinem Wechsel nach Zürich 1912 trat er in Barmen
Abb. 002 (Wuppertal) mit dem Landhaus Toelleturm als Architekt und Innenraumkünstler auf höchstem Niveau hervor, das sich mit seinen hell gehaltenen Interieurs ganz
Abb. 003 an dem 1906/07 erbauten Haus Freudenberg in Berlin-Nikolassee orientierte.[32]
Abb. 008 In dieser Linie standen auch die Möbelentwürfe von Wilhelm Kienzle oder schlichte
Abb. 006 Raumausstattungen wie der Vorraum zum Lesesaal der Basler Werkbund-

Ausstellung 1917 von Erwin R. Heman.[33] Kienzle hatte durch Heman das Basler Gewerbemuseum umgestalten lassen und den Räumen so eine «klare Charakteristik» gegeben, die als «sachliche Schönheit» gefeiert wurden. Als Resultat hielt die Kritik fest: «Der Schweizerische Werkbund erobert sich eine Position nach der anderen.»[34]

Anders sah die Situation in Bern aus, wo Ingold neben Walter Joss Berner, Gründungsmitglied des SWB, eine Raumkunst schuf, die sich deutlich an die österreichische Reformkunst, insbesondere an die Wiener Werkstätte anlehnte. Eine verstärkte Auseinandersetzung könnte über den Maler Cuno Amiet erfolgt sein, der ab 1904 in engem Kontakt mit Koloman Moser von der Wiener Werkstätte stand, und dessen Villa Oschwand 1908 von Ingold erbaut wurde.[35] Ein frühes Abb. 001 Beispiel dieser Auffassung präsentierte Ingold in seinem Empfangsraum der Raumkunstausstellung in Bern 1910, der «in moderner Hinsicht als Höhepunkt der Ausstellung» gefeiert wurde.[36] Diesen reicheren, «luxuriöseren» Stil setzte Ingold auch bei der Raumkunstausstellung an der Landesausstellung in Bern fort, wo er gleichzeitig den bemerkenswert «sachlichen», auch an österreichischen Vor-Abb. 007 bildern orientierten Innenraum des BSA-Pavillons realisierte.[37] In Altherrs Kritik trafen also zwei verschiedene Auffassungen von Raumkunst aufeinander, die den unterschiedlichen Betrachtungsweisen im Umfeld der Wiener Secession und der deutschen Reformbewegung geschuldet waren, einem Spannungsfeld, das sich nach 1918 zu einer Debatte um Sachlichkeit und Typisierung gegenüber dem luxuriösen Einzelstück zuspitzte.

In einer Phase der Rezession und Neuorientierung des SWB hoffte Altherr im Vorfeld der Schweizer Kunstgewerbeausstellung in Lausanne 1922 zu optimistisch auf ein Zusammengehen von SWB und OEV in dieser Sache: «Die beiden Vereinigungen ‹Œuvre› und ‹Werkbund› haben das gemeinsame Ziel, die Veredelung der gewerblichen Arbeit in Verbindung von Künstler, Kaufmann und Fabrikant zu fördern, zum Wohle des schweizerischen Gewerbes und des ganzen Landes überhaupt.» Nur Sparsamkeit führe zu ehrlichem Willen: «Die Aussicht winkt, dass die überall spürbare Teuerung zu einer Einfachheit der Wohnkultur führen wird.»[38]

Die Reformarchitektur

Die Architektur spielte im Rahmen des jungen SWB, ganz im Unterschied zum DWB, keine zentrale Rolle. In Deutschland kam es zu einer Neuformulierung der Warenhaus- und Industriearchitektur, den öffentlichen Bauten und den Verkehrsbauten sowie zu Reformansätzen in der Wohnarchitektur. Damit waren fast alle Gebiete des Bauwesens betroffen. Die sachliche Architekturauffassung oszillierte zwischen den «organischen», materialbetonten Bauten Poelzigs, Olbrichs und van de Veldes und einem normativen Klassizismus, wie ihn der späte Alfred Messel und vor allem Behrens vertraten.

Die Schweizer Reformarchitektur stand seit 1908 stark unter den Einflüssen des neu gegründeten Schweizer Heimatschutzes, und Casimir H. Baer präsentierte 1911 neuere Bauten von späteren SWB-Mitgliedern und ihren Büros wie Ingold, Nicolaus Hartmann, Joss & Klauser, Curjel & Moser und Rittmeyer & Furrer mit folgender Bewertung: «So hat die schweizerische Baukunst von heute die lebendige Fühlung mit der Vergangenheit und den künstlerischen Ausgleich mit den praktischen Forderungen der Gegenwart gefunden, hat sich jene Harmonie errungen, die auch den bescheidensten Bau zum Kunstwerke zu machen vermag und verdient deshalb, dass man sie neben ihren Schwesterkünsten nicht vergesse.»[39] An der Landesausstellung 1914 wurde Karl Indermühle als Exponent des Schweizer Heimatstils mit seinem sachlichen, klar aufgebauten «Dörfli» gefeiert, das modern war und gleichzeitig auf dörfliche Bautradition verwies.[40]

Der Repräsentations- bzw. Grossbau nach 1910 taucht nur am Rande Abb.009 im Zusammenhang mit dem SWB auf: Beim Volkshaus in Bern von Ingold, von 1912 bis 1914 errichtet, das in der Literatur als Inbegriff der Vorstellungen des Werkbundes thematisiert wird, werden in Bezug auf die Ausstattung ausdrücklich die Firmen mit SWB-Mitgliedschaft erwähnt.[41] Ein anderes Beispiel stellt der 1915/16 erbautet Leuenhof in Zürich dar, bei dem nicht nur die Architekten Otto und Werner Pfister neben der BSA-Nennung als SWB-Mitglieder genannt sind, sondern auch die Innenausstatter.[42] Darin zeigt sich, dass solche Grossprojekte als gattungsübergreifende «Kulturarbeiten» gesehen wurden, mit denen Anschluss an das vom DWB propagierte Vorbild des deutschen Warenhaus- und Geschäftshausbaus erreicht werden sollte.[43]

Die erste wirkliche architektonische Manifestation des SWB war die Abb.012/062 Werkbund-Ausstellung in Zürich 1918, deren Hauptgebäude (→ S.127) von Altherr sen. gestaltet wurde und die als eigenständige Antwort auf die Ausstellung des Abb.063 DWB in Bern 1917 zu verstehen ist (→ S.125). Diese wurde zwar politisch totgeschwiegen, aber dennoch beachtet, nicht zuletzt aufgrund des grossen Gebäudekomplexes von Behrens, der der Sachlichkeit huldigte, klare Kuben mit modern wirkenden horizontalen Dachüberständen à la Frank Lloyd Wright verwendete und nur am Haupteingang auf neoklassizistische Pathosformeln zurückgriff. Behrens unterstrich die Einheitlichkeit des Gesamtkonzepts und sah hier sogar den Typenstreit von 1914 aufgehoben, indem er Typ und Individuum als sich bedingende Ausdrucksformen propagierte.[44]

Der DWB hatte bereits im Frühjahr 1916 angefragt, inwieweit seine Ausstellung vom SWB unterstützt werden würde. Dies wurde aus übergeordneten Gründen abschlägig beschieden, vordergründig, weil sich der SWB in der Kriegszeit nicht «dem einheimischen Gewerbe- und Handwerkerstand entfremden» könne. In Wirklichkeit aber rieten die Berner Behörden von der «unzeitgemässe[n]» Unternehmung ab und drohten auch gleich, die Bundessubventionen von einer ablehnenden Haltung abhängig zu machen. Eine grosse Ausstellung sollte in der Schweiz zuerst vom SWB veranstaltet werden.[45] Implizit beachtete der SWB die Ausstellung sehr genau, und schon während der Basler Kunstgewerbeausstellung war die Vorbildlichkeit der DWB-Ausstellung, die zuvor in Basel und Winterthur Station gemacht hatte, direkt angesprochen worden.[46] In Zürich wollte sich Altherr klar gegen die Architektur von Behrens absetzen. Im äusseren Erscheinungsbild folgte er dem klassizistisch-sachlichen Ideal «Um 1800», das seit dem Buch von Paul Mebes en vogue war, und im Landhausbau, auf dem Haus der Farbenschau von Bruno Paul in Köln 1914, aber auch bei den Regierungsbauten von Paul Bonatz und Friedrich Eugen Scholer in Oldenburg von 1914 bis 1916 umgesetzt Abb.012 worden war.[47] Der kreuzgangartig umschlossene Innenhof hingegen war anders gestaltet und kehrte das Verhältnis von Kolonnade und Wand gleichsam um, indem grosse Wandflächen mit einem auffällig abgetreppten Gesims die oberen Partien des Innenhofs des Ausstellungsgebäudes prägten. Hier setzte Abb.013 sich Altherr deutlich von den Vorbildern des SWB ab und knüpfte an Wiener Bauten Josef Hoffmans und an den Österreichischen Werkbund (ÖWB) an.[48]

Um diese Zeit war auch Heinrich Tessenow in Wien an der Kunstgewerbeschule tätig und veröffentlichte 1916 sein einflussreiches Buch *Hausbau und dergleichen.*[49] Während Muthesius sich vor allem mit der Typisierung und dem Kleinhausbau in Serie als Ausdruck einer von Walter Rathenau durch den Krieg beförderten «Vergesellschaftung» beschäftigen sollte, ging Tessenow ebenfalls auf Grundlage strenger Typenbildung den Weg zurück in das Handwerk als Ausdruck eines Unbehagens gegenüber Krieg und Industrie, aber auch gegenüber einer Überbetonung «des Gewerblichen».[50] Bemerkenswerterweise lenken beide Protagonisten den Blick auf den Siedlungswohnungsbau als Grundlage für eine neue Baukultur. Diese Überlegungen nahm Hans Bernoulli in Zürich programmatisch auf und realisierte im Rahmen der Ausstellung Arbeiterwohnhäuser eine Ausstellung zu zeitgenössischen Beispielen, auch der Wohnungsgestaltungen, die als das eigentlich Revolutionäre gelten können. Zwar lag er mit diesen Themen im Trend, musste aber aufgrund der sozialen Verfasstheit der Schweiz feststellen, dass «die Arbeiterwohnung [...] bei uns noch nicht die richtige Form gefunden» hat.[51] Neben Mosers Bally-Arbeiterhäusern in Schönenwerd und Pfleghardt & Haefelis Siedlung in der Nordstrasse Zürichs präsentierte auch er seine Wohnhäuser der Basler Wohnungsbaugesellschaft. Bernoulli errichtete in Zürich exemplarisch ein quasi Tessenow'sches Arbeiterhaus mit Nutzgarten, das die Gartenstadtidee nun auf die Arbeiterklasse übertragen sollte, und sah im «Kleinhaus die richtige Form der Kleinwohnung».[52]

Abb. 011

Abb. 010

Die wirtschaftliche Notlage und Rezession nach dem Ersten Weltkrieg, verbunden mit dem Ruf nach politischen Reformen, führte zu einer Krise um den Wert des Handwerks und zum Ruf nach Typisierung. Sigg forderte den SWB auf, «gute, billige Wohnungseinrichtungen in breite Schichten» hineinzutragen.[53] Sachlichkeit und Ornamentlosigkeit wurden jetzt mit Typisierung verbunden, allerdings auch mit der Erkenntnis, dass diese Art der Einrichtung für Arbeiter bislang unerschwinglich war. Bernoulli sah die Zürcher Ausstellung daran gescheitert, dass die Aufgabe «Beschaffung von billigen, soliden Arbeitermöbeln [...] nicht oder nur teilweise gelöst worden» sei.[54] Gleichzeitig stockte der Konsum, und die Verbindung sowohl zu Produzenten als auch zu Abnehmern stellte ein Problem dar. Die 5. Basler Mustermesse 1921 wurde seitens der SWB-Mitglieder kaum noch wahrgenommen. «Es scheint, dass der Nutzen einer Beteiligung nicht in seinem vollen Umfang erkannt worden ist. Das Beispiel der ausländischen Organisationen sollte für uns ein Ansporn sein. Der D.W.B. hat sich an der Frankfurter Messe ein eigenes Ausstellungsgebäude geschaffen. Auch die hervorragende Beteiligung des österreichischen Kunstgewerbes an der ersten Wiener Messe ist bemerkenswert. Es liegt entschieden im Interesse des S.W.B. und seiner Mitglieder, auch in der Schweiz, die kunstgewerblichen hochwertigen Erzeugnisse immer mehr zur Geltung zu bringen und dafür ständige Absatzmöglichkeiten zu schaffen.»[55]

Das Leitbild waren dann aber doch nicht die deutschsprachigen Schwesterverbände, sondern das neutrale Schweden und die Niederlande. Nach der Ausstellung *Qualität und Schund* 1921 in Zürich, an der Altherr die neue Form der Inneneinrichtung quasi pädagogisch präsentierte (→ S. 187),[56] und dem Ausbleiben von industriellen Gewerbeerzeugnissen an der Lausanner Ausstellung 1922 (→ S. 239) entdeckte er eine neue Gestaltungskraft im schwedischen

Kunstgewerbe, das eine lange Werkbund-Tradition hatte. Hier fand er endlich «zweckmässige, formschöne und dabei erschwingliche Ware [...] wirkliche Gebrauchsgegenstände».[57] Die schwedische Ausstellung 1923, der eine Gegenausstellung in Stockholm 1924 und weitere enge Kontakte zwischen dem SWB und
Abb. 350 dem Schwedischen Werkbund folgen sollten (→ S. 273 und S. 336), darf in der Schweiz als eine Wurzel neusachlicher Gestaltung gelten.

Die Architektur geriet in den frühen Zwanzigerjahren immer mehr in den Hintergrund. Die Avantgardeexperimente in Deutschland und der jungen Sowjetunion lösten Befremden aus. Experiment und Expression schienen nicht mit der Schweizer «Volkskultur» vereinbar. Alfred Hässig versuchte, die Idee einer «Stilkunst» in die 1920er-Jahre hinüberzuretten: «Durch Verständigung allein können wir zu einem Styl kommen, der die Bedürfnisse unserer Zeit erfüllt und der durch wissenschaftliche Sachlichkeit den neuen Baustoffen alle Möglichkeiten abringt und im besten Sinne zum Kulturspiegel wird. Die Gründung des BSA im Jahre 1908 bedeutete eine solche Verständigung; sie schloss auch den Werkbundgedanken in sich [...]. Die in jahrelanger Arbeit gewonnene Form einer gesetzmässigen, klar disponierten Baukunst» dürfe nicht preisgegeben werden. Man könne auf 15 Jahre «gesunde ruhige Entwicklung» zurückblicken, die jetzt durch die «Hast des Neuen» gefährdet sei.[58] Kurz zuvor, im November 1922, stellte Moser in einem zurückhaltenden Artikel als erstes Signal einer Neuorientierung der Architektur die Bauten von Willem Marinus Dudok im holländischen Hilversum vor.[59]

1923/24 darf als Wendepunkt dieser ersten Phase des SWB gelten, in der sich an der deutschen Kunstgewerbereform und dem eigenen Weg einer schweizerischen Werkkunst abgearbeitet worden war. Die wirtschaftlich prekäre Nachkriegszeit führte zu einem gewissen traditionellen Beharrungsvermögen, das sich erst durch Impulse von aussen langsam änderte. Der junge Kunsthistoriker Joseph Gantner übernahm Ende 1922 die Redaktion der Zeitschrift *Werk,* wodurch neue Themen publizistisch möglich wurden. In gewisser Weise formte er sie als «die repräsentative schweizerische Zeitschrift für bildende und angewandte Kunst».[60] Er sollte später als Redaktor der Zeitschrift *Das neue Frankfurt* einer der wichtigen Propagandisten des Neuen Bauens werden. Mit der neuen niederländischen Baukunst, die über Dudok hinaus vor allem durch Johannes Jacobus Peter Oud in Rotterdam vertreten wurde, ergab sich ein neues Blickfeld für die moderne Architektur. Die grosse Präsentation Schwedens in der Schweiz 1923 sowie die «schöne ausgezeichnet gelungene Schau» des SWB in Stockholm 1924 brachte für die Werkkunst unter ihrem Regisseur Altherr die Wende. Der Vorstand des SWB sah eine «Zeit innerer Erstarkung»[61], die aber in Wirklichkeit eine Zeit des Umbruchs war: von der national gebundenen kunstgewerblichen Form zur internationalen industriellen Formgestaltung.

1 GB SWB 1914/15, S. 8, und GB SWB 1918/19, S. 30.
2 Claus 2007, S. 66–70.
3 Vgl. DWB Jahrbuch 1912, Reprint Berlin 2000 mit einem Vorwort von Bernd Nicolai und einem Kommentar von Frederic Schwartz.
4 Kienzle 1939, S. 9; vgl. Altherr 1914.
5 Altherr 1914, S. 13–14.
6 Ebd., S. 14.
7 Kienzle 1939, S. 5.
8 Altherr 1914, S. 14.
9 Satzungen SWB 1913, § 2.
10 Schwartz 2007a, S. 12.
11 *NZZ*, 21.8.1913.
12 Altherr 1914, S. 15.
13 Altherr 1914, S. 15; Jeanneret 1912, S. 25–28, deutsche Übersetzung Kries 2008 S. 139–172; vgl. Michael Fehr, Das Deutsche Museum für Kunst in Handel und Gewerbe, in: Nerdinger 2007, S. 59–60; vgl. Wegleitung 1914.
14 Kienzle 1939, S. 6.
15 HLS, Stichwort Weltkrieg, Erster.
16 Jeanneret 1912.
17 Jeannerets Originalzitate und deren Zusammenstellung nach Jean-Louis Cohen, *Frankreich oder Deutschland, ein ungeschriebenes Buch von Le Corbusier*, Passerelles 11, Berlin 2011, S. 44–45.
18 Kienzle 1939, S. 17.
19 Hans Bloesch, Ein schweizerischer Werkbund, in: *Die Schweizerische Baukunst* 5 (1913), H. 10, S. 162.
20 Elisabeth Grossmann, Die Kunstgewerbeschule Zürich 1906–1978, in: Wegleitung 1978, S. 81–93, im Folgenden zu Altherr: S. 97–110.
21 John V. Maciuika, «Sachlicher, wirtschaftlicher, zweckmässiger»: 100 Jahre «Lehrwerkstätten-Erlass» vom Preussischen Ministerium für Handel und Gewerbe, in: *Schofir* 4 (2006), S. 120–131.
22 Hans Maria Wingler, *Kunstschulreform 1900–1933*, Berlin 1977; Petra Hölscher, *Die Akademie für Kunst und Kunstgewerbe zu Breslau*, Kiel 2003.
23 Bundesrat Calonder, Unsere angewandte Kunst, in: *Werk* 4 (1917), H. 7, S. 101–104, hier S. 103.
24 Alfred Altherr, Die erste Ausstellung des Schweizerischen Werkbundes, in: *Werk* 2 (1915), H. 1, S. 1–23.
25 HLS, Stichwort Sigg, Johannes.
26 Johannes Sigg, Ein Vorschlag von soliden und billigen Möbeln, in: *Werk* 5 (1918), H. 10, S. 159–164, hier S. 163.
27 Sigg 1921, S. 213.
28 S.W.B.-Protokolle, Ortsgruppe Zürich, Bd. 2 1923–1925, Protokoll 8.7.1924, Archiv SWB/376.
29 Altherr 1914, S. 15; zu Hodlers paradigmatischer Wirkung für andere Gattungen siehe Bernd Nicolai, Hodlers Monumentalität. Zur Neuformulierung von Historienmalerei und tektonischer Kunst um 1900, in: Oskar Bätschmann, Matthias Frehner, Hans-Jörg Heusser (Hg.), *Ferdinand Hodler, Die Forschung, die Anfänge, die Arbeit, der Erfolg, der Kontext*, Zürich 2009, S. 263–276.
30 Leza Dosch, Raumkunst und Reform, in: Rüegg 2002a, S. 63–81, hier S. 68.
31 Mahlberg 2008, S. 254.
32 Walter Kornik, Neuere Landhausbauten, Landhaus in Barmen Toelleturm Architekt Alfred Altherr BDA und DWB, Elberfeld, in: *Neudeutsche Bauzeitung* 8 (1912), S. 245–246, 249–252, Abb. 252.; Mahlberg 2008, S. 256–257. Die dort angegebenen Bezüge zur Innenraumkunst von Behrens sind weniger relevant.
33 Hans Hindermann, Die Basler Werkbund-Ausstellung 1917/18, in: *Werk* 5 (1918) H. 1, S. 1–11, hier S. 2.
34 Ebd.
35 Cuno Amiet, Die Ausstellung der Secession in Wien, Januar–Februar 1904, in: Hodler und Wien, Zürcher Kunstgesellschaft, Neujahrsblatt 1950, Zürich 1950, S. 22–28.
36 Casimir Hermann Baer, Die Raumkunstausstellung im Gewerbemuseum in Bern, in: *Schweizerische Baukunst* 2 (1910), S. 241–252, Zitat S. 243, Tafel vor S. 244.
37 Jakob Bührer, Hochbau an der Landesausstellung II, in: *Werk* 1 (1914), H. 10, S. 1–2, Abb. 2 und 5.
38 Alfred Altherr, Der Innenraum des Zwanzigsten Jahrhunderts, in: *Werk* 9 (1922) H. 5, S. 103–111, hier S. 111.
39 Casimir Hermann Baer, Neue schweizerische Baukunst, in: *Moderne Bauformen* 10 (1911), S. 57–58, Zitat S. 58, Tafel S. 59–112; siehe auch Crettaz-Stürzel 2005, Bd. 1, S. 223–292.
40 Hans Röthlisberger, Das Dörfli an der Landesausstellung, in: *Werk* 1 (1914), H. 11, S. 1–13; vgl. Marion Wohlleben, Der Heimatschutz zwischen Tradition und Moderne, in: Annemarie Bucher, Christof Kübler (Hg.), *Hans Leuzinger, pragmatisch modern*, Zürich 1994, S. 87–102; Crettaz-Stürzel 2005, Bd. 1, S. 67–70.
41 Jakob Bührer, Das neue Volkshaus in Bern, in: *Werk* 2 (1915), H. 3, S. 41–55, auf S. 51 die Ausstattung des Restaurants mit Innenraumgestaltern, die ausdrücklich als SWB-Mitglieder bezeichnet werden; das Volkshaus insgesamt «offenbart Grundsätze der Werkbundbewegung», so Hans-Peter Ryer, Ingold, Otto (Ernst), in: Rucki/Huber 1998, S. 289.
42 Hermann Röthlisberger, Die Neuen Verkaufsräume der Firma Ch. Dielker A.G., Leuenhof, Zürich, in: *Werk* 4 (1917) H. 1, S. 9–14, hier insbesondere S. 11–12, vgl. auch Abb. Tafel vor S. I.
43 Vgl. DWB Jahrbuch 1913; *Moderne Baukunst 1900–1914. Die Photosammlung des deutschen Museums für Kunst in Handel und Gewerbe*, Ausstellungskatalog, Krefeld/Hagen 1993 mit vielen Beispielen, die zum Teil 1914/15 im Rahmen der SWB Ausstellung gezeigt worden waren.
44 Peter Behrens, Einleitende Worte zur Ausstellung des Deutschen Werkbundes in Bern 1917, in: *Wieland* 3 (1917/18), H. 3 (Sonderheft Deutscher Werkbund), S. 1–7, hier S. 3; vgl. Fritz Hellwag, Die Ausstellung des Deutschen Werkbundes in Bern im Sommer 1917, in: *Moderne Bauformen* 17 (1918), S. 1–12, hier S. 1.; zur Konkurrenzsituation: Nicolai 2007, S. 70–74; den Garten des Ausstellungsgeländes gestaltete übrigens das mit Behrens befreundete SWB-Mitglied Gustav Ammann, vgl. Johannes Stoffler, Gustav Ammann, *Landschaften der Moderne in der Schweiz*, Zürich 2008, S. 40–43.
45 GB SWB 1916/17, S. 6–8.
46 Hans Eduard Linder, Basler Kunstgewerbe, in: *Werk* 5 (1918), S. 12–16, hier S. 12.
47 Zum zurückhaltenden Klassizismus vgl. Paul Mebes, *Um 1800*, 2 Bde., München 1907; Gerhard Kaldewei (Hg.), *Paul Bonatz (1877–1956). Bauten und Projekte im Norden*, Delmenhorst 2005.
48 Vgl. Max Eisler, *Österreichische Werkkultur*, Wien 1916, dort das Österreichische Haus in Rom 1912 mit der Innenausstattung von Carl Witzmann sowie das Österreichische Haus an der Werkbund-Ausstellung in Köln, S. 51–63.
49 Heinrich Tessenow, *Hausbau und dergleichen*, Berlin 1916, S. 3–5; Gerda Wangerin und Gerhard Weiss, *Heinrich Tessenow. Ein Baumeister 1876–1950*, Essen 1976, S. 33–36.
50 Ebd.; vgl. die gegensätzliche Haltung bei Hermann Muthesius, *Kleinhaus und Kleinsiedlung*, München 1918; dagegen auch Hermann Tessenow, *Handwerk und Kleinstadt*, Berlin 1919.
51 Hans Bernoulli, Die Arbeiterwohnung auf der Schweizerischen Werkbundausstellung in Zürich in: *Werk* 5 (1918), H. 10, S. 149–157, hier S. 149.
52 Ebd., S. 157.
53 Wie Anm. 26.
54 GB SWB 1917/18; GB SWB 1918/19, S. 12.
55 SWB Vorstandsbericht 1920, Zürich 1921, S. 6.
56 Direktion des Kunstgewerbemuseums (Alfred Altherr), Qualität und Schund, in: *Werk* 8 (1921), H. 11 , S. 208–211; Sigg 1921.
57 Alfred Altherr, Zur Wanderausstellung Schwedischen Kunstgewerbes in der Schweiz, in: *Werk* 10 (1923), H. 2, S. 25; siehe auch Gregor Paulsson, Die Arbeit des Schwedischen Werkbundes, in: ebd., S. 26–30.
58 Alfred Hässig, Moderne Strömungen unserer Baukunst, in: *Werk* 10 (1923), H. 7, S. 184.
59 Karl Moser, Neue Holländische Architektur. Bauten von W. M. Dudok in Hilversum, in: *Werk* 9 (1922), H. 11, S. 205–221.
60 Joseph Gantner, Vorwort, in: *Werk* 10 (1923), H. 1, S. 1.
61 GB SWB 1924, S. 3–4. Vgl. Joseph Gantner, Die Stunde des Werkbundes. Zur Schweizerischen Kunstgewerbeausstellung in Stockholm, in: *Werk* 11 (1924), H. 11, S. 287–290.

Gründung des Schweizerischen Werkbundes

Zürich, 1913

Am 17. Mai 1913 trafen sich Vertreter von Kunst, Architektur, Gewerbe, Industrie und Politik im Vortragssaal des Kunstgewerbemuseums Zürich, um gemeinsam den Schweizerischen Werkbund ins Leben zu rufen.[1] Sie folgten dabei der Einladung Alfred Altherrs sen. (→ S. 419), der 1912 als frisch ernannter Direktor des Zürcher Kunstgewerbemuseums und der Kunstgewerbeschule die Idee eines entsprechenden Zusammenschlusses aus Deutschland mitgebracht hatte und seit 1908 Mitglied des Deutschen Werkbundes (DWB) war.[2] Gemäss einem Artikel von Hans Bloesch in *Die Schweizerische Baukunst* sollen sich etwa 30 Interessierte zur Gründungsversammlung eingefunden haben, deren Namen aufgrund fehlender Gründungsakten jedoch nicht mehr bekannt sind.[3] Lediglich die gewählten Vorstandsmitglieder, die vorwiegend aus Kunst- und Gewerbekreisen stammten, fanden in der Tagespresse namentlich Erwähnung: Erster Vorsitzender: Direktor Alfred Altherr, Zürich; Zweiter Vorsitzender: Regierungsrat und Gewerbeinspektor Dr. Hermann Blocher, Basel; Schriftführer: Kunstpublizist Dr. Albert Baur, Zürich; Quästor: Ingenieur und Mitinhaber der Firma Baumann, Koelliker & Co. Heinrich Baumann, Zürich; Beisitzer: Architekt Martin Risch, Chur; Direktor der Tapetenfabrik Salubra AG Albert A. Hoffmann, Basel; Architekt Otto Ingold, Bern; Bibliothekar und Publizist Dr. Carl Josef Benziger, Bern; die beiden Maler Charles L'Éplattenier, La Chaux-de-Fonds, und Horace de Saussure, Genf.[4] Als Gast konnte Ernst Jäckh verzeichnet werden, der als Geschäftsführer des DWB der Versammlung beiwohnte.[5]

Nach der Gründung des Deutschen Werkbundes im Oktober 1907 und des Österreichischen Werkbundes ÖWB im Juni 1912 war der Schweizerische Werkbund die dritte Vereinigung innerhalb des deutschsprachigen Raums, die sich die «Veredelung der gewerblichen Arbeit im Zusammenwirken von Kunst, Industrie und Handwerk durch Erziehung, Aufklärung und Stellungnahme zu künstlerisch und volkswirtschaftlich praktischen Fragen» zum Ziel machte.[6] Dabei spielte sowohl für Österreich als auch für die Schweiz der Deutsche Werkbund eine Pionierrolle. So überzeugten nicht nur einzelne Mitglieder des DWB wie etwa Hermann Muthesius, der Alfred Altherr dazu aufgefordert hatte, einen entsprechenden Bund auch in der Schweiz zu initiieren,[7] sondern auch dessen Statuten: Der SWB übernahm in weiten Teilen wortwörtlich den Inhalt der deutschen Richtlinien und zeigte so seine Übereinstimmung mit den Ideen und der Grundstruktur des DWB.

Dennoch positionierte sich der rechtlich als Verein organisierte SWB von Anfang an als unabhängige Vereinigung, die zwar die Satzungen des DWB als Vorlage nahm, sich jedoch dezidiert als autonom agierender Bund verstand.[8] Neben der grundsätzlichen Affinität zur Kulturbewegung im nördlichen Nachbarland pflegte der SWB eine freundschaftliche Beziehung zu seinem Westschweizer Pendant L'Œuvre (OEV, → S. 67), die am 9. November 1913 in Yverdon gegründet wurde.[9]

Mit dem Bestreben, in der breiten Bevölkerung wahrgenommen zu werden, zeigte sich der SWB in seinen ersten Jahren als äusserst aktive Vereinigung von Kulturschaffenden. So hielt der Vorstand zwischen August 1913 und April 1915 nicht weniger als elf Sitzungen ab. Die ersten Projekte des jungen SWB waren dabei die angestrebte, wenn auch letztlich nicht gelungene Teilnahme an der *Schweizer Landesausstellung in Bern* (→ S. 207) 1914[10], die Organisation einer Wanderausstellung mit dem Deutschen Museum in Hagen (→ S. 123), die Lancierung eines Wettbewerbs für die schweizerische Spielzeugproduktion sowie die regelmässige Publikation von Flugblättern zu verschiedenen Werkbund-Anliegen (→ S. 221).[11] Als Erstes wurde jedoch die Herausgabe einer Zeitschrift in Angriff genommen: Zusammen mit dem Bund Schweizer Architekten (BSA) veröffentlichte man bereits sieben Monate nach der Gründung des SWB das gemeinsame Publikationsorgan *Das Werk* (→ S. 149).

Dem SWB waren aufgrund der politischen und gesellschaftlichen Verhältnisse seit Ausbruch des Ersten Weltkriegs aber auch Grenzen gesetzt, sodass im Herbst 1914 auf die Einberufung einer Vollversammlung verzichtet werden musste. Die erste Mitgliederversammlung nach der Gründung des SWB fand daher erst am 2. Dezember 1915 statt, wobei sowohl die Vorstandssitzungen als auch die Vollversammlung «nicht immer in der wünschenswerten Weise besucht [waren]».[12] Dennoch liess sich der Vorstand im Geschäftsjahr 1915/16 vom eingeschlagenen Kurs nicht abbringen. Die besprochenen Themen waren unter anderem die Schaffung und Organisation von Ortsgruppen sowie das Einholen von Bundessubventionen für die Erweiterung der Geschäftsstelle, da sich der administrative Aufwand innerhalb kürzester Zeit enorm erhöht hatte.[13]

Der junge Werkbund hatte sich gefestigt und mit ihm die Idee des Zusammenwirkens von Kunst, Industrie und Handwerk: Gegen Ende des Jahres 1914 zählte der SWB rund 60,[14] ein halbes Jahr später bereits 122 vom engeren Vorstand ernannte Mitglieder aus den unterschiedlichsten Berufsgruppen der schweizerischen Kultur- und Industrieproduktion.[15] ● *Adeline Zumstein*

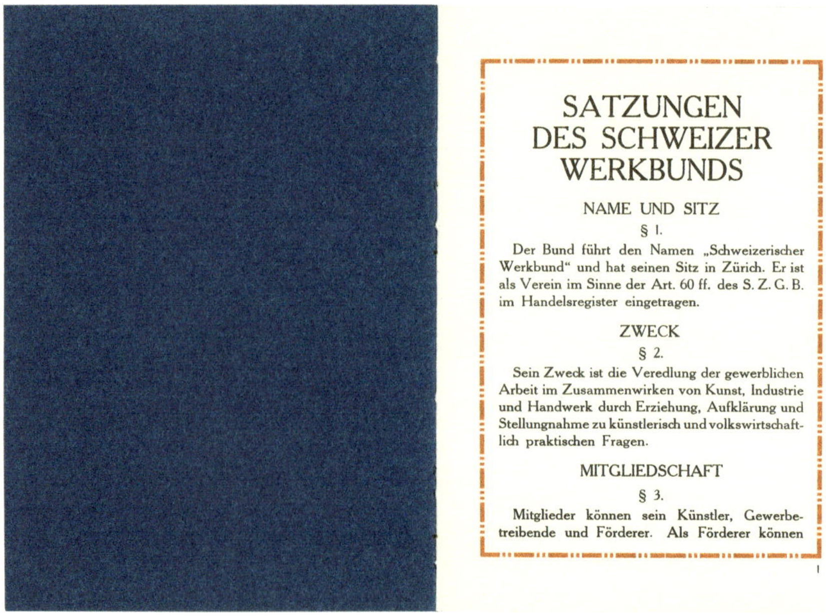

SATZUNGEN DES SCHWEIZER WERKBUNDS

NAME UND SITZ

§ 1.

Der Bund führt den Namen „Schweizerischer Werkbund" und hat seinen Sitz in Zürich. Er ist als Verein im Sinne der Art. 60 ff. des S. Z. G. B. im Handelsregister eingetragen.

ZWECK

§ 2.

Sein Zweck ist die Veredlung der gewerblichen Arbeit im Zusammenwirken von Kunst, Industrie und Handwerk durch Erziehung, Aufklärung und Stellungnahme zu künstlerisch und volkswirtschaftlich praktischen Fragen.

MITGLIEDSCHAFT

§ 3.

Mitglieder können sein Künstler, Gewerbetreibende und Förderer. Als Förderer können

1

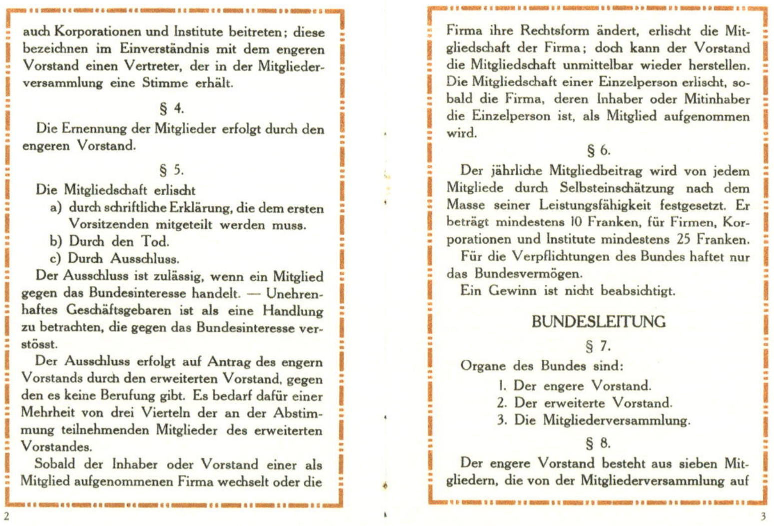

auch Korporationen und Institute beitreten; diese bezeichnen im Einverständnis mit dem engeren Vorstand einen Vertreter, der in der Mitgliederversammlung eine Stimme erhält.

§ 4.

Die Ernennung der Mitglieder erfolgt durch den engeren Vorstand.

§ 5.

Die Mitgliedschaft erlischt
a) durch schriftliche Erklärung, die dem ersten Vorsitzenden mitgeteilt werden muss.
b) Durch den Tod.
c) Durch Ausschluss.

Der Ausschluss ist zulässig, wenn ein Mitglied gegen das Bundesinteresse handelt. — Unehrenhaftes Geschäftsgebaren ist als eine Handlung zu betrachten, die gegen das Bundesinteresse verstösst.

Der Ausschluss erfolgt auf Antrag des engern Vorstands durch den erweiterten Vorstand, gegen den es keine Berufung gibt. Es bedarf dafür einer Mehrheit von drei Vierteln der an der Abstimmung teilnehmenden Mitglieder des erweiterten Vorstandes.

Sobald der Inhaber oder Vorstand einer als Mitglied aufgenommenen Firma wechselt oder die

2

Firma ihre Rechtsform ändert, erlischt die Mitgliedschaft der Firma; doch kann der Vorstand die Mitgliedschaft unmittelbar wieder herstellen. Die Mitgliedschaft einer Einzelperson erlischt, sobald die Firma, deren Inhaber oder Mitinhaber die Einzelperson ist, als Mitglied aufgenommen wird.

§ 6.

Der jährliche Mitgliedbeitrag wird von jedem Mitgliede durch Selbsteinschätzung nach dem Masse seiner Leistungsfähigkeit festgesetzt. Er beträgt mindestens 10 Franken, für Firmen, Korporationen und Institute mindestens 25 Franken.

Für die Verpflichtungen des Bundes haftet nur das Bundesvermögen.

Ein Gewinn ist nicht beabsichtigt.

BUNDESLEITUNG

§ 7.

Organe des Bundes sind:
1. Der engere Vorstand.
2. Der erweiterte Vorstand.
3. Die Mitgliederversammlung.

§ 8.

Der engere Vorstand besteht aus sieben Mitgliedern, die von der Mitgliederversammlung auf

3

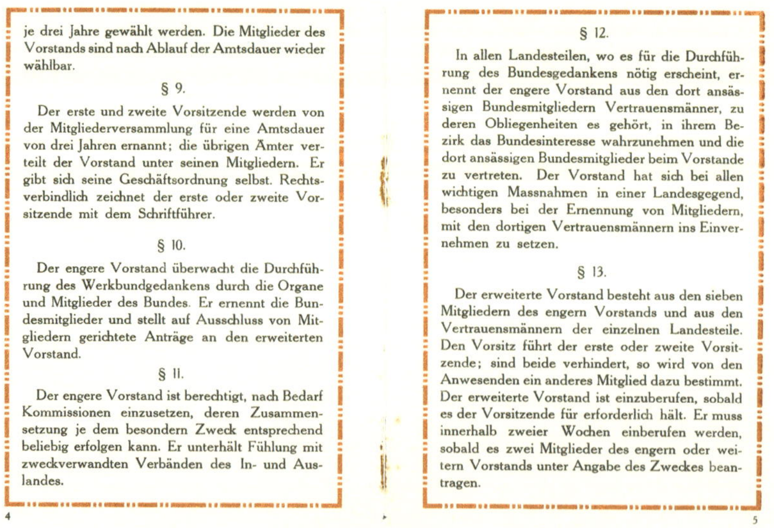

je drei Jahre gewählt werden. Die Mitglieder des Vorstands sind nach Ablauf der Amtsdauer wieder wählbar.

§ 9.

Der erste und zweite Vorsitzende werden von der Mitgliederversammlung für eine Amtsdauer von drei Jahren ernannt; die übrigen Ämter verteilt der Vorstand unter seinen Mitgliedern. Er gibt sich seine Geschäftsordnung selbst. Rechtsverbindlich zeichnet der erste oder zweite Vorsitzende mit dem Schriftführer.

§ 10.

Der engere Vorstand überwacht die Durchführung des Werkbundgedankens durch die Organe und Mitglieder des Bundes. Er ernennt die Bundesmitglieder und stellt auf Ausschluss von Mitgliedern gerichtete Anträge an den erweiterten Vorstand.

§ 11.

Der engere Vorstand ist berechtigt, nach Bedarf Kommissionen einzusetzen, deren Zusammensetzung je dem besondern Zweck entsprechend beliebig erfolgen kann. Er unterhält Fühlung mit zweckverwandten Verbänden des In- und Auslandes.

4

§ 12.

In allen Landesteilen, wo es für die Durchführung des Bundesgedankens nötig erscheint, ernennt der engere Vorstand aus den dort ansässigen Bundesmitgliedern Vertrauensmänner, zu deren Obliegenheiten es gehört, in ihrem Bezirk das Bundesinteresse wahrzunehmen und die dort ansässigen Bundesmitglieder beim Vorstande zu vertreten. Der Vorstand hat sich bei allen wichtigen Massnahmen in einer Landesgegend, besonders bei der Ernennung von Mitgliedern, mit den dortigen Vertrauensmännern ins Einvernehmen zu setzen.

§ 13.

Der erweiterte Vorstand besteht aus den sieben Mitgliedern des engern Vorstands und aus den Vertrauensmännern der einzelnen Landesteile. Den Vorsitz führt der erste oder zweite Vorsitzende; sind beide verhindert, so wird von den Anwesenden ein anderes Mitglied dazu bestimmt. Der erweiterte Vorstand ist einzuberufen, sobald es der Vorsitzende für erforderlich hält. Er muss innerhalb zweier Wochen einberufen werden, sobald es zwei Mitglieder des engern oder weitern Vorstands unter Angabe des Zweckes beantragen.

5

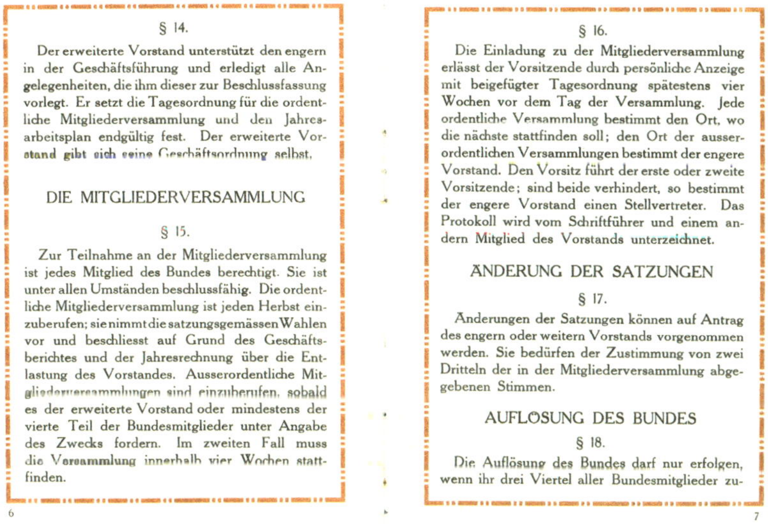

§ 14.

Der erweiterte Vorstand unterstützt den engern in der Geschäftsführung und erledigt alle Angelegenheiten, die ihm dieser zur Beschlussfassung vorlegt. Er setzt die Tagesordnung für die ordentliche Mitgliederversammlung und den Jahresarbeitsplan endgültig fest. Der erweiterte Vorstand gibt sich seine Geschäftsordnung selbst.

DIE MITGLIEDERVERSAMMLUNG

§ 15.

Zur Teilnahme an der Mitgliederversammlung ist jedes Mitglied des Bundes berechtigt. Sie ist unter allen Umständen beschlussfähig. Die ordentliche Mitgliederversammlung ist jeden Herbst einzuberufen; sie nimmt die satzungsgemässen Wahlen vor und beschliesst auf Grund des Geschäftsberichtes und der Jahresrechnung über die Entlastung des Vorstandes. Ausserordentliche Mitgliederversammlungen sind einzuberufen, sobald es der erweiterte Vorstand oder mindestens der vierte Teil der Bundesmitglieder unter Angabe des Zwecks fordern. Im zweiten Fall muss die Versammlung innerhalb vier Wochen stattfinden.

6

§ 16.

Die Einladung zu der Mitgliederversammlung erlässt der Vorsitzende durch persönliche Anzeige mit beigefügter Tagesordnung spätestens vier Wochen vor dem Tag der Versammlung. Jede ordentliche Versammlung bestimmt den Ort, wo die nächste stattfinden soll; den Ort der ausserordentlichen Versammlungen bestimmt der engere Vorstand. Den Vorsitz führt der erste oder zweite Vorsitzende; sind beide verhindert, so bestimmt der engere Vorstand einen Stellvertreter. Das Protokoll wird vom Schriftführer und einem andern Mitglied des Vorstands unterzeichnet.

ÄNDERUNG DER SATZUNGEN

§ 17.

Änderungen der Satzungen können auf Antrag des engern oder weitern Vorstands vorgenommen werden. Sie bedürfen der Zustimmung von zwei Dritteln der in der Mitgliederversammlung abgegebenen Stimmen.

AUFLÖSUNG DES BUNDES

§ 18.

Die Auflösung des Bundes darf nur erfolgen, wenn ihr drei Viertel aller Bundesmitglieder zu-

7

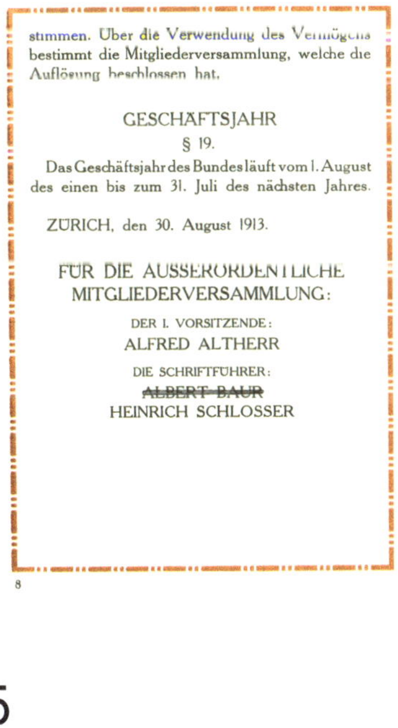

stimmen. Über die Verwendung des Vermögens bestimmt die Mitgliederversammlung, welche die Auflösung beschlossen hat.

GESCHÄFTSJAHR

§ 19.

Das Geschäftsjahr des Bundes läuft vom 1. August des einen bis zum 31. Juli des nächsten Jahres.

ZÜRICH, den 30. August 1913.

FÜR DIE AUSSERORDENTLICHE MITGLIEDERVERSAMMLUNG:

DER I. VORSITZENDE:
ALFRED ALTHERR

DIE SCHRIFTFÜHRER:
~~ALBERT BAUR~~
HEINRICH SCHLOSSER

8

1 *NZZ*, 21.4.1913. Siehe zur Gründung ferner die Literaturangaben bei Bignens 2008, S. 13–15, 184.

2 Hermann Kienzle, Alfred Altherr zum Gedächtnis, in: *Werk* 32 (1945), H. 12, S. 362; Bignens 2008, S. 58.

3 Hans Bloesch, Ein schweizerischer Werkbund, in: *Die Schweizerische Baukunst* 5 (1913), H. 10, S. 162. Im Archiv SWB sind weder Akten des Gründungsaktes noch Protokolle der ersten Verbandsjahre aufbewahrt. Auch im Archiv der heutigen Zürcher Hochschule der Künste (ZHdK), der früheren Kunstgewerbeschule, befinden sich neben den Werkbund-Protokollen von 1938 bis 1961 keine frühen Quellen; gemäss Auskunft ihres Leiters, Guido Krummenacher, existiert kein privater Nachlass von Alfred Altherr sen.

4 *NZZ*, 21.5.1913; Bignens 2008, S. 14–15. Die drei letztgenannten, also Benziger, L'Éplattenier und de Saussure, waren auch Mitbegründer von L'Œuvre (→ S. 67).

5 Bericht des Schweizerischen Werkbundes, in: DWB Jahrbuch 1914, S. 104.

6 § 2 der Satzungen des SWB vom 30.8.1913, S. 1.

7 SWB 25 Jahre 1939, S. 5.

8 Die ersten Satzungen des SWB wurden am 30.8.1913 verabschiedet, erste Satzungsänderungen folgten am 29.10.1919.

9 Bignens 2008, S. 15. Gemäss den Satzungsänderungen von 1919, § 9 sollte der Vorstand des SWB zusätzlich mit zwei Mitgliedern von L'Œuvre besetzt werden.

10 Aufgrund der fehlenden Akten zur Frühzeit des SWB ist nur schwer nachvollziehbar, wie der junge SWB eine Teilnahme an der *S.L.A.B.* 1914 bewerkstelligen wollte. Einige Hinweise gibt das Jahrbuch des Deutschen Werkbundes von 1914, wie Anm. 5: «Für die schweizerische Landesausstellung in Bern, die diesen Sommer stattfindet, war es zu spät, für den Schweizerischen Werkbund eine besondere Abteilung zu schaffen; es wurde aber beschlossen, dass die Mitglieder sich in der Ausstellung als solche nennen sollen.»

11 GB SWB 1914/15, S. 4–7. Zu den Flugblättern siehe Chronik (→ S. 17).

12 GB SWB 1915/16, S. 2.

13 Die Geschäftsstelle des SWB erledigte im Geschäftsjahr 1915/16 784 Korrespondenzeingänge und 2262 Ausgänge. Im Vorjahr waren es lediglich 227 Eingänge und 373 Ausgänge, GB SWB 1915/16, S. 5.

14 Wie Anm. 5.

15 GB 1914/15, S. 9–13; darin sind im Anhang Name, Beruf bzw. Funktion und Adressangabe der einzelnen Mitglieder zu finden. Gemäss § 3 und 4 der Satzungen vom 30.8.1913 konnten vom engeren Vorstand Künstler, Gewerbetreibende und Förderer zu Mitgliedern ernannt werden; die Schwelle zum Eintritt war hoch, da Neuaufnahmen immer auch mit entsprechenden Leistungen des Bewerbers begründet werden mussten.

015
Charles Hoch, Einrichtung eines Büros an der *2. Nationalen Ausstellung für angewandte Kunst* Genf, 1931

016
Gustave Adolphe Hufschmidt, Einrichtung eines Schlafzimmers an der *2. Nationalen Ausstellung für angewandte Kunst* Genf, 1931

017
Einladung und Programm zur Werkbund-Tagung des SWB in Genf, 1931, Gestaltung Steiger

018
Einladung und Programm zur Assemblée générale de L'Œuvre in Genf, 1931, Gestaltung Percival Pernet

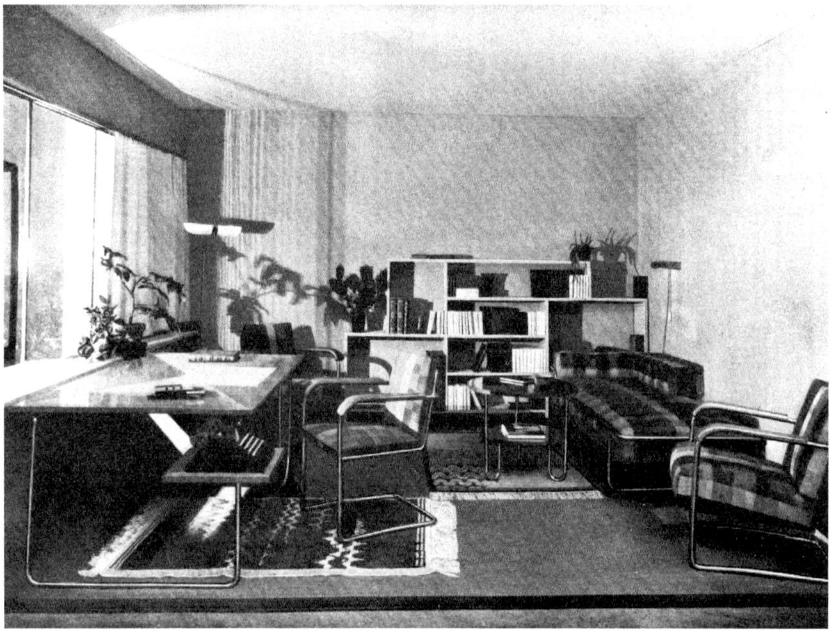

015

016

L'Œuvre

Ein Kontrapunkt zum Schweizerischen Werkbund

Programm

Die Tagungsteilnehmer können bei den SBB Fahrkarten zu einfacher Taxe gültig für die Hin- und Rückfahrt lösen. Diese berechtigen zum Reiseantritt Samstag morgen und müssen in der Ausstellung für freie und angewandte Kunst abgestempelt werden.
Für jeden Teilnehmer ist eine Tagungskarte von Fr. 10.— zu beziehen. Gleichzeitig mit der Anmeldung zur Teilnahme ist dieser Betrag an das Zentralquästorat in Basel, Postscheckkonto V/4691 einzuzahlen. Nach Eingang des Betrages wird die Teilnehmerkarte zugestellt.

Quartierbestellung und Anmeldung

Da die Tagung gegen das Ende der Völkerbundsversammlung stattfindet, wird es eventuell schwierig sein, in Genf die gewünschte Unterkunft zu finden. Deshalb muss die Geschäftsstelle bis spätestens am 15. September im Besitze aller Anmeldungen sein. Über die Zimmerbestellung werden die Mitglieder später orientiert werden.
Während der Tagung werden Auskünfte im Ausstellungsbureau erhältlich sein.

Samstag, den 26. September
Nachmittag: Besichtigung der Nationalen Ausstellung für freie und angewandte Kunst
15^{00} Uhr Sitzung des Zentralvorstandes
17^{30} Uhr Mitgliederversammlung
Traktanden:
1. Protokollgenehmigung der Generalversammlung 1930 in Basel
2. Genehmigung des Geschäftsberichtes
3. Vorlage und Genehmigung des Rechnungsberichtes
4. Vorlage und Genehmigung des Budgets
5. Wahlen
6. Verschiedenes

18^{30} Uhr Fahrt nach Bellerive – Gemeinsames Nachtessen mit anschliessendem Tanz

Sonntag, den 27. September
Ausstellungsbesuch
11^{30} Uhr Fahrt nach Creux de Genthod. Gemeinsames Mittagessen mit den Mitgliedern des Oeuvre – Bei schlechter Witterung wird das Mittagessen in der Stadt eingenommen

Montag, den 28. September
Bei genügender Teilnehmerzahl: Besichtigung der Glasfabrik in St. Prex bei Morges

Anträge für die Mitgliederversammlung sind bis spätestens 19. September der Geschäftsstelle des SWB, Börsenstr. 10, Zürich, schriftlich mitzuteilen

017

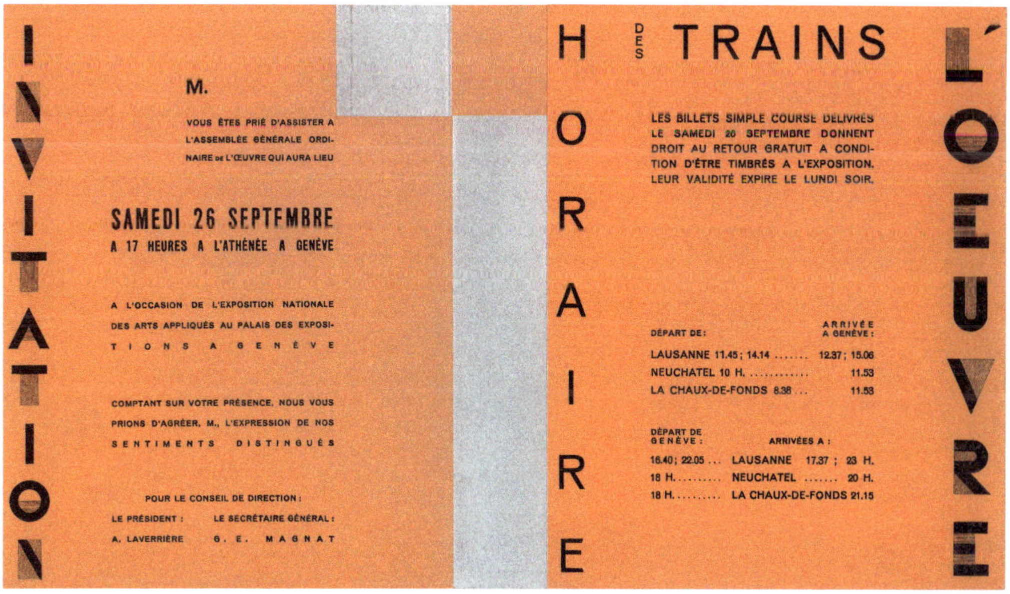

INVITATION

M.

VOUS ÊTES PRIÉ D'ASSISTER A L'ASSEMBLÉE GÉNÉRALE ORDINAIRE DE L'ŒUVRE QUI AURA LIEU

SAMEDI 26 SEPTEMBRE
A 17 HEURES A L'ATHÉNÉE A GENÈVE

A L'OCCASION DE L'EXPOSITION NATIONALE DES ARTS APPLIQUÉS AU PALAIS DES EXPOSITIONS A GENÈVE

COMPTANT SUR VOTRE PRÉSENCE, NOUS VOUS PRIONS D'AGRÉER, M., L'EXPRESSION DE NOS SENTIMENTS DISTINGUÉS

POUR LE CONSEIL DE DIRECTION:
LE PRÉSIDENT: A. LAVERRIÈRE
LE SECRÉTAIRE GÉNÉRAL: G. E. MAGNAT

HORAIRE DES TRAINS

LES BILLETS SIMPLE COURSE DÉLIVRÉS LE SAMEDI 26 SEPTEMBRE DONNENT DROIT AU RETOUR GRATUIT A CONDITION D'ÊTRE TIMBRÉS A L'EXPOSITION. LEUR VALIDITÉ EXPIRE LE LUNDI SOIR.

DÉPART DE:	ARRIVÉE A GENÈVE:
LAUSANNE 11.45; 14.14	12.37; 15.06
NEUCHATEL 10 H.	11.53
LA CHAUX-DE-FONDS 8.38 ...	11.53

DÉPART DE GENÈVE:	ARRIVÉES A:
16.40; 22.05 ...	LAUSANNE 17.37; 23 H.
18 H.	NEUCHATEL .... 20 H.
18 H.	LA CHAUX-DE-FONDS 21.15

L'ŒUVRE

018

019

020

021

022

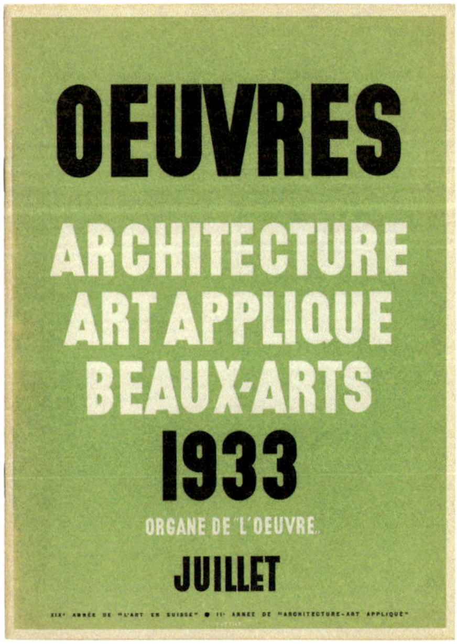

023

024

019–024
Titelseiten *L'Œuvre* 1926/1928/1929/1932 und *Œuvres* 1933/1935

025
Salon de L'Œuvre, Seite aus Œuvres 1935

026
Plakat des 4. *Salon de L'Œuvre*, Musée Rath Genf, 1935, Gestaltung Percival Pernet

025

026

Am 9. November 1913 konstituierte sich im Rathaus von Yverdon die Welschschweizer Vereinigung für Kunst und Industrie (Association suisse romande de l'art et de l'industrie) unter dem Namen L'Œuvre. Sie sollte ein Pendant des sechs Monate zuvor in Zürich gegründeten Schweizerischen Werkbundes bilden, um die spezifischen Interessen des Westschweizer Kunstgewerbes zu vertreten.[1] Zusätzlich bildeten sich in den Kantonen Waadt, Genf, Neuenburg, Fribourg, Wallis und Jura regionale Untergruppen von L'Œuvre.[2] 1932 wurde ihr unter der Leitung des 1879 in Genf geborenen Künstlers Alexandre Cingria eine Tessiner Gruppe angegliedert.[3] Die offizielle Abkürzung des Vereinsnamens L'Œuvre lautete OEV. Da das Wort «Œuvre» – auf Französisch das «Werk» – weiblichen Geschlechts ist, wird im Folgenden von der OEV gesprochen.[4] Das Geschlecht erklärt auch, warum sich die OEV «Schwester-Verband des SWB» nennt, während sie letzteren als ihren grossen Bruder bezeichnete.[5] Die OEV und der SWB waren bekanntlich zwei sehr ungleiche Geschwister, weshalb sich die Geschichte der Welschschweizer Gruppe, wie der Architekturhistoriker Pierre Frey betont, nur «im Kontrapunkt zur der des SWB» schreiben lässt.[6] Da der Begriff «Kontrapunkt» sowohl Konsonanzen als auch Dissonanzen sowie das Streben verschiedener Stimmen nach Gleichwertigkeit und Unabhängigkeit einschliesst, eignet er sich sehr gut zur Beschreibung des Verhältnisses der beiden Vereinigungen zueinander.

Ab 1918 erhielten beide Organisationen vom Bund aus dem Kredit für angewandte Kunst jährliche Subventionen.[7] Dies erlaubte der OEV, in Lausanne ein ständiges Sekretariat einzurichten, dessen Leiter nacheinander Paul Perret, Frédéric Gilliard und Gustave-Édouard Magnat waren.[8]

Ziele der OEV

Die am 13. März 1914 veröffentlichten Statuten der OEV unterscheiden sich in ihren wesentlichen Zielen kaum von denen des SWB und des Deutschen Werkbundes (DWB). Alle drei strebten nach einer Verbesserung der Qualität des Kunstgewerbes durch die Förderung der Zusammenarbeit zwischen Künstlern, Handwerkern und Industriellen. Daher lautet bereits der erste Artikel in den Statuten der OEV: «Sie hat ein künstlerisches Ziel, die Entwicklung der industriellen Künste in der französischen Schweiz, und bringt zu diesem Zweck hauptsächlich die Künstler, Industriellen, Handwerker und Händler zusammen. Sie verfolgt ihr Ziel mit allen Mitteln, die sie für geeignet erachtet (Unterricht, Propaganda, Förderung, Wettbewerbe, Subventionen, Vermittlung, usw.) [...].»[9] Wie der SWB, so war auch die OEV davon überzeugt, dass eine konstruktive Zusammenarbeit zwischen Kunst und Industrie das wirtschaftliche Potenzial verstärken könne und daher von nationaler Bedeutung sei.

Die wichtigsten Propagandamittel der OEV waren die von ihr organisierten Ausstellungen der Produkte ihrer Mitglieder, Vorträge sowie ihr eigenes Publikationsorgan mit dem gleichnamigen Titel *L'Œuvre*.

L'Œuvre – bulletin mensuel

Die Wahl dieses Namens signalisiert bereits die Absicht, ein französischsprachiges Pendant zur Zeitschrift des SWB, *Das Werk* (→ S. 149), zu schaffen. Den Vorschlag des SWB zur Herausgabe einer gemeinsamen Zeitschrift hatte die OEV mit dem Argument abgelehnt, dass die Zweisprachigkeit die französische Leserschaft abschrecke.[10] Daraufhin schloss sich der SWB mit dem Bund Schweizer Architekten (BSA) und die OEV mit dessen welschem Pendant, der Fédération des architectes suisses (FAS), zusammen, um ein gemeinsames

Publikationsorgan zu gründen.[11] Doch eine dem *Werk* ebenbürtige Zeitschrift mit dem Untertitel *Revue suisse d'architecture, d'art et d'art appliqué* erwies sich schon nach sechs Ausgaben als nicht mehr finanzierbar. So musste sich die OEV ab 1915 mit dem aus wenigen Seiten bestehenden *bulletin mensuel* begnügen, das sich erst Abb. 019–024 ab Ende 1926 den Luxus eines Einbandes erlauben und aufgrund von Sparmassnahmen trotz des Namens oft nur alle zwei Monate erscheinen konnte.[12]

Im Laufe des Jahres 1933 fusionierte *L'Œuvre* mit den Westschweizer Zeitschriften *Architecture actuelle* und *L'Art en Suisse* zu einer Monatspublikation mit einem Titel, der dem Fachbereich aller drei Partner gerecht werden musste: *Œuvres. Architecture, Art appliqué, Beaux-Arts*. Der Untertitel, *Organe de L'Œuvre*, stellte klar, wer für die Publikation verantwortlich zeichnete. Das erste Stichwort des langen Titels *Œuvres*, nun im Plural, rechtfertigte die OEV mit dem Argument: «Dieser Titel, der gleichzeitig prägnant und allgemein ist, unterstreicht die Ähnlichkeit unserer Publikation mit der ihres angesehenen Bruders *Das Werk*, das in Zürich in deutscher Sprache erscheint.»[13] Doch schon zwei Jahre später zwangen die chronischen finanziellen Schwierigkeiten die OEV zu einer neuen Lösung: Von 1935 bis 1952 platzierte sie ihre eigenen Mitteilungen in der Zeitschrift *Vie. Art. Cité.*[14]

Zum Forschungsstand und neue Fragen

Der Geschichte der OEV wurden seit Mitte der 1970er-Jahre vor allem von Forschern der Universität Lausanne einige Untersuchungen gewidmet. Ein kurzes Kapitel der Dissertation von Jacques Gubler ist beiden Vereinen gewidmet[15]; Rémy Estermann analysierte 1986 in Rahmen eines Forschungsprojekts über die Stellung der Westschweiz zwischen den beiden Weltkriegen die spezifische Rhetorik der OEV.[16] Im gleichen Jahr reichte er an der Universität Lausanne seine Lizentiatsarbeit über die Publikationsorgane der Vereinigung im Zeitraum von 1932 bis 1936 ein.[17] Daniela U. Ball-Spies verdeutlichte in ihrer Doktorarbeit über die Lausanner Kunstgewerblerin Nora Gross deren Engagement und Bedeutung für die OEV.[18] Antoine Baudin, der mit Abstand beste Kenner der Materie, fasste in einem Aufsatz die wichtigsten Etappen in der Geschichte der OEV zusammen und bemerkte: «Die an Zwiespältigkeiten reiche Geschichte der OEV ist noch kaum erforscht.»[19] Pierre Frey beleuchtete in einer Studie über den Architekten Alphonse Laverrière, Präsident der OEV von dessen Gründung bis 1934, dessen Rolle und persönliche Interessen in der Leitung der Vereinigung (→ S. 420).[20] Laurence Mauderli untersuchte in ihrer Masterarbeit von 1998 die Aktivitäten beider Vereinigungen von ihrer Gründung bis 1922, dem Jahr der *Ersten Nationalen Ausstellung für angewandte Kunst* in Lausanne (→ S. 239).[21] Antoine Baudin zeichnete 2001 in einem zweiten Aufsatz die Abschottung der OEV gegen neue Kunstströmungen und die daraus erwachsenen Konflikte mit dem SWB nach. Die ausführlichste Studie über die Aktivitäten, Mitglieder, Ziele und Konflikte der Vereinigung lieferte Stéphanie Pallini, die wie Baudin zu dem Schluss kommt, dass die Geschichte der OEV noch lange nicht erschöpfend abgehandelt sei.[22] Über deren Entwicklung von ihren Anfängen bis in die 1960er-Jahre hinein, ihre Abgrenzungsversuche vom SWB, ihre Beziehungen zu Frankreich, ihre Assimilation französischer Ideale, Vorurteile und Rhetorik liessen sich in der Tat noch Bände schreiben. Die vorliegende Studie hat sich zum Ziel gesetzt, einige bisher kaum erforschte Aspekte in der Geschichte der OEV genauer zu beleuchten, so zum Beispiel die Bedeutung von La Chaux-de-Fonds und von Charles-Édouard

Jeanneret, ab 1920 unter seinem Pseudonym Le Corbusier bekannt, für die Gründung der Vereinigung; ihre Suche nach einer spezifisch welschen Identität durch die Schaffung von Feindbildern, zu denen Verfechter avantgardistischer Ideen wie Le Corbusier, der DWB oder das Bauhaus gehörten. Ferner soll gezeigt werden, warum das eigentliche Ziel der Westschweizer Vereinigung, die Förderung der Zusammenarbeit zwischen Kunst und Industrie, von vornherein zum Scheitern verurteilt war.

Die Rolle von La Chaux-de-Fonds

Wichtige Impulse zur Gründung der OEV gingen von der Uhrmachermetropole La Chaux-de-Fonds als dem bedeutendsten industriellen Zentrum der Westschweiz aus. 1870 gründete die Société des patrons décorateurs de la boîte de montre in dieser Stadt die sogenannte École d'arts appliqués à l'industrie, die auf die Bedürfnisse der lokalen Uhrenindustrie ausgerichtet war. Wie so viele Kunstgewerbeschulen des 19. Jahrhunderts legte sich auch die von La Chaux-de-Fonds nach dem Vorbild des Londoner South Kensington Museum ab 1886 ein Museum für Industriekunst zu, dessen Exponate den Schülern als Mustersammlung dienten.[23] 1898 engagierte die Schule Charles L'Éplattenier als Professor für Zeichenkunst. Als einer der wichtigsten Protagonisten der Kunstgewerbereform in der Westschweiz war er als Mitbegründer und Vizepräsident der OEV geradezu prädestiniert. Durch ihn wuchs die École d'Art in La Chaux-de-Fonds mit Beginn des 20. Jahrhunderts zu der wichtigsten Schweizer Kunstgewerbeschule neben denen von Zürich und Genf.[24] Ab 1905 bot L'Éplattenier seinen *Cours supérieur d'art et de décoration* mit dem Ziel an, den begabtesten Schülern neben dem Entwurf von Uhrengehäusen auch andere künstlerische Bereiche zu eröffnen.[25] Eines der Hauptargumente von L'Éplattenier für die Notwendigkeit des *Cours supérieur* war der Fortschritt, den Deutschland durch die Perfektionierung der kunstgewerblichen Ausbildung in seiner industriellen Produktion erzielt habe. Noch im gleichen Jahr verschaffte er seinem begabtesten Schüler Charles-Édouard Jeanneret ein Stipendium mit dem Auftrag, das Geheimnis des Vorsprungs des deutschen Kunstgewerbes zu ergründen und der Westschweiz in einer Studie zu enthüllen. Oberstes Ziel der Mission war es, die Schweiz im internationalen Wettbewerb konkurrenzfähig zu machen. Zu diesem Zweck gründete L'Éplattenier 1911 an der École d'Art die sogenannte Nouvelle Section mit dem Ziel, die «Zusammenarbeit zwischen der Kunst und der Industrie» zu fördern.[26] Dieser Satz nimmt bereits zwei Jahre vor der Gründung der OEV deren wichtigstes Anliegen vorweg.

Charles-Édouard Jeanneret als Vermittler deutscher Werkbund-Ideen

Da Jeanneret 1913 in die Gründung der OEV involviert war, soll seine Bedeutung für die Verbreitung deutscher Werkbund-Ideen in der Westschweiz genauer als bisher geschehen untersucht werden.[27] Eine wichtige Rolle in diesem Vermittlungsprozess spielt die ihm von L'Éplattenier in Auftrag gegebene *Étude sur le mouvement d'art décoratif en Allemagne,* die als Summe der Erfahrungen seiner Deutschlandreise 1912 in 500 Exemplaren im Verlag Haefeli & Cie in La Chaux-de-Fonds gedruckt wurde. 450 Exemplare wurden an regionale Beamte, Lehrkräfte, Industrielle und die lokale Presse versandt, die 50 übrigen gelangten in den Buchhandel.[28] Jeannerets Schrift sollte die Industriellen in La Chaux-de-Fonds mit den Ideen des DWB vertraut machen und sie von dessen ökonomischen Vorteilen überzeugen. Der seine Studie einleitende Satz antizipiert das zentrale Anliegen und den Zweck der ein Jahr später gegründeten OEV: «Künstler und Gewerbetreibende wollen sich gegenseitig unterstützen. Diese Verbindung und unbeirrbare Zielstrebigkeit sind gleichsam die Seele all der Unternehmungen, die ich hier vorstellen will.»[29] Am 7. April 1910 war Jeanneret von La Chaux-de-Fonds über Karlsruhe, Stuttgart und Ulm nach München aufgebrochen, wo er Theodor Fischer, Professor für Stadtplanung an der Technischen Hochschule in München und erster Präsident des DWB, traf. Am 8. Juni 1910 reiste er weiter nach Berlin zu einem Besuch der *Allgemeinen Städtebau-Ausstellung,* die im Rahmen des dritten Werkbund-Kongresses stattfand. Die Teilnahme an diesem Kongress bot ihm Gelegenheit, innerhalb weniger Tage einen Überblick über die gesamte Kunstgewerbebewegung in Deutschland zu erlangen. In rascher Folge kam er mit den Protagonisten des DWB in persönlichen Kontakt, so mit Peter Behrens, bei dem er von November 1910 bis Ende März 1911 arbeiten sollte, Hermann Muthesius, Heinrich Tessenow und Karl Ernst Osthaus.

Zwischen Juni und Mai 1911 reiste er kreuz und quer durch Deutschland, sammelte und kommentierte systematisch Dokumente aller Art und füllte mehr als vier Notizbücher mit Beobachtungen und Skizzen.[30] Von Wolf Dohrn, dem Geschäftsführer des DWB, dürfte Jeanneret die Satzung und die anderen programmatischen Texte des Werkbundes erhalten haben, aus denen er in seiner *Étude* teilweise wörtlich zitiert. Im ersten Satz des Kapitels «Der Werkbund» zitiert er den zweiten Paragrafen der Gründungssatzung des DWB vom 12. Juli 1908: «Der Werkbund wurde 1907 mit dem Ziel gegründet, ‹Künstler und Industrie- und Handwerksfirmen zusammenzuführen, um durch eine wirkungsvolle Verbindung die deutsche Arbeit in Hinblick auf Technik und Geschmack zu veredeln›, und zwar ‹mithilfe von Erziehung und Propaganda›. ‹Mitglieder der Gesellschaft können Künstler, Handwerker (Einzelpersonen oder Industrie- und Handelsfirmen) und alle Personen sein, die in Handel und Kunst vom Fach sind.›»[31] In diesem Satz sind alle Schlüsselbegriffe des bereits zitierten ersten Artikels der Statuten der OEV von 1914 vorweggenommen. Da ein Ziel seiner Deutschlandreise die Suche nach Vorbildern für eine Modernisierung der kunstgewerblichen Ausbildung in der Schweiz war, stellt der dritte Abschnitt seiner *Étude* mit der Überschrift «Die Ausbildung» besonders fortschrittliche Lehrstätten, wie die Münchner Lehr- und Versuchs-Ateliers für angewandte und freie Kunst dar.[32]

Nach ihrem Vorbild hatte L'Éplattenier mit Jeanneret und zwei weiteren Schülern bereits am 15. März 1910 die Gesellschaft der vereinigten Kunstwerkstätten (Société des Ateliers d'art réunis) in La Chaux-de-Fonds mit dem Ziel gegründet, eigene Entwürfe zu produzieren und somit die Lehre enger mit der Produktion zu verbinden. Trotz der kurzen Zeitspanne ihrer Existenz gelangen den Werkstätten unter der Leitung von L'Éplattenier beachtliche Innenausstattungen wie die des Krematoriums in La Chaux-de-Fonds.[33] Bis zu seinem Austritt aus der OEV im Jahr 1918 war Jeanneret eines ihrer aktivsten Mitglieder. In der dritten Nummer von *L'Œuvre* propagierte er in einem Aufsatz mit dem Titel «Die Erneuerung in der Architektur» seine Vision des modernen Bauens und definierte sich «als übermässig progressiv». Auf dem Gebiet der Architektur komme es darauf an, «Fassaden und Wohnungen zu errichten, die keine Masken sind, die Harlekinade aus diesem Bereich zu verbannen, auch wenn man damit während einiger Jahre den Protest der Rückschrittlichen provoziert».[34] Letztere liessen nicht lange auf sich warten und verleideten dem jungen Architekten schnell sein Engagement für die OEV. Die von Jeanneret angekündigte Revolution in der Architektur war mit der Ideologie der OEV inkompatibel.[35] Auch das Ziel seiner *Étude sur le mouvement d'art décoratif en Allemagne,* die Westschweizer Künstler und Industriellen von den wirtschaftlichen Vorteilen einer Zusammenarbeit zu überzeugen, war letztendlich gescheitert.[36] In zahlreichen Artikeln von *L'Œuvre* wird Jeanneret zum Erzfeind deklariert.[37]

Der «Röstigraben» zwischen der OEV und dem SWB

Mit Beginn des Ersten Weltkriegs spitzten sich die Divergenzen zwischen der deutschen und der französischen Schweiz auf allen Gebieten zu. Deutschschweizer Zeitungen beschuldigten die Welschen, mit Frankreich zu paktieren; welsche Zeitungen bezichtigten die Deutschschweizer, mit dem Deutschen Reich zu sympathisieren. Jede Seite warf der anderen vor, die Neutralität zu verraten und den inneren Frieden zu gefährden.[38] In dieser brisanten Phase ist eine deutliche Distanzierung der OEV vom DWB zu beobachten,
Abb. 062 dessen Ausstellung in Bern von 1917 (→ S. 125) von Paul Perret in militärischen Termini als Teil einer aggressiven Eroberungstaktik der Schweizer Wirtschaft beschrieben wird: «Der deutsche Handel hat sich seit jeher durch einen bemerkenswerten Angriffsgeist ausgezeichnet. Die Zähigkeit des Handlungsreisenden von jenseits des Rheins ist sprichwörtlich. Als Patrouilleur und Verbindungsmann untersucht er den Markt besser als jeder andere und informiert seinen Chef mit einem sicheren Spürsinn über die kommerzielle Taktik. [...] Die in der Schweiz vom Deutschen Werkbund organisierten Ausstellungen sind nur eine Episode dieser seit langem begonnenen Kampagne.»[39] Die Vorbereitungen zur *Münchner Gewerbeschau* von 1922, in der Deutschland nach seiner Niederlage im Ersten Weltkrieg seine wiedergewonnene Leistungsfähigkeit auf dem Gebiet des Kunsthandwerks und der Industrie zur Schau stellen wollte, kommentierte die OEV argwöhnisch als «Vergeltungskrieg auf wirtschaftlichem Gebiet» («guerre de revanche sur le
Abb. 183–185 terrain économique»). *Die Erste Nationale Ausstellung für angewandte Kunst* in Lausanne (→ S. 239) käme gerade zur rechten Zeit: «Unser Land darf nicht in dem Moment zurückbleiben, in dem wir die Nachbarländer sich mit mehr Energie und Methode als je auf neue wirtschaftliche Eroberungen vorbereiten sehen.»[40]

Mit Berufung von Gustave-Édouard Magnat zum Generalsekretär der OEV im Jahre 1926 wurden nicht nur die antideutschen Töne lauter, sondern auch der Graben zwischen den beiden Vereinigungen zusehends breiter.[41] Noch ein Jahr zuvor hatte E. Richard Bühler (→ S. 423) der OEV die Gründung eines gemeinsamen Sekretariats vorgeschlagen. Während die Hälfte der Mitglieder des SWB dem Projekt zustimmte, wurde es von der OEV fast einstimmig abgelehnt.[42] Damit der Austausch und die Kommunikation zwischen beiden Gruppen nicht gänzlich abbrachen, wurden zwei Vertreter des SWB in den Vorstand der OEV aufgenommen. Doch gedieh das Verhältnis nicht über ein sich gegenseitiges misstrauisches Beobachten hinaus.

Im Januar 1927 stellte der Welschschweizer Verein eine Auswahl von Werken seiner Mitglieder im Basler Gewerbemuseum zur Schau.[43] Das von Magnat verfasste Vorwort zum Ausstellungskatalog bezeugt das Ringen der OEV um eine spezifisch «welsche Identität», die sie nur durch eine Abgrenzung vom SWB zu formulieren wusste. Hauptfaktor für den fundamentalen Unterschied sei die Sprachverschiedenheit, die eine «Einheit der Form» in der Produktion beider Gruppen unmöglich mache. Magnat definiert eine Nation als eine «Zusammenkunft von Menschen, die die gleiche Sprache sprechen und eine politische Gesellschaft bilden, die von gemeinsamen Institutionen regiert wird». Die Schweizer bildeten nach Magnat nur durch Willenskraft eine Nation, aber «von Natur aus wären wir nicht Schweizer, sondern Deutscher, Franzose, Italiener usw.». Magnat gesteht, dass die «welschen Kunsthandwerksprodukte einen weniger modernen Charakter zu haben scheinen als die der Deutschschweizer Ausstellungen. Diese Tatsache erklärt sich sehr leicht durch den Respekt vor der Tradition, die den Franzosen und Welschschweizern eigen ist. Vergessen wir nicht, dass Frankreich im 17. und 18. Jahrhundert in den dekorativen Künsten eine Vervollkommnung des Stils erreicht hat, die vielleicht nie wieder überholt werden wird. Es existiert also auf diesem Gebiet ein geistiges Erbgut, von dem noch jene zehren, welche von französischer Natur und französischem Geist sind».[44] Der letzte Satz diente der Selbstbeweihräucherung der «Romands», die durch ihre Sprache und Kultur des unübertreffbaren französischen Genies teilhaftig seien.

In der Zeitschrift *Werk* vom Juni 1928 forciert Magnat das Argument der Sprachverschiedenheit bis hin zum Rassismus: «Die Aufgabe der welschen Schweiz ist deutlich vorgezeichnet: das Genie der Rasse zu kultivieren, deren Sprache sie spricht [...]. Genauso verhält es sich mit der Deutschen Schweiz, die, obwohl sie Schweizerisch ist, von germanischem Geist durchdrungen ist, [...].» Magnat versteigt sich weiter zu der These, dass die Zweisprachigkeit die Persönlichkeit eher zerstöre als bereichere und den Geist des Kindes, das nur französisch oder deutsch denken könne, hin- und herreisse. Damit seine Thesen den richtigen Adressaten erreichen, veröffentlichte er sie nicht in *L'Œuvre*, sondern in *Das Werk.*[45] Auch andere Mitglieder der OEV, wie Alexandre Cingria, stimmten in das Hohelied auf die Überlegenheit der lateinischen Rasse und des französischen Kunsthandwerks ein.[46] In einem offenen Brief an Jeanneret, der als wütende Reaktion auf dessen Pavillon de L'Esprit Nouveau an der *Exposition internationale des arts décoratifs et industriels modernes* von 1925 in Paris zu verstehen ist, distanziert sich Cingria von jeglicher Tendenz, die «sich freiwillig von Rom, Florenz, Venedig und dem klassischen Frankreich entfernt».[47] Noch 1936 bat die OEV, an der Pariser *Exposition*
Abb. 055 *internationale des arts et techniques dans la vie moderne* von 1937 (→ S. 109) seine Werke getrennt von denen des SWB zeigen zu dürfen, da die «Vermischung der Kulturen» nach Magnat inakzeptabel sei.[48] Den von Franz Bräuning, Hans Leu und Arthur Dürig, den drei Siegern des Architekturwettbewerbs, errichteten Pavillon empfand die OEV als mit dem welschen Temperament unvereinbar: «Unsere Werke wirken hier verloren, weil das Ambiente, das sie umgibt, dem Welschschweizerischen so fremd ist, dass ihr Charakter sozusagen vernichtet ist.»[49]

Das Vorbild der Pariser Société des artistes décorateurs

Der wichtigste Bezugspunkt der Welschschweizer Kunsthandwerker war über Jahrzehnte die 1901 gegründete Pariser Société des artistes décorateurs. Eine Hinwendung zu neuen Vorbildern ist erst nach dem Zweiten Weltkrieg zu beobachten.[50] Bis dahin gehörte ein Studienaufenthalt in Paris zu der Laufbahn eines Westschweizer Kunsthandwerkers. Sowohl der Präsident der OEV, Alphonse Laverrière als auch ihr Vizepräsident, L'Éplattenier, hatten an der École des Beaux-Arts in Paris, Letzterer zusätzlich an der École nationale des arts décoratifs, studiert.[51] Seine eigene Tochter Phyllis schickte Laverrière 1930 zum Abschluss ihrer Ausbildung zu dem bekanntesten französischen Vertreter des Art Déco, Jacques-Émile Ruhlmann.[52] Es war die dekorative Kunst in ihrer dezidiert französischen Definition, welche die OEV vertrat. *L'Œuvre* versäumte daher in keinem Jahrgang, den Pariser *Salon des artistes décorateurs* ausführlich zu rezensieren. Seine Exponate gaben den welschen Kunstgewerblern die ästhetischen und ideologischen Richtlinien vor.[53] Es ist kein Zufall, dass die OEV die ab 1926 im Rhythmus von zwei Jahren stattfindenden Ausstellungen der Erzeugnisse ihrer Mitglieder ebenfalls als «Salon» bezeichnete. Doch erklärten die Herausgeber von *L'Œuvre* nicht alle französischen Produkte kritiklos für vorbildlich, und schon gar nicht, wenn sie in diesen Einflüsse deutschen Kunstgewerbes oder von Le Corbusier witterten. So spottete Magnat in seiner Besprechung des *18. Salon des artistes décorateurs* über ein Esszimmer von Charlotte Perriand, der Mitarbeiterin von Le Corbusier, welches «mit seinem ausziehbaren Tisch und seinen Drehstühlen, ähnlich riesigen Insekten im scharlachroten Lederkorsett mit Metallbeinen, den Eindruck eines Refektoriums in einem Internat für eine moderne Hedda Gabler» erwecke.[54]

In Frankreich suchte man, das herausragende, individuelle handwerkliche Meisterstück zu propagieren, während man in der Industrie einen gefährlichen Konkurrenten sah.

La pièce unique versus Serienprodukt

Die Pariser Société des artistes décorateurs verfolgte unter anderem das Ziel, ihre Mitglieder von der Industrie fernzuhalten.[55] Yvanhoé Rambosson, einer der einflussreichsten Kunstkritiker Frankreichs in dieser Zeit, warnte in seiner Rezension der 1909 im Pariser Herbstsalon ausgestellten kunsthandwerklichen Objekte vor der «schädlichen Tendenz, alles auszuschliessen, was mehr oder weniger das Zeichen der Industrialisierung» trägt und sogar Künstler zu benachteiligen, deren Entwürfe von der Industrie reproduziert werden.[56] Was der DWB seit 1907 in Deutschland aktiv förderte, das galt in Frankreich als anrüchig. In diesem Gegensatz lässt sich der wesentliche Unterschied zwischen dem französischen und deutschen Kunstgewerbe und den beiden unter dem Einfluss ihrer Nachbarländer stehenden Schweizer Werkbund-Gruppen begreifen.

Eine Rationalisierung durch Serienproduktion bei den dekorativen Künsten wurde nach dem Ersten Weltkrieg durch die antiindustrielle Ideologie der französischen Regierung bewusst behindert. Als Beispiel sei auf eine Aussage des französischen Wirtschaftsministers verwiesen, der in seiner Rede anlässlich der Eröffnung der Pariser *Exposition internationale des arts décoratifs et industriels modernes* von 1925, an der auch die OEV und der SWB teilnahmen, festhielt: «Aber das industrielle System, wie es sich perfektioniert und sich zunehmend der Mechanisierung zuwendet, wie es die Rolle der menschlichen Arbeit verringert und den Arbeiter selbst zu einer Art Mechanismus werden lässt, unterschlägt die persönliche Note des Erzeugers und seinen schöpferischen Anteil. Massenproduktion ist unvereinbar mit Kunst.»[57] Die Konzentration auf die Herstellung von Luxusgütern führte 1929 dazu, dass die französische Kulturadministration ihre Unterstützung für modernes Design zum Schutz der handwerklichen Arbeit abbaute und vor einer Serienproduktion im Bereich der dekorativen Kunst und dem Gebrauch von Stahl in der Möbelherstellung warnte, da dies der französischen Tradition widerspreche und die Handwerker in die Arbeitslosigkeit treibe.[58]

Durch die Aneignung französischer Traditionen nahm auch die OEV über Jahrzehnte eine antiindustrielle Haltung ein. Als die Eidgenössische Kommission für angewandte Kunst 1940 den zur Förderung des Kunsthandwerks zugesprochenen Kredit auch für die Präsentation der Uhrenindustrie in der Schweizer Abteilung an der *Triennale* in Mailand verwenden wollte, protestierte die OEV in einem Schreiben an den Bundesrat Philipp Etter dagegen.[59]

Die antiindustrielle Einstellung ist bereits in den Statuten der OEV verwurzelt, in deren drittem Artikel geschrieben steht: «Die Künstler werden, soweit es möglich ist, drei Fünftel der Gesamtheit der aktiven Mitglieder präsentieren.»[60] Durch diese Klausel sollten die Industriellen in der Minderheit gehalten werden.[61] Hierin besteht eine grundlegende Widersprüchlichkeit der Westschweizer Vereinigung, die zwar im ersten Artikel ihrer Statuten «die Entwicklung der industriellen Künste in der französischen Schweiz» durch die Vernetzung von «Künstlern, Industriellen, Handwerkern und Händlern» als oberstes Ziel auf ihre Fahne schrieb, de facto jedoch den Einfluss der Industrie auf ein Minimum zu reduzieren suchte. Eine
Abb. 025/026 Fotografie des vierten *Salon de l'Œuvre* von 1935 im Genfer Musée Rath zeigt, dass die OEV nach aussen hin eisern an ihrer Devise festhielt und sie in grossen Lettern auf alle Wände schrieb. Dennoch konnte Herbert-Joseph von Moos, ein in Genf lebender Deutschschweizer Kunst- und Architekturkritiker, der 1933 Chefredaktor von *Œuvres* wurde, in seinem Bericht über den vierten Salon nur resigniert feststellen: «Leider haben sie [die Mitglieder der OEV] es nicht geschafft, den Schweizer Industriellen von der Nützlichkeit einer konstanten und fortgesetzten Zusammenarbeit mit den Künstlern zu überzeugen. Eines der grundlegenden Prinzipien von L'Œuvre hat noch nicht seine Anwendung in bedeutendem Masse gefunden.»[62]

Aus ihrer Mitgliederliste von 1914 geht hervor, dass sich in den Anfängen unter 98 Mitgliedern nur 14 Unternehmer befanden.[63] Bei diesen handelte es sich in erster Linie um Verleger, Uhren-, Schmuck- und Möbelhersteller.[64] Auf der *Ersten Nationalen Ausstellung für angewandte Kunst* in Lausanne kamen nur ein Viertel der Schausteller aus der Industrie.[65] In einem Bericht über den Zustand der OEV von Januar 1927 bemerkte Magnat, dass die Zahl der Industriellen in ihrem Verein im Vergleich zu den Künstlern immer geringer werde.[66] Doch auch ohne die statuarisch garantierte Mehrheit der Künstler hätte die OEV nur schwerlich mehr Vertreter in der Industrie rekrutieren können. Pierre Frey wies zu Recht daraufhin, dass ein Vergleich der OEV mit dem DWB, zu dessen Mitgliedern hochrangige Unternehmen wie die AEG, Krupp, Siemens und Villeroy & Boch gehörten, aufgrund der viel geringeren industriellen Dichte der Westschweiz nicht möglich sei. Das industrielle Potenzial innerhalb der OEV beschränkte sich auf einige Uhrenfabrikanten wie Jämes Favre-Jacot, den Besitzer der Firma Zénith in Le Locle, deren Werbung das Frontispiz vieler Ausgaben von *L'Œuvre* ziert. Alphonse Laverrière schuf für die Firma Zénith Produktionsgebäude in Le Sentier (1917–1920), für Favre-Jacot eine private Residenz in Le Locle (1919) und zahlreiche Uhrenläden in Genf, Lausanne, Bern und Paris. Die Inneneinrichtung und Möbel der Filialen liess er nach seinen Entwürfen von einem Mitglied der OEV ausführen: der Schreinerei Held in Montreux.[67] Als Leiter der Entwurfswerkstätten von Zénith bestimmte Laverrière ausserdem das Uhrendesign der Firma.[68] Die Anzahl solcher Beispiele für eine tatsächliche Zusammenarbeit zwischen Architekten, Kunsthandwerkern und Industriellen innerhalb der OEV blieb jedoch beschränkt.

Ende der 1920er-Jahre verschärfte sich die antiindustrielle Tendenz innerhalb der OEV zusehends. Am 3. Februar 1928 hielt Magnat im Genfer Kunstverein einen Vortrag zum Thema «Die Kunst und die Industrie», der jeden Industriellen unter den Zuhörern zum Verlassen des Saals bewogen hätte.

Während er die Kunst als der gedanklichen und geistigen Welt zugehörig definierte, schrieb er die Industrie dem praktischen und mechanischen Bereich zu. Kunst sei Ausdruck des Lebens, während er die Industrie als «unmenschlich» disqualifizierte, weil sie seit einem Jahrhundert die «Qualität der Quantität geopfert» habe: «Sie hat geglaubt, den Menschen das Glück zu bringen, wobei sie nur ihren Körper genährt hat, ohne den Geist zu speisen.»[69] Magnat nennt im gleichen Vortrag einen der Schlüsselbegriffe und Ideale der französischen Kunstgewerbetradition: *la pièce unique*, das manuell gefertigte Einzelstück, dem der Vorzug vor der industriellen Serienproduktion zu geben sei. Ein Artikel in *Œuvres* von Juni 1934 grenzt den Begriff «Unité» scharf von dem der «Série» ab. Zur Herstellung des Einzelstücks bedürfe es «vor allem der schöpferischen Tugend eines Künstlertalents», zu der der Serie hingegen nur «industrieller Geräte». Während die Serienproduktion lediglich den maximalen Umsatz verfolge, diene das Einzelstück den «emotionalen Bedürfnissen» des Menschen.[70] In der einen Monat später erschienenen Fortsetzung des Artikels verkündet die Redaktion von *Œuvre* ihr kunsthandwerkliches Credo: «Das Kunstwerk ist in seinem Wesen einzigartig. [...] Die dekorative Kunst, d.h. die Kunst, die sich in einem Objekt von praktischem Nutzen ausdrückt, muss vor allem Kunst sein.»[71] Die Konklusion, die sich aus beiden Prämissen ergibt, liegt auf der Hand: Das Kunsthandwerk muss sich dem Einzelstück widmen.

Zu diesem Zeitpunkt hatte sich Joseph Gantner im Namen des SWB schon seit acht Jahren vom *pièce unique* verabschiedet: «[...] man spricht mit einem unangenehmen Beigeschmack von ‹Kunstgewerbe› überhaupt und meint damit jene Art von Gewerbe, das auf das ‹schöne› Einzelobjekt, das Bibelot in einem höheren Sinne ausgeht.»[72] Die unterschiedliche Einstellung beider Vereine zum Kunsthandwerk und zur Industrie deutete sich bereits in der anlässlich der *Ersten Nationalen Ausstellung für angewandte Kunst* in Lausanne (1922 erschienenen Begleitpublikation *Industrie d'Art, L'architecture et l'art appliqué en Suisse* an. Den Sammelband eröffnet ein Aufsatz des Sekretärs der OEV, Paul Perret, der zwar behauptet, die «Versöhnung von Kunst und Industrie» zum Thema zu haben, jedoch unentwegt Hiebe gegen die Industrie und die Dominanz der Maschine austeilt, um schliesslich zu folgender Konklusion zu kommen:[73] «Die Deutsche Schweiz wird für die kühnen Recherchen der Kunst in Deutschland und Österreich empfänglicher sein, während die französische Schweiz mehr zum Ansehen der grossen französischen Stile tendieren wird.»[74] In krassem Gegensatz zu Perret kündigt Altherr in seinem Aufsatz für den Band bereits die zukünftige Umorientierung des SWB vom Kunsthandwerk zur industriellen Produktion an: «Die neuen Preise für Rohstoffe und Arbeitskraft drängen zu Sparsamkeit und diese kann nur durch einfache Formen aus geraden Linien erreicht werden.» Er fordert kleine und einfachere Möbelstücke, die dem lateinischen Ursprung ihres Namens «mobile» gerecht seien, und verweist auf die vergangenen Anstrengungen des SWB, Möbel für die Arbeiterklasse zu produzieren.[75]

Die OEV hingegen präsentierte 1922 in Lausanne exklusive Ausstattungen in edlen Materialien und ornamentierten Formen für eine wohlhabende Klientel. Dieser Interessengegensatz zwischen der OEV und dem SWB sollte sich neun Jahre später auf der *Zweiten Nationalen Ausstellung für angewandte Kunst* in Genf noch deutlicher abzeichnen. In ihrem Jahresbericht von 1931 beobachtet die OEV beunruhigt, dass sich der SWB immer mehr der Suche nach «sozialen

Lösungen zuzuwenden scheint, wo die Rolle der Kunst absichtlich ökonomischen Bedingungen untergeordnet ist» und die OEV dadurch unter Rechtfertigungsdruck gerate: «Der Kreuzzug für die rationelle Organisation des Existenzminimums gewinnt viele Anhänger, die […] der Ansicht sind, dass unsere Recherchen auf dem Gebiet der angewandten Kunst mehr der Vergangenheit als der Gegenwart und noch weniger der Zukunft angehören.»[76]

«Müssen wir den Dekorateur töten?»

Im Gegensatz zum SWB vertrat die OEV eine Form von Kunstgewerbe, welches seine Hauptaufgabe in der Veredelung und der Verzierung des einzelnen Gegenstandes sah.[77] Wie schon Baudin betont hat, verstärkte sich in den 1930er-Jahren unter den Westschweizer Kunsthandwerkern «das Primat des dekorativen Prinzips», während gleichzeitig die Kluft gegenüber den «funktionalistischen und gesellschaftlichen Positionen des SWB» wuchs. Der Dekor als «Erkennungszeichen lateinischer Phantasie und Verdienste wird zum Hort des Widerstands gegen ‹Kahlheit› […]».[78] Die im Frühjahr 1927 vom Zürcher Kunstgewerbemuseum veranstaltete Wanderausstellung *Form ohne Ornament*, die in ihrer Art der Stuttgarter Ausstellung des Deutschen Werkbundes von 1924 entsprach, wurde von den Mitgliedern der OEV mit Skepsis aufgenommen (→ S. 133).[79]

In der Juli Ausgabe 1921 von *L'Œuvre* beginnt Paul Perret mit einem Feldzug gegen die Verfechter der Ornamentlosigkeit, indem er einige Passagen aus der von Le Corbusier in *L'Esprit nouveau* veröffentlichten französischen Übersetzung von Adolf Loos' revolutionären Artikel *Ornament und Verbrechen* zitiert und kritisch kommentiert.[80] Mit der rhetorischen Frage «Müssen wir den Dekorateur töten?» antwortet Perret drei Jahre später auf Le Corbusiers provozierende Behauptung, dass ein guter Dekorateur seinen Beruf an den Nagel hängen müsse, um Möbelfabrikant oder Architekt zu werden. Nach den «dekorativen Orgien» des Jugendstils konstatiert Perret besorgt ein anderes Extrem, das er als sektiererischen Rationalismus brandmarkt, der den Tod des Dekorateurs wolle. Nach Perret entspringt das Ornament einem Bedürfnis der menschlichen Natur: «Und falls – nehmen wir das Unmögliche an – der erbarmungslose Purismus von Herrn Le Corbusier-Saugnier eines Tages siegen und sich in der gesamten Produktion durchsetzen sollte, so würde uns dieser danach durch eine natürliche Reaktion wieder zu den ornamentalen Orgien zurückführen, die wir heute verurteilen.»[81]

1932 publizierte *L'Œuvre* aus Alexander von Sengers Pamphlet *Le Cheval de Troie du bolchévisme*, das offen gegen Le Corbusier und die moderne Architektur polemisiert, den Hinweis, dass nur Tiere ihre Bauten nicht verzieren. Der Mensch hingegen habe schon in prähistorischen Zeiten Werkzeuge mit linearen Ornamenten verziert: «Diesen ästhetischen Instinkt zu ersticken bedeutet genau das abzulehnen, was die Würde unserer Natur ausmacht und zum Animalischen zurückzukehren.»[82]

Die ornamentlosen Möbel, die Magnat 1932 auf der vom DWB organisierten Ausstellung *Wohnbedarf* in Stuttgart sah, interpretiert er völkerpsychologisch: «Da der Deutsche von Natur aus viel komplizierter als der Franzose ist, sucht er zum Ausgleich mit Leidenschaft, ja fast schon mit Ingrimm die Einfachheit. […]. Er hütet sich vor dem ‹Dekorieren› und sogar vor dem ‹Verzieren›, sodass die Möbel und Objekte, die in Stuttgart ausgestellt sind, angenehm durch ihre grosse Einfachheit verblüffen. Aber kann man da noch von Geschmack sprechen?»[83]

Anlässlich der von der Tessiner Gruppe der OEV organisierten Ausstellung mit dem programmatischen Titel *Wanddekoration* in Locarno stellt die Redaktion von *L'Œuvre* fest, dass der Begriff «décor» inzwischen «das Symbol eines Kampfes geworden ist, der so bald nicht aufhören kann. [...] Während für einige unserer Zeitgenossen das Wesentliche in der trockenen Darstellung eines Skeletts liegt, die für notwendig und genügend erachtet wird, ist für andere das Wesentliche, dieses Skelett in eine menschliche Erscheinung zu kleiden».[84]

Gegen das Bauhaus und das Neue Bauen

Für das Verschwinden des Ornaments in der Wohnkultur werden vor allem Le Corbusier und das Bauhaus verantwortlich gemacht. Letzteres beschreibt Magnat in dem bereits erwähnten Vortrag «Die Kunst und die Industrie» vom 3. Februar 1928 als Hort der Geschmacklosigkeit. Das Schönheitsideal dieser Schule sei der Operationssaal.[85] Magnat übernimmt in seiner Beurteilung des Bauhauses spezifisch französische Vorurteile, die das Deutsche Forum in Paris in einem Forschungsprojekt über die Rezeption, oder genauer gesprochen, über die Gründe der Nichtrezeption des Bauhauses in Frankreich eingehend untersucht hat.[86]

Die 1930 unter der Leitung von Walter Gropius für den DWB am Pariser *Salon des artistes décorateurs* im Grand Palais eingerichtete Ausstellung wurde sowohl von der französischen Presse, als auch von *L'Œuvre* harsch kritisiert.[87] Gropius hatte die Ausstellung mit Herbert Bayer, László Moholy-Nagy und Marcel Breuer realisiert, die am 1. April 1928 gemeinsam mit ihm das Bauhaus verlassen hatten. Wieder war es Magnat, der in einer Rezension die Ausstellung für *L'Œuvre* verriss: Alles in der Abteilung des DWB sei «einfach, klar, durchsichtig und nackt wie die Hand. Man hat den Eindruck unter einer Glasglocke zu sein, aus der man die Luft herausgelassen hat, die sie enthielt. Man befindet sich im Land der Abstraktion. [...] Diese Art sich in die Abstraktion zu flüchten ist trotz allem ein Zugeständnis des Überdrusses und der Ohnmacht.» Magnat sieht in der Abteilung des DWB das Ende aller Werte: «Es gibt überhaupt keine Werte mehr, es sei denn man erkennt mathematische und geometrische Werte als solche an; das Ergebnis ist, dass der Begriff Kunst aus dem technischen Vokabular dieser Konstrukteure verbannt ist. ‹Konstruieren›, sagt wörtlich Hannes Mayer, ‹ist ein biologischer und kein ästhetischer Prozess›.»[88] Dieses Zitat stammt aus einem offenen Brief von Meyer, den dieser nach seiner Entlassung als Direktor des Bauhauses an den Dessauer Oberbürgermeister richtete.[89] Unter dem Deckmantel objektiver Berichterstattung druckt Magnat im Anschluss an seine verzerrende Darstellung der Pariser Ausstellung des DWB eine französische Übersetzung des Briefs ab.[90] Die von Meyer dargelegten Theorien sollten selbst sprechend das Feindbild Bauhaus in der Westschweiz verstärken. Die *Zweite Nationale Ausstellung für angewandte Kunst* in Genf von 1931 bezeugt, wie weit die Ästhetik der im Grand Palais von Gropius, Bayer, Moholy-Nagy und Breuer ausgestellten Möbel bereits in die deutsche Schweiz vorgedrungen war. Das von Charles Hoch, Architekt des SWB, in Genf ausgestellte Büro
Abb. 015 bestand aus Tischen, Stühlen und Sesseln mit glänzendem Stahlrohrgerüst, Tischplatten aus Glas. Im Hintergrund sieht man ein aus Rechtecken raffiniert kombiniertes Bücherregal. Ein von dem OEV-Mitglied Gustave-Adolphe Hufschmidt auf
Abb. 016 der gleichen Ausstellung präsentiertes Schlafzimmer zeigt einen schweren Polstersessel mit geschwungenen Holzarmlehnen, ein imposantes Bett, dessen Front und Kopfteil mit parallelen und winkelförmigen Linien dekoriert sind.[91]

Der kleine Abstelltisch mit Glasplatte und Stahlgestell zeigt, dass sich auch die Welschschweizer Kunsthandwerker zaghaft den neuen Materialien öffneten. Dieses Phänomen kommentiert Magnat in seiner Rezension der *Zweiten Nationalen Ausstellung für angewandte Kunst* mit den Worten: «Ich möchte damit sagen, dass der alemannische Geist sicherlich den welschen Geist beeinflusst hat und umgekehrt.» Magnat gesteht hier erstmals Einflüsse, doch seien diese im Vergleich zu den Vorbildern angenehm latinisiert: «Auf diese Weise findet die deutsche Trockenheit und Abstraktion in der französischen Schweiz ihr Pendant in der Nüchternheit und Strenge, die künstlerische Qualitäten ersten Ranges sind; der welsche Geist wärmt und koloriert andererseits, was man die alemannische ‹kalte Logik› nennen könnte.»[92]

Die von Meyer in seinem offenen Brief formulierte Forderung, die Bedürfnisse des Volkes und nicht des Luxus zu befriedigen, fiel im SWB auf fruchtbaren Boden und stiess bei der OEV auf Widerstand. So entschieden die Romands, sich nicht an der *Schweizerischen Wohnungsausstellung Basel* (WOBA, im Spätsommer 1930) zu beteiligen, die neue Formen des sozialen Wohnungsbaus präsentierte (→ S. 189 und 360).[93] Henri-Robert Von der Mühll, Chef der Waadtländer Gruppe der OEV von 1929 bis 1933, bezeichnete die im Rahmen der WOBA errichtete Wohnkolonie Eglisee als «Kubus gewordenes Elend».[94]

Beispiele des Neuen Bauens in der deutschen Schweiz wurden regelmässig von den Mitgliedern der OEV mit Spott kommentiert, so zum Beispiel
Abb. 020 das Haus zum Neuen Singer (1927–1929), welches das Architekturbüro Artaria & Schmidt im Osten von Basel für alleinstehende Frauen als eine der ersten Stahlskelettkonstruktionen in der Schweiz errichtet hatte. Magnat kommentiert das Gebäude wie folgt: «Diese Schmucklosigkeit der Form hingegen, die geradezu mönchisch ist, erscheint unsern aktuellen Wünschen nach Behaglichkeit entgegengesetzt und macht aus diesem Haus mit seinen langen Gängen, die so nackt wie Treppenabsätze in einem Gefängnis sind, eine ziemlich kuriose Art von laizistischem Kloster.» Die Disziplin des Mönchlebens sei dem «modernen Individualismus» der Westschweizer zuwider.[95]

Verpasste Chancen

Durch die bewusste Abschottung vom SWB verpasste die OEV freiwillig viele Chancen zur Teilnahme an epochalen Manifestationen der modernen Architektur, wie zum Beispiel die Gründung des Congrès international d'architecture moderne (CIAM) im Juni 1928 in La Sarraz, an dem nur Henri-Robert Von der Mühll als einziges Mitglied des Westschweizer Vereins teilnahm, oder das Entstehen der Werkbund-Siedlung in Stuttgart-Weissenhof, für die eine SWB-Gruppe sechs Wohnungen in dem von Ludwig Mies van der Rohe errichteten Wohnblock entwarf und ausstattete (→ S. 353).[96] Wegweisende Ausstellungen oder Publikationen kommentierte *L'Œuvre* entweder abschätzig oder erst gar nicht. Wie sich die OEV der Architektur der Moderne verschloss, so auch den neuen Medien wie der Fotografie und dem Kino. Unter den Teilnehmern des Congrès international du cinéma indépendant in La Sarraz 1929 befand sich der SWB, vertreten durch Georg Schmidt, nicht jedoch die OEV.[97] Noch 1922 hatte der Verband Schweizer Fotografen die Organisatoren der *Ersten Nationalen Ausstellung für angewandte Kunst* in Lausanne vergeblich gebeten, eine kleine Auswahl von Arbeiten ihrer Mitglieder zeigen zu dürfen. In dem Bericht der OEV vom 10. Juni 1922 steht, dass die Anfrage abgelehnt wurde, «da die Mehrzahl der Mitglieder des Komitees der

Ansicht war, dass die Fotografie in einer Ausstellung angewandter Kunst nichts zu suchen hat».[98] Fotografen fanden erst 1933 Aufnahme in die OEV, allerdings nur mit der abwertenden Bezeichnung des «technischen Handwerkers» («artisan-technicien»).[99] Noch 1936 kritisierte die OEV an dem von Max Bill 1936 auf der *Triennale* in Mailand errichteten Schweizer Pavillon (→ S. 139), dass die Fotografie darin einen zu wichtigen Platz einnehme.[100]

Die Ablehnung avantgardistischer Strömungen machte die OEV auf internationaler Ebene konkurrenzunfähig. Um die Schweiz in Ausstellungen im Ausland als moderne Nation zu präsentieren, erteilte die Schweizerische Zentrale für Handelsförderung der OEV ab Ende der 1920er-Jahre keine Aufträge mehr für Ausstellungsarchitekturen. Mit der Wahl des Zürcher Architekten Hans Hofmann für die Einrichtung der Schweizer Abteilung auf der Kölner Pressa (1928) sollte der Anschluss der Schweiz an die moderne, funktionalistische Ausstellungsarchi-
Abb. 056 tektur demonstriert werden. Auch die Pavillons für die *Weltausstellung* in Barcelona 1929, die *Internationale Ausstellung* in Lüttich 1930 und die *Weltausstellung* in Brüssel 1935 wurden von Hofmann entworfen. Dies zeigt, wie Andreas Münch bereits dargelegt hat, dass die «offizielle Schweiz» sich für die «moderne Ausstellungstechnik des SWB» entschied.[101] *Œuvres* versäumte es nicht, den in Brüssel errichteten Pavillon als Baracke zu beschimpfen. Der Schweizerischen Zentrale für Handelsförderung warf die OEV vor, eine Weltausstellung mit einer Messe zu verwechseln und bestritt ihre Kompetenz in künstlerischen Angelegenheiten. Magnat fügte hinzu, dass es die Schweiz verdiene, «sich im Ausland unter ihrer wirklichen Physiognomie zu präsentieren», wobei er die Vielgestaltigkeit des Gesichts der Schweiz vergisst.[102] Der Ausstellung *Die Gesichter der Schweiz* im Schweizer Pavillon auf der Pariser *Weltausstellung* von 1937 unterstellte er, nicht das Gesicht der Romandie zu zeigen.[103]

Im Gegensatz zum SWB durfte die OEV ihr 100-jähriges Bestehen nicht erleben. Auf ihrer letzten Generalversammlung am 22. März 2003 in Lausanne erklärte eine kleine Schar entmutigter Mitglieder die Vereinigung nach 90 Jahren Aktivität für aufgelöst. Ihre Archive übergab sie den Archives Cantonales Vaudoises in Lausanne, wo sie der Öffentlichkeit zugänglich sind. 2004 gründete der SWB zur Vertretung der Westschweiz die Groupe régional SWB Romandie, über die an anderer Stelle in dieser Publikation berichtet wird (→ S. 87).

1 Claus 2007, S. 68.
2 Baudin 1997, S. 117.
3 Die sogenannte groupe tessinois de l'O.E.V. wurde am 15. Oktober 1932 gegründet. Vgl. Jeunesse, in: *Œuvres. Architecture, Art appliqué, Beaux-Arts* 18 (1934), Nr. 3, S. 27–29, hier S. 27.
4 Das Wort Œuvre kann auch männlichen Geschlechts sein, wenn es das Gesamtwerk eines Künstlers bezeichnet, z.B. L'œuvre gravé de Rembrandt. «Une Œuvre» bezeichnet hingegen ein einzelnes Werk.
5 Gustave-Édouard Magnat, A propos de l'exposition de l'Œuvre à Bâle, in: *L'Œuvre* 11 (1927), Nr. 1, S. 5–10, hier S. 5: «L'Œuvre est en premier lieu l'association-sœur du Werkbund suisse […].» Frédéric Gilliard, A nos lecteurs, in: *L'Œuvre* 10 (1926), Nr. 1, S. 3: «[…] son frère aîné le ‹Werk›, […].»
6 Pierre Frey, Architecture et arts appliqués: sur l'Œuvre, ses ambitions et sur quelques-uns de ses protagonistes, in: Frey 1999, S. 53: «L'histoire de l'Œuvre ne pouvant en définitive s'écrire qu'en contrepoint de celle du Werkbund […].»
7 Münch 1997, S. 91.
8 Baudin 1997, S. 118; *L'Œuvre* 3 (1913), Nr. 7, S. 47: «Depuis le 1er juillet, notre association possède un secrétaire général en la personne de M. Paul Perret, qui remplissait déjà les fonctions de secrétaire depuis la fondation de l'Œuvre.» Die Mitteilung von der Ablösung Gilliards durch Magnat findet sich im Rapport du conseil de direction, in: *L'Œuvre* 10 (1926), Nr. 12, S. 7–10, hier S. 8.
9 Statuts de l'Œuvre, Association Suisse Romande de l'art et de l'industrie, in: *L'Œuvre* 1 (1914), Nr. 2, S. 5–7, hier S. 5: «Elle a un but artistique, le développement des arts industriels en Suisse romande, et groupe, à cet effet, principalement des artistes, des industriels, des artisans, des commerçants. Elle poursuit son but par tous les moyens qu'elle juge appropriés (enseignement, propagande, encouragement, concours, subventions, entremise, etc.), […].»
10 Pallini 2004, S. 121.
11 Der Titel der Zeitschrift lautete in den ersten Nummern: *L'Œuvre, organe officiel de la Fédération des architectes suisses et de l'association suisse romande de l'art et de l'industrie.*
12 Rapport du conseil de direction, in: *L'Œuvre* 10 (1926), Nr. 12, S. 7–10, hier S. 8; *L'Œuvre* 13 (1929), Nr. 1, S. 4.
13 *Œuvres. Architecture, Art appliqué, Beaux-Arts* 17 (1933) Nr. 6, S. 1: «Ce titre, à la fois concis et général, souligne le parallélisme de notre publication avec son éminent confrère *Das Werk*, paraissant à Zurich en langue allemande.»
14 Baudin 1997, S. 119; Pallini 2004, S. 240–242.
15 Gubler 1975, S. 42–43.
16 Rémy Estermann, Modernité et propagande: considérations sur le discours de «L'Œuvre», in: *Collectif de recherches de l'Université et Musées lausannois, 19–39, La Suisse romande entre les deux guerres*, Lausanne 1986, S. 26–28.
17 Rémy Estermann, *Architecture Actuelle – Architecture, Art Appliqué – Œuvres 1932–1936. Une revue artistique en Suisse romande*, Universität Lausanne 1986. Die Studie kann in den Archives de la Ville de Lausanne eingesehen werden.
18 Ball-Spies 1987, S. 123–127.
19 Baudin 1997, S. 116.
20 Frey 1999, S. 51–57.
21 Mauderli 1998. Eine Zusammenfassung der Masterarbeit findet sich in: Mauderli 2001b.
22 Pallini 2004, S. 115–151.
23 Zu der erhaltenen Sammlung vgl. Helen Bieri Thomson, Un exemple ce Musée Industriel: La collection de l'Ecole d'art, in: Bieri Thomson 2006, S. 53–76. Vgl. *L'Œuvre* 11 (1927), Nr. 2–3, S. 8. Darin findet sich ein Bericht über die Sammlung, die dazu bestimmt sei, «à former le goût des élèves et à leur servir de bons exemples au cours des travaux qu'ils exécutent.»
24 Hellmann 2011, S. 28, 30.
25 Cathérine Corthésy und Anouk Hellmann, L'Ecole d'Art: ferment du progrès artistique et industriel, in: Bieri Thomson 2006, S. 27–49, hier S. 27–28, S. 35.
26 Prospekt der *Nouvelle Section de l'Ecole d'art de La Chaux-de-Fonds*, La Chaux-de-Fonds 1912, S. 3; zitiert nach: Kries 2008, S. 110–111.
27 Jeanneret schrieb das 26-seitige Gründungsprotokoll der OEV, das sich in den Archives cantonales vaudoises in Lausanne befindet, Signatur: PP 807-501. Er ist dort als Mitglied verschiedener Arbeitsgruppen aufgeführt.
28 Alex T. Anderson, Lernen von der deutschen Maschine, in: Kries 2008, S. 104–105.
29 Zitiert nach der deutschen Übersetzung der *Étude sur le mouvement d'art décoratif en Allemagne*, in: Kries 2008, S. 163.
30 Zur Deutschlandreise von Jeanneret vgl. *Charles-Edouard Jeanneret – Le Corbusier. Les voyages d'Allemagne*, hg. von Giuliano Gresleri, Mailand/Paris 1994.
31 Zitiert nach der deutschen Übersetzung in: Kries 2008, S. 163.
32 Kries 2008, S. 204.
33 Hellmann 2011, S. 29, 31.
34 Charles-Édouard Jeanneret, Le renouveau dans l'architecture, in: *L'Œuvre* 1 (1914), Nr. 3, S. 9–10, hier S. 10: «Nous sommes modernes, progressistes; progressistes à outrance […]. En architecture, faire des façades et des appartements qui ne soient pas des masques – bannir l'arlequinade dans ce domaine, quitte à provoquer pendant quelques années les protestations des rétrogrades.»
35 Gubler 1975, S. 197.
36 Mauderli 2001b, S. 164.
37 Zur Polemik gegen Jeanneret vgl. Baudin 2001, S. 179. Die heftigsten Angriffe gegen Le Corbusier kamen von Alexander von Senger, Extraits de ‹Le Cheval de Troie› du Bolchévisme, in: *L'Œuvre* 16 (1932) Nr 4–6, S. 10–11.
38 Christophe Büchi, *«Röstigraben». Das Verhältnis zwischen deutscher und französischer Schweiz. Geschichte und Perspektiven*, Zürich 2000, S. 209.
39 Paul Perret, L'exposition du Werkbund allemand, in: *L'Œuvre* 3 (1917), Nr. 2, S. 10–12, hier S. 10–11: «Le commerce allemand s'est toujours distingué par un remarquable esprit d'offensive. La ténacité du commis-voyageur d'outre-Rhin est proverbiale. A la fois patrouilleur et agent de liaison, il explore le marché mieux que personne et renseigne ses chefs avec un sens très sûr de la tactique commerciale. […] Les expositions organisées en Suisse par le Werkbund allemand ne sont qu'un épisode de cette campagne depuis longtemps commencée.»
40 L'Exposition Nationale de 1922, in: *L'Œuvre* 5 (1921), Nr. 7, S. 4–5, hier S. 5: «Il ne faut pas que notre pays reste en arrière, au moment où nous voyons les nations voisines se préparer, avec plus d'énergie et plus de méthode que jamais, à de nouvelles conquêtes économiques.»
41 Zur Biografie von Magnat vgl. Pallini 2004, S. 212.
42 Vgl. Brief von E. Richard Bühler an Frédéric Gilliard, 17.6.1925, Archiv der OEV, zitiert in Pallini 2004, S. 118, Anm. 19.
43 *L'Œuvre* 11 (1927), Nr. 1, S. 13.
44 Gustave-Édouard Magnat, A propos de l'exposition de L'Œuvre à Bâle, in: *L'Œuvre* 11 (1927), Nr. 1, S. 5–10, hier S. 10: «[…] que les *Œuvres* d'art appliqué romandes paraissent avoir un caractère moins nettement moderne que celles des expositions de Suisse allemande. Ce fait s'explique assez facilement par le respect de la tradition qui est propre aux Français et aux Romands. N'oublions pas que, dans les arts décoratifs, la France a, au 17me et au 18me siècle, atteint une perfection de style qui ne sera peut-être jamais dépassé. Il existe donc dans ce domaine un patrimoine spirituel, dont vivent encore ceux qui ont la nature et l'esprit français.»
45 Gustave-Édouard Magnat, De l'art allemand et de l'art français, leur influence réciproque, in: *Werk* 16 (1929), H. 6, S. 177–179, hier S. 178–179: «Le bilinguisme détruit la personnalité bien plus qu'il ne l'enrichit; il écartèle l'esprit de l'enfant qui pense alternativement en français et en allemand. Or, pas plus que les langues, l'art des deux régions ne saurait se mêler, se confondre. La Suisse romande a sa tâche bien tracée; cultiver le génie de la race dont elle parle la langue […] Il en est de même pour le Suisse alémanique qui, tout en étant Suisse, est pénétré d'esprit germanique, dont il a, sinon l'orientation, du moins la nature.»
46 Vgl. auch die Rezension der französischen Zeitschrift *Art et industrie* von Herbert-J. Moos, La revue des revues, in: *L'Œuvre* 14 (1930), Nr. 11–12, S. 13: «[…] nous restons étonnés de la façon dont le Français sait accorder, aujourd'hui, son sens de l'actualité et son respect de la tradition qui fait le génie de la race.»
47 Alexandre Cingria, Exposition internationale des arts décoratifs, in: *L'Œuvre* 9 (1925), Nr. 4, S. 3–4, hier S. 4: «[…] de tout ce qui s'éloigne délibérément de Rome, Florence, de Venise et de la France classique.» Zu Cingrias «Kreuzzug gegen die neue Architektur» vgl. Pallini 2004, S. 157.
48 Pallini 2004, S. 244.
49 Gustave-Édouard Magnat, Le visage de la Suisse à l'Exposition de Paris, in: *Le Curieux*, 10.7.1937, zitiert nach Pallini 2004, S. 244.
50 Vgl. Pallini 2004, S. 250.
51 Zur Biografie von Laverrière vgl. Antoine Baudin, Art, architecture, pédagogie: à l'Ecole cantonale de dessin et alentour, in: Frey 1999, S. 29–36.
52 Baudin 1997, S. 127, Anm. 4.
53 Baudin 2001, S. 176.
54 Gustave-Édouard Magnat, Le 18e Salon des Artistes décorateurs, in: *L'Œuvre* 12 (1928), Nr. 7–8, S. 3–10, hier S. 6: «Certes, la salle à manger 1928 de Charlotte Perriaud [sic], avec sa table à glissières et ses sièges tournants, semblables à de gigantesques insectes aux corselets de cuir écarlate et aux pattes d'acier, donne l'impression d'un réfectoire de pensionnat pour Hedda Gabbler [sic] modernes […].» Hedda Gabler ist eine Gestalt aus dem gleichnamigen Drama von Henrik Ibsen (1890).
55 Nancy J. Troy, *Modernism and the decorative Arts in France. Art Nouveau to Le Corbusier*, New Haven, London 1991, S. 53.
56 Yvanhoé Rambosson, Le Salon d'Automne, in: *L'Art Décoratif*, Nr. 21, Oktober 1909, S. 112. Zur Person von Rambosson vgl. Nella Arambasin, *La conception du sacré dans la critique d'art en Europe entre* 1880 *et* 1914, Genf 1996, S. 210, Anm. 128.
57 Les Arts décoratifs ne sont pas des arts mineurs, dit M. Chaumont, in: *Bulletin de la Chambre syndicale de l'ameublement*, Nr. 397, 1925, S. 199; zitiert nach Gabriele Diana Grawe, Unité et diversité. Ein imaginärer Dialog zwischen Eileen Gray und Marcel Breuer über Innenräume, in: Ewig/Gaehtgens 2002, S. 117–143, hier S. 121.
58 Suzanne Tise, Umstrittene Modernismen, in: *Eileen Gray. Eine Architektur für die Sinne*, hg. von Caroline Constant und Wilfried Wang, Tübingen, Berlin 1996, S. 32–47, hier S. 37.

59 Jahresbericht der OEV, 14.12.1940; zitiert nach Münch 1997, S.102: «Nous avons protesté contre l'attribution du budget des arts appliqués en faveur de l'industrie [...].»

60 Status de l'Œuvre. Association Suisse Romande de l'art et de l'industrie, in: *L'Œuvre* 1 (1914), Nr. 2, S. 5–7, hier S. 5: «Les artistes représenteront, autant que possible, les trois cinquièmes de l'effectif total des membres actifs.»

61 Vgl. hierzu Ball-Spies 1987, S.123.

62 Herbert-Joseph von Moos, Le IVe Salon de l'Œuvre, in: *Œuvres* 19 (1935), Nr.11, 1935, S.16: «Malheureusement, ils n'ont pas su convaincre l'industriel suisse de l'utilité d'une collaboration constante et continue avec les artistes. Un des principes fondamentaux de l'Œuvre n'a pas encore trouvé son application dans une mesure importante.»

63 Liste des membres, in: *L'Œuvre* 1 (1914), Nr. 2, S. 7–9.

64 Baudin 1997, S.117 und S.121; Frey 1999, S. 51.

65 Mauderli 1998, S.70.

66 État de l'OEV, in: *L'Œuvre* 11 (1927), Nr.1, S.13.

67 Zu Laverrières Beziehungsnetz in der OEV vgl. Frey 1992.

68 Frey 1999, S. 51.

69 Der Vortrag findet sich abgedruckt in: Gustave-Édouard Magnat, L'art et l'industrie, in: *L'Œuvre* 12 (1928), Nr. 3–4, S. 3–7, hier S. 4: «Si j'emploie cette expression ‹inhumaine›, ce n'est pas du tout parce que je suis opposé au développement de l'industrie, mais parce que celle-ci a, d'une façon générale et pendant près d'un siècle, sacrifié la qualité à la quantité. Elle a cru dispenser le bonheur aux hommes en ne nourrissant que leur corps, sans alimenter leur esprit.»

70 Séries et Unités, in: *Œuvres* 18 (1934), Nr. 6, S. 31: «En plein contraste avec ces ‹Séries› nous désignerons sous le terme ‹Unités› les objets qui nécessitent avant toute autre chose la vertu créatrice d'un talent d'artiste. [...] Les fabrications en séries sont une des caractéristiques de l'activité moderne. Cette activité est essentiellement axée sur le capital et n'a d'autre but que l'argent. Les unités sont créées, non pas pour servir l'argent, mais pour servir l'homme dans ses besoins affectifs.»

71 Séries et Unités. II, in: *Œuvres* 18 (1934) Nr.7, S. 29–30, hier S. 29: «L'œuvre d'art est, par essence, unique. [...]. L'art décoratif, c'est-à-dire l'art qui s'exprime dans un objet d'usage pratique, doit être, avant tout, art.»

72 Joseph Gantner, Zur Tagung des Werkbundes, in: *Werk* 13 (1926) H. 8, S. 268.

73 Biografische Angaben zu Paul Perret (1880–1947), der später zum Stadtpräsidenten von Lausanne und Mitglied des Waadtländer Regierungsrats avancierte, siehe Ball-Spiess 1987, S.71.

74 Paul Perret, L'art vivant, in: *Industrie d'Art, L'architecture et l'art appliqué en Suisse,* hg. von L'Œuvre – Association Suisse Romande de l'Art et de l'Industrie und der Fédération des Architectes Suisses, Lausanne 1922, S. 5–20, hier S.17–18: «La Suisse allemande sera plus accessible aux recherches audacieuses de l'art d'Allemagne et d'Autriche, tandis que la Suisse romande subira davantage le prestige des grands styles français.»

75 Alfred Altherr, Le Mobilier et la Décoration intérieure au XXe siècle, in: *Industrie d'Art, L'architecture et l'art appliqué en Suisse,* hg. von L'Œuvre – Association Suisse Romande de l'Art et de l'Industrie und der Fédération des Architectes Suisses, Lausanne 1922, S. 21–35, hier S. 24: «Les nouveaux prix des matières premières et la main-d'œuvre poussent à l'économie, et celle-ci ne peut être obtenue que par des formes simples, aux lignes droites.»

76 Rapport du conseil de direction de L'Œuvre, in: *L'Œuvre* 15 (1931), Nr.10–12, S. 9–19, hier S.12: «L'orientation de celui-ci paraît se tourner de plus en plus vers la recherche de solutions sociales où la part de l'art est volontairement subordonnée à des conditions d'ordre économique. La croisade en faveur de l'organisation rationnelle des existences minima gagnent beaucoup d'adeptes qui, [...] ne le cachent pas, estiment que nos recherches dans le domaine de l'art appliqué appartiennent plus au passé qu'au présent et encore moins à l'avenir.»

77 Ball-Spies 1987, S.123.

78 Baudin 1997, S.122.

79 Vgl. Wegleitung 1927. Zur Reaktion eines OEV-Mitglieds auf die Zürcher Ausstellung vgl. Ball-Spies 1987, S.125.

80 Paul Perret, Ornement et crime?, in: *L'Œuvre* 5 (1921), Nr.7, S. 3–4.

81 Paul Perret, Faut-il tuer le décorateur?, in: *L'Œuvre* 8 (1924), Nr.1, S. 5–6, hier S. 6: «Et si – supposons l'impossible – le purisme impitoyable de M. Le Corbusier-Saugnier triomphait un jour et s'imposait à la généralité de la production, il nous ramènerait ensuite, par l'effet d'une réaction naturelle, aux orgies ornementales que nous condamnons aujourd'hui.»

82 Extraits de Le cheval de Troie du bolchévisme, in: *L'Œuvre* 16 (1932), Nr. 4–6, S.10–11, hier S.11: «Vouloir étouffer l'instinct esthétique, c'est donc répudier ce qui fait la dignité de notre nature et retourner à l'animalité.» Zur Biografie von Senger vgl. Pallini 2004, S.157–158.

83 Gustave-Édouard Magnat, Le XXIIme Salon des artistes décorateurs, in: *L'Œuvre* 16 (1932), Nr.7–8, S. 3–6, hier S. 4: «L'Allemand, de nature beaucoup plus compliquée que le Français, recherche, par compensation, la simplicité avec passion, je dirai presque avec rage. [...] Il se défend de ‹décorer› et même d'‹orner›, de sorte que les meubles et les objets exposés à Stuttgart frappent agréablement par leur grande simplicité. Mais peut-on encore parler de goût?»

84 Jeunesse, in: *Œuvres. Architectures, Art appliqué,* Beaux-Arts 18 (1934), Nr. 3, S. 27–29, hier S. 27: «Ce n'est pas pour rien que le mot ‹décor› est devenu le symbole d'une lutte qui ne peut pas finir de si tôt. [...] Alors que pour certains de nos contemporains l'essentiel réside dans l'exposé sec d'un squelette jugé nécessaire et suffisant, pour d'autres, l'essentiel est de revêtir ce squelette d'une apparence humanisée.»

85 Gustave-Édouard Magnat, L'art et l'industrie. Conférence faite le 3 février 1928 (Suite et fin.), in: *L'Œuvre* 12 (1928), Nr. 5–6, S. 5–9, hier S.7: «L'idéal de cette école, car c'en est une, – est la salle d'opération; [...].»

86 Ewig/Gaehtgens 2002.

87 Vgl. die von Matthias Noell zusammengestellten und eingeleiteten Auszüge aus der französischen Presse: Zwischen Krankenhaus und Mönchszelle: «Le nouveau visage de l'Allemagne» – Die Werkbund-Ausstellung 1930 im Spiegel der französischen Tagespresse, in: Ewig/Gaehtgens 2002, S. 313–346.

88 Gustave-Édouard Magnat, Le Vingtième Salon des artistes décorateurs, in: *L'Œuvre* 14 (1930), Nr.7–8, S. 3–6, hier S. 4–5: «Tout ici est simple, net, transparent et nu comme la main. On a la sensation d'être sous une cloche de verre qu'on aurait vidée de l'air qu'elle contenait. On se trouve dans le pays de l'abstraction. [...] Cette façon de se réfugier dans l'abstraction est malgré tout un aveu de lassitude et d'impuissance. [...] Il n'y a plus de valeurs du tout, à moins qu'on admette comme telles les valeurs mathématiques et géométriques; il en résulte que le terme art est banni du vocabulaire technique de ces constructeurs. ‹Construire›, dit littéralement Hannes Meyer, ‹est un processus biologique et non esthétique›.»

89 Hannes Meyer, «Mein Hinauswurf aus dem Bauhaus. Offener Brief an Oberbürgermeister Hesse, Dessau», in: *Das Tagebuch* 11 (1930), Nr. 33, S.1311.

90 Hannes Meyer, Comment je fus chassé du Bauhaus, Lettre ouverte à Monsieur le Bourgmestre Hesse à Dessau, traduit de l'allemand par Gustave-Édouard Magnat, in: *L'Œuvre* 14 (1930), Nr.7–8, 1930, S. 6–11.

91 Beide Abbildungen illustrieren einen Bericht über die Ausstellung von Herbert-Joseph von Moos, La IIme exposition nationale d'art appliqué vue par la presse suisse, in: *L'Œuvre* 15 (1931), Nr. 6–9, S.11–18, hier S.10, 16.

92 Gustave-Édouard Magnat, L'exposition nationale des arts appliqués, in: *L'Œuvre* 15 (1931), Nr.10–12, S. 3–7, hier S. 5: «Je veux dire par là que l'esprit alémanique a certainement influencé l'esprit romand et vice versa. Ainsi la sécheresse et l'abstraction allemandes correspondent en Suisse romande à la sobriété et à la rigueur qui sont des qualités artistiques de premier ordre; l'esprit romand réchauffe et colore d'autre part ce qu'on pourrait appeler la ‹froide logique› alémanique.»

93 *L'Œuvre* 14 (1930), Nr. 5–6, S. 9: «[...] l'Œuvre a décidé de ne participer en aucune façon à cette exposition, dont le but et l'orientation se trouvent en dehors de nos préoccupations.»

94 Henri-Robert Von der Mühll, WOBA – EGLISEE, in: *L'Œuvre* 14 (1930), Nr. 9–10, S. 3–7, hier S. 5: «C'est la misère faite cube.»

95 Gustave-Édouard Magnat, Une tentative. La Maison «Zum Singer», pour dames seules, in: *L'Œuvre* 13 (1929), Nr.11–12, S.7–9, hier S. 8–9: «Par contre, ce dépouillement de la forme – et qui est proprement monacal –, paraît en opposition avec nos désirs actuels de confort et fait de cette maison aux longs corridors nus comme des paliers de prison, une sorte de couvent laïque assez curieux.»

96 Baudin 1997, S.122; Pallini 2004, S.122. Die OEV wies durch einen kurzen Artikel auf die Ziele und Teilnehmer des CIAM hin: *L'Œuvre* 12 (1928), Nr.7–8, S.19. Zur Beteiligung des SWB an der Stuttgarter Ausstellung 1927 siehe Claus 2007, S. 69.

97 Baudin 2001, S.182, Anm.14.

98 Rapport du Conseil de Direction, in: *L'Œuvre* 6 (1922), Nr. 8, S. 5–6, hier S. 5: «Cette demande [...] fut finalement repoussée, la majorité des membres du Comité ayant estimé que la photographie n'avait pas sa place dans une exposition d'Art appliqué.»

99 Baudin 2001, S.179, 182, Anm.14.

100 Pallini 2004, S. 243.

101 Münch 1997, S.100.

102 M. D. M., Le pavillon Suisse à l'exposition universelle de Bruxelles, in: *Œuvres* 19 (1935), Nr. 6, S. 25: «Notre pays [...] mérite de se présenter à l'étranger sous sa vraie physiognomie.»

103 Pallini 2004, S. 244.

Tagung *Küsnachter Konzil*

Küsnacht, 1969

Unter dem Namen *Küsnachter Konzil* ging eine Jahrestagung in die Geschichte des Schweizerischen Werkbundes ein, mit der der Verein an einer Wegscheide stand. Nach der fast 20 Jahre dauernden sich jährlich wiederholenden Auswahl gut geformter Geräte und Möbel sowie deren Jurierung und der jeweiligen Ausstellung *Die gute Form* (→ S. 277) an der Mustermesse in Basel (MUBA) wie auch ihrer medialen Aufbereitung in Printmedien und Wanderausstellungen zwecks Vermarktung und Propaganda, war mit dem Ende dieser Ära innerhalb des Werkbundes ein ideelles und inhaltliches Vakuum entstanden. Die ständige Neuerfindung des SWB und die damit einhergehende Anpassung seiner Statuten ist zwar geradezu ein konstituierendes Merkmal seiner Existenz. Die letzte tief gehende Analyse war an einer speziell zu diesem Zweck einberufenen dreitägigen Arbeitstagung 1958 in Unterägeri erfolgt, wo «die Gestaltung der dinglichen Umwelt aus den lebendigen Wechselbeziehungen zwischen Mensch und Ding» bereits eine der wesentlichen Forderungen darstellte. Allerdings lag der Fokus damals nach wie vor auf der von oben verordneten «Förderung zweckgemässer, wirtschaftlich und aesthetisch befriedigender Gestaltung».[1]

Die Diskussion Ende der 1960er-Jahre stellte aber gerade diese Prämisse infrage. Es stehe zur Debatte, ob «wir dem Werkbund als Verein seine Wirksamkeit» zugestehen oder nicht, wie es der Erste Vorsitzende Peter Steiger (→ S. 435) in der Eröffnungsansprache der Tagung als Plädoyer für einen Versuch offerierte.[2] «To be or not to be» – so der Titel eines Kommentars des Geschäftsführers des DWB West-Nord, Erich Wenzel, in der deutschen Werkbund-Zeitung[3] – war also abhängig vom Willen der Mitglieder, am Prozess der «Bewußtmachung der wirtschaftlichen, gesellschaftlichen, politischen und geistigen Verhältnisse, der Gestaltung einer der technisch-zivilisatorischen Entwicklung angemessenen Umwelt»[4] mitzuarbeiten. Die Aufforderung, sich als Werkbund-Mitglied in «gesellschaftlichen Strukturwandlungen» einzubringen, war nicht weniger als die Umwertung der bisherigen Auffassung

027
Einladung und Programm *Wir geben dem Werkbund eine Chance*, Tagung in Küsnacht, 1969

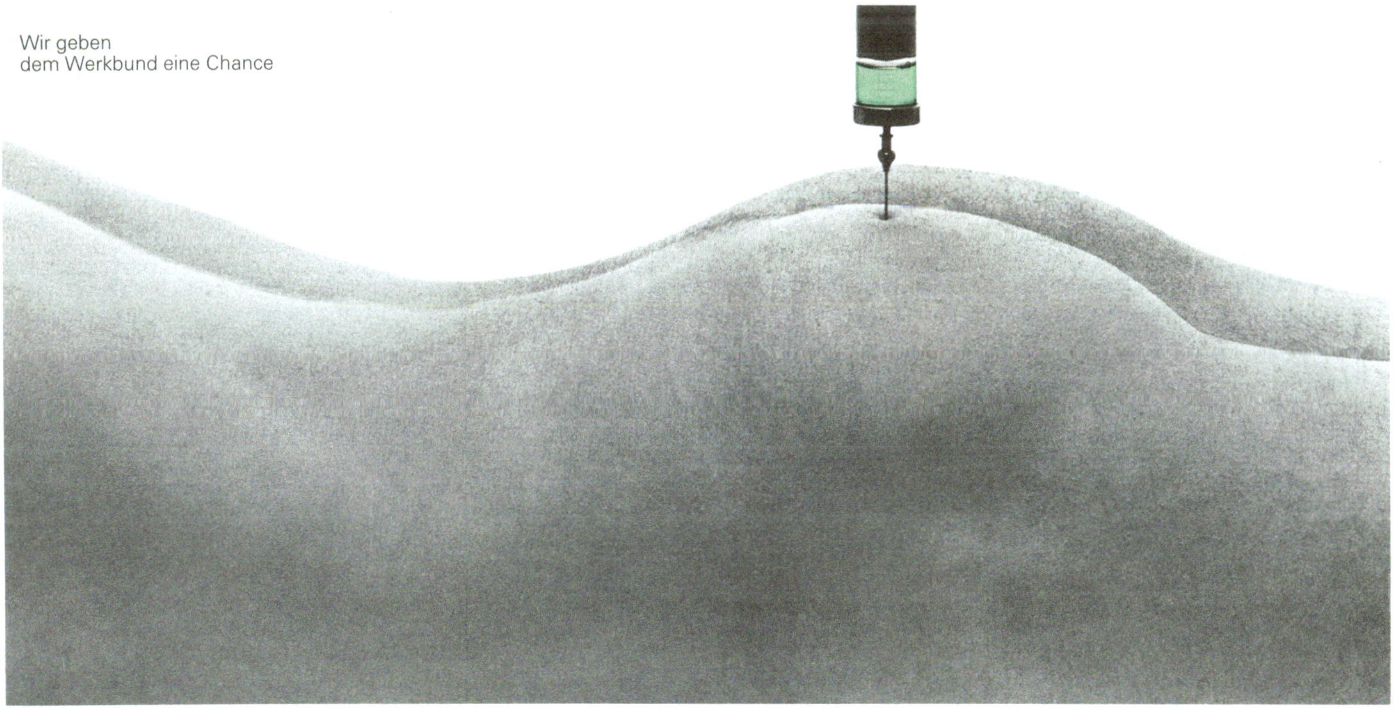

über gestalterisches Arbeiten.[5] Das Dogma, dass die «Verbesserung des Lebens» durch die «Verbesserung der sichtbaren Umwelt» – mit «Umwelt» waren Architektur und Produktgestaltung gemeint – zu erreichen wäre, war im Zuge einer fortwährend sich differenzierenden Gesellschaft mit unterschiedlichsten Ansätzen der Lebensgestaltung nicht mehr zu halten. Es war der Abschied von der Generation der Nachkriegszeit, die das utilitaristische Prinzip der Verbesserung der Güterproduktion zur Maxime gemacht hatte. Jetzt galt es «Verbesserungen tiefer anzusetzen [–] im Gesellschaftlichen[,] Politischen und in der Erziehung».[6]

Die entsprechenden Statutenänderungen, von Arthur Niggli vorbereitet, wurden am 18. April 1970 in einer ausserordentlichen Werkbund-Versammlung verabschiedet: Der erweiterte Umwelt-Begriff und damit das umrissene Tätigkeitsfeld – «Ziel und Aufgabe des Werkbundes ist die Gestaltung der Umwelt in ihrer Gesamtheit»[7] – forderten nun, zusätzliche Kräfte in den Werkbund zu integrieren. Das vorzuweisende Werk war nicht mehr das entscheidende Kriterium einer Aufnahme, sondern die «allgemeine, gesellschaftliche, menschliche Verantwortungsbereitschaft».[8] Information und Kommunikation, Interdisziplinarität, Erziehung, Schulung und Kritik sind Begriffe aus dem Repertoire der möglichen Methoden.

Betreffend Kommunikation war mit den *SWB-Kommentaren,* einer regelmässig erscheinenden Beilage in der Zeitschrift *Werk,* bereits 1967 das dazu notwendige Organ installiert worden (→ S. 163). Und mit der «Bildung von Arbeits- und Informationsgruppen»[9] war das Programm der nächsten Jahre aufgestellt: Eine Arbeitsgruppe unter der Leitung von Dieter Bleifuss übernahm die Koordination verschiedener Gruppen zum Thema *Städtebau in der Schweiz.* Der eben eingesetzte Geschäftsführer Heiny Widmer leitete die Arbeitsgruppe für Design, die sich mit dem Phänomen *Do it yourself* auseinandersetzte (→ S. 328). Peter F. Althaus und andere waren Mitglieder der Arbeitsgruppe Erziehung, die die Schulstrukturen in Bezug auf die Entwicklung des Kindes analysierte. Mit der Reform der Kunstgewerbeschulen beschäftigten sich Josef Müller-Brockmann und andere. Und das Thema Öffentliche Kunstpflege der Arbeitsgruppe Kunst wurde von Margit Staber betreut. Zudem wurden für eine spätere Publikation «Arbeitsblätter über grundsätzliche Fragen der schweizerischen Kulturpolitik» gesammelt und die Zusammenarbeit sowie der Austausch mit dem DWB und der OEV stärker gepflegt beziehungsweise ausgebaut.[10]

Mit dem DWB wurde 1972 die gemeinsame Tagung *Grenzfall Rhein* durchgeführt, zusammen mit der OEV wurde ab Oktober 1973 die gemeinsame *Werk/*Œuvre-Beilage *SWB-Journal-OEV* redigiert. Die verschiedenen Arbeitsgruppen waren unterschiedlich erfolgreich. Die Kulturinitiative (→ S. 198), die Vernehmlassung für ein Raumplanungsgesetz oder diejenige zum Gesetz über die Organisation des Unterrichtswesens (Dachgesetz) und ein Gesetz über die Universität Zürich sind die bekanntesten Engagements[11], blieben jedoch – gemessen am kurzfristigen Ergebnis – erfolglos oder entfalteten erst sehr spät ihre Wirkung. Erfolgreicher waren hingegen die Ortsgruppen, in denen ähnliche Arbeitsgruppen installiert wurden, und deren Tätigkeit oft in Vernehmlassungen und in lokale Projekte mündeten.

Allerdings war mit der Ausweitung des Themenspektrums und den explizit gewählten Methoden auch der Werkbegriff kein abgeschlossener mehr, Diskussion und Meinungsbildung die Hauptanliegen des Werkbundes. Der Werkbund bildete nun ein «Forum der Reflexion»[12], in dem «kulturelle Auseinandersetzung [...] als ernsthafte Konfrontation mit der eigenen schöpferischen Tätigkeit» verstanden werden konnte, er wurde zu einer «Institution, in der jeder beziehen kann, was er zur Erfüllung seiner kulturellen Aufgaben benötigt».[13] 1987 fand dann diese reflexive Komponente auch Eingang in die Statuten: «Aufgabe und Ziel des Werkbundes ist es, eine für verantwortungsbewusstes Gestalten notwendige Auseinandersetzung anzuregen und zu vertiefen.»[14]

Die Krise war mit dem *Küsnachter Konzil* und seinen unmittelbaren inhaltlichen Folgen noch nicht vollständig überwunden. Nachdem ab April 1970, nach zwei Jahren Vakanz, mit dem Künstler und Konservator Heiny Widmer endlich ein neuer Geschäftsführer gefunden war, trat dieser bereits im Juni 1971 das Amt an den Lehrer und Politiker Jürg Kaufmann ab. Im März 1972 übernahm Peter F. Althaus von Peter Steiger den Ersten Vorsitz ad interim, um ihn im Herbst desselben Jahres an Daniel Reist weiterzugeben. Schliesslich übernahm der Architekt Leonhard Fünfschilling (→ S. 437) die Stelle des Geschäftsführers von Jürg Kaufmann per 1. April 1973 und führte die Geschäftsstelle kontinuierlich bis 2002 weiter. An einer Arbeitstagung in Lenzburg 1972 und dann an einer Delegiertenversammlung in Zofingen wurden aber auch generelle Änderungen an der Struktur des Vereins vorgenommen. Unter anderem musste aufgrund von Budgetkürzungen die Geschäftsstelle redimensioniert werden. Bei dieser Gelegenheit und mit dem Umzug an die Zürcher Weinbergstrasse wurde das Sekretariat mit der Vereinigung Schweizer Innenarchitekten (VSI) zusammengelegt, die allerdings ab 1976 beide wieder separat geführt wurden.[15] ● *Thomas Gnägi*

Gründung der Groupe Romandie

Neuenburg, 2004

24 Jahre nach der Gründungsveranstaltung der Bündner Ortsgruppe in Davos wurde durch die Konstituierung der Groupe Romandie mit der Westschweiz erneut eine ganze Region in den Fokus des Schweizerischen Werkbundes gerückt. Damit expandierte er nicht nur in personeller und regionaler Hinsicht, sondern auch sprachlich.[1] Gemäss den Richtlinien des Bundesamts für Kultur (BAK) war damit der SWB erstmals zu einem gesamtschweizerisch tätigen Kulturverein geworden. Die Ortsgruppe ist weder eine Abspaltung einer bestehenden Gruppe, noch ist sie ein Ersatz der ein Jahr zuvor aufgelösten Schwesterorganisation L'Œuvre (OEV). Dennoch ergab sich mit der Besiegelung der fast 90-jährigen Geschichte der OEV eine Situation, in der sich der SWB zum Handeln gezwungen sah. Ergebnis des eineinhalb Jahre dauernden Prozesses war die am 14. September 2004 in Neuenburg konstituierte Groupe régional SWB Romandie.

Die Zusammenarbeit zwischen dem SWB und der welschen Schwesterorganisation OEV gestaltete sich seit dem gemeinsamen Gründungsjahr 1913 als eine wechselvolle Geschichte einer wiederholt versuchten Annäherung – zugleich aber immer wieder auch als eine Neubestätigung des Status der Eigenständigkeit (→ S. 67). Die Verantwortlichen der beiden Vereinigungen versuchten vielfach, sich an entsprechenden Stellen als Partnerorganisationen gemeinsam einzubringen oder wurden von den Bundesstellen entsprechend gleichberechtigt eingebunden. So waren beide beispielsweise über Jahrzehnte mit je einem Delegierten in den eidgenössischen Jurys für *Die schönsten Bücher* sowie *Die besten Plakate* vertreten. Auch nahm die OEV von Beginn an in der Jury der Auszeichnung *Die gute Form* (→ S. 277) teil.[2] Zudem luden sich die Partnerorganisationen – in unregelmässigen Abständen – gegenseitig zu ihren jeweiligen Vorstandssitzungen, Versammlungen sowie Tagungen ein und besuchten des Öfteren zusammen Ausstellungen, bezeichnenderweise auch die *Expo 64* in Lausanne. Gleiche Rechte wurden bei Eintrittsermässigungen in Museen veranlasst. So vermengte sich in der Öffentlichkeit bisweilen die Visibilität der beiden Organisationen zu einer einzigen

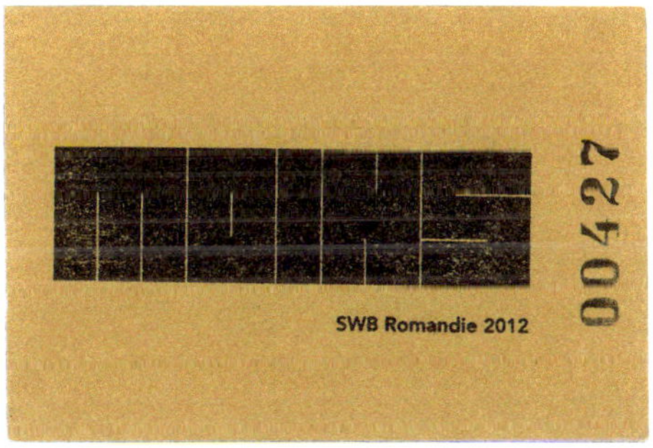

«–» SWB Romandie 2012

13.03_18.30 visite exposition Catherine Bolle, Lausanne
29.03_18.00 assemblée générale & repas, Mutrux
25.04_18.00 visite d'imprimerie –, Lausanne
23.05_18.00 visite d'imprimerie +, Lausanne
16.06_10.00 journée du Werkbund, La Chaux-de-Fonds
28.08_18.30 «faire le + avec le –», table ronde, Genève
27.09-01.10 «Mindre», Voyage à Copenhague
+/–.11 vernissage brochure Robert Ireland

www.werkbund.ch

028
Jahresthema 2012: *moins*, Programm-Ticket, Gestaltung Philippe Weissbrodt

1 *Arbeitstagung des Schweizerischen Werkbundes in Unterägeri* 9./10./11.5.1958. Typoskript, MfGZ/Designsammlung/Konvolut SWB/Unterägeri 1958.
2 SWB Kommentare 14, S. 121.
3 *Werk und Zeit. Monatszeitung für Umweltgestaltung* 18 (1969), H. 12, S. 1.
4 GB SWB 1970, S. 4.
5 SWB Kommentare 14, S. 122.
6 GB SWB 1970, S. 4.
7 Statuten 1970 §2.
8 GB SWB 1970, S. 4.
9 Ebd., S. 5.
10 Ebd., S. 5–6; siehe auch Dokumente, Archiv SWB A 3.8 / Arbeitsgruppen.
11 GB SWB 1971, S. 4; GB SWB 1973, S. 2.
12 Fünfschilling 2001, S. 195. Die Idee eines «Forums» stand explizit im Gegensatz zur «unité de doctrine» des Werkbundes und wurde an der Tagung 1969 diskutiert (SWB Kommentare 14, S. 123).
13 SWB Kommentare 14, S. 122.
14 Statuten 1987 §2.
15 GB SWB 1972, S. 1; GB SWB 1973, S. 1; GB SWB 1976, S. 1.

«Il faudrait pouvoir entrer dans le moule avec l'argile, se faire à la fois moule et argile, vivre et ressentir leur opération commune pour pouvoir penser la prise de forme en elle-même.»

Gilbert Simondon, *Du mode d'existence des objets techniques.*

ARIANE EPARS

Matière première, matière grise

Conçue par Ariane Epars, cette publication fait écho à la réflexion thématique conduite par le Werkbund Romandie durant l'année 2009 sous le titre "matière première, matière grise".

Pendant les périodes de recherche vagabonde et de repérage précédant une application artistique concrète, Ariane Epars rédige et griffonne des notes dans des carnets, photographie. Elle collecte et grappille ainsi les matériaux de base de son travail. Ses carnets sont un espace en chantier et un support de réflexion. La matière première n'est en somme que le miroir de pensée de la matière grise.

«C'est à force de relire tous mes carnets de notes, de recopier des bribes de phrases, de pensées, de regarder images et photos tirées de mes archives et affichées au-dessus de ma table de travail qu'une photographie a émergé: une tache blanche dans un sous-bois rocailleux. Cette image évoque et résume tout à la fois le lieu de mon travail et le lieu où ça travaille, une métaphore possible de la matière grise». Cette citation de l'artiste fonde le choix de l'illustration de cette publication, une photographie de 1988, qui est à l'origine de son premier travail in situ.

Le texte, rédigé par l'historienne de l'art Véronique Mauron dont les recherches se focalisent sur l'image et l'incarnation, donne une lecture supplémentaire à cette unique illustration et nous interpelle sur le rapport qu'entretiennent les ressources premières et l'intellect dans le travail d'Ariane Epars. Une interaction qui est chère au Werkbund Romandie et qui démontre que la matière grise est la matière première de toute création.

Yves Dreier
Président du Werkbund Romandie

Werkbund Romandie
www.werkbund.ch

Avec le soutien de la Loterie Romande

AVEC LE SOUTIEN DE
RIGIPS SA
GROUPE MORAND FRÈRES SA

029

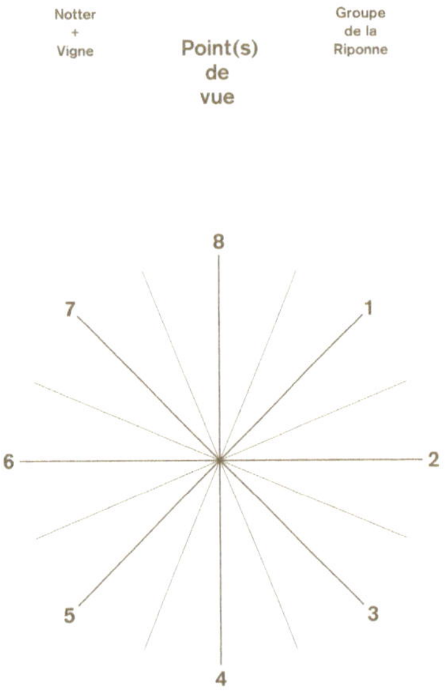

030

031

032

029
Jahresthema 2009:
matière première, matière grise, künstlerische Arbeit von Ariane Epars, Faltplakat, Gestaltung Christian Stucker

030
Jahresthema 2010:
point(s) de vue, künstlerische Arbeit von Notter+Vigne, Broschüre, Gestaltung Notter+Vigne

031
Jahresthema 2011:
ECHO, Programm, Gestaltung Ana-Inès Pepermans

032
Jahresthema 2012:
moins, Faltplakat, künstlerische Arbeit von Robert Ireland, Gestaltung Philippe Weissbrodt

Vereinigung, die Bezeichnungen «Werkbund» und «L'Œuvre» wurden gar als Übersetzung interpretiert.[3]

Eine Fusion der beiden Vereinigungen stand immer wieder zur Diskussion.[4] Im Vorfeld des 50-Jahre-Jubiläums des SWB fand Ende September 1962 «im Grenzgebiet der Sprachen», in Payerne, eine Begegnungstagung statt, an der fünf Vorstandsmitglieder der OEV teilnahmen, um das «Problem einer Fusion Werkbund-Œuvre ausgiebig zur Sprache»[5] zu bringen. 1965 wurden die Fusionsbestrebungen vorläufig soweit kanalisiert, dass zumindest Belange mit nationaler Bedeutung innerhalb einer Kommission aus dem Werkbund (Alfred Roth, Richard P. Lohse, Xaver von Moos, Eugen Gomringer, Emil Ruder) und L'Œuvre (Philippe Joye, [Robert] Monnier, Paul Waltenspuhl, [André] Lassere) gemeinsam vertreten und koordiniert werden konnten. 1967 war die OEV mit der Wanderausstellung *Der Künstler antwortet auf Ihre Fragen*, die an der OLMA 67 sowie im Oktober 1967 im Helmhaus Zürich Station machte, in der Deutschschweiz präsent. 1968 konnte im Gegenzug die SWB-Wanderausstellung *Unsere Möbel* (→ S. 399) mit Unterstützung von L'Œuvre auch im Wallis und im Kanton Fribourg gezeigt werden. Im Zuge der Neuorientierung des SWB nach der Krise Ende der 1960er-Jahre suchte Geschäftsführer Heiny Widmer ab 1970 die Kontakte zu den Ortsgruppen, zum DWB, aber vor allem zur OEV zu intensivieren. Eine Zusammenarbeit funktionierte vorwiegend im gegenseitigen Austausch von Ideen und Informationen, die sich sehr ausgeprägt in den Jahren 1973 und 1974 in der gemeinsamen Beilage *SWB-Journal-OEV* in der nun auch L'Œuvre dienenden Vereinszeitschrift *Werk/Œuvre* nach aussen zeigte.

Eine letzte Zusammenarbeit bahnte sich 2001 mit einer Kooperation der Ausstellung *Eloge du Béton* an. Die von der Groupe Vaudois von L'Œuvre organisierte Themenschau über den vielfältigen Einsatz des Materials Beton, die im Schloss La Sarraz und danach in La Chaux-de-Fonds gezeigt wurde, sollte vom SWB übernommen und eventuell um künstlerische sowie gestalterische Positionen der Deutschschweiz angereichert und danach in Bern sowie an weiteren Orten gezeigt werden. Allerdings wurde vor allem aus finanziellen, aber auch aus terminlichen Gründen auf eine Präsentation in der deutschen Schweiz verzichtet.[6] Eine Kooperation strebte man kurz vorher auch mit einer Projekteingabe für die *Expo.01* an, die durch eine allgemeine Ablehnung seitens der künstlerischen Direktion der *Expo* nicht zustande kam.[7]

Musste die Zusammenarbeit auch stets neu verhandelt werden, war also ein schweizweit operierender Verein und damit eine gemeinsame strukturelle Basis nie erreicht worden, hatten die beiden Vereinigungen im je anderen Landesteil immerhin einen Partner, der die Interessen auch auf Bundesebene immer wieder einzubringen vermochte. Dieses Gleichgewicht stand 2003 plötzlich in einer Schieflage, der westliche Partner war weggebrochen, er hat sich in der Hauptversammlung in Yverdon vom 22. März 2003 mit acht zu drei Stimmen und einer Enthaltung selber aufgelöst; vor allem interne Konflikte, nicht zuletzt aufgrund finanzieller Schwierigkeiten, sowie ein immenser Mitgliederschwund in den vorangegangenen Jahren führten zur offenbar ausweglosen Situation.[8]

Mit dieser drohte allerdings auch Ungemach aufseiten des SWB. Denn seit 1998 der Bund sein Finanzierungsmodell für die Unterstützung kultureller Organisationen auf gesamtschweizerisch tätige Vereinigungen begrenzte, wurde die lockere Partnerschaft zwischen OEV und SWB zu einer gegenseitigen Abhängigkeit in finanzieller Hinsicht. Denn die vom BAK geforderte Zweisprachigkeit war nur durch die gemeinsame Geschichte von SWB und OEV und ihrem ähnlichen Wirkungsfeld in beiden Regionen und wohl nur ausnahmsweise auf zwei Vereinigungen verteilt legitimiert.[9] Bereits fünf Tage nach Auflösung der OEV meldete sich das BAK, «weil unsere Subventionen für den Werkbund an die Bedingung geknüpft sind, dass Sie mit einem Westschweizer Verein zusammenarbeiten»[10]. Neben der Rettung seines welschen Mitstreiters aus kulturellen Überlegungen stand nun also vor allem der Ausbau des SWB zu einer gesamtschweizerischen Kulturorganisation im Mittelpunkt. In der im Mai 2003 stattfindenden Sitzung mit Vertretern des BAK und des SWB einigte man sich auf die Suche nach einem Westschweizer Pendant oder einem Zusammengehen mit einer bestehenden kulturellen gesamtschweizerischen Vereinigung.[11]

Eine Arbeitsgruppe des SWB mit dem Ersten Vorsitzenden Martin Albers (→ S. 441), der Geschäftsführerin Irma Noseda und den Zentralvorstandsmitgliedern Orm Bonsma und Robert Walker analysierte die verschiedenen Möglichkeiten und kam zum Schluss, dass eine

Neugründung von L'Œuvre wegen der vielen nicht ausgeheilten «Wunden» kaum eine Chance hätte.[12] Noch im Februar 2004 existierte allerdings die Idee, eine «Association pluridisciplinaire en Suisse Romande» mit drei Regionalgruppen unter dem Patronat des SWB zu gründen, was allerdings zu sehr an eine Neugründung des OEV erinnerte.[13] Erst als man darauf verzichtete, die ehemaligen Mitglieder von L'Œuvre mit einzubinden, sondern sich ganz auf die Gründung einer neuen Ortsgruppe des SWB konzentrierte, konnte nach einer ersten Informationssitzung für Interessierte am 29. Juni 2004 schliesslich die Gründungsversammlung für den 14. September desselben Jahres vorbereitet werden. Die den Prozess begleitenden Albers, Bonsma und Noseda fungierten nun nur noch als Beobachter, und der Freiburger Architekturhistoriker Robert Walker trat aus der Berner Ortsgruppe aus, um das Präsidium der neuen Ortsgruppe zu übernehmen. Zusammen mit dem späteren Präsidenten, dem Architekten Yves Dreier aus Lausanne, und dem Architekten und Gestalter Martin Klopfstein leiteten sie den Vorstand der mit sieben Mitgliedern vorerst sehr kleinen Gruppe, die mit Architekten, einem Fotografen, einer bildenden Künstlerin und einem Architekturhistoriker allerdings bereits ein sehr breites Feld gestaltender oder an der Gestaltung interessierter Berufsgruppen abdeckte.[14] Der provisorische Name *Réseau «Trois-Lacs»*, in direkter Anlehung an den «Geist der Expo»[15], wurde gleich auf der Gründungsversammlung in «Groupe régional Romandie de l'SWB» umbenannt und dann auf «Groupe Romandie» verkürzt, womit nun über die Region der drei Seen hinaus das Wirkungsgebiet des SWB auf die ganze Westschweiz ausgedehnt war.

Die Gründung der Groupe Romandie des Schweizerischen Werkbundes bzw. des Werkbundes Suisse ist eine Erfolgsgeschichte. Anfangs mit sieben Mitgliedern und bis Ende 2004 auf 17 vergrössert, wuchs die Gruppe kontinuierlich und zählt heute etwa 50 Mitglieder. Die Entscheidung des SWB, bei der Gründung auf die ehemaligen Mitglieder von L'Œuvre zu verzichten, ist aus heutiger Sicht richtig. Anfänglich war die Gruppe zwar noch klein und der Ausgang des Experiments damit im Ungewissen, allerdings konnten so neue Kräfte in den gesamtschweizerischen Werkbund mit eingebunden werden, die von der reichen Kulturgeschichte der beiden Vereinigungen im Wesentlichen unbelastet waren. Die zukünftige Geschichte des SWB wird zeigen, ob damit auch ein Mentalitätswandel im Umgang mit angestammten Themenfeldern einherging. Waren 1978, bei der Bündner Gründung – der Zeit entsprechend – regionalplanerische sowie wirtschaftspolitische Beweggründe ausschlaggebend, um Graubünden «aus seiner kulturprovinziellen Situation zu einem eigenständigen Bewusstsein»[16] zu verhelfen, wie es damals Peter Zumthor formulierte, stand 2004 bei der Gründung der Groupe Romandie eine derart anspruchsvolle identitätsbildende Aufgabe in der Region nicht im Vordergrund. Vielmehr überwog bei der Themensuche für das erste Jahr die Idee, sich mit Vorstellungen, Bildern und der Bilderherstellung zu beschäftigen, also nicht primär die Umwelt zum Thema zu machen, sondern die Art und Weise, wie der Gestalter selbst sie in Szene setzt. Mit dem Jahresmotto «Priorité Image» stand also die Arbeit des Gestalters im Zentrum und damit eine kritische Auseinandersetzung mit dem fotografischen Bild und der heutigen Bilderproduktion ganz generell.[17]

Wie Yves Dreier, Gründungs- und Vorstandsmitglied und bis Ende 2012 Präsident des Vorstandes der Ortsgruppe Romandie, erklärt, messe sich der heutige Werkbund nicht mehr an einer Gestaltungsaufgabe für das grosse Werk einer besseren Gesellschaft, sei es im Interesse der Industrie, sei es auf das Kunsthandwerk bezogen. Vielmehr sähe er selber einen solchen Verein als ein Netzwerk von an Gestaltung interessierten Personen, die zusammen ein Thema vertiefend bearbeiten, was auch eine Art Weiterbildung im eigenen Tätigkeitsfeld ermöglichen würde.[18] Im Vergleich zu den teilweise sehr heterogenen Aktivitäten der anderen Ortsgruppen, hat sich die neue Ortsgruppe mit solchen zur Vertiefung anregenden Themen in den letzten Jahren ein erstaunlich pointiertes Profil gegeben. Neben den gesamtschweizerischen, alle Ortsgruppen übergreifenden Jahresmottos wie «Agglomeration», «Eile mit Weile» oder «BlickMal», wählten die Romands zusätzlich 2009 «matière grise», 2011 «echo» oder 2012 «moins» als Schwerpunkte. Trotz solch unspezifischer Themen konnten sich die Mitglieder unter den entsprechenden Aspekten spezifischen Werken und Werkprozessen nähern und beschäftigten sich letztlich mit der ureigenen Aufgabe jeder Gestaltung: der Wahrnehmung der Umwelt. ● *Thomas Gnägi*

1 Der erste gesamtschweizerische Geschäftsbericht des SWB kam 2006 heraus, heute werden alle Einladungen und Mitteilungen in beiden Sprachen verfasst.
2 GB SWB 1952, S. 4–5.
3 Beispielsweise auch auf der Mitgliederkarte der OEV selber. Vgl. Beschwerdebrief des Geschäftsführers des SWB an L'Œuvre, 11.6.1998, Archiv SWB A. 3.7/OEV.
Das letzte Mal stand das Thema Fusionabsichten auf der Traktandenliste für die Hauptversammlung von L'Œuvre, 25.3.2002; aus Zeitgründen wurde es aber vertagt, Proces-verbal de l'Assemblée Générale Ordinaire, Tenue le 25 mars 2002 en Gare de Genève, Archiv SWB A. 3.7/OEV.
4 GB SWB 1963, S. 3.
5 GB SWB 2002, S. 6; SWB A. 3.7/OEV.
6 GB SWB 1997, S. 9.
7 Siehe Protokolle der ordentlichen Generalversammlung, 25.3.2002 und 22.3.2003, sowie der ausserordentlichen, 1.7.2002 Archiv SWB A. 3.7/OEV; GB SWB 2003, S. 7.
8 Seit den *Richtlinien über die Verwendung des Kredits zur Unterstützung kultureller Organisationen vom 16. November 1998* war nur noch die «Förderung von gesamtschweizerisch tätigen Organisationen» möglich (http://www.bak.admin.ch). Der SWB hatte sich 1997 an der Vernehmlassung der Richtlinien beteiligt und sich für die Beibehaltung des Begriffs «Kulturelle Organisationen» eingesetzt, GB SWB 1997, S. 8.
9 E-Mail vom 27.3.2003 aus dem Direktionsstab des BAK an die Geschäftsführerin des SWB, Archiv SWB A. 3.7/OEV. Bereits bei der besagten Generalversammlung eine Woche zuvor, an der L'Œuvre aufgelöst wurde, war der Chef des BAK, Christoph Reichenau, anwesend.
10 Handschriftliche Protokollierung der Sitzung vom 13.5.2003, Archiv SWB A. 3.7/OEV; GB SWB 2003, S. 7.
11 GB SWB 2003, S. 7.
12 Reflexions sur les buts et les moyens d'une association pluridisciplinaire en suisse romande, Typoskript vom 11.2.2004, Archiv SWB A. 3.7/OEV.
13 Groupe régional Romandie de l'SWB, Protokoll der Gründungsveranstaltung, 14.9.2004, Typoskript, Archiv SWB A. 3.7/OEV.
14 Einladung zur Informationsveranstaltung Netzwerk «Drei-Seen», gez. Robert Walker und Martin Albers, 6.6.2004, Typoskript, Archiv SWB A. 3.7/OEV.
15 GB SWB 1978, S. 2.
16 Versammlungsprotokoll der Groupe Romandie, 23.11.2004 und folgende, Typoskript, Archiv Yves Dreier.
17 Gespräch des Verfassers mit Yves Dreier am 19.3.2013.

033
«… gedenken wir Ihnen als Gründer in aller Herzlichkeit …», Brief an Alfred Altherr sen., verfasst am 21. September 1942 an der Hauptversammlung der Ortsgruppe Zürich und unterzeichnet von [Pierre] Gauchat, Aktuar, den Mitgliedern Binia und Max Bill, Carl Fischer, Walter Käch, Wilhelm Kienzle, Egidius Streiff und andere

034–035
50-Jahre-Jubiläum, Museum für Gestaltung Zürich, 1963, Foto Leonardo Bezzola

036
SWB-Fest Zürich, 1946, Foto Obrecht

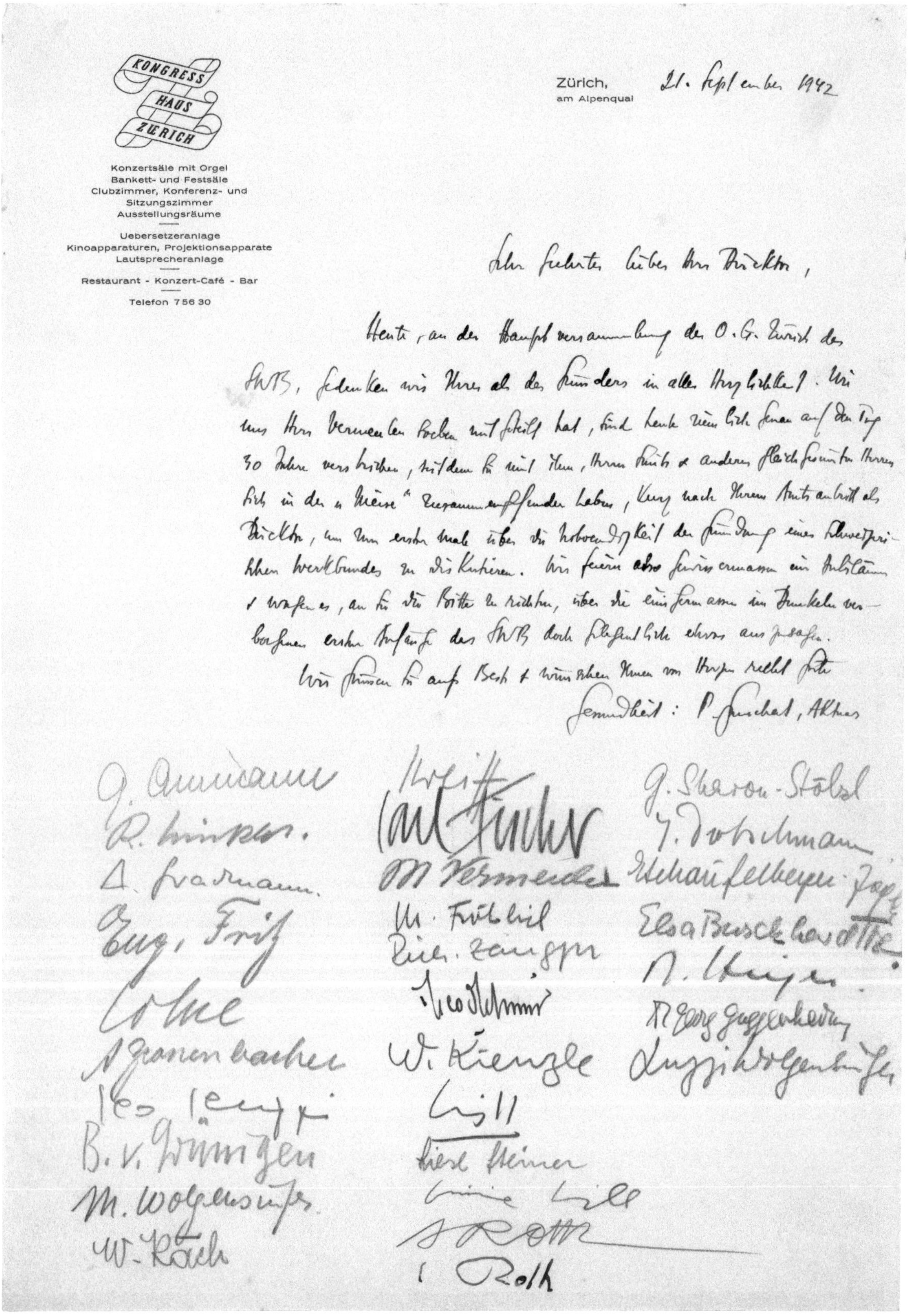

KONGRESS HAUS ZÜRICH

Konzertsäle mit Orgel
Bankett- und Festsäle
Clubzimmer, Konferenz- und Sitzungszimmer
Ausstellungsräume

Uebersetzeranlage
Kinoapparaturen, Projektionsapparate
Lautsprecheranlage

Restaurant - Konzert-Café - Bar

Telefon 7 56 30

Zürich, am Alpenquai 21. September 1942

033

Jubiläen, Positionen, Selbstbefragung

Der Werkbund in Bewegung

034

035

036

Monika Imboden und Iwan Raschle

037

038

70 Jahre Schweizerischer Werkbund SWB

Die in dieser Broschüre dokumentierte Ausstellung ist keineswegs vollständig. Sie schildert weder lückenlos noch ausgewogen die Probleme, mit denen der SWB seit 1913 konfrontiert war. Auch sind lange nicht alle Aktivitäten, die ihn 70 Jahre lang in Atem hielten, aufgezeichnet.

Vorhanden ist eine allgemeine Sicht auf Ziele, Chronik und Struktur des SWB.

Dazu werden in Tafelpaaren – jeweils getrennt durch einen Mittelteil mit kurzem Kommentar – unterschiedliche Haltungen innerhalb bestimmter Problemkreise in Zitaten und Abbildungen aufgeführt.

Das für den SWB und alle Werkbünde Wesentliche möchte damit belegt werden:
Erstens, dass der SWB nie einer Einheitsdoktrin verpflichtet war. (Schon vor 1914 hiess es, er sei ein «Zusammenschluss der intimsten Feinde».)

Zweitens, dass die wichtigsten Fragen, welche die Beschaffenheit und den Umgang mit der materiellen Dingwelt betreffen und die den SWB seit seiner Gründung beschäftigen, keineswegs ihre Aktualität verloren haben. Denn es handelt sich um Fragen, die zu jeder radikalen Antwort ein widersprechendes Aber provozieren.

039

037–039
Jubiläumsschriften SWB: Landesausstellung 1939 (Gestaltung Hans Aeschbach), Aufsatz Georg Schmidt 1963 und Ausstellung im Kunstgewerbemuseum Zürich 1983

040
Titelblatt der Jubiläumsausgabe der Zeitschrift *Werk/Œuvre*, März-Heft 1974

041
Aus dem SWB-Album, 1963, 1966, 1969 und 1971, Fotos Leonardo Bezzola, Foto (unten re) Ernst und Margrit Baumann, *Werk/Œuvre* 1974

042
Zeitschrift *Hochparterre*, Beilage zum 90. Jubiläum des SWB, 2003, Gestaltung Susanne Kreuzer

040

288 werk/œuvre 3/74

Aus dem SWB-Fotoalbum

1 Jubiläumsfest 50 Jahre SWB, Zürich 1963
2 Jubiläumsfest 50 Jahre SWB, Zürich 1963, Bundesrat Prof. H. P. Tschudi und Nationalrat W. Bringolf: ... warten auf den SWB
3 Jubiläumsfest 50 Jahre SWB, Zürich 1963
4 SWB-Versammlung, Zug 1966, ... der Vorstand stellt sich vor
5 SWB-Versammlung, St.Gallen 1968
6 SWB-Versammlung, St.Gallen 1968
7 SWB-Versammlung, Küsnacht ZH 1969
8 SWB-Versammlung, Küsnacht ZH 1969
9 SWB-Versammlung, Küsnacht ZH 1969
10 Ausstellung der SWB-Ortsgruppe Bern 1971: «Lehrzeit – Leerzeit»
Fotos: 1–9 Leonardo Bezzola, Bätterkinden BE; 10 Ernst und Margrit Baumann, Bern

041

HOCH
PART
ERRE
Beilage zu
Hochparterre
Nr. 12|2003
Werk + Bund + Wohnen
Die zehn Werkbund-Siedlungen des 20. Jahrhunderts
90
JAHRE
SWB

042

Der Zweck des Schweizerischen Werkbundes

Jubiläen geben Anlass zur Reflexion über das eigene Tun. Sie stellen die jeweiligen Protagonisten vor die Herausforderung, sich vor dem historischen Hintergrund zu positionieren und, wie es der damalige Erste Vorsitzende des Schweizerischen Werkbundes, der Textilunternehmer und Kunstmäzen E. Richard Bühler (→ S. 423) anlässlich des 25-Jahre-Jubiläums von 1938 formulierte, «über sich selbst Rechenschaft abzulegen».[1] Eine solche Standortbestimmung erfolgte zum Beispiel 1938, 1963, 1983 und 2003; 1993 entschied sich die für das Jubiläum eingesetzte Konzeptgruppe explizit dagegen: «Der Schweizerische Werkbund – ein Verein mit tausend Mitgliedern – kann und will zum Jubiläum keine Standortbestimmung vornehmen: Seine Mitglieder stehen nicht an einem Ort, und sie stehen auch nicht still. Sie orientieren und bewegen sich eigenständig im kulturellen Raum der Gegenwart.»[2] Heute, 2013, ziehen wir ebenfalls keine abschliessende Bilanz, sondern starten zunächst den Versuch, auf einer Metaebene den 100 Jahre existierenden Schweizerischen Werkbund zu reflektieren. Denn Jubiläen stellen oftmals eine Art narrativen Kondensationsversuch dar, eine eingedampfte Geschichte gewissermassen, bei der sich aus verständlichen Gründen weit mehr verflüchtigen muss, als in der Essenz zurückbleiben kann. Wir möchten zunächst dieser Essenz nachgehen und fragen, welches Selbstverständnis, welche Selbstwahrnehmung des SWB in den Publikationen zum jeweiligen Jubiläum zum Tragen kam.

Dass eine Standortbestimmung in einem postmodern geprägten Selbstverständnis der frühen 1990er-Jahre, wie er im obigen Zitat zum Ausdruck kommt, anachronistisch anmuten musste, ist nicht erstaunlich. Zentral dafür war wohl vor allem die Frage, ob sich die Meinungen von rund 1000 Akteuren kondensieren und zu einer gemeinsamen Werkbund-Position formulieren liessen. So erscheint es nur konsequent, dass der damalige Erste Vorsitzende Martin Albers (→ S. 441) 1993 im Einleitungstext zur Tagung anlässlich des 80-Jahre-Jubiläums stets von einem «Wir» in Anführungszeichen sprach – im Wissen darum, dass die Formierung eines Kollektivs immer ein kulturell geprägtes Konstrukt darstellt und dass jedes Mitglied seine eigene Vorstellung von «seinem» Werkbund hat. Die Schwierigkeit, den SWB als konsensuale Einheit zu erfassen, lässt sich indes weder für die Zeit vor den 1990er-Jahren noch für heute von der Hand weisen, auch wenn dies zumindest für die ersten Jahrzehnte der Werkbund-Existenz immer wieder betont wurde. Ein solcher Versuch würde dem SWB auch zu keiner Zeit und in keiner Form gerecht werden, ist doch gerade die Vielfalt, die sich regional in den unterschiedlichen Ortsgruppen sowie im spartenübergreifenden Prinzip des Werkbundes manifestiert, eines seiner wichtigsten Merkmale. Trotzdem soll nach dem kleinsten gemeinsamen Nenner für ein Selbstverständnis des Werkbundes gesucht werden. Als Auskunftsquelle dafür dienen die mehrmals überarbeiteten Statuten, in denen der Verein in Paragraf zwei jeweils Auskunft über seinen Zweck und seine Zielsetzung gibt. Die Anpassungen der Statuten sind, wie dort selbst verankert, von der Werkbund-Versammlung, also von den versammelten Werkbund-Mitgliedern, verabschiedet worden.[3]

Gegründet wurde der Werkbund 1913 als Verein, der als Reaktion auf die fundamental veränderten Produktionsbedingungen im Zuge der industriellen Revolution die «Veredlung der gewerblichen Arbeit» verfolgte.[4] 1919 bereits um die Hebung der Qualität auch in «industrielle[r]» Hinsicht bemüht, blieb er diesem Zweck grundsätzlich auch anlässlich der Statutenänderung von 1941 treu, ergänzte ihn aber mit dem Zusatz, die «angewandte Kunst» vermehrt zu fördern.[5] 1960 kam es zu einer inhaltlichen Neudefinition, als Kernaufgabe des SWB wurde nun in den Statuten «die Gestaltung der Umwelt» festgelegt. Dabei wurde der Begriff «Umwelt» mit den konkreten Aktionsfeldern «Die Siedlung – die Wohnung – das Gerät – das Bild» präzisiert.[6] 1970, also bereits zehn Jahre später, fiel diese sowohl den gebauten Raum betreffende als auch (kunst-)objektbezogene Präzisierung wieder weg.[7]

Mit dieser statutarischen Verschiebung des Zwecks von einer anfänglich gewünschten Einflussnahme auf die Produktionsprozesse zur aktiven Gestaltung der Umwelt stand für den SWB ab 1960 und in verstärktem Mass ab 1970 auf einer normativen Ebene die Umwelt im Fokus – eine Umwelt, die durch die Begleiterscheinungen der Hochkonjunktur und des Massenkonsums in zunehmendem Mass als bedroht empfunden wurde. Die in den Statuten festgelegte Schwerpunktverlagerung von 1970 markiert die Abkehr von der Aktion *Die gute Form,* die sich in der Nachkriegszeit bis in die späten 1960er-Jahre hinein als «wirksamste Aktivität» des SWB erwiesen und die dessen «Hauptaktivitäten [...] für nahezu zwanzig Jahre von Architektur und Siedlungsbau auf den Bereich Design» verschoben hatte (→ S. 277).[8]

Eine erneute Verlagerung des Aktionsfeldes zeichnete sich 1987 ab, als der SWB «eine für verantwortungsbewusstes Gestalten notwendige Auseinandersetzung» statutarisch anzuregen und zu vertiefen suchte. Mit dem Wortlaut in den seit 2007 gültigen Statuten wird diese Forderung pointiert auf kulturelle Aspekte ausgeweitet: «Der SWB thematisiert und unterstützt den Beitrag der Gestaltung für die Entwicklung der Gesellschaft. Er wirkt kulturfördernd und kulturpolitisch.»[9]

Der Schweizerische Werkbund und seine Mitglieder

Der SWB ist eine Vereinigung von Gestalterinnen und Gestaltern verschiedener beruflicher Ausrichtungen. Eine rudimentäre statistische Auswertung der Mitgliederbestände in Abständen von ungefähr 25 Jahren gibt Auskunft über das Kräfteverhältnis der einzelnen Berufssparten im Werkbund (→ S. 445). Methodische Schwierigkeiten objektiver Vergleichswerte wie die Änderungen von Berufsbezeichnungen im Laufe der Zeit machen die Auswertung einer solchen Statistik allerdings zu einem schwierigen Unterfangen. Um verwertbare Aussagen formulieren zu können, wurden deshalb ähnliche Berufe in Gruppen zusammenfasst. Die Architekten, Innenarchitekten, Gartenarchitekten, Landschafts- oder Stadtplaner sind unter dem Aspekt der Raumgestaltung zusammengenommen. In der zweiten Gruppe folgen die gestalterischen und handwerklichen Berufe wie Designer, Künstler, Kunsthandwerker, visuelle Gestalter, (Kunst-)Drucker, Typografen, Grafiker, während die dritte Gruppe im weitesten Sinn die (Kultur-)Vermittler und Politiker repräsentiert. Die Gruppe der Industriellen ist äusserst schwierig fassbar, da eine solche Zuteilung aus den vorliegenden Mitgliederverzeichnissen nicht immer deutlich wird.

In der groben Auswertung der Kräfteverhältnisse der einzelnen Berufsgruppen fällt zunächst auf, dass die «Raumgestalter» in den letzten Jahrzehnten zur stärksten Berufsgruppe im Werkbund avanciert sind. Stellten sie 1914 gerade einmal gut 23 Prozent aller Mitglieder, stieg ihr Anteil 1938/39 auf 26,5 Prozent, im Jahr 1964 auf rund 33 Prozent und 1989 auf knapp 60 Prozent. 2012 schliesslich waren 70 Prozent aller Mitglieder Architekten oder Planer.

Von den Anfängen bis in die 1930er-Jahre hinein war die anteilsmässige Verteilung der einzelnen Berufsgruppen ausgeglichener und der Werkbund als Verein somit heterogener als gegenwärtig. Dies spiegelt den Anspruch des SWB wider, an möglichst vielen Punkten der gestalterischen Wertschöpfungskette anzusetzen. So finden sich die handwerklichen und künstlerischen Berufe 1914/15 mit 30 Prozent und 1938/39 mit knapp 52 Prozent noch als starke bzw. stärkste Gruppe im Werkbund vertreten, während heute lediglich noch 16 Prozent der Werkbund-Mitglieder künstlerisch oder handwerklich tätig sind. Auch die Gruppe der Kulturvermittler und Politiker hat einen kontinuierlichen Rückgang zu verzeichnen, von 16 Prozent in den Anfängen bis zu den heutigen 6 Prozent.[10]

Das Erstarken der Architektengruppe fällt zeitlich zusammen mit der inhaltlichen Abkehr von der Ära *Die gute Form* in den ausgehenden 1960er-Jahren sowie mit der statutarisch festgelegten Fokussierung auf die Umwelt. Der prozentuale Rückgang der Personengruppe aus den anderen gestalterischen Berufen wiederum geht zudem einher mit der Gründung namhafter Vereinigungen in den Bereichen des Designs wie zum Beispiel der Swiss Industrial Designer (SID; heute Swiss Design Association SDA) im Jahr 1966 oder der Veränderungen im Verbandswesen der Schweizer Grafiker; 1972 wurde der 1938 gegründete Verband Schweizer Grafiker (VSG) mit dem Bund Grafischer Gestalter (BGG) zur Arbeitsgemeinschaft Schweizer Grafiker (ASG) fusioniert (seit 1993 Swiss Graphic Design SGD). Zudem wurde 1983 der Schweizer Grafiker Verband (SGV) gegründet. Diese Berufsverbände stellten für die betreffenden Berufsgruppen womöglich eine Alternative zum Schweizerischen Werkbund dar.

Positionen und Haltungen anlässlich der Jubiläen

Wie bereits erwähnt, haben sich die entsprechenden Protagonisten des SWB anlässlich der diversen Jubiläen jeweils zu Wort gemeldet und ihn im Jubiläumskontext thematisiert. Das 25-Jahre-Jubiläum wurde mit einer Tagung begangen, der mit einem Jahr Verzögerung eine
Abb. 037 entsprechende Publikation, herausgegeben anlässlich der Landesausstellung 1939, folgte. In seinem Aufsatz zur «Entwicklung des Werkbundgedankens» nannte der Zweite Vorsitzende Hermann Kienzle (→ S. 422) den Werkbund explizit einen «Gesinnungsverband», der sich auszeichne durch die Idee, «dem Guten und Echten auf dem Gebiet der künstlerischen Gestaltung die möglichste Verbreitung zu verschaffen».[11] Die Erfolge des ersten Vierteljahrhunderts Werkbund-Geschichte sah Kienzle realisiert durch die Aufklärung und Erziehung der Bevölkerung mittels Förderung einer «Qualitätsproduktion» in allen Bereichen der Gestaltung.[12] Mit der Äusserung, dass die «bewusst eingehaltene Kompromisslosigkeit einzelner führender Kräfte des Schweizerischen Werkbundes» auf viele Aussenstehende abstossend wirken würde, fokussierte der Erste Vorsitzende E. Richard Bühler den führenden Anspruch des SWB in Gestaltung und Produktion.[13] Er sah eine solche von aussen als elitär wahrgenommene Position aber geradezu als Wesensmerkmal des Werkbundes an, denn ein Verein wie dieser könne die «Billigung, Zustimmung oder gar kraftvolle Unterstützung der grossen Massen»[14] gar nicht erwarten. Weil der Werkbund auf eine eigentliche «Doktrin» zurückgreifen könne, stünden materielle Interessen der einzelnen Berufsgruppen nicht im Vordergrund. Der Werkbund wolle sich deshalb weder als Gewerkschaft noch als Verband verstanden wissen, führte Kienzle weiter aus.[15]

Der von Kienzle nachgezeichnete «Gesinnungsverband» war seinem Wesen nach geprägt von der Idee der Abgrenzung: einer Abgrenzung gegen die «bequeme Gewohnheit, falsch, d.h. rein äusserlich verstandene Tradition und nicht zuletzt [gegen] die Nachwehen einer künstlerisch und kulturell unsicheren, auf weiten Strecken sterilen Epoche, von deren Überwindung wir noch weit entfernt sind», wie es Bühler formulierte.[16] Und, was am Vorabend des Zweiten Weltkriegs und angesichts der geistigen Landesverteidigung wahrscheinlich noch weit mehr Gewicht hatte: einer Abgrenzung des «Schweizerischen» gegen «das Fremde». «Nicht zuletzt verstehen wir vom Werkbund unter ‹schweizerisch› tüchtige, saubere Qualitätsarbeit. Wenn wir ‹schweizerisch› sagen, meinen wir damit auch den Willen, in voller persönlicher Freiheit, in der Zucht, die jeder sich selbst auferlegt, zu denken, zu fühlen und zu schaffen.»[17]

Ein solcher Abgrenzungsmechanismus fand nach dem Zweiten Weltkrieg ein neues Gefäss in der Auszeichnung *Die gute Form*. In ihr sah Georg Schmidt, der ehemalige Direktor des Basler Kunstmuseums, anlässlich des
Abb.038 50-Jahre-Jubiläums 1963 die adäquate Möglichkeit des Werkbundes, «in geduldiger Arbeit» auf den durch das Wirtschaftswachstum der 1950er-Jahre hervorgerufenen Massenkonsum zu reagieren und «dem Schlechten das wenige Gute entgegenzusetzen».[18] Nachdem Schmidt einen Überblick über die ersten 50 Jahre Werkbund-Geschichte gegeben hatte, hielt er zum Schluss seines Artikels fest: «Wenn ich dem Schweizerischen Werkbund in sein neues Jahrzehnt einen Wunsch mitgeben darf, so wäre es der: seinen ehemals kämpferischen Mut zu erneuern, nicht nur das Gute gut, sondern häufiger und vernehmlicher das Schlechte schlecht zu nennen!»[19]

Doch gerade einer jüngeren Generation wollte sich mit einem solch auf die Dichotomie gut und schlecht beziehungsweise «Konstanz» und «Mode» reduzierten Ansatz nicht zufrieden geben.[20] So warfen Werner Blaser, Lucius Burckhardt und Antonio Hernandez anlässlich des 50-Jahre-Jubiläums in der Zeitschrift *Werk* unter anderem die Frage auf, «ob die dahinterstehende Vorstellung einer durchgängig einem einheitlichen Design verschriebenen Welt noch die unsere ist».[21]

Hier machte sich bereits das Missbehagen bemerkbar, das 1983 in der Begleitbroschüre zur Ausstellung im Kunstgewerbemuseum der Stadt Zürich zum 70-jährigen Bestehen des Schweizerischen Werkbundes den Anfang der Periode der «Ernüchterung und des Aufbruchs» zwischen 1963 und 1972 ausgemacht haben soll. In dieser Broschüre von 1983 bezeichnete der damalige Erste Vorsitzende des Werkbundes, Otti Gmür, den SWB explizit als «Forum».[22] Aus dem «Gesinnungsverband» war nun also ein Forum geworden, was dem SWB in der Folge gerade seitens der älteren Generation den Vorwurf einbrachte, zu einer «Art passiven gesellschaftlichen Klubs geworden» zu sein.[23]

Vor diesem Hintergrund erscheint denn auch die eingangs erwähnte bewusste Nichtpositionierung des SWB anlässlich des 80-Jahre-Jubiläums von 1993 als durchaus stringent. Doch enthält eine solch explizite Nichtpositionierung implizit sehr wohl eine Positionierung – diejenige der Vielfalt in der Einheit gewissermassen. Im Rahmen der Jubiläumsplanung waren alle Mitglieder aufgefordert worden über «ihre Bewegung, ihre Ziele und Einschätzungen zu berichten».[24] Dass der SWB wohl gerade zu jener Zeit eine (Orientierungs-)Krise durchlebt haben muss, wird aus dem Jahresbericht von 1993 ersichtlich, in dem der damalige Erste

Vorsitzende Martin Heller zitiert wird: «Inhaltlich war die Tagung für Martin Heller ein Wahrheitsspiel, ein Durchgang durch die Gestaltungsgeschichte in authentischen Zeugnissen verschiedenster Positionen und Befindlichkeiten und damit auch ein Wechselbad der Gefühle. Die Tagung sei für ihn ein Spiegelbild des SWB gewesen, und wie so mancher Spiegel habe auch dieser blinde Flecken und Sprünge gehabt. Ein Spiegelbild sei auch ein Bild – er wünsche sich, dass mit diesem Bild gearbeitet werde, dass es nicht dazu diene, einen billigen Pluralismus zu entschuldigen, einen der ja dann immer auch harmonizistisch interpretiert werde.»[25]

Mit der Statutenänderung von 2003, die den SWB zu einer kulturell tätigen Vereinigung erklärte, erhielt der SWB neuen Schwung. «Neuorientierungen drängten sich auf verschiedenen Ebenen auf», schrieb der langjährige SWB-Geschäftsführer Leonhard Fünfschilling (→ S. 436) in der Beilage *Werk + Abb. 042 Bund + Wohnen* der Zeitschrift *Hochparterre* anlässlich des 90-Jahre-Jubiläums: «Deutlicher akzentuiert werden soll künftig, was den Werkbund von einem Berufsverband unterscheidet: sein Selbstverständnis als kulturelle Vereinigung. Legitimiert durch die Kompetenz seiner Mitglieder, spartenübergreifend und mit Bezug zu Kultur und Gesellschaft diskutiert der SWB Gestaltungsfragen und mischt sich in aktuelles Geschehen ein.»[26]

Wie das neue Selbstverständnis des SWB praktisch umzusetzen, wie ihm «lebendiger Ausdruck» zu verschaffen sei, skizzierte Fünfschilling ebenfalls: Der Werkbund sollte als Netzwerk seinen Mitgliedern «unter verschiedenen Aspekten unmittelbaren Nutzen bringen, so etwa über den Ausbau der internen Kommunikation (social networking)». Zu verbessern wäre der Aussenauftritt des SWB, und neu zu definieren gälte es schliesslich auch die Zutrittsbedingungen für neue Mitglieder. «Es bewegt sich also einiges», schloss der Autor hoffnungsvoll, «und man darf erwarten, dass dieses Geschehen dazu beitragen wird, den SWB als kulturelle Vereinigung professioneller GestalterInnen aktuell, attraktiv und damit als ein Forum der Gestaltung in der Schweiz auch zukunftstauglich zu erhalten.»[27]

Zehn Jahre später haben Fünfschillings Worte noch immer Gültigkeit. Die interne Kommunikation wurde vor allem durch die (Wieder-)Einführung einer regelmässig erscheinenden Werkbund-Publikation (*Werkbrief/La Lettre*) intensiviert, der Aussenauftritt des SWB ist inzwischen prägnanter und professioneller geworden, sodass die Aktivitäten des Werkbundes eine grössere Sichtbarkeit erfahren. Auch das Aufnahmeverfahren für Neumitglieder wurde angepasst.

Trotz all dieses erfreulichen «Geschehens» bleiben Kommunikation nach innen und nach aussen weiterhin zentrale Punkte in den Zielsetzungen des SWB. «Nicht die Form der Dinge allein, sondern die Beziehung der Dinge zu den Menschen und die Beziehung der Menschen zu den Dingen gehören zu den Aufgaben des Werkbundes, des Bundes der Menschen mit dem Werk»[28], hielt Hans Finsler (→ S. 428), Erster Vorsitzender von 1946 bis 1954, am Ende seiner Amtszeit fest. Ergänzen liesse sich diese Definition durch die Beziehung der Menschen zu den Menschen, die sich je mit ebensolchen Dingen und Werken auseinandersetzen. Diese Aufgabe ist die vielleicht wichtigste des SWB, daher wird sich künftig nur ein kommunikativer und offener Werkbund behaupten können, eine die interdisziplinäre Debatte pflegende Vereinigung von Gestalterinnen und Gestaltern unterschiedlichster Professionen, die ebendiese Auseinandersetzungen auch wirklich führt: öffentlich, präsent, regelmässig und – undogmatisch.

Der Werkbund nimmt auch im 101. Jahr seines Bestehens keine Standortbestimmung vor. Seine Mitglieder stehen noch immer nicht an einem Ort und ebenso wenig still, sondern «orientieren und bewegen sich eigenständig im kulturellen Raum der Gegenwart», wie es vor 20 Jahren formuliert wurde.[29] Und sie blicken trotz langer 100 Jahre nicht primär zurück, sondern genauer hin und nach vorne. Diesem genauen Hinschauen wie dem offenen Blick in die Zukunft dienen soll die 2011 beschlossene Konzentration auf die – durchaus werkbundtypischen – drei Themenfelder Wohn- und Lebensräume, Prozesse und Gestaltungsfragen sowie Bildung und Vermittlung. An diesen Schwerpunkten orientieren sich Zentralvorstand und Ortsgruppen bei der inhaltlichen Planung des Mitgliederorgans *Werkbrief/La Lettre*, der nationalen Veranstaltungen (Werkbund-Tag, Werkbund-Versammlung) und den Veranstaltungen in den Regionen, ohne deswegen auf andere Ideen oder Projekte verzichten zu müssen wie Veranstaltungen zu aktuellen gestalterischen oder kulturpolitischen Themen.

1 Bühler 1939, S. 2.
2 Martin Albers, Einleitung, in: SWB 80 Jahre 1993.
3 Vgl. Satzungen SWB 1913 § 17, 1919 § 24, 1932 § 24, 1949 § 28, 1960 § 27 und 1965 § 27, folgend vgl. Statuten SWB 1970 § 30, 1987 § 30, 2003 § 27 und 2007 § 27.
4 Vgl. Satzungen SWB 1913 § 2.
5 Vgl. Satzungen SWB 1919 § 2 und 1941 § 2.
6 Vgl. Satzungen SWB 1960 § 2.
7 Vgl. Statuten SWB 1970 § 2.
8 Noseda 2007b, S. 179.
9 Statuten SWB 2007 § 2.
10 Vgl. Tabelle im Anhang (→ S. 449).
11 Kienzle 1939, S. 30.
12 Ebd., S. 29–30.
13 Bühler 1939, S. 3.
14 Ebd., S. 2.
15 Kienzle 1939, S. 29–30.
16 Bühler 1939, S. 2.
17 Ebd., S. 4.
18 Schmidt 1963, S. 7.
19 Ebd.
20 SWB 50 Jahre 1963a, S. 381.
21 Ebd.
22 Otti Gmür, Vorwort, in: SWB 70 Jahre 1983.
23 Dossier Werkbund-Versammlung 1993, Alfred Roth 20.11.1993, Kopie Typoskript, S. 1, Archiv SWB/Werkbund-Versammlung 1993.
24 Wie Anm. 2.
25 Jahresbericht SWB 1993, S. 6.
26 Fünfschilling 2003, S. 37.
27 Ebd.
28 Finsler 1955, S. 39.
29 Wie Anm. 2.

Kapitel 2

Öffentlichkeit und Vermittlung

Flugblätter, Kalender und Ausstellungen

Zur Öffentlichkeitsarbeit des Schweizerischen Werkbundes

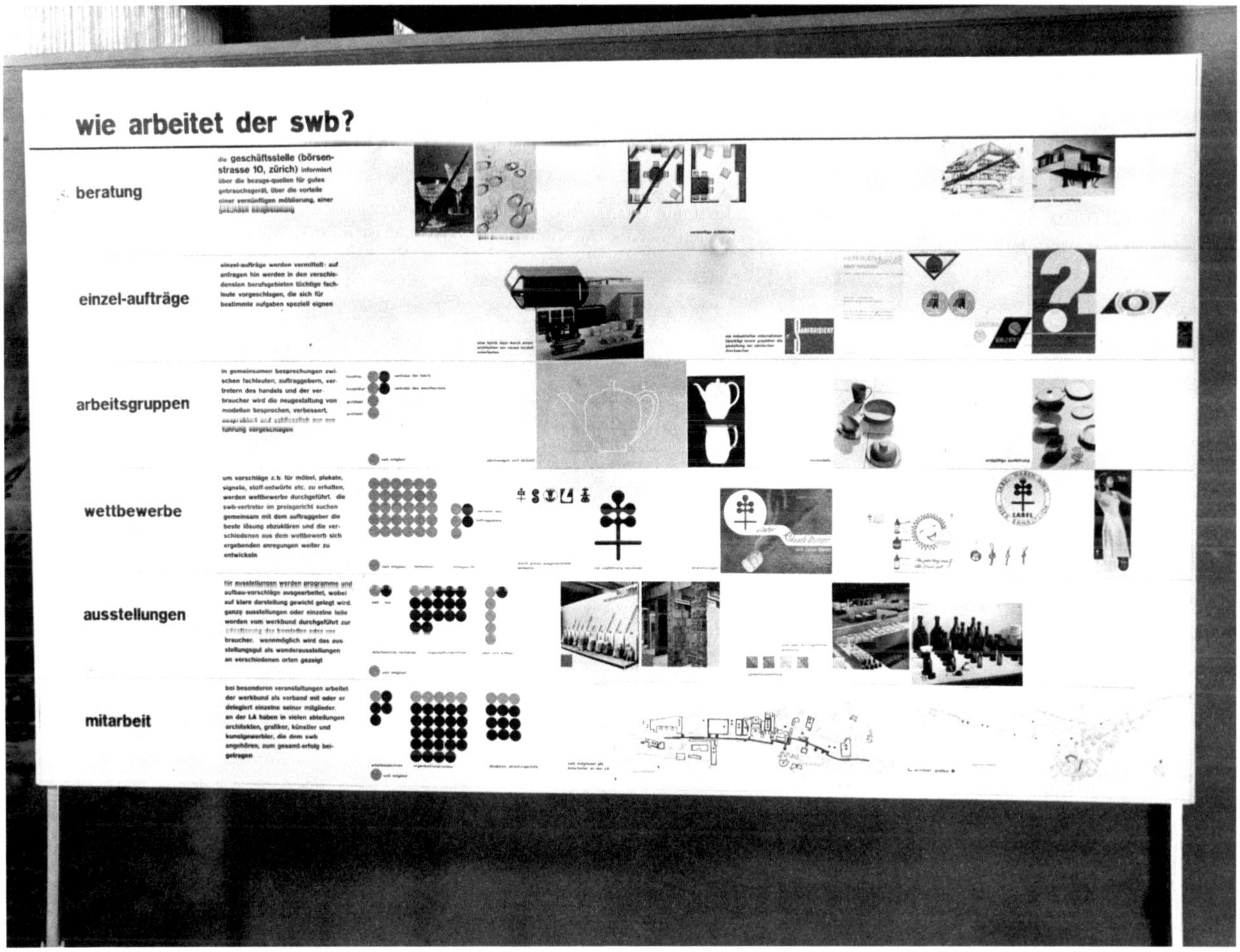

043

Jasmine Wohlwend Piai

044

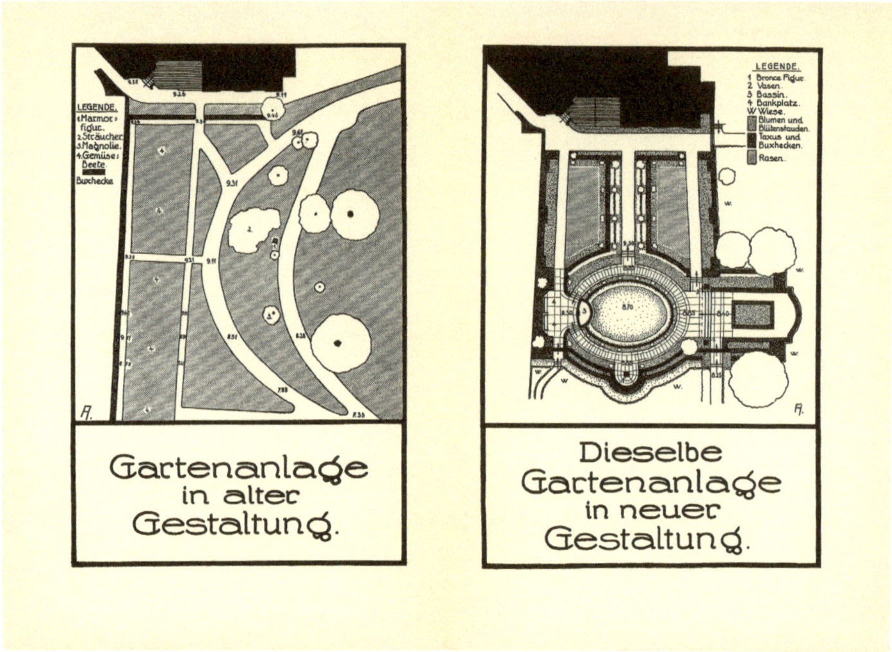

045

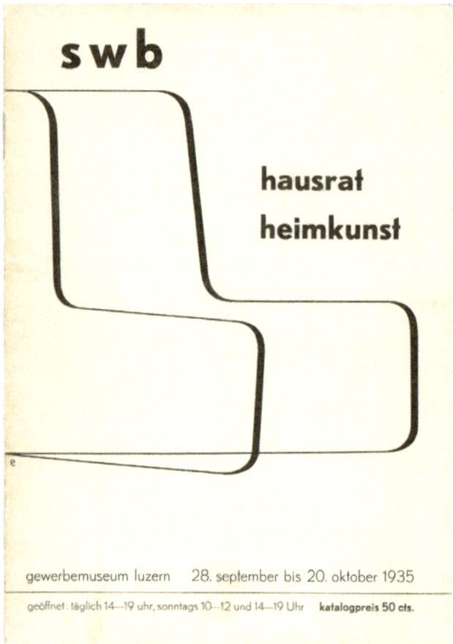

046

047

048

049

043
Tafel an der Weihnachtsmesse im Kunstgewerbemuseum Zürich, 1940, Gestaltung Honegger-Lavater

044
Frieda Gentner, *Die Berufsausbildung der Verkäuferin*, 7. Flugblatt des SWB, 1919

045
Gustav Ammann, *Über den Garten*, 4. Flugblatt des SWB, 1916

046
Titelseite Broschüre der Ausstellung *SWB Hausrat und Heimkunst*, Luzern, 1935

047
Titelseite Broschüre *SWB Werkbundausstellung Bern und Marionettentheater*, 1938, Gestaltung Paul Boesch

048
Broschüre *SWB*, [1946], Gestaltung Heiri Steiner

049
Faltbroschüre *werkbund.ch*, 1997/2005, Gestaltung Ursula Stolzenburg, Fotos Cyrill Jucker

050
Werkbundkalender 1918, Ende 1917

050

051

051
Eingang zur Uhren-abteilung der Schweiz an der Weltausstellung Barcelona, 1929

052
Abteilungen *Visages de la Suisse* und *Angewandte Kunst* (hinten) an der Weltausstellung Paris, 1937, Foto Robert Spreng

052

053
Wanderausstellung
Die gute Form, Gestaltung
Max Bill, MUBA, 1949,
Foto Ernst Scheidegger

054
Trottoir-Schau,
Gestaltung Richard
P. Lohse, MUBA, 1950,
Foto AgeFoBa

053

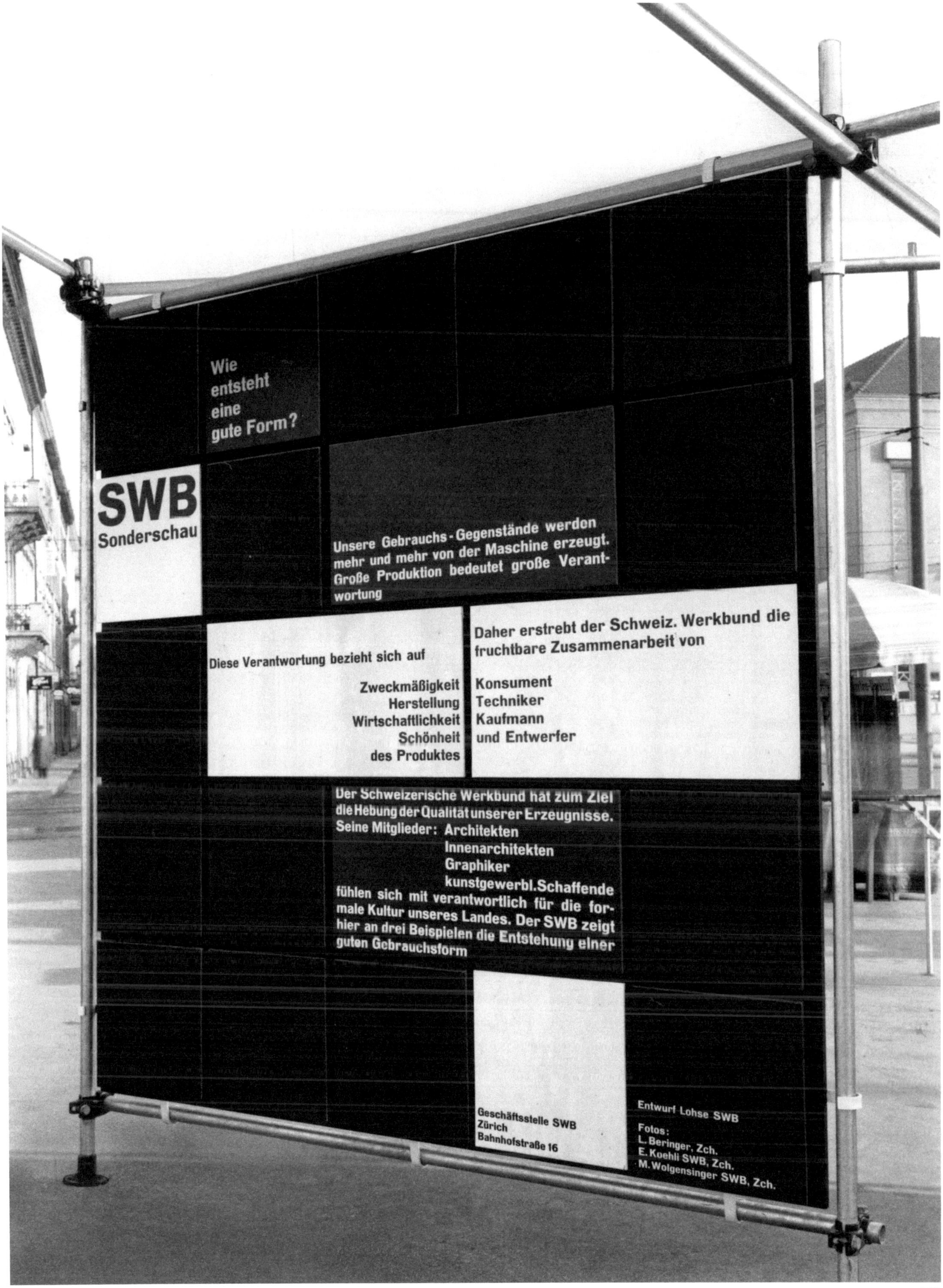
Wie
entsteht
eine
gute Form?
SWB
Sonderschau
Unsere Gebrauchs-Gegenstände werden
mehr und mehr von der Maschine erzeugt.
Große Produktion bedeutet große Verant-
wortung
Diese Verantwortung bezieht sich auf
Zweckmäßigkeit
Herstellung
Wirtschaftlichkeit
Schönheit
des Produktes
Daher erstrebt der Schweiz. Werkbund die
fruchtbare Zusammenarbeit von
Konsument
Techniker
Kaufmann
und Entwerfer
Der Schweizerische Werkbund hat zum Ziel
die Hebung der Qualität unserer Erzeugnisse.
Seine Mitglieder: Architekten
Innenarchitekten
Graphiker
kunstgewerbl.Schaffende
fühlen sich mit verantwortlich für die for-
male Kultur unseres Landes. Der SWB zeigt
hier an drei Beispielen die Entstehung einer
guten Gebrauchsform
Geschäftsstelle SWB
Zürich
Bahnhofstraße 16
Entwurf Lohse SWB
Fotos:
L. Beringer, Zch.
E. Koehli SWB, Zch.
M. Wolgensinger SWB, Zch.

054

055

055
Vitrinen-Schau im «Winterthur-Haus» Stuttgart, 1962

056

056
Wohnen heute, Schaufenster der Schweizerischen Kreditanstalt Zürich, 1963, Foto Willy Wullschleger

Analog zum Deutschen Werkbund (DWB), so konstatiert Peter Meyer in der Berichterstattung zu einer DWB-Tagung in Wien 1930, habe der SWB «nach zwei Seiten seine Stellung zu behaupten, einmal durch intensive, nach aussen wenig in Erscheinung tretende Arbeit bei Wettbewerben, Auftragsvermittlungen, Anbahnung von Beziehungen zwischen Kunst und Behörden und Industrie, ausserdem aber auch durch öffentliche Kundgebungen, die unmittelbar auf Wirkung nach aussen gehen.»[1] Damit benennt und kategorisiert Meyer unterschiedliche Tätigkeitsfelder und Vermittlungsstrategien des Schweizerischen Werkbundes, welche sich sowohl in Bezug auf die Adressaten als auch inhaltlich voneinander unterscheiden. Im selben Text bemängelt er zudem das fehlende Interesse schweizerischer Behörden am SWB: «Unsere politischen ‹Handshakers› erster Garnitur sind durch Kochkunst-Ausstellungen, Schützenfeste und Autosalons dermassen in Anspruch genommen, dass sie den Werkbund bisher kaum vom Hörensagen kennen.»[2] Doch nicht nur in der hiesigen Öffentlichkeit, selbst beim DWB seien «manche deutsche Herren [...] ganz überrascht [gewesen], dass es das überhaupt gäbe, und dass [der SWB] 473 Mitglieder hat, hätte man diesem Land der Hirten nie zugetraut».[3] Meyers in gewohnt zugespitzter Ausdrucksweise formulierte Feststellungen werfen Fragen zu Öffentlichkeit und Vermittlung in mehrfachem Sinne auf, mit denen sich dieser Aufsatz im Folgenden beschäftigt.

Die von Meyer zuerst genannte «intensive, nach aussen wenig in Erscheinung tretende Arbeit» beinhaltet in den meisten Fällen die Bearbeitung konkreter Sachverhalte oder Objekte.[4] So werden durch Wettbewerbe Entwürfe für ein bestimmtes Endprodukt generiert, Künstler und Auftraggeber fallweise zusammengeführt und bei den Behörden etwa konkret Subventionen beantragt. Adressat und Inhalt sind eingeschränkt und präzise bestimmt, einige Ergebnisse sind in Beiträgen der vorliegenden Publikation beschrieben. In der zweiten Kategorie hingegen, jener, die Meyer mit «öffentlichen Kundgebungen» grob umreisst, sind die Adressaten zahlreich und in der Regel auch nicht klar bestimmt sowie die Inhalte breiter. Meist werden hier generelle Ansichten, Forderungen und Ziele des SWB vermittelt oder thematische Schwerpunkte umfassender dargestellt, gemeint ist in erster Linie all das, was gemeinhin als «Propaganda» bezeichnet wurde und heute «Öffentlichkeitsarbeit» heisst.

Flugblätter – Propaganda in Schrift und Bild

Bereits in den ersten Jahren seines Bestehens bemühte der SWB diverse Kanäle der Vermittlung. Mit dem Erscheinen der ersten Nummer der Zeitschrift *Das Werk* im Januar 1914 (→ S. 149) war früh eine kontinuierliche Kontaktaufnahme mit den eignen Mitgliedern und weiteren interessierten Kreisen gewährleistet. Wie das Beispiel von Hermann Kienzle zeigt, wurden Neumitglieder bisweilen offenbar auch darauf hingewiesen, dass «die Haltung dieser Zeitschrift, obgleich nicht obligatorisch, [...] unter [den] Mitgliedern üblich» sei.[5] Allerdings: «Um mit [seinen] Bestrebungen in die breite Öffentlichkeit zu dringen», hielt man die «immerhin noch kostspielige Publikation» nicht als geeignet.[6] Deshalb gab der SWB ab 1914 sogenannte Flugblätter heraus, die «irgend ein aktuelles Thema behandeln sollen».[7] Den Anfang machten Erläuterungen zu den Zielen des SWB ganz allgemein, wobei das erste Flugblatt zur Eröffnung der *Wanderausstellung des Schweizerischen Werkbundes und des Deutschen Museums* (→ S. 123) erschien, sodass das Geschriebene gleich anhand von Objekten veranschaulicht werden konnte beziehungsweise letztere eine programmatische

Einordnung in einen grösseren Kontext erfuhren. Es folgten bis 1922 in unregelmässigen Abständen weitere sieben Flugblätter.[8] Sie deklarierten, verfasst von unterschiedlichen Autoren, unter folgenden Titeln die Position des SWB zu verschiedenen Themenbereichen: *Das moderne Inserat, Schweiz. Spielwaren, Über den Garten, Zeitgenössische kirchliche Kunst, Was will der Schweizerische Werkbund?, Die Berufsausbildung der Verkäuferin* und *Kunst und Feste*. Während ein Teil der Flugblätter aus gegebenem Anlass erschien, wie etwa zum *Schweizerischen Spielwaren-Wettbewerb* 1915 (→ S. 228), griffen andere schlicht Themen auf, die den SWB beschäftigten. Ein Beispiel ist die von Frieda Gentner, Lehrerin an der Gewerbe-
Abb. 044 schule Zürich, verfasste Beschreibung der aktuellen Berufsausbildung von Verkäuferinnen, in der Arbeitgeber im Sinne einer Qualitätssicherung dazu aufgefordert werden, Verkaufspersonal im Rahmen von Berufslehren auszubilden.[9] Unter dem Titel *Was will der Schweizerische Werkbund?* erläutert schliesslich *Werk*-Redaktor Hermann Röthlisberger (→ S. 421) 1917 (Neuauflage 1924) programmatisch die Werkbund-Ziele. Meist als vierseitig bedruckte Faltblätter gestaltet, enthalten manche der Blätter zudem eine Einlage mit beispielhaftem Bildmaterial. So wird
Abb. 045 im Flugblatt *Über den Garten* der Text mithilfe zweier Grundrisspläne veranschaulicht: Dem «romantischen Gartenzauber», dem der Autor und Gartenarchitekt Gustav Ammann eine Absage erteilt, steht ein Beispiel des von «Ordnung und Einfachheit» charakterisierten «architektonischen Garten[s]» gegenüber.[10] Unklar ist, in welcher Auflage die Blätter gedruckt und ob die Flugblätter vom SWB verkauft oder unentgeltlich abgegeben wurden, wie es die Bezeichnung suggeriert. Jedenfalls stiessen die kleinen Informationsblätter offenbar auf grosses Interesse und «in der in- und ausländischen Presse fanden sie eine durchweg wohlwollende und auszeichnende Besprechung, was eine grosse Nachfrage zur Folge hatte».[11]

Die tägliche Werkbund-Lektion – der Abreisskalender

Eine Publikation, die offenbar relativ breit abgesetzt werden konnte, ist der von Röthlisberger redaktionierte, sogenannte *Werkbundabreisskalender*, der für die Jahre 1917, 1918 und 1919 beim Art. Institut Orell
Abb. 050 Füssli in Zürich erschienen ist. Der SWB selbst erachtete ihn als «eines unserer wichtigsten Propagandamittel».[12] Abnehmer des Kalenders waren insbesondere öffentliche Behörden, während der Werkbund auf eigene Kosten beispielsweise Schulen damit ausstattete. Mitglieder konnten den Kalender zu günstigeren Konditionen erwerben.[13] Der 1917 mit zwei Franken angesetzte Preis entspricht ungefähr 50 Franken im Jahr 2009.[14] Als Grund für das Einstellen des ansonsten offenbar beliebten und erfolgreichen Kalenders werden die hohen Kosten von 18 000 Franken pro Jahrgang angeführt, die über Subventionen gedeckt werden mussten. «Ein Kalender kann nicht wie eine Buch-Publikation erstellt und berechnet werden. Er muss auf einen bestimmten Termin erscheinen, muss sofort in der gesamten Auflage abgesetzt werden und muss vor allen Dingen billig im Ladenpreis angesetzt sein, bedeutend unter dem Erstellungspreis [...].»[15] Der auf einen farbigen Karton mit Aufhängung geklebte Kalenderbund im Hochformat bestand aus Blättern mit meist schwarz-weissen und seltener farbigen Abbildungen unter dem Datum sowie einer kurzen Bildbeschreibung.[16] Er zeigte jeweils «grosse Aufnahmen von Bauten, Gärten, Innen-Räumen, Handwerksstücken in Eisen, Silber, Holz und Porzellan, von Handarbeiten, Bildwerken und graphischen Arbeiten. [...] Er bietet ein billiges, reich bemessenes Anschauungsmaterial und wird auf diese Weise Jahr um Jahr unsere werdenden Handwerker und Kaufleute auf Schweizerfabrikate aufmerksam

machen, die künftigen Hausfrauen und KäuferInnen gemahnen auf Tüchtigkeit und Echtheit wohl zu achten».[17] In leicht zugänglicher Bildform sollte der Kalender ein Panoptikum des Werkbund-Schaffens bieten und den Betrachter von der gut gestalteten Qualitätsarbeit überzeugen, wobei in einer Art kontrollierten aber über ein ganzes Jahr hinweg konstanten Dosis dem Betrachter im Abstand von höchstens drei Tagen ein neues Objekt präsentiert wurde. Einer «ständigen Ausstellung gleich» werde er «in jeder Wohnung zu einem begehrenswerten Schmuckstück».[18] Die letzte Ausgabe des Kalenders aus dem Jahr 1919 legte nebst Architektur und Grafik einen Schwerpunkt auf die *Schweizerische Werkbundausstellung* von 1918 (→ S. 127) und rief damit noch einmal die grosse Leistung des SWB vom Sommer 1918 ins Gedächtnis.[19]

Im Allgemeinen bediente sich der SWB der Publikation in gedruckter Form zur Kommentierung und Dokumentation von Anlässen wie (Jubiläums-) Tagungen, Vorträgen, Ausstellungen, Wettbewerben und weiteren verschiedenen Aktionen oder wie etwa im Fall der Schriften *Gut Wohnen* (→ S. 192) und der *Warenkataloge* (→ S. 293) zur Vermittlung konkreter Inhalte. Der *Werkbundabreiss-kalender* sowie einige der Flugblätter unterscheiden sich davon insofern, als dass ihre ausschliessliche Funktion darin bestand, grundsätzliche Positionen und Ziele des Werkbundes zu vermitteln. Ersterer steht zudem an der Schnittstelle zu grafischen Erzeugnissen wie Inseraten und sollte zugleich dekorative Zwecke erfüllen. Die zwischen 1967 und 1974 als *Werk*-Beilage erscheinenden Publikationen *SWB-Kommentare*, *SWB-Journal* und *SWB-Dokument* sowie *SWB-Dokument-OEV* (→ S. 163) hingegen, die in der Folge des früheren Kalenders gesehen werden können, sind allerdings weniger an eine breite Öffentlichkeit adressiert als an Mitglieder und weitere Abonnenten des *Werk*.

Ausstellungen I – Publikumsnähe durch Mobilität und Dezentralisierung

Das für eine breite Öffentlichkeit vielleicht sichtbarste Instrument zur Vermittlung von Inhalten ist die Ausstellung, der sich der Werkbund oft und erfolgreich bedient hat und immer noch bedient.[20] Vor allem die zahlreichen Wanderausstellungen Ende der 1940er Jahre gelten als Propagandamedium zur Vermittlung der Werkbund-Werte. Diese, so Egidius Streiff, «vermittelten das Ideengut des SWB».[21] Tatsächlich war bereits die erste grössere Manifestation des SWB, die gemeinsame Ausstellung mit dem Deutschen Museum für Kunst in Handel und Gewerbe in Hagen (→ S. 123) eine solche Wander-ausstellung, und viele weitere sollten folgen. Heute eine Selbstverständlichkeit, wurde die Praxis der mehrfachen Verwendung einer bereits bestehenden Schau von eben diesem Museum selbst stark geprägt.[22] Das Konzept gewährleistete auch für den SWB eine schweiz- und später weltweite Verbreitung der gezeigten Inhalte in einer noch nicht ganz so mobilen Welt, wie sie es heute ist, und entsprach damit gewissermassen auch der föderalistischen Struktur des Werkbundes, indem Ausstellungen nicht nur an einem Ort gezeigt, sondern direkt zum Publikum und zu den einzelnen Ortsgruppen gebracht wurden. Durch das «Wandern» wurden die zunächst lokalen Schauen zu Manifestationen von nationalem oder mindestens deutschschweizerischem Rang, und der SWB konnte mit ihnen entsprechend hohe Besucherzahlen verzeichnen.[23]

Die Ausstellungen wurden direkt von einer Ortsgruppe, einer Arbeitsgruppe oder einem mit dem Werkbund personell verbundenen Museum zusammengestellt und in grösseren Städten mit entsprechenden Räumlichkeiten,

Ansässigkeit einer Ortsgruppe oder persönlichen Kontakten des SWB gezeigt, sodass mit wenigen Ausnahmen immer dieselben Städte – Aarau, Basel, Bern, Fribourg, La Chaux-de-Fonds, Lausanne, Luzern, Neuenburg, St. Gallen, Winterthur und Zürich – bespielt wurden. Einige Wanderausstellungen zeigten dabei die Ergebnisse von Werkbund-Wettbewerben, so etwa diejenige zu *Schweizerischen Spielwaren* 1915 (→ S. 228), die *Friedhofskunst-Ausstellung* 1917, jene zum *Plakat-Wettbewerb für die Schweizerische Werkbundausstellung in Zürich 1918* (→ S. 127) oder auch die Ausstellung zum *Wettbewerb für neuzeitliche Holzhäuser* von 1932 (→ S. 363). Weitere Wanderausstellungen zeigten thematische Schwerpunkte des SWB, ohne in Zusammenhang mit einem Wettbewerb zu stehen, wie etwa die Ausstellungen *Qualität und Schund* 1921/22 (→ S. 187), *Foto-Wanderausstellung* in den Jahren 1932 und 1933 (→ S. 136) und *Unsere Wohnung* 1943 (→ S. 369).

Allgemeinere, umfassendere und gattungsübergreifende Überblicke über das Schaffen des Vereins boten schliesslich die *Kunstgewerbe-Wanderausstellung* von 1930 (→ S. 242) und vor allem die verschiedenen Wanderausstellungen *Die gute Form* ab 1949 (→ S. 277) im In- und Ausland. Auf dem von Max Bill entwor-
Abb. 053 fenen System von genormten Platten und einfachen Holzrahmen beruhend, perfektionierte Letztere auch eine der vielleicht wichtigsten Charakteristika für eine Wanderausstellung, nämlich deren Transportfähigkeit. Die von Ernst Scheidegger im Zusammenhang mit einem Artikel über sogenannte mobile Ausstellungen als beispielhaft aufgeführte Schau verzichtete denn auch konsequenterweise auf grosse Mengen an Exponaten, sondern stellte diese fast ausnahmslos fotografisch und damit platzsparend zur Schau.[24]

Während noch bei der Spielwaren-Ausstellung von 1915 und in der *Kunstgewerbe-Wanderausstellung* von 1930 die gezeigten Objekte direkt erworben oder zumindest bestellt werden konnten, verlagerte sich diese Option nun auf den Warenkatalog. Den Zweck, den Gestaltern durch Verkäufe einen Verdienst zu ermöglichen, verfolgten hauptsächlich die von einigen Ortsgruppen jährlich gezeigten Weihnachtsausstellungen, die dementsprechend «Verkaufsmessen» genannt wurden und meist in örtlichen Museen oder Ausstellungsräumen stattfanden.[25] In Kooperation mit Zürcher Geschäften und Händlern sowie mit einer Ordnung nach potenziellen Beschenkten (Kind, Erwachsener, usw.) innerhalb der Weihnachtsausstellung der Zürcher Ortsgruppe von 1940 (→ S. 271) erfuhr dieses Ausstellungsmodell wohl seine extremste Ausprägung. Von Werkbund-Mitgliedern gestaltete Gegenstände wurde aber auch in einzelnen Möbel- und Wohnbedarfsgeschäften verkauft. Diese «Verkaufsstellen» standen mit dem Datumsvermerk «ständig» bis Mitte der 1940er-Jahre auch im Ausstellungs-Kalender des *Werk*, wodurch einzelne Geschäfte quasi zum Museum nobilitiert respektive den Waren gewissermassen ein Kunststatus verliehen wurde.[26]

Zahlreiche kleinere Ortsgruppenausstellungen ergänzten die Wander-
Abb. 046/047 ausstellungen während des Jahres. Sie fanden in den örtlichen Ausstellungsräumen wie Kunsthallen und Gewerbemuseen oder, im Falle von Architektur- und Wohnbedarfsthemen, gelegentlich auch in bestehenden oder neu erstellten Wohnbauten statt.[27] Von Zeit zu Zeit wurden solche Ausstellungen um Tafeln, welche die Tätigkeitsfelder des SWB grafisch erläuterten, ergänzt, wie bei der genannten
Abb. 043 Weihnachtsausstellung von 1940 oder wesentlich aufwendiger an der von Richard
Abb. 054 P. Lohse gestalteten *Trottoir-Schau des SWB* an der Mustermesse Basel 1950. Besondere Sichtbarkeit versprach ferner der Typus der Schaufensterausstellung,

wo Objekte und Anliegen des SWB im öffentlichen Raum präsentiert werden Abb. 055 konnten. Beispiele hierfür sind die *Vitrinenschau im «Winterthur-Haus»* in Abb. 056 Stuttgart 1962 und die Ausstellung *Wohnen heute* in den Schaufenstern der Schweizerischen Kreditanstalt ein Jahr später.[28]

Ausstellungen II – nationale Schauen

Mit Blick auf die Vermittlung der Werkbund-Idee an ein breites Fach- und Laienpublikum bildeten die bis hierhin beschriebenen in der Regel eher kleineren, aber dafür umso zahlreicheren und stetig stattfindenden Ausstellungen das Fundament einer erzieherischen Werkbund-Arbeit. Die beiden grösseren Werkbund-Ausstellungen von 1918 (→ S. 127) und 1950 (→ S. 145) in Zürich stellten dabei bezüglich ihres Umfangs seltene Ausnahmen dar und waren für die Selbstwahrnehmung des SWB wichtige Höhepunkte. Mit dem eigens erstellten Ausstellungsbau sowie dem einrichtungsintensiven, auf die Raumkunst fokussierten Programm bedeutete die erstere Ausstellung für den noch jungen Werkbund eine enorme Leistung hinsichtlich Organisation und Finanzierung. In ihrer klaren inhaltlichen Positionierung bot sie aber zugleich Impulse für eine frühe Standortbestimmung und Reflexion im Nachgang. So fragte Hans Bernoulli an der Mitgliederversammlung: «Hatte sich die verhältnismässig junge Werkbundbewegung mit dieser Ausstellung so eingeführt, wie dies notwendig und wünschbar sein müsste?»[29] Röthlisberger beschränkte sich im Geschäftsbericht abschliessend darauf, anstelle einer Antwort die «Notwendigkeit» dieses «ersten Versuch[es]» zu unterstreichen. Die Propagierung von Qualitätsarbeit und «umsichtig besorgten Wohngelegenheiten» verstand er jedoch in einer den Kriegszeiten entsprechenden Rhetorik insbesondere als Mittel zur «volkswirtschaftlichen Belebung» und einem «geeinigten, nationalen Zusammenarbeiten», was bei der «drohenden Ueberfremdung in Handel und Industrie» und im «später einsetzenden Wirtschaftskampf» die schweizerische Produktion konkurrenzfähig halten sollte.[30] Die ausführliche inhaltliche Berichterstattung, wie sie etwa zu den Arbeiterhäusern mit zahlreichen Artikeln in der *Schweizerischen Bauzeitung* in der zweiten Jahreshälfte 1918 geleistet wurde, belegt jedoch noch einmal die grosse inhaltliche Aktualität des vom Werkbund gewählten Themas.[31]

Abgesehen von der starken Beteiligung zahlreicher SWB-Mitglieder an der Landesausstellung 1939 (→ S. 207), welche zwar zahlreiche Werkbund-Ideale in sich vereinigte, aber in erster Linie eine Landesschau war, war die Werkbund-Ausstellung von 1918 die einzige grosse vom SWB durchgeführte, nationale Schau. Diesen Charakter erhielt sie durch den neuen, nicht in einem bestehenden Museum gelegenen Standort, sondern eigens für diesen Zweck erstellten Ausstellungsbau sowie durch die Zuordnung der einzelnen Raumkompartimente an die verschiedenen Ortsgruppen. Dieses Vorgehen brachte die bündische Zusammensetzung des SWB klar zum Ausdruck, zeigte die regionalen Unterschiede auf und dokumentierte gleichzeitig die landesweite Ausbreitung der Werkbund-Idee.

Dass nach 1918 keine weitere grosse nationale Schauen mehr folgten, hatte zunächst sicherlich mit dem hohen finanziellen und organisatorischen Aufwand zu tun, die solche mit sich bringen. Schliesslich dürfte aber ein solches Projekt auch deshalb nie prioritär geworden sein, weil die beschriebenen Wanderausstellungen mit Blick auf das landesweit erreichte Publikum einen ebenfalls gewissermassen nationalen Charakter bekamen.

Organisatorische und finanzielle Grundlagen – Geschäftsstelle, Mitglieder und Subventionen

Voraussetzung für die Öffentlichkeitsarbeit des SWB war immer vorantreibendes Personal und eine entsprechende Finanzierung. Letztere basiert im Grunde seit Bestehen und bis heute auf den Mitglieder- und Fördererbeiträgen, öffentlichen Subventionen und projektbezogenem Fundraising. 1913 zunächst auf «mindestens 10 Franken, für Firmen, Korporationen und Institute mindestens 25 Franken»[32] festgesetzt, erhöhte sich der Mitgliederbeitrag bereits 1919 um zwei Franken, um in der Folge bis heute sukzessive auf 280 Franken anzusteigen.[33] Mit ihrer ersten Revision 1919 erhielten zudem die Satzungen einen Zusatz, nach dem das Vermögen des SWB nebst den Jahresbeiträgen auch aus «staatlichen oder privaten Zuwendungen gebildet» werde. Damit bezog der SWB vermutlich ebenfalls den Inhalt des Bundesbeschlusses betreffend Förderung und Hebung der angewandten Kunst vom 18. Dezember 1917, welcher die Gewährung von Subventionen durch den Bund ermöglicht hatte, in die Revision mit ein.[34] Seit dem Geschäftsjahr 1917/18 erhielt denn auch der SWB jährliche Unterstützungen vom Bund, die sich von zunächst 5000 Franken bis zum Ende der 1980er-Jahre stetig erhöhten, sich seitdem wieder stark reduzierten und schliesslich ganz wegfielen.[35] Die ab 1925 von der Stadt Zürich ausgerichtete jährliche Unterstützung von zunächst 2 000 Franken diente per 1. Juli mit Friedrich T. Gubler als erstem Sekretär der Einrichtung des lang ersehnten Zentralsekretariats, das sich an wechselnden Adressen immer in Zürich befand.[36]

Machten die Subventionen in den frühen Jahren des SWB den Löwenanteil des Betriebsbudgets aus, änderte sich dies im Verlauf der Jahrzehnte kontinuierlich. 2009 finanzierte sich der SWB schliesslich zu mehr als 85 Prozent aus Mitglieder- und Fördererbeiträgen.[37] Zusätzlich generierte er jeweils für die grösseren Ausstellungen, insbesondere ab den 1950er-Jahren, zahlreiche zusätzliche Mittel aus diversen Quellen.[38] Der Druck, die zur beabsichtigten Aufklärungsarbeit benötigten finanziellen Mittel hauptsächlich über die Mitgliederbeiträge zu beschaffen, führte zwar dazu, dass der Werkbund gelegentlich Drucksachen herausgab, welche der Mitglieder- und Fördererwerbung dienen sollten. Diesem Zweck jedenfalls
Abb. 048 entsprechen unter anderem die Broschüren *SWB* aus der Mitte der 1940er-Jahre
Abb. 049 und *werkbund.ch* von 1997. Solche Bemühungen zur Akquisition neuer Mitglieder zwecks Zufluss von Geldern an den SWB dürfen jedoch nicht über das dennoch relativ restriktive Mitgliederaufnahmeverfahren des SWB hinwegtäuschen. So wurde nicht etwa jeder aufgenommen, der sich um eine Mitgliedschaft bewarb. Vielmehr geht aus den Protokollen des SWB-Zentralvorstands und der Ortsgruppe Zürich hervor, dass – wie in den Satzungen festgehalten – Referenzen erforderlich waren und der jeweilige Vorstand eine Aufnahme guthiess oder ablehnte, wobei auch negative Bescheide, etwa mit Verweis auf zu wenig Arbeitserfahrung, immer wieder vorkamen.[39] Ein auf persönlicher Empfehlung ausgewiesener Fachleute basierendes Aufnahmeverfahren besteht – in abgeschwächter Form – bis heute und garantierte dafür dem von Mitgliedern oft hinter dem Namen geführten Zusatz «SWB» gewissermassen den Charakter eines Qualitätsmerkmals.

Ausstellungen III – der SWB international

Auf jeweils einen einzigen nationalen Standpunkt beziehungsweise eine den gesamten Werkbund repräsentierende Aussage mussten diejenigen Ausstellungen abzielen, welche im Ausland stattfanden oder bei denen der SWB für den nationalen Auftritt zuständig war. Nebst den zahlreichen, hier andernorts beschriebenen Teilnahmen an den Mailänder Triennalen

(→ S. 139) zeichnete der Werkbund seit der Zwischenkriegszeit auch für Schweizer Beiträge an internationalen Schauen und Weltausstellungen verantwortlich und konzipierte schliesslich in der Nachkriegszeit zuweilen eigene Ausstellungen für das Ausland.[40]

Die Voraussetzung für die Möglichkeit zur Mitwirkung an Präsentationen der offiziellen Schweiz im Ausland waren sicherlich die guten persönlichen Verbindungen, die den SWB einerseits mit der Eidgenössischen Kommission für angewandte Kunst (EKaK) verbanden, als auch andererseits mit der 1908 gegründeten Zentralstelle für das Ausstellungswesen, welche 1927 in Schweizerische Zentrale für Handelsförderung umbenannt wurde.[41] Unter deren Kommissariat beteiligten sich Vertreter des SWB an der *Exposition internationale des arts décoratifs et industriels modernes* in Paris 1925, wobei die einzelnen Ortsgruppen gesondert ausstellten.[42] Dabei war man noch 1922 davon ausgegangen, dass die ganze Organisation der Beteiligung der Schweiz von SWB und OEV übernommen würde. Der Einsatz einer grossen Kommission unter der Leitung der Zentralstelle für das Ausstellungswesen kam erst kurzfristig zustande.[43] Im Rückblick wurde allerdings vom SWB mit Bezug auf die Ausstattung der Ausstellung das «Auseinanderreissen des zu zeigenden Materials» kritisiert, was auf die von Andreas Münch beschriebene Beteiligung zahlreicher Akteure und Interessensvertreter zurückzuführen sein dürfte.[44]

Abb. 056 Entschiedener ging der SWB 1929 bei der Weltausstellung in Barcelona vor. Das finanzielle Unvermögen der Zentrale für Handelsförderung bewusst ausnützend, schlug der SWB hier vor, einen von ihm selber entschädigten Ideenwettbewerb mit ausgewählten Teilnehmern durchzuführen für den Fall, dass ein Schweizer Pavillon errichtet werden sollte. Der Gewinner musste dann, so die Bedingung des SWB, auch tatsächlich seinen Entwurf ausführen dürfen.[45] «Der Werkbund betrachtet es als seine Verpflichtung, auf diesem eigentlichen Gebiet seiner Tätigkeit von Anfang an zu einer guten Durchführung dieser wirtschaftlich wichtigen Ausstellung alles beizutragen, was möglich ist.»[46] Eingeladen wurden elf junge Architekten, welche heute ausnahmslos als Vertreter des Neuen Bauens gelten, wobei mehr als die Hälfte aus Zürich stammte.[47] Im Herbst 1928 kürzte der Bund zwar die Gelder für die Weltausstellung in Barcelona, sodass schliesslich kein eigener Pavillon zustande kam.[48] Es kann aber davon ausgegangen werden, dass Hans Hofmann – der spätere Architekt der Landesausstellung 1939 – den Wettbewerb für sich entschieden hat. Er entwarf letztlich ein für alle Abteilungen gültiges Einrichtungssystem, welches teilweise serienmässig hergestellt wurde und zur Wiederverwendung gedacht war. Es beinhaltete beispielsweise Vitrinen, Geländer aus Eisenrohren, ein einheitliches Beschriftungssystem und rot lackierte Stühle und Sessel.[49] Ivo Allas und Giampiero Bosoni bezeichnen den Beitrag Hofmanns als den «erste[n], wirklich moderne[n], den die Schweiz realisiert hat […]».[50] Gemeint ist damit wohl insbesondere die Uhrenabteilung, in der Hofmann auch den vorhandenen, von historischen Ornamenten geprägten Bau in einen schlichten weissen Saal mit verspiegelten Pfeilern verwandelte.[51] Bemerkenswert ist insbesondere die Art und Weise, in welcher der SWB hier geschickt einen finanziellen Engpass der Zentralstelle für Handelsförderung – also die eigentlich zuständige staatliche Stelle – zur Durchführung eines Wettbewerbs nach eigenen Vorstellungen nutzte und damit gewährleistete, dass die Repräsentation der offiziellen Schweiz im Ausland gestalterisch seiner Linie entsprach.

Eigeninitiative hatte der SWB bereits im Fall der schweizerischen Beteiligung an der Ausstellung *Die Wohnung* in Stuttgart-Weissenhof 1927 (→ S. 353) gezeigt. Nachdem über das zuständige Schweizer Konsulat in Stuttgart zunächst von den dortigen Organisatoren der Schau eine Anfrage an die offizielle Schweiz ergangen war, lehnte man dort ab und verwies auf den SWB. Zwar letztlich vom Eidgenössischen Departement des Innern (EDI) mit einer Defizitgarantie in der Höhe von 1000 Franken ausgerüstet, hatte der SWB schliesslich mit privater Finanzierung 5000 Franken für die Beteiligung am Apartmentblock von Ludwig Mies van der Rohe auftreiben können.[52]

Einen ebenso einheitlichen Auftritt wie in Barcelona strebte man vom Werkbund aus auch für die *Exposition internationale des arts et techniques dans la vie moderne* in Paris 1937 an.[53] Hier bespielten SWB und L'Œuvre zusammen die
Abb. 052 Abteilung *Arts Décoratifs*. Die Förderung des Kunstgewerbes war dabei einer der Beweggründe des Bundesrats für die Teilnahme an der Ausstellung gewesen.[54] Mit E. Richard Bühler (→ S. 423), Sophie Hauser und Hermann Kienzle (→ S. 422) sassen drei Vertreter des SWB, mit Jacques Favarger und Paul Perret zwei der OEV in der 18-köpfigen Kommission. Robert Hess, als Vorstandsmitglied der Societas Sancti Lucae in der Kommission, und René Thiessing, Chef des Publizitätsdienstes der SBB, wurden 1938 ebenfalls SWB-Mitglieder. Aus einem beschränkten Wettbewerb, in dessen Jury SWB und OEV zusammen eine Mehrheit bildeten, gingen die Architekten Bräuning, Leu, Dürig siegreich hervor.[55] Zahlreiche weitere SWB-Mitglieder gestalteten Teile der Pavillonausstattung und waren insbesondere auch an der Gestaltung der Abteilung *Visages de la Suisse* beteiligt.[56]

Mit seiner breiten Beteiligung dürfte der SWB die einzige Interessensvereinigung gewesen sein, von der derart viele Mitglieder bei der Vorbereitung und Durchführung der Schweizer Sektion der Pariser Weltausstellung von 1937 involviert waren. Nur der SWB war von seiner interdisziplinären Ausrichtung her in der Lage, einen grossen Teil der kulturellen und industriellen Produktion zu überblicken. Als Konsequenz aus dem sich in Paris manifestierenden Umstand, dass sich die umfassenden nationalen Präsentationen inhaltlich je länger je mehr gegenseitig anglichen, enstanden in den folgenden Jahren und in der Schweiz insbesondere mit Blick auf die Landesausstellung 1939 vermehrt thematisch eingeschränkte Ausstellungskonzepte. Sie brachten es etwa mit sich, dass anstelle von nach Gattungen sortierten Ordnungen verschiedene Waren- und Objektgattungen nebeneinander gezeigt werden konnten und insbesondere (info-)grafische Aufbereitungen immer wichtiger wurden. Der gattungsübergreifende und vernetzende Charakter des SWB war dafür geradezu prädestiniert. Durch die Abnahme von reinen Firmenpräsentationen fiel die Ausstellungsorgansiation vermehrt den nationalen Behörden zu. Für die Gestaltung der nunmehr bevorzugten thematischen Ausstellungskonzepte wurde der Werkbund als in allen dabei gefragten Belangen kompetenter Partner geschätzt.

1 Peter Meyer, Der Deutsche Werkbund in Wien, in: *Werk* 17 (1930), H. 8, S. 249–252, hier S. 249.
2 Ebd.
3 Ebd.
4 Ebd.
5 Brief des SWB an Hermann Kienzle vom 8.5.1916, StaBS, ED-REG 24c 1 1916–1917.
6 GB SWB 1914/15, S. 6.
7 Ebd.
8 Vgl. dazu die Chronik ab S. 17 in der vorliegenden Publikation.
9 Frieda Gentner, *Die Berufsausbildung der Verkäuferin*, 7. Flugblatt des Schweizerischen Werkbundes, o. O. 1919. Die hier erhobene Forderung ist vor dem Hintergrund der seit dem Ende des 19. Jahrhunderts andauernden Reform des Berufsbildungswesens in der Schweiz zu verstehen. Erst 1930 wurde auf eidgenössischer Ebene die Notwendigkeit von Lehrvertrag und Lehrabschlussprüfung gesetzlich festgelegt. Siehe dazu Philipp Gonon, in: HLS, Stichwort Lehre. Vgl. auch GB SWB 1918/19, S. 25.
10 Gustav Ammann, *Über den Garten*, 4. Flugblatt des Schweizerischen Werkbundes, o. O. 1916.
11 GB SWB 1915/16, S. 5.
12 Ebd., S. 14.
13 Vgl. dazu GB SWB 1916/17, S. 2; GB SWB 1917/18, S. 5; GB SWB 1918/19, S. 15.
14 Originalpreis gemäss Karteikarte zum Abreisskalender, Archiv Orell Füssli Verlag AG. Des Weiteren konnte dank der freundlichen Hilfe von Frau Margrit Schacher von der Orell Füssli Verlag AG auch ein Originalkalender von 1919 ausfindig gemacht werden. Preisumrechnung gemäss Christian Pfister, Roman Studer. *Swistoval. The Swiss Historical Monetary Value Converter*, Historisches Institut der Universität Bern, http://www.swistoval.ch/ (12.7.2013).
15 GB SWB 1918/19, S. 14; GB SWB 1916/17, S. 16–17. Bereits im Geschäftsjahr 1916/17 stehen für den Kalender des Jahres 1917 Ausgaben von 1333,50 Franken Einnahmen von lediglich 69,63 Franken gegenüber. Die Auflage betrug 1919 3000 Stück und der Kalender erschien zu spät, was Reklamationen der Inserenten nach sich zog. Vgl. dazu Schweizerischer Werkbund, Protokoll der Vorstandssitzung vom 30. April 1919, S. 1, StaBS, ED-REG 24c 1 1918–1922.
16 Das Format von 27 × 18 cm dürfte sich in den drei Jahren kaum geändert haben und konnte anhand des Originalkalenders von 1919 ermittelt werden, Archiv Orell Füssli AG, wie Anm. 14. Bei der auf der dazugehörigen Karteikarte angegebenen Massangabe von 27 × 38 cm dürfte es sich um einen wiederholten Tippfehler handeln, zumal auch drei Kalenderseiten des Jahres 1918 in einem Hochformat gedruckt waren. Vgl. dazu SWB, *Abreisskalender*, 1918, Archiv ZHdK.
17 SWB, *Abreisskalender*, 1918, Archiv ZHdK.
18 Ebd.
19 SWB, *Abreisskalender*, 1919, Archiv Orell Füssli Verlag AG Zürich.
20 So wie aktuell die Ausstellung *Analoges und digitales Gestalten – Begegnungen. 100 Jahre Schweizerischer Werkbund*, 26.5.–15.9.2013, IG Halle Rapperswil.
21 *SWB*, Werbeschrift, Winterthur [1947], S. 11.
22 Heide Rezepa-Zabel, Das Deutsche Museum für Kunst in Handel und Gewerbe, in: Kampf der Dinge 2008, S. 88–93, hier S. 89.
23 Zahlen sind etwa für die frühe Spielwaren-Ausstellung (1915/16) bekannt: in sieben Austragungsorten insgesamt 89 942 Besucher (GB SWB 1915/16, S. 5).
24 Ernst Scheidegger, Mobile Ausstellungen, in: *Werk* 40 (1953), H. 4, S. 109–124, hier S. 120–121. Zur Ausstellung selber erscheint in Kürze eine Publikation beim Verlag Lars Müller, hg. von Claude Lichtenstein und dem Museum für Gestaltung, mit dem Titel *Max Bills Sicht der Dinge. Die gute Form: Eine Ausstellung 1949*.
25 Vgl. Chronik, ab S. 17.
26 Vgl. beispielsweise *Werk* 13 (1926), H. 6, S. 10. Eine Liste der Geschäfte liefert Bignens 2008, S. 164.
27 Vgl. dazu die in der Chronik aufgeführten Ausstellungen.
28 GB SWB 1963, S. 5; GB SWB 1962, S. 5. Ebenfalls 1962 fand in den Filialen der Schweizerischen Bankgesellschaft eine Schaufensterschau statt, vgl. ebd.
29 GB SWB 1918/19, S. 12.
30 Ebd., S. 18.
31 Siehe diverse Artikel der *SBZ* zwischen Juli und Dezember 1918.
32 Satzungen SWB 1913, § 6, S. 3.
33 Satzungen SWB 1919, § 6, S. 4–5; http://werkbund.ch/web/de/category/rubriken/beitrittsgesuch (9.7.2013).
34 Satzungen SWB 1919, § 7, S. 5; Crivelli/Imboden 1997, S. 61; Münch 1997, S. 90–92.
35 Die Subventionen betrugen 1988 50 000 Franken. Vgl. GB SWB 1988, Jahresrechnung. 2009 subventionierte der Bund den SWB noch mit 20 000 Franken jährlich. GB SWB 2009, Jahresrechnung. Vgl. dazu auch den Beitrag zur Kulturinitiative ab S. 200.
36 GB SWB 1925/26, S. 2–3. Nachdem von Beginn weg eine Geschäftsstelle bestand, welche zunächst von Schriftführer Albert Baur und ab 1914 von Heinrich Schlosser geführt wurde, begannen bereits im Geschäftsjahr 1914/15 die Überlegungen zur Einrichtung eines «ständigen Sekretariates». Zur Finanzierung hoffte man auf eine Bundessubvention, für die ebenfalls im Geschäftsjahr 1914/15 gemeinsam mit der OEV ein Antrag an den Bundesrat gerichtet wurde, GB SWB 1914/15, S. 4–5 und 7. Zu den Adressen der Geschäftsstelle siehe Chronik ab S. 17
37 Vgl. dazu GB SWB 1913–2009 sowie spezifisch GB SWB 2009, S. 11.
38 Vgl. dazu GB SWB 1913–2009.
39 Vgl. dazu Protokolle ZV SWB, Archiv SWB 1.1.1 sowie Protokolle OG ZH, Archiv SWB A 4.3/354/376.
40 Vgl. dazu die Chronik ab S. 17 in der vorliegenden Publikation.
41 Münch 1997, S. 98; *25. Jahresbericht der Schweizerischen Zentrale für Handelsförderung Zürich und Lausanne, 1. Januar bis 31. Dezember 1951*, o. O. 1952, S. 29.
42 GB SWB 1925/26, S. 4. Beteiligt waren neben Vertretern von EKaK, OEV und SWB auch Vertreter der Finanz- und Tourismusbranchen. Vgl. zur Organisation Münch 1997, S. 98.
43 GB SWB 1922, S. 12; GB SWB 1923, S. 3–5; GB SWB 1924, S. 3.
44 Münch 1997, S. 98. Zitat aus GB SWB 1935, S. 8.
45 GB SWB 1927/28, S. 9–10.
46 Ebd.
47 Ebd., S. 9. Eingeladen waren: Ernst F. Burckhardt, Richard Hächler, Arnold Hoechel, Arnold Itten, Wilhelm Kienzle, Rudolf Preiswerk, Hans Neisse, Max E. Haefeli, Rudolf Steiger, Werner M. Moser und Hans Hofmann.
48 Botschaft des Bundesrates an die Bundesversammlung über die Teilnahme der Schweiz an der Internationalen Ausstellung in Barcelona im Jahre 1929, 10. Juli 1928, in: *Bundesblatt* 80 (1928), Nr. 28, S. 285–288. Siehe dazu auch: Nachricht des Schweizerischen Bundesrates an den Präsidenten des Ständerates vom 18. Juni 1928, CH-BAR/1000/00034, Az. G-02337, Internationale Ausstellung in Barcelona. Beteiligung der Schweiz, 1928.
49 *Werk* 16 (1929), H. 11, S. 344–349.
50 Allas/Bosoni 1995, S. 36.
51 Zahlreiche Abbildungen von Hofmanns Gestaltung in: *Werk* 16 (1929), H. 11, S. 344–349.
52 Nebst dem hier auf S. 353 gedruckten Artikel sei dazu auf diverse, noch auszuwertende Korrespondenzen im Schweizerischen Bundesarchiv verwiesen: CH-BAR#E2001C#1000/1531#1354*, Az. B.66.018, *Werkbundausstellung Die Wohnung Stuttgart 1927, Köln 1932, 1926–1932*.
53 GB SWB 1935, S. 8.
54 Botschaft des Bundesrates an die Bundesversammlung über die Teilnahme der Schweiz an der internationalen Ausstellung Paris 1937 «Kunst und Technik im modernen Leben, 5. Juni 1936», in: *Bundesblatt* 88 (1936), Nr. 24, S. 1019.
55 *Werk* 23 (1936), H. 9, S. XIII. Auch die ausführenden Architekten Bräuning, Leu, Dürig waren SWB-Mitglieder. In der Jury sassen Jacques Favarger, Alphonse Laverrière, Hans Hofmann und Egidius Streiff.
56 *Werk* 16 (1929), H. 11, S. 344–349. Carl Roesch, Pierre Gauchat, Hans Buser, Cornelia Fischer-Forster, Möbelfabrik Horgen-Glarus, Numa Rick, Werner Allenbach, Hermann Eidenbenz, Heiri Steiner, Hans Fischer, Alois Carigiet, Milo Martin, Hans Wolfensinger, Robert Spreng. Bei der Abteilung *Visages de la Suisse* war zusätzlich die Geschäftsstelle des SWB beteiligt, GB SWB 1937, S. 7–8.

057

058

057
Lebkuchen von Margrit Roesch-Tanner, 1915

058
Leuchter der Firma Baumann, Koelliker & Cie., 1915

Wanderausstellung des Schweizerischen Werkbundes und des Deutschen Museums

Zürich, Aarau, Winterthur und Basel, 1914/15

Die Kollektivausstellung des Schweizerischen Werkbundes und des Deutschen Museums für Kunst in Handel und Gewerbe in Hagen stellt die erste grössere Zusammenstellung von Werken der Mitglieder des jungen SWB und eine Gelegenheit zur Vermittlung der Werkbund-Inhalte dar. Gleichzeitig ist sie die erste Aktion von «grössere[n] Dimensionen» und spiegelt das ambivalente Verhältnis des SWB zum Deutschen Werkbund wider.[1] Die Eröffnung sollte ursprünglich einen Monat früher stattfinden, musste jedoch wegen des Kriegsausbruchs auf den 15. Dezember 1914 verschoben werden. Bis zum 15. Januar 1915 war die Ausstellung im Zürcher Kunstgewerbemuseum zu sehen und anschliessend bis April 1915 in den Gewerbemuseen in Aarau, Winterthur und Basel.[2]

Über die Entstehungsgeschichte der Ausstellung ist wenig bekannt. Im November 1914 wurden die Mitglieder des SWB in der Zeitschrift *Das Werk* dazu aufgefordert, Beiträge für die Ausstellung bis zum 5. Dezember dem Kunstgewerbemuseum Zürich zukommen zu lassen.[3] Bereits im Sommer 1914, im Rahmen der 7. Jahresversammlung des DWB auf der Kölner *Werkbund-Ausstellung,* äusserte sich Alfred Altherr (→ S. 419) zur «Wanderausstellung des Deutschen Museums in Hagen, die im nächsten Winter in einigen Schweizerstädten gezeigt werden wird».[4] Unklar bleibt, von welcher Seite die Initiative für die aus Hagen kommende Wanderausstellung ausgegangen war. Fest steht, dass dieser Ausstellungsmodus eine vom Deutschen Museum bevorzugte Vermittlungsart und entsprechend professionell aufgebaut war.[5]

Die Schau vereinte Werke von Mitgliedern des SWB mit solchen aus der Sammlung des Deutschen Museums in Hagen, welches seit 1909 vornehmlich als Museum des DWB galt. Sie umfasste zahlreiche Gattungen des Kunsthandwerks sowie Grafik und Industriebauten. Thematisch war sie dem Werkbund-Gedanken verpflichtet, den man jedoch in der Ausstellung noch keineswegs als erfüllt betrachtete. Die Idee der Schau bestand vor allem darin, Werke von Mitgliedern erstmals zusammen zu zeigen und «Gleichgesinnte in ihren Bestrebungen [zu] bestärken».[6] In den vier vom Deutschen Museum gestellten Abteilungen *Reklame und kaufmännische Drucksachen, Tapeten, Linoleum und Linkrusta, Moderne Textilkunst* und *Moderne Industriebauten* wurde eine beachtliche Anzahl von Exponaten gezeigt: so beispielsweise 60 bis 100 Fotografien und Zeichnungen von Fabriken und Verwaltungsbauten sowie allein für den Bereich Reklame «400–500 Drucksachen, 70–100 Packungen und 30–60 Plakate».[7] Dabei fällt auf, dass die Bezeichnungen der vier genannten Abteilungen fast vollständig übereinstimmen mit jeweils einzelnen Ausstellungsthemen, welche die Ausstellungszentrale des Deutschen Museums für die Zeit ab Sommer 1914 geplant hatte.[8] Möglicherweise wurden also einzelne Wanderausstellungen aus Deutschland zu einer grossen Ausstellung für die Schweiz zusammengelegt. Die Entwürfe von deutschen Baukünstlern wie Peter Behrens, Walter Gropius, Richard Riemerschmid und Hans Poelzig, dem Grafiker Fritz Helmuth Ehmcke sowie dem belgischen Künstler Henry van de Velde wurden ergänzt mit Werken von 34 Mitgliedern des SWB.[9] Zusätzlich erweiterten die Schweizer die Schau um Bereiche wie Gartenbau, statistische Darstellungen, angewandte Grafik, Keramik, sogenannte Frauenarbeiten, Stickereien, Batik, Wollstickerei auf Leinen, Färberei, Weberei und Kurbelstich.[10] Der Begleittext erwähnt, dass die Innenarchitektur nicht vertreten gewesen sei. Die Bildstrecke im *Werk* vom Januar 1915 zeigt grafische Arbeiten aller Art, Buchgestaltung, verschiedene Metall- und Goldschmiedearbeiten, Leuchter, Keramikobjekte, Kachelöfen, dekorierte Lebkuchen sowie Glasgemälde und Tapeten.[11] Hermann Röthlisberger (→ S. 421) weist darauf hin, dass hinsichtlich des Ausstellungsmodus noch einiges verbessert werden könne. So erklärt er etwa mit Bezug auf die Drucksachen: «Sie müssten aber näher beieinander besammelt, für einzelne Fälle in noch reicherer Fülle gezeigt werden, Pa[c]kungen wirklich als Körper geboten, [...] das Inserat als Teil im Satzspiegel vorgelegt werden, um den Aussenstehenden, den Besteller und den Nachwuchs vor allem zu gewinnen.»[12] Die *Neue Zürcher Zeitung* zeigt sich bezüglich der «Aufmachung der ganzen Ausstellung» weit weniger kritisch. Sie befindet diese für «mustergültig» und erachtet ihr Gelingen insbesondere als Verdienst Alfred Altherrs.[13]

Zur Ausstellung publizierte der SWB ein Flugblatt. Es sollte das erste einer ganzen Reihe werden, die er bis 1924 herausgab.[14] Dabei fällt auf, dass Titel und Text inhaltlich kaum korrelieren; so wird mit dem Text nicht – wie eigentlich zu erwarten wäre – auf die Ausstellung eingegangen, sondern es werden darin ganz allgemein Ziele und Inhalte des Werkbundes erläutert. Neben der Präsentation konkreter Objekte diente die Schau also vor allem der expliziten Hervorhebung des Werkbund-Gedankens. Die umfassende gestalterische Durchdringung der Lebenswelt spiegelte sich in der gattungsübergreifenden Schau wider, in der in einem grossen Bogen die Gestaltung von Industriebauten und von Lebkuchen gleichermassen eine Rolle spielte.

Dem Begleittext zur Ausstellung zufolge sollte diese «der jungen Vereinigung selbst zur Vertiefung ihrer Bestrebungen verhelfen und Ansporn sein zu neuem mutigem Ausholen».[15] Man war sich beim SWB also durchaus im Klaren darüber, als junge Vereinigung erst am Anfang der eigenen Entwicklung zu stehen. In diesem Zusammenhang ist auch die von Altherr in Köln ausgedrückte Hoffnung auf die «hilfreiche Unterstützung» aus Hagen zu verstehen. Sein Wunsch, wonach «diese vorbildliche Ausstellung in der Schweiz das Interesse für unsere Ziele [zu] wecken» vermöge, sowie die positive Rezeption derselben lassen darauf schliessen, dass die deutschen Exponate als Anschauungsmaterial sehr willkommen waren.[16] Röthlisberger betont im *Werk* mehrmals die vorbildhafte Qualität der Arbeiten aus Deutschland und die damit verbundene Erwartung an die Erzeugnisse der Schweiz: «Anfänge, Regungen zeigt diese erste Ausstellung in mancherlei Gestalt; sie können werden, wenn unser Land das nachhaltige Interesse für gute Arbeit zu bekunden weiss.»[17] Der Zentralvorstand des SWB war mit dem Verlauf der Ausstellung offenbar zufrieden. Für Zürich wurde eine Besucherzahl von 2446 Personen festgehalten, und man resümierte: «Sie fand allseitig, namentlich auch in der Presse grosse Anerkennung.»[18]

Die erste Kollektivausstellung des SWB war also geprägt von einer Orientierung an den Vorbildern aus Deutschland. Mit der Ausstellung des DWB in Bern (→ S. 125) zwei Jahre später sollte schliesslich die deutschnationale Propaganda stark in den Vordergrund rücken, und Kritiker einer Anlehnung an Deutschland sahen sich in ihren Befürchtungen bestätigt.[19] Die Konzeption der Schau von 1914/15 ist beispielhaft für die frühen Jahre des SWB, weil sowohl eine Zusammenarbeit mit Deutschland als auch eine gattungsübergreifende inhaltliche Ausrichtung angestrebt wurden.

● *Jasmine Wohlwend Piai*

059

060

061

059
Umsatz in Mehl pro 1913, Statistische Darstellung von Paul Kammüller, 1915

060
Brosche und Anhänger von Lilly de Fremery-Gull, 1915

061
Ofen von Otto Ingold (Entwurf) und Robert Mantel (Ausführung), Figuren von Oscar Wenker, 1915

Ausstellungen des Deutschen Werkbundes

Basel, Winterthur und Bern, 1917

Ausstellungen zu benutzen, wurde er inklusive seiner Ausstattung für die einfache Demontage und Wiederverwendung konzipiert.[2] Der in der Höhe gestaffelte rosarot lackierte Holzbau sowie der Garten waren streng symmetrisch angelegt und der Eingangsbereich wurde durch schlanke quadratische Stützen besonders hervorgehoben.

062

Nach Gastspielen im Gewerbemuseum Basel und im Winterthurer Kunstmuseum eröffnete am 18. August 1917 im Berner Kirchenfeld – vermutlich auf dem Gelände der Nationalbibliothek – die *Deutsche Werkbund-Ausstellung,* im Umfang vergleichbar zu den vorherigen Orten, noch einmal in erweiterter Variante ihre Tore.[1] Die Schau illustriert die Notwendigkeit der Interessenwahrung des Schweizerischen Werkbundes in politisch schwierigen Zeiten und spielte eine wichtige Rolle als Impulsgeber für dessen erste grosse öffentliche Manifestation, die *Schweizerische Werkbundausstellung* in Zürich von 1918 (→ S. 127).

In Bern gastierte die Ausstellung nicht in den Räumlichkeiten eines Museums, sondern in einem eigens dafür von Peter Behrens entworfenen Ausstellungsbau. Mit der Absicht, den Bau für weitere

Gezeigt wurde in den Räumen Kunsthandwerk in aller Vielfalt, aber auch Grafik, Architektur, Malerei und Gartenkunst. Martin Fröhlich bezeichnet die Ausstellung als eine Kleinform jener Kölner *Werkbund-Ausstellung,* die 1914 bei Kriegsausbruch abrupt geschlossen werden musste; zeitgenössische Kommentare hingegen weisen eher darauf hin, dass die Berner Ausstellung noch einmal als Weiterentwicklung der Kölner Vorgängerin wahrgenommen wurde.[3] Für die Schweizerische Kunstgemeinschaft war die Ausstellung sicherlich äusserst inspirierend, zeigte sie doch die Werke der wichtigsten Künstler und Architekten der Zeit wie etwa Peter Behrens, Bruno Paul, Bernhard Pankok, Oskar Moll, Adelbert Niemeyer und Wolfgang von Wersin. Umso mehr erstaunt es, dass sowohl der SWB als auch die einschlägigen Schweizer

062
Peter Behrens, Ausstellungsbau auf dem Berner Kirchenfeld, 1917

1 GB SWB 1914/15, S. 4–5.
2 Der Ausstellungsort Basel wird in zahlreichen Quellen, deren Drucklegung vor dem möglichen Ausstellungszeitpunkt lag, jedoch nicht im Geschäftsbericht des SWB vom April 1915 genannt. GB SWB 1914/15, S. 5.
3 *Das Werk* 1 (1914), H. 11, S. 14–15
4 Altherr 1914.
5 Siehe Deutsches Museum 1997; zum Deutschen Museum allgemein siehe Heide Rezepa-Zabel, Das Deutsche Museum für Kunst in Handel und Gewerbe, in: Kampf der Dinge 2003, S. 88–93; Michael Fehr, Das Deutsche Museum für Kunst in Handel und Gewerbe, in: Nordinger 2007, S. 59–60.
6 Ausstellung SWB Werk 1915, S. 1–2.
7 *Heimatschutz* 9 (1914), H. 11, Anhang, S. 2.
8 Siehe Prospekt des Deutschen Museums für Kunst in Handel und Gewerbe i. W., Rechnungsjahr 1913/14, in: Kampf der Dinge 2008, S. 93, Abb. 7.
9 GB SWB 1914/15, S. 5. Zur Auflistung der ausstellenden Künstler siehe Wegleitung 1914.
10 Für die Aufzählung siehe Röthlisberger 1915, S. XV.
11 Ausstellung SWB Werk 1915.
12 Röthlisberger 1915, S. XIV.
13 *NZZ*, 20.12.1914, S. 1.
14 SWB Flugblatt 1914.
15 Ebd. sowie Wegleitung 1914.
16 Altherr 1914.
17 Röthlisberger 1915, S. XV.
18 Siehe GB SWB 1914/15, S. 5.
19 Siehe dazu Hans Bloesch, Ein Schweizerischer Werkbund, in: *Schweizerische Baukunst* 5 (1913), H. 10, S. 162.

Fachzeitschriften die Ausstellung kaum würdigten. Ausführliche Berichterstattungen und Kritiken wären zu erwarten gewesen, zumal es sich um eine der grössten Kunstmanifestationen des Jahres gehandelt haben dürfte. Tatsächlich kündigte *Das Werk* für das Septemberheft 1917 eine Besprechung an, doch ist diese offensichtlich nie erschienen.[4] Dass die Ausstellung in der Schweiz also fast gänzlich ignoriert wurde, ist kaum zu verstehen, zumal diese mit den Protagonisten des SWB koordiniert wurde. Im Falle der Ausstellungen in Basel und Winterthur waren es zum einen Hermann Kienzle (→ S. 422), Leiter des Basler Gewerbemuseums, und zum anderen E. Richard Bühler (→ S. 423), Präsident des Winterthurer Kunstvereins und Träger des 1916 eröffneten Kunstmuseums, der für die dortige Schau die Eröffnungsrede hielt.[5] In Bern hingegen waren Verbindungen zu Schweizer Persönlichkeiten offenbar bewusst verschwiegen worden.[6]

In seiner Sitzung vom 17. November 1916 behandelte der Zentralvorstand die Anfrage des Deutschen Werkbundes (DWB), die Ausstellung auch im Zürcher Kunstgewerbemuseum auszurichten. Der Zentralvorstand entschied jedoch abschlägig mit Verweis auf «eigene Interessen, die es jetzt in erster Linie zu wahren» gelte, und schlug dem DWB vor, eine solche für die Zeit nach dem Krieg ins Auge zu fassen.[7] Im Zusammenhang mit der Winterthurer Ausstellung war es offenbar zu einer «Pressepolemik D.W.B. = S.W.B.» gekommen, die man gemäss den Zentralvorstandsprotokollen möglichst ohne eigene Äusserungen abzugeben, auszusitzen gedachte. In einem Brief an den Geschäftsführer des DWB, Ernst Jäckh, stellte Alfred Altherr, Erster Vorsitzender des SWB und Direktor des Kunstgewerbemuseums, zudem klar, dass trotz gegenteiliger Behauptungen vom SWB aus keinerlei Abmachung für die Ausstellung getroffen worden sei. Man wehrte sich im Gegenteil vehement gegen eine solch enge Zusammenarbeit.[8]

Die Anlehnung des SWB am deutschen Vorbild war seit seiner Gründung Kritik ausgesetzt, was sich im herrschenden angespannten politischen Klima noch verstärkte. Dass der DWB seine gestalterischen Ziele vermehrt mit deutschnationaler Propaganda verknüpfte, machte die distanzierenden Beteuerungen des SWB umso notwendiger.[9] Übte sich der SWB während der Dauer der deutschen Ausstellung noch in medialer Zurückhaltung, nahm er im Zusammenhang mit der für 1918 geplanten *Schweizerischen Werkbundausstellung* in Zürich zunehmend Abstand vom deutschen Nachbarn. Im Rahmen der konstituierenden Versammlung im Oktober 1917 gab Altherr vor Medienvertretern an, dass der Vorstand des SWB in der «mit solcher Nachdrücklichkeit durchgeführten ausländischen Propaganda» geradezu einen Anstoss für die erste grosse Manifestation des SWB sehe: «Es musste, und zwar so rasch wie möglich, ein Gegengewicht gegen diese ausländische Ueberfremdung geschaffen werden.»[10] Wie dem Geschäftsbericht 1916/17 zu entnehmen ist, befürchtete der SWB zudem, sein beim Bund hängiges Gesuch um Subventionen zu gefährden, indem er eine Ausstellung unterstützte, die von den Behörden nicht gerne gesehen war.[11]

Damit waren die Ausstellungen des DWB nicht nur eine kritische Episode im Verhältnis der beiden eigentlich befreundeten Werkbünde, sondern für den SWB auch eine Gelegenheit, der deutschen Manifestation eine eigene entgegenzusetzen. Dies geschah bereits im darauffolgenden Sommer mit der *Schweizerischen Werkbundausstellung* in Zürich.

● *Jasmine Wohlwend Piai*

1 Basel, 11.3.–9.4.1917; Winterthur (offenbar unter dem Titel *Moderne deutsche Graphiker*), 29.4.–28.5. bzw. 17.6.1917; Bern, 18.8.–30.9.1917. Siehe *Dekorative Kunst* 21 (1917), H. 3; *Geschichte des Kunstvereins Winterthur seit seiner Gründung* 1848, hg. von der Stadtbibliothek Winterthur, Neujahrsblatt der Stadtbibliothek Winterthur Bd. 321, Winterthur 1990, S. 347; *Deutscher Werkbund, Gewerbemuseum Basel*, Basel [1917]; *Mitteilungen des Deutschen Werkbundes*, 1917, Nr. 6, S. 2–3.

2 Peter Behrens, Einleitende Worte zur Ausstellung des Deutschen Werkbundes in Bern 1917, in: *Wieland Sonderheft Deutscher Werkbund*, 1917, H. 7, S. 5.

3 Fröhlich 1997; Wilhelm Schmidtbonn im Berliner Tagblatt, abgedruckt in: *Dekorative Kunst* 21 (1917), H. 3, S. 100.

4 *Das Werk* 4 (1918), H. 8, S. XI.

5 *Mitteilungen des Deutschen Werkbundes*, 1917, Nr. 6, S. 2–3. In der Winterthurer Ausstellung konnten die Räume von Niemeyer, Pankok und Paul nicht gezeigt werden. Zur Rezeption der Basler Ausstellung siehe Mauderli 1998, S. 47–48.

6 Die wenigen Autoren, die sich dieser Frage widmeten, orteten das Problemfeld in den schwierigen Beziehungen zwischen Deutschland und der Schweiz während des Ersten Weltkriegs beziehungsweise in der heiklen Situation innerhalb der Eidgenossenschaft. Siehe Nicolai 2007; Fröhlich 1997; Birkner 1978.

7 Protokoll ZV SWB, 17.11.1917, S. 2, Archiv SWB A 1.1.1.

8 Protokoll ZV SWB, 27.6.1917, Archiv SWB A 1.1.1. Jäckh war DWB-Geschäftsführer von 1912 bis 1922.

9 Siehe auch Nicolai 2007.

10 Oder anders ausgedrückt war man «allgemein der Ansicht, dass eine grössere Ausstellung in der Schweiz zumal zu diesen Zeiten vorerst vom Schweizerischen Werkbund veranstaltet werden müsste» (*NZZ*, 14.10.1917).

11 GB SWB 1916/17, S. 7.

063
Ausstellungsbau der *Schweizerischen Werkbundausstellung*, 1918, Zeichnung Rüegg

Schweizerische Werkbund-ausstellung

Zürich, 1918

Mit der *Schweizerischen Werkbundausstellung* in Zürich wurde am 18. Mai 1918 eine der bekanntesten und umfangreichsten Manifestationen in der Geschichte des Schweizerischen Werkbundes eröffnet.[1] Mit diesem Paukenschlag gelang es dem noch jungen SWB, sich einen Sommer lang ins Rampenlicht zu stellen und seine Anliegen und Leistungen einem breiten Publikum vorzustellen. Nicht zuletzt war die vornehmlich dem Wohnbau der Arbeiterklasse und des Mittelstandes gewidmete Schau eine Antwort auf die im Jahr zuvor in Bern, Basel und Winterthur gezeigte Ausstellung des Deutschen Werkbundes (DWB, → S. 125). Schliesslich war sie auch ein Anstoss für die *Erste Nationale Ausstellung für angewandte Kunst* in Lausanne von 1922 (→ S. 239).[2]

Im April 1917 legte Alfred Altherr sen. (→ S. 419) dem Zentralvorstand einen ersten Vorschlag für eine Ausstellung in Zürich vor. Gleichzeitig wollte auch Hermann Kienzle (→ S. 422) in Basel eine SWB-Schau organisieren. Nach dem Beschluss, «dass Basel diesmal zugunsten Zürichs zurücktreten soll», wurden die Vorbereitungen unter grossem Zeitdruck in Angriff genommen. Ab Juli 1917 war Hermann Röthlisberger (→ S. 421) in einer eigens eingerichteten Geschäftsstelle mit der operativen Vorbereitung beschäftigt, Altherr übernahm die künstlerische Leitung.[3] Die konstituierende Versammlung vom 12. Oktober 1917 bestimmte die für die verschiedenen Bereiche zuständigen Ausschüsse und Komitees.[4] Die entsprechende Mitteilung in der *Neuen Zürcher Zeitung* vom 14. Oktober markiert nicht nur den Anfang einer umfangreichen Berichterstattung zur Ausstellung, sondern gibt auch einigen Aufschluss über die Motivation des SWB für ein solches Vorhaben mitten im Ersten Weltkrieg. So führte Altherr aus, der SWB «fühlte den Moment gekommen, da er in einer grösseren Unternehmung für die von ihm verfochtenen Ziele einstehen musste, im Interesse unserer einheimischen Künstler, Kunsthandwerker und Gewerbetreibenden» und mit Bezug auf die Ausstellung des DWB, die zwei Wochen zuvor in Bern ihre Tore geschlossen hatte und vom SWB tunlichst ignoriert worden war, fügte er hinzu: «Es musste, und zwar so rasch wie möglich, ein Gegengewicht gegen

diese ausländische Ueberfremdung geschaffen werden.»[5] Röthlisberger formulierte in der Zeitschrift *Werk* im November vor allem wirtschaftliche Argumente, die für eine solche Schau sprechen würden. In der Binnenwirtschaft, im Kampf gegen den zunehmenden Import von Waren aus dem Ausland und im Konkurrenzkampf im Export komme der Qualitätsware eine wichtige Rolle zu.[6]

In einem von Altherr entworfenen, auf dem Sechseläutenplatz errichteten Bau widmete sich die Ausstellung insbesondere der Frage des Wohnbaus für Arbeiter und den Mittelstand. Das schlichte zweigeschossige Gebäude mit Eingang zum Bellevue und Terrassen-Café zum Utoquai verfügte über einen grossen Innenhof mit gedecktem Umgang. Um diesen gruppierten sich auf der dem See zugewandten Seite die Arbeiterwohnungen mit Nutzgärten, während gegenüber Mittelstandswohnungen mit ihren Hausgärten gezeigt wurden. 44 voll ausgestattete und eingerichtete Räume und Wohnungen mit Gärten sowie eine grosse Plan- und Fotografieausstellung bestehender Bauten sollten zukünftige Lösungen für den Kleinwohnungsbau aufzeigen. Zudem wurden kunstgewerbliche Objekte, sogenannte Kleinkunst, und wechselnde Ausstellungen gezeigt. Ein Marionettentheater mit 200 Plätzen im dem Eingang gegenüberliegenden Flügel sorgte mit zahlreichen Aufführungen klassischer und moderner Stücke für Unterhaltung und markierte den Anfang einer längeren Auseinandersetzung des SWB mit dem Marionettentheater.[7]

Ebenso wie die Ausstellungsobjekte erregte auch der von Altherr projektierte, temporäre Ausstellungsbau aus Holz Aufsehen.[8] Die jeweils vom Hof aus zugänglichen Raumgruppen und Arbeiterhäuschen wurden aufgrund der Möglichkeit eines freieren Rundgangs als Neuerung geschätzt. So lobt etwa der Autor der *Schweizerischen Bauzeitung:* «Ausstellungstechnisch erscheint so in sehr geschickter und glücklicher Weise jene ermüdende und abstumpfende Wirkung vermieden, die vom Durchwandern einer nicht endenwollenden Flucht von Ausstellungsräumen entsteht, von denen naturgemäss jeder wieder etwas anderes sagen will und muss.»[9] Gleichzeitig erlaubten die jeweils zusammengefassten Räume ein geschlossenes Auftreten der einzelnen Ortsgruppen des SWB.[10]

Während der symmetrisch angelegte Bau mit seinem Pultdach und den quadratischen Pfeilern nach aussen hin klassizistische Einfachheit und zugleich Festlichkeit ausdrückte, änderte sich der Eindruck im Innenhof. Aufgrund der fehlenden Dachansicht und des markanten Kubus des Marionettentheaters erscheint er hier sachlich. Auf den historischen Fotografien nicht zu erkennen ist die ausgeprägte Farbigkeit des Innenhofs, der neben zahlreichen figürlichen Dekorationsmalereien in Hell- und Dunkelblau (Wände im Hof, Wandelhalle, Streifen im Fries), Ocker (Pfeiler) und in Rot gehalten war.[11] Sowohl der Umfang der Ausstellung und die frei stehende, eigens errichtete Anlage als Ganzes, ferner das stilistische Changieren derselben zwischen Klassizismus und Moderne, ihre Farbigkeit und der symmetrische Aufbau erinnern an Peter Behrens' Berner Ausstellungsgebäude von 1917.

Mit einer kleinen Wanderausstellung, die die Resultate des Wettbewerbs für das Ausstellungsplakat – der Sieger war Otto Morach – zeigte, hatte man bereits vor der Eröffnung auf die Ausstellung aufmerksam gemacht.[12] Aber auch nach Beginn strahlte sie in die ganze Stadt aus. So wurde als erste Sonderveranstaltung, parallel zur Wechselausstellung *Kunst und Kaufmann,* ein Schaufensterwettbewerb für Zürcher Geschäfte durchgeführt. Zur Förderung der «kaufmännischen Werbetätigkeit» sollten so die Auslagenanordnung und die grafischen Werbemittel in den Fokus gestellt werden.[13] Auch wenn das Interesse der Geschäfte die Erwartungen des SWB

064

064
Blick von der Eingangshalle in den Innenhof, Plastik von Paul Osswald, Wandmalereien von Carl Roesch, Foto Ernst R. Linck

065
Plakat, Gestaltung Otto Morach

066
II. Flugblatt, 1918

067
Alfred Altherr, Lageplan, Beilage zum Flugblatt 1918

065

SCHWEIZERISCHE
WERKBUNDAUSSTELLUNG
ZÜRICH 1918

II. FLUGBLATT

Die Veranstaltung des Schweizerischen Werkbundes war ursprünglich als Raumkunst-Ausstellung geplant. Trotzdem heute verschiedene weitere Gebiete mit eingeschlossen sind, wird doch die Großzahl der Besucher voraussichtlich wesentlich an den Stuben und Küchen Anteil nehmen. Sie werden gar bald die Fachleute, die Architekten, Genossenschafter und Fabrikanten an der Eingangshalle beim Studium des Kleinwohnungsbaues vor den Modellen und Plänen zurück lassen und sich an die Tatsachen halten. Sie werden hinüber gehen in die Räume, die die Aargauer ausgestattet haben, Architekt H. Siegwart, mit Stabellen in der Küche, mit einem breiten Tisch in der Stube; das Ruhebett und die Bettdecken sind mit den handgewobenen Gadmentaler-Stoffen überzogen. Daran schließt sich ein ausgebautes Häuschen an, unten mit einer Wohnküche und mit einer Stube, oben mit einem Schlafzimmer mit einem Dach-Ausbau nach Entwürfen von Architekt Hans Bernoulli, Basel. Im Dachstock sind ein Schlafzimmer

066

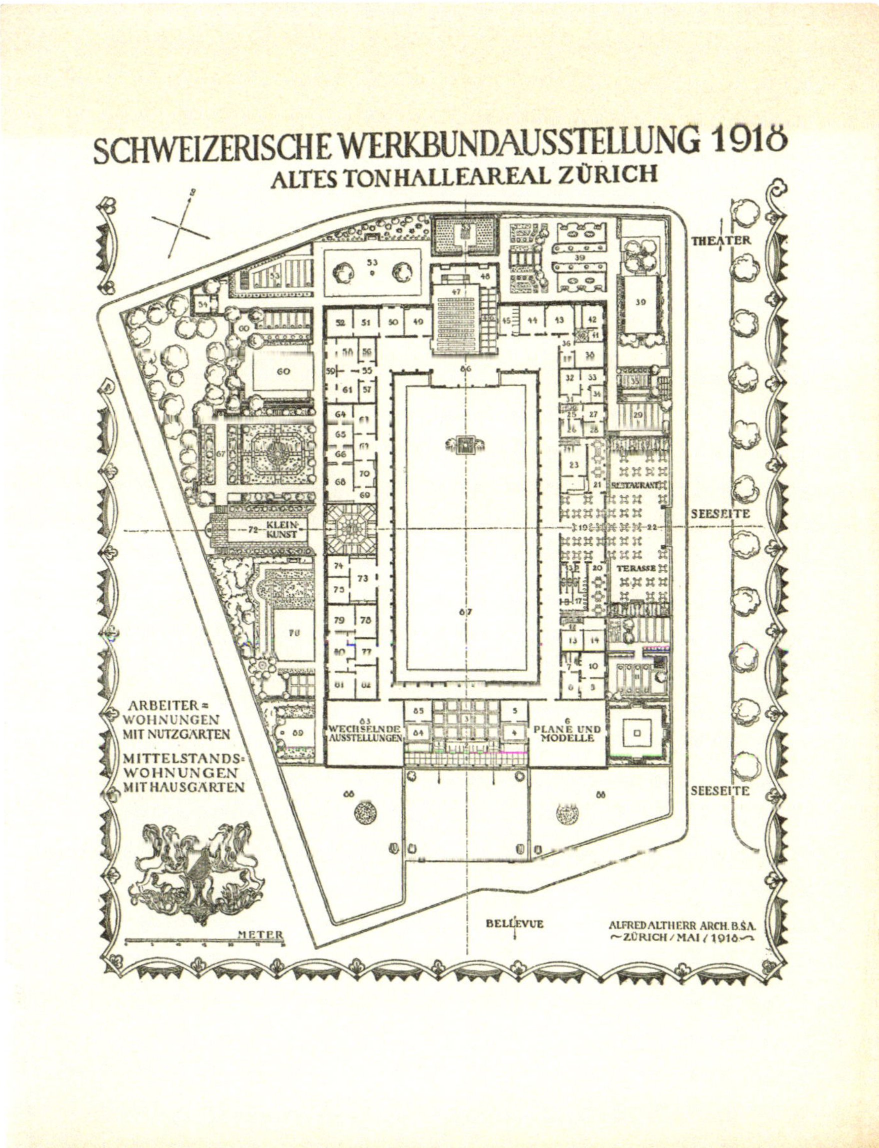

067

nicht erfüllte, dürfte der Wettbewerb mit 42 Teilnehmern und 71 Schaufenstern doch eine gewisse Aufmerksamkeit erregt haben.[14]

Nachdem die Ausstellung in der ersten Hälfte des Sommers gut besucht worden war, sorgte neben den Auswirkungen des Kriegs das Auftreten der Spanischen Grippe für eine stark abnehmende Besucherzahl im Spätsommer.[15] Am 15. September 1918 schloss die *Schweizerische Werkbundausstellung* ihre Tore und die Veranstalter zogen am Tag zuvor auf der Mitgliederversammlung in Zürich sogleich eine erste Bilanz. So war man zwar mit dem Interesse, das der Ausstellung zuteil wurde, durchaus zufrieden. Selbstkritisch zeigte man sich indes in Bezug auf das Gezeigte: «Hat sich die verhältnismässig junge Werkbundbewegung mit dieser Ausstellung so eingeführt, wie dies notwendig und wünschbar sein müsste? [Bernoulli] kritisierte die Hast, mit der die Vorarbeiten getroffen werden mussten. Die Aufgabe: Beschaffung von billigen, soliden Arbeitermöbeln ist nicht oder nur teilweise gelöst worden, da die Zeit zum praktischen Erproben mangelte. Die Ausstellung hätte als Einführung vollständiger sein müssen, um eine nachhaltige Wirkung auszulösen.»[16] Immerhin waren trotz der im Vergleich zur Vorkriegszeit hohen

Preise 23 Einrichtungen und viele Einzelstücke aus der Halle für Kleinkunst verkauft worden.[17] Der Selbstkritik gegenüber steht rückblickend die äusserst positive Bewertung von Othmar Birkner, der die Schau als «Lichtblick in der Notzeit des Krieges», die «bei den Nachbarländern sogar mehr Interesse als die dritte Schweizerische Landesausstellung» in Bern 1914 erregt habe, bezeichnet.[18] Mauderli verweist zudem auf das grosse Interesse, das Fachkreise insbesondere den Arbeiterhäusern entgegenbrachten.[19]

Mit Blick auf die Frühgeschichte des SWB und die bis dahin durchgeführten Veranstaltungen muss die *Werkbundausstellung* aber insbesondere auch als Herkulesleistung der jungen Vereinigung gewürdigt werden. Nur ein gewaltiger, als Gemeinschaft geleisteter Kraftakt konnte diese umfangreiche und komplexe Schau in der zur Verfügung stehenden Zeit von rund einem Jahr zustande bringen. Ihr Wert liegt daher neben allen inhaltlichen Anregungen für die Fachwelt und das Laienpublikum insbesondere auch im Selbstvertrauen, das sie dem SWB einbrachte. Sie war ausserdem eine Bestätigung dafür, dass fortschrittliche Ideen, wie etwa jene der Typenmöbel im Arbeiterhaus, ein Publikum finden könnten, und dürfte damit vor allem wegweisend für das weitere Engagement im Sinne einer modernen Avantgarde in der Zwischenkriegszeit gewesen sein.
● *Jasmine Wohlwend Piai*

068
Zimmer einer Dame von Rudolf S. Rütschi (Entwurf) und D. Buttet (Ausführung), *Werkbundausstellung* Zürich, 1918

069
Kinderschlafzimmer von Alfred Altherr (Entwurf) und Suter-Strehler Söhne Zürich (Ausführung), *Werkbundausstellung* Zürich, 1918

070
Seite aus *Schweizer Illustrierte Zeitung*, 1918

068

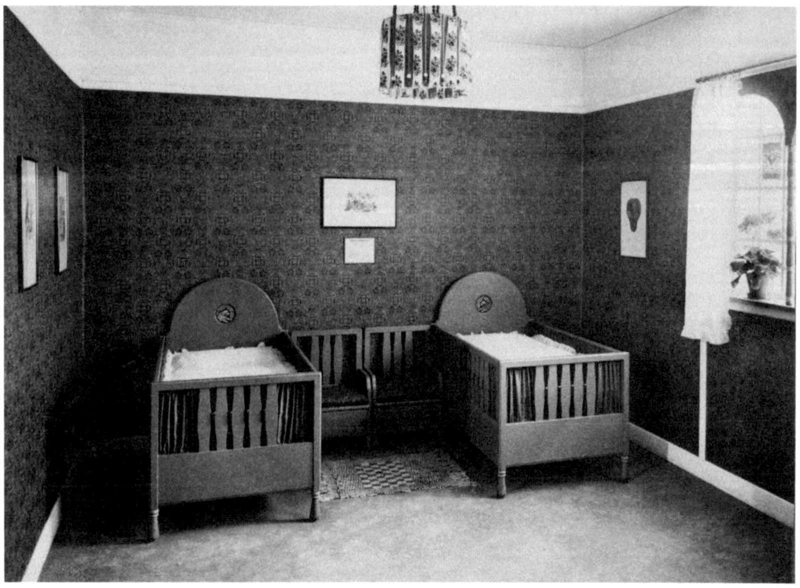

069

Zur Eröffnung der Schweizer. Werkbundausstellung in Zürich (Mai-Sept. 1918)

(Spezialaufnahmen für die „Schweizer. Illustrierte Zeitung" von Phot. Aluf, Zürich.)

Der „Werkbundgedanke" ist aus dem Ausland, aus Deutschland, zu uns gekommen; in kurzer Zeit aber wurde er jedwelchen fremden Einflusses entkleidet und zeitigte heute die köstliche Frucht einer kunstgewerblichen und gewerblichen Ausstellung rein schweizerischer Arbeit. Durchschreitet man die Räume des Gebäudes, so ist man überrascht über die Fülle kräftiger, gesunder und ursprünglicher Ideen, die unsere Kunstgewerbler im Verein mit dem Handwerk hier zum Ausdruck bringen. Dem einfachsten Arbeiterheim ist dieselbe liebevolle Beachtung geschenkt, wie dem elegantesten Eßzimmer und Salon, eine Unmenge von Anregungen bietend für diejenigen, die sich ein Heim einzurichten gedenken, als auch für diejenigen, die nicht wissen, was mit ihren Möbeln anzufangen. Mit Freude sieht man auch, wie die Gartenkultur, die uns England geschenkt hat, die wundervollsten Vorlagen schafft, nicht nur für den einfachen Kleingarten, sondern auch für den „Blütengarten der Zukunft".

Ein gemütliches Ecklein im Restaurant der Ausstellung, das gegen den See zu auch einem weitern Publikum zugänglich ist.

Links:
Das Vestibül des Haupteinganges zu d. Ausstellung.
Rechts der große Hof, um den sich die einzelnen Ausstellungsräume gruppieren.

Rechts:
In den Gartenanlagen d. Ausstellung.
1. Dir. Altherr, der Erbauer des Gebäudes und verdienstvolle Schöpfer der Ausstellung, 2. Stadtpräsid. Nägeli, 3. Stadtrat Kern, ein eifriger Förderer des Werkbundes.

Der Haupteingang der Ausstellung mit dem schönen Blick auf den See und den Ütliberg.

1 Neben *Die gute Form* (→ S. 277) dürfte es sich hierbei um die am besten erforschte Aktion des SWB handeln. Siehe hierzu insbesondere Bignens 2008, S. 19–21; Leza Dosch, Raumkunst und Reform, in: Rüegg 2002a, S. 63–81; Arthur Rüegg, Arbeiterhaus auf der Schweizerischen Werkbundausstellung Zürich, 1918. Hans Bernoulli, in: Rüegg 2002a, S. 304–305; Schilder Bär/Wild 2001, S. 52–54; Mauderli 1998, S. 46–66; Mauderli 2001a; Mauderli 2001b; Birkner 1974; Birkner 1978; *Schweiz. Werkbund Ausstellung Zürich* 1918. *Katalog*, provisorische Ausgabe, Zürich 1918; *Schweizerischer Werkbund. Ausstellung Zürich* 1918, *Katalog*, Zürich 1918; Zahlreiche Artikel im *Werk*, vor allem 5 (1918), H. 6, 8 und 10; *Werk* 6 (1919), H. 1; Ausgaben der *NZZ* vom 12. 5. 1918, 19. 5. 1918, 30. 6. 1918 und 14. 7. 1918, wobei diese Aufzählung kaum abschliessend ist; *SBZ* 71 (1918), S. 230, sowie *SBZ* 72 (1918), S. 1–3, 47–49, 57–58, 68–70, 111, 194–197, 233–235, 242–244, 251–254; Geschäftsberichte des SWB der Jahre von 1916 bis 1919; zudem zahlreiche Quellentexte und Bildmaterial in den Archiven des SWB und der ZHdK.

2 Alfred Altherr, Erste Nationale Ausstellung für angewandte Kunst, Lausanne 1922, in: *Werk* 8 (1921), H. 11, S. 205: «Die Werkbundausstellung in Zürich 1918 liess den Wunsch aufkommen, eine ähnliche Veranstaltung auch für die welsche Schweiz durchzuführen.»

3 GB SWB 1916/17, S. 5–6. Aus einer alle Komiteemitglieder umfassenden Generalversammlung ging schliesslich am 8. Februar 1918 eine Genossenschaft zur Durchführung der Ausstellung hervor. Rechtlich gesehen war diese finanziell vom SWB getrennt und einzelne Komiteemitglieder konnten nicht haftbar gemacht werden. Vgl. Hermann Röthlisberger, *Schweizerische Werkbundausstellung Zürich* 1918. *I. Flugblatt*, o. S. [1918].

4 *NZZ*, 14. 10. 1917. Die einzelnen Komitees wurden von folgenden Personen präsidiert: Organisationskomitee von Alfred Altherr; Geschäftsausschuss von Stadtrat H. Kern; Jury von Karl Moser; Ausschuss für das Marionetten-Theater von Werner Reinhart; Ausschuss für Propaganda von W. Nauer. Siehe dazu *Schweizerische Werkbund Ausstellung Zürich. Arbeiter- und Mittelstands-Wohnungen, Kleinkunst und wechselnde Ausstellungen*, Programm, [Zürich 1918], o. S., Archiv SWB, ohne Sign., schwarze Mappe.

5 *NZZ*, 14. 10. 1917.

6 Die Schweizer. Werkbund-Ausstellung Zürich 1918, in: *Werk* 4 (1917), H. 11, S. 182–184.

7 Vgl. z. B. Ausstellungskataloge von 1918, wie Anm. 1.

8 Das Baumaterial sollte nach der Ausstellung verkauft werden. Siehe Budget der Ausstellung vom 30. 1. 1918, Archiv ZHdK/GBA-1918-D06.

9 Die Schweiz. Werkbund-Ausstellung in Zürich, in: *SBZ* 72 (1918), Nr. 1, S. 1–2; vgl. auch Johannes Sigg, Sehen – vergleichen, in: *NZZ*, 14. 7. 1918, o. S.

10 OG Luzern Räume 38, 43 und 44; OG St. Gallen Räume 50–52; OG Bern Räume 55, 58, 59 und 61; OG Zürich Räume 62–70; sog. Westschweizer Gruppe Räume 73–75; OG Basel Räume 77–82. Weshalb die Beiträge aus der Westschweiz nicht mit «OEV» bezeichnet waren, ist unklar. Zu möglichen Gründen siehe Mauderli 1998, S. 61–62.

11 Je nach Quelle sind die Angaben zur Farbigkeit unterschiedlich, die angegeben Farben decken sich aber zumeist, siehe z. B. *SBZ* 72 (1918), Nr. 1, S. 1; Mauderli 1998, S. 50; Hermann Röthlisberger, Was bringt die Ausstellung? in: *NZZ*, 12. 5. 1918, o. S.

12 *Werk* 4 (1917), H. 10, S. IX–X; 5 (1918), H. 1, S. IX–X; 5 (1918), H. 3, S. XVIII. Nach Zürich und Aarau sollte die Ausstellung noch in Luzern, Bern und Basel gezeigt werden.

13 *Werk* 5 (1918), H. 3, S. XI.

14 Ebd. sowie Zum Schaufenster-Wettbewerb, in: *NZZ*, 14. 9. 1918.

15 Siehe dazu GB SWB 1918/19, S. 15.

16 GB SWB 1918/19, S. 12.

17 Ebd., S. 15.

18 Birkner 1978, S. 117.

19 Mauderli 1998, S. 168.

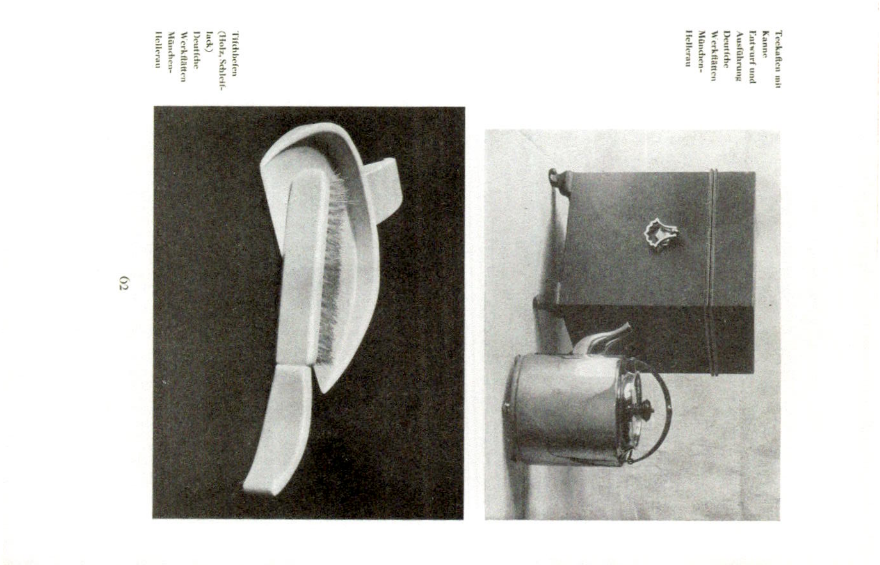

072

071

Ausstellung *Form ohne Ornament* des Deutschen Werkbundes und des Kunstgewerbemuseums Zürich

Stuttgart, 1924
Zürich, 1927

Das Ornament – oder die richtige Verwendung desselben – und die Form waren die Urthemen sowohl des Deutschen (DWB) als auch des Schweizerischen Werkbundes. Seit Adolf Loos' verhängnisvoller Schrift *Ornament und Verbrechen* und anderer Schriften, gibt es kaum ein architekturtheoretisches Traktat jener Zeit, das sich nicht dieser Thematik annimmt. Loos hatte seinen Text jedoch schon 1908 verfasst.

Folgerichtig konstatierte Hermann Muthesius an der Jahresversammlung des Deutschen Werkbundes 1911 in einem Vortrag mit dem bedeutungsvollen Titel «Wo stehen wir?» den «Rückgang des Kunstempfindens».[1] Und weiter: «Was hier in Frage steht ist die Form. Die Form, die nicht bestimmt wird durch rechnerische Ergebnisse, die nicht erfüllt ist mit der Zweckmässigkeit, die nichts zu tun hat mit verständigem Denken. Es ist jene höhere Architektonik, die zu erzeugen ein Geheimnis des menschlichen Geistes ist, wie dessen poetische und religiöse Vorstellungen. Es ist die Form, die uns an einzelnen Glanzleistungen der menschlichen Kunst, dem griechischen Tempel, dem römischen Thermensaal, dem gotischen Dome, dem Fürstenzimmer des achtzehnten Jahrhunderts in Entzücken versetzt, die Form, die uns gleich eindrücklich berührt wie Poesie und Musik. Es ist die Form, die wir in der letzten Vergangenheit noch an den Leistungen Schinkels bewundern, jenen Leistungen, die uns gegenüber allem was folgte, als etwas Höheres, Erhabenes erscheinen, als etwas, das wir eben von da an verloren haben.»[2]

Es ging also darum, «der Form wieder zu ihrem Recht zu verhelfen», wie es Muthesius an selber Stelle formulierte, und dieser ostentativ pädagogische Ansatz zieht sich gleichsam wie ein Leitfaden durch alle folgenden Ausstellungen, nicht nur durch die des Werkbundes.

Bereits 1903 hatte Muthesius in seiner Streitschrift *Stilarchitektur und Baukunst* die verheerenden Auswirkungen der Industrialisierung und speziell der künstlerischen Industrieproduktion gebrandmarkt und in diesem Zusammenhang auf die Bedeutung des Ornaments verwiesen: «Es war so bequem, das, was früher in Holz geschnitzt wurde, nun in Steinpappe zu pressen, das, was früher der Goldschmied hämmerte, jetzt mit dem Stahlstempel zu stanzen. Und es geschah massenhaft. Das ganze Bürgertum wurde mit diesen billigen Surrogaten gesättigt. Unsere heutigen Wohnungen strotzen geradezu von ihnen. [...] Wodurch unterscheidet sich das Maschinensurrogat von der Handarbeit? Dadurch, daß es eine Wiederholung ist, der der Geist fehlt. Ein Ornament, das von Menschenhand gefertigt ist, trägt die Spuren der Herstellung an sich, des künstlerischen Antriebes des Schaffenden, Freud und Leid seines Vollbringers, die Lust an der Arbeit. Die Maschinenarbeit gibt von diesem Leben nur die Totenmaske.»[3]

Während Muthesius und Loos noch darauf verwiesen, dass es nicht das Ornament als solches war, sondern die falsche und beziehungslose Verwendung desselben am Objekt, die es zu verändern galt, wurden in den 1920er-Jahren diese Thesen in der Manier der Moderne formelhaft vereinfacht. Nun war es das Ornament selbst, das abgeschafft werden musste, eine *Form ohne Ornament* war folgerichtig eine «gute Form». Fortan wurde bis heute aus dem kulturell differenzierten Ansatz von Loos' *Ornament und Verbrechen* vereinfachend das Ornament generell stigmatisiert: Ornament ist Verbrechen.

Im Zuge dieser Diskussion wurden in den 1920er-Jahren zahlreiche Ausstellungen vom Deutschen Werkbund initiiert, die das Ornament und dessen Verwendung thematisierten. Den Anfang machte die Ausstellung *Die Form ohne Ornament* von 1924 mit einem Katalog von Wolfgang Pfleiderer und Walter Riezler. In der Schweiz waren es von 1926 bis 1928 fünf Ausstellungen, die sich explizit mit dem Neuen Bauen und der gewerblichen Inneneinrichtung auseinandersetzten, und die alle im Zürcher Kunstgewerbemuseum gezeigt wurden.[4] Dieser neue Schwerpunkt des Museums ging auf das Engagement des Direktors des Kunstgewerbemuseums und ehemaligen Ersten Vorsitzenden des Schweizerischen Werkbundes Alfred Altherr sen. (→ S. 419)

071
Plakat Gewerbemuseum Zürich, 1927, Gestaltung Walter Käch

072
Teekasten mit Kanne und Tischbesen der Deutschen Werkstätten München-Hellerau, Katalog Werkbund-Ausstellung (DWB) *Form ohne Ornament*, 1924

zurück und auf die Zusammenarbeit mit dem Deutschen Werkbund in Stuttgart, sodass einige Ausstellungen aus Stuttgart in Zürich gezeigt wurden – eine Zusammenarbeit, die letztlich auch zu der Beteiligung des Schweizerischen Werkbundes an der Weissenhofsiedlung (→ S. 353) führte.

Den eher zaghaften Anfang machte die Ausstellung mit dem beziehungsreichen schweizerischen Titel *Das Neue Heim*, die vom 4. November bis zum 24. Dezember 1926 gezeigt wurde. Der Titel der Ausstellung, der in den folgenden Jahren zum Signet für Zürich wurde, versuchte einen wohl einzigartigen Mittelweg zu finden zwischen der bereits damals mit Modernität konnotierten Bezeichnung des Neuen Bauens und dem Begriff der Heimat, der Traditionelles assoziiert, um, wie es im Katalog hiess, «eine von den Bedürfnissen der Gegenwart und den Leistungen fortschrittlicher Industrie bestimmte Wohnkultur zu fördern».[5] Ausgehend von den sich angleichenden Bedürfnissen einer zu etwas besseren Lebensbedingungen gekommenen Arbeiterschaft und eines zu Einschränkungen gezwungenen breiten Mittelstandes, konzentrierte sich die Ausstellung auf die Einrichtung der Kleinwohnung. Das Mobiliar wurde ausgesucht nach dem Motto: «Verzicht auf alles Entbehrliche, Überflüssige zu Gunsten des Wertvollen, des Wichtigsten.»[6] Neben der Bescheidenheit wurde die schlichte Zweckform propagiert, wie es bereits in den ersten Jahrbüchern des Deutschen Werkbundes zwischen 1912 und 1914 formuliert worden war: «Die Möbel selber sollen leicht beweglich sein, damit sie sich mühelos umstellen und zu beliebigen Gruppen verwenden lassen. Schlichte Zweckform, die, auf platzraubende Gesimse und reichen Zierrat verzichtend, im Adel guter Massverhältnisse, in der ausdrucksvollen Linie ihren Reiz sucht, wird ihnen am besten anstehen, schon deswegen, weil sie für ihre Instandhaltung keine ungebührlichen Ansprüche an Zeit und Kräfte der Hausfrau stellt.»[7] Die ausgestellten Objekte und Einrichtungen konnten das Versprechen eines fortschrittlichen Programms jedoch kaum einlösen. Die Möbel waren noch ganz auf eine bürgerliche Vorstellungswelt vom Wohnen ausgerichtet, sie traten lediglich in einer formal etwas abgemagerten Form in Erscheinung.[8] In der drei Monate später gezeigten Ausstellung *Form ohne Ornament* wurden dann erstmals die neuen Möbel ausgestellt, die aus Nussbaum-Bugholz und Rohrgeflecht den neuen Standard formulierten. Neben anderen Gebrauchsgegenständen galt der schlichte Stuhl als Beispiel einer Form ohne Verzierung, als Zweckform, die dem Motto der Ausstellung entsprach.

An dem Vergleich der drei Ausstellungen – *Die Form ohne Ornament* in Stuttgart 1924, *Das Neue Heim* in Zürich 1926 und *Form ohne Ornament* in Zürich 1927 – zeigt sich der Wandel der Leitbilder in der Schweiz, von dem die Haltung des Kunstgewerbemuseums nur das äussere Erscheinungsbild darstellt. Während die Ausstellung 1924 bereits den Diskurs über die «gute Form» widerspiegelt und versucht, ein Forum diesbezüglich zu bilden, wird 1926 in Zürich lediglich das zweckrationalisierte bürgerliche neue Heim favorisiert. Erst in der Ausstellung 1927 sind vermehrt junge Architekten wie Ernst F. Burckhardt vertreten, und die Stühle von Max E. Haefeli sind nun die Prototypen der «technischen Zweckform», wie sie 1924 in Stuttgart gefordert worden war, obwohl die Direktion des Kunstgewerbemuseums ausdrücklich darauf hinwies, die Stuttgarter Ausstellung nie gesehen zu haben.[9] Möbel von Marcel Breuer und anderen Vertretern des Bauhauses oder moderne Lampenentwürfe von Ferdinand Kramer, wie sie in der Stuttgarter Ausstellung zwar die Ausnahme waren, aber dennoch gezeigt wurden, waren in der Zürcher Schau nicht dabei.

Schliesslich wurde Anfang 1928 die Ausstellung *Neues Bauen* im Kunstgewerbemuseum gezeigt, die erstmals einen Überblick über die moderne Bautätigkeit verschaffte und resümierend den Stand der Dinge vermittelte. Nun war das Ornament kein Thema mehr, die neuen Formen und die neue Architektur hatten sich längst etabliert. Wurde im ersten Jahrzehnt über die Form, das Ornament und die Typisierung heftig gestritten, weil die reine Form, gleichsam der künstlerische Impetus, noch immer Leitbild war, so dienten die Ausstellungen als Legitimation für die Zweckformen, abgesehen von dem kurzen Umweg des Expressionismus während und nach dem Ersten Weltkrieg, der in der Schweiz nie angekommen war. Besonders die Ausstellung *Form ohne Ornament* verdeutlichte, dass jeder Gebrauchsgegenstand ohne gestalterischen Zierrat die bessere Form sei. Es war diese Formel, die letztlich den reinen Funktionalismus mit all seinen fatalen Auswirkungen bis heute definierte, wonach sich Gestaltung oder Form auf ihre technische Funktion zu reduzieren habe. ● *J. Christoph Bürkle*

073
Jour-Tischchen von Richard Herre (Entwurf) und Toilette, Staatliches Bauhaus Weimar (Ausführung), Schreibtisch von Ferdinand Kramer (Entwurf), Zimmermann & Holl (Ausführung), Katalog Werkbund-Ausstellung (DWB) *Form ohne Ornament*, 1924

074
Flügel von Camille Graeser (Entwurf), Th. Matthaes (Ausführung), Katalog Werkbund-Ausstellung (DWB) *Form ohne Ornament*, 1924

Stuhl
Entwurf und Ausführung
Staatliches Bauhaus
Weimar

18

Jour-Tischchen
Entwurf Richard Herre
Stuttgart

073

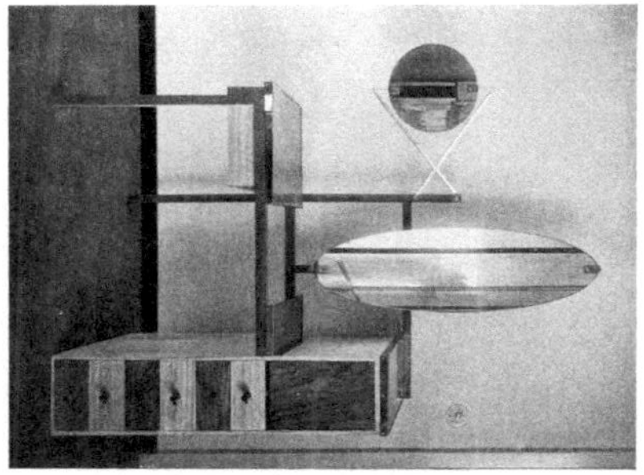

Toilette
Entwurf und
Ausführung
Staatliches Bauhaus
Weimar

10

Schreibtisch
Entwurf
Ferdinand Kramer
Ausführung
Zimmermann & Holl
Frankfurt a. M.

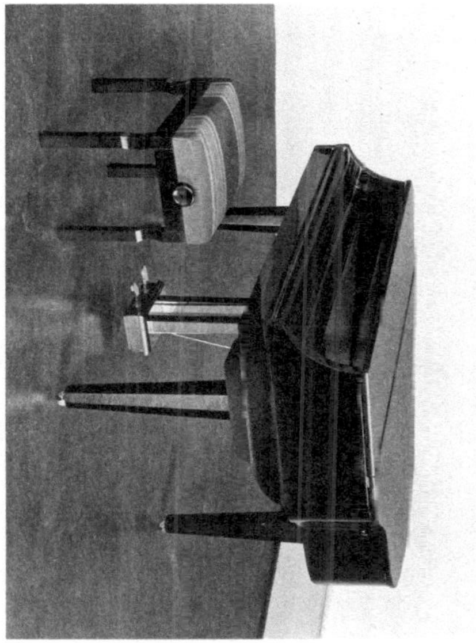

Flügel
Entwurf Camill Graefer
Ausführung
Th. Matthaes
Stuttgart

17

074

1 Muthesius 1912, S. 12.
2 Ebd.
3 Hermann Muthesius, Stilarchitektur und Baukunst (1901/1903), in: Posener 1964, S. 166.
4 Eine Übersicht findet sich in: Kunstgewerbemuseum 1975.
5 Wegleitung 1926, S. 3.
6 Maria Weese, Was wir brauchen, in: Wegleitung 1926, S. 5.
7 Ebd., S. 7–8.
8 In der Ausstellung waren Lux Guyer mit einer Vierzimmerwohnung, Wilhelm Kienzle mit einer Einzimmerwohnung, R. S. Rütschi mit einer Dreizimmerwohnung, Ernst Hartung mit einer Zweizimmerwohnung sowie Marie Klaus, Hans Hofmann, Arthur Sulzer, Franz Scheibler und Max Haefeli sen. mit Möbelentwürfen vertreten.
9 Wegleitung 1927, S. 3. Die Angabe ist widersprüchlich, weil gleichzeitig die Publikation *Die Form ohne Ornament. Werkbundausstellung 1924*, Stuttgart, Berlin, Leipzig 1924, als Richtlinie für die Zürcher Ausstellung genannt wird.

075

076

Foto-Wanderausstellung

St. Gallen, Bern, Aarau u.a., 1932/33

Gegen Ende des Ersten Weltkriegs begannen immer mehr Fotografen meist in bewusster Opposition zur traditionellen Kunstfotografie eine neue Art der Fotografie zu praktizieren, zu der ein ungeschminkter Realismus und die konsequente Anwendung der spezifisch fotografischen Mittel gehörte.[1] In Amerika entwickelte sich daraus die Straight Photography und in Europa die Neue Fotografie oder das Neue Sehen. Einer der wichtigsten Protagonisten dieser Bewegung war der ungarische Künstler und Bauhaus-Meister László Moholy-Nagy. Dieser propagierte ab Mitte der 1920er-Jahre in einer ganzen Reihe von Publikationen – vom Bauhaus-Buch bis zu Amateurzeitschriften – eine beispiellose Fotografie, die auf einer neuen visuellen Wahrnehmung und dem bewusst falschen – verglichen mit der Regeln der Kunstfotografie – Umgang mit den Mitteln der Fotografie beruhte.[2] Auch der Deutsche Werkbund (DWB) erkannte die Zeichen der Zeit und organisierte unter Mitarbeit von Moholy-Nagy die legendäre internationale Ausstellung *Film und Foto,* die im Sommer 1929 vorerst in Stuttgart und unmittelbar danach auch in Zürich grosses Aufsehen erregte.[3] Sie platzte mitten in eine genügsame Schweizer Fotoszene, die noch ganz der Kunstfotografie verpflichtet war.[4] Als deren einflussreiche Plattform fungierte die seit 1922 vom C.J. Bucher Verlag in Luzern unter dem Radaktor Adolf Herz herausgegebene Zeitschrift *Camera*.

Der Kreis der aktiven «Kunstphotographen», die sich Anfang der 1930er-Jahre um die *Camera* geschart hatten, war alles andere als angetan vom Einfluss der Neuen Fotografie, der sich im Fahrwasser der Ausstellung *Film und Foto* auch in der Schweiz bemerkbar machte, und Herz selbst fühlte sich von der Welle ästhetischer Neuerungen persönlich angegriffen. Speziell provoziert haben dürfte ihn dabei etwa die von Sigfried Giedion geäusserte Kritik, wonach die «Kunstphotographie» nichts als ein «minderwertiger Abklatsch grosser Kunst» sei,[5] was Herz schliesslich dazu brachte, eine öffentliche Kampagne gegen den «Moholysmus» und die Neue Sachlichkeit in der Fotografie zu initieren.[6]

So kündigte Herz im Januar 1932 die Durchführung einer jurierten *I. Internationalen Ausstellung für künstlerische Photographie* an, was sofort den Schweizerischen Werkbund auf den Plan rief, der versuchte, eines ihrer Mitglieder in der Jury zu platzieren. Dies gelang ihm jedoch nicht, und die Ausstellung konnte am 23. Juli 1932 ohne direkte Einmischung des SWB in den prunkvollen Renaissanceräumen des alten Rathauses in Luzern eröffnet werden. Obwohl Herz in der *Camera* triumphierte: «Wer die Ausstellung besuchen wird, wird keinen Zweifel darüber mehr haben können, dass sich die photographische Kunst den bildenden Künsten ebenbürtig zeigt», begann eine öffentliche Diskussion über die «neuen Richtungen», die Herz als modische Effekthascherei darstellte und «krass neusachliche» Bilder als Beleidigung jeglichen künstlerischen Empfindens abtat.[7]

Doch der SWB war nach seiner Niederlage in Luzern nicht untätig geblieben, und es gelang ihm praktisch über Nacht, eine grosse Gegenausstellung zusammenzustellen, die bereits am 15. Juli, also eine Woche vor der Eröffnung der Luzerner Ausstellung, im Gewerbemuseum St. Gallen eröffnet wurde. In der Tageszeitung *Die Ostschweiz* wurde sie dem Publikum als sehenswerte Wanderausstellung empfohlen und auf knappste Weise wie folgt beschrieben: «Die photographische Ausstellung enthält nur solche Arbeiten, die den neuen Geist in der Photographie rein verkörpern, bringt also keine ‹Imitation der Malerei›. In zwei Abteilungen, die neuen Mittel der Photographie [...] und die Anwendung dieser neuen Mittel, führt die Schau in den Geist der neuen Photographie ein, die vor allem durch eine unbestechliche Sachlichkeit und Einfachheit auffällt.»[8] Diese zweiteilige Ausstellungsstruktur entsprach genau der *Internationalen Wanderausstellung des Deutschen Werkbunds und des «Münchner Bundes»*, die Anfang 1931 unter dem Titel *die neue fotografie* im Gewerbemuseum Basel stattgefunden hatte, organisiert von Georg Schmidt, dem damaligen Assistenten am Gewerbemuseum. Vermutlich war Schmidt auch für die Konzeption der SWB-Wanderausstellung verantwortlich, worauf die Tatsache hinweist, dass er an späteren Stationen öffentliche Führungen in der Ausstellung anbot und für Basel sogar einen Katalog produzierte – hier mit dem programmatischen Titel *die neue fotografie in der schweiz*.[9]

Die wichtigsten der 24 Fotografen und Fotografinnen in der SWB-Wanderausstellung waren Binia Bill, Hans Finsler, Franz Henn, Carl Hubacher, Max P. Linck, Ernst Mettler, Gotthard Schuh, Robert Spreng sowie Anton Stankowski. Aus der Französisch sprechenden Schweiz nahmen nur Emile Gos und Gaston de Jongh teil, Tessiner Fotografen fehlten ganz. Von den erwähnten Teilnehmern waren nur gerade Henn und Hubacher bereits vor der Ausstellung Mitglied beim SWB, die anderen scheinen sich erst anlässlich der Ausstellung oder kurz danach – die Romands allerdings nicht – angeschlossen zu haben.[10]

Die *Foto-Wanderausstellung* des SWB rief an ihrer ersten Station in St. Gallen keine grossen Reaktionen, geschweige denn eine Kontroverse hervor. Eine solche bahnte sich wohl erst mit der Veröffentlichung einer Doppelseite mit dem Titel «Zwei Ausstellungen – zwei Auffassungen»

075
Plakat Kunstgewerbemuseum Zürich, 1933, Gestaltung Max Bill

076
Max P. Linck, *Leichtbetonsteine Durisol*, um 1932, Prospekt zur SWB-Fotosammlung, 2006

077
Hans Finsler, *Schiffsschraube*, 1931

078
Gotthard Schuh, *Elefant*, um 1930

077

078

in der *Zürcher Illustrierten* vom 19. August 1932 an. Darin werden anhand von sieben Bildpaaren – mit je einem Beispiel aus der St. Galler und der Luzerner Ausstellung – die Unterschiede zwischen der «künstlerischen» und der «neuen» Fotografie diskutiert. Und zwar in einem pointiert kämpferischen Ton – der modernen Haltung der Illustrierten entsprechend pro Werkbund: die «sogenannte ‹künstlerische› Photographie» wird als «gedankenlose Nachahmung» veralterter Malerei und «von Minderwertigkeitsgefühlen geplagte Konkurrentin» der Kunst bezeichnet und klar als «falsche, dem Wesen der Photographie zuwiderlaufende Anschauung» abgelehnt.[11]

Es war Herz – er hatte in der Zwischenzeit die Wanderausstellung des Werkbundes in Bern besucht —, der sich im September in den *Luzerner Neuesten Nachrichten* mit einer Breitseite gegen die Werkbund-Ausstellung mit ihren «entsetzlich hässlichen» Bildern zuerst zu Wort meldete. In Anlehnung an den Kampf der Nationalsozialisten gegen die sogenannte entartete Kunst zieht er über das «Schreckens- und Schauerkabinett» des Schweizerischen Werkbundes her, indem ein paar unbedeutende Fotografen mit billigen Tricks, absurden optischen Verzerrungen und masslos übertriebener Bildschärfe die «wahre» Auffassung von Kunst in den Schmutz zögen.[12]

Diese harsche Kritik aus Luzern schien den Verantwortlichen des SWB vorerst die Sprache verschlagen zu haben, und es dauerte bis zum Dezember, als Peter Meyer im *Werk* zum Gegenschlag ausholte. Er zitiert einerseits längere Passagen von Herz und mokiert sich dabei über die unzähligen «süsslich-sentimentalverlogenen Genrebildchen» in seinem fotografischen Salon in Luzern. Andererseits plädiert er vehement für die Neue Fotografie: «Weil all diese Aufnahmen Bekanntes plötzlich von einer unbekannten Seite zeigen. So wird das Längstgewohnte auf einmal neu, das Banale interessant, der Photograph heftet durch einen strengen Bildausschnitt unseren Blick genau dorthin, wo er ihn haben will, er zeigt uns etwas Interessantes gerade dort, wo wir gewohnt waren, gleichgültig vorbeizusehen, und so hat uns die moderne Photographie unsere Umwelt recht eigentlich neu entdeckt und neu geschenkt.»[13] Und um die Argumente seiner mehrseitigen Replik visuell zu untermauern, präsentiert Meyer mitten in seiner harschen Kritik Fotografien von Gotthard Schuh aus der Ausstellung. Eine von ihnen zeigt die Nahsicht eines von Tausenden von Hautfalten gezeichneten Elefantenhinterteils, eine äusserst realistische, ungeschminkte Fotografie, die für die «Kunstphotographen» wie eine Ohrfeige gewirkt haben muss.

Sie verfehlte ihre Wirkung nicht, denn eine erneute Entgegnung von Herz blieb aus und die *SWB-Wanderausstellung* führte ihre Tour durch die Schweiz unbehelligt fort.[14] Weder in Bern noch in Lausanne, wo die Ausstellung vergrössert und ergänzt worden war, wurde die Debatte erneut aufgenommen. Erst in Basel und danach in Winterthur wurde die Ausstellung in der Presse wieder vermehrt besprochen. Und mit der Station im Kunstgewerbemuseum Zürich – und einem Statement zu «Fotografie und Werkbund» von Hans Finsler – fand sie Ende 1933 ihren Abschluss.[15] Jedoch auch hier hielten sich die Reaktionen sehr in Grenzen, viel wichtiger als eine fotoästhetische Diskussion war den Rezensenten der wirtschaftliche Erfolg der weihnächtlichen SWB-Verkaufsmesse, die gleichzeitig stattfand. Die *Foto-Wanderausstellung* des SWB wurde ebenfalls im *Werk* nicht mehr erwähnt, und in den folgenden Jahren exponierte sich der SWB – auch unter Finslers Präsidentschaft – kaum mehr im Bereich der Fotografie.[16] ● *Martin Gasser*

1 Dieser Text ist eine gekürzte Version von «… sind wir von einer plötzlichen Augentrübung befallen?» Der Durchbruch der «neuen Fotografie» in der Schweiz um 1930, in: Gasser 2007, S. 16–31.
2 Vgl. László Moholy-Nagy, *Malerei Photographie Film*, Bauhausbuch 8, München 1925, 2. erw. Auflage 1927, S. 25–27.
3 Sigfried Giedion war massgeblich für die Übernahme der Ausstellung ins Zürcher Kunstgewerbemuseum verantwortlich. Vgl. Martin Gasser, «Giedion, der selbst viel photographierte und damit überraschende Dinge entschleierte …», in: Werner Oechslin und Gregor Harbusch (Hg.), *Sigfried Giedion und die Fotografie*, Zürich 2010, S. 58–73. Eine Abbildung der Ausstellungsansicht im Zürcher Kunstgewerbemuseum siehe Noseda 2007a, S. 39.
4 Zur Schweizer Fotoszene der 1930er-Jahre vgl. Martin Gasser, … weite Landschaften – Hans Finsler und die Schweizer Fotoszene, in: Koenig/Gasser 2006, S. 156–176.
5 Sigfried Giedion, «Film und Foto». Zur Wanderausstellung des deutschen Werkbundes im Zürcher Kunstgewerbemuseum, in: *NZZ*, 1.9.1929.
6 Adolf Herz, Die Photographie auf der Werkbundausstellung, in: *Camera*, Nr. 3, September 1932, S. 82.
7 Adolf Herz, Vorbericht, in: *Camera*, Nr. 1, Juli/August 1932, S. 1. Ders., Unsere Bilder aus der Ausstellung, in: *Camera*, Nr. 2, August 1932, S. 49.
8 Zwei sehenswerte Ausstellungen, in: *Die Ostschweiz*, 23.7.1932.
9 *die neue fotografie in der schweiz*, 12.3.–9.4.1933, Ausstellungskatalog hg. vom Gewerbemuseum Basel, Basel 1933.
10 Das Genfer Atelier Boissonnas erscheint zwar auf der Teilnehmerliste im Basler Ausstellungskatalog, auf der Werkliste jedoch nicht. Zu SWB-Mitgliedern vgl. Bignens 2008.
11 Zwei Ausstellungen – zwei Auffassungen, in: *Zürcher Illustrierte*, Nr. 34, 19.8.1932, S. 1092–1093.
12 Adolf Herz, Der Amateurphotograph. Die Wanderausstellung des Werkbundes, in: *Luzerner Neueste Nachrichten*, 10.9.1932.
13 Peter Meyer, Zwei Fotoausstellungen. Foto-Kunst und SWB, in: *Werk* 19 (1932), H. 12, S. 353–369.
14 Gewerbemuseum Bern, 25.8.–11.9.1932; Gewerbemuseum Aarau, September/Oktober 1932; Musée de l'industrie Lausanne, 10.12.1932–4.1.1933; La Chaux-de-Fonds, Januar/Februar 1933; Gewerbemuseum Basel, 12.3.–9.4.1933; Riedhof Luzern, Sommer 1933; Gewerbemuseum Winterthur, 8.9.–8.10.1933.
15 Finsler 1933. Der Ausstellungstitel *fotowanderschau swb* erscheint auf dem von Max Bill gestalteten Plakat, Abb. 075.
16 2007, nach der Übergabe von Teilen der Fotosammlung des SWB als Dauerleihgabe an die Fotostiftung Schweiz, konnte in Zusammenarbeit mit der damaligen Geschäftsführerin des SWB, Irma Noseda, mit einer Gegenüberstellung von Kunstphotographie und Neuer Fotografie die Ausstellung *Bilderstreit. Durchbruch der Moderne um 1930* realisiert werden. Zur Ausstellung vgl. Gasser 2007, vgl. auch Noseda 2007a.

VI. Triennale

Mailand, 1936

Der von Max Bill gestaltete Schweizer Beitrag an der *VI. Triennale di Milano* von 1936 ist ein wichtiger Meilenstein in der Entwicklung der Ausstellungsgestaltung. Der mit dem *Grossen Preis der Triennale* ausgezeichnete Beitrag ist ferner der Höhepunkt der verschiedenen bis in die 1960er-Jahre hinein vom Schweizerischen Werkbund organisierten Schweizer Beteiligungen.

Nach dem enttäuschenden Schweizer Engagement an der *Mostra internazionale delle arti decorative* in Monza 1927, der Vorgängerausstellung der Mailänder *Triennale*, waren sich die Eidgenössische Kommission für angewandte Kunst (EKaK), L'Œuvre (OEV) und der SWB darüber einig gewesen, dass man in Zukunft auf die Teilnahme an dieser Manifestation verzichten sollte.[1] Und obwohl der SWB noch 1932 diese Haltung mit Blick auf die *V. Triennale* von 1933 bestätigte, zeichnete er an ebendieser für einen kleinen Beitrag verantwortlich. Als Teil der internationalen Architekturausstellung zeigte der Werkbund eine fotografische Zusammenstellung einiger «konsequentest moderne[r] Bauten» aus der Schweiz, und für die *Fotografie*-Abteilung wurde eine Auswahl der aktuellen *Foto-Wanderausstellung* des SWB (→ S. 136) eingesandt.[2] Die grosse Umstrukturierung und Neuausrichtung, welche die *Triennale* nach ihrer Umsiedlung nach Mailand erfahren hatte, überzeugte in der Folge sowohl die für internationale Ausstellungen zuständige EKaK als auch die in ihrem Auftrag die Beteiligungen ausführenden Vereine OEV und SWB, sodass diese fortan einen

079
Max Bill, Schweizer Abteilung an der *VI. Triennale* Mailand 1936, Foto Binia Bill-Spoerri

festen Platz in deren Agenda einnahmen. Zur Vergabe der Gestaltungsaufträge bürgerte sich schliesslich eine Art Gewohnheitsrecht von OEV und SWB ein, demzufolge diese im Auftrag der EKaK abwechslungsweise einen verantwortlichen Gestalter auswählten.[3]

1936 erarbeitete der junge Bill das Konzept für die neue Schweizer Sektion. Er hatte an der *Weltausstellung* in Brüssel 1935 mit dem mittlerweile im Ausstellungsbau etablierten Architekten Hans Hofmann zusammengearbeitet und die EKaK mit einer «wohl überlegt durchgearbeiteten Wettbewerbsskizze» überzeugt.[4] Der SWB war von der EKaK – in der zu diesem Zeitpunkt mit E. Richard Bühler (→ S. 423), Hermann Kienzle (→ S. 422), Sophie Hauser, Alphonse Laverrière (→ S. 420) und Ernst Kadler zahlreiche SWB-Mitglieder involviert waren – mit den administrativen Arbeiten für die Ausstellung betraut worden und wählte zusammen mit Bill und der OEV die Exponate aus. Bill gestaltete einen überraschenden Auftritt, wobei insbesondere grafische Arbeiten und Fotografien sowie eine kleine, «repräsentative» Auswahl kunstgewerblicher Objekte gezeigt wurde.[5] Der auf einer konkav geschwungenen, roten, raumteilenden Plastik angebrachte Schriftzug «svizzera», die Schweizerflagge und eine übergrosse, aus teilweise bunt eingefärbten Quadraten zusammengesetzte Ansicht des Oberengadins empfingen den Besucher am Eingang des Ausstellungsraums. Nach einem gelben Deckenelement, das die Eingangssituation betonte, folgten eine geschwungene, in Violett und Schwarz gestaltete Vitrine und zwei flache Schaukästen mit Textilien unterschiedlicher Art, Keramiken, Goldschmiedearbeiten, Uhren, Glasarbeiten, Mode, Bucheinbänden und grafischen Arbeiten. Ein raumhohes Element mit Plakaten leitete über zu den Abteilungen *Fotografie* und *Architektur*, welche auf gelben beziehungsweise grünen Wänden in fotografischen Abzügen gezeigt wurden. Die Schweizer Ausstellung wurde schliesslich durch eine hellgrün und braun gestrichene Lesekoje mit verschiedensten Publikationen zur (angewandten) Kunst vor einem Wandbild Hans Ernis abgeschlossen. Drei auf Säulen thronende weisse Plastiken Bills waren zudem frei im Raum aufgestellt und thematisch auf die gezeigten Objekte abgestimmt. Ein zweites Deckenelement, diesmal rosafarben, zeigte den Ausgang an.[6]

Egidius Streiff (→ S. 426) lobte im Augustheft des *Werk* die «frische und sorgfältig durchgearbeitete Gestaltung und die sehr einheitliche Materialauswahl», und Peter Meyer (→ S. 425) doppelte im Oktoberheft noch einmal nach: «Unstreitig der amüsanteste Raum war derjenige der Schweiz. […] Nirgends wirkten die ausgestellten Gegenstände anziehender, einerseits wegen der wirklich geschickten abwechslungsreichen Darbietung, dann aber auch infolge der Qualität des Dargebotenen, das einen Zug von frischer, gewissermassen naivheiterer Modernität hatte, den man in den anderen Abteilungen mit der Lampe des Diogenes suchen musste.»[7] Als Beispiel für die Rezeption im Ausland kann stellvertretend Mario Labò in der Zeitschrift *Casabella* dienen. Er widmete der «ausgezeichneten» Schweizer Abteilung nebst einer lobenden Beschreibung eine ganze Doppelseite mit Abbildungen, während andere ausgewählte ausländische Sektionen mit der Hälfte an Bildmaterial auskommen mussten.[8]

Mit dem Changieren zwischen Rauminstallation und eigentlicher Ausstellungsgestaltung zur Betrachtung der Exponate entspricht Bills Konzeption der von der Planungskommission festgelegten Betonung einer «frische[n] und lebendige[n] Durchbildung der Raumgestaltung […], in die Spitzenleistungen aus einzelnen wenigen Arbeitsgebieten organisch einzubeziehen sind»[9] und legte damit einen Meilenstein für die weiteren *Triennalen*.[10] So setzte der SWB mit dem von dem Architekten Ernst F. Burckhardt und dem Grafiker Hermann Eidenbenz gestalteten Beitrag auch 1940 auf eine «straffe […], frische […] Darstellungsart»

080

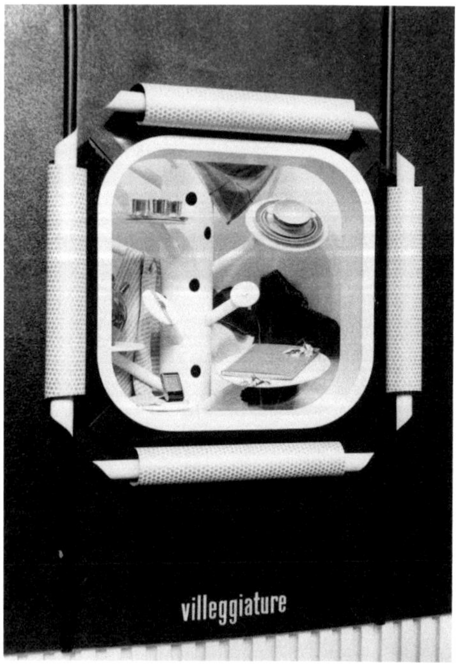

081

und machte damit wohl nicht zuletzt auch aus der Not eine Tugend, denn geeignete Ausstellungsobjekte waren gemäss SWB «nicht in überreichem Masse» vorhanden.[11] Auf Wunsch der italienischen Organisatoren wurden insbesondere die Schweizer Uhren in den Fokus genommen und die vom SWB gestaltete Abteilung erhielt den Titel *Schweizerische Arbeit ist Präzisionsarbeit.*[12] In einem aus Quadraten angelegten Raster wurden unter diesem Stichwort die Herstellung von Uhren und weitere Apparatetechnik erläutert. Der zweite Teil war in äusserst verspielt gerahmten und beleuchteten Schaukästen, die in eine geschwungene Wand eingelassen waren, angeordnet. Hier wurden die Uhren «in ihrer Beziehung zum Leben» gruppiert und nach den unterschiedlichen Alltagssituationen «Spiel und Sport, auf dem Lande, zu Hause, Bibliothek, Boudoire, Grande Soirée» zusammen mit Objekten der angewandten Kunst präsentiert.[13]

Nach der *VII. Triennale* von 1940 hat sich der SWB schliesslich «aus Billigkeitsgründen damit einverstanden erklärt», dass die Ausstellungsplanung der darauf folgenden Ausgabe – die schliesslich erst 1947 stattfinden sollte – der OEV zugestanden werden sollte.[14] Dennoch zeichnete der SWB auch hier verantwortlich für die Auswahl der Typenmöbel, während die OEV die kunstgewerblichen

082

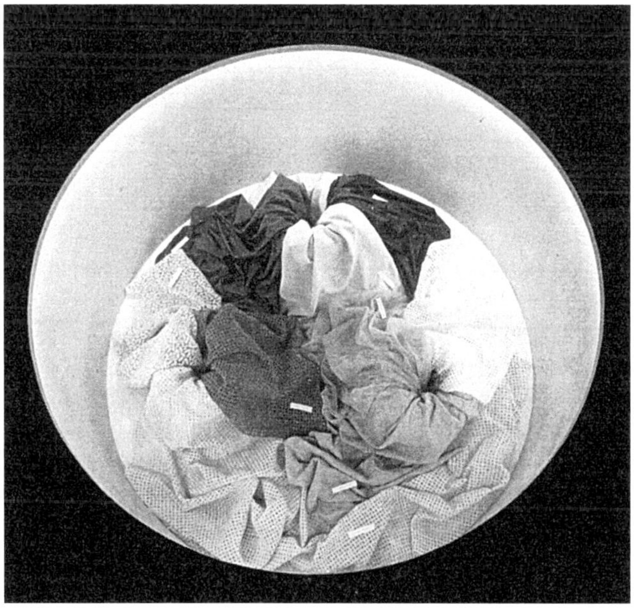

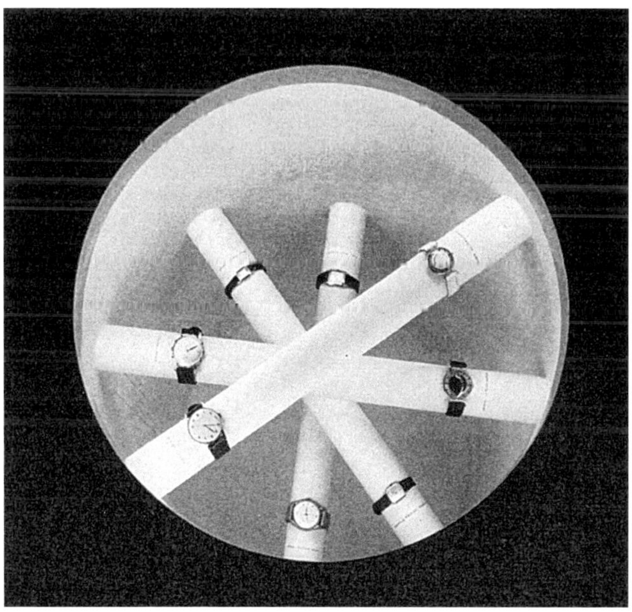

080–081
Ernst F. Burckhardt, Schaukästen an der Schweizer Abteilung der *VII. Triennale* Mailand, 1940, Foto Hermann Eidenbenz

082
Max Bill, Schaukästen an der *IX. Triennale* Mailand, 1951, Fotos Fototecnica Fortunati

Ausstellungsobjekte bestimmte, die – wie im SWB-Geschäftsbericht kurz bemerkt wird – «zum Teil unseren für solche Veranstaltungen üblicherweise angewandten Kriterien nicht ganz entsprachen».[15] Dieser Kommentar ist symptomatisch für das Verhältnis zwischen SWB und OEV (→ S. 67), das sich auch anhand der Verantwortlichkeiten und Beurteilungen im Zusammenhang mit den *Triennalen* immer wieder ablesen lässt.

1951 wurde vom Eidgenössischen Departement des Innern beziehungsweise der EKaK wiederum der SWB mit der Durchführung der Schweizer Sektion beauftragt. Dessen Ausstellungskommission schlug erneut Bill für die Gestaltung vor und kam «damit einem speziellen Wunsch der Italiener entgegen».[16] Nachdem Bill die Objekte 1936 noch in das grosse Ganze der Raumgestaltung eingeordnet hatte, wurden diese nun in beleuchteten Trommelvitrinen zu den eigentlichen Protagonisten der Ausstellung. Dass in diesem Jahr die Mitgliederversammlung des SWB besonders früh abgehalten wurde, damit bei diesem Anlass die Ausstellung in Mailand besucht werden konnte, zeigt nicht zuletzt die Wichtigkeit, die man der Triennale beimass. Die Praxis, die SWB-Tagung mit einer Reise nach Mailand zu verbinden, wurde fortan auch in den Jahren 1954, 1957, 1960 und 1964 beibehalten.[17]

Zwar war der SWB 1954 sowohl bei der Auswahl der Ausstellungsstücke für die Schweizer Beteiligung – grossteils durch *Die gute Form* (→ S. 277) ausgezeichnete Objekte – als auch für die internationale Sonderabteilung *Industrial Design* involviert, doch trug gemäss Turnus die OEV mit Michel Péclard die Verantwortung.[18] 1957 schliesslich schlug der Zentralvorstand Alfred Roth (→ S. 431) als Gestalter vor, der vor einem grossen Wandbild Richard P. Lohses eine Auswahl an überwiegend mit dem Prädikat *Die gute Form* ausgezeichneten Produkten zeigte.[19] Nachdem 1960 wieder die OEV zuständig gewesen war, machte der SWB 1964 mit Hans Fischli zum letzten Mal einen Vorschlag für die Ausstellungsgestaltung. Zudem konnte der SWB 1964 einige an der MUBA prämierte Objekte zur *Internationalen Design-Ausstellung* innerhalb der *XIII. Triennale* beisteuern.[20] Mit den Vorbereitungen zur *XIV. Triennale* 1968 und der damit aufkommenden Kritik innerhalb der EKaK am Gewohnheitsrecht von OEV und SWB zur Ausrichtung der Ausstellungen endete schliesslich das Engagement für Mailand.[21] Die Auseinandersetzung des SWB mit der architektur- und objektbezogenen Institution der *Triennale* endete damit gleichzeitig zur Aktion *Die gute Form* und eröffnete dem Verein Raum für neue Inhalte. ● *Jasmine Wohlwend Piai*

083
Max Bill, Ausstellungsraum mit Trommelvitrinen an der *IX. Triennale* Mailand, 1951, Foto Fototecnica Fortunati

084
Seite aus *Werk* zur Schweizer Abteilung an der *XI. Triennale* Mailand, 1957, Gemälde von Richard P. Lohse

083

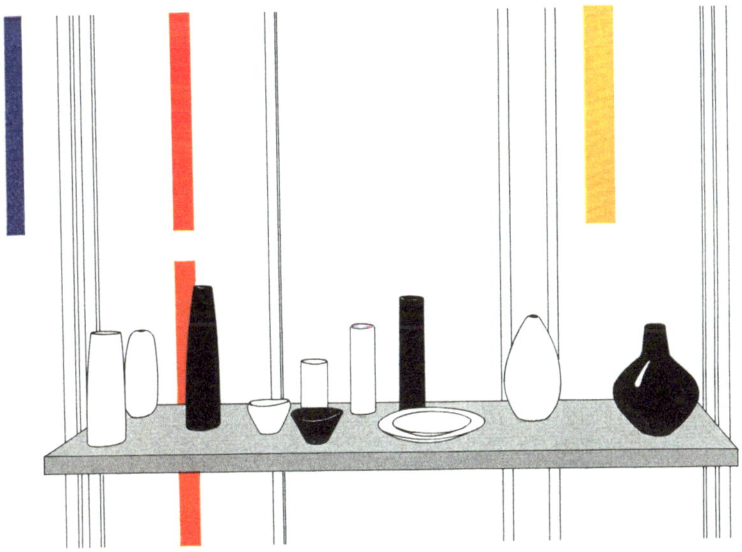

5

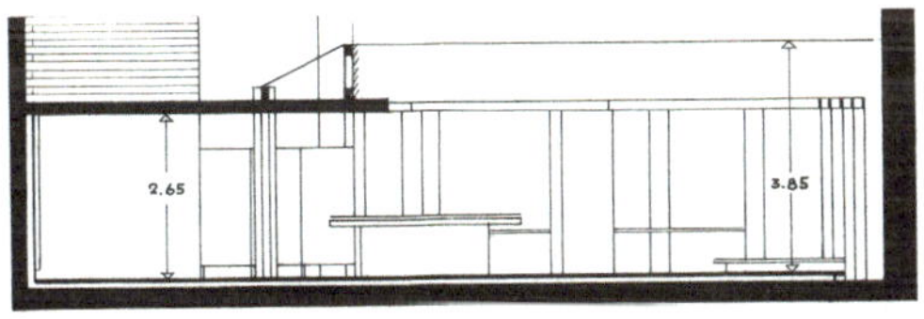

6

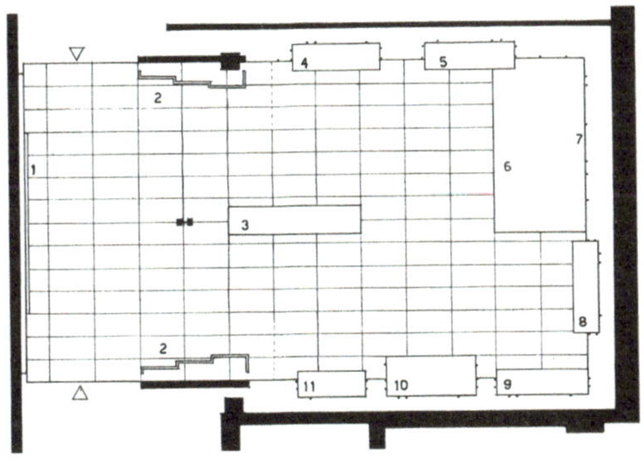

7

1
Der Ausstellungsraum, von der Eingangspartie aus gesehen
Vue d'ensemble de la section suisse
General view of the Swiss section

2
Industrielle und kunsthandwerkliche Keramik, Glas- und Holzschalen
Céramique industrielle et artisanale, coupes de bois, plats de verre
Industrial and hand-made ceramics, bowls of wood and glass

3
Detail: Eichentablar und Weißtannenstäbe mit Aluminiumhaltern
Détail: tablette de chêne, barres de sapin et supports d'aluminium
Detail of oak panel supported by pine bars

4
Blick vom Hauptraum gegen die Eingangspartie mit dem Wandbild
La salle d'exposition et l'entrée avec la peinture murale
The main room towards the entrance, in the background the mural

5
Skizze der Keramikgruppe mit farbigen Wandakzenten
Dessin du groupe céramique avec ses accents de couleur
Sketch of the ceramic section with integrated colour elements

8
Richard P. Lohse, Wandbild «Synthese von drei gleichen Themen»
Peinture murale, «Synthèse de trois thèmes égaux»
The mural, "Synthesis of Three Equal Themes"

6
Längsschnitt 1:200
Coupe longitudinale
Cross-section

7
Grundriß 1:200
Plan
Layout

1 Wandbild R. P. Lohse
2 Architekturphotos
3 Bücher, Gebrauchsgraphik
4 Präzisionsapparate
5 Haushaltgerät
6 Sessel, Teppich
7 Textilien
8 Sport- und Lederwaren
9 Keramik
10 Paramenten
11 Schmuck und Uhren

8

1 Münch 1997, S. 98–99. Hauptgründe waren die schwachen Besucherzahlen und die schlechten Verkaufszahlen.
2 GB SWB 1932, S. 5; GB SWB 1933, S. 5, sowie Georg Schmidt, La V Triennale di Milano, in: *Werk* 20 (1933), H. 8, S. 249–256, hier insbesondere S. 249.
3 Münch 1997, S. 100, und GB SWB 1933, S. 5.
4 Münch 1997, S. 100, und Streiff 1936, S. 245.
5 Der Schweizer Beitrag wird immer wieder als «repräsentativ» charakterisiert. So im GB SWB 1936, S. 5, und bei Streiff 1936, S. 245. Zur Besetzung der EKaK siehe Crivelli/Imboden 1997.
6 Allgemein und beschreibend zu Bills Beitrag siehe Gimmi 1996 sowie Lohse 1953, S. 28–41.
7 Streiff 1936, S. 246 und Peter Meyer, Notizen von der VI. Triennale Mailand, in: *Werk* 23 (1936), H. 10, S. 312–315, hier S. 314–315.
8 Mario Labò, Le sezioni straniere alla VI Triennale di Milano, in: *casabella* 9 (1936), Nr. 104, S. 12–17, hier S. 12: «Ma gli spettacoli davvero attraenti non mancano. Fin dall'ingresso, vicino al quale Max Bill ha congegnato squisitamente la sezione svizzera.»
9 GB SWB 1935, S. 8.
10 Karin Gimmi nennt es «Lehrpfad zur ‹konkreten gestaltung›» (Gimmi 1996, S. 48).
11 GB SWB 1940, S. 5.
12 GB SWB 1940, S. 5. Kriegsbedingt nahmen 1940 neben der Schweiz nur wenige ausländische Staaten an der *Triennale* teil, nämlich Deutschland, Frankreich, Rumänien und Ungarn. *Werk* 27 (1940), H. 8, S. 217–223, hier 217 und 222.
13 *Werk* 27 (1940), H. 8, S. 217–223, hier 223.
14 GB SWB 1946, S. 8.
15 GB SWB 1947, S. 5.
16 GB SWB 1950, S. 5. Zu Bills Beitrag siehe insbesondere *Werk* 38 (1951), H. 9, S. 266–268.
17 GB SWB 1950/51, S. 3. Siehe dazu die Tagungsflyer der betreffenden Jahre, in: Archiv SWB B 7.2/321/Drucksachen zu Tagungen.
18 GB SWB 1954, S. 5, und Münch 1997, S. 104.
19 GB SWB 1956, S. 5; GB SWB 1957, S. 5 sowie *Werk* 44 (1957), H. 10, S. 339–343. Das Wandbild von Lohse wurde noch 1957 vom Bund angekauft und befindet sich heute im Rektorat der ETH Zürich, vgl. Huber 1988, S. 266.
20 Vgl. MfGZ/Designsammlung/Konvolut SWB/Triennale Mailand 1964.
21 Münch 1997, S. 106.

085

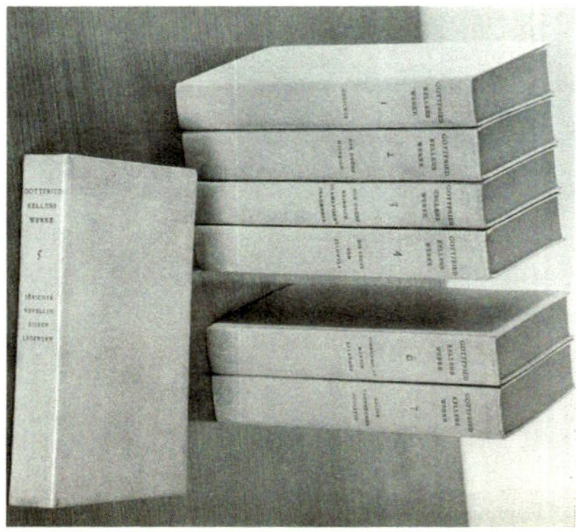

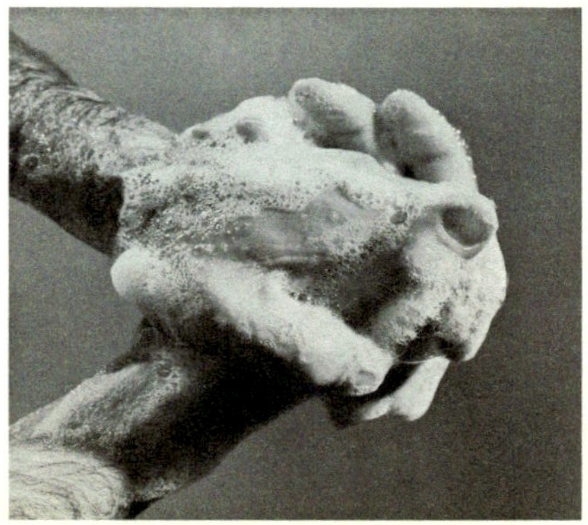

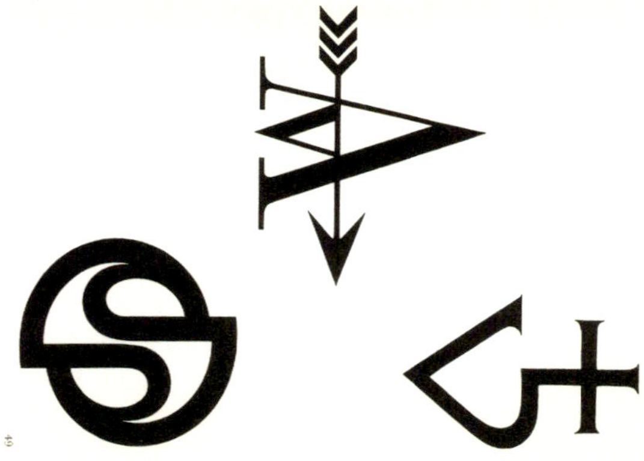

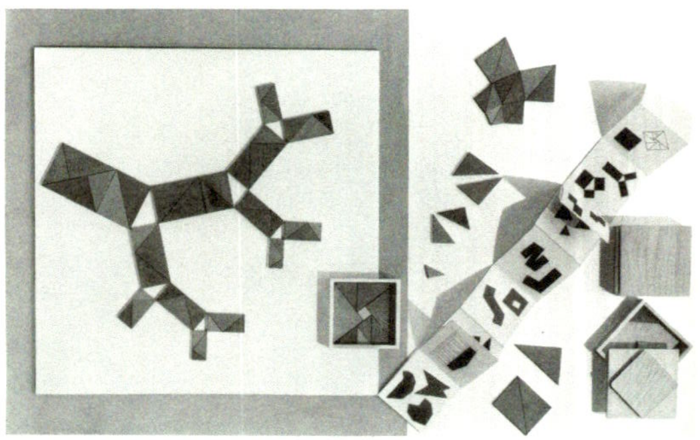

085
Seiten aus dem Katalog der Zürcher *Werkbund-Ausstellung* mit Bucheinbänden von Friedhold Morf, Trigonspiel von Wilhelm Kienzle, Seifenhände fotografiert von Ernst A. Heiniger sowie Signete von Hans Vollenweider, Carlo Vivarelli und Warja Honegger-Lavater, Gestaltung Titelblatt Hans Neuburg

086
Ernst Gisel, Plan der Ausstellung

Werkbund-Ausstellung

Zürich, 1950

Die *Werkbund-Ausstellung*, die vom 3. Juni bis zum 20. August 1950 im Kunstgewerbemuseum Zürich zusammen mit der Ausstellung *Die gute Form* (→ S. 277) zu sehen war, wurde in der zeitgenössischen Darstellung und Rezeption als direkte Nachfolgerin der grossen Ausstellung von 1918 (→ S. 127) betrachtet. Organisiert von der Ortsgruppe Zürich handelte es sich um eine umfassende Schau des Werkbund-Schaffens sämtlicher Berufsgattungen, an der rund 130 Mitglieder beteiligt waren.[1]

In dem der Ausstellung gewidmeten *Werk*-Sonderheft spannte Johannes Itten – zu diesem Zeitpunkt Direktor des Kunstgewerbemuseums und der Gewerbeschule Zürich sowie Obmann der Ortsgruppe Zürich – den Bogen von der aktuellen Ausstellung über jene von 1918 noch weiter in die Vergangenheit zurück bis hin zur *Zürcher Gewerbeausstellung* von 1894. Damit verortete er sie innerhalb der Agenda des Schweizerischen Werkbundes und dem kunstgewerblichen Schaffen der Schweiz und betonte zugleich ihre Wichtigkeit für das eigene Selbstverständnis. Alfred Roth (→ S. 431) ging noch weiter und begab sich gedanklich bereits in die Zukunft: «In der Rückschau zeigt sich oft, dass grössere Ausstellungen Marksteine für die weitere Entwicklung sind. Zahlreiche Anzeichen sprechen dafür, dass die Zürcher Ausstellung wenigstens für einige Gebiete der Werkbund-Arbeit eine derartige Bedeutung besitzt.»[2]

Tatsächlich handelte es sich bei dieser Ausstellung um die erste grössere integrale Schau des Werkbund-Schaffens seit 1918. So war sie in ihrer Grundanlage weder auf einzelne Gattungen oder Themen fokussiert, noch wurden besondere didaktische Schwerpunkte gelegt. Folgerichtig war dem Besucher denn auch kein fixer Rundgang vorgegeben, sondern es waren deren mehrere möglich, selbst wenn der Grundrissplan der Wegleitung dem Besucher zur Orientierung diesbezüglich einen Vorschlag machte. Städtebauliche Aspekte und Theaterbau wurden ebenso thematisiert wie Wohnbauten und deren Einrichtung mit Möbeln und weiteren Gegenständen kunsthandwerklicher Produktion, etwa aus den Bereichen Keramik und Textilien. Gold- und Silberschmiedearbeiten, Erzeugnisse der Modebranche und der Buchgestaltung, Grafik und Puppen vervollständigten schliesslich das Bild. In offener Anordnung wurden sämtliche Bereiche der Gestaltung gezeigt, und inmitten des Rundgangs bestand gar die Möglichkeit, auf einem «werkbundgemässen Stuhl auszuruhen und bei Kaffee und Werkbundguetzli die gute Form direkt und bequem auf sich wirken zu lassen».[3]

Während die ganze Bandbreite der SWB-Arbeit eher am Rande des Saals ersichtlich wurde, erhielten die Möbel und das Wohnen einen zentralen, für die Besucher gut zugänglichen Platz im Zentrum der Ausstellungsfläche. Angeordnet als eine Art Wohnlandschaft nahm dieser Teil der Ausstellung am meisten Raum ein. So bemerkte Alfred Roth, dass der «Möbelbau [...] an Bedeutung in der Ausstellung dominiert».[4] Diese Gewichtung schlägt sich auch in der Themenwahl im Sonderheft des *Werk* nieder. Anhand des Beispiels einer Kücheneinrichtung belegt hier Itten die Irrtümer des Historismus und zeigt auf, wie diese in der Frühzeit der Werkbund-Arbeit teilweise überwunden werden konnten und nun zu gültigen Lösungen ausgereift seien. In seiner Argumentation hebt Itten dabei weniger die formale Gestaltung, sondern vielmehr die Funktionalität der gezeigten Einrich-

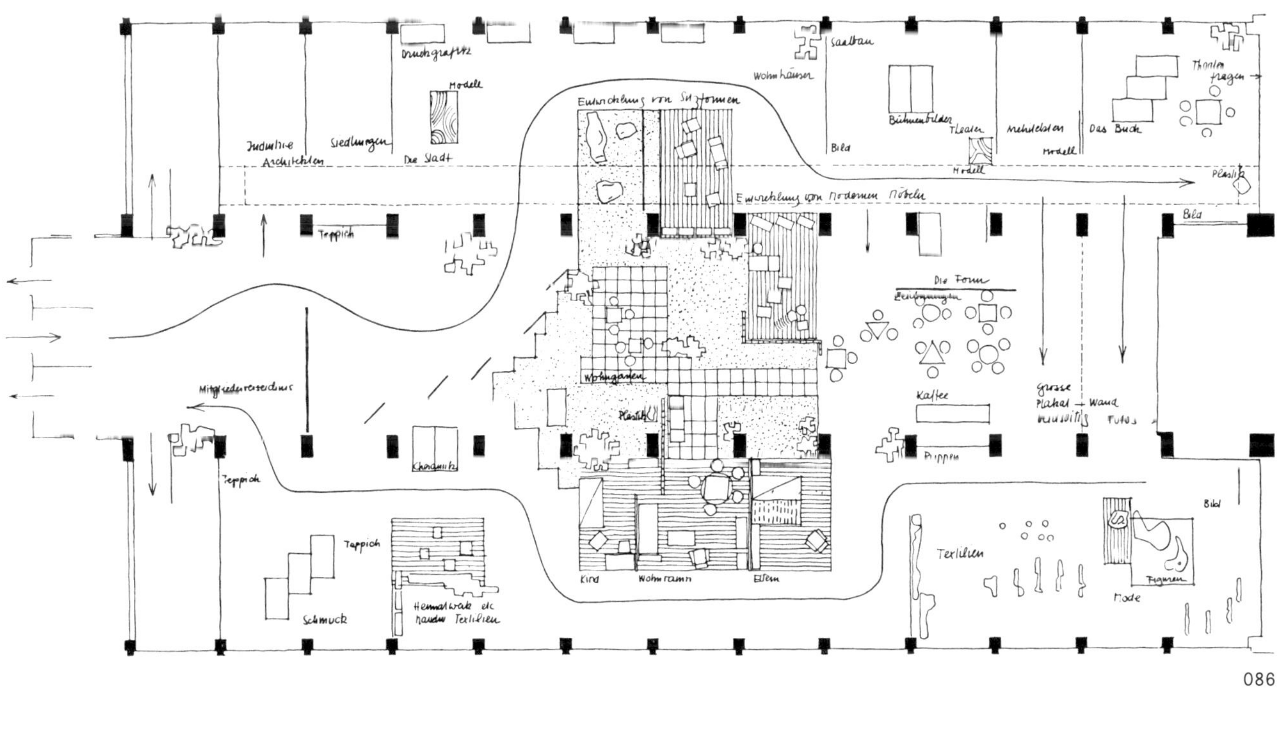

086

tungsbeispiele hervor.[5] Ähnlich verhält es sich mit den Ausführungen zu Sitzmöbeln von dem Möbelgestalter, Innenarchitekten und Lehrer der Zürcher Kunstgewerbeschule Willy Guhl.[6] Er berichtet ausführlich über die Versuchsanlagen, die er zur Ermittlung der je nach Situation jeweils angenehmsten Stuhlform eingerichtet hatte, und betont in diesem Sinne die Form als Konsequenz anatomischer und bewegungstechnischer Bedürfnisse des Benutzers. So wurden in der Ausstellung neben zahlreichen Sitzmöbeln auch Zeichnungen und entsprechende Modelle gezeigt, welche die verschiedenen Arten des Sitzens erläuterten.

Nicht zuletzt war die Ausstellung wohl auch eine Antwort auf verschiedene dem SWB gegenüber kritisch eingestellte Stimmen und zudem für die Beteiligten selbst eine Bestätigung der Relevanz ihrer eigenen Arbeit nach den von Umbrüchen geprägten 1940er-Jahren. So leitete Itten die Wegleitung mit einem Zitat ein, das einen offenbar vorherrschenden kritischen Tenor wiedergibt: «‹Der Werkbund ist tot – er hat jede Existenzberechtigung verloren.›» Daraufhin verteidigt er den SWB, der auch 1950 noch «Sammelpunkt aller Avantgardisten» sei, und belegt dessen Existenzberechtigung mit einem Leistungskatalog, der zahlreiche Ausstellungen seit 1914 aufführt, einschliesslich der Siedlung Neubühl (→ S. 356) und der Landesausstellung von 1939 (→ S. 207).[7] Auch der zusammen mit Max Ehrensperger und Carlo Vivarelli für die Ausstellungsgestaltung hauptverantwortliche Architekt Ernst Gisel berichtet von seinen anfänglichen Bedenken, wonach mit den Arbeiten der Mitglieder der Ortsgruppe Zürich der Saal des Kunstgewerbemuseums nicht derart auszufüllen wäre, wie das die Ausstellung des Schwedischen Werkbundes ein Jahr zuvor beispielhaft vorgeführt hätte (→ S. 273).[8] Solcher Zurückhaltung im Vorfeld folgte schliesslich – wie Gisel resümierend konstatiert – die Erleichterung darüber, dass «völlig neue Arbeiten [von SWB-Mitgliedern], deren hohe Qualität uns ins Staunen setzte […] die Frage auftauchen liess[en], ob es sich bei der Wahl gerade dieses Jahres für eine

087

088

087
Wohnzimmer, zusammengestellt mit Möbeln der Wohnbedarf AG, 1950, Foto Fachklasse für Fotografie (Kunst-)Gewerbeschule Zürich

088
Ausstellungsansicht mit Sichtmauerwerk der Firma Hunziker & Cie., Liege von Le Corbusier

089
Cornelia Forster, *Der Kuss*, keramische Plastik, Foto Kunstgewerbeschule Zürich

090
Blick auf die Mittelpartie der Ausstellungshalle, Foto Kunstgewerbeschule Zürich

Werkbund-Ausstellung wirklich nur um einen Zufall handle, oder ob nicht vielmehr die geistige Konstellation heute so eindeutig den Voraussetzungen für eine derartige Schau entspreche, dass dieser Entschluss als notwendige Konsequenz hiervon aufgefasst werden darf».[9]

Die grosse Zufriedenheit über die Ausstellung kam denn auch im Rückblick des Geschäftsberichts des SWB zum Ausdruck. Es trugen dazu objektive Indikatoren bei wie die breite Berichterstattung, die guten Besucherzahlen (15 000) und der Umstand, dass das Amsterdamer Stedelijk Museum die Ausstellung übernehmen wollte, wie auch die Feststellung, dass die «Stagnation im schöpferischen Gestalten, über die noch vor kurzem geklagt wurde, endgültig überwunden» sei.[10] Der Erfolg der vom SWB ab 1952 an der Basler Mustermesse regelmässig eingerichteten Sonderschau *Die gute Form* sollte dieser Einschätzung mehr als recht geben. ● *Jasmine Wohlwend Piai*

089

090

1 Siehe GB SWB 1950, S. 4–5.
2 Alfred Roth, Werkbund-Ausstellung in Zürich, in: *Werk* 37 (1950), H. 8, S. 225.
3 Gisel 1950.
4 Roth 1950, wie Anm. 2.
5 Johannes Itten, Die Werkbund-Ausstellung im Kunstgewerbemuseum Zürich, in: *Werk* 37 (1950), H. 8, S. 226–229, hier S. 228.
6 Willy Guhl, Studien über Stuhl- und Sitzformen, in: *Werk* 37 (1950), H. 8, S. 235.
7 Itten 1950.
8 Ernst Gisel war seit 1947 SWB-Mitglied, der Grafiker Carlo Vivarelli trat 1950 bei und Max Ehrensperger gar erst 1957. Vgl. Bignens 2008.
9 Gisel 1950.
10 GB SWB 1950, S. 5. Unter den Besuchern war demgemäss auch der amerikanische Architekt Frank Lloyd Wright, der «begeistert von den Leistungen besonders auf dem Gebiet der Architektur, der Textilien, der Möbel und der Graphik» war.

091–118
Titelblätter der Zeitschriften *Das Werk*, *Werk/Œuvre* und *Werk-Archithese* aus den Jahren 1917–1978

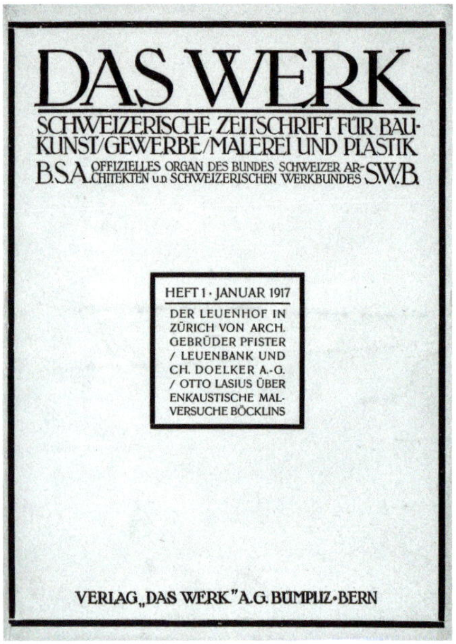

091

092

093

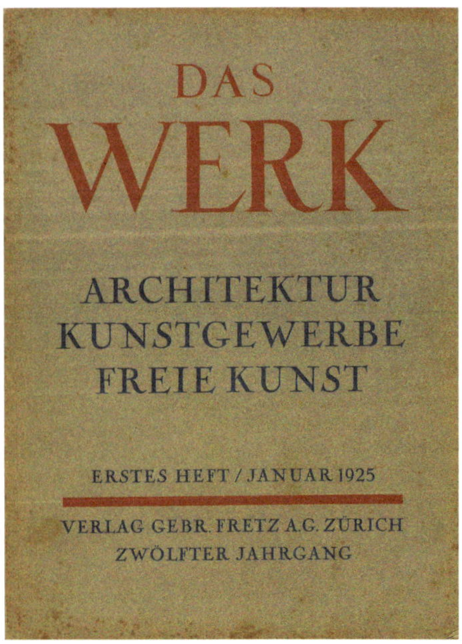

094

095

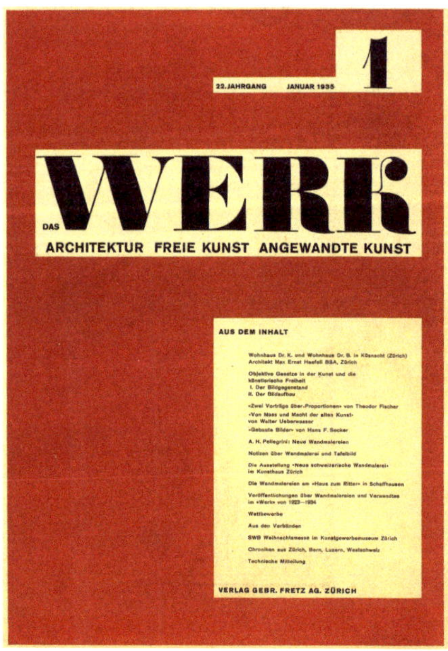

096

Die Zeitschrift Das Werk

Im Spannungsfeld zwischen dem Bund Schweizer Architekten und dem Schweizerischen Werkbund

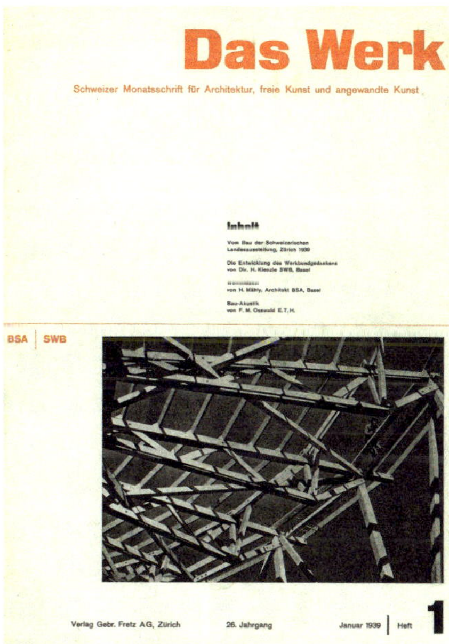

097

098

Bruno Maurer

099

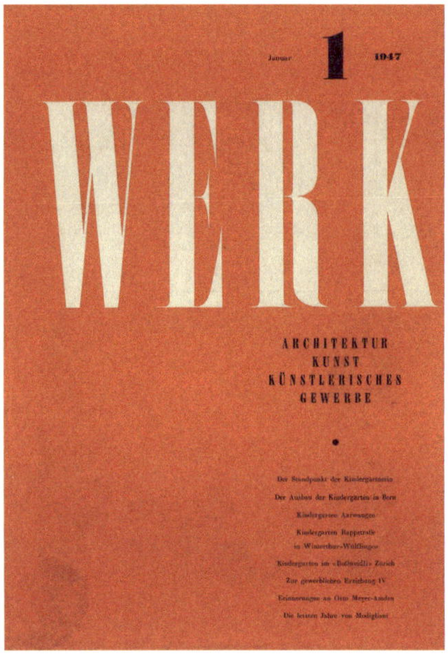

100

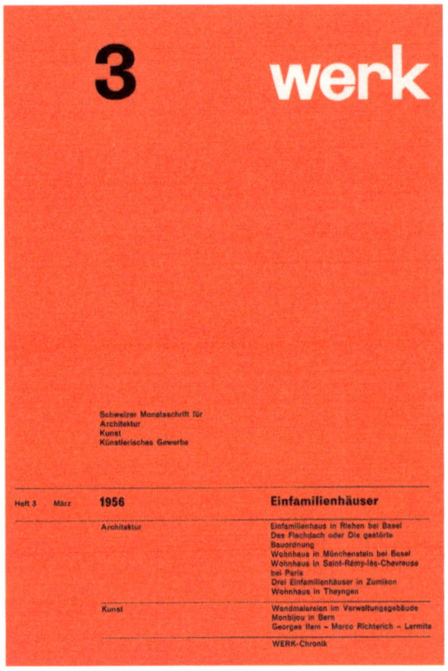

101

102

103

104

105

106

107

108

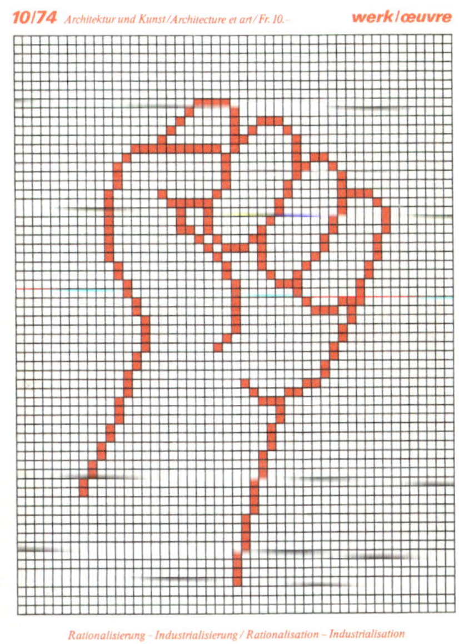

109

110

111

112

113

114

115

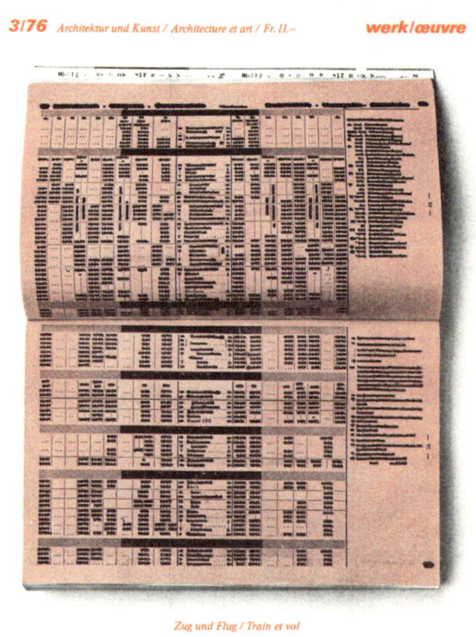

116

117

118

Es endete mit einem Coup. Im Herbst 1976 einigten sich der Bund Schweizer Architekten (BSA) und der Verband freierwerbender Schweizer Architekten (FSAI), ihre beiden Verbandsorgane *Werk* und *Archithese* zu fusionieren. Der Schweizerische Werkbund, Mitbegründer und jahrzehntelang Mitträger der Zeitschrift *Das Werk*, sah sich vor vollendete Tatsachen gestellt. Die Verbindung «wurde ohne Konsultierung oder auch nur Orientierung des SWB (oder der OEV) vollzogen»[1]. In einer «Aussprache» am 17. Februar 1977, an der auch der Erste Vorsitzende des SWB, Daniel Reist (in seiner Eigenschaft als BSA-Mitglied!), teilgenommen hatte, wurde die Vorgeschichte von dem Tessiner Architekten Guido Cocchi, dem Präsidenten des «Pool» *Werk-Archithese* resümiert. Cocchi begann mit einem Rückblick auf das Jahr 1971. Im Oktober dieses Jahres war dem Redaktor Lucius Burckhardt (→ S. 433) «offenbar» wegen «eines grossen Defizits bei der Architektur-Zeitschrift WERK» gekündigt worden. Nach einer interimistischen Führung der Redaktion durch Fritz Schwarz hatte man den Genfer Journalisten Henri Stierlin mit der Aufgabe betraut. Sowohl Schwarz als auch Stierlin wurden unterstützt von Diego Peverelli, den Burckhardt noch als «Hilfsredaktor» eingestellt hatte. Um Inhalte ging es nur sekundär, im Vordergrund stand die finanzielle Sanierung der Zeitschrift. Bei der Übernahme der Druckerei Winterthur AG durch die Druckerei Zollikofer AG wurde eine hohe Abfindung an Erstere fällig. Ab «1974 wurde praktisch nur noch mit Verlusten gearbeitet», sodass die neue Druckerei die finanziellen Löcher stopfen musste. All diese Massnahmen zeitigten jedoch nicht den notwendigen Erfolg: «Das von uns erhoffte Management blieb eine Illusion. Es zeigte sich mit der Zeit nicht nur, dass es äusserst schwierig ist, eine gute Architektur-Zeitschrift herauszugeben, sondern überdies auch äusserst finanzintensiv.»[2]

Auch wenn dem Werkbund in Aussicht gestellt wurde, in der Redaktionskommission mit einer Stimme Einsitz nehmen zu dürfen, war es ein «fait accompli». Der Werkbund hatte zuerst faktisch, dann offiziell sein wichtigstes Organ verloren.[3] Wurde *Werk-Archithese* noch als offizielles Organ des Schweizerischen Werkbundes (und des Schweizerischen Kunstvereins) ausgegeben, war die Trennung Anfang 1980 dann eine endgültige: Der schon einmal versuchte «Zusammenschluss der beiden bedeutenden schweizerischen Architekturzeitschriften» – *Werk* und *Bauen + Wohnen* – wurde Tatsache, der Werkbund hatte seinen Platz im Impressum definitiv verloren, ja es wurde ihm sogar seine historische Rolle bei der Gründung aberkannt: Das «Werk wurde 1914 vom Bund Schweizer Architekten – BSA geschaffen», steht dreist im von Alain Tschumi (Zentralobmann BSA) und Gilbert Pfau (*Bauen + Wohnen*) gezeichneten Editorial der ersten Nummer von *Werk, Bauen + Wohnen*. «Die bisherigen Partner des BSA waren nicht bereit, an einer gemeinsamen Lösung mitzuarbeiten. Durch die Verbindung mit *Bauen + Wohnen* werden die Vorstellungen und Ziele sowohl des BSA als auch seines Partners realisierbar. Herausgeber und Redaktion sind bestrebt, die aktuelle schweizerische und internationale Architekturszene im weitesten Sinn widerzuspiegeln – die Themenkreise sind Architektur, Planung, Kunst, Innenarchitektur und Design.»[4]

Tatsächlich war dieser Streit nur der ultimative einer langen Reihe von Auseinandersetzungen während der fast sieben Jahrzehnte, in denen BSA und SWB siamesischen Zwillingen gleich durch ihr gemeinsames publizistisches Organ verbunden waren. Es grenzt deshalb fast an ein Wunder, dass diese Partnerschaft so lange Bestand hatte. Der historische Rückblick macht deutlich, dass weniger die unterschiedlichen Interessenssphären ein Grund für das Konfliktpotenzial waren, sondern vielmehr die gemeinsamen Ziele.[5]

1914 – Korporatives Organ

Als die Zeitschrift *Das Werk* 1914 aus der Taufe gehoben wurde, war die Schweiz, verglichen mit ihren Nachbarländern, den Niederlanden oder Grossbritannien, ein kunstpublizistisches Entwicklungsland. Eine eigentliche Kunstzeitschrift besass sie nicht, mit Architektur befassten sich immerhin drei Zeitschriften. Bereits auf eine stolze Tradition zurückblicken konnte die *Schweizerische Bauzeitung (SBZ)*, die ab 1876 (damals noch unter ihrem alten Namen *Die Eisenbahn)* vom Schweizerischen Ingenieur- und Architektenverein (SIA) als Organ genutzt wurde und in der das Bauwesen einen wesentlichen Bereich ausmachte. Gewissermassen das Pendant zur technizistischen Bauzeitung[6] war das ab 1906 herausgegebene gleichnamige Organ des Heimatschutzes, der sich zum Ziel gesetzt hatte, «die Schweiz in ihrer natürlichen und geschichtlich gewordenen Eigenart zu schützen».[7] Ebenfalls im Zeichen nationaler Besinnung stand der 1908 gegründete BSA. Auch dieser hatte schon bald eine eigene Zeitschrift, *Die schweizerische Baukunst*, die er ab 1909 zusammen mit der Wagner'schen Verlagsanstalt herausgab, die sich aber nach kurzer Zeit wegen einer stark abnehmenden Zahl von Abonnenten bereits in einer schweren Krise befand.[8]

Im Hinblick auf das Überleben seines Verbandsorgans kam für den BSA die Gründung des Schweizerischen Werkbundes 1913 gerade zum rechten Zeitpunkt. Als möglicher Partner für ein gemeinsames Zeitschriftenprojekt war er prädestiniert, hatte sich doch der BSA bei der Abfassung seiner Ziele nicht zuletzt am Deutschen Werkbund (DWB) respektive an dessen Wortführern orientiert. Gleichwohl war gerade in BSA-Kreisen die Gründung eines schweizerischen Pendants zum DWB mit Argwohn beobachtet worden. Dass es sich nur auf den ersten Blick um eine ideale Partnerschaft handelte, offenbarte sich dann allerdings, bevor die erste Nummer der gemeinsamen Zeitschrift erschienen war. Der umfassende Anspruch des SWB, auf sämtliche gestalterische Bereiche Einfluss zu nehmen, und umgekehrt die im BSA vertretene Meinung, Architektur als seine eigene Domäne verwalten zu müssen, führten zu einem Dauerkonflikt, der sich vor allem dann manifestierte, wenn die Zusammenarbeit an der Zeitschrift in einem neuen Vertrag geregelt oder die Redaktion neu besetzt werden musste. Der erste Konflikt entbrannte bereits an der Wahl des Zeitschriftentitels. Nach dem Willen des BSA sollte diese *Das Bauwerk* heissen. Dagegen wehrte sich der Werkbund mit gutem Grund, hätten sich doch damit insbesondere die Kunstgewerbler nicht angesprochen gefühlt. Im Falle, dass eine Einigung ausbleiben würde, wurde sogar die Lösung erwogen, den Mitgliedern beider Organisationen das Heft unter zwei unterschiedlichen Titeln zukommen zu lassen: «Unter beiden Titeln wäre der Inhalt der gleiche. Es wäre allerdings nur ein Mittel für die grösste Not.»[9]

Dass sich in dieser ersten Auseinandersetzung schliesslich der Werkbund durchsetzte, lag erstens am Verleger Alfred Benteli, der sich von dem weniger spezifischen Titel *Das Werk* eine grössere Abonnentenzahl versprach, und zweitens am Umstand, dass sich in der Zwischenzeit in Yverdon die Schwestervereinigung des Werkbundes für die französische Schweiz, L'Œuvre (OEV), konstituiert hatte, die sich ebenfalls an der Zeitschrift interessiert zeigte; der vom Werkbund favorisierte Titel liess sich leichter ins Französische übersetzen.

Der erste Jahrgang

Im Januar 1914 erschien im Verlag Buch- und Kunstdruckerei Benteli, Bern-Bümpliz, zum Preis von 1,50 Franken, die erste Nummer der neuen Zeitschrift *Das Werk. Schweizerische Zeitschrift für Baukunst / Gewerbe / Malerei und Plastik*. Im programmatischen Einführungstext von Hans Bloesch, den man als Redaktor von der *Schweizerischen Baukunst* übernommen hatte, werden zwei Ziele formuliert. Das erste Ziel enthält einen Appell für einen «Zusammenschluss» zwischen den «feindlichen Brüdern» Kunst, Gewerbe und Handwerk; über diese «ideellen ästhetischen Werte hinaus» soll das Heft aber auch «eine nationale wirtschaftspolitische Aufgabe» erfüllen, indem es als Propagandamedium für die vom Werkbund postulierte, gegen die «zunehmende Überflutung des Marktes aus dem Ausland» gerichtete «Qualitätsarbeit» dienen soll.[10] Inhaltlich ist die Zeitschrift in der ersten Dekade nach einem Muster aufgebaut, wie es bereits im Untertitel des Hefts erscheint. Trotz des Bekenntnisses zum Schulterschluss wird hier das Selbstverständnis des BSA, das vom Primat der Architektur gegenüber der freien und erst recht von der angewandten Kunst ausging, augenscheinlich.

Eröffnet wurde das Heft in der Regel durch eine neuere Realisierung eines BSA-Gründungsmitgliedes: Im ersten Heft war dies der Peterhof in Zürich von den Brüdern Otto und Werner Pfister. Die zweite Hälfte des ersten Jahrgangs stand dagegen ganz im Zeichen der Schweizerischen Landesausstellung in Bern. Malerei und Plastik standen oft im Zusammenhang mit den vorgestellten Bauten. Dass sich das Gleichgewicht in den Kriegsjahren etwas zugunsten der freien Künste verschob, hat seinen Grund wohl in der beschränkten Bautätigkeit dieser Jahre. Für Werkbund-Themen war in der Regel der zweite Teil des Hefts reserviert, wobei insbesondere die von der Zeitschrift veranstalteten Wettbewerbe, die während der Kriegsjahre vor allem auch zur Arbeitsbeschaffung dienen sollten, eine zentrale Stellung einnahmen. Gelegentlich wurden im Zusammenhang mit Werkbund-Ausstellungen in den Gewerbemuseen von Bern, Basel und Winterthur und im Kunstgewerbemuseum Zürich Werkbund-Sondernummern herausgegeben. Dieses Schema wurde im ersten Jahrzehnt des Hefts mit wenigen Abweichungen beibehalten.

Die Hegemonie der Architektur

Vonseiten des SWB war Bloesch jedoch schon nach einem Jahr Arbeit heftiger Kritik ausgesetzt, weil seine Artikel «zuwenig die idealen Gesichtspunkte des Werkbundes» vertreten würden,[11] und schliesslich verlangte der Werkbund gar ultimativ seine Entlassung. Durch eine Doppelredaktion sollten die Anliegen beider Verbände im Heft eine bessere Berücksichtigung finden. Im Herbst 1915 stand das neue Redaktionsteam fest: Hermann Herter, der nachmalige Stadtbaumeister von Zürich, hatte sich bereit erklärt, zusammen mit Hermann Röthlisberger (→ S. 421) die Redaktion zu übernehmen. Im Gegensatz zu Herter trat Röthlisberger die Stelle an, die er bis Ende 1919 mit Bloesch teilte, um sie dann in alleiniger Verantwortung zu führen. Gleichzeitig mit der neuen Redaktion wurde das *Werk* aus dem Benteli-Verlag herausgelöst und der Verlag Werk AG gegründet.

Die Ära Röthlisberger war überschattet von der ersten grossen Auseinandersetzung zwischen BSA und SWB. Bereits 1918 versuchte der Benteli-Verlag, unterstützt vom BSA, Röthlisberger – dieser war nicht «vom Fach», sondern promovierter Zoologe – zu entlassen. Es wurden «unhaltbare Zustände» in der Redaktion vorgeschoben.[12] Der BSA erwog sogar die einseitige Vertragsauflösung und stand schon längere Zeit in Verhandlung mit der Zeitschrift *Schweizerland*. Zwei

Jahre später versuchte der Werkbund den schwelenden Konflikt auf seine Art zu lösen. In der Vorstandssitzung im Rathauskeller in Olten am 25. Juni 1921 beschloss der Vorstand, wenn immer möglich, Aktien zu erwerben, damit der SWB in der Aktionärsversammlung der Werk AG stimmberechtigt werden könne.

Die Ursachen für diese Auseinandersetzung dürften sowohl im Grundsätzlichen wie in der Frage der Kompetenzbereiche vermutet werden. Mitten in seinem «Schweizer Feldzug»[13], der in der Ausstellung *Qualität und Schund* (→ S. 187) – der «Schund» wurde natürlich aus dem Ausland besorgt[14] – gipfelte, wandte sich der SWB neuen Themen zu, die ihn dann in den 1920er-Jahren beschäftigten und die fast zwangsläufig zu einer engen Zusammenarbeit mit dem Deutschen Werkbund führten.

Die erste nationale Selbstdarstellung in Zürich 1918 (→ S. 47 und S. 127) hatte der Werkbund der «Arbeiter- und Mittelstandswohnung» gewidmet und damit eine Debatte über die Arbeiterwohnung in der Schweiz lanciert. Im Hauptartikel des Oktober-Hefts würdigte Hans Bernoulli die Arbeiterwohnungen. Im Dezember-Heft erschien im römisch paginierten Teil eine Stellungnahme vom Koredaktor Hans Bloesch, in dem dieser die Existenz einer Arbeiterklasse in der Schweiz negierte und der Hoffnung Ausdruck gab, dass Begriffe wie «Arbeiterhäuser» und «Arbeiterwohnungen» «baldmöglichst wieder aus dem Sprachschatz unserer Architekten und vor allem unserer Zeitungen» verschwinden mögen.[15] Dass der SWB in seinem eigenen Organ von dem dem BSA nahestehenden Redaktor desavouiert wurde und diese Stellungnahme von der *SBZ* auch noch in weiten Teilen nachgedruckt wurde,[16] war an und für sich schon unerhört. Dahinter stand aber wohl der grundsätzliche Konflikt, dass der Schweizerische Werkbund die «Hegemonie der Architektur»[17] als eine notwendige Phase akzeptierte, die sich aber angesichts der neuen Aufgaben überholt hatte.

«die weitaus beste Zeitschrift ihres Typus»

Ende 1922 erfolgte die Ablösung des Benteli-Verlags durch die Gebr. Fretz AG in Zürich und die Liquidation der Werk AG.[18] Der neue Redaktor, Joseph Gantner, war wahrscheinlich ein Kompromisskandidat. Zur Wahl hatten auch der vom BSA vorgeschlagene Bernoulli und der vom Werkbund vorgeschlagene Bühler gestanden. Ohne Zweifel war Gantner ein Glücksfall. Mit diplomatischem Geschick hatte sich der Heinrich-Wölfflin-Schüler «bei aller Verpflichtung gegenüber der Tradition» «in allen prinzipiellen Fragen» für das eingesetzt, «was man etwas summarisch das ‹Moderne›» nennt.[19]

Eine Darstellung der Zeitschrift *Werk* im Übergang von der ersten Dekade zur Ära Gantner hat Jacques Gubler mit dem Titel überschrieben: «Vom korporativen Organ zur KUNSTZEITSCHRIFT».[20] Genau auf diese Formel brachte es der 87-jährige Gantner, als er sich an seinen damaligen Auftrag erinnerte: «Meine Aufgabe war nun, aus dem bis anhin eher korporativen Organ eine allgemeine Kunstzeitschrift zu machen, weil die deutsche Schweiz keine eigentliche Kunstzeitschrift hatte. Ausserdem musste ich natürlich die Arbeiten der Mitglieder des BSA und des SWB publizieren.»[21]

Gantners programmatische Öffnung nach aussen war nicht zuletzt auch eine Existenzfrage. Obwohl verschieden Konkurrenzblätter (z.B. die Journale *Schweiz* und *Schweizerland,* insbesondere aber *Die schweizerische Baukunst)* Anfang der 1920er-Jahre liquidiert worden waren und das *Werk* nunmehr mit dem Anspruch auftrat, die repräsentative schweizerisch Zeitschrift für bildende und angewandte Kunst zu sein, war die Abonnentenzahl auf ein bedrohliches Tief gefallen. Bei seiner Verabschiedung im August 1927 konnte Gantner nicht ohne einen gewissen Stolz feststellen, dass die innere und äussere «Sanierung» «restlos gelungen sei».[22] Und auch die Konkurrenz war am Ende seiner Ära voll des Lobes. Peter Meyer (→ S. 425) lobte in der *SBZ* die «innere Balance» (zwischen Tradition und Moderne), die die Zeitschrift mittlerweile auszeichne. Sie sei «die weitaus beste Zeitschrift ihres Typus in ziemlich weitem Umkreis».[23]

Wem gehört die Zeitschrift *Werk*?

Gantners offene Unterstützung des Neuen Bauens muss auch vor dem Hintergrund der Veränderung im SWB und im BSA gesehen werden, wo sich die «Wachablösung» langsam abzuzeichnen begann. Die jungen Architekten hatten sich nicht nur im Werkbund eine wichtige Position erkämpft – Hans Schmidt, Peter Meyer und Hans Hofmann waren inzwischen in den Zentralvorstand gewählt worden –, einige von ihnen waren mittlerweile auch Mitglieder des BSA. Es ist deshalb nur logisch, dass es diese jüngeren Architekten waren, die sich bei den Verhandlungen um eine Vertragserneuerung im Sommer 1927 für den Weiterbestand der Zusammenarbeit von SWB und BSA einsetzten. Dabei ging es hauptsächlich um die Klärung von Eigentumsverhältnissen, wobei der BSA auf dem Standpunkt verharrte, es bestehe juristisch überhaupt kein Zweifel, dass ihm die Zeitschrift gehöre. Der Werkbund seinerseits berief sich auf den gemeinsamen Vertrag von 1922, der implizit beiden Verbänden ein Eigentumsrecht gebe.

Es waren die jüngeren Mitglieder, die nach einem Treffen im Büro von Hofmann verlangten, «dass über die persönlichen Fliktionen [sic!] hinweg eine Einigung gefunden werde.» In der gleichen Sitzung musste er aber auch zugeben, dass sie im BSA bis dahin noch wenig bewegt hatten: «Hofmann macht darauf aufmerksam, dass der BSA immer noch im Kampfstandpunkt verharre, obwohl sie in den BSA eingetreten seien.»[24]

Der BSA ist aus der Auseinandersetzung, für die auch juristische Expertisen angefordert werden mussten, als eindeutiger Sieger hervorgegangen. Das «Miteigentumsverhältnis» von 1922 wurde aufgelöst und der Vertrag dahingehend geändert, dass der BSA nun alleiniger Besitzer der Zeitschrift war.[25] Der Konflikt spitzte sich in den folgenden Jahren dennoch zu. Der konsensfähige Gantner hatte im September 1927 die Zeitschrift verlassen und in Frankfurt am Main die Redaktion der Zeitschrift *Das neue Frankfurt* übernommen.[26]

Die Ära Hans Bernoullis

Bernoulli, Gantners Nachfolger, hat die Zeitschrift *Werk* nur wenig mehr als zwei Jahre betreut. Seine Wahl zum Redaktor erfolgte unter eigenartigen Umständen. Anlässlich der Ausschreibung, zu der sich 28 Kandidaten gemeldet hatten, stand er noch nicht zur Diskussion. Vielmehr hatte man sich auf ein Trio aus den beiden Kunsthistorikern Georg Schmidt und Linus Birchler sowie dem Kaufmann Walter Kern geeinigt. Nach einer «ungezwungenen Aussprache» hatte sich die Wahlkommission einstimmig für Schmidt entschieden. «Dr. Schmidt ist unverkennbar modern eingestellt. Wir halten das heute im Interesse der Zeitschrift für notwendig. Doch soll damit keineswegs eine einseitig moderne Haltung der Zeitung präjudiziert werden.»[27] Anstatt die Redaktion anzutreten, folgte Schmidt einer Berufung als Assistent für die gewerbegeschichtlichen Ausstellungen ans Basler Kunstgewerbemuseum, und zwar von dessen Direktor Hermann Kienzle (→ S. 422), einem der Wortführer des Schweizerischen Werkbundes. Nach eigenem Bekunden stand Schmidt zu seiner eigenen Disziplin, namentlich zur formalen Kunstgeschichte, in einem kritischen Verhältnis. Vielmehr interessierte ihn damals «die klassische Frage des Werkbundes nach Werkzeug, Material, Konstruktion und Gebrauchsfunktion».[28] Damit wäre er für den SWB natürlich ein idealer Kandidat gewesen. Tatsächlich trat aber Bernoulli, prominenter Architekt, Siedlungsbauer und Städtebautheoretiker, die Stelle an. Bereits im zweiten von ihm redigierten Heft legte er sich im Zusammenhang mit dem vom Kunstgewerbemuseum ausgeschriebenen Wettbewerb für die Wasserwerkhäuser in Zürich mit dem Werkbund an. Er kritisierte in seiner «chronique scandaleuse» das Vorgehen der Jury, in der als Direktor des Kunstgewerbemuseums und als zukünftiger Bewohner Alfred Altherr sen. (→ S. 419) fungierte, sodass der Zentralvorstand des SWB über Retorsionsmassnahmen gegen den Redaktor des eigenen Vereinsorgans diskutieren musste.[29] Bernoullis Kritik wurde von Peter Meyer, selber Mitglied der Jury, zurückgewiesen. In seiner Duplik hielt Bernoulli aber an seinen Einwänden fest.[30] Dieser Schlagabtausch hat ihn aber keineswegs davon abgehalten, Meyer im folgenden Jahr als seinen Nachfolger vorzuschlagen.[31]

Die Klagen aus Werkbund-Kreisen, dass sich Bernoulli nicht um Werkbund-Angelegenheiten kümmere, häuften sich auf allen Ebenen. Nicht nur die Werkbund-Basis, insbesondere die Kunstgewerbler fühlten sich vernachlässigt und überliessen ihre Erzeugnisse zunehmend der neu gegründeten, ebenfalls von den Gebr. Fretz produzierten Zeitschrift *Das ideale Heim*. Der damalige Geschäftsführer des SWB, Friedrich T. Gubler, hatte die Zusammenarbeit mit Bernoulli eingestellt[32] und auch Hans Hofmann, Mitglied der Redaktionskommission, vertrat dezidiert die Meinung, dass nur eine Trennung helfen würde: «… alle Versuche zur Verständigung müssen an den verschiedenen Tendenzen scheitern.»[33] Der mögliche Spielraum des Werkbundes ist im Votum des SWB-Mitgliedes Dr. Wetter abgesteckt: «Entweder wir verlangen eine Raumteilung oder wir treten aus dem Vertragsverhältnis aus und gründen eine neue Zeitschrift.»[34] Anfang Februar 1929 wurde in einer Sitzung des Zentralvorstandes ein aus der Feder von Hans Schmidt stammendes Programm einer eigenen Zeitschrift diskutiert und noch im selben Monat mit einem potenziellen Verlag, der Orell Füssli AG, Verhandlungen geführt. Vorläufig begraben wurde das Projekt ein halbes Jahr später an der denkwürdigen Generalversammlung des Werkbundes in La Neuveville, in der die Brüder Hans und Georg Schmidt der Hundertschaft von anwesenden Werkbündlern mit ihren Thesen die angesagte Feststimmung verdarben und in der Meyer nach langen Diskussionen und vorbehältlich der Zustimmung des BSA und des Verlags zum neuen Redaktor gewählt wurde.

P. M. Eine Minderheit im SWB, «angeführt» vom Gegenkandidaten Georg Schmidt, hatte in La Neuveville versucht, Meyers Wahl mit dem Argument zu verhindern, er würde – wie zum Beispiel seine Stellungnahme im Basler Kunsthaus-Wettbewerb zeige – einen Kompromissstandpunkt vertreten. Erstaunlicherweise stand Hans Schmidt auf der Seite von Meyer, weil er ihm «den allgemeinen Standpunkt zutraute», während er seinen Bruder verdächtigte, aus der Zeitschrift *Werk* «eine Art ‹ABC› oder ‹Form› machen zu wollen.»[35]

Als Peter Meyer Anfang 1930 die *Werk*-Redaktion übernahm, war er kein unbeschriebenes Blatt mehr. Seit 1921 war er Mitarbeiter der *SBZ*, und in dieser Funktion hatte er auch Anfang 1927 der Zeitschrift *Werk* in einer süffisanten Kritik die Anerkennung ausgesprochen, dass es sich mit Anstand aus dem Dilemma zu ziehen wisse, «ein Blatt interessant für den schaffenden Künstler, und zugleich lieblich für den Familientisch herzurichten».[36]

Bereits im ersten Heft ging Meyer gegen die Minderheit, die sich gegen seine Wahl gestellt hatte, in die Offensive. In einem offenen Brief an den Geschäftsführer des SWB, Gubler, warf Meyer der Basler Fraktion vor, sie würde einen nihilistischen Standpunkt vertreten und «die Daseinsberechtigung der Künstler und der Kunst» verneinen. Und er ermahnte den Werkbund, in Zukunft nicht mehr «weltanschauliche Vorträge» zu organisieren, sondern die konkreten Probleme zu diskutieren.[37]

Architektur als Angelegenheit des Werkbundes?

Die durch den Ablauf des Vertrags Ende 1933 nötig gewordenen Verhandlungen zwischen dem BSA und dem Werkbund führten zur wohl bis dahin schwersten Krise zwischen den beiden Vereinigungen. Obwohl die Verhandlungen bereits im September aufgenommen worden waren, wurde eine Einigung erst im Januar 1934 erreicht. Streitpunkt war diesmal der Passus in Artikel 6: «... wobei das Gebiet der Architektur dem BSA vorbehalten bleibt.» Der BSA stellte sich auf den Standpunkt, dass sich «der SWB als ‹Gesinnungs-Verband› nicht mit Architektur befassen soll».[38] Zugegebenermassen hatte man sich (vor allem im Zürcher BSA) darüber geärgert, dass sich der Werkbund zu Wettbewerben und zu Neubesetzungen von Architekturprofessuren an der ETH Zürich geäussert hatte. Mit den einschlägigen Ausstellungen im Zürcher Kunstgewerbemuseum und vor allem mit der Wohnbauausstellung WOBA in Basel (→ S. 189 und S. 360) sowie der Werkbund-Siedlung Neubühl in Zürich (→ S. 356) hatte der Werkbund eine Öffentlichkeit und ein Profil erreicht, von dem der BSA nur träumen konnte.

Der Werkbund wehrte sich gegen diese Einschränkungen mit zwei hauptsächlichen Argumenten. Erstens wären es, wie Alfred Altherr sen. feststellte, gerade die jüngeren im Werkbund organisierten Architekten, die das *Werk* zu einem lebendigen Organ machten. Zweitens konnte man die Einschränkung auch aus prinzipiellen Erwägungen nicht akzeptieren: Im Vordergrund der Arbeit des Werkbundes stünden heute die mit der Wohnung zusammenhängenden Fragen wie Möblierung, Beleuchtung, Gebrauchsgerät, die nicht aus dem Zusammenhang der Architektur gelöst werden könnten.[39]

In einer gemeinsamen Sitzung der beiden Zentralvorstände kam man sich schliesslich in Schritten entgegen, sodass gemeinsam weitermarschiert werden konnte. Der SWB erklärte sich bereit, den strittigen Zusatz in der abgeschwächten Form, «wobei das Gebiet der Architektur in erster Linie dem BSA vorbehalten bleibt», zu akzeptieren. Der BSA seinerseits gestand dem Werkbund explizit das Recht zu, sich zu Architektur zu äussern, solange er sich nicht in Standesfragen einmischen würde: «Programmatische oder gesinnungsmassige Architektur-Ausstellungen und die entsprechende Behandlung von Baufragen gehören in das Arbeitsgebiet des SWB.»[40]

Einmal mehr hatte der BSA die Zeitschrift als Pfand benutzt, mit dem er den Werkbund zurückbinden konnte. Der SWB auf der andern Seite hatte einmal mehr von einer eigenen Zeitschrift geträumt, die «in einer reineren Form für die SWB-Ideen eintreten könnte», war dann aber angesichts der schmalen Basis davor zurückgeschreckt, obwohl die Entwicklung in Deutschland die Hoffnung nährte, «sich an Stelle der an Einfluss verlierenden Zeitschriften zu setzen».[41]

Im Protokoll der Werkbund-Sitzung vom 21. Dezember 1939 kann man folgenden erstaunlichen Satz lesen: «In der Aussprache mit dem BSA lag das Schwergewicht in der Besprechung von Form und Inhalt der Zeitschrift, wobei sich zeigte, dass sich die Auffassungen der SWB-Delegation und des BSA weitgehend deckten.»[42] Auch dass der BSA in der Zwischenzeit durch die Herausgabe des *Baukataloges* für einen Insertionsrückgang in der Zeitschrift *Werk* gesorgt hatte, verursachte wenig Aufregung. Umso mehr stand der Redaktor im Kreuzfeuer der Kritik. Man zollte ihm zwar Anerkennung für sein Wissen und Können, doch sei die Zeitschrift nicht genügend aktuell und objektiv, sie sei auch zu wenig offen für andere Gebiete wie Film und Theater, und schliesslich fehle ihr die internationale Ausrichtung, die einen grösseren Leserkreis garantieren würde. Die Vorwürfe waren von der Basler Fraktion vorgebracht worden. Der Vorwurf an den Redaktor, er betrachte die Zeitschrift «als persönliche Angelegenheit» war auch schon zu Beginn seiner Redaktionszeit erhoben worden. Bereits 1933 hatte sein Redaktorenstuhl bedenklich gewackelt und Gantner, der das Ende der Zeitschrift *Neue Stadt* (früher: *Das neue Frankfurt*) wohl kommen sah, wäre damals offenbar gerne an seine alten Wirkstätte zurückgekehrt.[43] Es ist die Ironie der Geschichte, dass Meyers Abgang zu einem Zeitpunkt eingeleitet wurde, als er sich in vielem, das er kritisiert und prophezeit hatte, durch die Ereignisse bestätig sah, nicht zuletzt durch die Landesausstellung 1939 (→ S. 277) in Zürich, deren Architektur er im *Werk* bekanntlich begeistert kommentiert hatte.

Im April 1941 wurde eine von der SWB-Ortsgruppe Basel verfasste Resolution diskutiert, und in der Zentralvorstandssitzung verlangte dieselbe, dass dem BSA mitgeteilt würde: «Ohne Änderung in der Redaktion hat der SWB kein Interesse mehr am ‹Werk›.»[44] Peter Meyer musste aus zweiter Hand über die Ereignisse hinter den Kulissen erfahren; sein «Memorandum über die Möglichkeiten und Grenzen einer schweizerischen Kunst- und Architekturzeitschrift» war der verzweifelte Versuch, den Lauf der Dinge aufzuhalten.[45] Bezeichnenderweise war dieses an den BSA gerichtet, von dem er sich – im Gegensatz zum Werkbund – noch Unterstützung erhoffen konnte.

Schon längst war der SWB auf der Suche nach seinem Nachfolger. Wunschkandidat der Basler Gruppe war spätestens ab Ende 1939 Max Bill, der seinerseits durchaus Interesse bekundete und sich selber gegenüber Hans Schmidt in einem am Weihnachtstag 1939 geschriebenen Brief wie folgt empfahl: «mein starkes interesse für sämtliche gebiete die im *werk* platz finden sollen, ist wohl selten zu finden, verbunden mit einer positiven einstellung bis zu den modernsten erscheinungen, wie sie meines erachtens für einen ‹werk›-redaktor, wie wir ihn heute brauchen, unerlässlich ist.»[46] Die Option Bill wurde von den Baslern offenbar die nächsten Jahre aufrechterhalten und erst im September 1942 aufgegeben, weil gemäss der Einschätzung von Schmidt ein Kandidat der «materialistischen basler gruppe»[47] in Zürich chancenlos war. Dann überschlugen sich die Ereignisse.

Am 7. Oktober 1942 wurde Peter Meyer in eine Sitzung des Zentralvorstandes des SWB geladen und gleich mit konkreten Vorwürfen konfrontiert. Einerseits hätte er sich nicht für den Werkbund, seine Ideen und Veranstaltungen, eingesetzt und andererseits würde er mit der Verbreitung seiner eigenen Ideen «alle an der Entwicklung der neuen Architektur beteiligten Architekten und die mit ihnen zusammenhängenden Arbeitenden» diskreditieren.[48]

Der ideale Redaktor: Alfred Roth

Im Dezember-Heft wurde die Neubesetzung bekannt gegeben. Die Zeitschrift diente von nun an auch dem Schweizerischen Kunstverein (SKV) als «offizielles Organ», und die Gebr. Fretz AG wurde als Verlag durch die Buchdruckerei Winterthur AG ersetzt. Als Nachfolger von Meyer konnte der BSA Alfred Roth (→ S. 431) und Gotthard Jedlicka präsentieren. Eine für den Werkbund geradezu ideale Entwicklung der Dinge: Der zuerst designierte Ernst F. Burckhardt hatte gegenüber seinem Koredaktor Jedlicka Vorbehalte angemeldet und schliesslich mitten in der Vorbereitung der ersten Nummer das Handtuch geworfen, wodurch der Platz für den ursprünglich vom Werkbund portierten Roth frei wurde.[49] Damals bereits «Wortführer der architektonischen Avantgarde»[50] und von den Baslern wie Zürchern gleichermassen akzeptiert, war er auch für den Schweizerischen Werkbund der geradezu ideale Vorposten, hatte er doch seit seiner Anstellung an der Werkbund-Siedlung in Stuttgart 1927 (→ S. 353) in vielfältigem Einsatz für den Werkbund gestanden. Offiziell bis Ende 1959 wirkte Roth als «Teilredaktor», wobei das *Werk* zunehmend zu einer Architekturzeitschrift wurde, die sich gegen die Konkurrenz von *Bauen + Wohnen* behaupten musste. Als er im ersten Heft des Jahres 1960 verabschiedet wurde, kamen die Gruss- und Dankesadressen ausschliesslich von seinen Architektenkollegen. Der Werkbund seinerseits war zu diesem Zeitpunkt unterwegs zu einer Vereinigung, die sich als «Ziel und Aufgabe» die «Gestaltung der Umwelt in ihrer Gesamtheit» setzen sollte.[51]

1 Brief von Daniel Reist, Erster Vorsitzender SWB, an die Mitglieder des Zentralvorstandes des SWB, 17.3.1977, SBW Archiv A 1.6/071.

2 Aktennotiz über die Aussprache vom 17.2.1977, 10 Uhr, im BSA-Sekretariat über die Probleme bei *Werk-Archithese*, Typoskript, BSA-Archiv (gta Archiv).

3 Nach der Kündigung von Lucius Burckhardt musste der Werkbund feststellen, dass ihm kein redaktioneller Raum mehr zur Verfügung stand, so etwa in einem Rundschreiben des Geschäftsführers Jürg Kaufmann: «Liebe Werkbundmitglieder, die Situation zwischen dem WERK-Verlag, dem BSA und dem SWB ist immer noch – wie man zu sagen pflegt – ‹in der Schwebe›. Die ‹Schwebelage› führte dazu, dass das ‹offizielle› Organ des SWB plötzlich nicht mehr als solches existierte und unsere SWB-Kommentare bleiben aus und aus und aus ...... Nicht dass sie etwa nicht im Manuskript vorgelegen hätten, nein, unser Redaktor hat seine Pflicht und Schuldigkeit getan und tut sie weiter. Die SWB-Kommentare hatten einfach (!) keinen Platz mehr.» (Jürg Kaufmann, *swb-informationen,* 9.2.1972, Typoskript, Archiv SWB A 1.6/071).

4 *Werk, Bauen+Wohnen* 67 (1980), H.1/2, S.4.

5 Im Folgenden handelt es sich um eine stark gekürzte und modifizierte Fassung eines Aufsatzes, der im Rahmen eines Themenheftes zur Zeitschrift *Werk* in der *archithese* erschienen ist: Bruno Maurer, «Das Werk» der Jahre 1914–1942, in: *archithese* 24 (1994), H.5, S.17–29. Siehe in diesem Heft insbesondere den Aufsatz von Werner Oechslin sowie zur Redaktionszeit von Peter Meyer den Aufsatz von Katharina Medici-Mall. Seither sind erschienen: Medici-Mall 1998 und Schnell 2005.

6 Vgl. Claude Lichtenstein, ABC und die Schweiz. Industrialismus als sozial-ästhetische Utopie, in: *ABC. Beiträge zum Bauen 1924–1928,* Kommentarheft zum Reprint, Baden 1993, S.18.

7 Zit. nach: Irma Noseda und Martin Steinmann, *Zeitzeichen. Schweizer Baukultur im 19. und 20.Jahrhundert,* Zürich 1988, S.81.

8 Zur *Schweizerischen Baukunst* siehe Schnell 2005, S.206.

9 Brief der Buch- und Kunstdruckerei Benteli A.G. Bümpliz an den Obmann des BSA, Architekt W.Joss, 21.10.1913, BSA Archiv (gta Archiv).

10 *Werk* 1 (1914), H.1, S.1–2.

11 Brief des SWB (gez. Alfred Altherr) an [Walter] Joss, 4.2.1915, BSA Archiv (gta Archiv).

12 Brief des BSA (gez. Klauser) an Hans Bernoulli, 27.11.1918, BSA-Archiv (gta Archiv).

13 Vgl. SWB 70 Jahre 1983.

14 So wurde etwa für die Weihnachtsausstellung 1921 von der Firma Gygax und Limberger eine «gute Zimmereinrichtung» hergestellt. Gleichzeitig war diese dafür zuständig, «im Ausland eine schlechte [zu] besorgen.» (Protokoll der Sitzung der Ortsgruppe Zürich SWB, 28.10.1921, Archiv SWB).

15 *Werk* 5 (1918), H.12, S.XXXVI.

16 *SBZ* 73 (1919), S.35–36.

17 Vgl. Hermann Kienzle, Die Entwicklung des Werkbundgedankens, in: *Werk* 26 (1939), H.1, S.18.

18 Den beiden Vereinigungen wurde eine Summe von 10000 Franken garantiert, womit das Organ ein wichtiges Standbein für deren Finanzen darstellte.

19 *Werk* 14 (1927), H.8, S.258.

20 Jacques Gubler, Vom korporativen Organ zur KUNSTZEITSCHRIFT, in: *Werk/Œuvre* 60 (1973), H.12, S.1528–1529, hier S.1528.

21 Interview mit Joseph Gantner im *Basler Magazin,* Wochenendbeilage der *Basler Zeitung,* 18.6.1983.

22 *Werk* 14 (1927), H.2, S.63; *Werk* 14 (1927), H.8, S.258.

23 *SBZ* 89 (1927), Nr.5, S.67.

24 Protokoll ZV SWB, 7.9.1927, Archiv SWB A 1.1.1.

25 § 4 des Verlagsvertrags zwischen BSA und Gebr. Fretz AG lautet: «An der Herausgabe der Zeitschrift ist gemäss Vertrag vom 2. Nov. 1927 der Schweiz. Werkbund (→S.W.B.) beteiligt.» Die Beteiligung am *Werk* regelte der Werkbund nun durch einen separaten Vertrag mit dem BSA. Zudem musste sich der Werkbund zum Zwangsabonnement für seine Mitglieder verpflichten. 1928 hatte gerade etwa die Hälfte der 426 Werkbündler die Zeitschrift abonniert; einige leisteten nicht nur passiven Widerstand, sondern wehrten sich in einem Protestschreiben gegen das Obligatorium, Protokoll ZV SWB, 3.7.1928, Archiv SWB A 1.1.1.

26 Vgl. Martina Sitt, *Kunsthistoriker in eigener Sache: zehn autobiographische Skizzen,* Berlin 1990, S.141.

27 Express an die Mitglieder des BSA vom 3.8.1927, BSA-Archiv (gta Archiv).

28 Vgl. Georg Schmidt, Soziologische Kunstgeschichte?, 1962, in: ders., *Umgang mit Kunst. Kunstgeschichtliche Begriffsbildung. Kunst des 19. und 20.Jahrhunderts. Mensch und Kunst nach* 1945, Olten 1966, S.13–14.

29 Protokoll ZV SWB, 30.11./1.12.1928, Archiv SWB A 1.1.1: Es wird beschlossen, nicht inhaltlich gegen Bernoullis Artikel vorzugehen, «sondern darauf hinzuweisen, dass eine nur negative Kritik zu beanstanden und das überhaupt ein Artikel dieser Art im ‹Werk› displaziert sei».

30 *Werk* 14 (1927), H.12, S.XXVII–XXVIII; vgl. dazu Bürkle/Tropeano 1994, S.22.

31 Delegierten-Sitzung BSA und SWB, 14.9.1929, BSA-Archiv (gta Archiv).

32 «Herr Gubler weist darauf hin, dass er in der ersten Zeit mit Bernoulli zusammengearbeitet habe. Eine Reihe von bitteren Erfahrungen in der Behandlung von wichtigen Werkbund-Angelegenheiten habe ihn veranlasst, seinerzeit in einer Vorstandssitzung zu erklären, dass ihm eine Mitarbeit am Werk nicht mehr möglich sei.» (Protokoll ZV SWB, 2.2.1929, Archiv SWB A 1.1.1).

33 Protokoll ZV SWB, 2.2.1929, Archiv SWB A 1.1.1.

34 Ebd.

35 Zit. nach: Medici-Mall 1991, S.327.

36 *SBZ* 89 (1927), S.67.

37 *Werk* 17 (1930), H.1, S.30–31.

38 Protokoll ZV SWB, 15.12.1933, Archiv SWB A 1.1.1.

39 Votum von Hermann Kienzle nach Protokoll der Sitzung des ZV des BSA und SWB, 15.12.1933, Archiv SWB A 1.1.1.

40 Sitzung der ZV des BSA und SWB, 13.1.1934, BSA-Archiv (gta Archiv).

41 Protokoll ZV SWB, 21.8.1933, Archiv SWB A 1.1.1.

42 Archiv SWB; siehe dazu auch →S.366/425.

43 Brief von Gantner an Alfred Hässig, 5.10.1933, BSA-Archiv (gta Archiv).

44 Protokoll ZV SWB 28.5.1941, Archiv SWB A 1.1.1.

45 Memorandum vom 28.9.1942 zu Händen des BSA, BSA-Archiv (gta Archiv).

46 Brief von Bill an Hans Schmidt, 25.12.1939, gta Archiv, Nachlass Hans Schmidt. Ich bedanke mich bei Angela Thomas Schmid, die mich auf den Briefwechsel zwischen Bill und Schmidt zum Thema *Werk*-Redaktion aufmerksam gemacht und die einschlägigen Auszüge aus ihrem demnächst erscheinenden Buch zu Max Bill überlassen hat.

47 Brief von Schmidt an Bill, 30.9.1942, gta Archiv.

48 Protokoll ZV SWB, 7.10.1942, Archiv SWB A 1.1.1.

49 Brief von Friedrich T.Gubler an Hermann Baur, 24.11.1942, BSA-Archiv (gta Archiv).

50 Stanislaus von Moos, Alfred Roth und die «Neue Architektur», in: Roth 1985, S.24. In diesem Text auch S.22–28 und passim zu Roths Ära als *Werk*-Redaktor.

51 Ziele des SWB, in: SWB 70 Jahre 1983.

119
Zur heutigen Situation in der bildenden Kunst. Eine ästhetische Untersuchung im Felde des industriellen Designs, Titelseite *SWB-Kommentare* 11, 1969

120
Kunst als Information – Information als Kunst, Titelseite *SWB-Kommentare* 13, 1969

121
Neue Zielsetzung des SWB, Titelseite *SWB-Kommentare* 16, 1970, Collagen Ruedi Bachmann, Dieter Bleifuss,

119

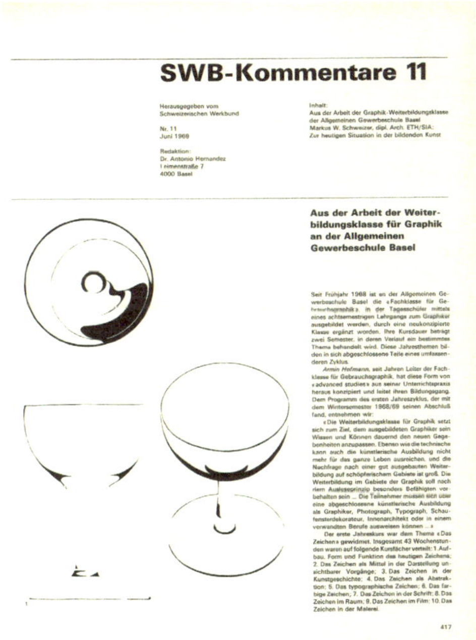
SWB-Kommentare 11

Aus der Arbeit der Weiterbildungsklasse für Graphik an der Allgemeinen Gewerbeschule Basel

120

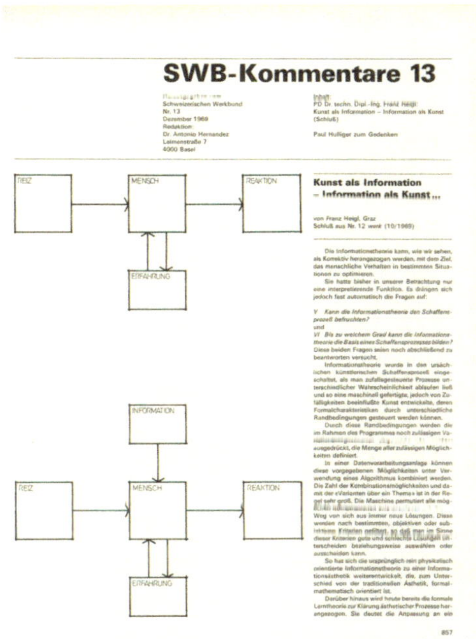
SWB-Kommentare 13

Kunst als Information – Information als Kunst...

121

SWB-Kommentare 16

NEUE ZIELSETZUNG DES SWB HERBST 1969 ALS HAUPTAUFGABE DES WERKBUNDES BETRACHTEN WIR A) DAS INTERDISZIPLINAERE GESPRAECH B) KRITIK KONTROLLE UND SCHULUNG ZU KRITISCHEM DENKEN C) INFORMATION SAMMLUNG VERBINDUNG UND VERMITTLUNG ALSO KOMMUNIKATION +

Werk-Beilage *SWB-Kommentare*

1967–1974

Mit Peter Steiger (→ S. 435) als neuem Ersten Vorsitzenden wird 1967 eine informative Beilage zur Zeitschrift *Werk* lanciert, die eine «breitere Öffentlichkeit über die Ziele und Bestrebungen auf den verschiedensten Arbeitsgebieten unterrichtet.»[1] Offenbar sah man mit der Verbandszeitschrift nicht alle thematischen Gebiete abgedeckt, in denen sich der Schweizerische Werkbund engagieren wollte. Über insgesamt sechs Jahre erschienen zuerst 26 Nummern als *Kommentare,* ab Februar 1972 weitere 16 Ausgaben als *SWB-Journal* und ab und zu in einer ausführlicheren Ausgabe als *SWB-Dokument* sowie ab Oktober 1973 in Zusammenarbeit mit L'Œuvre (OEV) als *SWB-Journal-OEV* beziehungsweise *SWB-Dokument-OEV.*

Das publizistische Engagement wirkt im Nachhinein wie eine Befreiungsstrategie von der bis dahin dominierenden Aktion *Die gute Form* und als eine Möglichkeit, die neuen Schwerpunkte des Werkbundes auch einer breiteren Öffentlichkeit zu vermitteln. Angefangen mit der ersten Nummer stellt der Redaktor der Beilage, der Basler Kunsthistoriker und Gewerbeschullehrer Antonio Hernandez, die Ära der jährlichen Ausstellungen an der Mustermesse in Basel (MUBA) in einen grösseren geschichtlichen Zusammenhang und das «Bekenntnis zum einfachen, maschinengerechten Industrieprodukt» als Losung einer abgeschlossenen Epoche dar. Vielmehr müsse der Werkbund nun «vom Design des Einzelgeräts [...] den Schritt tun zur sinnvollen Planung unserer Umwelt». Gleich mit dieser ersten Beilage wird ein solch umfassendes Projekt vorgestellt, mit dem das Thema Wohnen

Stellen Sie sich ein Idyll wie Breughels Kinderspiele auf einem Parkplatz vor ...

122
Seite aus *SWB-Kommentare* 16, 1970, Collagen Ruedi Bachmann, Dieter Bleifuss, Hannes Dirk-Flury

123
Noch mehr Gegen-Information, Titelseite *SWB-Kommentare* 21, 1971

124
Bericht zur Aktion 71 *Lehrzeit – Leerzeit*, Titelseite *SWB-Kommentare* 22, 1972

125
Design Information Zürich, Titelseite *swb-journal-oev* (*SWB-Kommentare* 38), 1974

126
Macht Eigentum frei?, Seite *swb-journal-oev* (*SWB-Kommentare* 42), 1974

123

werk 10/1971

SWB-Kommentare 21

Herausgegeben vom Schweizerischen Werkbund Florastraße 30, 8006 Zürich Oktober 1971 Nr. 21 Redaktion Dieter Bleifuss Bankstraße 30 8610 Uster

Inhalt: Noch mehr Gegen-Informationen von Carlo Frigeri, Gerd Loehrer, Alfred Neukomm, Hans Wichmann SWB-Aktiv Neue Mitglieder

Noch mehr Gegen-Informationen

GESUCHT: Wehrmann und langes Haar / Le militaire et les cheveux longs

SACHDIENLICHE MITTEILUNGEN

Einsatzfreudig, zuverlässig – Männer, die auf beiden Beinen stehen.

Die Stadtpolizei braucht Männer, die Ganzes leisten.

693

124

werk 3/1972

SWB-Kommentare 22

Herausgeber: Schweizerischer Werkbund Florastraße 30, 8006 Zürich, 01-34 44 09 März 1972 Redaktion: Dieter Bleifuss Bankstr. 30, 8610 Uster, 01-87 07 74

MÜSSTE MAN NICHT GANZ KONKRET SOFORT ANDERE LÖSUNGEN AN DIE HAND NEHMEN UND ANSTREBEN?

Berichte zur SWB-Aktion 71, Ortsgruppe Bern «Lehrzeit – Leerzeit»

Bisher waren Lehrlinge billige Arbeitskräfte für den Chef. Jetzt beginnen sich die jungen Leute in Interessengemeinschaften zu organisieren – meistens ist dann der Boß ob solch bösem Tun, wie zum Beispiel der Forderung nach richtiger Ausbildung, statt Hilfsarbeiter oder Mädchen für alles zu sein, aufgebracht.

Müßte man nicht ganz konkret sofort
Hp. Finger
Die Berufsbildungsaktion der Werkbund-Ortsgruppe Bern

125

125

werk/œuvre 4/74 501

swb-journal-oev

Dokumentation über Produkte des Einrichtungsbereiches

Design Information Zürich

Im April/Mai dieses Jahres wird im Pavillon Le Corbusier die Design Information Zürich (D.I.Z.) eröffnet. Es ist dies eine öffentlich zugängliche Dokumentation über Möbel, Beleuchtung, Textilien und Objekte. Konsumenten, Architekten, Innenarchitekten und Gestalter erhalten damit eine Uebersicht über die in der Schweiz erhältlichen in- und ausländischen Produkte des Einrichtungsbereichs.

Sonstige Aktionen

Une documentation sur les produits de l'aménagement intérieur

Design-Information Zurich

Au mois d'avril ou de mai de cette année s'ouvrira au Pavillon Le Corbusier la Design-Information-Zurich (D.I.Z.). Il s'agit d'une documentation mise à la disposition du public qui concerne le mobilier, les textiles, l'éclairage et les objets. Elle permet au consommateur, à l'architecte et à l'architecte d'intérieur, ainsi qu'au designer, d'avoir un aperçu des produits présentés sur le marché suisse, qu'ils soient d'origine indigène ou importés.

Arbeitsgemeinschaft

Produkt-Ausstellungen

Produkt-Dokumentation

durch einen vom SWB angeregten Fachausschuss Wohnbau (FAW) bis in die Gebiete der Grundrisstypologie, der Siedlungsforschung und der Soziologie ausgeweitet werden sollte (→ S. 395). Der damit zusammenhängende Aufruf «Wer baut mit uns Werkbund-Wohnungen?» war als programmatischer Auftakt zu verstehen, um den Fokus zwar im angestammten Tätigkeitsfeld des Werkbundes, darin jedoch auf grössere «Funktionszusammenhänge» zu lenken.[2] Dennoch war mit einem generellen Schwerpunktwechsel die langjährige Aktion *Die gute Form* nicht einfach ad acta gelegt. Parallel zu den nach wie vor laufenden Sonderausstellungen an der MUBA dienten die ersten paar Ausgaben der *Kommentare* dazu «Bilanz» zu ziehen, um dann im Juni 1968 endlich zu postulieren, dass «Die ‹Gute Form› am Ende ihrer Möglichkeiten» angelangt sei.[3] Schliesslich wurde mit einer dem 60. Geburtstag Max Bills gewidmeten Ausgabe gewissermassen auch personell ein Schlussstrich unter die fast 20-jährige Ausstellungsära gezogen. Indem Hans Fischli ihren Mitbegründer, Akteur und Repräsentant ausführlich ehrte, seine Verdienste in Bezug auf die Verbindung von Kunst, Ausstellung und Gestaltung in den Vordergrund rückte, wurde gleichzeitig seine Person im historischen Kontext verortet und von der aktuellen Ausrichtung des Werkbundes verabschiedet.[4]

Parallel zu dieser Berichterstattung eines der Vergangenheit angehörenden Projekts konnte nun mit Artikeln wie «Politik und Gesellschaft als Faktoren im Städtebau» oder «Bildende Kunst, Gesellschaft und Staat» wie auch «Graphik als Umwelt» neue Themen eingebracht werden, mit denen Gestaltung in einem grösseren Zusammenhang von Kultur, Umwelt und Politik gesehen und damit ein erweiterter Designbegriff zur Diskussion gestellt wurde.[5] Bildung und Umwelt waren die grossen Themen der 1970er-Jahre, die in verschiedenen Einzelaktionen, Ausstellungen und Tagungen des SWB in den *Kommentaren* Widerhall fanden.[6]

Auch publizistisch-gestalterisch ging man, zumindest ansatzweise, entsprechend innovative Wege. Die letzte von Hernandez redaktionell betreute Ausgabe stellte diesbezüglich sicher einen Höhepunkt dar. Ruedi Bachmann, Hannes-Dirk Flury und der nach Hernandez übernehmende Redaktor Dieter Bleifuss verantworteten die mit Collagen durchsetzte 16. Ausgabe der *Kommentare* vom September 1970. Die aus Textfragmenten und Stadtausschnitten mit hineinmontierten Figuren bestehenden Bildcollagen erinnern an solche von «Instant City», einem bildhaft verstandenen Architekturprojekt, das 1968 um die englische Avantgardegruppe Archigram angesiedelt war, und mit dem die Stadt als Aktionszentrum für die Aufklärung und Vernetzung der Gesellschaft auserkoren wurde.[7] Die drei Schlagworte Information, Kommunikation und Aktion (IKA) wurden als eine Art dreistufige Formel und Anleitung zur Aufklärung und Aufforderung zum Handeln vorgeschlagen, was durchaus programmatisch für das zukünftige propagandistische Vorgehen des SWB selber zu verstehen war.[8] Letztlich war damit gleichzeitig Partizipation gefordert, also die proaktive Teilnahme der Werkbund-Mitglieder und die Unterstützung an Aktionen wie etwa politischer Initiativen und Interpellationen. So wurde die unspezifische inhaltliche Ausrichtung der *Kommentare* genutzt, um die Beilage zu einer meinungsbildenden, tendenziell linksorientierten Plattform auszubauen.

Wohl aus Mangel an fundierten Analysen und Berichten wurde der vereinsinterne, informierende Teil umso länger, je mehr er bestimmend war. Möglicherweise waren die begrenzten Ressourcen dafür verantwortlich, dass die *Kommentare* ab 1973 in reduzierter Form als *SWB-Journal* weitergeführt wurden – im Stil eines beidseitig bedruckten Flugblatts, das nach wie vor als Beilage Teil der Zeitschrift *Werk* war; in unregelmässigen Abständen folgte ein sogenanntes *SWB-Dokument,* dessen Inhalt sich über Vereinsinterna hinaus «mit der eingehenden Darstellung besonderer Probleme» befasste.[9] Zusätzlich zur publizistischen Erneuerung, mit der zugleich Bleifuss durch den Journalisten Ruedi Jost abgelöst wurde, fand mit Daniel Reist als Erstem Vorsitzendem und Leonhard Fünfschilling (→ S. 437) als Geschäftsführer auch eine Erneuerung in den Leitungsstellen des SWB statt.

Die publizistische Neuorientierung hielt jedoch nur für eineinhalb Jahre. Mit der Oktober-Ausgabe 1974 verabschiedete sich Jost mit einer eindrücklichen, ganzseitig abgedruckten Fotografie der polizeilichen Räumung besetzter Häuser in Zürich von der redaktionellen Arbeit und brachte damit gleichzeitig die letzte eigenständige publizistische Leistung des Werkbundes im *Werk*. Bis zur letzten Ausgabe der nunmehr *Werk/Œuvre* benannten Zeitschrift im Dezember 1976 war der SWB nur noch unter der Rubrik *Actuel* mit einer kurzen *Kolumne* sichtbar. Und im neu gegründeten, nur drei Jahre dauernden Nachfolgeprojekt *Werk-Archithese* tauchte diese *Kolumne* noch ein einziges und letztes Mal auf.[10] Danach verlor der Werkbund eine öffentlich wahrnehmbare publizistische Plattform. Die ab 1975 an Mitglieder verschickte *SWB-Information* und der ab 2010 per E-Mail versandte *Werkbrief/La Lettre* sind nur noch für die interne Kommunikation vorgesehen und fungieren als «Querinformation zwischen den Ortsgruppen».[11]

War das Selbstverständnis des Werkbundes mit der Vereinszeitschrift *Werk* bis Mitte der 1960er-Jahre einigermassen kongruent, emanzipierte er sich mit den *Kommentaren* ab 1967 durch ein eigenes Profil, distanzierte sich aber gleichzeitig von ihr. Bereits 1958 wollte man eine «spezielle Tribüne des SWB» anregen, um «neben grundsätzlichen Problemen auch allgemeine Fragen der Ortsgruppen» zu behandeln.[12] Die tatsächliche Installierung einer Beilage ab 1967 entpuppte sich dann als öffentlich wirksames Instrument, um in lockerer Folge ganz unterschiedliche Themen aufzugreifen, was aber den Einfluss auf die Vereinszeitschrift und die inhaltliche wie ideelle Deckung mit ihr letztlich minderte. Innerhalb des Themenspektrums der Zeitschrift *Werk-Archithese* sah man sich schliesslich nicht mehr genügend repräsentiert wie auch in einer neu geplanten Zeitschrift *Werk* der früheren Partnerorganisation Bund Schweizer Architekten (BSA), weshalb eine weitere Zusammenarbeit mit diesen Zeitschriften nicht weiterverfolgt wurde (→ S. 149). «Für die Lösung der Informationsprobleme des SWB müssten andere Wege beschritten werden», hiess es im Geschäftsbericht von 1978 etwas unsicher.[13] Damit unterschätzte der Werkbund sowohl die Wirksamkeit einer breit abgestützten, regelmässig erscheinenden Zeitschrift als auch den publizistischen und verlegerischen Effort, der mit einer eigenen Publikation auf dem öffentlichen Markt zu leisten gewesen wäre. Einige Versuche, mit eigenständig produzierten Publikationsreihen in der Öffentlichkeit Fuss zu fassen, zerschlugen sich aus den naheliegenden Gründen einer mangelnden Finanzierbarkeit und eingeschränkter personeller Ressourcen. Trotzdem konnten von 1979 bis 1982 sieben Ausgaben von *Werkbund Material* im Tabloid-Format erscheinen, mit denen sich der Werkbund jeweils explizit einem spezifischen Thema widmete (→ S. 202). Zudem sind Vorträge von einigen Tagungen in einer vorerst als Kopiensammlung, später als Broschur unregelmässig erscheinenden SWB-Schriftenreihe publiziert worden. ● *Thomas Gnägi*

Nachdem um die siebzig junge Zürcher ihr Wohnungsproblem für ein Jahr durch die Besetzung der sogenannten Hegibachhäuser gelöst hatten, stürmt die Zürcher Polizei frühmorgens am 25. Juli 1974 eines der beiden noch besetzten Häuser. Eigentümerin der Hegibachhäuser ist die Mobag, die grösste schweizerische Generalunternehmung. Da bekanntlich Eigentum frei machen soll, stellt sich nun die Frage, wie frei die Mobag tatsächlich ist beziehungsweise wie unfrei die Besetzer sind. Vor allem stellt sich auch die Frage, was das für eine Freiheit sein kann, die als Voraussetzung den Grundbesitz braucht. Dieser Frage geht das nun letztmals erscheinende swb-dokument-oev nach.

1 SWB Kommentare 1, S. 573. Zur Lancierung der Beilage vgl. GB SWB 1967, S. 6.
2 SWB Kommentare 1, S. 574–575.
3 Vgl. SWB Kommentare 2 und SWB Kommentare 5. Auch die legendäre Auktion *Chair Fun* (→ S. 326), mit der die Aktion *Die gute Form* explizit karikiert wurde, hob man in der Beilage besonders hervor, vgl. SWB Kommentare 3, S. 73.
4 Hans Fischli, Max Bill zum 60. Geburtstag, in: SWB Kommentare 9, S. 125–127.
5 In den Ausgaben 2, 3 und 4 der *SWB Kommentare*. Siehe zudem die Bedeutung soziologischer Ansätze und den Einfluss Lucius Burckhardts (→ S. 433) auf die Ausrichtung des SWB.
6 Beispielsweise zum Thema Bildung in den Ausgaben 22 bis 25 und zum Thema Umwelt die zwölfseitige Ausgabe über die Ausstellung *Die Landschaft – Deine Umwelt, ein Kapital, das verpflichtet*, vgl. SWB Kommentare 15.
7 Siehe beispielsweise die der englischen Gruppe Archigram gewidmete November-Nummer der englischen Zeitschrift *A.D.* (Architectural Design) 40 (1970), H. 11, bes. S. 566–573. Peter Cook von Archigram hielt 1972 bei einer Vortragsreihe der Ortsgruppe Basel zusammen mit dem Bund Schweizer Architekten (BSA) einen Vortrag über *Synthetic Suburbia – Technologie im Städtebau*, vgl. GB SWB 1972, S. 7.
8 SWB Kommentare 16, S. 613 und S. 616.
9 *SWB-Journal*, Nr. 27 der *SWB-Kommentare*, in: *Werk* 60 (1973), S. 483–484.
10 *Werk-Archithese* 64 (1977), H. 4, S. 50–52.
11 GB SWB 1978, S. 3.
12 Arbeitstagung des Schweizerischen Werkbundes in Unterägeri 9.–11.5.1958, Typoskript Archiv MfGZ/Designsammlung/Konvolut SWB/Unterägeri 1958.
13 GB SWB 1978, S. 2.

Kapitel 3

Gesellschaft gestalten

Gestaltung in einer sich verändernden Gesellschaft

Von der Prädikatsstelle zur Informations- und Aktionsplattform

127

Thomas Gnägi

128

129

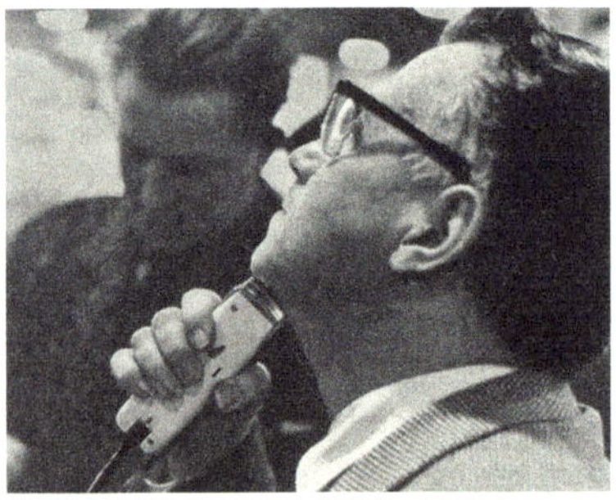

130

131

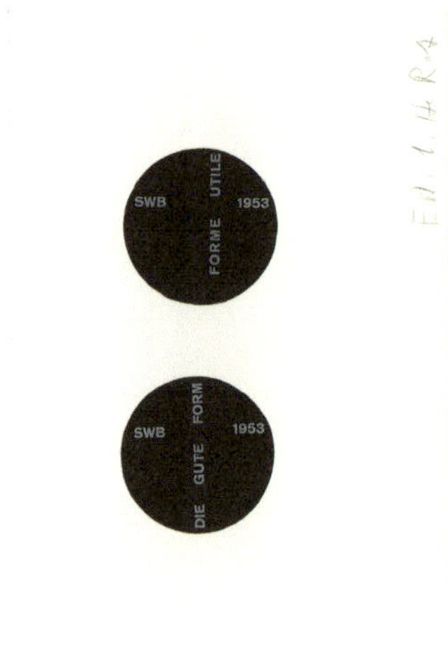

132

133

134

135

127
SWB-Kommentare 16, 1970, Ausschnitt

128
Åke H. Huldt vom Schwedischen Kunstgewerbeverein, Jurierung *Die gute Form* an der MUBA, 1958, Foto Rob Gnant

129
Niklaus Morgenthaler, Jurierung *Die gute Form* an der MUBA, 1958, Foto Rob Gnant

130
Richard P. Lohse, Jurierung *Die gute Form* an der MUBA, 1958, Foto Rob Gnant

131
Erster Vorsitzender Daniel Reist vor dem Kühlturm des Atomkraftwerks Gösgen, 1976

132
Anerkennungsurkunde *Die gute Form 1952*, Innenseite Entwurf Plakette *Die gute Form/ Forme utile SWB 1953* (in Bleistift: «Ettikette Rot»)

133
Ausstellungskatalog *Good Design*, 1953, Gestaltung Morton Goldsholl

134
Label für Möbeldesigner Kaare Klint, 1930, Gestaltung Gunnar Biilmann Petersen

135
Shaker's Trade Mark Nr. 1, Mt. Lebanon. N.Y., 1873

136–137
Doppelseiten aus *Wohnen heute 7*, 1969, Essay von Peter F. Althaus mit Abbildungen von Werken Tom Wesselmanns, Richard Hamiltons und Jean Tinguélys

The various aspects of this basic posture are reflected most faithfully in visual art which, of all the media through which general progressive thinking is communicated, is the quickest to react and, at the same time, is the locus of the most extreme forms of expression.
Italian futurism, for instance, was extravagant in an advocacy of speed, noise, machines, and movement, which led directly to a proclamation of violence, and indeed paved the way to fascism. Consequently, in spite of many interesting experiments (Ballà, Boccioni), it produced hardly any valid artistic formulations. With a French sense of measure cubism gave shape to a type of thinking which approximates to the scientific. In grossly oversimplified terms it may be said to have analysed the visual impression of part of the surrounding world into its basic elements, into typical basic forms, and attempted to reorganize these on the picture surface in obedience to the autonomous laws inherent in the picture, and to translate volume and space into rhythm and displaced planes (i. e. analysis – new synthesis). Divisionism (Seurat and others) attempted to do the same thing in the medium of colour. It seems to us that the emergence of this novel vision into consciousness was a reflection of a new way of thinking; with a sigh of relief, as it were, the artists shook off their commitments to the hallowed past (Academy) but also to the "only right yardstick of nature" and referred to the present and the media at their disposal for their criteria: the picture had to be right in its own terms, in equilibrium within its own frame. In northern and southern regions there was a parallel development which was perhaps more conscious and less directly derivative from visual experience. The physiological function was equated with the intellectual; artists like Kandinsky and Klee investigated the way in which visual perception and associative experience were correlated. Later we shall see that in this field almost everything had been planned and prepared which in our own day has been elaborated in specialized research. Another line of development – again one still active in our own day – deliberately disclaimed illusions, ideals and any kind of planning. It abdicated before the inherent incomprehensibility of life and renounced all man's intellectual potentialities: Dada proclaimed anti-art, anti-state, anti-science, etc. (It is no mere coincidence that these anti-experiments and manifestos should be particularly topical in a world which is at loggerheads with the Establishment in all its forms.) Gradually this protest lost impetus and merged into surrealism, no doubt because of the impossibility of reconciling the artistic desire to create (to word it circumspectly) with the sense of contingency and dependence which prompts the negation of all activity. It is not our task here to point out all the ramifications of this desperate search for a new paradigm – a fixed point amidst shifting valuations – once religion, the perception of reality, and knowledge had been recognized as subjective and relative.
Practitioners of design, those who had undertaken to design an object of everyday use from an electric shaver to a house and to put it into production, were never given the alternative of resigning or planning. They had to create things with a certain service life and a certain utility; they had to produce a form for inventions once technology had devised them and to put an outer cover round its ingenuities. And here we are already confronted with a certain contradiction since form had become a disguise for the object. There was a growing mistrust of giving an object a form because of its associations (e. g. church = Gothic cathedral, Greek temple, catacomb or Roman forum; ship = nutshell; electric lamp = candelabra; car = self-propelled coach; aeroplane = bird, etc.) since people felt this was all obscuration and mystification, the expression of an age which had lost faith in itself. Here again new criteria were needed and here again they were borrowed from technical thinking: form follows function; each function of an object points the way to its optimum form. Only in a tiny minority of cases did this approach in fact provide a new starting point in designing the form of a utility object, for man is incapable of imagining something really unknown without recourse to association since his perception is invariably based on the combination of visual image and stored experience. All the same functional analyses did lead to a modification in the shape of objects. It was realized that the speed of a car could be increased by reducing the air resistance and that this could be achieved by streamlining its shape, at first by guessing the configuration of the waves and later by tests in the wind tunnel. Function could be made to serve as a check between the artistic form, which is primarily a reflection of the creator's identification with his view of the object, and the traditional associative form, which serves the community as a means of identification. The general euphoria engendered by these rationally developed criteria inevitably led in the twenties and thirties to this newly discovered knowledge being greeted ecstatically. A level of consciousness had been reached where previous paradigms could be questioned; on the principle of momentum it was believed at first that the superseded must needs be replaced by the newly created. Thus function and the belief that it was possible to recognize and exploit it became the

new paradigm. Functionalism was the name of the ideology derived from function just as socialism was the ideology derived from the masterly insights of a Marx into the philosophy of society.
It was at the Bauhaus in Weimar and Dessau, probably the most important design school of those years, that artistic design and industrial design, then coming more and more into its own, impinged one on the other most visibly and in a way that proved highly fertile for that historical juncture. Artist-teachers like Kandinsky and Klee, Schlemmer and Moholy-Nagy mediated purged resources of expression (denuded first of all of their natural associations); they made a study of, for instance, the line, its origin, direction and dynamic, and of the quality and quantity of colours and their physiological and psychological effects. What they always sought to keep in focus in this context was the pictorial work as a whole, to treat it as something autonomous without distinguishing strictly between perception and optical facts. This led to a subjective art and basic teaching which was uncommonly suggestive and stimulating but, by good fortune, not an actual recipe for painting. All the same their teaching brought forth a generation of designers who set great store by the "purity of resources", which was based on an accurate technical knowledge of materials, their associations, and their workability, restriction to bare essentials, the function of the picture or object, embodiment in a decipherable system of human proportions, and abstention from the purely decorative. And gradually all these crystallized in the criteria of "Good Form" held in high esteem by the Werkbund.
Their avowed credo was that man's behaviour could be influenced by "beauty". Art was still the sublime which can transcend the toil and moil of everyday, embody ideal purity and thus become an exemplar, even if what is created is no longer an idealistic (intangible, mysteriously sublime) image of the world in which we live but rather self-knowledge gained through purified "objects of meditation".
The link with a social philosophy is particularly clear in, say, the Dutch "de Stijl" group (van Doesburg, Mondrian, Huszar, Oud, Rietwelt etc.) in which, reflecting the Bauhaus trend, a closer connection between art and practical environmental design was sought with even a fusion between the

Amerikanische Popart: Tom Wesselman
American pop: Tom Wesselman
Pop Art americain: Tom Wesselman

Hence in the progressive works of recent years (i. e. after action painting) we can feel the search for a way out, the possibility of combining the creative drive – the need for self identification (sometimes as therapy) and equilibrium between the individual and the simulacrum of society – with the realization that every static object proclaimed as an authentic work of art is an ideal image. The simpler way lies in the criticism written large in the work, in the being-in-question to-oneself implicit there. Even in a political and social context we have factual evidence (student movements) that for the time being identity of opinion exists initially in the negation of the established (ideal projection) as something hostile to the constant movement of life. An alternative to this exists in apprehending flexible systems of structural laws but this, of course, presupposes an intellectual grasp of subjective, i. e. relative (and therefore manipulable) perception. And since our experience of the world, our consciousness, is subject to constant change, these structures must be flexible and capable of constantly adapting and embodying research results which, it is realised, will eventually be superseded and are of limited relevance.
At the same time the individual work, at least at this level of consciousness, is changeable and exchangeable (and should have no investment value otherwise it fits all too easily into the ideal conceptions of a world we have perforce made materialistic through our lack of unitary vision). By bringing the various functions into conjunction (e. g. representation of subjective perception) and embodying bits of subjective information in the flexible structure of the thought pattern we might draw closer to a holistic vision within the limits of what is possible to our species. The work of the individual is meaningless unless incorporated in a large system, and understanding a work of art of the most recent period calls for a conscious effort by the beholder. The "style" of our time cannot be read in the single work but only in the totality of all existing works. This also explains our uneasiness at exhibitions of modern art when, through visual habit, we want to experience the whole in the part when in fact we would have to learn to make the whole out of the sum of the details. Kandinsky demanded the "inner necessity" of each element with reference to the picture as a whole; today the individual picture is an element in a structure controlled by a multitude of individuals.
Style in the old sense corresponded to the ideal projection, in the new sense to the structure. But as our conscious minds have not developed far enough, and more particularly because no usable idea of structure has yet found general acceptance, it is still open to the artist intuitively to propose a totality provided it is cognizable in its subjective dependence. The artist is fortunate in being able to contribute his detailed information consciously or only partly consciously, to vary it or even correct it himself and to recognize it as a meaningful contribution to the process of growing consciousness at least in a social respect, in which context "social" does not refer to just any conceivable function but the awareness of existential dependence.
For the designer of utility articles (architecture, industry, etc.) the problem is rendered more difficult by the fact that the user is left no choice whether to face up to it or not. He must shun the object or make use of it, or at least take notice of it.
"Good Form" springs from the pioneering days of optimism when it was believed that a new society could be built on the conscious acceptance of the new (mainly technical and scientific) realities of the environment. Today the aesthetic concept of "Good Form" is entirely incompatible with the level of consciousness reached by "progressive" people. "Good Form" does proclaim an ideal, an optimum which can be determined according to proportion and functionality. Pure form (maximum agreement between appearance and – decipherable therefrom – function which is, alas, only mechanical and aesthetic) raises a claim to validity, i. e. it becomes established.
A review of the utility articles awarded a prize for good form over a period of 16 years by a qualified

Englische Popart: Richard Hamilton
English pop: Richard Hamilton
Pop Art anglaise: Richard Hamilton

Kinetische Kunst: Jean Tinguély
Kinetic art: Jean Tinguély
Art cinétique: Jean Tinguély

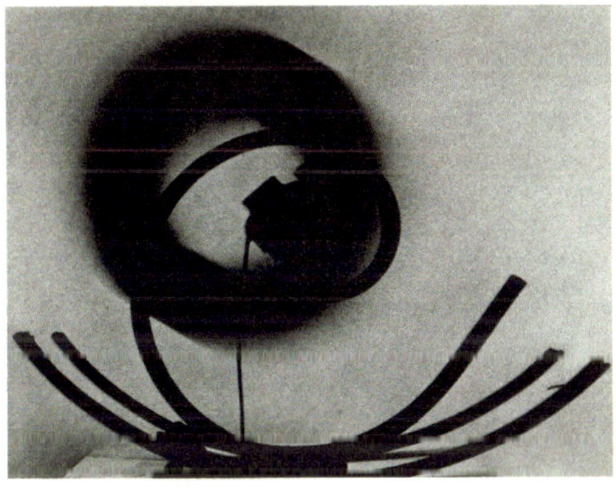

jury shows clearly enough a shift in the criteria of judgment which were not recognized to be of such importance at the outset: a shift in the concept of quality. Somewhere there still subsists the idea (expressed, for example, in "Stijl") that a good environment, uniformly shaped, can make people's minds grow and above all help them to achieve a proper social attitude. This is an idea which has been taken up by the creative arts in "Environments", illustrated and mostly reduced to absurdity.
The process is one seen in every intellectual development, individual or social: unconscious "handling" of the phenomenon – growing consciousness – the first insights engendering an elated feeling of progress which leads (by delusion) to the formulation of laws and yardsticks and hence to the ideal projection – realization of the impossibility of apprehending a whole – destruction of the ideal projection (negation) – notwithstanding, resumption of activity because of the compulsive need for identification – modest search for new elements of construction – structure in which to use these elements. What is new is the realization that the structure must be conceived as being flexible and dynamic instead of static so that new rigid ideals and ideologies are obviated. World War II and the atomic bomb in particular with its potential destruction of the whole human race has led to a dreadful awakening: we realize that too little account had been taken of man's still unexplored behaviour and of his limited capacity for perception, consciousness and experience, dependent as these are on analogies. "Free" art – "free" is of course an illusion since every man and artist is dependent – was able after the catastrophe to negate all planning, to embrance the – equally illusory – chaos of freedom, and the manifestations of uncontrollable matter (= action painting) whereas the designer of utility articles was denied this opportunity and consequently had to retain the old criteria with their reasonably honest, i. e. not decorative or overtly emotional, forms. Only in recent years has

138

139

138
Kurs Teamwork der privat organisierten Samstag- und Abendkurse der ehemaligen Klasse F+F (Klasse Farbe und Form der Kunstgewerbeschule Zürich), März 1971

139
Künstlerstühle der Aktion *Chair Fun* in Bern, 1967

140
Doppelseite aus *Quantität und Qualität*, Broschüre zur Tagung, 1977

141
Dona Dejaco und Remo G. Galli, Wir brauchen künstlerische Gestalter, nicht Kunstgewerbler, *SWB-Kolumne* im *Werk/Œuvre*, September 1975

142
Kunst am Bau, Ausstellungszeitung, Redaktion SWB und GSMBA, 1977

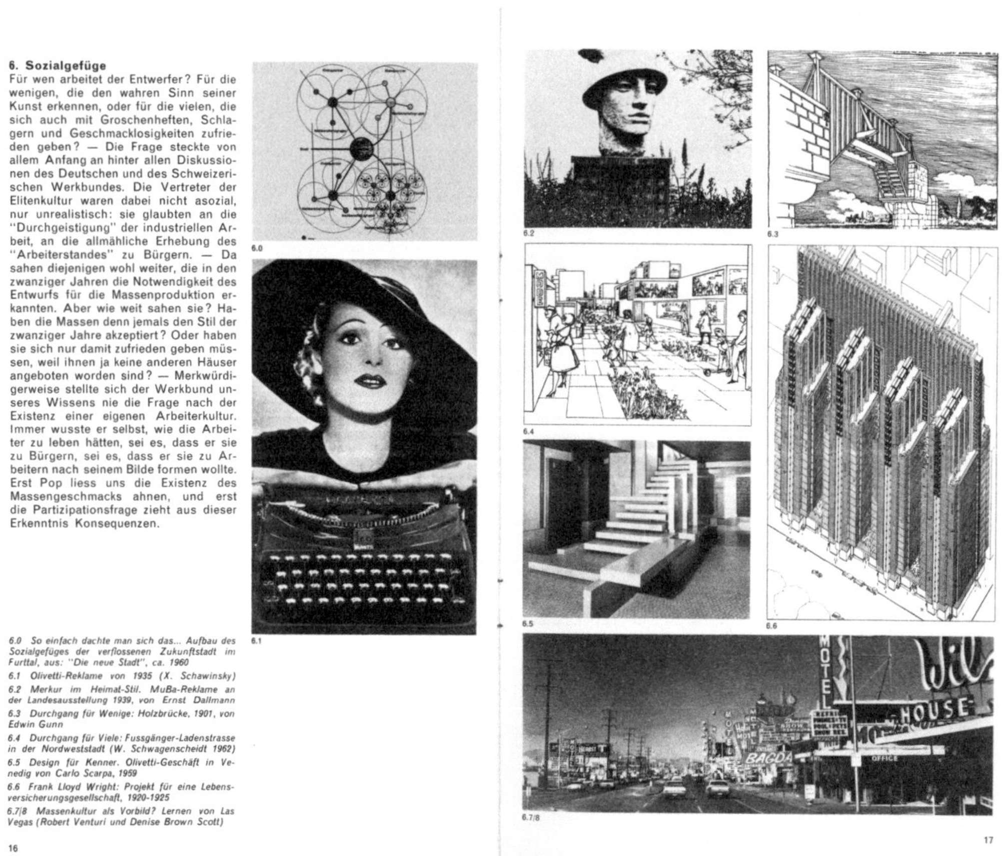

6. Sozialgefüge

Für wen arbeitet der Entwerfer? Für die wenigen, die den wahren Sinn seiner Kunst erkennen, oder für die vielen, die sich auch mit Groschenheften, Schlagern und Geschmacklosigkeiten zufrieden geben? — Die Frage steckte von allem Anfang an hinter allen Diskussionen des Deutschen und des Schweizerischen Werkbundes. Die Vertreter der Elitenkultur waren dabei nicht asozial, nur unrealistisch: sie glaubten an die "Durchgeistigung" der industriellen Arbeit, an die allmähliche Erhebung des "Arbeiterstandes" zu Bürgern. — Da sahen diejenigen wohl weiter, die in den zwanziger Jahren die Notwendigkeit des Entwurfs für die Massenproduktion erkannten. Aber wie weit sahen sie? Haben die Massen denn jemals den Stil der zwanziger Jahre akzeptiert? Oder haben sie sich nur damit zufrieden geben müssen, weil ihnen ja keine anderen Häuser angeboten worden sind? — Merkwürdigerweise stellte sich der Werkbund unseres Wissens nie die Frage nach der Existenz einer eigenen Arbeiterkultur. Immer wusste er selbst, wie die Arbeiter zu leben hätten, sei es, dass er sie zu Bürgern, sei es, dass er sie zu Arbeitern nach seinem Bilde formen wollte. Erst Pop liess uns die Existenz des Massengeschmacks ahnen, und erst die Partizipationsfrage zieht aus dieser Erkenntnis Konsequenzen.

6.0 So einfach dachte man sich das... Aufbau des Sozialgefüges der verflossenen Zukunftstadt im Furttal, aus: "Die neue Stadt", ca. 1960

6.1 Olivetti-Reklame von 1935 (X. Schawinsky)

6.2 Merkur im Heimat-Stil. MuBa-Reklame an der Landesausstellung 1939, von Ernst Dallmann

6.3 Durchgang für Wenige: Holzbrücke, 1901, von Edwin Gunn

6.4 Durchgang für Viele: Fussgänger-Ladenstrasse in der Nordweststadt (W. Schwagenscheidt 1962)

6.5 Design für Kenner. Olivetti-Geschäft in Venedig von Carlo Scarpa, 1959

6.6 Frank Lloyd Wright: Projekt für eine Lebensversicherungsgesellschaft, 1920-1925

6.7/8 Massenkultur als Vorbild? Lernen von Las Vegas (Robert Venturi und Denise Brown Scott)

16

17

140

actuel

SWB-Kolumne

Wir brauchen künstlerische Gestalter, nicht Kunstgewerbler

An einer Ende Juni in Zürich durchgeführten Informationstagung des Schweizerischen Werkbundes (SWB) zum Thema «Gestalterschulen und Gesellschaft» wurde die Frage aufgeworfen, ob unsere traditionellen Ausbildungsstätten für Gestalter, die Kunstgewerbeschulen, den Anforderungen der Zeit noch gewachsen seien.

Spät, aber um so engagierter setzt sich der Schweizerische Werkbund heute mit der Frage nach der Zeitgerechtheit unserer Ausbildungsstätten für gestalterische Berufe auseinander. Die Ortsgruppe Zürich des SWB setzte sporadisch zur Kritik an der «missbrauchten guten Form» bzw. an dem von der Wirtschaft diktierten, weitgehend auf Produkt- und Konsumgutgestaltung ausgerichteten Kurs der schweizerischen Kunstgewerbeschulen an. Die beiden letzten SWB-Tagungen, die sich mit Stadtgestaltung und dem Qualitätsbegriff befassten, machten einmal mehr deutlich, dass «Gestaltung» im umfassenden Sinn von der Landschaftsgestaltung über die Architektur *bis hinab zu den kleinsten Dingen* – auf einen neuen philosophischen, sozialpolitischen und künstlerischen Unterbau gestellt werden muss.

Eine SWB-Arbeitsgruppe «Ausbildung gestalterischer Berufe» versucht zurzeit, Reformbestrebungen verschiedener Provenienz zu koordinieren, und studiert zwecks Erarbeitung neuer Grundlagen für Gestalterschulen folgende Bereiche:

– die verwaltungsmässige und lehrinhaltliche Struktur in- und ausländischer Kunstgewerbe- bzw. Gestalterschulen;
– Lehrprogramme bestehender (privater) Alternativschulen;
– Status der Kunstgewerbeschulen/Finanzierung;
– Bedeutung der Kunst als Lehrinhalt;
– Aufgaben der Gestaltung in der heutigen Gesellschaft, in der Umwelt.

Die von rund 300 Teilnehmern besuchte Informationstagung des SWB war denn auch einer öffentlichen kritischen Standortbestimmung dieser Schulen und den obgenannten Fragen und Reformzielen gewidmet.

Der philosophische Unterbau

In einem ebenso brillanten wie anspruchsvollen Vortrag über die Wertform von Kunst und Warenästhetik wies der Philosoph und Kunsttheoretiker Prof. Dr. Hans Heinz Holz als Tagungsreferent nach, dass die zivilisatorische Überentwicklung des heutigen Menschen mit ihren technologischen Sachzwängen mit dem zunehmenden Verlust an natürlicher Beschaffenheit einhergehe. Was tut der Mensch infolgedessen? Er reproduziert die unterschwelligen Bedürfnisse seiner verschütteten Natur immer mehr in Objekten, an deren Formgebung man ein stilisiertes *Ersatzritual* ablesen kann, was beweist, dass der Mensch ein Urbedürfnis nach künstlerischer

Private alternative Gestalterschulen können als «Reformzellen» befruchtenden Einfluss auf die staatlichen Kunstgewerbeschulen haben. Sie brauchen sich nicht dem Berufsbildungsgesetz zu beugen und können mit unkonventionellen Mitteln und Medien arbeiten. Für Gestaltungsübungen (Bild) im weitesten Sinn beziehen die Schüler der F+F, einer privaten Schule für experimentelle Gestaltung in Zürich, auch den Körper ein, ein Bild, das nicht mehr in die überkommene Vorstellung vom Kunstgewerbeschulunterricht passt.

Gestaltung in sich trägt, die über das rein Funktionale hinaus Ausdruck seines Seins ist. Je mehr sich der Mensch von der Natur entfernt, desto wichtiger ist es für ihn, biologische, natürliche und daraus abzuleitende gesellschaftliche Zusammenhänge zu erkennen und *gestalterisch umzusetzen bzw. ästhetisch zu bewältigen.* Denn Gestaltung ist seit der Urzeit menschlicher Existenz ein wichtiger Teil der Selbstbefreiung, der Selbstdarstellung, der Selbstfindung des Menschen im Dialog mit der Natur.

Mit dieser These lieferte Holz den philosophischen Unterbau für die Aufgabe von Gestalterschulen in der Gesellschaft. Gleichzeitig wurde damit der Anspruch an die Gestalterschulen erhoben, *theoriebildend* zu sein, da die Ästhetik zum praktischen Bedürfnis, zur Notwendigkeit geworden sei.

Etwas konkreter stellte Heiny Widmer, Leiter des Aargauer Kunsthauses, die Frage nach der Standortbestimmung der Gestalterberufe. Im Gegensatz zu verflossenen Epochen, in denen der Gestalter von einer übergeordneten Idee geleitet worden war (Magie, Mythos, Ideologie usw.), steht er nach Ansicht Widmers heute sozusagen im Niemandsland zwischen der Gesellschaft und der Wirklichkeit einer Scheindemokratie, welche die individuelle Entscheidungsfreiheit des Menschen vornherum propagiere, hintenherum aber krass beschneide (Alphüttenkulisse vor dem Supermarkt usw.). Im dialektischen Prozess der Gestaltsuche und -findung müsse der Gestalter – und damit auch die Gestalterschulen – erst die «demokratische Wirklichkeit» in den Griff bekommen.

Neue Aufgaben, neue Gestalterberufe, neuer Schulstatus

Jacques Plancherel, Prorektor der Kunstgewerbeschule Luzern, zeigte auf, dass in einer Zeit spektakulärer technologischer und soziologischer Veränderungen ein traditionell ästhetisch-handwerklich geschulter Gestalter den erwähnten Aufgaben nicht mehr gewachsen sein könne. Unsere elf Kunstgewerbeschulen – schon der Name ist überholt – sind aufgrund der Tatsache, dass sie dem Berufsbildungsgesetz (Wirtschaftsdepartement/BIGA) unterstellt sind, nicht in der Lage, das *Gewerbeschulniveau* hinter sich zu lassen. Eine umfassende Gestalterausbildung jedoch, die Probleme der sozialen Normen, der Ökologie, der Erziehung, der psychischen Bedürfnisse usw. einschliesst, lässt sich nur in einer Schule mit dem *Status einer Höheren Lehranstalt* realisieren (Departement des Innern). Die Vorteile des höheren Status liegen auf der Hand: Forschungs- und damit Entwicklungsmöglichkeiten, internationaler Dozenten- und Studentenaustausch, wirtschaftsunabhängigere Lehrinhalte usw. Da die meisten ausländischen Gestalterschulen nun jedoch Hochschulstatus haben, sind sie daran, die schweizerischen Schulen, welche im gewerblichen und spezifisch praktisch «Brauchbaren» verhaftet sind, hinsichtlich Qualität und Gegenwartsbezogenheit zu überrunden. Man findet im Ausbildungsprogramm unserer Kunstgewerbeschulen Berufe wie Dekorateur, Fotograf, Goldschmied, Bildhauer, Grafiker, Innenausbauzeichner, Industrial Designer, Keramiker, Textilentwerfer sowie Weiterbildungskurse für Zeichenlehrer, polygraphische Ausbildung, Handdruck, Freies Gestalten (Malen, Bildhauer), Visuelle Kommunikation. Vergeblich sucht man nach einem interdisziplinären «Entwerfer», einem Freiraumgestalter, einem Fachmann für visuelle Kommunikation.

Plancherel wies darauf hin, dass der Bürger durch die Informationsflut verunsichert sei und im Bereich der visuellen Kommunikation (Fernsehen, Film, Massenmedien) eine gestalterische Interpretationshilfe im weitesten Sinne brauche. Auf der Suche nach besserer Lebensqualität schliesslich, im Kampf gegen industrielle «Erlebnismacher», gegen «Fabriken für Lebensstil», gegen die rein kommerziell ausgerichtete Freizeitindustrie habe sich der Gestalter zu engagieren – mit dem Ziel der Hebung des Geschmacks, des Umweltbewusstseins, des kritischen Bewusstseins vor Augen. Jacques Plancherel beklagte, dass es hierfür keine Ausbildungsklassen gebe – hingegen aber drei Keramikklassen...

Die Reformziele

Zwei ausländische Referenten, die Professoren Reinhard Butter von der Ohio State University und Herbert Lindinger von der Technischen Universität Hannover (beide dozieren Industrial Design), stell-

249 × KUNST AM BAU

Kunst am Bau …
Bau als Kunst …
Verbaute Kunst?

Ausstellungszeitung herausgegeben anlässlich der erweiterten Ausstellung zum Projektwettbewerb «Künstlerische Gestaltung ETH - Hönggerberg» in der Roten Fabrik, Zürich-Wollishofen, vom 31. Januar bis 20. Februar 1977

Redaktion SWB/GSMBA
Dona Dejaco
Remo G. Galli
Peter W. Gygax

Auflage 8000
Preis Fr. 2.–

Warum eine Zeitung zur Kunst am Bau?

In den letzten Jahren setzten sich Zeitungen, Kunstkritik, Ausstellungen usw. verschiedentlich kritisch und provokativ mit der Problematik der Kunst am Bau auseinander, was auch immer darunter verstanden wird. Dass der Aufgabenbereich der Kunst am Bau die Kunstschaffenden herausfordert, beweist schon allein die Zahl von 249 (!) Künstlern, die sich am Projektwettbewerb ETH Hönggerberg beteiligten. Nebenbei bemerkt entspricht dies einem ungefähren Arbeitsaufwand von über 750000 Franken. ETH-Bauleiter und Wettbewerbsbetreuer Walter Köchli nahm in verdankenswerter Weise die rege Beteiligung zum Anlass, diesen Querschnitt schweizerischen Kunstschaffens in der Roten Fabrik Zürich vom 31.1. bis 20.2.1977 einer breiten Öffentlichkeit zugänglich zu machen (statt wie üblich eine Wettbewerbspräsentation in Keller oder Turnhallen zu verbannen). Es gelang Herrn Köchli, die Mitarbeit des Schweizerischen Werkbundes SWB, der Gesellschaft schweizerischer Maler, Bildhauer und Architekten GSMBA und des Schweizerischen Ingenieur- und Architekten-Vereins SIA für die Organisation eines Kontrastprogrammes mit Rahmenausstellungen, Filmen, Podiumsgesprächen, Exkursionen usw. zu gewinnen (siehe letzte Seite).

An dieser Stelle sei den an der ETH beteiligten Unternehmern, dem BSA, SIA, SWB und der GSMBA für die finanzielle Unterstützung gedankt wie auch der Direktion der Eidg. Bauten für die zu diesem Zweck gemieteten Räume.

Der Mangel an einschlägiger Literatur spornte zu dieser Ausstellungszeitung an. In den Schlagwortkatalogen der Bibliotheken ist der Begriff «Kunst am Bau» nicht zu finden. Der Büchermarkt führt kaum entsprechende aktuelle Titel. Die sogenannten Kunstprozente erweisen sich als nur vage geregelt; so existieren beim SIA z.B. diesbezüglich keine offiziellen Empfehlungen. Die Behörden unseres Landes haben in den wenigsten Fällen die Kunst beim Bauen finanziell und materiell gesichert – die Stadt Zürich bildet eine löbliche Ausnahme –, während die Eidg. Baudirektion jährlich immerhin bis gegen 1 Mio Franken für «künstlerischen Schmuck» budgetiert. Vergleichsweise hat der Deutsche Städtetag (!)fortschrittliche Prozent-Empfehlungen zu «Kunst und Bauen» beschlossen. Die gewerkschaftlich organisierten Künstler Italiens arbeiteten an der Biennale Venedig 1976 an betreffenden Gesetzesvorlagen. In der Schweiz hat die GSMBA im Dossier III Biennale der Schweiz 1976 erstmals die juristischen, finanziellen und politischen Fakten zusammengestellt, eine Arbeitsgruppe Kunst am Bau gebildet, mit Parlamentariern Kontakt aufgenommen, und hofft heute auf die Mitarbeit von SWB, SIA und BSA.

Der erste Teil der Zeitung sammelt diskussionsreife Vorstösse, Meinungen und Tatbestände von Künstlern, Kritikern und Architekten sowie von Institutionen, Museumsdirektionen usw. Der zweite Teil ist dem hälftig befriedigenden wie enttäuschenden Kunstwettbewerb ETH Hönggerberg gewidmet. Es hat sich gezeigt, dass mangels Ausbildung und Erfahrung bei der Zusammenarbeit mit Architekten viele Künstler die Architektur und die räumlichen Ansprüche nicht zu interpretieren vermögen und sich schwer tun, vom Objekt einerseits und vom Dekor andererseits wegzudenken bzw. umzudenken. Kunstschulen und ETH-Studium haben sich bisher auch kaum der Aufgabenstellung der Kunst am Bau und des Bereiches Kunst und Öffentlichkeit angenommen. Umgekehrt lässt die tote graphische Architektur meist nur graphischen Dekor zu und ist auch wenig geeignet, der Forderung nach Zusammenarbeit mit dem Künstler während der Projektierungsphase entgegenzukommen. Es darf aber auch nicht verschwiegen werden, dass positive Impulse von Architekten und mutige Kunstkommissionsentscheide oft von Behörden, Lehrern und Bürgern abgewürgt werden, weil an den Bedürfnissen der Betroffenen vorbeigestaltet bzw. die didaktische Öffentlichkeitsarbeit vernachlässigt wurde.

Remo G. Galli

Unten:
Schülerarbeit F+F, Zürich

Die Spanische Treppe in Rom und Kunst-am-Bau-Form — Foto: Gerhard Ullmann

Zum Verlust benutzbarer Architektur

Kunst am Bau – Pflichtübung, wenn der Bauherr längst alle Kunst aus dem Bau vertrieben hat. Man stelle sich Kunst am Bau vor bei: Brunellesco, Bernini, Fischer von Erlach, Gropius. Kunst am Bau: Gnadenbrot für Künstler; Anstecknadel für Ökonomisten, um die volle Brutalität des Nur-Zweckrationalen zu kaschieren.

Jeder barocke Landbaumeister und jeder historische Architekt des 19. Jahrhunderts wusste: Es gibt keine Kunst am Bau – es gibt nur Bau-Kunst, Bau als Kunst, Kunst als Bau.

Der Bauherr lässt unsere fünf Sinne schrumpfen. Sinnliches im weitesten Sinne wird zum rein Visuellen eingeschränkt – zum *Stück* Fassade. Eine komplexe Szenerie schrumpft zum *Bild* der Szenerie. Die Erlebnisfähigkeit, die alle fünf Sinne umfasst, wird zu *einem* Sinn, zum blossen Zu-Schauen verkürzt. Wundern wir uns, dass dann auch das Zuschauen keinen Spass mehr macht? Die Informationsästhetik kuriert nur innerhalb des geschrumpften Tatbestandes. Ebenfalls, wer nur von «guter Form» spricht. Das Visuelle ist nur ein Teilbereich des Problems. Folge: Die Reduktion des Spektrums menschlicher Entfaltung aufs Zuschauen deformiert die Leute (Macher wie Benutzer) geradezu zu neurotischem Voyeursverhalten.

Kastration als Resultat von Kunst? Wundern wir uns, warum die Baustelle mehr Aufmerksamkeit findet als der fertige Bau? Warum hat der Wildwuchs am Bahndamm für das Volk mehr Anziehungskraft als der Prestigepark der Stadtverwaltung?

Kunst (oder wie man es auch immer nennen mag, damit jeder merkt, dass man ein Künstler ist) müsste mit vielerlei Mitteln menschlicher Entfaltung dienen – als bereichsweiser Vorgriff auf Möglichkeiten, die anschliessend allgemein realisiert werden sollen.

Architektur: Rationeller Weg ins Stupide …

Die Spanische Treppe in Rom lässt sich nicht nur ansehen, sondern man kann sich vor allem auf ihr besonders vielfältig aufhalten. Wer die Stufen runtergeht, überrascht sich plötzlich selbst, dass er angefangen hat, zu tanzen und Theater zu spielen. Die Treppe regt das Unterbewusstsein an: Die Sensibilität der Sinne und die Körpermotorik werden geweckt. Sogar der Geruchssinn wird miteinbezogen: Die Treppe hat allerlei Gerüche (nicht nur Benzingestank). Zu bestimmten Zeiten wird sie mit Blumen fast gefüllt – die Leute liegen dazwischen wie auf einer Wiese. Die Treppe ist weit mehr als Überbrückung von Höhenunterschieden. Ja, sie wendet sich teilweise sogar gegen ihren eigenen ursprünglichen Zweck: Die theaterhaft ausgebildeten Treppenpodeste halten fast mehr Leute zu allerlei Tätigkeiten fest als sie durchlassen. Die Treppe verändert damit das Zeitmass: Sie verkürzt den Weg nicht, sondern verlängert ihn. Obwohl die denkbar bequemste Treppe, ist eine handfeste Gegendemonstration gegen die stupide Verkürzung menschlicher Entfaltungschancen auf die Zweckrationalität des schnellsten Weges.

Die Tätigkeiten auf der Spanischen Treppe sind nicht vorgegeben. Die Architektur lässt zu, dass spontan Bedürfnisse entstehen, die dann auch verwirklicht werden können. Im Gegensatz dazu verhindert funktionali-

Abb. 128–130 Beinahe 20 Jahre trennen die drei Fotografien, die an der Mustermesse Basel (MUBA) 1958 aufgenommen wurden, von derjenigen, die vor dem Atomkraftwerk
Abb. 131 Gösgen 1976 entstanden ist. In dieser Zeit wandelte sich der Schweizerische Werkbund von einer Institution, die den Herstellern von Einrichtungsgegenständen nahestand, hin zu einer kulturellen Organisation, die sich politisch und gesellschaftskritisch, aber auch architektonisch-planerisch in die öffentlichen Diskussionen einbrachte. Der Anspruch auf gestalterische Qualität war geblieben, es veränderte sich allerdings die Auffassung davon, was unter Gestaltung und unter Qualität verstanden werden sollte. Diesem Wandel soll im Folgenden nachgegangen werden.

Ausgezeichnet

Der Fotoreporter Rob Gnant nahm die drei genannten Fotografien auf, die unmittelbar auf die MUBA folgend in der Zeitschrift *Die Woche* abgedruckt wurden. Alle drei zeigen Persönlichkeiten mit Gegenständen,
Abb. 128 deren Form es zu bewerten galt. So nimmt Åke H. Huldt vom Schwedischen Werkbund die Unterseite des dreibeinigen Stuhls von Benedikt Rohner mit dem Flachstahl und den darin eingelassenen Schrauben in Augenschein. Der in den 1960er-Jahren für kurze Zeit als Erster Vorsitzender des SWB fungierende
Abb. 129 Niklaus Morgenthaler gestikuliert mit einer Vase in der Hand, über die er begeistert urteilt, dass «alles Überflüssige und nicht Notwendige [...] weggelassen» sei.[1]
Abb. 130 Und schliesslich testet der spätere Zweite Vorsitzende Richard P. Lohse die Funktionalität eines Rasierapparats am eigenen Bart und resümiert: «Er könnte in der Form nicht handlicher sein, er läßt sich in jeder Richtung leicht bewegen, er rupft nicht, hinterläßt auf der Haut ein angenehmes Gefühl – kurz: er funktioniert tadellos. Was will man mehr! Alle Anforderungen, die man an die gute Form stellen muß, sind erfüllt.»[2]

Prämieren hatte offenbar nicht nur etwas mit standardisiertem Begutachten zu tun, wie es der Titel der Aktion *Die gute Form* im ersten Moment suggerieren mag. Die Fotografien veranschaulichen vielmehr die Prüfung von Praktikabilität ebenso wie die von taktilem Reiz durch Anfassen, Heben oder auch Ausprobieren. Qualität bedeutete im Zusammenhang mit den alljährlich an der MUBA stattgefundenen Prämierungen und Ausstellungen des Schweizerischen Werkbundes also ein sinnliches, visuell-haptisches Erleben und wurde ferner für seinen tatsächlichen Gebrauchs- und Benutzungswert ausgesprochen. Im Bewertungsschema der Prämierung kein eigentliches Kriterium ist Schönheit, sondern ein Ergebnis komplexer Zusammenhänge. Die genannten Kriterien der Prämierung sind 1957 von Max Bill als «Richtlinien für die Beurteilung ‹Die gute Form›» aufgeschrieben worden. Die klassischen, entsprechend abgewandelten ästhetischen Kategorien von Vitruv, von ihm für Architektur definiert, können zumindest für die ersten beiden Bewertungskriterien zu Hilfe genommen werden. Synonym zu Firmitas und Utilitas verwendet Bill die Begriffe «Gebrauchswert» und «Zweckmäßigkeit».[3] Venustas, also Anmut oder Schönheit, entsteht nach Bill aber erst dann, wenn die Form den ersten beiden Kategorien entspricht («Formentsprechung»). «Ästhetische Einheit» ist als ein nächstes Bewertungskriterium gegeben, wenn «die Gesamtheit der zu erfüllenden Funktionen [...] zu einem harmonischen Ganzen geformt» ist. Erst jetzt kann «ein Gegenstand über seine reine Zweckerfüllung hinaus zu den Kulturgütern» gerechnet werden, die mit dem roten Punkt die Auszeichnung *Die gute Form* erhalten.[4]

Das Signet an der MUBA ist nicht das erste seiner Art. Zwei Jahre vor demjenigen in Basel wurde ein ähnliches in Chicago eingeführt. Im Januar 1950 fand im Geschäfts-, Kaufhaus- und Apartmentgebäude Merchandise Mart in Chicago die erste Ausstellung mit ausgezeichneten Produkten statt, die von dem Direktor des Industrial Design Department des Museums of Modern Art (MoMA) in New York, Edgar Kaufmann jun., lanciert und von Ray und Charles Eames gestaltet wurde. Im Selection Committee sassen neben Kaufmann auch Meyric Rogers vom Chicago Art Institute und der Architekt und Textildesigner Alexander Girard. Die zweite Prämierung mit Ausstellung folgte im Juni 1950 am selben Ort. Ende des Jahres waren die Produkte in der Ausstellung *Design for Modern Use. Made in USA* im MoMA in New York zu sehen. In Teilen wurde diese als Wanderausstellung für Europa neu konzipiert und 1951 in Mailand an der Triennale gezeigt. 1952 dann, als der SWB mit der Sonderschau *Form & Farbe* an der MUBA vertreten war, wurde sie gleichzeitig im Gewerbemuseum in Basel, und zwar aufbereitet vom Schweizerischen Werkbund, unter dem Titel *Design for Use USA (Industrie und Handwerk schaffen neues Hausgerät für USA)* präsentiert.[5]

Ebenfalls 1952 hatte der SWB das erste Mal Produkte mit der Auszeichnung *Die gute Form* prämiert. Die ursprüngliche Auswahl der Gegenstände in Chicago folgte 1950 ungleich einfacheren Kriterien wie sie Bill 1957 für die Ausstellung in Basel festgelegt hatte: «Design intended for present-day life, in regard to usefulness, to production methods and materials and to the progressive taste oft the day.»[6] Für die Prämierung und den Ausstellungskatalog entwarf 1950 der amerikanische Grafikdesigner Morton Goldsholl ein schwarzes kreis-
Abb.133 rundes Signet, in das weiss und serifenlos die beiden Worte «Good Design» eingefügt waren. Die formale Ähnlichkeit der innerhalb einer kreisrunden Fläche ausgewogen gestalteten Schrift zum Label für die Auszeichnung *Die gute Form* an der MUBA ist augenscheinlich.

Es gibt auch andere ähnliche Vorläufer zum Signet des SWB.
Abb.134 Kreisrund und dunkelorange war beispielsweise das Label, das von der Möbelfirma Rud Rasmussen für den Dänen Kaare Klint 1930 von Gunnar Biilmann Petersen entworfen wurde. Architekt und Möbeldesigner Klint gilt als einer der wichtigsten dänischen Vertreter eines modernen, am Stil des Bauhauses orientierten Designs.[7] Ob das Signet damals in Kreisen des SWB bekannt war, lässt sich weder mit Bestimmtheit sagen, noch ist es wichtig für die folgenden Ausführungen. Wesentlich und erhellend aber ist die Tatsache, dass eine solche Auszeichnung aus einer Tradition im Warenhandel übernommen und vom SWB adaptiert worden ist.

Insbesondere im Bereich des Möbeldesigns gibt es seit dem 18. Jahrhundert Herkunftssiegel, die, oft mit Gütesiegeln gleichgesetzt, Zeichen für Qualität und Exklusivität sind. Beispiele dafür sind Ende des 19. Jahrhunderts
Abb.135 die Shaker's Trade Mark, die bekannt war für formal reduzierte Möbel, oder dann Anfang des 20. Jahrhunderts das übereinandergelegte doppelte W der Wiener Werkstätte und viele andere mehr.[8] Auch der Werkbund selbst hatte verschiedentlich Wettbewerbe zur Erlangung von Firmensigneten und 1935 einmalig sogar für ein Gütesiegel der Sozialen Käuferliga ausgerichtet (→ S. 248). 1946 sah er aber davon ab, ein eigenes Gütesiegel zu entwickeln, um an der MUBA gut geformte Produkte auszuzeichnen, denn «eine Verwirklichung mit einfachen

Mitteln und ohne Schaffung einer komplizierten Prüfungsinstanz [schien] unmöglich».[9] Somit kann die amerikanische Auszeichnung *Good Design* durchaus als Motivation für den Werkbund verstanden werden, 1952 dann doch eine ähnliche Auszeichnung auszuloben.

«SWB» als Marke

Der Schweizerische Werkbund hat immer schon eine gezielte Auslese betrieben, wenn er beispielsweise Objekte für eine Ausstellung zusammenstellte. Wie in einer solchen Schau üblich, wurden die Produkte oftmals hinter Glas präsentiert. Primär ging es darum, gute Beispiele vorzuführen. Eine Methode bestand darin, den guten Beispielen schlechte gegenüberzustellen, um das Anliegen prägnant zu verdeutlichen. Eine derart vergleichende Gegenüber-
Abb. 143/144 stellungen von gut und schlecht, von richtig und falsch, von *Qualität und Schund* (→ S. 187), wie 1921 eine SWB-Ausstellung in Zürich hiess, galten damals als probates Mittel zur «Volkserziehung». Das Ziel war, sich vom Ramsch der billigen und mit beliebigen Stilen verkleideten Industrieware des ausgehenden 19. Jahrhunderts zu befreien.[10] Der Schweizerische Werkbund ist explizit aus dem Gedanken heraus entstanden, diesem gestalterischen Verfall massenhafter Güterproduktion eine «Veredlung der gewerblichen Arbeit im Zusammenwirken von Kunst, Industrie und Handwerk» entgegenzuhalten (→ S. 63).[11]

Auch der SWB-Film von Hans Richter (→ S. 189) an der *Schweizerischen Wohnausstellung* (WOBA) von 1930 folgte dem Pathos der Gegenüberstellung. Mithilfe des neuen Mediums Film liessen sich Inhalte konsumentengerecht und didaktisch klug auf erzählerische Weise aufbereiteten. Das Neue wurde gegenüber dem Alten abgesetzt, das Gute löste im Film auf vermeintlich natürliche Weise das Schlechte ab. Auch später versuchte der SWB, Filme auf in unterschiedlicher Weise einzusetzen, verzichtete letztlich aber wegen der hohen Kosten und des Aufwands darauf. Günstiger waren Vorträge und Ausstellungen, in beidem hatte der SWB sich über Jahrzehnte Wissen und Kompetenz angeeignet.

Der Schweizerische Werkbund achtete bereits früh auf verschiedenen Ebenen darauf, das Prädikat Qualität und den Namen SWB miteinander zu verschmelzen, worauf die Exklusivität, mit der Mitglieder aufgenommen wurden, hinweist.[12] Vorschläge für Neumitglieder durften nur aus dem Vorstand heraus erfolgen, gegen begründete Einsprachen musste sich «das neu vorgeschlagene mitglied in anwesenheit des einspruchерhebers an einer sitzung des erweiterten vorstandes verteidigen können».[13] 1958 ist an einer Arbeitstagung zwar vorgeschlagen worden, das «Aufnahmeverfahren [...] zu lockern, um neue aktive Kräfte, vor allem solche der jungen Generation, in den SWB aufnehmen zu können», allerdings wurde ebenfalls angemerkt: «Der Werkbund gilt unverändert als Organisation und Masstab der Qualität.» Das hiess auch, dass mit der «Führung des SWB-Zeichens» restriktiv verfahren wurde.[14] Die Mitteilung von 1960, in Aarau befinde sich ein Laden «mit einem grossen Signet ‹SWB›», erregte daher die Gemüter. Das Problem war, dass das Signet geführt wurde, obwohl «sehr viele Dinge [...] nicht werkbundmässig» waren.[15] Dabei spielte es keine Rolle, dass einige der Ladenbesitzer SWB-Mitglieder waren. Ähnlich verhielt es sich auch bei Rudolf Graber von der Firma Wohnbedarf AG. Er selbst war zwar Mitglied, «die Firma Wohnbedarf », so Richard P. Lohse, «dürfe aber das Signet nicht führen».[16]

1921 schrieb der Vorstand des SWB für den Entwurf eines Signets einen Wettbewerb in eigener Sache aus, der damals aber unter den Mitgliedern offenbar nicht auf grossen Widerhall stiess.[17] Mit der Etablierung der Sonderausstellung *Form & Farbe* an der MUBA begann sich der SWB soweit zu instituieren, dass er quasi offiziellen Begutachterstatus genoss, wenn auch ohne Mandat. Die Auswahl und Präsentation gut geformter Gegenstände an der Sonderschau während der MUBA war der erste Schritt, ein entsprechendes Label an eben dieser Messe zu führen. Der SWB stand nun für eine Organisation, die eine spezifische Dienstleistung bot, nämlich qualitätsvolle Produkte auszuwählen. Das setzte voraus, dass die Herstellerfirmen ausreichend Vertrauen in den Werkbund setzten, der einerseits genügend exklusiv und unabhängig, andererseits genügend bekannt sein musste. Nun konnte das Kürzel «SWB» durch ein relativ neutrales Qualitätssiegel ersetzt werden. So kürte sich der SWB über das rote Siegel auf den jeweiligen Produkten indirekt selbst. Der SWB wurde als Marke Teil des Warenhandels.[18]

Die Belohnung für diese auszeichnende Dienstleistung bestand in der Steigerung des Ansehens des SWB oder zumindest in dem Wissen, dass die allgemeine Wertschätzung des Vereins konstant blieb. Wäre nämlich die Bedeutung des SWB gesunken, hätten sich letztlich immer weniger Firmen gefunden, die ihre Produkte vom SWB auszeichnen lassen wollten, was dann Ende der 1960er-Jahre auch tatsächlich geschehen sollte. Dieses auf Gegenseitigkeit beruhende Prinzip fortwährend am Leben zu halten, wurde immer schwieriger. Es bedeutete einen grossen Aufwand an Aufklärung und Öffentlichkeitsarbeit, um die Marke «SWB» zu pflegen und zu fördern.

Vom Fortbildungskurs bis zur Informationsplattform

Hatte sich die Werbestrategie des SWB bis Ende der 1950er-Jahre vor allem über Ausstellungen und sie begleitenden Broschüren meist an das breite Publikum gerichtet, sollte sie mit den beginnenden 1960er-Jahren gezielt spezifische Gruppen in Fokus nehmen. Ein Gedanke war, Lehrpersonen anzusprechen, die wiederum ihr Wissen an ihre Schüler weitergeben sollten. Später hat man eine Wanderausstellung (→ S. 399) über gute Möbel in Schulhäusern konzipiert, um sich direkt an Schüler zu wenden, was jedoch Ende der 1960er-Jahre nicht mehr von allen Seiten goutiert wurde.[19] Bei den sogenannten Lehrerfortbildungskursen ging es sowohl um einen Wissenstransfer als auch darum, dass sich der SWB selbst in Szene setzen konnte. Das zeigen die Einführungsreferate an den ab 1963 an der ETH Zürich abgehaltenen mehrtägigen Seminaren, an denen jeweils die Geschichte des SWB, seine Inhalte und Ziele im Mittelpunkt standen. Die Kurse waren in den kantonalen Schulblättern und Lehrerzeitungen ausgeschrieben worden, und die Schulgemeinden beteiligten sich teilweise sogar am Kursgeld.[20] Wie bei der MUBA konnte sich der SWB also von Neuem an geeigneter Stelle institutionell einbinden.[21]

Der Kurs, der sich an Lehrkräfte aller Stufen richtete, behandelte eine *Einführung in die Fragen der Umweltgestaltung* und war in den ersten Jahren immer ähnlich aufgebaut. Die alljährlichen Themen verschiedener Referenten reichten von der Form- und Farbgestaltung über Einrichtungsfragen bis hin zum Siedlungs- und Städtebau. Das Spektrum entsprach damit exakt dem seit der Statutenänderung von 1960 definierten Umweltbegriff, der «die Siedlung – die Wohnung – das Gerät – das Bild» mit einschloss.[22] Die Vortragenden kamen aus den eigenen Reihen des Werkbundes und waren Spezialisten in ihrem jeweiligen Fach. Wieder einmal nutzte der Werkbund sein Mitgliederpotenzial, um auf äusserst ökonomische Weise eine Breitenwirkung zu erzielen.[23]

Stand in Bezug auf das pädagogische Publikum die «Erziehung des schöpferischen Menschen» zuerst im Vordergrund, wurden die Themen mit der Zeit zugespitzter formuliert;[24] Bereiche wie Stadt und Kunst rückten ins Zentrum. Im Gegensatz zu den ersten Vortragsveranstaltungen, an denen – so im Titel formuliert – «Fragen der Umweltgestaltung» aufgeworfen wurden, machten die Kurse ab 1966 nun auf «Probleme der Umweltgestaltung» aufmerksam.[25] Die Vorträge «Konfrontation mit Vergangenheit und Gegenwart», «Ideologie und Utopie im Städtebau», «Werte und Maßstäbe der Architektur. Einführung in das Betrachten von Bauwerken» oder auch «Die Stadt als Umwelt des heutigen Menschen» brachten zunehmend Inhalte zur Sprache, die die Zuhörer auf Probleme in der damaligen Stadtentwicklung ansprechen sollten.

Die nächsten Kurse wurden in *Informationstagungen für Pädagogen und Gestalter* umbenannt. Ab 1970 hiessen sie nur noch *Informationstagung* und sollten alle Interessierten ansprechen. Tatsächlich wurde das Hauptgewicht bereits 1968 vom Referieren über klassische Gestaltungsthemen auf informative Einblicke in interne Prozesse kultureller Institutionen, Informationsmedien und auf das Funktionieren des Markts verlagert.[26]

Damit waren plötzlich Information und Kommunikation auch die bestimmenden Vermittlungsmethoden im SWB. Die *Werk*-Beilage *SWB-Kommentare* (→ S. 163) wurde zu einem solchen Informationsforum, in dem die verschiedenen Tagungen, Veranstaltungen und Aktionen gebündelt und spezielle Themen fokussiert wurden. Als Ort des informativen Austauschs und der Aktion wurde die Stadt erkoren. Ihre komplexen Zusammenhänge boten ein Betätigungsfeld, in dem Gestaltung ganz vieler Bereiche sichtbar werden konnte. Die neuen Kunstrichtungen und architektonischen Strömungen aus den USA und Grossbritannien wie Environment, Happening und die utopischen Modelle des Architekturkollektivs Archigram standen dabei Pate.

Die *Informationstagung* von 1969 bedeutete diesbezüglich ein Schlüsselereignis und war vollständig neuen Kunstrichtungen gewidmet. Über Land Art, Arte Povera, Minimal Art, Earth Art, New Art informierten Kunsthistoriker und Philosophen wie Konrad Farner und Hans Heinz Holz, der Künstler und Leiter der Klasse F+F (Farbe und Form) der Schule für Gestaltung, Serge Stauffer, Kuratoren wie Jean-Christophe Ammann, Felix Andreas Baumann, Franz Meyer und Harald Szeemann; die beiden letztgenannten waren SWB-Mitglieder wie auch die Kunstkritiker Fritz Billeter und Margit Staber, die ebenfalls zu den Vortragenden gehörten.[27]

Abb. 139 Bereits 1967 hatte die Berner Ortsgruppe mit der Aktion *Chair Fun* (→ S. 326) auf den Impuls der Kunst für die Gestaltung gesetzt. 1969 nun wurde über neue Kunst informiert. Der SWB war seit jeher mit der Kunst verbunden und die freie wie die angewandte Kunst auch in der Zeitschrift *Werk* vertreten. Allerdings wurde mit den neuen Kunstrichtungen zugleich der herkömmliche Begriff des Kunstwerks infrage gestellt. Das betraf letztendlich auch den Werkbund und seinen Begriff vom Werk.

Kunst, Befreiungsprozesse und ein neuer Qualitätsbegriff

Im ab 1949 erschienenen und 1969/70 mit der siebten und letzten Ausgabe eingestellten *Warenkatalog* des SWB hat der Kunsthistoriker Peter F. Althaus die Entwicklung der Produktgestaltung über die letzten Jahrzehnte mit der (Stil-)Entwicklung in der bildenden Kunst parallelisiert. Vor dem Hintergrund, dass der Warenkatalog das publizistische Medium ist, das auch zur Präsentation der an der MUBA ausgezeichneten Güter diente, ist Althaus' Bildauswahl eine gewisse Ironie nicht abzusprechen. Dort
Abb. 136 ist zum Beispiel die Arbeit *Bathtub No. 3* von Tom Wesselman abgebildet, mit einer Bricolage aus Möbelstücken und gemaltem Bild, das die Vorstellungswelt mit dem künstlerischen Schein und dem tatsächlichen Objekt kollidieren lässt.

Ebenfalls präzis gesetzt hat Althaus die berühmte Collage *Just what*
Abb. 137 *is it that makes today's home so different, so appealing?* von Richard Hamilton, die dieser für die Ausstellung *This is Tomorrow* der Independent Group (IG) am Institute of Contemporary Arts (ICA) in der Whitechappel Art Gallery in London 1956 schuf. Die Collage ist eine Wiederverwendung verschiedenster Abbildungen aus amerikanischen Zeitschriften, Magazinen und Comics, die zu dem Bild eines Zimmers montiert wurden. Es lässt viele Deutungen zu. In Bezug auf das Thema Wohnen und *Die gute Form* ist die Botschaft, die Althaus über beispielhafte Abbildungen platzierte, offensichtlich: dass die Realität von (Umwelt-)Einflüssen abhängt, und dass das gute Objektdesign nur ein Aspekt unter vielen ist, die auf die Bewohner einwirken. Hamiltons Persiflage auf das traute Heim mutet im Warenkatalog abgebildet wie eine Persiflage auf *Die gute Form* an.

Althaus plädierte nun im Essay im Warenkatalog – bewehrt mit der Kunst – für einen neuen Qualitätsbegriff, der «die auf die Menschen einströmenden Umweltinformation durch ihre Quantität, ihre Dimensionen» in einer «Planung» oder einem alternativen «Denkmodell» auffangen könne. Der Entwerfer liefere heute mit seinem Entwurf «nur ein[en] abhängige[n] und einbaubare[n] Teil der ungeheuer komplexen Umweltstruktur».[28] Damit argumentierte Althaus ähnlich wie der Soziologe Lucius Burckhardt (→ S. 433), der später den Begriff des «unsichtbaren Designs» prägen sollte. Darunter verstand Burckhardt verschiedene «unsichtbare» Faktoren, die über die rein äusserliche Erscheinung der Form des zu entwerfenden Objekts hinausgehen und doch das Produkt wesentlich mitbestimmen.[29] Darum sah Althaus auch in dem «Entwerfer» denjenigen, der die «sich überlagernden Funktionen [vor allem] koordiniert».[30] Zudem nannte er den sogenannten Former, der grössere, begehbare Gegenstände gestaltet und den «Benützer zu einer aktiven Identifikationsleistung innerhalb der Struktur anzuregen [vermag], indem er ihm Struktur, Raumelemente und Stützraster liefert und ihn selber manipulieren lässt».[31] Eine ähnliche Begrifflichkeit schlug der niederländische Architekt und Theoretiker John Habraken 1961 vor, allerdings für die Architektur mit «Träger».[32] Anstelle des «Formers» ging er von der Aufgabe des Architekten als der des «Trägers» aus, der gleichermassen seine Architektur als «Träger» versteht im Sinne einer nicht determinierten Form. Gebäude mussten also Möglichkeiten der Nutzung zulassen, die nicht bereits von Anfang an gegeben waren und die sich im Verlaufe der Zeit auch ändern konnten. Den Begriff der «offenen Form» prägte bereits zwei Jahre vor Erscheinen von Habrakens Buch, also 1959, der polnische Architekt, Städteplaner und Theoretiker Oskar Hansen am letzten CIAM-Kongress in Otterlo.[33] Auch die um 1970 publizierten Schriften *Bauen ein Prozess* von Burckhardt und Walter M. Förderer sowie *Die Stadt als offenes System* von Althaus und Aldo

Henggeler sind solche Beispiele, die für die Stadt und die Stadtplanung theoretische Grundlagen prozesshaften Vorgehens bildeten.[34] In der Objektgestaltung ihrerseits waren es die neuen Kunstrichtungen wie Aktionskunst, Concept Art, Fluxus, Happening, Performance und Politkunst, die den Anstoss gaben, prozessuale Handlungen zu erforschen und einen neuen Blick auch auf Gestaltungsfragen zu lenken.

Bereits an der SWB-Tagung von 1968 hatten die Referenten Althaus, Burckhardt, der Werbemann Victor N. Cohen und der Künstler und Kurator Heiny Widmer in Bezug auf die Reform der Gestalterschulen ein Szenario entwickelt, die Ausbildung des Gestalters künftig in die künstlerische Richtung stärken zu wollen und im Gegensatz dazu die des reinen Objektgestalters auf den Entwurf technisch reproduzierbarer Produkte zu reduzieren und so auch zu verkürzen. Für die erste Richtung wurde ein Institut und Forum für Gestaltung (IFG) vorgeschlagen, «eine auf Mittelschulebene angesiedelte Berufsschule»,[35] mit der auf «der Ebene der *Bewußtseinsschulung* und Bewußtseinsbildung [...] versucht [wird], dem Schüler zur Erkenntnis der eigenen Welt, der eigenen Situation innerhalb der Umwelt und der Entwicklung zu verhelfen».[36] Im Vordergrund solle die «Persönlichkeitswerdung» stehen, die Studenten «im dialektischen Spiel ihre Kräfte aktivieren und erkennen lernen», so Widmer in den *SWB Kommentaren* von 1967.

In unmittelbarem Umfeld war eine solche Zielsetzung gegenüber einem derart umfassend verstandenen Bildungsansatz bereits in die Realität umgesetzt worden, wenn auch nur auf provisorischer Ebene. An der mit dem Werkbund eng verknüpften Kunstgewerbeschule Zürich war 1965 die Klasse F+F gegründet worden, ein Kurs ohne fest umrissenes Berufsausbildungsziel. Ihr Leiter Serge Stauffer hatte selber an der genannten SWB-Tagung in einem multimedialen Vortrag, begleitet von einem Film, Dias, Musik und einem Redetext das Bild eines Künstlers vermittelt, der sich nicht als «‹Vollender› im alten Sinne, vielmehr als Erforscher unbekannter Möglichkeiten im Bereich der Sensibilität» betätigen würde. Seine Vorstellung war, dass auch «die Unterscheidung in freie und angewandte Künste hinfällig geworden» sei, denn der «schöpferisch Tätige» würde sich «so oder so spezialisieren».[37]

Nach Schwierigkeiten mit der Schulleitung wurde dann allerdings
Abb. 138 1970 die Klasse F+F wieder aufgelöst. Der SWB hatte sich damals mit dem alternativen Kurs solidarisiert und liess seine Haltung über die Tagespresse verlauten: «Vor allem aber war diese Klasse ein Ort, wo eine Tätigkeit in Gang gebracht werden konnte, wie sie an einer eigentlichen Berufsschule bisher nicht möglich war.»[38] Es war jenes «experimentelle Gestalten» innerhalb eines längeren Prozesses und das forschende Arbeiten im Team, das auch von Mitgliedern aus dem SWB mit Interesse verfolgt wurde. 1971 wird mit denselben Lehrern die Schule F+F auf privater Basis neu gegründet.[39]

Gestaltung wird kulturpolitisch

Was sich im Laufe der 1960er-Jahre langsam zu entwickeln und sich zaghaft zu formulieren begann, nämlich Gestaltung nicht mehr ausschliesslich als Objektgestaltung zu sehen, also nicht mehr die Form als Ziel des Entwurfs zu betrachten, sondern den Prozess als Hauptbestandteil zu definieren, erschütterte den SWB Ende der Dekade letztlich in seinen Grundfesten. Damit war der Werkbegriff vollkommen neu definiert. Nach dem Zweiten Weltkrieg hatte der Fokus auf der Förderung guter Produktgestaltung gelegen, doch nun stand sie plötzlich nicht mehr im Zentrum. Es mussten neue Aufgaben gefunden werden, wollte man «dem Werkbund eine Chance» geben, so der Titel der Tagung von 1969 (→ S. 85), an der schliesslich eine neue Weichenstellung erfolgen sollte.

Eine Methode war, Arbeitsgruppen für unterschiedliche Projekte zu bilden. Deren Inhalte waren nicht definiert, dazu musste das Betätigungsfeld zuerst abgesteckt werden. Im Geschäftsbericht von 1970 heisst es dazu: «Das alte Ziel der Gestaltung der Umwelt muß modifiziert und ausgeweitet werden. Wenn man bisher unter Umwelt nur das Sichtbare verstand, so wissen wir heute, daß für den Menschen die Umwelt ebensosehr aus den sichtbaren wie den unsichtbaren Faktoren besteht. Das Zusammen- und Ineinanderwirken des ‹visible and invisible environement› bestimmt eben die volle Wirklichkeit des Menschen.»[40]

Und diese «Wirklichkeit» war ein völlig offenes System von Beziehungen und Möglichkeiten. War zuvor das zu bewertende Objekt strengen Beurteilungskriterien unterworfen, der Fokus also auf etwas gerichtet, stand jetzt nicht mehr das Objekt im Mittelpunkt, sondern eine Art Innensicht auf die zu gestaltenden Lebensverhältnisse ganz allgemein. Das Objekt selber, dem man früher die Fähigkeit zugestanden hatte, als gute Gestalt dieses Lebensumfeld (zum Guten) zu verändern und damit die Lebensqualität zu verbessern, war nur noch ein Teil eines grösseren Ganzen. Auch im Geschäftsbericht von 1970 steht, dass die «Verbesserungen der sichtbaren Umwelt (Architektur, Produktgestaltung usw.)» nicht «zur Verbesserung des Lebens» beigetragen haben. Darum hätten Verbesserungen «tiefer anzusetzen im Gesellschaftlichen, Politischen und in der Erziehung».[41]

Es galt also, das offene System Gesellschaft mitzugestalten. Und der Ort, wo Gesellschaft am greifbarsten ist, ist naturgemäss die Stadt. In diesem Zusammenhang stehen beispielsweise die Aktionen *Thearena Aktionshalle* (→ S. 193) der Zürcher Ortsgruppe, die versuchte, mit unterschiedlichsten Veranstaltungen im Bereich des Theaters und des Schauspiels die Menschen von der Strasse direkt in ein grösseres kulturelles Ganzes einzubinden. «Information», «Kommunikation» und «Aktion» waren nicht nur Schlagworte der Zeit, sondern methodische Aufrufe an die Gesellschaft, an der eigenen Lebensqualität mitzuwirken.[42] Dazu gehörte auch die Unterstützung der sogenannten Kulturinitiative (→ S. 200), die den Staat an ein grösseres finanzielles Engagement in Kulturbereichen gebunden hätte. Eine direkte Manifestation künstlerischer Intervention im öffentlichen Raum sah man zudem im Engagement für eine Debatte um das Thema
Abb. 142 Kunst am Bau, wie eine extra dafür angefertigte Zeitung in Zusammenarbeit mit dem Verband Gesellschaft Schweizerischer Maler, Bildhauer und Architekten (GSMBA) zu einer Ausstellung in der Roten Fabrik belegt.

Es gab eine Reihe von Aktionen, politischen Vorstössen und Weiterem, die diese Neuausrichtung des gestalterischen Fokus auf kommunikativ-informative und kulturpolitische Projekte nach 1969 aufzeigt.[43] Vor allem die Ortsgruppen nahmen die Möglichkeit wahr, sich in ihrem unmittelbaren Umfeld einzubringen, beispielsweise mit Vorschlägen zu Beruhigungsmassnamen von Quartierstrassen sowie dem Anlegen von Velo- und Uferwegen, aber auch vor allem mit Eingriffen in Planungsprozesse, die ein ideales Feld boten, um auf einer «tiefer[en]» gestalterischen Ebene anzusetzen.[44]

Dazu gehörte ausserdem das Engagement in Umweltfragen, die neben bildungs-, planungs- und kulturpolitischen Aspekten die zwei folgenden Jahrzehnte prägen sollten.[45] Auch hier galt es in erster Linie, zu informieren und die politischen Instrumente zu nutzen, um Anliegen in Bezug auf die Lebensqualität als Beitrag an der Gestaltung eines grösseren Gesamtwerks zu leisten. Abb. 131 In diesem Zusammenhang soll noch einmal auf den Besuch des Atomkraftwerks Gösgen verwiesen sein, den die Delegierten des SWB unter ihrem Ersten Vorsitzenden Daniel Reist auf einer ausserordentlichen Versammlung 1976 unternahmen.[46] Bei Produkten der 1950er-Jahre war die Qualität anhand der Kategorien Nützlichkeit, Material und Schönheit definiert. Auf der Strasse, ausserhalb jeder Ausstellungspräsentation, entäusserte sie sich im kommunikativen Prozess gesellschaftlicher Handlungen.

Dass die produktbezogene Gestaltung das Gestalten in grösseren Zusammenhängen nicht ausschliesst, ist uns heute bekannt und auch im SWB erprobt worden. Hans Finsler, der unmittelbar nach dem Zweiten Weltkrieg die ersten Jahre der Aktion *Die gute Form* begleitet hat, formulierte in seiner mittlerweile berühmten Ansprache anlässlich seines Rücktritts als Erster Vorsitzender treffend: «Das letzte Ziel des Werkbunds scheint mir zu sein, schöpferischen Gruppen Möglichkeiten zu geben, sich zu entfalten und die Basis zu schaffen für ein neues Verhältnis des Menschen zu seinem Werk.»[47] Vieles, was er in dieser Ansprache gesagt hatte, wurde im Nachhinein als Kritik an der Aktion an der MUBA aufgefasst. Dieses Zitat allerdings geht darüber hinaus und gibt für die gegenwärtigen wie zukünftigen Aufgaben des SWB allgemein Anstoss. Weder die Prämierungsstelle noch die Informations- und Aktionsplattform des SWB kann Qualität garantieren. Nur allein das persönliche Engagement jedes Einzelnen kann dies tun.

1 *Die Woche*, Nr. 16, 4.4.1958, S. 21.
2 Ebd.
3 SWB Bill 1957, S. 37.
4 Ebd., S. 38.
5 Vgl. Erni 1983, S. 19, 20 (Chronik); siehe auch S. 319 in der vorliegenden Publikation. Eigentlich hätte die Ausstellung auch in Zürich gezeigt werden sollen, was aber aus finanziellen Gründen scheiterte. Vgl. Brief von Hans Finsler und Alfred Altherr jun. an Donald C. Dunham, The Foreign Service of the United States of America, 20.3.1952, MfGZ/Designsammlung/Konvolut SWB/Ausstellungen international.
6 So die zitierten «Standards Set by Good Design» des «Selection Committee», in: The Museum of Modern Art, First Showing of Good Design Exhibition in New York, Typoskript, 2 Seiten, S. 2. www.moma.org/docs/press_archives/1472/releases/MOMA_1950_0081_1950-11-16_501116-70.pdf?2010 (1.8.2013). Beschreibung der Ausstellung sowie der beteiligten Firmen siehe: News from Good Design, The Museum of Modern Art, The Merchandise Mart, Typoskript, 12 Seiten, Januar 1950, www.moma.org/docs/press_archives/1386/releases/MOMA_1949_0100.pdf?2010 (1.8.2013).
7 Dänemarks Architektur und Gestaltung wird in der Zeitschrift *Werk* relativ häufig rezipiert, siehe beispielsweise das Themenheft *Dänische Architektur* (*Werk* 35 [1948], H. 5).
8 Per Mollerup, *Marks of Excellence. The History and Taxonomy of Trademarks*, London und New York 1997, S. 41.
9 Streiff 1946, S. 140; vgl. auch GB SWB 1941, S. 17. Siehe allgemein zum Schweizer Signet Volker Neuburg und Hermann Eidenbenz, Kleine Untersuchung des Signets, in: *Werk* 30 (1943), H. 8, S. 251–253.
10 Die architektonische Buchreihe *Kulturarbeiten* von Paul Schultze-Naumburg ab 1902 ist auf diesem vergleichenden Prinzip aufgebaut. Danach nehmen die Zeitschriften *Heimatschutz*, selten auch *Das Werk* diese Methode auf. Siehe ferner S. 244 in der vorliegenden Publikation. Zur Kunstgewerbebewegung in aller Kürze Angelika Thiekötter, in: Diethart Kerbs und Jürgen Reulecke (Hg.), *Handbuch der deutschen Reformbewegungen 1880–1933*, Wuppertal 1998, S. 465–479.
11 *Satzungen des Schweizer Werkbunds*, 30.8.1913, § 2.
12 Siehe erste Protokolle der Ortsgruppe Zürich, in denen die Diskussionen in Bezug auf Exklusivität notiert sind, Archiv SWB, Protokolle I, SWB Ortsgruppe Zürich, 1918.
13 Protokoll des engeren Vorstandes der Ortsgruppe Zürich, Pierre Gauchat, 8.9.1937, Archiv SWB, Protokolle III, SWB Ortsgruppe Zürich, 1927–1939.
14 Gruppe 2, Mitgliederfragen. Erweiterung des Mitgliederbestandes, Typoskript, Dokumente Arbeitstagung Unterägeri 1958, MfGZ/Designsammlung/Konvolut SWB/Tagungen.
15 Protokoll der ersten Zentralvorstandssitzung des Schweizerischen Werkbundes, Zürich, 1.3.1969, Archiv SWB.
16 Ebd.
17 *Werk* 8 (1921), H. 5, S. XIX.
18 1953 wurde *Die Gute Form SWB* ins Markenregister eingetragen, vgl. Erni 1983, S. 20.
19 Vgl. Brief vom 16.3.1967 des Schulamts der Stadt Zürich an den SWB mit der Absage für eine Aufstellung der Ausstellungstafeln, «da jegliche Werbung in den Schulhäusern […] untersagt sei», Archiv SWB.
20 Vgl. beispielsweise *Amtliches Schulblatt. Publikationsorgan der Erziehungsdirektion des Kantons Zürich* 80, Nr. 9, 1.9.1965, S. 264.
21 Einen erfolglosen Versuch unternahm der SWB Ende der 1970er-Jahren mit der Entwicklung des Lehrmittels *Didaktische Materialien*, das aber nie realisiert wurde (→ S. 198).
22 Satzungen SWB 1969, § 2.
23 Referenten bis 1965 waren Hans Ess, Max Fröhlich, Eugen Gomringer, Roland Gross, Willy Guhl, Rolf Gutmann, Johannes Itten, Richard P. Lohse, Arturo Milani, Stanislaus von Moos, Xaver von Moos, Erich Müller, Alfred Roth, Otto Senn, Adolf Max Vogt und Ulrich P. Wieser. GB SWB 1963, S. 5–6; GB SWB 1964, S. 7–8; GB SWB 1965, S. 7–8; GB SWB 1966, S. 6.
24 GB SWB 1963, S. 5.
25 Mitteilungsblatt zum Lehrerfortbildungskurs 1965, «Einführungskurs in die Fragen der Umweltgestaltung», 15./16.10.1965, Archiv SWB/Lehrerfortbildung. 1966 und 1967 waren die Referenten Peter F. Althaus, Hans Bellmann, Lucius Burckhardt, Frau D. Christ, Hans Dürst, Hans Ess, Antonio Hernandez, Bernhard Hoesli, Richard P. Lohse, Jacob Müller, Romeo Stalder, Peter Steiger, Heiny Widmer und Othmar Zschaler. GB SWB 1966, S. 6; GB SWB 1967, S. 5.
26 Es sprachen Peter F. Althaus, Victor N. Cohen, Jean Girard, Hansjörg Gisiger, Erwin Halpern, Alex Reinhard, Alexander J. Seiler, Hansruedi Widmer, Heiny Widmer und Walter Vogt. GB SWB 1968, S. 5.
27 GB SWB 1969, S. 5; vgl. auch Kunst ist, was wir tun. Informationstagung des Werkbundes an der ETH, *Tages Anzeiger*, 29.10.1969, Archiv SWB.
28 Althaus 1969, S. 14.
29 Vgl. Burckhardt 1981, S. 18–19.
30 Althaus 1969, S. 14.
31 Ebd.
32 Siehe N. John Habraken, *De dragers en de mensen. Het einde van de massawoningbouw*, Amsterdam 1961. Teilauszug aus der englischen Übersetzung auf Deutsch siehe N. John Habraken, Das Ende des Wohnbauprojektes, in: *Archithese* 2 (1972), H. 1, S. 7–14, hier S. 14.
33 Zum Begriff der «offenen Form» siehe Urs Graf und Rös Graf, Die offene Form. Essay zum Problem nicht endgültig determinierter Planungen, in: *Werk* 58 (1971), H. 9, S. 614–624; zu Hansen siehe www.team10online.org/team10/members/hansen.htm (1.8.2013). Das jüngst zu ihm veranstaltete Symposium im Muzeum Sztuki Nowoczesnej in Warschau war der Auftakt zu einem Forschungsprojekt, dem eine Ausstellung über Hansen 2014 in Barcelona folgen soll, http://artmuseum.pl/en/wydarzenia/oskar-hansen-otwieranie-modernizmu (1.8.2013).
34 Siehe Althaus/Henggeler 1973; Burckhardt/Förderer 1968.
35 GB SWB 1968, S. 3.
36 SWB Kommentare 6, S. 537.
37 Serge Stauffer, *Kunst als Forschung. Essays, Gespräche, Übersetzungen, Studien*, hg. vom Helmaus Zürich, Bd. 8 Schriftenreihe des Instituts für Gegenwartskunst, Zürcher Hochschule der Künste ZHdK, Zürich 2013, S. 50. Der Vortrag ist vollständig abgedruckt auf S. 47–51.
38 *Neue Zürcher Nachrichten*, 4.3.1970.
39 Fritz Billeter und Jack Metzger, Experiment F + F wird fortgesetzt – mit privaten Mitteln, in: *Tages Anzeiger*, 3.3. 1971, S. 47.
40 GB 1970 SWB, S. 4. Gezeichnet vom Ersten Vorsitzenden Peter Steiger und von Geschäftsführer Heiny Widmer.
41 Ebd.
42 SWB Kommentare 16, siehe Abb. 121, 122, 127 in der vorliegenden Publikation.
43 Zu kulturpolitischen Fragen siehe SWB Schriftenreihe 1971; S. 200 in der vorliegenden Publikation.
44 Für einen Überblick der Aktionen siehe die Chronik in der vorliegenden Publikation.
45 Die SWB-Ausstellung *Lernort Umwelt*, Ende 1977 im Gewerbemuseum Basel gezeigt, und die ebenfalls in Basel Ende des Jahres stattfindende SWB-Tagung *Quantität und Qualität* führten das Thema Umweltgestaltung in allen Facetten aus, siehe Chronik.
46 Siehe SWB Information 1976/4, Archiv SWB.
47 Finsler 1955, S. 38.

143–144
Ausstellung *Qualität und Schund*, «gutes» (oben) und «schlechtes Beispiel», Kunstgewerbemuseum Zürich, 1921

143

144

Fussboden: Parquetimitation aus Linoleum. Möbel: Tannenholz, Eichenholzimitation gestrichen. Teppich: Perserimitation aus Papierstoff. Tapete: Gobelinimitation.

Wanderausstellung *Qualität und Schund*

Zürich, Aarau, Luzern u.a., 1921/22

Am 27. November 1921 lud die Direktion des Kunstgewerbemuseums der Stadt Zürich unter Alfred Altherr sen. (→S. 419), als Obmann der SWB Ortgruppe Zürich zur Eröffnung der Ausstellung *Qualität und Schund* und der *Weihnachtsausstellung der Ortsgruppe Zürich des Schweiz. Werkbundes* ein. Beide Ausstellungen, die bis zum 15. Januar 1922 zu sehen waren, wurden dem SWB vom Kunstgewerbemuseum «gegen eine Partizipierung an den Kosten»[1] zu 50 Prozent mit 500 Franken «zur Verfügung gestellt»[2]. *Qualität und Schund* war als Wanderausstellung konzipiert und wurde mit dem entsprechenden Untertitel *Wanderausstellung des S.W.B.* 1922 noch in Aarau, Luzern, Bern, St. Gallen und Winterthur gezeigt.[3]

Die Ausstellung bestand aus «zwei vollständig eingerichteten Wohnzimmern und einer Abteilung für Angewandte Graphik».[4] Entsprechend dem didaktischen Zeitgeist wurden die beiden Zimmer als «schlechtes Beispiel» und «gutes Beispiel» zeitgenössischer Inneneinrichtung präsentiert, wobei das Hauptaugenmerk nicht nur auf die Ästhetik und Formensprache, sondern auch auf die Qualität der Verarbeitung der Möbel und Einrichtungsgegenstände sowie die Echtheit der verarbeiteten Materialien gelegt wurde.[5] Bei der Beurteilung und Platzierung der Gegenstände wurden die Kriterien «der Zweckmäßigkeit, der Ehrlichkeit, der stoffgerechten Behandlung und der Formenschönheit» zugrunde gelegt.[6]

Im «schlechten Zimmer» wurden vor allem Imitationen präsentiert, so etwa ein Parkett aus Linoleum, ein als Eichenimitat gestrichenes Tannenholzmöbel oder ein falscher Perserteppich aus Papierstoff. Auch die angebrachte Tapete wurde als Gobelinimitation an den Pranger gestellt. Die Dinge sollten schliesslich «als das gelten, was sie sind». Diese Auswahl wurde mit einer prägnanten Aussage in der Begleitschrift begründet: «In der angewandten Kunst herrscht als oberstes Gesetz die Sachdienlichkeit [...]. Denn die Kunst ist hier nicht um ihrer selbst willen da, sondern sie steht im Dienste eines praktischen Zweckes.» Die Einrichtungsgegenstände des guten Zimmers – etwa mit Möbeln aus gebeiztem Lindenholz – sollten dementsprechend als «zweckmäßig, ehrlich, dauerhaft und von einfacher Gediegenheit» wahrgenommen werden.[7] Auf dem Gebiet der Grafik ging es den Ausstellern um die Präsentation von Stücken, aber auch um Typografie und dekorative Elemente und Flächen, deren künstlerischer Wert den Vorstellungen des SWB entsprach. In schlichten Vitrinen wurden schön gestaltete Bücher gezeigt, an den Wänden hingen zudem Plakate der Berner Druckerei Benteli AG, der Warenhäuser Globus und Jelmoli sowie ein Ausstellungsplakat für *Die Schrift*. Auch verschiedene Briefpapiere und gestaltete Briefköpfe wurden gezeigt – «Die Geschmackskultur des Gewerbes beginnt bereits bei der kleinsten Drucksache» – jeweils unmissverständlich mit dem Prädikat «gut» oder «schlecht» versehen.[8] Die Wahl der Exponate für die Ausstattung des guten Zimmers stellte die Aussteller vor keine Probleme. Das Ausstellen von «Schund» hingegen gestaltete sich schwieriger, denn «[n]iemand will seine Ware an den Pranger gestellt sehen.»[9] In diesem Sinne rief Altherr selbst noch im November 1921 im *Werk* Private und Geschäftsleute auf, Exponate zur Verfügung zu stellen. Herstellern und Konsumenten gleichermassen sollte mittels der Präsentation alltäglicher Gegenstände aus der Wohnzimmereinrichtung und dem Druckgewerbe mit dieser kleinen Ausstellung die Grundideen des SWB der 1910er- und 1920er-Jahre vor Augen geführt werden: Der Kunde müsse «erzogen werden [...], eine Ware richtig einzuschätzen, [muss] gut und schlecht unterscheiden lernen».[10] Weshalb diese erzieherische Intervention des Werkbundes notwendig geworden war, erläutert der Vorstand des SWB im Geschäftsbericht von 1922: «Trotz des Zollschutzes macht sich die ausländische Konkurrenz auf vielen Gebieten des Gewerbes wieder stark bemerkbar, was vielen verunmöglicht, sich weiterhin mit Qualitätsarbeit abzugeben, prüft doch der Konsument bekanntermassen nur den Preis, nicht aber die Arbeit selbst.»[11] Kritisiert wurde dabei die Beschränkung auf die Mittelstandswohnung: «Das Beispiel einer höheren Stufe des wohnlichen Geschmacks wäre angebracht gewesen.»[12] Die Ausstellung wurde zwar oft in Tageszeitungen, wie zum Beispiel der *Neuen Zürcher Zeitung* besprochen, allerdings gehen diese kleinen Rückschauen fast immer auf eine SWB-interne Autorschaft (zum Beispiel Altherr) zurück.

Eine solche, gutes und schlechtes Kunstgewerbe gegenüberstellende Ausstellung war für den SWB nicht zuletzt deswegen nötig geworden, weil der Grossmöbelhandel in seinen Augen einerseits die Qualität seiner «meist ausländischen» Produkte auf sträfliche Weise dem Streben nach Umsatz unterzuordnen begriffen war: «Was er umsetzt, wäre ihm eigentlich gleichgültig.» Andererseits aber auch, weil auf die Kunstgewerbemuseen «hinsichtlich der Geschmacksveredelung breiter Bevölkerungsschichten auch noch kein Verlaß» sei.[13] Ihr Einfluss sei nicht nachhaltig genug und berühre nur zu enge Kreise. Einen Mangel an qualitätsvollen schweizerischen Schreinerarbeiten stellte Johannes Sigg zwar nicht fest, jedoch würden deren Besitzer «in einer Zeit gespanntester Klassengegensätze» nicht wagen, ihre Schätze auch zu zeigen – und für die «schon sehend Gewordenen» in den weniger vermögenden Schichten hingegen sei die Beschaffung guter Möbel «auch eine wirtschaftliche Frage».[14] Er verweist sodann auch auf die soeben gegründete Genossenschaft für Möbelvermittlung des Schweizerischen Verbandes der Konsumvereine und fordert – nach skandinavischem Vorbild – ein grösseres Angebot und die vermehrte Nutzung von Möbelabzahlungsverträgen.[15] Die Ausstellung *Qualität und Schund* kann also nicht nur als eine Schau «allgemein erzieherischer und geschmacksbildender Art» verstanden werden, sondern sollte als kleine, aber plakative Wanderausstellung als Zugpferd für die genannten wirtschaftlichen Bestrebungen dienen.[16] Sie entsprach nicht zuletzt auch inhaltlich den in der Satzung verankerten Interessen und Zielen des Werkbundes (→ S. 63).

● *Raphael Sollberger*

Film
Die Neue Wohnung von Hans Richter an der Hallenausstellung WOBA

Basel, 1930

Der Stummfilm *Die Neue Wohnung* wurde im Auftrag des Schweizerischen Werkbundes von dem deutschen Regisseur Hans Richter realisiert. Anlass dafür war die erste *Schweizerische Wohnungsausstellung* (WOBA), die im Sommer 1930 in Basel stattfand. Nachdem der SWB ein Jahr vor der Eröffnung sein Engagement ganz auf die WOBA-Siedlung Eglisee (→ S. 360) konzentrierte, blieb damit der Werkbund-Film sein einziger Beitrag für die Hallenausstellung. Anhand der Gegenüberstellung von veralteten Einrichtungsgegenständen einerseits und den aktuellen Anforderungen an eine moderne Wohnung andererseits warb der von Praesens Film produzierte Propagandafilm für die innovativen Aspekte des Neuen Wohnens. Mit dem Film machte sich der SWB nicht nur um die programmatische Vermittlung moderner Wohnkonzepte verdient, sondern nahm gleichzeitig eine klare Gegenposition zur Ausrichtung in den WOBA-Hallen ein, die vor allem einer Warenmesse von Einrichtungsfirmen und Möbelfabrikanten glich und keine anschaulichen Konzepte zur Belehrung vermittelte.

Die Idee, als alternative Beteiligung des SWB einen Film für die WOBA-Hallen produzieren zu lassen, kam von Hans Hofmann: «Vom Reklamestandpunkt aus wäre es besser, etwas ganz anderes als die anderen Aussteller zu machen: einen Werkbundfilm [...].»[1] Der Film als neues Werbemedium bot zudem die Möglichkeit, dass er zu einem späteren Zeitpunkt auch andernorts gezeigt werden konnte.

Mit dem deutschen Künstler und Schriftsteller Hans Richter konnte der SWB einen fachlich versierten und unabhängigen Regisseur gewinnen, der bereits während des Zürcher Dada aktiv war und den Experimentalfilm der 1920er-Jahre massgeblich geprägt hatte.[2] Dramaturgisch zugespitzt stellte Richter überkommene Wohnvorstellungen den neuen Grundideen moderner Wohnkultur kontrastierend gegenüber. Damals war in der *Neuen Zürcher Zeitung* zu lesen: «Da ist gezeigt, wie eine neue klarere Wohngesinnung aufräumt mit den plumpen, unpraktischen, teuren und daher vornehmen Möbeln, die nicht mehr unseren Bedürfnissen entsprechen.»[3]

In der ersten Hälfte des gut halbstündigen Films werden die dunklen und überladenen Wohnungen mit ihren schweren Möbeln aus massivem Holz kritisiert. Unterschwellig wird gefordert, die räumliche Zuteilung zu hinterfragen, beispielsweise die selten benutzte, repräsentativ, aber unpraktisch eingerichtete «gute Stube» aufzugeben. In der zweiten Filmhälfte wird die avancierte internationale Bau- und Wohnkultur gezeigt. Mit zahlreichen Beispielen des Neuen Bauens und Wohnens wird für eine funktionale Raumgestaltung heller Wohnungen mit einfachen Möbeln in klaren Formen plädiert. Um auf einer minimalen Grundfläche eine maximale Ausnützung zu erhalten, rücken insbesondere wandelbare Möbel in den Fokus. Filmsequenzen veranschaulichen, wie durch die Verstellbarkeit von Klapp- und Rollmöbeln, zusammenstellbaren Tischchen oder Schiebewänden verschiedenartige Nutzungen in ein und demselben Raum möglich sind. Sie werden in einer Szene auf den Punkt gebracht, in der im eigentlich nicht sehr geräumigen Wohnzimmer eine gut besuchte Tanzveranstaltung stattfindet. Auch die kompakte Küche mit modernen Gerätschaften wie Dampfabzug oder Kaffeemaschine wird besonders hervorgehoben. Letztlich spiegeln sich in den lichtdurchfluteten Räumen mit ihren grossen Schiebefenstern lebens-

1 Protokoll ZV SWB, 4.3.1922, Archiv SWB A 1.1.1.
2 Vorstandsbericht SWB, Dezember 1921, S. 4, Archiv SWB.
3 Gomringer 1963, S. 378; Ausstellungs-Kalender 1922 (Aarau) sowie GB SWB 1922, S. 8.
4 Altherr 1921, S. 209. Siehe auch Wegleitung 1921, S. 5: «Wir mußten uns [...] beschränken und haben deshalb zwei der allgemeinsten und tagtäglichen Aufgaben herausgegriffen [...].»
5 «[Wir haben] es vermieden, verjährte, und einem überwundenen Zeitgeschmack angehörende Dinge, wie etwa solche im Renaissancestil von 1880 oder im Jugendstil zu verwenden, über die sich heute ein jeder erhaben dünkt. Sowohl die schlechten als die guten Beispiele unserer Ausstellung sind Erzeugnisse unserer Zeit [...].» (SWB Ausstellung 1921, S. 56).
6 SWB Qualität und Schund 1921, S. 4.
7 Ebd., S. 4–5.
8 Die Werkbund-Ausstellung, in: *Luzerner Tagblatt*, 17.4.1922.
9 Altherr 1921, S. 209; SWB Ausstellung 1921, S. 6.
10 SWB Qualität und Schund 1921, S. 3.
11 GB SWB 1922, S. 3.
12 *Luzerner Tagblatt*, wie Anm. 8.
13 Sigg 1921, S. 212–213.
14 «Die Möbelschreinerei steht in der Schweiz auf einer hohen Stufe. [...] Es werden zuweilen bewundernswerte Leistungen vollbracht, die im handwerklichen Können dem der alten Meister zum Mindesten gleichkommen.» (Sigg 1921, S. 211, 214).
15 Ebd., S. 214–215.
16 Altherr 1921, S. 208.

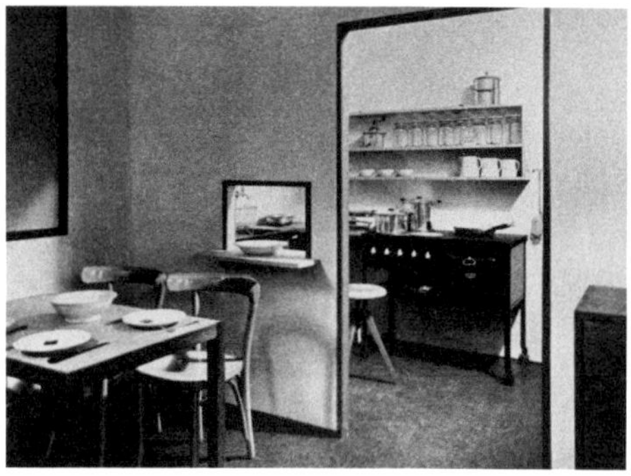

reformerische Ideale wider und die Forderung nach «Licht, Luft und Sonne».[4] Am Ende des Films wird der kategorische Aufruf eingeblendet: «Erschwingliche und menschenwürdige Wohnungen für Alle» – womit der soziale Aspekt des Neuen Bauens explizit hervorgehoben ist.[5]

Sämtliche dargestellten Architektur- und Möblierungsbeispiele stammen von führenden Protagonisten der avantgardistischen Moderne. Gezeigt werden unter anderem: Le Corbusiers *Maison Cook* und die *Villa Savoye,* der von Lilly Reich gestaltete Wohnraum im Haus *Mies van der Rohe* in der Weissenhofsiedlung (→S. 353), Bauten von Mart Stam, Werner M. Moser, Hans Schmidt und Paul Artaria sowie Typenmöbel des Ehepaars Flora Steiger-Crawford und Rudolf Steiger sowie von Max E. Haefeli. Zeitgenössische Architektur aus Russland, Schweden, den USA, Spanien und Brasilien betont die internationale Verbreitung und Anerkennung des Neuen Bauens; Namen der Werke oder der Künstler bleiben unerwähnt, weniger das spezifische Gebäude oder Objekt wurde also in den Vordergrund gerückt, sondern vielmehr sollte eine verallgemeinerte Idee eines bequemen und modernen Wohnens vermittelt werden.

Die künstlerische Umsetzung von Richter und seinem Kameramann Emil Berna wirkt dabei kongenial unterstützend.[6] So bewegen sich in Stopp-Motion-Sequenzen Schranktüren oder Schubladen spielend leicht, als wären sie von unsichtbarer Hand geführt. Zudem wird die Hektik der modernen Zeit durch immer schneller werdende Schnitte transportiert oder werden durch spiegelverkehrt gesetzte Stills die räumlichen Dimensionen vergrössert.[7]

Der Werkbund-Film lief zunächst täglich in der Filmkabine der Ausstellung und wurde nach Abschluss bei zahlreichen Vorträgen über Wohnungsfragen in der ganzen Schweiz und in den Nachbarländern vorgeführt und entsprechend rezensiert.[8] Im Wesentlichen wurde er als «wohlgelungen», «äusserst wertvoll» und «bereichernd» aufgefasst, da die abstrakten Gedanken zur Wohnreform klar und – dank des neuen Mediums – bildhaft sichtbar gemacht worden waren.[9] Die ironischen Übertreibungen wurden nicht immer goutiert.[10] Ungeteilte Bewunderung sicherte sich der Regisseur. Richter habe in meisterhafter Weise und filmtechnisch raffiniert durch geistreiche Montage und Überschneidungen diesem Kulturfilm bleibenden künstlerischen Wert verliehen und den verdienten Beifall aller Zuschauer geerntet.[11]

Mit dem aussergewöhnlichen Architekturfilm *Die Neue Wohnung* zeigte sich der SWB auf der Höhe der Zeit. Publikumswirksam vermittelte er avantgardistisches Gedankengut zu aktuellen Wohnreformen, indem er in der Filmproduktion die Postulate Sachlichkeit, Zweckmässigkeit und Sparsamkeit veranschaulichte und die sinnvolle Aufstellung der Möbel nach den Anforderungen des Gebrauchs demonstrierte. In der WOBA-Hallenausstellung selbst waren diese Grundsätze nicht konsequent umgesetzt. Während man sich im Film gegen grosse, schwere und teure Möbel aussprach, waren diese in der Ausstellung durchaus zu finden und stammten mitunter sogar von SWB-Mitgliedern, die sich als Firmeninhaber aus Konkurrenzgründen genötigt sahen, trotz der SWB-Absage auf der WOBA auszustellen. Mit dem gewählten Medium Film gelang es dem SWB nicht nur, sich von der Masse anderer Aussteller abzugrenzen, sondern auch inhaltlich zu kontrastieren und auf die konservative Ausrichtung der Hallenausstellung mit einem progressiven Auftritt zu antworten. ● *Katja Köhler Schneider*

145
Hans Richter, *Die neue Wohnung,* Filmstills, 1930

1 Protokoll ZV SWB, 30.11.1929, S. 6, Archiv SWB A 1.1.1.
2 Bekannteste Werke: *Rhythmus 21* (192[illegible]), *Film Studie* (1926) und *Vormittagsspuk* (1928).
3 *NZZ*, 28.8.1930.
4 Janser/Rüegg 2001, S. 11[illegible].
5 Ebd., S. 118–120.
6 *Die Neue Wohnung* war einer der ersten Filme Bernas als Chefkameramann bei Praesens Film.
7 Janser/Rüegg 2001, S. 93.
8 Vor allem in Deutschland begannen ab 1932 Vorführungen einer «Version Atelier Richter» in welcher der SWB nicht mehr erwähnt wird.
9 *NZZ*, 28.8.1930; *National-Zeitung*, 27.8.1930; siehe auch *Basler Nachrichten*, 17.6.1931.
10 Vgl. *Neue Berner Zeitung*, 10.10.1930. Allerdings gab es auch positive Äusserungen.
11 *National-Zeitung*, 27.8.1930; *Frankfurter Zeitung*, 15.1.1932.

Broschüre *Gut Wohnen*

1943

Parallel zur Wanderausstellung *Unsere Wohnung* (→ S. 369) erschien im Frühjahr 1943 die von Paul Artaria und Egidius Streiff (→ S. 426) verfasste Schrift *Gut Wohnen* in einer Auflage von 5000 Exemplaren. Die 95 Seiten umfassende, illustrierte Broschüre konnte im Buchhandel zum Preis von 2,80 Franken bezogen werden. Sie richtete sich insbesondere an junge Ehepaare, denen «die nötige Erfahrung» bei der Wohnungseinrichtung noch fehle.[1] In einer Einleitung erhielten sie generelle Ratschläge, die in der Forderung nach Qualität und Sparsamkeit gipfelten. Der anschliessende Katalogteil enthielt in elf von kurzen Erläuterungen begleiteten Kapiteln eine Zusammenstellung von industriell und handwerklich gefertigten Einrichtungsgegenständen, darunter Stühle und Fauteuils, Tische, Betten und Schlafzimmermöbel, Schränke und Lampen. Nachdem die Broschüre vergriffen war, plante der Schweizerische Werkbund 1948 zunächst eine Neuauflage, sah davon aber schliesslich zugunsten des regelmässig erscheinenden und dadurch bezüglich der angebotenen Einrichtungsgegenstände aktuelleren *Schweizer Warenkatalogs* (→ S. 293) ab.
● *Jürg Hünerwadel*

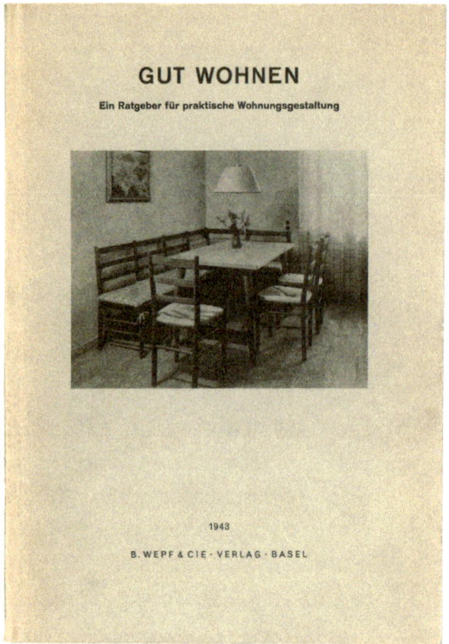
GUT WOHNEN
Ein Ratgeber für praktische Wohnungsgestaltung
1943
B. WEPF & CIE · VERLAG · BASEL

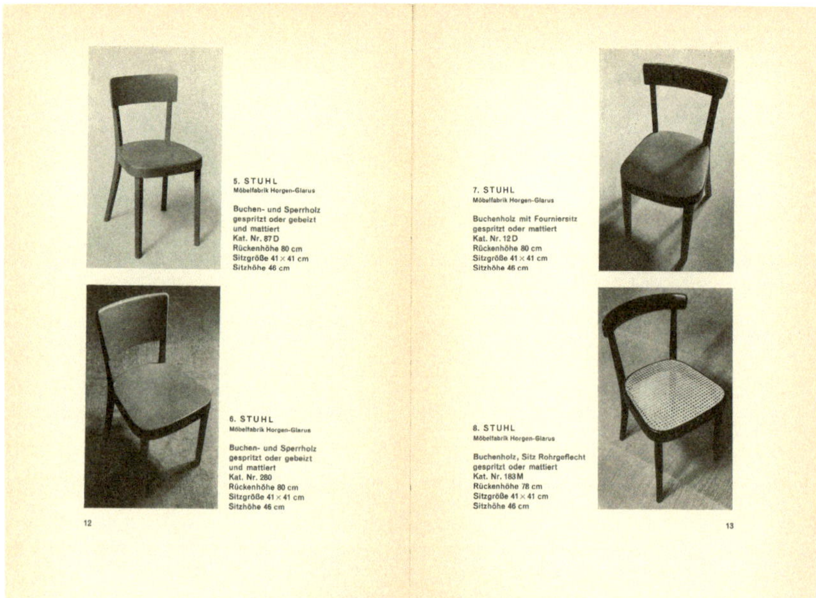
5. STUHL
Möbelfabrik Horgen-Glarus
Buchen- und Sperrholz gespritzt oder gebeizt und mattiert
Kat. Nr. 87D
Rückenhöhe 80 cm
Sitzgröße 41 × 41 cm
Sitzhöhe 46 cm

6. STUHL
Möbelfabrik Horgen-Glarus
Buchen- und Sperrholz gespritzt oder gebeizt und mattiert
Kat. Nr. 280
Rückenhöhe 80 cm
Sitzgröße 41 × 41 cm
Sitzhöhe 46 cm

12

7. STUHL
Möbelfabrik Horgen-Glarus
Buchenholz mit Fourniersitz gespritzt oder mattiert
Kat. Nr. 12D
Rückenhöhe 80 cm
Sitzgröße 41 × 41 cm
Sitzhöhe 46 cm

8. STUHL
Möbelfabrik Horgen-Glarus
Buchenholz, Sitz Rohrgeflecht gespritzt oder mattiert
Kat. Nr. 183M
Rückenhöhe 78 cm
Sitzgröße 41 × 41 cm
Sitzhöhe 46 cm

13

19. und 20. TISCH mit aufklappbarem und drehbarem Blatt
Möbelfabrik Horgen-Glarus
Buchen- oder Eichenholz mattiert
Kat. Nr. 1140
Plattengröße geschlossen 85 × 60 cm offen 120 × 85 cm
90 × 65 cm 130 × 90 cm
Höhe 76 cm 100 × 70 cm 140 × 100 cm

20

21. RECHTECKIGER TISCH
Plattengröße 110 × 70 cm. Höhe 75 cm. Kat. Nr. 1017 Ba

22. RUNDER TISCH
Möbelfabrik Horgen-Glarus
Buchen- oder Eichenholz mattiert. Durchmesser 70 cm, Höhe 68 cm
Kat. Nr. 1017 B

22

21

146
Paul Artaria und Egidius Streiff, *Gut Wohnen. Ein Ratgeber für praktische Wohnungsgestaltung*, 1943, Doppelseiten mit Stühlen und Tischen der Möbelfabrik Horgen-Glarus

Thearena Aktionshalle und die Rote Fabrik

Zürich, 1973–1976

Als Veranstaltungspunkt innerhalb eines reichen kulturellen Programms der sogenannten *Thearena Aktionshalle Zürich* des Schweizerischen Werkbundes fand am 4. Dezember 1976 in der Roten Fabrik auch eine SWB-Informationstagung statt. Nicht ohne Grund fiel die Wahl für die «kritische Auseinandersetzung mit Problemen der Kulturförderung» auf diese Lokalität in der Stadt Zürich.[1] Denn im Jahr darauf befand das Zürcher Stimmvolk über eine von der Sozialdemokratischen Partei lancierte Volksabstimmung, mit der dem Stadtrat der Auftrag erteilt wurde, «eine Vorlage zur Nutzung der Roten Fabrik als Kultur- und Freizeitzentrum auszuarbeiten».[2] Die *Thearena*-Wochen waren erfolgreiche «Funktionsproben» eines solchen kulturellen Programms und hatten vor der Abstimmung als Werbeträger für die sinnvolle Kulturförderung und finanzielle Unterstützung eines zukünftigen Kulturzentrums fungiert.[3]

Es sollte noch bis zu der zweiten Abstimmung 1987 dauern – die sogenannten Opernhauskrawalle Anfang der 1980er-Jahre machten die Forderung nach einem solchen Kulturzentrum nochmals deutlich –, bis die Stadt neben der arrivierten Kultur wie dem Opern- oder Schauspielhaus alternative Projekte und Orte fördern wollte und der Betrieb des Kulturzentrums definitiv aufgenommen werden konnte. Zu diesem Zeitpunkt war der SWB allerdings nicht mehr unter den Gruppierungen, die in die ehemalige Seidenfabrik einzogen. Er hatte sich vielmehr im Vorfeld des weit über Zürich hinaus strahlenden beispielhaften Umnutzungsprojekts mit den *Thearena*-Wochen für diesen Ort alternativen Kulturengagements eingesetzt.

In den 1960er-Jahren fanden zwei Wettbewerbe zu Neubauten für die beiden grossen Zürcher Theater statt. Trotz namhaften Preisträgern – William Dunkel für das Opernhaus direkt am See und Jørn Utzon für das Schauspielhaus an ebenfalls zentraler Lage etwas erhöht am Heimplatz – wurden die Projekte nie realisiert.[4] Da auch noch Anfang der 1970er-Jahren die «Probleme rund um die Zürcher Bühnen einer kulturpolitischen und urbanistischen Gesamtproblematik» zuzuordnen waren, stellte der Filmemacher Alexander J. Seiler im Auftrag der Ortsgruppe Zürich 1970 eine Arbeitsgruppe zusammen, die sich mit der Situation des Zürcher Theaters auseinandersetzen wollte.[5] Es war dann der Kunsthistoriker und Theaterfachmann, selber Dramatung, Regisseur, Theaterdirektor und SWB-Mitglied, Hans Curjel, der kurz darauf in einem Aufsatz in einer den *Zürcher Theaterproblemen* gewidmeten Ausgabe eines Heftes der SWB Schriftenreihe passende Räume für ein der Zeit gemässes Theater forderte. Das Theater sei «längst nicht mehr das Vorrecht der sogenannten Gebildeten» stellte der über 70-jährige Curjel fest,

1 Paul Artaria und Egidius Streiff, *Gut Wohnen. Ein Ratgeber für praktische Wohnungsgestaltung*, hg. vom Schweizerischen Werkbund, Basel 1943, hier S. 5.

147
Faltplakat *Thearena-Wochen*, 1975, Gestaltung Ursula Hiestand

Photo Barbara Hausamann

Was ist, was will THEARENA?

Theater, Konzerte, Ausstellungen ziehen heute noch weitgehend dieselben Gesellschaftsschichten an wie vor 100 Jahren. Aber eines hat sich geändert: Der Kulturbetrieb ist teurer geworden. Wurden im ausgehenden 19. Jahrhundert Theater, Orchestergesellschaften und Museen auch in unserem Land noch von finanzkräftigen Mäzenen des Grossbürgertums gegründet und gefördert oder gar als eigenwirtschaftliche Unternehmungen geführt, so ist heute die öffentliche Hand, der Steuerzahler also, entscheidend mitengagiert. Unsere Kulturinstitute werden heute finanziell von der Gesellschaft als ganzer getragen. Erbringen sie auch ihre Leistungen für die Gesellschaft als ganze, wie etwa für Schulen, Spitäler, für Jugendliche und Kinder, für die Masse der Werktätigen, für die Betagten? Die Frage muss wohl nisse herausgefordert fühlen. Sie muss versuchen, die Schwellenangst der Fernbleibenden zu überwinden. In unserem System der direkten Demokratie übersetzt sich dieses ideelle Postulat in ein praktisches Anliegen der Behörden. Anders als in unseren Nachbarländern entscheiden bei uns die Stimmbürger und nicht ihre gewählten Repräsentanten über kulturelle Kredite. Solchen Abstimmungen sehen die Behörden stets mit zwiespältigen Gefühlen entgegen, weil sie wissen, dass den Stimmbürgern ein Ausgabenbeschluss nahegelegt werden muss, von dem sie keinen Nutzen ziehen können oder wollen. <u>Kulturschaffende und Verantwortliche im In- und Ausland sind sich dieses Problems bewusst.</u> Vielen ist klar, dass die Vermittlung neuer Inhalte, wie sie von experimentellen Künstlern erprobt werden, judiziert, gestattet eben die mannigfaltigsten Aktivitäten, wie man das von einer "Aktionshalle" auch erwarten kann. Der Schweizerische Werkbund, in dessen Auftrag Dr. Curjels Studie entstanden war, nahm die Idee auf. Die vom Werkbund 1972 eingesetzte Arbeitsgruppe, der neben eigenen Mitgliedern auch weitere Kulturschaffende angehören, und die eng mit der Präsidialabteilung als der zuständigen Behörde zusammenarbeitet, entwickelte das "Thearena"-Projekt. Thearena wird als polyvalentes Kulturzentrum definiert, das ein Ergänzungs- und Kontrastprogramm zu den bestehenden kulturellen Institutionen anbieten soll, deren Existenzberechtigung dadurch nicht in Frage gestellt wird. <u>Thearena will offene "Arena" sein für alle kulturellen Bereiche,</u> für Theater, Film, bildende Kunst, Musik und Literatur. Nebeneinander und unter einem Dach soll schöpferische Aktivität, Bildung, Information und Unterhaltung, Rezeption von Dargebotenem, aber auch eigene kreative Tätigkeit der Besucher möglich sein.

Die Thearena-Arbeitsgruppe hat sich zum Ziel gesetzt, in Zürich ein Gebäude zu finden, das die erforderlichen Räume für die Verwirklichung dieses Konzepts umfasst. Bis es gefunden und für die Zwecke der Thearena hergerichtet sein wird, sollen in einem periodisch aufgenommenen Versuchsbetrieb (Zelt) praktische Erfahrungen gesammelt werden.

Das Thearena-Konzept gliedert sich in fünf Bereiche:

- <u>Aktionshalle</u>
  (aktuelles Theater, Grossveranstaltungen, Musik, Film, "Spielwiese", Feste usw.)
- <u>Mobiles Museum</u>
  (aktuelle Kunst, audiovisuelle Gestaltung, Konfrontation mit Künstlern, Konzepte für Stadtförderung usw.)
- <u>Werkstatt</u>
  (kreatives Arbeiten, Kurse, Selbsterfahrung, Gruppenarbeit, experimentelle Gestaltung)
- <u>Kontakt-Foyer</u>
  (Kommunikation, Information, Dokumentation, Diskussion)
- <u>D'Beiz</u>
  (Treffpunkt, Gasthaus, Cafeteria, Entspannung)

Photo Verena Eggmann

Zu den THEARENA Wochen 1975

23. August - 5. September

Den 1975 zum zweiten Mal in Zürich durchgeführten THEARENA-Wochen war bei grundsätzlich gleichbleibender Zielsetzung ein runder Erfolg beschieden. Den Hauptverantwortlichen (Christoph Vitali als Vertreter der Präsidialabteilung der Stadt Zürich, Remo Galli als Vertreter des Schweizerischen Werkbundes, Fritz Billeter, Peter K. Wehrli und Hans Wüthrich) ging es wieder darum, ein Programm zu verwirklichen, das zum Kulturbetrieb der offiziellen Institute und Institutionen in einem Verhältnis des ergänzenden Kontrastes stand. THEARENA wollte Kreise der Bevölkerung erreichen, die sonst dem kulturellen Geschehen eher fernbleiben, und sie wollte diese Kreise zur direkten Teilnahme bewegen: Der passiv Aufnehmende wurde zum aktiv

Man war in der Lage, ein reicheres, durchdachteres und sorgfältiger vorbereitetes Programm anzubieten, das dennoch an Ungezwungenheit und Spontaneität nichts eingebüsst hatte, ja der "Mitspiel-Charakter" der einzelnen Veranstaltungen trat besser zutage.

Offenbar hatten sich alle Beteiligten - Organisatoren, "Ausübende" und Publikum - nach den oft noch tastenden Versuchen von 1974 inzwischen mit dem neuen Verhaltensmodus befreunden können.
Insbesondere gelang es, mehr Kindernachmittage durchzuführen und ihre Qualität zu steigern. Weit mehr freiwillige Helfer als das letzte Mal - nämlich um die fünfzig - stellten sich zur Verfügung. Das wirkte sich

1974 konnten die Veranstalter gegenüber der Zeitungskritik eine leichte Enttäuschung nicht verhehlen. Diese hatte damals dieselben Masstäbe an die Thearena-Veranstaltungen angelegt, die sie im Falle üblich-offizieller Kulturmanifestationen anzuwenden pflegt. 1975 jedoch gewannen die Thearena-Verantwortlichen den Eindruck, dass ihre Bemühungen von der Presse mit wirklichem Verständnis begleitet wurden.

Die zahlreichen freiwilligen Helfer machten es auch möglich, dass im Zelt über Mittag eine Kleinigkeit gegessen werden konnte. Die Speisen wurden von der Stadtküche und von umliegenden Restaurants bezogen. Gerade diese scheinbare Nebensächlichkeit trug wesentlich dazu bei, dass Kultur

Neigung, an einem Kulturleben teilzunehmen, für das ihr jede Einstiegsmöglichkeit fehlt. Einer Gesellschaft, die mit der Demokratie ernst machen will, muss sich im letzten Viertel des 20. Jahrhunderts angesichts dieser Verhält-

sentativbauten, eine einfache "Aktionshalle" zu bauen. Er stützte sich dabei auf Versuche der Präsidialabteilung, Theaterveranstaltungen und Ausstellungen in Räumen abzuhalten (Militärhalle an der Gessnerallee, Züspahallen und Schützenhaus Albisgüetli), die sich für solche Veranstaltungen als sehr geeignet erwiesen, obwohl sie üblicherweise anderen Zwecken dienen. Ihr grosses Platzangebot und ihre einfache Struktur, die nicht prä-

Photo Barbara Hausamann

waren wiederum die Bedingungen einer auch abends rege begangenen Passantenlage gegeben. Ausserdem war es möglich, den Münsterhof für den Autoverkehr teilweise zu sperren. Auch war der Eintritt wie letztes Mal in doppelter Hinsicht frei: es wurde kein Eintrittsgeld erhoben, und das Publikum konnte auch während der Veranstaltung ungehindert ein- und ausgehen.
Die Thearena-Wochen von 1974 waren von den Veranstaltern als eigentlicher "Probegalopp" empfunden worden. Das waren sie in einem gewissen Sinn noch 1975, denn ihre Wiederholung in einem Zelt, das nach Abwicklung eines zeitlich befristeten Programms wieder abgebrochen wird, verstehen die Initianten als Provisorium, aber auch als Vorleistung im Hinblick auf eine Thearena, die in naher Zukunft ihren festen Standort sollte beziehen können. Auch ein solches Kulturzentrum wird dem ursprünglichen Thearena-Gedanken treu bleiben, und seine offene Struktur beibehalten müssen, innerhalb der "alles" möglich sein kann.

Es darf mit Befriedigung vermerkt werden, dass die Thearena-Wochen von 1975 gegenüber dem Vorjahr einen deutlichen Fortschritt darstellen.

Samstagnachmittag auf dem Münsterhof. Messerschleifer, Pfannenflicker und viele mehr zeigten echtes Zigeunerhandwerk. Der grösste Anziehungspunkt war aber zweifellos die Kartenlegerin, die stets von Neugierigen umringt war. Nebst feuriger Zigeunermusik konnte man immer wieder Reden der Organisatoren hören, welche die Zuhörer über die Probleme der «Jenischen» orientierten, und sicher dürfte auch im persönlichen Gespräch manche Freundschaft zwischen «Bürgerlichen» und «Zigeunern» geschlossen worden sein, was auch der Zweck der ganzen Veranstaltung war. *Chdrly*

DIE TAT

Mich hat die Thearena aufgestellt. Und viele andere auch, mit denen ich darüber sprach. Die Bresche für eine Alternativkultur ist geschlagen. Alle, die es angeht und die sich angegangen fühlen, müssen nun dafür sorgen, dass die Piste nicht versandet. *Zwei Wochen Alternativkultur pro Jahr sind zu wenig.*

Gerade im Winter auch ist eine Alternativmöglichkeit nötig. Nicht als Konkurrenz zum etablierten Kulturbetrieb, sondern zur Befriedigung eines Bedürfnisses von Andersgelagerten, eines Bedürfnisses, das enorm ist, dem Zustrom der diesjährigen Veranstaltungen nach zu schliessen. Zu beobachten ist ein Querschnitt durch die Bevölkerung, wie ich das sonst noch nirgends sah. Alle, die nach dem Wunsch unserer Behörden zur «Belebung der Innenstadt» beitragen sollten, sind da: Kinder, alte Mütterchen und Väterchen, Sekretärinnen, Maler, Studenten, Schüler, Akademiker, Hausfrauen, der Bodensatz des «Kuchens», Poeten, städtische Angestellte. Viele sagen etwas, was sie sonst nirgends zu sagen wagen, sei es in der Diskussion oder im Gespräch mit dem «andern». Kommunikation findet statt;

Tages-Anzeiger

«Rotieren Sie von Zeit zu Zeit, es möchten noch andere Leute ins Zelt, und ergreifen Sie die Gelegenheit, mit Jenischen ins Gespräch zu kommen, Adressen auszutauschen, ihre Eigenart verstehen zu lernen!» Dieser Aufruf aus dem Munde des Thearena-Initianten Remo Galli prägte eine der interessantesten und wertvollsten Begegnungen im Schosse der Grossstadt Zürich.

NZN Neue Zürcher Nachrichten

ment. Es lässt sich aber mit gutem Gewissen sagen, dass sie zum grossen Teil über dieses Stadium hinausgewachsen ist. Ernsthafte Diskussionen wechselten ab mit unterhaltsamen Beiträgen.

Der Versuch ist gelungen, die Besucher, die oft das Zelt überfüllten, aus ihrer nur rezeptiven Rolle zu lösen und sie zu aktivieren; was vor einem Jahr schier unmöglich schien, galt jetzt fast schon als Selbstverständlichkeit.

Wie bereits früher angedeutet worden ist, beabsichtigen die Veranstalter, aus «Thearena» eine feste Institution als Kontrast zu den bestehenden Kulturinstituten zu machen. Sie haben den Beweis erbracht, dass – richtig durchdacht und mit der Hilfe namhafter Persönlichkeiten – «Thearena» in Permanenz denkbar ist. Den Behörden gegenüber haben sie gezeigt, dass junge, initiative Leute nicht nur zu fordern, sondern auch Leistungen zu erbringen imstande sind.

Neue Zürcher Zeitung

«Andere Kultur», das Leitthema der Thearenawochen, sollte hier wohl nicht auf ein neues Publikum zielen als vielmehr ein bereits bestehendes mit wenig vertrauten Formen der Literaturvermittlung bekanntmachen. Der vielbemühte, in diesem Falle für einmal ganz konkret auftretende «Mann von der Strasse», konnte wohl hier, wenn er sich bisher nicht mit Literatur und Büchern befasst hatte, auch nicht dazu bekehrt werden. Aber wie dem auch sei, der Zulauf war, aller Skepsis einiger Teilnehmer zum Trotz, schon vom frühen Nachmittag an gross. Und vor so ziemlich gefülltem Zelt konnte dann das Abendprogramm von Stapel gehen, mit Musikdarbietungen und Lesungen von Autoren der beteiligten Verlage und Zeitschriften und mit Programmerklärungen der betreffenden Herausgeber und Leiter. Und gerne machte man auch von den so erfreulich unkonventionellen Thearenaspielregeln Gebrauch, um sich während einer den Sinn des Abends verkennenden unaufhörlichen Lesung wieder ein wenig am ungezwungen ununterbrochenen Messebetrieb inner- oder ausserhalb des Zeltes zu beteiligen.

Neue Zürcher Zeitung

ren oder eine neue Richtung mit Klamauk in Szene setzen; es ist hingetupftes Experiment, jeder Abend stellt ein echtes Wagnis dar – das ist Herausforderung.

*

Das Spiel machte Spass, man experimentierte vergnügt mit weiteren einfachen Geräten, knackte Zweige, blies in Schläuche, brauchte seinen Atem, die Stimme. Namen wurden zu «Gesängen», einfache Sätze dienten chorischen Versuchen, und zwischen den auch vorhandenen Experten in Sachen neuer Improvisation – unter ihnen Hans Wüthrich, der die Klangstrasse konzipiert hatte, und *Martin Derungs* – und den «Naturtalenten» entwickelte sich *ein erfreulich unverkrampftes, lebendig-kreatives Tun.* Der Schluss, genannt «Grundstück oder Grosses Grundstück» wurde zwar durch den Lärm der Stadt etwas gestört (auch das war freilich ein wichtiges klangliches Erlebnis); man verfolgte aber doch angespannt hörend die vier «Instrumentalisten», die, Klänge produzierend, von den vier Ecken des Zeltes in vier verschiedene Richtungen ausschwärmten und den Klangraum, der einen umgab, in immer grössere Weite dehnten.

Der Abend gelang, weil er auf unprätentiöse Art in Szene gesetzt wurde; er hatte Sinn, weil er *echte klangliche Erfahrungen* brachte, die zum Denken und zum Weitermachen inspirierten.

Tages-Anzeiger

Die im Thearena-Zelt vermittelten Kontakte setzten sich anschliessend im «Zeughauskeller», im «Kropf», im «Mövenpick» fort — einzelne Grüpplein diskutierten privat bis zum Morgengrauen weiter. Und von einem begeisterten Teilnehmer erhielt der Stadtpräsident umgehend einen Brief mit der Bitte, das «Abenteuer der spontanen Begegnung» in Zürich doch als ständige Einrichtung zu etablieren.

Züri Leu

Ein Wort zu den vielen und zum Teil doch recht prominenten Persönlichkeiten der Kultur- und Kunstszene, die das Programm mitgestalteten: Sie arbeiteten weit unter ihren Gagen oder gar unentgeltlich, denn auch sie waren dem Reiz der direkten und spontanen Zusammenarbeit mit dem Publikum erlegen, die sich vom Perfektionismus der Veranstaltungs-Konfektion erfrischend abhebt.

Auf die Frage nach der *Zukunft* der Thearena sprach deren organisatorischer Leiter und spiritus rector, der Architekt *Remo Galli*, die Hoffnung aus, dass die Thearena vielleicht schon im kommenden Jahr ein fixes Stammhaus bekommen wird, worauf dem Endziel, nämlich ein permanent laufendes kulturelles Jahresprogramm einzurichten, nichts mehr im Wege stünde.

Auch andere Schweizer Städte verfolgen interessiert das Experiment Thearena, das seinerseits bereits in mehreren Städten Europas und Amerikas gut funktionierende Vorläufer hat, deren Existenz sich längst gerechtfertigt hat.

DIE TAT

Photo Verena Eggmann

Photo Alexej Ruegger

Was halten Sie von der THEARENA?

"Kultur zu popularisieren, ohne sie zu verwässern, darin sehe ich die schöne aber verflixt schwierige Aufgabe der Thearena. Die Perspektiven, was man alles unternehmen könnte, sind hinreissend, doch die Frage der Realisierung macht mich skeptisch. Ich sehe die Thearena als "agent provocateur".
Nur Wirbel machen hat keinen Sinn; Kultur i s t eine Anstrengung, Frage: sind die Leute so agil und gefolgschaftsfreudig, wie wir sie gerne hätten? Um das Publikum bei der Stange zu halten, würde ich eine gewisse Kontinuität bestimmter Sparten befürworten, z.B. eine Woche Musik, eine Woche bildende Kunst usw.. Künstler sollten abwechselnd coram publico in der Thearena arbeiten. Und überhaupt: Thearena als ein "Querfeldein" durch die gesellschaftliche Hierarchie: Kulturprominente, (die ja ihrerseits der Allgemeinheit gegenüber oft verunsichert sind), sollen sich unters Volk mischen und sich einmal vom Volk "aufklären" lassen, von den Stadtvätern angefangen über die Parteibonzen bis zu den Professoren, Intellektuellen ... Und lasst die Feste nicht zu kurz kommen ! Das kittet."

Margit Staber, Kunstkritikerin

"Die Existenzberechtigung der Thearena scheint mir bereits mit zwei Faktoren gegeben: Der Möglichkeit (und dem grossen Reiz!) der Improvisation und der faszinierenden Möglichkeit der didaktischen Arbeit mit der Bevölkerung im kulturellen Bereich. Die Dreisternfahrten waren ein feines Exempel für die erwähnte Didaktik. Solche Sachen sind sehr ausbaufähig. Ich stelle mir für die Thearena einen didaktischen Stab aus gewiegten Leuten vor, die sich im klaren sind, dass man auch Kultur "verkaufen" muss, sei dies Kunst, sei dies eine Idee ... Der unterhaltende Moment, ja last not least der "gemütliche" Teil können hier Wunder wirken. "Wie macht ihr die Sache attraktiv, was tut ihr für das Publikum ?" Vor diese unausweichliche Frage sah sich ja auch das Kunsthaus gestellt. Und die Kunsthaus-Crew hat verstanden: Mit weiter Oeffnung der Kunsthaus-Tore, mit Tanz, Pop art und weiteren anregenden Aktionen sucht sie die breite Oeffentlichkeit für die Kunst zu gewinnen. Ich würde die Thearena als eine Art "Kulturschule" sehen. Die Leute haben da Nachhilfe-Unterricht nötig. Thearena aber auch als lokale Ventil-Funktion: geschicktes Auffangen und Verarbeiten dessen, was sich in Zürich anbietet. Warnen würde ich vor einer allzugrossen Erwartung vom Jekami-Prinzip, der "Zwang" zum Mitmachen könnte die Leute mitunter kopfscheu machen.
Mit Wollishofen sehe ich etwas schwarz; das Drop-in-drop-out, das zwanglose Kommen und Gehen des Thearena-Publikums scheint mir nur in einem zentral bzw. im Stadtinnern gelegenen Standort gewährleistet.
Ganz allgemein sehe ich bei einem festen, permanenten Thearena-Gebäude die Gefahr der Institutionalisierung mit der dazugehörigen administrativen Schwerfälligkeit. Ich würde am Zelt, am Zauber der Improvisation auch da, festhalten."

Carlo von Castelberg, Präsident der Zürcher Kunstgesellschaft

Photo Alexej Ruegger

Thearena deckt sich in Idee und Konzept weitgehend mit Anstrengungen, die die Präsidialabteilung schon seit vielen Jahren unternimmt, das kulturelle Leben aus dem Glashaus herauszuführen und eine möglichst breite Schicht der Bevölkerung daran teilnehmen zu lassen. Als vom Schweizerischen Werkbund die Initiative ergriffen wurde, alle Kräfte, die in diesem Sinn kulturpolitisch tätig sind, in einer Arbeitsgruppe zusammenzufassen, haben meine Mitarbeiter und ich sofort ihre Mitwirkung zugesagt. Die Präsidialabteilung hat die Versuchsperioden der Jahre 1974 und 1975 entscheidend mitgestaltet und aus ihren Krediten auch weitgehend finanziert. Ich freue mich, dass diese Aktivitäten einen so erfolgreichen und vielversprechenden Verlauf nahmen und hoffe zuversichtlich, dass Thearena in naher Zukunft zu einer permanenten Einrichtung in Zürich werden wird. Die Präsidialabteilung wird an der Verwirklichung dieses Ziels weiterhin aktiv mitarbeiten.

Stadtpräsident S. Widmer

THEARENA ZÜRICH

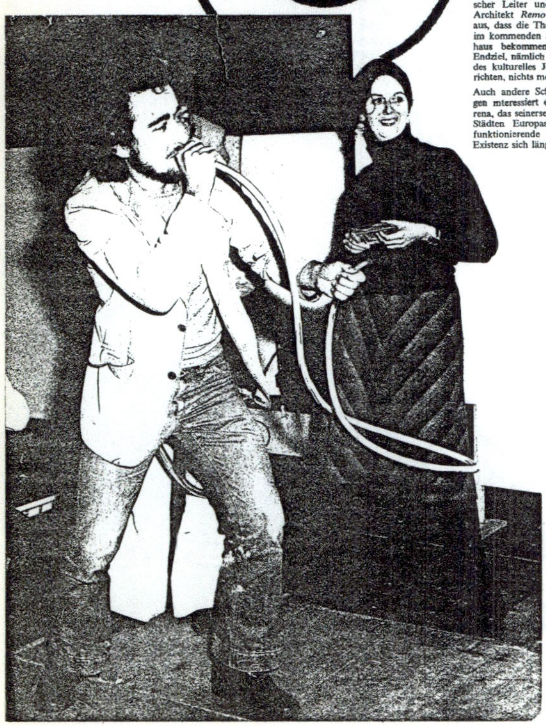

«Theater ist nicht mehr ‹Darbietung›, sondern Konfrontation eines Konglomerates verschiedenster Menschen mit dramatischer Poesie, dramatischer Dokumentation, dramatischen Denk-, Frage-, und Aktionsereignissen, dramatischer Abstraktion, in Sichtbarkeit gebrachten automatischen psychischen Vorgängen. Der Theaterraum ist nicht mehr Festraum, sondern ein Denk- und Beziehungsraum».[6] Anstelle zweier grosser neuer Theaterbauten plädiert Curjel für eine kostengünstige Renovation der bestehenden Gebäude und fordert zusätzlich eine Art «offenes Theater», wie es damals bei Gastspielen mit kurzerhand («elastisch») angepassten Räumen der Züspa-Hallen und der Reithalle auf dem Kasernenareal ausprobiert worden war. Was Zürich fehle, sei ein «Werkraumtheater für Experimente» – eine flexibel nutzbare Hülle.[7] Bezug nehmend auf den «völlig freien Multi-Media-Raum», den der Engländer Cedric Price für die bekannte britische Theater- und Filmregisseurin und Gründerin des Theatre of Action, Joan Littlewood, 1961 entworfen hatte, und der als Fun Palace bekannt wurde, schlägt Curjel für Zürich den Bau einer «Aktionshalle» vor.[8]

Es war ein willkommener Zufall, dass im selben Jahr der Veröffentlichung der SWB-Broschüre *Zürcher Theaterprobleme,* die Stadt Zürich die ehemalige mechanische Seidenweberei Henneberg dem damaligen Besitzer, der Standard Telefon & Radio AG, abkaufte.[9] Eigentlich sollte das Gebäudekonglomerat am linken Zürichseeufer, das später den Namen Rote Fabrik erhielt, abgerissen werden, um die Seestrasse verbreitern und einen

Samstag, 4. Dezember 1976
Informationstagung des Schweizerischen Werkbundes SWB

in der
ROTEN FABRIK
am See in Wollishofen*

*Tram 7 (ab HB) bis Post Wollishofen; Bus 61 und 65 (ab Bürkliplatz) bis Seestrasse/Mythenquai

KULTUR
KULTURFOERDERUNG – KULTURPOLITIK

Kritische Auseinandersetzung mit Problemen der Kulturförderung ausgehend vom Bericht der eidgenössischen Expertenkommission für Fragen der schweizerischen Kulturpolitik ("Kommission Clottu")

TAGUNGSPROGRAMM

11.30 Werkbund heute - Ausstellung über SWB-Aktivitäten der letzten Jahre *)
Eröffnung durch Daniel Reist, Erster Vorsitzender SWB
Ab 12.00 werden im THEARENA-Restaurant Getränke und kleine Essen serviert (im Tagungspreis nicht inbegriffen)

14.00 Beginn der Informationstagung
Eröffnung durch Margit Staber, Zweite Vorsitzende SWB

14.15 WAS HEISST KULTURFOERDERUNG? WIE KANN SIE VERBESSERT WERDEN?
Orientierung über den sog. "Clottu-Bericht" - Kritische Thesen zum Problem der Kulturvermittlung
Peter Erni SWB, Zürich
Leonhard Fünfschilling SWB, Zürich
Otti Gmür SWB, Luzern

15.30 PODIUMS- UND PUBLIKUMSGESPRAECH UEBER DIE THESEN ZUM PROBLEM DER KULTURVERMITTLUNG
Am Podium nehmen teil:
Peter F. Althaus SWB, Kunstkritiker, Basel
Michael Andritzky, Soziologe, Darmstadt
Adolf Muschg, Schriftsteller, Kilchberg
Klaus Pfromm, Architekt und Planer, Kassel
Alex Bänninger, Eidg. Amt für kulturelle Angelegenheiten, Bern
Luc Boissonnas, Pro Helvetia, Zürich
Gion Condrau SWB, Psychiater und Nationalrat, Herrliberg
Doris Morf SWB, Schriftstellerin und Nationalrätin, Zürich
Martin Zwicky, Koordinationsstelle der Klubschulen, Zürich
Christian J. Haefliger SWB, Basel (Gesprächsleitung)

* Die Ausstellung "Werkbund heute" ist bis am 15. Dezember zu besichtigen. Bestandteile dieser Ausstellung bilden auch die SWB-Tonbildschau "Lernen vom Industriequartier - Zürich Kreis 5" und eine SWB-Dia-Schau über alternative Nutzungsmöglichkeiten der Luzerner Altstadtplätze. Zudem wird ein Bücherstand über alte und neue Publikationen zu Fragen der Umweltgestaltung orientieren

Am Sonntag, 5. Dezember, stehen SWB-Mitglieder allen THEARENA-Besuchern für Auskünfte zur Verfügung (ab 14.30)

ABENDPROGRAMM

18.00 Apéritif und Abendessen im THEARENA-Restaurant

20.00 THEARENA-Abendprogramm
Filme, Ausstellungen etc.
Theatervorführung in der THEARENA- Aktionshalle

22.00 SWB-Treff mit Musik und Tanz im THEARENA-Restaurant

Seeuferweg realisieren zu können. Die Fabrik mit ihrem Stützensystem und der dadurch frei gestaltbaren Raumeinteilung bot aber genau jene flexible und grosszügige Struktur, die die von Curjel vorgeschlagene «Aktionshalle» haben sollte.

An der Orientierungsveranstaltung im Kammertheater Stok vom 26. November 1973 informierte der SWB über das Projekt *Thearena Aktionshalle Zürich* und stellte die das Thema bearbeitende Studiengruppe vor. Neben Curjel, der kurz darauf verstarb, gehörten Peter F. Althaus, Jürg P. Branschi, Dona Dejaco, Remo G. Galli, Manuel Pauli, Lisbeth Sachs, Christoph Vitali (Delegierter der Stadtverwaltung), Paul Wehrli und Manfred Züfle dazu. An der Veranstaltung informierte Althaus über Aktionen der Kunsthalle Basel, und Werner Ruhnau vom Deutschen Werkbund referierte über die Spielstrasse in München, ein während der Olympiade 1972 realisiertes Projekt eines flexibel bespielbaren Aktionsraums.[10]

Bereits im nächsten Sommer konnte mit den ersten *Thearena*-Wochen ein Experiment in diese Richtung gestartet werden. Vom 24. August bis zum 7. September 1974 war deswegen auf dem Schiffländeplatz an der Limmat ein Zelt aufgestellt worden. Mit «konkrete[n] Produktionen» wurde versucht «auf neuen Wegen Kulturvermittlung zu leisten».[11] Vor allem das spontane und direkte Mitwirken und die Konfrontation mit ungewohnten Erfahrungen standen methodisch im Zentrum. Das Programm deckte die gesamte kulturelle Bandbreite ab: von Musik, Poesie, Theater, Spiel über die bildende Kunst – sogar bis zum gemeinsamen Backen, einem Karneval und einem Schlussfest. Viele Künstler wie Hans Fischli, Hanni Fries, Richard P. Lohse oder Schriftsteller wie Franz Hohler, die Gruppe Olten und Adolf Muschg übernahmen einen Workshop, Schulklassen und Studenten der Schule F+F (heute F+F Schule für Kunst und Mediendesign Zürich) wurden in die kostenlosen Vorstellungen und die Aktion eingebunden. Darüber hinaus wurden jeden Tag «kritische Stadtführungen» angeboten, an denen die Führenden die «Teilnehmer mit Problemen, Tücken und Sünden der Stadtplanung konfrontier[ten]».[12]

Die Leitung der gesamten *Thearena* oblag Remo G. Galli. Die Grafikerin Ursula Hiestand gestaltete das Signet in der Art eines Stempels oder ähnlich Verkehrstafeln. Auf jeden Fall machte das eingängige Logo ganz direkt und auf allen Broschüren, Flugblättern und Plakaten unprätentiös auf die Veranstaltungen aufmerksam.[13] Sie waren durchwegs gut besucht und fanden in der Presse ein grosses Echo. Der «kulturelle[n] Jahrmarktstimmung» *(Tages Anzeiger)* wurde im Allgemeinen Wohlwollen entgegengebracht, und der prozesshafte, bisweilen auch unprofessionelle Charakter wurde durchaus als Teil eines grösseren Experiments verstanden.[14]

Die zweiten *Thearena*-Wochen fanden ein Jahr darauf zur selben Zeit statt und waren ein grosser Erfolg. Wieder in Zelten untergebracht, bespielten sie diesmal den Münsterhof.[15] Für das dritte und letzte Mal unter der Obhut der Zürcher Ortsgruppe des SWB wurden gleich über mehrere Monate Veranstaltungen geplant und während der Zeit vom September bis Dezember 1976 und weiteren Anlässen durchs Jahr die Rote Fabrik in Beschlag genommen.[16] Nun wurde Curjels Konzept einer Aktionshalle für Zürich tatsächlich Realität. 1978 fanden dann die vierten *Thearena*-Wochen erneut in der Roten Fabrik statt. Allerdings war der SWB dabei nur noch Kollektivmitglied des Vereins, der nun von Galli, Hiestand und Peter W. Gygax geführt wurde. Der Werkbund hatte sich zurückgezogen, weil eine Weiterführung unter seiner Leitung «zuviele Kräfte auf längere Sicht» gebunden hätte. Schliesslich war das Ziel ja erreicht worden, mit der ersten bis zur dritten *Thearena* hatten sich «Experimente alternativer Kulturvermittlung» erproben lassen.[17] 1979 wurden dann die letzten *Thearena*-Wochen wieder auf dem Münsterplatz abgehalten. Seit der erfolgreichen Abstimmung von 1977 für ein Kulturzentrum war unter diversen Organisationen ein «ordentliches Gerangel» entstanden, was nicht im Sinne der Betreiber von *Thearena* war.[18]

Die Aktionen *Thearena Aktionshalle Zürich* waren eigenwillige und in ihrer Art für Zürich originäre Veranstaltungen, mit denen die Ortsgruppe, aber auch der gesamtschweizerische Werkbund eine öffentlich wirksame Plattform zur Vermittlung und Präsentation von Kunst und Kultur erhielt. Sie waren zudem ein probates Mittel, um Brücken zwischen klassischer, alternativer und Volkskultur zu schlagen. ● *Thomas Gnägi*

148
Faltblatt mit Programm zur Tagung *Kultur – Kulturförderung – Kulturpolitik, Thearena Zürich*, 1976, Gestaltung Ursula Hiestand

SWB-Zeitschrift *Werkbund Material*

1979–1982

An der ordentlichen Delegiertenversammlung 1980 wurde «der Antrag des Zentralvorstandes, es sei auf die Nennung des SWB im Impressum der Zeitschrift ‹Werk, Bauen+Wohnen› definitiv zu verzichten und stattdessen die Zeitschrift Werkbund Material als das offizielle Organ des Werkbundes zu betrachten, angenommen».[1] Obwohl an derselben Delegiertenversammlung beschlossen wurde, erst nach Vorliegen weiterer Nummern der neuen SWB-eigenen Zeitschrift über die zukünftige Form der Herausgabe und über ihr Bestehen überhaupt erst zu befinden, riskierte man damals den publizistischen Alleingang.[2] Dieser sollte sich auf Dauer für die Präsenz des SWB in der Öffentlichkeit als eine einschneidende Zäsur herausstellen, wurde doch nach vier Jahren und nur sieben Nummern die Redaktion des Publikationsprojekts insgesamt wieder eingestellt. Die regelmässig erscheinenden, aber nur SWB-intern zirkulierenden Informationsblätter, heute elektronisch verschickt, und die unregelmässig publizierten Broschüren *SWB-Dokumente* sowie einzelne Bücher konnten das Manko an öffentlicher Präsenz seit dem Eingehen der Zeitschrift *Werk* und der Nachfolgepublikation *Werk-Archithese* nicht aufwiegen.[3] Der Werkbund aber wollte mit *Werkbund Material* über ein von anderen Verbänden vollständig unabhängiges Publikationsorgan verfügen, um mit einem viel umfassenderen Themenspektrum in Bezug auf Gestaltung auftreten zu können, als es mit einer reinen Architektur- oder Kunstzeitschrift möglich gewesen wäre.

Während der Planung der Zeitschrift führte das bildungspolitische Anliegen des SWB zu der Idee, auch eine Art didaktisches Handbuch zu entwickeln, um eine «Auseinandersetzung mit Problemen der Umweltgestaltung» in den Oberstufenunterricht und in die Lehrer-, Leiter- und Erwachsenenbildung einzubringen.[4] Erst 1985 konnten dann Leonhard Fünfschilling (→S.437) und Hermann Huber zusammen mit dem SWB mit der Essaysammlung *Risse im Lack. Auf den Spuren der Autokultur* ein entsprechendes Taschenbuch herausgeben, das «die Krise der vom Menschen gestalteten Umwelt und Lebenszusammenhänge» am Beispiel des Autos aufzeigte.[5] Ein Aspekt desselben Themas konnte allerdings bereits 1979 mit der Nullnummer der besagten Zeitschrift *Werkbund Material* lanciert werden. Auch Fünfschilling war damals in der Redaktion, zusammen mit Peter Erni und Otti Gmür (→S.438) – der spätere Erste Vorsitzende zeichnete das Editorial und schrieb ebenfalls einen Essay im Buch *Risse im Lack* – sowie Urs Graf, Ulrike Jehle-Schulte Strathaus und Pierre Miedinger.

149
Das Auto in der Schule, Werkbund Material 1979, Gestaltung Atelier Pierre Miedinger und daraus eine Doppelseite, Fotos Marlies Tschopp

150
Niemandsländer, Werkbund Material 1980, Gestaltung Atelier Pierre Miedinger

151
Auf den Spuren einer (auch) kreativen Bewegung, Werkbund Material 1981, Gestaltung Atelier Pierre Miedinger

1 *Kultur – Kulturförderung – Kulturpolitik. Kritische Thesen zum Bericht der eidgenössischen Expertenkommission für Fragen einer schweizerischen Kulturpolitik (Kommission Clottu)*, SWB-Dokument Nr. 2, 1977, Typoskript, Archiv SWB B.0932. Siehe auch S.200.
2 http://www.shedhalle.ch/de/geschichte (1.7.2013).
3 Hans Martin Gubler, Eine sinnvolle Umnutzung. Die Rote Fabrik in Zürich-Wollishofen – ein Industriebau in der Diskussion, in: *Werk-Archithese* 64 (1977), H. 5, S. 53–55.
4 Zum Wettbewerb über das Opernhaus und zum Projekt William Dunkels siehe *SBZ* 79 (1961), H. 38, S. 655–660; weitere Projekte siehe ebd., H. 39–42. Zum Projekt Schauspielhaus siehe Hans Curjel, Der Zürcher Schauspielhaus-Wettbewerb, in: *Werk* 51 (1964), H. 12, S. 439–448.
5 SWB Schriftenreihe 1972, o.S. [S.7]. Vgl. GB SWB 1970, S. 14.
6 Curjel 1972, S. 20.
7 Ebd. S. 14–15.
8 Ebd. S. 19, 23. Siehe Stanley Mathews, The Fun Palace as Virtual Architecture. Cedric Price and the Practices of Indeterminacy, in: *Journal of Architectural Education*, 2006 S. 39–48.
9 Wie Anm. 3, S. 53. Ebenfalls 1972 wurde die SWB-Schrift zusammen mit der Galerie Fourmière und dem Sender Radio Zürich an einer Podiumsveranstaltung diskutiert, vgl. GB SWB 1972, S. 11.
10 Rundschreiben und Einladung zur Orientierungsveranstaltung, November 1973, kopierte Typoskripte, Archiv SWB A 3.8/124/150. Siehe auch «Spielregeln» auf dem Plakat *1. Spielstrasse München 1972*, in: http://www.archiv.ruhnau.info/BauKunst/Olympische_Spielstrasse/olympische_spielstrasse.html (1.7.2013). Siehe auch Curiels Rezension zu Werner Ruhnaus Publikation *Versammlungsstätten* in: *Werk* 57 (1970), H. 2, S. 129.
11 GB SWB 1974, S. 13.
12 Ebd.
13 Vgl. Thearena-Aktionshalle Zürich – eine Zwischenbilanz, geheftete Kopiensammlung, o.D., o.S. [S. 12–13], Archiv SWB A3.8/124/150.
14 Sammlung von Ausschnitten aus der Presse in: ebd. S. 14.
15 Vgl. GB SWB 1975, S. 18–19; *Werk/Œuvre* 62 (1975), H. 8, S. 704.
16 Weitere an den Veranstaltungen der dritten *Thearena* eingebundene Mitglieder des SWB waren Gerold Assfalk, J. Mannel, Paul Pfister, Peter K. Wehrli, Hans Wuethrich und der Präsident der Ortsgruppe, Marcel Thoenen, vgl. Kopien einiger Typoskripte der *Thearena*, mit bestem Dank an Remo G. Galli. Zur *Thearena III* in: *Werk/Œuvre* 63 (1976), H. 10, S. 658.
17 GB SWB 1976, S. 19.
18 GB SWB 1977, S. 23. 1979 hatte der Verein ein Nutzungskonzept für die Rote Fabrik entworfen, Typoskript, 10.12.1979, Archiv Remo G. Galli.

1980 konnte das Redaktionsteam dann drei Nummern realisieren, 1981 nur noch zwei, davon eine als Doppelnummer und 1982 erschien noch ein Heft. Die Themen waren vorwiegend dem erweiterten Umweltbegriff in Bezug auf die Stadt gewidmet (kommunaler Wohnungsbau, Brachen, Verkehr und Fussgänger), ein Heft widmete sich der Zürcher Jugendbewegung und zwei Themenhefte setzten sich mit der geplanten Landesausstellung zur 700-Jahr-Feier der Schweiz (→ S. 207) auseinander.[6] Zu diesem jeweiligen Hauptthema kamen Forumsseiten für SWB-Interna und die Ortsgruppen hinzu sowie ein Platz für diverse Mitteilungen. Der Umschlag des tabloidähnlichen Formats wurde von Grafikern oder Künstlern dem Thema entsprechend frei gestaltet. Das Abonnement erfolgte über die SWB-Mitgliedschaft oder ein separates Jahresabonnement wie auch über den Einzelverkauf.

Letztlich war das Projekt für eine freiwillige und unentgeltliche Mitarbeit wie eine seriöse Aufarbeitung der Themen zu aufwendig konzipiert.[7] Der Zentralvorstand des SWB entschied daher, sich auf die «aktuelle interne Berichterstattung» mit sechs Mal pro Jahr verschickten Informationsblättern zu beschränken. Für die öffentliche Diskussion mit aktuellen Themen war eine eigene Schriftenreihe vorgesehen, in der seither sporadisch Vorträge und Essays zu Jahresthemen des SWB ihre gedruckte Form finden.[8] ● *Thomas Gnägi*

149

150

151

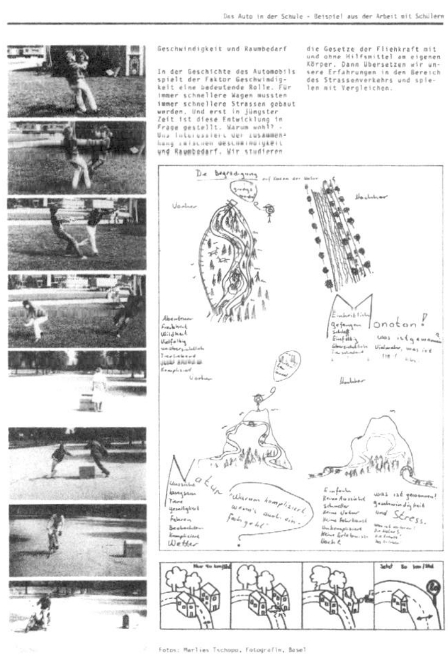

149

Kultur im Gespräch – die Eidgenössische Kulturinitiative

1980–1986

Die sogenannte Kulturprozent-Initiative dominierte in der ersten Hälfte der 1980er-Jahre das Tagesgeschäft der mit Leonhard Fünfschilling (→ S. 437) besetzten Geschäftsstelle des SWB. Sie wurde gemeinsam mit 13 Kulturverbänden, worunter sich auch die Stiftung Schweizerisches Filmzentrum (SFZ) und die Gesellschaft Schweizer Maler, Bildhauer und Architekten (GSMBA) befanden, am 11. August 1981 eingereicht. Ungeachtet dessen, dass die Initiative am 28. September 1986 von Volk und Ständen deutlich verworfen worden war, war sie Motor für einen vertieften kulturpolitischen Diskurs, der durchaus seine Wirkung entfaltete.

Als Reaktion darauf erfolgte ein Gegenvorschlag des Bundes. Dieser sah vor, «die kulturellen Bedürfnisse aller Teile der Bevölkerung sowie die kulturelle Vielfalt des Landes» in der Bundesverfassung zu verankern.[1] Aufgrund des damals nach Initiativrecht nicht erlaubten doppelten Ja und der deswegen geteilten Ja-Stimmen wurde auch der Gegenentwurf verworfen.[2] Erst 1999, mit der Verabschiedung der neuen Bundesverfassung, wurde in Artikel 69 die Förderung der «kulturelle[n] Bestrebung von gesamtschweizerischem Interesse» auf Bundesebene verankert.[3] Die schmerzliche Folge des langjährigen Engagements des SWB in dieser Sache ist ausgerechnet der Verlust der Bundesubventionen, und dies, obwohl der Verein seit 2004 mit der Gründung der Ortsgruppe Romandie (→ S. 87) im Sinne des Kulturförderungsgesetzes «gesamtschweizerisch» tätig war sowie «einen wesentlichen Beitrag zur Vernetzung von Kulturschaffenden [...] leistet».[4] Der Bund allerdings konzentrierte sich mit der neusten Verordnung und der sogenannten Kulturbotschaft ab 2012 nur noch auf die Verbesserung von «spartenspezifischen Rahmenbedingungen» und damit auf die Stärkung der Berufsverbände.[5]

Wenn das geforderte eine Prozent des Bundeshaushalts für Kulturausgaben die Initiative von 1981 erst recht «zu einem politischen Faktor» machte, wie es Fünfschilling in seiner Eröffnungsrede zu der Veranstaltung *Kultur im Gespräch* vom 29. und 30. September 1983 an der ETH Zürich vortrug, ging es bei der Kulturprozent-Initiative nicht in erster Linie um Subventionen.[6] An dem von der SFZ und der GSMBA gemeinsam mit dem SWB veranstalteten Tagungswochenende – zeitgleich zum 70-jährigen Jubiläum des Werkbundes – schilderten verschiedene Kulturschaffende ihre berufliche Situation, und Politiker referierten über

1 GB SWB 1980, S. 1.
2 Siehe auch S. 149.
3 GB SWB 1979, S. 1–2.
4 GB SWB 1978, S. 4.
5 SWB Risse im Lack 1985, S. 7. Im Buch sind Beiträge von Peter F. Althaus, Dietrich Garbrecht, Werner Geissberger, Otti Gmür, Peter Hotz, Werner Jehle, Aldo Losego, Beat Schweingruber und Nikolaus Wyss versammelt.
6 Zu den Titeln der Themenhefte siehe Chronik der vorliegenden Publikation.
7 Aus einem Gespräch des Autors mit Otti Gmür vom 8. 5. 2013.
8 GB SWB 1982, S. 1. Zur Schriftenreihe *SWB-Dokumente* siehe die Veröffentlichungen in der Chronik der vorliegenden Publikation.

die Kulturförderung auf der Ebene von Gemeinden, Kantonen und Bund. Gleichzeitig erschien der Bericht zur Vernehmlassung der Kulturinitiative, der sogar den gleichen Titel wie die Tagung – *Kultur im Gespräch* – trug. Darin wird auch der SWB zitiert, wie er «die Stellungnahme vieler [zusammenfasst], wenn er schreibt: ‹Die Aufgabe der Kulturpolitik ist es, zusammen mit der Bildungspolitik die Voraussetzungen zu schaffen, die es dem Menschen ermöglichen, den Erscheinungen seiner Umwelt kritisch, mündig, auch aesthetisch mündig, und schöpferisch gegenüberzutreten, d.h. ein Umwelt-Verhältnis zu finden das ihm Identität ermöglicht.›»[7]

Bereits mit den Satzungsänderungen von 1965 und den Anpassungen in den Statuten von 1970 hatte der SWB einen weitgefassten kulturellen Horizont aufgespannt mit dem «Zusammenschluss schöpferischer und interessierter Menschen; durch Aufklärung, Kritik, Erziehung und Schulung; durch Erforschung der Bedürfnisse des Einzelnen und der Gesellschaft» strebte er die «Gestaltung der Umwelt in ihrer Gesamtheit» an und verfolgte so vereinsintern eine kulturelle Stossrichtung, die mit der Annahme der Kulturinitiative eine Übersetzung auf politischer Ebene erfahren hätte.[8] Ein programmatischer inhaltlicher Start in neue diskursiv zu behandelnde Betätigungsfelder lieferte der SWB 1971 mit kurzen Aufsätzen zu kulturpolitischen Fragen im Bereich der Bildung, der Stadtplanung und der Umweltgestaltung.[9] Fünf Jahre später war Kulturpolitik plötzlich auch ein Thema auf Bundesebene. Damals erschien der ausführliche Bericht der Eidgenössischen Expertenkommission für Fragen einer schweizerischen Kulturpolitik, der seit 1969 von Nationalrat Gaston Clottu mit erarbeitet und unter dessen Namen publiziert wurde.[10] Gleichzeitig mit dem Erscheinen des Berichts wurde das Bundesamt für Kultur (BAK) geschaffen.[11] Der SWB sah sich nun bestätigt, seine Schwerpunkte in einem grösseren Kreis zu diskutieren. Er nahm den Kulturbericht zum Anlass, die Themen Kulturförderung und Kulturpolitik 1976 an einer Werkbund-Tagung vertiefend zu erörtern. Die Tagung wurde im Rahmen der *Thearena*-Wochen in der Roten Fabrik (→ S. 193) von den SWB-Mitgliedern Peter Erni, Leonhard Fünfschilling und Otti Gmür (→ S. 438) organisiert. Neben der Diskussion über den Clottu-Bericht referierten Kunstkritiker und SWB-Mitglied Peter F. Althaus, der Soziologe und Geschäftsführer des Deutschen Werkbundes Michael Andritzky, der Schriftsteller Adolf Muschg, der Kasseler Architekt Klaus Pfromm, die Nationalräte Doris Morf und Gion Condrau wie auch Alex Bänninger und Luc Boissonas vom Eidgenössischen Departement des Innern und der Pro Helvetia sowie Martin Zwicky von der Koordinationsstelle der Klubschulen.[12]

152

Dass sich dann zu Beginn der 1980er-Jahre der Werkbund am Zustandekommen der notwendigen Unterschriften für die Eidgenössische Kulturinitiative massgeblich beteiligte, ist als Konsequenz seines kulturpolitischen Engagements zu verstehen. Allerdings war er nicht der Vater der Initiative. Der Geschäftsführer Fünfschilling kam erst zum Komitee, als der Soziologe und Jurist Jean-Pierre Hoby, der sich beruflich im BAK mit der Frage der Verfassungsreform auseinandersetzte, zusammen mit Beat Müller, dem Geschäftsführer vom Schweizerischen Filmzentrum, die Stossrichtung der Initiative bereits festgelegt hatte.[13] Eine Unterstützung war vor allem bei der Organisation und Koordination der Unterschriftensammlung sowie der Durchführung jener viel beachteten Tagung von 1983 gefragt. Die 1981 eingereichten 122 000 beglaubigten Unterschriften waren ein Erfolg, weil durch ihre hohe Anzahl deutlich wurde, dass das Thema Kulturpolitik auf breiter Ebene diskutiert werden musste. Auch wenn Artikel 27^{septies} Absatz 1 – «Der Bund ermöglicht und fördert das aktuelle kulturelle Schaffen; er schützt das bestehende Kulturgut und erleichtert den Zugang zum kulturellen Leben […].»[14] – so nicht in die Bundesverfassung Eingang fand, war das Engagement des SWB in Zusammenarbeit mit 13 anderen kulturellen Organisationen ein erfolgreiches gemeinsames Kulturprojekt. ● *Thomas Gnägi*

153

154

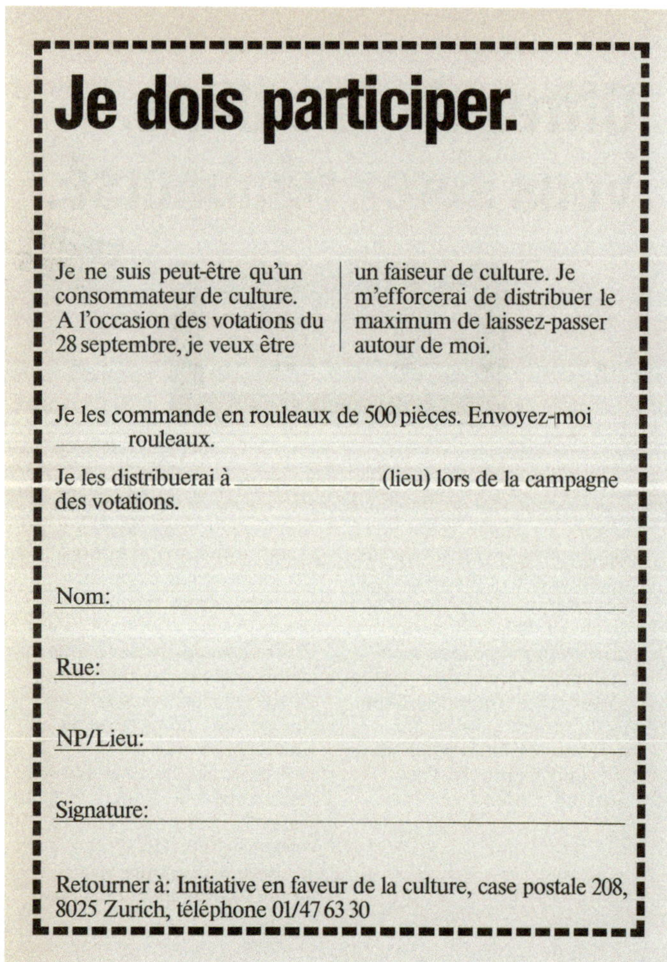

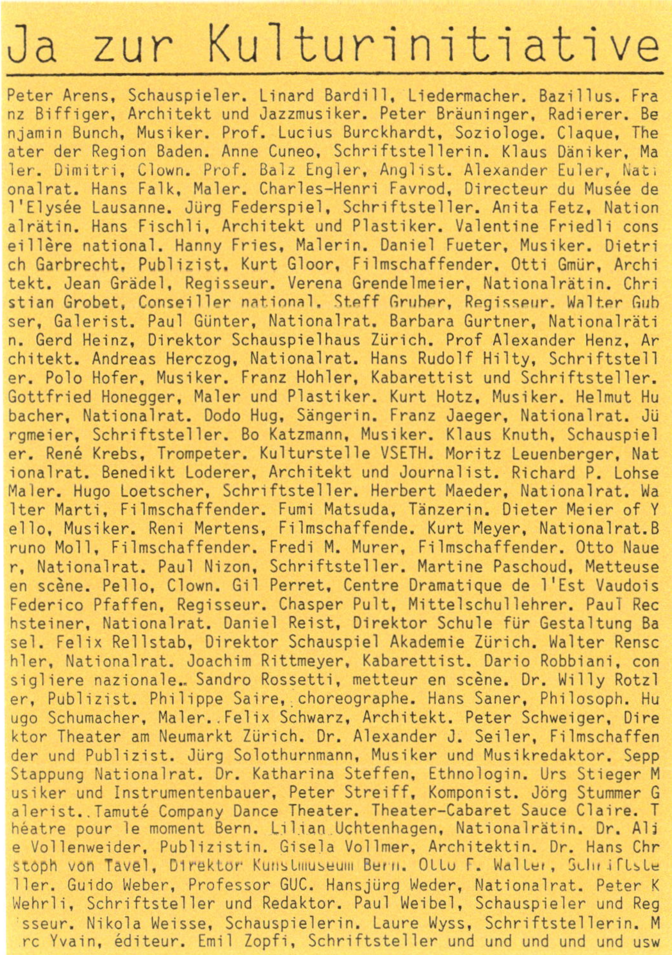

Ja zur Kulturinitiative

Peter Arens, Schauspieler. Linard Bardill, Liedermacher. Bazillus. Franz Biffiger, Architekt und Jazzmusiker. Peter Bräuninger, Radierer. Benjamin Bunch, Musiker. Prof. Lucius Burckhardt, Soziologe. Claque, Theater der Region Baden. Anne Cuneo, Schriftstellerin. Klaus Däniker, Maler. Dimitri, Clown. Prof. Balz Engler, Anglist. Alexander Euler, Nationalrat. Hans Falk, Maler. Charles-Henri Favrod, Directeur du Musée de l'Elysée Lausanne. Jürg Federspiel, Schriftsteller. Anita Fetz, Nationalrätin. Hans Fischli, Architekt und Plastiker. Valentine Friedli conseillère national. Hanny Fries, Malerin. Daniel Fueter, Musiker. Dietrich Garbrecht, Publizist. Kurt Gloor, Filmschaffender. Otti Gmür, Architekt. Jean Grädel, Regisseur. Verena Grendelmeier, Nationalrätin. Christian Grobet, Conseiller national. Steff Gruber, Regisseur. Walter Gubser, Galerist. Paul Günter, Nationalrat. Barbara Gurtner, Nationalrätin. Gerd Heinz, Direktor Schauspielhaus Zürich. Prof Alexander Henz, Architekt. Andreas Herczog, Nationalrat. Hans Rudolf Hilty, Schriftsteller. Polo Hofer, Musiker. Franz Hohler, Kabarettist und Schriftsteller. Gottfried Honegger, Maler und Plastiker. Kurt Hotz, Musiker. Helmut Hubacher, Nationalrat. Dodo Hug, Sängerin. Franz Jaeger, Nationalrat. Jürgmeier, Schriftsteller. Bo Katzmann, Musiker. Klaus Knuth, Schauspieler. René Krebs, Trompeter. Kulturstelle VSETH. Moritz Leuenberger, Nationalrat. Benedikt Loderer, Architekt und Journalist. Richard P. Lohse Maler. Hugo Loetscher, Schriftsteller. Herbert Maeder, Nationalrat. Walter Marti, Filmschaffender. Fumi Matsuda, Tänzerin. Dieter Meier of Yello, Musiker. Reni Mertens, Filmschaffende. Kurt Meyer, Nationalrat.Bruno Moll, Filmschaffender. Fredi M. Murer, Filmschaffender. Otto Nauer, Nationalrat. Paul Nizon, Schriftsteller. Martine Paschoud, Metteuse en scène. Pello, Clown. Gil Perret, Centre Dramatique de l'Est Vaudois Federico Pfaffen, Regisseur. Chasper Pult, Mittelschullehrer. Paul Rechsteiner, Nationalrat. Daniel Reist, Direktor Schule für Gestaltung Basel. Felix Rellstab, Direktor Schauspiel Akademie Zürich. Walter Renschler, Nationalrat. Joachim Rittmeyer, Kabarettist. Dario Robbiani, consigliere nazionale. Sandro Rossetti, metteur en scène. Dr. Willy Rotzler, Publizist. Philippe Saire, choreographe. Hans Saner, Philosoph. Hugo Schumacher, Maler. Felix Schwarz, Architekt. Peter Schweiger, Direktor Theater am Neumarkt Zürich. Dr. Alexander J. Seiler, Filmschaffender und Publizist. Jürg Solothurnmann, Musiker und Musikredaktor. Sepp Stappung Nationalrat. Dr. Katharina Steffen, Ethnologin. Urs Stieger Musiker und Instrumentenbauer, Peter Streiff, Komponist. Jörg Stummer Galerist. Tamuté Company Dance Theater. Theater-Cabaret Sauce Claire. Théatre pour le moment Bern. Lilian Uchtenhagen, Nationalrätin. Dr. Alie Vollenweider, Publizistin. Gisela Vollmer, Architektin. Dr. Hans Christoph von Tavel, Direktor Kunstmuseum Bern. Otto F. Walter, Schriftsteller. Guido Weber, Professor GUC. Hansjürg Weder, Nationalrat. Peter K Wehrli, Schriftsteller und Redaktor. Paul Weibel, Schauspieler und Regisseur. Nikola Weisse, Schauspielerin. Laure Wyss, Schriftstellerin. Marc Yvain, éditeur. Emil Zopfi, Schriftsteller und und und und usw

155

152–155
Materialien aus der Kampagne für die Kulturinitiative, 1986, Gestaltung Bruno Kammerer (ohne 155)

1 *Volksabstimmung vom 28. September 1986. Erläuterungen des Bundesrates*, Abstimmungsbroschüre, hg. von der Bundeskanzlei, [Bern 1986], S. 2.
2 Kulturbericht 1999, S. 33.
3 *Bundesverfassung der Schweizerischen Eidgenossenschaft*, 18.4.1999 (Stand 23.9.2012), Artikel 69 Kultur, Absatz 2 (wie auch alle folgenden Bestimmungen und Gesetze auf der Homepage der Bundeskanzlei einzusehen sind: http://www.bk.admin.ch).
4 *Bundesgesetz über die Kulturförderung (Kulturförderungsgesetz, KFG)*, 11.12.2009 (rechtskräftig ab 1.1.2012), 2. Kapitel: Kulturförderung, 1. Abschnitt: Allgemeine Voraussetzungen, Artikel 6 Gesamtschweizerisches Interesse. Absatz 2 Buchstabe d, S. 6129.
5 *Verordnung des EDI über das Förderungskonzept 2012–2015 für die Unterstützung von Organisationen professioneller Kulturschaffender*, 29.11.2011, Artikel 1, S. 6163. Vgl. auch die sogenannte Kulturbotschaft, *Botschaft zur Förderung der Kultur in den Jahren 2012–2015*, 23.2.2011, S. 3023. Für die vor dem 1.1.2012 gültigen Rechtsgrundlagen hatte der SWB am Vernehmlassungsverfahren mitgearbeitet und erfolgreich die Beibehaltung der Definition «kulturelle Organisation» bewirkt, vgl. *Richtlinien über die Verwendung des Kredites zur Unterstützung kultureller Organisationen vom 16. November 1998*; vgl. GB SWB 1997, S. 8.
6 *Kultur im Gespräch. Referate anlässlich einer kulturpolitischen Veranstaltung des Schweizerischen Werkbundes SWB, des Schweizerischen Filmzentrums SFZ und der Gesellschaft Schweizerischer Maler, Bildhauer und Architekten GSMBA*, Typoskript, Zürich 1984, S. 5, Archiv SWB B 3.1. Siehe Subventionspolitik der seit 1917 bestehenden Eidgenössische Kommission für angewandte Kunst (EKaK). Zusammen mit der GSMBA, der Gesellschaft Schweizerischer Malerinnen, Bildhauerinnen und Kunstgewerblerinnen (GSMBK) und der OEV hat sich der SWB 1958 im Auftrag des Eidgenössischen Departements des Innern (EDI) an den Beratungen für eine *Neue Verordnung über die Förderung der freien und der angewandten Kunst* beteiligt, MfGZ/Designsammlung/Konvolut SWB/Förderung künstlerischen Schaffens 1958.
7 Kultur 1983, S. VIII.
8 Statuten 1970, § 2, SWB Archiv B 1.1.
9 Siehe SWB Schriftenreihe 1971.
10 Kulturbericht 1999, S. 19–24.
11 Ebd., S. 24–28.
12 *Kultur – Kulturförderung – Kulturpolitik. Kritische Thesen zum Bericht der eidgenössischen Expertenkommission für Fragen einer schweizerischen Kulturpolitik (Kommission Clottu)*, SWB-Dokument Nr. 2, 1977, Typoskript, S. 1, Archiv SWB B.0932.
13 Nach einem Gespräch des Autors mit Leonhard Fünfschilling vom 10.4.2013.
14 Abgedruckt in: Kultur 1983, S. I.

Weiterbildung bosnischer Fachleute in der Schweiz

1999–2003

Um die Jahrtausendwende hat der Schweizerische Werkbund ein Programm zur *Weiterbildung bosnischer Fachleute aus gestalterischen Berufen in der Schweiz* lanciert. Anders als sonst bei Entwicklungs- und Aufbauprogrammen üblich, wurden dabei nicht einfach die Erfahrungen und das Wissen des «Entwicklungshelfers» in das Zielland exportiert. Vielmehr konnten die Teilnehmer in der Schweiz eigene Erfahrungen machen und selber entscheiden, welche Erkenntnisse für Ihre Heimat relevant waren, welche sie weiterverfolgen und anwenden wollten.

«Design ist unsichtbar», hatte Lucius Burckhardt (→ S. 433) einst formuliert.[1] So zielte auch dieses Projekt nicht auf die gute Form von Produkten, sondern auf die Gestaltung und Entwicklung der Bedingungen, unter denen Gestaltung entsteht – ausgelöst von der Notwendigkeit, angesichts der Notsituation in einem europäischen Land nicht untätig zu bleiben. Das Ziel einer Studienreise des SWB im September 1999 «für Fachleute aus gestalterischen Berufen sowie für kulturell und politisch allgemein interessierte Menschen» nach dem kriegsversehrten Bosnien war gewesen, «sich über den Wiederaufbau (im physischen wie im kulturell-gesellschaftlichen Sinn) zu informieren».[2] Die Reiseroute führte von Split entlang der dalmatischen Küste über Mostar in die Umgebung von und nach Sarajevo, ins Bosnatal im Norden und nach Zentralbosnien. Im Juni war zuvor im Architekturforum Zürich ein *Informationsseminar Bosnien* angeboten worden, an dem der Zürcher Ortsgruppenvertreter im Zentralvorstand, der Architekt Martin Albers (→ S. 441), der das kriegsversehrte Land bereist und Kontakte geknüpft hatte, sowie Tobias Wernle von der Gesellschaft für bedrohte Völker und weitere Referenten über Schwierigkeiten in Bosnien nach dem Krieg Vorträge hielten. Bereits kurz nach der Beendigung des Bosnienkriegs entstand innerhalb des SWB die Idee «im Rahmen des Wiederaufbaus in Bosnien eine Patenschaft für ein kulturelles Projekt zu übernehmen».[3] Nach der Reise von 1999 entwickelte sich daraus das Projekt «eines Werkbundstipendiums für einen Aufenthalt bosnischer Gestaltungsfachleute in der Schweiz».[4]

Die Vorbereitungen und Begegnungen während dieser Reise führten zu Kontakten mit verschiedenen Bau- und Planungsämtern sowie Hochschulen und Fachvereinigungen. Nun waren auf Schweizer Seite Firmen und Institutionen gefragt, die Fachpersonen aus Bosnien für einen bestimmten Zeitraum aufnehmen und betreuen konnten, um die Voraussetzungen für einen berufsspezifischen Austausch zu ermöglichen. Der SWB fungierte als Vermittler von Kontakten und organisierte die Leitstruktur für das Projekt.

Das Projekt *Weiterbildung bosnischer Fachleute* war ein Erfolg. Es wurde innerhalb des SWB von Albers, der seit 2002 auch Erster Vorsitzender war, vom Architekten Borislav Čurić und vom Ende 2002 scheidenden Geschäftsführer Leonhard Fünfschilling (→ S. 436) sowie ab Anfang 2003 von der Architektin Priska Ammann betreut. Mit insgesamt sechs Bosniern, einer Architektin und Stadtplanerin, einem Architekten und Denkmalpfleger sowie Verkehrs- und Bauingenieuren – zwei Bosniaken, zwei Kroaten, einer Serbin und einem Serben – wurde mit den Bau- und Planungsämtern der Städte Bern, Liestal und Winterthur sowie dem kantonalen Hochbauamt Zürich für drei Monate eine Arbeitsstelle vertraglich gesichert. Die bosnischen Partnerinstitutionen waren die Architekturfakultät, die Kunstakademie und das Institut für kantonale Raumplanung in Sarajevo, das Institut für urbanistische Planung der Republika Srpska in Banja Luka sowie das Kantonale Ministerium und Hochbauamt für den Wiederaufbau und die Bauingenieurwissenschaftliche Fakultät der Universität in Mostar. Die bosnischen Fachpersonen wurden in der Schweiz von SWB-Mitgliedern begleitet. Mit je einem Vortrag über ihre berufliche Situation im Heimatland wurde versucht, den Dialog in einem grösseren Kreis zu ermöglichen. Insbesondere auf der Ebene des zwischenmenschlichen Austauschs war das Projekt auf breiter Ebene akzeptiert, selbst wenn in einzelnen Fällen sprachliche Schwierigkeiten bemängelt wurden.[5]

Das Engagement des SWB für diesen interkulturellen Austausch lag letztlich in der eigenen Tradition begründet, auf institutioneller und persönlicher Ebene wirtschaftliche und qualitätssichernde Aspekte zusammenzubringen und in den Bereichen der Gestaltung zu fördern.[6] Dabei betätigte sich der Werkbund in einem Gebiet, das zur selben Zeit von offiziellen eidgenössischen Stellen, der Direktion für Entwicklung und Zusammenarbeit (DEZA) und dem Staatssekretariat für Wirtschaft (SECO) zu einem Schwerpunktfeld der eidgenössischen Förderung avancierte.[7] Für die Pilotphase des SWB-Projekts mit sechs Stellen war es denn auch das DEZA, das sich zu 50 Prozent an den Kosten beteiligte, die restlichen Gelder wurden von der IKEA- und der Karl-Popper-Stiftung sowie von der Stadt Bern aufgebracht.[8]

Mit dem Projekt *Weiterbildung bosnischer Fachleute* verfolgte der SWB das Ziel, jungen ausgebildeten Fachleuten in ihrem angestammten Berufsfeld einen zeitlich limitierten Aufenthalt «in einer funktionierenden westlichen Demokratie» anzubieten.[9]

Die Fortführung und Ausweitung des Projekts in eine zweite Phase war von allen Seiten gewünscht, scheiterte aber letztlich an der Finanzierung. Da das DEZA sein Engagement in den Staaten reduzierte, die ehemals zu Jugoslawien gehört hatten, wurde auch die Unterstützung für das SWB-Projekt hinfällig. Den Aufwand für ein entsprechendes Fundraising zu betreiben, der das Engagement des Bundes vollständig hätte ersetzen können, stufte man innerhalb des SWB als nicht machbar ein.[10] ● *Thomas Gnägi*

1 Burckhardt 1981. Mit bestem Dank an Martin Albers für die Durchsicht dieses Artikels.
2 *Wiederaufbau in Bosnien*, Studienreise und Informationsseminar, Einladungsflyer hg. vom Schweizerischen Werkbund 1999, Archiv SWB A 3.8/Bosnien 2. Vgl. Bosnien 1999, Reiseprogramm, Typoskript, Archiv SWB A 2/270/Tagungen ab 1970. 1995 hatte der Deutsche Werkbund die Ausstellung *Warchitecture. Sarajevo: eine verwundete Stadt* in Frankfurt am Main ermöglicht, die von bosnischen Architektenvereinigungen organisiert worden war. Vgl. Ausstellungsflyer, Archiv SWB A 3.8/ Bosnien 2.
3 GB SWB 1997, S. 7–8.
4 GB SWB 1999, S. 5.
5 Siehe *Schweizerischer Werkbund SWB, Schlussbericht Projekt Weiterbildung für bosnische Fachleute aus gestalterischen Berufen in der Schweiz, Pilotphase 07.02–12.03*, kopiertes Typoskript 27 Seiten, Archiv SWB A 3.8/Bosnien 2.
6 Vgl. GB SWB 2000, S. 5.
7 Siehe *Jahresberichte der internationalen Zusammenarbeit der Schweiz 1996–2010*, www.deza.admin.ch (1.8.2013).
8 GB SWB 2003, S. 9.
9 Wie Anm. 5, S. 3.
10 GB SWB 2004, S. 10.

156

157

158

159

156
Plakat der deutschen Werkbund-Ausstellung in Köln, Postkarte 1914, Gestaltung Peter Behrens

157
Henry van de Velde, Werkbundtheater Köln-Deutz Messeplatz, Hauptfassade von Westen mit Brunnen *Die Badende* von Georg Kolbe, 1914

158
Plakat Schweizerische Landesausstellung Bern, 1914, Gestaltung Emil Cardinaux

159
Otto Ingold, Pavillon für Uhren und Goldschmiedearbeiten, Landesausstellung Bern, 1914, Bern, Foto Franz Henn

S.L.A.B. 1914, LA 39, Expo 64, CH91 und Expo.02

Die Schweizerischen Landesausstellungen und die unterschiedliche Rolle des SWB

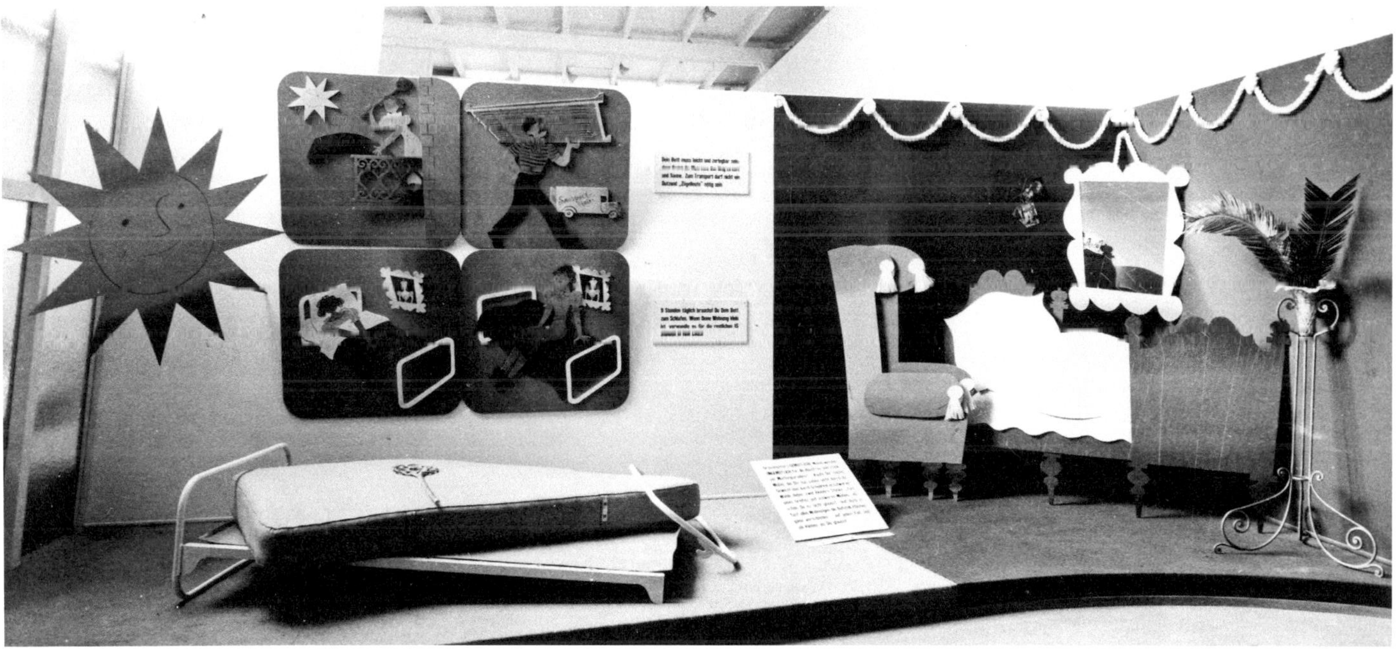

160

Thomas Gnägi

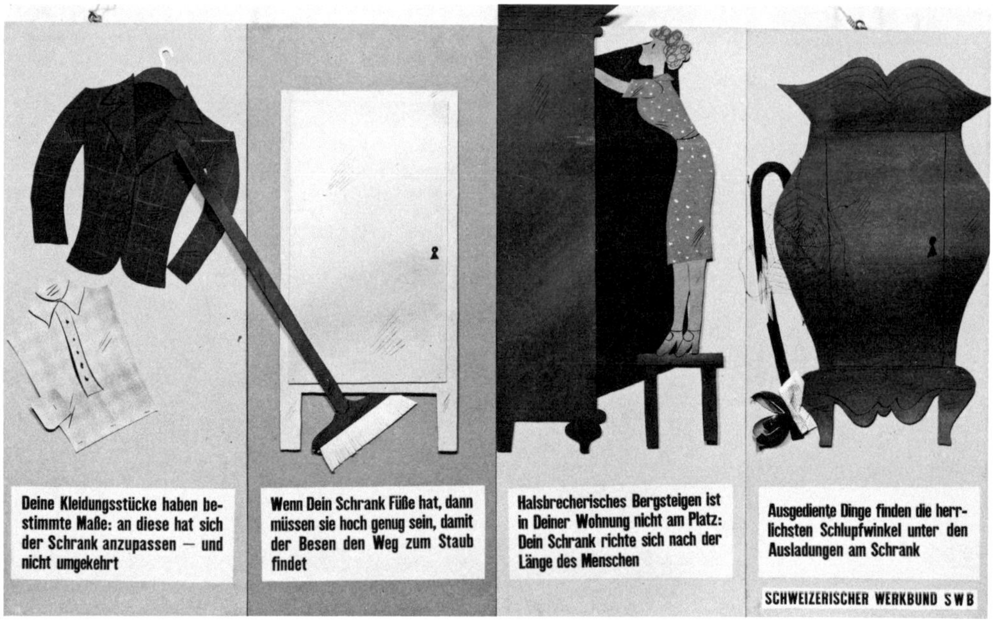

161

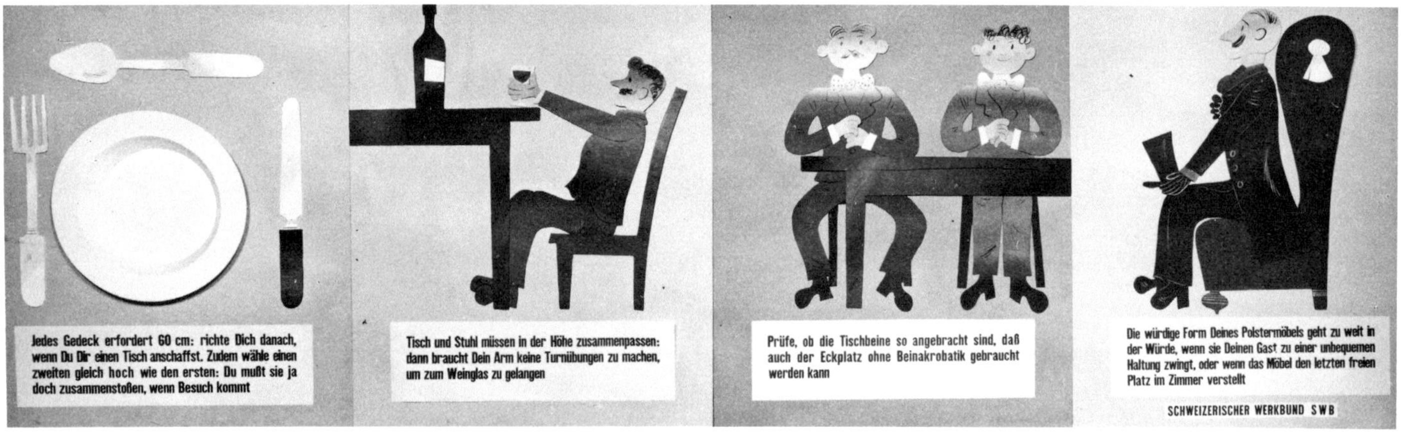

162

160–162
«Einschieblinge» des SWB, *Hausratshalle* Landesausstellung Zürich, 1939

163
Signet der Landesausstellung Lausanne, 1964, Gestaltung Armin Hofmann

164
Titelseite und Innenseiten *Landesverkleidung 1991,* 1984, Gestaltung B&R, Ruedi Rüegg und Peter Vögtle, Gestaltung Wortbild «Die gute Hohlform» Wolf Henkel

165
Expomat, Projekteingabe für *Expo.01*, übereinandergelegte Folien (vorne Wiedergabegerät *Expomat,* hinten Abbildungen historischer Landesausstellungen), 1998

163

105

Landesverkleidung
1991
Zytglogge

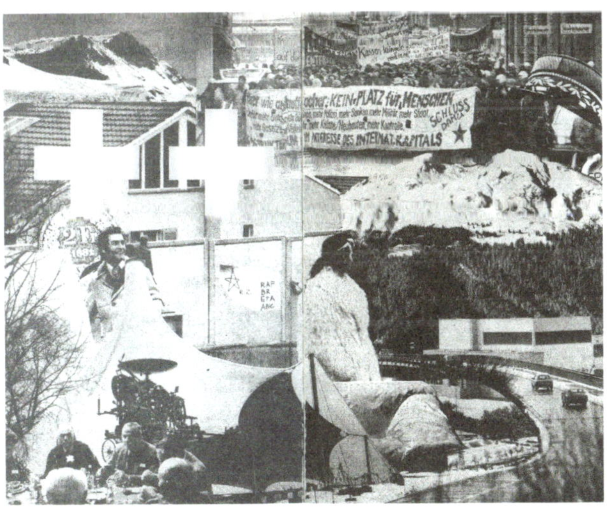

Die gute Hohlform
oder wer kriecht denn da zu Kreuze.

164

Die Schweizerischen Landesausstellungen sind kein Ergebnis des Schweizerischen Werkbundes, und die Beteiligung war letztlich auch nie explizit erkennbar. Allerdings hat sich der Werkbund bei ihren Planungen immer früh eingebracht, sei es in konzeptionellen Fragen, sei es auf der Ebene der Beratung in Leitungsgremien, sei es mit Kritik und daraus folgenden Alternativen. Die wichtigsten Exponenten wie Chefarchitekten oder künstlerische Leiter waren 1914, 1939 wie auch 1964 und 2002 Mitglieder oder ehemalige Mitglieder des SWB. Als spezifischer Ausdruck einer gewissen Zeitspanne und im gesamtkünstlerischen Zusammenwirken von Architektur, Kunsthandwerk, Industrie, Gewerbe und Politik waren nationale Repräsentations- und Leistungsschauen für den SWB opportune Gelegenheiten, als Vermittler zwischen gestalterisch hochwertiger Güterproduktion und dem Besucher beziehungsweise Konsumenten aufzutreten. Allerdings trifft diese Rolle in Gänze am ehesten für die Zürcher Landesausstellung *(LA 39)*, etwas weniger deutlich auch noch für diejenige in Lausanne *(Expo 64)* zu; für die Schweizerische Landesausstellung Bern *(S.L.A.B. 1914)* war der eben erst gegründete SWB noch zu wenig sichtbar, und für die *CH91*, die 1991 zum 700-Jahr-Jubiläum der Eidgenossenschaft in der Innerschweiz geplant war, sah sich der SWB in der Rolle des Kritikers und stellte eine nationale Repräsentation generell infrage. Und schliesslich für das Projekt der *Expo.01* in der Drei-Seen-Region der Westschweiz – sie wurde mit einem Jahr Verzögerung als *Expo.02* realisiert –, bemühte sich der SWB um eine Art Versöhnung mit der Vergangenheit und schaute gewissermassen zurück in die Zukunft vergangener Visionen und Ideen der nationalen Repräsentation.

Die verschiedenen Landesausstellungen entpuppten sich für den Werkbund jeweils als Projektionsflächen seines eigenen Anspruchs zu Fragen einer umfassenden Gestaltung innerhalb eines grösseren gemeinschaftlichen (schweizerischen) Ganzen; er nahm die Veranstaltung deshalb stets als Herausforderung wahr, seine Position zur gestaltbaren Ding- und Umwelt neu zu justieren.

Gesamtgestaltung – *S.L.A.B. 1914*

Genuin als Gewerbe- und Mustermesse geplant und auch in diesem Sinne realisiert, also grundsätzlich verschieden von den späteren Themenausstellungen, steht die Berner Landesausstellung in ihrer konzeptuellen Idee in der Tradition der nationalen Ausstellungen wirtschaftlicher Repräsentation des 19. Jahrhunderts.[1] Dennoch spielt sie für die Schweiz mit ihrem kohärenten architektonischen, grafischen sowie teilweise kunstgewerblichen Auftritt eine bedeutende Rolle in einer Phase raumkünstlerischer Gesamtkonzepte. Für den ein Jahr zuvor gegründeten SWB war allerdings die Planung der Ausstellung für 1914 bereits allzu fortgeschritten, als dass er sich noch hätte aktiv einbringen können. Von den ausschliesslich Berner Architekten, die die Ausstellungsbauten realisiert hatten, war nur Otto Ingold 1913 Gründungsmitglied des SWB, 1915 trat auch Karl Indermühle, Architekt des als Teil der Ausstellung realisierten «Dörfli», dem SWB bei.[2] Die im selben Jahr vom Bund Schweizer Architekten (BSA) und dem Schweizerischen Werkbund lancierte Zeitschrift *Das Werk* (→ S. 149) publizierte über mehrere Hefte etliche Fotografien der Ausstellungsbauten und vermittelte dem Leser die einheitliche Architektursprache als «Schulbeispiel architektonischer Leistungen».[3]

Ebenfalls 1914, und ebenfalls von Mai bis Oktober, fand in Köln die Ausstellung des Deutschen Werkbundes (DWB) statt. Parallelen der Berner Landesausstellung zur Kölner Werkbund-Ausstellung sind evident. Angefangen

Abb. 158 mit dem Vergleich des offiziellen Plakats von Emil Cardinaux – ab 1915 SWB-
Abb. 156 Mitglied – mit dem offiziellen Kölner Plakat von Peter Behrens – Gründungsmitglied
Abb. 157/159 des DWB –, die beide einen Reiter zeigen, bis zu Vergleichen der Ausstellungsbauten sind formale wie auch inhaltliche Bezüge festzumachen. Wie beim Berner Plakat, das im Gegensatz zum kraftvoll gestalteten Kölner Plakat Zurückhaltung und geradezu stoische Ruhe ausstrahlt, wirken auch die Berner Bauten mit Säulen, kannelierten Pfeilern, Giebelfeldern und Kuppeln in ihrer Gesamtheit sehr viel traditioneller und formal zurückhaltender als einige der Kölner – man denke im Vergleich dazu an das Werkbund-Theater Henry van de Veldes oder an den Glaspavillon Bruno Tauts.[4]

Wenn auch die Landesausstellung von 1914 ohne offizielle Teilnahme des SWB stattgefunden hat, wurde sie dennoch für den jungen Verein zu einem Manifest für die Zusammenführung aller künstlerischer Disziplinen unter dem Primat der Gestaltung – zwecks der Zusammenarbeit mit Industrie und Gewerbe.

«vom SWB […] hervorgegangen» – *LA 39*

Aus der Sicht des SWB bleibt die – eigentlich für 1938 geplante und dann 1939 durchgeführte – sogenannte Landi die wichtigste Landesausstellung und auch diejenige, die in vielen Belangen deckungsgleich mit seinem gestalterischen Anspruch war. Letztlich waren auch viele der wichtigsten Exponenten – vom Industriellen bis zum Gestalter, Fotografen und Architekten – Mitglieder des SWB, auch Direktor Armin Meili, Chefarchitekt Hans Hofmann und Chefbauleiter Heinrich Oetiker sowie das Architekturbüro Haefeli, Moser, Steiger, das für die *LA 39* das Kongresshaus errichtete. Vor dem Organisationskomitee waren in Bezug auf Projektierung, Mitsprache und Entscheidung allerdings alle Verbände und Vereinigungen gleichgestellt; der Erste Vorsitzende E. Richard Bühler (→ S. 423) und der Geschäftsführer Egidius Streiff (→ S. 426) waren die beiden Delegierten des SWB, Streiff zudem Mitglied des Organisationskomitees.[5] Die Vereinstätigkeit war 1938 und 1939 beinahe ausschliesslich der Vorbereitung der Landesausstellung gewidmet; laut Peter Meyer wurde denn auch der «praktische Idealismus» des Werkbundes durch die Mitarbeit von Werkbund-Mitgliedern in allen Abteilungen sichtbar.[6]

Das Grundkonzept der Landesausstellung stammt von Hofmann. Als 1929 eine erste Studienkommission unter dem Vorsitz von Stadtpräsident Emil Klöti, ebenfalls ein Mitglied des SWB, gegründet wurde, war der Architekt bereits mit von der Partie. Wegen der relativ hohen Kosten und einer latenten «allgemeinen Ausstellungsmüdigkeit» waren Firmen nicht mehr in jedem Fall bereit, an Ausstellungen teilzunehmen.[7] Auch Hofmann selber kritisierte die Ausgestaltung der grossen Schauen jener Jahre, die meist auf riesigen Geländen an der Peripherie der Städte in aufwendigen Pavillons präsentiert waren – ohne eine inhaltliche Verbindung zu dem Ausstellungsgut.[8] Hofmann hatte an internationalen Ausstellungen Erfahrungen auf dem Gebiet der Ausstellungsarchitektur gesammelt.[9] Gemeinsam mit einem weiteren Kommissionsmitglied, Meinrad G. Lienert, Direktor der Schweizerischen Zentrale für Handelsförderung und ebenfalls Werkbund-Mitglied, entwickelte er ein Exposé mit zwei grundlegenden Forderungen für eine Landesausstellung in Zürich: Erstens sollte die Ausstellung thematisch und nicht mehr wie bisher nach Branchen gegliedert sein, wobei die Inhalte sich am Interesse des Publikums auszurichten hätten, und zweitens sollten die Ufer am unteren Becken des Zürichsees in Zentrumsnähe als Ausstellungsorte dienen.[10]

Der Werkbund unterstützte beide Vorschläge. Bereits 1935 führte er mit der übergeordneten Themenausstellung *Wohnbedarf* innerhalb der Basler Ausstellung *Land- und Ferienhaus* (→ S. 244) eine produktive Zusammenarbeit zwischen Ausstellungsgestaltern und ausstellenden Firmen herbei.[11] Unter anderem kam vonseiten der SWB-Mitglieder die Anregung für ein solches übergeordnetes Thema: Volkserziehung zu einer besseren Lebensführung im alltäglichen Leben.[12] So wirkte der SWB in der «Gruppe ‹Wohnen›» – allerdings nur im Hintergrund – «als Berater» mit.[13] In der von BSA-Architekt und SWB-Mitglied Alfred Gradmann realisierten Abteilung wurden mit weiteren Architekten und Produzenten unterschiedliche Wohnungstypen aufgebaut und Varianten für verschiedene Familienkonstellationen eingerichtet.[14]

Eine eigenständige Umsetzung erfuhr das Thema Wohnen in der
Abb. 160 angrenzenden sogenannten *Hausratshalle*. In Auseinandersetzung mit der Thematik wurden dort vom SWB «allerlei Wahrheiten über Wohnungseinrichtungen»[15] präsentiert und als «thematische Einschieblinge, die frisch und humoristisch Vor- und Nachteile dieser oder jener Möbelarten einprägsam veranschaulichen», realisiert.[16] Schematisch dargestellte Szenen aus dem Alltag im Zusammenhang mit traditionellem Hausrat wurden mit kurzen Texten untermalt und auf grossen
Abb. 161/162 farbigen Tafeln zu Merkbildern collagiert. Diese warben nicht etwa mit einem spezifischen Modell für eine spezielle Marke eines Möbels, sondern lehrten den Besucher, auf was er beim Kauf zu achten habe, in der Art wie folgender Ratschlag: «Prüfe, ob die Tischbeine so angebracht sind, daß auch der Eckplatz ohne Beinakrobatik gebraucht werden kann.»[17]

Der nicht bekannte Gestalter der Tafeln orientierte sich an der offiziellen Grafik der Landesausstellung. Diese war zwar nicht explizit vorgegeben, allerdings wurden nach einem Auswahlverfahren bestimmte Grafiker den einzelnen Abteilungen empfohlen, was gemäss Schlussbericht «ein gutes Niveau aller graphischen Darstellungen» sicherte.[18] Zudem stand allen Grafikern die LA-Normschrift zur Verfügung, die Grafiker und SWB-Mitglied Hans Eidenbenz entwickelt hatte.[19] Das grafische Erscheinungsbild der Landesausstellung galt als zentraler Punkt, den auch Hans Schmidt als vereinheitlichendes Moment der Gestaltung hervorhob: «In der Tat hängen grosse Abteilungen unserer Landesausstellung in ihrer Wirkung davon ab, wieweit es dem ‹Grafiker› gelingt, oft sehr abstrakte, oder doch in der Regel vom Fachmann abstrakt formulierte Vorgänge und Zusammenhänge, in eine anschauliche und leicht fassliche Form zu bringen.»[20]

Gemessen an der tatsächlichen Mitgliederzahl des SWB, die Ende der 1930er-Jahre bei etwa 530 lag, war unter den beteiligten Gestaltern und Firmen der *LA 39* eine sehr hohe Beteiligung von Werkbund-Mitgliedern zu verzeichnen. So hatten beispielsweise in der Abteilung *Unsere Wohnungen* von 44 Kunstgewerblerinnen und Kunstgewerblern mindestens 27 eine Mitgliedschaft. Bei den Architekten und Grafikern war es knapp die Hälfte.[21]

In der Rückschau sah sich der SWB selber zwar nicht als Akteur im Vordergrund wirkend, vielmehr aber in hohem Masse Einfluss nehmend in gestalterischen Fragen der gesamten *LA 39*. So heisst es im Geschäftsbericht nach der Schliessung der Ausstellung: «Ohne Zweifel haben die vielen Anregungen und Vorbilder, die aus vom SWB und den ihm nahestehenden Gewerbemuseen in die Wege geleiteten Unternehmungen hervorgegangen sind, unzählige direkte und indirekte

Ausstrahlungen auf die LA gezeitigt. Diese sind nicht nur von den Mitgliedern, sondern von vielen anderen Mitarbeitern der LA übernommen und teilweise fruchtbar weitergebildet worden. Was von mancher Seite bereits in den letzten Jahren als eigentlicher schweizerischer Ausstellungsstil bezeichnet worden ist, findet in der LA in mannigfachsten Variationen seinen Niederschlag.»[22]

Auch *Werk*-Redaktor Peter Meyer hat 1939 in der November-Nummer eine solche im Hintergrund wirkende Tätigkeit des SWB ausdrücklich gewürdigt: «Seine Arbeit und sein praktischer Idealismus durchsetzte in Gestalt der Mitarbeit seiner Mitglieder und solcher, die sonst in seinem Sinn schaffen, alle Abteilungen der Ausstellung.» Meyer sah in gestalterischer Hinsicht an der Landesausstellung gar ein «Niveau» erreicht, das zu halten «zu den kulturpolitisch wichtigsten Aufgaben gehöre».[23] Die Zäsur des Kriegs sollte dieses Vorhaben etwas verzögern. In den 1950er-Jahren aber wurde mit den Ausstellungen der Aktion *Die gute Form* (→ S. 277) vonseiten des SWB dieser Forderung genüge getan.
●*Thomas Gnägi und Selina Lauener*

«Errichtung von Wohn- und Kollektivbauten» – *Expo 64*

In diesen für den Werkbund, was Ausstellungen anbelangt, äusserst produktiven 1950er-Jahren war es für den Verein keine Frage, dass er auch bei der für 1964 angekündeten Landesausstellung eine wichtige Rolle übernehmen sollte. Ohne auf eine diesbezügliche Einladung zu warten, bot der Geschäftsführer Alfred Altherr jun. (→ S. 430) im Herbst 1956 «die Mitarbeit des Schweizerischen Werkbundes» an. Als Referenzen des Engagements des Werkbundes nannte er die Aktion *Die gute Form*, die diversen Ausstellungsprojekte des SWB im In- und Ausland, insbesondere die Gestaltung des Schweizer Pavillons der *H55* in Schweden (→ S. 317) und die geplante Wanderausstellung *Good Design in Switzerland* für Nordamerika (→ S. 319).[24] Erst nach dieser aktiven Werbung Altherrs konnten vom Zentralvorstand des SWB mit Max Bill und Alfred Roth (→ S. 431) zwei bekannte und in der Ausstellungsgestaltung auf internationalem Niveau erfahrene Exponenten des Werkbundes in die Haute Commission de l'Exposition Nationale Suisse delegiert werden – noch bevor 1959 die Generaldirektion mit Ausstellungsdirektor Paul Ruckstuhl und Verwaltungsdirektor Edmond Henry sowie Chefarchitekt Alberto Camenzind bestimmt waren.[25]

Gleich zu Beginn seiner Mitarbeit am Projekt der Landesausstellung konnte der SWB, zumindest indirekt, einen Erfolg verbuchen. Er schlug der Direktion 16 geeignete Grafiker aus den eigenen Reihen für den Wettbewerb des offiziellen Signets vor, aus dem Armin Hofmann mit dem Vorschlag einer Abb. 163 grafischen Verquickung des Schweizerkreuzes mit dem Buchstaben E (für Exposition) reüssierte.[26]

In der Vermittlung notwendigen Personals bestand denn auch die einzige institutionelle Handlung des Werkbundes an der *Expo 64*. So konnte er in den beiden für ihn zentralen Sektoren *Bilden und Gestalten* und *Industrie und Gewerbe* mit Bill und Frédérik Brugger nicht nur die Sektorenarchitekten stellen, sondern vermittelte mit Josef Müller-Brockmann, Richard P. Lohse, Gérard Miedinger, Hans Neuburg und Ernst Scheidegger ausgewiesene Grafiker, mit Maria Netter eine Kunsthistorikerin und mit Walter Custer, Hans Eichenberger, Olivier Ferrari, Willy Guhl, Benedikt Huber, Niklaus Morgenthaler, Otto Senn, Peter und

Heidi Wenger weitere Architekten, Innenarchitekten und Planer sowie mit Walter Bechtler und Lucius Burckhardt (→ S. 433) zwei Nationalökonomen beziehungsweise einen Soziologen.[27] Mit dieser bedeutenden personellen Einbindung des SWB an der *Expo 64* war sein Einfluss auf die Gestaltung der Landesausstellung einerseits beträchtlich, andererseits war damit seine Mitarbeit als Institution beendet.

Eigentlich hatte sich der SWB mit der Idee eines etwas intensiveren Engagements in den Prozess der Ausstellungsplanung eingebracht. Damals führende Köpfe des SWB, allen voran Altherr, Bill, Roth und Lohse sowie Müller-Brockmann, trafen sich im Juli 1959 mit Landesausstellungs-Direktor Ruckstuhl und Chefarchitekt Camenzind zu einer «Aussprache [...] aus Kümmernis um die L.A.». Die Werkbündler wollten in der Sitzung einen möglichen Einfluss geltend machen, basierend auf der «ideellen Grundlage», die der SWB bereits bei der Zürcher Landesausstellung gelegt habe, wie Roth erläuterte. Allerdings wurde während des Gesprächs schnell klar, dass «keine Verb[andes]interessen» berücksichtigt werden konnten.[28] Resümierend hielt Roth am Ende der Sitzung fest: «Credo: Verbände nur Ausführende, statt der Form der Höhenstr. [das die Ausstellung zusammenfassende Element der *LA 39*, Anm. d. Verf.] nicht Kathedralen sondern viele Kapellen.»[29] In den Augen der SWB-Mitglieder war somit eine einem einheitlichen Gesamtkonzept folgende Gestaltung der Landesausstellung gefährdet.

Trotz der abschlägigen Antwort der Expo-Direktion an einer aktiven Mitsprache des SWB galt die Werkbund-Tagung am 7. November desselben Jahres 1959 den «Forderungen des Schweizerischen Werkbundes» an die geplante Landesausstellung. Die Vorträge wurden danach in einer Broschüre zu «Anregungen und Vorschlägen» zusammengefasst und der Direktion der *Expo 64* am 15. Januar 1960 überreicht.[30] Bereits ihr Titel *Die Probleme der Planung, Wohnung, Ausstattung an der Schweizerischen Landesausstellung in Lausanne 1964* verrät den umfassenden Anspruch des SWB, die «landeswichtigen Grundprobleme» als «aktuelle Forderungen und Aufgaben der Umweltgestaltung» anzusehen; man wollte vom Gerät über die Wohnung bis zum Quartier, der Stadt, der Region und dem Land die so verstandene umfassende Umwelt in die Betrachtung mit einbeziehen.[31]

Letztlich warb der SWB in der Broschüre mit einer Idee, die bereits 1955 in der Streitschrift *achtung: die schweiz* von Lucius Burckhardt, Max Frisch und Markus Kutter vorgebracht wurde und die die welsche Projektgruppe APA.URBAL ein Jahr später in einem (nicht realisierten) Projekt dann auch tatsächlich auf die städtebauliche Situation am Genfersee übertragen sollte.[32] Anstelle einer Landesausstellung wollte der SWB eine reale Stadt planen – zumindest hätte für die *Expo 64* ein «Musterquartier» realisiert werden sollen, das als Satellit der Landesausstellung angegliedert gewesen wäre. In der Ausstellung dann hätte als Pendant zur Höhenstrasse der *LA 39* ein sogenanntes Zentrum der Nation alle Probleme des Wohnens vermitteln können. In «grossräumigen Darstellungen anhand von Modellen ganzer Orte und Regionen», in Dioramen und Panoramen sowie mit Lichtbild und Film wären orts-, regional- und landesplanerische Aspekte, städtebauliche und verkehrsplanerische Konzepte und wirtschaftliche Fragen dargestellt worden.[33] Die Idee, anstatt einer Ausstellung ein Stadtquartier zu realisieren, war übrigens nicht neu und zirkulierte bereits im Vorfeld zur *LA 39*.[34]

Die 1960 verfasste Broschüre stiess zwar auf Interesse bei der Direktion, hatte aber in der weiteren Projektierung der Lausanner Ausstellung keinerlei Bedeutung. Somit setzte sich auch der SWB nicht mehr weiter mit der *Expo 64* auseinander. Ausser der Nennung von Beitragszahlungen an die Abteilungen *Mensch und Haus, Planen und Erhalten* sowie *Beaux Arts* finden sich auch in den Geschäftsberichten keine relevanten Einträge mehr.[35] Vielmehr war der SWB ein Jahr vor Eröffnung der Landesausstellung mit dem Jubiläum zu seinem 50-jährigen Bestehen beschäftigt. Das Projekt einer Mustersiedlung sollten Exponenten des Werkbundes dann erst nach der Schliessung der *Expo 64* wiederaufnehmen (→ S. 395).

«Experimente wagen [und] Prozesse ermöglichen» – *CH91*

Die Kritik an einer erneuten Landesausstellung zur 700-Jahr-Feier der Schweiz war in den Augen des SWB nicht per se ein Kulturboykott, sondern der Versuch, eine Neuauflage einer Schweizerischen Landesausstellung überhaupt und insbesondere unter der Prämisse des letztlich fiktiven, aber überaus symbolisch aufgeladenen Jubiläums der Eidgenossenschaft zu vermeiden und eine Auseinandersetzung mit dem Land auf andere Art zu wagen.[36] 1984 publizierte der Werkbund deshalb ein kleines Buch mit dem polemischen
Abb. 164 Titel *Landesverkleidung 1991*. Im Buchdeckel des broschierten Lesebuchs sind zwei Schweizerkreuze ausgestanzt, die einen durch die Form des Schweizerkreuzes etwas verengten Vorausblick auf die Innenseite geben. Tatsächlich sind dort Berge, Häuser, Autobahn, die Heureka-Skulptur, die von Jean Tinguely für die *Expo 64* geschaffen wurde, aber auch ein Demonstrationszug mit einem Transparent, auf dem das Statement «Kein Platz für Menschen» zu lesen ist, in einer doppelseitigen Collage zusammenmontiert. Im Untertitel eine Seite weiter wird auf den manifestartigen Charakter des Buchs hingewiesen: «Warnung vor der Rückkehr einer verbrauchten Idee.»[37]

Wie schon für die *Expo 64* stellte der Werkbund mögliche Schwierigkeiten in der Schweiz in den Fokus, die er näher an der Realität behandelt haben wollte als die in der *Botschaft des Bundesrats* für die *CH91* als «Kernereignisse» bezeichneten allgemeinen Themen: *Wir arbeiten, Wir produzieren* und *Wir nehmen uns Zeit*.[38] Der SWB wollte nicht solche alten Inhalte neu verpackt wissen, also das *Land in neuer Verkleidung* – so der ursprüngliche Titel – präsentiert haben, sondern «Experimente wagen [und] Prozesse ermöglichen».[39] Bereits im Januar 1981, an der SWB-Tagung *Landi 91 – Zwang zum Alten oder Chance für Neues?* wurden diesbezüglich Fragen aufgeworfen, die dann von einer Arbeitsgruppe bearbeitet und als alternativer Vorschlag in einer Stellungnahme mit dem Titel *Schweiz 1991 Experimente* von der SWB-Versammlung im darauffolgenden November ergänzt und verabschiedet wurden; eine solche experimentelle Landesausstellung wurde in zwei Nummern der SWB-Zeitschrift *Werkbund Material* (→ S. 202) thematisiert.[40] Solche Anregungen für Experimente im Bildungs-, Siedlungs- und Umweltbereich wurden bis 1985, zur Publikation des Taschenbuchs *Landesverkleidung* in sechs bildhaften Beispielen präsentiert, so *Die gute Form 91*, der Vorschlag für die Entwicklung eines neuen Labels für umwelt-, sozial-, und demokratieverträgliche Produkte oder *Venedig ohne Wasser*, die Realisierung einer «gehfreundlichen Stadt» wie auch *Pedalikon*, die «Realisierung eines beispielhaften Radwegnetzes» und andere.[41]

Das Taschenbuch verfehlte seine Wirkung nicht und wurde in vielen Zeitungen kommentiert. Trotz Ironie der Vorschläge und des polemischen Untertons in der gesamten Publikation – das Buchkonzept stammte von dem Luzerner

Journalisten Hanns Fuchs, die Beiträge von Otti Gmür (→ S. 438), Lucius Burckhardt und Leonhard Fünfschilling (→ S. 437) – wurde der SWB vom Komitee *CH91* zur Mitarbeit aufgefordert.[42] Allerdings war die Kritik vom Werkbund an einer Landesausstellung in Verbindung mit dem Jubiläum fundamental, die vom SWB erarbeiteten Beispiele nicht dazu gedacht, in das Konzept des Komitees *CH91* implementiert zu werden, sondern dazu da, eine Opposition gegen ein solches Konzept aufzubauen. Deshalb wurde das Buch diversen kulturellen Verbänden und Vereinen zugestellt und vom SWB zu einer «kritischen Aussprache» zum Konzept und den möglichen Alternativen eingeladen, was zu einer vom SWB formulierten Stellungnahme an den Bundesrat führte, die aber von den Verbänden nicht getragen wurde.[43]

Das Scheitern der *CH91* erfolgte dann überraschenderweise von anderer Seite. In Luzern, als einem der Hauptaustragungsorte einer Landesausstellung, wurde gegen den Projektkredit zu deren Durchführung erfolgreich das Referendum ergriffen; später scheiterte die Finanzierung auch am Volksmehr der Kantone Ob- und Nidwalden.[44] Damit war eine Landesausstellung, zumindest im Jubiläumsjahr, vom Tisch.

18961914193919642001. Visionen im Rückspiegel – Expo.01/02

Die in den 1980er-Jahren vorgebrachte Kritik des Schweizerischen Werkbundes an einer Repräsentation des Landes in einer nationalen Schau schien für eine erneute Landesdarstellung um die Jahrtausendwende verflogen zu sein. Nachdem die Kulturinitiative (→ S. 200) und deren Folgen bis hin zur geplanten Verankerung eines Kulturartikels in der Bundesverfassung und der Kulturboykott nach der sogenannten Fichenaffäre von 1989 sowie der Beginn der Aufarbeitung der Rolle der Schweiz während des Zweiten Weltkriegs durch die Bergier-Kommission das Selbstverständnis und die kulturellen Belange der Schweiz Ende der 1990er-Jahre in ein verändertes Licht gerückt hatten,[45] konnte sich offenbar auch der Schweizerische Werkbund wieder eine Beteiligung an einer Landesausstellung vorstellen, und zwar ohne dabei für sich eine führende Position zu beanspruchen. Als einer von vielen – es wurden über 3000 Projekte eingereicht – bewarb sich der SWB 1997 für die anfänglich 2001 geplante Landesausstellung in der Westschweizer Drei-Seen-Region mit dem Projekt *18961914193919642001. Visionen im Rückspiegel*. Neben der Ersten Vorsitzenden Ellen Meyrat-Schlee (→ S. 440) und dem Geschäftsführer Leonhard Fünfschilling engagierten sich der Quästor Leo Balmer, Lydia Buchmüller, Peter Erni, Paula Pakery Keller, Tristan Kobler, Reinhart Morscher und Leo Stäuble in der Projektgruppe.[46]

Das Projekt fügte sich gut ein in die eben beschriebene nationale Vergangenheitsbewältigung, in der sich die Schweiz offenbar damals befand, und bot in Bezug auf vergangene Landesausstellungen auch für den SWB selber eine Art katalytische Funktion. Dennoch wollte er sein Projekt nicht als «primär nostalgische Ausrichtung des Vorschlages» verstanden wissen, wie der abschlägige Entscheid der Jury unter anderem begründet wurde.[47] Kernelement des SWB-Abb. 165 Vorschlags ist der sogenannte *Expomat*, ein sieben Meter hohes mediales Multifunktionsgerät, das einen Projektor, eine Videokamera sowie Bildbearbeitungsgeräte und eine Tonanlage steuert. Die Idee war, dass sich der Besucher mittels historischen Film- und Tonmaterials sowie den Blue-Screen-Verfahrens bildlich in eine Situation während einer der vier historischen Landesausstellungen hineinprojizierte und «sich damit selber in historischen Kontexten bewegen» zu sehen. «Vergangenes, Gegenwärtiges und Zukünftiges [hätte] sich in den Köpfen der Betracher/innen» durchdrungen: «Im Neuen wird Altes, im Alten scheinbar Neues wiedererkannt.»[48]

Dass das nach Ende der Landesausstellung unabhängig von der Expo-Leitung verlegte Buch über die nicht zustande gekommenen Projekte ausgerechnet den Titel *Expomat* trägt und damit indirekt auf dieses Kernelement des vom Schweizerischen Werkbund eingereichten Projekts verweist, kann als Ironie der Geschichte interpretiert werden.[49] Denn obwohl sich die Direction artistique «an der Aufarbeitung früherer Visionen rund um die Landesausstellung» und damit mit dem vom Werkbund eingesandten Projekt mit einer eigens dafür eingesetzten Arbeitsgruppe auseinandersetzte sowie diesen später wieder einbinden wollte, blieb es bei der endgültigen Absage.[50] Vielleicht erhoffte man sich beim SWB von Martin Heller, der bis 1994 Erster Vorsitzender war und der im Jahr 2000 die Künstlerin Pipilotti Rist in ihrer Funktion als künstlerische Leiterin der *Expo* ablöste, eine mögliche spätere Weiterbearbeitung. Diesmal aber blieb die Rolle des SWB an der Landesausstellung die des Zuschauers.

Mit diesem letzten – historisch angelegten – Projekt für eine Landesausstellung hat sich der SWB ein Stück weit mit dem Erbe seiner eigenen Geschichte auseinandergesetzt. Sah er sich bisher als einen, wenn auch im Hintergrund agierenden, wichtigen Konzeptlieferanten für die Landesausstellungen, der über das Engagement seiner Mitglieder, zumindest theoretisch, Gewissheit über eine gute Gestaltung hatte, galt er nun mit nur einem einzelnen Projekt als einer unter vielen Mitspielern. Damit hat sich der Werkbund – durch die veränderten kulturellen Verhältnisse bedingt – vom Anspruch zurückgezogen und auch davon befreit, die Gestaltung und inhaltliche Ausrichtung der nationalen Repräsentation leiten, lenken und beeinflussen zu müssen. So vollzog er auf nationaler Ebene, was auf gestalterischem Gebiet der einzelnen Mitglieder mittlerweile Usus geworden war und ab 1987 in den Statuten entsprechend formuliert war: Der SWB sah seine Aufgabe nicht mehr in der umfassenden «Gestaltung der Umwelt [...] durch Auslese und Zusammenschluß schöpferischer Menschen», wie es 1960 hiess, sondern vielmehr darin, «eine für verantwortungsbewusstes Gestalten notwendige Auseinandersetzung anzuregen und zu vertiefen».[51]

1 Hans Ulrich Jost, Landesausstellungen und nationale Selbstdarstellung heute, in: Kohler/von Moos 2002, S. 43–60, hier S. 50–51. Bezüglich dem gewerblichen Charakter der 1914er- im Gegensatz zur 1939er-Ausstellung vgl. LA 39 Bericht, S. 34.
2 Bignens 2008, S. 111, 112.
3 Jakob Bührer, Hochbau an der Landesausstellung (Schluß), in: *Werk* 1 (1914), H. 10, S. 1–2, hier S. 2.
4 Zu Kölner Ausstellung siehe Hagspiel 2007.
5 LA 39 Bericht, S. 7, 639.
6 Meyer 1939, S. 351.
7 *Offizieller Führer mit Ausstellungsverzeichnis und Orientierungsplan*, hg. von der Landesausstellung 1939, Zofingen und Zürich 1939, S. 13. Siehe auch Brief von Meinrad G. Lienert an Hans Hofmann, 31.5.1930, gta Archiv.
8 Hans Hofmann, Gestaltung der Landesausstellung, in: LA 39, S. 596.
9 Er gestaltete 1925 die Abteilung des SWB an der *Exposition des Arts décoratifs de Paris*, 1928 den Schweizer Pavillon an der *Pressa* in Köln und 1929 denjenigen an der Weltausstellung in Barcelona, siehe Allas/Bosoni 1995, sowie S. 119.
10 Brief von Meinrad G. Lienert an Hans Hofmann, 31.5.1930; Exposé [1933], gta Archiv. Einen ersten Entwurf von 1929 erwähnt Christoph Luchsinger, *Hans Hofmann. Vom Neuen Bauen zur Neuen Baukunst*, Zürich 1985, S. 75.
11 Egidius Streiff, Vom Programm zur Ausstellung, Tagungsreferat Basel 1939, Typoskript, S. 6, Archiv SWB/Referate Tagungen. Wegen der Mobilmachung fand die Tagung nicht statt.
12 Beispielsweise der ehemalige Entwurfsprofessor der ETH Zürich, SWB-Mitglied Karl Moser, Ausstellung 1938, Exposé [1934], Skizzen und Brief an Stadtpräsident Emil Klöti, 18.10.1934, gta Archiv; Sigfried Giedion, Zum Programm der Landesausstellung, Exposé [1937], gta Archiv.
13 Hans Schmidt, «Bauen und Wohnen» an der Schweizerischen Landesausstellung, in: *Werk* 26 (1939), H. 4, S. 121–124, hier S. 124.
14 Eine Zusammenstellung gibt die Broschüre *Unsere Wohnungen in der schweizerischen Landesausstellung Zürich 1939. Ein Bilderbuch schweizerischer Wohnkultur* [Zürich 1939]. Darin sind die beteiligten Architekten und Hersteller sowie deren Mitgliedschaft im BSA oder im SWB aufgelistet.
15 Ebd., S. 220.
16 *SBZ* 112 (1938), Nr. 10, S. 128. Vgl. auch Hans Schmidt, «Bauen und Wohnen» an der Schweizerischen Landesausstellung, in: *Werk* 26 (1939), H. 4, S. 121–124, hier S. 124.
17 Einige dieser «Weisheiten» wurden publiziert in: *Schweizer Spiegel* 15 (1940), Nr. 7, S. 52.
18 LA 39 Bericht, S. 147.
19 Ebd., S. 148.
20 Hans Schmidt, Grafiker an der Landesausstellung, in: *Werk* 26 (1939), H. 3, S. 73.
21 LA 39 Aussteller, S. 205–220. Zudem beteiligte sich der SWB an einer Kollektivausstellung zur Grabmalkunst, ebd., S. 452. Ein weiteres Engagement ist unter der Rubrik Fotografie aufgelistet; offenbar hat der SWB mit 39 Abzügen den Bereich *Werbung durch Photographie* abgedeckt, ebd., S. 427. Siehe auch LA 39 Katalog; *Werk* 26 (1939), H. 9, S. 257–288.
22 GB SWB 1939, S. 2.
23 Meyer 1939, S. 351.
24 Brief Altherrs an den Stadtpräsidenten von Lausanne, Jean Peytrequin, 8.11.1956; Peytrequin hatte offenbar keine Ahnung, um welche Organisation es sich beim Schweizerischen Werkbund handelt, vgl. Antwortschreiben von Peytrequin an Altherr, 15.11.1956; Briefwechsel Fritz R. Roths (Dokumentationsstelle) mit Altherr, Archiv SWB A 3.1/149/Schweizerische Landesausstellung 1964.
25 Brief Altherrs an das Comité d'Initiative, 14.10.1957, Archiv SWB (wie Anm. 24). Alberto Camenzind wurde noch 1959 SWB-Mitglied, Bignens 2008, S. 76.
26 Briefwechsel zwischen der Direktion und Altherr, 29.9.–7.10.1959, Archiv SWB (wie Anm. 24). In Hollis 2006 wird allerdings Hans Neuburg als Urheber geannt, S. 249.
27 GB SWB 1961, S. 6–7; Briefwechsel zwischen der Direktion und dem SWB, 30.6.1960–13.2.1961, Archiv SWB (wie Anm. 24).
28 Sitzung-L.A., Bahnhofbuffet ZH, 15.7.1959, Manuskript 5 Seiten, S. 1, Archiv SWB (wie Anm. 24).
29 Ebd., S. 5.
30 SWB Vorträge 1960, S. 14.
31 Ebd., S. 8.
32 Auf die Schrift von 1955 und das Projekt der Association pour l'aménagement urbain et rural du bassin lémanique (APA.URBAL) wird vom SWB ausdrücklich verwiesen, SWB Vorträge 1960, S. 12. Siehe auch Werner Oechslin/Flora Ruchat-Roncati (Hg.), *Alberto Camenzind. Architekt, Chefarchitekt Expo 64, Lehrer*, Zürich 1998, S. 61–63.
33 SWB Vorträge 1960, S. 10.
34 1934 hatte Karl Moser für die Zürcher Allmend eine entsprechende Planung skizziert (wie Anm. 12).
35 GB SWB 1962, S. 7; GB SWB 1963, S. 5.
36 «Landesverkleidung 1991» (Chronologie der Ereignisse), Typoskript 3 Seiten, [Leonhard Fünfschilling, 1990], Archiv SWB A2/191/Landi 91.
37 SWB Landesverkleidung 1984, Titel.
38 *Botschaft über einen Beitrag an die Grobplanung der Jubiläumsanlässe* 1991 (84.066), 29.8.1984, Archiv SWB (wie Anm. 36).
39 Entwurf SWB-Publikation CH-91, Typoskript, Archiv SWB A3.1/151/SWB-Ausstellungen 60er & 70er Jahre.
40 Siehe die beiden Zeitschriftentitel: «Landi 91. Zwang zum Alten oder Chance für Neues?», *Werkbund Material* 1981, Nr. 1 und «Schweiz 1991 Experimente», *Werkbund Material* 1982, Nr. 1. Vgl. auch GB SWB 1981, S. 1–2.
41 SWB Landesverkleidung 1984, S. 88–108, Zitate S. 94, 95.
42 Brief von Alois Hürlimann (Präsident Kommission CH91) an Geschäftsstelle des SWB, 30.4.1984, Archiv SWB (wie Anm. 36).
43 Siehe Briefwechsel zwischen Verbänden und SWB; Entwurf einer Stellungnahme zum Schlussbericht der Kommission *CH91*, 11.7.1984, Archiv SWB (wie Anm. 36).
44 Vgl. *NZZ*, 6.5.1985, S. 17; Maissen 2010, S. 307.
45 Vgl. Maissen 2010, S. 304–324, bes. 306–307, 312–313.
46 *SWB-Information* 25, Dezember 1997, S. 1, Archiv SWB A.31/115/Expo 2001.
47 Brief des Jury-Präsidenten Kurt Aeschbacher an Leonhard Fünfschilling, 13.11.1998, Archiv SWB (wie Anm. 46).
48 *Visionen im Rückspiegel*, Projekteingabe für die *Expo.01*, Typoskript 11 Seiten und diverse Bildseiten, Umsetzungskonzept Oktober 1998, S. 4, Archiv SWB (wie Anm. 46).
49 Roman Keller und Barbara Wiskemann (Hg.), *Expomat*. 1341 *Projekte der Mitmachkampagne für eine Schweizer Landesausstellung*, Zürich 2002. 2700 Projekte wurden von der künstlerischen Leitung direkt abgelehnt, 300 von einer Jury bewertet, darunter das des SWB; nur gerade fünf Projekte schafften es «auf der Basis des ursprünglichen Konzepts und mit der ursprünglichen Autorenschaft» realisiert zu werden, ebd., S. 22. Das Projekt des SWB mit der Nummer 1060 in: ebd., S. 86, Abb. 364.
50 Wie Anm. 47.
51 Satzungen SWB 1960, § 2, und Statuten SWB 1987 § 2.

Kapitel 4

Produktgestaltung und Design

Bittsteller und Dienstleister

Zur Zusammenarbeit von SWB und Industrie

166

Jasmine Wohlwend Piai

167

168

166
Werbung der Linoleum AG Giubiasco an der MUBA, Gestaltung Heiri Steiner und Ernst A. Heiniger, 1936

167
Wilhelm Kienzle, Baukasten, Spielwaren-Wettbewerb, 1915

168
Hans Huggler, Tierfigur, Spielwaren-Wettbewerb, 1915

169
Sonderausstellung *Kunst und Kaufmann* an der *Schweizerischen Werkbundausstellung* in Zürich, 1918

169

170–171
Geschäftskarten
Schuhfabrik Bally
Schönenwerd, Gestaltung
Graphische Kunstanstalt
J.C. Müller, 1915

172
Werkbund-Stoff der
Firma Häusle,
Wetter & Cie. Näfels,
beigelegt im *Werk*, 1917

173
Plakatentwurf 1. Preis,
Wettbewerb für Suchard
SA Neuchâtel, 1916,
Gestaltung Helene Roth

174
Plakatentwurf 3. Preis,
Wettbewerb für Suchard
SA Neuchâtel, 1916,
Gestaltung Heinrich
Weber

175
Broschüre der Komet-
Radio AG Mitlödi, um
1941

172

170

171

173

174

175

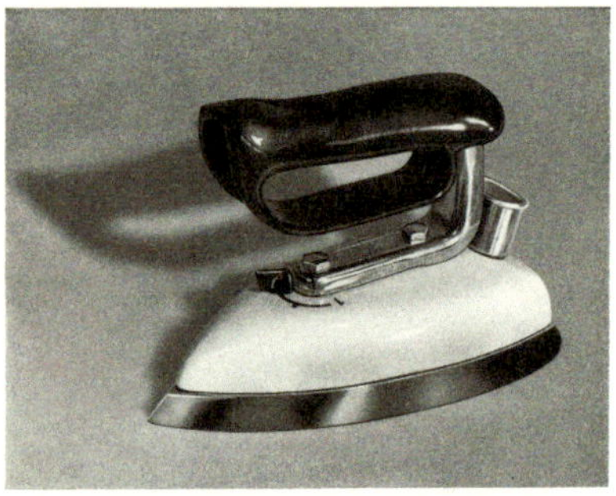

Regler-Bügeleisen, auf verschiedene Temperaturstufen einstellbar, mit gut der Hand angepaßtem großem Griff
Therma AG., Schwanden

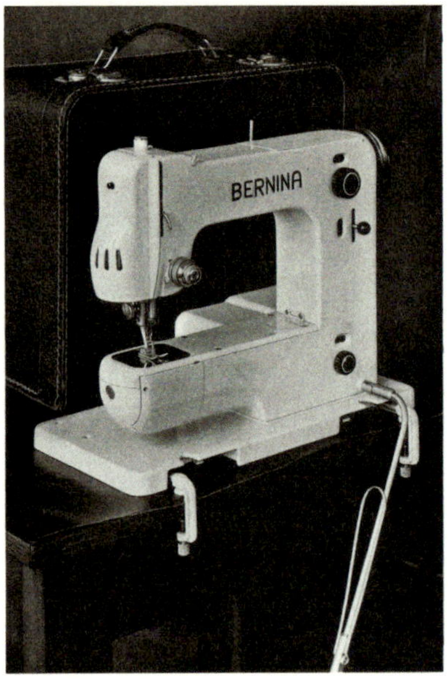

Bernina Portable mit organisch, direkt über der Nadel eingebauter, blendungsfreier Beleuchtung. Gute Gestaltung des Gehäuses mit sorgfältiger Ausrundung der Ecken und Kanten. Farbe crème. Bernina Nähmaschinenfabrik, Fritz Gegauf's Söhne AG., Steckborn

176

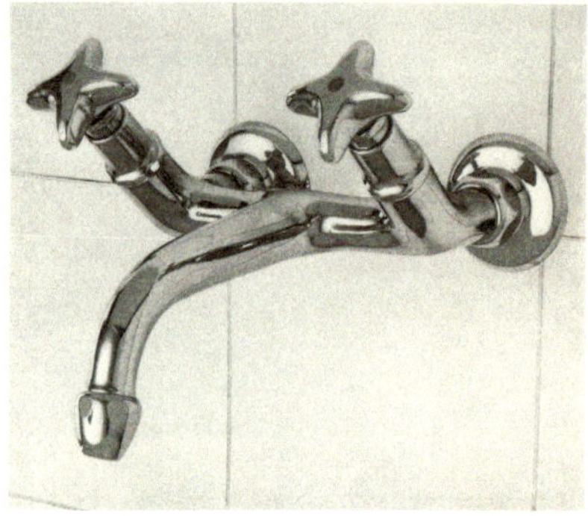

«Neo»-Schüttsteinbatterie mit einheitlicher Formgebung als Ergebnis enger Zusammenarbeit von Architekt und Industrie. Karrer, Weber & Cie. AG., Unterkulm

Photo: M. Wolgensinger SWB, Zürich

Sparspültrog «Fresco», aus einem Stück gepreßt, mit guter Ausrundung der Spülbecken und klarem Anschluß des Abtropfbrettes. H. Eisinger, Basel

Directo-Fensterverschluß mit ausgezeichnet in der Hand liegendem Griff. Verbessertes Modell A.K.Z. Koller AG., Basel

Photo: E. A. Heiniger SWB, Zürich

177

176
Bügeleisen der Therma AG und Bernina Portable der Nähmaschinenfabrik Bernina, Seite aus Egidius Streiff, *Formgebung in der Industrie*, 1946

177
Neo-Schüttsteinbatterie der Firma Karrer, Weber & Cie., Sparspültrog von H. Eisinger und Directo-Fensterverschluss der A.K.Z. Koller AG, Seite aus Egidius Streiff, *Formgebung in der Industrie*, 1946, Foto Michael Wolgensinger (oben) und Ernst A. Heiniger (unten)

178
Neue kleinmustrige Tapeten, Vorhang (unten re) von Elsi Giauque, Seite aus *Werk* 1952

Neue kleinmustrige Tapeten

Nouveaux papiers peints / New wall papers

Die Entwürfe stammen aus einem im Jahre 1952 unter Mitgliedern des Schweizerischen Werkbundes SWB und Schülern der Kunstgewerbeschule Zürich, der Allgemeinen Gewerbeschule Basel und der Gewerbeschule Bern durchgeführten Wettbewerbes. Die technische Umarbeitung der zur Ausführung bestimmten Entwürfe erfolgte durch den Verband Schweizerischer Tapetenhändler VST in Verbindung mit einigen bedeutenden Tapetenfabriken.

Tapete Katalog-Nr. 719–31, vertikale Striche mit Punkten, erhältlich in 7 Tönen. Vorhangstoff, bedruckt: Tapeten Spörri. Spielzeug: Innenausbauklasse, Kunstgewerbeschule Zürich / Dessin à traits verticaux et points, exécuté en 7 différents tons / Design with vertical lines and points, available in 7 different shades *Photos: Zentralsekretariat SWB, Zürich*

Tapete Katalog-Nr. 705–17. In 9 Tönen erhältlich / Papier peint exécuté en 9 différents tons / Wall paper available in 9 different shades

Tapete Katalog-Nr. 700–04, Netzmuster, erhältlich in 5 Tönen. Vorhangstoff, handgewoben: Elsi Giauque SWB, Zürich / Dessin de filet, exécuté en 5 différents tons / Wall paper of net design, available in 5 different shades

179

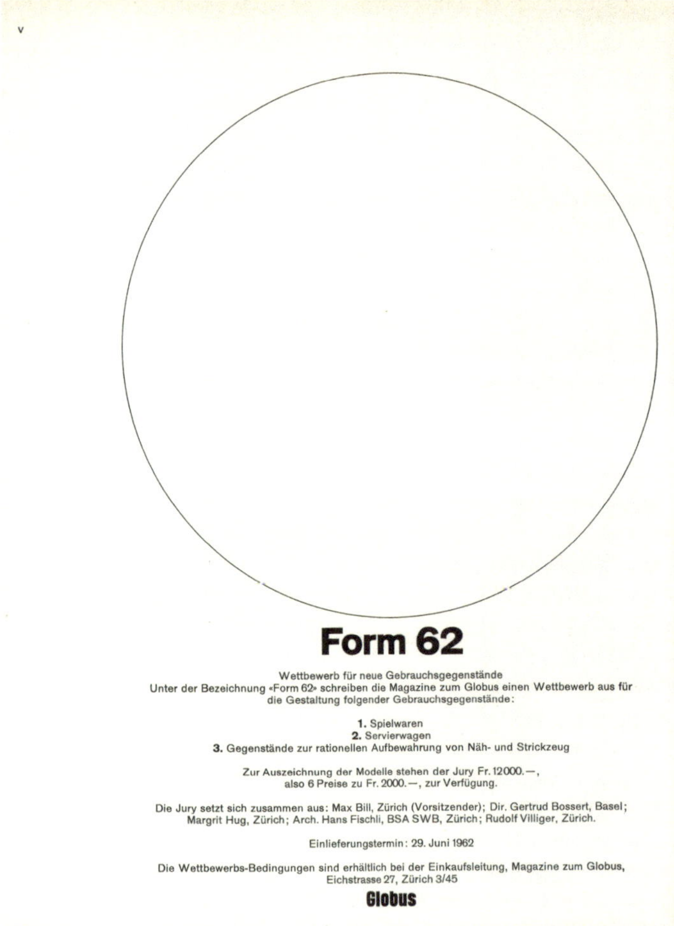

180

181

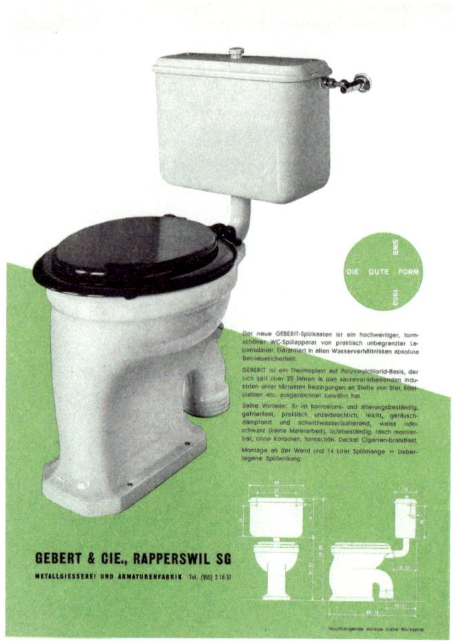

182

179
Ausschreibung Globus-Wettbewerb *Form 62*, 1962

180
Preisträger Globus-Wettbewerb *Form 62*, Mobiler Servier-Tisch von Otto Abplanalp, *Werk* 1962, Gestaltung [Siegfried] Odermatt

181
Plakat der Firma Geberit & Cie. Rapperswil mit Auszeichnung *Die gute Form SWB 1953*

182
Werbung für Kellco-Kunststoffplatten der Firma Keller & Co. AG Klingnau mit Auszeichnung *Die gute Form/Forme utile 1961*, *Werk* 1962

Mit der ersten Statutenrevision von 1919 ergänzte der Schweizerische Werkbund den ursprünglich auf die gewerbliche Arbeit beschränkten Zweckartikel so, dass mit der «künstlerische[n] Veredelung der gewerblichen und industriellen Arbeit» nun Handwerk und Industrieproduktion gleichermassen gemeint waren.[1] Diese Ergänzung evoziert die Frage nach dem Stellenwert des industriell oder zumindest in Serie gefertigten Produkts und jene nach der Zusammenarbeit des SWB mit Vertretern der Industrie. Die Satzungen schlossen nun den sich bezüglich Produktionsmenge und Mechanisierungsgrad vom gewerblichen, eher handwerklich ausgerichteten Kleinbetrieb unterscheidenden Industriesektor explizit mit ein. Damit erweiterte der SWB sechs Jahre nach der Gründung seinen Fokus und verschrieb sich fortan der Qualitätssicherung einer hinsichtlich ihrer Herstellungsart grösseren Bandbreite von Gegenständen. Mit Blick auf den dem SWB immer wieder als Orientierung dienenden Deutschen Werkbund (DWB) lässt sich diese Kurskorrektur, welche bereits im Frühjahr 1918 angedacht worden war, als Nachhall des sogenannten Typenstreits an der Werkbund-Versammlung des DWB im Juli 1914 im Vorfeld der grossen Kölner Werkbund-Ausstellung verstehen.[2] Alfred Altherr sen. (→ S. 419), der DWB-Mitglied war und in seiner Funktion als Erster Vorsitzender des SWB in Köln über die Werkbund-Bestrebungen in der Schweiz berichtete, konnte an dieser Versammlung «einer Debatte [beiwohnen], die zu einem Meilenstein in der Geschichte der modernen Architektur des Westens und zu einem Bezugspunkt in Hinblick auf die Entwicklung der modernen Designtheorie geworden ist».[3] An der Frage der Gewichtung zweier gegensätzlicher Haltungen, der Typisierung zwecks industrieller Fertigung einerseits und dem individuell geprägten künstlerischen Gestalten andererseits, entbrannte vor allem zwischen den beiden Werkbund-Exponenten Hermann Muthesius und Henry van de Velde eine heftig geführte Diskussion. Es ging dabei um die Positionierung des DWB gegenüber den neuen Realitäten der den Warenmarkt beherrschenden Grossindustrie und um die Ausrichtung innerhalb des Werkbundes auf industrielle oder auf handwerklich-künstlerische Produktionsweisen.[4] Passend zu dieser Debatte war der Themenkomplex um Kunst, Industrie und Handel äusserst reich bebildert bereits in den beiden Jahrbüchern *Die Durchgeistigung der deutschen Arbeit* (1912) und *Die Kunst in Industrie und Handel* (1913) vom DWB breit diskutiert worden, wobei die Publikationen sicherlich auch in der Schweiz zirkulierten.[5]

1967 schliesslich beurteilte ein Arbeitsteam der SWB-Ortsgruppe Basel die Situation im Werkbund folgendermassen: «Der alte Werkbund hat sein Ziel erreicht: die industrielle Form der Geräte, die gute Form, hat sich durchgesetzt.»[6] Eine andere als die industrielle Fertigung der Ware war Ende der 1960er-Jahre kaum mehr vorstellbar, und ihre der Serienproduktion angepasste, dabei aber ästhetisch befriedigende Gestaltung galt als gelöste Frage. So sah man sich zumindest beim SWB am Ende des bisher beschrittenen Wegs angelangt, auf den eine neue Ausrichtung der Inhalte folgen sollte.[7] Jene Allianz über die Berufsgattungen hinaus, von kreativen Kräften im weitesten Sinne einerseits und Vertretern aus Warenproduktion und -handel andererseits, die ureigener Ausdruck des Werkbund-Gedankens war, hatte offenbar mit der Aktion *Die gute Form* ihre eigenen Ansprüche erfüllt. Der Frage, wie sich diese Kooperation im SWB in der Zeit von dessen Gründung bis zum Ende der 1960er-Jahre konkret gestaltet und gewandelt hat, wird im Folgenden nachgegangen.

Wettbewerbe I – ein Angebot des SWB

Nachdem die erste Manifestation des SWB, die zusammen mit dem Deutschen Museum in Hagen konzipierte Wanderausstellung (→ S. 123), stark von dem deutschen Vorbild geprägt war, fasste man zwei Jahre nach der Gründung beim SWB als Instrument zur Förderung der einheimischen Produktion die Ausschreibung von eigenen Wettbewerben ins Auge. Den Anfang machte im Frühjahr 1915 der *Spielwaren-Wettbewerb,* dessen Resultate als Wanderausstellung (1915/16) in mehreren Städten gezeigt wurden.[8] Im Geschäftsbericht formulierte der SWB, dass damit «versucht [werden soll], zwischen den künstlerischen Kräften unseres Landes, die in der Lage wären, vorbildliche Entwürfe für neuartiges Spielzeug zu liefern, und den Fabrikanten als den Ausführenden zu vermitteln».[9] Eine kurz nach der Jurierung stattfindende Konferenz von Preisträgern, Spielwarenfabrikanten und Händlern führte schliesslich aus Sicht des SWB zum Erfolg: Fast alle mit Preisen ausgezeichneten Entwürfe wurden von Produzenten angekauft, und in der Folge erschien auch ein für den Export gedruckter Spielwarenkatalog. Zudem konnten viele der in der Ausstellung gezeigten Spielwaren eben dort bereits erworben werden. Ein Blick auf die prämierten Entwürfe lässt jedoch Zweifel an deren Tauglichkeit für eine industrielle Serienanfertigung aufkommen, auch wenn sie in gestalterischer Hinsicht überzeugen. Die meisten Produkte – vielleicht mit Ausnahme der mehrfach prämierten, auf der Vervielfachung geometrisch geformter Holzklötzchen basie-
Abb. 168 renden Baukästen – fielen in den Bereich der handwerklichen Herstellung, so etwa
Abb. 169 die mit dem 1. Preis ausgezeichneten geschnitzten Holztierfiguren von Hans Huggler. Während der SWB in seinem offiziellen Vereinsorgan *Werk* diesen Widerspruch nicht erwähnt, äussert sich SWB-Schriftführer Heinrich Schlosser in der Zeitschrift *Heimatschutz* besorgt über die Entwicklung der schweizerischen Spielwarenindustrie, zumal ein Grossteil der Entwürfe des Wettbewerbs von Händlern zur Produktion in Heimarbeit erworben worden sei und die Vertreter der seriellen Fabrikation sich eher zurückgehalten hätten.[10] Dies fand er umso bedauerlicher, zumal aufgrund der durch den Krieg weitgehend wegfallenden internationalen Konkurrenz auch dem Exportgeschäft gute Zeiten prognostiziert würden. Schlosser sah die Industrie daher in der Pflicht, «denn es kann ja nicht Aufgabe des Werkbundes sein, bei Finanzierung und rein geschäftlicher Lancierung von Industrien mittätig zu sein».[11] Tatsächlich war dieser Wettbewerb für Spielwaren in den ersten Jahren der Werkbund-Aktivität einer der wenigen, die sich konkret auf die Gestaltung von Produkten bezog. Der SWB setzte in dieser Zeit vielmehr auf der Ebene der Produktvermarktung und damit auf dem Gebiet der Gebrauchsgrafik (→ S. 251) an.

Zwischen 1915 und 1922 fanden in dichter Abfolge insgesamt 36 der sogenannten *Werk-Wettbewerbe* statt. Zunächst von der Redaktion der Zeitschrift *Das Werk* selbst ausgeschrieben und bereits ab 1916 explizit als Kooperation mit dem SWB deklariert, waren diese Wettbewerbe in ihrem Grundgedanken immer unverkennbar dem Werkbund verpflichtet. Auffallend oft waren Entwürfe zu Reklamezwecken ausgeschrieben: In mehr als 20 Fällen wurden grafische Arbeiten
Abb. 172/173 gesucht, von denen mehr als die Hälfte auf Plakate und der Rest auf andere
Abb. 170/171 Drucksachen wie Inserate, Hausmarken und Verpackungen entfällt. Unter den Auftraggebern waren in den ersten Jahren Firmen wie Grands Magasins Jelmoli SA in Zürich, die Schokoladenfabrik Suchard in Neuchâtel, Therma Schwanden, Centralheizungsfabrik Terma AG Bern und der Lebensmittelverein St. Annahof

Zürich.[12] Wettbewerbe für die Gestaltung von Industrieprodukten kamen seltener vor: 1915 und 1921 suchte die Schweizerische Linoleum-Fabrik in Giubiasco Entwürfe für ihre Produktion, 1918 waren Stoff-Druckmuster für die Textildruckerei Häusle, Wetter & Cie. in Näfels erbeten.[13] Als sogenannte Werkbund-Stoffe waren Muster dieser Firma, die von 1915 bis 1918 Mitglied war, bereits im Novemberheft von 1917 als Beilage im *Werk* gezeigt worden.[14] Das Elektrizitätswerk der Stadt Zürich, die Firma Baumann, Koelliker & Co. aus Zürich und die Bronzewarenfabrik AG Turgi schrieben 1916 einen gemeinsamen Wettbewerb zur Erlangung von Modellen für Beleuchtungskörper aus.[15] Mit fast 300 eingegangenen Beiträgen stiess der Wettbewerb auf grosses Interesse. Die Ergebnisse wurden 1917 in der Ausstellung *Beleuchtungskörper* im Kunstgewerbemuseum Zürich gezeigt. Zudem wurde den Wettbewerbsteilnehmern die Präsentation der ausgeführten Objekte mit dem Prädikat «S.W.B.-Leuchter» oder «S.W.B.-Lampe» in den Schaufenstern des Elektrizitätswerks Zürich in Aussicht gestellt. Mit einer Konkurrenz für Biskuitverpackungen der Conservenfabrik Lenzburg brach diese Folge nummerierter Wettbewerbe Mitte 1922 ab, was möglicherweise mit dem Redaktionswechsel Ende desselben Jahres zu tun hat, bei dem der in diesem Jahr verstorbene Hermann Röthlisberger (→ S. 421), der sich immer wieder auch in Kommentaren zu den einzelnen Wettbewerben und Erzeugnissen geäussert hatte, durch Joseph Gantner ersetzt wurde.[16]

Abb. 172

Der Fokus auf die Vermarktung von Produkten war ebenfalls an der Werkbund-Ausstellung in Zürich von 1918 (→ S. 127) vorhanden, wo eine ganze Sonderausstellung zum Thema *Kunst und Kaufmann* ausgerichtet wurde, die insbesondere Verpackungs- und Werbematerial zeigte. Gleichzeitig fand in den städtischen Geschäften ein Schaufensterwettbewerb statt. Für die anderen Bereiche der Ausstellung weist Laurence Mauderli darauf hin, dass die Mehrheit der Objekte nicht etwa aus industrieller, sondern vielmehr aus handwerklicher Produktion stammte. Das Handwerk wurde als verlässlicher, schweizerischer Wert propagiert, ohne jedoch die industrielle Produktion negativ darzustellen.[17] Dazu sei angemerkt, dass offenbar mindestens die Vertreter der Industrie selbst dieser Ausstellung doch einige Bedeutung zusprachen. Ansonsten wäre es kaum zu erklären, warum gemäss provisorischem Budget von der «Schweizerische[n] Industrie [ein] Betrag à fonds perdu in der Höhe von Fr. 120.000.–» gesprochen worden war.[18]

Abb. 169

Mit der Ausrichtung von Wettbewerben in Kooperation mit der Industrie trifft der SWB im ersten Jahrzehnt seines Bestehens gewissermassen ins Schwarze, machen doch zahlreiche Firmen rege Gebrauch von diesem Angebot. Der Versuch, gute Gestalter an die Firmen zu vermitteln, konnte jedoch nur dann glücken, wenn die Firmen selbst daran interessiert waren. Und betrachtet man die ersten *Werk-Wettbewerbe*, so ist zu beobachten, dass die Vertreter der Industrie besonders dort ein Interesse an neuen Entwürfen zeigten, wo die formale Gestaltung am wenigsten in die oft langfristig angelegten Produktionsprozesse eingriff, jedoch eine gute Aussenwirkung entfaltete. Dies war bei der ganzen Bandbreite der grafischen Arbeiten, also etwa bei Inseraten, Plakaten und Firmendrucksachen, der Fall. Hier bot der SWB den Auslobern die Möglichkeit, sich unabhängig von der Art des Produkts und mit geringem finanziellem Risiko ein zeitgemässes Auftreten nach aussen hin zu verschaffen. Dabei war die Konzentration auf Drucksachen und die visuelle Vermarktung beim Werkbund Programm. Dies zeigte nach dem SWB-Flugblatt *Das moderne Inserat* von Heinrich Schlosser (1915) und den oben genannten Schwerpunkten an der Werkbund-Ausstellung von 1918 auch die anlässlich der Mustermesse Basel (MUBA) 1921 vom Werkbund herausgegebene und von Albert Baur verfasste Werbeschrift *Kunst und Kaufmann.*[19] Diese betonte die Wichtigkeit der Gestaltung im Bereich sämtlicher Drucksachen und die Notwendigkeit, dafür in jedem Fall «graphische Künstler» heranzuziehen, die «in kluger Beratung mit dem Geschäftsinhaber die ganze Ausstattung eines Hauses mit Drucksachen methodisch durchführe»[20] – Analogien zur deutschen Produktkultur der Vorkriegszeit wie etwa Peter Behrens' Engagement bei der AEG sind evident.[21] Der SWB konnte damit nicht zuletzt einigen Malern und Gebrauchsgrafikern unter seinen Mitgliedern den einen oder anderen Auftrag verschaffen und einen Beitrag zur nachgerade fortschrittlichen Grafikkultur der Schweiz leisten. Gleichzeitig gab er den beteiligten Firmen Anlass, sich eine Vorstellung zu machen von dem Potenzial, das in der Mitarbeit von professionellen Gestaltern in der Industrie liegen könnte.

Die Akteure von Produktion, Handel und Konsum

Die Zwischenkriegszeit war geprägt von der Diskussion über das Verhältnis von Handwerk und Industrie. Verschiedene Artikel in der Zeitschrift *Werk* behandelten Fragen der jeweiligen Rolle und Zuständigkeit dieser beiden Produktionsarten oder versuchten zu erörtern, bei welchem der vier Hauptakteure – Künstler, Hersteller, Händler, Käufer – denn nun der aussichtsreichste Ansatzpunkt zur Veränderung des Geschmacks zu suchen sei.

Die Berichterstattung über die Ergebnisse der ersten Folge der *Werk-Wettbewerbe* hatte bereits Versäumnisse der Künstler genannt. Im Zusammenhang mit Entwürfen für Plakate und Linoleum wurde von ihnen gefordert, sich mehr mit den Verhältnissen der entsprechenden Herstellungsbedingungen vertraut zu machen. Zudem «hätte ein Besuch der Fabrik [...] manchem auch eine brauchbare künstlerische Anregung gegeben».[22] Wilhelm Kienzle hingegen sieht 1920 die Grundübel für schlecht gestaltete Möbel in der Geltungssucht der Käufer und der Befriedigung dieser Bedürfnisse durch den Geschäftsmann. «Der Zeichner im Dienste des Geschäftsmannes bringt zu Papier, was der Kunde wünscht, sei es im Stile eines Louis oder ganz modern, flott in Perspektive gemalt, wenn es pressant ist, schon auf übermorgen.» Er übt damit Kritik an der ausbildenden Schule und nimmt sie gleichzeitig mit den Stichworten «Material und Konstruktion, gute Verhältnisse im Aufbau» in die Ausbildungsverantwortung.[23] Im *Werk*-Artikel *Das moderne Möbel und seine handwerkliche Herstellung* schlägt schliesslich der Autor Adolphe Bernays 1924 vor, dass der Schreiner selbst mit entsprechender künstlerischer Ausbildung seine Möbel entwerfen solle, um seinen Erzeugnissen im Vergleich zur industriellen Konkurrenz einen Mehrwert zu geben.[24] Und der Kunstgewerbler Ernst August Musper, der übrigens im selben Jahr feststellt, dass das «moderne Kunstgewerbe fast auf der ganzen Linie zum fabrikmässigen Betrieb übergegangen» sei, kommt zum Schluss, «dass dem Fabrikanten und dem entwerfenden Künstler [bei den herrschenden Konsumgewohnheiten] die Hände gebunden sind». Die einzige Hoffnung auf Besserung bestünde in der Erziehung des Publikums, wozu Musper nebst Ausstellungen auch Filmvorführungen des Werkbundes und einen «Geschmacksunterricht» an Schulen vorschlägt.[25] 1926 widmet der SWB schliesslich seine Tagung dem Thema der *Qualität in der schweizerischen Produktion.* E. Richard Bühler (→ S. 423), selber Industrieller und Erster Vorsitzender, sieht in seinem Referat in der Qualität «die einzige Rettung» für die Konkurrenzfähigkeit der industriellen Produktion, welche er in der Schweiz etwa aufgrund hoher Produktionskosten international als benachteiligt einschätzt. Und er fordert hohe Standards sowohl beim Material, als auch in der Herstellung, insbesondere aber bei der «guten, wohlgefälligen Form» und «einer schönen Farbengebung».[26]

In den späten 1920er-Jahren hatte sich der SWB vermehrt den Bereichen Wohnen und Architektur zugewandt. Dies belegt auch die Motivation für die *Kunstgewerbe-Wanderausstellung*, welche 1930 (→ S. 242) in zahlreichen Schweizer Städten gezeigt wurde und damit gemäss SWB «wieder etwas für seine kunstgewerbetreibenden Mitglieder [...] tun» sollte.[27] 1931 begann die Wohnbedarf AG in enger Zusammenarbeit mit den Firmen Embru und Horgen-Glarus, Möbel in Serie zu produzieren. Nach der grossen Anfrage im Zusammenhang mit der Wohnausstellung der Werkbund-Siedlung Neubühl (→ S. 356) konnte die Massenproduktion anlaufen.[28] Heinrich A. Mantel, Präsident des Verwaltungsrats der Eisenmöbelfabrik Embru-Werke, beschreibt in einem Zeitungsartikel zur Werkbund-Tagung des Jahres 1932 die Zusammenarbeit zwischen Architekten und seinem Betrieb als äusserst positiv, auch wenn am Anfang derselben die neuen Modelle «uns selber und unsere Kunden nur wenig [entzückten]».[29] Gerade die Stahlmöbel jedoch, welche dem Geist der Moderne entsprungen waren und die sich für die industrielle Fertigung besonders gut eigneten, wurden bereits Mitte der 1930er-Jahre vom aufkommenden Heimatstil auf ihrem Weg in die Schweizer Wohnung abgebremst. «Der Traum vom ‹Volksmodell› war ausgeträumt», wie Stanislaus von Moos 1992 resümiert.[30]

Nachdem sich bereits die Werkbund-Tagung von 1928 in verschiedenen Referaten dem Fragenkomplex von Handwerk und Industrie gewidmet hatte, beschäftigte sich der SWB 1932 in zugespitzter Form mit seinem Verhältnis zur Industrie. Mit den Referenten Ernst Wetter, freisinniger Nationalrat, Werkbund-Mitglied und späterer Bundesrat, und Georg Schmidt, trafen Repräsentanten der Industrie einerseits und des Werkbundes andererseits aufeinander. Wetter erklärte vom Standpunkt eines Industriellen aus den anwesenden Werkbund-Mitgliedern die schonungslosen Gesetze des Markts. Selbst von der Wichtigkeit der vom Werkbund geforderten Qualitäten für die einzelnen Industrieprodukte überzeugt, machte er auf die Notwendigkeit aufmerksam, bei Gebrauchsgütern Moden oder Stile dennoch zu berücksichtigen. «Der Industrielle, ob er im Inland verkauft oder exportiert, ist der Sklave des Publikums, des Käufers seiner Ware. [...] Man muss also Waren machen, die verkäuflich sind.»[31] Schmidt hingegen kritisierte die «Gewinnproduktion», die in der Industrie praktiziert werde, und warf ihr vor, aus der Zusammenarbeit mit dem Werkbund vor allem Ideen für «Neuheiten» gewinnen zu wollen: «Wenn heute eine Fabrik sich auf ein Werkbundmodell einstellt, so nur, weil sie einen zügigen Artikel für die nächste Saison erwartet.» Dem Werkbund gehe es aber «nicht um interessante (verkaufstechnisch ‹interessante›!) Formen, sondern um dauerhafte Gebrauchsgegenstände».[32] Oder wie Schmidt es 1943 rückblickend zusammenfassen sollte: «[...] an die Stelle des umsatzsteigernden Modewechsels sollte die solide Arbeit der ständigen Verbesserung und Verfeinerung der Typen treten.»[33] Schliesslich plädiert Wetter trotz aller wirtschaftlicher Realitäten dennoch für die «Industrieberatung» durch den SWB, da er unter bestimmten Umständen den Vorteil von Standardprodukten anerkennt. Und Schmidt fordert weiterhin zur «Mitarbeit am Herausbilden von industriellen Standardmodellen, und zwar ohne Rücksicht auf das mögliche Schicksal dieser Modelle» auf.[34]

Bei allem Optimismus, allen Verweisen auf Erfolge und trotz der Aufforderung zur Beharrlichkeit ist eine gewisse Resignation jedoch nicht zu überhören. Vor dem Hintergrund der Weltwirtschaftskrise, die auch in der Schweiz spürbar wurde, musste selbst der Werkbund einsehen, dass seinen Anliegen im Rahmen der industriellen Fertigung realwirtschaftliche Grenzen gesetzt waren.[35] Tatsächlich hatte er bereits Ende der 1920er-Jahre begonnen, sich bei seinen Bestrebungen auch an öffentliche Stellen zu wenden. So kann im Geschäftsbericht 1930 «erfreulicherweise konstatiert werden, dass bei den verschiedensten Behörden das Interesse für die Werkbundbestrebungen gewachsen ist. Es gelingt immer mehr, auf dem Wege der Durchführung von Wettbewerben [...] dem Begriff der Qualitätsarbeit zum Durchbruch zu verhelfen».[36] Inwiefern man sich hier aber strategisch einer Art geschütztem Umfeld zuwandte im Wissen darum, dass die Bemühungen im eigentlichen Hauptinteressensbereich des SWB nicht im gewünschten Masse fruchteten, ist schwierig zu beurteilen. Womöglich kann rückblickend jedoch die Hinwendung zur Gestaltung von Schützen- und Musikfestplakaten, Briefmarken und Sportpreisen[37] bereits als Übungsfeld für das kommende Engagement für die Schweizerische Landesausstellung von 1939 in Zürich (→ S. 207) interpretiert werden, mit der sich auch der Werkbund in den Dienst der sogenannten Geistigen Landesverteidigung stellte.[38]

Während der Zeit des Zweiten Weltkriegs versuchte der Werkbund, die Zusammenarbeit mit Gewerbe und Industrie aufrechtzuerhalten und damit seinen Prinzipien im Rahmen der Möglichkeiten weiterhin zum Durchbruch zu verhelfen. Die Ortsgruppe Zürich etwa arbeitete 1940 im Rahmen ihrer Weihnachtsausstellung *1000 Geschenke ausgewählt vom SWB* (→ S. 271) direkt mit Zürcher Geschäften zusammen. Mit dem Verkauf der vorbildlichen Produkte direkt in der Ausstellung wollte er den Verkäufern und Herstellern nämlich auch beweisen, dass die Käufer durchaus an «sorgfältig durchgebildete[n] Waren» interessiert seien und «daß letzten Endes der Einwurf ein Irrtum ist, das kaufende Publikum lasse sich nur durch Kitsch und Ramsch bei guter Laune erhalten».[39] Im Nachgang dieser Ausstellung kam auch die Idee auf, die ausgewählten Objekte mit einer Auszeichnung zu versehen, «was sowohl im Interesse der Käufer als auch der Hersteller stehend betrachtet wurde. Aus diesen Überlegungen heraus wurde an den Zentralvorstand der Vorschlag gerichtet, die Schaffung eines Form-Qualitätszeichens zu prüfen».[40] Dieser Gedanke wurde 1946 noch einmal aufgenommen, wiederum verworfen und schliesslich mit der Auszeichnung *Die gute Form* erst ein Jahrzehnt später verwirklicht (→ S. 171 und S. 277).

Bereits während des Krieges beschäftigte sich der SWB 1943 an seiner Tagung mit der Nachkriegszeit. In seinem Referat nimmt Georg Schmidt Stellung zur Kritik Peter Meyers, wonach der Werkbund sich nicht mit stilistischen Moden wie dem Heimatstil (→ S. 366) auseinandersetzen, sondern seine Aufmerksamkeit viel mehr dem handwerklichen Einzelstück schenken solle.[41] Schmidt weigert sich, den Heimatstil als etwas anderes als ein vorübergehendes Phänomen zu betrachten und ist diesbezüglich zuversichtlich: «Der ganze Holz-Zauber aber wird, mitsamt den ihn begleitenden Propaganda-Halbwahrheiten, wieder verfliegen, sobald die Welt-Metallproduktion in der Gebrauchsgüterindustrie wieder Absatz braucht. [...] Und in allen Ländern wird die klassische Werkbund-Aufgabe wieder auferstehen: dazu beizutragen, daß für die Serienproduktion gute Modelle vorhanden sind – dass Quantität zur Qualität wird!»[42]

Produktgestaltung

Mit der Herausgabe eines *Werk*-Sonderhefts unter dem Titel *Formgebung in der Industrie* wurde dieser Forderung 1946 Rechnung getragen.[43] Egidius Streiff (→ S.426), äusserst engagierter Geschäftsführer des SWB von 1935 bis 1947, erhebt in dieser auch als Sonderdruck erschienenen Publikation die Qualität zur Hauptaufgabe des SWB, die «neben der Berücksichtigung der im Material und in der Herstellungsart liegenden spezifischen Bedingungen gleichzeitig auch eine formschöne, aus dem Gebrauch entwickelte Durchbildung» beinhalte. Als Kriterien für die Gestaltung nennt er «Materialechtheit», «Konstruktionsgemäßheit» und «Zweckmässigkeit».[44] Neben den verschiedenen Texten zum Thema sollten insbesondere die Abbildungen ausgewählter Gegenstände der MUBA 1945 im *Werk* im Sinne einer Anerkennung der entsprechenden Firmen und als Vorbild für andere wirken. In den Bildlegenden ist knapp formuliert, was an den gezeigten Objekten besonders vorteilhaft sei, so etwa die «organisch, direkt über der Nadel eingebaute [...], blendungsfreie [...] Beleuch-
Abb. 176 tung» bei einer Bernina-Nähmaschine, der «ausgezeichnet in der Hand liegende [...]
Abb. 177 Griff» eines Fensterverschlusses der Firma Koller AG oder das «Schwenkbare [...] Kabel, dessen Ansatzrille gleichzeitig das Aufwickeln um den Apparat erleichtert» bei einem Rasierapparat der Firma Kobler & Co. In zahlreichen Kommentaren ist damit eine Tendenz zur Würdigung besonders ergonomischer Formen und benutzerfreundlicher Aspekte festzustellen, während bei manchen Produkten etwas unspezifisch artikulierte formale Kriterien ausschlaggebend zu sein scheinen. So etwa, wenn die «einheitliche Formgebung als Ergebnis enger
Abb. 177 Zusammenarbeit von Architekt und Industrie» bei einer *Neo*-Schüttsteinbatterie der Firma Karrer, Weber & Cie. gelobt, oder die «etwas modischen Zahlen», die nicht «der Klarheit des Zifferblattes» entsprächen, bemängelt werden oder wiederum die «gute Lösung der Henkel» an einem Teeservice der Porzellanfabrik Langenthal AG positiv hervorgehoben wird.[45]

Streiff bemängelt an der industriellen Produktion von Gebrauchsgütern, dass diesen vor der seriellen Herstellung nicht genügend Aufmerksamkeit und Sorgfalt gewidmet würde. Oftmals seien Messen wie die MUBA Motivation für die Lancierung neuer Artikel und im Zeitdruck gingen dann wichtige Details unter. Er zieht dennoch eine verhalten positive Bilanz: «[...] in einzelnen Produktionsgruppen [sind] bereits ausgezeichnete Resultate der Formgebung erzielt worden» und «in vielen Fabrikationsstätten [besteht] ein bestimmter Gestaltungswille».[46] Quasi als Dienst an der industriellen Formgebung hatte der SWB gemäss Streiff auch ein zentrales «Studienbüro» geplant, welches für die Industrie Entwurfsarbeit leisten sollte, indem es die Gestaltung neuer, die Verbesserung bestehender Produkte und eine entsprechende Bearbeitung von Katalogen sowie Werbung hätte übernehmen sollen. Die Umsetzung dieser Idee hätte – vermutlich unter unterschiedlichen finanziellen und organisatorischen Vorzeichen – vom Grundgedanken her eine gewisse Annäherung an die Anfang der 1940er-Jahre in den

USA aufkommenden, alle Bereiche des industriellen Entwerfens umfassenden grossen Ateliers bedeutet, deren Arbeit Sigfried Giedion im selben Heft beschreibt.[47] Insbesondere die einzelnen Betriebsgeheimnisse hätten aber Streiff zufolge gegen eine solche Zentralisierung gesprochen. Der Werkbund sah in der Konsequenz seine Aufgabe in der Vermittlung seiner einschlägigen Erfahrungen und von geeignetem Personal an interessierte Firmen und führte damit ein bewährtes Konzept weiter.[48] Wie die konkrete Planung eines solchen industriellen Gebrauchsgegenstandes aussah, erläutern im selben Sonderheft Max E. Haefeli am Beispiel eines für die Zürcher Universitätsklinik entworfenen Spülbeckens und Max Bill anhand einer Schreibmaschine, einer Haarbürste und eines Leuchters.[49] Dabei zeigt sich, dass beide Entwerfer, ausgehend von bereits bestehenden Produkten, immer die formale und funktionale Weiterentwickelung in den Vordergrund stellen. Diese stetige Optimierung von Produkten erachtet auch Streiff als umso wichtiger, je länger ein Objekt im Gebrauch ist. Während er also der vergänglichen Kleidermode etwas mehr Spielraum etwa bei der «Ornamentik» zugesteht, sollten sich seiner Meinung nach Geschirr, Möbel und Lampen der Mode entziehen und schliesslich Werkzeuge und Maschinen gänzlich auf die Funktion hin konzipiert werden.[50]

Wettbewerbe II – der Werkbund als Dienstleister und das Gütesiegel «SWB»

Dazu passen die Bestrebungen Streiffs in seiner Arbeit als Geschäftsführer. Stetig versuchte er, dem Werkbund neue Kontakte in der Industrie zu beschaffen und Industrielle für die SWB-Idee zu gewinnen.

Sein schlagkräftigstes Mittel war dabei nach wie vor der Wettbewerb. Er fragte proaktiv bei einzelnen Firmen und Branchenverbänden an, ob diese an einem solchen interessiert wären und bot seine Hilfe an. So etwa im Falle der Glasindustrie Siegwart & Cie. in Hergiswil, der Streiff 1941 einen Wettbewerb vorschlug, schliesslich aber den von der Glasfabrik in Aussicht gestellten Beitrag von 300 Franken als zu niedrig erachtete.[51]

Abb. 175 Auf mehr Gehör stiess Streiff bei der Komet Radio AG in Mitlödi. Ende des Jahres 1941 schrieb er deren Verwaltungsratspräsidenten an mit dem Vorschlag, einen «Wettbewerb für einen guten preiswerten Radio[apparat]» durchzuführen.[52] Streiff erläutert in seinem Schreiben die Schwierigkeit, wonach in der Schweiz keine Radioapparate produziert würden, welche einem «im guten Sinn modernen Empfinden gerecht werden». Die gängige Gestaltung bezeichnet er mit Verweis auf dunkle, polierte Hartholzfurniere und Verzierungen als «schlechten Möbelschreiner-Geschmack». Und mit einer Absage an ein aus seiner Sicht falsches Repräsentationsbedürfnis schliesst er seine Begründung für die Notwendigkeit eines Wettbewerbs mit den Worten: «Wer nun aber keinen ‹Salon› besitzt, sondern nur ein Wohnzimmer, wenn möglich nur mit hellen Möbeln, der findet buchstäblich nichts zu seiner Einrichtung Passendes – es sei denn, er lasse sich ein Gehäuse nach Spezial-Entwurf ausführen oder er hole den Maler, um die ganze glänzende Pracht zu überstreichen.»[53] Aus dem folgenden Briefwechsel geht hervor, dass ein Wettbewerb unter den Mitgliedern des SWB ausgeschrieben werden sollte mit dem Ziel, an einer «Ausstellung vorbildlicher Möbel-Typen» – gemeint war vermutlich die Ende 1942 eröffnete Ausstellung *Unsere Wohnung* (→ S. 369) – die Ergebnisse zu zeigen. Der Werkbund sollte eine Mehrheit in der Jury stellen und war bereit, bei einer Preissumme von 1100 Franken alle über 1000 Franken liegenden Kosten selbst zu tragen. Offenbar kurz vor dem

Versand der Ausschreibung bestand dann die Komet Radio AG darauf, den Wettbewerb um ein Jahr zu verschieben. Nebst Lieferschwierigkeiten und kriegsbedingter Unsicherheit in Bezug auf die Rohstoffverfügbarkeit nannte die Firma als Grund insbesondere die Besorgnis darüber, dass Konkurrenten nach der Präsentation in der Ausstellung und noch vor der eigenen Produktion die neuen Entwürfe kopieren und herstellen könnten. Der Vorschlag Streiffs, anstelle des Wettbewerbs einen Direktauftrag an einen Architekten zu vergeben, lehnte die Firma ab. Auch die für 1943 vorgesehene Wiederaufnahme der Angelegenheit blieb offenbar aus.[54]

Andere Beispiele zeigen den Umgang der Geschäftsstelle bei Anfragen von Industrievertretern, die mit den unterschiedlichsten Anliegen an den SWB herantraten. So etwa die Arbeitsgemeinschaft der Schweizerischen Aluminiumverarbeiter, Walzwerke und Hütten (ALA), welche im Frühjahr 1947 den Werkbund um Hilfe bei der Ausrichtung eines Wettbewerbs für ein «zügige[s] Schaufensterplakat [...] für Aluminium-Haushalt- und Küchengeschirr» bat.[55] Streiff schlug sogleich die Organisation des Wettbewerbs durch den Werkbund und angesichts der niedrigen, von der ALA für Preisgelder und Entschädigungen vorgesehenen Summe von 500 Franken einen Einladungswettbewerb vor. Schliesslich überzeugte er die ALA von einer Erhöhung der Summe auf 1000 Franken, indem er nach Rücksprache mit Pierre Gauchat, dem Präsidenten des Verbandes Schweizerischer Grafiker (VSG) die Notwendigkeit einer angemessenen Honorierung der Teilnehmer betonte.[56] Der SWB spielt dabei die Rolle eines Interessensvertreters der Künstler einerseits und diejenige des Beraters und Dienstleisters für die Firma andererseits. Nach der Jurierung schlägt denn auch Streiff in einem Schreiben an die ALA vor, «dem SWB für die Durchführung des Wettbewerbes und die damit verbundene Korrespondenz-Arbeit etc. eine Entschädigung auszuzahlen, deren Höhe zu bestimmen [er] jedoch [der ALA] überlassen möchte».[57]

Tatsächlich schien es in den 1940er- und 1950er Jahren üblich zu sein, dass der SWB für seine Leistungen von den Firmen entschädigt wurde. Das zeigt, dass er im Laufe der Jahrzehnte mit Blick auf diese Dienstleisterfunktion durchaus an Gewicht und Selbstvertrauen gewonnen hatte. Solche Zuwendungen wurden aber als Spenden gehandhabt, was wohl der juristischen Form des Vereins geschuldet war. In einem Fall sind auch Verkaufs-Provisionen an den SWB aktenkundig: 1952 hatte der SWB, nun unter der Geschäftsführung von Alfred Altherr jun. (→ S. 430) zusammen mit den Firmen Wirz-Wirz AG aus Basel und Tapeten AG Zürich einen Wettbewerb für eine sogenannte SWB-Kollektion von kleinmustrigen
Abb. 178 Tapeten durchgeführt.[58] In der Folge einigte sich der Werkbund mit den Tapetenhändlern darauf, die daraus resultierenden Produkte in Ausstellungen, «bei denen der SWB beteiligt ist oder Einfluss hat», zu zeigen und im *Werk* zu publizieren.[59] Als Gegenleistung erhielt der Verein eine Provision von 1,5 Prozent der Einkaufssumme in der Schweiz.[60] Zwei Jahre später zahlte die Basler Salubra SA nebst Spesen an die Jurymitglieder Elsi Giauque, Berchtold von Grünigen und Alfred Altherr jun. dem Werkbund eine Summe von 1000 Franken für die Auswahl einer «Salubra-Kollektion SWB».[61] Während die Leistungen des SWB bei einem Wettbewerb in der Regel in der Beratung und Vermittlung von Entwerfern und Jurymitgliedern sowie im Verfassen der Ausschreibung, dem Versand und der Durchführung der Jurierung bestanden, war hier die Leistung wesentlich geringer und dennoch relativ hoch bezahlt.

Diese Beispiele verweisen auf den hohen Marktwert der Bezeichnung Abb. 181/182 «SWB» auf einzelnen Produkten in den 1950er-Jahren, und vermutlich fällt nicht zufällig dieser mit dem Anfang der Auszeichnung *Die gute Form* zusammen. Der Werkbund war an einem Punkt angelangt, an dem nicht mehr lediglich seine Beratung und Vermittlung in Anspruch genommen wurde, sondern direkt sein Urteil in Bezug auf die Gestaltung von Industrieprodukten ein Gewicht erhielt und die Absatzmöglichkeiten beeinflusste. An anderer Stelle in dieser Publikation schreibt Jürg Hünerwadel (→ S. 277), inwiefern die Aktion *Die gute Form,* bei der für einige Jahre die Interessen von Gestaltern und Industrie korrelierten, beim Konsumenten eine erhöhte Aufmerksamkeit erwirken konnte. Er verweist aber auch darauf, dass dieses Konzept nur eine beschränkte Reichweite haben konnte und letztlich auf wenige Jahre begrenzt war.

Mit dem Ende dieser formfokussierten Ära in den späten 1960er-Jahren und der Konzentration des SWB auf neue, weniger objektbezogene Themenbereiche verlor schliesslich auch die Zusammenarbeit mit Vertretern der Industrie an Wichtigkeit oder hatte sich mitunter als nicht mehr notwendig herausgestellt. So konnte etwa der Erste Vorsitzende Alfred Roth (→ S. 431) anlässlich der Jahrestagung von 1961 die Situation folgendermassen einschätzen: «Die Industrie produziert viele sehr gut geformte Gebrauchsgeräte [...].»[62] Dass diese jedoch nur zum Teil jenen Produkten entsprachen, die beispielsweise mit *Die gute Form* ausgezeichnet wurden, machte Peter Kaufmann, Generaldirektor des Warenhaus Globus, einem Fördermitglied des SWB, den Werkbund-Mitgliedern klar, indem er auf die Bedeutung des Preises der Produkte aufmerksam machte: «Denn nichts kann so viel für die Verbreitung gut geformter Dinge tun wie ihr niedriger Preis.»[63] Mit Verweis auf Kaufmann rief schliesslich Roth zu vermehrter Diskussion auf, die sich «mit der heutigen Realität auseinandersetzen [sollte]. Das heißt mit der Tatsache, daß die früher so exklusiven Werkbundbestrebungen heute durch eine den Großvertriebsstellen Warenhaus und Supermarkt zur Verfügung stehenden Produktionsquellen von zum Teil sehr guten Gebrauchsgeräten überspielt werden. [...] Es würde sich, unserer Ansicht nach, heute auch durchaus lohnen, einmal in die ‹Basements› der Warenhäuser und Einheitspreisgeschäfte hinabzusteigen und die dort immerhin zu findenden gut geformten (und billigen!) Gebrauchsgegenstände (Besteck, Lampen, Geschirr, Plastikgegenstände) einer näheren Untersuchung zu unterziehen.»[64] Er stellte damit zum einen fest, dass offenbar Werkbund-Aufgaben etwa von den Händlern selbst übernommen werden und zum anderen, dass der Werkbund daraus auch lernen könnte. Tatsächlich Abb. 179 richtete das Warenhaus Globus von 1960 bis 1964 unter dem Titel *Form 60, Form* Abb. 180 *61* usw. jährlich einen *Wettbewerb für neue Gebrauchsgegenstände* aus, dessen Ergebnisse er für sein Sortiment produzierte. Der SWB hatte zuvor im Auftrag des Grossverteilers gegen Bezahlung dafür ein Reglement entworfen und stellte mit Max Bill, Hans Fischli und Gertrud Bossert auch Jurymitglieder, doch wurde der Werkbund in der Ausschreibung nicht mehr erwähnt.[65] Argumente wie jene von Georg Schmidt, der sich in den 1930er-Jahren noch vehement gegen die Ausrichtung an kurzlebigen Moden wandte, hatten im Übrigen nun gänzlich ihre Relevanz eingebüsst. So erläuterte Kaufmann 1957 in seiner Anfrage an Alfred Altherr jun.: «In erster Linie werden neue Formen bevorzugt gegenüber nur kleineren formalen Verbesserungen an bereits bestehenden Geräten.»[66]

Der SWB hatte im Laufe der Jahrzehnte auf verschiedenen Ebenen sein Ziel zu erreichen versucht. Nebst der Aufklärung des Publikums und der Händler war jedoch der Produzent vermutlich jener Partner, der am meisten Aussicht auf Erfolg versprach. Nur wenn die Industrie dem Werkbund-Gedanken entsprechende Produkte herstellte, konnte der Händler diese verkaufen und der Käufer diese erwerben. Solange jedoch einzelne Akteure sich diesem komplexen System verweigerten, konnte die Werkbund-Idee nicht eingelöst werden. Das Zusammenfallen von Produzent und Verkäufer, wie dies mit dem Grosshandel geschah, veränderte schliesslich diese Mechanismen noch einmal radikal. Seit Beginn seines Bestehens platzierte der SWB sein Credo der qualitativen und formmässig guten Gestaltung bei der Industrie, sei es beratend, vermittelnd, auffordernd und letztlich auch bewertend. Es zeigt sich aber, dass der mächtige Partner Industrie eher träge funktionierte und sich oft nur dann von den SWB-Idealen überzeugen liess, wenn unmittelbar ein finanzieller Gewinn daraus resultierte. Vermutlich war dies auch der Grund, warum der SWB bei der Aufklärung der Konsumenten, der ganzen kaufenden Bevölkerung, ansetzte und sich unterschiedlicher Strategien bediente, beispielsweise dem öffentlich wirksamen Mittel der Ausstellung (→ S. 221). Meist als Verdienst einzelner Personen und deren persönlicher Kontakte hatten die direkt beim Produzenten ansetzenden Bemühungen des SWB aber dennoch gefruchtet: Das Ziel der 1919 im Zweckartikel formulierten «Veredelung der [...] industriellen Arbeit» hatte sich Anfang der 1960er-Jahre erfüllt.[67] Es war dem Schweizerischen Werkbund gelungen, bei den Kreativen und in der Industrie das Bewusstsein für Qualität und Gestaltung zu schärfen sowie die Bedürfnisse und Möglichkeiten der jeweiligen Kooperationspartner aufzuzeigen und damit einen wichtigen Beitrag zur Entwicklung des heute so selbstverständlichen Industrial Design zu leisten.

1 Satzungen SWB 1913, § 2, S. 1; Satzungen SWB 1919, § 2, S. 1.
2 Vgl. zur Statutenänderung GB SWB 1918/19, S. 11–12.
3 Schwartz 2007b, S. 50.
4 Siehe ebd., sowie zur Kölner Ausstellung zusammenfassend Hagspiel 2007. Zu Altherrs Rede in Köln siehe Altherr 1914.
5 Siehe DWB Jahrbuch 1912; DWB Jahrbuch 1913.
6 Arbeitsteam ‹Die gute Form› der Ortsgruppe Basel, *Schweizerischer Werkbund auch in Zukunft aktuell. Gute Form gute Umwelt,* Basel 1967, S. 18.
7 Siehe dazu auch SWB Kommentare 2 und SWB Kommentare 5.
8 Als Ausstellungsorte waren in chronologischer Reihenfolge Zürich, Aarau, Bern, Fribourg, Lausanne, La Chaux-de-Fonds, Neuenburg, St. Gallen, Basel und Winterthur geplant. Bis und mit Austragungsort Neuenburg verzeichnete die Schau insgesamt 89 942 Besucher. Vgl. dazu GB SWB 1915/16, S. 4.
9 GB SWB 1914/15, S. 6.
10 Schlosser 1916, S. 18–21; GB SWB 1915/16, S. 3–4. Genaueres zum Spielwarenkatalog ist nicht bekannt. Das *Werk* druckte zusammen mit einigen Abbildungen der Entwürfe aus dem Wettbewerb einen die Thematik allgemein behandelnden Text des Autors Th. Delachaux ab, der jedoch den Wettbewerb nicht explizit erwähnt, *Werk* 2 (1915), H. 11, S. 173–184. Heinrich Schlosser löste im Frühjahr 1915 Albert Baur als Schriftführer ab und war von 1914 bis 1919 Assistent von Alfred Altherr sen. am Kunstgewerbemuseum Zürich, vgl. dazu GB SWB 1913/14, S. 4 und Bignens 2008, S. 150. Er legte im Übrigen lange vor der genannten Statutenrevision von 1919 besonderen Wert auf die Zusammenarbeit mit der Industrie. Bereits 1915 erläuterte er den Zweck des SWB entsprechend: «Der Werkbund möchte die künstlerischen Tendenzen mit den industriellen und kaufmännischen Zielen vereinigen, damit aus dem Zusammenarbeiten der Kräfte Kunst, Industrie und Betrieb eine Neues entstehen möge.» Zitiert nach *Heimatschutz* 10 (1915), H. 1, S. 2–4.
11 Schlosser 1916, S. 19.
12 *Werk* 2 (1915), H. 12, S. 199–200; 3 (1916), H. 1, S. V–VIII; H. 8, S. 126–127.
13 Siehe auch die Hinweise auf Sachstiftungen von Firmen an die SWB-Mitglieder in GB SWB 1916/17, S. 4. Die Linoleum-Fabrik in Giubiasco war Fördermitglied von 1921 bis 1962, Bignens 2008, S. 102, 124. Zu den Wettbewerben: *Werk* 2 (1915), H. 10, S. 165–168; 8 (1921), H. 10, S. XIX–XX; SWB-Wettbewerb zur Erlangung von Entwürfen für «Inlaid»-Linoleum der Schweizer. Linoleum AG, Giubiasco, Ausschreibung vom November 1921, Archiv SWB B.7.3/219; *Werk* 5 (1918), H. 3, S. XVI; H. 12, S. XI.
14 *Werk* 4 (1917), H. 11, Beilage, o.S.
15 *Werk* 3 (1916), H. 12, S. XV–XVI; 4 (1917), H. 3, S. XI–XII. Die BAG Turgi war von 1915 bis 1982 abwechselnd SWB-Aktiv- oder Fördermitglied; Baumann, Koelliker & Co. war erst von 1952 bis 1962 Fördermitglied, Bignens 2008, S. 61, 63.
16 *Werk* 9 (1922), H. 8, S. IX–X; H. 12, S. XI.
17 Mauderli 1998, S. 62–64.
18 GB SWB 1917/18, S. 4.
19 SWB Flugblatt 1915a, vgl. auch S. 105; SWB Werbeschrift 1921.
20 SWB Werbeschrift 1921, S. 6.
21 Siehe dazu Nerdinger 2007.
22 *Werk* 2 (1915), H. 12, S. 199.
23 Wilhelm Kienzle, Der Möbelzeichner, in: *Werk* 7 (1920), H. 6, S. 127–128, hier S. 128.
24 Adolphe Bernays, Das moderne Möbel und seine handwerkliche Herstellung, in: *Werk* 11 (1924), H. 10, S. 254–258.
25 E[rnst August] Musper, Fabrikant, Künstler, Käufer, in: *Werk* 11 (1924), H. 1, S. XXI–XXIV u. H. 3, S. XXIII–XXVI.
26 Bühler 1926, S. 299–300.
27 *Werk* 16 (1929), H. 10, S. XXIII.
28 von Moos 1992, S. 256. Vgl. auch Graber 1932.
29 H. A. Mantel, Zusammenarbeit von Werkbund und Industrie. Betriebserfahrungen, in: *NZZ,* 9.10.1932, S. 3.
30 wie Anm. 28.
31 E[rnst] Wetter, Industrie und Werkbund, in: *Werk* 19 (1932), H. 11, S. 330–332, hier S. 330–331.
32 Georg Schmidt, Werkbund und Industrie, in: *Werk* 19 (1932), H. 11, S. 332–335, hier S. 334.
33 Schmidt 1944, S. 20.
34 Ebd.
35 Siehe dazu und zum Beispiel der Stahlmöbel von Moos 1992, S. 242–250.
36 GB SWB 1930, S. 7–8.
37 Vgl. dazu die Chronik auf S. 17.
38 Zum Engagement an der Landesausstellung 1939 siehe S. 207. Zum Begriff der Geistigen Landesverteidigung und der Hinwendung zu heimatlichen Themen siehe S. 366.
39 *1000 Geschenke ausgewählt vom SWB,* Ausstellungszeitung, Zürich 1940, o.S., Archiv SWB B.0346.
40 GB SWB 1941, S. 16–17, Zitat S. 17.
41 Schmidt 1944, S. 9–15.
42 Ebd., S. 23, 25.
43 Streiff 1946.
44 Ebd., S. 139–140.
45 Zitate im Bildteil zu Streiff 1946 in: *Werk* 33 (1946), H. 5, o.S.
46 Streiff 1946, S. 145.
47 Sigfried Giedion, Stromlinienstil und industrielles Entwerfen in USA, in: *Werk* 33 (1946), H. 5, S. 155–162. Als Vorbilder oder mindestens vorbildliche, von einzelnen Nationen forcierte Bestrebungen galten Streiff das *Deutsche Warenbuch* in Deutschland, der Council for Industrial Design in England oder die durch Marktforschung und Verkaufspsychologie unterstützte Kommerzialisierung des Industrial Design in den Vereinigten Staaten. Vgl. Streiff 1946, S. 142–143.
48 Streiff 1946, S. 146.
49 Beide Beiträge in: *Werk* 33 (1946), H. 5, S. 163–167, 168–170.
50 Streiff 1946, S. 142.
51 Vgl. Korrespondenz zwischen Egidius Streiff und Siegwart & Cie., MfGZ/Designsammlung/Konvolut SWB/Wettbewerbe 1940–1945.
52 Brief von Egidius Streiff an Peter Tschudi, 19.11.1941, MfGZ/Designsammlung/Konvolut SWB/Wettbewerbe 1946–50.
53 Ebd.
54 Vgl. dazu Korrespondenz zwischen Egidius Streiff, Peter Tschudi und der Komet Radio AG, MfGZ (wie Anm. 52).
55 Brief der ALA an den SWB, 22.4.1947, MfGZ (wie Anm. 52).
56 Vgl. Korrespondenz zum Wettbewerb der ALA, ebd. Eingeladen wurden letztlich Richard P. Lohse, Robert Sessler (1. Preis) und Rolf Rappaz.
57 Brief von Egidius Streiff an ALA, Hr. Rüegg, 5.12.1947, MfGZ (wie Anm. 52).
58 Ebenfalls beteiligt waren die Tapeten Spoerri AG in Zürich und der Verband Schweizerischer Tapetenhändler (VST), womöglich auch die Salubra AG aus Basel, wobei die Rolle der einzelnen Firmen nicht ganz klar ist. Auf der Ausschreibung sind nur die Wirz-Wirz AG und die Tapeten AG genannt. Vgl. *Werk* 41 (1954), H. 6, S. 225, sowie MfGZ/Designsammlung/Konvolut SWB/Wettbewerbe 1952.
59 Brief von Max Spoerri an Alfred Altherr vom 17.7.1953, MfGZ (wie Anm. 58).
60 Vgl. dazu Briefwechsel zwischen Max Spoerri und Alfred Altherr jun., 17.7.1953–16.11.1954, MfGZ (wie Anm. 58).
61 Vgl. dazu diverse Unterlagen, MfGZ/Designsammlung/Konvolut SWB/Wettbewerbe (Salubra) 1953.
62 Paraphrase von Roths Vortrag in: *Werk-Chronik,* 1962, Nr. 1, S. 11*–14*, hier S. 12*.
63 Paraphrase von Kaufmanns Vortrag in: *Werk-Chronik,* 1962, Nr. 1, S. 11*–14*, hier S. 13*.
64 Ebd.
65 Vgl. dazu diverse Unterlagen, MfGZ/Designsammlung/Konvolut SWB/Diverses 1957.
66 Reglement für die Einrichtung eines Jahrespreises für gut geformtes Gerät, Entwurf, MfGZ (wie Anm. 65).
67 Satzungen SWB 1919, § 2, S. 1.

183
Eingang zur *Exposition Nationale d'Art Appliqué (E.N.A.A.)* Lausanne 1922, Foto André Kern

184
Uhren- und Goldschmiede-Pavillon an der *Exposition Nationale d'Art Appliqué (E.N.A.A.)* Lausanne 1922, Foto André Kern

185
Werbetafel für die *Nationale Ausstellung für freie und angewandte Kunst* in Genf, 1931

Exposition Nationale d'Art Appliqué

Lausanne, 1922

1922 fand zum ersten Mal die *Exposition Nationale d'Art Appliqué (E.N.A.A.)* in der Halle der Lausanner Mustermesse statt. Vorläufer war die im Frühjahr im Zürcher Kunstgewerbemuseum lancierte kleine Wanderausstellung *Qualität und Schund* (→ S. 187). Vom 6. Mai bis zum 25. Juni besuchten über 22 000 Personen die Lausanner Ausstellung, die zur bislang umfassendsten Kunstgewerbeschau der Schweiz avancierte; sie wurde 1931 auch in Genf sowie 1941 in Luzern durchgeführt.[1] Im Vorfeld eröffnete jeweils auch der sogenannte *Salon*, die *Nationale Kunstausstellung*, die seitens des Schweizerischen Werkbundes und der L'Œuvre aufgrund der hohen Finanzierungsbeiträge des Bundes kritisiert wurde.[2] Die nationale Kunstgewerbeschau erhielt im Zusammenhang mit der kriegsbedingten Krise der schweizerischen Exportindustrie die wichtige Aufgabe zugesprochen, die «Wiedergewinnung der Wettbewerbsfähigkeit am Weltmarkte»[3] zu befördern. Zudem war sie Generalprobe für die schweizerische Teilnahme an der *Internationalen Kunst- und Kunstgewerbeausstellung* 1925 in Paris.[4]

Die Organisation lag in der Verantwortung von OEV und SWB. Allerdings wurde sie von der OEV angeregt und geleitet: Neben dem OEV-Präsidenten Alphonse Laverrière (→ S. 420) und Charles L'Éplattenier, die der Kommission als Präsident bzw. Vizepräsident vorsassen, fungierte OEV-Generalsekretär und SWB-Vorstandsmitglied Paul Perret als Sekretär. Um die Vertretung des SWB zu stärken, wurde zudem sein Vizepräsident Alfred Altherr sen. (→ S. 419) in das Komitee geholt.[5] In der Jury sassen Laverrière, Altherr und L'Éplattenier sowie Innenarchitekt Wilhelm Kienzle und Ludwig Meyer-Zschokke, Direktor der Gewerbeschule Aarau.[6] Der Wettbewerb für das Ausstellungsplakat wurde vom OEV durchgeführt und mit Bundesgeldern finanziert.[7] Eine wichtige Rolle spielte zudem die Eidgenössische Kommission für angewandte Kunst (EKaK), die seit 1917 «wesentlich zur Etablierung der angewandten Künste [...] als wichtigen Zweig der schweizerischen Industrie» beitrug.[8]

Die Lausanner Ausstellung, die den Fokus auf die Wohnung und ihre Einrichtung für den Mittelstand legte, setzte sich aus zwölf Gruppen verschiedenster Bereiche des Kunstgewerbes zusammen. 24 *Ensembles mobiliers*, darunter ein Wohnzimmer und ein vollständig ausgestattetes Herrenzimmer von Laverrière sowie ein Schlafzimmer der Zürcher Kunstgewerbeschule mit Möbeln aus der

183

dortigen Ebenistenwerkstatt und Textilien aus der Stickereiklasse, wechselten sich mit *Meubles, décoration intérieure*, darunter Tisch-, Kron- und Stehleuchter, Textilien und Linoleummuster ab. Kleinere Gruppen waren beispielsweise der Dekorationsmalerei, der (Glas-)Keramik und dem Stoffdruck gewidmet. In der Abteilung *Broderie, dentelles, travaux à l'aiguille* wurden Textilerzeugnisse der Kunstgewerblerinnen des Vereins für Heimarbeit im Berner Oberland gezeigt. In der *Arts graphiques* waren Stempel und Bücher, aber auch Werbegrafiken des Berner Benteli Verlags und Plakate der Lötschbergbahn sowie der Internationalen Festspiele in Zürich zu sehen. Eine Gruppe widmete sich der Theaterkunst, unter *Divers* wurden Spielsachen, Kleinskulpturen und andere kunstgewerbliche Gegenstände präsentiert. Die Industriezweige *Horlogerie, orfèvrerie bijouterie et émail* erhielten als «Groupe spécial» eine wichtige Plattformfunktion für die Aussteller. Schliesslich wurde den Kunstgewerbeschulen selbst Ausstellungsfläche für besondere Exponate und Informationsangebote zugeteilt, namentlich für Altherrs Kunstgewerbeschule in Zürich, die École des Arts et Métiers in Genf, die École de Dessin et d'Art Appliqué in Lausanne sowie L'Éplatteniers École d'Art in La Chaux-de-Fonds.

Trotz gleich starker Präsenz der Romandie und der Deutschschweiz, wurde in der Presse der Eindruck erweckt, dass in Lausanne keine nationale, sondern eine welsche Ausstellung realisiert worden war.[9] Den Westschweizer Ausstellern wurde eine «bedenkliche Abhängigkeit von fremden Vorbildern» vorgeworfen, während die eingerichteten Zimmer der Deutschschweizer als «Ausdruck des um jeden Preis Andersseinwollens» Kritik fanden.[10] In der unterschiedlichen Präsentation manifestierten sich die unterschiedlichen Stossrichtungen von Werkbund und L'Œuvre in Fragen des Kunstgewerbes. Die OEV vermittelte dem Zielpublikum gestalterische Grundsätze einer bestehenden Geschmackselite, im Gegensatz dazu setzte der SWB zur Gewinnung breiter Bevölkerungsschichten auf rational gestaltete Objekte mit hohem Gebrauchswert.[11] Die unterschiedliche Präsentation charakterisierte jedoch nicht eine grundsätzliche Unvereinbarkeit zwischen zwei Positionen, sondern hat laut dem Geschäftsbericht des SWB von 1922 im Gegenteil dazu beigetragen, «das gute Verhältnis zwischen den beiden dieselben Ziele verfolgenden Verbänden [...] enger zu knüpfen. [...] Mit grossem Interesse und ungeschwächter Arbeitslust sehen wir der [...] II. nationalen Ausstellung angewandter Kunst entgegen», liess SWB-Vorstand Alfred Ramseyer nach Schliessung der Tore in Lausanne verlauten.[12] Das Interesse von Industrie und Gewerbe an diesem Anlass war neun Jahre später allerdings bescheidener als erhofft.[13] Es war nun die Rede von einer «Ausstellungsmüdigkeit» aufseiten der Möbelgeschäfte, dies «wohl als Folge der Woba».[14] Bereits 1932 wurden aufgrund des grossen finanziellen, baulichen und organisatorischen Aufwands Zweifel an einer Wiederholung bekundet: «Müssten wir nicht endlich einmal dazu kommen, unsere eigenen Wege zu gehen, anstatt unseren offiziellen Veranstaltungen den Stempel einer Miniatur-Ausgabe dessen aufzudrücken, was in den uns umgebenden Großstaaten gemacht wird? Gerade die Kleinheit unseres Landes böte neue Möglichkeiten.»[15] Der Aufwand würde sich zudem mittels Nutzung gemeinsamer Ressourcen mit der am gleichen Ort stattfindenden *Nationalen Kunstausstellung* verringern lassen, was den Zentralvorstand veranlasste, die Zusammenlegung der beiden Ausstellungen zu einer umfassenden Nationalen der EKaK und dem Bundesrat vorzuschlagen. So hätte gleichzeitig der angewandten Kunst eine im Vergleich zur freien Kunst gleich bedeutende Plattform geboten werden können, was in Kreisen der OEV und des SWB nach Lausanne gefordert wurde.[16]

Wie bereits 1921 angedacht, machte der SWB nun endlich deutlich, dass er nicht nur die Finanzierung, sondern auch die Planung und Durchführung gerne dem Bund übertragen hätte, und selbst

184

nur noch beratende Funktionen einnehmen wollte.[17] Die dritte geplante Austragung in Luzern, wiederum begleitet von Kritik an der *Nationalen Kunstausstellung* 1941 am selben Ort, scheiterte schliesslich an den fehlenden Mitteln und auch an internen Differenzen bezüglich der nationalen SWB-Ausstellungen.[18] Obwohl die EKaK in ihrem Arbeitsprogramm noch im selben Jahr die Durchführung einer nationalen Kunstgewerbeausstellung beschloss, konnte das Vorhaben bis Kriegsende nicht in die Tat umgesetzt werden. 1945 wurde vom SWB-Zentralvorstandsmitglied Hermann Kienzle (→ S. 422) ein Neuanlauf unternommen und ein Programm skizziert, das aber nach seinem Tod 1946 und einem weiteren Jahr fruchtloser Vorbereitungsarbeit auf das Jahr 1950 verschoben und dann aufgrund fehlender Mittel ganz aufgegeben wurde.[19] Mittlerweile begann sich jedoch in Zusammenarbeit mit der Mustermesse Basel die Alternative einer kunstgewerblichen Ausstellung abzuzeichnen, die schliesslich als *Die gute Form* (→ S. 277) die bedeutendste Manifestation des SWB in den 1950er Jahren werden sollte.

● *Raphael Sollberger*

185

1 Rapport Général Lausanne 1922, S. 8. Siehe auch *Werk* 4 (1917), H. 6, S. 85–100; *Werk* 18 (1931), H. 3, S. XXXIV.
2 Siehe dazu den Brief des Eidgenössischen Departements des Innern an Alfred Altherr über die Subventionserhöhung, 9.3.1920, Archiv SWB A 1.4.4/018. Über den Unmut der ungleichen Finanzierung: «Augmentation notable du budget des arts appliqués, qui devrait être au moins égal au budget des beaux-arts», Rapport Général Lausanne 1922, S. 15. Zur Ausstellung allgemein vgl. Staatsarchiv des Kantons Waadt, Sign. PP 807/L'Œuvre.
3 Industrie und «angewandte Kunst», in: *NZZ*, 15.6.1922.
4 GB SWB 1922, S. 12.
5 Protokoll ZV SWB, 29.9.1920, S. 3, Archiv SWB A 1.1.1.
6 Zur Zusammensetzung vom Organisationskomitee und Jury sowie Aufstellung aller Gruppen und Aussteller siehe *Exposition Nationale d'Art Appliqué. Lausanne, Halle du comptoir suisse. Du 6 mai au 25 juin 1922*, offizieller Ausstellungsführer, Lausanne 1922, sowie *SBZ* 78 (1921), H. 11, S. 137.
7 Rapport Général Lausanne 1922, S. 5.
8 Mauderli 2001b, S. 166. Siehe auch Alfred Altherr, Erste Nationale Ausstellung für angewandte Kunst, Lausanne 1922, in: *Werk* 8 (1921), H. 11, S. 205–207, hier S. 205.
9 Industrie und «angewandte Kunst», in: *NZZ*, 15.6.1922. 136 von 251 Ausstellern waren Deutschschweizer sowie 115 Westschweizer, vgl. Rapport Général Lausanne 1922, S. 7.
10 *NZZ*, Juli 1922, Archiv SWB A 1.4.4/018.
11 Pierre Frey, Architecture et arts appliqués, in: Neuenschwander Feihl 1992, S. 51–56, hier S. 54. Vgl. auch Mauderli 2001b, S. 164 und GB SWB 1922, S. 3.
12 GB SWB 1922, S. 5 und 8.
13 Die Organisation der Genfer Ausstellung wurde der OEV übertragen, der SWB stellte lediglich die Exponate für die Deutschschweiz zusammen. Vgl. Jahresbericht SWB 1931, S. 3.
14 *Werk* 18 (1931), H. 5, S. XXXIV.
15 GB SWB 1932, S. 4. Vgl. [Kurt] Sponagel, Prinzipielles über Kunstausstellungen, in: *Werk* 18 (1931), H. 12, S. 358–363.
16 [Peter Meyer], Notizen von der Nationalen Kunstausstellung in Genf, in: *Werk* 18 (1931), H. 10, S. 305–306, hier S. 306. Zum Verhältnis der beiden Ausstellungen siehe Protokoll ZV SWB, 27.6.1945, Archiv SWB A 1.1.1.
17 «Die Ausstellung in Lausanne bedeutet gewissermassen ein Übergangsstadium zu den ausschliesslich von Bundesorganen auf Kosten und Gefahr des Bundesrates organisierten Ausstellungen.» GB SWB 1921, S. 4.
18 Xaver von Moos, Die XX. Nationale Kunstausstellung in Luzern, in: *Werk* 28 (1941), H. 2, S. XIV.
19 Protokolle ZV SWB, 20.10.1945; 2.11.1946; 25.9.1947, Archiv SWB A 1.1.1. Zwar bewilligte die EKaK bis 50 000 Franken, allerdings war durch den erwarteten späten Beschluss der eidgenössischen Räte eine Ausstellung bis 1950 nicht mehr zu realisieren. Vgl. Protokoll ZV SWB, 16.12.1948.

Kunstgewerbe-Wanderausstellung

Luzern, Bern, Aarau u.a., 1930

Im gleichen Sommer, in dem sich der Schweizerische Werkbund für die Siedlung Eglisee an der *Schweizerischen Wohnungsausstellung Basel* (WOBA) engagierte (→ S. 189 und S. 360), wurde auch die *Kunstgewerbe-Wanderausstellung* in Luzern eröffnet. In der zweiten Hälfte des Jahres 1930 wurde diese dann in Bern, Aarau, Glarus und schliesslich in erweiterter Form in Basel gezeigt.[1] Sie war innerhalb des SWB aus dem Bedürfnis heraus, «wieder etwas für seine kunstgewerbetreibenden Mitglieder zu tun» entstanden und auch als Verkaufsausstellung konzipiert.[2] Die Verkaufsbilanz war eher durchwachsen, doch war man mit den Besucherzahlen und dem

186

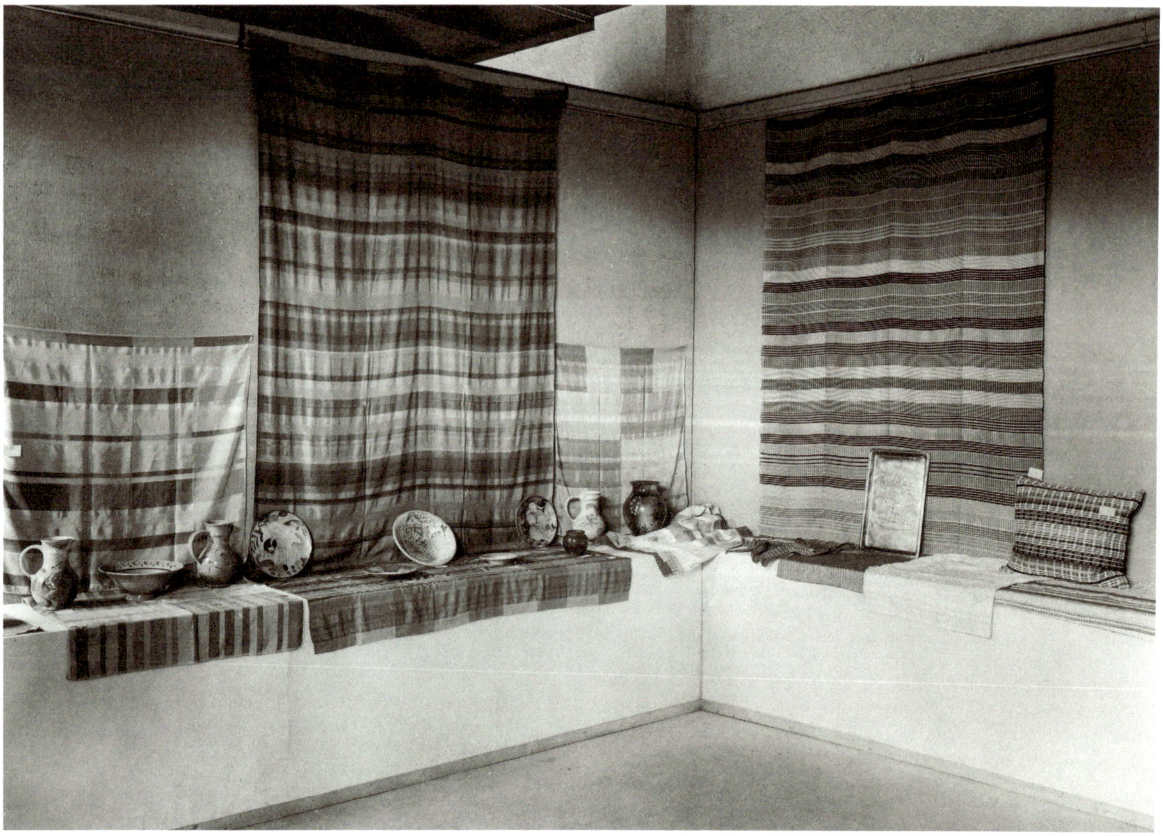

187

Erfolg der Ausstellung letztlich zufrieden und betrachtete sie als Übungsfeld für die *Nationale Ausstellung für angewandte Kunst* in Genf 1931 (→ S. 239).

Gezeigt wurden rund 600 Erzeugnisse des Kunstgewerbes aller Art, Handarbeiten ebenso wie industriell hergestellte Gegenstände, jedoch keine Möbel, da Überschneidungen und Lieferschwierigkeiten mit der WOBA befürchtet wurden.[3] Dem Aufruf zur Teilnahme, der an alle Werkbund-Mitglieder ergangen war, folgten fast 60 Gestalter. Die Jury mit Ernst Linck, Walter Käch und Anni Honegger sollte weniger im Sinne einer Auswahl geeigneter, sondern lediglich in Vermeidung unpassender Objekte «dafür sorgen, dass nur wirkliche Qualitätsarbeiten zur Ausstellung gelangen».[4] Ein bezüglich Ausstellungsobjekte und lokaler Werbung leicht voneinander abweichender, sonst aber identischer, erläuternder Katalog wurde zumindest für Luzern und Basel gemeinsam erstellt.[5]

Die Vereinsnachrichten in *Das Werk* machten zwar immer wieder auf die Ausstellungen aufmerksam, ein eigentlicher Artikel blieb – vermutlich im Schatten der Berichterstattung zur WOBA und zur Siedlung Eglisee – aber aus; einzig ein zweiseitiger Bildbeitrag zur Luzerner Schau wurde kommentarlos abgedruckt. Die latente Kritik, die Egidius Streiff (→ S. 426) vonseiten Kunstgewerbeschaffender nach der Ausstellung wahrgenommen hatte, zeigte sich aber in einer Berichterstattung der Zeitschrift *Die Woche im Bild* keineswegs. Vielmehr wurden unter dem Titel «Der wandernde Werkbund» auf einer Doppelseite einer breiten Leserschaft ohne Fachkenntnisse die Ziele des Werkbundes anhand einiger Produktbeispiele wohlwollend erläutert und mit Verweis auf die gleichzeitig stattfindende Wiener *Werkbund-Ausstellung* und den Deutschen Werkbund in einen grösseren Kontext gestellt.[6]

● *Jasmine Wohlwend Piai*

186
Werbetafel der *Kunstgewerbe-Wanderausstellung* in Solothurn, 1932/33

187
Abteilung Keramik und Textilien, Luzern, 1930, Foto Franz Schneider

188
Halbpergamentbände von S. Hauser, Doppelseite aus Katalog, 1930

KÄCH WALTER
Wasserwerkstrasse 104, Zürich
Plakate, Wertpapiere, Diplome, Umschläge

SPÖRRI-DOLDER HEDWIG
Nelkenweg 4, Aarau
Kinderbilder, Gratulationen (Aquarelle)

STÖCKLIN NIKLAUS
Morystrasse 6, Riehen bei Basel
Plakate

URECH RUDOLPH
Schlossgasse 3, Binningen bei Basel
Vermählungs- und Geburtsanzeigen, Exlibris, Programme usw.

MODEZEICHNUNGEN

EBLE-RIES JULIA
Pfeffingerstrasse 73, Basel
Modezeichnungen

BUCHEINBÄNDE USW.

ALTERMATT ARTHUR VICTOR
Rue des Entrepreneurs 104, Paris
Bucheinbände

APPENZELLER MARTA
Schönenwerd, Solothurn
Cigarettenetui, Notizbuch

8

S. Hauser: Halbpergamentbände

188

1 Museum an der Musegg Luzern, 3.–24.8.1930; Gewerbemuseum Bern, 6.–27.9.1930; Gewerbemuseum Aarau, 12.10.–2.11.1930; Gemeindehaus Glarus, Teilausstellung während 14 Tagen im November 1930; Gewerbemuseum Basel, 7.12.1930–4.1.1931. Im Gewerbemuseum Basel wurde die Ausstellung – kuratiert von Hermann Kienzle und dessen Assistenten Georg Schmidt – um einige Objekte erweitert. Wie Abb. 186 zeigt, fand die Ausstellung womöglich 1932 auch noch in Solothurn statt. Siehe auch *Werk* 17 (1930), H. 6, S. XXXIX; H. 7, S. XXIX; H. 8, S. XIX und XXXIX; H. 11, S. XXXIX; *Werk* 18 (1931), H. 2, S. XXXIII–XXXIV; Fotostrecke Kunstgewerbe-Wanderausstellung des S.W.B. in Luzern, in: *Werk* 17 (1930), H. 9, S. 286–287; GB SWB 1930, S. 1–2.

2 *Werk* 16 (1929), H. 10, S. XXIII.

3 Brief an Mitglieder des Schweizerischen Werkbundes, Zürich, 13.12.1929, MfGZ/Designsammlung/Konvolut SWB/Wanderausstellung 1930.

4 *Werk* 17 (1930), H. 5, S. XXXIII; Zunächst war die Basler Kunstgewerblerin Irma Maria Kocan als Jurymitglied vorgesehen, die wegen eines Auslandaufenthalts durch Anni Honegger ersetzt wurde.

5 Vgl. GB SWB 1930, S. 27. *SWB. ausstellung kunst gewerbe*, hg. vom SWB, [1930].

6 K.F., Der wandernde Werkbund, in: *Die Woche im Bild*, 7.9.1930.

189

Ausstellung *Land- und Ferienhaus*

Basel, 1935

Im Frühling 1935 veranstalteten der Schweizerische Werkbund und der Bund Schweizer Architekten (BSA) in Zusammenarbeit mit der Bauindustrie die Ausstellung *Land- und Ferienhaus*. Die aufwendig eingerichtete Schau, die in den Hallen der Basler Mustermesse gezeigt wurde und sich an ein breites Publikum wandte, wurde weithin wahrgenommen. Wichtig war sie für den SWB vor allem wegen ihres damals neuartigen thematischen Aufbaus, der sich von der ansonsten üblichen Warenpräsentation durch Fabrikanten oder Händler absetzte.[1]

Von der Lignum, dem Dachverband der schweizerischen Holzwirtschaft, und von weiteren Verbänden aus der Holz- und Bauwirtschaft initiiert, war die Ausstellung ursprünglich mit rein kommerzieller Ausrichtung geplant gewesen. Nachdem dies aber an der Finanzierung gescheitert war, wurden BSA und SWB angefragt, gemeinsam die Vorbereitung zu übernehmen. Beim SWB nahm man das Angebot vor allem deswegen gerne an, weil man darin eine Möglichkeit sah, über die engen Kreise der Fachleute hinaus ein breiteres Publikum zu erreichen.[2] Geöffnet war die Ausstellung schliesslich für knapp einen Monat vom 11. Mai bis zum 2. Juni 1935. Inhaltlich ging sie in mehreren Bereichen über das ursprünglich gesetzte Thema hinaus, weshalb sie denn auch den ergänzenden Untertitel *Einfaches Bauen und Wohnen für Wochenend, Ferien und Alltag* erhielt.[3]

190

Die gesamte Ausstellung war in vier Abteilungen gegliedert, deren erste von Hans Bernoulli eingerichtet war und eine allgemeine Einführung in das Thema bot. Die weiteren Abteilungen waren zwischen den beiden Vereinigungen aufgeteilt. Dabei zeichnete der BSA für die dem Bauen und der Architektur gewidmeten Bereiche der Ausstellung verantwortlich: Die von Paul Artaria geleitete Abteilung II *Baubedarf und Hauselemente* zeigte Baustoffe und Produkte des Bauhandwerks, die hauptsächlich von Ernst F. Burckhardt eingerichtete Abteilung IV *Das Haus* eine ganze Reihe von Musterhäusern.[4] Hier hatten nicht wenige Vertreter der schweizerischen Architekturavantgarde eigene Entwürfe für Typenhäuser beigesteuert. Teilweise schlossen diese an entsprechende Beiträge aus dem Holzhaus-Wettbewerb der Lignum von 1932 (→ S. 363) an, so etwa im Fall von Max E. Haefeli.[5] Beteiligt waren unter anderem aber auch Werner M. Moser und Rudolf Steiger mit einem gemeinsamen Entwurf, Burckhardt und Artaria selbst mit je eigenen Häusern oder das Basler Büro Bräuning, Leu, Dürig mit einem etwas stärker in eine traditionalistische Richtung tendierenden Vorschlag. Der SWB schliesslich hatte die Verantwortung über die Abteilung III *Wohnbedarf* übernommen; ihre Einrichtung lag in den Händen von Georg Schmidt und Egidius Streiff (→ S. 426), dem Geschäftsführer des SWB, die In

189
Beispiele von Stühlen und Liegebetten für Haus und Garten in der Abteilung *Wohnbedarf*, Ausstellung *Land- und Ferienhaus*, Basel, 1935, Foto Robert Spreng

190
Nach Funktion und Form geordnete Leuchten in der Abteilung *Wohnbedarf*, Foto Jacques Weiss

aufwendiger Arbeit auch die Auswahl der Exponate bei den einzelnen Herstellern trafen.[6]

Eine Neuheit war der durchgehende thematische Aufbau der Ausstellung. Bestimmten auf Warenmessen damals wie auch heute noch in der Regel die einzelnen Aussteller mit ihren Ständen die Ordnung des Ausstellungsguts, wurde hier ein Aufbau nach thematischen Kriterien umgesetzt, in der Absicht, «das übliche, absurde Ausstellungsdurcheinander durch konsequenten Aufbau zu bekämpfen.»[7] Dies entsprach einer Forderung, für die sich, so Schmidts Darstellung, vor allem er selbst sowie Streiff als Vertreter des SWB eingesetzt hatten. Dabei waren auch anfängliche Widerstände vonseiten der Mustermesse zu überwinden, war man doch unsicher, inwieweit Herstellerfirmen für eine solche Ausstellung zu gewinnen waren. So mussten diese auf eigene Stände mit entsprechender Reklamewirkung verzichten und die Veranstalter umgekehrt auf die Einnahmen aus der Standvermietung; ferner konnten die einzelnen Hersteller nicht selbst bestimmen, welche ihrer Produkte ausgestellt wurden.[8] Peter Meyer stellte in der Zeitschrift *Werk* den thematischen Aufbau der Ausstellung nicht nur als Antwort auf Forderungen zur Ausstellungsgestaltung dar, wie sie Hans Hofmann schon einige Jahre zuvor aufgestellt hatte; er empfahl die Basler Ausstellung in dieser Hinsicht sogar als Vorbild für die damals in Planung begriffene Zürcher Landesausstellung (→ S. 207).[9]

Ausgestellt wurden in der vom SWB verantworteten Abteilung *«Gebrauchsgeräte vom Teppich, Möbel, Stoff bis zum Geschirr und Küchenbedarf.»*[10] Unter den Stühlen etwa wurden prominent die bekannten Modelle der Möbelfabrik Horgen-Glarus gezeigt, in den eigenen Gruppen «sitzen» und «liegen im freien» Eisenmöbel von Embru neben Rohrmöbeln der Rohrindustrie Rheinfelden und weniger bekannten hölzernen Klappmöbeln. Anschliessend an die thematisch aufgereihten Haushaltgegenstände waren mehrere Einrichtungsbeispiele aufgebaut, darunter eine Gegenüberstellung zweier Zimmer, die mit denselben Möbeln eingerichtet waren und so zu einem direkten Vergleich aufforderten. Das didaktische Präparat sollte damit demonstrieren, dass das (nach den Idealen des Werkbundes eingerichtete) Zimmer, dessen Möbel asymmetrisch zu Gruppen zusammengestellt waren, nicht nur «sehr viel grösser» erschien als das axialsymmetrisch aufgebaute, sondern dass ihm die freie Anordnung auch «den Charakter des Wohnlichen, Bequemen, Entspannten, Beweglichen» verlieh.[11] Das Ausstellungsarrangement erinnert so nicht nur an das bekannte Stuttgarter

Die symmetrische Raum- und Wandaufteilung hat nur da Sinn, wo es auf betonte Feierlichkeit ankommt. Alle Möbel richten sich frontal nach dem abstrakt-geometrischen Mittelpunkt des Raumes, der durch Tisch und Lampe betont ist. Die Einrichtung folgt einem geometrischen Schema, ohne Rücksicht auf den Bewohner, der sich seinen Weg zwischen den ein für allemal festgelegten, den Raum beherrschenden Möbelgruppen suchen muss. In bürgerlichen Wohn-, Ess- und Schlafräumen ist dieses Möblierungsschema ein Unsinn, der gedankenlos von fürstlichen Repräsentationsräumen, wo es berechtigt war, auf bürgerliche Verhältnisse übertragen wurde.

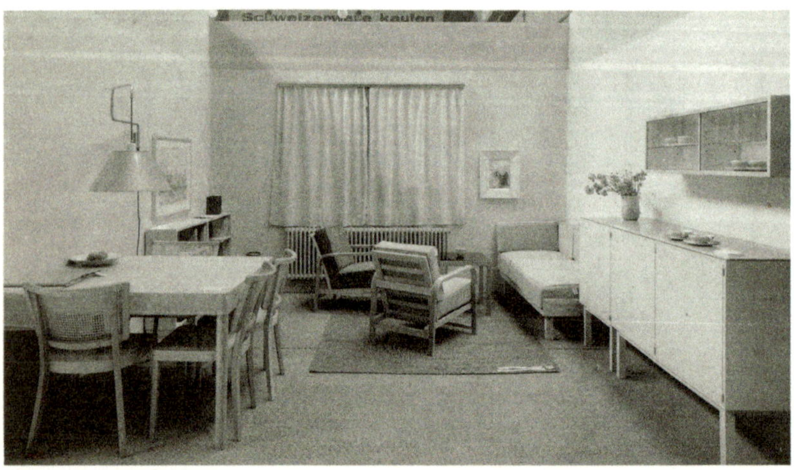

Die gleichen Möbel sind hier gemäss dem Gebrauch des Bewohners zu freien Gruppen zusammengestellt; es bilden sich im Zimmer sozusagen verschiedene Gegenden; das Zimmer erscheint bei genau gleicher Grundfläche sehr viel grösser, weil für den Bewohner viel mehr Platz freibleibt. Die Möbel dienen dem Bewohner, sie sind nicht mehr Hauptsache, wie oben, das Zimmer bekommt deshalb den Charakter des Wohnlichen, Bequemen, Entspannten, Beweglichen, an Stelle der starren Feierlichkeit.

Aus der vom Schweizerischen Werkbund SWB zusammengestellten Abteilung III «Wohnbedarf». Leitung: Dr. Georg Schmidt SWB, Basel.

191
Gegenüberstellung einer «schlechten» (oben) und einer «guten» (unten) Einrichtung mit denselben Möbeln, Ausstellung *Land- und Ferienhaus*, Basel, 1935, *Werk* 1935

Plakat von 1927, das mit einem durchgestrichenen Salon der Belle Epoque für die Wohnausstellung im «Weissenhof» geworben hatte.[12] Mit dem direkten Vergleich zwischen (richtigem) «Beispiel» und (falschem) «Gegenbeispiel» bediente es sich einer visuellen Argumentationsfigur, die in der Architekturdiskussion seit Paul Schultze-Naumburgs Buchreihe *Kulturarbeiten* kurz nach 1900 geradezu epidemisch geworden war, übersetzte diese nun aber, wie bereits in der Ausstellung *Qualität und Schund* von 1921 (→ S. 187), ins Dreidimensionale.

Nicht nur das *Werk* berichtete äusserst ausführlich über die Ausstellung; die Bedeutung, die man ihr in Fachkreisen beimass, zeigt sich auch im Sonderheft, das die *Schweizerische Bauzeitung* der «höchst bemerkenswerten Schau» zehn Tage nach Eröffnung widmete.[13] Streiff selbst veröffentlichte einen Artikel in der *Zeitschrift für Forstwesen,* der die Bedeutung von Holz als Werkstoff in Bau und Innenausbau unterstrich.[14] Auch vom Publikum wurde die Ausstellung offenbar gut aufgenommen.[15] Beim SWB selbst verband man mit diesem Erfolg nicht nur die Hoffnung, weitere Herstellerfirmen für eine Zusammenarbeit zu gewinnen; man sah sie auch als Vorarbeiten für die Einrichtung ständiger Musterausstellungen zur Wohnberatung wie zur «Schaffung eines schweizerischen Warenkatalogs».[16] Beides waren Bemühungen um eine grössere Breitenwirkung, die in den darauffolgenden Jahren von Streiff weiterverfolgt und schliesslich in der langjährigen Aktion *Die gute Form* (→ S. 277) zu einem Höhepunkt in der Geschichte des SWB wurden. ● *Melchior Fischli*

1 Vgl. zur Ausstellung allgemein Schnell 2005, S. 131–133; Land- und Ferienhaus 1935; die umfangreiche Berichterstattung im *Werk*: Schmidt 1935; Streiff 1935; *Werk* 22 (1935), H. 3, S. XVII und S. 306–309; SBZ Sonderheft 1935; GB SWB 1935, S. 3–7. Akten befinden sich im SWA Basel.
2 GB SWB 1935, S. 3.
3 Schmidt 1935, S. 240.
4 SBZ Sonderheft 1935, S. 237–238.
5 Hildebrand/Maurer/Oechslin 2007, S. 273 (Kat. 103).
6 GB SWB 1935, S. 3–7; Georg Schmidt, Abschiedsbrief an Egidius Streiff, in: *Werk* 35 (1948), S. *89*–*90*.
7 GB SWB 1935, S. 3.
8 Schmidt 1935, S. 237–238.
9 Peter Meyer, Programm und Methode von Landesaustellungen, untersucht am Beispiel des Schweizer Pavillons in Brüssel, im Hinblick auf die Landesausstellung Zürich 1938, in: *Werk* 22 (1935), H. 10, S. 339–348.
10 Streiff 1935, S. 160.
11 Schmidt 1935, S. 252.
12 Siehe Abb. in: von Moos 1992, S. 246.
13 SBZ Sonderheft 1935, S. 238; vgl. auch die Literatur in Anm. 1.
14 Egidius Streiff, Ausstellung «Land- und Ferienhaus», Sonderdruck (12 Seiten) in: *Schweizerische Zeitschrift für Forstwesen,* 1935, Nr. 6.
15 GB SWB 1935, S. 3–7.
16 Schmidt 1935, S. 252.

Wettbewerb für das Label der Sozialen Käuferliga (SKL)

1935

Im Februar des Jahres 1935 schrieb der SWB im Auftrag der Sozialen Käuferliga (SKL) einen Signet-Wettbewerb aus. Teilnahmeberechtigt waren nur dem Werkbund angehörende Grafiker, was vermutlich auch der Grund dafür war, dass die Ausschreibung nicht öffentlich über das *Werk* stattfand, sondern offenbar per Brief an die betreffenden Mitglieder ging.[1] Es wurde ein Signet für die sogenannte Label-Aktion der SKL gesucht. 1906 gegründet, hatte sich diese «zum Ziel gesteckt, den Käufer zu erziehen, ihm seine soziale Verantwortlichkeit begreiflich zu machen und die ursprüngliche und wohltätige Rolle zu zeigen, die er in dem Konflikte zwischen Kapital und Arbeit spielen kann und soll».[2] Betriebe, welche ihre Produkte unter sozial verträglichen und vorbildlichen Arbeitsbedingungen herstellten, konnten sich um die Verleihung des Labels bewerben.

Im Rahmen des Wettbewerbs suchte die SKL ein Zeichen, welches die Konsumenten auf entsprechend vorteilhaft produzierte Güter aufmerksam machen sollte. Verlangt waren Verständlichkeit und Einprägsamkeit sowie Vielseitigkeit in der Anwendung. Letztere kommt in den abgebildeten Entwürfen dadurch zum Ausdruck, dass sowohl eine grosse, als auch eine kleine Abbildung des Entwurfs gefordert war. Als Vorbild für die genannten Eigenschaften wurde in der Ausschreibung auf das Schweizer Ursprungszeichen der Armbrust verwiesen.[3]

Nachdem zahlreiche Grafiker in ihren eingereichten Entwürfen das eidgenössische Kreuz verwendet hatten, welches jedoch gemäss dem sogenannten Wappenschutzgesetz von 1931 auf Waren und Packungen so nicht zugelassen war, wurde die Frist verlängert.[4] Siegreich ging am Ende das Signet des Berners Eugen Jordi hervor.

Die Einführung des Labels erfolgte in den späten 1930er-Jahren schleppend, da es ab 1937 in Konkurrenz zu Gottlieb Duttweilers sogenanntem «Treue-Hand-System» stand.[5] Noch vor Ende des Zweiten Weltkriegs führten jedoch verschiedene Schweizer Firmen das Label als Verkaufsargument, nebst den abgebildeten beispielsweise auch die Bernina Nähmaschinenfabrik in Steckborn.[6] Das ursprünglich aus den USA kommende System des sozialverträglichen Labels wurde nach dem Zweiten Weltkrieg letztlich vom Werkbund als Auszeichnung *Die gute Form* (→ S. 171, 172) mit Bezug auf gestalterische Qualität modifiziert.

● *Jasmine Wohlwend Piai*

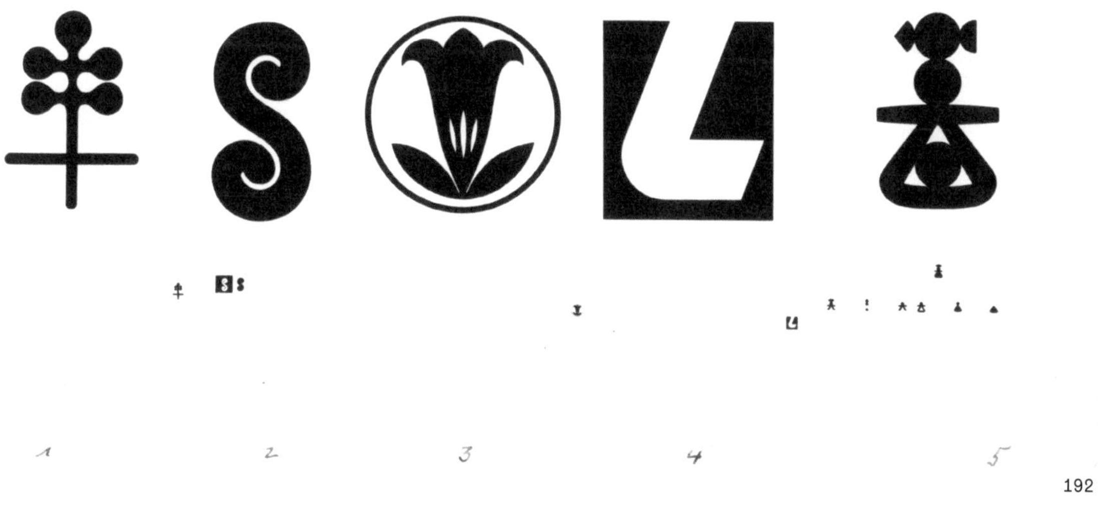

192

192
Prämierte Label (1.–5. Rang), Eugen Jordi, Max Bill, Helene Haasbauer-Wallrath, Berchtold von Grünigen und Alfred Willimann

193–196
Beispiele für die Verwendung des Labels, o.J.

194

193

195

196

1 Wettbewerb für eine Marke der Sozialen Käuferliga (SKL), Ausschreibung, MfGZ/Designsammlung/Konvolut SWB/Werkbund Wettbewerbs-Reglemente und Juryberichte 1925–1938.
2 SKL 1938, S. 7.
3 Ausschreibung Wettbewerb SKL 1935, wie Anm. 1. Siehe auch Volker Neuburg und Hans Eidenbenz, Kleine Untersuchung des Signets, in: *Werk* 30 (1943), H. 8, S. 251–253. Das Armbrust-Signet wurde demgemäss vom Büro Steinmann & Bolliger SWB entworfen. Bei Bignens 2008 sind unter diesen Namen allerdings keine Mitglieder zu finden.
4 GB SWB 1935, S. 5. Siehe dazu das Bundesgesetz zum Schutz öffentlicher Wappen und anderer öffentlicher Zeichen (sog. Wappenschutzgesetz) vom 5.6.1931, www.admin.ch/ch/d/sr/2/232.21.de.pdf (22.4.2013).
5 Siehe zum Vergleich von Label und «Treue-Hand-System» auch SKL 1938.
6 *Label. Das Zeichen recht entlöhnter Arbeit*, [hg. von der schweizerischen Label-Organisation], Luzern [1944].

197–240, 242–255
Einladungskarten, Programme, Billette und Menükarten der SWB-Tagungen, 1926–2009

197
Programm Tagung Basel, 1926

198–200
Einladung mit Programm, Teilnehmerkarte und Tickets der Tagung in Zürich, 1927

201
Einladung für das Werbundfest im Hotel *Baur au Lac*, Tagung 1927, Figurensatz Gebrüder Fretz AG

Grafikdesign

Zwischen avantgardistischem Anspruch und Angemessenheit

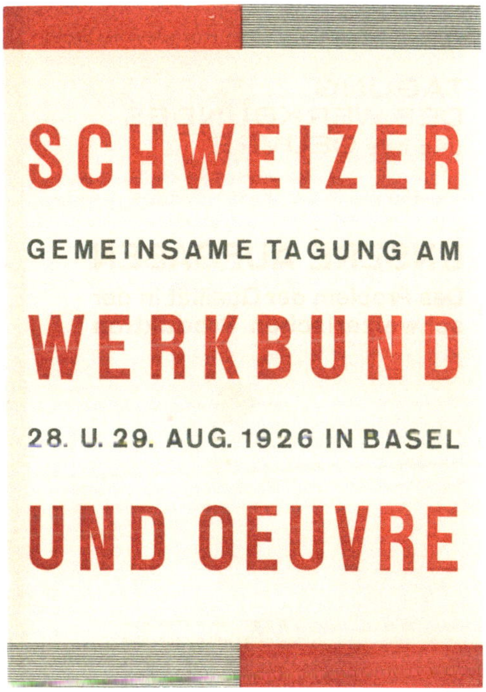

197

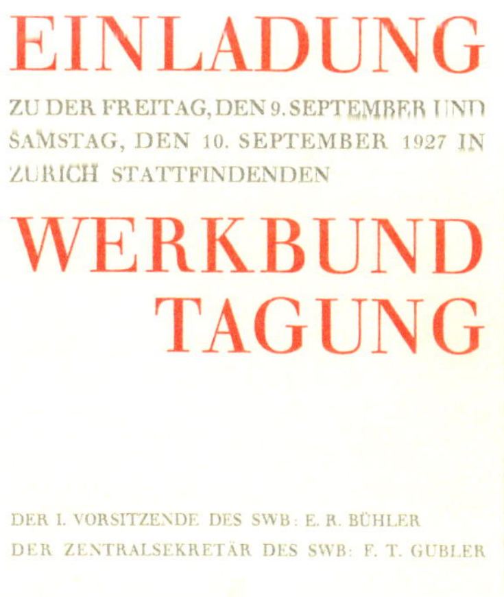

198

199

200

201

Thomas Gnägi

202

203

204

205

202
Briefumschlag der Tagung in La Neuveville, 1929

203
Menükarte, Tagung Basel, 1930

204
Tagung 1930

205
Menükarte der Tagung in Zürich, 1932, Gestaltung Pierre Gauchat

206
Tagung Bad Attisholz, 1934, Gestaltung Max Bill

207–208
Programm mit Anmeldekarte und Flyer der Tagung in Luzern, 1935

209
Menükarte der Tagung in Bern 1936, Gestaltung [Hans] Fischer

210
Tagung Zofingen 1937, Gestaltung Heiri Steiner

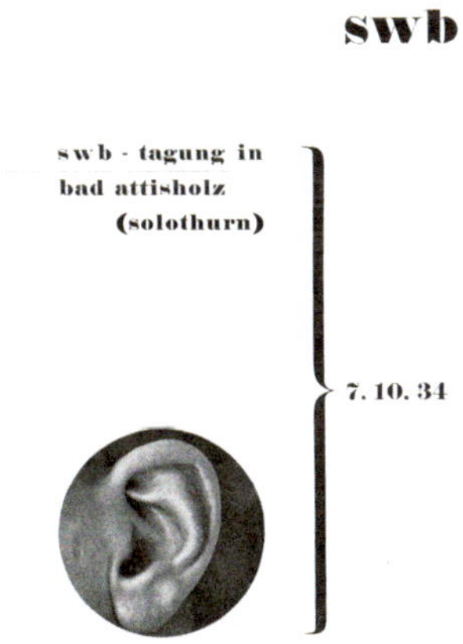

206

liebe mitglieder

luzern ladet den swb
mit dem wiedergegebenen schreiben auf den
28. und 29. sept. zur tagung 1935
ein. wir bitten sie, die luzerner wünsche zu beherzigen und der charmanten aufforderung zu folgen.

für den zentralvorstand:
der 1. vorsitzende e. r. bühler
der geschäftsführer eg. streiff

207

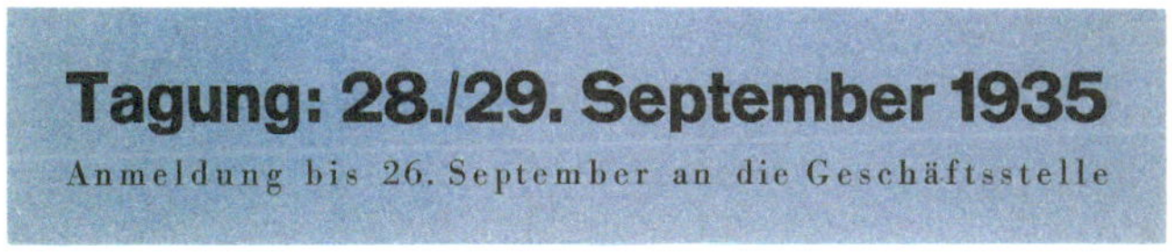

208

209

Einladung

Tagung des Schweizerischen Werkbundes in Zofingen Sonntag, den 24. Oktober 1937

Nachdem der SWB 1935 und 1936 seine Tagungen in grösserem Rahmen in Städten durchgeführt hat, sucht er für die diesjährige Generalversammlung einen kleineren Ort auf. Die Zusammenkunft dient so vor allem dem gegenseitigen Kontaktnehmen und der Gelegenheit zu internen Aussprachen.
Anschliessend an die Generalversammlung wird in zwei Referaten auf die Neuregelung des Lehrlingswesens hingewiesen. Diese gesetzlichen Bestimmungen berühren fast alle im SWB vertretenen Berufe. Wenn auch die neuen Vorschriften im Moment nicht sehr einschneidend zu sein scheinen, so können sie doch in späteren Jahren Auswirkungen zeitigen, die den SWB nicht gleichgültig lassen können. Wir bitten Sie, der Einladung zur Tagung deshalb zahlreich Folge zu leisten.

Für den Zentralvorstand des SWB:
Der I. Vorsitzende: E. R. BÜHLER
Der Geschäftsführer: EG. STREIFF

Programm

Samstag, den 23. Oktober — Sitzung des Zentralvorstandes

Sonntag, den 24. Oktober, 10 Uhr — Generalversammlung im Rathaus Zofingen

Traktanden:
Protokollgenehmigung, Abnahme des Geschäfts- und Rechnungsberichtes, Budget, Festsetzung des Jahresbeitrages, Wahlen, Erneute Behandlung des Rekurses eines Mitgliedes gegen seinen Ausschluss, Diverses.

Referate:
B. von Grüningen, Zürich:
«Gesetzliche Bindungen in den gestalterischen Berufen»
Prof. Bernoulli, Basel: «Freiheit und Reglementierung»

An der Generalversammlung haben nur die ordentlichen Mitglieder Stimmrecht, die Förderer Vorschlagsrecht. Anträge sind bis spätestens zehn Tage vor der Werkbund-Versammlung, d. h. bis zum 14. Oktober, schriftlich der Geschäftsstelle zuhanden des Zentralvorstandes einzureichen.

13 Uhr — Gemeinsames Mittagessen in der Brauerei Senn

Anschliessend Besichtigung von Zofingen, Besuch des «Heiteren Platzes» (Festplatz über dem Städtchen), Bummel oder Fahrt nach Wikon (Tanzgelegenheit).

Zugsverbindungen:

Basel ab 9.00
Bern ab 7.25
Luzern ab 7.23 oder 8.00
Zürich ab 7.50
Olten ab 8.54 oder 9.38

Einfache Billette sind für die Rückfahrt gültig.

Ein Tagungsbeitrag wird nicht erhoben. Das Mittagessen in Zofingen kostet Fr. 3.–. Um richtig disponieren zu können, bittet die Geschäftsstelle, ihr die Anmeldungen für die Teilnahme an der Tagung bis spätestens Freitag, den 22. Oktober morgens zuzustellen.

210

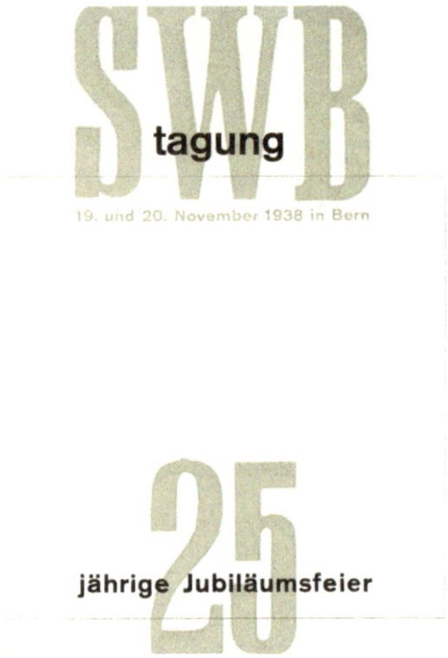

211

212

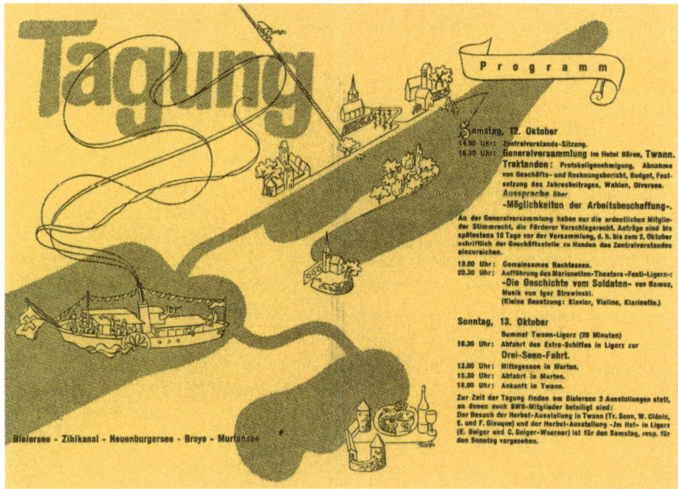

213

212
Tagung an der Landesausstellung in Zürich, 1939, Gestaltung Hans Aeschbach

213
Tagung Twann, 1940, Gestaltung Walter Käch

214
Tagung Schwyz und Brunnen, 1942, Gestaltung Walter Käch

215
Tagung Bern, 1944, Gestaltung Richard P. Lohse

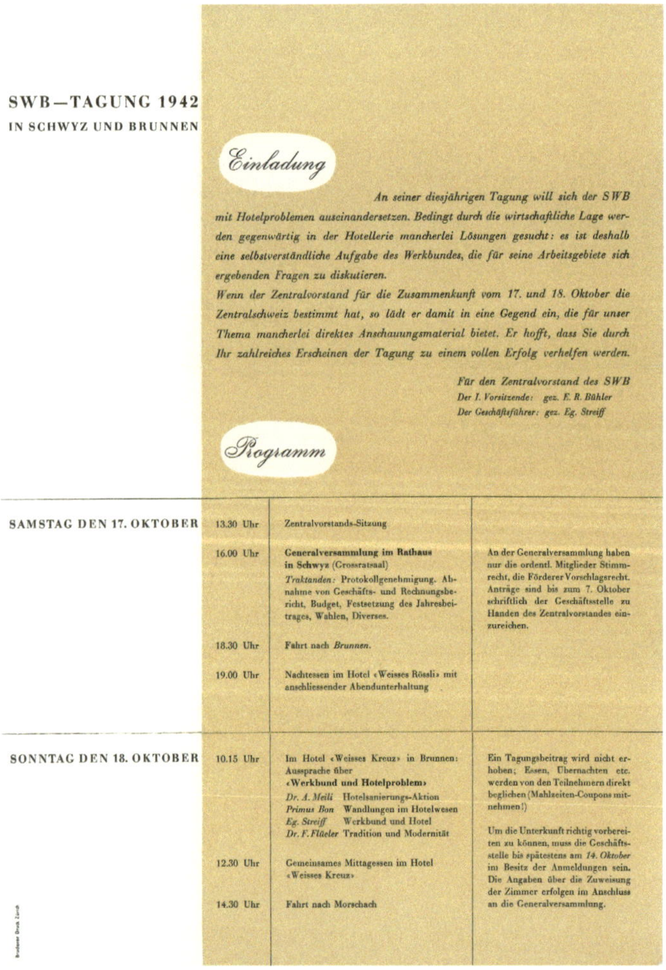
SWB—TAGUNG 1942
IN SCHWYZ UND BRUNNEN

Einladung

An seiner diesjährigen Tagung will sich der SWB mit Hotelproblemen auseinandersetzen. Bedingt durch die wirtschaftliche Lage werden gegenwärtig in der Hotellerie mancherlei Lösungen gesucht: es ist deshalb eine selbstverständliche Aufgabe des Werkbundes, die für seine Arbeitsgebiete sich ergebenden Fragen zu diskutieren.
Wenn der Zentralvorstand für die Zusammenkunft vom 17. und 18. Oktober die Zentralschweiz bestimmt hat, so lädt er damit in eine Gegend ein, die für unser Thema mancherlei direktes Anschauungsmaterial bietet. Er hofft, dass Sie durch Ihr zahlreiches Erscheinen der Tagung zu einem vollen Erfolg verhelfen werden.

Für den Zentralvorstand des SWB
Der I. Vorsitzende: gez. E. R. Bühler
Der Geschäftsführer: gez. Eg. Streiff

Programm

SAMSTAG DEN 17. OKTOBER	13.30 Uhr	Zentralvorstands-Sitzung	
	16.00 Uhr	**Generalversammlung im Rathaus in Schwyz** (Grossratsaal) *Traktanden:* Protokollgenehmigung. Abnahme von Geschäfts- und Rechnungsbericht, Budget, Festsetzung des Jahresbeitrages, Wahlen, Diverses.	An der Generalversammlung haben nur die ordentl. Mitglieder Stimmrecht, die Förderer Vorschlagsrecht. Anträge sind bis zum 7. Oktober schriftlich der Geschäftsstelle zu Handen des Zentralvorstandes einzureichen.
	18.30 Uhr	Fahrt nach *Brunnen.*	
	19.00 Uhr	Nachtessen im Hotel «Weisses Rössli» mit anschliessender Abendunterhaltung	
SONNTAG DEN 18. OKTOBER	10.15 Uhr	Im Hotel «Weisses Kreuz» in Brunnen: Aussprache über **«Werkbund und Hotelproblem»** *Dr. A. Meili* Hotelsanierungs-Aktion *Primus Bon* Wandlungen im Hotelwesen *Eg. Streiff* Werkbund und Hotel *Dr. F. Flüeler* Tradition und Modernität	Ein Tagungsbeitrag wird nicht erhoben; Essen, Übernachten etc. werden von den Teilnehmern direkt beglichen (Mahlzeiten-Coupons mitnehmen!) Um die Unterkunft richtig vorbereiten zu können, muss die Geschäftsstelle bis spätestens am *14. Oktober* im Besitz der Anmeldungen sein. Die Angaben über die Zuweisung der Zimmer erfolgen im Anschluss an die Generalversammlung.
	12.30 Uhr	Gemeinsames Mittagessen im Hotel «Weisses Kreuz»	
	14.30 Uhr	Fahrt nach Morschach	

214

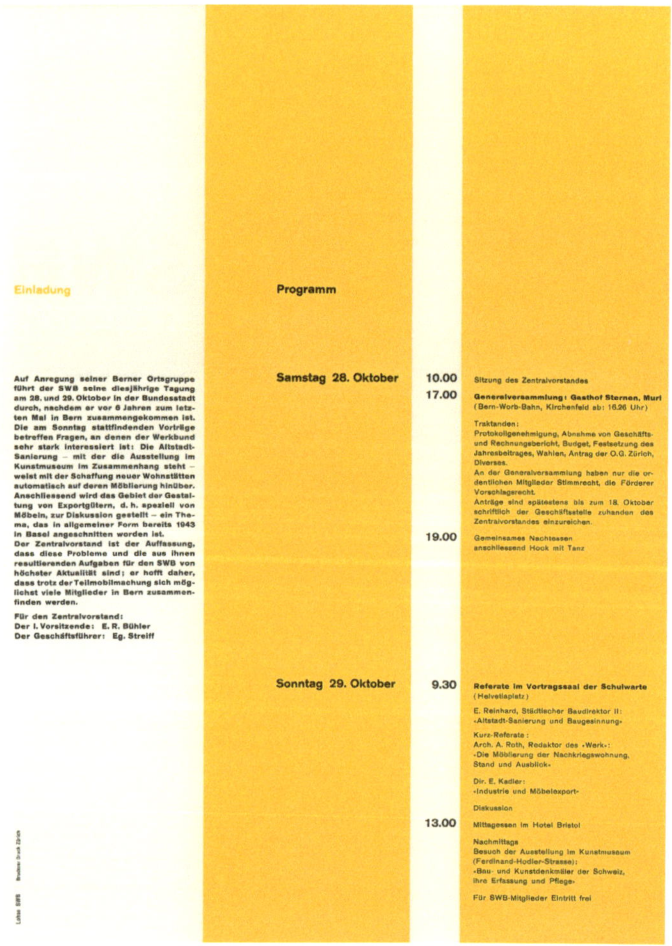
Einladung

Auf Anregung seiner Berner Ortsgruppe führt der SWB seine diesjährige Tagung am 28. und 29. Oktober in der Bundesstadt durch, nachdem er vor 6 Jahren zum letzten Mal in Bern zusammengekommen ist. Die am Sonntag stattfindenden Vorträge betreffen Fragen, an denen der Werkbund sehr stark interessiert ist: Die Altstadt-Sanierung – mit der die Ausstellung im Kunstmuseum im Zusammenhang steht – weist mit der Schaffung neuer Wohnstätten automatisch auf deren Möblierung hinüber. Anschliessend wird das Gebiet der Gestaltung von Exportgütern, d. h. speziell von Möbeln, zur Diskussion gestellt – ein Thema, das in allgemeiner Form bereits 1943 in Basel angeschnitten worden ist.
Der Zentralvorstand ist der Auffassung, dass diese Probleme und die aus ihnen resultierenden Aufgaben für den SWB von höchster Aktualität sind; er hofft daher, dass trotz der Teilmobilmachung sich möglichst viele Mitglieder in Bern zusammenfinden werden.

Für den Zentralvorstand:
Der I. Vorsitzende: E. R. Bühler
Der Geschäftsführer: Eg. Streiff

Programm

Samstag 28. Oktober	10.00	Sitzung des Zentralvorstandes
	17.00	**Generalversammlung: Gasthof Sternen, Muri** (Bern-Worb-Bahn, Kirchenfeld ab: 16.26 Uhr) Traktanden: Protokollgenehmigung, Abnahme von Geschäfts- und Rechnungsbericht, Budget, Festsetzung des Jahresbeitrages, Wahlen, Antrag der O.G. Zürich, Diverses. An der Generalversammlung haben nur die ordentlichen Mitglieder Stimmrecht, die Förderer Vorschlagsrecht. Anträge sind spätestens bis zum 18. Oktober schriftlich der Geschäftsstelle zuhanden des Zentralvorstandes einzureichen.
	19.00	Gemeinsames Nachtessen anschliessend Hock mit Tanz
Sonntag 29. Oktober	9.30	**Referate im Vortragssaal der Schulwarte** (Helvetiaplatz) E. Reinhard, Städtischer Baudirektor II: «Altstadt-Sanierung und Baugesinnung» Kurz-Referate: Arch. A. Roth, Redaktor des «Werk»: «Die Möblierung der Nachkriegswohnung, Stand und Ausblick» Dir. E. Kadler: «Industrie und Möbelexport» Diskussion
	13.00	Mittagessen im Hotel Bristol Nachmittags Besuch der Ausstellung im Kunstmuseum (Ferdinand-Hodler-Strasse): «Bau- und Kunstdenkmäler der Schweiz, ihre Erfassung und Pflege» Für SWB-Mitglieder Eintritt frei

215

216
Tagung Zürich, 1946,
Gestaltung Walter Käch

217
Tagung Langenthal, 1947

218–219
Tagung Zürich, 1949,
Gestaltung Hans Neuburg

220–221
Die Schweiz und das Ausland USA, Tagung
Aarau, 1950, Gestaltung
Gottfried Honegger

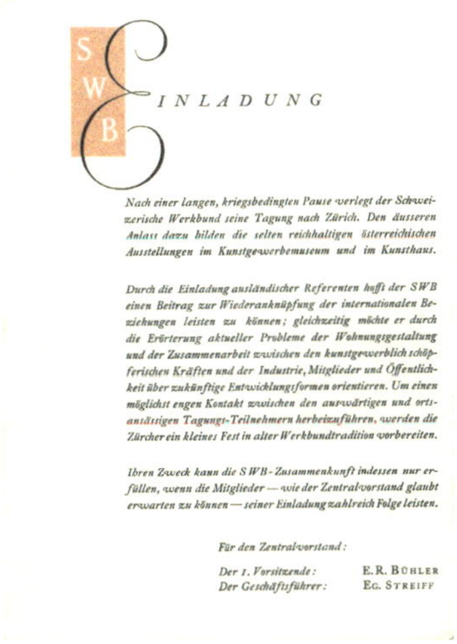

216

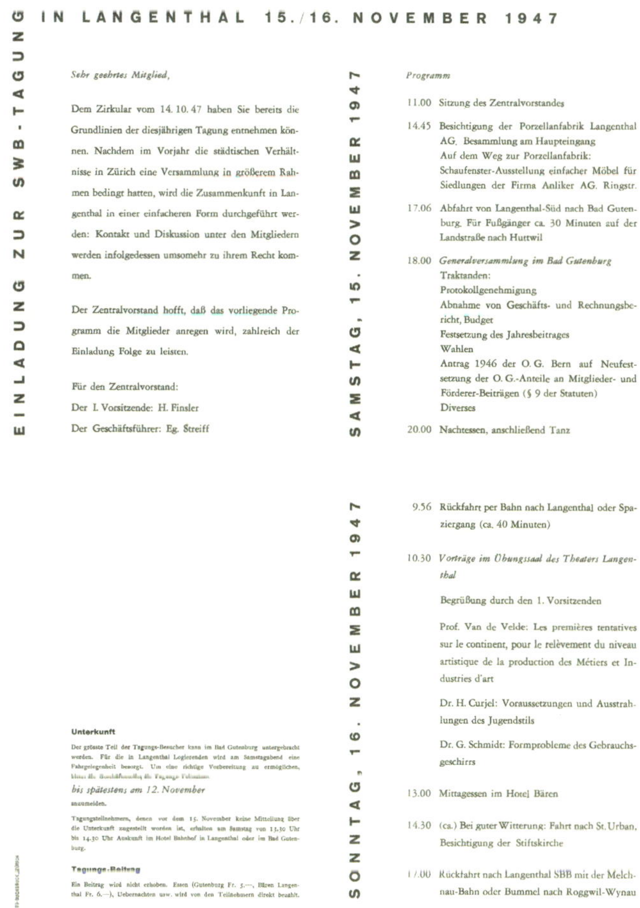

217

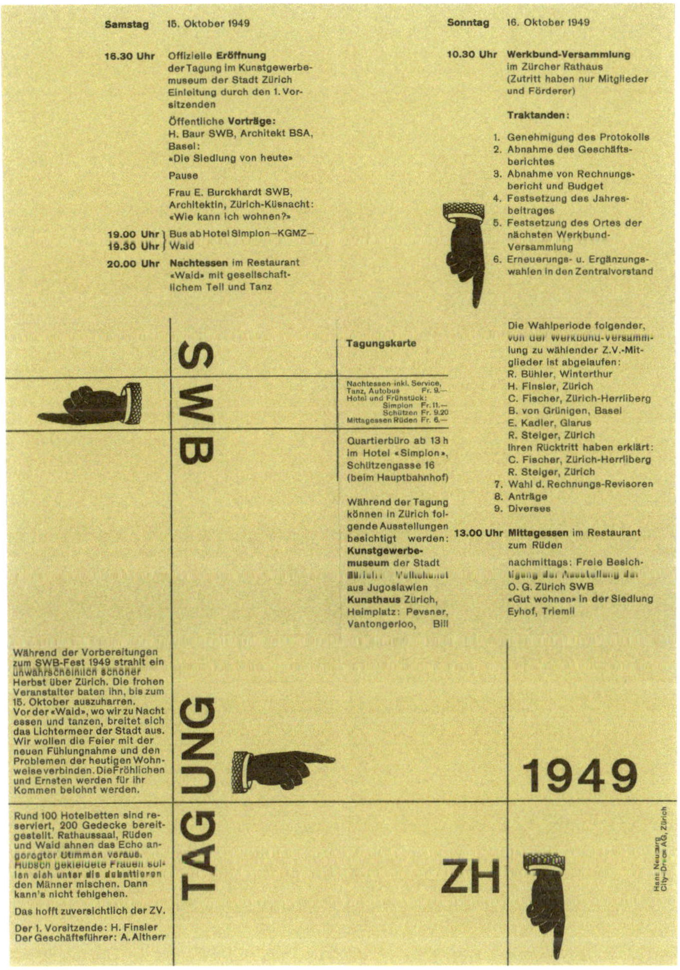

218

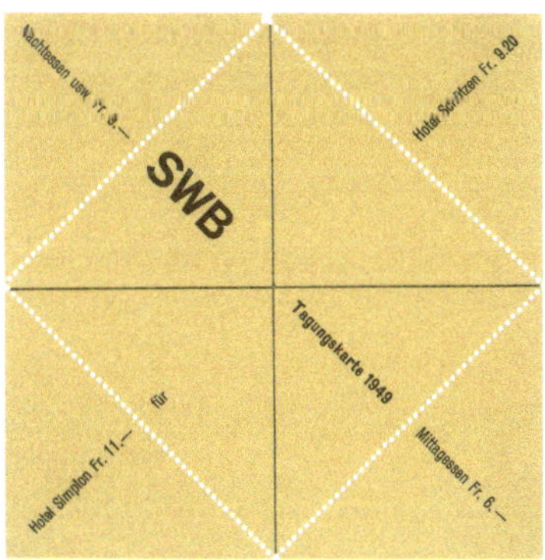

219

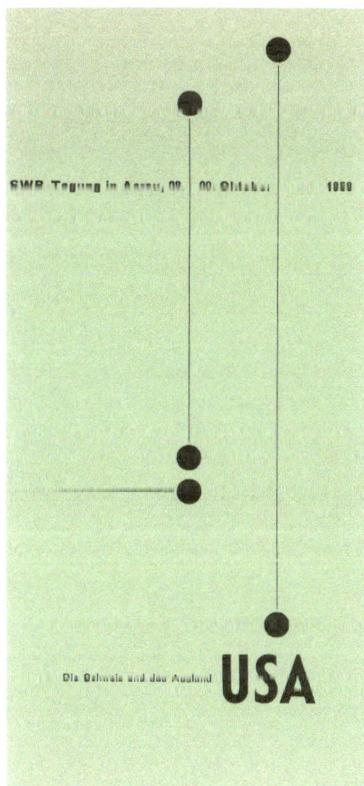

220

221

222–224
Tagung Baden, 1952, Gestaltung Josef Müller-Brockmann

225
Tagungskarte der Tagung in Biel und Magglingen, 1953, Gestaltung Robert Gessner

226
Tagung St. Gallen, 1955, Gestaltung Richard P. Lohse

227
Tagung Ulm, 1956, Gestaltung Ernst Scheidegger

228
Tagung Lenzburg, 1958, Gestaltung Emil Ruder

229–230
Tagung und Werkbundfest Basel, 1961, Gestaltung Armin Hofmann

222

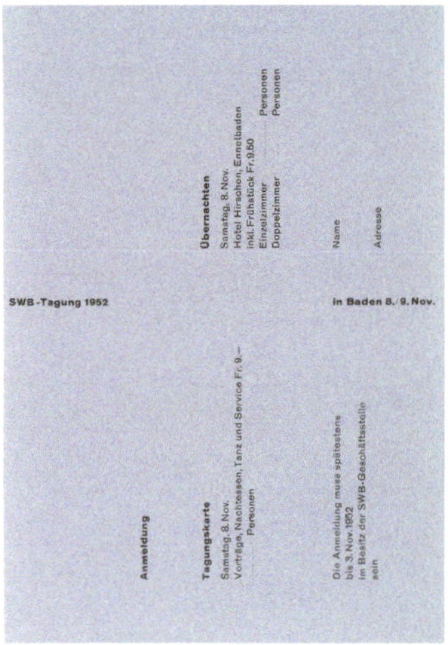

223

224

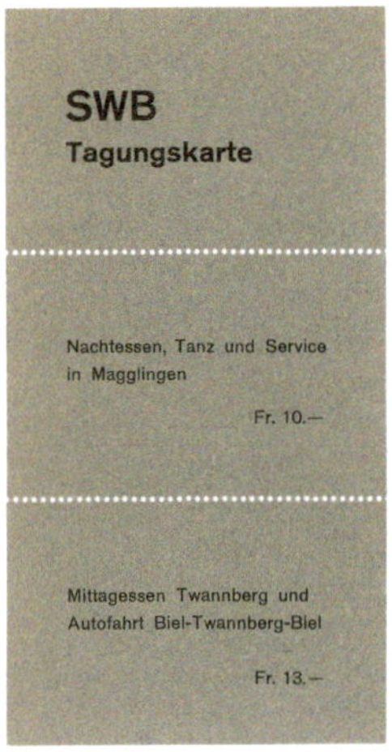

225

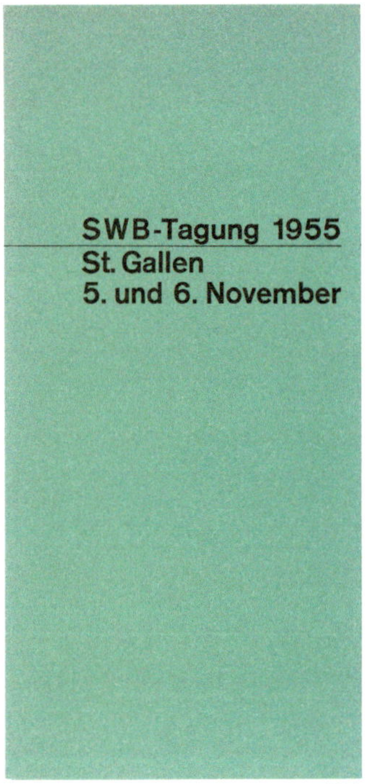

226

228

227

231
Tagung Peyerne/
Avenches/Murten, 1962

232–233
Jubiläumstagung Zürich,
1963

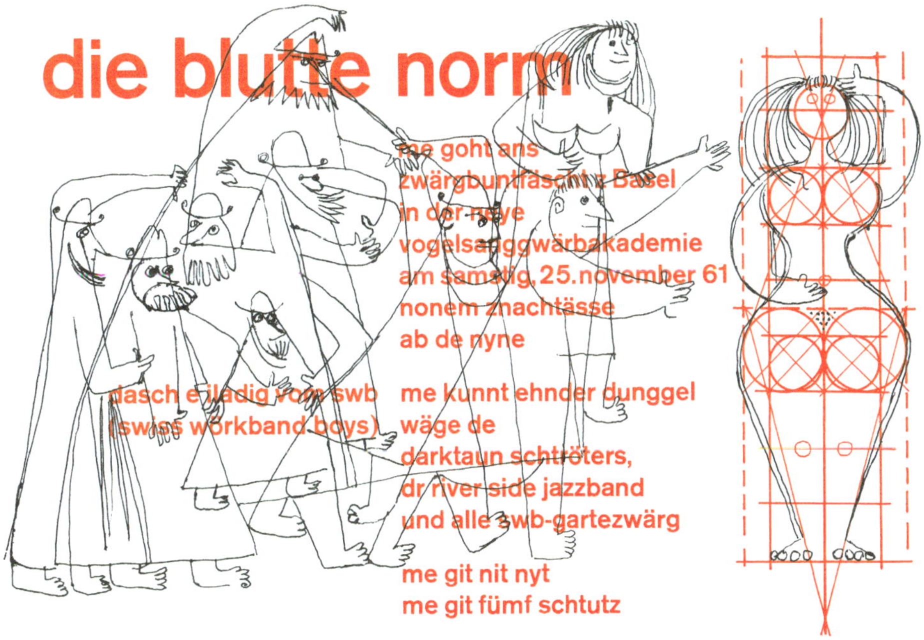

230

SWB-Tagung 1961 in Basel

229

Einladung

Sie sind unser Gast

Der Schweizerische Werkbund gibt sich die Ehre, Sie zu seiner Jubiläumsveranstaltung, die er aus Anlass seines 50jährigen Bestehens durchführt, freundlich einzuladen.
Wir bitten Sie, die beiliegende Anmeldung auszufüllen und bis zum 7. Oktober an unsere Geschäftsstelle einzusenden.

Mit freundlichen Grüssen
Schweizerischer Werkbund SWB

232

zur feier der gründung des schweizerischen werkbundes am 17. mai 1913 lädt die geschäftsstelle die mitglieder und förderer des swb zu einem schlichten empfang mit säften und schnäpsen ein.

ort:
geschäftsstelle swb
florastrasse 30 2. stock
zürich 8

zeit:
freitag, den 17. mai 1963
17.00–19.00

so klein wir sind, erwarten wir doch gerne, eine aufgeräumte menge werkbündler im alltagskleid und mit gänzlich unterschiedlichen ansichten empfangen zu dürfen!

mit freundlichen grüssen
die geschäftsstelle
swb

233

SWB
EINLADUNG ZUM BALL

231

werkbundtagung ulm 1956

227

234
Betrifft: unsere Städte, Tagung Aarau, 1970

235
Lehrzeit – Leerzeit, *SWB Aktion 71* der Ortsgruppe Bern, 1971

236
Werkbund-Versammlung und Tagung zur Gründung der Ortsgruppe Graubünden, Davos, 1978

237
Gestaltung im Kreuzverhör, Werkbundversammlung Aarau, 1984

238
Heimat, Heimatschutz, Heimatdesign, Tagung Luzern 1988, Gestaltung Susanne Dubs

239
Kultur im Gespräch, Tagung im Rahmen der Eidgenössischen Kulturinitiative Zürich, 1983

240
Der gute Geschmack, Tagung Solothurn 1985, Gestaltung Jürg C. Zysset

241
Aufbruch der 50er Jahre, Tagung zusammen mit DWB an der Gesamthochschule Kassel, 1986

234

235

236

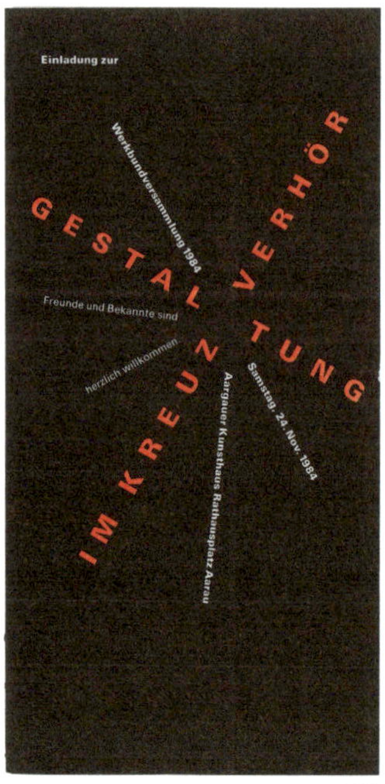

237

238

Im Rahmen der Eidgenössischen Kulturinitiative laden ein

Der Schweizerische Werkbund SWB
Das Schweizerische Filmzentrum SFZ
Die Gesellschaft Schweizerischer Maler, Bildhauer und Architekten GSMBA

zur öffentlichen Veranstaltungsreihe

Kultur im Gespräch

am 29./30. September und 1. Oktober 1983 in Zürich

Schwerpunkte des Gesprächs:

Wovon leben Kulturschaffende?
Wie arbeiten sie?
Welche Produktionsformen bestehen?
Was hat Kultur mit Politik und Politik mit Kultur zu tun?
Wie steht es mit den gegenwärtigen Förderungsmassnahmen?
Und wie sehen die Perspektiven einer zukünftigen Kulturpolitik aus?

Die einzelnen Veranstaltungen sind öffentlich und – mit Ausnahme des Kulturfestes – unentgeltlich.

Donnerstag, 29. September 1983:

Auditorium Maximum, ETH-Zentrum, Rämistrasse 101, 8092 Zürich

Subjektive und objektive Voraussetzungen des kulturellen Schaffens in der Schweiz

20.15 h Eröffnung
Leonhard Fünfschilling
Geschäftsführer des Schweizerischen Werkbundes SWB, Zürich

20.30 h Erfahrung und Meinung eines Freischaffenden
Paul Nizon
Schriftsteller, Paris

21.00 h Zur Situation und Funktion der Kultur in der Gesellschaft und in der Politik
Adolf Muschg
Schriftsteller, Kilchberg

Anschliessend Gelegenheit zu Gesprächen mit den Referenten und Teilnehmern.

Freitag, 30. September 1983:

Auditorium Maximum, ETH-Zentrum, Rämistrasse 101, 8092 Zürich

Wie leben die Kulturschaffenden in unserem Lande? Wie steht es um die Bedingungen ihrer Arbeit? Kulturschaffende berichten

9.00 h Eröffnung
Fritz Billeter
Kunstkritiker, Zürich

9.10 h Miriam Cahn
Künstlerin, Basel
Peter Hächler
Bildhauer, Lenzburg
Dietrich Garbrecht
Städteplaner und Publizist, Zürich
Diskussion

9.55 h André Grab
Buchhändler und Schriftsteller, Zürich
Alexander J. Seiler
Filmschaffender und Publizist, Zürich
Franz Hohler
Kabarettist und Schriftsteller, Zürich
Diskussion
Kaffeepause

11.00 h Heinz Marti
Musiker, Zürich
Paul Weibel
Schauspieler und Regisseur, Baden
Christine Brodbeck
Tänzerin, Basel
Diskussion

11.45 h Nikolaus Wyss
Publizist, Zürich
Bernhard Bürgi
Konservator, Winterthur
Margit Weinberg-Staber
Konservatorin, Zürich
Diskussion

12.30 h Mittagspause

Kulturförderung aus der Sicht des Bundes, der Kantone und der Gemeinden

14.30 h Frédéric Dubois
Direktor des Bundesamtes für Kulturpflege, Bern

14.50 h Josef Rennhard
Redaktor am Schweizerischen Beobachter,
Mitglied des Kuratoriums für die Förderung des kulturellen Lebens im Kanton Aargau, Würenlos

15.10 h Thomas Wagner, Stadtpräsident, Zürich

Perspektiven einer zukünftigen Kulturpolitik

15.30 h Hans Gantert
Maler und Mitglied des Komitees der Eidgenössischen Kulturinitiative, Zürich

Anschliessend Publikumsdiskussion mit den Referenten und Mitgliedern des Komitees der Eidgenössischen Kulturinitiative.

Gesprächsleitung:
Fritz Billeter
Kunstkritiker, Zürich

17.00 h Apéritif
Offeriert durch die Stadt Zürich

Kultur im

Gespräch

Samstag, 1. Oktober 1983:

Kunstgewerbemuseum Zürich, Ausstellungsstrasse 60, 8005 Zürich

Umweltgestaltung zwischen Ideal und ökonomischer Realität: Ursprung, Wirkung und Perspektiven der Werkbundbestrebungen in der Schweiz

14.30 h Eröffnung der Ausstellung
70 Jahre Schweizerischer Werkbund SWB
Hannes Steiner
Architekt und Vorsitzender der SWB-Ortsgruppe Zürich
Präsentation des neuen, im LIT-Verlag Lars Müller AG, Baden, erschienenen Buches von Peter Erni, Scherz:
Die gute Form
Eine Aktion des Schweizerischen Werkbundes SWB – Dokumentation und Interpretationen

15.30 h Begrüssung und Einführung
Uffi Gmür
Architekt und Publizist, Erster Vorsitzender des Schweizerischen Werkbundes SWB

15.45 h Zum Jubiläum 70 Jahre SWB
Ulrike Jehle-Schulte Strathaus
Kunsthistorikerin und Redaktorin, Basel

16.30 h Zwischen den Stühlen
Szenen-Collage von Lucius Burckhardt, Basel und Kassel
mit Barbara Messerli, Walter Hess, Peter Marthaler
Realisation:
Buschi Luginbühl, Vaduz
Hans Eggermann, Luzern

17.15 h Hinweise

Kulturfest

im Lichthof der Universität Zürich, Rämistrasse 71, 8006 Zürich

20.00 h bis 02.00 h Für Musik, Tanz, Kulinarisches und Überraschungen ist gesorgt.
Konzert mit dem Urs-Blöchlinger-Quintett (Urs Blöchlinger, Sax; Hans Koch, Klarinette; Jürg Ammann, Klavier; Thomas Dürst, Bass; Ueli Müller, Schlagzeug).
Franz Biffiger Be Bop Connection (Raymond Court, tp; Thomas Grünewald, ts; Franz Biffiger, p; Peter Frei, bs; Billy Brooks, dr.).
Verantwortlich für das Kulinarische zeichnet der bekannte Festspezialist, Röne Minder, Zürich.

Programmdruck durch Tages-Anzeiger
Zudem wird die Veranstaltung von diversen öffentlichen und privaten Institutionen unterstützt.

239

240

241

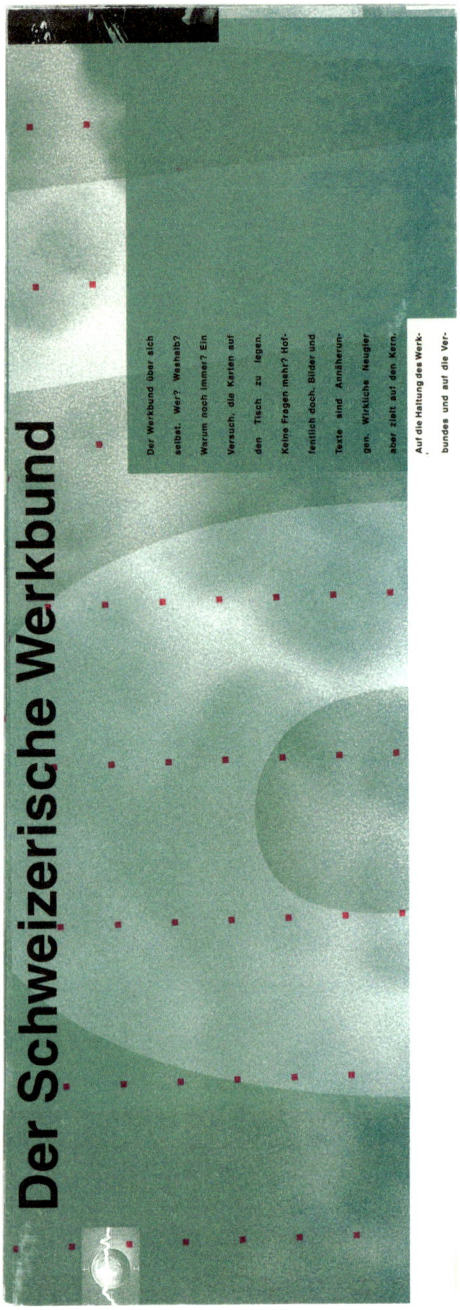

242

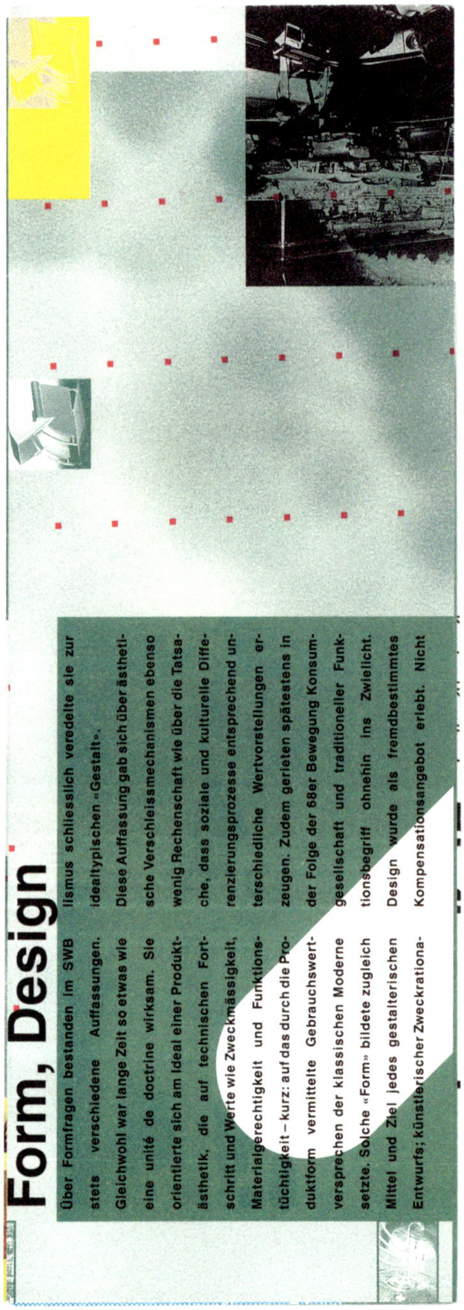

242
Plakat zur Selbstdarstellung des SWB, 1989, Gestaltung Lars Müller und Mihaly Varga

243
Angemessenes Gestalten, Tagung Zürich, 1990, Gestaltung Polly Bertram und Daniel Volkart

244
Gestaltung im Zeichen des Computers, Arbeitstagung Basel, 1990, Gestaltung Michael Renner

245
Fachhochschule für Gestaltung – Griff nach den Sternen? Tagung Baden, 1993

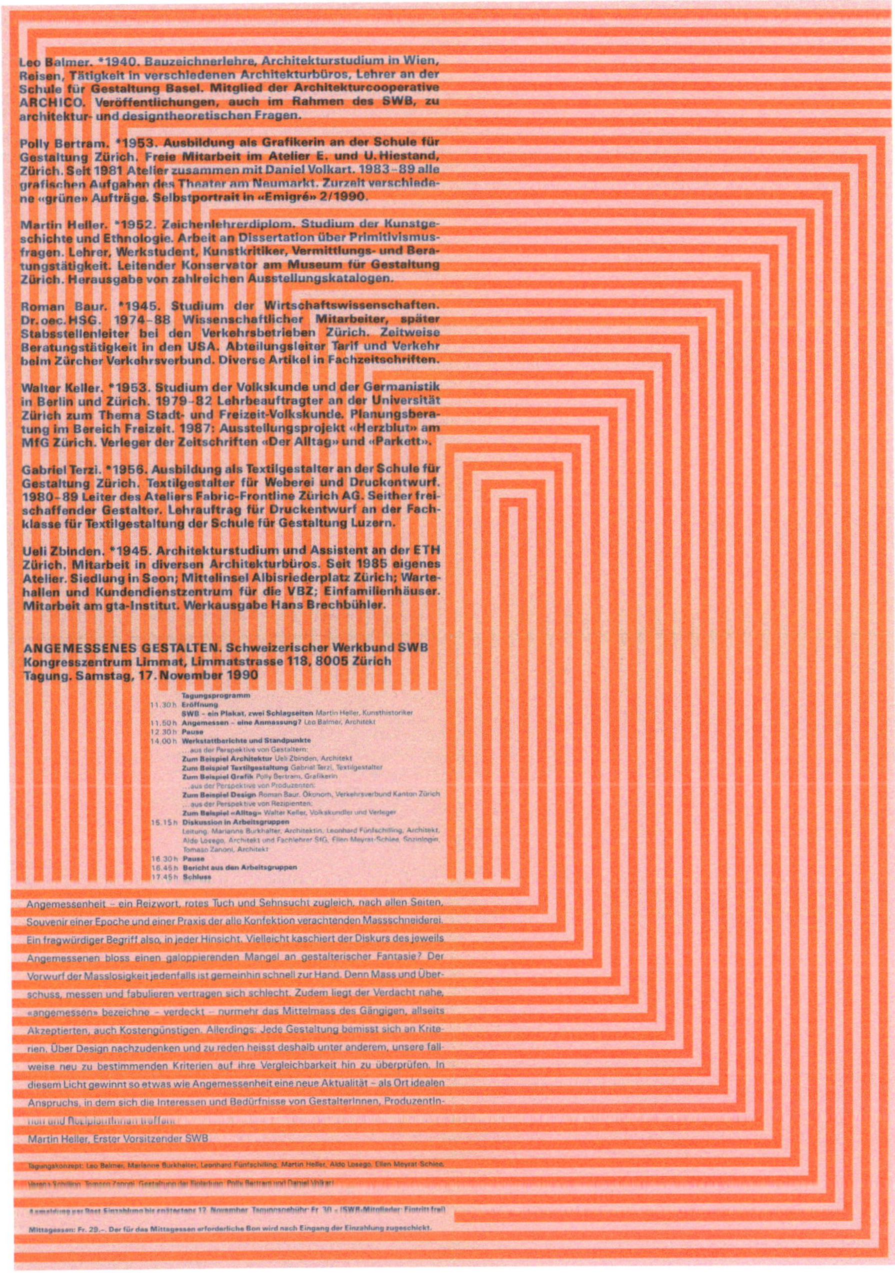
Leo Balmer. *1940. Bauzeichnerlehre, Architekturstudium in Wien, Reisen, Tätigkeit in verschiedenen Architekturbüros, Lehrer an der Schule für Gestaltung Basel. Mitglied der Architekturcooperative ARCHICO. Veröffentlichungen, auch im Rahmen des SWB, zu architektur- und designtheoretischen Fragen.
Polly Bertram. *1953. Ausbildung als Grafikerin an der Schule für Gestaltung Zürich. Freie Mitarbeit im Atelier E. und U. Hiestand, Zürich. Seit 1981 Atelier zusammen mit Daniel Volkart. 1983–89 alle grafischen Aufgaben des Theater am Neumarkt. Zurzeit verschiedene «grüne» Aufträge. Selbstportrait in «Emigré» 2/1990.
Martin Heller. *1952. Zeichenlehrerdiplom. Studium der Kunstgeschichte und Ethnologie. Arbeit an Dissertation über Primitivismusfragen. Lehrer, Werkstudent, Kunstkritiker, Vermittlungs- und Beratungstätigkeit. Leitender Konservator am Museum für Gestaltung Zürich. Herausgabe von zahlreichen Ausstellungskatalogen.
Roman Baur. *1945. Studium der Wirtschaftswissenschaften. Dr. oec. HSG. 1974–88 Wissenschaftlicher Mitarbeiter, später Stabsstellenleiter bei den Verkehrsbetrieben Zürich. Zeitweise Beratungstätigkeit in den USA. Abteilungsleiter Tarif und Verkehr beim Zürcher Verkehrsverbund. Diverse Artikel in Fachzeitschriften.
Walter Keller. *1953. Studium der Volkskunde und der Germanistik in Berlin und Zürich. 1979–82 Lehrbeauftragter an der Universität Zürich zum Thema Stadt- und Freizeit-Volkskunde. Planungsberatung im Bereich Freizeit. 1987: Ausstellungsprojekt «Herzblut» am MfG Zürich. Verleger der Zeitschriften «Der Alltag» und «Parkett».
Gabriel Terzi. *1956. Ausbildung als Textilgestalter an der Schule für Gestaltung Zürich. Textilgestalter für Weberei und Druckentwurf. 1980–89 Leiter des Ateliers Fabric-Frontline Zürich AG. Seither freischaffender Gestalter. Lehrauftrag für Druckentwurf an der Fachklasse für Textilgestaltung der Schule für Gestaltung Luzern.
Ueli Zbinden. *1945. Architekturstudium und Assistent an der ETH Zürich. Mitarbeit in diversen Architekturbüros. Seit 1985 eigenes Atelier. Siedlung in Seon; Mittelinsel Albisriederplatz Zürich; Wartehallen und Kundendienstzentrum für die VBZ; Einfamilienhäuser. Mitarbeit am gta-Institut. Werkausgabe Hans Brechbühler.
ANGEMESSENES GESTALTEN. Schweizerischer Werkbund SWB
Kongresszentrum Limmat, Limmatstrasse 118, 8005 Zürich
Tagung. Samstag, 17. November 1990
Tagungsprogramm
11.30 h Eröffnung
SWB – ein Plakat, zwei Schlagseiten Martin Heller, Kunsthistoriker
11.50 h Angemessen – eine Anmassung? Leo Balmer, Architekt
12.30 h Pause
14.00 h Werkstattberichte und Standpunkte
…aus der Perspektive von Gestaltern:
Zum Beispiel Architektur Ueli Zbinden, Architekt
Zum Beispiel Textilgestaltung Gabriel Terzi, Textilgestalter
Zum Beispiel Grafik Polly Bertram, Grafikerin
…aus der Perspektive von Produzenten:
Zum Beispiel Design Roman Baur, Ökonom, Verkehrsverbund Kanton Zürich
…aus der Perspektive von Rezipienten:
Zum Beispiel «Alltag» Walter Keller, Volkskundler und Verleger
15.15 h Diskussion in Arbeitsgruppen
Leitung: Marianne Burkhalter, Architektin, Leonhard Fünfschilling, Architekt, Aldo Losego, Architekt und Fachlehrer SfG, Ellen Meyrat-Schlee, Soziologin, Tomaso Zanoni, Architekt
16.30 h Pause
16.45 h Bericht aus den Arbeitsgruppen
17.45 h Schluss
Angemessenheit – ein Reizwort, rotes Tuch und Sehnsucht zugleich, nach allen Seiten. Souvenir einer Epoche und einer Praxis der alle Konfektion verachtenden Massschneiderei. Ein fragwürdiger Begriff also, in jeder Hinsicht. Vielleicht kaschiert der Diskurs des jeweils Angemessenen bloss einen galoppierenden Mangel an gestalterischer Fantasie? Der Vorwurf der Masslosigkeit jedenfalls ist gemeinhin schnell zur Hand. Denn Mass und Überschuss, messen und fabulieren vertragen sich schlecht. Zudem liegt der Verdacht nahe, «angemessen» bezeichne – verdeckt – nurmehr das Mittelmass des Gängigen, allseits Akzeptierten, auch Kostengünstigen. Allerdings: Jede Gestaltung bemisst sich an Kriterien. Über Design nachzudenken und zu reden heisst deshalb unter anderem, unsere fallweise neu zu bestimmenden Kriterien auf ihre Vergleichbarkeit hin zu überprüfen. In diesem Licht gewinnt so etwas wie Angemessenheit eine neue Aktualität – als Ort idealen Anspruchs, in dem sich die Interessen und Bedürfnisse von GestalterInnen, ProduzentIn-
Martin Heller, Erster Vorsitzender SWB
Tagungskonzept: Leo Balmer, Marianne Burkhalter, Leonhard Fünfschilling, Martin Heller, Aldo Losego, Ellen Meyrat-Schlee,
Mittagessen: Fr. 29.–. Der für das Mittagessen erforderliche Bon wird nach Eingang der Einzahlung zugeschickt.

243

Schweizerischer Werkbund SWB
Gestaltung im Zeichen des Computers

244

Schweizerischer Werkbund SWB
Fachhochschulen für Gestaltung –
Griff nach den Sternen?
Tagung am Freitag, 10. September 1993, 10.45 h,
Gemeinschaftshaus Martinsberg,
Wiesenstrasse 32, 5401 Baden
GRIFF NACH DEN STERNEN?

245

246
SWB-Debatte über Stadtideen, Veranstaltungsreihe Ortsgruppe Zürich, 1992, Gestaltung Karin Schiesser

247
Gestaltung in der Rezession, Faltbroschüre zur Jubiläumstagung Zürich, 1993, Gestaltung Polly Bertram

248
Ökologie kommunizieren – Ökologisch kommunizieren, Tagung Luzern, 1995, Gestaltung Mayo Bucher

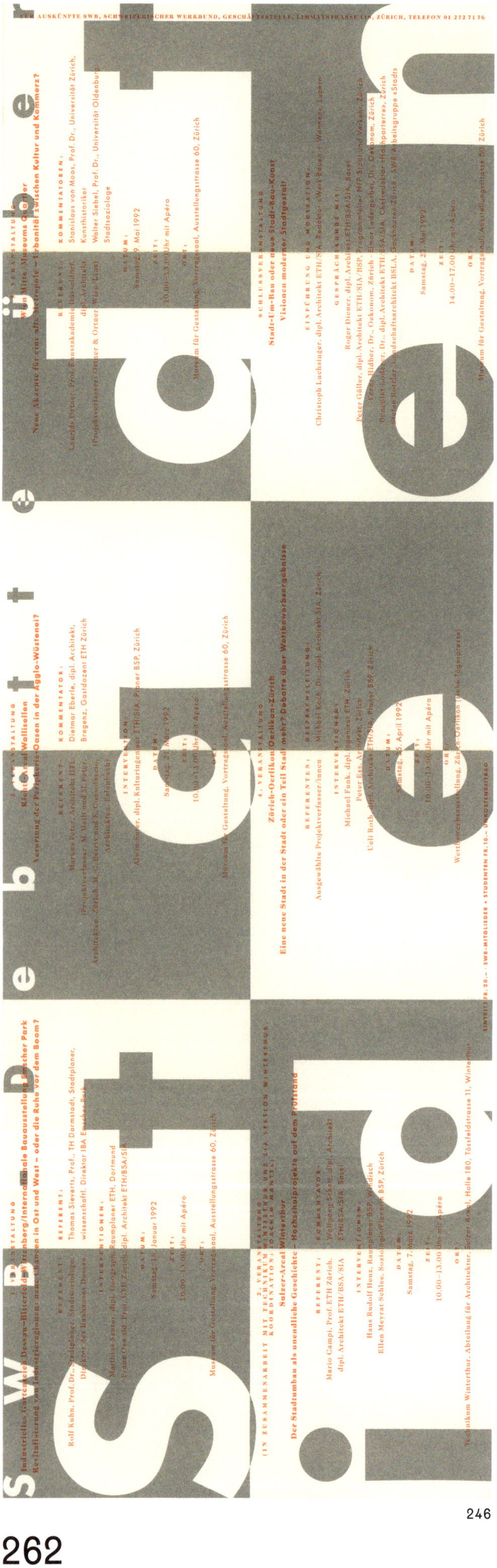

246

Gestaltung in der Rezession
Werkbund-Versammlung und Tagung aus Anlass des 80-jährigen Bestehens des SWB - **Eine Bewegungsraumbesichtigung** Samstag, 20. November 1993, Kongresszentrum Limmat, Limmatstrasse 118, 8005 Zürich.
Der Werkbund ist achtzig. "Wir" haben einiges hinter uns: 1913 Arts and Crafts, 1923 das Neue Bauen, 1933 auf dem Weg zum Landistil, 1943 ein Silberstreif am Horizont?, 1953 "Die Gute Form", 1963 immer noch "Die Gute Form", 1973 Umwelt- und Stadtentwicklung, 1983 Umgangsübungen mit der Postmoderne - und 1993? Was heute - aus der Zukunft zurückblickend - wesentlich gewesen sein wird, lässt sich nur vermuten. Einiges spricht dafür, dass es mit dem Stichwort "Rezession" zu tun haben wird: Wie reagieren die Gesellschaft und die Gestaltenden auf die sich immer weiter öffnende Schere zwischen krassem, dick angerührtem Überfluss und andererseits deutlichen Anzeichen für ein dauerhaftes Ende des Wachstums - in der Schweiz, in Europa und in der Welt?
In all den Zeiten hat "uns" immer Wesentliches verbunden, und immer waren "wir" untereinander in Auseinandersetzungen verwickelt: Van de Velde oder Muthesius? Funktionalismus oder Konstruktivismus? Kulturelles Engagement oder moralisierende Bevormundung? Überhaupt der Werkbund - Speerspitze der Bewegung oder blosses Diskussionsforum?
Der Schweizerische Werkbund - ein Verein mit tausend Mitgliedern - kann und will zum Jubiläum keine Standortbestimmung vornehmen: Seine Mitglieder stehen nicht an einem Ort, und sie stehen auch nicht still. Sie orientieren und bewegen sich eigenständig im kulturellen Raum der Gegenwart. Viel eher als eine Stand-Ort-Bestimmung entspricht uns also eine Bewegungs-Raum-Besichtigung.
Alle Mitglieder waren aufgefordert, dazu einen Beitrag zu leisten und über ihre Bewegungen, ihre Ziele und Einschätzungen zu berichten. Das Echo war gross. Die Beiträge kommen nun in einer zufälligen Reihenfolge auf Sie zu - als noch unverbundene Mosaiksteine zum Bild unseres Bewegungsraumes.
Für die Konzeptgruppe **Martin Albers**

Alfred Roth
Architekt **Werkbund - Wie weiter?**
Ein Blick auf die aktuelle Umweltgestaltung zeigt, dass manche Ziele des Werkbundes verwirklicht sind. Indessen fehlt es an kämpferischer Grundeinstellung und kritischer Auseinandersetzung mit den zu lösenden Aufgaben auch in sozialer Hinsicht. Unsicherheit, Oberflächlichkeit und Hang zum Formalismus sind verbreitete Erscheinungen. Es sollte deshalb sorgfältig geprüft werden, ob der offenbar sinn- und zwecklos gewordene Werkbund aufzulösen ist, oder ob er in revidierter Form weitergeführt werden kann.

247

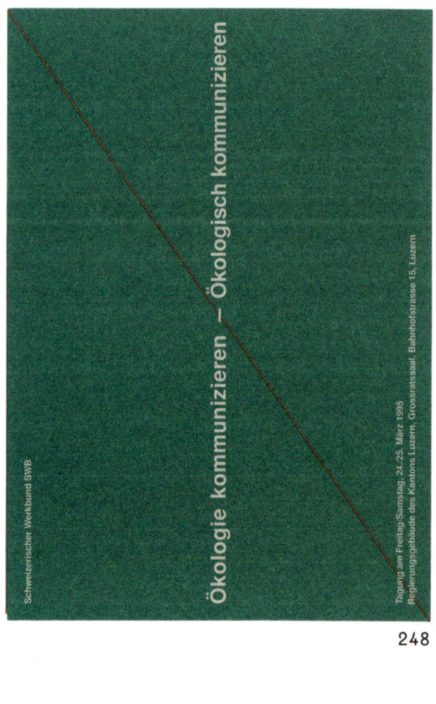

248

T A G U N G

Expo 2001 **Die Zeit**
oder die Schweiz in Bewegung …

Bei allen Landesausstellungen dieses Jahrhunderts waren Werkbundmitglieder an der Planung und Gestaltung beteiligt. Auf ablehnende Kritik stiess im SWB erst das Projekt für die CH 91. In einer 1984 publizierten Streitschrift wurde die Idee der Landesausstellung als verbraucht taxiert.

Muss diese Einschätzung heute revidiert werden? Ist es den Initianten der Expo 2001 gelungen, ein Vorhaben zu präsentieren, das nicht mehr schon aus ökologischen, verkehrsplanerischen und finanziellen Gründen auf Ablehnung stossen muss? Besteht Aussicht auf eine inhaltliche und emotionale Auseinandersetzung mit unserem Land, wie sie ohne eine solche Manifestation nicht möglich wäre? Ist das Thema «Die Zeit oder die Schweiz in Bewegung …» mehr als eine Leerformel, die sich mit beliebigem Inhalt füllen lässt? Vermag dieses Thema vielmehr die Klammer zu bilden, die es erlaubt, Verschiedenartiges, was uns heute beschäftigt und morgen beschäftigen wird, in einer gemeinsamen Perspektive zu sehen und darzustellen?

Darüber und über mögliche Engagements des SWB im Zusammenhang mit der Expo 2001 möchten wir an dieser Werkbund-Versammlung nachdenken, gemeinsam mit Kolleginnen und Kollegen unserer welschen Schwesterorganisation L'Oeuvre und angeregt durch die Ausführungen von zwei Exponenten des Stabes der Expo 2001 sowie durch ein kritisches Referat zu diesem Projekt.

Der Zentralvorstand SWB

Salle Rotary 11.30 **Zum Konzept der Ausstellung**
Rudolf Burkhalter

Die Expo 2001 ist anders als frühere Landesausstellungen. Sie wird von fünf Kantonen und vier Städten organisiert und spielt sich an und auf den drei Seen von Neuenburg, Biel und Murten und ihren Kanälen ab. Ein verbindendes Netzwerk aus einzigartigen Elementen an den Ufern und auf dem Wasser betont die Einheit der Ausstellung und bietet zugleich Erlebnisvielfalt. Dieses Grundkonzept und die konkreten Formen seiner Realisierung berücksichtigen in hohem Mass ökologische und landschaftsschützerische Anforderungen. Neue und innovative Wege werden auch bei der Erarbeitung der Inhalte und in der Finanzierung der Ausstellung beschritten.

Des idées en mouvement …
Jean-Marc Barrelet

Un vaste laboratoire d'idées, susceptible d'intéresser tout le monde, ouvert à la participation du plus grand nombre d'acteurs, concrétisé par des scénographies captivantes présentant des sujets d'exposition choisis en raison de leur exemplarité et de leur actualité en 2001. Cela dans le but de mieux comprendre le présent pour préparer l'avenir. C'est ainsi que l'on peut résumer la conception de l'Expo 2001 telle qu'elle apparaît dans l'étude de faisabilité. Et c'est sur la base de cette conception que le groupe chargé de la scénographie est en train d'élaborer le scénario d'ensemble de la manifestation. Une manifestation inédite dans son contenu et novatrice dans sa forme.

Grand Salon 13.00 **Mittagessen**

Salle Rotary 14.30 **Landesausstellungen sind heute ein Anachronismus**
Hans Ulrich Jost

Landesausstellungen sind das Produkt des 19. Jahrhunderts, initiiert von den Interessen von Handel und Industrie und dann, in der zweiten Hälfte des 19. Jahrhunderts, von Nationalismus und Imperialismus in Beschlag genommen. In der ersten Hälfte des 20. Jahrhunderts, das von Kriegen, Krisen und sozialen Kämpfen geprägt ist, wurden aus Landesausstellungen staatspolitische Massenveranstaltungen. Heute aber, am Vorabend des 21. Jahrhunderts sind Landesausstellungen anachronistisch geworden. Die sich redimensionierende Schweizer Industrie braucht keine nationale Messe. Und dem politischen System kann nicht mit einer nationalen Kommunion geholfen werden.

15.00 **Diskussion**

16.00 **Apéro**

249

249
Expo 2001. Die Zeit oder die Schweiz in Bewegung …, Tagung 1996, Gestaltung art-verwandt

250
Informationsobjekte – alles Design? Informatiker und Gestalter im Dialog, Fachtagung Zürich 1998, Gestaltung grafikwerkstatt.ch

251
Werkbundversammlung Bern, 2002

252
Crossover der Kulturen. Gestalten in der vielkulturellen Gesellschaft, Tagung Basel, 2004

253
Reibungsverluste – Reibungsgelüste. Arbeiten an der Stadt, Werkbundtag Luzern, 2005

250

251

252

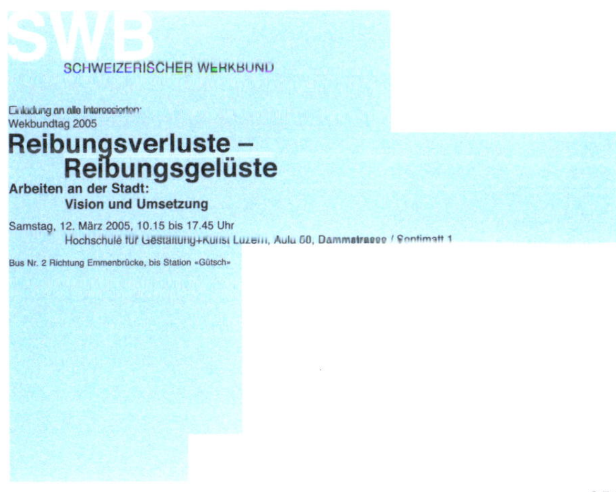

253

254
Hâte-toi lentement. Vitesse et création/ Eile mit Weile. Geschwindigkeit und Gestaltung, Werkbundtag Aarau, 2006, Gestaltung Bringolf Irion Vögeli

255
Rohstoffe/Ressources, Werkbundtag Winterthur, 2009, Gestaltung Bringolf Irion Vögeli

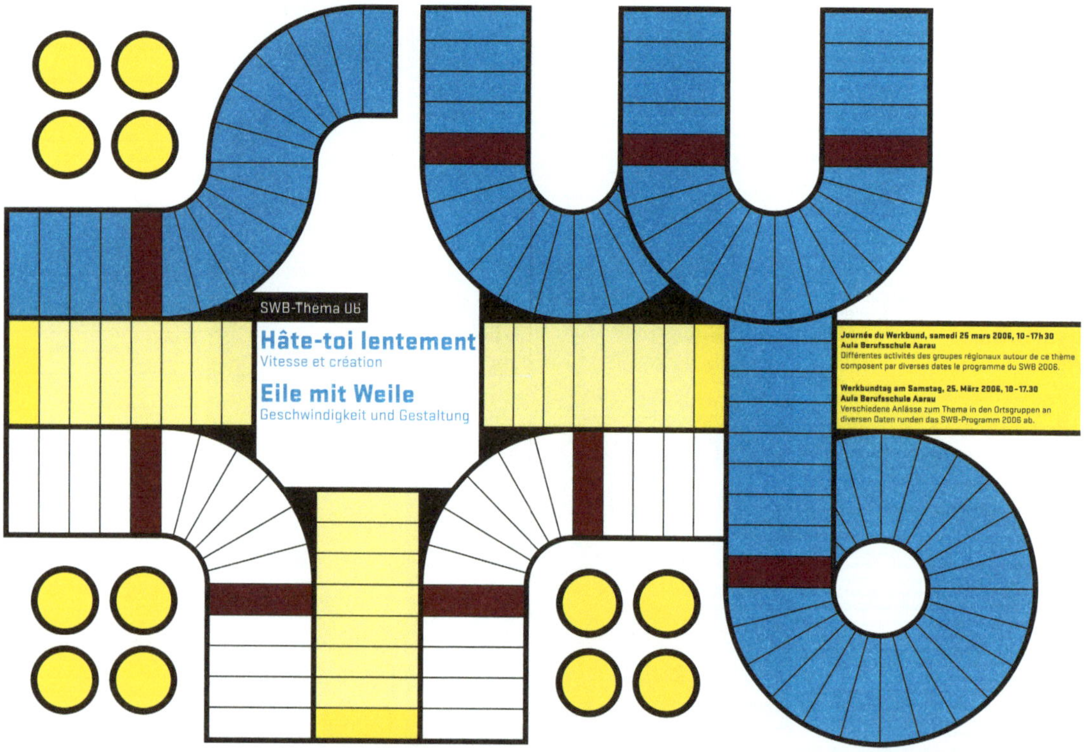

254

255

100 Jahre lang wurde die Tätigkeit des SWB, aber auch sein Erscheinungsbild in der Öffentlichkeit massgeblich durch seine Grafik bestimmt. An Ausstellungen und bei Aktionen changierte sein grafischer Auftritt zwischen avantgardistischer Tendenz und eingängiger Alltagsgrafik, orientierte sich bis Ende der 1960er-Jahre aber im Wesentlichen an der klaren, reduzierten Sprache der klassischen Moderne.

Ein anderer, für den SWB entscheidender Aspekt ist sein Engagement im Bereich der Produktewerbung und grafischen Firmenrepräsentation. Das Grafikdesign als Schnittstelle zwischen Produkt und seinem Verkauf war für den SWB ein wichtiges Arbeitsfeld und die Grafiker, die zwischen Produzent und Konsument vermitteln, eine für die Gestaltung insgesamt tragende Berufsgruppe.[1] Insbesondere lässt sich dieser Fokus auf die Grafik für die Zeit ablesen, in der der Schweizerische Werkbund ein explizites Interesse an der Promotion guter Produktgestaltung hatte – also vorwiegend in den ersten 50 Jahren seines Bestehens.

Verpackungen, Plakate und Bücher

Die Plakat- und Verpackungsgrafik verkörperte insbesondere in den Anfängen des Werkbundes exemplarisch das Ideal künstlerischer Durchdringung von Produkt und seiner Präsentation. Gerade die um 1900 auch unter Künstlern ausserordentlich populäre, wiederentdeckte Lithografie bot jene Verquickung von künstlerisch-grafischer Gestaltung und relativ einfach zu handhabender Reproduktionstechnik.[2] So war an der Landesausstellung 1914 in Bern dem lithografischen Gewerbe ein eigener, von Otto Ingold gestalteter, «farbig außerordentlich vornehm wirkende[r] Lithographenraum» zugeteilt worden.[3] Hans Bloesch schreibt in seiner Rezension zur Ausstellung in der Zeitschrift *Werk,* dass insbesondere in Bezug auf die grafisch gestalteten Verpackungen «für den Schweizerischen Werkbund auch ein dankbares Tätigkeitsfeld [liegen würde], um den Zusammenhang zwischen Industriellen und Künstlern anzubahnen».[4] Dieser Aufforderung kam man seitens des SWB gerne nach, sicher auch mit Blick auf die Leistungen des Deutschen Werkbundes im Bereich grafischer Firmenrepräsentation wie Arbeiten von Lucian Bernhard, Heinrich Mittag, Alfred Rungo oder Henry van de Velde, insbesondere aber die durchgestalteten Druckerzeugnisse von Peter Behrens, zeigen.[5] Bereits 1918 präsentierte die Zürcher Werkbund-Ausstellung (→ S. 127) in der Abteilung *Kunst und Kaufmann* sowohl zahlreiche solcher gut gestalteter Verpackungen von Schweizer Gestaltern hinter Vitrinen als auch gestalterisch herausragende Firmenplakate in Rahmen an Wänden
Abb. 169 (→ S. 222). Als der SWB 1921 anlässlich der Basler Mustermesse eine Werbeschrift herausgab, betitelte er sie ebenfalls mit *Kunst und Kaufmann* und verdeutlichte die Wichtigkeit eines einheitlichen Erscheinungsbildes der produzierenden Firmen und ihrer Produkte.[6] In den 1920er-Jahren bot die Grafik dem jungen SWB ein gutes Feld, potenziellen Auftraggebern aus der Industrie mittels Vorschlägen zur Gestaltung von Drucksachen die Vorzüge einer professionellen Gestaltung zu vermitteln. Zeugnis davon geben etwa die zahlreichen vom SWB
Abb. 173/174 begleiteten Wettbewerbe für Firmenplakate (→ S. 223). Bis heute prägt diese inhaltliche und ästhetische Durchwirkung die Werbelandschaft unter dem Begriff des Corporate Design.

Der SWB ging aber über solche Dienstleistungen hinaus noch einen Schritt weiter. Er stellte grafische Erzeugnisse im weitesten Sinne nicht ausschliesslich in den Dienst der guten Gestaltung der Firmenprodukte, sondern verstand sie sogar als eigentlichen Gegenstand seiner Bestrebungen zu einer besseren Gestaltung insgesamt.[7] So ist es selbstverständlich, dass der Werkbund ab 1941 mit einem Delegierten an der alljährlich stattfindenden, vom Eidgenössischen Departement des Innern (EDI) ausgerichteten Jurierung *Die besten Plakate des Jahres* teilnahm und ebenso jedes Jahr *Die schönsten Schweizer Bücher* mitprämierte.[8] Erst 1991 wurden an einer SWB-Tagung zum Gestaltungswettbewerb solche Auslobungen explizit infrage gestellt und danach nicht mehr unterstützt.[9]

SWB-Grafiker und SWB-Ausstellungsgrafik

«Die Arbeiten für die Schweizerische Landesausstellung haben gezeigt, dass der ‹Grafiker› zu einem der wichtigsten Mitarbeiter an diesem grossen Werk geworden ist, mindestens so wichtig, ja oft noch wichtiger als der Architekt.»[10] Hans Schmidt hat seinem kurzen Text zur Landesausstellung 1939 eine Reihe Abbildungen infografischer und künstlerischer Art vorangestellt. Alle Grafiker und Künstler – Alois Carigiet, Hermann Eidenbenz, Hans Erni, Hans Fischer, Heinrich und Helmuth Kurtz, Rolf Rappaz, Heiri Steiner und Max Sulzbachner – waren SWB-Mitglieder und haben neben vielen anderen Werkbündlern die Ausstellung in Zürich mitgeprägt. Auch wenn die Landesausstellung eine Angelegenheit des Ausstellungskomitees war, das den Auftrag von der Eidgenossenschaft erhalten hatte, war der SWB durch die vielen engagierten Mitglieder insbesondere in der grafisch-bildnerischen Erscheinung der Ausstellung präsent (→ S. 207).

Genau wie es Schmidt formuliert hatte, wurde die Grafik zu einem für die Ausstellungstätigkeit des SWB grundlegenden Faktor, der gerade die in der Mitte des Jahrhunderts dominierende Aktion *Die gute Form* (→ S. 277) prägen sollte. Mit ihrem Werbeaufwand mittels Ankündigungskarten, Etiketten, Korrespondenzmaterialien sowie den die Aktion begleitenden zusätzlichen Veranstaltungen wie Ausstellungen im Ausland (→ S. 317 und S. 319) oder Nebenprodukten wie dem *Warenkatalog* (→ S. 293) wurde gar eine einheitlich erkennbare Gestaltung gefördert, die mit ihrem klaren Auftritt durch serifenlose Schriften, monochrome Farbblöcke und Anleihen an konkrete Kunst deckungsgleich mit der damaligen Schweizer Grafik war.[11]

Für diese Zeit stechen die beiden Protagonisten und gestalterischen «Allrounder» des SWB, der Architekt, Ausstellungsgestalter, Grafiker, Maler und Plastiker Max Bill, sowie der wenig ältere Ausstellungsgestalter, Grafiker und Maler Richard P. Lohse, heraus. Beide waren zugleich Vertreter der konkreten Kunst und interessierten sich insbesondere für eine alle Bereiche durchdringende Gestaltung. Und beide waren massgeblich an diversen Ausstellungen und Publikationen des SWB beteiligt.

Bill, der 1936 mit der durch den SWB gestalteten Schweizer Abteilung der *VI. Triennale* in Mailand (→ S. 139) berühmt geworden war, hatte dort Grafik explizit als die Ausstellung gestaltendes Mittel eingesetzt. Ein paar Jahre zuvor hatte er das Ausstellungsplakat für die Werkbund-Siedlung Neubühl entworfen.[12]
Abb. 053 Zudem konzipierte er die SWB-Wanderausstellung *Die gute Form* von 1949 (→ S. 110), die, was den Einsatz typografischer und fotografisch-bildnerischer Mittel angeht, eine wegweisende Wirkung über den SWB hinaus hatte.[13]

Auch Lohse wurde für seine innovativen Ausstellungskonzeptionen
Abb. 052 bekannt. Für den SWB entwarf er 1950 die infografisch aufwendige *Trottoir-Schau* (→ S. 111). Er publizierte 1953 das Buch *Neue Ausstellungsgestaltung,* das diverse

Anschauungsbeispiele solcher grafisch orientierten Ausstellungskonzeptionen vereinte, wozu auch jene SWB-Schauen gehörten, die er selbst sowie sein Kollege Bill konzipiert hatten.[14] Lohse gestaltete neben dem Warenkatalog zahlreiche Flyer und Broschüren für die SWB-Aktion *Die gute Form* (→ S. 277).[15]

Lohse, der 1942 dem SWB beigetreten war, konnte gleich für die im Frühjahr 1943 im Kunstgewerbemuseum Zürich gezeigte SWB-Wanderausstellung
Abb. 379 *Unsere Wohnung* ein Plakat entwerfen (→ S. 368).[16] Er gestaltete eine räumliche Collage mit Farbblöcken, Flächen und diagonalen Streifen, mit der er bei der Avantgarde der 1920er-Jahre wie Konstruktivismus und De Stijl ansetzte. Offenbar stiess eine solche Art des grafischen Plakats, die später die Bezeichnung Konstruktive Grafik erhalten sollte, zu dieser noch vom Zweiten Weltkrieg dominierten Zeit innerhalb des SWB auf keinen Zuspruch. So schreibt der Geschäftsführer Egidius Streiff an Lohse: «Im Dienst hatte ich genügend Zeit mich ganz unbeschwert mit der propagandistischen Seite des Plakates auseinanderzusetzen: Bei den verschiedensten Gängen und Märschen durch die Stadt leuchtete mir von den Plakatsäulen ein Ding entgegen, das meine Aufmerksamkeit durch seine Farben und Formen stark in Anspruch nahm. Das Plakat war also auffällig und reizte jemanden wie mich, der sich mit Plakaten abgibt zum sich damit beschäftigen.» Da sich die Ausstellung «ausschliesslich an einfache Leute» richte und «Arbeitern und dem unteren Mittelstand Anleitungen und Anregungen geben» solle, meint Streiff, sei es ein «Fehler», mit einem «abstrakten Formenspiel» an sie heranzutreten. «Ich gebe zu», schreibt er weiter, «dass es an und für sich eine schöne Arbeit ist – aber eine Arbeit ausschliesslich für Intellektuelle. Für unseren Zweck hätten wir aber eine ganz andere Formensprache gebraucht.»[17]

Zwischen avantgardistischem Anspruch …

Es war 1943 offensichtlich zu früh, den gestalterischen Anspruch so hoch anzusetzen und eine Arbeit zu zeigen, die das Volkstümliche zugunsten einer konstruktiv-typografischen Lösung vernachlässigte. Dass aber auch ausserhalb des SWB über gute Gestaltung der Plakatgrafik kein Konsens herrschte, zeigen die Diskussionen in der Folge der Grafik-Ausstellung, die im Anschluss an die SWB-Wanderausstellung *Unsere Wohnung* vom Verband Schweizer Graphiker (VSG) eingerichtet worden war. Es ging darin im Wesentlichen um das Verhältnis zwischen «typographisch gelösten Arbeiten» und künstlerischer Grafik, wie sie sich bisher im sogenannten Künstlerplakat manifestiert hatte.[18] So gesehen kann Lohses Plakat als ein deutliches Statement und als Aufbruch in eine zeitgemässe neue Grafik interpretiert werden. Erst mit dem von ihm gestal-
Abb. 284 teten Cover des *Warenkatalogs* von 1949 (→ S. 293) und Hans Neuburgs Frontseite
Abb. 085 des Katalogs der Zürcher *Werkbund-Ausstellung* von 1950 (→ S. 145) gelang es allmählich, erneut, wie in einzelnen Plakaten und Broschüren der Zwischenkriegszeit, typografisch und gestalterisch auf einem anspruchsvollen und international anerkannten Niveau zu entwerfen.

1944 konnte Lohse seine künstlerischen und gestalterischen Ideale
Abb. 216 mit der Einladungskarte und dem Programm zur SWB-Tagung verwirklichen. Wohl zum ersten Mal hat er hier die später von ihm perfektionierte Methode der wechselnden Überlagerung von farbigen Feldern mit Typografie ausprobiert, die er später um Fotografien erweitert hat.[19] Vergleicht man Lohses Einladungs-
Abb. 215 karte allerdings mit der zwei Jahre zuvor von Walter Käch entworfenen Karte, zeigen sich gestalterische Parallelen und Entwicklungen.

Einladungen für die Mitgliederversammlung und die Werkbund-Tagung boten nämlich seit jeher für die SWB-Mitglieder eine Gelegenheit zur Entwicklung gestalterischer Ideen innerhalb des grafischen Auftretens des Werkbundes. Mit der Einladung, der Anmeldekarte, dem Programm, der Menükarte und dem Essenscoupon ist gleich ein ganzes Paket an gebrauchsgrafischem Material entworfen worden, das aufeinander abgestimmt dem jeweiligen Anlass ein
Abb. 217–223 einheitliches Erscheinungsbild gab. So erhielten die teilweise noch unbekannten Grafiker die Möglichkeit, an einem in diesen Dingen anspruchsvollen Publikum eine eigene grafische Idee zu testen. Neben Bill, Lohse und Käch waren dies einmal oder wiederholt Hans Aeschbach, Werner Allenbach, Hermann Eidenbenz, Hans Erni, Pierre Gauchat, Armin Hofmann, Gottfried Honegger, Hans Falk, Robert Gessner, Josef Müller-Brockmann, Hans Neuburg, Bernhard Reber, Emil Ruder, Nelly Rudin, Ernst Scheidegger und Heiri Steiner sowie viele andere, deren grafischen Arbeiten verloren gingen oder sich nicht mehr zuordnen lassen.[20] Mehrheitlich handelte es sich um typografische Lösungen, manchmal zeichnerisch illustriert, selten fotografisch kombiniert.

Abb. 204/205 Eine besonders innovativ gestaltete Menükarte stammt von Pierre Gauchat für die SWB-Tagung 1932, die während der Zürcher Lichtwochen stattfand. Mit avantgardistischer Verve setzte der Grafiker eine Leuchtschrift auf die Vorderseite. Auf der Innenseite inszenierte er in einer fotografischen Sequenz die Stahlrohrmöbel der die Menükarte stiftenden Embru-Werke AG. Mit der Karte hat er die Aufbruchstimmung, die Anfang der 1930er-Jahre geherrscht haben mag, kondensiert. Am selben Tagungswochenende stand nämlich der Besuch der mittlerweile legendären Picasso-Ausstellung im Kunsthaus Zürich auf dem Programm. Zudem besichtigten die Werkbündler die SWB-Siedlung Neubühl, das sogenannte Z-Haus am Stauffacher, den Kindergarten Wiedikon und das Limmathaus – mittlerweile allesamt Ikonen der klassischen Moderne in Zürich.[21]

… und Angemessenheit

Eine Aufbruchstimmung anderer Art herrschte um 1970, als sich der SWB von der Aktion *Die gute Form* und damit auch von den Gestaltungsidealen der Moderne distanzierte. Als er zur ausserordentlichen
Abb. 027 Werkbund-Tagung von 1969 einlud, erfolgte dies mit einem Faltblatt (→ S. 85). Die gesamte Vorderseite zeigt eine Schwarz-Weiss-Fotografie eines nackten Männertorsos, in dessen Gesäss eine Nadel mit einer giftgrünen Flüssigkeit steckt. Diese Einladung war programmatisch zu verstehen, denn es ging darum, dem alten Werkbund neue Inhalte zuzuführen. In Zukunft sollten Arbeitsgruppen ganz unterschiedliche Themen untersuchen, die in ihrer Diversität abgebildet werden mussten. Es war also nicht mehr möglich, wie bisher, alles aus einem Guss zu präsentieren, sondern die diversen Aktionen, thematischen Untersuchungen und politischen Vorstösse mussten jetzt um ihre je eigene Aufmerksamkeit buhlen.

Dafür wurden explizit Verfahren des Provisorischen versucht, Bild- und Textcollagen aus der frühen Moderne wiederaufgenommen und Anklänge an Agitprop im Stil der Pop-Art reanimiert, um die Grafik dem kulturpolitischen Fokus entsprechend anzupassen. Das von Ursula Hiestand gestaltete Signet
Abb. 147/148 der SWB-Aktionen *Thearena* (→ S. 196) steht hier beispielhaft für diesen Paradigmenwechsel in der Grafik. Hiestands Signet konnte individuell und umstandslos

wie ein Stempel den verschiedenen Flyern und Plakaten aufgedrückt werden und vermittelte der gesamten SWB-Aktion, trotz der Verschiedenheit der Angebote, eine sie verbindende Komponente.

Allerdings hatte die Vereinigung nicht nur seit der Beendigung des öffentlichen Auftritts an der Mustermesse Basel (MUBA), sondern auch seit der Auflösung der Vereinszeitschrift *Werk* (→ S. 149) mit der Schwierigkeit zu kämpfen, in der Öffentlichkeit überhaupt wahrgenommen zu werden. Verschiedenen Versuchen publizistischer Tätigkeit blieb der gewünschte öffentlich-wirksame Erfolg versagt (→ S. 198).

So hatte Ende der 1980er-Jahre «ein Ausschuss des Zentralvorstandes [sich mit der] Schaffung eines inhaltlich und gestalterisch aktualisierten Selbstdarstellungsmittels» befasst und den Verleger und Designer Lars Müller zusammen mit Mihaly Varga beauftragt, ein solches zu entwerfen.[22] Das neue «Informations-
Abb. 241 mittel» war ein zweiseitig bedrucktes Plakat in Weltformat, das gefaltet und in einem passenden Couvert, aber immer noch in Übergrösse, als Faltbroschüre verschickt werden konnte.

Im Heft Nr. 3, *Angemessenes Gestalten,* aus der Reihe SWB-Dokument, das die Vorträge der gleichnamigen Tagung vom November 1990 versammelte, wurde über das Gestalten allgemein referiert, aber auch im Besonderen über die Grafik. Der Erste Vorsitzende Martin Heller lieferte in einem ersten Beitrag zwei Plakatkritiken, und zwar über ein und dasselbe neue SWB-Plakat von Müller und Varga. Er versuchte, mit zwei völlig unterschiedlichen Texten zu zeigen, dass Kritik vom Massstab abhängig ist, den man an das zu Kritisierende legt.[23] Die Frage nach Angemessenheit stellte Heller also letztlich gleich zweifach: erstens, ob die Grafik des zu kritisierenden Plakats angemessen sei, also irgendeinem gearteten Zweck des Nutzers gerecht wird. Und zweitens, ob die Kritik an der Grafik sich an einer ebensolchen Angemessenheit orientiert, also ob sie mit Kriterien hantiert, die auch tatsächlich einer Angemessenheit des Plakats entsprechen.

In einem zweiten Aufsatz zeigte der Architekt Leo Balmer, selbst Mitglied des Zentralvorstands, einen möglichen Ausweg aus dem Dilemma, Angemessenheit in der Gestaltung überhaupt zu definieren. Er plädierte anstelle der Angemessenheit für vermehrte «gestalterische Anmassungen», und zwar «nicht aus Überdruss und Langeweile am gemeinhin Angemessenen, im Wechselbad der Moden, sondern Anmassungen mit dem Ziel auf Wahrnehmungsschärfung». Aus der «Differenz» von «Anschauung und Begriff, Idee und Vorstellung, aber auch Entwurf und Ausführung, Plan und Verwirklichung» entwickle sich «der Zündstoff, der Kommunikation überhaupt erst entfacht» – wie auch «Bedeutungen» erst so entstehen würden.[24]

Es bleibt einer späteren Geschichtsschreibung überlassen, die jüngsten SWB-Plakate, Flyer und Programme unter der Maxime einer so verstandenen Angemessenheit zu bewerten.[25]

1 Siehe die tabellarische Zusammenstellung zu den Berufsgruppen innerhalb des SWB S. 445. Auffällig ist die Stagnation der Berufsgruppe der Grafiker nach 1970.
2 Bloesch 1914, S. 4–5.
3 Ebd., S. 1.
4 Ebd., S. 4.
5 Abbildungen siehe Nerdinger 2007, S. 84–107.
6 SWB Werbeschrift 1921.
7 Der SWB wurde auch angefragt für die Auswahl und Zusammenstellung von Schweizer Plakaten für Ausstellungen im Ausland, so beispielsweise 1950 für den Oberösterreichischen Werkbund in Linz, und zuvor in München, MfGZ/Designsammlung/Konvolut SWB/Schweizer Plakatkunst 1950.
8 Zu den Beweggründen des EDI, ab 1941 «Anerkennungsurkunden» auszustellen vgl. Hans Kasser, Künstlerische Durchdringung des Alltags, in: *Werk* 30 (1943), H. 8, S. 229–231, hier S. 231.
9 SWB-Dokument Nr. 1, Zürich 1991a.
10 Hans Schmidt, Grafiker an der Schweizerischen Landesausstellung, *in: Werk* 26 (1939), H. 3, S. 65–73.
11 Siehe Hollis 2006, S. 152–202. Siehe auch Stephen J. Eskilson, *Graphic Design. A New History*, New Haven 2012 (2007), S. 286–297.
12 Abbildung bei Marbach/Rüegg 1990, S. 146.
13 Zur Ausstellung siehe *Max Bills Sicht der Dinge. Die gute Form. Eine Ausstellung 1949*, hg. von Claude Lichtenstein und dem Museum für Gestaltung Zürich [erscheint in Kürze]. Siehe auch S. 116 in der vorliegenden Publikation.
14 Siehe Lohse 1953, S. 28–31, 188–191, 192–193.
15 Einen vollständigen Überblick über die von Lohse für den SWB gestalteten Drucksachen und Kataloge vgl. Lohse-Stiftung 2000, S. 256–259.
16 Ebd., S. 258, Abb. S. 11.
17 Brief Streiffs an Lohse, 13.3.1943, Richard Paul Lohse-Archiv, mit bestem Dank an Johanna Lohse James für die Einsicht in die Dokumente. Vgl. Lohse-Stiftung 2000, S. 150, Anm. 51 sowie S. 258.
18 L. S., Kritik der Graphik, in: *Werk* 30 (1943), H. 8., S. IX. Eine Zusammenstellung v. a. künstlerischer Plakate siehe Walter Kern, Das Plakat, in: ebd., S. 237–240, Tafeln.
19 Gemäss seiner Tochter Johanna Lohse James gibt es keine ältere Arbeit dieses Vorgehens wie die Einladungskarte von 1944. Aus einem Gespräch mit dem Autor, 8.2.2013.
20 Einige der Grafiker sind aufgeführt in: *Schweizer Grafiker, Handbuch*, hg. vom Verband Schweizerischer Grafiker, Zürich 1960; siehe auch Christoph Bignens, *‹Swiss style›. Die grosse Zeit der Gebrauchsgrafik in der Schweiz 1914–1964*, Zürich 2000 sowie Willy Rotzler u. a. (Hg.), *Das Plakat in der Schweiz – mit 376 Kurzbiografien*, Schaffhausen 1990.
21 Vgl. GB SWB 1933, S. 1; Einladungskarte, Archiv SWB. Die knapp 20 Jahre später realisierte fotografische Arbeit *Seeking Comfort in an Uncomfortable Armchair* (um 1950) des italienischen Künstlers und Designers Bruno Munari erinnert an Gauchats fotografische Sequenz mit den Stahlrohrmöbeln, abgebildet in: *Far vedere l'aria. Die Luft sichtbar machen. Ein visuelles Lesebuch zu Bruno Munari*, hg. von Claude Lichtenstein und Alfredo W. Häberli, Zürich 1995, S. 212–213.
22 Brief Martin Hellers und Leonhard Fünfschillings an die SWB-Mitglieder, 21.1.1989, Archiv SWB.
23 Vgl. Martin Heller, SWB – Ein Plakat, zwei Schlagseiten, in: SWB Dokument 1992, S. 9–11.
24 Leo Balmer, Angemessen – eine Anmassung?, in: SWB Dokument 1992, S. 13–21, hier S. 21.
25 Zum SWB-Prospekt von 1997 siehe Christoph Settele, Handlich statt vielschichtig, in: *Hochparterre* 11 (1998), H. 4, S. 35; siehe Abb. 049 auf S. 106 in der vorliegenden Publikation.

256
Weihnachts-Ausstellung Kunstgewerbemuseum Zürich, 1941, Foto Fachklasse für Fotografie (Kunst-)Gewerbeschule Zürich

257
Seite aus der Ausstellungszeitung *1000 Geschenke ausgewählt vom SWB*, 1940

Weihnachtsausstellung *1000 Geschenke ausgewählt vom SWB*

Zürich, 1940

Nachdem die traditionelle Form der Weihnachtsmesse auf immer weniger Anklang gestossen war, organisierte die Ortsgruppe Zürich unter dem Titel *1000 Geschenke ausgewählt vom SWB* zum Jahresende 1940 eine Ausstellung mit einer Auswahl von Produkten Zürcher Fabrikanten und Detailhändler. «Dem Publikum soll mit dieser Auswahl aus der Fülle von Weihnachtsgeschenken ein reiches Bild schlichter, formschöner Dinge geboten werden, die aus gutem Material bestehen und werkgerecht verarbeitet sind.»[1] In nach dem Alter der Beschenkten sortierten Abteilungen – *Kleinkind, Schulkind, Erwachsene* und andere – konnte der Besucher direkt und zielstrebig nach dem passenden Geschenk suchen. Ausserdem wurden im Rahmen der von Max Bill eingerichteten Ausstellung neue Entwürfe produziert, was teilweise aus öffentlichen Mitteln zur Arbeitsbeschaffung finanziert werden konnte. Nachdem die Ausstellung von 1940 ein Erfolg war, sollte sie 1941 wieder in ähnlicher Form stattfinden.[2] Neben dem Verkauf von ausgesuchten Gegenständen nutzte der Schweizerische Werkbund auch die Gelegenheit, dem Publikum die Werkbund-Tätigkeit näher zu bringen. Diese wurde am Eingang der Ausstellung auf mehreren Tafeln vorwiegend mit grafischen Mitteln und in einer Ausstellungszeitung erläutert. In der Manier einer modernen Reklameschrift warb diese jedoch auch für einzelne Produkte, welche in Bildern gezeigt und mit anpreisenden Unterschriften inklusive Firmennamen empfohlen wurden.[3]
● *Jasmine Wohlwend Piai*

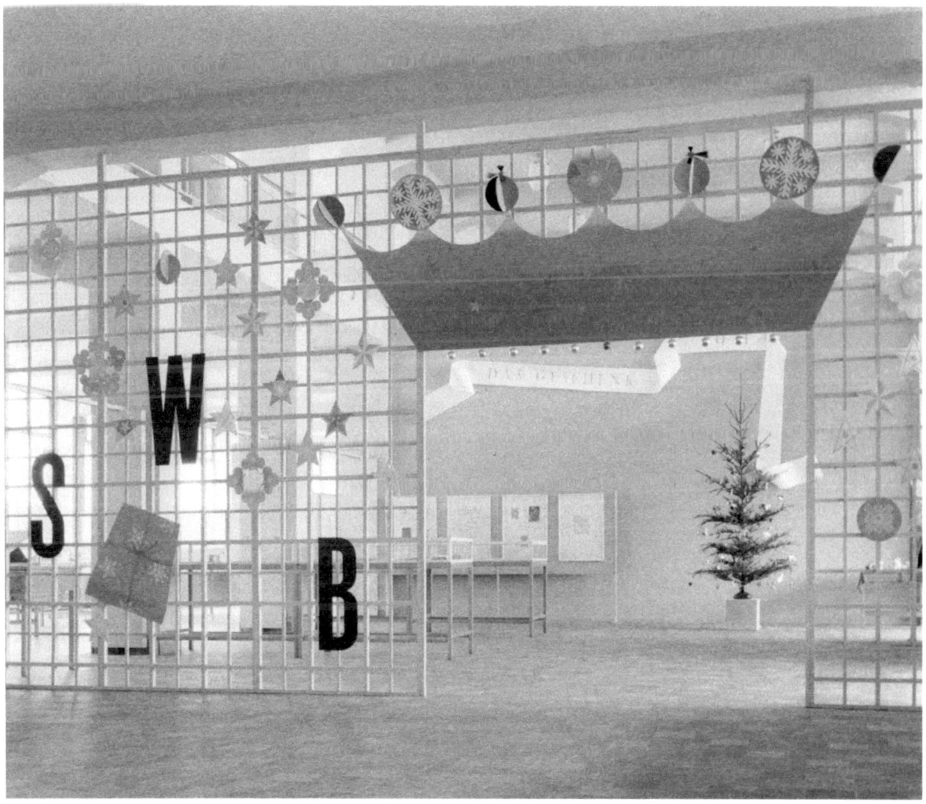

256

Zinngeschirre werden in der Schweiz seit Jahrhunderten hergestellt. Diese hier sind nun einmal keine Imitationen alter Modelle, sondern es sind Formen unserer Zeit von nicht geringerer Schönheit wie die alten Geschirre. Sie sind hergestellt von **Fröhlich** SWB **& Kraska**, Edelmetallwerkstatt, St. Peterhofstatt 12, **Zürich.**

Schweizer Kunstgewerbe, formschöne Keramik, phantasievoll bemalt oder einfach für den täglichen Gebrauch, gedrechselte Holzschalen, Textilien, Flechtarbeiten aus den Bergtälern und vieles Andere. Alles, was fleißige Handwerker, Kunstgewerbler, meist Werkbundmitglieder geschaffen haben, wird während des ganzen Jahres von der **Spindel,** Schweizer Kunstgewerbe und Heimarbeit, ausgewählt und in ihrem Geschäft an der St. Peterstraße 11 / Bahnhofstraße 31 in Zürich ausgestellt und verkauft. Für unsere Ausstellung hat die **Spindel** manches zur Verfügung gestellt.

Es gibt verschiedene Arten von Schmuck. Der eine wirkt durch seine Kompliziertheit und Kostbarkeit, der andere durch seine Schlichtheit. Hier ist der Schlichtheit der Vorzug gegeben, die Wirkung durch die einfache Form und das gut gewählte Material erzielt von **A. Segenreich** SWB, Goldschmied, Münstergasse 25, **Zürich.**

Der Kohlenkasten - eine Kurzgeschichte

Es war der Kohlenkasten, über den wir miteinander in Streit gerieten, meine Frau und ich. Nur vorübergehend natürlich, nur vorübergehend.

Weil es auf die Dauer doch nicht angeht, daß man in der einzig heizbaren Stube, neben dem neuen Øfeli, das so höhnisch nach der Zentralheizung hinüberblinzelt, all das Anfeuerholz, den Anthrazit und die aus unbeantworteten Briefen und unbezahlten Rechnungen künstlich geformten Papierbriketts in einem schnöden Spankorb zur Schau stellt, mußte ein Kohlenkasten angeschafft werden.

Die Industrie mit ihrem großartigen Riecher war bereit. Marietta (das ist meine Frau nämlich), brachte denn solch ein Ding mit nach Haus. Sie wickelte es umständlich und höchste Erwartungen erweckend, aus dem sündhaft vielen Packpapier,

schauderhaft!

Nämlich das Biest war über und über mit Astern bemalt, weiße, rote, gelbe, blaue und natürlich auch violette (die Marietta freilich dezent in den Schatten gestellt hat). Und Goldbörtchen auf allen Kanten des blechernen Dodekaeders, Gold, was ich doch nicht ausstehen kann! Ich schnaubte. Und machte mich ingrimmig auf den Weg, **selbst** nach dem Rechten zu sehen.

Der Mann in der Bude war sehr höflich: «Kohlenkasten? mit Vergnügen, Herr Professor, mit Vergnügen!» Ich winke leise ab (ich **bin** ja gar kein Professor!): «Zur Sache!»

Eine in die Livrée des Hauses Schneckenmüller gekleidete Bedienungsmamsell schleppte sie denn heran, die Sache, halbdutzendweise, und der Chef des Hauses rieb stolz vergnügt die Hände: Ist nicht Alles da? Wird nicht für jeden Geschmack etwas geboten? Sind wir nicht das erste Haus am Platze?

Ja, da waren sie, die Kohlenkästen und prangten in ihrem Schmuck, vielmehr «Decor»: in Astern (natürlich!), in Georginen, in Tulpen, in Veilchen (Kohlenkasten mit Veilchen!); mit Finsteraarhorn, mit Well- und Wetterhorn, mit Jungfrau, Mönch und Eiger; und mit Zwergen natürlich, mit einem, mit zweien, mit sieben Zwergen!

Ich sah auf die Uhr — Unsinn! — auf den Abreißkalender, da stand's: 1940 (ich fürchtete in die frühen Siebzigerjahre verschlagen worden zu sein).

Inzwischen hatte der Chef neue Ladungen heranschleppen lassen (Blumen sind offenbar nicht der Geschmack des Herrn Professor!): mit träumenden Hirten, mit Schloß Chillon und — «etwas ganz Apartes» — mit einem Motiv von der Landi. Ich unterdrückte heroisch die Anwandlung, dieser Walpurgisnacht von goldgeränderten Werten in kühnem Tellensprung einen Tritt zu versetzen und verließ stürmisch das Lokal.

Daß sich der Kerl nicht schämt! (Ich meine den Chef). Er ist ja doch sonst ein anständiger Mensch?! Hat eine nette Frau und drei unschuldige Kinder und geht hin und hängt der ahnungslosen Einwohnerschaft unserer ansehnlichen und in allen Reisehandbüchern rühmend vermerkten Schweizerstadt diesen Mist an! Er versteht doch sein Geschäft?! Er würde doch keine Beißzange verkaufen, die nicht beißt, keine

Das Agro-flex-Album liegt immer flach wenn man es öffnet. Zudem kann man die Blätter auswechseln und anders einordnen, man kann neue dazufüllen bis das Album doppelt so dick ist. Kurz, ein Foto-Album, wie man es sich wünscht, hergestellt von Buchbinder **A. Großenbacher** SWB, Predigergasse 19, **Zürich.**

Sauberkeit des Schulmaterials, Ordnung im kleinen, ist die beste Erziehung des Kindes für eine selbstverständliche Ordnung im großen. Von der einfachen Farbstiftschachtel zum schönsten Reißzeug und zur Schreibunterlage für die Dame hat uns **Gebrüder Scholl A-G,** Poststraße 3, **Zürich,** viele praktische und nützliche Dinge zur Verfügung gestellt.

Schon kleine Kinder sollen sich mit dem Reich der Töne beschäftigen. Dazu sind am besten geeignet die Ur-Instrumente: das **Metallophon** und die **Blockflöte.** Ist der Grund erst gelegt, wird vielleicht Besseres daraus entstehen. Dann kommen kompliziertere Instrumente in Frage, über die Sie **Hug & Co.,** Limmatquai 26—28, **Zürich,** gerne orientiert.

Tagung 1948 und der Schwedische Werkbund

Basel, 1948

Der Kunsthistoriker Gregor Paulsson (1889–1977), Mitautor von *acceptera*, dem Manifest der schwedischen Funktionalisten[1], war 1948 Hauptredner an der Tagung des Schweizerischen Werkbundes (SWB) in Basel, die im Zeichen der Nachwuchsförderung stand. Er sprach über «die soziale Aufgabe im kunstindustriellen Unterricht».[2] Drei Tage früher referierte er vor Mitgliedern der Ortsgruppe Zürich und des Zürcher Ingenieur- und Architektenvereins (ZIA) zum Thema Rationalisierung und moderne schwedische Architektur. Die Einladung zu beiden Vorträgen kam von Alfred Altherr jun. (→S.430), dem damaligen Geschäftsführer des SWB. Die gesamtheitliche Sichtweise auf Kunstgewerbe und Architektur, verknüpft mit sozialen Aspekten und Fragen zu rationeller Produktion, ist typisch für den bereits 1845 gegründeten Schwedischen Kunstgewerbeverein (Svenska Slöjdföreningen)[3], der von Paulsson in den 1920er- und 1930er-Jahren massgeblich geprägt worden war. Bekannteste Manifestation war die bahnbrechende Stockholmer Ausstellung von 1930, für die Paulsson und Gunnar Asplund verantwortlich zeichneten. Im Unterschied zur Stuttgarter Weissenhof-Ausstellung *Die neue Wohnung* wurden in Stockholm Wohnungen, Einrichtungsgegenstände und Gebrauchswaren für jedes Einkommen präsentiert. Ein diese Problematik ansprechender Beitrag erschien von Paulsson bereits 1923 im «Schwedenheft», der Zeitschrift *Das Werk*.[4] Anlass bot die auf Initiative von Alfred Altherr sen. (→S.419) in Zürich, Winterthur, Basel und Bern gezeigte Wanderausstellung *Schwedisches Kunstgewerbe*.

Aus Schweizer Sicht galt das Hauptinteresse der vorbildhaften Verbindung von Kunst und Industrie, die in Schweden bereits in den 1920er-Jahren etabliert war. Altherr schrieb von den Ausstellungsgegenständen bewundernd: «Sie zeugten in ihrer Gesamtheit davon, dass in Schweden sowohl das Grossgewerbe als

Einladung

Sehr geehrtes Mitglied,

Letztes Jahr wurde beschlossen, die Werkbund-Versammlung 1948 in Basel durchzuführen.

Die Tagung in Langenthal 1947 hatte zum Thema die Voraussetzungen und die Entwicklung der Werkbund-Idee und die Formprobleme der Gegenwart.

An der heutigen Tagung soll dieses Thema weitergeführt und die Frage gestellt werden, ob die geeigneten Kräfte vorhanden sind, die die Forderungen der kunstgewerblichen und industriellen Formgebung erfüllen können. Die Tagung ist daher unserem Nachwuchs gewidmet, den Problemen seiner Ausbildung, seiner gestalterischen und wirtschaftlichen Möglichkeiten sowie den formalen und kulturellen Ideen, die Träger der Entwicklung sein sollten.

Wir freuen uns, daß wir als Hauptreferenten Herrn Professor Gregor Paulsson von der Universität Uppsala, den Ersten Vorsitzenden des Schwedischen Werkbundes, und Herrn Mark Hartland Thomas, Chief Industrial Officer of The Council of Industrial Design, London, der sich auch zum Thema äußern wird, begrüßen dürfen.

Die Fragen des Nachwuchses sind zu weitreichend, als daß mehr als ein Überblick auf der Tagung gegeben werden kann. Der Zentralvorstand nimmt an, daß das Thema in den Ortsgruppen im Laufe des Jahres weiterbehandelt wird. Die Ergebnisse der Tagung mit Auszügen aus den Referaten sollen in Form eines erweiterten Protokolls festgehalten werden, das den gedruckten Geschäftsbericht ersetzt, der bisher vor der Tagung verschickt wurde. Rechnungsbericht und Budget liegen dieser Einladung bei.

Der Zentralvorstand glaubt, daß die diesjährige Tagung für alle unsere Mitglieder interessant sein wird, und erwartet eine lebhafte Beteiligung.

Für den Zentralvorstand:
Der I. Vorsitzende: H. Finsler
Der Geschäftsführer: A. Altherr

Programm

Samstag, 23. Oktober	**10.00**	Sitzung des Zentralvorstandes.
	15.00	**Vorträge im Vortragssaal des Kunstmuseums,** Albangraben 16 Begrüßung durch den I. Vorsitzenden. Prof. Dr. Brogle, SWB., Direktor der Mustermesse, Basel: «Der Qualitätsgedanke in der schweizerischen Industrie.» Prof. Gregor Paulsson, Universität Uppsala, I. Vorsitzender des Schwedischen Werkbundes: «Die soziale Aufgabe im kunstindustriellen Unterricht.»
	Pause	
		Max Bill, SWB., Architekt, Zürich: «Schönheit aus Funktion und als Funktion.»
	18.55	Abfahrt nach Bottmingen mit der Birsigtalbahn, Bahnhof Heuwaage. Spätere Züge: 19.16 und 19.36.
	19.30	Nachtessen im Bottminger Schloß, anschließend Tanz. (Nachtessen ohne Getränke, Trinkgeld und Musik pauschal Fr. 7.—.)
	03.00	Autocar nach Basel, Centralbahnplatz (Fr. 1.50). Letzter Zug 00.04.
Sonntag, 24. Oktober	**09.30**	**Generalversammlung im Vortragssaal des Kunstmuseums,** Albangraben 16 *Traktanden:* Protokollgenehmigung, Verlesen des Geschäftsberichtes, Abnahme von Rechnungsbericht und Budget, die mit der Einladung zur Tagung an die Mitglieder versandt wurden, Festsetzung des Jahresbeitrages, Wahlen, Anträge, Diverses. An der Generalversammlung haben nur die ordentlichen Mitglieder Stimmrecht, die Förderer Vorschlagsrecht. Anträge sind bis spätestens zum 13. Oktober schriftlich der Geschäftsstelle SWB. zuhanden des Zentralvorstandes einzureichen.
		Diskussion zum Tagungsthema mit Kurzreferaten von: Mark Hartland Thomas, Chief Industrial Officer of The Council of Industrial Design, London. Prof. H. van de Velde. Prof. Dr. Giedion, SWB., Zürich. A. Roth, SWB., Architekt, Redaktor des «Werk», Zürich. R. Graber, SWB., «Wohnbedarf», Zürich.
	12.30	Abfahrt nach Rosenau (Elsaß), Restaurant du «Cigne», per Autocar ab Kunstmuseum, Albangraben 16 (Kosten Fr. 3.50).
	13.30	Mittagessen im Restaurant du «Cigne», Rosenau (Kosten Fr. 3.50).
	16.00	Rückfahrt nach St-Louis über Ottmarsheim und Besichtigung der karolingischen Oktogonkirche.
	ca. 18.00	Ankunft in St-Louis, Rückfahrt nach Basel mit Tram.

258

1 *Werk* 27 (1940), H. 12, S. X.
2 GB SWB 1941, S. 16–17.
3 *1000 Geschenke ausgewählt vom SWB* [Ausstellungszeitung], Zürich 1940, o.S., Archiv SWB B.0346. Siehe dazu auch *Werk* 28 (1941), H. 2, S. XVIII.

[auch] die vielen Heimindustrien des Landes zweckmässige, formenschöne und dabei erschwingliche Ware für den Bedarf der breitesten Schichten auf den Markt bringen. Die meisten Arbeiten, seien es Gewebe, Gläser oder Möbel, lassen erkennen, dass der Künstler sich in das Material eingefühlt und aus ihm heraus geschaffen hat.»[5]

Im Gegenzug wurde der SWB nach Stockholm eingeladen. Die *Schweizerische Ausstellung für Kunst und Kunstgewerbe* fand im September 1924 in der städtischen Kunsthalle statt. Auf Betreiben der Gastgeber sollten auch Bilder von Ferdinand Hodler gezeigt werden, und Paulsson wünschte sich Beispiele moderner Schweizer Architektur. Aus Sicht der *Neuen Zürcher Zeitung* war die Ausstellung geglückt, weil die Veranstalter in denjenigen Bereichen Akzente setzten, «wo das schwedische Handwerk kaum etwas Besseres zu bieten hat, und [sich] anderseits zurückhielten, wo Schweden uns offensichtlich überragt».[6] Die gezeigten Arbeiten der schweizerischen Plakatgestalter überzeugten ebenso wie die Glasmalereien, und einen «vorzüglichen Anblick» boten Druckstoffe sowie die handgeknüpften Teppiche von Johannes Itten.[7]

20 Jahre später war es an Itten selbst, «das freundschaftliche Band, welches Schweden mit unserem Lande verbindet, enger knüpfen zu helfen»[8]. Als Direktor des Zürcher Kunstgewerbemuseums nahm er mit dem Schwedischen Werkbund und dem Svensk Arkitekters Riksförbund (SAR) Kontakt auf mit dem Ziel, einen breit angelegten Querschnitt von gegenwärtigem Kunstgewerbe und Architektur zu zeigen. Der Krieg sowie Fragen der Finanzierung führten dazu, dass die Schau erst im Sommer 1949 stattfinden konnte.[9] Sie war mit über 15 000 verkauften Eintrittskarten ein voller Erfolg. Die Möglichkeit, ausgestellte Gegenstände und Waren zu kaufen, machte sie besonders beliebt. Einmal mehr war Paulsson federführend beteiligt, nun als Präsident des Schwedischen Werkbundes und Professor für Kunstgeschichte in Uppsala. Der Titel der Ausstellung *Schwedisches Schaffen heute vom Stadtplan zum Essbesteck* spiegelt das zentrale Anliegen Paulssons und des SWB wider.

Herzstück bildete eine Dreizimmerwohnung im Massstab 1:1, die komplett eingerichtet den Anspruch einer Synthese von Form und Funktion unter Berücksichtigung sozialer Fragen perfekt illustrierte. Die dahinterstehende sozialdemokratische Gesinnung führte auch zu der Kernaussage von Paulssons Vortrag im Jahr 1948 in Basel: Eine grundlegende Verbesserung der Ausbildung und damit der Qualität von kunstgewerblichen Erzeugnissen sei nur möglich, «wenn der Markt von einem Produzentenmarkt in einen Konsumentenmarkt verwandelt wird. [...] Das Problem, den Markt in einen Konsumentenmarkt zu verwandeln, ist ein Erziehungsproblem und in diesem Sinne prinzipiell lösbar».[10] Erste Schritte dazu wurden in Schweden durch die Gründung des Kooperativen Verbandes (KF) gelegt, einem genossenschaftlich organisierten, landesweit tätigen Lebensmittelunternehmen, das den Markt, wie in der Schweiz die Migros, nachhaltig verändert hat.

Als Erziehungsproblem beschreibt auf derselben Tagung auch Max Bill die Herausforderung, Gestalter auszubilden, die den Bedingungen des Industriezeitalters gewachsen sind. Sein Vortrag «Schönheit aus Funktion und als Funktion»[11] weist Parallelen zu Paulssons Ausführungen auf – so fordern beide eine breite Geschmackserziehung, stellen die Beschäftigung mit der Massenproduktion in den Vordergrund und stören sich am latenten Formalismus amerikanischer Autokarosserien, unterscheiden sich aber in einem wesentlichen Punkt: Während Bill die Schönheit zu einer eigenständigen Funktion erhebt, dem Zweck und anderen Funktionen gleichgestellt, ist Paulsson davon überzeugt, dass «die Form als selbständiger Wert entthront wird und dass eine sozusagen absolute Formwissenschaft niemals den Grund eines Unterrichtes bilden kann»[12]. Schönheit ist für Paulsson wohl ein wichtiges Anliegen, entscheidend ist jedoch, dass Waren produziert werden, die es den Bürgern ermöglichen, in einem guten Milieu zu leben. Die Betonung der sozialen Aufgabe, die Hinwendung zum Menschen ganz allgemein, die Paulssons gedanklichen Ansatz auszeichnet und das Fundament bildet, auf dem in Schweden in der Nachkriegszeit der Wohlfahrtsstaat aufgebaut wurde, stösst nach den Gräueln des Zweiten Weltkriegs auf breite Zustimmung. Kein Wunder, gilt um 1950 die schwedische Entwicklung als vorbildhaft und besteht zwischen dem Schwedischen und Schweizerischen Werkbund über die Tagung von 1948 hinaus eine freundschaftliche Beziehung.[13]
● *Christoph Wieser*

September 1949 **WERK** 36. Jahrgang Heft 9

In Schweden gehört das Studium des Wohnproblems zum Unterricht an Haushaltungsschulen. Es ist geplant, damit schon in der Volksschule zu beginnen / En Suède les problèmes de l'habitation font partie de l'enseignement aux écoles ménagères, mais on veut également les mettre au programme des écoles normales / In Sweden domestic science includes the study of housing problems, which will also be a subject in secondary schools in future

Sonderheft Schweden

Begegnung mit dem Schaffen Schwedens

Von Alfred Roth

Der Ausstellung «Schwedisches Schaffen heute – Vom Stadtplan zum Eßbesteck», die vom 9. Juli bis 21. August im Zürcher Kunstgewerbemuseum stattfand, wurde begreiflicherweise in den schweizerischen Fachkreisen und im Publikum das größte Interesse entgegengebracht. Die langersehnte Begegnung mit der Architektur, der Planung, dem kunstindustriellen und handwerklichen Schaffen im befreundeten nordischen Lande wurde deswegen so intensiv und anregend, weil die Ausstellung alle für das Verständnis der heutigen Lage wesentlichen Leistungen zeigte und auch auf besonders aktuelle Probleme hinwies, so daß sich ein außerordentlich abgerundetes Gesamtbild ergab. Die Schweiz ist den Veranstaltern, dem *Reichsverband der*

283

259

258
Tagungsprogramm, 1948, Gestaltung Hermann Eidenbenz

259
Berichterstattung zu *Schwedisches Schaffen heute – vom Stadtplan zum Essbesteck*, Kunstgewerbemuseum Zürich, Seite aus *Werk* 1949

1 Im Unterschied zu den deutschsprachigen Ländern werden in Schweden alle modern orientierten Architekten als «Funktionalisten» bezeichnet. Gunnar Asplund, Wolter Gahn, Sven Markelius, Gregor Paulsson, Eskil Sundahl, Uno Åhrén, *acceptera* (Manifest), Stockholm 1931.

2 Vortragsmanuskript und Unterlagen zur Tagung sind im Archiv SWB A Tagungen. Der Text wurde in leicht gekürzter Form in der Zeitschrift *Werk* abgedruckt, Paulsson 1949.

3 Seit den 1910er-Jahren nennt sich der Verein nach deutschem Vorbild «Schwedischer Werkbund».

4 Gregor Paulsson, Die Arbeit des schwedischen Werkbundes in: *Werk* 10 (1923), H. 2, S. 26–31; danach folgt ein Beitrag zur schwedischen Architektur von Ragnar Josephson und einer zu Siedlungsanlagen in Schweden von Eskil Sundahl.

5 Alfred Altherr, Zur Wanderausstellung Schwedischen Kunstgewerbes in der Schweiz, in: *Werk* 10 (1923), H. 2, S. 25.

6 Der Bericht der *NZZ* ist im GB SWB 1924 integral abgedruckt.

7 Ebd.

8 Johannes Itten (Vorwort), in: *Schwedisches Schaffen heute vom Stadtplan zum Essbesteck*, Wegleitungen des Kunstgewerbemuseums Zürich Nr. 177, Zürich 1949, S. 6.

9 Der Schriftverkehr zur Ausstellung befindet sich im Archiv ZHdK.

10 Paulsson 1949, S. 262.

11 Ebenfalls abgedruckt in: *Werk* 36 (1949), H. 8, S. 272–274.

12 Paulsson 1949, S. 271.

13 So hielt Åke H. Huldt 1955 an der SWB-Tagung in St. Gallen ein Referat und Alfred Altherr entwarf den Schweizer Pavillon für die Ausstellung *H 55* in Helsingborg (→ S. 317).

260

260
Plakat *die gute Form*, Kunstgewerbemuseum Zürich, 1954, Gestaltung Emil Ruder

261
Ausstellung *Die gute Form*, Marktstätte in Konstanz, 1949, Foto Hermann Blomeier

262
Rechteckdose mit Stülpdeckel aus Blech, Prämierung *Die gute Form/Forme utile 1959*

263
Schaufensteraktion *Die gute Form/Forme utile 1956*, Schaufenster der Firma Bronzewarenfabrik AG Turgi, Gestaltung B. Rohner, Zürich 1956, Foto Michael Wolgensinger

261

262

Die gute Form

Der Schweizerische Werkbund und die Produktgestaltung nach dem Zweiten Weltkrieg

263

Jürg Hünerwadel

264

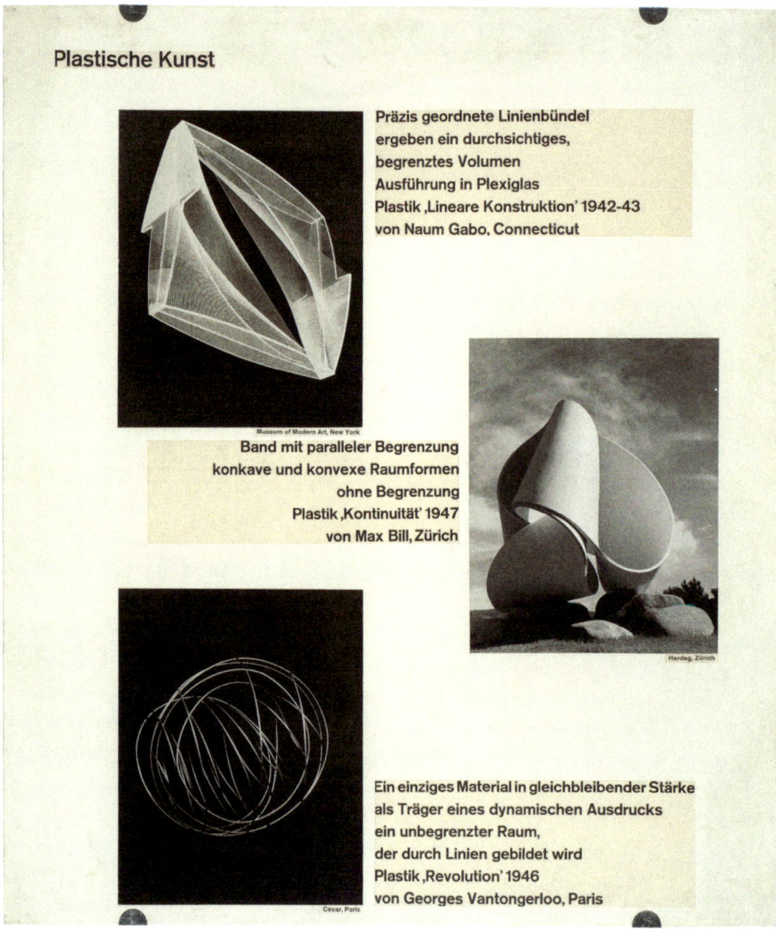

265

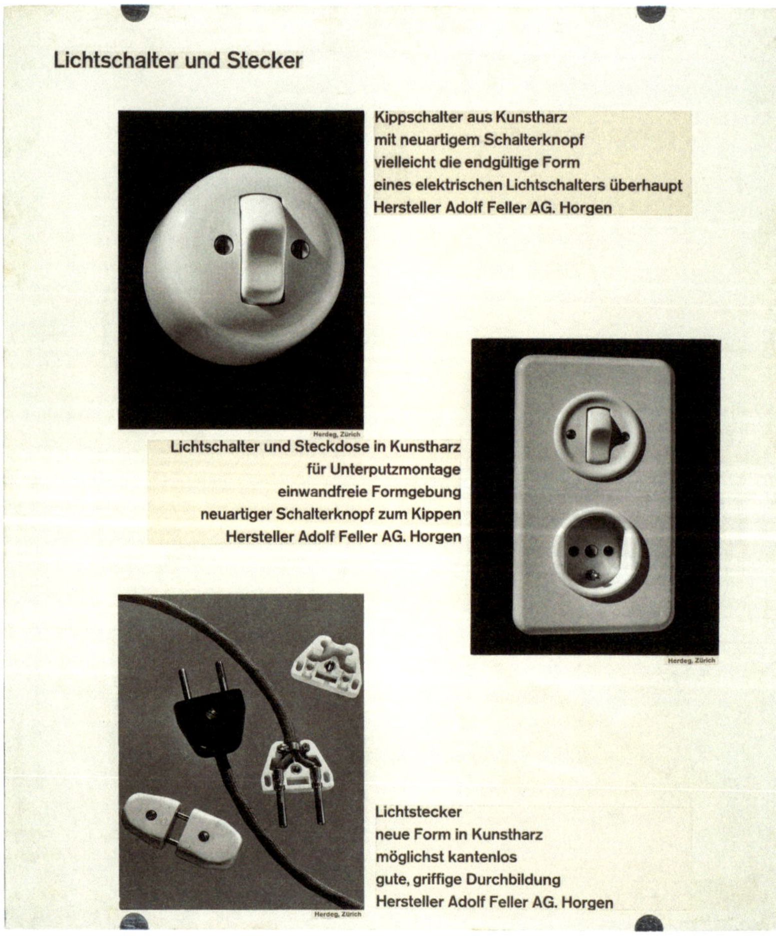

264–265
Tafeln *Plastische Kunst* und *Lichtschalter und Stecker*, Wanderausstellung *Die gute Form*, 1949, Gestaltung Max Bill

266–267
Ausstellung *Form & Farbe* (Gestaltung Alfred Altherr jun.) in einem separaten Pavillon an der MUBA, 1951, Foto Atelier Eidenbenz

268
Modell des SWB-Pavillons *Form & Farbe*, 1951, Foto Hansbeat Stricker

269
Broschüre *Form & Farbe*, 1951, Gestaltung Emil Ruder

270
Faltprospekt *Form & Farbe*, mit Abbildung der Mehrzweckstühle *Alu-Flex* von Wirth, Gestaltung Emil Ruder

266

267

270

268

269

271
Gegenüberstellungen von «alt» und «neu» und Bericht über *Die gute Form SWB* in der *Wochen Zeitung*, 1955, Schreibmaschine Hermes-Baby entworfen von Paillard, Grosshaushaltsherd der Prometheus AG und Wico-Lido-Zelt der Jean Frey AG

272
Doppelseite aus Max Bill, *Die gute Form*, 1957, «Richtlinien für die Beurteilung *Die gute Form*» (re) und Service der Porzellanfabrik Langenthal AG, Foto Hans Finsler

273
Faltprospekt *Die gute Form* mit Abbildung Stehlampe (Entwurf Alfred Altherr) der Heinrich Kihm Stahlmöbel AG, Auszeichnung 1953, Gestaltung Emil Ruder

DIE WOCHEN ZEITUNG Nr. 23 Donnerstag, den 9. Juni 1955

Die gute Form SWB

Es ist der Wunsch und das Ziel des Schweizerischen Werkbundes, dass den Menschen für ihr tägliches Leben gut geformte, zweckmässige und preiswerte Dinge zur Verfügung stehen.
Solche Dinge sind heute auf vielen Gebieten vorhanden. Wir können unsere Wohnung mit guten Möbeln, Lampen und Vorhängen einrichten, wir können uns schön, individuell und zweckmässig kleiden und wir haben namentlich für die Küche und für alle technischen Zwecke Geräte zur Verfügung, deren Funktion und Form sich entsprechen. Aber Produzent und Konsument müssen vielfach noch angeregt werden, die Bedeutung guter Formgebung zu erkennen, denn es gibt noch sehr viel schlecht Geformtes, Unzweckmässiges, unserer Zeit und unseren eigentlichen Bedürfnissen Widersprechendes. Auch heute noch versucht man, den natürlichen Bedürfnissen der Menschen nach Entspannung, nach Ausgeglichenheit, Schönheit und Dauer entgegenzukommen durch äusserliche Anlehnungen an eine idealisierte Vergangenheit, durch maschinelle Imitationen handwerklicher Formen oder durch modische Uebertreibungen. Die gleiche Industrie, vor deren Kälte, Nüchternheit und Sachlichkeit wir zu fliehen glauben, verführt uns zur Flucht aus unserer eigenen Zeit.
Auch unsere Zeit hat jedoch, wie jede gute Zeit, ihren eigenen Stil, der unseren Lebensformen entspricht. Während aber die zeitgenössische Architektur wenigstens auf dem Gebiet der Schulen, der Siedlungen, der Geschäftshäuser und der öffentlichen Gebäude mehr und mehr anerkannt wird, während wir auf dem Gebiet der Malerei, der Literatur und der Musik gegen jede falsche Imitation vergangener Formen empfindlich geworden sind und während die zeitentsprechende Formung des Menschen durch die Mode das «Unmoderne» in oft allzu kurzer Zeit ausschaltet, bedeutet die Abgeschlossenheit der Wohnung häufig ein sich Abschliessen von den Formen unserer Zeit, eine Zuflucht in eine Romantik des Vergangenen und des schlechten Geschmacks. Wir sind durchaus bereit, Menschen unserer Zeit zu sein, soweit es die Forschung, unseren Beruf, unsere technischen Mittel und unsere Kleidung betrifft, aber unsere zwiespältige Einstellung gegenüber unserer eigenen Zeit äussert sich vielleicht am stärksten durch die Dinge, mit denen wir uns in unserer privatesten Atmosphäre umgeben. Der Werkbund versucht bei aller Wertschätzung echter Tradition auch auf diesem Gebiet zu einer Einheit der Lebensform, zu einer positiven Einschätzung unserer Zeit beizutragen. Er möchte zeigen, dass durch schöpferische Arbeit, durch die Gesetze der Farbe und der Form, durch Mass und Proportion und durch die Berücksichtigung der Bedürfnisse des Individuums und der Allgemeinheit auch in unserer Zeit und mit den Mitteln unserer Zeit eine Einheit zwischen Wohnen und Leben geschaffen werden kann.
Diesem Zweck dient die Aktion der «Guten Form» des Schweizerischen Werkbundes, welche vom Eidgenössischen Departement des Innern und der Schweizer Mustermesse Basel unterstützt wird.
Die Auszeichnung «Die gute Form SWB» erfasst Gegenstände handwerklicher und industrieller Herkunft aus den Gebieten Wohnung, Haushalt und Büro. Eine Kommission aus drei ausländischen Juroren, Vertretern der Mustermesse und des Werkbundes beurteilt die angemeldeten Produkte. Die ausgezeichneten Objekte dürfen ein Jahr lang mit der geschützten Marke «Die gute Form SWB» bezeichnet werden. Noch während der Messe wird an die betreffenden Firmen eine Anerkennungsurkunde ausgehändigt.
Auf den nachfolgenden Seiten zeigen wir Beispiele von Gegenständen, welche anlässlich der Muba 1952—1955 ausgezeichnet wurden.
Eine Photokartothek, die in der Geschäftsstelle des Schweizerischen Werkbundes in Zürich und in der Schweizer Mustermesse Basel aufliegt, dient ausserdem für die Propagierung der ausgewählten Produkte. Die Geschäftsstelle des Schweizerischen Werkbundes steht Interessenten, welche in Formfragen beraten sein wollen, zur Verfügung.

Die gute Form SWB

Schreibmaschine aus dem Jahre 1890

Hermes-Baby Schreibmaschine
Entwurf: Paillard
«Hermag», Hermes-Schreibmaschinen AG., Zürich

Herd aus dem Jahre 1910

Grosshaushaltherd mit speziell grossem Backofen
Prometheus AG., elektr. Heiz- und Kochapparate, Liestal

Alter Zigeunerwagen

Wico-Lido-Zelt
Jean Frey AG., Zelte und Campingartikel, Zürich

271

Foto Finsler SWB, Zürich

Von einer Arbeitsgruppe des SWB für die Landesausstellung 1939 entworfen, hat sich dieser Porzellanservice seit bald zwanzig Jahren bewährt und wird deshalb noch immer – in verschiedenen Ausführungsarten – hergestellt.
36 (Porzellanfabrik Langenthal AG, Langenthal)

Richtlinien für die Beurteilung «Die gute Form»

1. Der Gegenstand
Unter einem Gegenstand wird hier ein Produkt verstanden, das vom Menschen, sei es von Hand oder mit technischen Hilfsmitteln, einzeln oder als Massenprodukt hergestellt wird. Es handelt sich demzufolge einschränkend um Gegenstände der Umweltgestaltung, die für verschiedene Zwecke Verwendung finden sollen, beispielsweise Gebrauchsgegenstände zum Wohnen und Arbeiten, Möbel, Geräte jeder Art, Maschinen, Apparate, Werkzeuge, Sportgeräte, Baubestandteile, Verkehrsmittel usw.

2. Zweckmäßigkeit
Der Gegenstand soll auf die bestmögliche Weise alle Zwecke erfüllen, für die er geschaffen wurde.

3. Gebrauchswert
Verwendetes Material und Herstellungsweise sollen dazu dienen, den Gebrauchswert des Gegenstandes bestens zu fördern. 37

272

Die gute Form

Ausstellung der durch die Schweizer Mustermesse Basel und den Schweizerischen Werkbund 1953 ausgezeichneten Gegenstände, ergänzt durch weitere gut geformte Objekte.
Veranstaltet vom Schweizerischen Werkbund SWB mit Unterstützung des Eidgenössischen Departement des Innern und der Schweizer Mustermesse Basel.

273

274
Faltprospekt *Die gute Form/Forme utile 1956*, Gestaltung Richard P. Lohse

275–276
Faltprospekte *Die gute Form/Forme utile 1961* und *1962*

277
Faltprospekt *Vom Sinn der Aktion Die gute Form*, 1962, Gestaltung Hans Neuburg

Die gute Form
Forme utile
1961

Auszeichnung und Sonderschau
des Schweizerischen Werkbundes und
der Schweizer Mustermesse Basel
Vorhalle 8

Gestaltung der Umwelt des Menschen – dies ist der große Rahmen, in dem der Schweizerische Werkbund und die Mustermesse Basel die Aktion «Die gute Form» durchführen. In unserer Zeit der technisch-industriellen Zivilisation, die immer neue Probleme der Formgebung aufwirft, ist diese Aktion von notwendiger Aktualität. Durch die alljährliche Jurierung und Auszeichnung von handwerklich und industriell gefertigten Gebrauchsgegenständen werden Produzenten wie Konsumenten an den Sinn echter Gestaltung gemahnt: an eine Gestaltung, die Zweckerfüllung und ästhetische Qualität in sich vereinigt.
Die Jurierung findet am ersten und dritten Messetag statt. Die 15 Juroren setzen sich aus Vertretern des Werkbundes, der Mustermesse und einigen ausländischen Fachleuten zusammen. Die Auszeichnung umfaßt beinahe alle Gebiete unserer Gebrauchsgegenstände.

Die im Vorjahr ausgezeichneten Gegenstände werden in der Sonderschau in der Vorhalle 8 zusammengefaßt und somit weiten Kreisen in übersichtlicher Darstellung präsentiert. Es darf hingewiesen werden, daß mit dieser Ausstellung ausschließlich ideale Zwecke verfolgt werden. Die diesjährige Sonderschau hat, ähnlich wie 1960, eine thematische Einführung, die auf den Sinn der Aktion hinweist. Das Thema ist: Der Mensch und der Gebrauchsgegenstand. Ein Gang durch die Sonderschau ist auch dieses Jahr eine Orientierung über ausgewählte Schweizer Qualitätsprodukte, die man sich nicht entgehen lassen sollte.

Beratung und Auskunft:
Schweizerischer Werkbund SWB,
Bahnhofstraße 16, Zürich 1

Jedermann ist Käufer. Nicht jedermann aber ist ein guter Käufer. Der gute Käufer prüft die Ware, die ihm angeboten wird. Ist sie materialecht? Erfüllt sie die Zwecke auf einfachste Weise? Ist sie solid? Ist sie gut gearbeitet? Ist sie formschön? Ist es ein gutes Produkt?

Der Produzent sichert sich den Absatz seiner Artikel durch rationelle Herstellung und zweckmäßige Formgebung. Er trägt eine große Verantwortung bei der Gestaltung unserer Massenprodukte.

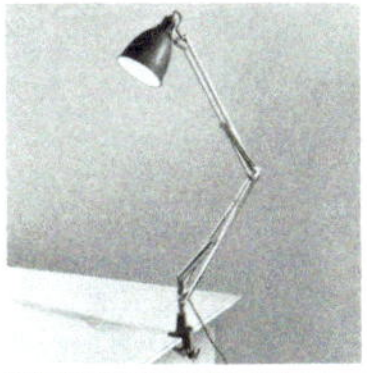

BAG, Bronzewarenfabrik AG, Turgi

Zeitmesser: Reno SA, La Chaux-de-Fonds

275

Die gute Form
Forme utile
1956

Aktion der Ortsgruppe Zürich des Schweizerischen Werkbundes zur Förderung des gut geformten Gebrauchsgerätes, Juni 1956.

Die Aktion zur Förderung des guten Gebrauchsgerätes wird durch die freiwillige Mitarbeit von Mitgliedern der Ortsgruppe Zürich SWB getragen. Wir möchten diesen Mitgliedern wie auch den Firmen, die uns in weitsichtiger Weise ihre Schaufenster zur Verfügung gestellt haben, unseren Dank aussprechen.

Für die Ortsgruppe Zürich:
Der Obmann: R. P. Lohse

Juni 1956

274

Auszeichnung und Sonderschau
des Schweizerischen Werkbundes und
der Schweizer Mustermesse Basel
Vorhalle 8

Die gute Form
Forme utile
1962

276

Vom Sinn der Aktion Die gute Form

Vor 11 Jahren trat «Die gute Form» vom Schweizerischen Werkbund (SWB) und der Schweizer Mustermesse ins Leben gerufen, auf den Plan, um jene Fabrikanten auszuzeichnen, die es nicht dabei bewenden lassen, nur wirtschaftlich interessante, zweckdienliche und solide Gebrauchsgüter zu schaffen, sondern auch deren Äusseres fürs Auge und die betastende Hand wohltuend zu gestalten. Es liegt den Veranstaltern daran, ein Bemühen zu belohnen, das über das Praktische hinausweisend, auch den ästhetischen und ethischen Bedürfnissen unseres täglichen Umgangs mit Erzeugnissen (Möbeln, Stoffen, Apparaten usw.) gerecht wird.

Wir sind bestrebt, nur Gegenstände auszuzeichnen, die sich in absoluter Harmonie von Funktion, Leistung und Form eine Sonderstellung erringen. Das richtig arbeitende Aggregat, dessen innere und äussere Gestaltung rein auf den Zweck ausgerichtet ist, gelangt von selbst zu einer Proportion und Linienführung, die ihm rhythmische Ausgeglichenheit verleiht. Nur der unehrliche Produzent wird eine Formverfälschung mit den Mitteln der Übertreibung oder Vorspiegelung begehen. Von Natur aus gibt es keine unorganischen oder störenden Konturen, Oberflächen oder Farben. Der Mensch projiziert oft, in der Absicht, das Gesicht des Produktes in falsch verstandenem Sinn zu veredeln, Disharmonien hinein. Die Anwendung des Begriffs «Kitsch» ist in diesem Zusammenhang naheliegend.
Unsere Bestrebungen zur Pflege und Auszeichnung der «Guten Form» sind auf fruchtbaren Boden gefallen und haben manche Fabrikanten günstig beeinflusst. Auch dieses Jahr zeigen wir wieder die an der Mustermesse des Vorjahres ausgewählten Gegenstände aus vielen Gebieten des Lebens. Die 15 Juroren setzen sich aus Vertretern des SWB, der Mustermesse und einigen ausländischen Fachleuten zusammen. Sie arbeiten absolut objektiv und unbeeinflusst.

Text und Gestaltung
Hans Neuburg VSG/SWB

Beratung und Auskunft:
Schweizerischer Werkbund SWB
Zürich 1
Bahnhofstrasse 16
Telefon 051/27 44 62

277

gute Form
Sonderschau
der an der Messe 1956
durch die Jury der
Schweizer Mustermesse
und des
Schweiz. Werkbundes
für gute Formgebung
ausgezeichneten
Gegenstände
SWB
DIE GUTE FORM
1956

278

279

Die gute Form
Forme utile
1965

280

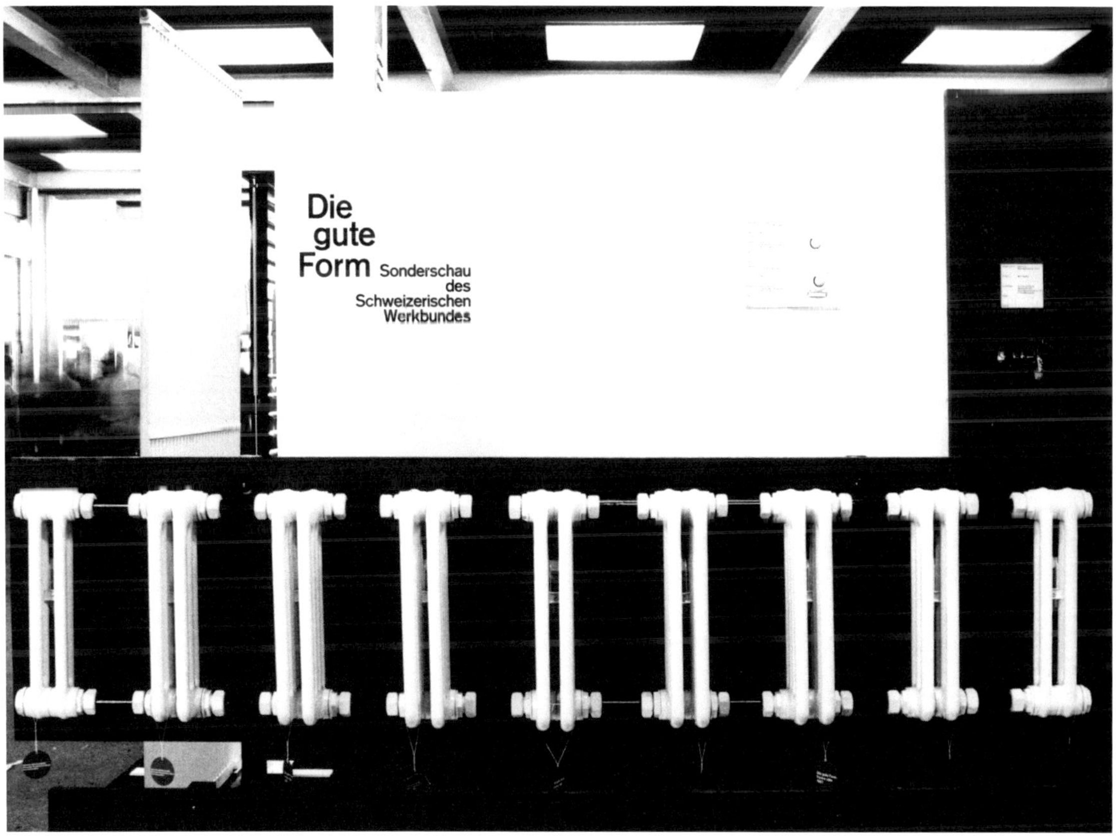
Die
gute
Form Sonderschau
des
Schweizerischen
Werkbundes

281

282

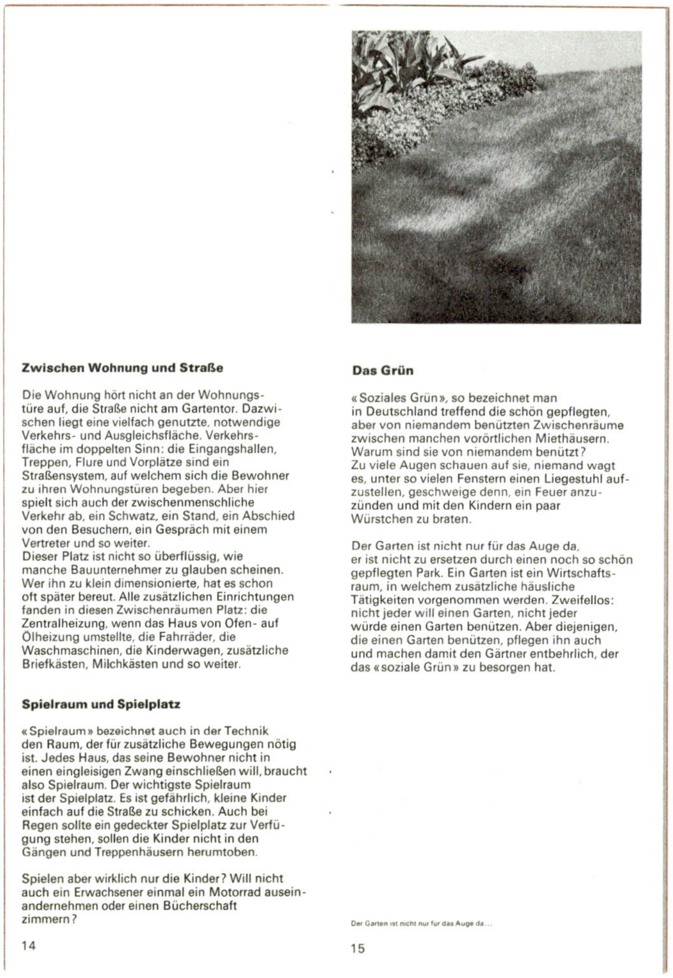

Zwischen Wohnung und Straße

Die Wohnung hört nicht an der Wohnungstüre auf, die Straße nicht am Gartentor. Dazwischen liegt eine vielfach genutzte, notwendige Verkehrs- und Ausgleichsfläche. Verkehrsfläche im doppelten Sinn: die Eingangshallen, Treppen, Flure und Vorplätze sind ein Straßensystem, auf welchem sich die Bewohner zu ihren Wohnungstüren begeben. Aber hier spielt sich auch der zwischenmenschliche Verkehr ab, ein Schwatz, ein Stand, ein Abschied von den Besuchern, ein Gespräch mit einem Vertreter und so weiter.
Dieser Platz ist nicht so überflüssig, wie manche Bauunternehmer zu glauben scheinen. Wer ihn zu klein dimensionierte, hat es schon oft später bereut. Alle zusätzlichen Einrichtungen fanden in diesen Zwischenräumen Platz: die Zentralheizung, wenn das Haus von Ofen- auf Ölheizung umstellte, die Fahrräder, die Waschmaschinen, die Kinderwagen, zusätzliche Briefkästen, Milchkästen und so weiter.

Spielraum und Spielplatz

«Spielraum» bezeichnet auch in der Technik den Raum, der für zusätzliche Bewegungen nötig ist. Jedes Haus, das seine Bewohner nicht in einen eingleisigen Zwang einschließen will, braucht also Spielraum. Der wichtigste Spielraum ist der Spielplatz. Es ist gefährlich, kleine Kinder einfach auf die Straße zu schicken. Auch bei Regen sollte ein gedeckter Spielplatz zur Verfügung stehen, sollen die Kinder nicht in den Gängen und Treppenhäusern herumtoben.

Spielen aber wirklich nur die Kinder? Will nicht auch ein Erwachsener einmal ein Motorrad auseinandernehmen oder einen Bücherschaft zimmern?

14

Das Grün

«Soziales Grün», so bezeichnet man in Deutschland treffend die schön gepflegten, aber von niemandem benützten Zwischenräume zwischen manchen vorörtlichen Miethäusern. Warum sind sie von niemandem benützt? Zu viele Augen schauen auf sie, niemand wagt es, unter so vielen Fenstern einen Liegestuhl aufzustellen, geschweige denn, ein Feuer anzuzünden und mit den Kindern ein paar Würstchen zu braten.

Der Garten ist nicht nur für das Auge da, er ist nicht zu ersetzen durch einen noch so schön gepflegten Park. Ein Garten ist ein Wirtschaftsraum, in welchem zusätzliche häusliche Tätigkeiten vorgenommen werden. Zweifellos: nicht jeder will einen Garten, nicht jeder würde einen Garten benützen. Aber diejenigen, die einen Garten benützen, pflegen ihn auch und machen damit den Gärtner entbehrlich, der das «soziale Grün» zu besorgen hat.

Der Garten ist nicht nur für das Auge da…

15

278
Sonderschau *Die gute Form SWB 1956*, MUBA, 1957, Foto Atelier Moeschlin + Baur

279
Sonderschau *Die gute Form 1965*, MUBA, 1966

280
Sonderschau *Die gute Form 1965*, MUBA, 1966, Foto Atelier Moeschlin + Baur

281
Sonderschau *Die gute Form 1967*, MUBA, 1968, Foto M. Mathys

282
Titel und Doppelseite aus Broschüre zur Sonderausstellung *gute Form – gute Umwelt* an der MUBA, 1967

Fragen rund um die Gestaltung der Warenwelt gehörten von Anbeginn zu den zentralen Aufgaben, die sich der Schweizerische Werkbund stellte. Das statutarische Ziel der «Veredelung der gewerblichen Arbeit [...] durch Erziehung, Aufklärung und Stellungnahme»[1] war auf eine Einflussnahme gegenüber Herstellern und Konsumenten gerichtet. Nach der Zäsur des Zweiten Weltkriegs prägte der SWB die schweizerische Produktgestaltung mit seiner Aktion *Die gute Form,* die praktisch das gesamte Spektrum der Konsumgüterindustrie erfasste und in deren Zentrum die Forderung nach einer unaufdringlichen, soliden Gestaltung unter einer ökonomischen Zusammenführung von Zweck, Material und Form stand. Der SWB knüpfte dabei an seine um 1930 erreichten Erfolge auf dem Gebiet der Architektur an (→ S. 335). Bei diesen Manifestationen des Neuen Bauens war es stets auch um die Vermittlung von Leitbildern des Wohnens gegangen. Im Sinne von Sigfried Giedions Schrift *Befreites Wohnen* von 1929 waren flexible, günstige und praktische Wohnungseinrichtungen propagiert worden, die einem als falsch verstandenen Repräsentationsbedürfnis entgegengehalten wurden. Wie am Stuttgarter Weissenhof 1927 waren in der Siedlung Neubühl (→ S. 356) die industriell gefertigten, an den Prinzipien des Bauhauses – Zweck, moderne Materialien und Form in Einklang zu bringen – orientierten Serien- und Typenmöbel Teil des Ausstellungsinventars.

Anläufe einer Gestaltungsauffassung der Nachkriegszeit

Angesichts der europaweiten Tendenz zur inneren Abschottung fiel es der Avantgarde im SWB ab Mitte der 1930er-Jahre allerdings zunehmend schwer, ihre Vorstellung von einem modernen Wohnen zu vermitteln. In den Wohnungen der breiten Bevölkerungsschichten standen nach wie vor die kompletten Aussteuern der Möbelhäuser, die mit reichen Schnitzereien und exotischen Furnieren Aufmerksamkeit erheischten,[2] und an der Landesausstellung von 1939 dominierten in der Abteilung *Unsere Wohnungen* handwerkliche, formal an bäuerlichen Traditionen orientierte Ausstellungsstücke der Reformmoderne.[3] Der SWB konnte nur sporadisch Zeichen setzen, etwa 1943 mit einer Wanderausstellung unter dem bewusst die Landesausstellung zitierenden Titel *Unsere Wohnung* (→ S. 369), in der er schlichte, typisierte Einzelmöbel aus industrieller Fertigung zeigte, oder mit der gleichzeitig edierten Broschüre *Gut Wohnen* (→ S. 192), mit der er für die sukzessive Anschaffung von preiswerten Einrichtungsgegenständen warb.

An der Jahrestagung des SWB von 1943 sah Georg Schmidt für die Nachkriegszeit einen hohen Bedarf an Gebrauchsgütern voraus, der nur durch typisierte und industriell gefertigte Produkte befriedigt werden könne. Er rief die Mitglieder dazu auf, qualitätsvolle Modelle für die Serienproduktion zu entwickeln.[4] Die Ortsgruppe Zürich hatte schon 1941 den Vorschlag an den Zentralvorstand gerichtet, die «Schaffung eines Form-Qualitätszeichens» zu prüfen.[5] Diesen Gedanken nahm Egidius Streiff 1946 auf, als er im Sonderheft der Zeitschrift *Werk* zum Thema *Formgebung in der Industrie* auf die Möglichkeit hinwies, für «besonders gute Leistungen» ein Zeichen einzuführen, «um Produzenten und Konsumenten auf vorbildliche Lösungen aufmerksam zu machen».[6] Im selben Heft wurde eine Auswahl von Gebrauchsgütern aus dem Wohnungs-, Büro- und Werkstattbereich präsentiert. Es waren Objekte, die eine SWB-Delegation an der Basler Mustermesse (MUBA) durch ihre formale Gestaltung, die Zweck, Material, Herstellungsart und Erscheinung zum Ausgleich brachte, überzeugt hatten. Darunter fanden sich etwa die von Max Bill gestaltete Schreibmaschine Patria mit einem die Funktion offenlegenden, schlichten Gehäuse, und die von Max E. Haefeli bearbeitete *Neo*-Schüttsteinbatterie (→ S. 224), die sich durch eine ebenso ansprechende wie zweckmässige Formgebung auszeichnete. Das Gestaltungsprinzip dieser Industrieprodukte kontrastierte stark zu dem rein auf kommerzielle Ziele fokussierten US-amerikanischen Produktdesign. Streiff und Giedion distanzierten sich in ihren Ausführungen vom «Streamline style», der in den USA im Zuge von Massenproduktion und -konsum als Marketingfaktor eingesetzt wurde.[7] Giedion sah in der «Diktatur des Absatzes» eine Gefahr für die Gesellschaft, denn «jede Form [sei] die Projektion eines inneren Bedürfnisses, [habe] also ihren letzten Grund in einem moralischen Impuls».[8] Der als blosser Dekor verwendeten «falschen Stromlinie» ohne aerodynamische Funktion hielt er seine an das *Befreite Wohnen* anknüpfende Entwurfsmoral entgegen. 1948 gab Bill dieser Gestaltungsauffassung an einer Werkbund-Tagung konkreten Ausdruck. Unter dem Titel «Schönheit aus Funktion und als Funktion» plädierte er mit Bezug auf Henry van de Veldes Begriff der «vernunftgemässen Schönheit» für Gebrauchsgüter, die nicht nur funktionieren, sondern auch ästhetisch vollkommen sein sollten. In den Massenkonsumgütern, die sich durch eine als eigenständige Funktion zu betrachtende absolute Schönheit auszuzeichnen hätten, sah er den künftigen Massstab für das kulturelle Niveau eines Landes.[9] Um den Produzenten diese Prinzipien näher zu bringen, schlug er vor, «innerhalb der schweizerischen Mustermesse den kulturellen Faktor der Produktion durch Sonderausstellungen und durch Bezeichnung vorbildlicher Stücke darzustellen».[10] Bill wurde in der Folge vom Zentralvorstand des SWB mit der Zusammenstellung einer Ausstellung betraut, um die Grundlagen der Formgestaltung zu zeigen.[11]

Abb. 176

Das Primat von *Die gute Form* – der SWB als normative Kraft

Die Wanderausstellung *Die gute Form* wurde zunächst vom 7. bis 17. Mai 1949 an der MUBA gezeigt, danach in weiteren Städten im In- und Ausland.[12] Bill übernahm sein an der Mailänder Triennale von 1936 (→ S. 139) und der Ausstellung *Unsere Wohnung* von 1943 erprobtes Konzept des bescheidenen Auftritts und einer spezifisch puristischen Ästhetik. Auf 80 Fototafeln zeigte er Gebrauchsgüter, Wohnungseinrichtungen und Architektur; reale Gegenstände waren nur spärlich vorhanden. Die an einem leichten Gerüst angebrachten Tafeln (→ S. 110) bildeten ein geschwungenes Bilderband mit vier Buchten, das dem Publikum den Weg vorgab und hinsichtlich des guten Geschmacks Orientierung bieten sollte. Die Schau war erfolgreich, und van de Velde etwa sah in ihr eine Manifestation des guten Geschmacks, der sich weitere Anstrengungen in Richtung einer Anerkennung des SWB als «ästhetische Kontrolle» anschliessen müssten.[13]

Abb. 264/265 Abb. 053

Dieses Ziel verfolgte der SWB über mannigfache Kanäle. Verschiedene Einzelaktionen wie die 1951 von Alfred Altherr jun. (→ S. 430) kuratierte Schau *Form & Farbe*[14] und die im selben Jahr von Hans Bellmann für die Ortsgruppe Luzern gestaltete Ausstellung *Kunst und Wohnkultur* im Kunstmuseum Luzern mit Typenmöbeln der Wohnbedarf AG,[15] kulminierten in der ab 1953 jährlich präsentierten Schau *Die gute Form,* in welcher der SWB zusammen mit der MUBA eine Auswahl von Gebrauchsgütern zeigte, die im Vorjahr an der Mustermesse von einer Jury mit der gleichnamigen Auszeichnung versehen worden waren.[16] Mit der Vergabe des roten Prämierungsetiketts wollte der SWB formerzieherisch auf die Hersteller und das Publikum einwirken.[17]

Abb. 266–270 Abb. 263/279–291

Abb. 261 Das Gütesiegel *Die gute Form* war ein Erfolg. 1953 meldeten 152 Firmen Produkte zur Jurierung an, gut die Hälfte erhielt für insgesamt 159 Objekte die Auszeichnung. Während 15 Jahren hielt sich die Beteiligung mit über 100 Firmen konstant, und die Zahl der prämierten Objekte variierte von 126 bis 315,[18] wobei eine wiederholte Auszeichnung derselben Gegenstände möglich war. Eine Vielfalt an Produkten umfasste die Bereiche Wohnen, Hauswirtschaft und Büro, ab 1957 auch technische Anlagen wie Heizungen. Ausgezeichnet wurden vorab industriell gefertigte Objekte, darunter Möbel, Teppiche, Vorhänge, Beleuchtungskörper, Bad- und Sanitärausrüstung, Haushalt- und Küchenartikel, Büroapparate, Radio- und Sportgeräte sowie Reisebedarf.[19] Bei den Materialien dominierten zunächst Holz sowie Stahlrohr und -blech; hinzu kamen neue Werkstoffe wie der Faserzement Eternit. Schwer taten sich die Juroren mit Kunststoffen; der 1952 prämierte Schalenstuhl von Willy Guhl aus dem Polyesterharz Scobalit blieb lange das einzige ausgezeichnete Objekt. Eine Wende trat erst mit der 1958 von Altherr im Gewerbemuseum Winterthur gezeigten Ausstellung *Kunststoffe und ihre Formgebung* ein; sie manifestierte seitens des SWB ein «Bekenntnis zum Kunststoff – sofern er richtig angewandt wird».[20] In der Folge wurden vermehrt Kunststoffobjekte prämiert.

Inhaltlich lassen sich die Beurteilungskriterien für *Die gute Form* schwer fassen, da ein klares theoretisches Gerüst fehlte. Form wurde gleichgesetzt mit einer unspezifischen, als allgemeingültig angenommenen Modernität im Ausdruck, die letztlich aus einer ganz spezifischen Entwurfshaltung der Protagonisten selber stammte. So präsentierte etwa Bill 1952 die Abhandlung *Form. Eine Bilanz über die Formentwicklung um die Mitte des XX. Jahrhunderts,* in der er «ehrliche» Formen forderte, die nie «Verkaufspropaganda für Erzeugnisse von rasch wechselnder, modischer Gestalt» sein sollten.[21] 1957 legte er sodann
Abb. 270 in einer vom SWB und der MUBA herausgegebenen Broschüre Richtlinien für die Beurteilung fest, die neben der Forderung nach Zweckmässigkeit der Gegenstände vorab ästhetische Kriterien aufwiesen. So sollte «die Gesamtheit der zu erfüllenden Funktionen [...] zu einem harmonischen Ganzen geformt sein und dadurch einen ästhetisch einwandfreien Gesamteindruck erwecken».[22] Die Verbindung von praktischem Nutzen und künstlerischer Gestaltung, die in der französischen Übersetzung *Die gute Form* als *forme utile* anklingt, hob Bill auch im Artikel *über die güte der guten form* hervor: «um den brauchbarkeitscharakter der form zu betonen [...] wurde die bezeichnung form mit dem wort ‹gut› kombiniert. dieses ‹gut› steht im gegensatz zu hässlich, unnütz, schlecht, böse und hat die eigenschaft zu implizieren: nützlich, praktisch, zweckmässig, brauchbar und selbst schön.»[23]

Als Quintessenz ergibt sich die Forderung nach einer Produktgestaltung, die maximalen Gebrauchswert bei gleichzeitig puristischer, aber über die blosse Funktionsabbildung hinausgehender Formgebung bietet. Langlebige, zuverlässig funktionierende und einwandfreie Gebrauchsgegenstände sollten durch ihre schnörkellose, aber dennoch elegante Form den Eindruck eines unaufdringlichen Komforts erwecken.[24]

Bei der Frage nach den Gründen für das Interesse der Industrie an der Aktion des SWB zeigt sich, dass sich für ein Mal die Ziele der Produzenten mit denen der Gestalterkreise weitgehend deckten. Die schweizerische Konsumgüterindustrie der Nachkriegszeit war zur Fertigung von Massenkonsumgütern nicht in der Lage, sodass sie auf dem Weltmarkt gegen die billiger produzierende ausländische Konkurrenz nur mit qualitativ hochwertigen Waren bestehen konnte. Eine Möglichkeit der Qualitätssteigerung bei mässigem Kapitaleinsatz lag in der Formgestaltung. Hinzu kam, dass der Werkbund die Industrie mit zunehmendem Erfolg seines öffentlichen Selektionsverfahrens einem gewissen Nachahmungsdruck aussetzte. Es war vorab der SWB, der die Kriterien der formalen Gestaltung der Produkte vorgab, und deren Nichterfüllen hätte – gemäss Peter Erni – für die Firmen den Ausschluss aus dem «Kreis der Auserwählten» zur Folge gehabt.[25] Die Prämierung *Die gute Form* entwickelte sich so zu einer normativen Vorgabe, der Regelkreis von Kontrolle und Anpassung zu einer Art Eigengesetzlichkeit. Allerdings ist einschränkend festzuhalten, dass sich schweizweit nur wenige Firmen – wie die Embru AG, die Horgen-Glarus AG und die Bronzewaren AG (BAG) – vorbehaltlos hinter die Prinzipien des SWB stellten. Namhafte Gestalter wie Bill, Bellmann, Guhl, Hans Coray, Hans Gugelot und Wilhelm Kienzle – allesamt Mitglieder des SWB – entwarfen für sie nach dem Prinzip des sparsamsten Einsatzes der Mittel konstruierte Typenmöbel und Einrichtungsgegenstände. Vertrieben wurden diese Ikonen von *Die gute Form* unter anderem von der Wohnbedarf AG, die mit ihren Ladenlokalen in Zürich und Basel als Laboratorium und Transmissionsriemen der Gestaltungsnormen des Werkbundes diente.[26] Über diesen engen, vom SWB direkt beeinflussten Zirkel hinaus war der Wirkungsgrad der Aktion jedoch beschränkt, weshalb ihr der Beigeschmack einer Nabelschau anhaftete. So wurden von vornherein nur Produkte von Firmen prämiert, die an der MUBA einen Messestand unterhielten. Wie eine Umfrage des SWB von 1960 bei diesen Firmen ergab, war *Die gute Form* aber auch unter ihnen zu einem grossen Teil unbekannt.[27] Von den übrigen Firmen gaben zwar 70 Prozent eine positive Rückmeldung, darunter aber schwergewichtig solche aus Messegruppen, deren Produkte gar nicht auszeichnungsfähig waren (Nahrungsmittel, Maschinen, Transport, Bauwesen). Die Firmen der hauptsächlich betroffenen Messegruppen Möbel, Hauswirtschaft, Büro und Keramik standen der Aktion weitaus kritischer gegenüber; so äusserten sich unter anderem rund zwei Drittel der Vertreter der Möbelindustrie überwiegend negativ.[28] Die Kritik betraf sowohl die Jury, der ein «Mangel an Fähigkeit, objektiv zu beurteilen» vorgeworfen wurde, als auch den Sinn der Aktion, für welche «wenig Interesse im Publikum» festgestellt wurde.[29] Auch im SWB blieb *Die gute Form* nicht unwidersprochen. Bereits 1955 beanstandete der abtretende Erste Vorsitzende Hans Finsler (→ S. 428) die Beurteilungsmassstäbe «gut» und «schlecht»: «Ich musste jedes Frühjahr meine Unterschrift unter etwa 250 Auszeichnungen der Guten Form setzen, auch wenn ich die guten Formen gar nicht gesehen hatte. […] Sind es die Dinge, für die sich der Werkbund einsetzt, oder ist es die Form? […] Nicht die Form der Dinge allein, sondern die Beziehung der Dinge zu den Menschen und die Beziehungen der Menschen zu den Dingen gehören zu den Aufgaben des Werkbundes.»[30]

Diese Kritik an einer rein formalen Gestaltungsauffassung und die frühe Forderung nach einem umfassenderen Verständnis von Design unter Einschluss von Produktion und Anwendung blieben zwar vorderhand ungehört, sie zeigen aber, dass die weitgehend unbestimmten Prinzipien über *Die gute Form* keinen griffigen Massstab für die Qualität von Konsumgütern abgaben. Dass es den «Missionare[n] des guten Geschmacks»[31] in den 1950er-Jahren gelang, trotz schmaler inhaltlicher Grundlage bei Fragen der Produktgestaltung eine Vorreiterrolle einzunehmen, hing denn auch nicht nur mit der Prämierung und Ausstellung von Konsumgütern zusammen. Der SWB profitierte ausserdem stark von der ökonomischen und gesellschaftlichen Verfasstheit des Landes, die von einer nie dagewesenen Wachstumseuphorie getragen war.[32] Die von Entbehrungen und Ängsten geprägte Stimmung der Kriegsjahre wich einem Fortschrittsoptimismus, der durch eine Erhöhung des materiellen Wohlstandes unterstützt wurde.[33] In der sich ausbildenden Konsumgesellschaft wurde – gefördert von Zeitschriften wie *Annabelle* und *Das ideale Heim* – schönes Wohnen zu einem Wert an sich.[34] Dies galt im Übrigen nicht nur für die Schweiz, sondern ebenso für andere westeuropäische Industriestaaten, wo mit ähnlichen Aktionen zum Produktdesign ebenfalls objektbezogene Gestaltung normativ propagiert wurde.[35] Insofern stimmte das Engagement des SWB mit den realen Bedürfnissen der Bevölkerung und dem allgemeinen Geist der Zeit überein. Der Werkbund nutzte diese Grundstimmung geschickt, indem er *Die gute Form* über weitere Kanäle verbreitete, etwa über den ab 1949 regelmässig edierten *Schweizer Warenkatalog* (→ S. 293), mit dem er sich als Berater «der jungen Ehepaare und Aller derer, die vor dem Problem der Wohnungseinrichtung stehen», anpries oder über die der in- und ausländischen Tages- und Fachpresse für Recherchen zur Verfügung stehenden *Photokartothek gut geformter Schweizer Produkte* (→ S. 302).[36] Zudem wurden zwei Wohnberatungsstellen (→ S. 377) eingerichtet, die der Bevölkerung eine kostenlose Unterstützung in Fragen der Wohnungseinrichtung boten und in denen auch entsprechende Kurse durchgeführt wurden.[37] Gleichzeitig schaffte es der SWB, im Ausland als «Botschafter des schweizerischen Qualitätsschaffens» aufzutreten.[38] Neben Aktionen in Deutschland gelang dies etwa 1957 mit der von Altherr für die USA und Kanada zusammengestellten Wanderausstellung *Good Design in Switzerland* (→ S. 319) und 1961 mit dem Pendant dazu in Tokio sowie 1959 mit Bills Ausstellung *Swiss Design* im Londoner Ceylon Tea Centre.

Von der Dingfixiertheit zur Umweltgestaltung – das Ende der normativen Designästhetik

Nachdem die politische, wirtschaftliche und gesellschaftliche Situation in den Jahren nach dem Zweiten Weltkrieg dem SWB ideale Voraussetzungen für sein puristisches Gestaltungskonzept geboten hatte, erfolgte zu Beginn der 1960er-Jahre eine Wende. Einerseits gewann mit der Hochkonjunktur die Massenproduktion und mit ihr die Frage des absatzfördernden, schnellen modischen Wechseln zuneigenden Marketings an Bedeutung, andererseits formierte sich angesichts der damit einhergehenden Verschleisskultur und ihren ökologischen und sozialen Folgen heftige Kritik an der Konsumgesellschaft.[39] Die Koalition zwischen der Industrie und dem Werkbund mit seinen normativen Gestaltungskriterien begann auseinanderzubrechen, zumal sich auch die Konsumenten von langlebigen Produkten ab- und den nach kurzfristigen Modetrends gestalteten Gütern zuwandten.[40] Die Ungezwungenheit der amerikanischen und britischen Populärkultur, die sich auch in der Schweiz durchzusetzen begann, kontrastierte scharf mit der Disziplin, die das befreite Wohnen und *Die gute Form* von Entwerfern und Benutzern gefordert hatte. Im häuslichen Bereich machte sich die ausgeprägte Saloppheit durch bequeme Wohnlandschaften bemerkbar, mit Möbeln wie dem *Soft Chair* von Susi und Ueli Berger. Diese gestalterische Gegenströmung orientierte sich stark an Vorbildern aus Italien, wo sich in den 1960er-Jahren Gruppierungen wie Superstudio und Archizoom bildeten, die über das Praktische hinaus ein

Lebensgefühl vermittelten. Das radikale italienische Design, das legere Sitzpositionen geradezu herausforderte, wusste die Bedürfnisse der Zeit besser zu befriedigen als der Purismus der Aktion *Die gute Form*.[41]

Einschneidende gesellschaftliche Veränderungen erfolgten zudem durch die studentische Protestbewegung, die sich in der Schweiz etwa in den Zürcher «Globus-Krawallen» von 1968 zeigte. Sie setzte eine Partizipationsdebatte in Gang, die auch im Wohnungswesen das Ende einer Epoche einläutete, «in welcher der Architekt oder Designer besser weiss, wie die Leute zu leben haben, als diese selbst».[42] Die zahlreichen postmodernen Subkulturen mit je eigenem Stilgefühl führten zur Ablehnung aufoktroyierter ästhetischer Paradigmen.[43] Ferner drängten angesichts der steigenden Belastung des natürlichen Lebensraums gravierende Umweltprobleme sowie städtebauliche und raumplanerische Herausforderungen nach neuen, nicht mehr objektbezogenen Rezepten ins Blickfeld.[44]

Vor diesem Hintergrund gerieten die auf ästhetische Faktoren fokussierten Gestaltungsprinzipien auch innerhalb des SWB unter Druck. War es 1963 noch der niederländische Strukturalist Aldo van Eyck gewesen, der als Gast auf einer Arbeitstagung zu «Gestaltungsproblemen der Gegenwart» darauf hingewiesen hatte, «that every man, SWB, has the right to his own ‹kitsch›», und folgerte «forget please the ‹gute Form› and the ‹schlechte Form›, it does not matter»,[45] so sahen sich die Verfechter um Bill und *Die gute Form* bald einer neuen Generation von Mitgliedern gegenüber, die ihre Dingfixiertheit zu überwinden suchten. Ihr Wortführer war Lucius Burckhardt (→ S. 433), für den es keine allgemeingültige, immerwährende Form gab, sondern stets nur eine im Augenblick richtige. Für den Soziologen waren die Beziehungen, die über das Sichtbare hinausgehen, zwischen den realen Gegenständen und ihren Benutzern – den Menschen – zentral. Dementsprechend sprach er von Beziehungsräumen, an denen sich unterschiedliche – sichtbare und unsichtbare – Zeichen- und Formsysteme begegnen. Unter der plakativen Parole «Design ist unsichtbar» forderte er, dass sich «das Design öffnen [müsse] zu einem Soziodesign».[46] Mit Verweis auf den umweltschädigenden und sozial bedenklichen Massenkonsum verlangte er nachhaltige und in sozial gerechten Prozessen gefertigte Produkte. 1967 zog auch der neue Redaktor der *SWB-Kommentare*, Antonio Hernandez, eine nüchterne Bilanz über 15 Jahre *Die gute Form*, wobei er ein differenzierteres, über die blosse Formgebung hinausgehendes System von Kriterien für die Beurteilung der Produktgestaltung forderte.[47] Nur ein Jahr später erklärte er, dass «die ‹Gute Form› am Ende ihrer Möglichkeiten» angelangt sei. Habe man noch vor rund zehn Jahren mit *Die gute Form* einen «Ausweg aus dem durch Krieg und Heimatstil prolongierten ‹gutbürgerlichen› Muff» gesehen, so sei die jährliche Ausstellung des SWB an der MUBA inzwischen zu einem blossen Ritual verkommen, das vom Publikum nicht mehr verstanden werde.[48] Zweifel an den Beurteilungskriterien von *Die gute Form* kamen zunehmend auch der Jury. So merkte der Solothurner Architekt Franz Füeg 1966 an, dass es «nicht die gute Form, sondern verschiedene» geben würde, weshalb die Jurierung eine beschränkte sei.[49] Der Berner Architekt Urs Hettich stellte sodann als neu eingesetzter Juror fest, dass sich der SWB in einer Zeit der Bedrohung der Umwelt nicht mit der Beurteilung der äusseren Form von Einzelgegenständen zufrieden geben dürfe; angesichts der Komplexität der Güter sei jedoch der Jury die Würdigung eines Produkts als technische Gesamtleistung meist nicht möglich.[50]

Die veränderten Rahmenbedingungen und die damit verbundenen Forderungen einer neuen Generation von Werkbund-Mitgliedern nach einem auch soziologische und ökologische Faktoren berücksichtigenden Gesamtdesign führten Ende der 1960er-Jahre zu einer Neuausrichtung des SWB. Der damalige Erste Vorsitzende Peter Steiger (→ S. 435) skizzierte die neue Sicht als Abkehr von der Objektbezogenheit: «Das alte Ziel der Gestaltung der Umwelt muss modifiziert und ausgeweitet werden. Wenn man bisher unter Umwelt nur das Sichtbare verstand, so wissen wir heute, dass für den Menschen die Umwelt ebenso aus den sichtbaren wie den unsichtbaren Faktoren besteht. [...] Der alte Glaube, die Verbesserung der sichtbaren Umwelt (Architektur, Produktformung usw.) führt zur Verbesserung des Lebens, hat sich als trügerisch und [...] wirkungslos erwiesen. Verbesserungen haben tiefer anzusetzen im Gesellschaftlichen, Politischen und in der Erziehung. [...] Der SWB [...] arbeitet [...] an der Bewusstmachung der wirtschaftlichen, gesellschaftlichen, politischen und geistigen Verhältnisse, der Gestaltung einer der technisch-zivilisatorischen Entwicklung angemessenen Umwelt.»[51]

Die Verlagerung und Ausweitung von gängigen Gestaltungsfeldern hin zu Architektursoziologie, Ökologie und Raumplanung verlief im Rahmen einer «samtenen Revolution». Nachdem die Berner Ortsgruppe an der Jahrestagung von 1967 mit der Aktion *Chair Fun* (→ S. 326) noch «einen kleinen Pop-Aufstand gegen die Grundsätze der Guten Form» veranstaltet hatte,[52] wurde auf der Jahrestagung von 1968 widerspruchslos die Einstellung der Aktion *Die gute Form* beschlossen, an der sich in jenem Jahr ohnehin nur noch 42 Firmen beteiligt hatten.[53] An der MUBA 1969 wurde stattdessen mit der Diaschau *Böses Tagebuch für Zufriedene* die Verschlechterung der Umwelt thematisiert.[54] Folgerichtig wurde schliesslich 1970 der Zweckartikel in den SWB-Satzungen neu formuliert: «Ziel und Aufgabe des SWB ist die Gestaltung der Umwelt in ihrer Gesamtheit. Der SWB sucht dieses Ziel zu erreichen: durch Zusammenschluss schöpferischer und interessierter Menschen; durch Aufklärung, Kritik, Erziehung und Schulung; durch Erforschung der Bedürfnisse des Einzelnen und der Gesellschaft.»[55] Mit dieser Statutenänderung, die dem Anspruch einer auf die gesamten gesellschaftlichen Verhältnisse zielenden 68er-Utopie Ausdruck verlieh,[56] wurde ein Schlussstrich unter die Ära des ästhetischen Programms *Die gute Form* gezogen.

1 Satzungen SWB 1913 § 2.
2 Gisler 1991, S. 317.
3 Schilder Bär 2002, S. 138.
4 Schmidt 1944, S. 25.
5 GB SWB 1941, S. 17. Siehe auch S. 171 der vorliegenden Publikation.
6 Streiff 1946, S. 140.
7 Siehe zur US-amerikanischen Produktgestaltung der 1930er- und 1940er-Jahre Bürdek 1991, S. 111–112.
8 Sigfried Giedion, Stromlinienstil und industrielles Entwerfen in USA, in: *Werk* 33 (1946), H. 5, S. 161–162.
9 Bill 1949, S. 272–273.
10 Ebd., S. 273.
11 GB SWB 1949, S. 4.
12 So unter anderem in Bern, Zürich, Winterthur, Luzern und St. Gallen sowie in Köln – wo sie 1949 an der Werkbund-Ausstellung gezeigt wurde –, Stuttgart, Hamburg, Bonn, München, Wien, Amsterdam und Rotterdam. Vgl. GB SWB 1949, S. 4; GB SWB 1950, S. 4; GB SWB 1950/51, S. 5; GB SWB 1953, S. 6.
13 Henry van de Velde, Formen. Die reine zweckmässige Form, in: *Werk* 36 (1949), H. 8, S. 250.
14 Die Ausstellung wurde an der MUBA sowie in den Gewerbemuseen von Bern und Winterthur gezeigt und warb erneut für die sukzessive Wohnungseinrichtung. GB SWB 1950/51, S. 3–4.
15 *Werk* 38 (1951), H. 12, S. *162*–*163*.
16 Die Jury setzte sich aus Vertretern der MUBA, des SWB und der OEV zusammen; ab 1954 wurden auch Mitglieder ausländischer Werkbünde einbezogen. GB SWB 1952, S. 5; GB SWB 1955, S. 4.
17 *Werk* 40 (1953), H. 4, S. 125.
18 Mit Abstand am meisten Auszeichnungen wurden in den Jahren 1957 (315) und 1958 (314) vergeben. GB SWB 1957, S. 4; GB SWB 1958, S. 4.
19 GB SWB 1959, S. 4.
20 *Werk* 45 (1958), H. 12, S. 234*.
21 Max Bill, *Form. Eine Bilanz über die Formentwicklung um die Mitte des XX. Jahrhunderts*, Basel 1952, S. 46.
22 SWB Bill 1957, S. 38.
23 Max Bill, über die güte der guten form, in: *form* 15 (1961), S. 32.
24 Erni 1983, S. 43.
25 Ebd., S. 15–16.
26 Die Wohnbedarf AG war 1931 von den SWB-Mitgliedern Sigfried Giedion, Werner M. Moser und Rudolf Graber im Zusammenhang mit der Siedlung Neubühl gegründet worden.
27 521 von 1450 befragten Firmen – mithin 36 Prozent – gaben an, die Aktion nicht zu kennen. Vgl. Die gute Form – Umfrage zur Messe 1960 [Auswertung vom 30. 6. 1960], Archiv SWB A 3.2/202 von , hier S. 1.
28 Ebd.
29 Ebd., S. 7.
30 Finsler 1956, S. 269–272.
31 Ebd., S. 270.
32 Gisler 1991, S. 363.
33 Christian Pfister (Hg.), *Das 1950er Syndrom. Der Weg in die Konsumgesellschaft*, Bern, Stuttgart und Wien 1996, S. 25.
34 Schilder Bär 2002, S. 150.
35 Dazu gehörten vorab die gleichnamige Aktion des Deutschen Rats für Formgebung und die Bestrebungen des Council of British Design.
36 Es entstand eine Sammlung von über 1600 Karteikarten der an der MUBA prämierten Objekte mit Angaben zu Material, Farbe, Masse, Preis, Entwerfer, Herstellerfirma sowie Jahr des Entwurfs, der Herstellung und der Auszeichnung.
37 Die erste wurde 1956 im Gewerbemuseum Winterthur eröffnet, die zweite 1958 im Kunstgewerbemuseum Zürich. GB SWB 1956, S. 5; GB SWB 1957, S. 6.
38 Erni 1983, S. 95.
39 Schneider 2005, S. 138.
40 Erni 1983, S. 126.
41 Siehe zum italienischen Design der 1960er-Jahre Bürdek 1991, S. 91–96.
42 SWB Broschüre 1977, S. 5.
43 Schneider 2005, S. 232.
44 So stellte etwa der Vorsitzende des Deutschen Werkbundes bereits 1959 lakonisch die Frage nach dem Nutzen wohlgestalteter Trinkgläser, wenn das Wasser als denaturierte Brühe nicht mehr trinkbar sei. Werner Durth, Positionswechsel – Neue Orientierungen, in: Nerdinger 2007, S. 292.
45 *Werk* 51 (1964), H. 3, S. 114.
46 Burckhardt 1981, S. 18.
47 [Antonio Hernandez], Nach 15 Jahren: Bilanz der «Guten Form», in: SWB Kommentare 2, S. 733.
48 [Antonio Hernandez], Die «Gute Form» am Ende ihrer Möglichkeiten, in: SWB Kommentare 5, S. 405.
49 Sitzungsprotokoll Jury, 12.5.1966, Archiv SWB A 3.2/202.
50 Schreiben von Urs Hettich an Emil Ruder (Präsident der Jury für den Sektor *Wohnen*), 21.3.1968, Archiv SWB A 3.2/202.
51 GB SWB 1970, S. 4.
52 *Werk* 55 (1968), H. 1, S. 73.
53 GB SWB 1968, S. 4–5.
54 GB SWB 1969, S. 4.
55 Statuten SWB 1970 § 2.
56 Fünfschilling 2001, H. 3, S. 195.

283
Schweizer Warenkatalog 1954 auf Auszugtisch (Entwurf Fred Ruf), Koje an der Sonderschau *Die gute Form* [*1954*] mit Möbeln der Möbelfabrik Horgen-Glarus (Stühle Hans Bellmann), Kombinationsmöbel (Entwurf Hans Gugelot) der Wohnbedarf AG und Stehlampe (Entwurf Alfred Altherr) der Heinrich Kihm Stahlmöbel AG, MUBA, 1955, Foto Hans Finsler

284
Umschlag *Schweizer Warenkatalog*, Gestaltung Richard P. Lohse, 1949

285
Umschlag *Schweizer Warenkatalog, Neue Ausgabe*, 1954, Mobiliar Wohnbedarf, Umschlagfoto Michael Wolgensinger, Gestaltung Richard P. Lohse, 1949

286–290
Umschläge *Wohnen heute 3–7, Warenkataloge* 1960–1970, Gestaltung Richard P. Lohse (ohne *Wohnen heute 7*)

291
Seite aus *Schweizer Warenkatalog*, 1949, Beleuchtungskörper der BAG Bronzewarenfabrik AG Turgi, Gestaltung Richard P. Lohse

292
Doppelseiten aus *Wohnen heute 3, Warenkatalog 1960*, Typografie Richard P. Lohse

293
Doppelseiten aus *Wohnen heute 4, Warenkatalog 1962/63*, Typografie Richard P. Lohse

294
Doppelseiten aus *Wohnen heute 5, Warenkatalog 1965/66*, Typografie Richard P. Lohse

295
Doppelseiten aus *Wohnen heute 6, Warenkatalog 1967/68*, Typografischer Entwurf Richard P. Lohse, Layout Arthur Niggli

296
Doppelseiten aus *Wohnen heute 7, Warenkatalog 1969/70*, Layout Arthur Niggli

Schweizer Warenkatalog

1949–1969

Parallel zur Wanderausstellung *Die gute Form*, die das erste Mal an der Basler Mustermesse (MUBA) gezeigt wurde, noch bevor sie in den 1950er-Jahren als Sonderschau institutionalisiert war, gab der Schweizerische Werkbund auch erstmals den *Schweizer Warenkatalog* heraus. Während sich die Ausstellung an der MUBA als Qualitätsschau vorab an die Produzenten der Konsumgüterindustrie wandte, war der von Egidius Streiff (→ S. 426) verfasste und von Richard P. Lohse gestaltete Warenkatalog an die Verbraucher gerichtet.[1]

Mit dieser Publikation wandte sich der SWB 1949 an «junge Ehepaare und [an diejenigen], die vor dem Problem der Wohnungseinrichtung stehen».[2] Im Gegensatz zu den von den Möbelhäusern verkauften kompletten Ausstattungen propagierte der SWB eine Wohnvorstellung, die auf der Einrichtung mit sukzessive erworbenen Einzelstücken beruhte und den stetig wandelnden Wohnbedürfnissen in unterschiedlichen Lebensab-

283

284

285

schnitten entgegenkam.[3] Im Katalog sind in 130 Fotografien auf 42 Abbildungsseiten im Format A4 Typen- und Serienmöbel, Beleuchtungskörper, Textilien, Keramik, Besteck und «Haushaltungs-Maschinen» präsentiert. In deutsch- und französischsprachigen Begleittexten werden die besonderen Merkmale und Vorteile der Objekte hervorgehoben. Komplettiert wird der Katalog durch ein Firmen- und Sachregister sowie eine Adressliste von gestalterisch tätigen SWB-Mitgliedern. Damit wurde an frühere Publikationen angeknüpft, etwa an die Broschüre *Gut Wohnen* (→ S. 192) von 1943 und den seit 1930 vom Bund Schweizer Architekten (BSA) herausgegebenen *Schweizer Baukatalog.*[4]

Der in einer Auflage von 3000 Exemplaren leihweise an Mitglieder des SWB und verwandter Vereinigungen sowie an Haushaltungs- und Gewerbeschulen, Bauämter, Wohnberatungsstellen und subventionierte Siedlungsunternehmen abgegebene *Schweizer Warenkatalog* fand eine breite Resonanz.[5] Allerdings wurde moniert, dass er im Vergleich zum 1120 Seiten starken *Schweizer Baukatalog* (Ausgabe 1949) «etwas schmalbrüstig» sei und zudem Preisangaben der Produkte fehlen würden.[6] 1954 erschien deshalb die nunmehr auch im Buchhandel erhältliche, von Alfred Altherr jun. (→ S. 430) redigierte zweite Ausgabe mit einigen Neuerungen. So wird der Leserschaft in einleitenden «Betrachtungen zur Wohnungseinrichtung» ein chronologischer Einrichtungszyklus entlang der sich verändernden Wohnbedürfnisse von Alleinstehenden, jungen Ehepaaren und Familien mit Kindern aufgezeigt. Diese Angaben sind begleitet von Mustergrundrissen konkreter Wohnungstypen – vorab aus der SWB-Siedlung Neubühl (→ S. 356) – und einer Zusammenstellung von Möbelrichtmassen. Ziel der Hilfestellungen sei «ein wirklich individuelles Wohnen».[7] Mit den folgenden Ausgaben des Warenkatalogs gingen weitere Änderungen einher. Waren es in formaler Hinsicht der Wechsel auf ein quadratisches Format von 21 mal 21 Zentimeter und die Umbenennung in *Wohnen heute,*[8] zeichneten sich inhaltlich die sich wandelnden Positionen des SWB zur Produkt- und Umweltgestaltung ab. Während der Werkbund bis zur vierten Ausgabe von 1962 stets als «Erziehungsarbeit zur Hebung des Geschmackes in den breiten Bevölkerungskreisen»[9] leistende Instanz aufgetreten war und bewährte Lösungen nach den normativen Prinzipien der Aktion *Die gute Form* propagiert hatte, wandte er sich in der fünften Ausgabe von 1965 auf Augenhöhe an die Leserschaft. Hans Fischlis Einführung in den Katalog richtet sich ganz explizit an die Bewohner und bezieht sich auf die gewöhnliche «Wohnung für Jedermann», in der jeder den Raum so gestalten soll, wie es ihm gefällt.[10] Der SWB war nun nicht mehr «ästhetischer Erzieher, Aufklärer und Mahner», sondern ein «Stellvertreter des kritisch-bewussten Konsumenten»; der Warenkatalog sollte dementsprechend «weniger ein Wegweiser für die Unsicheren als viel mehr ein Nachschlagewerk für die Urteilsfähigen» sein.[11] Es wurden keine konkreten Einrichtungsbeispiele mehr präsentiert. Neben den Katalogseiten enthalten die fünfte und die sechste Ausgabe nun eine Serie von Fotografien, in welcher der individuell verwendbare Raum als Musik-, Spiel- und Bastelzimmer thematisiert wird. Die Fotografien wurden in den damals viel diskutierten progressiven Siedlungen Halen (1961) und Flamatt (1957/58; 1960/61) des Berner Architekturbüros Atelier 5 aufgenommen, was wohl kein Zufall war, denn der damalige, allerdings nur kurz amtierende Erste Vorsitzende Niklaus Morgenthaler war einer der Partner im Büro.[12] Hatte sich mit der fünften und sechsten Ausgabe des Warenkatalogs die Abkehr vom objektbezogenen zum

gesamtheitlichen Umweltverständnis bereits angekündigt, so zog die siebente von 1969/70 einen Schlussstrich. In einem einleitenden Artikel mit dem Titel «Von der Form zur Struktur» erklärt der Kunsthistoriker Peter F. Althaus die auf blosse mechanische Funktionen beschränkte Produktgestaltung als nicht mehr zeitgemäss. Er fordert einen neuen, auch emotionelle, soziale, geistige und wirtschaftliche Funktionen umfassenden Qualitätsbegriff.[13] Eine Produktschau nach formalen Gesichtspunkten war obsolet – folgerichtig stellte der SWB nach der Aktion *Die gute Form* auch die Herausgabe des *Schweizer Warenkatalogs* als deren Propagandapublikation ein. ● *Jürg Hünerwadel*

286

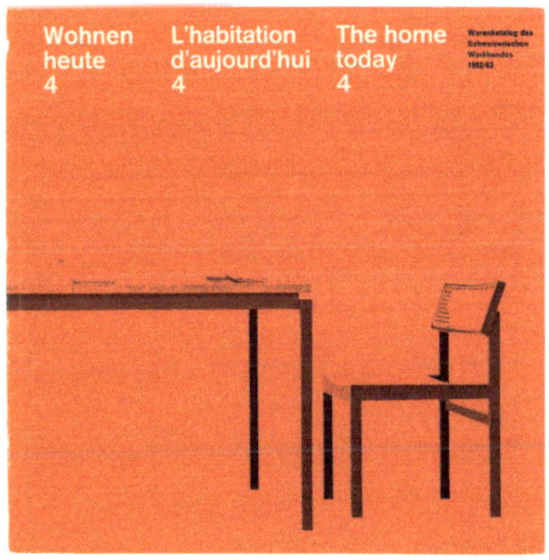

287

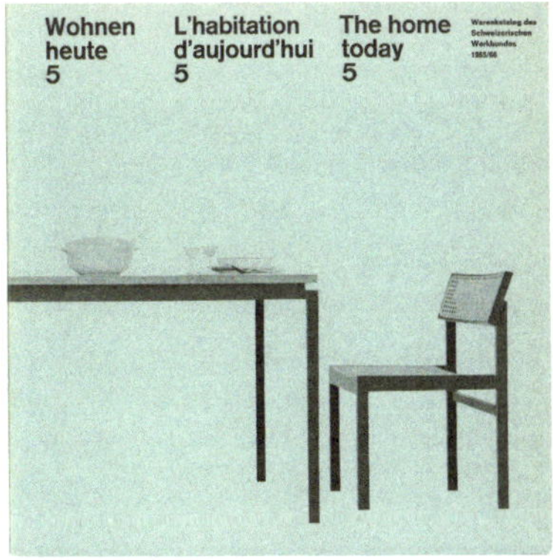

288

289

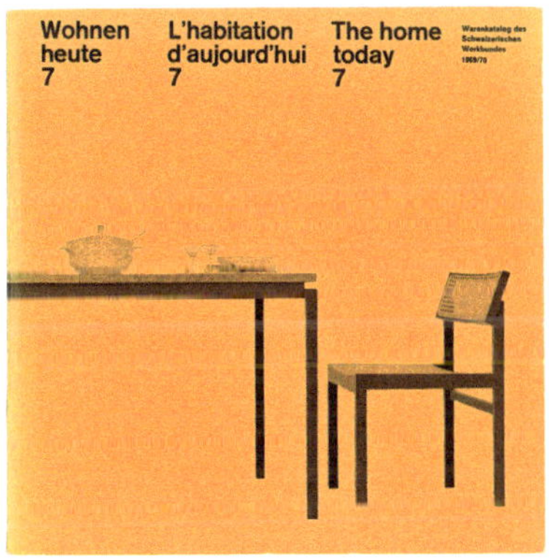

290

Beleuchtungskörper/Lampes

Merkmale:

Die BAG-Leuchtkörper sind auf Grund langjähriger Erfahrungen konstruiert.
Laboratoriums-Untersuchungen klären weitgehend die leuchttechnischen Komponenten ab und führen zu Formgebungen, die eine gute und den Augen zuträgliche Lichtstärke gewährleisten.

Vorteile:

Für jedes Zimmer spielt die richtige Wahl der Beleuchtungskörper eine wichtige Rolle, da sie in hohem Maß die Wohnlichkeit beeinflußt: Für die verschiedenen Zwecke, wie allgemeine Raum-Erhellung oder mehr punktweise Beleuchtung eines Lese- oder Arbeitsplatzes, stehen verschiedenartige Typen zur Verfügung. Bei den verstellbaren Lampen wird auf eine möglichst große Schwenkbarkeit und einfache Fixierung Wert gelegt.
Die diversen BAG-Erzeugnisse sind bei allen Fachgeschäften oder am Musterlager, Stampfenbachstraße 15, Zürich, erhältlich.

Abbildungen:

1. Nr. 41 600 Stehlampe in Messing mit Hahnfassung und Stoffschirm.
2. Nr. 12 095 Indirektleuchte „Indiphot" mit eingebautem Aluminium-Reflektor.
3. Nr. 61 000 Zuglampe in Messing mit Pergament- oder Stoffschirm.
4. Nr. 42 008 Leselampe in Eisen, Schrumpflack gespritzt, mit Kettenzugfassung.
5. Nr. 42 007 Pultlampe in Eisen schwarz, Nickel poliert; Reflektor nach vorn verstellbar.

Caractéristiques:

Les luminaires BAG sont construits sur la base d'une longue expérience.
Des recherches de laboratoire permettent d'établir les éléments phototechniques nécessaires à créer des formes garantissants un bon éclairage.

Avantages:

Le confort de chaque chambre est influencé au plus haut degré par le choix approprié des luminaires. Ce choix est facilité par une multitude de modèles divers soit pour obtenir une clarté générale ou un éclairage dirigé sur la lecture ou sur le travail. Quant aux lampes articulées, on a eu soin d'en tirer le maximum de portée et de rendre les fixations le plus simple possible.
Les divers produits BAG sont en vente chez tous les bons électriciens et au magasin de la maison, Stampfenbachstrasse 15 à Zurich.

Illustrations:

1. N° 41 600 lampe de table en laiton avec douille à clef et abat-jour en étoffe.
2. N° 12 095 luminaire à éclairage indirecte «Indiphot» avec réflecteur en aluminium incorporé.
3. N° 61 000 suspension en laiton avec abat-jour en parchemin ou en étoffe.
4. N° 42 008 liseuse en fer, verni ratatiné, avec douille à chaînette.
5. N° 42 007 lampe de bureau en fer noir et nickelé poli, réflecteur articulé vers l'avant.

BAG Bronzewarenfabrik A. G., Turgi

12 095

41 600

61 000

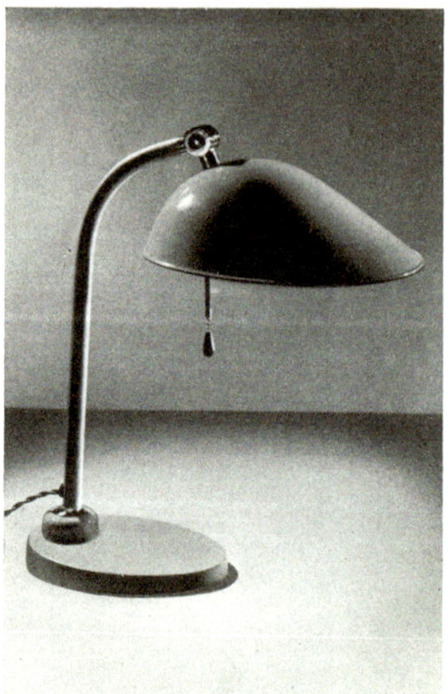

42 008

42 007

Arbeiten und Wohnen im gleichen Raum, mit Schlafgalerie. (Atelier des Photographen René Groebli SWB, Zürich, Architekt W. Boesiger, Zürich)

Travailler et se loger dans la même pièce, galerie pour dormir. (Atelier du photographe René Groebli SWB, Zurich; architecte: W. Boesiger, Zurich)

Working and living in the same room with a gallery sleeping area. (Studio of the photographer René Groebli SWB, Zurich, architect W. Boesiger, Zurich)

Seite 41:
Wohnraum vom Esszimmer gesehen, links Rampe zur Schlaf- und Arbeitsgalerie, rechts Südfassade gegen Garten. Grundriss Seite 6. (Architekt Alfred Altherr SWB, Zürich)

Page 41:
Pièce de séjour vue de la salle à manger; à gauche, rampe conduisant à la galerie pour dormir et travailler; à droite, façade sud vers le jardin. Plan page 6. (Architecte: Alfred Altherr SWB, Zurich)

Page 41:
Living room looking from the dining room; on the left, ramp to the sleeping and working gallery, on the right, south facade looking over the garden. Plan page 6. (Architect Alfred Altherr SWB, Zurich)

Private house near Rapperswil (1959, architect Alfred Altherr SWB, Zurich). The house takes the form of a simple cube which is an ideal foil for the tall trees of the surrounding woodland. Only the garage, the laundry and the cellars are located on the north side in the basement. The south facade is almost entirely glazed. From the kitchen the housewife can see the entrance (with parcels delivery hatch) and the living-dining room. The wall near the breakfast bar between the kitchen and the living room can be closed or opened at will. The parents' combined sleeping and work room, which is raised a few steps above the general level, is also provided with a sliding wall, so that all the rooms on the south side can be opened to form a large space together with the covered sitting area in the garden. The parents' bedroom also has an east-facing window. The son's room is also slightly raised above the general level; the children (two boys) have their room on the west side behind the outdoor sitting area. – The existing furniture has been very skilfully combined with newly purchased pieces. The fabrics are all in grey and white shades, only the curtain towards the corridor is of a very subtly coloured wool fabric while the rug near the sitting area is a valuable showpiece. The walls are white to show off the pictures to best advantage. In the parents' room the bookshelves are on a blue wall, and in the son's room with its window facing the wood one wall was painted yellow. There is an intimate indoor-outdoor relationship between the garden and living room; the covered sitting area makes it possible to be in the garden even in rainy weather. (Floor plan 2, page 10; illustration page 23.)

Even in a private house the living needs of the family change with time. Very few young married couples are able to build a house of their own, firstly for financial reasons and secondly because they do not know how big a family they are going to have. Thus we have the ludicrous situation where the private house is built at the time when the family is largest and therefore needs most space. The owner thus provides himself and his family with a house of their own when the eldest children will soon be going their own way in life. A few years later there are often only the parents left, or there comes the problem of an elderly and a young family living side by side. Hence the permanently constructed private house soon ceases to satisfy the family's needs. It is not surprising therefore that an attempt should be made to provide furniture, and indeed a house, which can be fitted together and changed like the units in a child's constructional set. Efforts are being directed towards the mass production of houses out of large building elements such as floor, wall and ceiling units according to a fixed plan. Even the plumbing lines are

40

41

86

Textilien Textiles Textiles

Handwebteppich in Mohair und Rosshaar, schwarz/weiss, 220/350 cm.

Tapis, tissage à la main, en mohair et crin, noir/blanc, 220/350 cm.

[illegible] black/white, 220/350 cm.

Entwurf/Création/Design:
[illegible]

Atelier Elsi Giauque SWB, Ligerz/Bielersee Telephon 032/7 21 69

87

Zweibetten-Couch mindo 954. Matratzenrahmen in Esche. Kopf- und Fussteil schwarz gebeizt und mattiert. Kopfteil verstellbar. Grösse: 200/92 cm.

Couch pour double lit mindo 954. Cadre du matelas en frêne, tête et pied teintés noir et mat. Tête réglable. Dimensions: 200/92 cm.

Double couch mindo 954. Mattress frame in ash, head and foot stained black with [illegible] finish. Head adjustable. Size: 200/92 cm.

Werksentwurf / Création d'usine / Works design 1954

Oskar Minder, Matratzen, Betten, Polster, Zürich, Brunngasse 6 Telephon 051/32 75 10

66

Couch und Klappbett mit Umbau in Esche natur. Rahmen mit Gummigurten bespannt. Kopfteile verstellbar. Sperrholzplatten-Auflage als Schoner. Umbau gleichzeitig Rückenstütze, 198 cm breit, 85 cm hoch, 36 cm tief. Couch und Klappbett je 75/190 cm. Gummi- oder Kombimatratzen.

Couch et lit à bascule avec entourage en frêne naturel. Cadre muni de sangles en caoutchouc. Tête réglable. Plaques ajustées en bois contreplaqué comme protection. L'entourage sert également de dossier, largeur 198 cm, hauteur 85 cm, profondeur 36 cm. Couch et lit à bascule 75/190 cm chacun. Matelas en caoutchouc ou combi.

Convertible couch and bed with headboard, in ash, natural finish. Frame with elastic interlay and plywood covering. Head ends adjustable. Headboard also [illegible] high, 36 cm deep. Couch and bed each 75/190 cm. Rubber or composite mattresses.

Entwurf/Création/Design:
Roland Schmutz SWB 1959

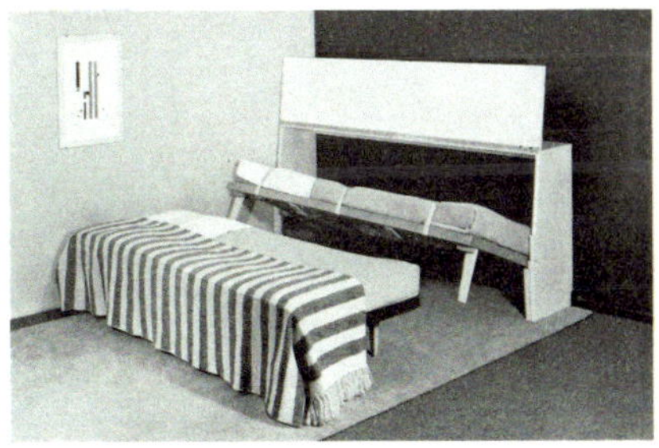

Roland Schmutz SWB, ER-ESS-Möbel, Zofingen AG Telephon 062/6 21 68

67

Seite 22/23
Zweizimmerwohnung
Ein junges Ehepaar, eine Schneiderin und ein Radiobastler, richteten sich ihre Wohnung mit einfachsten Mitteln ein. Stahlbetten, Gartenstühle, die sich in den Wohnraum gut einfügen und einfache, klare Textilien. Die beiden, auf Türhöhe eingespannten Tablare von Wand zu Wand bieten zusätzliche Abstellfläche und geben der Wohnung eine eigene, grosszügige Note.
Siedlung Heiligfeld Zürich
Architekt: Prof. A. H. Steiner, Zürich
Einrichtung: Fachklasse für Innenausbau der Kunstgewerbeschule Zürich

Page 22/23
Appartement de deux pièces
Un jeune couple, une couturière et un réparateur de radio se sont installés dans leur appartement avec les moyens les plus simples: lits en acier, chaises de jardin s'incorporant admirablement bien dans la pièce de séjour, textiles de couleurs claires. Les deux étagères relient les parois à hauteur de la porte et donnent à l'appartement sa note particulière et généreuse.
Pièce de séjour Heiligfeld Zurich
Architecte: Prof. A. H. Steiner, Zurich
Ameublement: Fachklasse für Innenausbau der Kunstgewerbeschule Zurich

Page 22/23
Two-room flat
The young couple who live in this flat, a dressmaker and a radio mechanic, have furnished it with the simplest of means: steel-frame beds and garden-chairs go very well in the living-room, as do the bright fabrics. The two fitted shelves running from wall to wall at door height give extra surface area and add an individual roomy touch to the flat.
Heiligfeld estate, Zurich
Architect: Prof. A. H. Steiner, Zurich
Furnishing: Fachklasse für Innenausbau der Kunstgewerbeschule Zurich

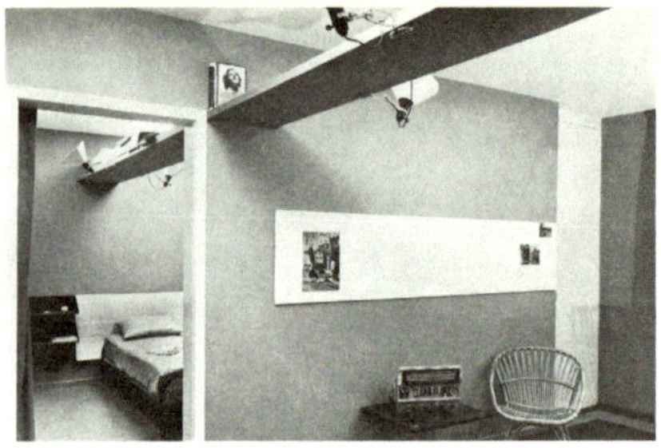

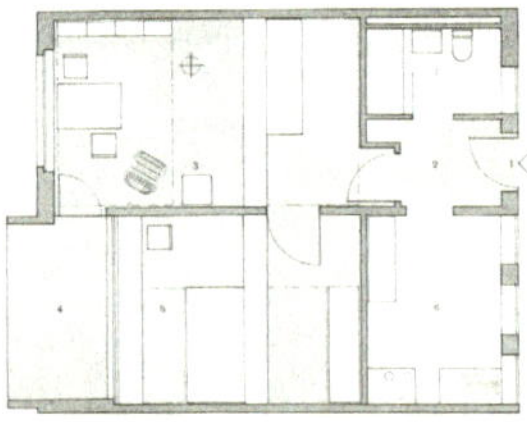

1 Eingang / Entrée / Entrance
2 Korridor / Corridor / Corridor
3 Wohnraum / Pièce de séjour / Living room
4 Balkon / Balcon / Balcony
5 Schlaf- und Arbeitszimmer / Chambre à coucher, bureau / Bed- and work-room
6 Küche / Cuisine / Kitchen
7 Bad WC / Bains et WC / Bathroom and lavatory

Wandbild aus Metall
«Tangentiales Exzentrum». Wandbild, das sich verändern lässt. Der Beschauer stellt selbst durch Drehen der Kreise die Konstellation ein, die er wünscht.
Von Karl Gerstner SWB, Basel

«Excentre tangentiel»
Tableau mural, en métal, variable à volonté. En tournant les cadres, on peut fixer soi-même la constellation que l'on désire.
par Karl Gerstner SWB, Basel

Mural of metal
A mural which can be altered to suit the taste of the viewer by turning the circles.
Design by Karl Gerstner SWB, Basel

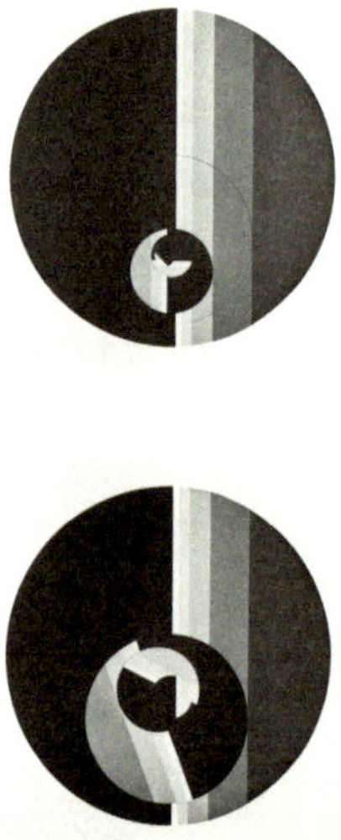

Seite 35
Individualität in der Siedlung. Gartenhöfe in Reinach. Blick vom Wohnraum in das Atrium.
Architekten: Ulrich Löw und Theodor Manz SWB, Basel

Page 35
Vie individuelle dans la cité à atrium «Gartenhöfe à Reinach». Vue de la pièce de séjour à l'atrium.
Architectes: Ulrich Löw et Theodor Manz SWB, Basel

Page 35
Individual life in an estate of atrium houses «In den Gartenhöfen» at Reinach. View from the living-room into the atrium.
Architects: Ulrich Löw and Theodor Manz SWB, Basel

1
Pendelgehänge M 79.334.
Deckenrosette weiss matt, Reflektoren schwarz matt, ⌀ 23 cm.
2
Pendelgehänge M 79.151.
Deckenbalken aus Teakholz, Glaskörper weiss matt und rauchviolett. Balkenlänge 70 cm, Höhe 80 cm.
3
Hängeleuchter M 79.357.
Mittelkörper und Arme aus Teakholz, Reflektoren russischgrün, Glaskörper weiss matt. 100 cm hoch, ⌀ 56 cm.

1
Lampe à suspension M 79.334.
Rosace du plafond en blanc mat, réflecteurs en métal noir mat, ⌀ 23 cm.
2
Lampe à suspension M 79.151.
Support en bois teak, réflecteur en verre blanc mat et violet fumé. Hauteur totale de l'appareil 80 cm, longueur du support 70 cm.
3
Lustre M 79.357.
Corps central et bras en bois teak, réflecteurs en couleur vert russe verre blanc mat. Hauteur totale 100 cm, ⌀ 56 cm.

1
Ceiling light M 79.334.
White matt-finish ceiling rose, black matt-finish reflectors. Diameter 23 cm.
2
Ceiling light M 79.151.
Support in teak with white matt-finish glass reflector. Length of support 70 cm, height 80 cm.
3
Chandelier M 79.357.
Central support and arms in teak, Russian green reflectors, white matt-finish glass. Height 100 cm, diameter 56 cm.

Werksentwürfe / Créations d'usine / Works designs 1961

Huco AG, Leuchten- und Metallindustrie, Münchwilen TG
Telephon 073/6 07 22

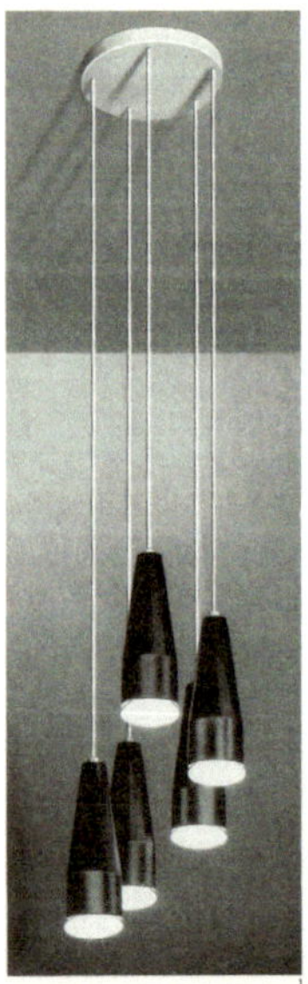

1

2

3

1
Deckenlampe 1113 schwarz mit Blendschutzraster weiss. Länge 16, Breite 16 und Höhe 16 cm.
2
Tischlampe 5080 mit schwarzem Fuss. Arm poliert verchromt. Reflektor grau, grün. ⌀ 9 cm, Höhe 36 cm.
3
Pendelleuchte 6240 mit Schnuraufhängung. Schirm aus hellem Holzgeflecht, cachiert, Glas opal matt. ⌀ 38 cm, Breite 14 cm, Höhe 80 cm.

1
Plafonnier 1113 noir avec ecran blanc. Longueur 16 cm, largeur 16 cm, hauteur 16 cm.
2
Lampe de table 5080 avec pied noir, bras chromé poli, réflecteur gris, vert. ⌀ 9 cm, hauteur 36 cm.
3
Pendentif 6240 avec suspension à cordon, abat-jour en bois clair entrelacé sur parchemin, verre opal mat. ⌀ 38 cm, largeur 14 cm, hauteur 80 cm.

1
Ceiling lamp 1113 black, with white louvre. Length 16 cm, width 16 cm, height 16 cm.
2
Table lamp 5080 with black base, arm chromium finish, reflector grey, green. ⌀ 9 cm, height 36 cm.
3
Pendant lighting fitting 6240 with cord suspension, shade in light wood weave, glass matt opalescent. ⌀ 38 cm, width 14 cm, height 80 cm.

Werksentwürfe / Créations d'usine / Works designs 1962

Regent Beleuchtungskörper, Basel, Dornacherstrasse 390
Telephon 061/34 64 45

1

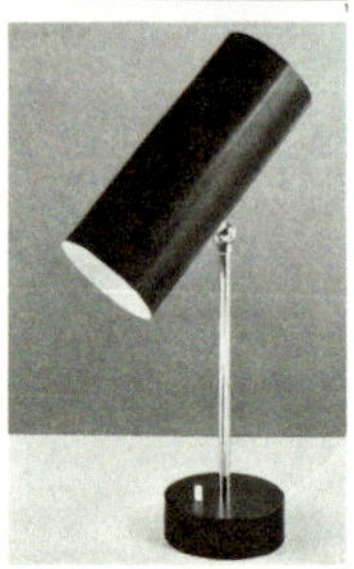

2

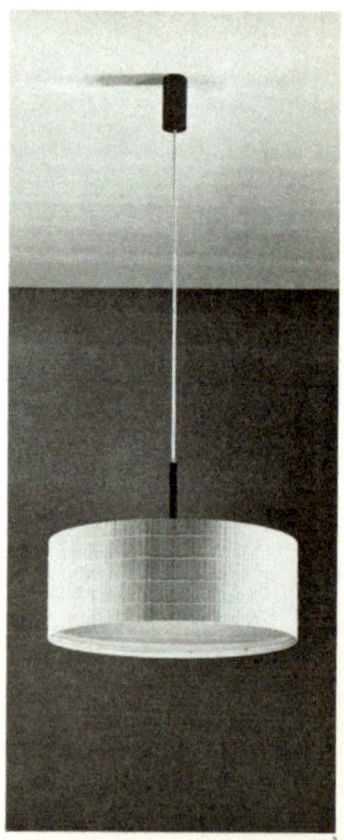

3

Habiter 16

A l'oiseau son nid, au renard son terrier,
au brigand son repaire.

Seite 17
Möbel sind keine Repräsentationsstücke. Die Kinder sollen sie als Requisiten ihrer Spiele brauchen dürfen. Wählt darum keine mit Unfallgefahren.

Page 17
Les meubles ne sont pas des pièces figuratives. Ils peuvent servir au jeux des enfants, à condition qu'ils ne présentent pas des risques d'accidents.

Page 17
Furniture is not meant to impress the visitor. The children should be able to use the various pieces as stage properties in their games. When choosing furniture, therefore, make sure there are no concealed hazards.

Nous passons les deux tiers de notre vie dans un logis et, on ne peut concevoir de bien-être sans une habitation; de son aménagement, entre autres, dépendent nos aises.

La pièce de séjour du paysan: plafond bas, géraniums à l'extérieur, et à l'intérieur des rideaux blancs en toile fixés à des tringles en laiton. Les bords des fenêtres sont en bois brun. Dans un coin de la pièce, un banc d'angle; sur la table une lampe, une demi-douzaine de chaises. Le sol est un plancher de bois où craquent des grains de sable. Un poêle en faïence verte et son banc, épaisse plaque de grès. Sécurité douillette contrastant avec les rudes travaux, sous le soleil et les intempéries, des champs et de la forêt. Ici personne n'a dessiné de plan ni conçu l'aménagement intérieur. Les mesures du poêle dépendent de la longueur des bûches qu'on y enfourne et son banc est chauffé par le passage de la fumée. Autrefois l'ébéniste construisait durant toute sa vie les mêmes armoires et l'on trouvait le même banc d'angle dans des milliers de pièces et au même endroit. Le paysan était assis à la dure sur sa chaise, pour manger, boire, évoquer ses souvenirs ou discuter parfois jusque tard dans la nuit.

La chambre des parents: plafond plus haut, plâtré de blanc, fenêtres plus grandes. Dans un coin, un banc; sur la table, la lampe avec ses franges de perles vertes. Le poêle en catelles peintes. Un buffet composé de trois parties en bois décoré et garnitures en laiton. Le secrétaire du père aux nombreux compartiments et tiroirs fermés à clé avec beaucoup de secrets. Sur un socle en bois courbe trône un palmier, un oiseau pépie dans une cage, les pieds de la table et des chaises sont surchargés d'ornements . . .

Alors nous avons commencé par scier les pieds du lit, puis à peindre les armoires en jaune, à ne plus arroser le palmier et à donner la liberté au canari. La partie supérieure du buffet a été déposée à la cave. Pour faire de l'ordre, nous avons éliminé le superflu.

Dans notre chambre, le meuble destiné à notre repos prit la première place; il était recouvert d'une couverture sans dessin. Un tabouret servit de table de nuit et, pour les livres, une étagère en lattes et en briques hollandaises.

17

22

Seite 23
Das Kind mit seinem Spielzeug macht nichtssagende Teile der Wohnung lebendig. Uebertriebene Putzsucht ist tödlich.

Page 23
L'enfant, avec ses jouets, anime les parties sans intérêt d'une habitation. La manie du nettoyage est mortelle.

Page 23
The child and his toys gives meaning to otherwise lifeless corners of the home. Too much emphasis on cleaning is fatal.

Equilibrez votre vie et vos ressources. Etre et non paraître. Chacun peut trouver son propre style de vie: la richesse ne se mesure pas à l'épaisseur du portefeuille. Est souvent pauvre celui qui vit comme un riche.

Mangez une nourriture excellente, buvez de bonnes boissons, visitez de merveilleux pays. Entourez-vous de fins tissus, lisez des livres enrichissants, cherchez les plaisirs des yeux et des oreilles dans leur forme originale, évitez les ersatz et les conserves. Soyez vous-mêmes, n'imitez pas les autres, fussent-ils cent mille! Limitez-vous au nécessaire. Avant de meubler, faites de la place, libérez-vous du superflu, afin que votre installation ne soit pas une incommodité, mais un prétexte à créer un espace libre. Acheter est un plaisir, s'installer une passion. Ordonnez les objets pour ne pas avoir sous peu à vous défaire.

Pensez que l'espace en soi est une richesse. Soignez-le comme un luxe. Ne croyez pas le vantard ni le vendeur qui abusent du mot moderne. N'achetez jamais du tape-à-l'œil. Le modeste seul est bon, car ce qui est simple est seul durable.

Hans Fischli

Note de la rédaction
L'architecte Fischli n'est certainement pas un piètre rédacteur de préface comme il le fait remarquer. Ne loue-t-il pas, dans sa conclusion, ce que nous cherchons à prouver par ce catalogue, en disant que ce qui est simple est seul durable? Eugen Gomringer

23

Textilien/Textiles/Textiles 64

Bouclèteppich TISCA LANA aus 100% reiner Schurwolle, körnige Struktur, lieferbar in 5 Ton-in-Ton Farben.

Tapis bouclé «Tisca Lana», en laine de toute 100% pure, structure granulée, livrable en cinq couleurs ton sur ton.

[illegible] fleece wool, granular texture, [illegible] in 5 graded shades.

TISCA, Tischhauser & Co. AG,
Textilwerke,
9055 Bühler,
Telephon [illegible]
Verkaufsbüro Zürich,
Bahnhofplatz 14
Telephon 051/23 20 60

Textilien/Textiles/Textiles 65

Teppich aus australischem Ochsenhaar. Naturtöne, rotes Quadrat. Grösse 200/350 cm.

Tapis en poils de bœuf australien. Couleurs naturel, carré rouge. Dimensions [illegible] cm.

Carpet of Australian ox-hair. Colours [illegible] Size [illegible] cm.

Entwurf/Création/Design:
Elsi Giauque SWB.

Elsi Giauque,
Käthi Wenger,
Festi,
2514 Ligerz
Telephon 032/85 11 69

Réflexions à propos de la 6e. édition

Seite 13
Wohl dem, der solchermassen König ist und sein darf in seinem Reich. Der Bub sitzt bequemer als mancher Erwachsene in seinem «Chair».

Page 13
Bienheureux l'enfant qui se sent roi dans son royaume! Celui-ci n'est-il pas assis plus confortablement que plus d'une grande personne sur sa chaise?

Page 13
Happy is he, the king, and he can be in his own kingdom. A boy in his chair can sit more comfortably than many adults.

Il y a 18 ans, lorsque le Werkbund sortit son premier catalogue, il le fit dans l'intention de guider le goût du consommateur vers des produits qui soient caractéristiques de notre époque et de bon aloi. Les tenants du Werkbund sont aujourd'hui plus sceptiques sur leur tentative qu'ils ne l'étaient alors; les aléas et les difficultés d'une sélection, d'une difficultés d'une sélection, d'une diffusion, d'une instruction du public, leur sont apparus. Il semble que si certains consommateurs se sont initiés aux formes nouvelles, d'autres continuent, pour embellir leur intérieur, à puiser leurs idées à des sources fort différentes. D'autres raisons encore font que, non seulement l'efficacité de cette publication, mais la réalité de l'idée en soi qu'est «L'Habitation d'ajourd'hui», apparaissent quelque peu problématiques.

D'une part, il est vrai, la forme «épurée» a non seulement perdu de son auréole d'avant-garde, mais est devenue en tant que «bonne forme» — et un peu sous l'influence du Werkbund — un produit courant de notre marché. D'autre part, juger les objets courants selon des seuls critères de forme est aléatoire, dès lors que la nécessité de créer des formes devient moins pressante dans une époque où — pour s'alarmer avec l'opinion générale — les citadins se voient menacés, dans une proche avenir, «d'encombrement et d'obstruction». Et la propension grandissante que l'on note à une création non-conforme donne finalement matière à réflexion, du fait même qu'elle se manifeste dans des imitations plus ou moins grotesques de styles antique ou primitif. On peut sourire de cette dernière tendance, il faudra cependant de plus en plus en tenir compte comme d'une réaction légitime contre, que sais-je, peut-être la monotonie d'engendre la perfection.

Alors, dira-t-on, pourquoi faire une sélection de toutes ces choses dont le goût et la valeur nous paraissent sûrs? Parce que, précisément, le moderne étant devenu banalité courante, le cubisme s'identifiant au monde des machines, une vague déferle, née de quelque désir de nouveauté — même si cette nouveauté est un leurre —, qui accole aux formes des attributs de style et parsème les salles de bains de roses. Il ne fut donc jamais plus urgent de distinguer la «bonne forme» de sa contre-façon, la création intégrale de l'artifice surajouté, les proportions harmonieuses de la caricature, la simplicité véritable de celle artificielle, la forme authentique du laborieux plagiat. Si, aujourd'hui, le Werkbund, par ses actions et cette publication, valorise et sélectionne, il le fait moins par souci d'inculquer un esthétisme, d'y exhorter, que pour servir d'intermédiaire entre cet esthétisme et le consommateur éclairé et critique, quelque peu perdu dans la multitude des offres.

Le monde des enfants et le monde de demain

Seite 23
In diesem Zimmer kann und darf gebaut werden. Das Kind wird schöpferisch. Es weiss sich zu helfen, wenn es nach der Eisenbahn plötzlich wieder einen Tisch braucht.

Page 23
Dans cette chambre, tous les jeux de construction sont permis et peuvent être entrepris. L'imagination créatrice de l'enfant peut s'y donner libre cours. Après le chemin de fer, il lui faut une table? Qu'à cela ne tienne, il sait et peut y pourvoir!

Page 23
In this room, building can easily be done. The child will be creative and help himself when he suddenly needs another table for his electric train.

Les créateurs et les fabricants n'ont oublié ni le monde, ni la chambre de l'enfant. Avec des meubles, des objets et des étoffes, ils ont su créer beaucoup de belles choses rationnelles et souvent attrayantes.

Pourquoi attrayantes, se demandera-t-on? Précisément parce que l'enfant s'attache, dans son univers, à ce qui est utile, à ce qui peut servir. C'est l'esprit inventif de l'enfant qui crée avant tout le monde où il vit. Un élément judicieusement conçu n'est pas toujours propre à s'insérer harmonieusement dans un complexe existant. Comme les parents et les adultes, par leurs achats, par leurs cadeaux, donnent en quelque sorte une direction au monde de l'enfance, un sens sûr et une certaine audace leur sont nécessaires pour bien choisir. C'est pourquoi il vaut peut-être mieux qu'ils se laissent entraîner par l'enfant plutôt que de vouloir obstinément s'en tenir aux critères esthétiques de la perfection figée de l'adulte. Les acheteurs, les fabricants, les ensembliers doivent admettre que les créations destinées à des enfants soient, par la suite, combinées, souvent «trahies» par ceux-ci, pour construire un monde que les adultes ont oublié depuis longtemps et qu'ils ne sont souvent plus à même d'imaginer.

Mais le monde de l'enfance ne prépare-t-il pas justement à un nouveau monde d'adultes, au monde de demain? Dès lors pourqu'il en résulte quelque chose de valable, il convient de prendre des décisions d'une portée bien plus grande encore que celles requises par des achats destinés uniquement au monde des enfants.

Ne nous faisons toutefois aucune illusion! Le fait, par exemple, que l'on puisse pallier l'insuffisance volumétrique des chambres de séjour des enfants par des mobiliers modernes fonctionnels, ne dispense pas de chercher à répondre au besoin d'espaces convenablement habitables.

Les «bons meubles» doivent trouver place dans de «bons appartements» qui sont dans de «bonnes maisons» qui, à leur tour, devraient être situées dans des agglomérations rationnelles s'insérant dans des paysages non encore dégradés ou complètement ravagés. Pour y parvenir, pour que l'enfant continue à se plaire non seulement dans son univers particulier mais partout où il vit, c'est à nous, les «grands», de décider aujourd'hui et d'agir comme les membres responsables de la collectivité.

W. M. Förderer, Architect SWB, Basel

norm ® Lamellenstoren. Bestandteil zeitgemässer Innenarchitektur.

Stores à lamelles norm ® un élément de l'architecture d'intérieur moderne.

norm ® venetian blinds for modern interior decoration.

Verkauf in der Schweiz:
Metallbau AG Zürich
8047 Zürich
Anemonenstrasse 40
Telefon 051/52 13 00

Verkauf in Deutschland:
Normaroll Metallbau GmbH
D - 6000 Frankfurt/Main
Hanauer Landstrasse 200–202

Eine neue Asbestzement-Platte «Eternit» mit diagonal in der Fläche regelmässig verteilten buckelartigen Erhöhungen und Vertiefungen für Fassadenverkleidungen, Balkon- und Fensterbrüstungen, Trennwände von Balkonen und Schutzwände im Freien. In Kinos, Theatern und Gesellschaftsräumen dienen die Platten als dekoratives Element und verbessern zugleich die Raumakustik. Plattengrösse: 2400/1000/120/10 mm.
Entwurf:
Alfred Altherr, Architekt BSA, Zürich.

Une nouvelle plaque d'amiante-ciment «Eternit» à gaufrage diagonal régulier, pour le revêtement de façades et de contre-cœurs, pour les balustrades et cloisons de balcons, pour parois protectrices à l'air libre. Elément décoratif et améliorant en même temps l'acoustique dans les salles de cinémas, de théâtres et de société. Dimensions: 2400/1000/120/10 mm.
Création:
Alfred Altherr, architecte BSA, Zurich.

A new "Eternit" asbestos-cement sheet for wall claddings, balustrades and spandrils, balcony partitions and outdoor screen walls with a regularly applied convex-concave pattern. In cinemas, theatres and other public buildings these sheets form decorative surfaces and improve the acoustics. Size: 2400/1000/120/10 mm.

Herstellung und Verkauf / Fabrication et vente / Production and sales:

Eternit AG
8867 Niederurnen

Kunst), der Entwerfer von Gebrauchsgegenständen gegebenerweise nicht, so dass man die alten Kriterien mit ihren einigermassen ehrlichen, also nicht dekorativen (verzierenden), nicht offensichtlich emotionellen Formungen nicht weglegen konnte. Erst in den letzten Jahren wurde die Diskrepanz zwischen der geistigen Evolution und diesen Masstäben unhaltbar und die Forderung nach einem neuen Qualitätsbegriff dringend, der eine eben doch notwendige Planung (das notwendige Denkmodell) liefern sollte, wo die auf den Menschen einströmenden Umweltinformationen durch ihre Quantität, ihre Dimensionen ein spontanes Verhalten unmöglich machen.

Damit sind wir bei der heutigen Situation angelangt. Der Entwerfer muss sich klar geworden sein, dass «seine» Formulierung nur ein abhängiger und einbaubarer Teil der ungeheuer komplexen Umweltstruktur ist, dass sich der mechanischen Funktion (deren Ablesbarkeit natürlich immer noch eines der Kriterien geblieben ist) auch emotionelle, soziale, geistige, wirtschaftliche u. a. Funktionen überlagern, denen er so gut wie möglich entsprechen muss. Zu deren Analyse benötigt er die Hilfe mehrerer spezialisierter subjektiver Beobachter (Team), da er nicht – wie der Künstler – die Verantwortung für eine intuitive oder willkürliche Auswahl der zu berücksichtigenden Funktionen übernehmen darf. Damit kann er vielleicht erreichen, dass sein Gegenstand sich einfügt in die Struktur (den heutigen «Stil») der sich selber erforschenden Gesellschaft und dass sie sich in ihm spiegeln, mit ihm identifizieren kann. Er schafft ja Gegenstände zum allgemeinen Verbrauch, also genügt es nicht, dem Einzelnen damit die Möglichkeit zu geben, eine Scheinidentifikation seiner Stellung innerhalb der Gesellschaft (Statussymbol) zu ermöglichen, sondern ihm durch die Rationalität, Wirtschaftlichkeit, Eindeutigkeit, Lesbarkeit die Möglichkeit zu geben, durch die Wahl innerhalb der technischen Gegegebenheiten eine persönliche, echte Identifikationsleistung zu vollbringen, sich seiner selbst (seines Seins) bewusst zu werden. Die Form des Gegenstandes ist selbstverständlich nicht Selbstzweck, sondern Ausdruck der Komplexität möglichst vieler sich überlagernder Funktionen, die der Entwerfer koordiniert. Das gilt vor allem für die Entwerfer der Handgegenstände (Rasierapparate, Küchengeräte usw.). Der Former begehbarer Gegenstände (Haus, Fahrzeug, Möbel usw.) hat darüber hinaus die Aufgabe, den Benützer zu einer aktiven Identifikationsleistung innerhalb der Struktur anzuregen, indem er ihm Struktur, Raumelemente und Stützraster liefert und ihn selber manipulieren lässt. Bewusstsein und Kritik (Negation) sollen einen gewissen Schutz gegen die Manipulation des Menschen durch Menschen und Machtmechanismen bringen, nur der an seiner Existenz aktiv (geistig und manuell) Beteiligte, sich selber in seiner Abhängigkeit (Subjektivität) und in seiner Möglichkeit durch Auswahl sich selbst zu identifizieren Erkennende kann zu einem integrierten Teil der anzustrebenden Gesellschaftsstruktur werden.

From Form to Structure
by Peter F. Althaus

My self-imposed task is to look into the necessity of changing our idea of quality and validity. I was prompted to do so by the uneasy feeling all of us have – all, that is, who are concerned with the matter – when confronted by the designation "Good Form". It is above all the moral undertone of the designation (good – superior – only right – conforming to standards, etc.) to which we no longer respond with any enthusiasm in a world which supplies daily evidence that our social structure and our interpersonal, interclass and interstate relations have rendered a proper group identification all but impossible. Is the situation beyond salvation? Must we reconcile ourselves to the fact that there are no longer any valid criteria for the "good" and the "beautiful"? Isn't there at least one way out – namely by dint of effort (primarily research effort) to establish criteria which, while taking cognizance of the mutability of all things and abstaining from evaluations, give precedence – perhaps only temporary – to the development of consciousness as that which sustains our species? In what follows I shall very often quote the visual arts as an example, for it is they – usually uninfluenced by economic and ideological factors – which are the most faithful mirror (identification object) of the individual's social situation in our society.

The "Werkbünde" were at their best during the period of their formation round about World War I. Perhaps this heyday was based mainly on a reaction to the public flight from reality and the contemporary world which had found expression in frantic adherence to the pseudo-styles (neo-styles) of the 19th century and also in the hocus-pocus of symbolism and Art Nouveau. The real pioneer work had already been done when the advent of the "Werkbund" shifted the confrontation into a wider arena. The new spirit demanded first and foremost an acceptance of reality, of the new environment born of the technical age, and of the growing influence on daily life of scientific knowledge and achievements which, by their very range (micro to macro), no longer allowed the individual to base his behaviour on first-hand experience. There was a general desire also to set up technical, measurable criteria for the business of daily life and hence for articles of general use.

Action Painting: Jackson Pollock
Action painting: Jackson Pollock
Art informatif: Jackson Pollock

Rustikaler Mehrzweckstuhl mit gedrechselten Stollen für viele Anwendungsmöglichkeiten. Lieferbar in Buche und Eiche. Sitzausführungen: Schnurgeflecht, mit Leder bespannt, Sperrholzsitz eingelegt, Sperrholzsitz gepolstert. Sitzgrösse 46/44 cm, Sitzhöhe 44 cm, Lehnenhöhe 75 cm.

Chaise rustique avec pieds tournés offrant diverses possibilités. Livrable en hêtre et chêne. Exécution du siège: ficelle tressée, cuir tendu, bois croisé encastré ou rembourré. Dimensions du siège 46/44 cm, hauteur du siège 44 cm, hauteur du dossier 75 cm.

Rustic chair with turned legs, offering various possibilities. Available in beech and oak. Seat varieties: string texture, overlap seat in natural leather, inset seat in ply-wood or upholstered. Seat dimensions: 46/44 cm, sitting height 44 cm, total height 75 cm.

Entwurf/Création/Design:
Robert Haussmann SWB

Dietiker & Co. AG
Stuhl- und Tischfabrik
8260 Stein am Rhein
Telefon 054/8 61 56

Wenge-Parkett, 8 mm massiv, das ideale Material für Tischplatten. Unverwüstlich, da extrem hart, und pflegeleicht – abwaschen mit Wasser genügt. Und dabei ist es ein natürliches, warmes Material. Die Tische werden in verschiedenen Formen und Ausführungen hergestellt, mit [illegible]
1
[illegible] 129 × 92 + Auszug mit Zentralfuss schwarz/verchromt.
2
Schiebetür-Normschrank IV + Bücherwand III in Teak.

[illegible] idéal pour plateaux de table. Extrêmement dur, inusable et facile à entretenir – se lave simplement à l'eau. En plus, il s'agit d'un matériau naturel et chaud. Les tables sont fabriquées dans différentes formes et exécutions, avec pied en métal ou entièrement en bois Wenge.
1
Table Wenge 129 × 92 + rallonge, pied central noir/chromé.
2
Armoire standard IV à portes coulissantes + bibliothèque III en teak.

Wengé parquetry, 8 mm thick, the ideal material for table tops. Everlasting because of extreme hardness; easy to care for – washing with water is enough. A warm and natural material. The tables are made in various shapes and styles, with central metal leg or Wengé wood throughout.
1
Wengé table 129 × 92 + with central leg black/chromium-plated
2
Unit cupboard IV with sliding doors + bookshelves III in teak.

Entwurf/Création/Design:
Dieter Waeckerlin VSI, Basel

Hersteller und Verkauf:
Idealheim AG
4001 Basel
Gerbergasse bei der Post
Telefon 061/23 38 24

1

2

Schiebetür-Normschrank IV mit Blenden und Innenausbau.
Der «waeckerlin-Wandschrank IV» kann an jede Raumgrösse angepasst werden, hiezu sind oben und auf den Seiten Blenden in jeder Holzart vorgesehen. Die seitlichen Blenden können auch als Flügeltüren ausgebildet werden – so wird [illegible] kann der Schrank auch ohne weiteres frei gestellt werden. Die Schiebetüren rollen sanft und völlig geräuschlos. Sie sind bezogen mit Suwide oder japanischer Reisfasertapete; auf Wunsch auch mit einer fotografischen Vergrösserung. Der Innenbau lässt sich jedem Wunsche anpassen.

Armoire standard IV à portes coulissantes avec panneaux et aménagement intérieur.
L'armoire standard IV Waeckerlin s'adapte à n'importe quel espace, grâce aux panneaux, exécutés dans n'importe quel bois, prévus sur les côtés et en haut. Les panneaux latéraux peuvent se transformer en portes à battants, exploitant ainsi l'espace au maximum. Sans les panneaux, l'armoire peut être disposée librement. Les glissières fonctionnent souplement et silencieusement. Elles sont recouvertes de Suwide ou de papier de riz japonais; sur demande, avec agrandissement photographique. L'aménagement intérieur peut être adapté selon désir.

Unit cupboard IV with sliding doors, panels to ceiling or wall, and interior fitments.
The "waeckerlin wall closet IV" fits into rooms of all sizes. The upper parts and side panels are produced in varying dimensions and in every type of wood. The side panels are also available as swinging doors to enable maximum use of space. Divested of the panels the cupboard may also be placed away from walls. The sliding doors roll smoothly and silently. They are covered with Suwide or with a Japanese rice fibre mat; or with a photographic enlargement if desired. The inside can be arranged according to individual needs.

Entwurf/Création/Design:
Dieter Waeckerlin, VSI, Basel.
Hersteller/Fabricant/Manufacturer:
Idealheim AG, 4001 Basel.

Idealheim AG
4001 Basel
Gerbergasse bei der Post
Telefon 061/23 38 24

Wiederverkäufer in der ganzen Schweiz
Revendeurs dans toute la Suisse

Photokartothek gut geformter Schweizer Produkte

1954–1968

Parallel zu der Aktion *Die gute Form* (→ S. 277) wurde vom SWB die *Photokartothek gut geformter Schweizer Produkte* angelegt. Die in zweifacher Ausführung produzierten Karten wurden in der Geschäftsstelle des SWB sowie an der Mustermesse Basel für Informationszwecke gesammelt. Zudem mussten die Firmen der ausgezeichneten Objekte weitere Fotografien in der Geschäftsstelle abgeben, damit dieser Dokumentationsmaterialien für Anfragen von Zeitungen und für Ausstellungen zur Verfügung standen.[1]

Auf einem weissen Halbkarton im Querformat DIN A4 sind jeweils links oben eine Schwarz-Weiss-Fotografie des Produkts aufgeklebt und rechts oben Angaben zu Material, Farbe, Masse, Preis, dem Jahr des Entwurfs wie der Herstellung und dem der Auszeichnung mit Schreibmaschine auf farbigem Papier geschrieben. So entstanden etwa 1600 Karten, die einen einmaligen, lückenlosen Überblick über die ausgezeichneten Gegenstände bieten und damit zugleich einen Einblick in die Entwicklung des Objektdesigns in der Schweiz geben.

Geschäftsführer Leonhard Fünfschilling (→ S. 437) übergab 1992 die Karten an die Designsammlung des Museums für Gestaltung Zürich mit der Auflage, diese der Forschung zugänglich zu machen und entsprechend konservatorisch zu verwalten.[2] Um die *Photokartothek* den Mitgliedern in Erinnerung zu rufen und den Inhalt der Schenkung zu kommunizieren, schrieb die auf Fünfschilling folgende Geschäftsführerin, die Kunsthistorikerin Irma Noseda, zu einzelnen Fotokarten kurze Texte, die, verteilt im Geschäftsbericht 2004, abgedruckt wurden. In knapper Analyse reflektiert sie über den Bezug des fotografischen Bildes zum tatsächlichen Gegenstand. Die «hypersachliche Wiedergabe» der dargestellten Objekte würde sie zu einem «abstrakten Gegenstand [machen], der durch seine eindrückliche Plastizität fasziniert und vor allem Form ist. Gute Form».[3] ● *Thomas Gnägi*

1 GB SWB 1950, S. 3.
2 SWB Warenkatalog 1949, S. 5.
3 Ebd.
4 Der Warenkatalog wird denn auch als «jüngeres Geschwister» des *Schweizer Baukatalogs* bezeichnet (*Werk* 37 [1950], H. 2, S. 22).
5 Wie Anm. 1.
6 *Werk* 37 (1950), H. 2, S. 22. Listen mit Richtpreisen folgten erst ab der dritten Ausgabe des Warenkatalogs von 1960.
7 SWB Warenkatalog 1954, S. III.
8 Die Neubenennung stand im Zusammenhang mit der ab 1960 erfolgten dreisprachigen (dt./frz./engl.) Redaktion des Warenkatalogs, der nun auch an die Schweizer Botschaften verteilt wurde.
9 Zitat aus der Besprechung des Katalogs von 1954 in: *Werk* 41 (1954), H. 7, S. 159.
10 SWB Warenkatalog 1965, S. 12.
11 SWB Warenkatalog 1967, S. 8–10.
12 Alle Gründungsmitglieder von Atelier 5 wurden im Verlaufe der 1950er- und 1960er-Jahre Mitglieder des SWB: Erwin Fritz, Samuel Gerber, Rolf Hesterberg, Hans Hostettler und Alfredo Pini.
13 SWB Warenkatalog 1969, S. 14. Typografie und Umschlaggestaltung unterscheiden sich nicht von den vorangegangenen Ausgaben, allerdings fungiert nicht mehr Richard P. Lohse als Gestalter, sondern Verlagsleiter Arthur Niggli selber.

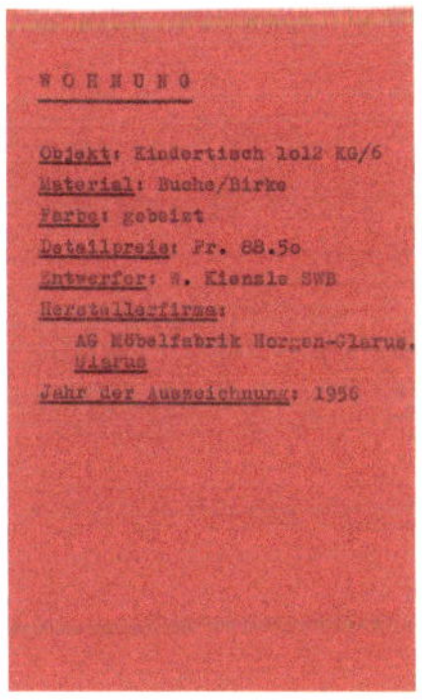

W O H N U N G

Objekt: Kindertisch 1o12 KG/6
Material: Buche/Birke
Farbe: gebeizt
Detailpreis: Fr. 88.5o
Entwerfer: W. Kienzle SWB
Herstellerfirma:
AG Möbelfabrik Horgen-Glarus, Glarus
Jahr der Auszeichnung: 1956

297

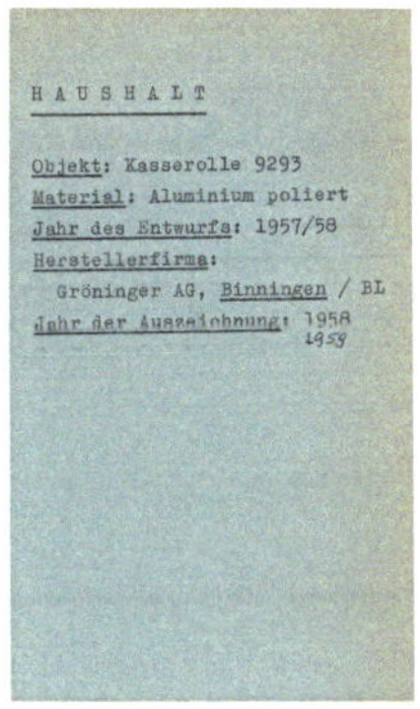

H A U S H A L T

Objekt: Kasserolle 9293
Material: Aluminium poliert
Jahr des Entwurfs: 1957/58
Herstellerfirma:
Gröninger AG, Binningen / BL
Jahr der Auszeichnung: 1958 1959

298

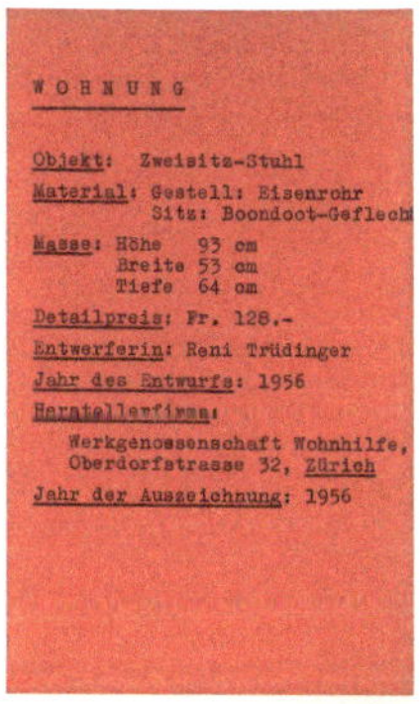

W O H N U N G

Objekt: Zweisitz-Stuhl
Material: Gestell: Eisenrohr
Sitz: Boondoot-Geflecht
Masse: Höhe 93 cm
Breite 53 cm
Tiefe 64 cm
Detailpreis: Fr. 128.-
Entwerferin: Reni Trüdinger
Jahr des Entwurfs: 1956
Herstellerfirma:
Werkgenossenschaft Wohnhilfe, Oberdorfstrasse 32, Zürich
Jahr der Auszeichnung: 1956

299

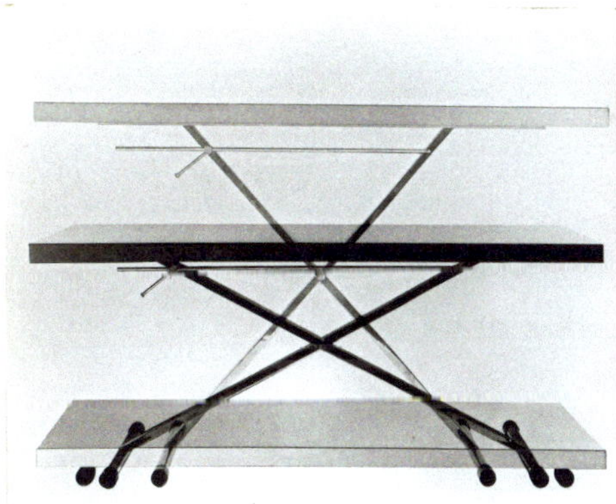

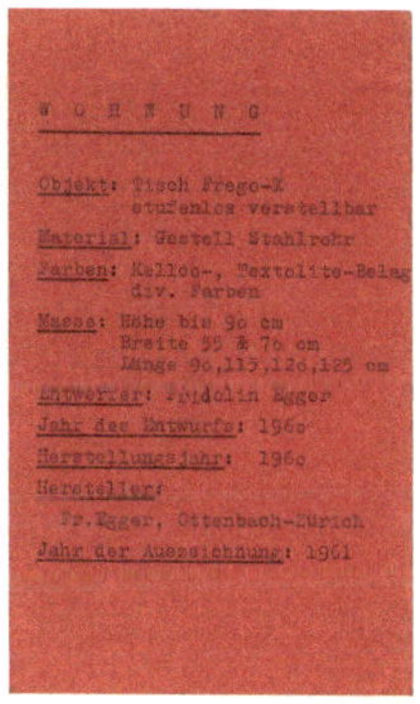

W O H N U N G

Objekt: Tisch Frego-X
stufenlos verstellbar
Material: Gestell Stahlrohr
Farben: Kelco-, Textolite-Beleg
div. Farben
Masse: Höhe bis 9o cm
Breite 55 & 7o cm
Länge 9o,115,12o,125 cm
Entwerfer: Fridolin Egger
Jahr des Entwurfs: 196o
Herstellungsjahr: 196o
Hersteller:
Fr. Egger, Ottenbach-Zürich
Jahr der Auszeichnung: 1961

300

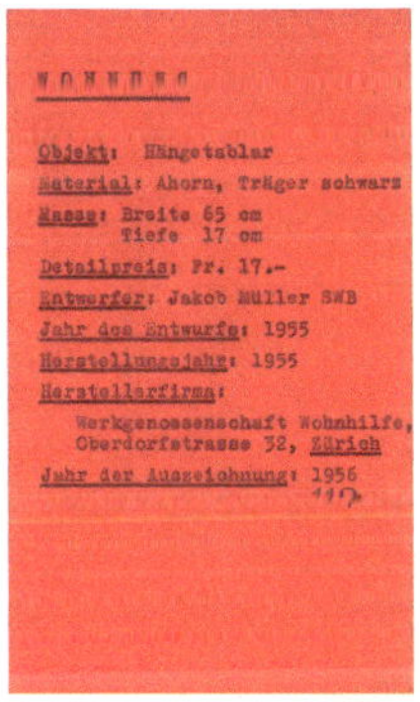

W O H N U N G

Objekt: Hängetablar
Material: Ahorn, Träger schwarz
Masse: Breite 65 cm
Tiefe 17 cm
Detailpreis: Fr. 17.-
Entwerfer: Jakob Müller SWB
Jahr des Entwurfs: 1955
Herstellungsjahr: 1955
Herstellerfirma:
Werkgenossenschaft Wohnhilfe, Oberdorfstrasse 32, Zürich
Jahr der Auszeichnung: 1956

301

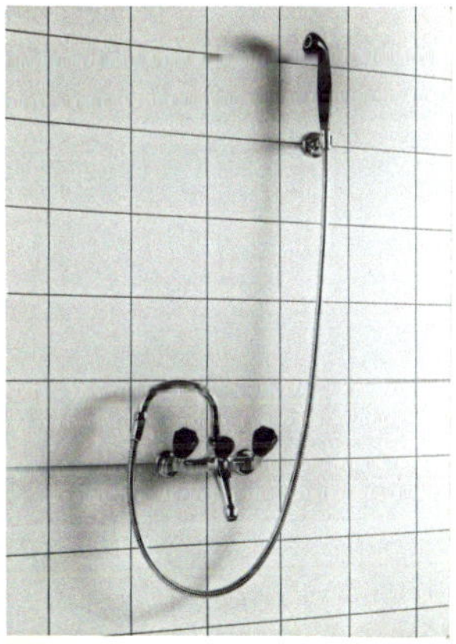

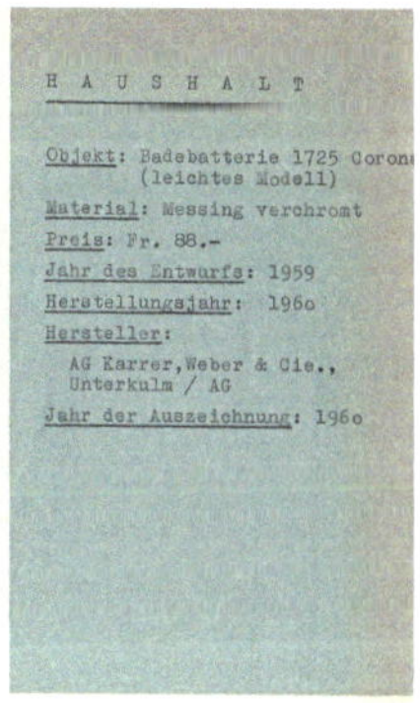

H A U S H A L T

Objekt: Badebatterie 1725 Corona
(leichtes Modell)
Material: Messing verchromt
Preis: Fr. 88.-
Jahr des Entwurfs: 1959
Herstellungsjahr: 196o
Hersteller:
AG Karrer, Weber & Cie., Unterkulm / AG
Jahr der Auszeichnung: 196o

302

297–323
Karten aus der Photokartothek *Die gute Form*, 1955–1967

D I V E R S E S

Objekt: Elektro-Radiator mit Dauerölfüllung für Wandmontage

Material: Stahlrohre

Farben: beige

Masse: Höhe 61 cm
Breite 20 cm
Länge div.

Detailpreis: Fr. 195.-- bis 475.-- je nach Grösse

Entwerfer: Werkentwurf

Jahr des Entwurfs: 1964

Herstellungsjahr: 1965

Hersteller: Hermann Forster Aktiengesellschaft 9320 Arbon

Jahr der Auszeichnung: 1966

303

H A U S H A L T

Objekt: Tisch mit Schublade

Material: Holz, Kunststoffplatte Stahlrohr

Farben: weiss, gelb, rot, blau grün, schwarz

Masse: Höhe 77
Breite 1oo 11o 12o
Tiefe 65 7o 8o

Preise: Fr. 185.- 195.- 22o.-

Entwerfer: Fritz Heid

Jahr des Entwurfs: 1956

Herstellerfirma:
Ernst Heid, Sissach / BL

Jahr der Auszeichnung: 1956

304

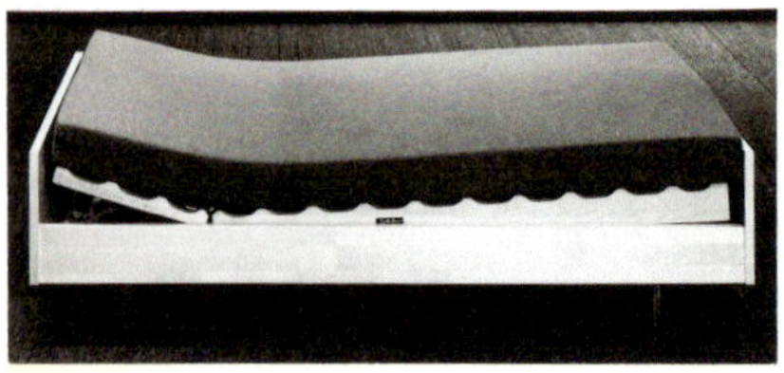

W O H N U N G

Objekt: Bett mit Hochlagerung & Bettzeugkasten

Material: Ahorn od. Tachytola

Masse: 51/1o1/197 cm

Preis: Fr. 275.-

Entwerfer: Rob.Weyrich (Bett) Fa.Degen, Basel (Bettkasten & Matratze)

Jahr des Entwurfs: 196o

Hersteller:
Möbel-Rösch AG, Güterstr.21o Basel

Jahr der Auszeichnung: 196o 1961

305

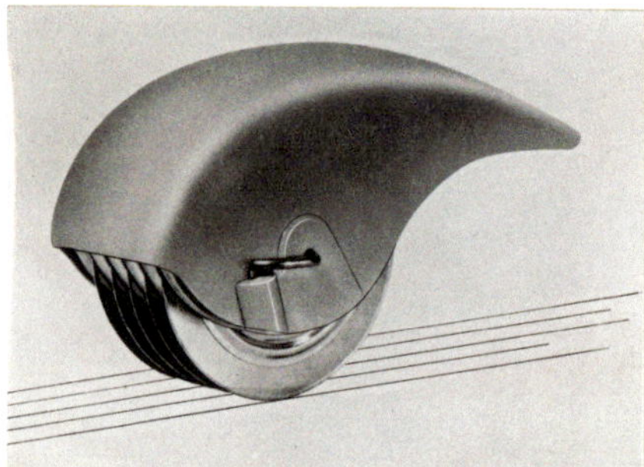

H A U S H A L T

Objekt: Hache vite (Gemüse-Zerkleinerer)

Material: Stahl, Polyethylen

Farbe: Elfenbein

Masse: Höhe 9 cm
Breite 6
Tiefe 14

Preis: Fr. 9.8o

Entwerfer: Ed. Joyet

Jahr des Entwurfs: 1952

Herstellungsjahr: 1952

Herstellerfirma:
Havelco SA, 54, Av. de Rumine, Lausanne

Jahr der Auszeichnung: 1957

306

D I V E R S E S

Objekt: Aluminium-Leiter

Farbe: silbergrau

Arbeitshöhen: 2 - 4.5 m

Entwerfer: B. Rampinelli

Jahr des Entwurfs: 1956/57

Herstellerfirma:
B. Rampinelli-Schwarz, Egelgasse 31, Bern

Jahr der Auszeichnung: 1957

307

H A U S H A L T

Objekt: Serviceform City 3561

Material: Hartporzellan

Farben: Rubinrot

Masse: -

Detailpreis: -

Entwerfer: Pierre Renfer, SWB

Jahr der Entwurfs: 1965

Herstellungsjahr: 1966

Hersteller: Porzellanfabrik Langenthal AG. Bleienbachstrasse 4900 Langenthal

Jahr der Auszeichnung: 1967

308

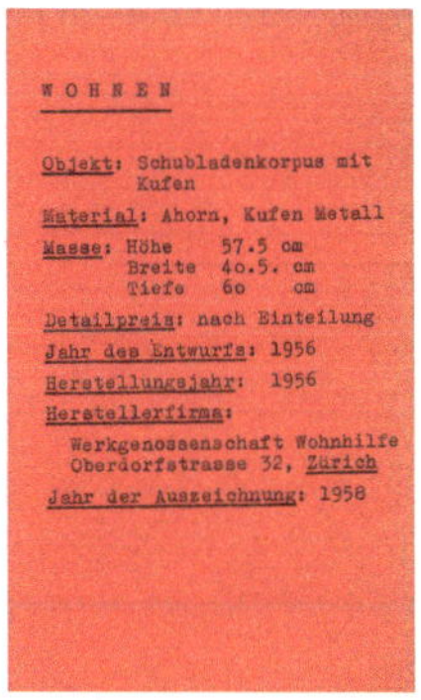

W O H N E N

Objekt: Schubladenkorpus mit
Kufen

Material: Ahorn, Kufen Metall

Masse: Höhe 57.5 cm
Breite 4o.5. cm
Tiefe 6o cm

Detailpreis: nach Einteilung

Jahr des Entwurfs: 1956

Herstellungsjahr: 1956

Herstellerfirma:

Werkgenossenschaft Wohnhilfe
Oberdorfstrasse 32, Zürich

Jahr der Auszeichnung: 1958

309

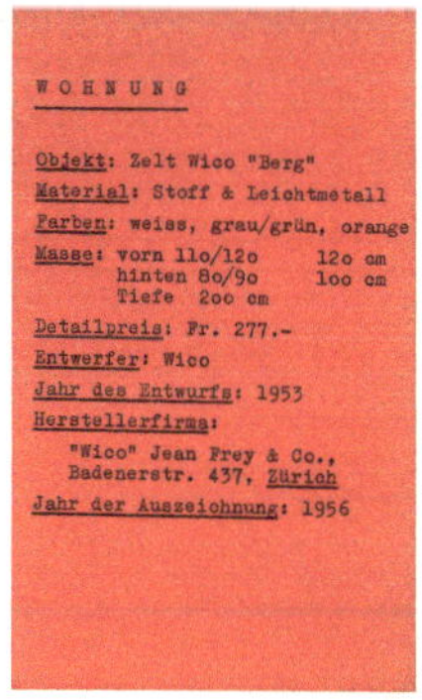

W O H N U N G

Objekt: Zelt Wico "Berg"

Material: Stoff & Leichtmetall

Farben: weiss, grau/grün, orange

Masse: vorn 11o/12o 12o cm
hinten 8o/9o 1oo cm
Tiefe 2oo cm

Detailpreis: Fr. 277.-

Entwerfer: Wico

Jahr des Entwurfs: 1953

Herstellerfirma:

"Wico" Jean Frey & Co.,
Badenerstr. 437, Zürich

Jahr der Auszeichnung: 1956

310

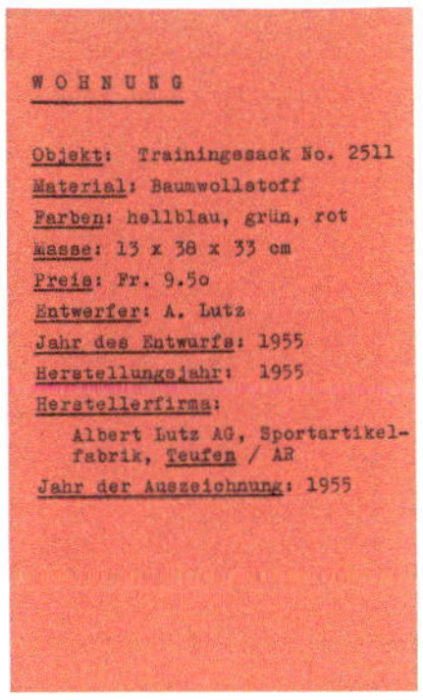

W O H N U N G

Objekt: Trainingssack No. 2511

Material: Baumwollstoff

Farben: hellblau, grün, rot

Masse: 13 x 38 x 33 cm

Preis: Fr. 9.5o

Entwerfer: A. Lutz

Jahr des Entwurfs: 1955

Herstellungsjahr: 1955

Herstellerfirma:

Albert Lutz AG, Sportartikel-
fabrik, Teufen / AR

Jahr der Auszeichnung: 1955

311

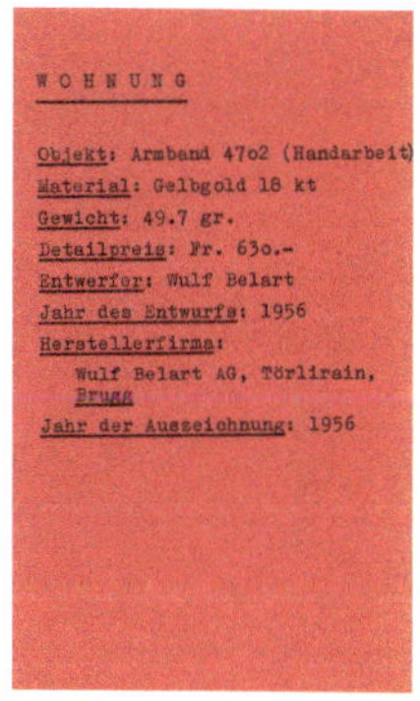

W O H N U N G

Objekt: Armband 47o2 (Handarbeit)

Material: Gelbgold 18 kt

Gewicht: 49.7 gr.

Detailpreis: Fr. 63o.-

Entwerfer: Wulf Belart

Jahr des Entwurfs: 1956

Herstellerfirma:

Wulf Belart AG, Törlirain,
Brugg

Jahr der Auszeichnung: 1956

312

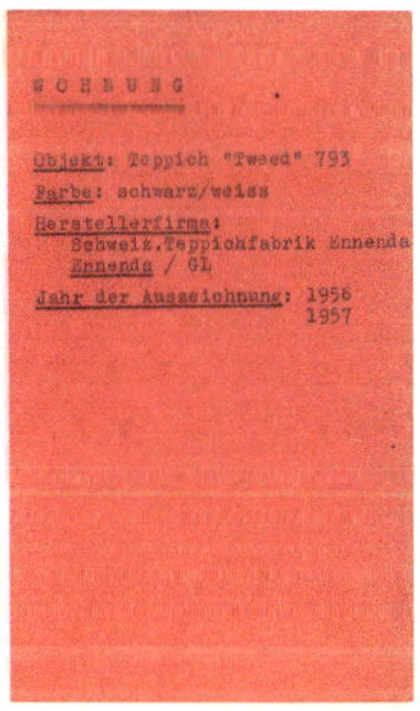

W O H N U N G

Objekt: Teppich "Tweed" 793

Farbe: schwarz/weiss

Herstellerfirma:
Schweiz.Teppichfabrik Ennenda
Ennenda / GL

Jahr der Auszeichnung: 1956
1957

313

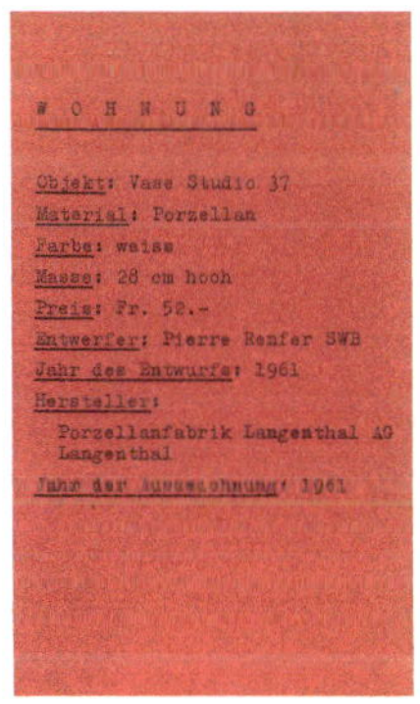

W O H N U N G

Objekt: Vase Studio 37

Material: Porzellan

Farbe: weiss

Masse: 28 cm hoch

Preis: Fr. 52.-

Entwerfer: Pierre Renfer SWB

Jahr des Entwurfs: 1961

Hersteller:

Porzellanfabrik Langenthal AG
Langenthal

Jahr der Auszeichnung: 1961

314

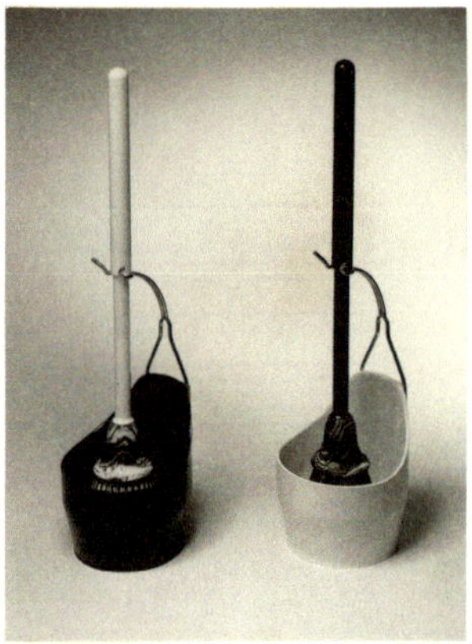

H A U S H A L T

Objekt: WC-Bürsten-Garnitur
Closy

Material: Kunststoff, Gummi

Farben: weiss, schwarz, blau

Masse: Höhe 400 mm
Breite 11o
Tiefe 115

Preis: Fr. 7.8o

Entwerfer: E. Ruch

Jahr des Entwurfs: 1953

Herstellungsjahr: 1953

Herstellerfirma:
Egon Ruch, Hertenstein / LU

Jahr der Auszeichnung: 1957

315

D I V E R S E S

Objekt: Schlangenmensch

Material: Holz, Gummifaden

Farben: rot, nature

Masse: 30 x 12 cm

Entwerfer: Peter Hisler

Jahr des Entwurfs
& Herstellungsjahr: 1965

Hersteller: Peter Hisler
Bärenfelserstr. 20
4000 Basel

Jahr der Auszeichnung: 1965

316

W O H N U N G

Objekt: Holzkreisel

Material: Holz

Farben: rot, grün, blau, gelb,
orange

Masse: 7 cm hoch, 1o cm Ø

Detailpreis: Fr. 3.5o

Entwurf & Hersteller:
Kurt Naef, Blumenrain 23,
Basel

Vertrieb: Werkgenossenschaft
Wohnhilfe, Zürich

Jahr der Auszeichnung: 1959
1960

317

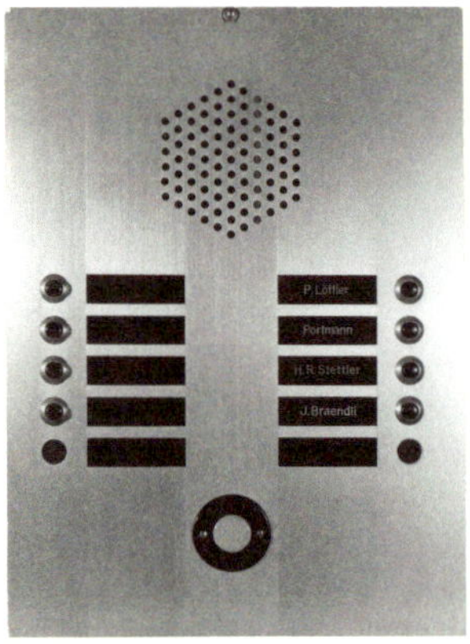

D I V E R S E S

Objekt: Sonnerie mit Gegen-
sprechanlage

Material: Anticorodal

Preis: Fr. 22o.- / 3oo.- ohne
Mikrophon

Entwerfer: Ing.H.Fahr, Basel

Jahr des Entwurfs: 1951

Herstellungsjahr: 1951

Hersteller:
Ing.H.Fahr, Blumenrain 16,
Basel

Jahr der Auszeichnung: 1961

318

W O H N U N G

Objekt : Caruelle-Tisch

Material : Stahlrohr-Holz

Farben : Platten : Ahorn natur
Gestell : chrom-
emailliert
Platten : Nussbaum
Gestell : brüniert

Masse : Gr. Platte 50 x 40 cm
Kl. Platte 25 x 25 cm

Detailpreis : Fr. 149.50

Entwerfer : Embru-Werke

Jahr des Entwurfs : 1942

Herstellungsjahr : 1952

Herstellerfirma :
Embru-Werke Rüti (Zch.)

1952
1955
1957

319

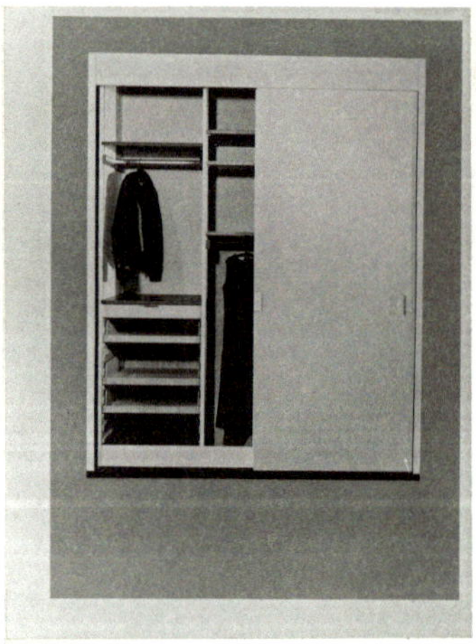

W O H N U N G

Objekt: Mobiler Wandschrank

Material: Weich-PVC-Folie
Polyamid-Griffe

Farben: weiss

Masse: Höhe 236 cm
Breite 188 cm
Tiefe 70 cm

Detailpreis: Fr. 2059.--

Entwerfer: Dieter Waeckerlin

Jahr des Entwurfs: 1964

Herstellungsjahr: 1965

Hersteller: Idealheim AG.
Gerbergasse 24
4001 Basel

Jahr der Auszeichnung: 1966

320

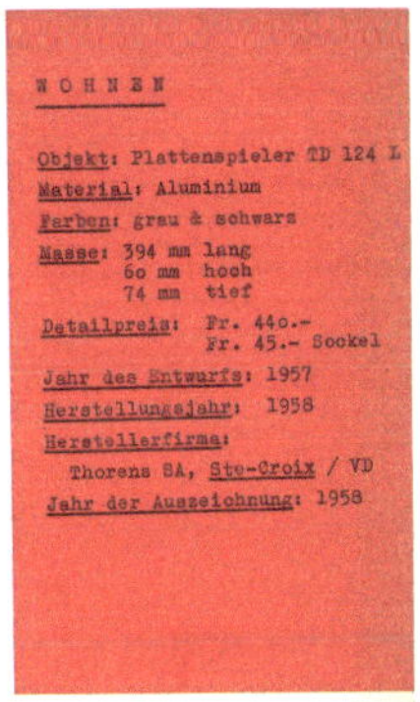

WOHNEN

Objekt: Plattenspieler TD 124 L
Material: Aluminium
Farben: grau & schwarz
Masse: 394 mm lang
60 mm hoch
74 mm tief
Detailpreis: Fr. 440.-
Fr. 45.- Sockel
Jahr des Entwurfs: 1957
Herstellungsjahr: 1958
Herstellerfirma:
Thorens SA, Ste-Croix / VD
Jahr der Auszeichnung: 1958

321

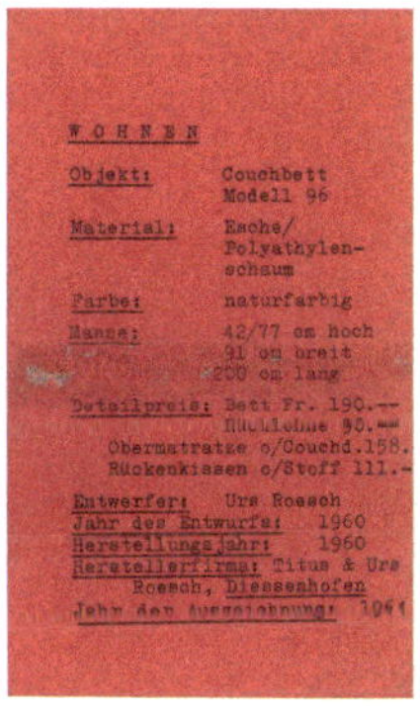

WOHNEN

Objekt: Couchbett
Modell 96
Material: Buche/
Polyäthylen-
schaum
Farbe: naturfarbig
Masse: 42/77 cm hoch
91 cm breit
200 cm lang
Detailpreis: Bett Fr. 190.--
Rücklehne 90.--
Obermatratze o/Couchd.158.
Rückenkissen o/Stoff 111.-
Entwerfer: Urs Roesch
Jahr des Entwurfs: 1960
Herstellungsjahr: 1960
Herstellerfirma: Titus & Urs
Roesch, Diessenhofen
Jahr der Auszeichnung: 1961

322

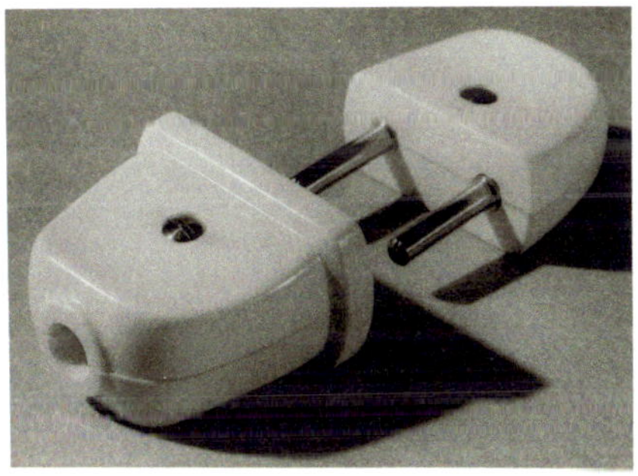

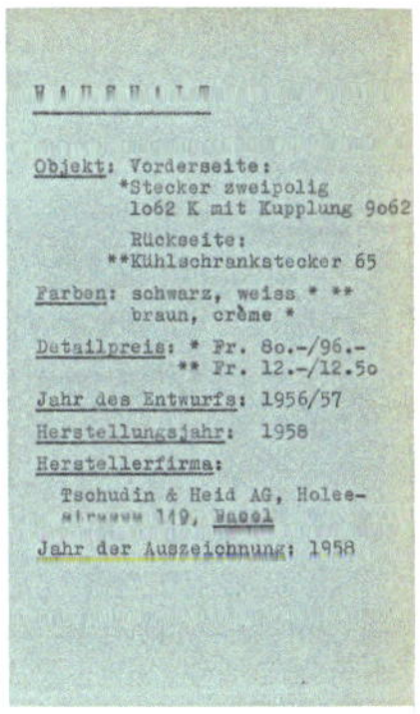

Objekt: Vorderseite:
*Stecker zweipolig
1062 K mit Kupplung 9062
Rückseite:
**Kühlschrankstecker 65
Farben: schwarz, weiss * **
braun, crème *
Detailpreis: * Fr. 80.-/96.-
** Fr. 12.-/12.50
Jahr des Entwurfs: 1956/57
Herstellungsjahr: 1958
Herstellerfirma:
Tschudin & Heid AG, Holee-
strasse 149, Basel
Jahr der Auszeichnung: 1958

323

1 Vgl. Irma Noseda, Geschichte und heutiger Standort der «Fotokartothek gut geformter Schweizer Produkte», in: GB SWB 2004, S. 52; dies., Die gute Fotografie der guten Form, in: ebd., S. 1.

2 Brief von Lotte Schilder Bär, Leiterin der Sammlung an Schweizerischen Werkbund SWB, z.H. Herrn Fünfschilling, 31.3.1992, Archiv SWB, Verträge SWB.

3 Wie Anm. 1, S. 3. Im Brief wird die Übergabe als «Donation» bezeichnet, während im Bericht über die Beschlussfassung des Zentralvorstands von einer «Leihgabe» der Dokumentation der SWB-Aktion *Die gute Form* die Rede ist. Damals war der Erste Vorsitzende Martin Heller auch Konservator am Museum für Gestaltung Zürich. Vgl. JB SWB 1992, S. 4.

324

227

325

326

227
Einladung, Tagung Ulm, 1956, Gestaltung Ernst Scheidegger

324
Werkbund-Ausstellung (DWB) *Neues Wohnen*, Köln 1949, Plakat, Gestaltung Jupp Ernst

325
Inge Aicher-Scholl (Bildmitte), Alfred Roth (2. Reihe re), gemeinsame Werkbund-Tagung von SWB und DWB, Hochschule für Gestaltung Ulm, Oktober 1956, Foto Hans G. Conrad

326
Max Bill und Mia Seeger, Werkbund-Tagung Ulm, Oktober 1956, Foto Hans G. Conrad

327
«Selbständige, Eifrige, Ängstliche», Referat Max Bill und Alfred Roth, Werkbund-Tagung Ulm, Oktober 1956

Lehrmeister, Vorbild, Entwicklungshelfer?

Die Bedeutung des Schweizerischen Werkbundes für den neu gegründeten Deutschen Werkbund nach 1945

327

Christopher Oestereich

Fragt man nach dem Verhältnis zwischen Deutschem Werkbund (DWB) und Schweizerischem Werkbund in der Wiederaufbauzeit nach 1945, gibt es darauf zumindest zwei Antworten: Die eine verweist auf die intensive Öffnung des DWB nach aussen, für Kontakte und Konzepte von jenseits der Grenzen, und das mit einer Konsequenz, wie sie die Geschichte des DWB vor 1933 nicht gesehen hatte. Die zweite Antwort wird vor diesem Hintergrund das Verhältnis zum SWB als ein spezielles würdigen, hatte doch im deutschsprachigen Raum in der Zeit von Diktatur und Krieg eben nur in der Schweiz die Werkbund-Bewegung ohne grössere Brüche arbeiten können. Kontakte zum SWB bedeuteten für die deutschen Werkbund-Freunde nach Kriegsende zunächst, ohne erschwerende Sprachbarrieren den ersten Zugang zur internationalen Entwicklung im Gestaltungsbereich ermöglicht zu bekommen.

Vom Deutschen zum «Welt-Werkbund»? – Der DWB im internationalen Kontext

Sang- und klanglos war der DWB nach 1933 verschwunden: zuerst gleichgeschaltet, war er als Teil der «Reichskammer der bildenden Künste» dem totalitären NS-Staat einverleibt und 1938 schliesslich auch formal aufgelöst worden. So heterogen der DWB zusammengesetzt war, so unterschiedlich verliefen die Wege der Werkbündler in der NS-Zeit. Bis zum Sommer 1934 hatte der DWB bereits die Hälfte seiner einst etwa 3000 Mitglieder verloren, mit der Eingliederung in die Reichskammer waren Juden und politisch Verfolgte von Gesetzes wegen ausgeschlossen. Entscheidend jedoch war, dass der DWB bis dahin seinen Charakter als eigenständige und lebendige Kraft im Diskurs und in der Weiterentwicklung der gestalterischen Moderne bereits eingebüsst hatte.[1] Doch ebenso wie der Werkbund als Name, als Marke für qualitativ hochwertige Arbeit in Produktgestaltung und Architektur weiterwirkte, so setzten auch die meisten seiner (ehemaligen) Mitglieder ihre Tätigkeiten fort: freiberuflich oder angestellt als Entwerfer oder Berater für die Industrie, viele direkt oder indirekt für den NS-Staat: teils für das Amt «Schönheit der Arbeit» der Deutschen Arbeitsfront (DAF), teils für Ausstellungs- und Publikationsprojekte des «Evangelischen Kunstdienstes»,[2] im Krieg dann teilweise – und das galt vor allem für die Architekten unter ihnen – im Auftrag militärischer oder ziviler Besatzungsdienststellen betraut mit der Siedlungsplanung in den einst zu Polen und Frankreich gehörenden Gebieten.[3]

Dass der Werkbund-Gedanke noch immer lebendig war, wurde schon im Sommer 1945 deutlich, als die ersten Versuche einsetzten, den DWB wiederzugründen. In dem besetzten und von Zonengrenzen durchzogenen Land und angesichts nur eingeschränkter Verkehrs- und Kommunikationswege waren diese Initiativen zunächst lokal begrenzt: Berlin, Dresden, Düsseldorf, Halle an der Saale, Karlsruhe, München, Stuttgart – es waren die einstigen Zentren der Werkbund-Bewegung, in denen sich ehemalige Mitglieder nun wieder zusammenfanden.[4] Für sie lag die Herausforderung in den Bedingungen der unmittelbaren Nachkriegszeit. Die Schäden – materiell, politisch, ideell – waren immens; Trümmer prägten die Stadtlandschaften; für die Nachfrage nach Gütern des täglichen Bedarfs schien Qualität kaum ein bedeutendes Entscheidungskriterium zu sein; von der internationalen Entwicklung der modernen Produktgestaltung und Architektur war man bereits seit Jahren abgeschnitten. Insofern schienen die Zielsetzungen eines neuen Werkbundes auf der Hand zu liegen. Heinrich König, später einer der wichtigsten Lobbyisten des Werkbund-Gedankens in Westdeutschland, machte schon im Sommer 1945, nur wenige Wochen nach Kriegsende, auf der

Gründungsversammlung des DWB in Dresden klar, um was es nun ging: «[...] um die schlichte Werkgesinnung in der einfachsten Produktion für die breiten Schichten unserer Volksgenossen.» Und ausserdem: «Wir werden sehr bald an die Wiederaufnahme des Exports denken müssen [...].»[5]

Die Werkbund-Initiatoren hatten also durchaus auch internationale Zusammenhänge im Blick. Trotz der Mühen der Vereinsgründung, der Schwierigkeiten, sich mit Initiativen in anderen Regionen und Besatzungszonen in Verbindung zu setzen, stand die Kontaktaufnahme mit dem Ausland schon auf der Agenda der Werkbündler. Schaut man sich etwa an, mit wem die Initiativen in Düsseldorf, Berlin und Dresden in den ersten zwei Nachkriegsjahren Briefwechsel pflegten, wird der Stellenwert deutlich, den der Austausch mit dem Ausland hatte. Gerade für die Anfangszeit jedoch bedeutete «Ausland» eigentlich: die Schweiz. Ende 1946 suchten die Rheinländer, im Frühjahr 1947 dann die Berliner die ersten Kontakte, hier zunächst über diplomatische Kanäle, bald jedoch direkt zur Spitze des SWB, Alfred Roth (→ S. 431) und Egidius Streiff (→ S. 426), sowie mit Max Bill.[6] Berlin jedoch war weit weg, der Werkbund dort noch weit entfernt davon, vom zuständigen alliierten Besatzungsregime genehmigt zu werden. Intensiver war deshalb der – auch persönliche – Austausch der Werkbündler in Südwest- und Westdeutschland mit den schweizerischen Werkbund-Freunden: vor allem im Grenzraum zur Schweiz, wo sich deutsche und schweizerische Werkbündler ohne grösseren Aufwand treffen konnten wie etwa auf der ersten Jahresversammlung des DWB Südbaden im Frühjahr 1947 in Konstanz oder auf der SWB-Tagung in Basel im Herbst 1948. In Konstanz war die Beteiligung von Schweizern noch ebenso bemerkenswert wie die Anreise von Werkbund-Freunden aus Stuttgart und München.[7]

Die Bemühungen um internationale Kontakte gingen jedoch weit über den deutschsprachigen Raum hinaus. Im DWB hoffte man, ausser zur Schweiz und nach Österreich insbesondere Kontakte nach Schweden, Grossbritannien, Frankreich und in die USA knüpfen zu können.[8] Diese Erwartungen entsprachen eher den ausgestreckten Fühlern und den Ansprüchen an die Perspektiven der zukünftigen Werkbund-Arbeit als der Realität des internationalen Austauschs. Die Deutschen hatten zwar zunächst nicht viel zu bieten, nahmen aber gerne die Gelegenheiten wahr, sich den internationalen Stand der Dinge zeigen zu lassen, um ihn wiederum der deutschen Öffentlichkeit präsentieren zu können. Seit 1949 konnten so mit Beteiligung des DWB teils sehr erfolgreiche Ausstellungen über Produktgestaltung und Architektur im Ausland, vor allem aus Skandinavien, den Niederlanden, Italien, Grossbritannien, den USA und nicht zuletzt der Schweiz gezeigt werden. Im Vergleich zu Deutschland galt die Entwicklung im Bereich der Produktgestaltung in diesen Ländern als fortschrittlich und vorbildlich.[9]

Trotz widriger Umstände, zu denen auch die föderale Fragmentierung der neuen Werkbund-Organisation gehörte, gelang es dem DWB in den nächsten Jahren, die Frage der Gestaltung in Industrie, Handwerk und Architektur zu einem Politikum zu machen und vor diesem Hintergrund ihre Entwicklung entscheidend zu beeinflussen. Der DWB oder besser: Die Werkbund-Bewegung war im Verlauf der 1950er-Jahre ohne Zweifel wieder zu einer Kraft geworden, die auch international wahrgenommen werden konnte. Gerade ihre internationale Offenheit förderte dabei die Entwicklung im Designbereich, etwa was Ausbildung, Professionalisierung oder Fragen der organisatorischen und konzeptionellen Position der Gestaltung in der Wirtschaft anging. Der DWB lieferte Impulse und half, Foren für

Austausch und Debatte zu schaffen – dies eben auch international. Als nach einem entsprechenden Parlamentsbeschluss der Rat für Formgebung im Herbst 1952 gegründet wurde – dem Bundeswirtschaftsministerium zugeordnet und vor allem für die bundesdeutschen Beteiligungen am internationalen Austausch über Fragen der Gestaltung zuständig –, schien der Werkbund-Gedanke nun ebenfalls in der Politik angekommen zu sein. Mit dem Rat für Formgebung gelang es tatsächlich, die deutsche Gestaltungspolitik an die internationale Entwicklung anzubinden. Dies zeigte sich vor allem mit der 1951 einsetzenden Reihe von internationalen Kongressen zur Formgebung (1957 in Darmstadt und Berlin), mit den Triennalen in Mailand oder der westdeutschen Beteiligung an der Weltausstellung in Brüssel 1958. Über den Rat für Formgebung schien der DWB deutsche Gestaltungspolitik und ihre Darstellung auf der internationalen Bühne massgeblich mitzubestimmen.

Im Laufe der 1950er-Jahre hatte sich Gestaltung, in erster Linie die nun immer häufiger «Industrial Design» genannte Gestaltung industrieller Güter, zu einem wahrhaft internationalen Phänomen entwickelt. Öffentliche Organe wie der Rat für Formgebung wurden in vielen Ländern eingerichtet, in industrialisierten ebenso wie in Entwicklungs- oder Schwellenländern, in marktwirtschaftlich ebenso wie in planwirtschaftlich organisierten Ländern.[10] Berufsverbände bildeten sich im erklärten Bemühen, den internationalen Fortschritt der Professionalisierung zu forcieren. Daneben blühte das Ausstellungs- und Kongresswesen – mittendrin auch die in der Gestaltungspraxis, im Ausbildungswesen oder der öffentlichen Debatte engagierten Werkbündler. Einer von ihnen, der Direktor der Kasseler Werkschule, Jupp Ernst, meinte Mitte der 1950er-Jahre bereits, vor sich «die Vision eines Weltwerkbundes», den «Eindruck eines Weltkonsenses in Städtebau, Architektur und Design» erkennen zu können.[11] War der DWB dabei auch einer der im internationalen Vergleich ältesten und bedeutendsten Einrichtungen seiner Art, so profitierte er nach dem Krieg doch in erheblicher Weise von der Internationalisierung des Designs. Für ihn spielte dabei der SWB eine besondere Rolle.

«Helvetia docet»[12]

Aus Sicht der deutschen Werkbund-Bewegung kam der Schweiz in der aktuellen Situation eine bedeutende Funktion für die Zukunft der gestalterischen Moderne zu. Anlässlich der *Schweizerischen Architekturausstellung* in Köln im Herbst 1948 sprach der Werkbündler Rudolf Schwarz im Zusammenhang mit der Weiterentwicklung der gestalterischen Moderne von einer «unvergleichlich geschichtliche[n] Aufgabe der Schweiz»: «Die Schweiz blieb auch von dem zweiten Unglück Europas [gemeint ist der Zweite Weltkrieg, Anm. d. Autors] ausgenommen, und es fiel ihr die Aufgabe zu, die abgerissenen Überlieferungen zu hüten und weiter zu entwickeln. Sie hat diese Aufgabe in einer bewundernswerten Weise erfüllt. [...] Die Freiheit ist in diesen Jahren in die Berge gegangen und kommt jetzt von dort zu uns zurück. So hat dieses kleine Land im Herzen des Erdteils für ihn eine unerwartete Bedeutung bekommen: Wir können dort sehen, wie es um uns stünde, wären wir uns selbst treugeblieben und hätte uns nicht all diese Schicksale heimgesucht [...].»[13]

Hier spricht bereits die der westdeutschen Nachkriegsgesellschaft eigene Art der Vergangenheitsbewältigung, geprägt von Verdrängung und Ignoranz; der Fokus auf die Schweiz ist freilich dem historischen Moment geschuldet, in dem das Verlangen nach Wiederanschluss an die Moderne und Rehabilitation auf das international nachgefragte schweizerische Sendungsbewusstsein traf.[14]

Kurze Wege, keine Sprachbarrieren, keine gegenseitigen Voreingenommenheiten – die Voraussetzungen, die schweizerischen Werkbund-Freunde als erste internationale Partner zu gewinnen, waren günstig. Entscheidend jedoch war, dass man auf der Seite des SWB nicht nur bereit war, für Kontakte zur Verfügung zu stehen, sondern die deutschen Kollegen teilhaben zu lassen am eigenen, fortgeschrittenen Stand der Entwicklung im Gestaltungsbereich. Der Appell von deutscher Seite war unmissverständlich: «[...] was not tut,» unterstrich 1949 in der Zeitschrift des SWB *Werk* eindrucksvoll Hans Hildebrandt, renommierter Kunsthistoriker mit guten Verbindungen zur Schweiz, «ist nicht zuletzt der Wiederanschluss an die internationale Kulturgemeinschaft».[15] Auf schweizerischer Seite war man sich der Zusammenhänge durchaus bewusst: Die internationale Konkurrenzfähigkeit hing nicht zuletzt vom Stand der Gestaltung ab[16] – und das musste damit in besonderem Masse für den wirtschaftlichen Austausch mit Deutschland, dem traditionell grössten Handelspartner gelten. Das jedoch hiess, auf den Markt des auch zukünftig wieder interessanter werdenden Nachbarlandes so einzuwirken, dass er für die (nicht nur gestalterisch) hochwertigen schweizerischen Produkte aufnahmebereit war. Was die Schweizer in den ersten Nachkriegsjahren anzubieten hatten – erste intensive Kontakte ins Ausland, zuverlässige Informationen über die internationalen Entwicklungen im Gestaltungsbereich sowie programmatischen Input –, war für den DWB von unschätzbarem Wert. Vor allem Letzteres, ein fertiges, kohärentes und dazu öffentlichkeitswirksames Handlungskonzept geliefert zu bekommen, nämlich *Die gute Form,* sollte für die Arbeit des DWB in den Folgejahren richtungsweisend werden.

Vorherrschend war in Werkbund-Kreisen zunächst jedoch das Bewusstsein, erst einmal von auswärtigen Impulsen abhängig zu sein. «Wir sind dies [gemeint ist: «zu Dank verpflichtet»] auch dem Schweizerischen Werkbund, der uns seine Zeitschrift jetzt regelmässig sendet», berichtete der DWB West-Nord im Sommer 1948 seinen Mitgliedern. «Der Schweizerische Werkbund hat uns eine Ausstellung zugesagt, die er sorgfältig vorbereiten wollte, und zwar soll es sich um Hausrat und Einrichtungen bis zum Haus handeln, in Tafeln vorgeführt und von internationalem Ursprung. Der Schweizerische Werkbund schrieb uns, dass er diese Ausstellung, die wir durch ganz Deutschland wandern lassen möchten, als Beitrag zum Wiederaufbau betrachte.»[17] Geplant war diese Wanderausstellung, für die die Düsseldorfer Werkbündler um ihren Geschäftsführer Wernher Witthaus die organisatorische Arbeit übernehmen wollten, bereits ab Anfang 1948.[18]

Ausstellungen waren die wichtigsten, weil öffentlichkeitswirksamsten Mittel, die eigenen Positionen und Konzepte den hauptsächlichen Zielgruppen näherzubringen: den Konsumenten, den Herstellern, dem Handel wie auch den noch nicht überzeugten Gestaltern. Dafür war die grosse und bedeutende *Werkbund-Ausstellung* in Köln von 1914 ebenso bezeichnend wie in ihrem umfassenden Anspruch ein Ausnahmefall – ihn hatten die Werkbündler auch mit ihrer Kölner Ausstellung von 1949 im Auge. Typischer jedoch waren kleinere Ausstellungen, ab 1949 eben auch und zunächst vor allem aus dem Ausland: ob schwedische Modellküchen oder Städtebau in den USA – die öffentliche Neugierde und auch die der Werkbündler über die Fortschritte jenseits der Grenzen waren immens. Die Schweizer jedoch boten mit *Die gute Form* ein komplettes Konzept, nicht nur einer Ausstellung, sondern einer Sammlung, Sichtung, Auswahl, Bewertung und Propagierung von aus Werkbund-Sicht vorbildlicher Gestaltung gewerblicher

Produkte. Die konzeptionelle Grundlage dafür hatte Max Bill gelegt. Das Konzept selber zielte zwar auf die Entwicklung der schweizerischen Gestaltung, liess sich aber ohne Weiteres übertragen (→ S. 277). Eine der ersten Auslandsstationen war im Sommer 1949 Köln, eingebettet in die Werkbund-Ausstellung und hier lediglich kommuniziert als eine der Ausstellungen von «ausländischen Werkbünden und Verbänden».[19] In der Folgezeit waren aktualisierte Versionen der Ausstellung immer wieder in Westdeutschland zu Gast, so etwa im Frühjahr 1950 als gemeinsame Veranstaltung der regionalen Werkbund-Gruppe, der Werkkunstschule und des SWB in Wuppertal.[20]

Welche Bedeutung die Wanderausstellungen zu *Die gute Form* für die Entwicklung der Gestaltung in Westdeutschland hatten, ist schwierig einzuschätzen. Stellt man sie in den Kontext der nach 1949 einsetzenden Welle von Ausstellungen für das immer konsumhungrigere westdeutsche Publikum – etwa *Bauen und Wohnen, Das gute Geschenk, Möbel billig und schön* und unzählige weitere –, so ragt *Die gute Form* des SWB freilich als Besonderheit heraus: Es war die erste Ausstellung, die auf einem stringenten Konzept beruhte, das ebenso auf wirtschaftliche und soziale Belange zielte sowie ein ästhetisch-gestalterisches Programm auf eingängige Weise vermittelte. Weder das Konstrukt *Die gute Form,* noch das Instrument der Ausstellung war neu, schon gar nicht für die deutsche Werkbund-Bewegung; neu war jedoch, dass hier ein ästhetisches Konzept einer für diese Thematik eher schwer erreichbaren und bislang kaum angesprochenen Zielgruppe direkt vermittelt wurde: den Herstellern, vor allem aber dem allgemeinen Publikum, den Konsumentinnen, den Konsumenten.

Ist die erste Präsentation *Die gute Form* in Köln 1949 als «Initialzündung für die Entwicklung der Produktgestaltung» in Westdeutschland zu bewerten?[21] Sie firmierte noch nicht prominent unter diesem Titel; zudem war die Konkurrenz mit weiteren internationalen Fotoausstellungen zur Gestaltung, vor allem aber
Abb. 324 mit den gezeigten Objekten der Werkbund-Ausstellung *Neues Wohnen* attraktiv für das Publikum; und schliesslich hatte nicht zuletzt der DWB sich von vornherein darauf konzentriert, seine gestaltungspolitischen und ästhetischen Vorstellungen publikumswirksam zu vermitteln. Der Wert der Ausstellung und des Konzepts *Die gute Form* aus der Feder des SWB muss eher im Kontext des weiteren Einflusses der Schweizer auf das Geschehen in Westdeutschland gesehen werden. *Die gute Form,* diese «einfache, unpathetische Wortkombination»[22], etablierte sich rasch als populärer Begriff in der gestaltungspolitischen Debatte. Dabei entfernte er sich in der Rezeption zwar zunehmend von seinem engeren schweizerischen Ursprung,[23] sein immer häufigerer Gebrauch wurde auch durchaus kritisch gesehen,[24] faktisch jedoch war das Konzept des SWB für die Arbeit des DWB und die gestaltungspolitische Debatte der folgenden Jahre grundlegend. Die eigentliche konzeptionelle Kraft hinter *Die gute Form,* Bill, wurde bald nach Kriegsende zum Hauptansprechpartner für die deutsche Werkbund-Bewegung. Mit seiner bestimmenden Rolle in der Gründungs- und Frühphase der Hochschule für Gestaltung Ulm ab den späteren 1940er-Jahren konnte das Konzept *Die gute Form* programmatisch Wurzeln schlagen in einer Einrichtung, die bald an einzigartiger Strahlkraft gewann in einem der wichtigsten Bereiche der gestaltungspolitischen Entwicklung: dem der Ausbildung des gestalterischen Nachwuchses. *Die gute Form* war rasch zu einem ebenso im Werkbund-Sinne Identität stiftenden wie konkret allerdings wenig aussagekräftigen Schlagwort geworden, das immer wieder diskutiert und mithilfe von

konkreten Beispielen vermittelt werden musste. Eben deshalb auch beinhaltete das Konzept die Auswahl und Auszeichnung vorbildlicher Produktbeispiele – diese Art, ästhetische Leitlinien am Vorbild zu propagieren, wurde sehr bald ebenfalls in Westdeutschland umgesetzt[25] –, als Gestaltungsgrundlage blieb das Konzept jedoch offensichtlich immer erklärungsbedürftig oder gar umstritten. Die Auseinandersetzungen um den richtigen Weg der «Formgebung» liessen sich mit dem Schlagwort *Die gute Form* weder beilegen, noch auf Dauer wenigstens notdürftig überdecken.

Die Debatte blieb lebendig und in Westdeutschland entscheidend mitgeprägt von Werkbündlern aus der Schweiz. Nach sporadischen Kontakten einzelner südwestdeutscher DWB-Initiativen zur Schweiz in den ersten Nachkriegsjahren wurden aus schweizerischen Werkbund-Kreisen Anfang der 1950er-Jahre Fühler ausgestreckt, um einen wesentlich engeren Austausch beider Bewegungen anzuregen.[26] Tatsächlich intensivierte sich der Austausch beider Werkbünde zumindest auf der höheren Ebene, auf Werkbund-Tagen und zentralen Diskussionsforen beiderseits der Grenzen – wie etwa bei der SWB-Tagung in St. Gallen im
Abb. 325–327
Herbst 1955 oder der gemeinsamen Werkbund-Tagung in der Hochschule für Gestaltung Ulm 1956.[27]

Mit keinem anderen Werkbund oder keiner anderen vergleichbaren Einrichtung hatte der DWB derart intensiven Kontakt gepflegt in der Nachkriegszeit – eben jener Zeit, in der sich «Design» durchsetzte als Begriff und als Konzept in Wirtschaft, Politik und Kultur – als mit dem SWB. Entscheidenden Einfluss hatten die Schweizer als allgemein anerkanntes, auch in populären Darstellungen immer wieder propagiertes Vorbild, in erster Linie jedoch durch ihr stringentes, publikumswirksam vermitteltes Konzept *Die gute Form*. Zentrale Figur in diesen Beziehungen zwischen deutscher und schweizerischer Werkbund-Bewegung war Max Bill, der nicht nur der Autor des Konzepts war, sondern zudem die bedeutendste, weil innovativste Ausbildungsstätte in Westdeutschland, die Hochschule für Gestaltung in Ulm, wesentlich prägen konnte. Der SWB war für die frühe Werkbund-Bewegung in Westdeutschland insofern Partner, Ideengeber und, angesichts der besonderen Situation der ersten Nachkriegsjahre, Entwicklungshelfer.

1 Die immer noch beste Darstellung zur Zeit nach 1933 ist: Joan Campbell, *Der Deutsche Werkbund 1907–1934*, München 1989, S. 308–359; siehe auch: Sabine Weißler (Hg.), *Design in Deutschland 1933–45. Ästhetik und Organisation des Werkbundes im «Dritten Reich»*, Giessen 1990; zuletzt: Ulrich Hartung, Zeitlose Qualität? Zum Weiterwirken des Deutschen Werkbundes im «Dritten Reich», in: Nerdinger 2007, S. 202–205.

2 Die Ende der 1920er-Jahre gegründete Einrichtung arbeitete nach 1933 im Auftrag der «Reichskammer der bildenden Künste». Zur Bedeutung des Kunstdienstes für die Werkbündler ohne DWB siehe zuletzt Christopher Oestereich, «Die 1000 Jahre durchstehen»? Hans Schwippert im «Dritten Reich», in: Breuer/Mingels/Oestereich 2010, S. 76–86, hier S. 78–79.

3 Beispiele in Ulrich Höhns, Grenzenloser Heimatschutz 1941. Neues, altes Bauen in der Ostmark und der Westmark, in: Lampugnani/Schneider 1992, S. 283–298.

4 Zum Neubeginn des DWB nach 1945 siehe zuletzt: Christopher Oestereich, Kleine Siege. Der Werkbund im Wiederaufbau, in: Nerdinger 2007, S. 230–233.

5 Über Aufgaben des Deutschen Werkbundes. Referat von Dr. Heinrich König in der Gründungssitzung, 24.8.1945, S. 6, Werkbund-Archiv Berlin, Ordner Dresden, Halle.

6 Schreiben von Wernher Witthaus, DWB West-Nord, an Josef Busley, Kultusministerium Nordrhein-Westfalen, 23.12.1946, Landesarchiv NRW Rheinland Bestand 60 Nr. 198, Blatt 238; Witthaus berichtet hier auch von Bemühungen Richtung Belgien und den Niederlanden; für Berlin siehe die betreffende Korrespondenz zwischen März und Oktober 1947 in: Werkbund-Archiv Berlin, Ordner DWB Dresden, Halle.

7 *Bauen und Wohnen* 2 (1947), S. 160; Monatsbericht 2 des DWB West-Nord, Dezember 1948, Landesarchiv NRW Rheinland Bestand 60 Nr. 198, Blätter 157–161, hier Blatt 160.

8 Bericht des DWB West-Nord zum Werkbund-Tag in Köln 1949, 5.7.1949, Werkbund-Archiv Berlin, Ordner Protokolle.

9 Die Belege dafür sind zahllos, siehe etwa die aus Anlass der ersten grösseren Darstellung der internationalen Entwicklung in Köln 1949 abgegebene Einschätzung von Martha Bode-Schwandt, «Zeitgemäßes Wohnen» mit den Augen der Hausfrau gesehen, veröffentlicht in einer Broschüre zur Kölner Werkbund-Ausstellung 1949, Historisches Archiv der Stadt Köln Acc. 148 Nr. 310, Blatt 69. Siehe auch: Was in den Kölner Messehallen zu sehen ist, in: *Westfalen-Zeitung*, 14.5.1949.

10 Eine knappe Übersicht dazu in: Oestereich 2000, S. 307–317.

11 Jupp Ernst, *Aus der Asche*. Unveröffentlichtes Manuskript einer [Auto-]Biografie, o.J. [nach 1983], Bergische Universität Wuppertal, Nachlass Jupp Ernst.

12 Rudolf Schwarz, Helvetia docet, in: Schweizer Ausstellung Köln 1948, o.S.

13 Ebd. Im gleichen Sinne auch Else Meissner, *Qualität und Form in Wirtschaft und Leben*, München 1950, S. 33.

14 Die *Schweizerische Architekturausstellung* war auf englische Initiative zunächst in London gezeigt worden, Schweizer Ausstellung Köln 1948, o.S. [S. 9].

15 Hans Hildebrandt, Die heutige Lage der Kunst in Deutschland, in: *Werk* 36 (1949), H. 7, S. 230–235, hier S. 235. Hildebrandt war während des Kriegs unter anderem als Dozent an der ETH Zürich tätig gewesen.

16 Max Bill, Erfahrungen bei der Formgestaltung von Industrieprodukten, in: *Werk* 33 (1946), H. 5, S. 168–170, hier S. 170.

17 DWB West-Nord, Bericht 31.8.1948, S. 3, Stadtarchiv Wuppertal Bestand 501 Nr. 24 (Zugang 390: Von der Heydt-Museum).

18 Notiz Witthaus zur Kenntnisnahme an Josef Busley vom Kultusministerium, 19.2.1948, Landesarchiv NRW Abteilung Rheinland, Bestand NW 60 (Kultusministerium) Nr. 198, Blatt 185.

19 Faltblatt «Werkbund heute und Köln heute» zur Werkbund-Ausstellung Köln 1949, Historisches Archiv der Stadt Köln Acc. 148 Nr. 38.

20 Bericht DWB West-Nord, Düsseldorf, Mai 1950, S. 3; Werkbund-Archiv Berlin, Ordner Protokolle 1947–1956.

21 So die Einschätzung von Mirjana Grdanjski, «Neues Wohnen» und «Deutsche Architektur seit 1945» – Werkbundausstellung Köln 1945, in: Nerdinger 2007, S. 237–238.

22 Max Bill, Ist die «gute Form» eine Modeerscheinung?, in: *Magnum* 1956, H. 10, S. 54.

23 Bezeichnend etwa die Darstellung von H. Klaus, Die gute Form. Die Bedeutung der industriellen Formgestaltung, in: *VDI-Nachrichten* Nr. 9, 5.5.1951, S. 3; oder auch H. B. S., Mehr Verkauf durch gute Form, in: *Die Klinge* 19 (1956), S. 196–198.

24 Anlage 1 zum Rundschreiben Nr. 34 des Arbeitskreises für industrielle Formgebung, 5.4.1962, Bergische Universität Wuppertal, Nachlass Jupp Ernst, Akte 2/1, Arbeitskreis iF 1960–1962.

25 Siehe etwa für die Hannover-Messe: *Gestaltete Industrieform in Deutschland. Eine Auswahl formschöner Erzeugnisse auf der Deutschen Industrie-Messe Hannover 1954*, Düsseldorf o.J. [1954], S. 8–9.

26 Mia Seeger berichtet auf der Vorstandssitzung vom Dezember 1951 über eine Anfrage des Zürcher Architekten Alfred Roth. Dieser «Gedanke» wird seitens ihrer Vorstandskollegen als «sympathisch» bezeichnet, die Initiative jedoch an den SWB zurückgereicht, Protokoll der Vorstandssitzung des DWB in Darmstadt, 1.12.1951, Werkbund-Archiv Berlin, Ordner DWB e.V. Protokolle 1947–1956, S. 1–2.

27 Auf der SWB-Tagung war neben dem DWB-Vorsitzenden Hans Schwippert auch der Vorsitzende des schwedischen Werkbundes, des Svenska Slöjdföreningen (→ S. 273), Åke H. Huldt eingeladen. Die Vorträge sind veröffentlicht in: SWB Vorträge 1955. Inwieweit SWB-Vertreter mehr oder weniger regelmässig auf regionalen DWB-Tagungen zugegen waren, müsste näher untersucht werden. Hinweise darauf gibt es, siehe etwa *Werk und Zeit*, April 1952, o.S. [S. 4].

328
Alfred Altherr, Schweizer Pavillon Aussenansicht, Foto Atelje Wahlberg Stockholm

329
Alfred Altherr, Schweizer Pavillon, Wohnbereich mit Blick auf die Vorhalle, Büchergestell von Jürg Bally, Stuhl (Entwurf Hans Bellmann) der Möbelfabrik Horgen-Glarus AG, Stehlampe (Entwurf Alfred Altherr) der Heinrich Kihm Stahlmöbel AG und Teetisch von K. H. Frei, Foto Atelje Wahlberg Stockholm

330
Alfred Altherr, Schweizer Pavillon im Modell

H55 Internationale Ausstellung für Kunstgewerbe und Wohnungseinrichtungen

Helsingborg, 1955

Mit der Teilnahme an der *H55 Internationalen Ausstellung für Kunstgewerbe und Wohnungseinrichtung* im schwedischen Helsingborg bot sich dem SWB im Sommer 1955 eine Gelegenheit, an die bereits seit den 1920er-Jahren bestehenden und 1948/49 (→ S. 273) ausgebauten Beziehungen zum die Schau organisierenden Schwedischen Werkbund (Svenska Slöjdföreningen) anzuknüpfen.[1]

Im Auftrag des Eidgenössischen Departements des Inneren erstellte der SWB die Schweizer Sektion. Auf einem von Geschäftsführer Alfred Altherr jun. (→ S. 430) entworfenen Grundriss wurden zum einen in der Vorhalle eine kleine Ausstellung mit Fotografien von Innenräumen, Möbeln und Industrieerzeugnissen, einigen Kunstgewerbearbeiten und Schweizer Publikationen und zum anderen der möblierte Wohn- und Essraum einer Wohnung mit anderthalb Zimmern gezeigt. Ein Flyer verortete die Einrichtung in der aktuellen, von Flexibilität geprägten Wohnkultur der Schweiz, in der die Möblierung nicht mehr wie einst fest mit der Architektur verbunden, sondern für die unterschiedlichsten Räume und Wohnungen kompatibel und mobil sein musste.[2]

Der SWB konnte hier in Skandinavien – und damit an einem der vielleicht renommiertesten Standorte des seinerzeit aktuellen Designgeschehens – seine besten Ergebnisse aus *Die gute Form* 1955 zusammen mit einer ausgewählten Gruppe von in der Gestaltung führenden Nationen präsentieren. Vertreten waren nebst der Schweiz und in der Regel mit einer Vierzimmer-Wohnung Grossbritannien, Frankreich, Japan, Deutschland, Dänemark, Finnland und Schweden. Zwar fiel der Schweizer Beitrag aus Kosten- und Zeitgründen kleiner aus als diejenigen der anderen Nationen. Dennoch wertete der SWB rückblickend die «ernsthafte, gute Leistung der schweizerischen Industrie» auch im internationalen Vergleich als Erfolg.[3] ● *Jasmine Wohlwend Piai*

328

329

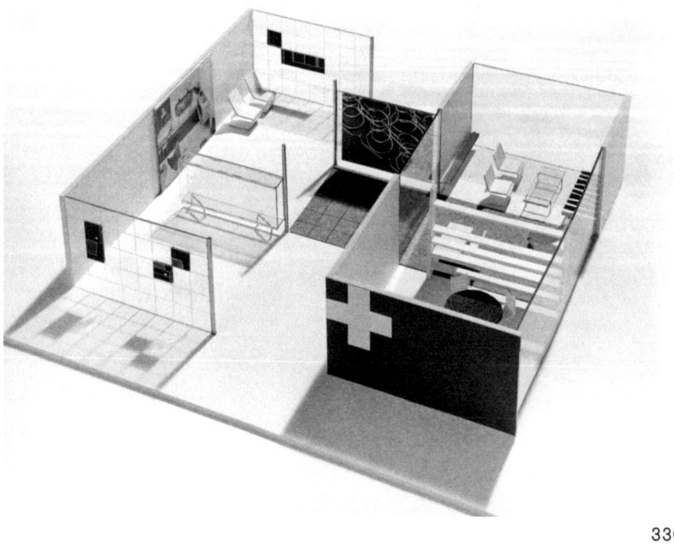

330

1 Ausstellungsdaten: 10.6.–28.8.1955. An der SWB-Tagung desselben Jahres am 5./6. November in St. Gallen hielt zudem der Direktor des Svenska Slöjdföreningen, Åke H. Huldt, der zugleich Generalkommissar für die *H55* gewesen war, ein Referat. GB SWB 1955, S. 3–5.

2 *Schweiz*, Flyer zur Ausstellung *H55* sowie Fotografien im Dossier *Internationale Wohnausstellung H55* Haelsingborg 1955, MfGZ/Designsammlung/Konvolut SWB/Ausstellungen international.

3 *Werk 42* (1955), H. 9, S. 283–286, hier S. 283.

Wanderausstellung *Good Design in Switzerland*

USA und Kanada,
1957/58

Die von Alfred Altherr jun. (→ S. 430) kuratierte Wanderausstellung *Good Design in Switzerland* steht im Kontext der breit propagierten Aktion *Die gute Form* (→ S. 277) und ihrer erfolgreichen Rezeption über die Grenzen der Schweiz hinaus. Der Titel *Good Design* referiert zudem auf die 1950 in Chicago im Merchandise Mart zum ersten Mal vergebene internationale Auszeichnung für gut geformte Gegenstände.[1] Die SWB-Ausstellung fand im Rahmen eines kulturellen amerikanisch-schweizerischen Austauschs statt. Begonnen hatte er mit der 1945 im Kunstgewerbemuseum Zürich und dann in Bern, Genf und Basel gezeigten Ausstellung *Amerika baut,* die von Johannes Itten initiiert und von Alfred Roth (→ S. 431) kuratiert eine Neuauflage der 1944 im Museum of Modern Art (MoMA) gezeigten Ausstellung *Built in U.S.A., 1932–1944* darstellte.[2] Eine Fortsetzung erfuhr der Austausch mit dem 1950 publizierten amerikanischen Fotoband *Switzerland Builds* von George Everard Kidder Smith zur schweizerischen Architektur.[3] Nun ging es darum, auch eine Architekturausstellung für Amerika zu konzipieren, die jedoch letztlich nicht vom SWB realisiert werden sollte. Erst in einem zweiten Anlauf gelang es ihm, mit *Good Design in Switzerland* eine Ausstellung auf der anderen Seite des Atlantischen Ozeans zu lancieren. Die Vorgeschichte des gescheiterten ersten Versuchs sowie die dann erfolgreiche Realisation zeigt beispielhaft, wie der Schweizerische Werkbund plötzlich zu einem ernst zu nehmenden Akteur schweizerischer Auslandwerbung avancierte.

Roth unterrichtete an der Washington University in St. Louis, Missouri, als Visiting Professor. In diesem Zusammenhang traf er sich im Frühjahr des Jahres 1950 mit Annemarie Henle Pope, Assistant Director der American Federation of Arts, um die «Idee einer Wanderausstellung moderner Schweizerarchitektur durch die USA» zu besprechen.[4] Das Vorhaben wurde bereits im Herbst 1948 von besagter Federation of Arts dem Kulturattaché der Schweiz in Washington, Eric Kessler, unterbreitet, der eine entsprechende Anfrage an die Pro Helvetia richtete. Diese wiederum reichte sie weiter, und zwar an den Schweizerischen Werkbund, der daraufhin mit einem Vorkonzept dankend antwortete.[5]

Vermutlich wollte die Pro Helvetia die Ausstellung nicht selber ausrichten, da sie in Europa bereits mit einer Wanderausstellung beschäftigt war, in die der Schweizerische Ingenieur- und Architektenverband (SIA), der Bund Schweizer Architekten (BSA) und die ETH Zürich eingebunden waren. Die 1946 im Royal Institute of British Architects in London zuerst gezeigte Ausstellung *Switzerland Planning and Building Exhibition* war ausserordentlich erfolgreich und tourte danach mehrere Jahre lang als *Schweizerische Architektur-Ausstellung* durch Europa.[6]

Erst mit der zuvor erwähnten Anfrage der American Federation of Arts an Roth im Frühjahr 1950 wurde das Projekt einer Ausstellung für den SWB, und, wie sich zeigen sollte, auch für die Pro Helvetia aktuell. In einem Brief an den damaligen Ersten Vorsitzenden Hans Finsler (→ S. 428) informierte nun Roth am 21. Mai 1950 über das Vorhaben der amerikanischen Kunstvereinigung und schlug auch gleich vor, dass «die Organisation einer solchen Ausstellung dem Schweiz. Werkbund uebertragen werden» sollte, und zwar vor allem deswegen, weil der SWB «fuer unser Land und fuer die kulturellen Beziehungen mit den USA hoechst wichtigen Ausstellung [...] mit strenger moderner Dokumentation allein in Frage kommt».[7]

Auf einmal zeigte sich nun aber die Pro Helvetia düpiert, dass der SWB in ihren Belangen mitmischen wollte.[8] Gemäss Karl Naef, dem Generalsekretär, war man gerade «im Begriff, die Architekturausstellung [...] zu erneuern und zu ergänzen» und wollte «die amerikanische Ausstellung [selbstverständlich] wiederum mit der E.T.H. und den erwähnten Berufsverbänden durchführen».[9] Der SWB war also offenbar nicht mehr erwünscht. Auch das Intervenieren bei der Schweizerischen Zentrale für Handelsförderung mit der Bitte, man möge «nur die modernsten Bauten aus der Schweiz» zeigen, wie das Roth mit der Federation of Arts

abgemacht habe, half nicht weiter.[10] John Brunner, Erster Sekretär der Zentrale für Handelsförderung, erwiderte den Brief von Altherr ablehnend: «Es kann sich aber nicht darum handeln, zusammen mit Herrn Architekt Roth und dem Werkbund eine neue Architekturausstellung für Amerika zu schaffen [...].»[11] Roth allerdings reüssierte schliesslich: Er durfte nun die von Pro Helvetia organisierte Schau, um aktuelle Beispiele ergänzt, mit dem neuen Titel *Contemporary Swiss Architecture* kuratieren. Sie wurde von 1953 bis 1955 in zwölf Städten der USA gezeigt.[12]

Das mittlerweile grosse Echo der Aktion *Die gute Form* sollte den Schweizerischen Werkbund wieder zurück ins Spiel bringen. 1952 bereitete er die vom MoMA für Europa konzipierte Wanderausstellung für das Gewerbemuseum Basel auf. 1955 wurde Roth zum Ersten Vorsitzenden des SWB gewählt. Im selben Jahr konnte Altherr jun. erfolgreich den Pavillon an der *H55* in Helsingborg (→ S. 317) einrichten. 1957 stellte der SWB für die Ausstellung *Gute Form aus der Schweiz* in München Fotos zur Verfügung[13] und richtete an der *Interbau* in Berlin drei Wohnungen ein (→ S. 380). Und ebenfalls 1957 gestaltete Roth im Auftrag des SWB den Schweizer Pavillon an der *XI. Triennale* in Mailand (→ S. 139).[14] Der Werkbund war also auch international zum Repräsentanten für anspruchsvolles Schweizer Design geworden.[15]

Die Ausstellung *Good Design in Switzerland* wurde schliesslich mit Unterstützung der Pro Helvetia und der Schweizerischen Zentrale für Handelsförderung realisiert. Der Smithsonian Institution's Traveling Exhibition Service, dem nun die genannte Annemarie Henle Pope vorstand, betreute die Wanderausstellung auf ihrer Tour durch Amerika. Sie zeigte vorwiegend grossformatige fotografische Abzüge, die auf Tafeln innerhalb eines Stahlrohrrahmens montiert waren. Diese immer gleichen Rahmen wurden an beiden Enden mit je einem weiteren Rahmen verbunden, sodass schliesslich eine lange Reihe entstand. Diese liess sich je nach Raumsituation variabel aufstellen.

Das Spektrum der gezeigten Werke war breit gefächert, der Designbegriff schloss Möbel, Architektur und technische Bauwerke gleichermassen mit ein. Die Ausstellung bildete eine Synthese des schweizerischen Schaffens und präsentierte von der landschaftlichen Gestaltung mit Staumauer und Passstrasse über Gebäude bis hin zu Wohneinrichtungen und einzelnen Einrichtungsgegenständen sogar Puppen, Geschirr und technische Apparaturen – die ganze gestaltbare «Umwelt».[16] Richard P. Lohse hatte die im Layout reduzierte begleitende Broschüre im Breitformat gestaltet.[17] Die Ausstellung wurde im April 1957 im Gewerbemuseum Winterthur das erste Mal gezeigt, bereits im Juni fand die Eröffnung in Washington statt. Und bis Oktober 1957 hatten 13 Museen in Amerika und Kanada «das Material angefordert», sodass sie bis Ende 1958 ausgebucht war.[18]

● *Thomas Gnägi*

331
Good Design in Switzerland, Faltprospekt für die Ausstellung im Gewerbemuseum Winterthur, 1957

332
Good Design in Switzerland, Faltprospekt für Amerika, 1957

333
Good Design in Switzerland, Gestaltung Alfred Altherr, Präsentation Gewerbemuseum Winterthur, 1957

334
Aufstellungsvarianten der Wanderausstellung *Good Design in Switzerland*

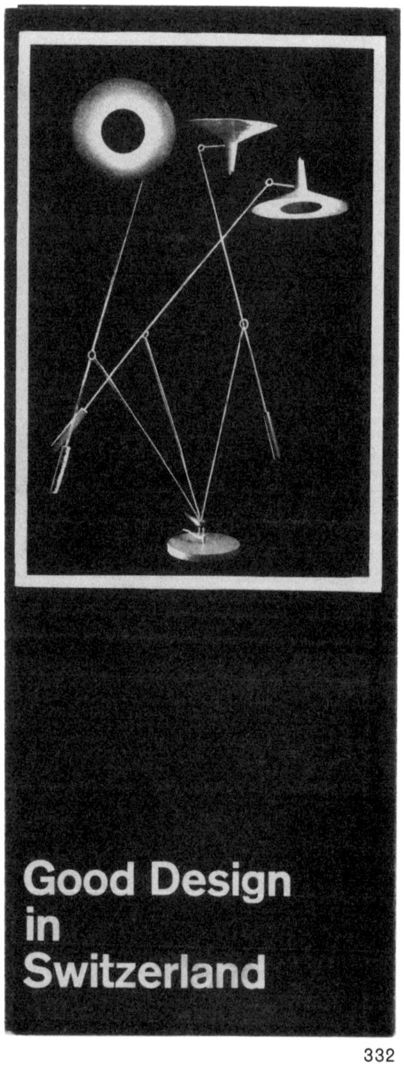

332

333

Aufstellungsmöglichkeiten der SWB-Wanderausstellung
"Good Design in Switzerland" für USA & Canada 1957/58/59

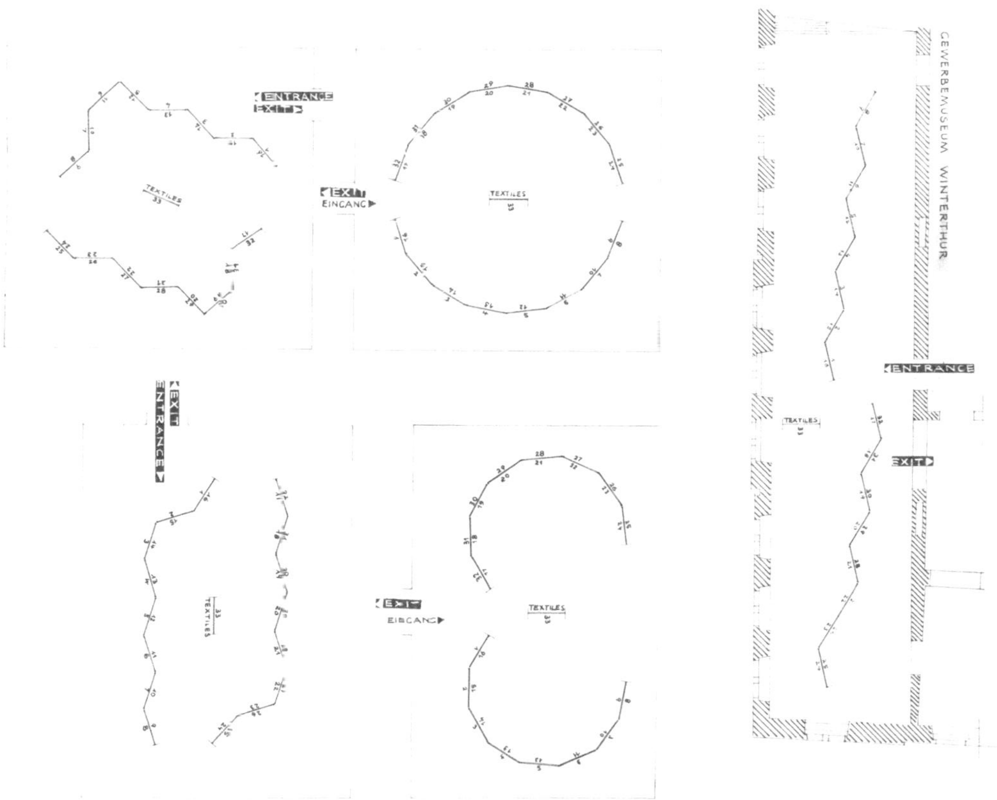

334

1 Vgl. Erni 1983, S. 19 (Chronik).
2 Vgl. Maurer 2010, S. 234. Aufgrund der Göteborger Ausstellung *Amerika Bygger* 1944 hatte Itten die Initiative zu einer ähnlichen Schau in Zürich ergriffen, vgl. ebd.
3 George Everard Kidder Smith, *Switzerland Builds. Its Native and Modern Architecture*, New York 1950. Siehe auch Alfred Roth, Die bauende Schweiz, von einem Amerikaner gesehen, in: *Werk* 37 (1950), H. 10, S. 309–312; Maurer 2010, S. 250–251.
4 Brief Roths an Hans Finsler, 21.5.1950, Dossier Swiss Housing 1949, MfGZ/Designsammlung/ Konvolut SWB/Ausstellungen international.
5 Brief des Generalsekretärs Karl Naef an den gerade als Geschäftsführer zurückgetretenen B. [Egidius] Streiff (→ S. 426). Antwort von Finsler und Altherr jun. an Naef, 27.1.1949, Dossier Swiss Housing 1949 (wie Anm. 4).
6 Vgl. Maurer 2010, S. 247–249. Siehe Plakat-Wettbewerb Chronik 1945 (→ S. 17).
7 Brief Roths an Finsler, 21.5.1950, Dossier Swiss Housing 1949 (wie Anm. 4). Bereits 1940 nennt Sigfried Giedion in einem Brief an Philip R. Goodwin, Vorsitzender des Museums of Modern Art (MoMA), den Werkbund zusammen mit der Schweizer Gruppe des CIAM und der Kunstgewerbeschule, die eine «Exhibition on Modern Swiss Architecture» realisieren könnten, 24.10.1940; 1942 darn werden per Telegramm vom MoMA Pläne und Fotografien von Hermann Baurs Schule im Bruderholz vom SWB angefordert, vermutlich für die Ausstellung *Modern Architecture for Modern School*, 16.–30.9.1942, Dossier MoMA New York 1942, MfGZ (wie Anm. 4).
8 Brief Naefs an Altherr, 4.7.1950, Dossier Swiss Housing 1949 (wie Anm. 4).
9 Ebd.
10 Brief Altherrs an Brunner, 5.7.1950, ebd.
11 Brief Brunners an den Schweizerischen Werkbund, 29.7.1950, ebd.
12 Maurer 2010, S. 256, 262, Anm. 97. Zu den Städten siehe Chronik ab S. 17.
13 *Gute Form aus der Schweiz. Architektur. Industrieprodukte*, Broschüre zur Ausstellung Die neue Sammlung München, 16.7–8.9.1957, [München 1957] S. 4.
14 GB SWB 1957, S. 3.
15 Altherr konnte beispielsweise 1961 in Japan die Ausstellung *Good Design in Switzerland/ This is Switzerland* im Warenhaus Shirokiya von Tokio einrichten, GB SWB 1961, S. 4–5. Um Objekte und um Fotos baten im selben Jahr auch die *Internationale Plastic-Ausstellung London* und die *Cleveland Home Furnishings Exposition & World Trade Fair*, vgl. ebd., S. 5.
16 Ab 1960 wird das Ziel des SWB in den Satzungen als «Gestaltung der Umwelt» definiert. Unter «Umwelt» wird «die Siedlung – die Wohnung – das Gerät – das Bild» verstanden, Satzungen SWB 1960 § 2.
17 *Good Design in Switzerland. Traveling Exhibition of the Swiss Werkbund*, Broschüre, Zürich 1957, S. 7–9.
18 GB SWB 1957, S. 3.

Projekt *Design Center*

Zürich, 1965

Im Zusammenhang mit der Frage nach dem institutionellen Ausbau des Schweizerischen Werkbundes schlug der frisch gewählte Geschäftsführer Eugen Gomringer (→ S. 434) 1962 dem Zentralvorstand die Schaffung eines «Werkbund-Zentrums» vor.[1] Unterstützt von Alfred Roth (→ S. 431) und Rechtsanwalt Roland Bühler arbeitete er in der Folge an dessen Umsetzung. Nach dem Vorbild bereits bestehender ausländischer *Design Center*[2] entwickelte er für die projektierte Institution ein breites Aufgabenspektrum. Es sei Zweck des Zentrums, erläuterte er 1964 in einem Reglementsentwurf, «Probleme und Lösungen der Umweltgestaltung mit praktischen, anschaulichen Mitteln aufzuzeigen, damit ein möglichst weiter und differenzierter Kreis angesprochen wird».[3] Hauptsächliches Bestreben war es, in einer permanenten, öffentlich zugänglichen Ausstellung vorbildlich gestaltete Gebrauchsgüter aus industrieller und handwerklicher Fertigung zu präsentieren. Ferner sollte am gleichen Ort eine Informationszentrale mit einer Geschäftsstelle des SWB, ein Archiv mit Foto- und Diasammlungen sowie eine Herstellerkartei entstehen. Anders als etwa die vom Bund Schweizer Architekten (BSA) initiierte, genossenschaftlich organisierte Baumuster-Centrale in Zürich sollte der SWB das Zentrum in eigener Regie betreiben.[4] Die Hersteller waren ausschliesslich als Mieter von Ausstellungsflächen vorgesehen. Dementsprechend wollte Gomringer die von ihnen für die Ausstellung vorgeschlagenen Objekte von einer massgeblich mit SWB-Mitgliedern besetzten Jury beurteilen lassen.[5] Um die Ausstellung aktuell und attraktiv zu erhalten, sollten die Gegenstände periodisch ausgewechselt werden. Als möglicher Standort des Zentrums ergab sich Ende 1964 der Neubau des Alcan-Hauses im Zürcher Seefeldquartier. Für die auf Laden- und Untergeschoss verteilten Räumlichkeiten mit einer Gesamtfläche von rund 370 Quadratmetern legte der Zürcher Innenarchitekt Jürg Bally ein variables Ausstellungskonzept vor. In einem auf der Einheit von 1,2 Metern basierenden Raster konnten einzelne Elemente je nach Bedarf in lockerer Aufstellung entweder als niedrige Podeste dienen oder mit Aufsätzen zu Gestellen verbunden werden. Gomringer sah insgesamt 77 solcher Einheiten vor, die den ausstellenden Firmen gegen einen jährlichen Mietzins von je 1000 Franken zur Verfügung stehen sollten.[6]

Die Idee eines Werkbund-Zentrums, für dessen Benennung sich schliesslich der Begriff *Design Center* durchsetzte, fiel zunächst auf fruchtbaren Boden.[7] So erhielt Gomringer auf seine schriftliche Anfrage vom 22. Oktober 1964 umgehend von elf Firmen die Zusage für die Miete von Ausstellungselementen.[8] Auch der Zentralvorstand stimmte in seiner Sitzung vom 8. Februar 1965 einhellig für die Gründung eines *Design Centers* im Alcan-Haus.[9] Ein Blick in das Sitzungsprotokoll zeigt jedoch, dass Kunsthistoriker Hans Curjel die Schaffung des Zentrums ablehnte und seine Gegenstimme nur unter dem Vorbehalt der Unterbreitung des Geschäfts an die Generalversammlung zurückzog.[10] An der umgehend einberufenen ausserordentlichen Generalversammlung vom 27. Februar 1965 äusserten zahlreiche SWB-Mitglieder in einer teilweise erregten Diskussion Bedenken gegen das geplante *Design Center*. Am deutlichsten fiel das ablehnende Votum von Curjel aus, für den ein *Design Center* «von den kommenden Hauptaufgaben ablenken» würde, die er unter anderem in Fragen des Städtebaus, der Landesplanung, des Verkehrs und der «Balancierung der Umwelt des Menschen»[11] sah. Schliesslich wurde mit 35:4 Stimmen ein Antrag von Hans Finsler (→ S. 428) angenommen, wonach es der Generalversammlung «wegen der Kürze der für die Realisierung dieses Centers zur Verfügung stehenden Zeit»[12] nicht möglich sei, zur Gründung des *Design Centers* im Alcan-Haus Stellung zu nehmen. Wiewohl die Generalversammlung an sich nur das konkrete Projekt faktisch abgelehnt hatte und der Antrag den Zusatz enthielt, «dass entsprechende Pläne weitergeführt werden»[13], war damit die Frage eines *Design Centers* definitiv erledigt, lagen doch die Gründe für das Scheitern des Projekts jenseits eines blossen Zeitdrucks. So zeigt sich am Votum von Curjel eine schwelende Uneinigkeit innerhalb des SWB über seine Ausrichtung, bei der sich die normative Designästhetik im Sinne der Aktion *Die gute Form* und eine weiter gefasste Sicht auf die Umweltgestaltung gegenüberstanden. Überdies versagten selbst Firmen, deren Produkte regelmässig mit dem Prädikat *Die gute Form* ausgezeichnet wurden, dem *Design Center* ihre Unterstützung. Sie waren offensichtlich nicht mehr bereit, sich dem gestalterischen Diktat des SWB zu beugen. Insofern fand, wie Lucius Burckhardt (→ S. 433) in der Zeitschrift *Werk* zutreffend resümiert, beim Projekt des *Design Centers* 1965 eine Stellvertreterdiskussion um das Verhältnis des Werkbundes zum formschönen Industrieprodukt statt.[14] Die Idee eines Designzentrums – allerdings nicht mehr als Projektionsfläche für gut gestaltete Formen, sondern als öffentliche Institution zur Erörterung aktueller Probleme einer Industriegesellschaft – wurde in der Folge gelegentlich wieder aufgenommen, blieb indessen unverwirklicht.[15] ● *Jürg Hünerwadel*

335

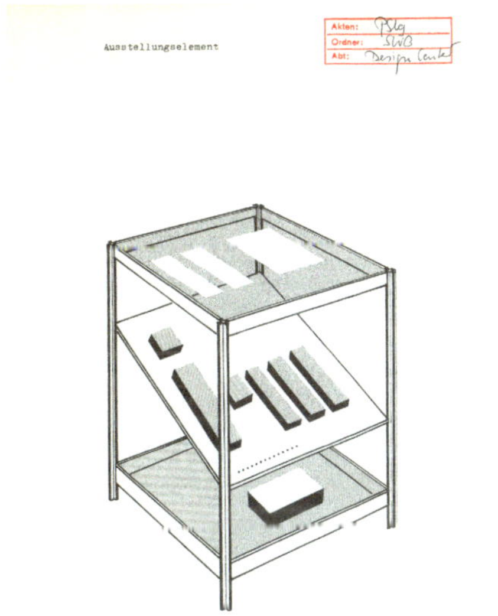

336

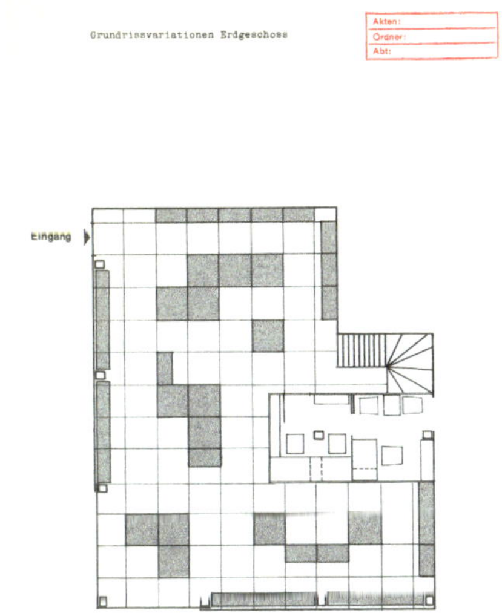

337

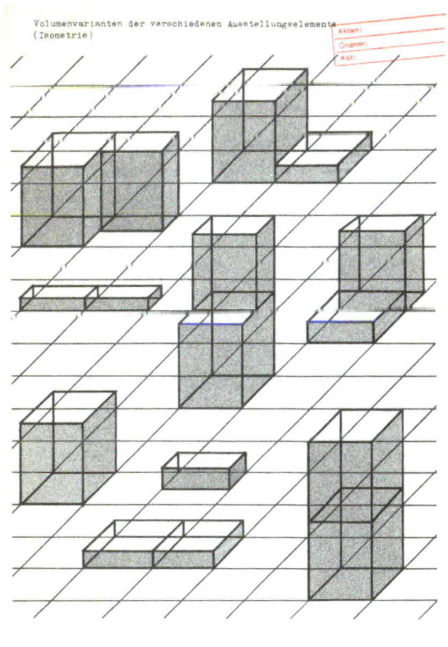

338

335–338
Kartonmappe mit Projektunterlagen zum *Design Center Zürich*, 1965

1 *Werk* 52 (1965), H. 4, S. 80*.
2 Etwa dem Design Centre for British Industries (London 1956), dem LGA-Zentrum Form (Stuttgart 1962), den Designzentren in Amsterdam (1962) und Brüssel (1964) sowie dem Svensk Form Design Center (Malmö 1964).
3 Eugen Gomringer, Reglementsentwurf, 24.12.1964, S. 1, Archiv SWB A 3.8/135/1963–1965.
4 *Werk* 52 (1965), H. 4, S. 80*. In der bereits 1935 gegründeten Genossenschaft der Baumuster-Centrale sind neben dem BSA auch zahlreiche Verbände und Herstellerfirmen Mitglieder.
5 Der Passus im Reglementsentwurf, wonach auch bei bereits mit dem Prädikat *Die gute Form* ausgezeichneten Produkten eine Neujurierung vorbehalten gewesen wäre, wurde an der Sitzung des Zentralvorstandes vom 8. Februar 1965 allerdings gestrichen; diese Objekte hätten ohne Weiteres ausgestellt werden können.
6 Eugen Gomringer, Disposition, 19.11.1964, Archiv SWB A 3.8/135/1963–1965.
7 Vgl. Protokoll GV SWB, 27.2.1965, Archiv SWB A 1.1.1. Zuvor waren auch die Bezeichnungen *Design Centre*, *Schweizer Design-Zentrum*, *Schweizer Form-Zentrum* und *Werkbund-Zentrum* vorgeschlagen worden.
8 Eugen Gomringer, Mitteilung an den Zentralvorstand, 21.11.1964, Archiv SWB A 3.8/135/1963–1965.
9 *Werk* 52 (1965), H. 4, S. 81*.
10 Protokoll ZV SWB, 8.2.1965, S. 2, Archiv SWB A 1.1.1.
11 Protokoll GV SWB, 27.2.1965, S. 2, Archiv SWB A 1.1.1.
12 Ebd., S. 5.
13 Ebd.
14 [Lucius Burckhardt], Die bessere Form, in: *Werk* 52 (1965), H. 5, S. 99*.
15 Siehe etwa François Burkhardt, Warum nicht auch ein Design-Zentrum in Zürich? Gedanken zur Rolle der Design-Zentren in hochindustrialisierten Ländern, in: *Werk/Œuvre* 61 (1974), H. 3, S. 297–301. Zusammen mit dem Verein Schweizer Innenarchitekten und dem Schweizerischen Industrial-Designer-Verband konnte der SWB ein solches Vorhaben mit der 1973 geplanten Design Information Zürich (D.I.Z.) unterstützen; es wurde für den Pavillon Le Corbusiers in Zürich bis zur Projektreife entwickelt, dann allerdings mangels Einsendungen nicht realisiert. Vgl. *swb-journal-oev* 38 (1974).

339

339
Plakat der Ausstellung *Gute Form aus der Schweiz*, Essen 1966, Gestaltung Igildo Biesele

340
Modellansicht der Ausstellung, 1966, Gestaltung Igildo Biesele

Ausstellung *Gute Form aus der Schweiz*

Essen, 1966

Das Haus Industrieform Essen (HIF) wurde 1954 durch die Firma Krupp und den Bundesverband der Deutschen Industrie (BDI) gegründet und nennt sich heute – mit etwas anderer Ausrichtung – Design Zentrum Nordrhein Westfalen.[1] Analog zur SWB-Auszeichnung *Die gute Form* (→ S. 277) an der Mustermesse Basel in den 1950er- und 1960er-Jahren wurden dort ab 1955 ebenfalls Produkte ausgewählt und in besonderen Ausstellungen dem Konsumenten gezeigt.

Die Geschäftsstelle des SWB, unter dem Geschäftsführer Eugen Gomringer (→ S. 434) und der Schriftführerin Gaby Arrigo, organisierte nun die vom 7. bis zum 30. November 1966 stattfindende Schau *Gute Form aus der Schweiz* in dem damals in der Alten Synagoge beherbergten HIF. Igildo Biesele gestaltete die Ausstellung, die mit 36 Objekten von insgesamt 18 Firmen und Designern bestückt war.[2]

Die Ausstellung steht beispielhaft als ein Engagement des SWB seit den 1950er-Jahren, mit dem er sich an einigen Präsentationen im Ausland entweder beteiligte oder die er gleich selber realisierte. Sie sind zudem in einem grösseren Zusammenhang mit der Aktion *Die gute Form* und der internationalen Präsenz der Schweiz zu sehen. Neben der SWB-Wanderausstellung *Good Design in Switzerland* für Nordamerika (→ S. 319) von 1957/58 und derjenigen in Essen von 1966 sind andere jener Zeit zu nennen wie die SWB-Ausstellung *Gesamt-Design* im Zentrum Form des Landesgewerbeamtes Baden-Württemberg, ebenfalls 1966, und die *Wanderausstellung Ostblockstaaten* von 1968, die im Auftrag der Stiftung Pro Helvetia vom SWB konzipiert worden ist.[3] Für die Plastik-Ausstellung *Interplas* in London von 1965 und für eine Ausstellung im Design Center in Amsterdam von 1966 hat der Verein die Auswahl der Schweizer Firmen und Produkte getroffen.[4] ● *Thomas Gnägi*

340

1 Zur weiteren Geschichte des HIF siehe http://de.red-dot.org/2062.html (1.7.2013).
2 GB SWB 1967, S. 6; *Werk* 54 (1967), H. 1, S. 46.
3 Ob sie letztlich stattgefunden hat, bleibt unbeantwortet. Programm und Kostenvoranschlag wurden von Wolfgang Behles und Fritz Keller von der Ortsgruppe Zürich erarbeitet, GB SWB 1966, S. 8; GB SWB 1967, S. 5; GB SWB 1968, S. 7. Zur SWB-Ausstellung *Gesamt-Design* von 1966 siehe ebd. sowie entsprechendes Dossier mit Fotografien, Faltblatt und Briefwechsel zwischen Gomringer und dem Landesgewerbeamt Baden-Württemberg, 2.5.–15.6.1966, MfGZ/Designsammlung/Konvolut SWB/Ausstellungen international.
4 GB SWB 1965, S. 8; GB SWB 1967, S. 6.

Aktion *Chair Fun*

Bern, 1967

In der 2012 im Landesmuseum Zürich gezeigten Schau zur Geschichte der Postmoderne, *Postmodernism. Style and Subversion 1970–1990*, figurierte die Aktion *Chair Fun* prominent als ein für das Schweizer Design «wichtiger Anstoss in Richtung ‹Befreiung›» von der als dogmatisch empfundenen Moderne.[1] Diese von der Berner Ortsgruppe organisierte Versteigerung von alternativ geformten Stühlen zur Schweizerischen Werkbund-Tagung von 1967 in Bern kann für die Schweiz insgesamt als Auftakt einer neuen Ära der Gestaltung gelten. Sie stand nicht mehr unter den Prämissen «Funktionalismus» und «Materialechtheit», sondern stellt diese vielmehr infrage und persifliert sie sogar.[2] Innerhalb des Werkbundes wurde die Auktion von «Phantasiestühlen» als «Pop-Aufstand gegen die Grundsätze der Guten Form» gewertet, war also in erster Linie eine vereinsinterne Manifestation jüngerer Kräfte gegen den Anspruch des Werkbundes, normative Qualifikationsbewertungen abgeben zu können und weiterhin abgeben zu wollen.[3] Und so versammelten sich am Samstag, dem 11. November 1967, die SWB-Mitglieder in einer «romantischen Scheune», zwischen der Generalversammlung auf dem Gurten am Nachmittag und dem Werkbund-Fest am Abend, um der Versteigerung von über 30 Sitzobjekten beizuwohnen.[4] Auktionator war der Zürcher Galerist Max G. Bollag. Obwohl der Aufruf an Künstler zur Einreichung entsprechender Objekte ironisch formuliert war, zielte er unmissverständlich auf die seit 15 Jahren kontinuierliche Jurierung und Ausstellung des SWB an der Mustermesse Basel (MUBA): «Im Rahmen dieser Tagung soll den Künstlern erstmalig Gelegenheit gegeben werden, in besonders streng gehütete Gestaltungsgefilde des SWB einzudringen: in den Bezirk der Sitzgelegenheit, nachstehend Stuhl genannt. Unsere Bitte: macht uns einen Stuhl! Alle Mittel sind erlaubt: vom Ready Made bis zur Eigenvorstellung des Sitzens. Demonstriert, dass ein Stuhl nicht nur eine Sitzgelegenheit, sondern auch eine Sitzmöglichkeit sein kann.»[5]

341

342

343

Tatsächlich beteiligten sich mit Suzanne Baumann, Isolde Bersier-Wälchli, May Fasnacht, Roland Gfeller, Toni Grieb, Lilly Keller, Werner Leuenberger, Bernhard Luginbühl, Werner Müller, Meret Oppenheim, Reinhard Rühlin, Jimmy Schneider, Jean-Frédéric Schnyder, Daniel Spoerri, Harry Studer, Ricco Wassmer, Peter von Wattenwyl, Willy Weber und anderen vorwiegend bildende Künstler an der Aktion und nicht Gestalter, wie es für eine Aktion des SWB zu vermuten gewesen wäre. Nur Ueli Berger, Robert Haussmann und Lisbeth Sachs kamen vom klassischen Entwurf in Design und Architektur. Mit dem Choco-Chair ist Haussmann eine Ikone des postmodernen Designs gelungen, und Ueli Bergers später sogenannter Soft-Chair ist inzwischen gar zu einem Klassiker avanciert.[6]

Für SWB Mitglied und Kunstkritikerin Margit Staber war der «trotz großem Einsatz und Aufwand nicht ganz gelungene ‹Chair Fun› [...] eher ein verfrühter Fasnachtsscherz als eine zündende Objektverfremdung».[7] Dennoch sollte die Auktion ihre Spuren im Werkbund hinterlassen.

Es bestand vermutlich keine zufällige Koinzidenz der Vorträge am Morgen dieser Veranstaltung, die zugleich auch Jahrestagung des Werkbundes war.[8] Die Vorträge von Peter F. Althaus, Lucius Burckhardt (→ S. 433), Victor N. Cohen und Heiny Widmer waren sowohl dem Thema Reform der Gestalterschulen gewidmet als auch der Ausbildung des Künstlers. Gemäss den Referenten sollte fortan die Gestalterausbildung nur dem Entwurf technisch reproduzierbarer Produkte genügen müssen, die künstlerische Ausbildung jedoch umso mehr aufgewertet werden. So lässt sich *Chair Fun* auch als ein Versuch deuten, aus einem künstlerischen Ansatz heraus Fragen der Gestaltung neu zu stellen und die Herstellung von Möbeln der mittlerweile über moderne Gestaltung informierten Industrie zu überlassen. Folglich wollte der Werkbund von der Bewertung von Waren zukünftig absehen; an der Mustermesse Basel wurde 1968 schliesslich die Ausstellung über gut geformte Gegenstände ein letztes Mal gezeigt.[9]

● *Thomas Gnägi*

341–344
Max G. Bollag versteigert Sitzmöbel, Bern 1967

345
Präsentation der Sitzmöbel in einem Park, Bern 1967

345

344

Projekt *Do it yourself*

1970

Infolge der Auflösung der jährlichen Jurierung und Ausstellung *Die gute Form* versuchte der Schweizerische Werkbund in verschiedenen Arbeitsgruppen Themenfelder zu erschliessen, die das Anfang der 1970er-Jahre entstandene Vakuum in Möbeldesign und Wohnen auszufüllen vermochten.[1] Im Herbst 1970 fand sich eine Arbeitsgruppe zum Thema Design und verwandte Gebiete zusammen, wobei der damalige Geschäftsführer Heiny Widmer bereits in der Einladung zur ersten Sitzung mit dem Thema *Do it yourself – nur ein Geschäft oder eine gesellschaftliche Verantwortung?* gleich selber ein «mögliches Feld der Untersuchungen» vorschlug.[2] Die ambivalent formulierte Frage, die auf Problemkreise ausserhalb des eigentlichen Verkaufsarguments des Selbermachens zielte, begleitete die Untersuchung von Beginn an. Es war eine Publikation geplant mit Fotografien von Leonardo Bezzola und ein «Idealentwurf eines Do it yourself-Centers» in irgendeiner Form.[3] Allerdings konnte keines der Vorhaben realisiert werden, auch die später angedachte Tagung wurde schliesslich fallen gelassen.

Der Gedanke des Selbermachens und seine wirtschaftliche Institutionalisierung im Verkauf mit der Aufforderung des Do-it-yourself (DIY) ist ein Produkt der Nachkriegszeit. In der Schweiz führte Gottlieb Duttweiler wohl als Erster 1958 Kurse im grossen Stil ein, um Renovationsarbeiten wie Malen, Tapezieren, Holz- und Schreinerarbeiten im Haushalt zu erlernen und baute 1959 die Abteilung *Do it yourself* der Migros auf mit einem seit dann stets wachsenden Produktsortiment. Im Herbst 1971 war gegenüber dem Shoppingcenter Spreitenbach das grösste Do-it-yourself-Center von Migros realisiert worden. Neben Bastelartikeln, Werkstatteinrichtungen, Gartengeräten und Autozubehör bot vor allem das «M-Vario-Möbelprogramm» eine Art flexiblen «Modellbaukasten» an, sodass «jeder selber einmal sein eigener Innenarchitekt» sein konnte, wie es in einem Werbeartikel hiess.[4] In einem Gespräch beim Migros Genossenschaftsbund im Oktober 1971 informierten sich die Mitglieder der SWB-Arbeitsgruppe über die Geschichte und die weitere Planung von solchen Grossmärkten des Verteilers.[5]

Ein Jahr zuvor wurde vom damaligen Geschäftsführer des SWB, Heiny Widmer, ein Brief an diverse Geschäfte versandt, um sich bezüglich «gestalterische[r], wirtschaftliche[r] und psychologische[r] Fragen des Do it yourself-Bereiches» zu informieren. Neben Fragen, die das Kaufverhalten und die Käuferschichten sowie den wirtschaftlichen Stellenwert des DIY-Geschäfts betrafen, zielte die letzte auch auf zusätzliche Problembereiche: «Welche gesellschaftliche und menschliche Funktion schreiben Sie den Do it yourself-Centern zu?» Eine Erläuterung der Frage folgte weiter unten: «Das Do it yourself-Problem ist ja eines der wichtigsten Probleme innerhalb einer Gesellschaft, die über immer mehr Freizeit und immer weniger Möglichkeiten verfügt, diese Freizeit zu nützen.

1 *Postmodernism aus Schweizer Sicht*, Heft zur Ausstellung *Postmodernism. Style and Subversion 1970–1990 des Victoria & Albert Museums London und des Schweizerischen Nationalmuseums*, hg. vom Schweizerischen Nationalmuseum, Zürich 2012, S. 25.
2 Ebd., S. 26.
3 SWB Kommentare 3, S. 73.
4 Ebd.
5 Fax von Jürg Bernhardt an Designsammlung des MfGZ, 11.4.1994, zitiert darin aus dem Aufruf zur Teilnahme, Typoskript, MfGZ/Designsammlung/Chair Fun.
6 Die Aktion wurde vom Berner Gestalter Alfred Hablützel initiiert, vgl. dazu das Radio-Interview mit Robert Haussmann vom 27.4.2013: http://www.srf.ch/player/radio/srf-4-news-zeitblende/audio/neues-stoesst-auf-widerstand-und-muss-unwille-erregen?id=d727aa70-91fd-4bcf-9177-5e9122113340 (1.7.2013).
7 Wie Anm. 3.
8 Unter dem Vorsitz von Peter Steiger fanden zum ersten Mal Jahrestagung und Generalversammlung am selben Tag statt. Vgl. GB SWB 1968, S. 3.
9 Vgl. GB SWB 1968, S. 5; GB SWB 1969, S. 4.

Der Werkbund möchte Ihnen helfen, das Problem sinnvoll und gesamtverantwortlich zu gestalten.»[6]

Die Verknüpfung verkaufstechnischer und gestalterischer Fragen mit gesellschaftlichen Bedürfnissen ist zwar typisch für den SWB überhaupt, zeigte sich aber bezüglich der Fragen zur Gesellschaftsgestaltung am Beginn der 1970er-Jahre besonders pointiert. Der Fokus des Gestalters, so die Theorie, lag nun weniger auf dem Objekt selber, sondern richtete sich mehr auf den grösseren systemischen Zusammenhang des Dings in seiner Umwelt und im Dienste des Benutzers.[7] Einer so gestellten Frage lag die Idee zugrunde, dass mittels strukturellen, technischen und gestalterischen Lösungen auch im Bereich des Verkaufs Antworten auf gesellschaftliche Probleme gefunden werden müssten.

Derart komplexe Themenbereiche waren allerdings schwer zu definieren und zu quantifizieren und lagen zudem fern der Verkaufsstrategien der entsprechenden Geschäfte. Wenn sich auch «die Migros am Kontakt und an Anregungen seitens des SWB interessiert» zeigte, konnten solch umfassende Untersuchungen doch nicht weiter verfolgt werden.[8] Vielmehr beschränkten sich die aus der Umfrage resultierenden Analysen denn auch vor allem auf die Kritik am sichtbaren momentanen Zustand der Einrichtungen und auf die Beschreibung der eigenen Erfahrungen und Beobachtungen.[9] Im Wesentlichen waren die ungenügende Auswahl und Qualität der angebotenen Ware in den entsprechenden Verkaufszentren und deren mangelnde Präsentation wie auch die unzulängliche Beratung die monierten Punkte und gleichzeitig solche, die eine weitere Beschäftigung mit Do it yourself-Angeboten für den Werkbund zu einer unumgänglichen Notwendigkeit machten. Besonders die Anleitung im Bereich des Wohnens und des Gestaltens war ein genuiner Schwerpunkt des SWB, der im Zuge partizipatorischer Forderungen der 1960er- und 1970er-Jahre für das eigenständige Handeln auch im Wohnen aus Sicht des SWB zusätzliche Hilfestellungen verlangte. An diesen beiden Punkten – Qualität und Beratung – konnte der SWB ansetzen. Gerade aus der gross angelegten Forschungsarbeit des *Fachausschusses Wohnbau* (FAW), die im Zuge eines Projekts einer Werkbund-Siedlung in der zweiten Hälfte der 1960er-Jahre unternommen wurde (→ S. 395), resultierte unter anderem die Erkenntnis, dass die Einrichtungsgegenstände gemäss den je eigenen Bedürfnissen und gemäss dem vorhandenen Wohnraum entsprechend flexibel einsetzbar sein müssten.

Schliesslich einigte man sich innerhalb der Arbeitsgruppe darauf, nur das Thema Wohnen weiterzuverfolgen und die Bereiche Freizeitbeschäftigung, Autozubehör und andere Themenspektren unberührt zu lassen. Letztlich sind zwei kurze Konzepte aus der zweijährigen Arbeit zum Thema erwachsen: einerseits der Vorschlag für eine Tagung, andererseits die Idee für ein Modell eines DIY-Zentrums, das sich ausschliesslich auf das Wohnen spezialisiert.[10] Ein solches zu einem Informationszentrum ausgeweitetes Geschäft hätte zudem didaktisch aufbereitete Materialien angeboten und wäre so Verkaufs- und Bildungszentrum in einem gewesen. Damit knüpfte der SWB an die Wohnberatungsstellen der 1950er-Jahre an (→ S. 377) und an das 1965 projektierte, von den Mitgliedern damals aber abgelehnte *Design Center* in Zürich (→ S. 322); zeitgleich entstanden übrigens vergleichbare Institutionen in Japan, den Niederlanden, Deutschland, Skandinavien und in Amerika.[11]

Mit der Untersuchung zum Gedanken des DIY reflektierte der SWB die entsprechende Entwicklung in der Inneneinrichtungsbranche, die mit den Grossverteilern in der Schweiz eine bisher nicht gekannte Dimension erreichte. Die Einrichtung einer Musterwohnung für die Firma Ernst Göhner AG in der Überbauung Benglen-Fällanden im Sommer 1974 (→ S. 403) und die eingehendere Auseinandersetzung im Dezember-Heft des *Werk/Œuvre* mit der Präsentation und Auswahl von Möbeln in Verkaufshäusern lenkt wenig später das DIY-Konzept auf den Aspekt der funktional-passenden Einrichtung; dabei kommt Baukastensystemen, also flexiblen Elementmöbeln, ein besonderes Augenmerk zu.[12]

Seit den 1960er-Jahren erfreut sich das Prinzip DIY steigender Beliebtheit. Wie bei seiner Entstehung in der Nachkriegszeit, ist auch heute im Zeichen wirtschaftlicher Krise das DIY eine Alternative zum teuren Designentwurf und ein Feld, dem sich junge Designer wieder vermehrt zuwenden.[13] Auch der SWB selber spricht mit seinem jüngsten Wettbewerb zur Frage des Wohnens in 50 Kubikmetern Raum letztlich die Kreativität der Bewohner an, mit der vorhandenen knappen Raumsituation eines Studenten entsprechend flexible und günstige Lösungen zu entwerfen (→ S. 411). ● *Thomas Gnägi*

1 GB SWB 1970, S. 6.
2 Brief Heiny Widmers an Leonardo Bezzola, Werner Blaser, Urs Roesch, [Alex] Strässle und Ludwig Walser, 4.9.1970, Archiv SWB A 3.8/124.
3 Protokoll der Sitzung vom 15. Dezember 1970, 16.12.1970, Typoskript, Archiv SWB A 3.8/124.
4 Lose Zeitungsartikel [o. D.], Archiv SWB A 3.8/124.
5 In der Arbeitsgruppe waren die Innenarchitekten Ernst Ambühler, Verena Huber – sie ersetzte Produktgestalter Ludwig Walser – und Urs Roesch, Architekt Werner Blaser, Fotograf Leonardo Bezzola sowie die Schriftführerin Gaby Arrigo und der neue Geschäftsführer Jürg Kaufmann. Sitzung der Arbeitsgruppe Do it yourself vom 26. Oktober 1971, Gaby Arrigo 4.11.1971, Typoskript, Archiv SWB A 3.8/124.
6 Untersuchung des SWB über gestalterische, wirtschaftliche und psychologische Fragen des Do it yourself-Bereiches, Brief vom damaligen Geschäftsführer Heiny Widmer an das Kaufhaus Vilan AG im Shopping-Center Spreitenbach sowie an die Magazine zum Globus, 25.9.1970, Archiv SWB A 3.8/124.
7 Der damalige *Werk*-Redaktor Lucius Burckhardt war an der Weitung des Designbegriffs selber massgeblich beteiligt. Vgl. Burckhardt 1981, S. 18–19.
8 Sitzung der Arbeitsgruppe 4.11.1971 (wie Anm. 5).
9 Kritik am «do-it-yourself», Leonardo Bezzola [o.D.], Urs Roesch [o. D.], 2 Typoskripte, Archiv SWB A 3.8/124.
10 Exposé für ein Modell eines DIY-Zentrums, Werner Blaser 20.11.1971, Typoskript; Do it yourself – Tagung. Vorschläge für ein Konzept, Verena Huber 16.12.1971, Typoskript, Archiv SWB A 3.8/124. Bis Anfang 1974 wurde vom SWB ein ähnliches Projekt, die *Design Information Zürich* (D.I.Z.), bis zur Projektreife verfolgt, vgl. *SWB-Journal-OEV*, Nr. 38 der SWB Kommentare, S. 501.
11 Aufgeführt in: *Moebel Interior Design (md)* 1966, Nr. 12, S. 26–28 und *Moebel Interior Design (md)* 1967, Nr. 2, S. 36–38.
12 Siehe Heft *Wohnung und Wohnungseinrichtung, Werk/Œuvre* 61 (1974), H. 12.
13 Beispielsweise Van Bo Le-Mentzel & the Crowd (Hg.), *Build More Buy Less! Konstruieren statt konsumieren. Hartz IV Moebel.com*, Ostfildern 2012.

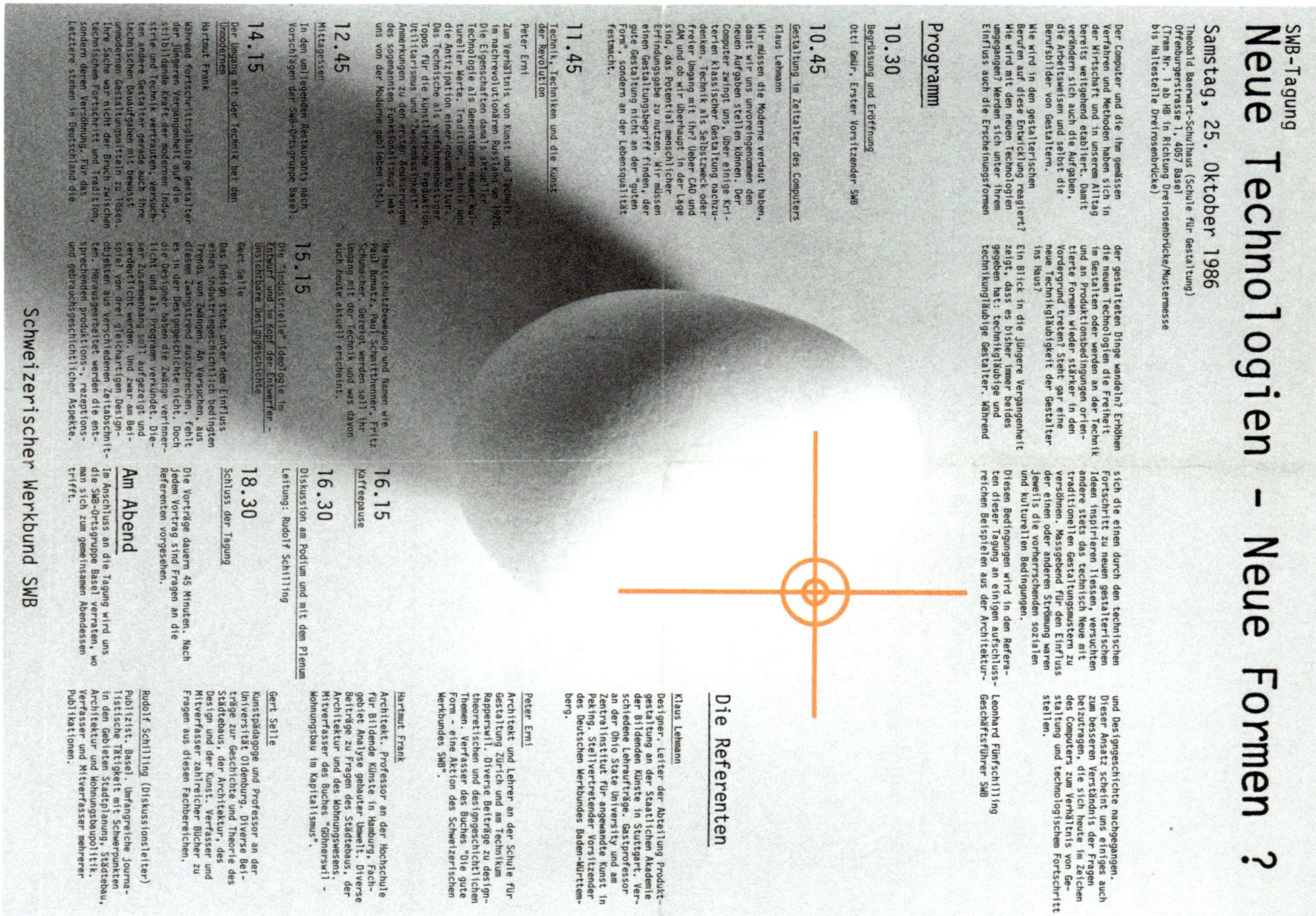
SWB-Tagung

Neue Technologien - Neue Formen ?

Samstag, 25. Oktober 1986

Theobald Baerwart-Schulhaus (Schule für Gestaltung)
Offenburgerstrasse 1, 4057 Basel
(Tram Nr. 1 ab HB in Richtung Dreirosenbrücke/Mustermesse bis Haltestelle Dreirosenbrücke)

Der Computer und die ihm gemässen Verfahren und Methoden haben sich in der Wirtschaft und in unserem Alltag bereits weitgehend etabliert. Damit verändern sich auch die Aufgaben, die Arbeitsweisen und selbst die Berufsbilder von Gestaltern.

Wie wird in den gestalterischen Berufen auf diese Entwicklung reagiert? Wie wird mit den neuen Technologien umgegangen? Werden sich unter ihrem Einfluss auch die Erscheinungsformen der gestalteten Dinge wandeln? Erhöhen die neuen Technologien die Freiheit im Gestalten oder werden an der Technik und an Produktionsbedingungen orientierte Formen wieder stärker in den Vordergrund treten? Steht gar eine neue Technikgläubigkeit der Gestalter ins Haus?

Ein Blick in die jüngere Vergangenheit zeigt, dass es bisher immer beides gegeben hat: technikgläubige und technikungläubige Gestalter. Während sich die einen durch den technischen Fortschritt zu neuen gestalterischen Ideen inspirieren liessen, versuchten andere stets das technisch Neue mit traditionellen Gestaltungsmustern zu versöhnen. Massgebend für den Einfluss der einen oder anderen Strömung waren jeweils die vorherrschenden sozialen und kulturellen Bedingungen.

Diesen Bedingungen wird in den Referaten dieser Tagung an einigen aufschlussreichen Beispielen aus der Architektur- und Designgeschichte nachgegangen. Dieser Ansatz scheint uns einiges auch zum besseren Verständnis der Fragen beizutragen, die sich heute im Zeichen des Computers zum Verhältnis von Gestaltung und technologischem Fortschritt stellen.

Leonhard Fünfschilling
Geschäftsführer SWB

Programm

10.30
Begrüssung und Eröffnung
Otti Gmür, Erster Vorsitzender SWB

10.45
Gestaltung im Zeitalter des Computers
Klaus Lehmann
Wir müssen die Moderne verdaut haben, damit wir uns unvoreingenommen den neuen Aufgaben stellen können. Der Computer zwingt uns, über einige Kriterien klassischer Gestaltung nachzudenken. Technik als Selbstzweck oder freier Umgang mit ihr? Ueber CAD und CAM und ob wir überhaupt in der Lage sind, das Potential menschlicher Erfindungsgabe zu nutzen. Wir müssen einen Gestaltungsbegriff finden, der gute Gestaltung nicht an der "guten Form", sondern an der Lebensqualität festmacht.

11.45
Technik, Techniken und die Kunst der Revolution
Peter Erni
Zum Verhältnis von Kunst und Technik im nachrevolutionären Russland um 1920. Die Eigenschaften damals aktueller Technologie als Generatoren neuer kultureller Werte. Tradition, Technik und die Antizipation einer neuen Kultur. Das Technische als verfahrensmässiger Topos für die künstlerische Produktion. Utilitarismus und "Zweckmässigkeit": Anmerkungen zu den ersten Aeusserungen des sogenannten Funktionalismus (was uns von der Moderne geblieben ist).

12.45
Mittagessen
In den umliegenden Restaurants nach Vorschlägen der SWB-Ortsgruppe Basel.

14.15
Der Umgang mit der Technik bei den Unmodernen
Hartmut Frank
Während fortschrittsgläubige Gestalter der jüngeren Vergangenheit auf die stilbildende Kraft der modernen Industrie und Technik vertrauten, versuchten andere Gestalter gerade auch ihre technischen Bauaufgaben mit bewusst unmodernen Gestaltungsmitteln zu lösen. Ihre Sache war nicht der Bruch zwischen technischem Fortschritt und Tradition, sondern deren Versöhnung. Für das Letztere stehen in Deutschland die Heimatschutzbewegung und Namen wie Paul Bonatz, Paul Schmitthenner, Fritz Schumacher. Gezeigt werden soll ihr Umgang mit der Technik und was davon auch heute aktuell erscheint.

15.15
Die "industrielle" Ideologie im Entwurf und im Kopf der Entwerfer – Unsichtbare Designgeschichte
Gert Selle
Das Design steht unter dem Einfluss eines industriegeschichtlich bedingten Trends von Zwängen. An Versuchen, aus diesem Zwangstrend auszubrechen, fehlt es in der Designgeschichte nicht. Doch die Designer haben die Zwänge verinnerlicht und als Programm verkündet. Dieser Zusammenhang soll aufgezeigt und verdeutlicht werden. Und zwar am Beispiel von drei gleichartigen Designobjekten aus verschiedenen Zeitabschnitten. Herausgearbeitet werden die entsprechenden produktions-, rezeptions- und gebrauchsgeschichtlichen Aspekte.

16.15
Kaffeepause

16.30
Diskussion am Podium und mit dem Plenum
Leitung: Rudolf Schilling

18.30
Schluss der Tagung

Die Vorträge dauern 45 Minuten. Nach jedem Vortrag sind Fragen an die Referenten vorgesehen.

Am Abend
Im Anschluss an die Tagung wird uns die SWB-Ortsgruppe Basel verraten, wo man sich zum gemeinsamen Abendessen trifft.

Die Referenten

Klaus Lehmann
Designer. Leiter der Abteilung Produktgestaltung an der Staatlichen Akademie der Bildenden Künste in Stuttgart. Verschiedene Lehraufträge. Gastprofessor an der Ohio State University und am Zentralinstitut für angewandte Kunst in Peking. Stellvertretender Vorsitzender des Deutschen Werkbundes Baden-Württemberg.

Peter Erni
Architekt und Lehrer an der Schule für Gestaltung Zürich und am Technikum Rapperswil. Diverse Beiträge zu designtheoretischen und designgeschichtlichen Themen. Verfasser des Buches "Die gute Form – eine Aktion des Schweizerischen Werkbundes SWB".

Hartmut Frank
Architekt. Professor an der Hochschule für Bildende Künste in Hamburg, Fachgebiet Analyse gebauter Umwelt. Diverse Beiträge zu Fragen des Städtebaus, der Architektur und des Wohnungswesens. Mitverfasser des Buches "Göhnerswil – Wohnungsbau im Kapitalismus".

Gert Selle
Kunstpädagoge und Professor an der Universität Oldenburg. Diverse Beiträge zur Geschichte und Theorie des Städtebaus, der Architektur, des Design und der Kunst. Verfasser und Mitverfasser zahlreicher Bücher zu Fragen aus diesen Fachbereichen.

Rudolf Schilling (Diskussionsleiter)
Publizist, Basel. Umfangreiche journalistische Tätigkeit mit Schwerpunkten in den Gebieten Stadtplanung, Städtebau, Architektur und Wohnungsbaupolitik. Verfasser und Mitverfasser mehrerer Publikationen.

Schweizerischer Werkbund SWB

346

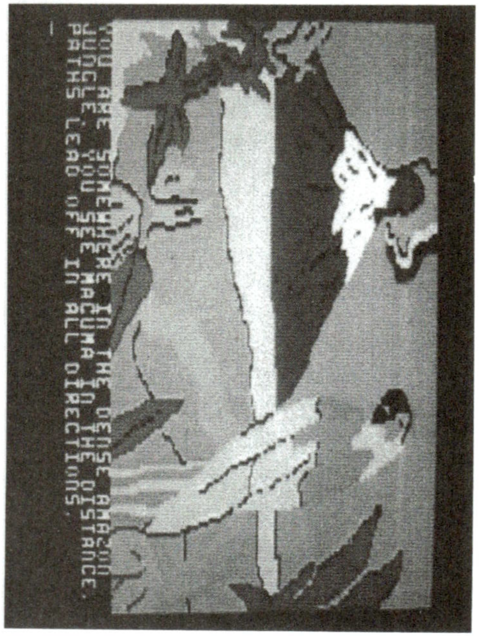

347

Tagung *Neue Technologien – Neue Formen?*

Basel, 1986

Der Dualismus zwischen Handwerk und industrialisierter Produktion, der den eigentlichen Beginn der Werkbund-Geschichte mit dem sogenannten Typenstreit im Deutschen Werkbund prägte, wurde mit dem Aufkommen computerisierter Gestaltungsmöglichkeiten erneut an die Oberfläche gespült.[1] In verschiedenen Tagungen und Publikationen näherte sich der SWB in den letzten 30 Jahren dem Thema von verschiedenen Seiten an. Exemplarisch steht die Tagung von 1986 als Auftakt zu diesem längeren Wandlungsprozess, der nicht nur innerhalb diverser Gestaltungsbereiche stattgefunden hat und nach wie vor stattfindet, sondern der auch Teil der sich verändernden Gesellschaftskultur insgesamt ist.

An der ersten Tagung zum Thema Computertechnologien wurde der Frage nachgegangen, ob die in naher Zukunft vermehrt zur Anwendung kommenden rechengestützten Entwurfsmethoden auch zu neuen Objektformen führen würden. An der Tagung *Neue Technologien – Neue Formen?* vom 25. Oktober 1986 in Basel wurde das Verhältnis zwischen Technik, Gestaltung und Produktion beleuchtet. Dazu hielten die Architekten Peter Erni von der Zürcher Hochschule für Gestaltung und Hartmut Frank von der Hochschule für bildende Künste Hamburg, der Designer Klaus Lehmann von der Staatlichen Akademie für Bildende Künste Stuttgart und der Kunstpädagoge Gert Selle von der Carl von Ossietzky Universität Oldenburg Vorträge zur Design- und Technikgeschichte, Diskussionsleiter war der Basler Publizist Rudolf Schilling.[2] Bezeichnenderweise zeigte das Faltplakat zum Programm ein Ei, das spätestens seit seiner Ikonisierung durch den SWB-Fotografen Hans Finsler (→ S. 428) Ende der 1920er-Jahre als Bild gewordenes Symbol der Idealform schlechthin gilt. Die Fotografie eines solchen Eis hatte bereits wenige Jahre zuvor exemplarisch den Schutzumschlag der von Erni publizierten historischen Analyse zur SWB-Aktion *Die gute Form* geschmückt.[3] Beim Programm von 1986 war nun exakt über der Umrisslinie des Eis eine Art Fadenkreuz in leuchtendem Orange platziert.

Unter der Berücksichtigung des Tagungsinhalts kann man das genannte Fadenkreuz durchaus doppeldeutig auch als Cursor der Computermaus, der die X-Y-Position auf dem Bildschirm anzeigt, interpretieren. Hiermit wurde also ein gestalterischer Paradigmenwechsel eingeleitet, der sich als Angriff computertechnischer Möglichkeiten auf die etablierten modernen Gestaltungsnormen der Neuen Sachlichkeit entpuppte.

Mit einem erweiterten Fokus war dann die Tagung ein Jahr darauf zum Thema *Industrialisierung des Bewusstseins und Medienkultur* angelegt. An der vom SWB Ende Oktober 1987 zusammen mit der Schule für Gestaltung Basel organisierten Tagung diskutierten Kunst- und Medientheoretiker wie Bazon Brock, Friedrich Kittler, Markus Krische, Linda Stibler, Martin Stingelin und andere über die «Gestaltungsgeschichte der neuen Medien».[4] Mit der im Jahr darauf von Hans Ulrich Reck herausgegebenen und vom SWB finanzierten umfangreichen Aufsatzsammlung *Kanalarbeit. Medienstrategien im Kulturwandel* wollte der Werkbund «dem medialen Horizont an der Gestaltungsdiskussion angemessen Rechnung [...] tragen».[5] Wie es in der Einführung des Buchs heisst, seien «Computer und Heimarbeit, Telematisierung und Programmierung alltäglicher Handlungen [...] Fortsetzungen einer Geschichte der Mechanisierung, die im Bereich der Arbeit schon länger wirkt», allerdings würden mit «außengesteuerten Fiktionen und Imaginationen [...] Raum und Zeit» und damit die gängigen Wahrnehmungsmodelle infrage gestellt.[6] Am Vorabend der Entwicklung des World Wide Web – ein universitär genutztes Informationsnetz gab es schon seit Jahren – und der öffentlichen Nutzung von E-Mails fungierte in der Publikation, aus Mangel an Erfahrung mit diesen völlig neuen Medien, nach wie vor das Fernsehen mit seinen Kanälen und Programmen als Anschauungsbeispiel für den weltweiten Daten-, Informations- und Bilderfluss: «Ein Ziel und zugleich eine Voraussetzung des Buches ist die Demonstration der Notwendigkeit, daß Design sich heute mit den immateriellen Regulierungssystemen und damit der Imagination zu beschäftigen hat.»[7] Die bedeutende Veränderung im Umgang mit Bildern, die sich mit dem Internet in den nächsten Jahren abzeichnen sollte, wurde so in den grösseren Zusammenhang einer allgemeinen Medientheorie gestellt.[8] Das Thema computerisierter Datenverarbeitung und Erzeugung von technischen Bildern wurde vom SWB bereits Ende der 1960er-Jahre im Zusammenhang der Auseinandersetzung mit

346
Faltplakat der Tagung *Neue Technologien – Neue Formen?* in Basel, 1986

347
Faltblatt der Tagung *Industrialisierung des Bewusstseins und Medienkultur* in Basel, 1987, Gestaltung Anne Hoffmann und Hans Tanner

Informations- und Zeichentheorien aufgenommen, was sich damals in entsprechender künstlerischer Praxis tatsächlich auch widerspiegelte.[9] Die Informationstheorie werde «als Instrument einer formal-mathematisch fundierten Ästhetik auch allen Gestaltern unentbehrlich» sein, hiess es damals in einem Aufsatz des Grazer Architekten Franz Heigl in den *SWB-Kommentaren*.[10]

Den konkreten Gestaltungsentwurf im Auge, konstatierte dann 1990 der SWB-Geschäftsführer Leonhard Fünfschilling (→ S. 437) nicht ganz so euphorisch: «Elektronische Datenverarbeitung ist in unserem Alltag selbstverständlich geworden.»[11] Ganz pragmatisch ging es nun an der Tagung *Gestaltung im Zeichen des Computers. Schrift, Typografie, Grafik, Bild, Layout, Druck* um ebendiese alltäglichen «Aspekte des Gestaltens von Drucksachen» mit allen Schwierigkeiten der Auswahl von Hard- und dem Erlernen spezifischer Software.[12] In einem weiteren Schritt war dann auch das mittlerweile in der Architektur angekommene rechengestützte Entwerfen zu untersuchen, zu dem im Anschluss an die Tagung von 1993 die Schrift *New Realities – Neue Wirklichkeiten. CAAD: Entwerfen im Zeichen des Computers* in der Reihe SWB-Dokumente publiziert werden konnte.[13]

Dass sich der SWB nach solchem Wandel in kulturtechnischen Belangen gegen Ende des Jahrtausends nochmals eingehend mit dem sich abzeichnenden allgemeinen Kulturwandel beschäftigte, war nur folgerichtig. Auf die Tagung 1996 in Bern folgte daher ein Jahr später die broschierte Vortragssammlung *Kulturwandel. Entwicklungen im Banne der Neuen Medien,* ebenfalls in der Reihe *SWB-Dokumente*.[14] Im Jahr darauf wurde das Thema nochmals um eine weitere Tagung ergänzt: Der SWB organisierte im Herbst 1998 zusammen mit dem Wirtschafts-Informatiker-Fachverband und der Swiss Computer Graphics Association im Technopark in Zürich die Tagung *Informationsobjekte – alles Design?* Noch vor dem Jahrtausendwechsel konnte der SWB seinen Webauftritt *werkbund.ch* aufschalten, mit dem er nun Teil eines allumspannenden elektronisch «industrialisierten Bewusstseins» geworden war.

Dass sich zum Jubiläumsjahr 2013 die Ortsgruppe Zürich dem Thema *analog und digital* angenommen hat, zeigt, dass im Gestaltungsbereich nach wie vor diese beiden Richtungen bestehen können.[15] Der Dualismus von handwerklicher und industrieller Produktion existiert bis heute nebeneinander, auch wenn die Grenzen fliessend sind und der Sinn solcher separierter Darstellung nicht mehr unbedingt einleuchtet. Denn hier wie dort sind die neuen Technologien meist fester Bestandteil der Entwurfsmethodik geworden. Fast 30 Jahre nach der ersten SWB-Tagung zu neuen Technologien ist die Anwendung des Computers zum alltäglichen Arbeitsinstrument geworden. Dem SWB kommt das Verdienst zu, sich begleitend zu dieser Entwicklung in steter Auseinandersetzung dem Paradigmenwechsel in Entwurf und Produktion gestellt und so dazu beigetragen zu haben, «eine kritische Reflexion über eine technologisch-gesellschaftliche Umwälzung zu ermöglichen».[16] ● *Thomas Gnägi*

1 Zum Typenstreit siehe Posener 1964, S. 199–227.
2 GB SWB 1986, S. 3.
3 Siehe Erni 1983.
4 GB SWB 1987, S. 4.
5 GB SWB 1988, S. 2.
6 SWB Reck 1988, S. 9.
7 Ebd., S. 12.
8 Marshall McLuhan veröffentlichte bereits in den 1960er-Jahren wegweisende Theorien über die Mediatisierung der Gesellschaft, siehe zum Beispiel *Understanding Media. The Extensions of Man* von 1964 oder *The Medium is the Massage. An Inventory of Effects* von 1967. In den 1980er-Jahren folgte dann Vilém Flusser mit *Ins Universium der technischen Bilder*, Göttingen 1985. Danach und insbesondere in den 1990er-Jahren gibt es eine grosse Auswahl an Literatur zu diesem Thema. Siehe auch den Vortragszyklus *Visuelle Medien* der Ortsgruppe Basel 1971 und insbesondere den Vortrag von Stefan Portmann: Erziehung durch – mittels – Massenmedien, 24.5.1971, Archiv SWB A 2/221/Referate/Tagung 1971.
9 Siehe Heigl 1969.
10 Ebd., S. 713.
11 Einführung von Leonhard Fünfschilling auf dem Programm zur Tagung *Gestaltung im Zeichen des Computers*, Schule für Gestaltung Basel, 25.8.1990, Faltblatt, Archiv SWB.
12 Ebd., siehe auch GB SWB 1989, S. 2; GB SWB 1990, S. 2–3.
13 GB SWB 1993, S. 6.
14 GB SWB 1995, S. 4–5, vgl. auch GB SWB 1996, S. 6. Zudem fand 1995 die Gesprächsreihe *Softwarekritik* statt, GB SWB 1995, S. 5.
15 Faltblatt zur Ausstellung siehe werkbund.ch/web/de/category/rubriken/ortsgruppen/zürich; Kurzdokumentationsfilm siehe www.art-tv.ch/10087-0-IG-Halle-Rapperswil-Analoges-und-digitales-Gestalten-Begegnungen.html (1.7.2013).
16 Vorwort von Ellen Meyrat-Schlee, in: SWB Dokument 1997, S. 7–10, hier S. 10.

Kapitel 5

Von der Wohnung zum Siedlungsraum

«Das Neue Bauen im Zentrum der Umwandlungen unserer Zeit»

Der SWB und die Moderne in den 1920er- und 1930er-Jahren

348

Bernd Nicolai

349

350

351

348
Hans Bernoulli, Einfamilien-Reihenhäuser, Gartenseite, Ausstellungs-Siedlung Eglisee, WOBA, 1930

349
Otto Ingold, Ausstellungshalle der Ortsgruppe Bern an der *kantonal-bernischen Ausstellung für Gewerbe und Industrie* in Burgdorf, 1924

350
Alfred Altherr sen., Schwedischer Raum an der Ausstellung des Internationalen Gewerbes in Zürich, 1925, Foto Ernst R. Linck

351
Karl Moser, Lesesaal Kunsthaus Zürich, Erweiterung 1926

352
Wilhelm Kienzle, Modell des Projekts Eisen und Glas, 1. Preis im Wettbewerb für Leuchtplakatsäulen, Seite aus *Werk* 1926

DER WETTBEWERB DES SCHWEIZER WERKBUNDES ZUR ERLANGUNG VON ENTWÜRFEN FÜR LEUCHTPLAKATSÄULEN

Vorbemerkung der Redaktion: Der Schweizerische Werkbund hat im Februar dieses Jahres für die *Firma H. Moser u. Co. in Bern* einen Wettbewerb für Leuchtplakatsäulen durchgeführt. Zur Teilnahme berechtigt waren alle Schweizer und in der Schweiz niedergelassenen Künstler. Zu dem Termin, 28. Februar, waren *87 Projekte* eingelaufen, von denen eines, als mit den Programmbestimmungen im Widerspruch stehend, ausgeschieden werden musste.

Das Preisgericht, bestehend aus den Herren *Direktor Greuter* (Bern), *Zentralsekretär Gubler* (Zürich), *Architekt Max Häfeli* (Zürich), *Direktor Dr. Kienzle* (Basel) und *H. Moser* (Bern), versammelte sich am 6. März im Kunstgewerbemuseum Zürich und prämiierte einstimmig folgende Projekte:

1. Preis: »Eisen und Glas«, Verfasser: *Wilhelm Kienzle,* Architekt, Zürich.

2. Preis: »In der Strasse«, Verfasser: *E. F. Burckhardt,* Architekt, Zürich; Mitarbeiter: *K. Eberle,* Architekt, *Zürich.*

3. Preis: »Orion«, Verfasser: *Otto Manz,* Architekt, Pfäffikon.

Vier 4. Preise: »Lichtprisma«, Verfasser: *Ulrich u. Nussbaumer,* Architekten, Zürich. »Mitternacht«, Verfasser: *E. F. Burckhardt,* mit *K. Eberle,* Architekten, Zürich. »Einfachste Konstruktion«, Verfasser: *W. Vetter,* Ingenieur, Meran. »Glas und Eisen«, Verfasser: Architekt *Amstein,* Berlin-Friedenau.

Ausserdem wurden vier weitere Entwürfe zum Ankauf empfohlen.

Wir publizieren heute je eine Ansicht der drei erstprämierten Projekte. Das Preisgericht hat seinen Entscheid folgendermassen begründet:

»*Zum 1. Preis:* Das Projekt zeichnet sich aus durch eine wohlbedachte geschlossene Gestaltung des Gesamtkörpers, der in seinen Verhältnissen ruhig wirkt. Grundriss und Aufriss besitzen eine vortrefflich klare zwingende Form. Das Projekt verbindet Einfachheit mit einer sachlichen Wirksamkeit. Einen Hauptvorzug erkennt das Preisgericht darin, dass dem Projekt ein Prinzip zugrunde liegt, welches ihm eine vielseitige Verwendungsmöglichkeit in verschiedenen Formen, welche den jeweiligen Ortssituationen leicht angepasst werden können, sichert.«

MODELL DES PROJEKTES „EISEN UND GLAS"
Wilhelm Kienzle S. W. B., Zürich (1. Preis)

J. J. P. OUD
»Café de Unie«, Rotterdam, 1925 / Halbdauernde Baukonstruktion

A. Melnikoff, Moskau
Sovjetpavillon der Pariser Kunstgewerbeausstellung 1925

LE CORBUSIER, PARIS
Haus Laroche in Auteuil

354

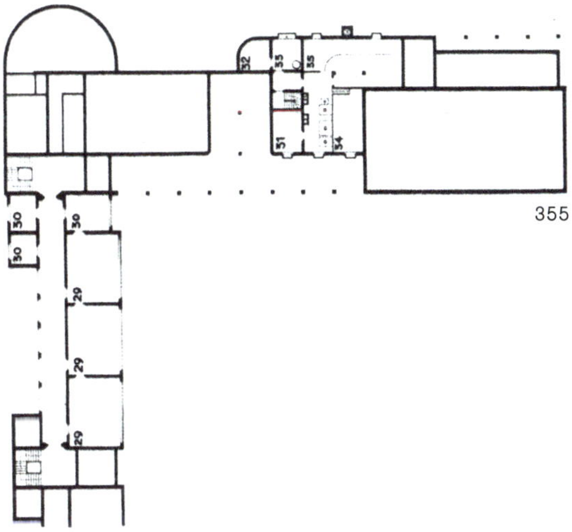

355

356

353
Bildseite aus Essay von Hannes Meyer, *Die Internationale: Die Neue Welt*, Werk 1920

354–355
Karl Indermühle, Schulhaus Stapfenacker, Nordecke mit rundem Schulküchenvorbau und Grundriss, 1932

356
Werkbundfragen, Vorträge der Werkbund-Tagung in Zürich, 1927

Basler Nachrichten — No. 243, 6./7. September 1930

357
Sonderbeilage *WOBA SWB* der *Basler Nachrichten*, 1930

358
Kollektivstand der Aluminiumindustrie an der MUBA, 1934, Gestaltung Hans Hofmann

359
Max Bill, Schweizer Abteilung der *VI. Triennale* in Mailand, 1936, Foto Binia Bill-Spoerri

358

359

360
Elsa Burckhardt,
Ehrenhalle des Sportes,
Landesausstellung
Zürich, 1939, Foto
Robert Spreng

Ein Blick auf die in der Schweiz kurzen Jahre des Neuen Bauens von 1926/27 bis hin zu den grössten Auswirkungen der Wirtschaftskrise 1932/33, die in Deutschland mit der Machtübernahme der Nationalsozialisten zusammenfällt, in der Schweiz spätestens 1936 die Speerspitze der Moderne bricht, könnte zum Eindruck führen, der Schweizerische Werkbund habe das Neue Bauen in der Schweiz nicht sonderlich gefördert oder gar programmatisch bestimmt. Die sozial und funktional determinierte Phase der modernen Architektur im kurzen Jahrzehnt bis Mitte der 1930er muss rückblickend grundsätzlich von der breiten Bewegung einer vorwiegend ästhetisch argumentierenden Nachkriegsmoderne unterschieden werden, die Ausdruck der demokratischen Verfasstheit der Schweiz war und Vorbildcharakter für das zerschundene Europa hatte (→ S. 309). Hier haben nach 1943/45 Alfred Roth als Redaktor der Zeitschrift *Werk* – ab 1955 als Erster Vorsitzender des SWB (→ S. 431) – und die publizistischen Aktivitäten von Sigfried Giedion ab Mitte des 20. Jahrhunderts für knapp zwei Jahrzehnte zu einer paradigmatischen Stellung der Schweizer Moderne geführt, eine Tradition, auf die man sich hier, wie in kaum einem anderen europäischen Land, noch heute direkt oder indirekt beruft.[1]

Giedion hatte an der Harvard University ab 1938 im direkten Umfeld des emigrierten Bauhausgründers Walter Gropius sowie dessen Mitarbeiters und Freundes Marcel Breuer gewirkt. Nun gesellten sich zum Leitstern Le Corbusier, dem Giedion wie auch Roth seit 1927 – Giedion als Sekretär der CIAM seit 1928 – bis 1939 engstens verbunden waren, die in den USA exilierten Bauhausvertreter, allen voran Walter Gropius, daneben Marcel Breuer, László Moholy-Nagy, Hans Albers und Paul Peterhanns.[2] Von der jüngeren Generation kam der gleichermassen als Designer wie als Architekt reüssierende Alvar Aalto mit einem «critical regionalism» hinzu.[3]

Zu einer weiteren Leitfigur dieser Nachkriegsmoderne wurde Max Bill, der 1936 auf der *VI. Triennale* in Mailand die Schweizer Abteilung unter Mitwirkung des SWB gestaltet hatte (→ S. 139). Er verfolgte das programmatische Zusammenspiel von rationalistischer Innenraumgestaltung und neusachlicher Architektur im Sinne einer Raumkunst des industriellen Zeitalters, ein Konzept, das er ab 1947 an der Hochschule für Gestaltung in Ulm[4] als ideeller Nachfolgeorganisation des nicht wieder eröffneten Dessauer Bauhauses und als Mitbegründer der Aktion *Die gute Form* an der Basler Mustermesse (→ S. 277) auf breiter Basis umsetzen konnte. Der Blick auf Bill macht deutlich, dass eine im Weiteren zu verfolgende Konstante seit den 1920-Jahren, in der Wechselbeziehung von Möbeldesign, neusachlichem Interieur und Architektur gegeben war.[5] Damit steht die moderne Architektur im SWB und Schweizer Kontext letztlich an hinterster Stelle, im Gegensatz etwa zum Deutschen Werkbund (DWB), der mit programmatischen Ausstellungen die *Neue Wohnung* und *Werkraum und Wohnraum* grosse wegweisende Architekturprojekte wie die Weissenhofsiedlung (Stuttgart 1927), und die WuWa Siedlung (Breslau 1928) verband. Ähnliche Werkbundsiedlungen wurden auch in der Tschechoslowakei (Nový Dům, Brünn 1928; Baba, Prag 1932) und Österreich (Wien-Hietzing 1932) errichtet.[6] Mit den Siedlungen Eglisee (Basel 1930, → S. 360) und Neubühl (Zürich-Wollishofen 1928–1932, → S. 356) folgte der SWB zwar mehr oder minder direkt diesen Aktivitäten. Es ist aber auffällig, dass der SWB in dieser Hinsicht öffentlich eher zurückhaltend, denn aktiv fördernd war. Das mag an der Genese dieser Entwicklung in den frühen

1920er-Jahren, an der Auseinandersetzung um die Stellung des Kunsthandwerks und der industriellen Formengestaltung liegen, aber auch am heterogenen Mitgliederstamm des SWB insgesamt.

Der SWB auf dem Weg in die klassische Moderne

1923 sah Joseph Gantner, der neue Redaktor des *Werks* bis 1927, den SWB «in der inneren Umgestaltung», wobei ein «klares Programm noch nicht erkennbar» war.[7] Die Reinigung der Form hin zur Neuen Sachlichkeit markiert die Ausstellung *Form ohne Ornament* (→ S. 133), die 1924 in Stuttgart und 1927 erst in Zürich gezeigt wurde. Der ästhetische Bruch vollzog sich in der Schweiz nicht so offen wie in Deutschland; sie blieb bis 1926/27 eher kunstgewerblich ausgerichtet.[8] Die Meinungen über die zukünftige Entwicklung der Architektur prallten in der aufkeimenden Debatte unter SWB-Mitgliedern hart aufeinander. Otto Zollinger schlug den Bogen zurück zur Reformarchitektur von Alfred Messel, Joseph M. Olbrich und Hermann Billing und sah am Beginn der 1920er-Jahre nur «kunstgewerbelnde Häuser», ohne gestalterische Kraft, um dann die beiden Pole der neuen Architektur – Technik und Design – zu umreissen: «Der neue Architekt wird sich an der sachlichen Aesthetik der technischen Schöpfungen begeistern, an den Schöpfungen der Mode und des Kunstgewerbes.»[9] In demselben Heft hatte Sigfried Giedion – erstmals als Autor im *Werk* – über das Bauhaus berichtet und dessen Bühne sowie das Jenaer Theater von Gropius und Adolf Meyer als vorbildlich gelobt, die Architektur des Bauhauses aber insgesamt als noch «am wenigsten fassbar» bezeichnet.[10] In dieser Debatte um eine Neuausrichtung der Architektur formulierte der spätere Erste Vorsitzende des SWB, E. Richard Bühler (→ S. 423), «eine Schweizerische Entgegnung» auf Giedion, die als symptomatisch für die evolutionäre Linie des SWB zu sehen ist, indem er sich auf handwerklich verwurzelte Tradition und eine bürgerliche schweizerische Haltung bezieht: «Wir fühlen nicht das geringste Verlangen nach Wohnhäusern, die wie Doppeldecker aussehen, und sitzen vorläufig lieber auf Stühlen als auf webstuhlähnlichen Gebilden.»[11]

Die Spannbreite, die Gantner in dem fast antagonistisch zu nennenden Jahrgang 1924 des *Werks* bediente, um die verschiedenen Richtungen innerhalb von SWB und BSA zufriedenzustellen, reichte von Hannes Meyers provokant nüchternem CO-OP-Interieur bis hin zu Ingolds sachlich-repräsentativer Halle der
Abb. 349 SWB-Ortsgruppe Bern auf der *Kantonal-Bernischen Ausstellung für Gewerbe und Industrie,* Burgdorf. Wenig später kamen andere internationale Vorbilder wie die junge Architektur Belgiens und Amerikas hinzu. Bei dieser Gemengelage nimmt es nicht wunder, dass Paul Budry Anfang 1925 energisch, aber vergeblich den Zusammenschluss von SWB und OEV (→ S. 67) unter dem Dach eines sich reformierenden Kunstgewerbes forderte.[12]

Auf der Jahresversammlung 1925 richtete sich jedoch der Vorstand des SWB neu aus. E. Richard Bühler, Alfred Ramseyer, Hermann Kienzle (→ S. 422), Joseph Gantner, der Kunstmaler Ernst Linck und Friedrich T. Gubler als Sekretär bildeten den engeren Vorstand.[13] Gantner konnte nun die Frage von Werkbund und Industrie, der Entwicklung einer «Kunstindustrie» aufwerfen, eine Thematik, die die Jahre bis nach 1933 beherrschen sollte. Er erkannte die Gewerbeschulen als wichtige Helfer und forderte, dass der SWB alles auf eine Karte setze, damit «steht oder
Abb. 352 fällt auch seine eigene Existenzberechtigung».[14] Gleichsam als Antwort wurde

kurz darauf eine plastisch-tektonische Leuchtplakatsäule von Wilhelm Kienzle in modernster Typografie mit dem ersten Preis innerhalb eines SWB-Wettbewerbs für die Firma Moser & Co. in Bern ausgezeichnet.[15] Das waren nur erste Anzeichen seitens der Gestalter im SWB, aber mit dem programmatisch radikalen Artikel «Neue Welt» von Hannes Meyer gab es publizistisch einen Einbruch des Neuen Bauens und des sowjetischen Konstruktivismus in der Zeitschrift *Werk*, die sich nun auch typografisch der neuen Zeit anpasste.

Meyer deklamierte: «Die rücksichtslose Bejahung der Jetztzeit führt zur rücksichtslosen Verleugnung der Vergangenheit [...] Die nervöse Ratlosigkeit des Kunstgewerbes ist sprichwörtlich [...] Unbelastet von klassischen Allüren, künstlerischer Begriffsverwirrung oder kunstgewerblichem Einschlag entstehen an deren Stelle die Zeugen der neuen Zeit: Muster-Messe, Getreide-Silo, Music-Hall, Flug-Platz, Bureau-Stuhl, Standard-Ware. All diese Dinge sind ein Produkt der Formel: Funktion mal Oekonomie. Sie sind keine Kunstwerke. Kunst ist Komposition, Zweck ist Funktion [...]. Bauen ist ein technischer, kein aesthetischer Prozess und der zweckmässigen Funktion widerspricht je und je die künstlerische Komposition. Idealerweise und elementar gestaltet wird unser Wohnhaus eine Wohnmaschinerie.»[16] Es geht von jetzt ab um die Debatte beherrschenden Schlagworte von serieller Fertigung, Serienhaus und Standardisierung: «Die Höhe unsrer Standardisierung ist ein Index unsrer Gemeinwirtschaft.»[17] Im Bildteil wird das Panorama internationaler Kunst, Montage, Film, Raumgestaltung und moderner Architektur
Abb. 353 entfaltet, das, verdeutlicht durch die Seite «Die Internationale», Johannes Jacobus Pieter Ouds Café De Unie in Rotterdam, Konstantin Melnikows Sowjetischen Ausstellungspavillon für die internationale Kunstgewerbe-Ausstellung in Paris und die Villa La Roche in Paris von Le Corbusier und Pierre Jeanneret vereint.[18] Dem war in der Schweiz nichts Vergleichbares danebenzustellen, und es ist bezeichnend, dass
Abb. 351 Gantner als ein Beispiel neusachlicher Gestaltung den Lesesaal der Erweiterung des Kunsthauses Zürich von 1924/1925 publizierte[19], einen Bau, der vor Kompromissen nur so strotzt und dazu noch von einem der nicht wortführenden Altmeistern der Werkbund-Bewegung, Karl Moser, entworfen wurde, der aber zu einer Gallionsfigur der jüngeren Generation des Schweizer Neuen Bauens werden sollte.[20]

Auf der Werkbund-Tagung 1926 umreisst Gantner die Lage des SWB und fordert ein neues Programm: «Wir wollen uns keiner Täuschung darüber hingeben, dass viele von den Tendenzen, die einst zur Gründung des Werkbundes geführt haben und die vielleicht auch noch vor kurzer Zeit für seine Führung massgeblich gewesen sind, heute langsam an Wert verlieren. Man spricht bereits in einem verächtlichen Sinne von ‹kunstgewerblicher› Architektur, man spricht mit einem unangenehmen Beigeschmack von ‹Kunstgewerbe› überhaupt.» Und mit Seitenblick auf die traditionalistische Haltung des Schweizer Heimatschutzes – «Der Werkbund vermeide das Schicksal des Heimatschutzes, dreissig Jahre nach seiner Gründung zum Gespött zu werden!» – formuliert er die dringendste Aufgaben, Reform des Kunstgewerbes, Stellung des Handwerks sowie kulturpolitische Kompetenzen: «1. Der Werkbund erstrebe mit allen Mitteln die Veredelung des industriell hergestellten Gebrauchsgegenstandes» und lasse vom schönen Einzelobjekt, dem «Bibelot» ab. «2. Der Werkbund schütze das Handwerk in der Diaspora.» Gute Werkstätten auf dem Lande seien weiterhin notwendig. «3. Der Werkbund verlange, gemeinsam mit dem ‹Oeuvre› von den Behörden die Kompetenz, in den Manifestationen kunstgewerblicher Arbeit das Land nach aussen zu vertreten.»[21]

Gubler nahm den Faden auf und konstatierte angesichts der Ausstellung «Wohnung und Haus» in Zürich 1926: «Das moderne Wohnproblem ist eng mit den weitgreifenden, grossen sozialen und kulturellen Fragen der Siedlung und der neuen Architektur verbunden [...]. Das neue Heim muss als Selbstverständlichkeit aus der neuen Architektur heraus werden.»[22] Hervorgehoben werden die Arbeiten von Wilhelm Kienzle, Lux Guyer, Max E. Haefeli, Ernst Hartung und Hans Hofmann, sodass hier ein Teil der Gruppe versammelt ist, die dann durch die guten Kontakte Gublers zum DWB in Stuttgart an der Weissenhofsiedlung als «Schweizergruppe» eine Abteilung ausstatten konnte (→ S. 353) und später in Neubühl tätig wurde.[23]

Mit ABC von der neuen Wohnung zum Neuen Bauen

Es ist also festzuhalten, dass 1926 das «annus mirabilis» des SWB wurde,[24] in dem er begann, sich intensiv mit Fragen des Neuen Bauens und des Wohnens auseinander zu setzen. Dabei blieb der DWB ein Leitbild, vor allem durch die schon geplante Werkbund-Ausstellung in Stuttgart, aber auch die Bautätigkeit des Neuen Frankfurt unter Ernst May.[25] Eine Besonderheit des SWB war es, stets von der Innengestaltung, den Wohnungen auszugehen und sich dabei fest auf die Aktivitäten der beiden Kunstgewerbeschulen in Zürich und Basel zu stützen, die diese Reformen mit vorantrieben. Die (Kunst-)Gewerbeschulen Bern, Aarau und Luzern spielten bei dieser Umorientierung keine Rolle mehr, sodass Zürich und Basel die Avantgardezentren der Schweiz um 1928/1930 bildeten. In gewisser Weise wurde seit 1926 der Einfluss der sogenannten ABC-Gruppe aus Basel im Werkbund spürbar, insbesondere durch den Architekten Hans Schmidt und seinen Bruder, den Kunsthistoriker Georg Schmidt, die politisch links stehend, eine radikale Auffassung einer funktionalistischen, auf Typisierung basierenden Architektur vertraten und dementsprechend die Aufgaben des Werkbundes zuspitzten.[26] Aber diese Propaganda sicherte einerseits eine bestimmte Aufmerksamkeit, andererseits wurde sie durch die Pluralität des SWB abgefedert. «Der Schweizerische Werkbund [diente] als Schmelztiegel der modernen Bewegung und Sammelgefäss der schweizerischen Avantgarde.»[27]

Schmidt selbst war neben Gubler und Hofmann einer der wenigen modern ausgerichteten Architekten. Er formulierte mehrfach die neuen Aufgaben des SWB, vermied es aber, künstlerisch normativ vorzugehen. Er sprach allgemein von einer Neugestaltung der Zukunft und betonte die Rolle der neuen Architektur: «Wenn sich der Werkbund mehr als früher mit den Fragen der Architektur abgibt, so geschieht das nur deshalb, weil das neue Bauen im Zentrum der Umwandlungen liegt, die unsere Zeit durchmacht. Der Werkbund wird es immer vermeiden, sich einseitig auf irgendeine künstlerische Richtung festzulegen, aber er wird immer mehr danach trachten, sein Arbeitsgebiet dort zu suchen, wo die Wurzeln einer Neugestaltung der Zukunft liegen.»[28]

Eine breite Basis von jüngeren Architekten erhielt der SWB erst zwischen 1926 und 1929: Paul Ataria, Ernst F. Burckhardt, Karl Egender, Sigfried Giedion, Lux Guyer, Max E. Haefeli, Hans Hofmann, Le Corbusier, Werner M. Moser, Hermann Platz, Emil Roth, Rudolf Steiger, Egidius Streiff, Otto Zollinger sowie Otto Baur, der Geschäftsführer des DWB, und Gustav Stotz vom Württembergischen Landesverband des DWB wurden als Werkbundmitglieder aufgenommen.[29]

Eine öffentliche Manifestation dieser Tendenzen erfolgte an der Werkbundtagung 1927 in Zürich, wo unter dem Titel *Werkbundfragen*[30] sich der Schützenhilfe der Hauptvertreter der Moderne im DWB versichert wurde. Ihr folgte 1928 die in Zürich und Basel gezeigte Wanderausstellung *Neues Bauen* vom DWB.[31] Neben E. Richard Bühler, Hermann Kienzle und Karl Moser vom SWB sprachen Walter Gropius und anstelle des verhinderten Ludwig Mies van der Rohe Ernst May. Ihr Tenor war eindeutig, ihnen ging es um die Ausnutzung der technischen Möglichkeiten, um Typisierung beim Wohnungsbau und industrielle Vorfertigung, wie sie in den Versuchssiedlungen Dessau-Törten von Gropius und Frankfurt-Praunheim von May umgesetzt wurden.[32] Dagegen wählten Bühler und Kienzle eine moderatere Argumentation. Kienzle schlug die Brücke vom *Jahrbuch des Deutschen Werkbunds* 1914, das unter dem Titel «Verkehr» den wichtigen Beitrag von Gropius zur industriellen Bauform veröffentlicht hatte, und der Typendebatte von Hermann Muthesius auf der Werkbundausstellung 1914 zu Alfred Altherrs (→ S. 419) Konzeption des einfachen Hauses an der SWB-Ausstellung, Zürich 1918, um «den Wohnbau und seine Einrichtung» als Ausgangspunkt zu umreissen. Der jüngeren Generation gelte es die Türen zu öffnen und von einem überbetonten Individualismus zugunsten des Typischen abzulassen. «Es ist eine der drängenden Aufgaben unserer Zeit: die Bedingungen unserer Existenz anzuerkennen und ihnen alles, was wir gestalten, Gebäude, Wohnung, Kleidung so eng als möglich anzupassen. Wir müssen vom Leben und seinen Bedürfnissen ausgehen.»[33] Dabei betonte er die Notwendigkeit der «Schöpferkraft und kritisierte eine rein technisch rechnerische Grundhaltung und damit indirekt die Haltung Hans Schmidts und der deutschen Kollegen. Diese vermittelnde Position passt zum Beitrag auch der «Schweizergruppe» in Stuttgart, die als breit akzeptierter Beitrag, nicht als Manifest gewertet werden muss (→ S. 353).[34]

Abb. 356

Diese Tendenzen führten nach 1930 zu mehreren Ergebnissen, den Siedlungen Eglisee, Neubühl, sowie der Wohnbedarf AG, der «Zentralstelle für den zeitgemässen Wohnbedarf» 1932 mit einer Schwesterorganisation in Basel und Filialen in Genf und Bern.[35] Bei den Ausstellungen hielt sich der SWB auffällig zurück und eigentlich kann nur Neubühl als eine Ausstellung im Sinne der progressiven Flügel im Werkbund gewertet werden. Zur WOBA hielt der Geschäftsbericht 1930 fest: «Nachdem der Zentralvorstand sich prinzipiell dafür entschieden hatte, in der Hallenausstellung für die neuzeitliche Wohnungsgestaltung zu werben, wurde zu diesem Zwecke der Werkbundfilm ‹Die neue Wohnung› hergestellt. Der Filmregisseur Hans Richter unternahm in enger Zusammenarbeit mit verschiedenen Mitgliedern und dem Geschäftsführer den Versuch, den Film in den Dienst der Werkbundbestrebungen zu stellen.»[36] Da der SWB «seit längerer Zeit dem ganzen Wohnungsproblem seine volle Aufmerksamkeit geschenkt» habe, wurde Hermann Kienzle (→ S. 422) Präsident der Arbeitsgemeinschaft Eglisee und der Werkbund sah in dieser Siedlung ein wichtiges Mittel, «um breite Bevölkerungskreise über Form und Wesen der Kleinwohnung zu orientieren.»[37] Vom neuen *Werk*-Redaktor Peter Meyer (→ S. 425) wurde Eglisee allerdings als «trocken schweizerisch» kritisiert, ein Indiz dafür, dass die Stellung eines funktionalistisch begründeten Neuen Bauens auch im SWB nicht unangefochten war. Infolgedessen kam es zu einer heftigen Auseinandersetzung zwischen Gantner und Meyer, sodass der Vorstand der Ortsgruppe Zürich mahnte, «weltanschauliche Dinge sollten in den Hintergrund» treten.[38]

Gleichzeitig wurde in Neubühl mit den ersten beiden Bauetappen begonnen. Auch hier bemerkt der Bericht: «An diesen Wohnungsbauten ist der Werkbund finanziell nicht beteiligt, dagegen hat er den Projektverfassern bei der Organisation und bei den Vorarbeiten seine volle moralische Unterstützung angedeihen lassen», wobei Gubler als Sekretär des SWB die Durchführung sehr unterstützt hat.[39] Angesichts der sich entfaltenden Auswirkungen der Wirtschaftskrise war an aufwendige Ausstellungsbeteiligungen kaum noch zu denken. So wurde eine direkte Beteiligung des SWB an der Hyspa Bern 1931 abgelehnt, aber festgehalten, dass die Geschäftsstelle von verschiedenen Ausstellern um Beratung gebeten wurde.[40] Allerdings präsentierte sich der SWB auf der Stuttgarter Ausstellung *Wohnbedarf* mit «gute[m], schweizerische[m] Material».[41]

Werkbundpolitik für die Moderne

Friedrich T. Gubler verliess 1930 das Sekretariat und sein Nachfolger wurde Egidius Streiff (→ S. 426), der eine wichtige Rolle in den 1930er-Jahren spielen und die federführende Beteiligung des SWB an Auslandsausstellungen begründen sollte. Unter ihm stiegen auch die Bundessubventionen mit knapp 20 000 Franken jährlich auf das Doppelte an.[42] Rudolf Steiger hat die Gruppe der wenigen Architekten in dieser Zeit als Wortführer im SWB bezeichnet. Es ging um handfeste kulturpolitische Auseinandersetzungen: Hans und Georg Schmidt machten an verschiedenen Stellen Front. Einer der Erfolge war die Beauftragung Le Corbusiers mit der Maison Suisse in Paris: «Nachdem im Stiftungskomitee für das Studentenheim der Cité Universitaire in Paris die Frage der Auftragserteilung in Beratung gezogen wurde, nahm der SWB durch Eingabe an die verschiedenen Behörden gegen einen geplanten Wettbewerb unter Schweizerarchitekten in Paris Stellung. Durch seine rasche Intervention hat er [der SWB] wesentlich dazu beigetragen, dass Le Corbusier schliesslich mit der Vorlage eines Projektes betraut worden ist. Es ist in höchstem Grade erfreulich, dass bei einem sozusagen offiziellen – und in gewissem Sinne auch für den Staat repräsentativen Bau – ein Architekt von überragender internationaler Bedeutung herangezogen worden ist.»[43] Eine andere, indirekt mit dem Werkbund im Zusammenhang stehende politische Aktion war der Versuch, die Berufung Otto Rudolf Salvisbergs auf den Entwurfslehrstuhl der ETH zu verhindern, wobei Gantner und Giedion die Wortführer waren.[44] Als dieser damals international renommierteste Schweizer Architekt 1929 schliesslich sein Amt antrat, regte Streiff in der Ortsgruppe Zürich an, Salvisberg in den SWB aufzunehmen, jedoch ohne Erfolg.[45] Der Kampf um die Moderne geriet um 1933 in eine Krise, die nicht nur durch die politischen Ereignisse in Deutschland und seine Hinwendung zur «Blut und Boden»-Architektur bedingt war, sondern auch durch den Formalismusvorwurf, dem das Neue Bauen aus den eigenen Reihen ausgesetzt war. Aus der Werkbundbewegung formulierte diese Problematik erstmals Josef Frank mit seinem Buch *Architektur als Symbol*, 1930, und Peter Meyer als Kritiker vom *Werk* (→ S. 425) führte in den 1930er-Jahren eine differenzierte Debatte um Begründung und Angemessenheit der Moderne (→ S. 366).[46] Er wandte sich klar und wiederholt gegen eine ideologisierte, rassegebundene NS-Architektur, die auch in der Schweiz durch Alexander von Senger ihre Anhänger fand, und schrieb in einer Rezension zu Paul Schultze-Naumburgs «Kunst und Rasse»: [...] was die Architektur betrifft, so hat der Verfasser, dem man die wirklich wertvollen ‹Kulturarbeiten› verdankt, im Blutrausch seines Rassenwahns jede Instinktsicherheit verloren.»[47]

Der Gesamtvorstand reagierte 1933 vergleichsweise verhalten und sah sich nur indirekt betroffen, wobei er vage auf rechtspopulistische Bewegungen wie die Alexander von Sengers verwies und auf deren Angriffe gegen sachliche Formengestaltungen und auf das Neue Bauen.[48] Auch die Auflösung des Deutschen Werkbundes 1934 – der Österreichische hatte sich schon 1933 aufgelöst – als Ende einer 27-jährigen Ära ist dem Vorstand offiziell kein Wort wert. Das *Werk* hingegen schreibt weitblickend, dass die Werkbund-Ideen bei einer kleiner Minderheit lebendig bleiben würden: «Vielleicht wird diese Minderheit einmal den Kern eines neuen Werkbundes in Deutschland bilden – wenn die bewussten «tausend Jahre» Dritten Reiches abgelaufen sind.»[49] Erst 1939 im Rahmen der geistigen Landesverteidigung am Vorabend des Zweiten Weltkriegs, äussern sich die Vertreter des SWB anlässlich des 25-Jahr-Jubiläums programmatisch: Bühler sagt in seiner Eröffnung: «Infolge des politischen Umsturzes in Deutschland hat der dortige Werkbund seine Existenz verloren. Daraus erwächst unserem schweizerischen Werkbund eine grössere Verpflichtung und Verantwortung. Denn es geht hier um Ideen, um eine geistige Haltung, für die wir – ungeachtet unserer kleinen äusseren Verhältnisse – kämpfen und wirken müssen.» Kienzle betont nochmals die enge Verbundenheit und bedauert den Verlust der Schwesterorganisation: «Eine freie Vereinigung Gleichgesinnter, die, gemeinsam auf verschiedenen Gebieten tätig, einem selbstgestellten Ziel zustreben, hatte ohnedies im autoritären Staat keinen Raum. Damit wurde, nachdem auch der österreichische Werkbund aufgelöst worden war, der SWB zum Sachwalter der Ideen, die vom DWB in die Öffentlichkeit getragen worden waren und für die er über 25 Jahre lang zum Nutzen des deutschen Schaffens und auch zum Nutzen derjenigen Länder gekämpft hatte, in denen diese Ideen Boden gefasst hatten.»[50] Er konnte resümieren und damit die Linie für den SWB nach dem Krieg vorgeben: «Seit der Auflösung des DWB ist dem SWB die Aufgabe zugefallen, den Werkbundgedanken weiterzuführen.»[51]

1930er-Jahre – Zeit der Kompromisse

Die 1930er-Jahre waren für den SWB also eine vielschichtige und turbulente Zeit, die vor allem durch drei Aspekte bestimmt war: erstens die Auseinandersetzung mit dem Heimatschutz bis zu einem gewissen Ausgleich 1935, zweitens die erfolgreiche Beeinflussung der Ausstellungsauftritte der Schweiz mit zum Teil wegweisenden Ausstellungsbauten und Installationen durch Max Bill und Hans Hofmann sowie drittens die grosse Synthese der Landesausstellung Zürich von 1939, an der Kunst, Handwerk, Industrie und Technik im Spiegel der nationalen Selbstbehauptung friedlich vereint waren.

Die Auseinandersetzungen zwischen Heimatschutz und SWB spaltete schliesslich den Heimatschutz in einen fortschrittlichen Flügel um Karl Indermühle, der das Neue Bauen akzeptierte und selbst 1932 mit dem Stapfenacker Schulhaus in Bern-Bümpliz[52] einen wichtigen Beitrag zur modernen Architektur leistete,
Abb. 354 und einen konservativen Flügel. Letzterer setze sich vor allem aus Westschweizer Mitgliedern zusammen, die den Heimatstil der 1910er-Jahre fort-entwickeln wollten.[53] Damit trat im Heimatschutz etwas Ähnliches ein wie in den prinzipiellen Auseinandersetzungen zwischen OEV und SWB um die Rolle des handwerklichen Kunstgewerbes und der industriellen Formgestaltung.

Die Veränderungen der Modernediskussion führte bis Mitte der 1930er-Jahre zu einer Annäherung, vor allem über das Material Holz, wie es in der Basler Ausstellung *Land- und Ferienhaus* (→ S. 244) unter der Ägide von Streiff vom

SWB gezeigt wurde.[54] 1940 hielt Hans Schmidt, nicht zuletzt beeinflusst durch seine Erfahrungen in der Sowjetunion, wo die funktionalistische Moderne auch an den materiellen und sozialen Umständen und nicht nur an dem politischen Verdikt gescheitert war, den versöhnlichen Vortrag «Heimatschutz und Neues Bauen», indem er auf die gemeinsamen Anliegen beider Institutionen hinwies: «Aufrichtigkeit in der tektonischen Gestaltung, für die im Zweck, im Material und in der Konstruktion die Bedingungen zu suchen wären, Betonung des Werkmässigen, Charakteristischen, Bodenwüchsigen, Zusammenfassen von Kunstschaffen und Naturbeobachtung.»[55]

Im Bereich der Gestaltung wurden ab Mitte der 1930er-Jahre andere Wege eingeschlagen. Bei der Firma Wohnbedarf kam es zu einer Ausdehnung auf mehr Typen und den Einsatz von neuen Materialen, wie Holz und Aluminium. So wurden Aaltos Möbel «als Antlitz einer menschlichen Moderne» gesehen.[56] In diesem Umfeld steht auch die Neuorientierung der Ausstellungsgestaltung, vor allem durch Hans Hofmann, der so etwas wie der Chefarchitekt der Schweizer Ausstellungspavillons in Köln 1928, Lüttich 1931, Brüssel 1935, Paris 1937 und schliesslich Zürich 1939 wird. Der SWB verfolgte nun das Ziel thematisch geordneter Ausstellungen. Eine erste Demonstration als «vorbildliche[n] Stand an der Basler Mustermesse 1934» zeigt Hofmann mit dem Kollektivstand der Aluminium-
Abb. 358 industrie, der durch eine klare, übersichtliche Gliederung und eine Flugzeuginstallation bestiche.[57] Die Gestaltung des Triennale-Pavillons in Mailand 1936 durch Bill, der in Brüssel bereits mit Hofmann zusammengearbeitet hatte, wurde zu einem gewaltigen Erfolg – der SWB sah sich hier durch zwei seiner Mitglieder vertreten (Bill und Hans Erni)[58] – einer rationalistischen Raumkunst, der mit unterschiedlichen Medien in Weiterentwicklung des Pressa-Pavillons von El Lissitzky (Köln 1928), insbesondere mit abstrakter Plastik und Fotografien als raumbildenden
Abb. 359 Elementen arbeitete. Hier waren bereits alle Elemente versammelt, die zur Guten Form führen sollten und eine Ästhetik der 1950er-Jahre vorwegnahmen. Es war die letzte Phase einer Moderne, die vom «Neuen Bauen zur Neuen Baukunst» ging, und die in der Landesausstellung (→ S. 211) kulminierte.[59] Das Gesamtkunstwerk Höhenstrasse, von Hofmann entworfen, war unter anderem durch Geschäftsführer Streiff im «weitschichtigen Inhalt und seine[r] Darbietung» bearbeitet worden.[60] Von den Kunstgewerbeschulen in Zürich und Basel seien, so Meyer, «in enger Fühlung mit dem Werkbund die besten Kräfte des Landes zur Mitarbeit herangezogen,» die jahrelange geistige Erziehung des SWB habe die Ausstellung in dieser Form erst ermöglicht.[61] Eine der wenigen Architektinnen, Elsa Burckhardt, errichtete die Ehrenhalle des Sportes in leichter Holzkonstruktion unter SWB-Nennung.[62] Mit diesem Bau war exemplarisch Avantgarde mit Tradition versöhnt,
Abb. 360 warme Materialien mit moderner Form. Mit der Berufung von Alfred Roth als Redaktor der Zeitschrift *Werk* 1943 und der neuen Rolle von Max Bill für Form- und Gestaltungsfragen hatte bereits die Nachkriegszeit begonnen.

1 Vgl. Arthur Rüegg, Ideenflüsse, in: *Schweiz, Architektur im 20. Jahrhundert*, Bd. 5, hg. von Anna Meseure, Martin Tschanz, Winfried Wang, München, London, New York 1998, S. 67–73.
2 Sokratis Georgiadis, *Sigfried Giedion, eine intellektuelle Biografie*, Zürich 1989; siehe auch Gabriele Diana Grawe, *Call for Action. Die Mitglieder des Bauhauses in Nordamerika*, Weimar 2002.
3 Vgl. die ausführliche Darstellung bei Sigfried Giedion, *Space, Time and Architecture*, Cambridge/MA. [4]1963, S. 570–604.
4 Eugen Gomringer, Max Bill und die HfG, in: Thomas Buchsteiner, Otto Letze (Hg.), *Max Bill, Maler, Bildhauer, Designer*, Ostfildern-Ruit 2005, S. 48–49; siehe auch Max Bill, Der Modellfall Ulm in: Ebd., S. 38–47.
5 Vgl. von Moos 1992, S. 247–253; Rüegg 2002c, S. 109–110
6 Roland May, Werkbundsiedlungen, in: Nerdinger 2007, S. 146–147, manchmal wird auch unrichtiger Weise die von Gropius geplante Siedlung Dammerstock (Karlsruhe 1929), hinzugezählt, vgl. die Zusammenstellung der Werkbund-Siedlungen in SWB 90 Jahre 1993.
7 Geschäftsberichte Ortsgruppe Zürich, 19.12.1924, S. 3, Bd. II 1923–25, Archiv SWB.
8 Kienzle 1939, S. 21. Vgl. den Bruch innerhalb der beiden ersten Jahrgänge der DWB Zeitschrift *Die Form* 1, 1922, und den Neustart nach Überwindung der Inflation und Eauflaute, *NF* 1, 1925/26.
9 Otto Zollinger, Moderne Strömungen unserer Baukunst III, in: *Werk* 10 (1923), H. 9, S. 235–236.
10 Sigfried Giedion, Bauhaus und Bauhauswoche zu Weimar, in: Ebd., 232–234
11 Richard Bühler, Eine schweizerische Entgegnung, in: *Werk* 10 (1923), H. 10, S. 259–260, Zitat S. 260.
12 Paul Budry, L'Oeuvre, le Werkbund et les revues, in: *Werk* 12 (1925), H. 2, S. 59–61.
13 Schnell 2005, S. 88.
14 Joseph Gantner, Eine Publikation der Gewerbeschule Zürich, in: *Werk* 13 (1926), H. 5 S. 163–166, hier S. 166.
15 Friedrich Traugott Gubler, Der Wettbewerb des Schweizer Werkbundes zur Erlangung von Entwürfen für Leuchtplakatsäulen, in: *Werk* 13 (1926), H. 6, S. 193–194.
16 Hannes Meyer, Die neue Welt, in: *Werk* 13 (1926), H. 7, S. 205–224, hier S. 221–222.
17 Ebd., S. 223; siehe auch Schnell 2005, S. 90–91.
18 Hannes Meyer, Die neue Welt, in: *Werk* 13 (1926), H. 7, S. 206.
19 Joseph Gantner, Der Erweiterungsbau des Züricher Kunsthauses, in: *Werk* 13 (1926), H. 3, S. 73–78.
20 Sonja Hildebrand, Kunsthaus Zürich, in: Sonja Hildebrand und Werner Oechslin Hg., *Karl Moser, Architekt für eine neue Zeit*, Zürich 2010, Bd. 2, S. 132–141, hier S. 136–138.
21 Joseph Gantner, Zur Tagung des Werkbundes, in: *Werk* 13 (1926), H. 9, S. 268.
22 Friedrich T. Gubler, Wohnung und Haus, Eine Ausstellung im Kunstgewerbemuseum Zürich, in: *Werk* 13 (1926), H. 12, S. 381–383, Zitat S. 381; vgl. Schnell 2005, S. 89.
23 Rüegg 2002c, S. 98; vgl. Interview mit Rudolf Steiger, in: *Die Zwanziger Jahre des Deutschen Werkbundes*, Werkbund-Archiv, Bd. 10, Giessen 1982, S. 230; vgl. Hans Schmidt, Die Mietwohnungen der Schweizergruppe an der Ausstellung «Die Wohnung» in Stuttgart, in: *Werk* 14 (1927), S. 272–275.
24 Rüegg 2002c, S. 98–100. Rüegg setzt dieses 1927/28 für die neue Möbelgestaltung an.
25 Joseph Gantner, Zur Tagung des Werkbundes, in: *Werk* 13 (1926), H. 9, S. 268; 1927 sollte Gantner Redakteur der Avantgardezeitschrift *Das Neue Frankfurt*, die von Ernst May initiiert worden war, werden.
26 Bruno Flierl, Vorwort, in: Hans Schmidt, *Beiträge zur Architektur 1924–1964*, Zürich 1993 (Orig.-Ausgabe Dresden 1965), S. 9–10, vgl. Schmidts Ausführung ebd., S. 38–45; vgl. auch Hans Schmidt, Die Aufgaben des Schweizerischen Werkbundes, in: *Werk* 14 (1927), H. 8, S. 227; vgl. ders. Duplik, ebd., H. 9, S. 283; vgl. Schnell 2005, S. 95, zu Georg Schmidt vgl. Interview mit Steiger (wie Anm. 23), S. 238.
27 Rüegg 2002c, S. 98
28 GB SWB 1927, Typoskript (wohl Zürich 1928), S. 5.
29 Gedrucktes Mitgliederverzeichnis des SWB, Zürich 1929, Archiv SWB.
30 SWB Werkbundfragen 1927.
31 *Neues Bauen, Wanderausstellung des Deutschen Werkbundes*, Wegleitungen des Kunstgewerbemuseums Zürich Nr. 77, Zürich 1928, mit einer Einleitung von Hans Schmidt, Industrialisierung des Bauens. Dem Basler Katalog zur Ausstellung wurde neben Schmidt der Essay Architektur und Tradition von Peter Meyer vorgestellt.
32 Walter Scheiffele, *Bauhaus, Junkers, Sozialdemokratie, ein Kraftfeld der Moderne*, Berlin 2003, S. 124–159; Christoph Mohr, Typisierung im Wohnungsbau, das Frankfurter Beispiel, in: Helen Barr (Hg.), *Neues Wohnen 1929/2009, Frankfurt und der 2. Congrès International d'Architecture Moderne*, Berlin 2011, S. 54–67.
33 SWB Werkbundfragen 1927, S. 6–8, Zitat S. 8.
34 Rüegg 2002c, S. 99, der bei dem von Haefeli entworfenen Möbeln auf die starke Farbigkeit und die Verwendung von Holz verweist, anstelle einer reinen Stahlrohrkonstruktion; vgl. auch Schnell 2005, S. 95–97.
35 Rüegg 2002c, S. 104, wobei Werner M. Moser, die entwerferische Leitung übernahm und Haefeli quasi ablöste.
36 GB SWB 1930, S. 2; nach Schnell 2005, S. 104, hatte Hans Hofmann die Anregung zum Film gegeben, siehe auch S. 189 in der vorliegenden Publikation.
37 GB SWB 1930, S. 3.
38 Meyer zitiert nach Schnell 2005, S. 103, vgl. Protokolle der Ortsgruppe Zürich vom 28.8.1929 und bereits die vom 4.3. und 11.3.1927.
39 GB SWB 1930, S. 3; vgl. Interview mit Rudolf Steiger, in: Die Zwanziger Jahre des Deutschen Werkbundes, Giessen 1982 (Werkbund-Archiv, Bd. 10), S. 230; Alfred Roth, Zur neuen Schweizer Architektur der Dreissiger Jahre, in: Dreissigerjahre 1981, S. 127; Roth sah Neubühl gegenüber der Woba und Eglisee als sehr viel differenzierteres Projekt.
40 GB SWB 1930, S. 4.
41 GB SWB 1932, S. 2.
42 GB SWB 1930, S. 7, 12; Alfred Roth, Zur neuen Schweizer Architektur der Dreissiger Jahre, in: Dreissigerjahre 1981, S. 128; Roth sah Streiff als Motor des Zentralvorstandes mit dem Mittelpunkt Zürich.
43 GB SWB 1930, S. 5.
44 Sigfried Giedion, Hans Schmidt und die Schweizer Architektur, in: NZZ 27. 11. 1928; Schnell 2005, S. 98; vgl. auch Bernd Nicolai, Wegweiser der (städtischen) Moderne. Otto Rudolf Salvisbergs Berner Universitätsbauten, in: Anna Minta, Bernd Nicolai, Markus Thome (Hg.), *Stadt Universität Bern, 175 Jahre Bauten und Kunstwerke*, Bern 2007, S. 51–63, hier S. 54.
45 Protokolle SWB Ortsgruppe Zürich, 10.7.1930 und nochmals 29. 7. 1931, Archiv SWB.
46 Vgl. Bernd Nicolai, *Moderne und Exil, Deutschsprachige Architekten in der Türkei*, Berlin 1993, Kap. Zur Situation der Moderne um 1930, S. 107–115; Schnell 2005, S. 278–289; vgl. auch Medici-Mall 1998, S. 183–346.
47 Peter Meyer, Rezension zu Schultze-Naumburg: «Kunst und Rasse», in: *Werk* 23 (1936) H. 11, 355–356.
48 GB SWB 1933, S. 9.
49 A. T-t, Das Ende des Deutschen Werkbundes, in: *Werk* 22 (1935), H. 2, S. XVII–XIX, Zitat S. XIX.
50 Kienzle 1939, S. 22, Zitat Bühler, ebd. S. 1.
51 Kienzle 1939, S. 26.
52 Dieter Schnell, Konstanz und Wandel im Werk von Karl Indermühle 1906 bis 1930: Vom Projekt Kurhaus zum Schulhaus Stapfenacker, in: Crettaz-Stürzel 2005, Bd. 2, S. 46–49.
53 Stephanie Pallini, «heimisch» oder «international»? Kontroversen um die moderne Schweizer Architektur, in: Bundi 2005, S. 36–43, hier S. 40
54 GB SWB 1935, S. 2
55 Zit. nach Bundi 2005, S. 42. Zur Rolle der Moderne in der Sowjetunion in: Barbara Kreis, Grenzen der Moderne und Konfrontation westlicher Architekten mit der sowjetischen Realität, in: Bernd Nicolai (Hg.), *Architektur und Exil*, Trier 2003, S. 37–59.
56 Rüegg 2002c, S. 111.
57 GB SWB 1934, S. 4; *Werk* 21 (1934), S. 217–218.
58 GB SWB 1935, S. 8; *Werk* 23 (1936), S. 232–236.
59 Christoph Luchsinger, *Hans Hofmann, Vom Neuen Bauen zur Neuen Baukunst*, Zürich 1985.
60 Peter Meyer, Die Architektur der Landesausstellung, kritische Besprechung, in: *Werk* 26 (1939), S. 321–353, hier S. 322.
61 Ebd., S. 351.
62 LA 39, S. 632.

361

362

361
Schweizer Gruppe,
Wohn- und Arbeitszimmer
mit Typenmöbeln,
Stuttgart, 1927

362
Esszimmer, schwenkbare
Wandleuchte von Max E.
Haefeli, Stuttgart, 1927

Ausstellung (DWB) *Die Wohnung*

Stuttgart-Weissenhof, 1927

Ein wichtiger Erfolg, der sich durch den Kontakt zum Deutschen Werkbund (DWB) und die Ausstellung *Form ohne Ornament* (→S. 133) eingestellt hatte, war die Beteiligung des Schweizer Kollektivs an der Weissenhofsiedlung in Stuttgart.[1] Ausgehend von der erfolgreichen Ausstellung *Das Neue Heim* in Zürich Ende 1926 hatte der DWB für die Innenausstattung von sechs Wohnungen mit unterschiedlichen Grundrissen im Apartmentblock Ludwig Mies van der Rohes eine Schweizer Gruppe, bestehend aus den Architekten Paul Artaria, Ernst F. Burkhardt, Karl Egender, Alfred Gradmann, Max E. Haefeli, Hans Hofmann, Wilhelm Kienzle, Werner M. Moser, Hans Neisse, R. S. Rütschi, Franz Scheibler, Hans Schmidt und Rudolf Steiger, beauftragt.[2] Aufgrund der veränderbaren Zwischenwände war der Grundriss der Wohnungen variabel, was den Architekten grosse Freiheit für die Inneneinrichtung einräumte. Vorgegeben waren einzig Wand- und Deckenbekleidung aus Celotex-Platten und ein Linoleumboden.

Die Schweizer Gruppe lieferte drei Varianten einer Vierzimmerwohnung (72 Quadratmeter) mit vier bis sieben Schlafgelegenheiten und drei Varianten einer Dreizimmerwohnung (45 Quadratmeter) mit zwei bis drei Betten. Dabei blieb die Lage der Nassräume jeweils bei beiden Typen unverändert, lediglich die Küche der kleinen Wohnung wurde bei einer Variante in die Mitte gelegt.

Laut Hans Schmidt ging es im Block von Mies van der Rohe nicht um «funktionelle» Grundrisse wie in den übrigen Häusern der Siedlung, sondern um «die Forderung eines möglichst neutralen, einfachen Bauens».[3] Dieser gleichsam programmatische Anspruch meint hier letztlich die Arbeit an Typengrundrissen, ein Thema, das speziell Schmidt interessierte, nicht jedoch die Mehrheit der Schweizer. Dass es in dem Mietshausblock darum auch nicht vorrangig ging, zeigen die sehr freien, auf unterschiedliche Wohnmöglichkeiten angelegten Grundrisse und Möblierungen der anderen Teilnehmer wie Lilly Reich, der Brüder Heinz und Bodo Rasch, Arthur Korn und Mies van der Rohe selbst. Aus jener einschränkenden Vorgabe lassen sich jedoch die eher konventionellen Aufteilungen der Wohnungen des Schweizer Kollektivs erklären. Lediglich die Unterteilbarkeit der Wohnräume mittels Schiebewänden, in drei Wohnungen angewandt, verweist auf das Moment der variablen Räume.

Die Schweizer Gruppe konzentrierte sich – wiederum laut Schmidt – vielmehr auf die «Möblierung mit Standardtypen». Im Gegensatz zu den handelsüblichen Möbeln sollten unter der Leitung Haefelis Möbel entstehen, die der Forderung nach Funktionsgerechtigkeit und Materialechtheit nachkamen. Ziel war es auch hier, Typenmöbel zu entwickeln, die für die serienmässige Herstellung geeignet waren und sich dem Raum entsprechend beliebig kombinieren liessen. Obwohl die Kollektivgruppe bewusst auf die Festlegung der einzelnen Urheberschaften verzichtete, ist anzunehmen, dass Haefeli in Zusammenarbeit mit den industriellen Betrieben einen grossen Teil der leichten und handlichen Einrichtungsgegenstände entworfen hatte und in seinem Büro auch die Pläne gezeichnet worden waren.[4] So erarbeitete er zusammen mit der Möbelfabrik Horgen-Glarus eine Holzmöbel-Typenreihe mit Stühlen, deren Sitz- und Rückenflächen teils aus gebogenem Buchenholz, teils aus Rohrgeflecht mit Nussbaumholzrahmen bestanden. Ebenso zählten ein grosser und ein kleiner Serienschrank aus Eichenholz sowie ein fahrbarer Serviertisch mit Ausziehtablaren zu diesem Programm. In einer weiteren Möbelserie experimentierte Haefeli mit neuen Materialien, so etwa für die Stühle und Tische mit Elektron (Aluminiumlegierung). Ihre Gestelle bestanden jeweils aus Elektron, Sitz und Rücken beziehungsweise Tischplatten aus Holz. Bei den Stühlen wurde vorwiegend Buchenholz verwendet, während das Holz für verschiedene Tischplatten beliebig variiert werden konnte (rohes Ahornholz, mit Linoleum beschichtete Holzplatten, Schleiflack). Verstellbare Möbelstücke, namentlich ein Sofa, das sich durch Aufklappen der Rückenpolster in ein Bett umwandeln liess, sowie ein Fauteuil mit verstellbarer Rückenlehne, ergänzten das Sortiment. Die Frage der Beleuchtung beantwortete Haefeli mit einer schwenkbaren Leuchte in Form einer Milchglasglocke. Um mehr Wohnlichkeit zu erreichen, wurden sowohl Holz- als auch Metallmöbel zum Teil farbig bemalt. Ein ebenfalls von Haefeli entwickeltes, vom Spitalbett hergeleitetes Metallbett mit hölzerner Füllung und rot polierten Buchenholzleisten an Kopf- und Fussende wurde elfenbeinfarbig lackiert.

Anhand der Möbelentwürfe der Schweizer Gruppe lässt sich wiederum die Dissonanz zwischen den programmatischen Äusserungen Schmidts und den ausgeführten Objekten feststellen. Er wandte sich explizit gegen die «Verirrung» der bürgerlichen Wohnungen:

«Man darf es aber wohl als besonderes Verdienst der gemeinsamen Arbeit der Schweizergruppe in Stuttgart hervorheben, dass sie am konsequentesten mit dieser wirtschaftlichen und wohnungstechnisch falschen Auffassung gebrochen hat.»[5] Jedoch wurde in Stuttgart eine Vielzahl von Typenmöbeln gezeigt, die die Forderung, mit bürgerlichen Wohnformen zu brechen, auch wirklich umsetzten, wie der Freischwinger von Mart Stam, der hier erstmals einer breiteren Öffentlichkeit vorgestellt wurde, oder die Entwürfe von Marcel Breuer. Richtungweisend für die Möbelentwürfe, die generell für die Weissenhofsiedlung entstanden, waren neben der formalen Aussage die in den technischen und wirtschaftlichen Vorteilen der industriell hergestellten Produkte inhärenten neuen ästhetischen Werte.

In formaler Hinsicht stellte sich das Schweizer Kollektiv mit seinen Wohnungen und Möbeln damit bewusst gegen die Auffassung der Avantgardisten der Siedlung wie Le Corbusier, Walter Gropius und Mart Stam, die ihre Häuser fast ausschliesslich mit Stahlrohrmöbeln einrichteten. Auf dem Weissenhof sollte es neben neuen Bautechniken und neuer äusserer Gestaltung auch darum gehen, eine adäquate Form für Möbel zu finden, die ein neues Wohngefühl vermittelten, wie es Breuer mit den Entwürfen für das Bauhaus umsetzte. Die unterschiedliche Auffassung der Schweizer lässt sich auch am Detail der Türhöhen ablesen: Im gesamten Block von Mies van der Rohe waren die Türen bis an die Decke gezogen, ein ästhetisches Moment, das 1927 mit Erstaunen zur Kenntnis genommen wurde. In den von ihnen einzurichtenden Wohnungen hingegen liessen die Schweizer die Türen auf das Normalmass reduzieren.

Im Oktober 1927 versuchte Schmidt in einer Polemik im *Schweizer Spiegel* noch einmal den Gegensatz zwischen bürgerlicher Wohnkultur und neuen Typenmöbeln zu verdeutlichen. Er betonte dabei die Polarität beider Positionen und hielt die Ansprüche des Bürgers nach Repräsentation und schweren Möbeln für falsch und teuer: «Unsere Möbel sind aber nicht nur unpraktisch – sie sind auch zu teuer, oder besser gesagt, wir geben dafür zuviel Geld aus, weil wir verkehrte Ansprüche stellen. Verkehrte Ansprüche können niemals richtig befriedigt werden – darum sind unsere meisten Möbel nicht nur unpraktisch und schlecht, sondern auch zu teuer. Wir können bei richtig gestellten Ansprüchen ruhig die Hälfte ausgeben und wären erst noch besser bedient.»[6]

In der für Schmidt typischen Weise der «dialektischen Polemik» weist er nach, dass nur die einfachen, modernen Möbel die richtige Wahl seien und darüber hinaus nur die Hälfte des Preises der herkömmlichen Stilmöbel kosteten. Auch hierin wird der Gegensatz zu Haefelis Position deutlich, der seine Entwürfe eher dem Bürger dienstbar machen wollte und nicht umgekehrt. Seine Möbel drücken bewusst einen Dialog mit dem Alltäglichen aus und scheuen sich nicht, einen Kompromiss zwischen bürgerlichen Ansprüchen und einer sachlichen, werkgerechten Form einzugehen.

In der jüngeren Literatur findet sich der Hinweis, dass die Einrichtungen der Schweizer Gruppe schon damals mehrfach gelobt wurden.[7] In den unzähligen Berichten und Rezensionen zeitgenössischer Kritiker wurde der schweizerische Beitrag jedoch kaum erwähnt. Das war auch bei anderen Arbeiten der Fall, am umfassendsten wurden die spektakulären Beiträge kritisiert, wie etwa das offene Bad und das offene Schlafzimmer im Einzelhaus Le Corbusiers, das für die schwäbischen Besucher zum Wallfahrtsort der Ausstellung geworden war. Lediglich der Schweizer Architekturkritiker und damalige Redaktor der *Schweizerischen Bauzeitung,* Peter Meyer, verstieg sich zu der Bemerkung: «Es ist durchaus nicht etwa patriotische Eitelkeit, sondern ein Urteil, das man in Stuttgart überall hören konnte, wenn wir sagen, dass diese Schweizer Abteilung zum Besten der Stuttgarter Ausstellung gehört hat; sie hielt sich von billiger Manifest-Wichtigtuerei in angenehmster Weise fern, und besass eine Gediegenheit der Idee und Ausführung, wie sie in Stuttgart leider selten war, sodass wir hoffen, diese Architekten-Gruppe als Ganzes oder ihre einzelnen Mitglieder möchten im eigenen Lande bald weitere Gelegenheit zur Betätigung finden.»[8] Allerdings muss Meyers Äusserung vor dem Hintergrund betrachtet werden, dass er sich generell dafür einsetzen wollte, dass ein vergleichbares Experiment auch in der Schweiz durchgeführt werden könnte.

Die Beteiligung an der Weissenhofsiedlung war eine wichtige Vorarbeit, nicht zuletzt für die Werkbund-Siedlung Neubühl (→ S. 356) und die Mustersiedlung Eglisee (→ S. 360). Ein erster Reflex waren die zur selben Zeit von Haefeli entworfenen Häuser an der Wasserwerkstrasse in Zürich, an denen sich viele Entwurfsparameter aus Stuttgart wiederfinden.[9] Die Häuser erhielten zwar in der überregionalen Presse eine breite Zustimmung, es wurde allerdings auch die eher moderate Umsetzung der Paradigmen des Neuen Bauens konstatiert. Dennoch überzeugten die konsequent funktionalen Lösungen, die aus der Lage, dem Wohnprogramm und der Belichtung

363
Büroeinrichtung der Schweizer Gruppe, Tisch- und Stuhlbeine aus Elektron, Stuttgart, 1927

entwickelt wurden. Nicht ein bestimmter Stil wie Kubismus bedingte für Haefeli die äussere Form und den gestaffelten Grundriss, sondern konkrete Problemstellungen des Wohnens. Wie bedeutsam die Realisierung der Häuser in Zürich zu der Zeit war, zeigt die Beurteilung Meyers in der *Schweizerischen Bauzeitung:* «Nicht dass etwa ein Rappen für eigentliche Versuchszwecke bewilligt worden wäre, für die das verarmte Deutschland, in richtiger Erkenntnis ihrer sozialen Wichtigkeit, viele Millionen ausgibt; wir müssen vielmehr schon froh sein, dass die Stadt Zürich auch diesen Häusern die Subvention zugesprochen hat, die für gemeinnützige Siedlungsunternehmungen bestimmt sind, [...].»[10]

Mit dem experimentellen Charakter der Musterhäuser versuchten Alfred Altherr sen. (→ S. 419) und Haefeli an die Idee der Stuttgarter Werkbund-Siedlung am Weissenhof anzuknüpfen. Die Musterhäuser an der Wasserwerkstrasse sind somit als ein erster schweizerischer Reflex auf die Stuttgarter Werkbund-Siedlung zu betrachten.
● *J. Christoph Bürkle*

363

1 Der SWB fungierte als Vermittler und unterstützte das Vorhaben finanziell, vgl. Jahresbericht SWB 1925/26, S. 5, sowie 1927/28, S. 12.
2 Vgl. ausführliche Darstellung in: Kirsch 1987, S. 85–89. Es handelte sich jedoch nicht um die Neubühl-Gruppe, von jener Gruppe kann erst ab 1928, seit der Planung der Siedlung Neubühl, gesprochen werden.
3 Schmidt 1927, S. 272.
4 Die noch vorhandenen Pläne sind von Haefeli gezeichnet und befinden sich im gta Archiv.
5 Schmidt 1927, S. 275.
6 Hans Schmidt, Unsere Möbel sind zu gross ..., in: *Schweizer Spiegel* 3 (1927/28), S. 43.
7 Vgl. Kirsch 1987, S. 86–87, und Mehlau-Wiebking/Rüegg/Tropeano 1989, S. 16, 34.
8 [Peter Meyer], Die Schweizergruppe an der Stuttgarter Ausstellung «Die Wohnung», in: *SBZ* 90 (1927), Nr. 20, S. 262–263, hier S. 263.
9 Siehe Bürkle/Tropeano 1994.
10 Peter Meyer, Die «Musterhäuser» an der Wasserwerkstrasse, Zürich, Ausstellung «Das Neue Heim», 1928, in: *SBZ* 92 (1928), Nr. 4, S. 44–45.

Werkbund-Siedlung Neubühl

Zürich-Wollishofen,
1928–1932

Das realisierte Projekt von 105 Einfamilienhäusern und 90 Etagenwohnungen der Werkbund-Siedlung Neubühl am Stadtrand von Zürich steht in direkter Folge der Schweizer Beteiligung an der Stuttgarter Werkbund-Ausstellung *Die Wohnung* in der Mustersiedlung Weissenhof von 1927 (→S.353). Einige der dabei involvierten Architekten waren im darauffolgenden Jahr an der Gründungsversammlung der Congrès internationaux d'Architecture Moderne (CIAM) beteiligt. So wurde die bis 1932 realisierte Werkbund-Siedlung Neubühl zu einem Vorzeigestück einer international vernetzten Avantgarde.[1] Zur gleichen Zeit entstanden in Breslau, Brünn, Karlsruhe, Prag und Wien ebenfalls Werkbund-Siedlungen.

Die Absicht der Initianten, moderne Wohnverhältnisse zu realisieren und jede Immobilienspekulation zu vermeiden, veranlassten den Schweizerischen Werkbund, das Bauvorhaben unter sein Patronat zu stellen. Das Projekt wurde zwar finanziell nicht unterstützt, jedoch den Projektverfassern institutioneller Rückhalt geboten.[2] In einem Brief des Geschäftsführers Friedrich T. Gubler an den damaligen Zürcher Stadtpräsidenten Dr. Emil Klöti heisst es: «Unter dem Protektorat des Schweizerischen Werkbundes hat sich eine gemeinnützige Baugenossenschaft gebildet mit dem Zwecke der Erstellung einer modernen Siedlung [...].»[3] Im Brief wird um politisches Wohlwollen für die Siedlung ersucht, die nach Gubler in architektonischer wie in sozialer Hinsicht zeitgemässen Forderungen entsprechen würde. Insbesondere der Mut und der Optimismus werden erwähnt, welche die Architekten an den Tag gelegt hätten, indem sie mit eigenen finanziellen Mitteln für das Gelingen des Unternehmens bürgten.[4] SWB-Mitglied und

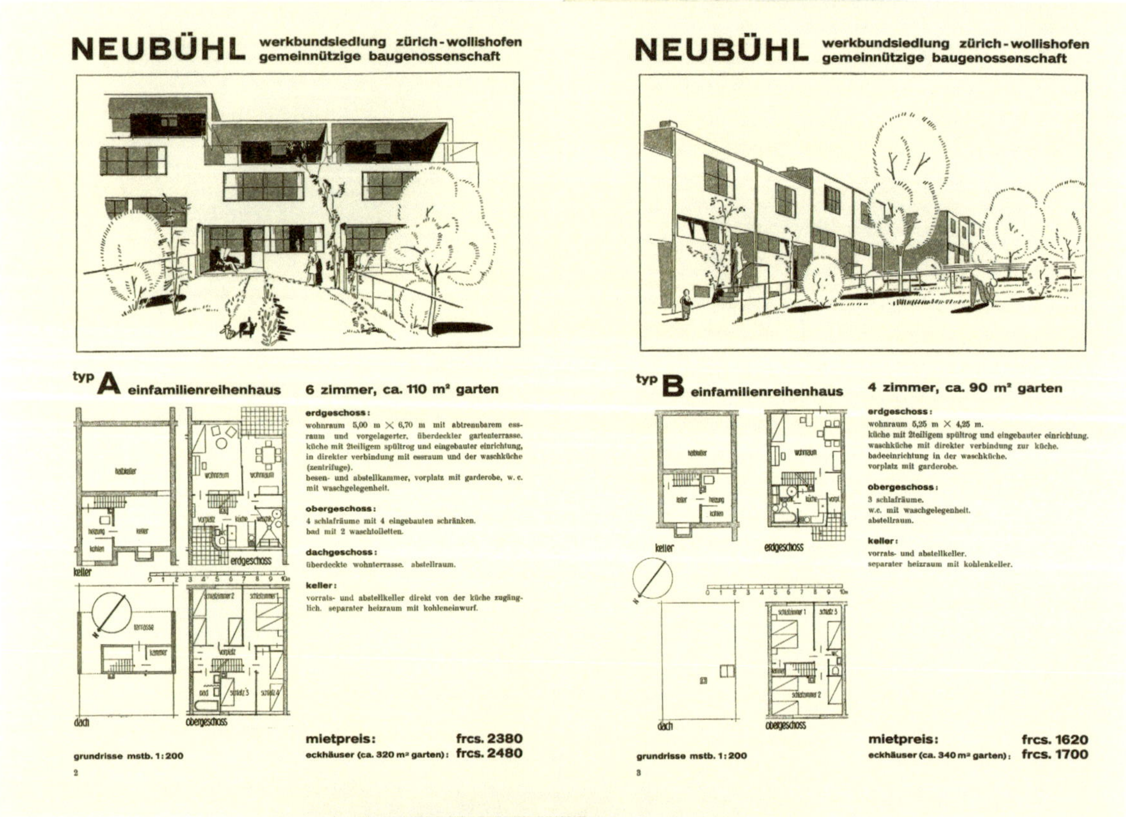

364

364
Siedlung Neubühl, Typ A und Typ B der Einfamilienreihenhäuser, Seiten aus dem ersten Prospekt, 1929

365–366
Wohnung an der Westbühlstrasse 60, Wohnraum mit Blick zur Terrasse und zur Essnische, Möbel und Lampen von Max E. Haefeli, Sessel von Le Corbusier und Charlotte Perriand, Fotos Hans Finsler

Anwalt Wladimir Rosenbaum-Ducommun begleitete die Gründung der Genossenschaft in juristischen Fragen. So ist in den Statuten der Genossenschaft Neubühl festgelegt, dass dem SWB ein Sitz im Vorstand zustehe, damit dieser seine Bestrebungen sichern könne.[5]

Aus der Zusammenarbeit der Architekten und SWB-Mitglieder Paul Artaria, Max E. Haefeli, Carl Hubacher, Werner M. Moser, Rudolf Steiger, Hans Schmidt und Emil Roth entstand ein architektonisches Ensemble, dessen konstituierendes Element der konsequent umgesetzte Zeilenbau ist. Der wiederholende Charakter entspricht wie selbstverständlich einem harmonischen Gesamteindruck, was gemäss Hans Schmidt für ein stimmiges Siedlungsbild grundlegend ist. Zum entsprechend geordneten Gesamtbild trägt ferner bei, dass die dreigeschossigen Etagenwohnungen von den Reihenhauszeilen in topografischer Hinsicht voneinander geschieden wurden: Erstere sind auf leicht ansteigendem Terrain als hintereinander aufgereihte Querriegel errichtet, Letztere durch eine Höhenstaffelung entsprechend der Hanglage angepasst, was als architektonisches Thema von alten Zürichsee-Dörfern übernommen wurde; auch die Schottenbauweise erlaubte einen besonders differenzierten Umgang mit der topografischen Situation. Der Bezug zur lokalen Bautradition und die behutsame Einbettung in die Landschaft sowie der einheitliche Charakter der gesamten Siedlung unterscheidet sie von den zeitgleich errichteten Werkbund-Siedlungen in Europa.[6] Vom Projektstart weg stand nicht der Wettbewerb unter den einzelnen Architekten im Vordergrund, was gemäss *Schweizerischer Bauzeitung* bei ähnlichen Vorhaben zu Ergebnissen geführt habe, die «nicht nur abwechslungsreich, sondern zerrissen, buntscheckig» und zudem, da «jedes Haus nach besonderen Methoden und mit anderen Materialien»[7] gebaut wurde, teuer waren. Vielmehr galt es, mit der Siedlung als Architektenkollektiv nach aussen hin aufzutreten und ein einheitliches Projekt zu realisieren. Gerade diese individuelle Zurückhaltung trug viel zur breiten Akzeptanz in der Bevölkerung bei.

Mit der Siedlung in Zürich-Wollishofen sah der SWB eine Möglichkeit, das Wohnen in seiner Gänze zu revolutionieren. Im Gegensatz zur gleichzeitig erstellten Mustersiedlung Eglisee (→ S. 360) auf der *Schweizerischen Wohnungsausstellung* in Basel (WOBA), wo Arbeiterwohnungen für das Existenzminimum konzipiert wurden, konnte in Zürich-Wollishofen dieses Vorhaben jedoch nicht umgesetzt werden. Zu gering war die Baudichte und zu peripher die Lage, was sich in hohen Erschliessungskosten niederschlug.[8] Anders als in Basel war das Wohnen im Grünen – «Wohnen wie in den Ferien» – ein Hauptaspekt der Anlage, was in einem Werbeprospekt sogar besonders hervorgehoben wurde. Die landschaftliche Einbettung war eine wichtige Grundlage für die Planung, der mit den von Gustav Ammann gestalteten Gärten besonders Rechnung getragen wurde. Allerdings wurde bereits bei der Aus-

365

366

Wohnen wie in den Ferien ...

Könnte man doch das ganze Jahr so wohnen wie in den Ferien! Fern vom Lärm und von der Schwüle der Stadt, zwischen grünen Matten, in würziger Luft und reichlicher Sonne, die Zimmer erfüllt vom Duft der Blüten oder des Heues — das waren früher unerfüllbare Wünsche für alle beruflich an die Stadt gebundenen Leute mit mittlerem Einkommen. Es gibt in Zürich eine Gartensiedlung, wo man das alles zu normalen Mietzinsen findet, und helle praktische Wohnungen dazu, mit einem Komfort, auf den man in Ferienorten meistens verzichten muß. Sogar das abendliche Herdengeläute ist inbegriffen, wenn der Nachbar auf dem Lettenhof sein Vieh weiden läßt!

Das ganze Jahr so gesund und frei wohnen wie in den Ferien — hier ist der Weg zum Neubühl, der schönsten Siedlung Zürichs. Zehn Minuten sind es von der Tramendstation Wollishofen.

Neubühl liegt auf freier Höhe über dem See, zwischen Matten, Bäumen, inmitten gepflegter Gärten. Der Wald ist nahe. Je strenger die beruflichen Anforderungen, je ermüden-

der das Tagewerk in der Stadt ist, desto notwendiger ist tägliche Ausspannung. Hier oben findet man Erholung.

Und welches Paradies für die Neubühler Kinder! Die sind nicht nur nach den Sommerferien sonngebräunt. Die Kleinsten haben sogar ihren eigenen städtischen Kindergarten mitten im Dorf.

In den hellen Wohnräumen mit den breiten Fenstern fühlt man sich auch an trüben Wintertagen nie eingeengt und eingeschlossen. Die Verbindung von Wohnraum und

Natur ist von den Architekten meisterhaft gelöst worden.

Die Einteilung der Wohnungen ist praktisch und arbeitsparend. Es gibt Wohnungen und Einfamilienhäuser mit 1—6 Zimmern, alle mit Bad, warmem und kaltem Wasser in Küche und Bad, elektrischen Kochherden und eingebauten Schränken.

Es gibt keine Öfen anzufeuern, noch Zentralheizungen zu bedienen: die Fernheizung besorgt das für alle. Trotz der freien Lage und der großen Fenster ist es immer herrlich warm. Fragen Sie ruhig unsere Mieter. Die Heizkosten sind mäßig. Ebenso verhält es sich mit der Warmwasserversorgung. Die Waschhäuser sind mit modernen elektrischen Waschmaschinen versehen. Alle Wohnungen haben Telephonzuführung.

Einige Läden (Lebensmittel, Molkerei, Bäckerei, Mercerie, Papeterie, Coiffeur) und der tägliche Migroswagen erleichtern die Versorgung des Haushalts. Es hat Garagen für Autos und Motorräder. Es gibt einen Spielplatz für Kinder und einen großen Sportplatz für Erwachsene. Denn wir haben auch eine Sportgesellschaft, die Gelegenheit bietet für Gymnastikstunden für Damen und Herren, gemeinsame Bewegungs-Spiele, und zum Sonntagsmorgen-Waldlauf im nahen Entlisbergwald. Kein Vereinsbetrieb — man macht mit, wenn man Lust hat.

Wer im Neubühl wohnt, — Angestellte, Beamte, Kaufleute, Architekten, Künstler — findet ein ruhiges sonniges Heim und angenehme Nachbarschaft.

Die Tramverbindungen (7 und 22) sind gut. Besuchen Sie uns. Wir zeigen Ihnen gerne freie und bewohnte Wohnungen. Wenn Sie uns telephonieren, können die Besichtigungen auch außerhalb der Geschäftszeit stattfinden.

Geschäftsstelle Neubühl. Westbühlstr. 50
Telephon ~~46521~~ 45 15 21

	Jahresmiete	Monatsraten Miete	Zuschlag für Heizung	Total
	Fr.	Fr.	Fr.	Fr. inkl. Heizung
EINFAMILIENHÄUSER:				
6-Zimmer:				
Eingebautes Haus	2412	201.—	34.—	235.—
Eck-Haus	2565	214.—	36.—	250.—
5-Zimmer:				
Eingebautes Haus	1985	165.50	31.—	196.50
Eck-Haus	2120	177.—	33.—	210.—
4-Zimmer:				
Eingebautes Haus	1638	136.50	26.—	162.50
Eck-Haus	1818	151.50	28.—	179.50
3-Zimmer:				
Eingebautes Haus	1314	109.50	21.—	130.50
Eck-Haus	1440	120.—	22.50	142.50
ETAGENWOHNUNGEN:				
5-Zimmer	2040	170.—	27.—	197.—
4-Zimmer	1744	145.50	23.50	169.—
3—4-Zimmer	1600	133.35	26.65	160.—
3-Zimmer	1607	134.—	21.—	155.—
2-Zimmer	1307	109.—	18.—	127.—
2-Zimmer	1134	94.50	14.50	109.—
1—2-Zimmer	800	66.65	13.35	80.—
1-Zimmer	710-750	59.15 62.50	16.85 13.50	76.—
ATELIER	606	50.50	9.50	60.—
GARAGEN	360 300	30.— 25.—	—	30.— 25.—

Warmwasserverbrauch: Hundert Liter 23 [30] Rappen. Im Heizungsanteil ist die Amortisation der Badezimmergarnituren, Vorhangschienen und Sonnenstorengestänge inbegriffen.

VI. 37 - 5000

wahl des Geländes darauf geachtet, möglichst ohne architektonischen Kontext agieren zu können; die kompakte Wirkung der Anlage sollte nicht durch ungeeignete Bauten in der Umgebung gestört werden.[9]

Mit der Siedlung Neubühl wurde ein spezifischer Lebensstil propagiert, der eine junge, fortschrittlich gesinnte Generation ansprechen sollte. So sind Teile der Innenausstattung in Zusammenarbeit mit der 1931 von Sigfried Giedion, Werner M. Moser und Rudolf Graber gegründeten Zürcher Wohnbedarf AG entstanden. Verantwortlich für die möblierten Musterwohnungen waren neben den beteiligten Architekten die Schwestern Lili Humm-Crawford und Flora Steiger-Crawford, Wilhelm Kienzle und Ernst F. Burckhardt, Letztere beide waren auch bei der Stuttgarter Ausstellung tätig gewesen, sowie Max Bill, der zusätzlich die Werbeplakate der Siedlung entwarf. Die Wohnungsvielfalt – es waren zehn Grundrisstypen entworfen worden – brach mit der sonst üblichen homogenen Struktur städtischer Siedlungen jener Jahre. Die Fokussierung der Architekten auf die konsequente Ausrichtung der Bauten nach Süden, die zu den Häuserzeilen abwechselnd eingefügten Grünstreifen sowie die Verwendung industrieller, einfacher Materialien, schuf insgesamt eine kraftvolle architektonische Einheit der Anlage.

Neubühl war für die Architekten kein Versuch mehr, sondern Resultat ihrer mehrjährigen Auseinandersetzung mit dem Neuen Bauen.[10] Wenn auch der SWB «weder organisatorisch noch finanziell» an der Siedlung beteiligt gewesen sei, wie es in der Zeitschrift *Das Werk* betont wurde, die Planung vielmehr in der Verantwortung «einer kollektiv arbeitenden Architektengruppe»[11] gelegen habe, stand die Siedlung Neubühl dennoch für ein Idealkonzept seiner Bestrebungen: das Wohnen im Einklang mit der Architektur und der Umgebung. Über 30 Jahre später, als sich mit einem Bauvorhaben der Ernst Göhner AG in Adlikon-Regensdorf erneut eine differenzierte Auseinandersetzung mit einer spezifischen Siedlungsplanung anbot (→ S. 395), erinnerte man sich der Siedlung Neubühl und deren «Manifestation eines neuen Wohngefühls in Luft und Sonne und frei von den Konventionen der architektonischen Relikte des bürgerlichen Wohnhauses»[12] – freilich als ein Konzept einer vergangenen Zeit, dem nun veränderte Voraussetzungen und ein entsprechend grösserer Massstab zugrunde lagen.[13] ● *Pasquale Zarriello*

367
Broschüre *Wohnen wie in den Ferien …*, Werkbund-Siedlung Neubühl, um 1932

1 Siehe Marbach/Rüegg 1990; der entsprechende Artikel im Werkkatalog in: Hildebrand/Maurer/Oechslin 2007, S. 221–226; Die Werkbundsiedlung Neubühl in Zürich-Wollishofen, in: *Werk* 17 (1930), H. 6, S. 182–187; SWB Werk + Bund – Wohnen 2003, bes. S. 9.
2 GB SWB 1930, S. 3.
3 Brief von Friedrich T. Gubler an Stadtpräsident Emil Klöti, 3.7.1929, Archiv SWB A 3.6/353/Neubühl.
4 Für die Vorfinanzierung garantierten als Geldgeber Sigfried Giedion, Max E. Haefeli, Carl Hubacher, Werner M. Moser und Rudolf Steiger. Gubler, Steiger, Hubacher, Haefeli und Moser bildeten die konstituierende Initiativgruppe, die sich am 14.11.1928 formiert hatte. Später stiessen Hans Neisse, Emil Roth, Paul Artaria, Hans Schmidt sowie Giedion dazu. Vertrag datiert vom 24.1.1929, Archiv SWB A 3.6/353/Neubühl. Vgl. auch GB SWB 1930, S. 3.
5 Statuten der Genossenschaft Neubühl vom 8.2.1929, Artikel 14, § 1, Archiv SWB A 3.6/322/Siedlung Neubühl.
6 Beispielsweise die Werkbund-Siedlung in Wien, siehe Nierhaus/Orosz 2012.
7 *SBZ* 93 (1929), H. 26, S. 318.
8 Protokoll der Vorstandssitzung der Genossenschaft Neubühl, 2.11.1931, S. 2, Archiv SWB A 3.6/352/Neubühl.
9 *Siedlung Neubühl. Zusammenfassung über die Anlage, den Zweck und die Finanzierung der Werkbundsiedlung Neubühl*, Zürich im Mai 1930, S. 1, Typoskript, Archiv SWB A 3.6/353/Neubühl.
10 Zu nennen sind beispielsweise die sogenannten Rotach-Häuser von Max E. Haefeli an der Wasserwerkstrasse in Zürich, die aus einem Wettbewerb der Schule für Gestaltung resultierten; der Schweizerische Werkbund war dabei nicht involviert, siehe Bürkle/Tropeano 1994.
11 *Werk* 17 (1930), H. 6, S. 182.
12 SWB Werkbundsiedlung 1967, S. 609.
13 1954 bestand innerhalb des SWB das Projekt einer Erweiterung der Siedlung Neubühl, vgl. GB SWB 1955, S. 7; vgl. auch S. 383 in der vorliegenden Publikation.

Mustersiedlung Eglisee

Basel, 1930

Zeitgleich mit Forderungen der internationalen Architekturavantgarde zum Bauen für das Existenzminimum engagierte sich der Schweizerische Werkbund für die in eben diesem Sinne ausgerichtete Siedlung Eglisee. Sie war Teil der ersten *Schweizerischen Wohnungsausstellung* (WOBA) in Basel und wurde von 13 verschiedenen Architekturbüros von 1929 bis 1930 auf einem Areal neben dem Badischen Bahnhof errichtet.[1] Basel war um 1930 sozialdemokratisch regiert und stark engagiert im sozialen Wohnungsbau. In unmittelbarer Nachbarschaft wurde bis Oktober 1929 die genossenschaftlich organisierte Wohnkolonie Schorenmatten realisiert.[2] Als bauliche Ergänzung dazu entstand also in einem entsprechend günstigen politischen Umfeld eine weitere Arbeitersiedlung.

Die WOBA war zweigeteilt: Sie bestand aus der Hallenausstellung in den Gebäuden der Mustermesse und der bleibenden Siedlung Eglisee, deren Wohnungen während der Ausstellung vom 16. August bis zum 14. September 1930 möbliert zu besichtigen waren.[3] Der SWB engagierte sich ausschliesslich für die Siedlungsbauten und lehnte eine Mitwirkung an der Hallenausstellung – mit Ausnahme des SWB-Films *Die Neue Wohnung* von Hans Richter (→ S. 189) – ausdrücklich ab; gemäss SWB war die projektierte Einrichtung in den Hallen einem biederen Traditionalismus verhaftet und mit den progressiven Ansprüchen eines modernen Verbandes nicht zu vereinbaren.[4]

«Der SWB darf auf die Siedlung stolz sein, die ausschliesslich auf seine Initiative zustande gekommen ist»[5], heisst es in einem Bericht in der Verbandszeitschrift *Das Werk* über eine Werkbund-Tagung, zu der Eglisee besichtigt wurde. Etwas relativiert wird diese Aussage im Geschäftsbericht des SWB von 1930, wo von einer Unterstützung des Vorhabens «nach besten Kräften», insbesondere mit der Erfahrung des Verbandes in Bezug auf das «Wohnungsproblem», die Rede ist. Tatsächlich hatte der SWB «schon frühzeitig die Durchführung dieser Aus-

368

368
Block 6, 7, 9–14 der Ausstellungs-Siedlung Eglisee, WOBA, 1930

369
Lageplan der Siedlung Eglisee, rechts der Geleise die Siedlung Lange Erlen und Schorenmatten

stellungs-Siedlung gleichzeitig mit Basler Instanzen angeregt [...], um breite Bevölkerungskreise über Form und Wesen der Kleinwohnung zu orientieren».[6] Offenbar war der Bund Schweizerische Wohngenossenschaften gleichermassen für die Realisierung des Siedlungsprojekts verantwortlich. Auch waren längst nicht alle an Eglisee beteiligten Architekten und Theoretiker zum Zeitpunkt des Planungsbeginns Werkbund-Mitglieder.[7] Dem SWB kam also beim Projekt Eglisee vielmehr eine unterstützende und beratende Funktion zu.

Als Baugelände diente eine Restparzelle zwischen den Bahngeleisen östlich des Badischen Bahnhofs, was eine Ausweitung des Versuchsgeländes von vornherein begrenzte, gleichzeitig aber das Beispielhafte der Siedlung betonte. Ausschlaggebend für die Wahl des Terrains waren das nahe gelegene Industriegebiet sowie der günstige Bodenpreis.[8] Unter den 13 geladenen Schweizer Architekten – allesamt Pioniere und Sympathisanten des Neuen Bauens[9] – waren die Büros Artaria & Schmidt, Hermann Baur, Hans Bernoulli und August Künzel, Maurice Braillard, Ernst F. Burckhardt, Giullard & Godet, Arnold Hoechel, Kellermüller & Hofmann, Werner M. Moser & Emil Roth, Mumenthaler & Meier, Scherrer & Meier, Steger & Egender sowie Von der Mühll & Oberrauch vertreten. Die Leitung und das Präsidium der Siedlung wurden mit Hermann Kienzle, Georg Schmidt und Hans Bernoulli durch SWB-Mitglieder besetzt.[10]

Der Zeilenbau dominiert den Charakter der Siedlung und nimmt damit den Gesamtplan der kurz zuvor auf dem Nachbargelände realisierten langen Zeilen der Genossenschaftskolonie Schorenmatten der Architekten August Künzel und Artaria & Schmidt auf.[11] Im Gegensatz zur bestehenden zweigeschossigen Siedlung variieren allerdings in der WOBA-Siedlung die Volumen der einzelnen Gebäude und die Anzahl der Geschosse sowie die Detaillierung der Fassaden, was ein etwas unentschlossenes Gesamtbild ergibt. Die Siedlung liest sich wie ein Ausschnitt der damals in der Schweiz diskutierten Strömungen im Kleinwohnungsbau. Der daraus resultierende Ausstellungscharakter unterscheidet sich denn auch von der als gestalterisches Ganzes entworfenen Siedlung Neubühl (→ S. 356), lässt sich also vielmehr mit der Stuttgarter Weissenhofsiedlung oder mit der etwas später erstellten Werkbundsiedlung in Wien vergleichen.

Ernst Mumenthaler übernahm auf Empfehlung des SWB die Innenausstattung der Wohnungen: An die Stelle von traditionellen Einrichtungsensembles trat eine Möblierung mit leichten, beweglichen und funktionalen Einzelstücken.[12] Die Möbel waren als Typen gedacht, um sie massenweise günstig fabrizieren zu können. Die Zimmereinrichtungen der Wohnungen wurden bereits bei der Grundrissplanung miteinbezogen.[13] Küche und Schlafräume wurden knapp bemessen zugunsten eines grossen Wohnraums. Der bisher übliche Korridor entfiel meistens, denn alle Räume wurden über das Wohnzimmer erschlossen. Ein direkter Zugang zum Garten oder Balkon war in jeder Wohnung vorhanden.

Der Beitrag des Werkbundes bestand in seinem Engagement bei der Realisierung der Minimalwohnungen.[14] Er gab den Anstoss, die auf dem 2. CIAM-Kongress von 1929 diskutierte «Die Wohnung für das Existenzminimum» in die Praxis umzusetzen. Es wurde während des Baus

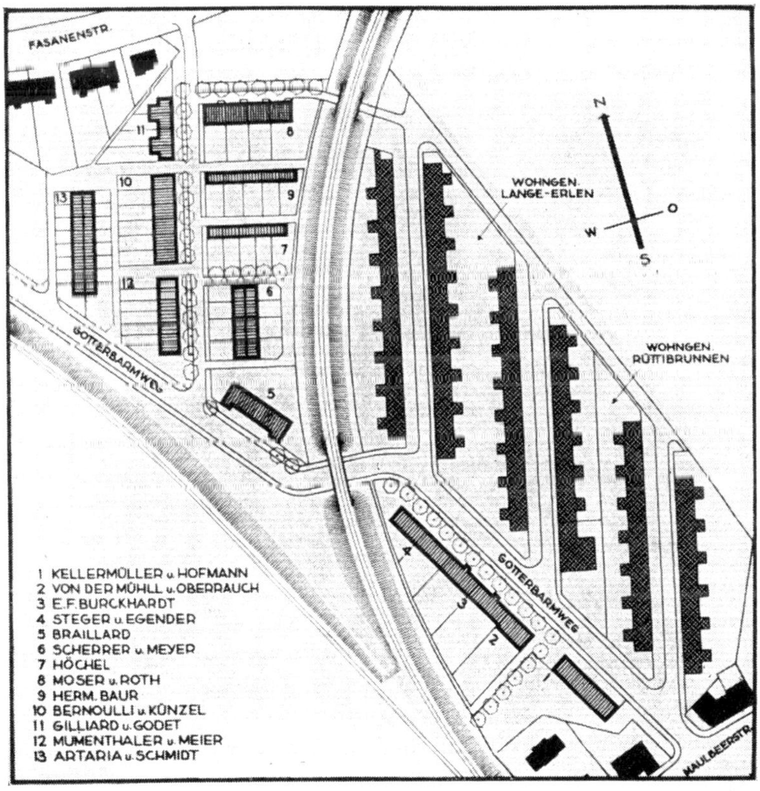

369

besonders darauf geachtet, die Jahresmiete in Höhe von 1300 Franken aufgrund von niedrigen Produktionskosten zu erreichen, was durch die industrielle Fertigung mit einheitlichen Treppenmodulen, Türen und Fenstern sowie Dachkonstruktionen auch gelang.[15]

Die ganze Anlage wurde in der Presse positiv bewertet. Peter Meyer kommentierte 1930 in der *Schweizerischen Bauzeitung,* dass in Eglisee im Vergleich zu Stuttgart das «Wohl des Bewohners» im Zentrum der Unternehmung stand und nicht die «Unterhaltung des Besuchers».[16] In ihrer Auseinandersetzung mit dem «Problem [...] der Kleinwohnung» hätten seiner Meinung nach die Schweizer Architekten «Verantwortungsbewusstsein» bewiesen.[17]

Dass die Siedlung heute noch weitgehend in der 1930 entstandenen Form besteht, ist dem Engagement des SWB und der Wohngenossenschaften Eglisee geschuldet. Eglisee gilt zwar nicht als originäre Werkbundsiedlung (→ S. 360), zu sehr ist die Entstehung mit der Organisation der WOBA-Ausstellung verflochten. Allerdings übte der SWB einen nicht zu unterschätzenden Einfluss auf die letztlich realisierte Form und Ausstattung der einzelnen Wohnungen der gesamten Siedlung aus. Nicht nur lag die Leitung in den Händen von SWB-Vertretern, sondern auch gut die Hälfte der beteiligten Architekten waren Mitglieder des Werkbundes. Mit Eglisee konnte so der SWB seine Ziele in Bezug auf moderne einfache Wohnformen für Arbeiter und Angestellte einer breiten Bevölkerungsschicht näherbringen. ● *Eva Bigler*

370
Ernst Mumenthaler und Otto Meier, Schlafzimmer in Block 6

371
Ernst F. Burckhardt, Block 3, Wohnraum und Küche

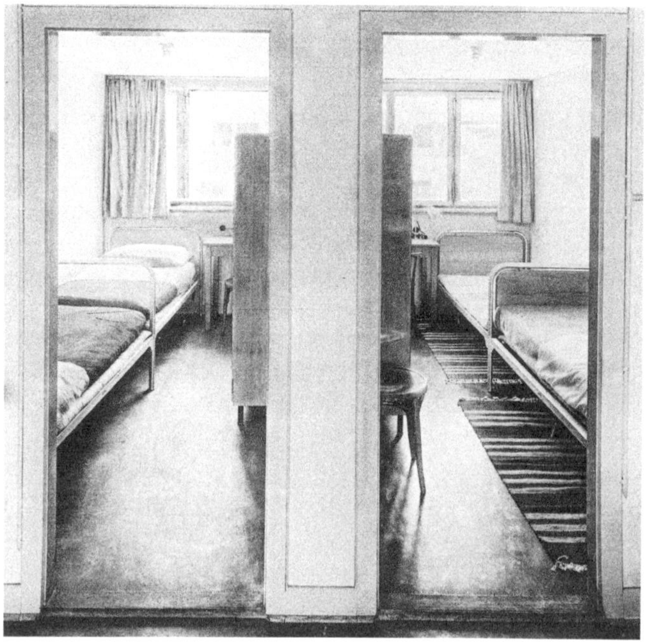

370

371

Wettbewerb für neuzeitliche Holzhäuser

1932/33

In Zusammenarbeit mit der Lignum und dem Kunstgewerbemuseum Zürich beteiligte sich der Schweizerische Werkbund 1932 und darauf folgend an einem Wettbewerb, einer Siedlung und einer Ausstellung zur Förderung zeitgenössischer Lösungen für das Bauen mit Holz.[1]

Gemäss dem im Juli 1932 ausgeschriebenen *Wettbewerb für neuzeitliche Holzhäuser* waren Entwürfe einzureichen, die gute konstruktive Lösungen in einer entsprechend «formalen Durchbildung» zeigten, und die auch preiswert zu realisieren waren.[2] Bestrebungen zur Förderung des Holzbaus waren damals aber keineswegs neu. So wurden bereits 1928 in Zürich zwei Musterhäuser und 1930 in der Kolonie Eglisee an der WOBA (→ S.360) durch Josef Beeler ein modernes Holzhaus errichtet; ebenfalls 1930 hatte die Ortsgruppe Zürich einen Wettbewerb für ländliche und städtische Holzhäuser angeregt.[3] Mit einem Wettbewerb zum Holzbau war ein entsprechendes Vehikel gefunden, wirtschaftliche und soziale Aspekte sowie eine als typisch schweizerisch geltende Bauart miteinander zu verbinden. Neben der Idee, «für schweizerische Bauten nach Möglichkeit einheimisches Material zu verwenden», würden gleichzeitig in abgelegenen Gebirgsregionen «Verdienstmöglichkeiten» geschaffen, hiess es im Jurybericht. Zudem käme die Holzbauweise «Heimatschutzbestrebungen» entgegen, «Bautypen aus den Gegebenheiten eines bestimmten Materials heraus zu entwickeln». Mit Blick auf «das Wohnbedürfnis minderbemittelter Familien [sei] mit einem Minimum an Aufwand ein Maximum an Wohnwert zu erzielen».[4]

So war für die Wettbewerbsprojekte auch nicht ein besonderer Typus im Holzbau vorgegeben worden. Durch die Zusammenarbeit der Lignum mit dem SWB war allerdings eine zeitgemässe Neuformulierung des traditionellen Holzbaus gegeben, was im Nachgang der Jurierung zu Kontroversen führte.[5] Unter den 150 teilnehmenden Architekten waren denn auch einige Vertreter des Neuen Bauens. Im Entwurfsprogramm waren ein frei stehendes Vierzimmerhaus und Dreizimmer-Reihenhäuser gefordert, mit ein- oder zwei Geschossen.

Der Jury gehörten neben Zimmerleuten und Architekten der Zürcher Kantonsbaumeister Hans Wiesmann, der Forstwissenschaftler der ETH Zürich, Henri Badaux, sowie die Werkbund-Mitglieder Niklaus Hartmann, Hans Hofmann und Hans Oetiker an; Protokollführer war Geschäftsführer Egidius Streiff.[6]

Vor allem die gute Durchbildung der Grundrisse war der Fachjury ein wichtiges Beurteilungskriterium. Die beiden Entwürfe *Plattenbau* des Werkbund-Mitgliedes Franz Scheibler schwangen obenauf, da sie räumlich und betriebstechnisch gut gelöst waren. Durch die Verwendung von nur zwei Fenstertypen sei zudem die Fassadengestaltung klar, was sich positiv auch auf die Realisierungskosten auswirken würde. Die fehlenden Fensterläden, der zu kleine Dachvorsprung und der zu niedrige Sockel waren allerdings bemängelte Punkte. Allgemeiner resümierte die Jury und kritisierte zugleich, dass sich Scheibler mit seinem Projekt zwar von der Chaletbauweise löse, die spezifische Eigenschaft der Holzkonstruktion dennoch zu berücksichtigen habe; eine direkte Übersetzung aus dem Massivbau in den Holzbau würde nicht funktionieren.[7]

Im Anschluss an den Wettbewerb wurden vonseiten der Zimmermeister an die Adresse des SWB Vorwürfe erhoben, wonach dieser zu stark auf die moderne Gestaltung fokussiert gewesen sei und

1 WOBA 1930.
2 Claudia Cattaneo, Wohnungsbau zwischen «Neuem Bauen» und «Heimatstil», in: Dreissigerjahre 1981, S.172–181, hier S.173.
3 Bernoulli 1930, S.305.
4 *Werk* 16 (1929), H.10, S.XXIII.
5 *Werk* 17 (1930), H.10, S.XXIX.
6 GB SWB 1930, S.2–3.
7 August Künzel und Hermann Baur traten dem SWB erst 1930 bei, Otto Meier und Ernst Mumenthaler erst 1938. Adolf Steger, Paul Oberrauch, Giullard & Godet oder Arnold Hoechel sind nicht im Mitgliederlexikon des SWB aufgeführt, vgl. Bignens 2008.
8 Bernoulli 1930, S.305.
9 Dorothee Huber, *Architekturführer Basel: die Baugeschichte der Stadt und ihrer Umgebung*, hg. vom Architekturmuseum Basel, Basel 1996, S.258.
10 Schnell 2005, S.102.
11 *Werk* 17 (1930), H.6, S.170–173, 180–182.
12 WOBA 1930, S.2.
13 Bernoulli 1930, S.305.
14 *Schweizerische Wohnungsausstellung Basel: 16. August–14. September 1930. Schluss-Bericht*, hg. von der Genossenschaft Ausstellung Eglisee, Genossenschaft Schweizerische Wohnungsausstellung, Basel 1931, S.11.
15 *SBZ* 96 (1930), S.87; Rüegg 2002b, S.306; WOBA 1930, S.3.
16 Peter Meyer, «WOBA», Schweiz. Wohnungsausstellung in Basel, in: *SBZ* 96 (1930), S.120–126, hier S.123.
17 Ebd., S.126.

dafür die Aspekte der Konstruktion zu wenig beachtet habe. Im Geschäftsbericht des SWB wurde hierzu angemerkt, einige der Chalettradition verpflichteten Zimmermeister hätten sich nicht den modernen Vorschlägen öffnen können. Die Jury hätte aber alle Entwürfe auf Bewohnbarkeit, Wirtschaftlichkeit und Konstruktion geprüft und nicht etwa ein «Idealprojekt» verfolgt. Dem Zweck des Wettbewerbs, «den heutigen Wohnbedürfnissen und dem heutigen Empfinden entsprechende neuzeitliche Formen für den Holzbau zu gewinnen», sei so vollumfänglich entsprochen worden.[8]

Die Wettbewerbsergebnisse wurden in zahlreichen Zeitschriften dokumentiert. Im März 1933 wurden sämtliche Entwürfe im Kunstgewerbemuseum Zürich ausgestellt und von über 3000 Personen besichtigt.[9] Wohl aufgrund dieses Erfolgs wurde eine Auswahl von den prämierten Projekten inklusive Modellen im Massstab 1 : 33 als Wanderausstellung in Winterthur, Aarau, Bern, Fribourg, St.Gallen, Lausanne, Basel und Wattwil gezeigt.[10]

Als direkte Folge des Wettbewerbs entstand 1934 nach den Siegermodellen von Scheibler in Winterthur-Wülflingen eine Holzhaussiedlung, deren Bau durch diverse baupolizeiliche Ausnahmen ermöglicht worden war.[11] Im Oktober 1934 wurde die Siedlung für Besucher geöffnet. Einige komplett fertiggestellte Häuser waren mit Typenmöbeln von SWB-Mitgliedern ausgestattet, andere wurden in der Bauphase gezeigt, um Konstruktionsprozesse und einzelne Arbeitsschritte sichtbar zu machen.[12] Etwa 6000 Personen besuchten die Ausstellung; damit bestätigte sich wiederum das grosse Interesse für den Holzbau in der breiten Bevölkerung.

Allerdings wurden bei den Bauten im Vergleich zu den Wettbewerbsentwürfen einige Veränderungen vorgenommen: Sie waren teurer als bei der Projekteingabe, nun mit einem Satteldach versehen, hatten Fensterläden und eine andere Treppenführung. Die Grundrisse waren grosszügiger bemessen und jeweils um ein Badezimmer ergänzt.[13] Mit Blick auf die Auseinandersetzung zwischen einigen Zimmerleuten und dem SWB ist zu vermuten, dass in der Aufweichung moderner Prinzipien im einfachen Holzbau sich ein Konflikt zwischen avantgardistischen Strömungen und traditionellen Holzstilen manifestierte.

Aus der Rezeption der Siedlung ist zudem die verstärkte Ideologisierung des Materials Holz ablesbar. Der aufkommende Nationalismus führte gerade in ländlicheren Kreisen zu einer Betonung der bodenständigen Aspekte des Holzbaus.[14]

In den folgenden Jahren wurde Holz als volkswirtschaftlicher Faktor zunehmend wichtig. Importholz war jedoch nicht nur billiger, sondern auch qualitativ besser. Eine Reaktion im Sinne der Förderung des einheimischen Baustoffs war 1938 die Ausstellung *Das Haus aus unserm Holz* im Zürcher Kunstgewerbemuseum, die auch in anderen Städten gezeigt wurde.[15] Inhaltlich an der Aktivität des SWB zu Beginn der 1930er-Jahre anknüpfend, jedoch der verschärften isolierenden politischen Situation in Europa entsprechend, konzipierte Alfred Altherr sen. eine Schau, an der einige Mitglieder des SWB mit Beispielen aus ihrem Œuvre vertreten waren wie Paul Artaria, Otto Senn, Hans Leuzinger oder Egidius Streiff.[16]

Innerhalb verschiedener Abteilungen – *Forstwirtschaft, Holzverarbeitung, Konstruktionen, Forderungen, Das Chalet, Innenausbau und Holzbau der Gegenwart* – näherte man sich dem Baustoff Holz auf verschiedenen Ebenen an und führte den Besuchern seine Vorteile auch im Bauwesen vor Augen. Zudem wurde das Nachahmen von historischen Bauten aus dem Gebirge und aus ländlichen Gegenden im städtischen Kontext kritisch hinterfragt;[17] Gegenbeispiele waren in Fotografien, Modellen und Plänen zu sehen, zudem wurde ein komplettes Musterhäuschen erstellt. Eine eigene Abteilung widmete sich der Forderung einer gesetzlichen Überarbeitung der Vorschriften für Holzbau, insbesondere bezüglich Gebäudeabständen und Feuersicherheit.[18]

Auch wenn in der Zeitschrift *Das Werk* Holz und seine Förderung als Baustoff immer wieder Erwähnung fanden – oft mit schwedischen Häusern als Vorbildern[19] – fand ausgerechnet diese Ausstellung nur wenig Resonanz; auch im Geschäftsbericht des Werkbundes wird kaum darauf eingegangen.[20] Dieter Schnell resümiert über die damalige Zeit, dass der Holzbau längerfristig durch solche Förderungsmassnahmen keinen Aufschwung erlebt habe; und wenn, dann war er nur während der Zeit der Baumaterialknappheit spürbar gewesen. Die Ideologisierung des Holzbaus sowie die pavillonartigen, temporären Bauten für Ausstellungen hätten der weiteren Entwicklung des Holzbaus eher geschadet.[21] Die Aktionen des SWB dokumentieren das Agieren am Puls der Zeit – der Holzbau entpuppt sich dabei beispielhaft als Betätigungsfeld im Bereich der Architektur, der sich der SWB ab den späten 1920er-Jahren vermehrt zuwenden sollte. ● *Sibille Arnold*

372
Beeler und Zamboni, Projekt *Norm 45*

373
Gachnang und Nabold, Projekt *Holzwurm I*

374
Franz Scheibler, Projekt *Plattenbau*, 4-Zimmer-Wohnung

375
Werner M. Moser und Rudolf Steiger, Projekt *Pilz*

376
Keller, Projekt *Holz, Bois, Legno*

377
Franz Scheibler, Projekt *Plattenbau*, Reihenhäuser

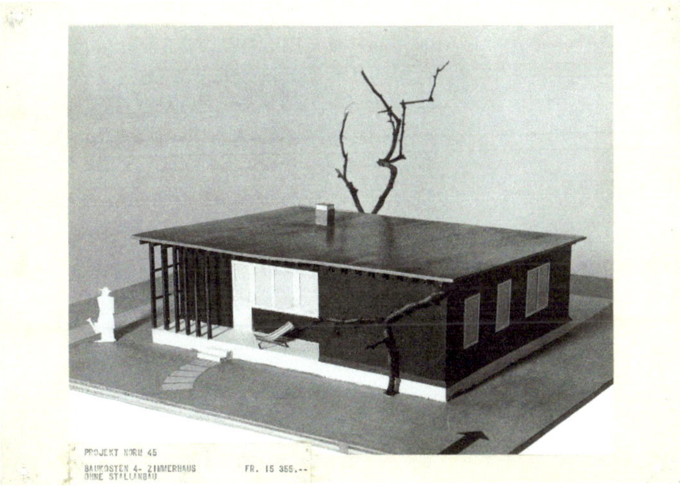

372

373

374

375

376

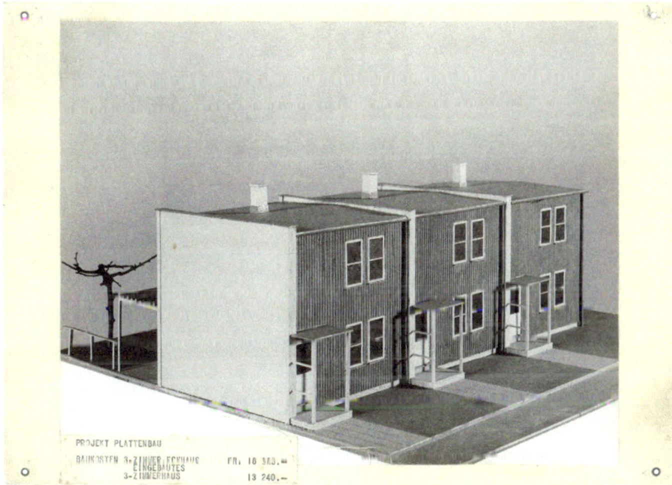

377

Kontroverse um den Heimatstil

1940

1940 ergriff Peter Meyer (→ S. 425) in der damals von ihm geleiteten Zeitschrift *Werk* Partei für die traditionalistischen Strömungen in der Architektur, was Proteste von Vertretern des Schweizerischen Werkbundes provozierte und schliesslich seine eigene Absetzung nach sich zog. Als vielleicht wichtigste Auseinandersetzung zwischen der Avantgarde und den traditionalistischen Strömungen der 1930er- und 1940er-Jahre innerhalb der Schweiz wirft die Kontroverse ein Licht auf die zeitgenössische Architekturdebatte und zeigt, wie sich die Vertreter der klassischen Moderne in den Jahren des Zweiten Weltkriegs in einer zunehmend prekären Lage befanden.[1]

Konflikte zwischen Vertretern des SWB und Peter Meyer hatten sich seit dessen Anstellung als *Werk*-Redaktor im Jahr 1930 mehrfach ergeben (→ S. 158). Ihren öffentlich wahrnehmbaren Höhepunkt erreichten die Differenzen aber im Jahr 1940, als Meyer nebst anderen programmatischen Beiträgen seine Betrachtungen über die «Situation der Architektur 1940» veröffentlichte. Im Aufsatz, dessen Titel schon einen grundsätzlichen Anspruch formulierte, mahnte er, das wieder aktuell gewordene «Gespenst des Historismus» nicht nur als «Reaktion» zu brandmarken; vielmehr sollte man nach den «lebendigen Kräften» fragen, die in dem unliebsamen Phänomen – gemeint war der in Architektur wie Kunstgewerbe zunehmend manifeste Heimatstil – zum Ausdruck kämen.[2] Dass das Thema im Kontext der architektonischen wie auch der politischen Situation des Jahres 1940 besonders brisant war, dokumentiert eine ganze Reihe von Entgegnungen, denen Meyer selbst – der als Redaktor immer gerne das letzte Wort beanspruchte[3] – nochmals um einiges längere Nachsätze folgen liess.[4]

Angesichts der Unzufriedenheit mit Meyers Positionen hatte man beim SWB schon Ende 1939 Gespräche über mögliche Veränderungen beim *Werk* aufgenommen. Die treibende Kraft war dabei wohl Georg Schmidt, der 1938 neu in den Zentralvorstand gewählt worden war; ausserdem gehörten der entsprechenden Arbeitsgruppe Rudolf Steiger und der SWB-Geschäftsführer Egidius Streiff (→ S. 426) an. Ob Meyers Artikel bereits eine Reaktion auf diese Anstrengungen waren, ist nicht bekannt; sicherlich beschleunigte die Kontroverse aber die Bemühungen um die Neuausrichtung der Zeitschrift, die 1942 in Meyers Entlassung gipfelten.[5] Die Fronten waren derart verhärtet, dass eine Aussprache zwischen dem Zentralvorstand des SWB und seinem in Ungnade gefallenen Redaktor im Oktober 1942 in einem lautstarken Streit endete; vom umgehend formulierten Antrag, Meyer aus dem SWB auszuschliessen, kam man zehn Tage später aber wieder ab und nahm dessen freiwilligen Austritt an.[6] Mit dem Dezemberheft 1942 endete schliesslich Meyers Tätigkeit für das *Werk*. Die Kontroverse hingegen erhielt noch eine Coda, indem Meyer nur wenige Monate später in der *Bauzeitung* vier Beiträge mit dem Titel «Werkbundfragen» drucken liess, um die Positionen des Vereins genüsslich zu zerpflücken.[7]

Während die Vertreter des SWB auch in der Situation der 1940er-Jahre weiterhin die Prinzipien der modernen Gestaltung verteidigten, trat Meyer für eine Architektur ein, welche auf jeden revolutionären Gestus verzichtete, den Kompromiss mit konservativeren Positionen suchte und damit auf Resonanz beim Publikum stossen sollte.[8] So stellte er in seinem Artikel zur «Situation der Architektur» fest, die von der Architekturavantgarde («den Werkbünden») propagierte «Schönheit des Schmucklosen» sei ohnehin «nur von einer Elite von

1 Angaben zur 1931 gegründeten Schweizerischen Arbeitsgemeinschaft für das Holz (Lignum) bei Schnell 2001, S. 52.
2 *Werk* 19 (1932), H. 7, S. XXXIV–XXXVII.
3 Vgl. *Hoch- und Tiefbau* 29 (1930), H. 23, S. 206–208; *Hoch- und Tiefbau 29* (1930), H. 34, S. 293–296; Beitrag des Geschäftsführers, 1930, aus: Archiv SWB B 7.3/219/Artikel und Vorträge SWB 1920er-Jahre und Alfred Altherr, Ergebnisse eines Wettbewerbs für zwei Musterhäuser an der Wasserwerkstrasse Zürich, Gewerbemuseum Zürich, 1927, aus: Archiv SWB B.0067, S. 4.
4 *Werk* 20 (1933), H. 12, S. 359–364, hier S. 359.
5 Schnell 2005, S. 124.
6 Wie Anm. 4, Prof. Badaux wird lediglich in der *Schweizerischen Technischen Zeitschrift* erwähnt, siehe: *STZ* 8 (1933), H. 9, S. 133. Vgl. zudem GB SWB 1933, S. 2.
7 Auflistung der Gewinner und Ankäufe siehe: *Werk* 20 (1933), H. 3, S. XVII. Ergebnisse laut Preisgericht siehe *SBZ* 101 (1933), H. 12, S. 140–145.
8 GB SWB 1933, S. 3–4. Siehe dazu auch Peter Meyer, Nachklänge zum Holzhauswettbewerb in: *Werk* 20 (1933), H. 12, S. 364.
9 Ebd., H. 5, S. XXII–XXV, hier S. XXII.
10 Offenbar sollte sie auch in Chur und Luzern gezeigt werden, wobei diesbezüglich keine weiteren Berichte folgen. Vgl. dazu GB SWB 1933, S. 2 und *Werk* 20 (1933), H. 6, S. XXX–XXXIII.
11 *SBZ* 104 (1934), H. 16, S. 185–186, hier S. 185.
12 Holzhauskolonie (Zimmermeisterverband), in: *Das Wohnen* 9 (1934), H. 5, S. 10.
13 *Werk* 21 (1934), H. 12, S. XXII; Schnell 2001, S. 54.
14 Vgl. *Das Wohnen* 9 (1934), H. 11, S. 3–4, hier S. 3. Siehe auch Schnell 2001, S. 53.
15 Schnell 2001, S. 56. Ausstellungskalender, in: *Werk* 25 (1938), H. 2, S. XI.
16 Kant. Gewerbemuseum Bern, Ausstellung *Das Haus aus unserm Holz*, Ausstellungskatalog, 11.3.–1.4.1939, hier S. 1 und Ausstellung *Das Haus aus unserm Holz*, Ausstellungskatalog, Kunstgewerbemuseum Zürich, 30.1.–13.3.1938, Wegleitungen des Kunstgewerbemuseums Zürich Nr. 137, 1938. Zur Frage nach entsprechenden Voraussetzungen für «eine Architektur der nationalen Einheit», wie sie an der Landesausstellung 1939 zu sehen war, siehe Irene Kull-Hochreutener, «Schweizer Architektur»: von der Landesausstellung 1939 über das Neue Bauen bis zur *Expo.01*, in: *Schweizer Ingenieur und Architekt* 116 (1998), H. 37, S. 674–678, hier S. 675.
17 Vgl. *Heimatschutz* 33 (1938), H. 6, S. 85–91, hier S. 90.
18 Vgl. *Das Wohnen* 13 (1938), H. 2, S. 22–23, hier S. 22.
19 Siehe etwa Hans Bartning, Holzhausbau in Schweden, in: *Werk* 19 (1932), H. 2, S. 52–60.
20 Peter Meyer, Das Haus aus unserm Holz, in: *Werk* 25 (1938), H. 3, S. XIV; GB SWB 1938, S. 5–6.
21 Schnell 2001, S. 58.

erzogenem Geschmack goûtiert» worden. Man möge deshalb anerkennen, dass «die breite Masse ihre Bedürfnisse nach Bürgerlichkeit stets im Gewand historisierender Formen befriedigen wird» und diese Bedürfnisse als Gestaltungsaufgabe ernst nehmen, statt gegen sie zu polemisieren.[9] Argument war Meyer dabei aber nicht nur der herrschende Publikumsgeschmack; er sah die Architektur auch als direkten Spiegel politischer Haltungen, wie er mit einer für ihn typischen Spitze gegen die Avantgarde formulierte: «Der Sinn historisierender Formen liegt in ihrer Symbolbeziehung zu einer bestimmten Vergangenheit – oder zur Vergangenheit und einer bestimmten Lebenshaltung überhaupt – genau so wie jeder Serienstuhl um 1925 ‹internationale Architektur› symbolisierte – auch wenn er aus Rüti oder Horgen stammte.»[10] Verglichen mit Meyers rhetorischem Furor waren die Beiträge seiner Kontrahenten etwas mager. Noch am ausführlichsten war die Entgegnung von Streiff, der sich aber hauptsächlich darauf beschränkte, die von Meyer beschriebenen Tendenzen als eine von Fabrikanten und der Werbung geprägte Mode zu erklären. Beleg gegen Meyers Thesen war ihm ein vom SWB in Zusammenarbeit mit der Porzellanfabrik Langenthal im Hinblick auf die Landesausstellung 1939 entwickeltes Service: ein «neutraler Bedarfsartikel», der in der Bevölkerung Verbreitung gefunden habe, «obschon nach den theoretischen Ableitungen Peter Meyers aus dem Traditionellen entwickelte Formen hätten vorgezogen werden müssen».[11]

In ihrer Wirkung auf das Architekturgeschehen vor allem ausserhalb der Kreise der Avantgarde sollte man Meyers Stellungnahmen keineswegs unterschätzen, war dieser doch in den 1930er- und 1940er Jahren de facto so etwas wie das Sprachrohr einer zumindest offiziösen schweizerischen Architekturpolitik – man mag dabei bloss etwa an seine Bedeutung für die Konzeption der Landesausstellung 1939 denken, an seine Beiträge zur offiziellen Publikation der Ausstellung oder auch seine enorm verbreitete *Schweizerische Stilkunde* von 1942.[12] Tatsächlich vertrat Meyer eine Position, die in jenen Jahren eine breite Resonanz fand. Ihm schwebte eine Architektur vor, der je nach Bauaufgabe und Repräsentationsbedürfnis verschiedene stilistische Idiome zur Verfügung standen. Die Erfüllung seines eigenen architektonischen Programms war ihm in diesem Sinn zuvorderst die «Landi», wo er im «Nebeneinander moderner Ausstellungsbauten, technischer Spitzenleistungen und des ‹Dörfli›» mit der Gleichzeitigkeit verschiedenartiger «Typen» (und Architektursprachen) geradezu «das Programm der nächsten Zukunft» realisiert sah.[13] Zunehmend begrüsste Meyer den «Heimatstil» in den Kriegsjahren aber auch deswegen, weil er darin einen Beitrag zur sogenannten geistigen Landesverteidigung sah – ein Begriff, den er übrigens schon benutzte, bevor dieser durch die bundesrätliche «Kulturbotschaft» von 1938 zum allgemeinen Schlagwort wurde.[14] Selbst wenn dies aus heutiger Perspektive vielleicht widersinnig scheint, wollte Meyer den Heimatstil ausgerechnet als architektonische Abgrenzung von den totalitären Nachbarländern verstanden wissen. Hatte er in dieser Hinsicht 1940 allgemein festgestellt, ein «Bedürfnis nach Geborgenheit» und «Bodenständigkeit» sei als «Kompensation zur Unsicherheit aller Lebensverhältnisse» aktuell geworden[15], lautete die Devise knapp drei Jahre später nun unmissverständlich, um auch «Fragen des Mobiliars [...] unter kulturpolitischen Gesichtspunkten» zu betrachten: «[...] wenn die Gegenstände, die in ihrer (guten oder schlechten) Formgebung an die heimatliche Kultursubstanz erinnern, dazu beitragen können, bei den Besitzern das Bewusstsein der nationalen Zusammengehörigkeit und der Verbundenheit mit dem Herkommen zu fördern, so wäre dies ‹eine Messe wert› [...].»[16]

Die Kehrseite solcher kulturpolitischer Lorbeeren für den Heimatstil lag einmal darin, dass Meyer nicht nur den architektonischen, sondern auch den politischen Hauptgegner auf der Seite des Neuen Bauens sah und dieses als Teil eines revolutionären «technischen Internationalismus»[17] diffamierte. Personifiziert sah er diesen innerhalb des SWB in den «Basler Kommunisten», das heisst den Brüdern Hans und Georg Schmidt, die er noch 40 Jahre später in autobiografischen Aufzeichnungen sehr selbstgerecht für «meine Entlassung und ein Absinken des SWB in völlige Bedeutungslosigkeit» verantwortlich machte.[18] Umgekehrt waren Meyers Abgrenzungen gegenüber Architektur und Kunsthandwerk der totalitären Nachbarländer im Vergleich dazu nachgerade zahm. So beschränkte er sich darauf, sich über das Pathos des Speerschen Monumentalklassizismus zu mokieren, während er übersah, dass der von ihm propagierte Heimatstil auch im «Dritten Reich» regen Zuspruch erfuhr. Mit ausdrücklichen Spitzen gegen den SWB konnte er sogar noch 1943 in einem Artikel der *Schweizerischen Bauzeitung* die damals im Zürcher Kunstgewerbemuseum gezeigte, aus Deutschland übernommene Ausstellung *Deutsche Wertarbeit* als «vortrefflich» loben.[19] Sicherlich hatte Meyer keinerlei politische Sympathien gegenüber Nazideutschland. Politisch vertrat er ausdrücklich eine bürgerliche und demokratische Haltung, der alles Revolutionäre fremd war, und hatte sich übrigens gerade aus dieser Perspektive sehr früh und in aller Deutlichkeit etwa gegen die Pamphlete Paul Schultze-Naumburgs oder Alexander von Sengers ausgesprochen.[20] Trotzdem muss man konstatieren, dass ihn seine Haltung wenn nicht gerade blind, so doch recht blauäugig machte im Hinblick auf die politischen Implikationen seiner architekturtheoretischen Positionsbezüge. ● *Melchior Fischli*

378
Plakat *Unsere Wohnung,* Kunstgewerbemuseum Zürich, 1943, Gestaltung Richard P. Lohse

379
Wanderausstellung *Unsere Wohnung*, Korridor mit Zimmer-Modellen und Schautafeln, Kunstgewerbemuseum Zürich, 1943, Foto [Carl] Hoffmann

380
Schautafel der Firma Embru-Werke Rüti, Foto [Carl] Hoffmann

381
Zimmer-Modell mit Möblierung, Foto [Carl] Hoffmann

378

379

1 Zur Kontroverse allgemein vgl. von Moos 1992, S. 254–257; Maurer 1994; Medici-Mall 1991; vgl. auch Medici-Mall 1998, insbesondere S. 183–190.
2 Meyer 1940, S. 241.
3 Vgl. Schnell 2005, S. 281.
4 Streiff 1940; «Situation der Architektur 1940» – Diskussion, in: *Werk* 28 (1941), H. 2, S. 50–60; Peter Meyer, «Situation der Architektur 1940» – Antworten auf Entgegnungen/Situation II, in: *Werk* 28 (1941), H. 4, S. 111–120.
5 Schnell 2005, S. 222–223.
6 GB SWB 1940, S. 4; GB SWB 1941, S. 9–10; GB SWB 1942, S. 6; Protokoll ZV SWB, 7. und 17.10.1942.
7 Meyer 1943.
8 Eine gute und knappe Charakterisierung von Meyers Positionen bei Schnell 2005, S. 286–287.
9 Meyer 1940, S. 246, 251.
10 Ebd., S. 249.
11 Streiff 1940, S. 368.
12 Vgl. Peter Meyer, Planen, Bauen und Wohnen, in: LA 39, S. 61–69; Peter Meyer, *Schweizerische Stilkunde. Von der Vorzeit bis zur Gegenwart*, Zürich 1942.
13 Meyer 1940, S. 251. Vgl. dazu auch Medici-Mall 1998, S. 279–308.
14 So im April 1938 in der *NZZ*, vgl. Schnell 2005, S. 285; zur Politik der geistigen Landesverteidigung vgl. allgemein Josef Mooser, Die «Geistige Landesverteidigung» in den 1930er Jahren. Profile und Kontexte eines vielschichtigen Phänomens der schweizerischen politischen Kultur der Zwischenkriegszeit, in: *Schweizerische Zeitschrift für Geschichte* 47 (1997), S. 685–708.
15 Meyer 1943, S. 243.
16 Meyer 1943, S. 80.
17 So etwa ebd., S. 90.
18 Peter Meyer in autobiografischen Aufzeichnungen (1979), zitiert nach Medici-Mall 1998, S. 316.
19 Peter Meyer, «Deutsche Wertarbeit» im Kunstgewerbemuseum Zürich, in: *SBZ* 122 (1943), S. 248.
20 Vgl. Schnell 2005, S. 138–142; Medici-Mall 1998, S. 286.

Wanderausstellung *Unsere Wohnung*

Basel, Zürich und Aarau, 1943

Die als Wanderausstellung gestaltete Schau *Unsere Wohnung* wurde vom 13. Dezember 1942 bis zum 7. Februar 1943 im Gewerbemuseum Basel gezeigt, anschliessend bis Mai 1943 im Kunstgewerbemuseum in Zürich und im Gewerbemuseum in Aarau.[1] Mit ihr wollte der Schweizerische Werkbund die Besucher zu «sinnvoller und vorteilhafter Lösung der Wohnungsmöblierung» anregen und auf Bezugsquellen «guter einfacher Typen und handwerklicher Einzelmöbel» hinweisen.[2] Dabei ging es nicht um die Darstellung fiktiver, zukünftiger Wohnideen. Es sollten vielmehr Lösungen aufgezeigt werden, die sich trotz eingeschränkter Verhältnisse in den Kriegsjahren verwirklichen liessen.

In einem an den drei Ausstellungsorten gleichbleibenden ersten Teil vermittelte der SWB Grundlagenwissen zum Thema Wohnen. Als didaktische Mittel verwendete er dafür Grundrisse der häufigsten Arten von Mietwohnungen mit eingezeichneten Möbeln und massstabsgetreu verkleinerte Raummodelle, in denen ebensolche Möbelstücke in einer realen Anordnung aufgestellt waren. Im Gegensatz zu früheren Ausstellungen wurden dabei jedoch nicht mehr gute und schlechte Beispiele gegenübergestellt.[3] Es folgten Schautafeln, die einen Überblick über das gegenwärtige Angebot von ausgewählten Möbelfabriken und Schreinerwerkstätten gaben. Eine Zusammenstellung von unterschiedlich gestalteten Wänden, Böden, Vorhängen und Bildern zur Demonstration der Wechselwirkung von Materialien und Farben vervollständigte diesen programmatischen Abschnitt der Ausstellung. Der zweite Teil galt der praktischen Veranschaulichung. Er wurde von den jeweiligen Kuratorenteams[4] unterschiedlich gestaltet und vorab mit Typen- und Serienmöbeln bestückt, die von lokalen Firmen und Handwerksbetrieben stammten. Anhand von acht zimmergrossen Kojen konnten sich die Besucher ein Bild von zweckmässigen Einrichtungen machen. In Basel stand thematisch die Verschiedenartigkeit der Wohnzwecke im Vordergrund: Es wurden unter anderem ein Einpersonenhaushalt, ein Schlaf-/Wohnzimmer eines kinderlosen Paars und ein Wohn- und Esszimmer für eine grössere Familie gezeigt. Die Zürcher Ausstellung fokussierte sich dagegen auf Einrichtungsfragen von Berufstätigen und das Zusammenlegen zweier Einpersonenhaushalte nach der Heirat. Die Beispiele zeigen auf, wie «Erbstücke, Gelegenheitskäufe, Geschenke und neue Möbel»[5] kombiniert werden können. Dieses Ausstellungskonzept war neu. Erstmals wurden nicht komplette Zimmereinrichtungen aus einer Hand gezeigt, sondern Möbel unterschiedlichster Provenienz, die sich zu einem individuellen Ganzen zusammenfügten. Der SWB wollte die Besucher damit von der «Zwangsvorstellung»

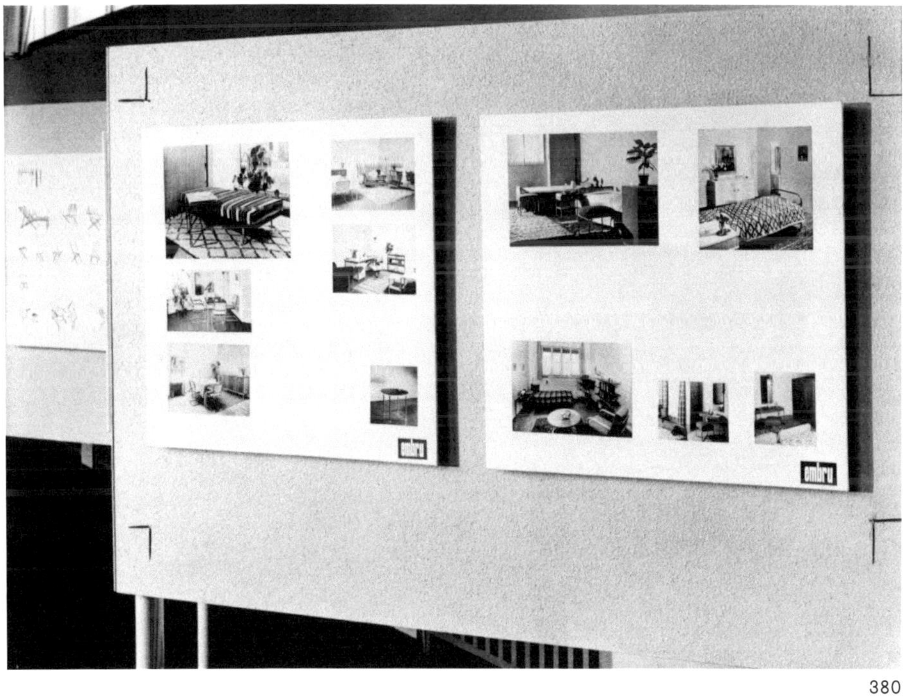

380

381

einer homogenen, in einem einzigen Kaufakt bezogenen Möblierung «befreien».[6] Gemeint war die Tendenz zu kompletten Ausstattungen, welche «die Menschen zum Diener ihrer Möbel» machten.[7] Anstelle der starren und oft mittels langfristiger Abzahlungsverträge erworbenen Gesamteinrichtungen wurde eine schrittweise, einfache und preiswerte Einrichtung propagiert, die den Veränderungen im Laufe von ganz unterschiedlichen Lebensabschnitten Rechnung trägt.

Die durch die im Frühjahr 1943 erschienene Publikation *Gut Wohnen* (→ S. 192) noch unterstützte Ausstellung war ein Publikumserfolg. Im Geschäftsbericht konnten «überaus günstige» Besucherzahlen vermeldet werden: jeweils über 13 000 Personen in Basel und Zürich sowie 1700 in Aarau.[8] Auch das Presseecho war überwiegend positiv; einzig die *Basler Nachrichten* bezeichneten die Musterkojen als nüchtern-zweckmässige «Eremitenklausen» und «freiwillige Sträflingszellen».[9] Vehemente Kritik kam demgegenüber aus den eigenen Reihen von Peter Meyer (→ S. 425), der den Vertretern der Avantgarde im SWB vorwarf, mit ihrer minimalistischen Möblierung auf dem Niveau der 1920er-Jahre stehen geblieben zu sein. Die Ausstellung spiegle, so sein Verdikt, «die Erstarrung des Werkbundes [wider], der sich im Netz seiner Schlagwortparolen [...] verwickelt hat».[10]

● *Jürg Hünerwadel*

382–383
Ausstellungskojen
Unsere Wohnung, 1943

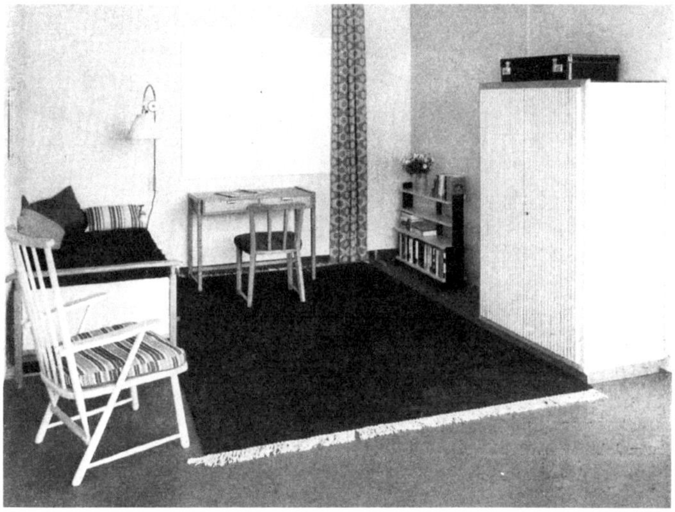

382

383

1 An weiteren möglichen Standorten wie Bern, Luzern, St. Gallen und Winterthur scheiterten die Bemühungen der Ortsgruppen an fehlenden Lokalitäten und geeigneten Ausstellungsobjekten; siehe dazu GB SWB 1943, S. 14–15 und 1944, S. 7–8. Siehe dazu auch Dossier Wanderausstellung Unsere Wohnung (Wowa) 1943, MfGZ/Designsammlung/Konvolut SWB.
2 Unsere Wohnung 1942, S. 3.
3 Egidius Streiff (→ S. 426) hatte dies zunächst so vorgeschlagen, dann aber davon abgesehen, vgl. Schreiben von Streiff an Hermann Kienzle (→ S. 422), 5.3.1942, Staatsarchiv Basel Stadt, StaBS ED-Reg 24a 6-1-1. Vgl. dazu Ausstellung *Land- und Ferienhaus* (→ S. 244).
4 Neben Streiff, der an allen drei Ausstellungsorten mitwirkte, waren in Basel Paul Artaria, Hermann Kienzle, August Baur und Josef Heinzer, in Zürich Max Bill, Elsa Burckhardt, Wilhelm Kienzle und Johannes Itten, und in Aarau der Architekt Richard Hächler beteiligt.
5 Max Bill, Ausstellung «Unsere Wohnung» im Kunstgewerbemuseum Zürich, in: *NZZ*, 14.3.1943.
6 Unsere Wohnung 1942, S. 6.
7 Ebd., S. 7.
8 GB SWB 1943, S. 7.
9 Beilage der *Basler Nachrichten*, 2.2.1943. Siehe dazu auch die Entgegnung von Streiff in: GB SWB 1943, S. 5–6.
10 *SBZ* 121 (1943), Nr. 21, S. 255.

384
Alfred Altherr, Entwurf
Einerzimmer eines
Berghotels, Perspektive
um 1945

385
Hans Guyer und
Georgy Bunge, Entwurf
Doppelzimmer eines
Ferienhotels, Perspektive
um 1945

Wettbewerb für einfache Hotelzimmer

1944

1944 veranstaltete der Schweizerische Werkbund einen Wettbewerb für «einfache Hotelzimmer» und beteiligte sich damit an einer Sanierungskampagne, die vom Bund in Abstimmung mit der schweizerischen Hotellerie in Angriff genommen worden war. Für den Verein bot sich damit eine Möglichkeit, die eigenen Gestaltungsideale auch im Umfeld des Tourismus zu propagieren; Ziel war es in diesem Sinne, angesichts der erwarteten Umbautätigkeit zu verhindern, «dass der Hotelier [...] aus Unkenntnis gesunder Entwicklungs-Möglichkeiten dem modischen Dekorateur zum Opfer fallen wird».[1] Gleichzeitig war die im Rahmen von Arbeitsbeschaffungsprogrammen durchgeführte Sanierungsaktion auch wirtschaftlich interessant, liess sie doch Erwerbsmöglichkeiten für die eigenen Mitglieder erwarten. In institutioneller Hinsicht zeigt der Wettbewerb schliesslich, wie die vom Bund während des Zweiten Weltkriegs durchgeführten Arbeitsbeschaffungskampagnen verschiedene Interessengruppen und Berufsverbände einbezogen und auf diese Weise ebenso beschäftigungspolitische wie kulturelle Zielsetzungen verfolgen konnten.

Stützungsmassnahmen für die Hotellerie hatte der Bund schon im Ersten Weltkrieg ergriffen, als der für die Schweiz bedeutende Wirtschaftszweig mit dem Ausbleiben der internationalen Gäste eine Krise erlebte. 1915 wurde eine Bedürfnisklausel für Hotels erlassen, die sich faktisch als Bauverbot auswirkte und bis 1952 in Kraft blieb, weshalb sich die Bautätigkeit in der Hotellerie in jenen Jahrzehnten weitgehend auf Umbauten beschränkte.[2] In den Jahren des Zweiten Weltkriegs wurde die bis dahin rein finanziell verstandene «Hotelsanierung» mit den vom Bund durchgeführten umfangreichen Arbeitsbeschaffungsprogrammen im Bausektor verbunden und so um Massnahmen zur baulichen Erneuerung der Hotellerie ergänzt.[3] Deren Ausgestaltung wurde wesentlich von dem Architekten Armin Meili bestimmt, der als ehemaliger Direktor der Landesausstellung von 1939 nationale Bekanntheit genoss und bestens in der schweizerischen Politik vernetzt war. Ab 1942 leitete er eine arbeitsintensive Planungskampagne, die in Fachkreisen denn auch bald als «Aktion Meili» bekannt war und 1945 mit der Publikation eines aufwendigen Bandes abgeschlossen wurde.[4] Eine wesentliche Rolle spielte dabei auch Peter Meyer (→ S. 425), der mit einem Artikel in der Zeitschrift *Werk* 1942 faktisch die architektonische Programmatik der Kampagne formulieren konnte.[5]

Der SWB hatte sich mit Fragen der Arbeitsbeschaffung schon auf der Jahrestagung 1940 befasst.[6] Die eigentliche Auseinandersetzung des Vereins mit dem «Hotelproblem» aber nahm ihren Anfang mit der Ausstellung *Die Schweiz als Reiseland;* diese wurde im Sommer 1942 im Zürcher Kunstgewerbemuseum gezeigt und war massgeblich von der Zentrale

384

385

386

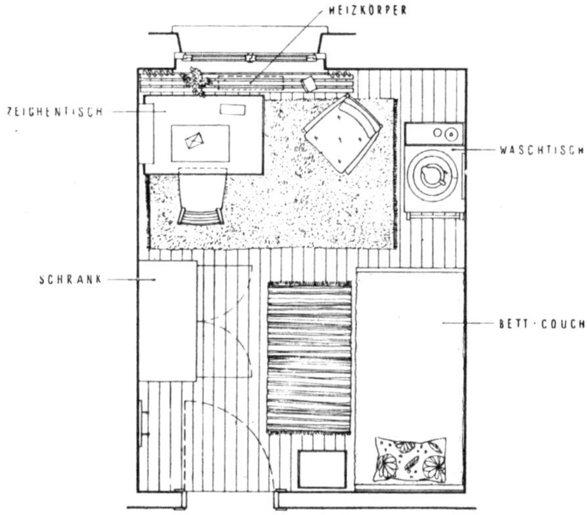

387

für Verkehrsförderung vorbereitet worden, die damals von Meili geleitet wurde.[7] Nach einem gemeinsamen Besuch der Ausstellung beschloss der Vorstand des SWB, die zwei Monate später stattfindende Jahrestagung im Kurort Brunnen zu veranstalten, um dort über Gestaltungsfragen aus dem Bereich des Tourismus zu diskutieren.[8] Als einer der Hauptredner der breit beachteten Tagung trat der Geschäftsführer Egidius Streiff (→ S. 426) auf, welcher das Thema auch später wesentlich bestimmte; ausserdem hatte man Meili und den bekannten Hotelier Primus Bon für Vorträge gewinnen können.[9] Im Austausch mit Meili und dem «Studienbüro» seiner Planungskampagne beschloss man Anfang 1943, als Teil einer ganzen Reihe von (allerdings nicht weiterverfolgten) «Möblierungsfragen» einen Wettbewerb für die Gestaltung von Hotelzimmern auszuschreiben. Eine Arbeitsgruppe des SWB, der nebst Streiff auch Hermann Kienzle (→ S. 422), Rudolf Steiger und ein Hotelier angehörten, arbeitete in der Folge ein Programm aus.[10] Im Januar 1944 wurde der auf Mitglieder des SWB beschränkte Wettbewerb schliesslich ausgeschrieben, wobei nun Entwürfe für «einfache Hotelzimmer» verschiedener Ausrichtung verlangt waren: solche «eines städtischen Passantenhotels, eines Badekurorthotels, eines Berghotels und einer einfachen ländlichen Unterkunft für Wanderer».[11] Dem Preisgericht gehörten zusätzlich zu den Verfassern des Programms der Präsident E. Richard Bühler (→ S. 423), der Architekt Hermann Baur und Schreinermeister Karl Steiner sowie ein weiterer Vertreter der Hotellerie an. Obwohl die Abgabefrist eigens um zwei Monate auf den 1. Juli

388

1944 verlängert worden war, trafen nur gerade zwölf Beiträge ein, was man sich damit erklärte, dass viele Mitglieder im Militärdienst standen.[12]

In allen vier Kategorien wurde je ein Preis an Hans Guyer verliehen, einen jungen und damals recht bekannten Innenarchitekten aus Zürich, der nach seinem frühen Tod weitgehend vergessen wurde. Dieser hatte seinen Beitrag wahrscheinlich zusammen mit der erst im Nachhinein genannten Innenarchitektin Georgy Bunge erarbeitet.[13] Ein weiterer Preis in der Kategorie *Einfaches Berghotel* ging an den Architekten Alfred Altherr jun. (→ S. 430), den nachmaligen Geschäftsführer des SWB. Weil das Preisgericht mit den Entwürfen aber noch nicht zufrieden war, wurden die beiden Preisträger mit der Weiterbearbeitung ihrer Vorschläge beauftragt.[14] Rund ein Jahr nach dem Wettbewerb lagen die überarbeiteten Projekte vor, denen Paul Artaria und Hans Fischli als Vertreter des SWB später noch eigene Entwürfe hinzufügten. Gleichzeitig suchte man nach Strategien, um angesichts der zunehmenden Bautätigkeit in der Hotellerie die potenziellen Auftraggeber zu erreichen.[15] So veröffentlichte Streiff Ende 1944 in der *Schweizer Hotel-Revue*, dem Organ des Hoteliervereins, einen Artikel, in dem er umbauwilligen Hoteliers die Vermittlung von Fachleuten durch die Geschäftsstelle des SWB empfahl und die Publikation der Wettbewerbsentwürfe als Musterlösungen in Aussicht stellte.[16]

Gestalterisch zeigen die Beiträge eine für die 1940er-Jahre typische Verbindung aus modernen Formen mit einem mehr oder weniger starken traditionalistischen Einschlag; zudem betonten durchwegs alle Bearbeiter, wie durch eine geschickte Anordnung des Mobiliars Zimmer mit besseren Aufenthaltsqualitäten entstanden.[17] Die Entwürfe sind damit einerseits als Gegenposition zum Hotelzimmer der Belle Epoque zu verstehen, andererseits sollten sie eine Alternative zum zeitgenössischen Heimatstil bieten. Zu vermeiden war in diesem Sinn nicht nur die «kitschig-pompöse Haltung» des Historismus, sondern auch, «die Überbetonung der so beliebten Rustizität, die mit kraftmeierischer Gemütlichkeit protzt», wie Streiff in seinem Artikel von 1944 meinte. Gefordert waren stattdessen, wie es weiter hiess, neue Möbel «in ruhigen und schlichten Formen», unbehandeltes Holz und helle Farben – und unter kriegswirtschaftlichen Bedingungen die Verwendung billiger Materialien.[18] Vor allem die Ablehnung des Historismus war dabei natürlich keineswegs neu, doch war dieser gerade in der Hotellerie so breit vertreten wie bei kaum einer anderen Bauaufgabe.

Noch während die vom Bund subventionierten Kampagnen für Umbauten und Renovationen in der Hotellerie ab 1945 anliefen, veränderten sich ihre politischen und wirtschaftlichen Voraussetzungen grundlegend. Als in der bald nach Kriegsende wider Erwarten einsetzenden Hochkonjunktur Subventionen unter dem Titel der Arbeitsbeschaffung nicht mehr zu rechtfertigen waren, hofften findige Kreise zwar, die Aktion zu einer Anschubhilfe für den Konkurrenzkampf mit der im Wiederaufbau begriffenen Hotellerie der Nachbarländer umpolen zu können. 1947 aber wurden die Subventionen vom Bund wieder gestrichen.[19] Das Thema freilich blieb, nun der privaten Bautätigkeit überlassen, aktuell. So richtete die *Schweizer Hotel-Revue* 1948 eine neue Beilage *Hoteltechnik* ein, für welche der ehemalige Leiter der Subventionierungsstelle verantwortlich zeichnete. Als Teil einer ganzen Serie über die Einrichtung von Hotelzimmern erschien hier auch ein ausführlicher Artikel über den mittlerweile schon fast vier Jahre zurückliegenden Wettbewerb des SWB, der die damaligen Entwürfe überhaupt erst öffentlich bekannt machte.[20]

Die spätere Wirkung des Wettbewerbs ist schwer abzuschätzen. Seine vielleicht direkteste Folge war, dass der Innenarchitekt und Designer Wilhelm Kienzle im Rahmen der Sanierungskampagnen im Winter 1946/47 die Neugestaltung einiger Zimmer im Davoser Hotel Palace leiten konnte.[21] Diese zeigen auch, dass selbst Vorschläge eines solchen prominenten Vertreters des SWB in jenen Jahren einem biederen bürgerlich-traditionalistischen Interieur recht nahe kommen konnten. Auf indirekterem Weg – und ohne Subventionen im Rahmen der Arbeitsbeschaffung – dürften auch die Vorschläge aus dem Wettbewerb durchaus ein Echo gefunden haben, etwa, indem der Hotelierverein Musterlösungen propagierte, die sich architektonisch an die Vorschläge aus der Sanierungsaktion anschlossen.[22] Ähnliches gilt übrigens ganz allgemein für die Hotelsanierungskampagne, die ihren sicherlich spektakulärsten Niederschlag erst einige Jahre nach ihrem offiziellen Ende im Abbruch und Neubau des Hotels Rigi-Kulm durch den Schweizer Heimatschutz in den Jahren 1952 bis 1955 fand.[23]

● *Melchior Fischli*

386–387
Hans Guyer, Entwurf Schlafzimmer eines Berggasthauses, Perspektive und Grundriss um 1944

388
Wilhelm Kienzle mit Ernst Zietzschmann, Umgestaltung von Zimmern im Hotel Palace, Davos, 1946/47, vorher (li) und nachher (re)

1 GB SWB 1944, S. 5.
2 *HLS* Stichwort Gastgewerbe.
3 Zwischenbericht des Bundesrates an die Bundesversammlung über die vorbereitenden Massnahmen der Arbeitsbeschaffung, 20.5.1944, in: *Bundesblatt* 96 (1944), Bd. 1, Nr. 12, S. 445–506, hier vor allem S. 455–456 und S. 474–479; allgemein siehe *HLS* Stichwort Arbeitsbeschaffung.
4 Vgl. Meili 1945, zur Geschichte der Kampagne S. 11–16; zur Bezeichnung etwa Hans Bernoulli, Die Aktion Meili in Montreux, in: *Werk* 33 (1946), S. 252–254; zu Meili vgl. Gimmi 1994, hier vor allem S. 13–17, 153–165.
5 Peter Meyer, Fremde Dienste, in: *Werk* 29 (1942), Nr. 9, S. 209–227; eine spätere Version des Artikels in Meili 1945, S. 41–46.
6 GB SWB 1941, S. 3–4.
7 Vgl. *Ausstellung «Die Schweiz als Reiseland»*, Wegleitungen des Kunstgewerbemuseums Zürich Nr. 153, Zürich [1942]; Gimmi 1994, S. 15.
8 Protokoll ZV SWB, 28.8.1942, Archiv SWB A 1.1.1; GB SWB 1942, S. 6.
9 GB SWB 1943, S. 3–4. Zum breiten Presseecho siehe Zeitungssauschnitte unter anderem aus *Basler Nachrichten, Luzerner Neueste Nachrichten, Luzerner Tagblatt, National-Zeitung, Neue Zürcher Zeitung* und *Schweizer Hotel-Revue*, Archiv SWB, A 2/Zeitungsausschnitte Tagungen SWB, 1925–1949.
10 Protokolle ZV SWB, 13.5.1943 und 27.8.1943, Archiv SWB A 1.1.1; GB SWB 1943, S. 4.
11 GB SWB 1944, S. 4.
12 *SBZ* 123 (1944), S. 69; *Werk* 31 (1944), H. 3, S. XXIX; GB SWB 1944, S. 4.
13 Nekrolog zu Hans Guyer in: *Werk* 35 (1948), S. *126*–*127*; siehe auch Guyer/Kettiger 1947 (mit einem Vorwort von Peter Meyer); Bignens 2008, S. 98. Zu Bunge siehe SWB-Wettbewerb 1948 und *Werk* 33 (1946), H. 12, S. 411, 414.
14 *Werk* 31 (1944), H. 9, S. XXX; Protokoll ZV SWB, 5.9.1944, Archiv SWB A 1.1.1.
15 Protokoll ZV SWB, 20.12.1944, 13.9.1945 und 29.1.1948, Archiv SWB A 1.1.1; die Projekte von Artaria und Fischli in: SWB Wettbewerb 1948.
16 Streiff 1944.
17 SWB-Wettbewerb 1948.
18 Streiff 1944.
19 Vgl. Beginn der Hotelerneuerung, in: *Schweizer Hotel-Revue*, Nr. 35, 30.8.1945; Die S.H.T.G. berichtet, in: *Schweizer Hotel-Revue*, Nr. 17, 25.4.1946; Alfred Roth, Bauliche Sanierung von Hotels und Kurorten. Zur Aktion und ihrer Weiterführung, in: *Werk* 33 (1946), H. 8, S. 249–251; *Schweizer Hotel-Revue*, 1948, Beilage «Hoteltechnik», Nr. 1.
20 *Schweizer Hotel-Revue*, 1948, Beilage «Hoteltechnik», Nr. 1–5, darin insbesondere SWB Wettbewerb 1948; zu den Verhandlungen des SWB mit der Zeitschrift siehe GB SWB 1946, S. 10–11; Protokolle ZV SWB, 28.3.1946 und 29.3.1948, Archiv SWB 1.1.1.
21 *Schweizer Hotel-Revue*, 1948, Beilage «Hoteltechnik», Nr. 2.
22 Vgl. *75 Jahre. Jubiläum Schweizer Hotelier-Verein*, Basel 1957, Tafeln «Entwicklungstendenzen im Schweizer Hotelbau».
23 Siehe etwa Adi Kälin, *Rigi. Mehr als ein Berg*, Baden 2012, S. 215–234.

Fachbeilage des Berner Tagblatt

bauen heute

Text und Gestaltung: Schweiz. Werkbund

Unsere Sonderausgaben „Bauen heute" werden sowohl in Fachkreisen wie auch vom allgemeinen Publikum immer mit Interesse gelesen und kommentiert. Da der Schweizerische Werkbund das Patronat darüber hat, ist Gewähr geboten, dass Inhalt und Illustrationen von „Bauen heute" stets aktuell und den neuen Aspekten der modernen Bauweise angepasst sind. Oft kühn und voraussehend werden die einschlägigen Probleme behandelt. Die Aktualität der Artikel und der Gestaltung gehen über das sonst Übliche solcher Baunummern hinaus.

Durch ihre Aktualität sichern „Bauen heute" auch den darin erscheinenden Inseraten erhöhte Beachtung.

Die Bautätigkeit in Stadt und Kanton Bern ist nach wie vor intensiv. Die Bedürfnisse für alle Artikel der Baubranche sind gross.

Auch Ihre Firma wird Erfolg haben, wenn Sie in unsern Architektur-Nummern inserieren. Bitte senden Sie uns Ihren Auftrag mit Text und Cliché bald zu, wir werden ihm unsere volle Aufmerksamkeit schenken.

Mit freundlichen Grüssen

Berner Tagblatt Inseratenverwaltung Bahnhofplatz 1
Tel. (031) 22191

389

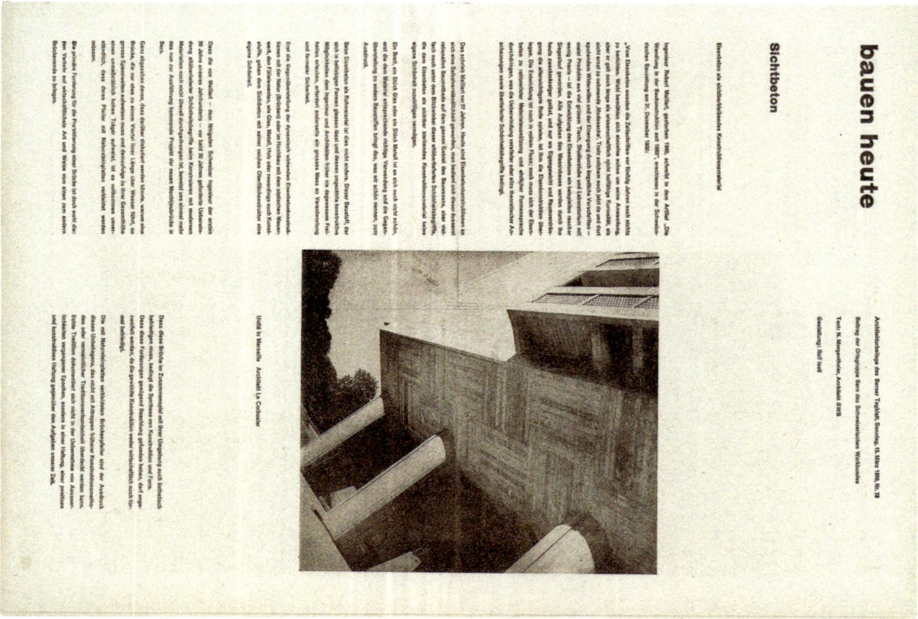
bauen heute

Sichtbeton

Eisenbeton als sichtbarbleibendes Konstruktionsmaterial

Ingenieur Robert Maillart, gestorben 1940, schreibt in dem Artikel „Die Wandlung in der Baukonstruktion seit 1860", erschienen in der Schweizerischen Bauzeitung am 31. Dezember 1932:

Unité in Marseille Architekt Le Corbusier

390

389
Titelseite Werbeausgabe *Bauen heute*, Beilage *Berner Tagblatt*, 1958

390
Titelseite *Bauen heute*, Text Niklaus Morgenthaler, Gestaltung Rolf Iseli, Beilage *Berner Tagblatt*, 15. März 1959

391
Titelseite *Bauen heute*, Text Jürgen Joedicke, Gestaltung Erich Eglin, Beilage *Berner Tagblatt*, 30. Dezember 1961

392
Titelseite *Bauen heute*, Text Friedrich Achleitner, Gestaltung Erich Eglin, Beilage *Berner Tagblatt*, 22. September 1962

bauen heute

Schalenbau

391

bauen heute

Kirchen, wie Schiffe

392

Bauen heute Beilage im *Berner Tagblatt*

1954–1971

Die Berner Ortsgruppe publizierte über 17 Jahre die «illustrierte Artikelserie» *Bauen heute*, die im *Berner Tagblatt* viel Aufmerksamkeit erhielt.[1] Eugen Gomringer (→ S. 434), der spätere Geschäftsführer des SWB, initiierte die Folge mit dem Thema Wohngestaltung. Seit Beginn war die Beilage eine regelmässig erscheinende Plattform zu Fragen und Informationen über Architekturthemen und gab der Ortsgruppe Bern eine kontinuierliche Präsenz in der Öffentlichkeit. Die einzelnen Ausgaben wurden von verschiedenen Autoren, auch von ausserhalb des SWB, bespielt. Die Redaktion übernahm neben Gomringer und der Mitte der 1960er-Jahre als Erster Vorsitzende des SWB waltende Niklaus Morgenthaler und andere der Ortsgruppe. So steuerte Walter Gropius im zweiten Jahr einen Aufsatz zu *Diagnose der modernen Architektur* bei, Alfred Roth schrieb über das individuelle Wohnhaus und danach I. R. van Tijen aus Rotterdam über das Wohnhochhaus.[2] Wie es 1958 in einer speziellen Werbeausgabe hiess, befasste sich die «Artikel-Serie […] speziell mit Elementarfragen der modernen Architektur im allgemeinen und übernational».[3] Offenbar kam die Beilage bei der Leserschaft derart gut an, dass sie sich zu einem «Inserat-Magnet» für die Zeitung entwickelt hatte.[4]

Die Gestaltung der Beilage lag bei den Grafikern Erich Eglin, Rolf Iseli und ab 1964 bei Walter J. Amrein. Bis 1971 kamen regelmässig mindestens drei bis sechs Ausgaben pro Jahr zu Stande. Danach war die Ortsgruppe mit anderen Themen beschäftigt. Auch die zwei Jahre später ins Leben gerufene Pressegruppe vermochte das fast zwanzigjährige publizistische Engagement nicht wieder zu beleben.[5] ● *Thomas Gnägi*

Bei uns in der Schweiz sind es leider vielfach nur wenige Geschäfte dieser Branche, die Wohnbedarfe und wie sie alle heissen mögen, mit ihren relativ kleinen Einflussgebieten, die sich um eine solche Haltung als Geschäftsprinzip bemühen.
Aus Kreisen des Werkbundes wird schon seit Jahren immer wieder darauf hingewiesen: es wären in allen grösseren Städten neutrale Wohnberatungsstellen einzurichten, die unentgeltlich allen Ratsuchenden in Wohn- und Einrichtungsfragen und vor allem in Aussteuerfragen an die Hand gehen könnten.

N. Morgenthaler

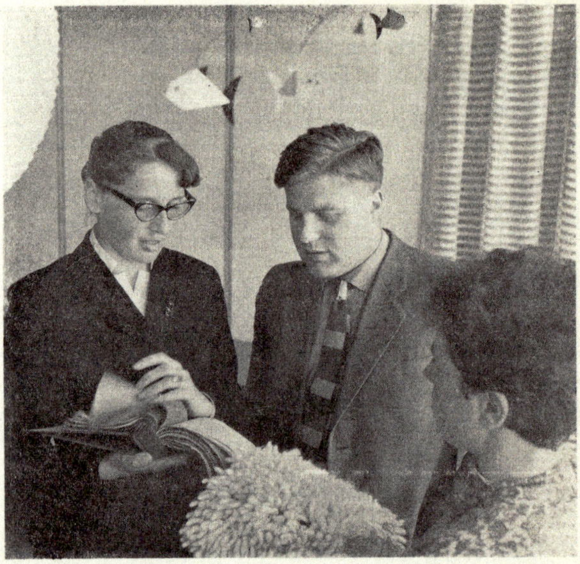

Ein junges Ehepaar lässt sich von der Wohnberaterin in Winterthur, Frl. Menzi, über die Eigenschaften verschiedener Teppicharten aufklären

Die Wohnberatung gewinnt Boden

Während in den nordischen Staaten, besonders in Schweden, schon seit längerer Zeit die Bemühungen um Wohnberatungen und Aufklärung des breiten Publikums in Geschmacksfragen im Gange sind, haben wir uns hier in der Schweiz erst seit Ende des zweiten Weltkrieges wirklich mit diesen Dingen beschäftigt. Seit dem Jahre 1956 besteht in der Stadt Winterthur die allererste, neutrale städtische Wohnberatungsstelle. Sie wurde vom Direktor des Winterthurer Gewerbemuseums und Geschäftsführer des Schweiz. Werkbundes, Alfred Altherr, ins Leben gerufen. Heute, voraussichtlich Ende Mai 1958, soll die zweite Wohnberatungsstelle, diejenige der Stadt Zürich im Kunstgewerbemuseum, eröffnet werden.

Ein Schlafraum, wie er ebenfalls von Abendkurs-Teilnehmern als Abschluss der Kursfolge gestaltet wurde

Allgemeine Geschmacksbildung in Kursen

Was tut eine Wohnberatungsstelle? Ihre erste Aufgabe besteht darin, dass sie beiträgt, Laien zu beraten und zu einer vernünftigen Beurteilung ihrer Einrichtungsgegenstände zu erziehen. Bei der allgemeinen Unsicherheit in Einrichtungsfragen ist dies dringend notwendig. Es ist wichtig, die Brautleute bereits lange vor ihrer Heirat, also in Hauswirtschaftsschulen und Mittelschulen in Kursen zu erfassen und ihnen dort Materialkenntnisse, Formenbeurteilung und gewisse allgemeine ästhetische Begriffe beizubringen. Sowohl in Winterthur wie neuerdings in Zürich wird dies beabsichtigt, indem man in Klubschulen, Frauenvereinen und Schulklassen Führungen und Kurse durchführt. In Winterthur werden in Abendkursen Themen wie Beleuchtungskörper, gute Grundrisse, Textilien, Küche, Gebrauchsgeräte und die am meisten vorkommenden Wohnungstypen von Innenarchitekten und Architekten behandelt. Gleichzeitig üben sich die Kursteilnehmer mit praktischem Material, richten eine Wohnung gemeinsam ein, decken Tische, wählen Vorhänge und Teppiche usw.

Aufklärung bei Fabrikanten und Berufsverbänden

Dies ist ein Punkt, der den Initianten ebenfalls am Herzen liegt:
Sie möchten bei den Produzenten, den Berufsverbänden, Tapezierer- und Dekorateurmeistern informierend wirken, sie ebenfalls in Kursen oder Vorträgen regelmässig erreichen.

Einzelne Ratsuchende werden vom Berater oder von der Beraterin natürlich gerne empfangen. Ob sie danach fragen, welche Stühle zum alten Tisch passen, ob sie bei der Wahl eines Bestecks, neuer Vorhänge, neuer Bezugsstoffe beraten sein möchten, ob sie eine alte Wohnung erneuern oder eine neue einrichten wollen, all diese Fragen dürfen sie vorlegen. Eine grosse Auswahl an Stoffkollektionen und eine ständige Ausstellung von guten Standardmodellen an Möbeln und Gegenständen in allen Preislagen sind dabei nützlich und hilfreich.

Die Musterwohnung wechselt ihren Inhalt

Während in Winterthur die Musterwohnung dieselben Räume belegt wie die wechselnden Ausstellungen, wird in Zürich eine eigentliche, ganz neue Wohnung zu sehen sein, deren interessanten Grundriss Herr Direktor Fischli entworfen hat. Die Wohnung „hängt" sozusagen über der Ausstellungshalle des Kunstgewerbemuseums. Sie besteht aus einem zentralen Küchen-, Bad-, Toilettenblock, an welchen sich beidseitig Wohn- und Schlafteil anschliessen. Beide Teile sind durch bewegliche Schrankwände in mehrere Räume aufteilbar oder aber als grosser, ganzer Raum zu bewohnen. Dadurch gibt es eine grosse Menge Variationsmöglichkeiten der Möblierung. Sie gestattet, hier sowohl Wohnungen für Alleinstehende mit Büro oder Atelier wie auch Wohnungen für mehrköpfige Familien vorzuführen. Der ganze Grundriss umfasst etwa die Grundfläche einer grösseren Dreizimmerwohnung.

Hier dasselbe Paar bei der Wahl von Besteck und Geschirr

393
«Wohnberatung warum und wie», *Bauen heute*, Text Niklaus Morgenthaler und Silvia Kugler, Gestaltung Rolf Iseli, Beilage *Berner Tagblatt*, 25. Mai 1958

394
Faltprospekt der Wohnberatungsstelle Kunstgewerbemuseum Zürich, 1958

Wohnberatungsstellen

Winterthur, 1956
Zürich, 1958

Seit den 1930er-Jahren waren innerhalb des Schweizerischen Werkbundes immer wieder Pläne für die Einrichtung von Wohnberatungsstellen diskutiert worden. Ziel der Vorschläge war es, mit Musterausstellungen und persönlicher Beratung breitere Bevölkerungskreise zu erreichen, als dies mit den übrigen Aktivitäten des SWB möglich war. Nachdem man das Anliegen mit bemerkenswerter Beharrlichkeit verfolgt hatte, wurden schliesslich in Winterthur und Zürich zwei entsprechende Stellen eingerichtet, die allerdings beide nur wenige Jahre bestehen sollten.

Ein engagierter Befürworter des Anliegens war von Anfang an Egidius Streiff, der langjährige Geschäftsführer des SWB (→ S. 426), der 1935 im Anschluss an die Basler Ausstellung *Land- und Ferienhaus* (→ S. 244) vorschlug, «ständige Ausstellungen [...] für die neutrale Beratung, zum Beispiel bei der Gründung eines Hausstandes» einzurichten.[1] Mit den Arbeitsbeschaffungsprogrammen der Kriegsjahre konkretisierte sich dieses Vorhaben. 1942 plante die Ortsgruppe Basel eine Möbelberatungsstelle, die aus dem sogenannten Arbeitsrappen finanziert werden sollte, einer kantonalen Sondersteuer zum Zweck der Arbeitsbeschaffung. Streiff wiederum nahm das Anliegen auf und verfasste ein Exposé für die «Schaffung einer Wohnungs- und Aussteuer-Beratungsstelle» in Zürich, mit dem er, freilich erfolglos, beim dortigen Finanzdirektor vorsprach. Unterzeichnet war der Aufruf, welcher die Aktualität der Fragen angesichts von Rationierung und Materialknappheit der Kriegsjahre betonte, von einem auffällig breit abgestützten «Initiativkomitee», bestehend aus dem als Propagandisten der «geistigen Landesverteidigung» einflussreichen Adolf Guggenbühl, den Leiterinnen von «Hausfrauenverein» und Frauenzentrale, Johannes Itten als Direktor der Kunstgewerbeschule sowie dem Präsidenten des Schweizerischen Verbandes für Wohnungswesen.[2] Auch in den darauffolgenden Jahren bemühte man sich in der einen oder anderen Form um das Anliegen, so 1946 mit der Veröffentlichung von «einfachen Merkblättern» für Einrichtungsfragen in Zusammenarbeit mit der Hauswirtschaftszentrale der Stadt Zürich.[3]

394

1 GB SWB 1954, S. 8.
2 GB SWB 1955, S. 8.
3 Werbeausgabe für Inserenten, *Berner Tagblatt* 1958, S. 3.
4 GB SWB 1962, S. 9.
5 GB SWB 1975, S. 9.

1949 verabschiedete die Jahrestagung, die unter dem Titel *Gutes Wohnen* stand, eine Resolution, welche der Einrichtung von Wohnberatungsstellen neue Aktualität verleihen sollte.[4] Inhaltlich befassten sich nun vor allem Alfred Altherr jun.(→S.430), Nachfolger Streiffs als Geschäftsführer, und Willy Rotzler mit dem Anliegen und widmeten diesem zwei ausführliche Beiträge in *Das Werk,* wo man auch auf zwei aktuelle Wohnausstellungen in damals neuen Siedlungen in Zürich und Basel verwies. In den *Richtlinien für neutrale Wohnberatungsstellen,* die als offizielle Publikation des SWB erschienen, umschrieb Altherr das Ziel damit, «im jungen Staatsbürger den Sinn für die Schönheit einer zeitgemässen, zweckentsprechenden, schlichten, dem Einkommen angemessenen, mit echten Mitteln aus echten Materialien hergestellten Einrichtung zu wecken.» Um die beabsichtigte «Erziehungsarbeit» leisten zu können, sollten die Wohnberatungsstellen ein Aufgabenspektrum abdecken, das von Vorlesungen und Vorträgen über temporäre Ausstellungen in Siedlungen, persönliche Beratung und einen permanenten Ausstellungsraum bis zu «Forschungsaufgaben» im Bereich der Wohnungseinrichtung reichte, und sich dabei wirtschaftlich strikt neutral verhalten.[5]

Altherrs gleichzeitige Bemühungen um eine Wohnberatungsstelle in Zürich scheiterten trotz der Gespräche mit Vertretern der Stadtregierung.[6] Dies gelang ihm erst 1956 am Gewerbemuseum Winterthur, dessen Leitung er 1955 neben seiner Stelle als Geschäftsführer des SWB übernommen hatte. Die hier eingerichtete erste neutrale Wohnberatungsstelle der Schweiz bestand aus einer öffentlich zugänglichen Musterausstellung, in der mehr oder weniger bekannte Möbel aus der damaligen Produktion etwa durch die Kombination verschiedener Sitzmöbel oder durch die Verwendung eines Regals als Raumteiler zu einem stimmigen Arrangement zusammengestellt waren. Hier konnten sich Interessierte durch eine Innenarchitektin persönlich beraten lassen; als Anschauungsmaterial wurden zudem eine Kartei und eine Diasammlung mit vorbildlichen Möbeln und Haushaltsgegenständen angelegt. Periodisch wurden Kurse durchgeführt, an denen jeweils verschiedene Referenten Fragen des Wohnens und der Einrichtung erläuterten.[7]

Gleichzeitig unternahm Altherr in seiner Funktion als Vertreter des SWB weitere erfolglose Vorstösse für eine entsprechende Stelle in Zürich, indem er mehrere Eingaben an die Behörden von Stadt und Kanton richtete.[8] Parallel dazu griff Hans Fischli als Direktor der Zürcher Kunstgewerbeschule das Anliegen auf, unterstützt von Rotzler, der inzwischen zu seinem Mitarbeiter geworden war. Mit Sukkurs durch Stadtrat Hans Sappeur, der dem «Landesring der Unabhängigen» angehörte, und die Tageszeitung derselben Partei, konnten diese erreichen, dass der Zürcher Stadtrat im Oktober 1957 die Unterstützung einer Wohnberatungsstelle im Kunstgewerbemuseum beschloss.[9] Nachdem das Galeriegeschoss über der Haupthalle des Museums eigens umgebaut worden war, wurde die neue Einrichtung am 24. Oktober 1958 mit Vorträgen von Fischli, Rotzler und Stadtrat Jakob Baur eröffnet.[10] «Unentgeltliche Beratung durch die Wohnberaterin nach telefonischer Voranmeldung» pries der zur Eröffnung gedruckte Prospekt an, während die zugehörige Wohnausstellung täglich zu festen Zeiten geöffnet war.[11] Ein eigens entwickeltes Ausstellungssystem mit verschiebbaren Wänden ermöglichte die Gestaltung unterschiedlicher Raumkonfigurationen; Ziel war dabei «ein realisierbarer Grundriss [...], der wirtschaftlich einem mittelständischen Einkommen entspricht».[12] Die Ausstellung, die nicht nur Wohn- und Schlafräume zeigte, sondern auch Küche und Bad, wurde in den darauffolgenden zwei Jahren jeweils zwei Mal neu eingerichtet.

395
Wohnberatungsstelle Kunstgewerbemuseum Zürich, 1958, Blick durch die verschiebbaren Ausstellungswände zu Badezimmer, Küche und Essraum; im Vordergrund neue Variante des «Landi-Stuhls» von Hans Coray

Zumindest in den ersten Jahren stiessen beide Wohnberatungsstellen beim Publikum offenbar auf regen Zuspruch, und auch die Presse warb mit sehr positiven Berichten für die neuen Beratungsstellen[13] – selbst wenn man sich von den Ausstellungen da und dort «etwas mehr Wärme, etwas mehr Gemüt» gewünscht hätte.[14] Wenn etwa die Zeitschrift *Die Frau* einen ausführlichen Erlebnisbericht aus der neu eröffneten Winterthurer Wohnberatungsstelle druckte, zeigt sich, dass man mit einer solchen Einrichtung, ganz in Übereinstimmung mit zeitgenössischen Vorstellungen der Geschlechterrollen, vor allem Hausfrauen im Blick hatte.[15] Nicht weniger stark von zeitgenössischen Rollenbildern zeugt ja auch der Umstand, dass gerade diese Beratungsstellen auf dem Gebiet der häuslichen Einrichtung von Frauen betreut wurden. Ausdrücklich richtete man sich in Zürich zudem an Schulklassen.[16]

Schon kurz nach der Eröffnung der Zürcher Wohnberatungsstelle hatte die *Neue Zürcher Zeitung* eine Zuschrift abgedruckt, welche die neue Einrichtung als «Reklame aus Steuergeldern» angriff.[17] Fischli und Rotzler wehrten sich zwar energisch gegen den Vorwurf, «staatliche Stilbureaukratie» zu betreiben; schliesslich setzte sich die Kritik aber durch, und im Dezember 1960 strich der Zürcher Gemeinderat den Kredit für die Stelle. Nach nur etwas mehr als zwei Jahren wurde die Einrichtung deshalb 1961 wieder aufgehoben, woran auch der SWB trotz einer Eingabe an den Rat nichts mehr ändern konnte.[18] Die Winterthurer Wohnberatungsstelle existierte noch etwas länger, doch scheint hier in den darauffolgenden Jahren das Interesse des Publikums abgenommen zu haben.[19]

Wahrscheinlich war eine «Erziehung» zum guten Geschmack in dieser Form spätestens Mitte der 1960er-Jahre ganz einfach passé. Wenn man nun über Wohnfragen sprach, so ging es bald um ein auch sozialpolitisch verstandenes «Recht auf Wohnung», wie etwa der Titel einer 1966 vom SWB zusammen mit der *Wohnhilfe* in St. Gallen veranstalteten Tagung lautete.[20] Inhaltlich aber wurde die Wohnberatung sehr wohl in eine spätere Zeit hinübertransportiert. Analoge Ziele verfolgte einige Jahre später das Projekt einer *Design-Informationsstelle DIZ*, die 1974 im Heidi-Weber-Haus hätte eingerichtet werden sollen, schliesslich aber auf privater Basis von der Innenarchitektin Verena Huber und anderen weitergeführt wurde.[21] ● *Melchior Fischli*

1 GB SWB 1935, S. 6.
2 GB SWB 1942, S. 12; *Schaffung einer Wohnungs- und Aussteuer-Beratungsstelle*, Exposé, 3 S., [1942], gleichzeitige Korrespondenz von Streiff mit verschiedenen Adressaten, Archiv SWB, A 3.8/136/Wohnberatungsstellen.
3 GB SWB 1946, S. 10.
4 Tagungsbericht, in: *Werk* 36 (1949), S. *178*–*181*; GB SWB 1950, S. 4.
5 SWB Wohnberatungsstellen 1950, Zitat S. 46; Willy Rotzler, Wohnprobleme in der Siedlung, in: *Werk* 37 (1950), H. 2, S. 42–45.
6 [Alfred Altherr], *Neutrale Wohnberatungsstelle in Zürich, Chronologie*, [1957], Archiv SWB A 3.8/136/Wohnberatungsstellen.
7 Zur Winterthurer Wohnberatungsstelle vgl. Broda 1980, S. 75–77; vgl. auch GB SWB 1956, S. 5; GB SWB 1957, S. 6.
8 *Neutrale Wohnberatungsstelle* (wie Anm. 6), sowie Korrespondenz mit verschiedenen städtischen und kantonalen Behörden, 1956/57, Archiv SWB A 3.8/136/Wohnberatungsstellen.
9 Schreiben von Hans Fischli an Alfred Roth, 18.6.1958, Archiv SWB A 3.8/136/Wohnberatungsstellen; Zürichs neutrale Stelle für Wohnberatung eröffnet!, in: *Die Tat*, 27.10.1958; GB SWB 1958, S. 6, 9.
10 Zur Zürcher Wohnberatungsstelle vgl. *Jahresbericht KGMZ, Gewerbeschule, Kunstgewerbeschule mit Kunstgewerbemuseum, Hauswirtschaftliche Fortbildungsschule der Stadt Zürich. Bericht über das Schuljahr 1958/59*, S. 10; 1959/60, S. 9; 1960/61, S. 10, Archiv ZHdK; Vortragsskripte, Archiv SWB A 3.8/136/Wohnberatungsstellen.
11 Prospekt zur Eröffnung der Wohnberatungsstelle, Archiv SWB A 3.8/136/Wohnberatungsstellen.
12 Hans Fischli, *Exposé zum Plan der Wohnberatung des KGM*, 25.4.1958, Archiv SWB, A 3.8/136/Wohnberatungsstellen.
13 Zeitungsartikel etwa aus *Tages-Anzeiger*, *Berner Tagblatt*, *Zürichsee-Zeitung*, *Brückenbauer*, *Die Tat*, *Die Frau*, *Holz*, *Weltwoche*, Archiv SWB A 3.8/136/Wohnberatungsstellen.
14 So in: Die Wohnberatung in Zürich ist eröffnet!, in: *Schaffhauser Nachrichten*, 6.12.1958.
15 Else Schindler, Mein Beruf: Wohnberaterin. Interview mit Maja Menzi, in: *Die Frau*, August 1957, S. 54–55.
16 Wohnberatung bewährt sich, in: *Tages-Anzeiger*, 5.10.1959.
17 Reklame aus Steuergeldern, in: *NZZ*, 21.11.1958
18 Hans Fischli und Willy Rotzler, Die Wohnberatung im Kunstgewerbemuseum, in: *NZZ*, 26.11.1958; *Jahresbericht KGMZ 1960/61* (wie Anm. 10), S. 10, Archiv ZHdK; GB SWB 1961, S. 7.
19 Broda 1980, S. 77.
20 Akten zur Tagung *Das Recht auf Wohnung*, St. Gallen, Archiv SWB A 3.8/136/Wohnberatungsstellen.
21 Vgl. *swb-journal-oev*, Nr. 38, in: *Werk/Œuvre* 61 (1974), H. 4, S. 501–502.

Wohnungsinterieur an der *Interbau*

Berlin, 1957

Für die internationale Bauausstellung *Interbau (IBA 57)* in Berlin, die vom 6. Juli bis zum 29. September 1957 für den Wiederaufbau des Hansaviertels veranstaltet wurde, konnten 53 Architekten aus 13 Ländern beispielhafte Wohnbauten errichten.[1] Daneben war die thematische «Gemeinschaftsschau» *Die Stadt von morgen* eingerichtet worden, in der das SWB-Mitglied Armin Hofmann die Schweizer Abteilung gestaltet hatte.[2] Den Schweizer Beitrag an der Bauausstellung realisierte der Basler Architekt Otto Senn, ebenfalls SWB-Mitglied. Er entwarf ein viergeschossiges Gebäude auf fünfeckigem Grundriss, in dem jede Etage vier Wohnungen umfasste.[3] Der Schweizerische Werkbund übernahm die Koordination sowie, zusammen mit dem Eidgenössischen Departement des Innern und der Zentrale für Handelsförderung, die Organisation und die Finanzierung der Einrichtungsgestaltung. Der SWB beauftragte die Wohnbedarf AG mit Ulrich P. Wieser als Entwerfer – er wurde erst 1959 SWB-Mitglied – und die beiden Innenarchitekten Alfred Altherr jun. (→ S. 430) und Robert Haussmann, auch sie SWB-Mitglieder, mit der Gestaltung je einer Dreizimmer-Wohnung mit von ihnen entworfenen und von Schweizer Firmen hergestellten Typenmöbeln.[4]

● *Thomas Gnägi*

396

396
Doppelschlafzimmer von Robert Haussmann mit Möbeln von Teo Jakob, Arbeitstisch von Haussmann & Haussmann und Stühle von Hans Eichenberger, Foto Fachklasse für Fotografie (Kunst-)Gewerbeschule Zürich

397
Wohnraum mit Blick auf Essplatz, eingerichtet von Alfred Altherr jun., Esszimmerstühle (Entwurf Hans Bellmann) von Strässle Söhne & Cie., Teppich von Käthi Wenger, Vorhänge von Baumann & Co. sowie Lampe der Bronzewarenfabrik AG Turgi, Foto Fachklasse für Fotografie (Kunst-)Gewerbeschule Zürich

398
Faltprospekt zum Schweizerhaus (Architekt Otto Senn), Gestaltung Richard P. Lohse

397

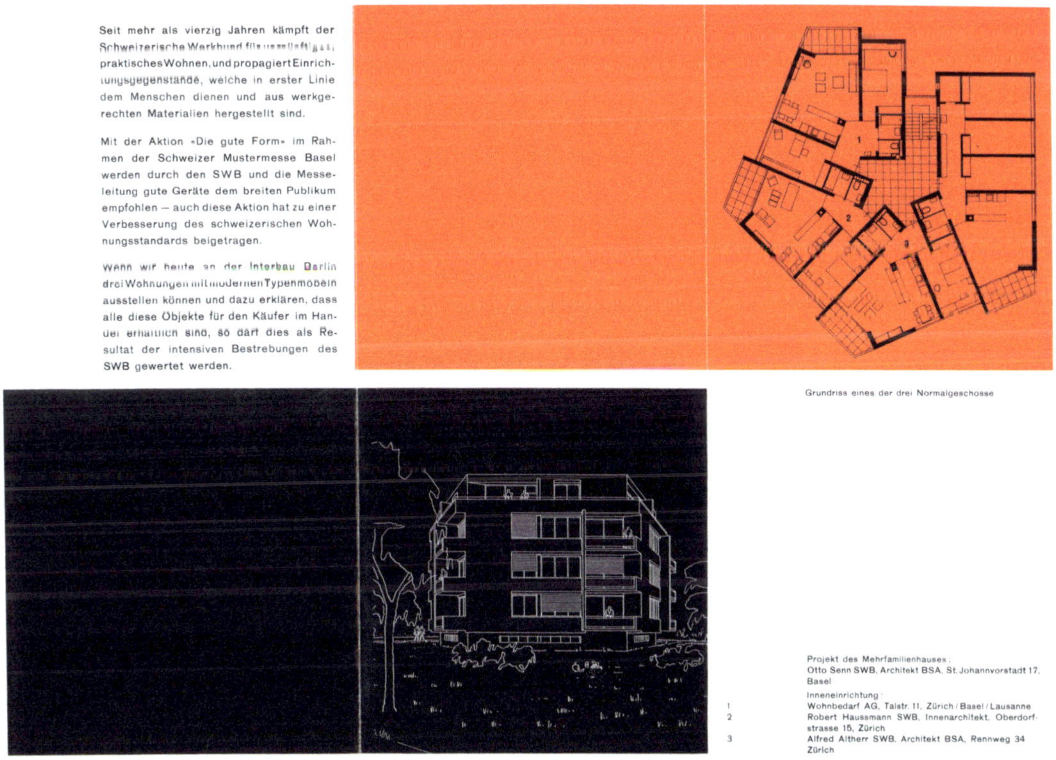

398

1 Siehe *Wiederaufbau Hansaviertel. Sonderveröffentlichung zur Interbau 57*, hg. vom Senator für Bau- und Wohnungswesen, Darmstadt 1957; *Werk* 44 (1957) 8, S. 161*–162*; *Werk* 44 (1957) 11, S. 205*–208*.
2 *Werk* 44 (1957), H. 10, S. 344.
3 *Möbel + Decoration. Internationale Zeitschrift für Industrie und Handel aller Einrichtungsbranchen*, Sonderdruck 1957.
4 SWB-Faltblatt und Fotografien in Dossier Interbau Berlin 1957, MfGZ/Designsammlung/Konvolut SWB/Ausstellungen international. Vgl. auch GB SWB 1957, S. 4; *Wohnhaus im Hansaviertel, Berlin 1945*, in: *Werk* 45 (1958), H. 1, S. 13–16; siehe Grundriss auch in: *Bauen heute*, Beilage des SWB im *Berner Tagblatt*, 28.12.1960.

Wohnen heute

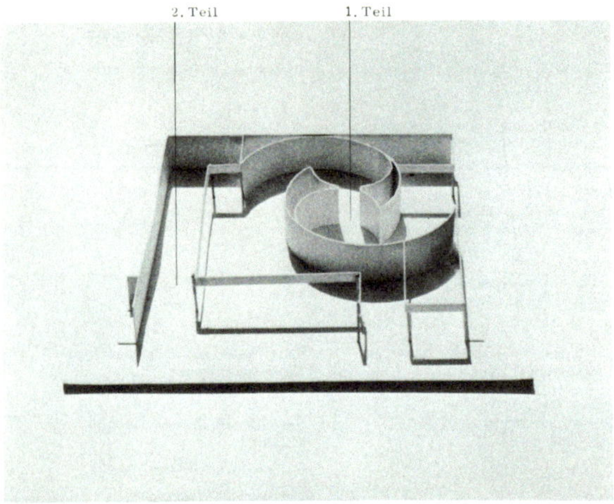

Aufbau der Ausstellung

Aufteilung der "Wohnen heute"-Ausstellung in 2 Teile.

1. Teil: Fragen des heutigen Wohnungsbaues werden aufgeworfen.
2. Teil: In einer Produktenschau werden mögliche Lösungen zu den aufgeworfenen Fragen gezeigt.

Der 1. Teil der Ausstellung ist als Wanderausstellung gestaltet, die an beliebigem Ort jedem Publikum zugänglich gemacht werden kann.

399

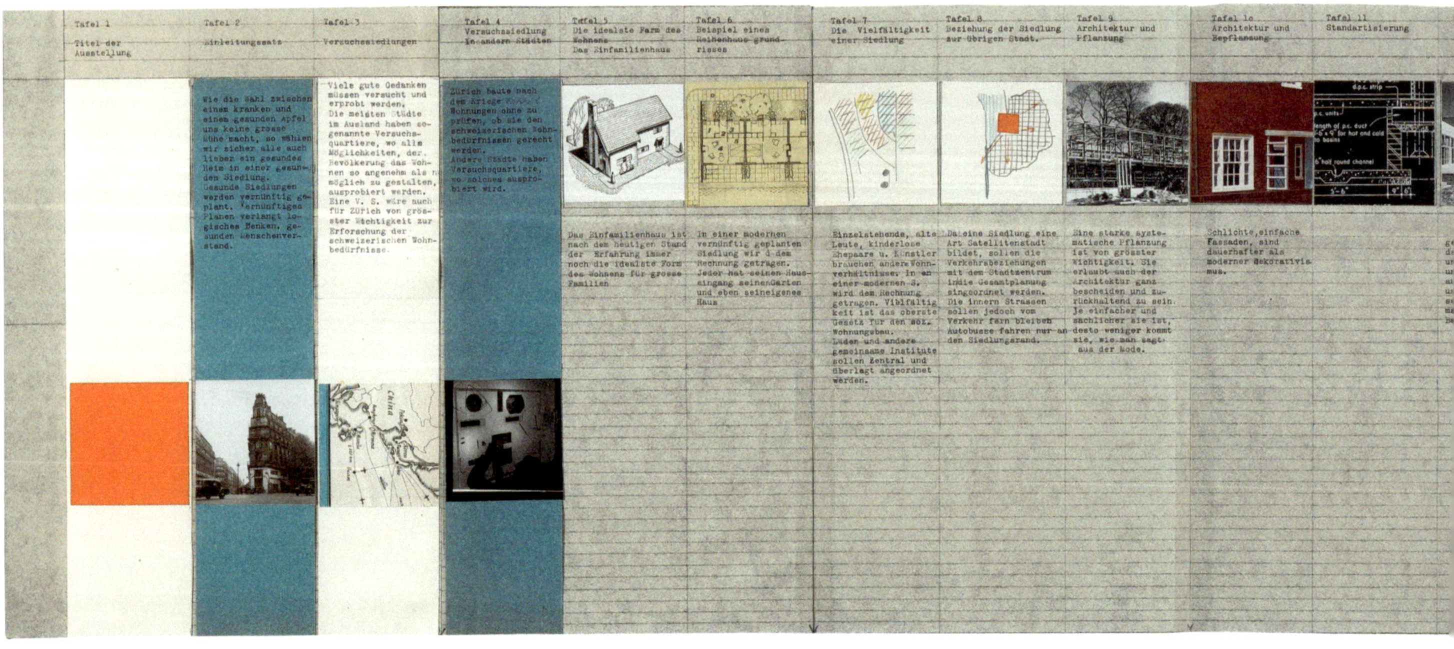

399
Ausstellung *Wohnen heute*, Modell, OLMA St.Gallen, 1967

400
Leporello zum Ausstellungs-Projekt *Das neue Heim* von Felix Fränkel, Jean-Paul Haymoz, Heinz Ronner und Edwin Walder, Globusareal Zürich, 1953

401
Ausstellungs-Projekt *Das neue Heim*, Plan (Ausschnitt) Globusareal Zürich, 1953

Modelle des Wohnens

Vom Ideal zur Alltagsrealität

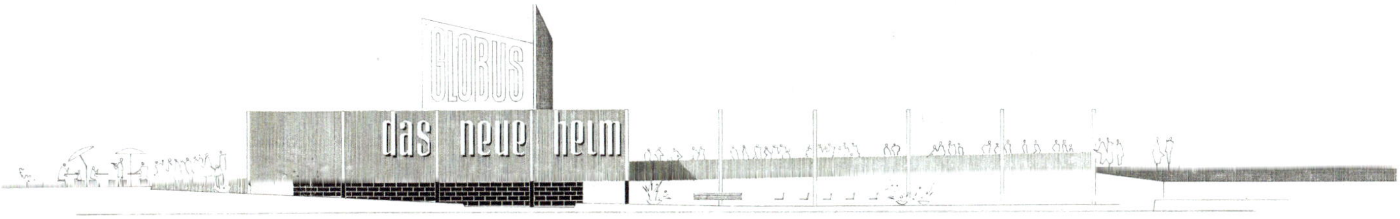

401

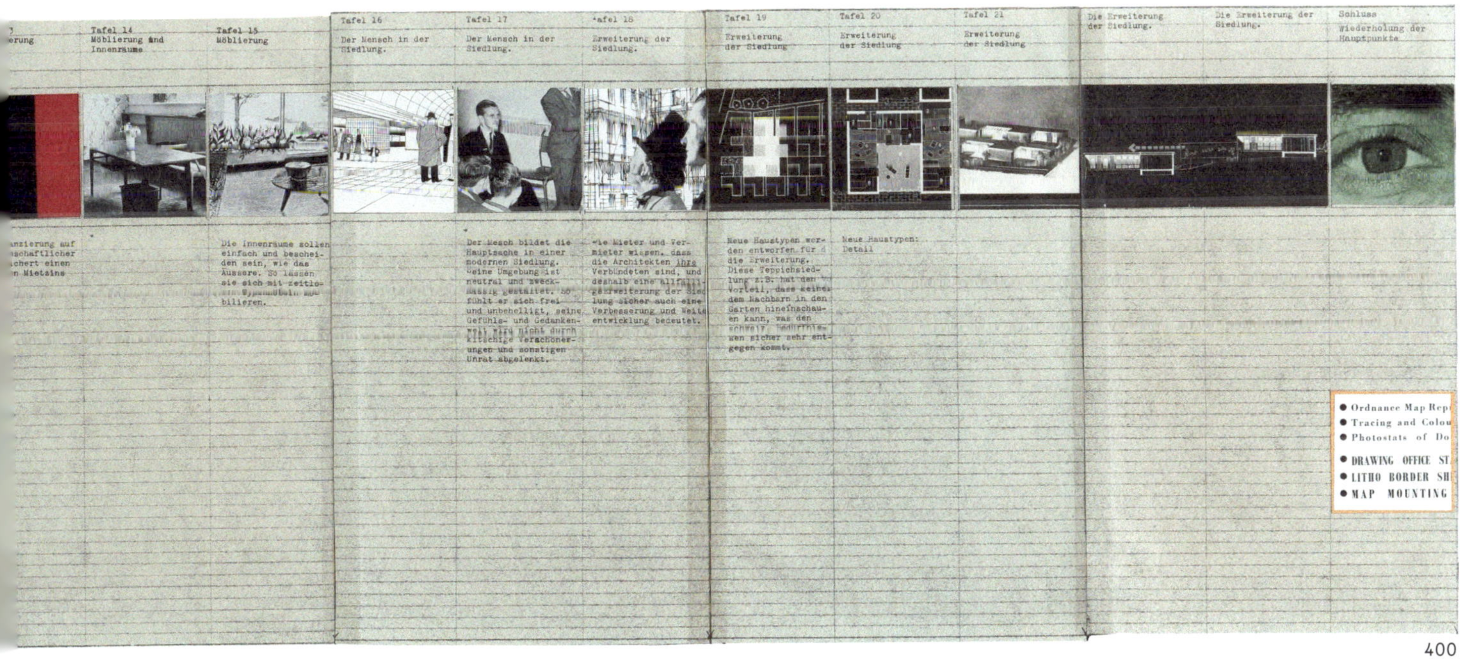

400

Thomas Gnägi

402

402
Sonderschau *gute Form gute Umwelt, Die gute Form 1966*, MUBA, 1967, Foto Peter Moeschlin

403
Leonardo Bezzola, *Flamatt*, um 1966

Flamatt / A1. 5
COPYRIGHT BY
LEONARDO BEZZOLA
FLAMATT/FR.

404

404
Plakat der Ausstellung *Gestalten und Erhalten*, Ortsgruppe Zürich, Kunstgewerbemuseum, 1963, Gestaltung Gruppe 3, Jörg Hamburger, Fotos Josef Müller-Brockmann und Swissair Photo AG

405
Wohnen heute, *SWB-Kommentare 7*, 1968

406
Doppelseite der Zeitung *Der Platz*, Ortsgruppe Luzern, 1976

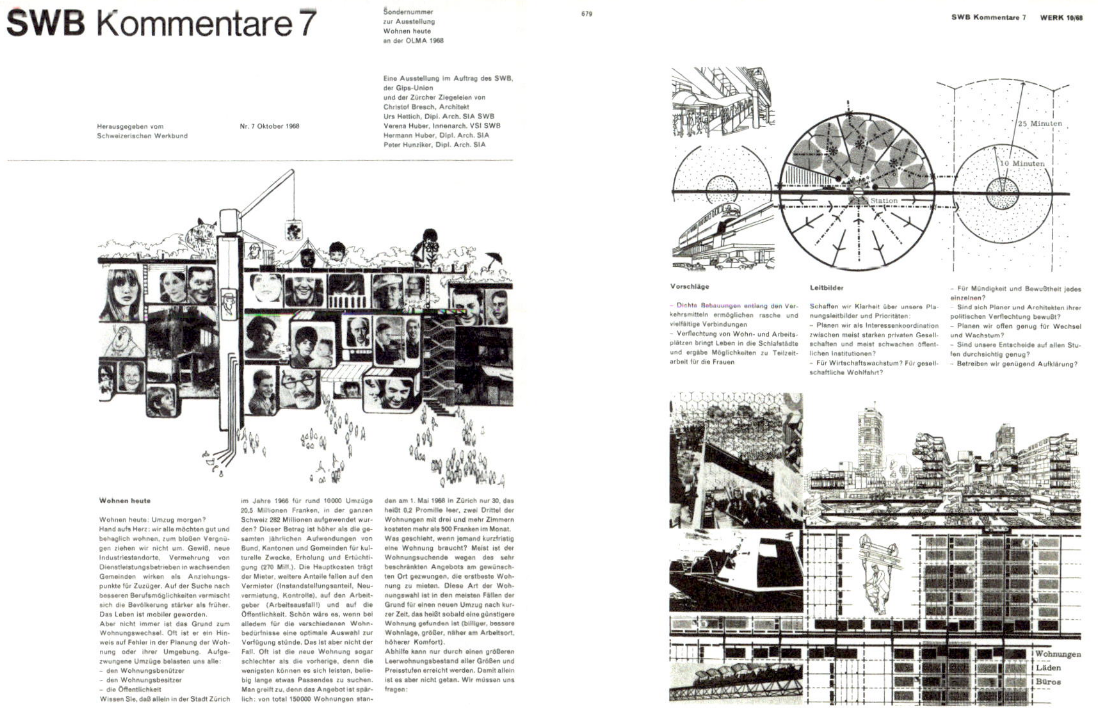

SWB Kommentare 7

Sondernummer
zur Ausstellung
Wohnen heute
an der OLMA 1968

Eine Ausstellung im Auftrag des SWB,
der Gips-Union
und der Zürcher Ziegeleien von
Christof Bresch, Architekt
Urs Hettich, Dipl. Arch. SIA SWB
Verena Huber, Innenarch. VSI SWB
Hermann Huber, Dipl. Arch. SIA
Peter Hunziker, Dipl. Arch. SIA

Herausgegeben vom
Schweizerischen Werkbund

Nr. 7 Oktober 1968

Wohnen heute

Wohnen heute: Umzug morgen?
Hand aufs Herz: wir alle möchten gut und behaglich wohnen, zum bloßen Vergnügen ziehen wir nicht um. Gewiß, neue Industriestandorte, Vermehrung von Dienstleistungsbetrieben in wachsenden Gemeinden wirken als Anziehungspunkte für Zuzüger. Auf der Suche nach besseren Berufsmöglichkeiten vermischt sich die Bevölkerung stärker als früher. Das Leben ist mobiler geworden.
Aber nicht immer ist das Grund zum Wohnungswechsel. Oft ist er ein Hinweis auf Fehler in der Planung der Wohnung oder ihrer Umgebung. Aufgezwungene Umzüge belasten uns alle:
- den Wohnungsbenützer
- den Wohnungsbesitzer
- die Öffentlichkeit

Wissen Sie, daß allein in der Stadt Zürich im Jahre 1966 für rund 10000 Umzüge 20,5 Millionen Franken, in der ganzen Schweiz 282 Millionen aufgewendet wurden? Dieser Betrag ist höher als die gesamten jährlichen Aufwendungen von Bund, Kantonen und Gemeinden für kulturelle Zwecke, Erholung und Ertüchtigung (270 Mill.). Die Hauptkosten trägt der Mieter, weitere Anteile fallen auf den Vermieter (Instandstellungsanteil, Neuvermietung, Kontrolle), auf den Arbeitgeber (Arbeitsausfall!) und auf die Öffentlichkeit. Schön wäre es, wenn bei alledem für die verschiedenen Wohnbedürfnisse eine optimale Auswahl zur Verfügung stünde. Das ist aber nicht der Fall. Oft ist die neue Wohnung sogar schlechter als die vorherige, denn die wenigsten können es sich leisten, beliebig lange etwas Passendes zu suchen. Man greift zu, denn das Angebot ist spärlich: von total 150000 Wohnungen standen am 1. Mai 1968 in Zürich nur 30, das heißt 0,2 Promille leer, zwei Drittel der Wohnungen mit drei und mehr Zimmern kosteten mehr als 500 Franken im Monat.
Was geschieht, wenn jemand kurzfristig eine Wohnung braucht? Meist ist der Wohnungsuchende wegen des sehr beschränkten Angebots am gewünschten Ort gezwungen, die erstbeste Wohnung zu mieten. Diese Art der Wohnungswahl ist in den meisten Fällen der Grund für einen neuen Umzug nach kurzer Zeit, das heißt sobald eine günstigere Wohnung gefunden ist (billiger, bessere Wohnlage, größer, näher am Arbeitsort, höherer Komfort).
Abhilfe kann nur durch einen größeren Leerwohnungsbestand aller Größen und Preisstufen erreicht werden. Damit allein ist es aber nicht getan. Wir müssen uns fragen:

679

SWB Kommentare 7 WERK 10/68

Vorschläge

- Dichte Bebauungen entlang den Verkehrsmitteln ermöglichen rasche und vielfältige Verbindungen
- Verflechtung von Wohn- und Arbeitsplätzen bringt Leben in die Schlafstädte und ergäbe Möglichkeiten zu Teilzeitarbeit für die Frauen

Leitbilder

Schaffen wir Klarheit über unsere Planungsleitbilder und Prioritäten:
- Planen wir als Interessenkoordination zwischen meist starken privaten Gesellschaften und meist schwachen öffentlichen Institutionen?
- Für Wirtschaftswachstum? Für gesellschaftliche Wohlfahrt?
- Für Mündigkeit und Bewußtheit jedes einzelnen?
- Sind sich Planer und Architekten ihrer politischen Verflechtung bewußt?
- Planen wir offen genug für Wechsel und Wachstum?
- Sind unsere Entscheide auf allen Stufen durchsichtig genug?
- Betreiben wir genügend Aufklärung?

405

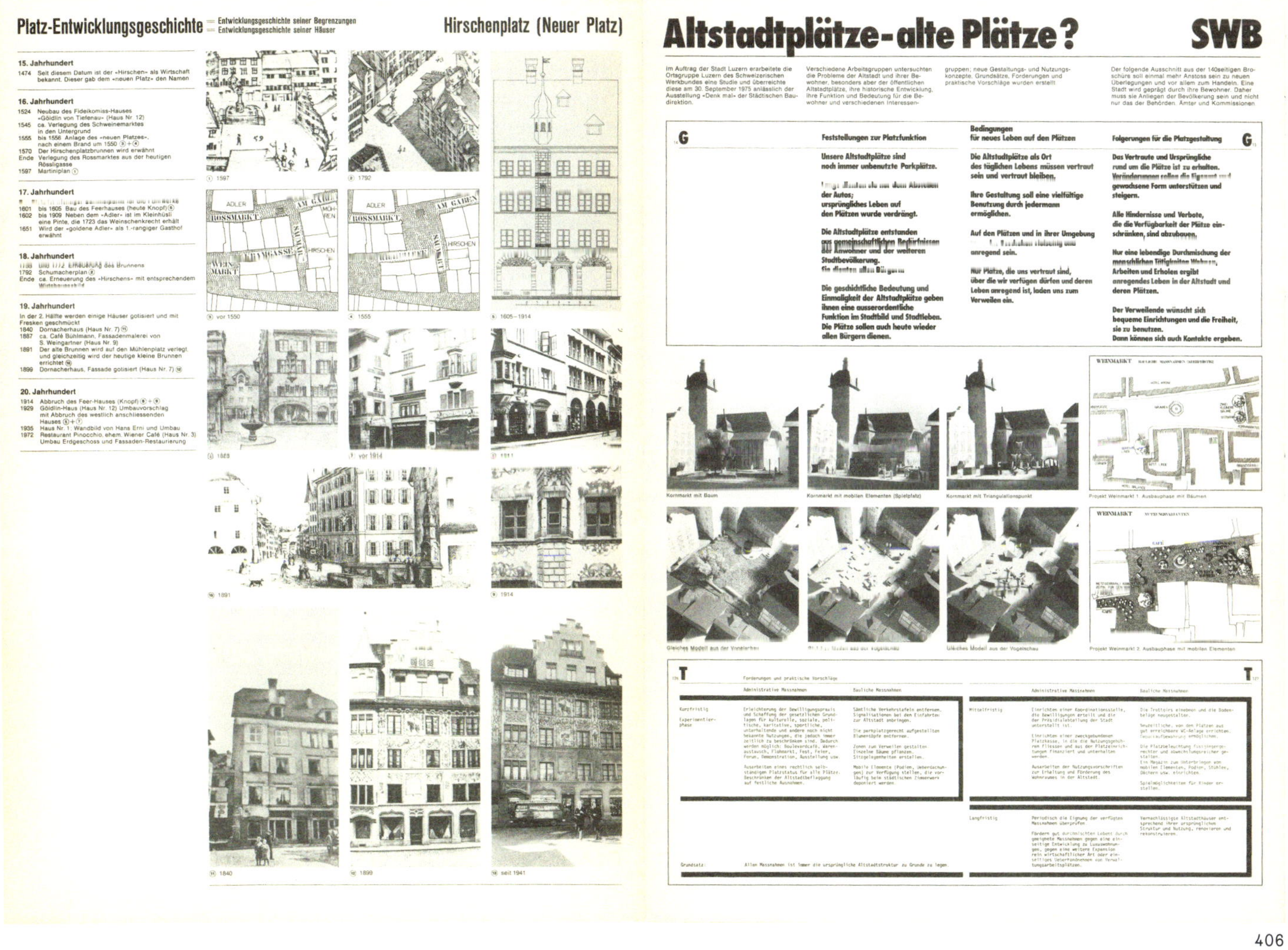

Platz-Entwicklungsgeschichte = Entwicklungsgeschichte seiner Begrenzungen = Entwicklungsgeschichte seiner Häuser

Hirschenplatz (Neuer Platz)

15. Jahrhundert
1474 Seit diesem Datum ist der «Hirschen» als Wirtschaft bekannt. Dieser gab dem «neuen Platz» den Namen

16. Jahrhundert
1524 Neubau des Fideikomiss-Hauses «Göldlin von Tiefenau» (Haus Nr. 12)
1545 ca. Verlegung des Schweinemarktes in den Untergrund
1555 bis 1556 Anlage des «neuen Platzes», nach einem Brand um 1550 ③+④
1570 Der Hirschenplatzbrunnen wird erwähnt
Ende Verlegung des Rossmarktes aus der heutigen Rössligasse
1597 Martiniplan ①

17. Jahrhundert
[illegible]
1601 bis 1605 Bau des Feerhauses (heute Knopf) ⑤
1602 bis 1909 Neben dem «Adler» ist im Kleinhüsli eine Pinte, die 1723 das Weinschenkrecht erhält
1651 Wird der «goldene Adler» als 1.-rangiger Gasthof erwähnt

18. Jahrhundert
[illegible] und 1772 Erneuerung des Brunnens
1792 Schumacherplan ②
Ende ca. Erneuerung des «Hirschens» mit entsprechendem Wirtshausschild

19. Jahrhundert
In der 2. Hälfte werden einige Häuser gotisiert und mit Fresken geschmückt
1840 Dornacherhaus (Haus Nr. 7) ⑪
1887 ca. Café Bühlmann, Fassadenmalerei von S. Weingartner (Haus Nr. 9)
1891 Der alte Brunnen wird auf den Mühlenplatz verlegt und gleichzeitig wird der heutige kleine Brunnen errichtet ⑩
1899 Dornacherhaus, Fassade gotisiert (Haus Nr. 7) ⑫

20. Jahrhundert
1914 Abbruch des Feer-Hauses (Knopf) ⑧+⑨
1929 Göldlin-Haus (Haus Nr. 12) Umbauvorschlag mit Abbruch des westlich anschliessenden Hauses ⑤+⑦
1935 Haus Nr. 1: Wandbild von Hans Erni und Umbau
1972 Restaurant Pinocchio, ehem. Wiener Café (Haus Nr. 3) Umbau Erdgeschoss und Fassaden-Restaurierung

① 1597 ② 1792 ③ vor 1550 ④ 1555 ⑤ 1605–1914 ⑧ vor 1914 ⑨ 1914 ⑩ 1891 ⑪ 1840 ⑫ 1899 ⑬ seit 1941

Altstadtplätze - alte Plätze? SWB

Im Auftrag der Stadt Luzern erarbeitete die Ortsgruppe Luzern des Schweizerischen Werkbundes eine Studie und überreichte diese am 30. September 1975 anlässlich der Ausstellung «Denk mal» der Städtischen Baudirektion.

Verschiedene Arbeitsgruppen untersuchten die Probleme der Altstadt und ihrer Bewohner, besonders aber der öffentlichen Altstadtplätze, ihre historische Entwicklung, ihre Funktion und Bedeutung für die Bewohner und verschiedenen Interessengruppen; neue Gestaltungs- und Nutzungskonzepte, Grundsätze, Forderungen und praktische Vorschläge wurden erstellt.

Der folgende Ausschnitt aus der 140seitigen Broschüre soll einmal mehr Anstoss sein zu neuen Überlegungen und vor allem zum Handeln. Eine Stadt wird geprägt durch ihre Bewohner. Daher muss sie Anliegen der Bevölkerung sein und nicht nur das der Behörden, Ämter und Kommissionen.

Feststellungen zur Platzfunktion

Unsere Altstadtplätze sind noch immer unbenutzte Parkplätze.

[illegible] der Autos; ursprüngliches Leben auf den Plätzen wurde verdrängt.

Die Altstadtplätze entstanden aus gemeinschaftlichen Bedürfnissen der Anwohner und der weiteren Stadtbevölkerung. Sie dienten allen Bürgern.

Die geschichtliche Bedeutung und Einmaligkeit der Altstadtplätze geben ihnen eine ausserordentliche Funktion im Stadtbild und Stadtleben. Die Plätze sollen auch heute wieder allen Bürgern dienen.

Bedingungen für neues Leben auf den Plätzen

Die Altstadtplätze als Ort des täglichen Lebens müssen vertraut sein und vertraut bleiben.

Ihre Gestaltung soll eine vielfältige Benutzung durch jedermann ermöglichen.

Auf den Plätzen und in ihrer Umgebung [illegible] vielseitig und anregend sein.

Nur Plätze, die uns vertraut sind, über die wir verfügen dürfen und deren Leben anregend ist, laden uns zum Verweilen ein.

Folgerungen für die Platzgestaltung

Das Vertraute und Ursprüngliche rund um die Plätze ist zu erhalten. Veränderungen sollen die Eigenart und gewachsene Form unterstützen und steigern.

Alle Hindernisse und Verbote, die die Verfügbarkeit der Plätze einschränken, sind abzubauen.

Nur eine lebendige Durchmischung der menschlichen Tätigkeiten Wohnen, Arbeiten und Erholen ergibt anregendes Leben in der Altstadt und deren Plätzen.

Der Verweilende wünscht sich bequeme Einrichtungen und die Freiheit, sie zu benutzen. Dann können sich auch Kontakte ergeben.

Kornmarkt mit Baum — Kornmarkt mit mobilen Elementen (Spielplatz) — Kornmarkt mit Triangulationspunkt — Projekt Weinmarkt 1: Ausbauphase mit Bäumen

Gleiches Modell aus der Vogelschau — Gleiches Modell aus der Vogelschau — Gleiches Modell aus der Vogelschau — Projekt Weinmarkt 2: Ausbauphase mit mobilen Elementen

406

407

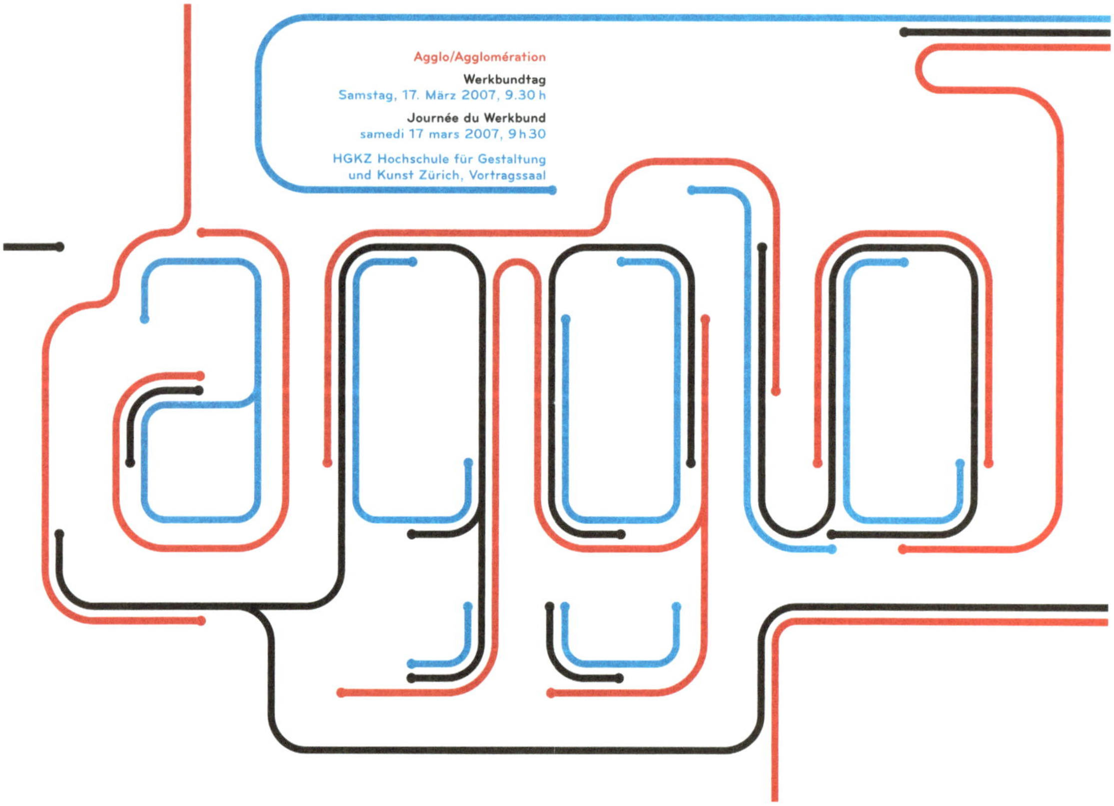

408

407
Plakat der Ausstellung *Erholungsraum Stadt*, Tonbildschau *Lernen vom Industriequartier* der Ortsgruppe Zürich, Kunstgewerbemuseum, 1976, Gestaltung Hermann E. Eggmann

408
Agglo/Agglomération, Werkbundtag Zürich 2009, Gestaltung Bringolf Irion Vögeli

Wohnausstellungen, Musterwohnungen und Mustersiedlungen, gutes Wohnen, Wohnen heute, Wohnberatungen – der Schweizerische Werkbund hat vieles unternommen, um zu zeigen, wie sich der Mittelstand praktisch, qualitätsvoll und schön einrichten könnte und – etwas weniger häufig – wie eine entsprechende Architektur aussehen sollte. Anhand von Ausstellungen, bebilderten Ausstellungs- wie Warenkatalogen, Zeitschriftenbeiträgen, Broschüren und sogar Filmen hat er konkret an Beispielen von Möbeln in einzelnen Zimmern und ganzen Wohnungen Ideale des Wohnens vermittelt. Beispielhaft steht dafür der Prospekt *Wohnen wie in den Ferien* der Werkbund-Siedlung Neubühl von Anfang der 1930er-Jahre Abb. 367 (→ S. 358), in dem besonders das Arrangement im Zentrum steht: das der abgestuften Zeilenbauweise im Hang, das der die neue Architektur umspielenden Natur, das der lesenden Bewohnerin auf dem Sofa in der Zimmerecke – letztlich also das des wie zufällig gewählten Bildausschnitts. Es lag in der Sache des Ausstellens, dass die gezeigten Bauten, Möbel und Produkte in den Wohn-Ausstellungen eben nur arrangierte Beispiele waren, die als Vorbilder zur Nachahmung anregen sollten. Mit ihnen wurde immer nur ein Ausschnitt einer (idealen) Realität wiedergegeben, die es im «richtigen» Leben zu komplettieren galt.

Seit mit der Neuausrichtung des Werkbundes um 1970 (→ S. 85) unter dem Begriff der Umwelt nicht mehr nur «die Siedlung – die Wohnung – das Gerät – das Bild» verstanden wurde, sondern die «Gestaltung der Umwelt in ihrer Gesamtheit», war es ihm ausserdem ein Anliegen, anhand von Ausstellungen und in Publikationen nicht ausschliesslich aufzuklären und vorzuführen, sondern auch auf Augenhöhe des Interessenten zu kommunizieren und zu informieren.[1]

Ganzheitliches Wohnen

Am Engagement für das Wohnen zeigt sich ferner, dass sich die Tätigkeit des SWB nicht streng in die Bereiche Möbeldesign einerseits und Architektur andererseits trennen lässt. Vielmehr ist beides miteinander verquickt. Aus der Sicht der 1970er- und 1980er-Jahre lässt sich sogar konstatieren, dass das Wohnen nur dann verbessert werden konnte, wenn man sich zuvor mit der Stadt auseinander gesetzt hatte.[2] Allerdings war damals der Fokus dezidiert auf die Verbesserung der Kernstadt gerichtet. Beim architektonischen Engagement des SWB zuvor ging es aber bis in die 1960er-Jahre hinein vorwiegend um das Wohnen in der Siedlung. Das Wohnen ganz allgemein gehört, wie man am jüngsten Ideenwettbewerb (→ S. 411) sehen konnte, noch heute zur Kernkompetenz des Schweizerischen Werkbundes.

Das bedeutendste Schweizer Beispiel guten Wohnens in einer nach gleichem Anspruch gestalteten Wohnsiedlung hat der SWB selber mit der 1932 fertiggestellten Siedlung Neubühl (→ S. 356) realisiert. Auch dort wurde eine Möbelausstellung (der Firma Wohnbedarf AG) in eine Wohnbauausstellung integriert.[3] Bereits bei früheren Beispielen wie der Gartenstadt Hellerau, um eine Keimzelle des Deutschen Werkbundes zu nennen, oder später mit dem Bauhaus, war das Wohnen immer als Teil eines gesamtgestalterischen Ansatzes, vom kleinen Objekt bis zum städtebaulichen Massstab verstanden worden.[4] Ganz explizit führte die Hochschule für Gestaltung in Ulm einen solchen ganzheitlichen Ansatz weiter. Eine Generation wichtiger Repräsentanten des Schweizerischen Werkbundes war eng mit Ulm verbunden: Max Bill war 1953 einer der Mitgründer der Ulmer Schule und ihr erster Rektor, der spätere Geschäftsführer des SWB, Eugen Gomringer (→ S. 434), sein Sekretär. Die Kunsthistorikerin und langjährige Zweite Vorsitzende Margit Staber wie auch der spätere Geschäftsführer Leonhard Fünfschilling (→ S. 437) studierten in Ulm, Lucius Burckhardt (→ S. 433) unterrichtete dort – sie alle sollten die zweite Hälfte der 100-jährigen Geschichte des Werkbundes prägen.[5]

Gesamtheitliche Aspekte des Wohnens in ihrer ganzen Breite wurden vor allem im Zuge des Wiederaufbaus nach dem Zweiten Weltkrieg besonders stark diskutiert. Schon an der SWB-Tagung von 1946 referierte die englische Architektin Jane Drew zu «aktuelle[n] Wohnungsprobleme[n]» und Ernesto N. Rogers von der Zeitschrift *Domus* über das Thema «Vom Gebrauchsgegenstand zur Siedlung».[6] Die Ausstellung des Schwedischen Kunstgewerbevereins, so der Name des Schwedischen Werkbundes (→ S. 273), hatte dann ebenfalls den gesamten Bereich des Wohnens abgedeckt, als er 1949 das *Schwedische Schaffen heute. Vom Stadtplan zum Essbesteck* im Kunstgewerbemuseum Zürich zeigte.[7]

Im selben Jahr fand die von Max Bill kuratierte legendäre Wanderausstellung *Die gute Form* statt. Dem Thema der Ausstellung entsprechend wurden allerdings Beispiele von Siedlungsformen nur am Rande und nur im Sinne ihrer typologischen Form gezeigt. Der Werkbund sollte sich in den nächsten Jahren fast gänzlich auf für den Alltag bestimmte Produkte und deren Prämierung und Präsentation (→ S. 277) fokussieren – zumindest wird es in der heutigen Rezeption so wahrgenommen.[8] Diskussionen, die das Wohnen in einen übergeordneten Zusammenhang stellten, aber auch Projekte, wie der alternative Vorschlag zur Landesausstellung 1964 (→ S. 213), der vorsah, einen Teil einer Musterstadt in Lausanne zu errichten, liefen etwas weniger beachtet nebenher.[9]

Zwei Modelle: Wohnungsideal versus Alltagsrealität

Es existieren zahlreiche Fotografien aus den 1950er- und 1960er-Jahren, die Modelle von Ausstellungspräsentationen des SWB zeigen. Hier ist zu erkennen, wie Vitrinen und Gegenstände platziert sowie ihre Positionen im Raum ausprobiert und austariert worden sind. Es erstaunt nicht, dass überhaupt Modelle realisiert wurden, sondern vielmehr, dass von
Abb. 332/342/381 ihnen heute noch so viele Aufnahmen erhalten sind (→ S. 318, 325, 369). Sie waren offenbar ein wichtiges Moment der Planung und geben Auskunft über die dezidierten Vorbereitungen. Wie eingangs erwähnt, waren auch Musterwohnungen probate Mittel der Ausstellungspräsentation. Eine solche war beispielsweise auf dem Areal des Globus-Provisoriums in Zürich geplant und aufgrund ihrer Vorbedingungen ein ideales Projekt. Denn hier war das alte Gebäude des Warenhauses Globus am Limmatquai, schräg gegenüber des Hauptbahnhofs, abgerissen worden. Da das Stimmvolk ein Neubauprojekt 1951 ablehnte, blieb dort vorläufig ein ungenutzter Bauplatz. Diese Brache an zentraler Lage wollten die vier Zürcher Architekten Jean-Paul Haymoz, Felix Fränkel, Heinz Ronner und Edwin Walder der Zürcher Ortsgruppe des SWB mit einem Pavillon nutzen. Die 1953 an das Warenhaus Globus eingereichte Idee war, eine Einheit der damals geplanten Erweiterung der Werkbund-Siedlung Neubühl eins zu eins an der Limmat als Teil eines Ausstellungspavillons
Abb. 401 zu erstellen.[10] Die Ausstellung *Das neue Heim* sollte zwei Dinge erfüllen: In einer thematischen Präsentation wäre das Thema «des neuen Wohnens» mithilfe von
Abb. 400 Schautafeln, Grafiken und Fotografien dargestellt worden und in der «kommerziellen Ausstellung» die «neuesten Kollektionen der Firma Globus» als Ausstattung des «Winkelhauses der sogenannten Teppichsiedlung der projektierten Erweiterung».[11] Das Projekt konnte allerdings nicht umgesetzt werden, da bereits wenig später mit der Errichtung eines Globus-Ersatzbaus begonnen werden sollte.[12]

Das Projekt mit Modellcharakter der vier Architekten spiegelte Anfang der 1950er-Jahre das Ideal des modernen Typus einer Wohnung wider: Objektdesign und Wohnraum bildeten eine Entität. Und genau dieser Fokus verkehrte sich Ende der 1960er-Jahre gänzlich ins Gegenteil. In der Einführung zum *6. Warenkatalog* von 1967 (→ S. 293) stand nicht mehr das Möbel im Zentrum, sondern der Mensch, der ungeachtet des Designs die Einrichtungsgegenstände in Beschlag nimmt. Als Beispiel dafür kann eine Serie von fotografischen Aufnahmen des SWB-Mitglieds Leonardo Bezzola in den Siedlungen Flamatt (1957–1958) und Halen (1955–1961) des Berner Architekturbüros Atelier 5 angeführt werden. Bezzola,
Abb. 403 der damals selbst Bewohner der Siedlung Flamatt war, fotografierte hauptsächlich Kinder, die die Möbel im Spiel umfunktionierten und sie dabei oft ganz anders als geplant nutzten. Die Fotografien vermittelten eben jene Botschaft, aufgrund derer sich der Werkbund letztlich von der Prämierung im Produktdesign abwenden sollte: Nicht die gut gestalteten Produkte und Wohnungen würden die Lebensqualität steigern, sondern vielmehr sollten sich Wohnungen und Gegenstände hinsichtlich ihrer Gestaltung an die Lebensrealität der Bewohner anpassen lassen.[13] Flexibilität und temporäre Nutzungsmöglichkeiten waren gefragt, um die verschiedensten Lebenskonzepte aufnehmen zu können. Die Fotografien dienten vor allem für Wanderausstellungen, die in Schulen der Schweiz zirkulierten (→ S. 399).

Flamatt und Halen, obwohl unabhängig vom SWB erbaut,[14] gerieten für den Werkbund just zu jenem Zeitpunkt als Modelle für ein gelungenes Konzept einer alltäglichen Lebensrealität ins Blickfeld, als er sich mit grossem Forschungsaufwand, aber letztlich erfolglos, ernsthaft mit der Möglichkeit einer neuen Werkbund-Siedlung auseinandersetzte (→ S. 395).

«Die Wohnung fängt nicht bei der Haustür an»[15]

In diesen Zeitraum Ende der 1960er-Jahre fällt ferner die Ausstellung *Wohnen heute* der Ortsgruppe St. Gallen an der Schweizer Messe für Land- und Milchwirtschaft (OLMA), in der das Wohnen vom Grundriss ausgehend bis in den grösseren Zusammenhang von Stadt, Mobilität und Landes-
Abb. 399 planung thematisiert worden ist. Im Rahmen der Vorbereitung war die Idee aufgekommen, die Basler Prämierung und die SWB-Sonderschauen nach St. Gallen an die OLMA zu holen und auf den Siedlungsbau auszuweiten.[16] Als die Ausstellung *Wohnen heute* dann 1968 mit einem Jahr Verzögerung realisiert werden konnte, hatte mit der letzten Prämierung an der MUBA aber gleichzeitig die letzte Sonderausstellung ihrer Art statt gefunden, nachdem ein Jahr zuvor unter dem Motto *gute Umwelt* das Ausstellungsthema *Die gute Form* bereits ausgeweitet worden war.
Abb. 402 Mit den Bild- und Textcollagen, die 1968 in einer Nummer der *SWB Kommentare* zum Thema der St. Galler Ausstellung *Wohnen heute* publiziert worden sind,
Abb. 399 wurden vor allem Fragen aufgeworfen, die sich gegen ideale und damit statische Konzepte der Moderne mit ihrem Modellcharakter wandten. Im Gegensatz dazu ist für veränderbare, erweiterbare und provisorische Wohnformen plädiert worden. Gemäss den Ausstellungsgestaltern sollte dies einerseits mit technischer Innovation erreicht werden, wie erweiterbaren und flexibel nutzbaren Tragwerkstrukturen, andererseits waren dazu mehr Wohnungen, eine bessere Anbindung an den öffentlichen Verkehr, die Trennung von Verkehrswegen, mehr Wohneigentum und letztlich auch mehr demokratische Mitbestimmung notwendig, um den Bedürfnissen der mobil gewordenen und sich stetig verändernden Gesellschaft Rechnung zu tragen.[17]

Solchen Forderungen an eine derart umfassende Gestaltung des gesamten Lebensraumes ging eine allgemeine Stadtkritik voraus, die sich gegen die Zerstörung der Innenstädte, aber auch gegen den Massensiedlungsbau richtete. Sie stellte mit Büchern wie *Death and Life of Great American Cities* (1961) von Jane Jacobs oder *The Federal Bulldozer. A Critical Analysis of Urban Renewal, 1949–1962* (1963) von Martin Anderson und im deutschsprachigen Raum mit *Die Unwirtlichkeit unserer Städte. Anstiftung zum Unfrieden* (1965) von Alexander Mitscherlich sowie mit der Komponente der Landzerstörung mit *Mensch ohne Umwelt* (1972) von Alfred A. Hässler und *Bauen als Umweltzerstörung* (1974) von SWB-Mitglied Rolf Keller die Entwicklung im Bauen so sehr infrage, dass über Jahre hinaus die Diskussionen über Städtebau in ideologischen Gräben verliefen.

Für den Soziologen Burckhardt war bereits der Grossbasler Korrektionsplan von 1949 eine Initialzündung für die Beschäftigung mit Fragen des Stadtumbaus und des Einflusses der Mobilität auf die Kernstadt und deren Folgen.[18] Für den SWB bot das Jubiläum zum 50-jährigen Bestehen dann 1963 die Möglichkeit, sich mit Fragen der Gestaltung und Erhaltung von Innenstädten auseinander-
Abb. 404 zusetzen. Dabei setzte er pointiert das «Gestalten» vor das «Erhalten» und beide in Bezug zueinander. Es ging ihm dabei also nicht um die denkmalpflegerische Erhaltung von Fassaden, sondern um die Erhaltung von strukturellen Qualitäten in den Kernstädten und um deren weiterführende Gestaltung – der Zürcher Architekt René Haubensak spricht in diesem Zusammenhang von «Evolution».[19] Mit der Wiederentdeckung der Qualitäten der Kernstadt kam auch deren Aufwertung sowie
Abb. 406 Befreiung vom privaten Verkehr. Im Fokus des SWB stand nun plötzlich das Auto als jede Stadtgestaltung beeinflussende Komponente, mit der er sich auch publi-
Abb. 153 zistisch (→ S. 198) befassen sollte.[20]

Die Stadt als gestaltbarer Lebensraum war aber auch für den SWB nur ein Teil eines grösseren Ganzen.[21] Mit dem Verfassungsartikel 22^{quater}, der seit 1969 den Bund zu einer entsprechenden Gesetzgebung in Bezug auf die Raumplanung verpflichtete, ergab sich in den folgenden Jahren für den SWB mehrfach die Gelegenheit, mit Tagungen, der Unterstützung von Vernehmlassungsverfahren und zahlreichen Vorstössen in Belangen der Schweizerischen Raumplanung aktiv am politischen Prozess teilzunehmen.[22] Es sind die Schlüsselthemen Raumplanung, Mobilität und Umweltschutz, die in den 1970er-Jahren als Grundlage für eine zu verbessernde Wohnqualität erkannt wurden und die noch heute als wichtige Parameter in der Auseinandersetzung mit schwindender unverbauter Landschaft gelten. Gerade die heute nach wie vor ungebremste Zersiedelung, die neue begriffliche Definitionen wie urban sprawl oder «Zwischenstadt»[23] notwendig machte, wurde in den letzten Jahren auch vom SWB als dringend zu diskutierendes Thema erkannt, in dem er unter dem Blickwinkel der Gestaltung im Bereich des Wohnens sondiert.[24]

Der Werkbund hat sich spätestens seit einem halben Jahrhundert neben dem Modellhaften im Wohnen auch mit den Prozessen und den Strukturen der Stadt und später der Landschaft beschäftigt und dabei ganz im Sinne der Statutenänderung von 1970 agiert, die fortan die «Gestaltung der Umwelt in ihrer Gesamtheit» ins Zentrum stellte.[25] Der Fokus des SWB hat sich dabei von der
Abb. 408 Kernstadt weg in die Agglomeration verschoben.[26]

1 Statuten SWB 1970, §2.
2 Zum Votum Otti Gmürs, siehe in der vorliegender Publikation auf S. 438.
3 Vgl. von Moos 1981, S. 197–199.
4 Siehe Klaus-Peter Arnold, *Vom Sofakissen zum Städtebau. Die Geschichte der Deutschen Werkstätten und der Gartenstadt Hellerau*, Dresden 1993.
5 Siehe den Erfahrungsbericht von Margit Weinberg Staber, Once upon a Time … oder: Die erinnerte Kunstvermittlung, in: *Kunstforum international*, Mai/Juni 2013, Bd. 221, S. 130–141, bes. S. 133–138.
6 Siehe die Chronik in der vorliegender Publikation, Jahr 1946. Bill hatte 1945 eine wegweisende Publikation über den Wiederaufbau nach dem Krieg vorgelegt, in der vor allem Vorfabrikation und Leichtbauweise mit den entsprechenden Planungen und Konstruktionen aufgefächert wurde, Max Bill, *Wiederaufbau. Dokumente über Zerstörungen, Planungen Konstruktionen*, Erlenbach und Zürich 1945.
7 Vgl. Alfred Roth, Begegnung mit dem Schaffen Schwedens, in: *Werk* 36 (1949), H. 9, S. 283–287, bes. S. 284.
8 Beispielsweise Noseda 2007, S. 79.
9 Die zeitliche Koinzidenz zu Vorschlägen des Autorentrios Lucius Burckhardt, Max Frisch und Markus Kutter kommt nicht von ungefähr, beruft sich der Vorschlag des SWB doch explizit auf sie; vgl. SWB Vorträge 1960, S. 12; siehe *achtung: die schweiz* (Burckhardt/Frisch/Kutter 1955). Dieser Publikation gingen zwei andere voraus: Max Frisch, Cum grano salis. Eine kleine Glosse zur schweizerischen Architektur, in: *Werk* 40 (1953), H. 10, S. 325–329, sowie *Wir selber bauen unsere Stadt* (Burckhardt/Kutter 1953). Als Folge von *achtung: die schweiz* publizierten dieselben Autoren *Die neue Stadt* (Burckhardt/Frisch/Kutter 1956). Siehe dazu eine allgemeine Einordnung in die städtebauliche Situation der 1950er-Jahre: Petra Hagen, *Städtebau im Kreuzverhör. Max Frisch zum Städtebau der Fünfziger Jahre*, Baden 1986.
10 Vgl. auch GB SWB 1954, S. 6.
11 Brief Alfred Altherrs an Generaldirektion der Magazine zum Globus, MfGZ/Designsammlung/Konvolut SWB.
12 Protokoll der Besprechung Altherrs und Haymoz' mit Direktor Mahler, 27.7.1953, ebd. Erst 1960 baute schliesslich Karl Egender das noch heute dort stehende Provisorium.
13 Vgl. die Einführung von Hans Fischli in SWB Warenkatalog 1967, S. 8–10.
14 Die Gründungsmitglieder von Atelier 5 wurden im Laufe der 1950er- und 1960er-Jahre Mitglieder des SWB: Erwin Fritz, Samuel Gerber, Rolf Hesterberg, Hans Hostettler und Alfredo Fini. Siehe zur Siedlung Halen: Nancy Wiesmann-Baquero, *Die Kinder der Siedlung Halen. Lebenserfahrungen mit Architektur und Städtebau*, Bern 2005.
15 SWB Kommentare 7, S. 681.
16 Rapport über Kontaktaufnahme mit der OLMA, Arthur Niggli Dezember 1966, Typoskript, 3 Seiten; Protokoll der Besprechung vom 27.1.1967 mit Direktor Meier der OLMA, Erster Vorsitzender Peter Steiger, Vorsitzender Ortsgruppe St. Gallen Arthur Niggli, Geschäftsführer Eugen Gomringer und [o. N.] Keller, 30.1.1967, Typoskript, Dossier Wohnen heute, 1967, MfGZ/Designsammlung/Konvolut SWB.
17 SWB Kommentare 7, S. 677–682.
18 Lucius Burckhardt, achtung: die schweiz, in: Kohler/von Moos 2002, S. 149–155, hier S. 150.
19 René Haubensak, Gestalten und Erhalten, in: *Werk* 51 (1964), H. 3, S. 97–101, hier S. 97; Haubensak war Mitglied der Zürcher Arbeitsgruppe für Städtebau (ZAS), die für die Verdichtung der Innenstädte eintrat.
20 Siehe dazu SWB Werkbund Material 1979 und SWB Risse im Lack 1985.
21 Mit der Landschaft als Gegenstand der Gestaltung wurde 1962 ein Themenheft des *Werk* publiziert. Im Leitartikel dazu nennt Burckhardt den aus der Waldwirtschaft übernommenen Begriff der Nachhaltigkeit und verweist auf die Tagung des Deutschen Werkbundes von 1959 zum Thema *Die grosse Landzerstörung*, *Werk* 49 (1962), H. 9, S. 301.
22 Botschaft des Bundesrats zu einem Bundesgesetz über die Raumplanung (RPG); vgl. Ueli Roth, Chronologie der schweizerischen Landesplanung, in: *Werk* 59 (1972), H. 10, S. 604–608. Siehe auch das *Werk*-Themenheft *Planungen – wo und für wen?* von 1972.
23 Siehe Thomas Sieverts, *Zwischenstadt. Zwischen Ort und Welt, Raum und Zeit, Stadt und Land*, Braunschweig, 1997.
24 Vgl. entsprechende Tagungsthemen in der Chronik der vorliegenden Publikation; siehe auch die Vorträge an der Jubiläumstagung 2013, bes. der Vortrag zum Thema räumlicher Ausnützung im Wohnen der Pariser Architektin Anne Lacaton von Lacaton & Vassal, *werkbrief. Mitteilungen des Schweizerischen Werkbundes* 1913, Nr. 3, S. 5, http://werkbund.ch/web/sites/default/files/werkbrief_2013-3.pdf (1.8.2013).
25 Wie Anm. 1.
26 *Agglo/Agglomération* waren 2007 und 2008 die Tagungsthemen, siehe Chronik.

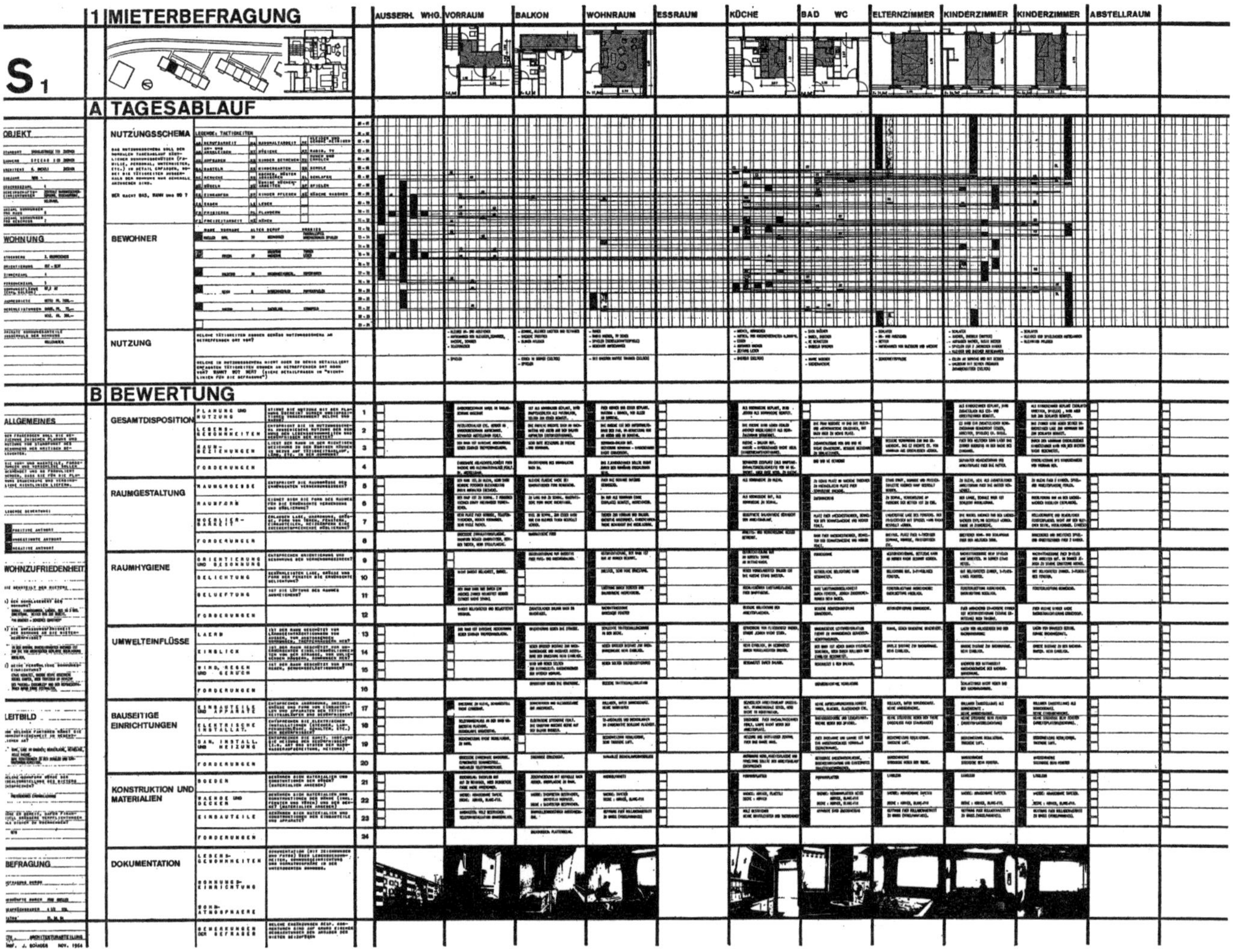
1 MIETERBEFRAGUNG
S1
AUSSERH. WHG.
VORRAUM
BALKON
WOHNRAUM
ESSRAUM
KÜCHE
BAD WC
ELTERNZIMMER
KINDERZIMMER
KINDERZIMMER
ABSTELLRAUM
A TAGESABLAUF
OBJEKT
NUTZUNGSSCHEMA
BEWOHNER
WOHNUNG
NUTZUNG
B BEWERTUNG
ALLGEMEINES
GESAMTDISPOSITION
RAUMGESTALTUNG
WOHNZUFRIEDENHEIT
RAUMHYGIENE
UMWELTEINFLÜSSE
LEITBILD
BAUSEITIGE EINRICHTUNGEN
KONSTRUKTION UND MATERIALIEN
BEFRAGUNG
DOKUMENTATION

1

Fachausschuss Wohnbau (FAW) und das Projekt Werkbund-Siedlung Sonnhalde

1965–1967

Über 30 Jahre nach der Realisierung der Werkbundsiedlung Neubühl (→ S. 356) wurde im Schweizerischen Werkbund die Idee diskutiert, sich erneut im Siedlungsbau zu engagieren. Allerdings waren die Bedingungen für eine wegweisende Siedlung in den 1960er-Jahren völlig andere als in der Zwischenkriegszeit: Hochkonjunktur und Massenproduktion waren beherrschende Faktoren im Wohnungsbau, und im Unterschied zu den 1930er-Jahren wurde die Vorfabrikation im Bauprozess in grossem Stil betrieben. In der Schweiz war diesbezüglich die Baufirma Ernst Göhner AG ein Unternehmen, das vor allem im Raum Zürich von der Herstellung der Fertigteile bis hin zu deren Zusammenbau und dem schlüsselfertigen Endausbau jeder einzelnen Wohnung die gesamte Produktionskette anbot und daher eine führende Stellung am Markt einnahm.

Der SWB wollte mithilfe des *Fachausschusses Wohnbau (FAW)* diesen Rationalisierungsprozess im Bauen genauer untersuchen, um den Architekten «Methoden in die Hand» zu geben, «welche ihnen erlauben, Siedlungen ‹wohnlich› und aus den örtlichen Gegebenheiten heraus zu gestalten».[1] An der breit angelegten und in dieser Art bis heute für die Schweiz wohl einzigartigen Untersuchung beteiligten sich über 80 Fachleute – auch ohne SWB-Mitgliedschaft –, vornehmlich Architekten, Innen- und Landschaftsarchitekten, aber auch Planer, Ökonomen und Juristen. Die Forschungsarbeit konnte an der von der Ernst Göhner AG geplanten Grosssiedlung Sonnhalde in Adlikon-Regensdorf erfolgen, blieb allerdings in grossen Teilen Stückwerk. Zu ambitiös war die Breite des Vorhabens abgesteckt, eine finanzielle Entschädigung der freiwilligen Forschungsarbeit war nicht gegeben. Dennoch wurde die Siedlung von den SWB-Mitgliedern Peter Steiger, Walter M. Förderer und dem Landschaftsarchitekten Christian Stern realisiert – allerdings unabhängig vom Werkbund.[2] Das aus der Forschungsarbeit resultierende Prädikat «Werkbund-Siedlung» wurde bis heute nie vergeben.

Für die Werkbund-Tagung im Herbst 1965 war geplant, «die Teilnehmer in Autobussen durch eine typisch schweizerische Überbauung zu führen und die Verhältnisse an Ort und Stelle zu diskutieren». Der Architekt und damalige Erste Vorsitzende Niklaus Morgenthaler wollte «dem Werkbund an seiner Jahrestagung die Augen für die Verhältnisse in der Schweiz auf besonders drastische Weise öffnen».[3] Da Morgenthaler aufgrund der Berufung als Architekturprofessor an die University of Illinois mit der Übersiedlung nach Chicago beschäftigt war, kam diese Fahrt allerdings nicht zustande. Dennoch wurde das Thema Siedlungsbau an der Jahrestagung in Baden mit der Frage auf der begleitenden Broschüre, *Wer baut mit uns Werkbund-Wohnungen?*, vorgebracht. Richard P. Lohse, interimistisch Erster Vorsitzender des SWB, hatte die Broschüre gestaltet, Peter Steiger (→ S. 435), Obmann der Ortsgruppe Zürich und ab Herbst 1966 Erster Vorsitzender des SWB, erläuterte die Initiative.

Im Vorfeld der Tagung in Baden hatte sich eine Arbeitsgruppe Werkbund-Siedlung gebildet, der der Soziologe Lucius Burckhardt (→ S. 433), die Architekten Walter M. Förderer, Werner M. Moser, Alfredo Pini, Jacques Schader, Rudolf Steiger und sein Sohn Peter Steiger – deren Büro fungierte als Geschäftsstelle – sowie der Planer Jakob Maurer, Martin Rotach vom Institut für Orts- und Landesplanung (ORL) und der Jurist M. Vollenweider angehörten. Sie wollte mit der genannten Broschüre «Leitbilder für heutige Planung und Verwirklichung sichtbar»[4] machen.

Die Ansprüche an einen neuen Siedlungsbau waren hoch: Von einer gelungenen Planung erwartete man «eine den Menschen entsprechende, differenzierte Gestaltung der Siedlungsgebiete, die Bildung von Zonen gesteigerter Erlebnisdichte, die Schaffung von Erholungsgebieten, einen Einfluß auf die politische und soziale Integration der Bevölkerung». Es ging um «eine neue Stadtlandschaft» schlechthin, in der verschiedenste Siedlungsformen wie Atriums-, Teppich- und Terrassensiedlung, Wohnhochhaus, Gemischtbauweise sowie Bauten mit Eigentumswohnungen «entsprechend den Bedürfnissen in ein richtiges Mengenverhältnis» zu setzen waren.[5] Man wollte anhand einer Grossüberbauung «regionale

409
Auswertung der Mieterbefragung zur Wohnungsnutzung, Jacques Schader mit Studenten der ETH Zürich, Seite aus *Werk* 1966

Standortforschung, soziologische, ökonomische und rechtliche Siedlungsforschung und schließlich Bauforschung», also Forschungen zur Baurationalisierung betreiben.[6] Noch im November 1965, im Anschluss an die Tagung, wurde vom SWB der *Fachausschuss Wohnbau (FAW)* gegründet, der als Ergänzung des Fachausschusses Planung (FAP) des Instituts für Orts-, Regional- und Landesplanung (ORL) gedacht war, mit dem man den Aufgabenbereich von der Landes- zur Ortsplanung um die Spanne der Orts- bis zur Wohnungsplanung ergänzen wollte.

Im *Fachausschuss Wohnbau* formierte sich eine Gruppe von 80 Architekten und anderen Fachleuten unter dem leitenden Ausschuss, der, von wenigen Rochaden abgesehen, deckungsgleich mit der Arbeitsgruppe Werkbund-Siedlung war. Dieser sollte zuerst unentgeltlich, dann alimentiert vom Bund, innerhalb eines halben Jahres Grundlagen zum Siedlungsbau erarbeiten und als «Diskussionsforum» fungieren.[7] Eine Zusammenarbeit mit der Firma Ernst Göhner AG war angestrebt um die regionalwissenschaftlichen und soziologischen Fragen an einer real geplanten Siedlung umzusetzen. Sichtbare Ergebnisse standen dann allerdings nur in der ersten Auslegeordnung 1966 im ganz diesem Thema gewidmeten Oktober-Heft der Zeitschrift *Werk* und ein Jahr darauf in einem zusammenfassenden Bericht an gleicher Stelle.[8]

Viele der bearbeiteten Themen leiteten sich induktiv aus direkten Gegebenheiten des Wohnungsalltags ab. Es wurde davon ausgegangen, dass erst viele Parameter untersucht werden müssten, um allgemeine Aussagen formulieren zu können. Bereits an der Werkbund-Tagung 1965 hatte der ETH-Professor Jacques Schader zum Thema Wohnforschung zusammen mit seinen Studenten gesammeltes empirisches Material vorgelegt.[9] Da sie Mieter befragt hatten, wurde die Aufmerksamkeit auf die praktischen Dinge des Alltags gelenkt wie Geräusche von Rollläden oder Liftanlagen. Im Typoskript der Studienergebnisse des *FAW*-Berichts vom Juni 1966 steht daher der Schallschutz an erster Stelle, noch vor Punkten wie Siedlungstypologie oder Wohngrundrisssammlung.[10] Es erfolgte eine Untersuchung, wo bestimmte Arbeiten im Haushalt – beispielsweise Teppichklopfen – welche Schallwirkung erzielten. Solche Phänomene hätten nach Abschluss und Auswertung der Untersuchung auf die Gestaltung einer entsprechenden Siedlung Einfluss nehmen können.[11]

Waren es für die Siedlung Neubühl einzelne Prämissen wie Licht und Luft sowie die entsprechende Ausrichtung der Bauten und ihre Öffnungen – gemäss der viel beachteten Publikation *Befreites Wohnen* von Sigfried Giedion[12] –, die die Projektierung der Zeilenbauten auch in Bezug zum Garten und zur Strasse bestimmte, kamen für eine Grossüberbauung der 1960er-Jahre entsprechend viele neue Parameter hinzu. Vor allem auf die Definition von öffentlichen und privaten Zonen richtete sich ein besonders Augenmerk: also einerseits gemeinsame Grün- und Freiflächen gestalten, andererseits eine geeignete Anordnung von Balkonen und Terrassen finden, die sowohl die Einblicke zum Nachbarn reduzieren, als auch genug gross sind, und der unterschiedlichen Besonnungsdauer vom Erd- bis zum Dachgeschoss Rechnung tragen.

So setzte sich die eine Gruppe mit Siedlungstypologie und Bauformen auseinander, eine andere kümmerte sich um technische Fragen der Serienfertigung und eine weitere setzte sich mit Grundrissgrössen und -typen in Bezug auf marktübliche Möbelgrössen auseinander. Kurz: Es wurde Wohnforschung betrieben, um sogenannte Wohnwerte zu erfassen, die im Bauprogramm entsprechend gewichtet worden wären. Dabei galt es auszuschliessen, dass einzelne solcher Wohnwerte die Planung des Baus dominiert hätten.

Die grösste Schwierigkeit, die sich während der Forschungsarbeiten herauskristallisierte, war ihr umfassender Anspruch. Der Aufwand an unentgeltlich geleisteter Arbeit überstieg die Kapazitäten der einzelnen Mitglieder des *FAW* bei Weitem.[13] Auch der von Ernst Göhner persönlich geleistete finanzielle Beitrag vermochte die Arbeit des *Fachausschusses Wohnbau* nicht genügend zu alimentieren.[14] Um für die real geplante Siedlung in Adlikon wenigstens in Bezug auf Gemeindefinanzen, Wohnungsanforderungen und den Wohnungsmarkt eine umfassende Planung zu realisieren, wurden im Rahmen der weiteren Vorarbeiten für die Siedlung drei entsprechende Studien finanziert, deren Bearbeitung jedoch von ausserhalb des *FAW* stehenden Gruppen erfolgte.[15]

So stellte sich bereits im Januar 1967 heraus, dass in Adlikon nicht die einzigartige Vorzeigesiedlung, «sondern höchstens eine Werkbundsiedlung»[16] realisiert

410–411
Kritische Anmerkungen am Vorprojekt für eine SWB-Siedlung in Regensdorf-Adlikon, Seiten aus *Werk* 1967

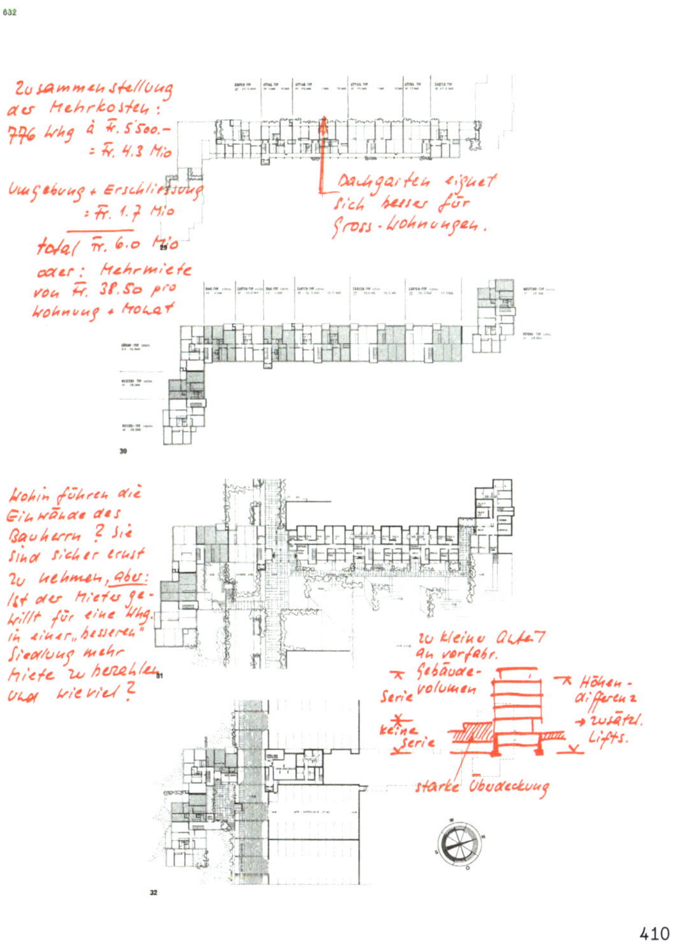

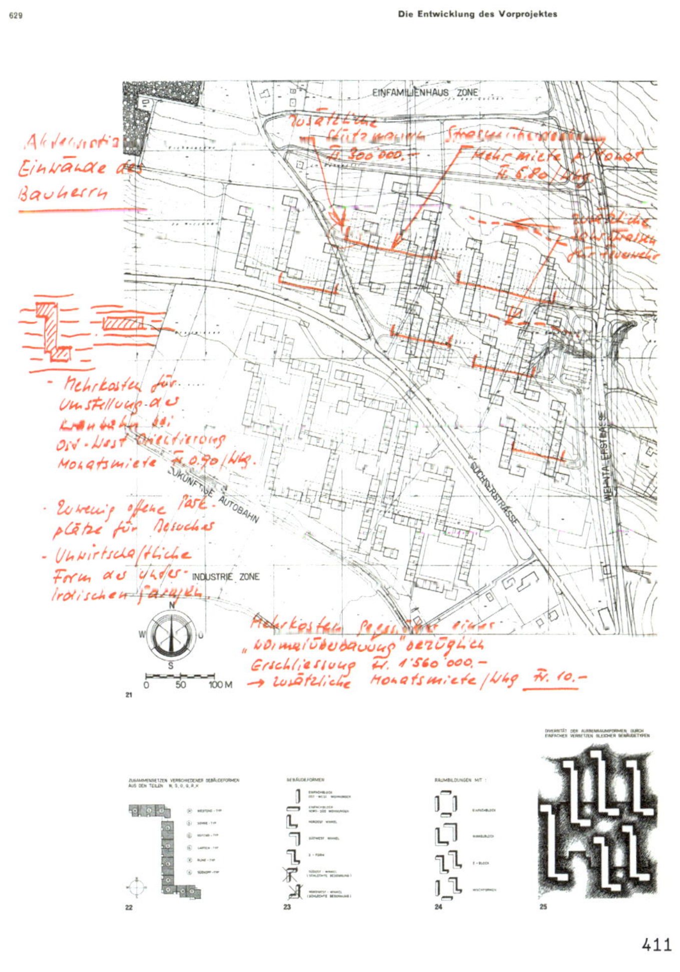

wordcn konnte. Es wurde das *Reglement für den Ausschuss für SWB-Siedlungen* konzipiert, mit dem entsprechende Siedlungen eine Auszeichnung erhalten hätten. Denn auch im Bernischen Zollikofen steckte ein grösseres Siedlungsvorhaben in der Projektphase, an der sich der Werkbund beteiligen wollte. Adlikon erreichte in diesem Januar 1967 die Phase des Vorprojekts, allerdings ohne dass das Forschungskollektiv verantwortlich zeichnete. Göhner wollte den Vertrag mit einer Person und nicht einer Gruppe unterzeichnen. Neben den genannten drei externen Studien wurden diverse Planungs- und Entwurfsarbeiten honoriert. Der Ausschuss für Werkbund-Siedlungen blieb zumindest bis zum 21. September 1967 bestehen. Burckhardt, Förderer, Schader, Steiger und Willi Walter, der die Grundrisse zeichnete, und andere arbeiteten noch bis zum Oktoberheft 1967 der Zeitschrift *Werk* am Vorprojekt.

Es ist aus den Protokollen und Berichten letztlich nicht eindeutig herauszulesen, warum der Werkbund der Siedlung das SWB-Prädikat nicht erteilt hat. «Das Recht zur Führung der Bezeichnung SWB-Siedlung darf nur Ueberbauungen verliehen werden, die innerhalb eines wirtschaftlich tragbaren Rahmens den neuesten Erkenntnissen der Bau- und Siedlungsforschung entsprechen.»[17] Adlikon entsprach wohl nicht dem vagen Paragrafen 3 des Reglements für SWB-Siedlungen. Denn was genau verstand man unter den Erkenntnissen der «Bau- und Siedlungsforschung»? Die vom Bund in Aussicht gestellte finanzielle Unterstützung blieb aus, mit definitiven Erkenntnissen konnte also nicht gerechnet werden.[18] Im Bericht vom 21. September 1967 steht, dass Göhner Änderungen verlangte, und dass trotz Anstrengungen beider Seiten das Projekt «nicht als beispielhaft und wegweisend beurteilt» werden könne, obwohl man sich im Klaren darüber war, «dass es nicht möglich ist, ein festes Bewertungssystem aufzustellen».[19] Die Differenz zwischen dem SWB als institutionelle Kraft, die «selbst die überwachende und schiedsrichterliche Rolle»[20] zu übernehmen gedachte, und dem nach dem wirtschaftlichen Optimum strebenden Bauherrn war zu gross; ausserdem war die Flexibilität des von Göhner verwendeten Vorfabrikaktionssystems IGECO für die Gestaltung individueller Grundrisse schliesslich zu gering.[21] Damit ging ein Engagement im Siedlungsbau zu Ende, das die Grenzen der institutionellen Kraft des SWB aufzeigte. Nur im Rahmen eines ganz spezifischen Bereichs, beispielsweise bei der Vermittlung von Möglichkeiten im Wohnbereich, konnte der Schweizerische Werkbund sich in die Wohnungsdebatte einbringen. Mit der erfolgreichen Einrichtung einer Musterwohnung (→ S. 403) in der Göhner-Siedlung Benglen-Fällanden wird 1974 eine erneute Zusammenarbeit mit der Ernst Göhner AG gelingen.

● *Thomas Gnägi*

1 Lechner 1967, S. 575.
2 Vgl. Furter/Schoeck-Ritschard 2013, S. 103–121.
3 GB SWB 1966, S. 3.
4 *Wer baut mit uns Werkbund-Wohnungen?*, hg. von der Arbeitsgruppe Werkbund Siedlung, 1965, S. 4.
5 Ebd., S. 10.
6 *Werk* 53 (1966), H. 1, S. *3.
7 Vgl. FAW-Fachausschuß Wohnen, in: *Werk* 53 (1966), H. 10, S. 369. Dem Fachausschuss wurde 1966 das gesamte Oktober-Heft gewidmet.
8 Siehe *Werk* 54 (1967), H. 10, S. 609–652.
9 Jacques Schader, 1. Wohnungsnutzung, in: *Werk* 53 (1966), H. 10, S. 372–375.
10 Weitere Themen in dieser Arbeitsgruppe waren Kontakte und Privatsphäre, Masse der Wohnungseinrichtung, Mehrgeschossige Wohnung im Mehrfamilienhaus, Die flexible Wohnung, Mieterbefragungen und Urbane Wohnformen mit kleinmasstäblichem Charakter. Die zweite Gruppe beschäftigte sich mit Freiraumgestaltung, die dritte mit Soziologie, die vierte mit Stockwerkeigentum, die fünfte mit Infrastruktur- und Standortfragen und die sechste mit vorwiegend bautechnischen Aspekten.
11 Vgl. Dokument vom 30.6.1966, FAW Nr. 1a, S. 7–8, *FAW Forschungsausschuss* [sic!] *Wohnbau, Arbeitsergebnisse Juli 1966*, Typoskript, Archiv Peter Steiger.
12 Giedion 1929.
13 Vgl. Dokument vom 30.6.1966, FAW Nr. 1b, *FAW 1966* (wie Anm. 11).
14 Vgl. Furter/Schoeck-Ritschard 2013, S. 118.
15 Es betraf die finanzielle Integration der Siedlung in die Gemeindestruktur von Regensdorf, Anforderungen und Kosten der einzelnen Wohnungen sowie Wohnungsangebot und Wohnungsnachfrage. Vgl. *Werk* 54 (1967), H. 10, S. 614, 618, 621. Siehe auch Aufstellung des Aufwands, Blatt E des Vertrags über den Aufwand Vorprojekt, Dezember 1966, Archiv SWB.
16 Realisierung von SWB-Siedlungen, 23.3.1967, Typoskript, 9 Seiten, S. 4.
17 *Reglement für den Ausschuss für SWB-Siedlungen*, Typoskript, Archiv SWB.
18 Im Januar 1967 wurde zu Protokoll gegeben, dass die Forschungskommission Wohnbau des Bundes (FKW) unter Prof. Hauri «die Durchführung eines Demonstrativbauvorhabens» begrüssen würde, vgl. Martin Steiger, Vorgeschichte SWB-Siedlung Regensdorf-Adlikon, 18.1.1967, Typoskript, Archiv SWB.
19 Bericht über die Sitzung des Ausschusses für Werkbundsiedlungen betreffend Adlikon/Regensdorf, 21.9.1967, Typoskript, S. 2, Archiv SWB.
20 Lechner 1967, S. 575.
21 Vgl. Martin Albers über die Kritik an «konzeptioneller Folgerichtigkeit» in Adlikon, in: SWB Werk + Bund + Wohnen 2003, S. 15.

412
Ausstellungs-präsentation, Dorfplatz Halen 1966, Foto Leonardo Bezzola

413
Prospekt zur Ausstellung, Foto Leonardo Bezzola

Wanderausstellung *Unsere Möbel*

Zug, Winterthur, Biel u.a., 1966–1968

Aus Anlass des 50-Jahr-Jubiläums und um «aktuelle Probleme der Umweltgestaltung» zu behandeln, wollte der Werkbund zukünftig «über eine Anzahl Wanderausstellungen verfügen, welche in leichtfaßlicher und anschaulicher Weise [...] hauptsächlich für die Jugend vorgesehen sind».[1] Man ging innerhalb des SWB davon aus, dass eine Fotoausstellung zu Möbeldesign auch in Schulen von Interesse sein würde. Damit realisierte der SWB ein ambivalentes Projekt, mit dem er sich einerseits in der Schule mit Aufklärung zum Wohnen einbrachte, andererseits auf dem Schulhof, «in hellen Gängen, Foyers, Turnhallen, Zeichensälen usw.» für seine Anliegen warb, was jedoch nicht überall goutiert wurde.[2]

Der SWB beauftragte Ernst Hiestand und Hans Eichenberger damit, einen Projektvorschlag auszuarbeiten, mit dessen Durchführung schliesslich Eichenberger betraut wurde. Das von der Pro Helvetia namhaft unterstützte Projekt wurde als Erstes in der beispielhaften Siedlung Halen bei Bern aufgestellt und am 29. Juni 1966 vom Zentralvorstand besichtigt.[3] Auf Aluminiumtafeln waren grossformatige Fotografien Leonardo Bezzolas montiert, die unter anderem Wohninterieurs in Halen sowie einzelne Einrichtungsgegenstände zeigen, von denen auch einige im *Schweizer Warenkatalog* (→ S. 293) abgebildet sind. Die Tafeln liessen sich paarweise zusammenklappen und «in eine einzige flache Kiste verpackt» relativ einfach transportieren.[4]

Unter dem Titel *Kinderwelt von morgen* verfasste Walter M. Förderer für das die Ausstellung dokumentierende Faltblatt einen Text in den Sprachen Deutsch, Französisch und Italienisch. Die Wanderausstellung *Unsere Möbel* zirkulierte im Laufe von zwei Jahren durch Zug, Winterthur und die Kantone Aargau und Bern; allein in Biel wurde sie in 18 Schulen gezeigt.[5] Philippe Joye von L'Œuvre organisierte für das Wallis die Stationen von St. Maurice, Martigny, Sitten, Siders, Visp und Brig, anschliessend wurde sie am 26. April 1968 vom Architekturbüro des Ersten Vorsitzenden Peter Steiger (→ S. 435) abgeholt und nach Fribourg gebracht, wo sie auch noch in diesem Kanton Station machte.[6]

● *Thomas Gnägi*

412

Unsere Möbel – eine Wanderausstellung des Schweizerischen Werkbundes SWB

Nos meubles – une exposition itinérante du SWB

I nostri mobili – un'esposizione itinerante dello SWB

413

1 GB SWB 1963, S. 6.
2 Faltblatt *Unsere Möbel – eine Wanderausstellung des Schweizerischen Werkbundes SWB*, Rückseite. Vgl. Brief vom 16.3.1967 des Schulamts der Stadt Zürich an den SWB mit der Absage für eine Aufstellung, «da jegliche Werbung in den Schulhäusern […] untersagt sei», Archiv SWB Wanderausstellung.
3 GB SWB 1966, S. 7.
4 Wie Anm. 2.
5 Vgl. Korrespondenz vom 2.5.1967; vgl. GB SWB 1967, S. 5.
6 Vgl. Unterlagen Wanderausstellung Archiv SWB; GB SWB 1968, S. 5.

414–415
Wieviel Landschaft braucht der Mensch?, Mappe und *SWB-Kommentare 15* als Separatdruck, 1970, Gestaltung Michael Freisager

Wanderausstellung *Wieviel Landschaft braucht der Mensch?*

Basel, 1970

Der Beitrag des Schweizerischen Werkbundes an der Mustermesse Basel im Europäischen Naturschutzjahr 1970 war eine Ausstellung zum Thema Landschaft. Mit ihrem Titel wurde an Leo N. Tolstois Erzählung *Wieviel Erde braucht der Mensch?* von 1885/86 angeknüpft, in der es um die ständige Vermehrung des Besitzes geht. In der Ausstellung wurde nun diese Problematik auf die Situation in der Schweiz um 1970 übertragen. Der Untertitel *Die Landschaft – Deine Umwelt, ein Kapital, das verpflichtet* deutet die Stossrichtung des Ausstellungskonzepts des Architekten Carl Fingerhuth an.[1] Vom Kinderspielplatz als Landschaft über Landschaftsschutz in der Stadt und im Naherholungsraum bis zur Forderung nach Landschaftsschutz als kulturelle Aufgabe mit nationaler Priorität inkludierte der SWB nun den Begriff der Landschaft in seine erweiterte Auffassung einer gestaltbaren Umwelt, die in den Satzungen bisher auf Bild, Gerät, Wohnung und Siedlung eingegrenzt war.[2] Der Geschäftsbericht von 1970 liess den zukünftigen Aktionsrahmen des SWB erahnen: «Landschaftsschutz ist nicht nur eine Frage treuherzigen Schutzes der Naturlandschaft, sondern eine kulturelle Aufgabe, deren Ziel doch letztlich die humane Gestaltung der unvermeidlichen, zivilisatorischen Landschaft ist.»[3]

Die als Wanderausstellung konzipierte Schau zeigte auf Informationstafeln Fotografien und wurde von einem zehnminütigen Dokumentationsfilm begleitet, den die Turnus Film AG im Auftrag des SWB realisiert hatte. Zudem war eine Dokumentationsmappe zusammengestellt worden, die als Separatdruck der gleichzeitig erschienenen SWB-Kommentare innerhalb der Zeitschrift *Werk* aufgelegt wurde.[4] Michael Freisager gestaltete diese Seiten mit übereinander montierten Fotografien, Plänen und Statistiken. ● *Thomas Gnägi*

414

Die Landschaft – Deine Umwelt, ein Kapital, das verpflichtet

Unsere Landschaft ist pflegebedürftig: Trockengelegte Bachbette, Öltanks auf historischen Gedenkstätten, Hochspannungsleitungen über Erholungsgebieten, gleißende Stützmauern an Alpenstraßen, Betonkästen am Eingang von Kurorten, Autofriedhöfe in Wäldern und auf Matten, rauchende und stinkende Kehrichtdeponien in Ferienorten, Steinbrüche an landschaftlich exponierten Lagen, abgewrackte Autobusse als Weekendhäuschen an Seeufern. Dabei geht es nicht allein um die Verschandelung der Landschaft im ästhetischen Sinn. Es geht weit mehr noch um kurzsichtige Ausbeutung der Landschaft, die als Lebensraum entwertet wird. Vor Erosionen, Versteppungen und Verkarstungen hat sie der Bauer jahrhundertelang geschützt. Wir zerstören den gesunden Boden, die Luft und das Wasser in einer Euphorie der Technisierung, die wir unserem wirtschaftlichen Erfolg schuldig zu sein glauben. Die Verdichtung der Besiedlung, die größere Mobilität der Bevölkerung in der Wohlstandsgesellschaft, die Bedürfnisse der Erholung dieser Bevölkerung, aber auch die Veränderungen in der landwirtschaftlichen Nutzung machen es unerläßlich, daß der viel stärker beanspruchte Raum unserer Landschaft lebensfähig erhalten wird. Dazu wird jeder Einzelne gebraucht.

Denke mit und handle!

Maggia. Photo Carl Straub

415

Vater, Lorenz, 31 J., Jurist im Beamtendienst, engagiert in der Lokalpolitik, Initiant für ein Jugendzentrum.

Mutter, Maya, 29 J., hat Beruf vorübergehend aufgegeben, hilft ihrem Mann bei seinen sozialpolitischen Tätigkeiten.

Bettina, 8 Mon., schreit häufig, da ihr die Zähne zu schaffen machen, erforscht, auf dem Boden kriechend, die ganze Wohnung.

1A

Lorenz und Maya waren bis zu ihrer Heirat vor zwei Jahren beruflich aktiv. Bei der Geburt des ersten Kindes haben sie sich entschlossen, aus der Stadt hinauszuziehen. Eine Erbschaft und erspartes Geld ermöglichten es ihnen, sich eine Eigentumswohnung zu erstehen.

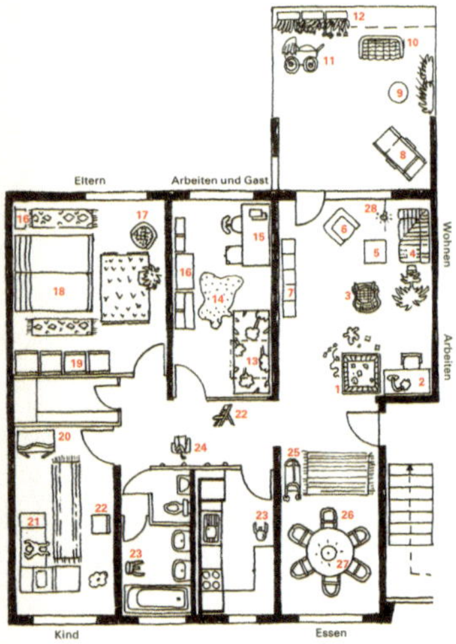

Da ihre Mittel durch den Wohnungskauf weitgehend aufgebraucht waren, haben Lorenz und Maya für die Wohnungseinrichtung bewusst nur das Notwendigste angeschafft.

Sie wählten Einzelmöbel, die sich später umgruppieren und ohne Montage aneinanderreihen lassen. Für das Kinderzimmer, das sich den wechselnden Bedürfnissen anpassen muss, haben sie einen alten Schrank neu bemalt und aus einem Rohrgestell ein Kinderbettchen mit Wickeltisch selbst gebaut. Das Schlafzimmer wurde so möbliert, dass sich die Eltern später in ein kleineres Zimmer zurückziehen können. Die zusammenklappbaren Einzelschränke lassen sich später mühelos umgruppieren und in Zweiergruppen in den andern Räumen wieder aufstellen.

Im Arbeitszimmer finden die Möbel aus der Junggesellen-Einzimmerwohnung von Lorenz Platz. Auch die Regale und Einzelstühle im Wohnraum gehörten bereits zum Inventar. Auf eine bequeme Polstergruppe verzichten sie im Moment. Sie entschliessen sich für ein Elementprogramm, das sich später erweitern lässt. Dadurch bleibt im Wohnraum genügend Platz für einen Arbeitsplatz für die Hausfrau, die so gleichzeitig das Kleinkind im Laufgitter beaufsichtigen kann.

Ganz besonderer Wert wird dem Essplatz als Zentrum der Familiengemeinschaft beigemessen. In diesem Sinn ist der runde Esstisch, der Platz für zahlreiche Gäste bietet, eine wichtige Anschaffung für mehrere Jahre, um so mehr, als in der Küche kein Platz zum Essen bleibt. Ein Servierboy erleichtert den rationellen Arbeitsablauf zwischen Küche und Essplatz. Im Korridor werden einfache Garderobenhaken in verschiedener Höhe montiert, um die selbständige Benützung durch die Kinder zu ermöglichen.

1 Laufgitter
2 Arbeitsplatz Frau
3 Korbstuhl
4 Elementsessel
5 Teetisch
6 Kolonialstuhl
7 Regal
8 Liegestuhl
9 Gartentisch
10 Korbbank
11 Kinderwagen
12 Blumenkisten
13 Gastbett mit Bettzeugschublade
14 Fell
15 Arbeitsplatz Mann mit Rollkorpus
16 Behältermöbel
17 Bugholzstuhl
18 Stahlrohrbetten
19 Rouleauschränke
20 bemalter Schrank
21 Wickeltisch mit Kinderbett
22 Klappstuhl
23 Hocker
24 Garderobenhaken
25 Servierboy
26 Essplatz
27 Pendelleuchte
28 Spotleuchte

6

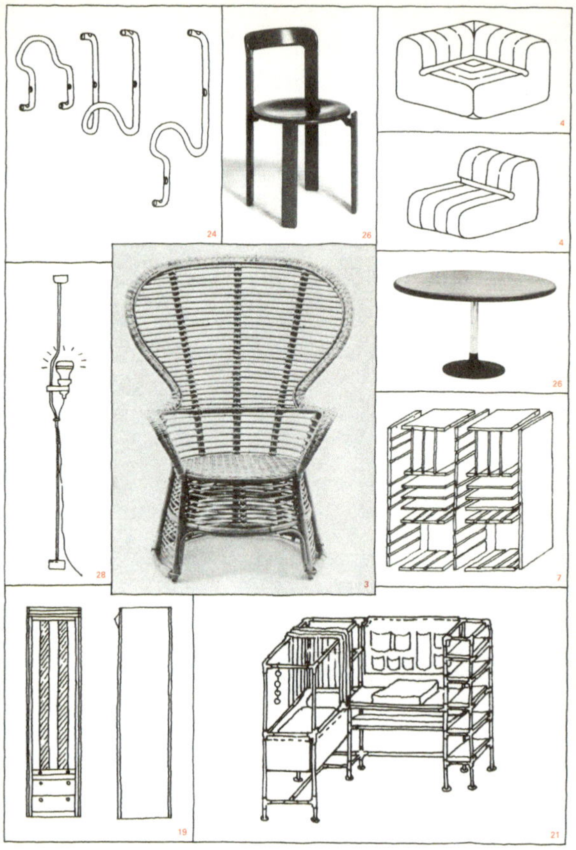

7

Vater, Lorenz, 36 J., selbständiger Rechtsanwalt, beruflich stark engagiert, arbeitet abends oft zuhause.

Mutter, Maya, 34 J., organisiert sich mit andern Müttern im Hütedienst. Hilft abends ihrem Mann bei der sozialpolitischen Arbeit.

Bettina, 5 J., geht mit Begeisterung in den Kindergarten, hat eine besondere Fähigkeit, sich allein zu beschäftigen.

Marjam, 3 J., ein Adoptivmädchen aus Äthiopien, bringt häufig kleine Freunde mit nach Hause.

1B

Musterwohnung in Benglen/Fällanden Bodenacherstr. 73

Die momentane Situation stellt an die junge Familie besondere Ansprüche. Einerseits verlangt die berufliche Laufbahn des Vaters einen besonders intensiven Einsatz. Anderseits wird die Entwicklung der Kinder im Vorschulalter wesentlich durch ihre Bewegungsmöglichkeit innerhalb der Wohnung beeinflusst.

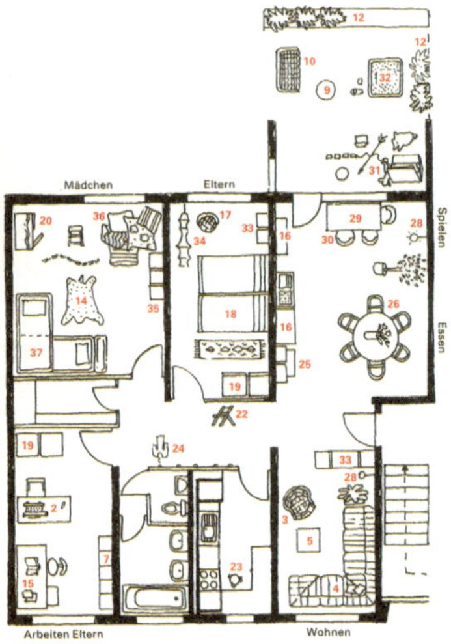

Lorenz und Maya suchen nach einer Lösung, diesen Ansprüchen gerecht zu werden.

Die Eltern ziehen sich vorübergehend in die kleineren Räume zurück, ohne dadurch ihr Privatleben allzusehr einschränken zu müssen. Der intensive berufliche Einsatz erfordert ein separates Arbeitszimmer. Die nun erweiterte Sitzgruppe wird in die als Essplatz vorgesehene Nische verlegt. Eine Reihe von Behältermöbeln markieren eine optische Abgrenzung dieser gemütlichen Ecke, die den «Grossen» vorbehalten bleibt.

So stehen für die Kinder die grössten Räume zur Verfügung. Aus dem Rohrgestell wird ein Kajütenbett über Eck gebaut, stabil wie ein Turngerät. Das Bettzeug wird tagsüber in einer Schubkiste versorgt. Am Boden bleibt genügend Spielfläche. Ein Kissenberg, ein Paravent und das Lieblingsfell des Vaters sind die Möbel der kleinen Mädchen, die dazu dienen, im Spiel eine ganze Welt aufzubauen. Eine Wand wird mit einem Weichbelag bezogen, um den Kindern die Ausgestaltung ihres Zimmers zu ermöglichen. Der ehemalige Wohnraum wird zum Essplatz und Spielzimmer. Auf dem separaten Kindertisch müssen die Bastelarbeiten auch um die Essenszeit nicht weggeräumt werden.

Die alten Schrankmöbel aus dem Arbeitszimmer werden durch einen neuen Anstrich aufgefrischt und dienen hier als Geschirrschrank und zum Versorgen der Spielsachen. Die Kokosmatte am Boden hält dieser starken Beanspruchung durch die Kinder stand. Dagegen werden Schlaf- und Arbeitszimmer mit einem Spannteppich ausgelegt. Im kleinen Zimmer schränken sich die Eltern mit ihrem Schrankbedarf ein. Zu den zwei Hochschränken kommen zusätzliche niedrige Behältermöbel, die sich später mit denjenigen im Wohnraum kombinieren lassen.

2 Arbeitsplatz Frau
3 Korbstuhl
4 Elementsessel
5 Teetisch
7 Regal
9 Gartentisch
10 Korbbank
12 Blumenkisten
14 Fell
15 Arbeitsplatz Mann mit Rollkorpus
16 Behältermöbel
17 Bugholzstuhl
18 Stahlrohrbetten
19 Rouleauschränke
20 bemalter Schrank
22 Klappstuhl
23 Hocker
24 Garderobenhaken
25 Servierboy
26 Essplatz
28 Spotleuchte
29 Spieltisch
30 Tessinerstühlchen
31 Spielzeugtruhe
32 Sandkiste
33 Schubladenmöbel und Regale
34 Strumpfleuchte
35 Spielzeugkisten
36 Spielkissen
37 Kajütenbett mit Bettzeugschublade

8

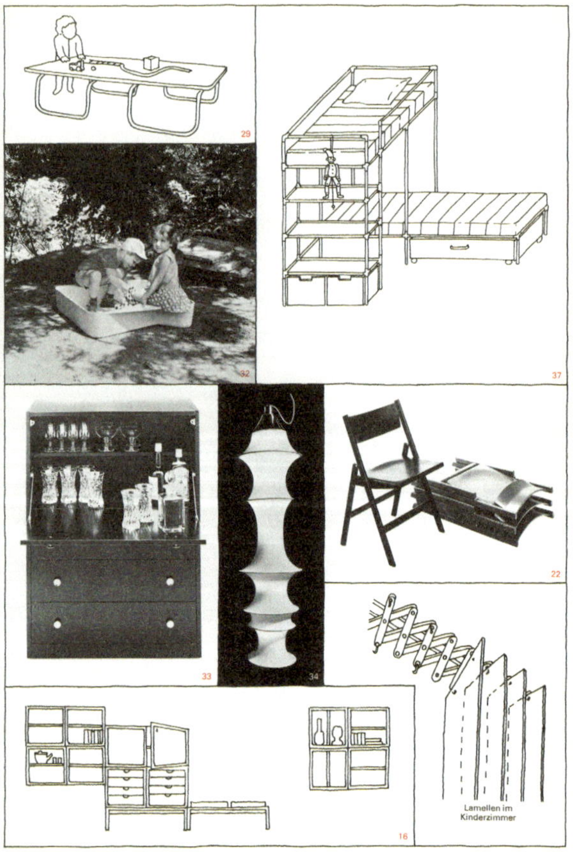

9

416

1 SWB Kommentare 15, S. 261.
2 Vgl. Satzungen SWB 1960 § 2.
3 GB SWB 1970, S. 7.
4 Siehe *Werk* 57 (1970), H. 4, S. 261–272.

SWB-Musterwohnung und Broschüre *16 × die gleiche Wohnung*

Benglen-Fällanden, 1974

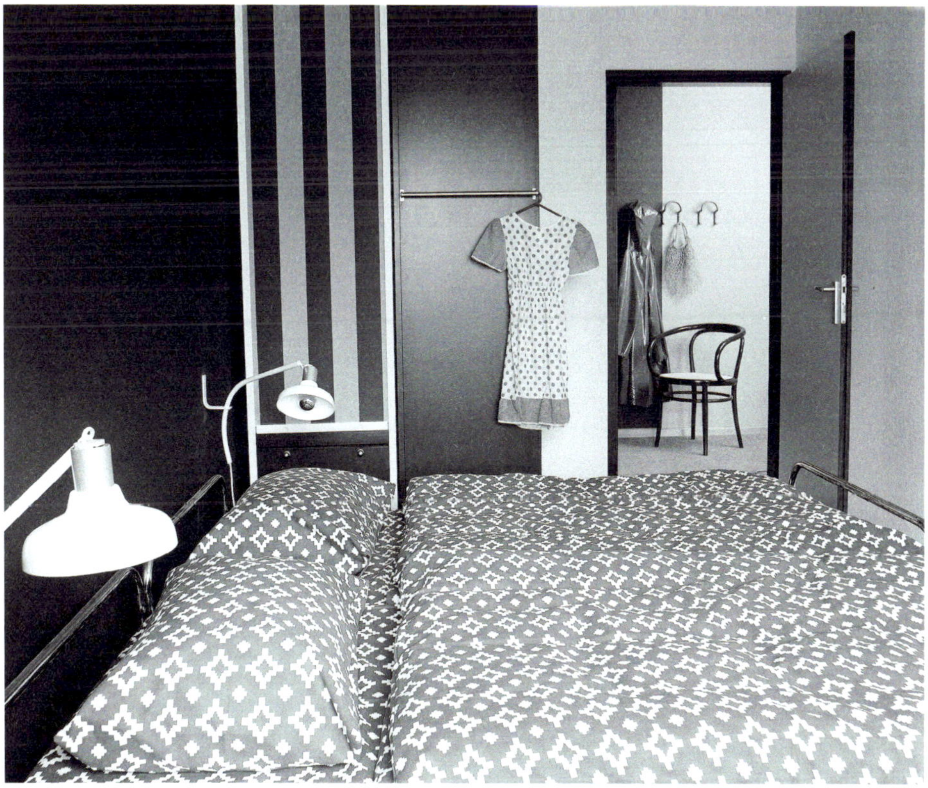

417

Das Problem grosser Überbauungen um 1970 war unter anderem, dass die genormten, eher kleinen Grundrisse den individuellen Bedürfnissen der Bewohner sowie den auf dem Markt erhältlichen Möbeln nur selten entsprachen. Mit einer temporär vom SWB eingerichteten Musterwohnung und der Broschüre *16 × die gleiche Wohnung* wollte die Ortsgruppe Zürich des SWB diesem Übelstand begegnen. Das positive mediale Echo, die gut besuchte Musterwohnung und der erfolgreiche Verkauf der Broschüre zeigen, dass es auch in den 1970er-Jahren noch willkommen war, im Bereich Wohnen Beratungen anzubieten (→ S. 377).[1] Obwohl 1967, nach dem Scheitern einer SWB-Mustersiedlung in Adlikon-Regensdorf (→ S. 395), dem SWB die Illusion genommen worden war, sich umfassend dem Thema Wohnen zu widmen und entsprechend grosse Projekte zu verfolgen, gab es doch in Bezug auf die Informationsvermittlung einen Bedarf, den umfangreich abzudecken der SWB mit seiner Erfahrung im Wohnbereich übernommen hatte.

1972 beteiligte sich der SWB zusammen mit der Vereinigung Schweizer Innenarchitekten (VSI) finanziell an der Filmproduktion *Die Grünen Kinder* des Schweizer Regisseurs Kurt Gloor.[2] Er nahm die Siedlungen, die damals von der Baufirma Ernst Göhner AG im grossen Stil errichtet wurden, aufs Korn. Im Speziellen dokumentierte er die räumliche Situation der Kinder in den angeblich viel zu knapp bemessenen Wohnungen der Siedlungen.[3] Nachdem der SWB einige Jahre zuvor noch mit diesem Bauunternehmen für eine Mustersiedlung zusammengearbeitet hatte, die Zusammenarbeit aber letztlich an unterschiedlichen Vorstellungen über deren Realisierung gescheitert war, avancierte der SWB mit seiner Parteinahme zum scharfen Kritiker gegenüber dem Wohnungsbau der Ernst Göhner AG.

Neben Gloors Film erregte der Dokumentarfilm *Zur Wohnungsfrage 1972* von Hans und Nina Stürm Aufsehen, ebenso die Publikation *Göhnerswil. Wohnungsbau*

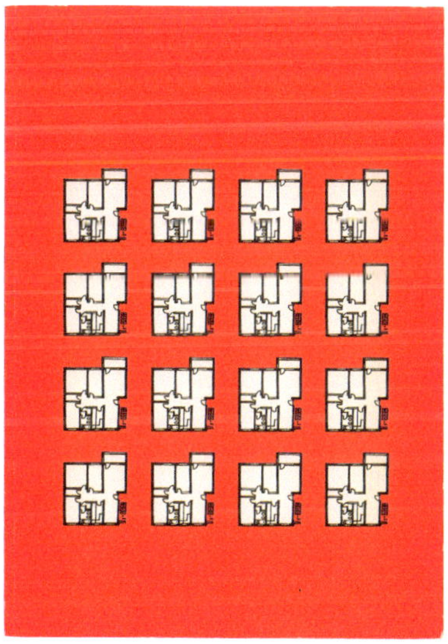

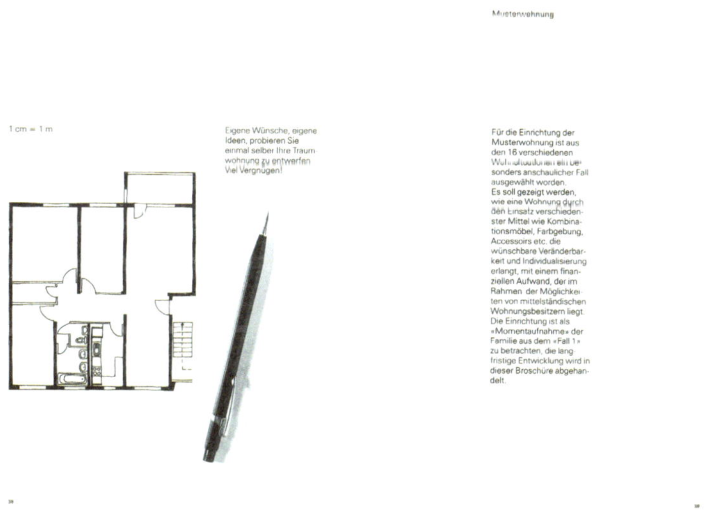

416

416
Broschüre *16 × die gleiche Wohnung anders eingerichtet*, zwei Doppelseiten, Umschlagseite und eine einzelne Seite, 1974, Zeichnungen Charlotte Schmid und Trix Wetter, Gestaltung MD & Co

417
SWB-Musterwohnung, Schlafzimmer mit Rouleau-Schrank von Bruno Müller-Hiestand, 1974, Foto Alfred Hablützel

im Kapitalismus, die im Nachgang eines Kurses an der Architekturabteilung der ETH Zürich, ebenfalls 1972, entstandenen war.[4] Nun wurde der öffentliche Druck derart gross, dass die Baufirma – Göhner selber war 1971 gestorben – gewillt war, das Wohnen selber durch flankierende Massnahmen zu verbessern. So finanzierte das Unternehmen eine das Thema Wohnung ausführlich behandelnde Broschüre der SWB-Ortsgruppe Zürich und stellte ihr zusätzlich im Sommer 1974 für eine Musterwohnung entsprechenden Raum in der soeben fertiggestellten Überbauung in Zürich Benglen-Fällanden zur Verfügung.

Innenarchitektin Verena Huber, SWB-Mitglied und Präsidentin der VSI – die Geschäftsstellen der VSI und des SWB waren 1973 für drei Jahre an der Zürcher Weinbergstrasse zusammengelegt worden –, gründete innerhalb des SWB eine Arbeitsgruppe mit Bruno Müller-Hiestand, der als Innenarchitekt auch für die Ernst Göhner AG arbeitete, sowie dem Obmann der OG Zürich Marcel Thoenen und Architekt Willi Walter, um ein Konzept für die Broschüre sowie für die Einrichtung der Musterwohnung zu erarbeiten.[5] Huber, Thoenen und Walter waren bereits von 1965 bis 1967 an dem Projekt für eine SWB-Mustersiedlung im *Fachausschuss Wohnbau (FAW)* beteiligt gewesen – Huber bei der Vermassung der Wohnungseinrichtung, Thoenen bei der Siedlungstypologie und Walter bei der Sammlung von Wohnungsgrundrissen. Gemeinsam konnten sie die damals erarbeiteten Forschungsergebnisse in Teilen in dieses neue Projekt einbringen.[6] Huber selber hatte zudem in der Zwischenzeit im Auftrag des Eidgenössischen Büros für Wohnungsbau auf Antrag der Forschungskommission Wohnungsbau (FKW) zusätzlich Wohnbauforschung betrieben und in einem ersten Bericht den *Innenraum der Wohnung* in verschiedenen Ländern als vergleichende Studie analysiert.[7]

Vor allem ihre Vorarbeiten aus dem *FAW* und unter der FKW halfen nun, das Vorhaben zu konkretisieren. Der eher überschaubaren Platzsituation in den Wohnungen grosser Überbauungen wollte die Arbeitsgruppe mittels Analyse der Bedürfnisse und relativ billiger oder einfacher Möbel sowie entsprechender Zusammenstellung von Möbelsortimenten gute und vor allem verschiedene Lösungen vorschlagen. Diese mussten sich, je nach Lebenssituation der Bewohner, immer wieder neu variieren lassen. Musterausstellung wie Broschüre waren als Anleitung zum Handeln gedacht.

In der Broschüre wurden vier verschiedene Familien in vier verschiedenen Lebensabschnitten gezeigt. Das heisst, auf den Grundrissen in der Broschüre wurde zeichnerisch festgehalten, wie die Wohnung jeweils für dieselben vier Personen vier mal neu eingerichtet werden konnte. Dazu war auf der linken Seite der Grundriss der Wohnung eingezeichnet und die Situation der Familie beschrieben. Auf der gegenüberliegenden Seite wurden entweder Einrichtungsgegenstände abgebildet, die sich genau der räumlichen Situation einpassen liessen, oder es folgten Detaillösungen sowie räumliche Perspektiven.

Der eine möblierte Vorschlag wurde dann exakt so in die Musterwohnung in Benglen-Fällanden übertragen, sodass die Besucher im Juni 1974 mithilfe des Grundrisses in der Broschüre und den dort eingezeichneten Möbeln die Situation vor Ort gleich selber räumlich vergleichen und überprüfen konnten. Die gewählte Einrichtung changierte zwischen bekannten Designstücken wie der Wolkenlampe von Susi Berger und einem Liegestuhl aus dem Brockenhaus oder eigenen Kreationen wie dem Kajütenbett aus Rohrelementen, gezeichnet von Huber selber, und dem Rouleauschrank von Müller-Hiestand.[8]

SWB-Mitglied Alfred Hablützel dokumentierte in Schwarz-Weiss-Fotografien das Ergebnis aus mehreren Perspektiven für den Bericht in der Zeitschrift *Werk-Œuvre.*[9] Farbige Fotografien aus unbekannter Hand geben einen Eindruck von der mit vier Personen belebten Wohnung, wenn auch die gestellten Szenen eigentümlich stereotyp wirken.

Die Broschüre wurde mehrmals bis in die 1980er-Jahre hinein, dann aber unter der Herausgeberschaft Dokumentation Wohnen wiederaufgelegt. Dahinter stand letztlich die privat organisierte Wohnberatung, die Huber und Müller-Hiestand mehrere Jahre zusammen betrieben.[10] Müller-Hiestand selber entwickelte aus der Arbeit an der Musterwohnung das *Plus-Programm – eine weitere Dienstleistung der Ernst Göhner AG,* indem er Wandverkleidungen, Bilderleisten, Cheminée und Deckentäfer entwarf, die direkt bei der Ernst Göhner AG bestellt und in der Wohnung installiert werden konnten.[11] Und Huber erarbeitete für das Bundesamt für Wohnungswesen den ersten Band der Schriftenreihe *Wohnungswesen.*[12]

Mit der Musterwohnung und der entsprechenden Broschüre betätigte sich der Schweizerische Werkbund wiederum auf einem seiner ureigenen Interessensgebieten: der Wohnungseinrichtung. Allerdings war der Fokus nun auf pragmatische Lösungsansätze gerichtet, das Handeln des Bewohners stand im Zentrum, nicht das Design der Möbel. Die Aufforderung zum eigenständigen Gestalten wurde auf der letzten Doppelseite der Broschüre auf den Punkt gebracht: Ein Grundriss ohne eingezeichnete Möbel und ein daneben abgebildeter Stift sollte die Leser dazu ermuntern, es selber zu versuchen. «Do it yourself» (→ S.328) war damals mehr als eine Redewendung, sondern ein ernst gemeinter Appell an die eigene Kreativität. ● *Thomas Gnägi*

418–419
SWB-Musterwohnung,
Kinderzimmer mit Wolkenlampe von Susi Berger und Wohnzimmer, 1974

418

419

Tonbildschau *Lernen vom Industriequartier – Kreis 5*

Zürich, 1976

Zum Europäischen Jahr für Denkmalpflege und Heimatschutz fand 1975 im Kunstgewerbemuseum Zürich die Werkbund-Tagung *Stadtquartier* statt, an der eine «Dia-Studie über das Industriequartier» gezeigt wurde.[1] Aufgrund des Interesses des Kunstgewerbemuseums an ihrer weiteren Verwendung wurde sie im Anschluss vom SWB weiterbearbeitet und zu einer Tonbildschau ausgebaut. Denn für das folgende Jahr war die Ausstellung *Erholungsraum Stadt* geplant, eine Wanderausstellung, die der Münchner Architekt Max Grub konzipiert hatte und die auch im Kunstgewerbemuseum gezeigt werden sollte. Sie stellte Erholungsräume in der Stadt am Beispiel von München vor. Ihre erste Station war das Lenbach-Haus dort gewesen, dann folgte das Österreichische Museum für angewandte Kunst in Wien. Für das Zürcher Kunstgewerbemuseum, wo die Ausstellung im Sommer 1976 Station machte, konnte sie mit Plakaten der Künstler- und Architektengruppen Coop Himmelb(l)au und Haus-Rucker-Co sowie einer

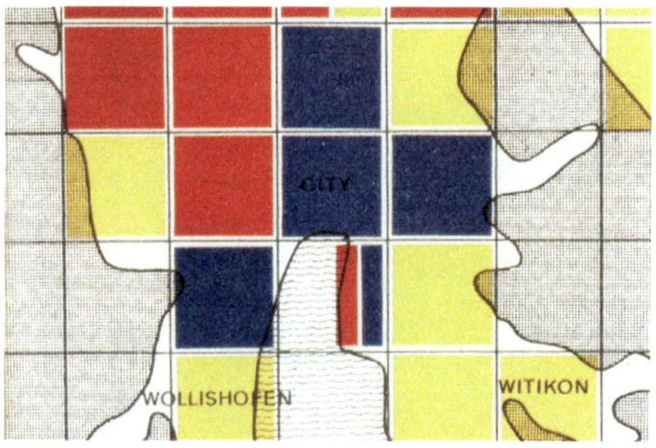

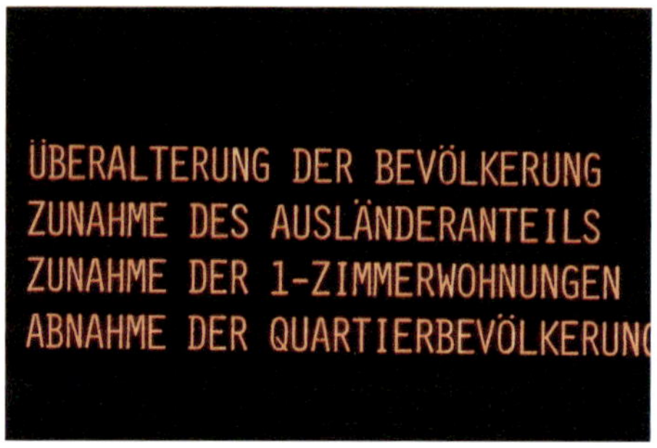

1 Berichte in Zeitschriften und Zeitungen: *Zürichsee Zeitung*, 21.6.1974; *Tages Anzeiger*, 10.7.1974; *Femina*, Oktober 1974; *Elle*, 15.5.1975.

2 GB SWB 1972, S. 2–3, 12.

3 Werner Jehle, Die grünen Kinder. Zu einem Dokumentarfilm von Kurt Gloor, in: *Werk* 59 (1972), H. 4, S. 229–230.

4 Zur Entstehung der Publikation *«Göhnerswil». Wohnungsbau im Kapitalismus*, geschrieben von einem Autorenkollektiv an der Architekturabteilung der ETH Zürich, mit einem Nachwort von Jörn Janssen, Zürich 1972, und ihrer Wirkung sowie zu den beiden Filmen und deren Rezeption vgl. Furter/Schoeck-Ritschard 2013, S. 187–207.

5 Für die Broschüre kam später noch Ernst Ambühler hinzu und Ruedi Rüegg, der sie gestaltete, sowie Charlotte Schmid und Trix Wetter, die darin die Zeichnungen fertigten, *16 × die gleiche Wohnung oder die gleiche Wohnung 16 × anders eingerichtet*, hg. vom Schweizerischen Werkbund SWB, im Auftrag der Ernst Göhner AG Zürich, Zürich 1974.

6 Vgl. FAW – Fachausschuß Wohnen [sic!], in: *Werk* 53 (1966), H. 10, S. 370, 378, 380, 382–383.

7 So der Titel innerhalb der *Schriftenreihe Wohnungsbau* 5 (1969/70), Forschungskommission Wohnungsbau (FKW), Phase 1: Dokumentation, ausgearbeitet durch Verena Huber, Bern 1971 (Nachdruck).

8 Vgl. auch Dokumentation SWB-Musterwohnung Benglen: Verzeichnis der Moebel, Accessoires, Lampen und Bilder; Zeichnungen Einrichtungsgegenstände; Isometrie Kajütenbett, Mappe Göhner/SWB Musterwohnung 1974, Archiv Verena Huber; mit bestem Dank für die Einsicht in die Materialien. Der Rouleauschrank von Müller-Hiestand wurde 1976 an den Concours créateurs Suisses mit dem 1. Preis ausgezeichnet, dann allerdings unter dem Namen Magic Box, vgl. *Werk-Œuvre* 63 (1976), H. 6, S. 391.

9 16 × die gleiche Wohnung. Broschüre und Musterwohnung als Anregung für Siedlungsbewohner, in: *Werk-Œuvre* 61 (1974), H. 12, S. 1445–1448.

10 Dokumentationsmaterial, Archiv Verena Huber.

11 Werbeplakat, Dokumentation Ernst Göhner AG, Archiv Bruno Müller-Hiestand, dem hiermit für das zur Verfügung gestellte Material herzlich gedankt sei.

12 Verena Huber, *Grundlagen zur Auswahl und Benützung der Wohnung*, Schriftenreihe Wohnungswesen, Bd. 1, Bern 1977.

Dokumentation zum Thema Verkehr und Umwelt und der genannten Tonbildschau des Schweizerischen Werkbundes erweitert werden.[2]

Die Arbeitsgruppe des SWB, zu der die Zürcher Ortsgruppenmitglieder Andreas Adam, Peter Erni, Leonhard Fünfschilling (→S.437), Peter Gygax und Peter Schneider gehörten, setzten sich mit dem Zürcher Industriequartier, dem Stadtkreis 5, auseinander, wo sich auch das Kunstgewerbemuseum und die Kunstgewerbeschule (heute Museum für Gestaltung Zürich und Zürcher Hochschule der Künste) befinden. Die Arbeitsgruppe stellte eine Diskrepanz fest zwischen dem auf Postkartenidyllen vermittelten Image der Stadt mit seinen Kirchtürmen und Zunfthäusern sowie der tatsächlichen architektonischen und gesellschaftlichen Realität in den einzelnen Stadtquartieren. Das vorwiegend im Blockrand erbaute und daher architektonisch einheitlich wirkende (ehemalige) Arbeiterviertel war ein solches Beispiel eines «Cityrandgebietes», das direkt angrenzend zum repräsentativen Stadtzentrum der Aufmerksamkeit der Touristen entgeht, vor allem aber mit strukturellen Problemen zu kämpfen hat.[3] Obwohl es hauptsächlich dem Wohnen dient, sind ebenso Läden, Bars, Restaurants und Kleinbetriebe zu finden. Diese Heterogenität ist bis heute typisch für das Quartier und war damals in den Augen der Arbeitsgruppe durch die fortschreitende Funktionstrennung von Arbeiten und Wohnen besonderem Druck ausgesetzt. Sie ortete wegen des «zunehmenden Verkehrs» und «fortschreitender Zerstörung innerstädtischer Erholungsgebiete und Grünflächen» gerade in diesem bisher autark funktionierenden Teil der Stadt eine «Multiplikation von Qualitätsverminderungen städtischer Umwelt». Eine notwendige Korrektur der laufenden Fehlentwicklungen im Stadtgefüge war deshalb die «Wiederaufwertung oder Rehabilitierung» des Viertels.[4] Das Ziel der Arbeitsgruppe war einfach wie gleichermassen umfassend: Es ging «darum, den Bürger, Bewohner und Benützer der Stadt, sein Bewusstsein und seine Bedürfnisse anzusprechen».[5]

420

In der «simultanen Uebertragung von Ton und Bild», der sogenannten Tonbildschau, sah man den besonderen Vorteil einer unmittelbaren «Uebermittlung von Information», ohne auf die abstrahierende Ebene des Plans zurückgreifen zu müssen. Der Betrachter sollte die Zusammenhänge «durch ihm bekannte Bilder aus dem Quartier» erschliessen können.[6] Man wollte Infrastrukturplanungen diskutieren und Vorschläge machen, um «den Gebrauchswert bestehender Quartiereinrichtungen, Bausubstanzen und Aussenräume» zu verbessern. Mit gezielter «Meinungsbildung» wurden die Bewohner auf die Möglichkeiten einer «offenen Planung» aufmerksam gemacht, um damit eine «stärkere Beteiligung der Wohnbevölkerung [...] an den entsprechenden Planungsprozessen» zu fördern.[7]

Mit dem Titel der Tonbildschau *Lernen vom Industriequartier* erfolgte eine Anknüpfung an das Buch *Learning from Las Vegas* von 1972, mit dem die amerikanischen Architekten Robert Venturi, Denise Scott Brown und Steven Izenour methodisch einen damals revolutionären Weg beschritten hatten. Sie lenkten darin den Fokus ihres architektonischen Interesses nicht auf die Höhepunkte der Architekturgeschichte, sondern auf die zeichenhafte Alltagsarchitektur am Strip von Las Vegas. Damit richteten sie den Blick nicht zurück in die Geschichte, sondern auf das Geschehen in der Umgebung, aus der sie unmittelbare Schlüsse für eine zeitgemässe Theorie der Architektur zogen.[8]

Ein ähnliches Prinzip verfolgte die Arbeitsgruppe. Das didaktische Mittel der Tonbildschau eignete sich offenbar besonders gut, «von den Quartierbedürfnissen her [...] über komplexe planerische Probleme und mögliche Lösungen» zu informieren.[9] Mit vier Projektoren wurden insgesamt etwa 380 Diapositive mit Aufnahmen aus dem Kreis 5, abfotografiertem Planmaterial und Diagrammen sowie hineinmontierten Schlagworten und Titeln, in einer aufwendig choreografierten Abfolge vorgeführt: mit betonten Kontrasten städtischer Landschaft, sich ergänzenden, wechselnden Szenen des Alltags und unterschiedlichen städtebaulichen Situationen, begleitet von einer Tonspur mit zusätzlichen Informationen, Gedanken, Anstössen und expliziten Forderungen an die Politik nach mehr Partizipation der Bevölkerung.[10]

Ende 1976 wurde diese Tonbildschau auch innerhalb einer umfassenden SWB-Ausstellung gezeigt, die Teil des *Thearena*-Programms (→ S. 193) war und zur Tagung *Kultur – Kulturförderung – Kulturpolitik* vom Ersten Vorsitzenden Daniel Reist eröffnet wurde.[11]

Als Medium der Information und Aufklärung in Bezug auf Stadt und Umwelt erfolgte der Einsatz von Tonbildschauen vom SWB danach mehrmals: beispielsweise 1977 im Gewerbemuseum Basel zur Ausstellung *Lernort Umwelt* und 1987 im Zürcher Kunstgewerbemuseum zur Ausstellung *«Venedig ohne Wasser» oder: Die Rückeroberung des öffentlichen Raumes.*[12]

Nach dem wegweisenden Stummfilm über die moderne Wohnung (→ S. 189) von Hans Richter am Beginn der 1930er-Jahre und dann in Versuchen mit der Produktion von Filmen in den 1960er-Jahren sowie der finanziellen Unterstützung von Kurt Gloors Dokumentarfilm *Die grünen Kinder* von 1971 setzte der SWB 1976 mit dieser Tonbildschau die Form audiovisueller Vermittlung mit explizit aufklärerischem Impetus fort. ● *Thomas Gnägi*

421

420
Tonbildschau *Lernen vom Industriequartier – Kreis 5*, Dias, vier Projektoren, Kunstgewerbemuseum Zürich, 1976

421
Tonbildschau in der Ausstellung *Erholungsraum Stadt*, Kunstgewerbemuseum Zürich, 1976

Ausstellung *Überall ist jemand – Räume im besetzten Land*

Zürich, 1992

Eine Arbeitsgruppe des SWB, der der Erste Vorsitzende Martin Heller und Geschäftsführer Leonhard Fünfschilling (→ S. 437) sowie Hermann Huber, Ellen Meyrat-Schlee (→ S. 440) und Verena Schilling angehörten, entwickelte das Konzept für die Ausstellung *Überall ist jemand – Räume im besetzten Land.* Die Projektleitung lag bei Heller, der gleichzeitig leitender Konservator am Museum für Gestaltung in Zürich war. Tristan Kobler gestaltete die Ausstellung, die vom 18. Februar bis zum 20. April 1992 dauerte, und Hanna Williamson-Koller entwarf das Plakat.

Die Ausstellung kreiste frei um das Thema der «schweizerischen Wachstums- und Verdichtungsproblematik».[1] Man wollte mit diesem Fokus dem Verhältnis der Bewohner zu ihrem räumlichen Umfeld und den verschiedenen Ansprüchen und Mentalitäten der Nutzung nachgehen. Dazu wurden Fotografien von Jean Odermatt, Hannes Rickli, Christian Vogt, Nicolas Faure und Max Schmid gezeigt und verschiedene Objekte sowie Plakate aus der Plakatsammlung ausgestellt. Das gleichnamige Buch mit einer Sammlung von Texten ergänzte als Lesebuch die Ausstellung.[2] Zudem wurden verschiedene Anlässe zum Thema durchgeführt, so auch die Veranstaltungsreihe *Stadtideen – Grossbaustellen. Befragung von Projekten,* die die Ortsgruppe Zürich organisiert hatte.[3]

Die Ausstellung, die ein Jahr nach der Bundesfeier der Schweiz stattfand, kann auch als Beitrag des SWB verstanden werden, anstelle einer offiziellen Teilnahme eine aktive Diskussion zu den Planungsverhältnissen in der Schweiz zu fördern. In Bezug auf eine Landesausstellung für das Schweizer 700-Jahre-Jubiläum (→ S. 215) hatte der SWB sich im Vorfeld zusammen mit anderen kulturellen Organisationen gegen die Durchführung einer solchen ausgesprochen und als Alternativen Veranstaltungen wie diese 1992 realisierte Ausstellung vorgeschlagen. Mit ihr wird zudem eine Problematik aufgenommen, auf die der SWB bereits 1970 mit der Wanderausstellung *Wieviel Landschaft braucht der Mensch?* (→ S. 401) hingewiesen und mit der er zur Diskussion angeregt hat.

● *Thomas Gnägi*

422
Plakat *Überall ist jemand*, Museum für Gestaltung Zürich, 1992, Gestaltung Hanna Williamson-Koller

1 GB SWB 1976, S. 3. Zur Zusammenarbeit mit dem Museum vgl. SWB-Kolumne, in: *Werk/Œuvre* 63 (1976), H. 9, S. 570.
2 Wegleitung 1976. Darin sind einzelne Diapositive abgedruckt sowie der sie erläuternde Text. Es ist anzunehmen, dass es sich dabei um die schriftliche Fassung der Tonspur handelt.
3 Erholungsraum Stadt/Ausstellung KGSZ. Konzept für eine Tonbildschau über das Zürcher Industriequartier – Kreis 5, Typoskript 12 Seiten, S. 2–3, Archiv SWB.
4 Ebd.
5 Ebd., S. 3–4.
6 Ebd.
7 Ebd., S. 11. Zur Stadt als offenes Bezugssystem und Handlungsstruktur siehe Althaus/Henggeler 1973.
8 Robert Venturi, Denise Scott Brown und Steven Izenour, *Learning from Las Vegas. The Forgotten Symbolism of Architectural Form*, Cambridge Mass. 1972.
9 Wie Anm. 3, S. 12.
10 Die Diapositive befinden sich im Archiv der Zürcher Hochschule der Künste. Die Tonbildschau besteht aus vier gleichzeitig geschalteten Bildreihen, die inhaltlich aufeinander abgestimmt sind.
11 GB SWB 1976, S. 4.
12 Teile dieser beiden Tonbildschauen befinden sich im Archiv SWB.

423

424

1 GB SWB 1991, S. 3.
2 Überall ist jemand – Räume im besetzten *Land*, hg. vom Museum für Gestaltung Zürich zusammen mit dem Schweizerischen Werkbund SWB, Zürich 1992.
3 GB SWB 1991, S. 14.

Ideen-Wettbewerb *Die Halbe Miete. Wohnen in 50 m³/ La moitié de notre loyer. Habiter dans 50 m³*

2012/13

Mit dem im Herbst 2012 aus Anlass des 100-Jahre-Jubiläums des SWB ausgeschriebenen und von der IKEA-Stiftung (Schweiz) unterstützten Ideenwettbewerbs *Die Halbe Miete. Wohnen in 50 m³* knüpfte der Werkbund an seine seit der Gründung bestehende Tradition im Ausrichten von Konkurrenzen an und leistete gleichzeitig einen Beitrag zum gegenwärtig breit diskutierten Thema der Verdichtung.

Vor dem Hintergrund der jüngst überschrittenen Grenze von acht Millionen Einwohnern in der Schweiz und Wachstumsprognosen fragte der Werkbund nach kreativen Ideen im Umgang mit dem immer knapper werdenden Wohnraum und griff damit ein Problem auf, das aufgrund des mit der erhöhten Nachfrage einhergehenden Preisdrucks insbesondere Studierende an ihren städtischen Ausbildungsorten betrifft. Zugelassen waren deshalb Gruppen von in Wohngemeinschaften lebenden Studierenden, und der 1. Preis bestand folgerichtig in der Übernahme eines Teils der Mietkosten, und zwar «sechs Monate die halbe WG-Miete», begrenzt auf das Maximum von 5000 Franken.[1]

Ausgehend vom aktuell geschätzten Wohnflächenverbrauch pro Kopf von 50 Quadratmetern suchte der SWB nach Vorschlägen zum Verringern desselben auf das Volumen von 50 Kubikmetern pro Person in einer Wohngemeinschaft bei dennoch hoher Wohnqualität. Diese Vorgabe bezog sich dabei nicht nur auf das persönliche Zimmer, sondern auch auf Küche, Bad und Erschliessung.[2]

Die meisten der eingegangenen Projekte arbeiteten mit Ansätzen, die über eine innovative Grundrissgestaltung und eine prozentuale Umschichtung der Ausmasse von den privaten hin zu den gemeinschaftlichen Räumen den Flächenbedarf reduzierten. Aus zehn eingereichten Beiträgen ging das Projekt *Das TreppenHaus* der interdisziplinär zusammengesetzten Gruppe von Scarlet Allenspach, Elis Reusser und Manuel Lehmann aus Luzern als Sieger hervor. Der Lösungsansatz basiert hier auf der kollektiven und kreativen Raumausnützung im Rahmen einer modular aufgebauten Gross-WG. Dabei wohnen in sechs relativ knapp bemessenen Wohneinheiten jeweils vier Studierende zusammen. Die 24 im Haus lebenden Personen erhalten aber durch die gemeinsame, variable Nutzung des das Haus erschliessenden Waschsalons und des Treppen-

423
Ausschreibung
Die Halbe Miete, Ideen-Wettbewerb zum SWB Jubiläum, 2012, Gestaltung Raschle & Kranz

424–425
Scarlet Allenspach, Elis Reusser und Manuel Lehmann, 1. Preis, Fotos und Projektskizze *Das TreppenHaus*, 2013

425

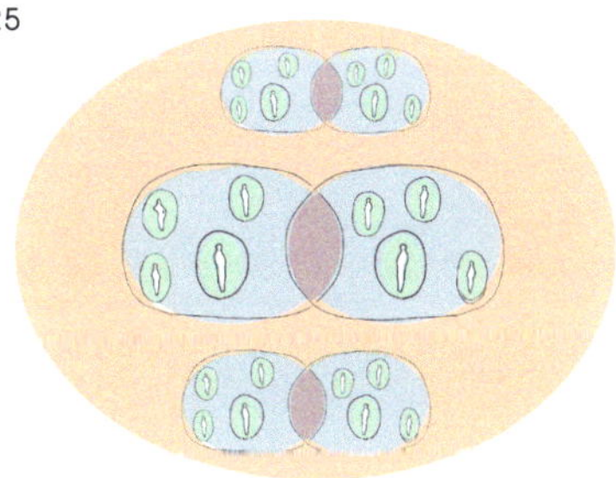

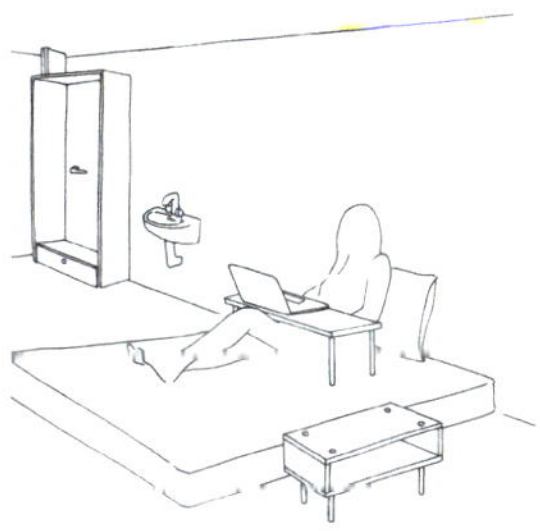

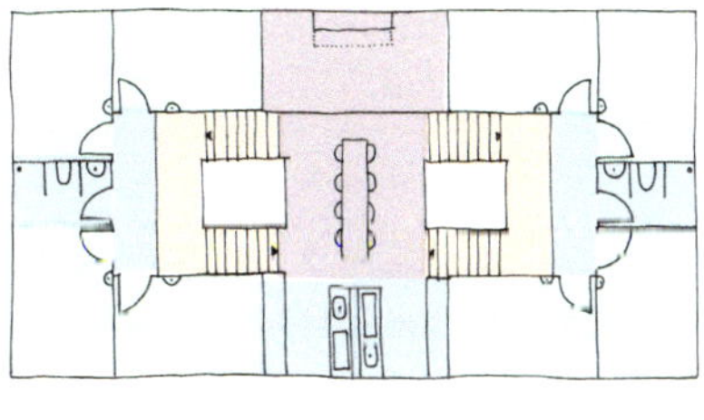

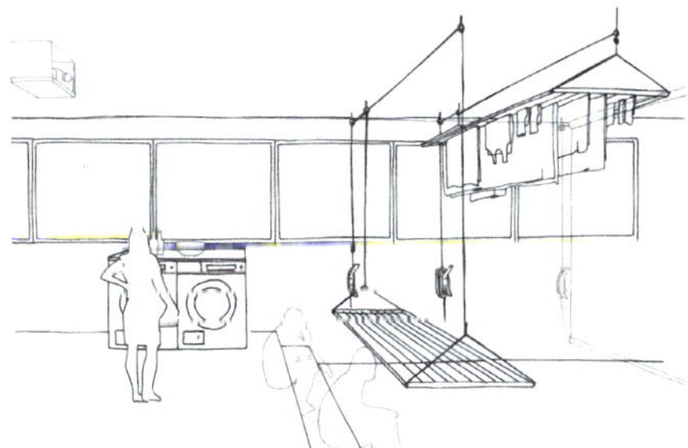

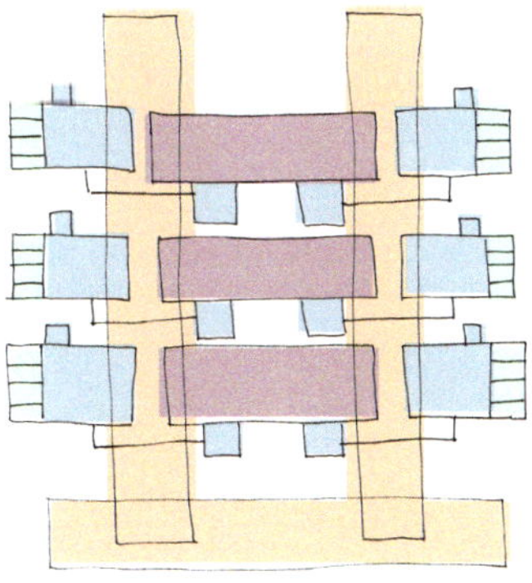

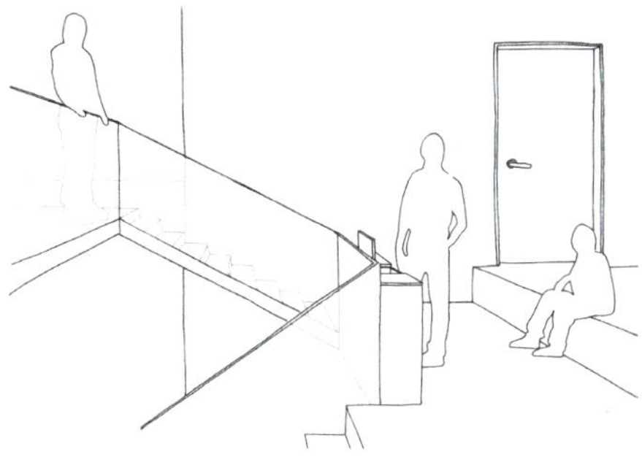

hauses zusätzliche Wohnfläche und Möglichkeiten zum sozialen Austausch. Platzsparende und multifunktionale Nutzungskonzepte mit Kleinmöbeln, Stufen und Fensternischen ermöglichen zudem Einsparungen beim Flächenbedarf jedes Einzelnen in seinem rund elf Quadratmeter grossen privaten Zimmer.[3] Besticht dieses Projekt insbesondere durch die innovative Nutzung gewöhnlich nicht bewohnter Durchgangs- oder Nebenräume und seine Realitätsnähe bezüglich einer möglichen Umsetzung, setzen die anderen beiden prämierten Projekte an ungewohnter Stelle an und schlagen mit Blick auf Wohngewohnheiten alternative Modelle vor. Das mit dem 2. Preis ausgezeichnete Projekt *Lebenskünstler* der Architekturstudentinnen Janine Erzinger, Natalie Bachmann, Anne Schneider und Susanne Büchi stapelt eine Vierer-WG in fünf Geschossen auf der Grundfläche eines Parkplatzes aufeinander mit dem Ziel einer zentrumsnahen und flexiblen Positionierung des Wohnturms.

Die beiden Schreiner und Studenten des Studiengangs Gestaltung im Handwerk Alois von Wurstemberger und Marc Ehrler schliesslich schlagen mit *Büro+* die mittels spartanischer und tagsüber verstaubarer Möblierung ermöglichte nächtliche Nutzung von Büro- und Gewerbeflächen als Wohn- und Schlafort für Studierende vor. Während des Tages wiederum sollten diese sich in dann nicht genutzten Nachtclubs aufhalten können. So sollen Räume 24 Stunden am Tag ausgelastet sein, womit sich die Wohnfläche pro Kopf reduziert, Kosten eingespart und zusätzliche Möglichkeiten zum sozialen Austausch gewonnen werden.

Die Preisverleihung war einer der Höhepunkte der Jubiläumsveranstaltung des SWB am 17. Mai 2013 im Zürcher Volkshaus. Dort und bis Ende Juni im Haus der Farbe in Zürich wurden schliesslich alle Eingaben auch im Rahmen einer kleinen Ausstellung vorgestellt.
● *Jasmine Wohlwend Piai*

426

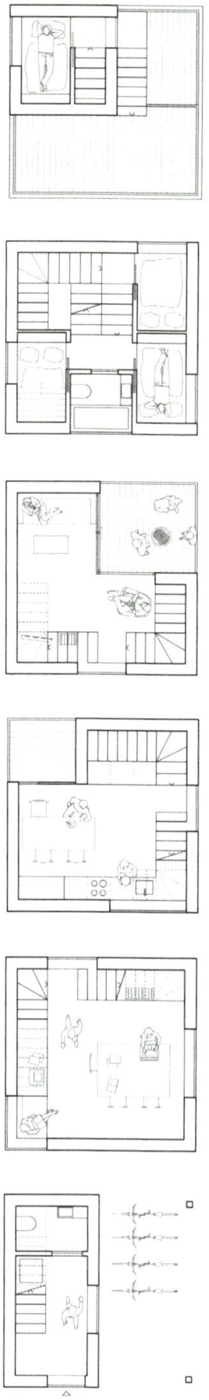

426

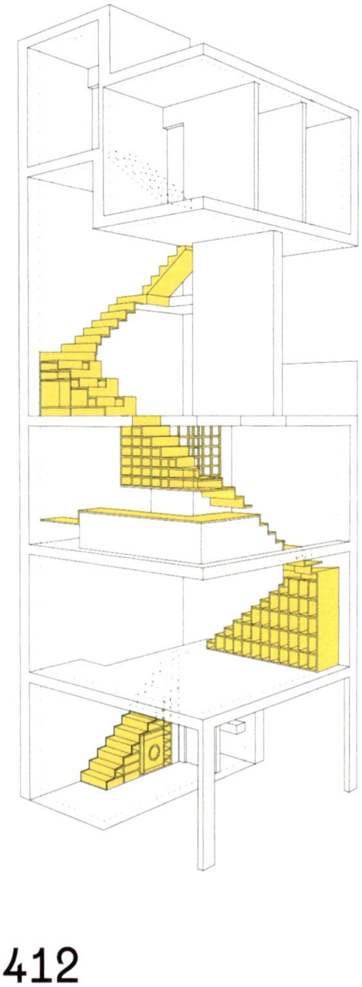

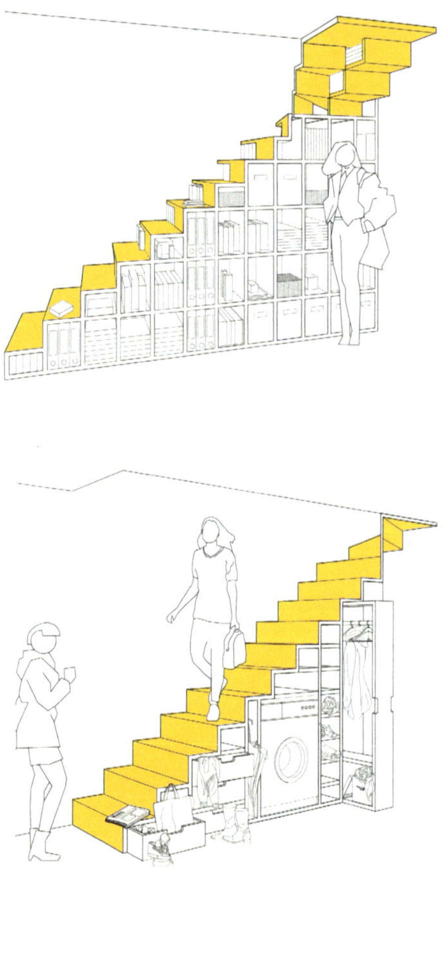

426
Janine Erzinger, Natalie Bachmann, Anne Schneider und Susanne Büchi, 2. Preis, Projektskizze *Lebenskünstler*, 2013

427
Alois von Wurstemberger und Marc Ehrler, 3. Preis, Projektskizze *Büro+*, 2013

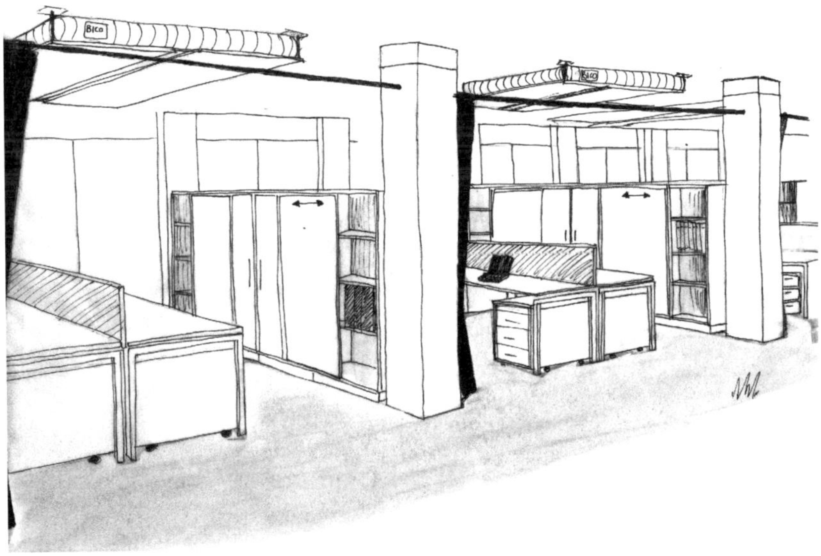

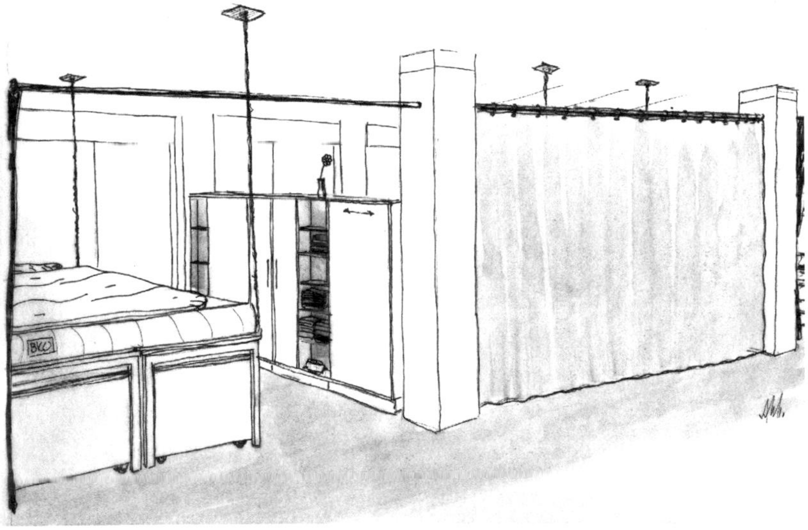

427

1 *Die Halbe Miete. Wohnen in 50 m^3.* SWB Jubiläumspreis 2013: Ideenwettbewerb für Studierende, Ausschreibung, Zürich 2012, o.S.

2 Ebd., Punkt 2.1 Fragestellung.

3 SWB Jubiläumspreis 2013 zum Wettbewerb *Die Halbe Miete*, Sammlung der Beiträge, 2013, Archiv SWB.

Porträts

Erste und Zweite Vorsitzende, Geschäftsführer/ -führerinnen und *Werk*-Redaktoren

428
Alfred Altherr sen. (re) mit Bildhauer Carl Fischer, vor 1930

429
Alphonse Laverrière, um 1908

430
Hermann Röthlisberger, vor 1922

431
Hermann Kienzle, um 1940

432
E. Richard Bühler (li) an der Werkbund-Tagung 1940

433
Peter Meyer an der Landesausstellung Zürich, 1939

434
Egidius Streiff, um 1940

435
Hans Finsler (re) mit Berchtold von Grünigen, Werkbund-Tagung Langenthal, 1947, Foto Ernst Koehli

436
Alfred Altherr jun., 1951, Foto Susi Iff-Kolb

437
Alfred Roth (li) und Mia Seeger im Sekretariats-Bau, Stuttgart Weissenhof, 1927

438
Lucius Burckhardt, Basel

439
Eugen Gomringer (li), Jubiläum 1963, Foto Leonardo Bezzola

440
Peter Steiger, 1972

441
Leonhard Fünfschilling bei einem SWB-Arbeitstreffen in Graubünden, 1976

442
Otti Gmür auf einem Limmatschiff, um 1987

443
Ellen Meyrat-Schlee, 1998, Foto Eduard Rieben

444
Martin Albers, um 2005 Foto Priska Ammann

Die institutionelle und damit die rechtliche Gesellschaftsform des Schweizerischen Werkbundes ist die eines Vereins. Gemäss Schweizerischem Zivilgesetzbuch bildet die Versammlung der Mitglieder das oberste Organ des Vereins (ZGB Art. 64). Er erhält Rechtsfähigkeit mit der schriftlichen Festlegung und Verabschiedung seiner Statuten (früher Satzungen, S. 63). Unter anderem wählt die jährlich stattfindende Mitgliederversammlung den Vorstand, der «das Recht und die Pflicht [hat], nach den Befugnissen, die die Statuten ihm einräumen, die Angelegenheiten des Vereins zu besorgen und den Verein zu vertreten» (ZGB Art. 69).

Der Vorstand des Schweizerischen Werkbundes setzt sich aus sieben Mitgliedern zusammen. Der Erste und der Zweite Vorsitzende, der Quästor (Schatzmeister) und die vier sogenannten Freien Mitglieder (früher Beisitzer) werden jeweils für eine Amtsperiode von drei Jahren von der Mitgliederversammlung gewählt. Zudem delegieren die jeweiligen Ortsgruppen (heute acht) je einen Vertreter in den Vorstand. So gehören heute dem erweiterten Vorstand insgesamt 15 stimmberechtigte Mitglieder an.

Neben diesem leitenden Organ gibt es die Geschäftsstelle. Sie ist zuständig für den Betrieb und die Ausführung der Geschäfte. Bis 1925 oblag die Geschäftsführung den Vorsitzenden und dem Schriftführer. Geschäftsführer oder Geschäftsführerin sind vom ehrenamtlich tätigen Zentralvorstand angestellt und nicht Teil von ihm. Sie können an den Sitzungen des Zentralvorstandes beratend teilnehmen und führen das Protokoll, besitzen jedoch kein Stimmrecht. Allerdings haben die Geschäftsführer bis heute immer wieder die inhaltliche Agenda des SWB wesentlich mitgeprägt.

Nicht Teil der Vereinsstruktur war die Redaktion des offiziellen Vereinsorgans, der Zeitschrift *Werk* (→ S. 149). Sie war zugleich das Verbandsblatt vom Bund Schweizer Architekten (BSA), der auch als Herausgeber fungierte; eine Zeit lang war sie zudem das Sprachrohr des Schweizerischen Kunstvereins (SKV). Gerade die Nähe der Redaktion zu den Inhalten, die im Werkbund diskutiert wurden und die oft mit Themenheften der Zeitschrift korrelierten, machte die Chefredaktoren zu wichtigen Partnern, die in ihrer Wahl vom Werkbund mitbestimmt wurden. Während einiger Jahre nahm deshalb auch der Redaktor als Delegierter im Zentralvorstand Einsitz.

Auf den folgenden Seiten sind einige Personen aus dem Zentralvorstand und einige Geschäftsführer porträtiert. Wegen der grossen Anzahl von Protagonisten, die im Werkbund eine wichtige Rolle einnahmen und sowohl Vorsitzende wie auch Geschäftsführer nicht immer gleich grossen Einfluss auf die Themen ausübten, sollen hier beispielhaft Akteure beider Sparten berücksichtigt werden. Deshalb präsentiert dieser Teil nicht eine vollständige Reihe der Vorsitzenden oder der Geschäftsführer, er deckt aber doch 100 Jahre fast lückenlos mit der Werkbund-Führungsspitze ab. Es ist vor allem den Personen der Vorrang vor anderen zugekommen, die in einer Zeit des Umbruchs eine führende Position innehatten.

Um das Bild einer solchen, von den Protagonisten aus gelesene Geschichte des Werkbundes abzurunden, wurden mit Hermann Röthlisberger, Peter Meyer und Lucius Burckhardt ausserdem drei Redaktoren der Zeitschrift *Werk* in diese Galerie mit aufgenommen, die je eine andere Epoche des Vereinsblattes repräsentieren und die Geschichte des Werkbundes in vielerlei Hinsicht prägten. Und mit SWB-Mitglied Alphonse Laverrière ist der erste und langjährige Präsident von L'Œuvre, dem Pendant des Werkbundes in der Romandie, porträtiert.

Um aber die Führungsspitze des SWB komplett zu zeigen, sind nachfolgend alle Vorsitzende und Geschäftsführer aufgelistet. Die angegebene Jahrzahl bezieht sich auf den Beginn ihrer Tätigkeit im Amt, der oft im Frühjahr an der Mitgliederversammlung oder zum Geschäftsjahreswechsel (meist) im Herbst erfolgt.

Erste Vorsitzende

1913 Alfred Altherr sen. (1875–1945)

1919 Alfred Ramseyer (1884–1957)

1925 E. Richard Bühler (1879–1967)

1946 Hans Finsler (1891–1972)

1955 Alfred Roth (1903–1998)

1964 Niklaus Morgenthaler (1918–2001)

1965 Richard Paul Lohse[2] (1902–1988)

1966 Peter Steiger (geb. 1928)

1972 Peter F. Althaus[2] (geb. 1931)
Daniel Reist (1932–2001)

1981 Otti Gmür (geb. 1932)

1987 Martin Heller (geb. 1952)

1995 Ellen Meyrat-Schlee (geb. 1944)

2002 Martin Albers (geb. 1955)

2008 Iwan Raschle (geb. 1967)

Zweite Vorsitzende

1913 Hermann Blocher (1872–1942)

1916 Hermann Kienzle (1876–1946)

1919 Alfred Altherr sen. (1875–1945)

1925 Alfred Ramseyer (1884–1957)

1927 Hermann Kienzle (1876–1946)

1946 Berchtold von Grünigen (1899–1976)

1959 Max Bill (1908–1994)

1961 Niklaus Morgenthaler (1918–2001)

1964 Richard Paul Lohse (1902–1988)

1966 Emil Ruder (1914–1970)

1968 Peter F. Althaus (geb. 1931)

1972 Margit Staber (geb. 1931)

1981 Urs Graf (geb. 1934)

1984 Hermann Huber (geb. 1936)

1989 Verena Laedrach-Feller (geb. 1946)

2002 Yalu Schumacher-Porath (geb. 1954)

2005 Thomas Grimm (geb. 1950)

2010 Vinzenz Reist (geb. 1959)

Geschäftsführer/ -führerinnen

1913 Albert Baur[1] (1877–1949)

1914 Heinrich Schlosser[1] (1886–unbekannt)

1920 Alfred Ramseyer[1] (1884–1957)

1921 Hermann Rötlisberger[1] (1883–1922)

1922 H. [Arnold] Stockmann (1882–1963)

1923 Joseph Gantner[1] (1896–1988)

1925 Friedrich Traugott Gubler (1900–1965)

1930 Egidius Streiff (1897–1952)

1948 Alfred Altherr jun. (1911–1972)

1955 Eugen Gomringer (geb. 1925)

1967 ab 1967 Geschäftsstelle vakant

1970 Heiny Widmer (1927–1984)

1971 Jürg Kaufmann (1929–2008)

1973 Leonhard Fünfschilling (geb. 1937)

2002 Irma Noseda (geb. 1946)

2008 Bernd Zocher (geb. 1951)

2011 Monika Imboden (geb. 1968)

1 Schriftführer (ab 1925 Geschäftsführer)
2 ad interim

428

Alfred Altherr sen.

Erster und Zweiter Vorsitzender
von 1913 bis 1925

Der Basler Alfred Johann Altherr sen.[1] (1875–1945) ist eine der tragenden Figuren und eigentlicher Initiant der Gründung des Schweizerischen Werkbundes. Als Mitglied des Deutschen Werkbundes (DWB) und mit mehreren Jahren Lehrerfahrung kehrte er 1912 aus Deutschland in die Schweiz zurück und wurde Leiter der Zürcher Kunstgewerbeschule. Damit besetzte er eine institutionelle Schlüsselposition, die für seine Arbeit als Erster Vorsitzender des SWB von grosser Bedeutung werden sollte.

Altherr war der ältere Sohn des protestantischen Pfarrers von St. Leonhard in Basel, Alfred Altherr, und seiner Frau Henriette Pfenninger. Sein drei Jahre jüngerer Bruder Heinrich war ein Gründungsmitglied der Stuttgarter Sezession und lehrte ab 1914 an der dortigen Akademie der bildenden Künste.[2] Ursprunglich als Schreiner ausgebildet, besuchte Altherr bis 1897 die Basler Gewerbeschule. Seine Ausbildung beendete er in Berlin, wo er am Kunstgewerbemuseum das Diplom der Architektur- und Raumkunstklasse erwarb. Von 1904 bis 1912 lehrte er künstlerische Gestaltung des Innenraums an der Kunstgewerbe- und Handwerkerschule in Elberfeld (heute Wuppertal) im Rheinland. Dort beteiligte er sich erfolgreich an diversen Gewerbeausstellungen und leitete 1909 eine Ausstellung über moderne Innenarchitektur.[3]

Gleichzeitig mit der Übernahme der Leitung der Kunstgewerbeschule durch Altherr im Jahr 1912 wurde diese reorganisiert und beherbergte jetzt neben der Gewerbeschule auch das Museum und die Bibliothek. Im Zuge dieser Umstrukturierung setzte sich Altherr für die Erweiterung des Lehrprogramms ein; Vertiefung der technischen Fertigkeiten und die Intensivierung der handwerklichen Arbeit wurden nun ein wichtiger Teil der Lehre. Daneben organisierte Altherr während seiner 26-jährigen Direktionszeit 139 Ausstellungen mit zum Teil internationaler Ausstrahlung.[4] Die zahlreichen dazu erschienenen Begleitpublikationen aus seiner Feder machen nebst einzelnen Artikeln in der Zeitschrift *Werk* zur Innenraumgestaltung, zu kunstgewerblichen Veranstaltungen und zum von ihm lancierten Marionettentheater den Hauptteil seines publizistischen Schaffens aus.[5]

Trotz der vielseitigen beruflichen Belastung setzte sich Altherr – bestärkt durch den Mitbegründer des DWB Hermann Muthesius – für die Bildung eines schweizerischen Werkbundes ein.[6] An der Gründungsveranstaltung des SWB vom 17. Mai 1913 (→ S. 63) wurde Altherr schliesslich zum Ersten Vorsitzenden der Vereinigung gewählt. In der Folge präsidierte er den Zentralvorstand (ZV) bis 1919, als er von Alfred Ramseyer abgelöst wurde. Bis zu seinem zwischenzeitlichen Rücktritt aus dem ZV 1925 amtierte er noch als Zweiter Vorsitzender und in den Jahren von 1930 bis zum Geschäftsjahr 1935/36 gehörte er dem ZV noch einmal als Beisitzer und Vertreter der Ortsgruppe Zürich an, deren Obmann er ebenfalls war.[7]

Nach der Gründungsphase wurden unter Altherrs Führung erste Ausstellungen, wie jene des SWB und des Deutschen Museums (→ S. 123), einige Wettbewerbe und die Publikation von Flugblättern in Angriff genommen. Dank seines Engagements für sämtliche Bereiche des kulturellen Schaffens, seiner vielseitigen Erfahrung und seinem weit umspannenden Beziehungsnetz schuf Altherr nicht nur eine erfolgreiche Verbindung von Kunstgewerbeschule und Museum, sondern auch eine fruchtbare Zusammenarbeit zwischen diesen Institutionen und dem SWB sowie dessen Ortsgruppe in Zürich. Im Speziellen zu erwähnen sind dabei seine Organisations- und Entwurfstätigkeiten an der *Schweizerischen Werkbundausstellung* 1918 in Zürich (→ S. 127), die als einer der Höhepunkte in der Geschichte des SWB auch Ausdruck und Abschluss der Zeit Altherrs als Erster Vorsitzender ist. Die gleichzeitige Gründung des Marionettentheaters vermochte in den 1920er-Jahren Lehrer, Schüler und Publikum gleichermassen zu begeistern.[8] Die Ideale, an denen sich Alfred Altherr sen. orientierte, sind von denen des Schweizerischen Werkbundes nicht zu trennen: «Die Veredelung der gewerblichen Arbeit im Zusammenwirken von Kunst, Industrie und Handwerk.»[9] ● *Adeline Zumstein*

1 Die Bezeichnung «senior» soll, falls nicht aus dem Kontext ersichtlich, innerhalb der vorliegenden Publikation eine Differenzierung zu seinem Sohn Alfred Altherr jun. (→ S. 430) schaffen.

2 Heinrich Altherr in: Pierre Gauchat, *Neue deutsche Biographie*, Bd. 1, Aachen-Behaim und Berlin, 1953, S. 221–222.

3 Wegleitung 1978, S. 97–99.

4 Kienzle 1945, S. 363. Übersicht zu den Ausstellungspublikationen in: http://sammlungen-archive.zhdk.ch (3.5.2013).

5 Siehe *Werk* 5 (1918), H. 6, S. 85–89; *Werk* 8 (1921), H. 11, S. 205–211; *Werk* 9 (1922), H. 5, S. 103–111; *Werk* 10 (1923), H. 4, S. 107–108; *Schatten- und Marionettenspiele*, hg. von der Schweizerischen Stiftung zur Förderung von Gemeindestuben und Gemeindehäusern, Zürich 1923.

6 Birkner 1974, S. 282; Kienzle 1939, S. 5; Kienzle 1945, S. 362.

7 Vgl. dazu den Brief des Zentralvorstands des SWB an Alfred Altherr sen., 18.11.1938, in: Archiv SWB/B 8.3/Von und über SWB-Mitglieder; *Werk* 13 (1926), H. 10, S. 332; *Werk* 18 (1931), H. 1, S. XXXIV; *Werk* 23 (1936), H. 3, S. XV. 1915–1924 und 1930–1936 war er Obmann, 1924–1930 im Vorstand der Ortsgruppe Zürich. Vgl. dazu GB SWB 1915/16, S. 8–9; *Werk* 11 (1924), H. 11, S. XXVII; *Werk* 18 (1931), H. 1, S. XXXIV; *Werk* 23 (1936), H. 3, S. XV. Siehe auch die GB SWB der Jahre 1925/26, 1930, 1936. Altherr war nicht wie bei Bignens 2008, S. 16 und 58 angegeben, durchgehend von 1913 bis 1936 Erster Vorsitzender. Siehe dazu auch das Porträt von E. Richard Bühler (→ S. 423).

8 Das Marionettentheater wurde in erster Linie von den Kunstgewerbelehrern bzw. Künstlern Sophie Taeuber-Arp, Ernst Georg Rüegg und Otto Morach getragen. Vgl. dazu Kienzle 1945, S. 363; Wegleitung 1978, S. 123; *Werk* 5 (1918), H. 6, S. 85–100.

9 Satzungen des Schweizer Werkbunds, 30.8.1913, § 2.

Alphonse Laverrière

Präsident der OEV
von 1913 bis 1934

Alphonse Laverrière (1872–1954) war nicht nur Gründungsmitglied von L'Œuvre (OEV) und ihr Präsident bis 1934, er trat auch 1915 dem Schweizerischen Werkbund bei, dem er bis zu seinem Tod angehörte. Dadurch war er einerseits ein wichtiges Bindeglied zwischen der OEV und dem SWB, andererseits führte gerade die von ihm vertretene Tradition der Pariser École des Beaux-Arts und der Société des artistes décorateurs zu einer Entfremdung zwischen den beiden Vereinigungen.

Laverrière wurde 1872 als zweiter Sohn des französischen Küfers Pierre Laverrière in Carouge im Kanton Genf geboren. Sein Tätigkeitsfeld umfasste die Architektur, die Urbanistik, die Inneneinrichtung, den Entwurf von Möbeln und Uhren. Die wichtigsten Bauten, an deren Planung er beteiligt war, finden sich in Lausanne, so die Chauderon-Montbenon-Brücke (1901), der Bahnhof (1908–1916), das Hotel de la Paix (1908–1910) und der Friedhof Bois-de-Vaux (1919–1921).

Nach seinem Studium an der Genfer École des Beaux-Arts (1887–1890) und an der Pariser École nationale supérieure des Beaux-Arts (1892–1901) gründete er 1902 gemeinsam mit Eugène Monod in Lausanne eine eigene Agentur.[1] Zwischen 1915 und 1918 war er Mitglied der Eidgenössischen Kunstkommission und ab 1921 der Eidgenössischen Kommission für angewandte Kunst (EKaK).

Seiner Position als Präsident der OEV (1913–1934) verdankte er zahlreiche Aufträge, «die sein eigenes Geschäft zum Florieren brachten».[2] So vermittelte ihm 1922 das OEV-Mitglied Edmond Bille, Maler und Stadtrat von Sierre, den Auftrag, einen Erweiterungsplan für die Stadt zu entwerfen.[3] Für Jämes Favre-Jacot, Besitzer der Uhrenfirma Zénith und Gründungsmitglied der OEV, baute er Produktionsgebäude in Le Sentier (1917–1920), eine private Residenz in Le Locle (1919) sowie Uhrenläden in Genf, Lausanne, Bern und Paris. Die Inneneinrichtung und Möbel der Filialen liess er nach seinen Entwürfen von einem anderen Mitglied der OEV, der Schreinerei Held in Montreux, ausführen.[4] Als Leiter der Entwurfswerkstätten von Zénith war Laverrière für das Uhrendesign dieser Firma verantwortlich.[5] Für den Fresken- und Skulpturenschmuck des von ihm gemeinsam mit den Architekten Louis-Ernest Prince und Jean Béguin entworfenen Bundesgerichts (1922–1927) in Lausanne engagierte er eigenmächtig Mitglieder der OEV wie Jean-Jacques Mennet, Milo Martin, Casimir Reymond und Carl Albert Angst. Dadurch geriet er mit der Eidgenössischen Kunstkommission in Konflikt, der die Wahl der Künstler für dieses Gebäude zustand.[6] Die von der OEV herausgegebene Zeitschrift *L'Œuvre*, ab 1933 Œuvres genannt, nutzte Laverrière geschickt als Werbeplattform für seine Bauten, so zum Beispiel für den Bel-Air-Turm (1929–1932) in Lausanne, der allgemein als erster Wolkenkratzer der Schweiz gilt.[7] Die Leitung der OEV sicherte ihm das Privileg zu, die Architektur für die erste (Lausanne, 1922) und zweite (Genf, 1931) *Nationale Ausstellung für angewandte Kunst* (→ S. 239) und für die beiden Schweizer Abteilungen an der *Exposition internationale des arts décoratifs et industriels modernes* 1925 in Paris und an der dritten *Internationalen Ausstellung angewandter Kunst* 1927 in Monza zu entwerfen.[8]

Von 1929 bis 1942 unterrichtete Laverrière als Professor für Architekturtheorie in französischer Sprache an der ETH Zürich. Da er seine Lehre ganz in der Tradition der Pariser École des Beaux-Arts auf der Grundlage der *Éléments et théorie de l'architecture* (1901) von Julien Guadet entwickelte, sah er sich unter den progressiven Lehrkräften der ETH Zürich isoliert.[9] 1935 wurde er zum Direktor der Lausanner École cantonale de dessin et d'art appliqué ernannt, an der er seit 1926 lehrte.[10] Das Archiv von Laverrière befindet sich seit 1989 in den Archives de la construction moderne der ETH Lausanne.[11] ● *Régine Bonnefoit*

1 Armand Brulhart, Carouge, Genève, Paris, Lausanne ou les premiers pas d'Alphonse Laverrière 1872–1902, in: Frey 1999, S. 21–27, hier S. 25.
2 Mauderli 2001b, S. 166.
3 Elena Cogato Lanza, Les métamorphoses d'un urbanisme de dilettantes, in: Frey 1999, S. 37–42, hier S. 40.
4 Frey 1992.
5 Pierre Frey, Architecture et arts appliqués: sur l'Œuvre, ses ambitions et sur quelques-uns de ses protagonistes, in: Frey 1999, S. 51–57, hier S. 51.
6 Stéphanie Bédat, Le rouge et le gris. A propos des décorations artistiques du Tribunal fédéral, 1923–1934, in: Frey 1999, S. 79–87.
7 Herbert Moos. L'urbanisme à Lausanne et l'immeuble Bel-Air-Métropole, in: *Œuvres* 18 (1934), Nr. 2, S. 13–20.
8 Münch 1997, S. 98–99; Baudin 1997, S. 120.
9 Antoine Baudin, École polytechnique fédérale de Zurich. Enseignement, 1928–1942, in: Frey 1999, S. 262–263.
10 *Œuvres* 18 (1934), Nr. 1, S. 38; Daniela U. Ball-Spies 1987, S. 118.
11 Pierre Frey, Voyager dans les archives d'un architecte, les papiers Laverrière aux Archives de la construction moderne, in: Frey 1999, S. 9–20.

430

Hermann Röthlisberger

Werk-Redaktor
von 1915 bis 1922

Der früh verstorbene Berner Hermann Röthlisberger (1883–1922) war als Co-Redaktor der Zeitschrift *Das Werk* als Erster für die redaktionellen Belange des SWB zuständig und mit sämtlichen administrativen Aufgaben der Werkbund-Ausstellung von 1918 in Zürich betraut.[1]

Nach einer Lehrerausbildung mit naturwissenschaftlicher Ausrichtung in Bern und Studien am pädagogischen Seminar der Universität in Jena wandte sich Röthlisberger zu Beginn des 20. Jahrhunderts vermehrt Themen der Kunstgeschichte und Kunsterziehung zu. Noch 1909 promovierte er an der Universität Bern zu einem Thema der Zoologie, blieb aber bis 1915 dem Lehrerberuf treu. Bereits früh für den Heimatschutz aktiv und seit der Gründung des SWB dessen sogenannter Vertrauensmann für Bern, wurde er im Dezember 1915 zum dortigen Vorsteher der Ortsgruppe gewählt.[2]

Röthlisberger hat ein grosses publizistisches Œuvre vorzuweisen. Von 1910 bis 1913 verfasste er zahlreiche Artikel zu architektonischen Themen für die *Schweizerische Baukunst*, um dann 1915 zunächst zusammen mit Hans Bloesch und ab 1919 alleine die Redaktion des *Werk* zu übernehmen.[3] Dabei war er für die Belange des SWB und damit für die künstlerischen und kunstgewerblichen Themen zuständig und äusserte sich zu einem breiten Themenspektrum, das kunsthistorische Abhandlungen und Ausstellungsbesprechungen ebenso umfasste wie Texte zu Grafik und Architektur. Zudem stammte das 1917 erschienene und 1924 erneut aufgelegte Flugblatt mit dem Titel *Was will der Schweizerische Werkbund?* aus seiner Feder.[4] Gelegentlich schrieb er auch für die Zeitschrift *Heimatschutz*. Während der drei Jahre von 1917 bis 1919, in denen der *Abreisskalender* des SWB (→ S. 105) erschien, zeichnete Röthlisberger zudem für dessen Redaktion verantwortlich, wobei für die Beschaffung der vielen Inserate und Abbildungen vorbildlicher Gegenstände Kontakte sowohl zu den verschiedenen Werkbund-Mitgliedern als auch insbesondere zu Industrie und Gewerbe gepflegt werden mussten. Den guten Draht zur auftraggebenden Geschäftswelt verdankte der Quereinsteiger Röthlisberger wohl nicht zuletzt seiner Arbeit für die zahlreichen frühen *Werk*-Wettbewerbe, deren Leitung ihm übertragen war.[5] Dass diese seit Frühjahr 1915 anhaltende Folge von eher kleineren Wettbewerben mit den verschiedensten Firmen 1922 abrupt abbrach, dürfte auch mit seinem frühen Tod und dem damit verbundenen Wechsel der Redaktion – auf Röthlisberger folgte Anfang 1923 Joseph Gantner – zu tun haben.

Eine der grössten Leistungen Röthlisbergers bestand in der organisatorischen Durchführung der *Schweizerischen Werkbundausstellung* von 1918 in Zürich (→ S. 127), deren eigens dafür eingerichtete Geschäftsstelle er ab August 1917 leitete. Innerhalb kürzester Zeit war hier ein Grossanlass mit eigenem Ausstellungsbau zu planen und durchzuführen. Nebst den umfangreichen administrativen Aufgaben wie unter anderem Finanzierung, Personalwesen und Koordination des Ausstellungsguts gestaltete er in zahlreichen Beiträgen ausserdem die öffentliche Berichterstattung und die werkbundinterne Meinungsbildung zu dieser Schau mit.[6] Röthlisberger steht am Anfang der Geschichte des Werkbundes beispielhaft für das enge Zusammenwirken des Vereines mit seinem publizistischen Organ *Werk*, das später nicht immer derart reibungslos verlaufen sollte (→ S. 149).

● *Jasmine Wohlwend Piai*

1 Zur Biografie Röthlisbergers siehe Athur Weese in: *Werk* 9 (1922), H. 4, S. 73–76; Schnell 2005, S. 218.
2 GB SWB 1915/16, S. 9.
3 Bignens zufolge war Röthlisberger bereits ab 1914 *Werk*-Redaktor, Bignes 2008, S. 144. Schnell nennt das Jahr 1916, vgl. Schnell 2005, S. 218. Gemäss GB SWB 1914/15, S. 4, und GB SWB 1915/16, S. 6, erscheint das auch von Bruno Maurer (→ S. 155) genannte Jahr 1915 als wahrscheinlicher.
4 Hermann Röthlisberger, *Was will der Schweizerische Werkbund?* (6. Flugblatt), Neuausgabe 1924 [Erstausgabe 1917].
5 Vgl. dazu den entsprechenden Arbeitsvertrag zwischen dem SWB und Röthlisberger, 1.8.1917–31.7.1918, Staatsarchiv Basel-Stadt, ED-REG 24c 1 1916–1917.
6 Ebd.

431

Hermann Kienzle

Zweiter Vorsitzender
von 1916 bis 1918 und von 1927 bis 1946

Der Basler Kunsthistoriker Hermann Kienzle (1876–1946) war über 30 Jahre lang ein beharrlicher Verfechter der Werkbundwerte. Innerhalb des SWB setzte er sich dafür als Zweiter Vorsitzender und Quästor ebenso ein wie ausserhalb des SWB als langjähriger Direktor der Allgemeinen Gewerbeschule und des Gewerbemuseums Basel.[1] Dabei habe er, so E. Richard Bühler, nicht einen «lärmenden Kampf mit Schlagworten und grosser Aufmachung [...] geführt, sondern im stillen gearbeitet.»[2] Seine Bedeutung für den Werkbund liege «in seiner verbindenden, vermittelnden Haltung zwischen den vorwärtstreibenden Kräften innerhalb des Werkbundes und den retardierenden Kräften der Umwelt.»[3]

Nach seinem Studium der Kunstgeschichte bei Heinrich Wölfflin in München arbeitete der ältere Bruder des Möbelentwerfers und Produktgestalters Wilhelm Kienzle ab 1905 am Grossherzoglichen Landesmuseum in Darmstadt. Ab 1912 leitete er das Darmstädter Gewerbemuseum. Bereits 1908 war er wie Alfred Altherr sen. (→ S. 419) und der Architekt Hans Bernoulli dem 1907 gegründeten Deutschen Werkbund (DWB) beigetreten.

Als Adjunkt von Jules de Praetere, dem kurzzeitigen Direktor der Allgemeinen Gewerbeschule und des Gewerbemuseums Basel, kehrte er 1916 in die Schweiz zurück, um bereits 1917 das Direktorium zu übernehmen. Während seiner bis 1943 dauernden Tätigkeit in Basel reformierte er die gewerbliche Ausbildung, welche insbesondere im Nachgang der Einführung des Berufsbildungsgesetzes von 1930 Reformen bedurfte.[4]

Von der Darmstädter Künstlerkolonie und dem DWB her waren Kienzle die Werkbund-Ideen bestens bekannt, was mit ein Grund dafür gewesen sein dürfte, dass er bereits 1916 als Zweiter Vorsitzender in den Zentralvorstand aufgenommen wurde. Nach zwei Jahren in diesem Amt trat eine Unterbrechung ein, bis er 1921 wieder Beisitz im Zentralvorstand nahm und ab 1922 als Quästor amtete.[5] Ab 1927 bis zu seinem Tod 1946 war er schliesslich an der Seite des Ersten Vorsitzenden E. Richard Bühler (→ S. 423) und ab 1930 mit Egidius Streiff (→ S. 426) als Geschäftsführer Zweiter Vorsitzender und bot so dem SWB im Zentralvorstand personelle Stabilität.

Neben seiner Tätigkeit im Vorstand vermittelte Kienzle die Werkbund-Idee insbesondere durch die zahlreichen, von ihm im Basler Gewerbemuseum organisierten Ausstellungen und verschaffte ihr damit – hierin mit dem Zürcher Kunstgewerbemuseum und seinem Leiter Altherr sen. vergleichbar – Sichtbarkeit in einer öffentlichen Institution. Besonders herausragend sind dabei etwa sein Eintreten für die Position des DWB mit der Ausstellung *Deutscher Werkbund* 1917 (→ S. 125) trotz interner Polemik um das Verhältnis zum DWB in Kriegszeiten und die Schau *Schweizer Werkbund S.W.B* 1921. Mit Alfred Altherr und dem Leiter der Gewerbeschule und des Gewerbemuseums Aarau, Johann Ludwig Meyer-Zschokke, ergriff er die Initiative für die *Schweizerische Kunstgewerbe-Ausstellung in Stockholm* 1924 (→ S. 273). Schliesslich fungierte er als Co-Leiter der Siedlung Eglisee an der WOBA 1930 (→ S. 300) in Basel.[6] Kienzle war von 1925 an Mitglied der Eidgenössischen Kommission für angewandte Kunst (EKaK), die er ab 1939 bis zu seinem Tod 1946 auch präsidierte. Damit war er ein Entscheidungsträger der eidgenössischen Kunstgewerbeförderung und als solcher für den SWB – auch hier zusammen mit E. Richard Bühler, der nach ihm Präsident wurde – eine wichtige Verbindungsperson zu den offiziellen Stellen des Bundes.[7] Parallel zu den Entwicklungen der schweizerischen Geschichte der modernen Kunst und Architektur garantierte Kienzle für die Belange des Kunstgewerbes und innerhalb des Werkbundes während dreier Jahrzehnte eine starke Position in Basel. ● *Jasmine Wohlwend Piai*

1 Zur Biografie Kienzles vgl. Georg Schmidt, Hermann Kienzle, in: *Werk* 33 (1946), H. 12, S. 403–406; *Werk-Chronik* 33 (1946), H. 10, S. *129*; GB SWB 1946, S. 3–4; Diverse Unterlagen zu Kienzle zudem im StaBS, ED-REG 8b (1) 5-3-1 33.
2 Richard Bühler, Zum 60. Geburtstag von Dr. Hermann Kienzle, in: *Werk* 23 (1936), H. 8, S. XXI.
3 Ebd.
4 *Allgemeine Gewerbeschule Basel*, Basel 1951, S. 3.
5 Diverse, auch werkbundinterne Quellen nennen das Jahr 1924 als Eintritt Kienzles in den Zentralvorstand und insbesondere als dessen Antritt als Quästor. Die Geschäftsberichte weisen jedoch wie beschrieben Kienzles Funktionen bereits früher aus. Vgl. GB SWB 1916/17, S. 12; GB SWB 1921, S. 19; GB SWB 1922, S. 4.
6 Vgl. GB SWB 1924, S. 4 sowie entsprechende Artikel im vorliegenden Band.
7 Crivelli/Imbocen 1997, S. 63–71.

432

E. Richard Bühler

Erster Vorsitzender von 1925 bis 1946

Der Winterthurer E. Richard Bühler (-Steiner) (1879–1967) zählt zu den Gründungsmitgliedern des Schweizerischen Werkbundes und gehörte von 1916 bis 1957 dessen Zentralvorstand an. Die Geschicke des SWB prägte er wesentlich zwischen 1925 und 1946, als er diesen in Nachfolge von Alfred Ramseyer als Erster Vorsitzender präsidierte. Wie kaum ein anderer SWB-Vorsitzender vereinte der Industrielle und Kunstmäzen mit seinem persönlichen und professionellen Hintergrund und seinen zahlreichen Kontakten zu Industrie, Kunstschaffenden und Behörden den Grundgedanken des SWB in seiner Person.[1] In der «gemeinsame[n] Arbeit von Gewerbe, Industrie, Kaufleuten und künstlerisch begabten Menschen» und deren Bereitschaft, voneinander zu lernen, sah er denn auch den Weg, den es zu gehen gelte.[2]

Nach Wanderjahren, während derer er «den hoffnungslosen Wunsch, Architekt zu werden»[3] verspürte, führte er nach dem Tod des Vaters zusammen mit seinem Bruder Hermann Bühler-Sulzer und ab 1926 mit seinen Neffen Hermann und Victor Bühler das Spinnereiunternehmen Hermann Bühler & Co. in vierter Generation. Sein eigentliches Interesse galt jedoch der Kunst. Der äusserst engagierte und vielfältig – auch verwandtschaftlich – vernetzte Kunstsammler war ein Hauptakteur beim Aufbau der Sammlung des Winterthurer Kunstmuseums. Von

1912 bis 1939 präsidierte Bühler den Winterthurer Kunstverein, 1913 war er an der Gründung des dortigen Galerievereins beteiligt und bis 1933 ebenfalls dessen Präsident. Seine Vorliebe für die französische Malerei der Impressionisten und Spätimpressionisten manifestierte sich in seiner hochkarätigen Privatsammlung, die er bis in die 1920er-Jahre zusammengetragen hatte und nach krisenbedingten Verkäufen in den 1930er-Jahren mit grafischen Arbeiten ergänzte.[4] Inwiefern solche persönliche Vorlieben auch mit Personalia des Werkbundes zusammenhängen konnten, zeigt ein Brief von Georg Schmidt an Bühler. Am 7. Juli 1927 schreibt Schmidt an ihn – offenbar nach entsprechendem Hinweis von Joseph Gantner – es sei ihm «ein Bedürfnis, [Bühler] darzulegen, wie [er] die Aufgabe eines Redaktors des ‹Werk› auffasse». In der Folge versuchte er, die offenbar von Bühler geäusserten Bedenken, er «schätze die französische Kunst nicht gebührend» mit Verweis auf die eigenen Artikel und Ankäufe als Bibliothekar an der Basler Gewerbeschule zu widerlegen. Zudem wolle er sich bei Bühler in Winterthur persönlich vorstellen.[5] Dass er zwar kurz darauf zur Wahl des *Werk*-Redaktors (→ S.149) vorgeschlagen, jedoch an seiner Stelle schliesslich Hans Bernoulli gewählt würde, ahnte er offenbar zu diesem Zeitpunkt noch nicht. Die Episode lässt erkennen, dass Bühler als Entscheidungsinstanz wahrgenommen wurde, denn der Brief gleicht letztlich einem Bewerbungsschreiben.

Nicht wenige Meilensteine seiner Frühzeit erreicht der SWB unter Bühler – so etwa die Siedlung Neubühl, die Beteiligung an der Stuttgarter Ausstellung 1927 und die Landesausstellung 1939 (→ S.207). Mit Blick auf die Krise des SWB in der Zwischenkriegszeit weist Schmidt rückblickend auf Bühlers Kernkompetenz hin, wenn er sagt: «Ich weiss nicht, ob der Schweizerische Werkbund unter einem anderen, weniger öffentlich-angesehenen Zentralpräsidenten die Krise der Dreissigerjahre so gut überstanden hätte.»[6] Damit weist er nicht zuletzt auf den Umstand hin, dass Bühler von 1923 bis 1950 auch Mitglied der Eidgenössischen Kommission für angewandte Kunst (EKaK) war und damit auch eine wichtige Scharnierfunktion zu den Behörden wahrnahm. Und angesichts des Generationenwechsels, der Mitte der 1920er-Jahre im SWB stattgefunden hatte, konstatiert Schmidt: «Richard Bühler liess nach innen die Jüngern gewähren, ja er liess von ihnen sich fruchtbar beunruhigen; nach aussen aber sorgte er väterlich dafür, dass die Kluft zwischen lethargischer Öffentlichkeit und radikalerer Jugend keine ruinösen Ausmasse annehme.»[7] Nicht nur für den Winterthurer Kunstverein, wie dies Matthias Frehner beschreibt, sondern auch für den SWB darf Bühler als «Integrationsfigur» bezeichnet werden.[8]

Werkbundintern wurde rückblickend als besondere Leistung Bühlers ferner seine Initiative für die Schaffung eines Fonds betont, der mindestens bis in die späten 1970er-Jahre «für grundsätzliche Aktionen zur Verfügung»[9] stand. Ausserdem gelang es ihm, zahlreiche Förderer für den SWB zu gewinnen.

Mit Blick auf die langjährige Wirkungsdauer Bühlers äusserte er sich eher selten in den verschiedenen Fachzeitschriften. Auf einen Vortrag mit dem Titel «Der Garten» an der *Städtebau-Ausstellung* im Kunstgewerbemuseum Zürich 1911 folgte ein schriftlicher Schlagabtausch mit dem Gartenarchitekten Walter Mertens zum Thema der Gartenkunst in der *Schweizerischen Baukunst*.[10] Bühler vertrat hier dezidiert die Meinung, dass Gärten von Architekten gestaltet werden sollten, obschon hier anzumerken ist, dass sogar er selbst in den 1910er-Jahren zwei Gärten in Winterthur gestaltet hatte. In der Zeitschrift *Werk* erschienen unter Bühlers Namen nebst dem Nachruf auf Egidius Streiff (→ S.426) drei Artikel. 1923 kritisierte er einen ebenfalls dort erschienenen Bericht Sigfried Giedions über das Bauhaus und plädierte – nicht zum einzigen Mal – für eine länderspezifisch differenzierte Beurteilung der gestalterischen Entwicklungen.[11] Zwei Ansprachen Bühlers an den Tagungen von 1926 und 1938 sowie zahlreiche Korrespondenz zeigen auf, dass er inhaltlich äusserst kompetent und insbesondere stets dem Kern des Werkbund-Gedankens verpflichtet war: «Im Begriff ‹Qualität›, wie wir ihn für unsere heutige Generation zu prägen, in der ‹Qualität›, wie wir sie für unsere heutige Produktion zu erringen suchen, liegt wohl die einzige Rettung.»[12]

Bühler sah seine Aufgabe als Erster Vorsitzender offenbar nicht primär in der Rolle eines öffentlichen Wortführers, scheute sich aber auch nicht, sich zu exponieren. Vielmehr und sehr erfolgreich spannte der von Frehner als «differenziert denkender Intellektueller»[13] beschriebene Bühler jedoch die Fäden im Hintergrund. Stets darum bemüht, über alle Aktualitäten informiert zu sein, nutzte er geschickt und selbstverständlich seine zahlreichen Verbindungen zu Industriellen, Kunstschaffenden, Sammlern und Behörden und war damit ein Glücksfall für den SWB in einer wichtigen Phase der Konsolidierung. ● *Jasmine Wohlwend Piai*

1 Zu Bühler siehe die Trauerreden in *Richard Bühler-Steiner 1879–1967* sowie diverse Nachrufe, MfGZ/Designsammlung/Konvolut SWB/Richard E. Bühler, Winterthur, Vorsitzender SWB 1925; Bignens 2008, S.73; Frehner 1990.
2 Bühler 1926, S.300.
3 Frehner 1990, S.213.
4 Siehe dazu ausführlich Frehner 1990. Von regem Austausch mit Künstlern zeugen auch Bühlers Briefwechsel, die sich wie weitere Teile seines Nachlasses in der winbibStu befinden.
5 Brief von Georg Schmidt an E. Richard Bühler, 7.7.1927, winbibStu/Ms Sch 61/15 2605; siehe auch Schnell 2005, S.220.
6 Schmidt 1959.
7 Ebd.
8 Frehner 1990, S.211.
9 Trauerrede von Hans Finsler 1967 in *Richard Bühler-Steiner 1879–1967*, wie Anm.1, S.17. Zu diesem Fonds ist heute nichts mehr bekannt.
10 Siehe dazu *SBZ* 57 (1911), H.15, S.207–208; *SBZ* 58 (1911), H.22, S.299–301; *Schweizerische Baukunst* 3 (1911), H.7, S.92; H.10, S.134–141; H.14, S.187–198. Ein weiterer grundsätzlicher Aufsatz zum Garten in *Schweizerische Baukunst* 4 (1912), H.21, S.325–342.
11 Zu Streiff *Werk* 39 (1952), H.5, S.*70*–*71*; zur Bauhaus-Debatte *Werk* 10 (1923), H.9, S.232–234; *Werk* 10 (1923), H.10, S.259–260; *Werk* 10 (1923), H.12, S.308–311. Siehe dazu auch Brief von Hermann Hubacher an E. Richard Bühler, 23.10.1923, winbibStu/Sign. MS Sch 60/10 1262. Siehe auch Bühler 1926 und Bühler 1938.
12 Bühler 1926, S.299. Siehe auch Bühler 1938.
13 Frehner 1990, S.211.

433

Peter Meyer

Werk-Redaktor
von 1930 bis 1942

Peter Meyer (1894–1984) ist zweifellos eine Hauptfigur der schweizerischen Architekturgeschichte des 20. Jahrhunderts: «sicherlich der sprachgewaltigste und wohl auch der geistreichste Schweizer Architekturtheoretiker und -kritiker» der Zwischenkriegszeit (Dieter Schnell), vielleicht sogar ein «Karl Kraus der Kunstkritik» (Katharina Medici-Mall), den jedenfalls auch ein «merkwürdiges, grandseigneurales Bündnis mit der vox populi» auszeichnete (Stanislaus von Moos).[1] Seine Beziehung zum Schweizerischen Werkbund war ebenso intensiv wie ambivalent. So war «P. M.», wie er sich nach seinem journalistischen Kürzel nannte, als langjähriger Redaktor des *Werk* von 1930 bis 1942 eine offizielle Stimme des Vereins – und mit seinen pointierten und oft polemischen Einwürfen gleichzeitig dessen wohl prominentester und vernehmlichster Kritiker.

Nach einem Architekturstudium bei Theodor Fischer in München verlegte sich Meyer bald auf das Metier der Architekturkritik, indem er ab 1922 für die *Schweizerische Bauzeitung (SBZ)* und die *Neue Zürcher Zeitung (NZZ)* schrieb. 1924 trat er dem SWB bei und beteiligte sich in der Folge als Schriftführer der Ortsgruppe Zürich und durch die Mitarbeit an der SWB-Ausstellung im Stuttgarter Weissenhof 1927 (→ S. 353) unmittelbar an den Aktivitäten der Vereinigung. Auch sollte sein bekanntes Buch *Moderne Architektur und Tradition* von 1927 ursprünglich den Anfang einer vom SWB geplanten Publikationsreihe bilden.[2] 1929 wurde Meyer zum Redaktor der Vereinszeitschrift *Das Werk* gewählt, um den erst seit 1927 amtierenden Hans Bernoulli zu ersetzen. Dieser war beim SWB auf Unmut gestossen, zum einen, weil man Kunstgewerbe und Design zu wenig berücksichtigt fand, zum anderen wohl auch wegen seiner ausgleichenden Haltung im Konflikt zwischen Modernisten und Traditionalisten; er hatte schliesslich aber selbst Meyer als seinen Nachfolger ins Spiel gebracht. Bei der Wahl gab sogar Hans Schmidt Meyer den Vorzug gegenüber seinem als Gegenkandidaten aufgestellten Bruder Georg Schmidt, weil er ihn als weniger parteiisch sah; später sollten die beiden Brüder zu Meyers Hauptkontrahenten gehören.[3]

Nachdem Meyer die Redaktion Anfang 1930 übernommen hatte, prägte er die Zeitschrift in den darauffolgenden zwölf Jahren bei einer bemerkenswerten thematischen Breite.[4] Seine streitlustigen und oft witzigen Beiträge, die bisweilen in Widersprüchen endeten oder in doktrinären Ernst umschlagen konnten, erregten freilich bald auch Anstoss. Schon 1931 liess Georg Schmidt einen Protestbrief zirkulieren, in dem er Meyer vorwarf, das «Hauptinteresse des ‹Werk›» gelte mittlerweile geradezu der «einseitigen Bekämpfung der Radikalen».[5] Vielleicht mit Bezug auf Schmidts Forderungen wurde eine Redaktionskommission unter der Führung von Hans Hofmann eingesetzt, was die Situation allerdings nur wenig veränderte. Hauptsächlicher Konfliktpunkt blieb auch in den folgenden Jahren Meyers abwägende Haltung zur modernen Architektur, die sich im Lauf der 1930er-Jahre zu einer Parteinahme für zunehmend konservativere Positionen wandelte; zudem monierte man weiterhin eine allzu persönliche Führung der Zeitschrift. Anlass für Differenzen bot sich aber auch im Bezug auf Kunst und Kunstgewerbe. So blieb Meyer immer dem traditionellen Handwerk verpflichtet, während sich der SWB Mitte der 1920er-Jahre der Serienfertigung und der Maschinenästhetik zugewandt hatte[6], und als er 1938 im *Werk* anlässlich der Zürcher *Le-Corbusier-Ausstellung* gegen die abstrakte Malerei Stellung nahm, liessen prominente Werkbündler in der Zeitschrift selbst einen handfesten Protestaufruf drucken.[7]

Den Höhepunkt erreichte der Konflikt zwischen 1939 und 1942, als der SWB Beratungen über Veränderungen in der *Werk*-Redaktion aufnahm und Meyer nur wenig später mehrere programmatische Artikel veröffentlichte, darunter vor allem den für die Vertreter des Neuen Bauens besonders provokanten Beitrag zur *Situation der Architektur 1940*. Aus der zunehmenden Distanz zwischen dem SWB und dem Redaktor seiner Zeitschrift war damit die vielleicht wichtigste Episode in der Auseinandersetzung zwischen der Avantgarde und den traditionalistischen Strömungen der 1930er- und 1940er-Jahre innerhalb der Schweiz geworden, die schliesslich in Meyers Entlassung im Herbst 1942 gipfelte (→ S. 366). In späteren Jahren meldete sich Meyer in einer gewissen Regelmässigkeit mit Beiträgen in der *Bauzeitung* zu Wort. Vor allem aber widmete er sich seiner akademischen Karriere als Kunsthistoriker, die 1935 mit seiner Ernennung zum Privatdozenten an der ETH begonnen hatte und sich bis zu seiner Emeritierung 1964 im Wechsel zwischen den beiden Zürcher Hochschulen abspielte. ● *Melchior Fischli*

1 Zu Peter Meyer grundlegend Medici-Mall 1998; der beste Überblick, wenn auch beschränkt auf die Zwischenkriegszeit, bei Schnell 2005, S. 278–289; vgl. auch Stanislaus von Moos: Vom «neuen bauen» zur Kunstgeschichte. Peter Meyer zum Gedenken, in: *NZZ*, 26.11.1984, S. 23; Simone Rümmele, *Peter Meyer: Architekt und Theoretiker. Peter Meyers Beitrag zur Architekturdiskussion der Zwischenkriegszeit*, Diss. Universität Zürich 1999.
2 Schnell 2005, S. 278–279.
3 Maurer 1994, S. 24; Medici-Mall 1998, S. 187–188; Schnell 2005, S. 221.
4 Zu Meyers Redaktionstätigkeit vgl. Maurer 1994, S. 24–27; Medici-Mall 1998, S. 183–190; Schnell 2005, S. 221–223.
5 Schreiben «An den Präsidenten des Schweizerischen Werkbunds», mit Vermerk «Entwurf, vertraulich» und Begleitschreiben von Georg Schmidt an Werner M. Moser, 13.8.1931, gta Archiv, Nachlass Werner M. Moser.
6 von Moos 1992, S. 254–257.
7 Peter Meyer, Moderne Kunst in der Schweiz, in: *Werk* 25 (1938), H. 3, S. 74–78, und Otto Müller [und zahlreiche Mitunterzeichner], «Moderne Kunst in der Schweiz» – Ein Protest, in: *Werk* 25 (1938) H. 5, S. 159–160.

434

Egidius Streiff

Geschäftsführer
von 1930 bis 1948

Der Architekt Egidius Streiff (1897–1952) prägte als Geschäftsführer von 1930 bis 1948 den Schweizerischen Werkbund in einer langen Phase seiner Geschichte entscheidend mit, auch wenn er meist hinter der Institution zurücktrat und damit als Person weitgehend unbekannt geblieben ist. So leistete Streiff im Zusammenhang mit seiner Tätigkeit für den SWB in den 1930er-Jahren einen nicht unwesentlichen Beitrag zur Entwicklung der Ausstellungsgestaltung in der Schweiz; in den von traditionalistischen Tendenzen gekennzeichneten Kriegsjahren gehörte er zu jenen Exponenten des Werkbundes, welche sich in Fragen von Architektur und Inneneinrichtung weiterhin beharrlich für die gestalterischen Ideale der Moderne einsetzten.

In einer angesehenen Familie in Glarus geboren (die Mutter stammte aus einer Familie von Textilindustriellen, der früh verstorbene Vater war Regierungsrat), studierte Streiff bei Karl Moser an der Eidgenössischen Technischen Hochschule Zürich, wo er 1921 sein Diplom als Architekt erwarb.[1] Als angestellter Architekt arbeitete er zunächst in Berlin, anschliessend in Wädenswil bei Hans Streuli, dem nachmaligen Präsidenten des Organisationskomitees der Landesausstellung 1939 und späteren freisinnigen Bundesrat.[2] Ab 1925 führte er eine freie Bürogemeinschaft mit Hans Hofmann, den er von seiner Schulzeit an der Zürcher Kantonsschule kannte.

Dem SWB trat Streiff 1928 bei, und 1929 wurde er auch in den Bund Schweizer Architekten (BSA) aufgenommen.[3] Teilweise zusammen mit Hofmann nahm er bis Mitte der 1930er-Jahre an mehreren städtebaulichen Wettbewerben teil, so etwa 1925/26 am Zürcher Seeufer-Wettbewerb.[4] Eigene Bauten realisierte Streiff nur wenige. Bekannt wurde vor allem sein 1929 erbautes eigenes Ferienhaus Führli in Braunwald, nach jenem von Hans Leuzinger bereits das zweite moderne Holzhaus in dem glarnerischen Ferienort.[5] In einer ähnlichen Verbindung von Formen des Neuen Bauens mit einem einfach gehaltenen Satteldach hatte Streiff kurz zuvor sein grosszügiges Wohnhaus am Zürichberg realisiert.[6]

Streiffs wichtigste Tätigkeiten im SWB waren eng mit seiner Funktion als Geschäftsführer verbunden, die er im Februar 1930 als Nachfolger von Friedrich Traugott Gubler übernahm.[7] In den ersten Jahren der «Ära Streiff»[8] standen mehrere grössere Ausstellungen im Vordergrund, an denen sich der SWB beteiligte, so 1931 die *Nationale Ausstellung für angewandte Kunst* in Genf (→ S. 239), die Ausstellung Wohnbedarf des DWB in Stuttgart 1932, die *Triennalen* in Mailand von 1936 und 1940 (→ S. 139) oder der Beitrag für den schweizerischen Pavillon an der Weltausstellung in Paris von 1937.[9] Eine wesentliche Rolle spielte Streiff aber vor allem bei der Einrichtung und Gestaltung der Ausstellung *Land- und Ferienhaus*, die 1935 in den Hallen der Mustermesse in Basel gezeigt wurde (→ S. 244). Zusammen mit Georg Schmidt richtete er hier die vom SWB verantwortete Abteilung Wohnbedarf ein, in der eine aufwendig zusammengestellte Auswahl von Mobiliar, Ausstattungsgegenständen und Haushaltsartikeln präsentiert wurde.[10] Vielleicht der Höhepunkt von Streiffs Tätigkeit war die Mitarbeit am Grossanlass des schweizerischen Ausstellungswesens schlechthin, der Landesausstellung 1939.[11] Im Auftrag des leitenden Architekten Hans Hofmann, seinem früheren Büropartner, der ihn offenbar in «grosser Zeitnot» angefragt hatte, arbeitete er hier an der Gestaltung der «Höhenstrasse» mit und dürfte damit die konkrete Ausgestaltung dieses programmatischen Herzstücks der Landesausstellung nicht unwesentlich mitbestimmt haben.[12] In einem Vortragsskript für die SWB-Tagung, die 1939 in der Landesausstellung stattfinden sollte, wegen der Mobilmachung der Armee aber abgesagt werden musste, erläuterte Streiff die Rolle des SWB: So habe sich die Gestaltung nicht nur an dem (von ihm so genannten) «schweizerischen Ausstellungsstil» orientiert, wie er von Hofmann seit der Kölner Ausstellung *Pressa* von 1928 entwickelt worden war; ausdrücklich betonte Streiff auch die Erfahrungen des SWB mit thematisch aufgebauten Ausstellungen wie der genannten Basler Ferienhausausstellung von 1935. In diesem Sinn setze die «Landi», wenn auch eine direkte institutionelle Beteiligung des SWB fehlte, den Verein «in jedem Fall in Stand, mit berechtigter Freude auf die Arbeit der Träger seiner Gedanken zu blicken.»[13]

In den 1940er-Jahren gehörte Streiff, bei aller verbalen Zurückhaltung, zu den entschiedenen Kontrahenten von Peter Meyer (→ S. 425).[14] Unmittelbar nach dessen erzwungenem Abgang vom *Werk* veröffentlichte Streiff 1943 in der Vereinszeitschrift mehrere Artikel, so zu Fragen der Ausstellungsgestaltung und der modernen Wohnungseinrichtung.[15] Auch hatte er sich schon seit 1940 an der von Max Bill typografisch gestalteten Loseblattsammlung *Moderne Schweizer Architektur* beteiligt.[16] Vor allem aber bemühte sich Streiff in jenen Jahren, die Gestaltungsideale des SWB in breitere Kreise zu tragen. 1943 erschien sein zusammen mit Paul Artaria bearbeitetes und vom SWB herausgegebenes Buch *Gut wohnen* (→ S. 192), das auf eine Initiative der Ortsgruppe Basel zurückging und einen Überblick über im Handel erhältliche Möbel bieten sollte.[17] In dieser Hinsicht war das Bändchen ein direkter Vorläufer des 1949 erstmals veröffentlichten *Schweizer Warenkatalogs* (→ S. 293), dessen Redaktion Streiff noch über seinen Rücktritt hinaus betreute. Ähnliche Ziele verfolgte Streiff ab den frühen 1940er-Jahren auch mit der Bemühung um die Einrichtung von Wohnberatungsstellen, ein Anliegen, das rund 15 Jahre später in Winterthur und Zürich eine Umsetzung finden sollte (→ S. 377). Intensiv befasste er sich zudem mit dem *Wettbewerb für einfache Hotelzimmer*, den der SWB 1944 veranstaltete (→ S. 371). 1948 trat Streiff zum allgemeinen Bedauern als Geschäftsführer zurück, und nur wenige Jahre später verstarb er in Zürich.[18] ● *Melchior Fischli*

1 In den Nachschlagewerken zur schweizerischen Architektur- und Designgeschichte fehlen Angaben zu Egidius Streiff fast vollständig. Siehe zu seiner Person allgemein die kurzen Angaben bei Bignens 2008, S. 159; Schmidt 1948, vor allem aber die Nekrologe: Richard Bühler, in: Werk 39 (1952), H. 5, S. *70*–*71*; *NZZ*, 28.3.1952; *Glarner Nachrichten*, 25.3.1952; GB SWB 1952, S. 3–4 sowie *Zum Andenken an Egidius Streiff*, Broschüre mit den Redetexten der Trauerfeier am 27.3.1953 in Zürich, von Hans Hofmann, Hans Finsler und Berchtold von Grünigen, Archiv SWB, Mappe «Persönlichkeiten, die eine Rolle im SWB spielten».

2 Zu Streuli vgl. etwa Bignens 2008, S. 159.

3 *Werk* 16 (1929), H. 7, S. XVII.

4 *Werk* 13 (1926), H. 4, S. XXXIII; *SBZ* 88 (1926), S. 78.

5 Vgl. *Werk* 18 (1931), H. 2, S. 54; *Verborgen, vertraut. Architektur im Kanton Glarus von 1900 bis heute*, hg. vom Glarner Architekturforum und Judith Gessler, Hansruedi Marti, Rahel Marti, [Zürich] 2011, S. 86–89; Reto Gadola, *Architektur der Sehnsucht. 20 Schweizer Ferienhäuser aus dem 20. Jahrhundert*, Zürich [erscheint 2013].

6 *SBZ* 98 (1931), S. 50–51, Tafeln 1–4.

7 GB SWB 1930, S. 6–7.

8 So bei Schmidt 1948, S. 90.

9 *Zum Andenken an Egidius Streiff*, S. 8, Archiv SWB, Mappe «Persönlichkeiten, die eine Rolle im SWB spielten».

10 Schmidt 1935; Schmidt 1948, S. 90.

11 Peter Meyer, Die Architektur der Landesausstellung – kritische Besprechung, in: *Werk* 26 (1939), H. 11, S. 321–352, hier S. 324; *Die Schweiz im Spiegel der Landesausstellung 1939*, hrsg. von der Schweizerischen Landesausstellung 1939 Zürich, 4 Bde., Zürich 1940–1941, Bd. 2 (1940), S. 616.

12 *Zum Andenken an Egidius Streiff*, S. 6 (Hans Hofmann), Archiv SWB, Mappe «Persönlichkeiten, die eine Rolle im SWB spielten».

13 Egidius Streiff: «Vom Programm zur Ausstellung», Typoskript, S. 6, 18, Archiv SWB Ordner «Vorträge 20er Jahre». Zur Tagung GB SWB 1940, S. 3.

14 Streiff 1940.

15 Egidius Streiff, Grundsätzliches über die einfache Wohnungseinrichtung, in: *Werk* 30 (1943), H. 4, S. 121–123; ders., Wege der Ausstellungsentwicklung, in: *Werk*, 30 (1943), H. 8, S. 244–246.

16 Linus Birchler u.a. (Hg.), *Moderne Schweizer Architektur*, Loseblattsammlung, Basel 1938–1947.

17 SWB Gut wohnen 1943; GB SWB 1940, S. 6.

18 Schmidt 1948; GB SWB 1948/49, S. 4–5.

435

Hans Finsler

Erster Vorsitzender
von 1946 bis 1955

Hans Finsler (1891–1972), der im Herbst 1946 das Amt des Ersten Vorsitzenden vom Industriellen und Kunstsammler E. Richard Bühler (→ S. 423) übernahm, führte den SWB durch eine Zeit, in der sich dieser im kriegsversehrten Europa als wichtige Organisation in Sachen Objektgestaltung profilieren konnte. Er wurde allerdings auch früh zum Kritiker einer sich abzeichnenden formalistischen Haltung innerhalb der Aktion *Die gute Form*. Finsler ist ein wichtiger Pionier moderner Fotografie und Vertreter der Neuen Sachlichkeit.

1891 in Heilbronn geboren – sein Vater stammt aus Zürich, seine Mutter aus Deutschland –, hatte Finsler zunächst Architektur und dann ab 1915 in München bei Heinrich Wölfflin, zusammen mit Sigfried Giedion, Kunstgeschichte studiert. Nach einigen Jahren an der Kunstgewerbeschule Burg Giebichenstein in Halle an der Saale als Bibliothekar und Lehrbeauftragter für Kunstgeschichte begann der fotografische Autodidakt dort ab 1927 Fotografie zu unterrichten. 1929 bewarb sich Finsler bei Alfred Altherr sen. (→ S. 419) an der Kunstgewerbeschule in Zürich um eine Anstellung als Leiter einer eigens einzurichtenden Fotoklasse. Mithilfe der Fürsprache seines Studienfreundes Giedion und nach einigen bürokratischen Hürden wurde Finsler im Sommer 1932 schliesslich dort angestellt und zog mit seiner Frau Lita und der Tochter Regula in die Werkbund-

Siedlung Neubühl (→ S. 356).[1] Noch im selben Jahr trat Finsler dem SWB bei.[2] Der Werkbund beschäftigte sich genau in diesem Sommer mit der *Foto-Wanderausstellung* (→ S. 136) zum ersten Mal eingehend mit dem Medium der Fotografie und positionierte sich damit als Kritiker einer in der Schweiz nach wie vor stark traditionellen Kunstfotografie. Auch die Bilder von Finsler selber, der als Vertreter einer internationalen fotografischen Moderne galt, wurden hier gezeigt.[3]

1937 wurde Finsler Beisitzer im Zentralvorstand des SWB. In dieser Zeit engagierte er sich als Mitglied der Filmgruppe und dann insbesondere als SWB-Abgeordneter in der Planungskommission der Fotografieabteilung für die Landesausstellung 1939, für die er in der Folge zahlreiche Dokumentationsfotografien erstellte.[4] Als Fotograf war Finsler seit seiner Übersiedlung in die Schweiz immer auch für zahlreiche dem Werkbund zugehörige Architekten, Firmen und Gestalter tätig, wobei viele seiner Fotografien ebenfalls in der Zeitschrift *Werk* publiziert wurden.[5]

Die schliesslich 1946 beginnende Arbeit Finslers als Erster Vorsitzender war nicht mehr nur vom Medium der Fotografie geprägt, sondern verpflichtete ihn zur Auseinandersetzung mit einem breiteren Themenspektrum. Mit Blick auf seine Ausbildung und seine Biografie scheint Finsler jedoch dazu geradezu berufen gewesen zu sein. Tatsächlich war seine Amtszeit geprägt von der Wiederaufnahme der Kontakte zum Deutschen Werkbund (→ S. 309) und anderen ausländischen Organisationen wie etwa dem Schwedischen Werkbund (Svenska Slöjdföreningen) (→ S. 273) und der Auseinandersetzung des Werkbundes mit der Produktgestaltung im Rahmen von *Die gute Form*.[6] Letztere brachte mit der Publikation des massgeblich von Produktfotografien charakterisierten Warenkatalogs (→ S. 293) und der Einrichtung der *Photokartothek* (→ S. 302) innerhalb des SWB eine vermehrte Verwendung der Fotografie als dem Objekt verpflichteten Medium im Dienst der Produkte mit sich. Dies entsprach Finslers fotografischer Haltung ebenso wie dem zweckbezogenen Fotografieverständnis der Nachkriegszeit ganz allgemein.[7]

In den Jahren um 1950 war Finslers Amtszeit vorwiegend von der Aktion *Die gute Form* (→ S. 277) geprägt. Schon früh kritisierte er diese als zunehmende Reduktion auf die blosse Form. Im viel zitierten Vortrag «Der Werkbund und die Dinge» hat er zum Abschluss seiner Amtstätigkeit – deklariert als «persönliche Meinung» – nach der Bedeutung der Gegenstände für den Menschen, deren Bewertung durch den Werkbund und dessen Beitrag zu ihrer Entstehung gefragt:[8] «Sind es die Dinge, für die sich der Werkbund einsetzt, oder ist es die Form? Besteht nicht die Gefahr, daß der Begriff der Form sich loszulösen beginnt von den Dingen und wir unsere Beziehung zu den Dingen verlieren?»[9] Finsler vermisste im System *Die gute Form* und beim Werkbund allgemein gewissermassen den Sinn für die irrationalen Komponenten von Gebrauchsgegenständen und kritisiert deren Entkoppelung vom sie benutzenden Menschen.[10]

Mit seinem Rücktritt als Erster Vorsitzender wollte er sich während der letzten Jahre vor seiner Pensionierung noch einmal seiner Tätigkeit an der Kunstgewerbeschule widmen können.[11] Dennoch blieb er dem Werkbund noch bis 1961 im Zentralvorstand erhalten. Bereits einige Jahre, bevor im SWB ein Generationenwechsel stattfinden sollte, hatte Finsler dessen Dogmen der Nachkriegsjahre infrage gestellt. Gemäss der Kunsthistorikerin Margit Staber führte er dabei seine Werkbund-Arbeit «ebenso erfolgreich wie zurückhaltend» aus; er konnte «für die jüngere Generation deshalb ein Vorbild sein, weil seine Überzeugungskraft, sein fundiertes Wissen der modernen Welt, der Kunst und der Politik des Lebens niemals von doktrinärem Eifer getrübt wurden».[12] ● *Jasmine Wohlwend Piai*

1 Zur Biografie Finslers siehe Thilo Koenig, Hans Finsler in der Schweiz, in: Koenig/Gasser 2006, S. 16–41, hier S. 16–24.
2 Bignens 2008, S. 84–85. Finslers Engagement im Werkbund ist mit zwei Aufsätzen gut aufgearbeitet. Siehe dazu Heller 1991 und Huber/Nievergelt 2006.
3 Siehe dazu auch Huber/Nievergelt 2006, S. 148.
4 Ebd., S. 150–152.
5 Eine Liste der Namen bei Bignens 2008, S. 84.
6 GB SWB 1955, S. 10–11.
7 Huber/Nievergelt 2003, S. 152.
8 Der Vortrag wurde publiziert im *Werk* 43 (1956), H. 9, S. 269–272, hier S. 269.
9 Ebd., S. 270.
10 Ebd., passim.
11 Heller 1991, S. 59.
12 Margit Staber, *Hans Finsler – 80 jährig*, Typoskript, [1971], Archiv SWB, Mappe Hans Finsler.

436

Alfred Altherr jun.

Geschäftsführer
von 1948 bis 1961

Alfred Altherr jun. (1911–1972) wurde als Sohn von Alfred Altherr sen. (→ S.419) 1911 in Elberfeld (Wuppertal) geboren. Nach einer Bauzeichnerlehre und Arbeit in den Architekturbüros der Gebrüder Pfister und Karl Moser volontierte er 1932 bei Le Corbusier in Paris und 1933 bei Johannes Duiker in Amsterdam. 1934 eröffnete er ein eigenes Architekturbüro in Zürich. Von 1940 bis 1954 bekleidete er das Lehramt für Bauzeichnen an der Kunstgewerbeschule in Zürich.[1] Seit 1947 Redaktor der neugegründeten Zeitschrift *Bauen und Wohnen*, wurde er 1948 Geschäftsführer des SWB, in der Nachfolge von Egidius Streiff (→ S.426), einen Posten, den er bis 1961 innehatte, sodass er mit Max Bill, Hans Finsler (→ S.428), Richard P. Lohse und Alfred Roth (→ S.431) zur leitenden Gruppe um die Aktionen *Die gute Form* gehörte (→ S.277). Seit 1954 zeichnete er für die Herausgabe der *Schweizer Warenkataloge* (→ S.293) verantwortlich und gestaltete 1955 und 1958 bis 1961 die SWB-Ausstellung *Die gute Form* an der Basler Mustermesse, wie schon 1954 für Zürich und Winterthur. 1957 führte er die Ausstellung *Good Design in Switzerland* aus (→ S.319) und richtete mit Otto Senn die Musterwohnung auf der *Interbau* (→ S.380) in Berlin ein. Von 1955 bis 1961 war er Vorsteher des Gewerbemuseums Winterthur und von 1961 bis 1963 Direktor der Kunstgewerbeschule Zürich, zwei Institutionen, die eng mit dem SWB verbunden waren. Im Gewerbemuseum Winterthur richtete er die erste Schweizer Wohnberatungsstelle (→ S.377) mit dauerhafter Musterwohnung ein. 1958 entstand vonseiten des SWB eine weitere Filiale im Kunstgewerbemuseum Zürich.[2] Altherr entwarf zahlreiche Typenmöbel, unter anderem die Parkbank für die Firma Embru in Rüti ZH, die als «Landibank» berühmt wurde.

Programmatisch äusserte er sich 1956 in einem Gespräch unter dem Titel «Was will der Schweizerische Werkbund?», wo es ihm vor allem um die erzieherische Arbeit zu einer neuen Geschmackskultur ging – «die gute Form in ihrer Gesamtheit» – , die gleichzeitig individuelle Wünsche und normative Modelle im Bereich der Wohnung verbindet. Der Blick auf das Alltagsgerät und das Serienprodukt stand im Mittelpunkt seines Interesses, obwohl er auch die Bedeutung des Handwerks und Kunstgewerbes, gerade in der Nachkriegszeit, hervorhob. Allgemein unterstrich er die seit 1913 verbindlichen Grundsätze: «Die Verbesserung der Qualität, die Schaffung guter Formen und die Förderung der Anwendung neuer Materialien sind Hauptziele des SWB.»[3]
Als mustergültige Verbindung von Architektur und Innenausstattung sah er den von ihm ausgeführten Schweizer Pavillon 1955 an der internationalen Wohnausstellung *H 55* (→ S.317) im schwedischen Helsingborg. Sein 1965 erschienenes Kompendium *Neue Schweizer Architektur* kann als Weiterentwicklung der Publikation *Neue Architektur* von Roth verstanden werden.[4] Dort setzte er sich verstärkt für eine landschaftsgebundene Architektur nicht nur im Privatbau ein, unter Anlehnung an amerikanische Modelle, insbesondere Frank Lloyd Wrights und Richard Neutras.[5] Im Ausland wurde dies als Überwindung des von Max Frisch pointierten Provinzialismus (*achtung: die schweiz*) der Schweizer Architektur in der ersten Hälfte der 1950er-Jahre gesehen.[6] ● *Bernd Nicolai*

1 Zur Biografie vgl. Claude Lichtenstein, Altherr, Alfred, in: Rucki/Huber 1998, S.16–17; Broda 1980, S.71–87.
2 Christoph Bignens, Aufbruch aus dem «befreiten Wohnen», in: Rüegg 2002c, S.177–195, hier S.180.
3 Elsi Schindler, Was will der Schweizerische Werkbund? Ein Gespräch mit Architekt Alfred Altherr, in: *Tages Anzeiger*, 27.4.1956.
4 Siehe S.431 in der vorliegenden Publikation, Anm.4.
5 Alfred Altherr (Hg.), *Neue Schweizer Architektur, New Swiss Architecture*, Teufen 1965.
6 Hermann Funke, Auf den Spuren von Max Frisch, Architektur, Städtebau und Provinzialismus in der Schweiz, in: *Die Zeit*, 10.9.1965, S.29.

437

Alfred Roth

Erster Vorsitzender
von 1955 bis 1964

und

Werk-Redaktor
von 1943 bis 1960

Alfred Roth (1903–1998) gehört zu den bedeutenden Protagonisten der architektonischen Moderne innerhalb des Schweizerischen Werkbundes.[1] Er war *Werk*-Redaktor seit 1943 und von 1955 an Erster Vorsitzender des SWB und prägte über zwei Jahrzehnte die Hochphase der modernen Architektur und der Aktionen *Die gute Form* bis Mitte der 1960er-Jahre. Als Architekt diplomierte der 1903 in Wangen an der Aare geborene Roth 1926 bei Karl Moser an der ETH Zürich, obwohl er zunächst Maler werden wollte.[2] Durch Vermittlung Mosers konnte er bei Le Corbusier in Paris arbeiten. Seine Erfahrungen mit dem Projekt des Völkerbundpalastes in Genf sollten prägend für ihn werden. Roth arbeitete nach der Bauleitung für Le Corbusiers und Jeannerets Doppelhäuser an der Stuttgarter Weissenhofsiedlung 1927 (→ S. 353) und einem zweijährigen Aufenthalt in Schweden seit 1930 mit seinem Cousin zweiten Grades Emil Roth an der Werkbundsiedlung Neubühl (→ S. 356). Er engagierte sich seit 1933 führend in der Schweizer CIAM-Gruppe, die er von 1951 bis 1956 präsidierte.

1943 löste er Peter Meyer (→ S. 425) als Redaktor der Zeitschrift *Werk* ab. Sein Ziel galt der Überwindung des sogenannten Landistils,[3] der ihm formal zu ausdrucksschwach und inhaltlich nicht konsistent genug erschien. Sein 1940 erschienenes Buch *La Nouvelle architecture/Die Neue Architektur*, das eine funktionalistische Moderne verfocht, diente als Leitfaden.[4] Gleichzeitig sollten die Themen des kommenden Wiederaufbaus, des Städtebaus sowie der Regional- und Landesplanung neu gewichtet werden.[5] Im Auftrag von Johannes Itten konzipierte er 1945 in diesem Zusammenhang die Zürcher Ausstellung *USA baut*.[6] Mit seinem 1950 erschienenen Buch *Das neue Schulhaus/The new school*,[7] das in der von ihm begründeten Civitas-Reihe zu Problemen der Nachkriegsarchitektur erscheint, etablierte er sich als Spezialist für eine öffentliche Baugattung der modernen Architektur. Dem *Werk* gab er bis 1960 eine klare, moderne Ausrichtung, die die internationale Entwicklung der Architektur (International Style) umfassend berücksichtigte und das *Werk* (→ S. 149) erst eigentlich zu einer Architekturzeitschrift machte.[8] Gleichzeitig wurde die Zeitschrift eine Plattform für Gestaltungsfragen im Sinne der von ihm unterstützten Guten Form.

Von 1955 bis 1964 war Roth Erster Vorsitzender des SWB. Eine seiner ersten wichtigen öffentlichen Aktivitäten in dieser Funktion war die gemeinsame Tagung von SWB und baden-württembergischem Deutschem Werkbund DWB an der neu errichteten Hochschule für Gestaltung in Ulm von Max Bill.[9] Schon hier trat er mahnend für die innere Beziehung von Form und Inhalt ein und erteilte sowohl dem Formalismus als auch dem künstlerischen Geltungstrieb eine Absage: «Die Bau- und Produktionskonjunktur stiftet eine für die ernste Gestaltung störende Unruhe, sie schürt Sensationslust und Geltungstrieb.»[10] Ferner stellte er fest, dass «die qualitative und formal gute Wohnungsausstattung für niedere Einkommensklassen noch immer nicht zustande gebracht» sei. Für das Wohnungsproblem blieb der Werkbund für Roth eine koordinierende «Clearing-Stelle», die auch in Verbindung mit internationalen Zusammenschlüssen, wie dem 10. CIAM Kongress *Habitat* in Dubrovnik, agieren sollte.[11] 1957 gestaltete er zusammen mit Richard P. Lohse den Schweizer Pavillon der *XI. Triennale* in Mailand, einem Schauplatz, den der SWB seit 1936 (→ S. 139) programmatisch nutzte.[12] 1958 initiierten Roth und Alfred Altherr jun. (→ S. 430) die Lenzburger Tagung des SWB zum Verhältnis von Werkbund und Heimatschutz. Angesichts der drohenden Zersiedlung der Schweiz wurde das gemeinsame Ziel beschworen: «Es betrifft die vernünftige, harmonische Gestaltung der Heimat von morgen aus den vielfältigen Gegebenheiten des Menschen, der Landschaft, Technik und Kunst.»[13] Roth sah die Kampflinie nicht mehr gegen den überwundenen Heimatstil der 1930er- und 1940er-Jahre gerichtet, sondern gegen den «alle formschaffenden Gebiete vergiftenden internationalen Modestil».[14] Für die *Expo 64* regte er eine gemeinsame Ausstellung zu Themen der Orts- und Landesplanung sowie des zeitgemässen Bauens und Formschaffens von «SWB und lebendigem Heimatschutz» an.[15] Der Versuch, grösseren Einfluss auf die *Expo 64* zu nehmen, wurde mit einer SWB-Denkschrift bekräftigt, in der detaillierte Vorschläge zur Darstellung der Siedlungs- und Wohnungsfrage gemacht wurden.[16] Roth und Bill waren Mitglieder der Ausstellungskommission, konnten sich aber inhaltlich nicht durchsetzen (→ S. 207). Roth wurde in den Jahren darauf ein immer dogmatischerer Verfechter des Leitbilds des International Style.[17]

● *Bernd Nicolai*

1 Alfred Roth, in: SWB 50 Jahre 1963, S. 117–120.
2 Zur Biografie vgl. Tomaso Zanoni, Roth, Alfred, in: Rucki/Huber 1998, S. 455–457; Alfred Roth, Kurzbiographie, in: *Werk, Bauen und Wohnen* 70 (1983), H. 5, S. 23–24; Heinrich Helfenstein, Biographie, in: Roth 1985, S. 325–331.
3 Ulrike Jehle-Schulte Strathaus, Alfred Roth, Architekt, Publizist, Lehrer, Facetten eines Lebenswerkes, in: *Werk, Bauen und Wohnen* 70 (1983), H. 5, S. 23.
4 Alfred Roth, *La nouvelle architecture, Die neue Architektur, The new architecture*, Zürich 1940.
5 Alfred Roth, Gotthard Jedlicka, Geleitwort der Schriftleitung, in: *Werk* 30 (1943), H. 1, vor S. 1.
6 Ausstellung *U.S.A. baut*, Wegleitungen des Kunstgewerbemuseums Zürich Nr. 167, Zürich 1945, S. 5; siehe auch Alfred Roth. Bemerkungen zur neueren amerikanischen Architektur, in: ebd., S. 14–23.
7 Alfred Roth, *The new school, Das neue Schulhaus, La nouvelle école*, Zürich 1950.
8 Stanislaus von Moos, Alfred Roth und die «Neue Architektur», in: Roth 1985, S. 9–33, bes. S. 22–25.
9 Willy Rotzler, Die Werkbund-Tagung in Ulm, 20./21. Oktober 1956, in: *Werk* 43 (1956), H. 12, S. 237–238.
10 Ebd., S. 238 und folgende Zitate.
11 Ebd.; Dubrovnik brachte für die CIAM die erste Erschütterung gegen einen dogmatischen International Style, 1959 in Otterlo löste sich die CIAM, ausgelöst durch die Kritik des Teams X, auf, vgl. Konstanze Sylva Domhardt: *The Heart of the City. Die Stadt in den transatlantischen Debatten der* CIAM *1933–1951*, Zürich 2012, sowie Oskar Newman, CIAM *'59 in Otterlo, Arbeitsgruppe für die Gestaltung soziologischer und visueller Zusammenhänge*, Stuttgart 1961.
12 Alfred Roth, Die Schweizer Abteilung der XI. Triennale von Mailand, in: *Werk* 44 (1957), H. 10, S. 339–343.
13 Alfred Roth, Planen, Bauen, Formen und Heimatschutz, in: SWB Vorträge 1959, S. 7–18, Zitat S. 8.
14 Ebd., S. 11.
15 Ebd., S. 18.
16 SWB Vorträge 1960.
17 Alfred Roth, Kritische Anmerkungen zur heutigen Situation der Architektur, in: Roth 1985, S. 235–243.

438

Lucius Burckhardt

Werk-Redaktor
von 1962 bis 1972

und

Erster Vorsitzender DWB
von 1976 bis 1983

1962, im selben Jahr, als der Basler Lucius Burckhardt in der Nachfolge von Benedikt Huber Chefredaktor bei der Zeitschrift *Werk* wurde, trat er auch der Stadtplankommission Zürich bei und unterrichtete an der Architekturabteilung der ETH Zürich Soziologie. So konnte der damals 37-jährige promovierte Nationalökonom und Soziologe zu Beginn der 1960er-Jahre gleich innerhalb drei unterschiedlicher Institutionen massgebend auf die Diskussionen in stadtplanerischen und architektonischen Belangen Einfluss nehmen. Burckhardt prägte den paradigmatischen Wandel von einer auf das Objekt fokussierten Architekturbetrachtung hin zu der die gesamte Umwelt in den Fokus nehmenden Gestaltungsabsicht mit allen ihren politischen, ökonomischen und ökologischen Facetten.

Burckhardt war ab 1960 Mitglied des SWB und ab 1966 als Delegierter der Verbandszeitschrift im Zentralvorstand.[1] Zur selben Zeit nahm er als Schriftführer Einsitz im Vorstand der Ortsgruppe Basel.[2] In Vorträgen, zunächst in den Ortsgruppen, dann an den nationalen Werkbund-Tagungen, bezog er dezidiert Stellung zu Themen, mit denen er Begriffe wie «Gestaltung» und «Design» in einen grösseren Zusammenhang stellte. Seinen ersten Vortrag im SWB hielt er 1960 in der Ortsgruppe Basel über «Die Landschaft als Gestaltungsproblem».[3] Damals sah der SWB «seine Aufgabe in der zweckmäßigen und ästhetisch guten Gestaltung der Umwelt», was die Protagonisten mit der «unablässigen Forderung nach gutgeformten Gebrauchsgütern» zu bewerkstelligen meinten.[4] Burckhardt erweiterte dieses objektbezogene Verständnis von Umwelt und betonte die aktive Rolle des einzelnen Menschen und der Politik auf eine planbare Gestaltung der gesamten Umgebung. So stellte er tradierte Bilder von Stadt, Natur und Landschaft zur Diskussion: «Die Frage, was Landschaft sei und welches die Rolle der Künstlichkeit in ihr, ist heute plötzlich wieder recht massiv gestellt.»[5]

Bereits ein Jahrzehnt zuvor hatte sich Burckhardt mit stadtplanerischen Fragestellungen auseinandergesetzt, als infolge des Baselstädtischen Baulinienplans von 1949 Teile der Altstadt bauwirtschaftlichen Massnahmen zum Opfer fielen. Zusammen mit dem Historiker und Ökonomen Markus Kutter publizierter er 1953 die Broschüre *Wir selber bauen unsere Stadt* und forderte darin proaktive Planung im Bereich der Urbanisierung und diesbezügliche politische Mitsprache.[6] Mit der zusammen mit Max Frisch herausgegebenen legendären Streitschrift *achtung: die schweiz* von 1955 und der darauffolgenden Publikation *Die neue Stadt* von 1956 lösten die drei Autoren eine Debatte über Landesplanung und Siedlungsentwicklung aus, die später in einzelnen Versuchen wie der SWB-Siedlung Sonnhalde in Adlikon-Regensdorf tatsächlich einen Reflex fanden; ab 1966 engagierte er sich im Ausschuss Werkbund-Siedlungen und begleitete das Projekt Sonnhalde während der Planungsphase kritisch (→ S. 395).[7]

Es ist nur folgerichtig, dass Burckhardt sich überall dort einbrachte, wo er Anliegen des SWB als Soziologe in einen grösseren Zusammenhang stellen konnte.[8] Er tat dies etwa bei der Erarbeitung soziologischer Grundlagen für die Lausanner Landesausstellung von 1964[9], mit der Vorbereitung des Themas «Gestaltungsprobleme der Gegenwart»[10] für die Tagung zum 50. Jahrestag des SWB oder als Referent des vom SWB organisierten Fortbildungskurses für Lehrer zum Thema «Die Stadt als Umwelt des heutigen Menschen»[11]. Insbesondere Ausbildungsfragen waren für ihn eine Möglichkeit, sich grundlegend einzubringen. Ein Ergebnis der Studienkommission der Stadt Zürich, in der Burckhardt zusammen mit Mark Buchmann, Victor N. Cohen und Peter Steiger die Reorganisation der Kunstgewerbeschule Zürich plante, war die Idee, einen «neuen Schultypus – die Mittelschule für Gestaltung» einzuführen, ein Konzept, das an der SWB-Jahrestagung 1967 vorgestellt wurde.[12]

Burckhardt engagierte sich zeitlebens in direkter Auseinandersetzung mit seinen Studenten in Feldforschungen und erkundete die Landschaft in der von ihm so genannten Spaziergangswissenschaft, der «Strollology»[13]. Nach zehn Jahren als Redaktor des *Werk* und ebenso vielen Jahren als Dozent an der ETH Zürich unterrichtete er von 1973 bis 1979 als Professor für Sozioökonomie urbaner Systeme an der Universität Kassel. Zudem war er von 1976 bis 1983 Erster Vorsitzender des Deutschen Werkbundes und stand so stets in enger Verbindung und in stetem Austausch mit dem SWB.

«Design ist unsichtbar» heisst ein Aufsatz Burckhardts im gleichnamigen Buch zu einer Designausstellung in Linz von 1980. Wie der Titel nahelegen könnte, ging es Burckhardt jedoch nie um die Abschaffung der Gestaltungsberufe. Vielmehr wollte er auf deren Abhängigkeit und Vereinnahmung durch institutionalisierte Systeme hinweisen. Ihm war daran gelegen, den Designbegriff zu erweitern «zu einem Soziodesign: einem Nachdenken über Problemlösungen, die dadurch entstehen, daß sowohl Rollen wie Objekte aufeinander abgestimmten Veränderungen zugeführt werden».[14] In einer Zeit der Neuorientierung gab er mit dieser Haltung auch dem SWB entscheidende Impulse. ● *Thomas Gnägi*

1 GB SWB 1960, S.14.
2 GB SWB 1967, S.22. Nach drei Jahren verliess er Ende 1969 den Vorstand der Ortsgruppe Basel, vgl. GB SWB 1970, S.15.
3 GB SWB 1960, S.8.
4 Ebd., S.4.
5 Burckhardt in einem zwei Jahre später erschienenen Aufsatz über «Natur und Garten im Klassizismus», in: Ritter/Schmitz 2006, S.177–197, hier S.196. Erstveröffentlichung in: *Der Monat*, 1963, Nr.177, S.43–52.
6 Siehe Burckhardt/Kutter 1953.
7 Vgl. GB SWB 1966, S.15.
8 Vgl. Burckhardt 1962.
9 Vgl. GB SWB 1961, S.7.
10 GB SWB 1964, S.4.
11 GB SWB 1967, S.5.
12 Vgl. GB SWB 1966, S.15.
13 Burckhardt 2006, S.5–11.
14 Burckhardt 1981, S.18–19.

439

Eugen Gomringer

Geschäftsführer
von 1962 bis 1967

Mit dem Dichter Eugen Gomringer (geb. 1925) wurde am 1. April 1962 ein Geschäftsführer berufen, der es verstand, in der zweiten Hälfte der Ära verschiedener Aktionen zu *Die gute Form* diese nochmals zu verstärken und ihnen mit Nachdruck einen Platz in der öffentlichen Wahrnehmung zu verschaffen. Er koordinierte und bearbeitete verschiedene Anfragen für Präsentationen an Messen und Ausstellungen im Ausland wie die Ausstellung *Gute Form aus der Schweiz* im Industrieforum Essen (→ S. 325) von 1966. Seine bereits 1962 formulierte Idee, den SWB mit der jurierten Präsentation guter Gestaltung zu einem «Werkbund-Zentrum» institutionell auszubauen und zu einem ständigen Standort eines sogenannten *Design Centers* (→ S. 322) zu verhelfen, scheiterte 1965 an der eigens dafür einberufenen SWB-Generalversammlung.[1] Dieses Scheitern war ein deutliches Anzeichen dafür, dass sich die Geschichte des SWB in eine andere Richtung entwickeln und der Produktgestaltung in Zukunft nicht mehr derjenige Stellenwert beigemessen würde, den sie bisher mit *Die gute Form* genossen hatte.

Gomringers Interesse allerdings galt weiterhin der Entwicklung des Industrial Design.[2] So wurde er 1966 Mitbegründer des Verbandes Schweizer Industrial-Designer (heute Swiss Design Association) und verliess im Juni 1967 die Geschäftsstelle des

SWB, als er in Selb als Kulturbeauftragter eines Herstellers von Porzellan und Haushaltswaren, der Rosenthal AG, tätig wurde. Bis 1970 sollte die Leitung der Geschäftsstelle vakant bleiben, alleine betreut von der Sekretärin Gaby Arrigo.[3]

Gomringer wurde 1925 in Bolivien geboren und wuchs bei seinen Grosseltern in Zürich auf.[4] Sein Vater war ein Schweizer, seine Mutter eine Indianerin mit spanischem Vater. Gomringer studierte an den Universitäten Bern und Rom Nationalökonomie, Kunst- und Literaturgeschichte. Dann gründete er 1953 zusammen mit den Berner Künstlern Marcel Wyss und Dieter Roth die Zeitschrift *Spirale. Internationale Zeitschrift für junge Kunst* (später: *für konkrete Kunst und Gestaltung)*, die neben Kunst auch Themen zu Design, Architektur und Fotografie behandelte. Damals entwickelte sich auch Gomringers sogenannte Konkrete Poesie. Damit besitzt er als Dichter für die Konkrete Kunst einen ebenso hohen Stellenwert wie die bekanntesten Vertreter der Zürcher Konkreten, nämlich Richard P. Lohse als Maler und Max Bill als Bildhauer. Mit Letzterem verbindet Gomringer darüber hinaus eine gemeinsame Zeit, denn seit 1954 war er Bills Sekretär an der Hochschule für Gestaltung in Ulm. Ab 1958 selbst Dozent für Information, machte er in Ulm für seine spätere berufliche Laufbahn Bekanntschaften mit wichtigen Architekten, Künstlern, Schriftstellern und Philosophen wie Josef Albers, Max Bense, Helmut Heißenbüttel, Fred Hochstrasser, Johannes Itten, Tomás Maldonado, Friedrich Vordemberge-Gildewart, Konrad Wachsmann und anderen.

Während der Ulmer Zeit begann auch seine «schriftstellerische Auseinandersetzung mit Formfragen».[5] Es ist der Zeitpunkt, als Gomringer vermehrt mit der SWB-Geschäftsstelle in Kontakt trat, um Artikel über *Die gute Form* an der Mustermesse Basel (MUBA) zu verfassen. Er schrieb als Korrespondent für die Tagespresse, die Zeitschrift *Werk* und die *Technische Rundschau* etliche Berichte und Kritiken. Zudem betätigte er sich regelmässig als Kunstkritiker. Als Mitglied der Ortsgruppe Bern hat er ausserdem die Beilage *bauen heute* im *Berner Tagblatt* (→ S. 375) mitbegründet und mehrfach redaktionell betreut.

Bis heute beschäftigt sich Gomringer mit Gestaltungsfragen. Er leitete beispielsweise als Intendant zusammen mit Iris Laubstein, der Mitbegründerin des Designerinnen-Forums, im Jahr 2000 zum wiederholten Mal eine Tagung am Internationalen Forum für Gestaltung in Ulm unter dem Titel *Gestaltung Macht Sinn. Macht Gestaltung Sinn? Design Sense Power*.[6] Seit er 1976 als Dozent für Theorie der Ästhetik an der Kunstakademie in Düsseldorf lehrte – 1978 wurde er dort Professor –, wohnt Gomringer in Oberfranken. Im Jahr 2000 gründete er in Rehau das Institut für Konstruktive Kunst und Konkrete Poesie (IKKP), das zugleich sein eigenes Archiv beherbergt. ● *Thomas Gnägi*

440

Peter Steiger

Erster Vorsitzender
von 1966 bis 1972

Der Architekt Peter Steiger (geb. 1928) war in einer Zeit des Übergangs Erster Vorsitzender. Der Führung des Werkbundes stand ein Generationenwechsel bevor, denn es zeigte sich immer mehr, dass die Ära der Aktion *Die gute Form* (→ S. 277) sich langsam ihrem Ende näherte. Es war daher durchaus programmatisch zu verstehen, als Steiger an der Tagung in Baden im Jahr 1965 zusammen mit dem Berner Obmann Alfredo Pini vom Architekturbüro Atelier 5, dem auch der gerade neu gewählte Erste Vorsitzende Niklaus Morgenthaler angehörte, die Broschüre *Wer baut mit uns Werkbund-Wohnungen?* präsentierte. Da der Architekt Morgenthaler damals aus beruflichen Gründen nicht mehr in der Schweiz war, führte Richard P. Lohse interimistisch den Vorsitz. Als dann Steiger 1966 das Präsidium übernahm, standen das Grossprojekt einer neuen Werkbund-Siedlung (→ S. 395) und die damit verbundenen Arbeiten im *Fachausschuss Wohnbau (FAW)* ganz im Zentrum der Aufmerksamkeit des SWB. Sein Büro Dr. R. + P. Steiger (später Steiger + Partner AG), das er zusammen mit seinem Vater führte, diente als Schaltzentrale für das Projekt und übernahm dessen organisatorische Leitung. Die Realisierung der Siedlung sollte zusammen mit dem Investor und Bauunternehmen Ernst Göhner AG erfolgen.[1]

Unter Steigers Vorsitz wurde auch die Beilage *Kommentare* (→ S. 163) der Zeitschrift *Werk* lanciert,

1 Siehe *Werk* 52 (1965), H. 4, S. 80*–81*.
2 Gomringer stellte im Auftrag des SWB und der Pro Helvetia 55 Schweizer Produkte zusammen und zeigte sie vom 11. bis zum 24. September 1966 auf einer «Studienreise» in Warschau, Prag, Bukarest und Sofia, aus einer E-Mail Gomringers an den Autor, 26.7.2013. Ob es sich dabei um die Wanderausstellung *Industrial Design* handelt, die 1970, in Zusammenarbeit mit der Pro Helvetia realisiert wurde, bleibt ungewiss, vgl. GB SWB 1967, S. 5.
3 Erst der Kunsthistoriker und Künstler Heiny Widmer besetzte sie erneut, allerdings nur für kurze Zeit und unter den geänderten Bedingungen der Neuausrichtung des SWB, siehe dazu den Artikel über die Tagung von 1969, S. 85.
4 Nachfolgende Angaben zum Lebenslauf in: Eugen Gomringer, *Kommandier(t) die Poesie!*, Biografische Berichte, Dozwil (TG) 2006, S. 23–32, 61–63, 163–164.
5 Brief des Ersten Vorsitzenden Alfred Roths an die SWB-Mitglieder, 2.5.1962, Richard Paul Lohse-Archiv.
6 Siehe die gleichnamige Aufsatzsammlung zur Tagung, hg. vom Internationalen Designforum Ulm, Frankfurt am Main 2001.

die dem Prozess der Transformierung des SWB von einer Förderorganisation des Produktdesigns hin zu einer kulturellen und kulturpolitischen Informationsplattform Vorschub leistete. Es waren dann allerdings gerade diese mit ihm einhergehenden politischen Implikationen, die Steiger im Zuge des kulturellen Paradigmenwechsels nach 1968 von einem weiteren Engagement im SWB absehen liessen. Denn als die Zusammenarbeit für das Projekt einer SWB-Siedlung zwischen dem Werkbund und der Firma Ernst Göhner AG gescheitert war, realisierte schliesslich Steiger die Überbauung ohne den Werkbund. Zudem war er massgeblich an weiteren Grossüberbauungen der Firma beteiligt.

«Kann man mit diesen vorgefertigten Elementen eine anständige Siedlung bauen?»[2] Diese direkt an Steiger gerichtete Frage Ernst Göhners war für den Architekten und Planer die Motivation, es wenigstens zu versuchen. Sein Verdienst in dieser Hinsicht ist, dass er den Massenwohnungsbau nicht einseitig nach dem wirtschaftlichen Erfolg der Baufirma bewertete, sondern ihn in einen grösseren Zusammenhang der Gemeindestrukturen und deren Finanzen stellte. Solche Aspekte gesamtplanerischer Zusammenhänge waren damals auch für den SWB von Bedeutung, eine vertiefte Mitarbeit in dieser Richtung überstieg jedoch die Kapazitäten unentgeltlicher Vereinstätigkeit.

Letztlich aber wollte der SWB die Aktion *Die gute Form* nicht durch ein neues Produkt wie eine Werkbund-Siedlung ersetzt haben, sondern richtete sein Augenmerk auf gesamtgesellschaftliche kulturelle Prozesse, die er mit Einzelaktionen effektiver bearbeiten konnte. So folgten auf Steiger bereits 1972 – Peter F. Althaus führte ein paar Monate ad interim – mit dem Berner Daniel Reist als Erstem Vorsitzenden und ein Jahr darauf mit Leonhard Fünfschilling (→ S. 437), dem neuen Geschäftsführer, zwei Persönlichkeiten, die die Belange des Werkbundes hinsichtlich einer gesellschafts- und kulturpolitischen Prägung lenken sollten (→ S. 171).

Diese Neuorientierung hatte Steiger selber angestossen. «Wie könnte eine Institution aussehen, die sich mit Gegenwartsfragen auseinandersetzt?», fragte er in seiner Eröffnungsansprache zur Generalversammlung von 1969, die als sogenanntes *Küsnachter Konzil* (→ S. 85) in die Werkbund-Geschichte einging, und an der die Weichen des SWB neu gestellt wurden.[3] Er sprach sich für eine «kulturelle Auseinandersetzung» aus, die «als ernsthafte Konfrontation mit der eigenen schöpferischen Tätigkeit» verstanden werden sollte und bezeichnete die möglichen «kulturellen Aufgaben» für den SWB als Teil eines «gesellschaftlichen Strukturwandels».[4]

Steigers berufliche Laufbahn war sehr stark von seiner familiären Herkunft geprägt und verlief parallel zur architektonischen Entwicklung der Moderne nach dem Zweiten Weltkrieg. Der Sohn des Architektenpaars Rudolf Steiger und Flora Steiger-Crawford ist 1928 geboren und wuchs in der Werkbund-Siedlung Neubühl (→ S. 356) auf. Noch gut erinnert er sich an die Zeit der Errichtung des Kongresshauses Zürich für die Landesausstellung 1939 (→ S. 207), das vom Büro seines Vaters, Haefeli, Moser, Steiger, realisiert worden war. Genau wegen dieser beruflichen Prämisse wollte er eigentlich etwas anderes als Architektur erlernen und entschied sich für ein Studium der Musik, das er auch beendete. Über eine Praktikumsstelle bei Frank Lloyd Wright, vermittelt durch Werner M. Moser, gelangte er dann allerdings doch zur Architektur und trat in das Büro seines Vaters ein, wo er die Architektur ohne Studium über die Praxis erlernte. Zur Planung kam er wiederum über den Vater, der zu den Gründern des Congrès International d'Architecture Moderne (CIAM) gehörte. Steiger selber war dann Mitgründer der Zürcher Arbeitsgruppe für Städtebau (ZAS) und wurde später für Planungen im Glatttal engagiert. Der Grossauftrag, der ihn prägen sollte, war die Mitarbeit am CERN in Genf, wo er in engem Kontakt mit Wissenschaftlern die Architektur den ganz spezifischen technischen Bedürfnissen des Forschungszentrums unterordnete.[5] Letztlich war es die Faszination an der technischen Entwicklung und ihren planerischen Komponenten, die ihn zum «nachhaltigen Planen und Bauen» brachten, und dem er sich noch heute verpflichtet fühlt.[6] ● *Thomas Gnägi*

1 Zur Entstehungs- und Baugeschichte der Siedlung siehe Furter/Schoeck-Ritschard 2013, S. 95–119.
2 Durch Steiger kolportiertes Zitat Ernst Göhners, aus einem Gespräch mit dem Autor, 25.9.2012.
3 SWB Kommentare 14, S. 122.
4 Ebd., S. 122.
5 Peter Steiger, *Chancen und Widerstände auf dem Weg zum nachhaltigen Planen und Bauen*, Zürich 2009, S. 37–58.
6 So der Titel von Steigers Buch, ebd.

441

Leonhard Fünfschilling

Geschäftsführer
von 1973 bis 2002

Der 1937 in Basel geborene Architekt Leonhard Fünfschilling war fast 30 Jahre lang Geschäftsführer des SWB und gestaltete so die Geschicke des Vereins seit Anfang der 1970er-Jahre bis hinein ins neue Jahrtausend mit. Er erlebte während seiner Tätigkeit für den SWB gleich mehrere Erste Vorsitzende, so den Berner Daniel Reist, den Luzerner Otti Gmür (→ S. 438), den Zürcher Martin Heller und die erste Frau in dieser Reihe, die Zürcherin Ellen Meyrat-Schlee (→ S. 440), deren Nachfolger im Frühjahr 2002 der Zürcher Martin Albers (→ S. 441) wurde. Fünfschilling verstand es, in einer Zeit, als sich der Werkbund von der Beurteilung des Objektdesigns abgewendet hatte und sich komplexen gesamtgesellschaftlichen Problemen widmete, ihm mit seinem Engagement die notwendige Relevanz zu geben, sodass er sich als ernst zu nehmende Organisation in die (kulturelle) Entwicklung der Gesellschaft einbringen konnte.

Fünfschillings grösstes Verdienst ist sicher die Vernetzung und die mit ihr einhergehende Zusammenarbeit des Vereins mit diversen anderen schweizerischen Kulturvereinigungen. Beispielhaft dafür steht die sogenannte Kulturinitiative (→ S. 200), mit der der SWB in den politischen Prozess einer Abstimmungskampagne eingebunden war und damit die Chance wahrnehmen konnte, auf demokratischer Ebene die kulturelle Situation der Schweiz zu verändern. Einen Schwerpunkt ab den 1980er-Jahren setzte sich der Werkbund mit dem Thema Neue Medien (→ S. 331). Hier konnte Fünfschilling erneut sein Interesse am intellektuellen Austausch auf ganz anderer fachlicher Ebene nutzen, um über gesellschaftliche Veränderungen nachzudenken.[1]

Fünfschilling studierte von 1958 bis 1962 an der Hochschule für Gestaltung in Ulm Architektur – nach Max Bills Zeit als deren Rektor und nach Eugen Gomringer (→ S. 434). «Im Geist bestimmter Aspekte von Ulm, unter denen industrialisiertes Bauen in den Mittelpunkt gestellt worden war», so Fünfschilling, habe er einige Zeit weiter in dieser Richtung gearbeitet.[2] Er war in Genf an der Ausführungsplanung der Grossüberbauung Le Lignon und anschliessend in Zürich an der des Wohnhochhauses Lochergut beteiligt. Im rationalisierten Wohnungsbau sah er damals dem Bedürfnis breiter Bevölkerungsschichten entsprochen, günstigen und praktischen Wohnraum zur Verfügung zu stellen. Er gehörte auch zu den ersten Mitarbeitern der 1959 gegründeten Zentralstelle für Baurationalisierung in Zürich. Allerdings merkte er bald, dass der Massenwohnungsbau auf Dauer für die Gesellschaft eine Sackgasse bedeuten musste.

Vermutlich nicht nur für ihn, dem die gesellschaftliche Entwicklung im Vordergrund jeden gestalterischen Handelns stand, sondern vielen Architekten damals bot der Werkbund mit seinem interdisziplinären Fokus auf das Bauen eine alternative Sichtweise.[3] Für Fünfschilling war klar, dass er im Amt des SWB-Geschäftsführers mehr ausrichten konnte, als es mit dem Realisieren von rationalisiertem und industrialisiertem Massenwohnungsbau möglich war. Als er 1973 seine Arbeit aufnahm, standen die Themen Bildung, Stadtkritik und Planungswesen im Vordergrund. Fünfschilling war durch sein Mitwirken an Ausstellungen, Tagungen und Publikationen massgeblich daran beteiligt, dass der Werkbund zu einem interdisziplinären Forum ausgebaut wurde, in dem solche gesellschaftlich-kulturellen Aspekte kritisch reflektiert und diskutiert wurden und noch immer werden können.[4]

Mit Daniel Reist als Erstem Vorsitzenden ab 1972 und Fünfschilling als Geschäftsführer ein Jahr darauf startete der Werkbund nach ein paar Jahren unstabiler Führungsverhältnisse neu; zuvor wechselten sowohl Vorsitzende wie Geschäftsführer in rascher Folge, die Ämter wurden nur provisorisch besetzt oder blieben sogar vakant.

Ein Schwerpunkt von Fünfschillings Tätigkeit als Geschäftsführer bildete auch die redaktionelle Betreuung und Herausgabe diverser Schriften zu Werkbund-Tagungen und über einzelne Themen. Zu nennen ist die zusammen mit Hermann Huber herausgegebene Publikation *Risse im Lack,* die nach längerer Beschäftigung mit möglichen Lehrmaterialien zu einzelnen Themen der Umweltgestaltung sich schliesslich dem Auto und seiner

Bedeutung für die Gesellschaft widmete und als Sammlung von Essays erschien.[5] Ebenfalls beteiligt war er an der Lancierung der Zeitschrift *Werkbund Material* (→ S. 198), zusammen mit Otti Gmür (→ S. 438) und weiteren Mitgliedern einer Redaktionskommission, und an der Herausgabe des Buchs *Überall ist jemand – Räume im besetzten Land*, das die gleichnamige Ausstellung (→ S. 409) im Museum für Gestaltung begleitete.

Fünfschilling wohnt seit einem Jahrzehnt in der Werkbund-Siedlung Neubühl. Er ist unter anderem Geschäftsführer der IKEA-Stiftung (Schweiz), die Stipendien und Projektbeiträge zur Förderung der Weiterbildung von jungen Gestaltern ermöglicht. Damit hat er sich auf privater Basis wieder der praktischen Gestaltung zugewendet. ● *Thomas Gnägi*

1 Siehe beispielsweise das Interview mit Gerhard Schmitt über den computergestützten Entwurf, in: SWB Überall ist jemand 1992, S. 103–110.
2 Aus einem Gespräch des Autors mit Leonhard Fünfschilling, 10.4.2013.
3 Die Mitgliederstatistik zeigt, dass sich die Zahl der Architekten Mitte der 1960er- bis Ende der 1980er-Jahre um über einen Drittel erhöht hat, vgl. Statistik auf S. 445 in der vorliegenden Publikation.
4 Fünfschilling über «Werkbund als Forum», Fünfschilling 2001, S. 195.
5 SWB Risse im Lack 1985.

442

Otti Gmür

Erster Vorsitzender
von 1981 bis 1987

Wenn man das Wohnen verbessern möchte, sagt der Luzerner Architekt Otti Gmür (geb. 1932), müsse man sich mit der Stadt auseinandersetzen.[1] 1977 publizierte er das Buch *Stadt als Heimat. Die Stadt in der wir leben möchten* und platzierte nach einer bis dahin erfolgreichen Bautätigkeit im Alter von 45 Jahren ein Statement zur Stadtentwicklung.[2] Nach der Ölkrise und in der Folge von Alexander Mitscherlichs *Die Unwirtlichkeit unserer Städte* (1965) und anderen Publikationen, die auf das 1961 publizierte Buch *The death and life of great American cities* von Jane Jacobs (dt. Übersetzung 1963: *Tod und Leben grosser amerikanischer Städte*) folgten, sowie der anschliessend breit einsetzenden Stadtkritik versuchte Gmür mit dem Begriff Heimat die seiner Meinung nach wesentlichen Fragen des Woher und des Wohin in Bezug auf die Stadt zu fassen. So verband er die grundsätzliche Kritik am einseitigen Fortschrittsglauben mit der Möglichkeit zu Veränderungen und Verbesserungen des unmittelbaren Umfeldes. Er verstand den damals einseitig besetzten Begriff Heimat keineswegs rückwärtsgewandt, sondern als einen prozesshaften Zustand im Sinne Ernst Blochs, der die Architektur insgesamt als den Versuch ansah, eine Welt zu schaffen, die Heimat bedeuten könnte.[3]

Gmürs grundsätzliche Fragen nach der Herkunft des Menschen und nach der zukünftigen Gestaltung und Entwicklung des Lebensraums Stadt sind eng mit seiner Biografie verbunden. Aufgewachsen im in den 1930er-Jahren noch kleinen Dorf Adligenswil, einer Nachbargemeinde Luzerns, hielt sich der Junge aus kinderreicher Familie gern bei Verwandten in der nahen Stadt auf. Zur Architektur fand Gmür über den Architekten Moritz Raeber, einem weiteren Verwandten, der das spätere Haus der Eltern baute. Nach einer Lehre als Maschinenzeichner arbeitete Gmür als Praktikant im Luzerner Büro von August Boyer und besuchte dann das Abendtechnikum in Zürich, um nach vier Jahren mit dem Diplom endlich sein Ziel zu erreichen, nämlich an Wettbewerben teilnehmen zu können. Nach zwei Semestern an der Akademie der bildenden Künste in Wien bei Clemens Holzmeister und einer kurzen Mitarbeit im Zuger Büro Hafner und Wiederkehr, führte der 29-jährige Architekt ab 1961 bereits sein eigenes Büro in Luzern.

1971 wurde er Obmann der Ortsgruppe Luzern (später in OG Innerschweiz umbenannt). Zu dieser Zeit gerieten die Kernstädte unter Zunahme des Verkehrs und entsprechenden Infrastrukturbauten stark unter Druck und drohten ihr ursprüngliches Gepräge langsam zu verlieren. Daher ist es nur folgerichtig, dass Gmür damals zu den Mitkämpfern für eine autofreie Innenstadt gehörte und sich als Vertreter der Ortsgruppe an politischen Prozessen beteiligte. 1975, im Europäischen Jahr für Denkmalpflege und Heimatschutz, überreichte die Ortsgruppe Luzern den Behörden während der Ausstellung *Denkmalpflege* in der Kornschütte den in Auftrag gegebenen Bericht über Altstadtplätze. Die Publikation *Altstadtplätze – alte Plätze?*, an der sich etwa 35 Mitglieder aus der Ortsgruppe beteiligt hatten, war schnell vergriffen und wurde zu einem nachhaltigen Erfolg.[4] Bei den Luzernern, die sich auf ihre 800-Jahr-Feier vorbereiteten, stiess das Unterfangen zur Aufwertung der Innenstadt auf offene Ohren. Im Jahr darauf wurden gar vier Mitglieder des SWB – neben Gmür waren das Hannes Ineichen, Roman Lüscher und Hugo Fessler – in eine stadträtliche Kommission zur Erarbeitung eines sogenannten Platzstatuts berufen.[5] Ebenfalls 1976 konnte unter Federführung Gmürs eine einmalige Ausgabe einer Zeitung kreiert werden, was die Druckerei Schill zu ihrem Jubiläum ermöglichte. Es lag auf der Hand, dass die Zeitung kurzerhand *Der Platz* (→ Abb. 406, S. 387) betitelt und das Thema von allen Seiten entsprechend beleuchtet wurde.[6]

Die publizistischen Aktivitäten setzte Gmür auch nach seiner Innerschweizer Tätigkeit als Obmann fort. Von 1978 bis 1985 war er Redaktor bei der Zeitschrift *Werk-Archithese* (ab 1979 *Archithese*). Die 1979 lancierten Themenhefte *Werkbund Material* (→ S. 198), die inhaltlich vorwiegend der Stadt als Lebensraum gewidmet waren, konnte er ebenfalls redaktionell mitgestalten. Er löste 1981 den Berner Daniel Reist im Amt des Ersten Vorsitzenden im Werkbund ab und führte ähnliche Themen auf nationaler Ebene weiter, die er zuvor lokal in Luzern verfolgt hatte. Gmür leitete verschiedene Tagungen zum Thema Stadt, so beispielsweise *Die Unregierbarkeit der Städte. Stadtpolitik zwischen Kultur und Subkultur*, die 1982 zusammen mit dem Deutschen Werkbund (DWB) und dem Gottlieb-Duttweiler-Institut (GDI) veranstaltet wurde. In seine Amtszeit fällt auch das von Geschäftsführer Leonhard Fünfschilling (→ S. 437) initiierte grosse Engagement des SWB zur *Kulturinitiative* (→ S. 200) und die diesbezüglich wichtige Tagung *Kultur im Gespräch* zum 70. Jubiläum des SWB. Gmür konnte die Entwicklung des Werkbundes aus den 1960er-Jahren vom Wohnen über die Stadt bis zur Kulturpolitik in den 1980er-Jahren mittragen und gab 1987 den Ersten Vorsitz an Martin Heller weiter.

«Älter werden heisst nicht, dass man veralten muss», sagt das heute noch aktive Werkbund-Mitglied und schätzt gerade die Qualität des Werkbundes, Kontakte zu knüpfen, Diskussionen anzuregen und sich mit Meinungen über Generationen hinaus auseinanderzusetzen. ● *Thomas Gnägi*

1 Aus einem Gespräch des Autors mit Otti Gmür vom 8.5.2013.
2 Otti Gmür, *Stadt als Heimat. Die Stadt in der wir leben möchten*, Niederteufen 1977.
3 Paraphrase Gmürs von Ernst Blochs Gedanke, vgl. Ernst Bloch, *Das Prinzip Hoffnung*, 3 Bde., Berlin 1959.
4 *Altstadtplätze – alte Plätze? Bericht der Ortsgruppe Luzern des Schweizerischen Werkbundes SWB zu den Altstadtplätzen in Luzern*, Vorschläge zur Nutzungs- und Gestaltungsmöglichkeiten erarbeitet im Auftrag des Stadtrats der Stadt Luzern, 1975. Vgl. GB SWB 1975, S. 14.
5 GB SWB 1976, S. 4.
6 *Der Platz*, zweite Zeitung zum Jubiläum der Druckerei Schill, Juni 1976, Abb. 406 auf S. 387 der vorliegenden Publikation.

443

Ellen Meyrat-Schlee

Erste Vorsitzende
von 1995 bis 2002

Die zweite Hälfte der 1990er-Jahre stand ganz im Zeichen eines unter dem Eindruck der Neuen Medien sich abzeichnenden allgemeinen kulturellen Wandels. Auch den SWB beschäftigte das Thema Mediatisierung der Gesellschaft mit verschiedenen Tagungen und Berichten (→ S. 331). Die Zürcherin Ellen Meyrat-Schlee (geb. 1944) leitete als Erste Vorsitzende 1996 die Tagung *Kulturwandel. Entwicklungen im Banne der Neuen Medien* und votierte in ihrem Schlusswort dafür, dass im Zuge der rasanten Zunahme der medialen Bilderflut und der damit einhergehenden Verschlechterung der Qualität der Bilder, der Werkbund dennoch keine «moralische Instanz sein sollte», um bessere Bilder zu produzieren: «Die Qualität und den Inhalt von Bildern kann man allenfalls als Einzelperson beeinflussen.»[1]

Als studierte Soziologin war sich Meyrat-Schlee bewusst, dass es auf die Wahrnehmung des Einzelnen ankommt und sich erst über die je eigene Sicht auf die Dinge Handlungsmuster verändern lassen. 1995, im Jahr ihres Amtsantritts als Erste Vorsitzende, hat sie als Lehrbeauftragte für Soziologie im Fachbereich Rechts- und Sozialwissenschaften am Institut für Orts-, Regional- und Landesplanung (ORL) der ETH Zürich zusammen mit Lydia Buchmüller den «Bericht 91» *Stadtbild – Sinnbild. Planungsmoden – Wertewandel* herausgegeben. Er versammelte völlig unterschiedliche Beiträge, die 1993 an zwei zusammen mit Buchmüller und dem Architekten Carl Fingerhuth organisierten Planungsseminarien am ORL entstanden waren: Vorträge, Berichte und Textcollagen, Dokumentationen einer Fotografieausstellung, Videobeiträge sowie ein Theaterstück bildeten unkonventionelle «Ansätze und Akzente im Verständnis von Stadtplanung und Stadtforschung», wie es Professor Benedikt Huber, selbst SWB-Mitglied, im Vorwort formulierte.[2]

Während ihrer Forschungs- und Lehrtätigkeit am ORL erarbeitete Meyrat-Schlee zuvor auch den «Bericht 87» *Mobil sind die anderen. Wohnqualität, Quartierleben und Sesshaftigkeit,* in dem sie die im Zürcher Seefeldquartier durchgeführten empirischen Umfragen in Bezug auf Fragen der Mobilität der Bevölkerung publizierte. Die beiden Berichte zeigen ihr Interesse an der direkten Auseinandersetzung mit der persönlichen und praktischen Erfahrung in der Stadt, die sich dann auf deren Planung auswirken kann. Damit folgt sie einem ähnlichen Planungsverständnis wie der Soziologe und *Werk*-Redaktor Lucius Burckhardt (→ S. 433), der den Begriff des «unsichtbaren Designs» prägte. Er meinte damit die verschiedenen zu untersuchenden Nutzungsfaktoren, die jeder funktionierenden Planung zugrunde liegen sollten.[3] In einigen Aufsätzen untersuchte Meyrat-Schlee die Differenz zwischen Perfektion und Qualität, zwischen Vorstellungsbild und tatsächlicher Realität der Stadt.[4] Ihr Lehr- und Forschungsgebiet erstreckt sich über die Bereiche der Raum- und Stadtplanung, über Architektur- und Wohnformen sowie Partizipation.[5]

Neben Soziologie hatte die 1944 geborene Meyrat an der Zürcher Universität Sozialpsychologie und Germanistik studiert und war von 1972 bis 1974 Assistentin an der Architekturabteilung der ETH Zürich gewesen. Sie ist Mitglied des Bundes Schweizer Planer (BSP) und des Bundes Schweizer Architekten (BSA). Zuerst Projektleiterin, war sie von 1980 bis 1983 Mitglied der Geschäftsleitung bei Metron Planungsgrundlagen Brugg. 1985 gründete sie ein Planungsbüro in Zürich, Büro Z Arbeitsgemeinschaft für Wohnen + Stadtfragen AG. Nach verschiedenen Tätigkeiten in der Lehre und in der Praxis übernahm sie 1998 den Aufbau der Hochschule Design und Kunst an der Fachhochschule Aargau (heute im Verbund der Fachhochschule Nordwestschweiz FHNW) und war deren Direktorin bis 2006. Sie lebt heute in Bern.

Nachdem an der Spitze des Schweizerischen Werkbundes mit Martin Heller 1987 ein Generationenwechsel stattgefunden hatte, war anschliessend Meyrat-Schlee Erste Vorsitzende. Sie blieb zwei Amtsperioden und trat gleichzeitig mit Leonhard Fünfschilling (→ S. 437), dem langjährigen Geschäftsführer, zurück. In ihre Amtszeit fallen ganz unterschiedliche Projekte wie der 1997 eingereichte Beitrag *Visionen im Rückspiegel* für die Landesausstellung im Jahr 2001 (→ S. 207), ferner das von ihrem Nachfolger Martin Albers initiierte Projekt *Weiterbildung bosnischer Fachleute* (→ S. 204) sowie die zusammen mit dem Institut für Geschichte und Theorie der Architektur (gta) der ETH Zürich 2001 organisierte Tagung *Werkbund und Wohnen*.[6] Die Ära unter Meyrat-Schlees Vorsitz war auch geprägt von der geplanten Umstrukturierung der kulturellen Fördermittel des Bundesamtes für Kultur (BAK). Trotz des Engagements des SWB in der Vernehmlassung zu den neuen Richtlinien des BAK, waren letztlich die Kürzungen der Beiträge an den Verein nicht abzuwenden.[7]

Meyrat-Schlee, die übrigens ab 1989 im Zentralvorstand war, hat den SWB über die Jahrtausendschwelle in eine Zeit geführt, in der dieser die kulturpolitischen Grabenkämpfe der 1980er-Jahre endgültig hinter sich gelassen hatte und sich zu einer die gestalterisch-kulturellen Bedürfnisse der einzelnen Mitglieder begleitenden Institution entwickelte. ● *Thomas Gnägi*

444

Martin Albers

Erster Vorsitzender
von 2002 bis 2008

Crossover der Kulturen, *Eile mit Weile/Hâte-toi lentement*, *Agglo* oder *Ressourcen* – im ersten Jahrzehnt des neuen Jahrtausends stehen diverse schlagwortartige Begriffe als Jahres- oder Tagungsthemen für das Tätigkeitsfeld des Schweizerischen Werkbundes. Was auf den ersten Blick einem Themenbazar gleichkommt, entpuppt sich bei genauerem Hinsehen als Strategie, möglichst viele Mitglieder mit einem inhaltlichen Schwerpunkt abzuholen und in einer thematischen Auseinandersetzung übers Jahr in die Arbeit und in die Diskussionen mit einzubinden.[1] Letztlich ging es immer um Gestaltung der Lebenswelt und um die Frage, wie diese Gestaltung angegangen werden soll. Der damalige Erste Vorsitzende Martin Albers (geb. 1955) setzte ganz bewusst auf eine Art «Spielstruktur» – wie er es nennt –, um gemeinsam an einem Thema zu arbeiten.[2]

Albers kam 2002 in die Position des Ersten Vorsitzenden, nachdem er mehrere Jahre den Vorsitz der Zürcher Ortsgruppe innegehabt hatte. Ende Jahr trat auch der Geschäftsführer Leonhard Fünfschilling (→ S. 437) zurück, der fast dreissig Jahre, und zuletzt mit Albers' Vorgängerin Ellen Meyrat-Schlee (→ S. 440), die Geschicke des SWB geprägt hatte. Albers justierte zusammen mit ihm und der neuen Geschäftsführerin, der Kunsthistorikerin Irma Noseda, neben der inhaltlichen Ausrichtung auch die Organisationsstruktur des SWB. So ist in

1 Kulturwandel im Spannungsfeld: Bild und Wirklichkeit. Gesprächsrunde in: SWB Dokument 1997, S. 131. Meyrat-Schlee reagierte mit ihrem Votum auf Lars Müllers diesbezügliche Forderung ebd., S. 129.
2 Benedikt Huber, Vorwort, in: Buchmüller/Meyrat-Schlee 1995, S. 7.
3 So der gleichnamige Titel des Aufsatzes, Burckhardt 1981.
4 Siehe Ellen Meyrat-Schlee, Exkurs über Perfektion, in: SWB Überall ist jemand 1992, S. 51–58; dies., Perfektion – Dechiffrierung von verdeckten Strukturen, in: Buchmüller/Meyrat-Schlee 1995, S. 141–147.
5 Ellen Meyrat-Schlee, Curriculum, Typoskript 26.9.1997, Archiv SWB.
6 Vgl. GB SWB 2001, S. 5–6.
7 Zur Chronologie der Ereignisse siehe den Beitrag zur Kulturinitiative (→ S. 200) in der vorliegenden Publikation.

seiner Zeit als Erster Vorsitzender die Delegiertenversammlung abgeschafft und versucht worden, mit Workshops zu Jahresthemen vermehrt alle Werkbund-Mitglieder anzusprechen.

Das neu erschaffene Gefäss Workshop ermöglichte es, auf demokratische Weise eines der Themen auszuwählen, die von den engagierten Mitgliedern eingebracht worden waren. Dieses verklammerte dann als Jahresmotto die diversen Tätigkeiten des SWB und seiner Ortsgruppen. Die so definierten Inhalte drehten sich um die Gestaltung von Stadt, Vorstadt, Gesellschaft und den Umgang mit Rohstoffen.

Martin Albers ist Architekt und Städtebauer und führt seit 2003 gemeinsam mit seiner Lebenspartnerin Priska Ammann das Büro Ammann Albers StadtWerke in Zürich. In einem Backsteingebäude eines Innenhofs im Kreis 4 der Stadt Zürich planen und realisieren sie Stadtentwürfe «im ganzheitlichen Zusammenhang»[3], wie es auf ihrer Homepage heisst, was sich als Leitbild durchaus auch im Interessensspektrum des SWB finden liesse.

Eigentlich kam der 1955 in Trier geborene Albers für einen Jahresstudienaufenthalt von München nach Zürich. Als er aber bei Professor Bernhard Hoesli prozessorientiertes Entwerfen kennenlernte, ging er nicht mehr zurück und diplomierte 1978 an der ETH Zürich. Sein Vater, Gerd Albers aus Hamburg, war in München Professor für Städtebau. Seine Mutter, Ingela Keup, eine Berliner Kunsthistorikerin und Grafikerin, hatte über die Stelle als Geschäftsführerin der Geschwister Scholl-Stiftung den Grundlehrkurs an der Ulmer Hochschule für Gestaltung bei Walter Peterhans absolviert. Mit Albers' Entscheidung in der Schweiz zu bleiben, stand auch sein Beitritt zum Schweizerischen Werkbund fest. Hier wollte er «in lebendiger Auseinandersetzung» mit dem SWB etwas bewirken.[4] Im Idealfall ist der SWB für ihn eine Art Netzwerk, in das man «eine Idee einbringen» kann, und mit dem sich dann «die Kräfte bündeln lassen». So verstand er auch das von ihm lancierte Bosnien-Projekt (→ S. 204), mit dem nach dem Krieg auf dem Balkan Fachleuten aus Jugoslawien eine Weiterbildung in ihrem angestammten Berufsfeld in der Schweiz ermöglicht wurde.

Der Gedanke an eine neue Werkbund-Siedlung war für Albers Anlass dazu, über Bedingungen nachzudenken, die mit einer solchen Siedlung gegeben sein müssten. So kam die Idee, zuerst die realisierten europäischen Werkbundsiedlungen des 20. Jahrhunderts zu analysieren, um daraus entsprechende Schlüsse zu ziehen. Es entstand zum 90-Jahre-Jubiläum zusammen mit Noseda und anderen das Sonderheft *Werk + Bund + Wohnen* der Zeitschrift *Hochparterre*.[5]

In Albers Amtszeit fällt auch die Gründung der Groupe Romandie (→ S. 87), mit der der Schweizerische Werkbund zu einer nationalen Organisation avancierte.

Die von verschiedener Seite geübte Kritik am heutigen Auftreten des Werkbundes kann Albers teilweise nachvollziehen.[6] Allerdings stehe der Verein nicht mehr unter dem «kulturellen Staudruck» wie in seiner Anfangszeit. Damals sei es darum gegangen, einen «Ausweg» aus der Sackgasse der industriell hergestellten historisierenden Stil-Massenware zu finden. Der Werkbund habe «als Speerspitze» vorpreschen, die schlechten Formen anprangern und für gute werben können. Die differenzierte Gesellschaft heute aber brauche weder dozierende und damit belehrende, noch für ein Manifest kämpfende Gestalter. Kritik am heutigen Werkbund müsse sich daher vielmehr «an der Gegenwart messen», an der «unendlichen Menge an Sachfragen», die heutiges Gestalten ausmache, und bei denen sich der Werkbund durchaus einbringe.

Albers trat nach zwei Amtszeiten 2008 zurück und wurde vom Berner Gestalter Iwan Raschle im Ersten Vorsitz des SWB abgelöst.

● *Thomas Gnägi*

1 Vgl. auch GB SWB 2002, S. 1–2.
2 Wie auch die folgenden Zitate aus einem Gespräch mit dem Autor, 13.8.2013.
3 http://www.swiss-architects.com/de/stadtwerke (1.8.2013).
4 Wie Anm. 2; vgl. auch GB SWB 2002, S. 2.
5 SWB 90 Jahre 2003.
6 Beispielsweise Axel Simon, Lautsprecher: War da was? Der Schweizerische Werkbund feiert seinen hundertsten Geburtstag. Anfangs die Speerspitze der Zweckform, dann Taskforce in Sachen Umwelt. Und heute?, in: *Hochparterre* 26 (2013), H. 8, S. 3.

Anhang

Statistik der Berufsgruppen innerhalb des SWB

1914/15:
122 Mitglieder

1938/39:
487 Mitglieder
(inkl. Förderer;
ohne Förderer
456 Mitglieder)

1964:
821 Mitglieder

1989:
1011 Mitglieder

2012:
895 Mitglieder

Als Quelle dienen die jeweiligen Geschäftsberichte bzw. Mitgliederverzeichnisse. Bei den genannten Zahlen handelt es sich um Mindestangaben, da nicht bei jeder Person eine Berufsbezeichnung vorliegt, bzw. da eine eindeutige Zuteilung nicht in jedem Fall möglich ist. Wo nicht anders aufgeführt, wurden die Förderer nicht mitgezählt.

Architekten und Innenarchitekten, Gartenarchitekten

(Kunst-)Drucker, Typografen, Künstler, Kunsthandwerker, Handwerker, Visuelle Gestalter, Designer, Fotografen

Kulturvermittlung, Verwaltung, Schule, Museen, Verleger, Redaktoren, Politik, Wissenschaft

Industrielle, Fabrikanten, Juristische Mitglieder (Firmen)

Andere

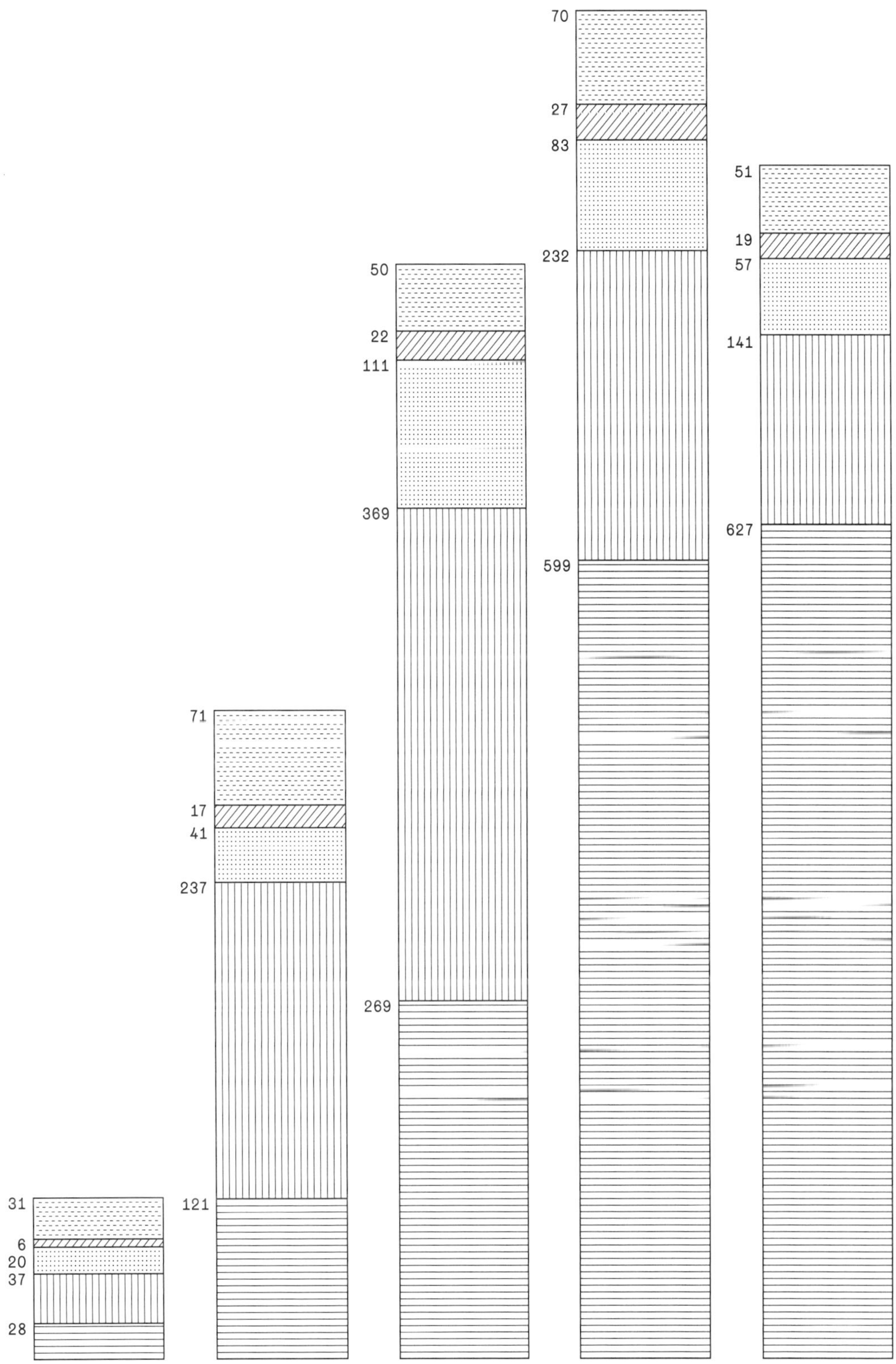

Abkürzungsverzeichnis

ALA	Arbeitsgemeinschaft der Schweizerischen Aluminium-Verarbeiter, Walzwerke und Hütten
ASG	Arbeitsgemeinschaft Schweizer Grafiker (1972 durch Fusion von VSG und BGG entstanden)
BAK	Bundesamt für Kultur
BGG	Bund Grafischer Gestalter
BIGA	Bundesamt für Industrie, Gewerbe und Arbeit
BSA/FAS	Bund Schweizer Architekten / Fédération des Architectes Suisses / Federazione Architetti Svizzeri
CH-BAR	Schweizerisches Bundesarchiv, Bern
CIAM	Congrès internationaux d'architecture moderne
DWB	Deutscher Werkbund
EDA	Eidgenössisches Departement für auswärtige Angelegenheiten (früher Eidgenössisches Politisches Departement)
EDI	Eidgenössisches Departement des Innern
EKaK	Eidgenössische Kommission für angewandte Kunst
ETH Zürich	Eidgenössische Technische Hochschule Zürich
EPFL	École Polytechnique Fédérale de Lausanne
FAW	Fachausschuss Wohnbau
FSAI	Verband freierwerbender Schweizer Architekten
GB SWB	Geschäftsbericht des Schweizerischen Werkbundes
GSMBA	Gesellschaft Schweizerischer Maler, Bildhauer und Architekten
HLS	Historisches Lexikon der Schweiz, Basel 2002ff.
Lignum	Schweizerische Arbeitsgemeinschaft für das Holz
MfGZ	Museum für Gestaltung Zürich
MoMA	Museum of Modern Art, New York
MUBA	Mustermesse Basel
NZZ	Neue Zürcher Zeitung
OEV	L'Œuvre
ÖWB	Österreichischer Werkbund
OLMA	Ostschweizerische Land- und Milchwirtschaftliche Ausstellung
ORL	Orts-, Regional- und Landesplanung
SAD	Swiss Design Association (ehemals SID)
SAFFA	Schweizer Ausstellung für Frauenarbeit
SBB	Schweizerische Bundesbahnen
SBZ	Schweizerische Bauzeitung
SGD	Swiss Graphic Design (ersetzt 1993 ASG)
SGV	Schweizer Grafiker Verband (gegründet 1983)
SIA	Schweizerischer Ingenieur- und Architektenverein
SID	Swiss Industrial Designer (später SAD)
SKV	Schweizerischer Kunstverein
StaBS	Staatsarchiv Basel-Stadt
SWA	Schweizerisches Wirtschaftsarchiv Basel
SWB	Schweizerischer Werkbund
VSG	Verband Schweizer Grafiker (gegründet 1938)
winbibStu	Winterthurer Bibliotheken, Studienbibliothek
WOBA	Schweizerische Wohnungsausstellung Basel
ZAK	Zeitschrift für Schweizerische Archäologie und Kunstgeschichte
ZIA	Zürcher Ingenieur- und Architektenverein
ZV SWB	Zentralvorstand des Schweizerischen Werkbundes

Bibliografie

Die Bibliografie verzeichnet einerseits diejenige Literatur, die mehrfach verwendet wurde und dann mit einem Kürzel versehen ist. Einfach verwendete Publikationen sind direkt in den Fussnoten zu finden. Weiter hier aufgeführt sind Schriften, die im Sinne einer vollständigen Bibliografie relevant sind. Schriften, die vom Werkbund selbst herausgegeben wurden, sind ab S. 451 vollständig aufgeführt. Nicht enthalten sind darin die Schriften der Ortsgruppen.

Albrecht/Kohler/Maurer 2010
Juerg Albrecht, Georg Kohler und Bruno Maurer (Hg.), *Expansion der Moderne. Wirtschaftswunder – Kalter Krieg – Avantgarde – Populärkultur*, Zürich 2010.

Allas/Bosoni 1995
Ivo Allas und Giampiero Bosoni, Das Projekt Schweiz bei den internationalen Ausstellungen von 1924 bis 1939, in: Rüegg/Tropeano 1995, S. 32–39.

Althaus 1969
Peter F. Althaus, Von Struktur zu Form, in: SWB Warenkatalog 1969, S. 7–14.

Althaus/Henggeler 1973
Peter F. Althaus und Aldo Henggeler, *Die Stadt als offenes System*, Reihe Exploration 1, Basel und Stuttgart 1973.

Altherr 1914
[Alfred Altherr, Vortrag an der Kölner Werkbundausstellung] in: *Hermann Muthesius, Die Werkbund-Arbeit der Zukunft; Friedrich Naumann, Werkbund und Weltwirtschaft; Der Werkbund-Gedanke in den germanischen Laendern. Oesterreich-Ungarn, Schweiz, Holland, Daenemark, Schweden, Norwegen*, Jena 1914, S. 15.

Altherr 1921
Alfred Altherr, Qualität und Schund. Ausstellung im Kunstgewerbemuseum Zürich, in: *Werk* 8 (1921), H. 11, S. 208–211.

Altherr/Vesely 1930
Alfred Altherr und J. Vesely, *III. Svycarské loutky Marionnettes suisses – Schweizer Marionetten*, Ausstellungskatalog, hg. von Union Internationale des Marionettes, Prag 1930.

Ausstellung SWB Werk 1915
Die erste Ausstellung des Schweizerischen Werkbundes, in: *Werk* 2 (1915), H. 1, S. 1–23.

Ausstellungs-Kalender 1922
Ausstellungs-Kalender für das Jahr 1922 (März), in: *Werk* 9 (1922), H. 2, S. XIV.

Ball-Spies 1987
Daniela U. Ball-Spies, *«Wie ist das Kunstgewerbe in der Schweiz zu heben und zu pflegen?» Der Beitrag von Nora Gross (1871–1929) zur ästhetischen Erziehung*, Dissertation, Universität Basel, 1987.

Baudin 1997
Baudin, Antoine, Marksteine der Geschichte der Vereinigung *L'Œuvre* (1913–1963), in: Made in Switzerland 1997, S. 116–127.

Baudin 2001
Antoine Baudin, Identité romande et «résistance au nudisme». Positions de l'association L'Oeuvre, 1925–1945, in: *ZAK* 58 (2001), S. 175–184.

Bernoulli 1930
Hans Bernoulli, Die Wohnkolonie Eglisee als Ausstellungs-Siedlung der WOBA Basel 1930, in: *Werk* 17 (1930), H. 10, S. 295–312.

Bieri Thomson 2006
Helen Bieri Thomson (Hg.), *Une expérience Art nouveau. Le Style Sapin à La Chaux-de-Fonds*, Paris 2006.

Bignens 2008
Christoph Bignens, *Geschmackselite Schweizerischer Werkbund. Mitgliederlexikon 1913–1968*, Zürich 2008.

Bill 1949
Max Bill, Schönheit aus Funktion und als Funktion, in: *Werk* 36 (1949), H. 8, S. 272–282.

Bill 2008
Max Bill, *funktion und funktionalismus, Schriften 1945–1988*, hg. von Jakob Bill, Bern 2008.

Birkner/Steiner 1969
Othmar Birkner und Robert Steiner, *Der Weg ins 20. Jahrhundert 1870–1918. Entwicklungsgeschichte der modernen Raumgestaltung in der Schweiz*, Winterthur 1969.

Birkner 1974
Othmar Birkner, Aus der Gründungsgeschichte des Schweizerischen Werkbundes. Kunstgewerbeausstellungen der Jahrhundertwende, in: *Werk/Œuvre* 61 (1974), H. 3, S. 282–285.

Birkner 1978
Othmar Birkner, Die Gründung des Schweizerischen Werkbundes (SWB) und von L'Oeuvre (OEV), in: Burckhardt 1978, S. 114–121.

Blaser/Burckhardt/Hernandez 1963
Werner Blaser, Lucius Burckhardt und Antonio Hernandez, Nach fünfzig Jahren, in: *Werk* 50 (1963), H. 10, S. 380–402.

Bloesch 1914
Hans Bloesch, Die Lithographie an der Landesausstellung, in *Werk* 1 (1914), H. 1, S. 1–8, Tafeln.

Boerlin 1928
Gerhard Boerlin, Heimatschutz, Werkbund und Geist der Zeit, in: *Heimatschutz* 23 (1928), H. 1, S. 2–4.

Breuer 2007
Gerda Breuer (Hg.), *Das gute Leben. Der Deutsche Werkbund nach 1945*, Tübingen 2007.

Breuer/Mingels/Oestereich 2010
Gerda Breuer, Pia Mingels, Christopher Oestereich (Hg.), *Hans Schwippert 1899–1973. Moderation des Wiederaufbaus*, Berlin 2010.

Broda 1980
[May B. Broda], *50 Jahre Gewerbemuseum Winterthur am Kirchplatz, 1928–1978*, Winterthur [1980].

Buchmüller/Meyrat-Schlee 1995
Lydia Buchmüller und Ellen Meyrat-Schlee (Hg.), *Stadtbild – Sinnbild. Planungsmoden – Wertewandel*, ORL-Bericht 91, Zürich 1995.

Bühler 1926
Richard Bühler, Das Problem der Qualität in der schweizerischen Produktion, in: *Werk* 13 (1926), H. 9, S. 298–300.

Bühler 1938
Richard Bühler, Ansprache zur öffentlichen Kundgebung anlässlich der Tagung des Schweizerischen Werkbundes Bern 1938, in: *Werk* 25 (1938), H. 12, S. 353–354.

Bühler 1939
E. [Richard] Bühler, Eröffnungsansprache, in: SWB 25 Jahre 1939, S. 1–4.

Bürdek 1991
Bernhard E. Bürdek, *Design. Geschichte, Theorie und Praxis der Produktgestaltung*, Köln 1991.

Bürkle/Tropeano 1994
J. Christoph Bürkle und Ruggero Tropeano, *Die Rotach-Häuser. Ein Prototyp des Neuen Bauens in Zürich*, Zürich 1994.

Bundi 2005
Madlaina Bundi (Hg.), *Erhalten und Gestalten. 100 Jahre Schweizer Heimatschutz*, Baden 2005.

Burckhardt/Kutter 1953
Lucius Burckhardt/Markus Kutter, *Wir selber bauen unsere Stadt. Ein Hinweis auf die Möglichkeiten staatlicher Baupolitik*, Vorwort von Max Frisch, Basler politische Schriften 1, Basel [1953].

Burckhardt/Frisch/Kutter 1955
Lucius Burckhardt/Max Frisch/ Markus Kutter, *achtung: die schweiz. Ein Gespräch über unsere Lage und ein Vorschlag zur Tat*, Basler politische Schriften 2, Basel und Zürich 1955.

Burckhardt 1962
Lucius Burckhardt, Soziologische Betrachtungen, in: SWB Vorträge 1962, S. 14–20.

Burckhardt/Förderer 1968
Lucius Burckhardt und Walter M. Förderer, *Bauen ein Prozess*, Niederteufen 1968.

Burckhardt 1978
Lucius Burckhardt (Hg.), *Der Werkbund in Deutschland, Österreich und der Schweiz. Form und Ornament*, [italienische Originalausgabe 1977, französische Übersetzung 1981], Stuttgart 1978.

Burckhardt 1981
Lucius Burckhardt, Design ist unsichtbar, in: Gsöllpointner/Hareiter 1981, S. 13–20.

Burckhardt 1985
Lucius Burckhardt, *Die Kinder fressen ihre Revolution. Wohnen – Planen – Bauen – Grünen*, hg. von Bazon Brock, Köln 1985.

Burckhardt 2006
Lucius Burckhardt, Strollology als Nebenfach, in: Ritter/Schmitz 2006, S. 5–11.

Claus 2007
Sylvia Claus, Mitteleuropa. Der Deutsche Werkbund im Ausland, in: Nerdinger 2007, S. 66–70.

Crettaz-Stürzel 2005
Elisabeth Crettaz-Stürzel, *Heimatstil. Reformarchitektur in der Schweiz 1896–1914*, 2 Bde., Frauenfeld 2005.

Crivelli/Imboden 1997
Patricia Crivelli und Barbara Imboden, 80 Jahre Förderung – eine Synopse, in: Made in Switzerland 1997, S. 59–87.

Curjel 1972
Hans Curjel, Theaterbau in Zürich. Thesen – Fragen – Kommentare, in: SWB Schriftenreihe 1972, o. S. [S. 11–24].

Deutsches Museum 1997
Das Schöne und der Alltag. Deutsches Museum für Kunst in Handel und Gewerbe 1909–1919, hg. vom Kaiser Wilhelm Museum Krefeld und Karl Ernst Osthaus-Museum der Stadt Hagen, Hagen 1997.

Dreissigerjahre 1981
Dreissigerjahre Schweiz. Ein Jahrzehnt im Widerspruch, Ausstellungskatalog, Zürich 1981.

DWB Jahrbuch 1912
Die Durchgeistigung der deutschen Arbeit, Jahrbuch des Deutschen Werkbundes 1, Jena 1912.

DWB Jahrbuch 1913
Die Kunst in Industrie und Handel, Jahrbuch des Deutschen Werkbundes 2, Jena 1913.

DWB Jahrbuch 1914
Der Verkehr, Jahrbuch des Deutschen Werkbundes 3, Jena 1914.

DWB Jahrbuch 2008
Michael Andritzky (Hg.), *Von der guten Form zum guten Leben. 100 Jahre Werkbund*, Werkbund Jahrbuch 1, Frankfurt a. M. 2008.

Erni 1983
Peter Erni, *Die gute Form. Eine Aktion des Schweizerischen Werkbundes – Dokumentation und Interpretation*, Baden 1983.

Ewig/Gaehtgens 2002
Isabelle Ewig, Thomas W. Gaehtgens u. a. (Hg.), *Das Bauhaus und Frankreich / Le Bauhaus et la France, 1919–1940*, Passagen/Passages, Bd. 4, Berlin 2002.

Finsler 1933
Hans Finsler, Fotografie und Werkbund, in: Wegleitung 1933, S. 16–21.

Finsler 1955
Der Werkbund und die Dinge, in: SWB Vorträge 1955, S. 28–39.

Finsler 1956
Hans Finsler, Der Werkbund und die Dinge, in: *Werk* 43 (1956), H. 9, S. 269–272.

Frehner 1990
Matthias Frehner, Richard Bühler – Das Urteil der Zukunft nicht fürchten, in: *Geschichte des Kunstvereins Winterthur seit seiner Gründung 1848*, hg. von der Stadtbibliothek Winterthur, Neujahrsblatt der Stadtbibliothek Winterthur, Bd. 321 (1991), Winterthur 1990, S. 210–236.

Frey 1992
Pierre Frey, Architecture et raison de commerce. La menuiserie Held, l'architecte Laverrière, l'éditeur Payot et L'Œuvre, in: Neuenschwander Feihl 1992, S. 111–131.

Frey 1999
Pierre Frey (Hg.): *Alphonse Laverrière, 1872–1954, parcours dans les archives d'un architecte*, Lausanne 1999.

Fröhlich 1997
Martin Fröhlich, Vergangenheitsbewältigung ist angezeigt: vor 80 Jahren war in Bern die Ausstellung des Deutschen Werkbundes, in: *Der kleine Bund. Kultur-Beilage des Bund* 148 (1997), 22.11.1997, S. 6.

Fünfschilling 2001
Leonhard Fünfschilling, Zwischen Mission und Reflexion. Design im Spiegel der Werkbundthemen nach der «guten Form», in: *ZAK* 58 (2001), S. 195–200.

Fünfschilling 2003
Leonhard Fünfschilling, Werkbund.ch, in: SWB 90 Jahre 2003, S. 36–37.

Furter/Schoeck-Ritschard 2013
Fabian Furter und Patrick Schoeck-Ritschard, *Göhner Wohnen. Wachstumseuphorie und Plattenbau*, Baden 2013.

Gasser 2007
Martin Gasser (Hg.), *Bilderstreit. Durchbruch der Moderne um 1930. Aus der Sammlung der Fotostiftung Schweiz und des Schweizerischen Werkbundes*, Ausstellungskatalog, Zürich 2007.

Giedion 1929
Befreites Wohnen. 86 Bilder eingeleitet von Sigfried Giedion, hg. von Emil Schaeffer, Schaubücher 14, Zürich und Leipzig 1929.

Gimmi 1994
Karin Gimmi, *Armin Meili. Swiss Made. Grossprojekte 1947–1957*, Lizentiatsarbeit Universität Zürich 1994.

Gimmi 1996
Karin Gimmi, Max Bill geht ans Herz. Der Schweizer Beitrag zur Triennale di Milano von 1936, in: *archithese* 26 (1996), H. 3, S. 48–53.

Gisel 1950
Ernst Gisel, Bemerkungen zu einer Werkbund-Ausstellung im Jahre 1950, in: SWB Ausstellung 1950, o. S.

Gisler 1991
Johanna Gisler, Leitbilder des Wohnens und sozialer Wandel 1936–1965, in: *Bilder und Leitbilder im sozialen Wandel*, hg. vom Schweizerischen Sozialarchiv, Zürich 1991, S. 313–372.

Gomringer 1963
Eugen Gomringer, SWB-Chronik 1913-1963, in: *Werk* 50 (1963), H. 10, S. 378–379.

Graber 1932
Rudolf Graber, Vom Entwurf zum serienreifen Möbelstück, in: *Werk* 19 (1932), H. 11, S. 335–337.

Gsöllpointner/Hareiter 1981
Helmuth Gsöllpointner, Angela Hareiter und Laurids Ortner (Hg.) *Design ist unsichtbar*, Wien 1981.

Gubler 1975
Jacques Gubler, *Nationalisme et internationalisme dans l'architecture moderne de la Suisse*, Dissertation, Universität Lausanne, Lausanne 1975.

Guyer/Kettiger 1947
Hans Guyer, Ernst Kettinger und Vereinigung Schweizer Innenarchitekten (Hg.), *Möbel und Wohnraum*, Erlenbach 1946.

Hagspiel 2007
Wolfram Hagspiel, Deutsche Werkbund-Ausstellung Cöln 1914, in: Nerdinger 2007, S. 65–66.

Heigl 1969
Franz Heigl, Kunst als Information – Information als Kunst, in: SWB Kommentare 12, S. 713–720; SWB Kommentare 13, S. 857–864.

Heller 1991
Martin Heller, Im Zeichen des ‹Werkbundlöffels›. Hans Finsler und der Schweizerische Werkbund (SWB), in: Klaus E. Göltz u. a. (Hg.), *Hans Finsler. Neue Wege der Photographie*, Leipzig 1991, S. 56–59.

Hellmann 2011
Anouk Hellmann, *Charles L'Éplattenier, 1874–1946*, mit einem Vorwort von Thierry Béguin, Hauterive 2011.

Hildebrand/Maurer/Oechslin 2007
Sonja Hildebrand, Bruno Maurer und Werner Oechslin (Hg.), *Haefeli Moser Steiger. Die Architekten der Schweizer Moderne*, Zürich 2007.

HLS
Stichwort in: http://www.hls-dhs-dss.ch (*Historisches Lexikon der Schweiz*, hg. von der Stiftung Historisches Lexikon der Schweiz, Basel, 2002 ff).

Hollis 2006
Richard Hollis, *Schweizer Grafik. Die Entwicklung eines internationalen Stils 1920–1965*, Basel/Boston/Berlin 2006.

Huber 1988
Jörg Huber, *Der Bund fördert, der Bund sammelt. 100 Jahre Kunstförderung des Bundes*, hg. vom Bundesamt für Kulturpflege, Baden 1988.

Huber Nievergelt 2006
Verena Huber Nievergelt, Hans Finsler als Fotograf und Kulturpolitiker im Schweizerischen Werkbund, in: Koenig/Gasser 2006, S.148–155.

Itten 1950
Johannes Itten, SWB, in: SWB Ausstellung 1950, o.S.

Janser/Rüegg 2001
Andres Janser und Arthur Rüegg, *Hans Richter: Die neue Wohnung. Architektur, Film, Raum*, Baden 2001.

Jeanneret 1912
Charles-Edouard Jeanneret, *Étude sur le mouvement d'Art Décoratif en Allemagne*, La Chaux-de-Fonds 1912.

Kampf der Dinge 2008
Kampf der Dinge. Der Deutsche Werkbund zwischen Anspruch und Alltag, hg. vom Werkbundarchiv – Museum der Dinge, Berlin 2008.

Keller 1973
Rolf Keller, *Bauen als Umweltzerstörung. Alarmbilder einer Un-Architektur der Gegenwart*, Zürich 1973.

Kienzle 1921
Wilhelm Kienzle, Vom Bau des Stuhles, in: *Werk* 8 (1921), H.11, S.215–217.

Kienzle 1939
[Hermann] Kienzle, Die Entwicklung des Werkbundgedankens, in: SWB 25 Jahre 1939, S.4–31.

Kienzle 1940
Hermann Kienzle, Die VII. Triennale Mailand 1940, in: *Werk* 27 (1940), H.8, S.217–223.

Kienzle 1945
Hermann Kienzle, Alfred Altherr zum Gedächtnis, in: *Werk* 32 (1945), H.12, S.361–363.

Kirsch 1987
Karin Kirsch, *Die Weissenhofsiedlung*, Stuttgart 1987.

Koenig/Gasser 2006
Thilo Koenig und Martin Gasser (Hg.), *Hans Finsler und die Schweizer Fotokultur*, Zürich 2006.

Kohler/von Moos 2002
Georg Kohler und Stanislaus von Moos (Hg.), *Expo-Syndrom? Materialien zur Landesausstellung, 1883–2002*, Zürich 2002.

Kries 2008
Mateo Kries (Hg.), *Le Corbusier, Studie über die deutsche Kunstgewerbebewegung*, Vitra Design Stiftung, Weil am Rhein 2008.

Kultur 1983
Kultur im Gespräch. Vous et la Culture. Ergebnisse der Vernehmlassung zur Eidgenössischen Kulturinitiative, hg. vom Eidgenössischen Departement des Innern, Bern 1983.

Kulturbericht 1999
Zahlen, bitte! Kulturbericht 1999: Reden wir über eine schweizerische Kulturpolitik, hg. vom Bundesamt für Kultur, Anna Schindler und Christoph Reichenau, 1999.

Kunstgewerbemuseum 1975
1875–1975. 100 Jahre Kunstgewerbemuseum der Stadt Zürich, hg. vom Kunstgewerbemuseum der Stadt Zürich, Zürich 1975

LA 39
Die Schweiz im Spiegel der Landesausstellung 1939, hg. von der Schweizerischen Landesausstellung 1939, 4 Bde./Bd.2, Zürich 1940.

LA 39 Aussteller
Die Aussteller der LA. Vollständiges Verzeichnis der Fachgruppenkomitees, der Aussteller und des Ausstellungsgutes, hg. von der Schweizerischen Landesausstellung 1939, Zürich 1941.

LA 39 Bericht
Administrativer Bericht. Vorgelegt vom Liquidationskomitee der Schweizerischen Landesausstellung 1939, Zürich 1942.

LA 39 Katalog
Schweizerische Landesausstellung 1939 Zürich. Offizieller Führer mit Ausstellungsverzeichnis und Orientierungsplan, hg. von der Schweizerischen Landesausstellung 1939, Zofingen und Zürich 1939.

Lampugnani/Schneider 1992
Vittorio Magnago Lampugnani und Romana Schneider (Hg.), *Moderne Architektur in Deutschland 1900 bis 1945. Reform und Tradition*, Stuttgart 1992.

Land- und Ferienhaus 1935
Schweizerische Ausstellung Land- und Ferienhaus. Einfaches Bauen und Wohnen für Wochenend, Ferien, und Alltag. Basel, 11. Mai–2. Juni 1935. Katalog, Basel 1935.

Lechner 1967
Max Lechner, Orientierung über die Aktion «Wer baut mit uns Werkbund-Wohnungen»?, in: SWB Kommentare 1, S.575–577.

Lohse 1953
Richard P. Lohse, *Neue Ausstellungsgestaltung. Nouvelles conceptions de l'exposition. New Design Exhibitions*, Erlenbach-Zürich 1953.

Lohse-Stiftung 2000
Richard Paul Lohse. Konstruktive Gebrauchsgrafik, hg. von der Richard Paul Lohse-Stiftung, bearbeitet von Christoph Bignens und Jürg Stürzebecher, Ostfildern-Ruit 2000.

Made in Switzerland 1997
Made in Switzerland. Gestaltung – 80 Jahre Förderung durch die Eidgenossenschaft, hg. vom Bundesamt für Kultur, Ausstellungskatalog, Zürich 1997.

Mahlberg 2008
Hermann J. Mahlberg, Alfred Altherr und Wilhelm Werdelmann, Der Einfluß der Kunstgewerbeschulen Elberfeld und Barmen, in: Hermann J. Mahlberg, Hella Nußbaum (Hg.), *Der Aufbruch um 1900 und die Moderne in der Architektur des Wuppertales: Abendrot einer Epoche*, Wuppertal 2008, S.254–260.

Maissen 2010
Thomas Maissen, *Geschichte der Schweiz*, Baden 2010.

Marbach/Rüegg 1990
Ueli Marbach und Arthur Rüegg, *Werkbundsiedlung Neubühl in Zürich-Wollishofen 1928–1932. Ihre Entstehung und Erneuerung*, Zürich 1990.

Mauderli 1998
Laurence Mauderli, *The Schweizerischer Werkbund and L'Œuvre: Switzerland between art and industry, 1913–1922*, Abschlussarbeit MA Course in the History of Design, Victoria & Albert Museum, [unveröffentlichtes Typoskript], London 1998.

Mauderli 2001a
Laurence Mauderli, Positioning Swiss design: the Schweizerischer Werkbund and L'Œuvre at the beginning of the twentieth century, in: *Journal of the Decorative Arts Society 1850 to the Present* 25 (2001), S.25–37.

Mauderli 2001b
Laurence Mauderli, Zwischen Stuhl und Bank: Einige Anmerkungen zu den Anfangszeiten des Schweizerischen Werkbunds und L'Œuvre, 1913–1922, in: *ZAK* 58 (2001), H.3, S.163–174.

Maurer 1994
Bruno Maurer, «Das Werk» der Jahre 1914–1942 im Spannungsfeld seiner Träger SWB und BSA, seiner Inserenten und Rezipienten, in: *archithese* 24 (1994), H.5, S.17–29.

Maurer 2010
Bruno Maurer, «Apertura al mondo», in: Albrecht/Kohler/Maurer 2010, S.235–262.

Medici-Mall 1991
Katharina Medici-Mall, Wachablösung am «Werk». Die Avantgarde schickt Peter Meyer von Bord, in: *Unsere Kunstdenkmäler* 42 (1991), Nr.3, S.325–334.

Medici-Mall 1994
Katharina Medici-Mall, Im Zeichen der Revision. Peter Meyer als Redakteur der Zeitschrift «Das Werk» von 1930 bis 1942, in: *archithese* 24 (1994), H.5, S.42–53.

Medici-Mall 1998
Katharina Medici-Mall, *Im Durcheinandertal der Stile. Architektur und Kunst im Urteil von Peter Meyer (1894–1984)*, Basel u.a. 1998.

Mehlau-Wiebking/Rüegg/Tropeano 1989
Friederike Mehlau-Wiebking, Arthur Rüegg und Ruggero Tropeano, *Schweizer Typenmöbel 1925–35. Sigfried Giedion und die Wohnbedarf AG*, Zürich 1989.

Meili 1945
Armin Meili (Hg.), *Bauliche Sanierung von Hotels und Kurorten. Schlussbericht*, Erlenbach-Zürich 1945.

Meyer 1939
Peter Meyer, Die Architektur der Landesausstellung – kritische Besprechung, in: *Werk* 26 (1939), H.11, S.321–352.

Meyer 1940
Peter Meyer, Situation der Architektur 1940, in: *Werk* 27 (1940), H.9, S.241–251.

Meyer 1943
Peter Meyer, Werkbundfragen I–IV, in: *SBZ* 121 (1943), S.254–256; 122 (1943), S.80–81, 89–90, 113–115.

von Moos 1981
Stanislaus von Moos, Eine Avantgarde geht in die Produktion. Die Zürcher CIAM-Gruppe und der «Wohnbedarf», in: Gsöllpointer/Hareiter 1981, S.195–208.

von Moos 1992
Stanislaus von Moos, *Industrieästhetik. Die visuelle Kultur der Schweiz*, Ars Helvetica Bd.11, Disentis 1992.

Münch 1997
Andreas Münch, Kunst oder Design? Der Bund und die Gestaltung, in: Made in Switzerland 1997, S.88–110.

Muthesius 1912
Hermann Muthesius, Wo stehen wir?, in: DWB Jahrbuch 1912, S.11–26.

Nerdinger 2007
Winfried Nerdinger (Hg.), *100 Jahre Deutscher Werkbund, 1907–2007*, Ausstellungskatalog, München 2007.

Neuenschwander Feihl 1992
Joëlle Neuenschwander Feihl (Hg.), *Une Menuiserie Modèle. Les Held de Montreux*, Ausstellungskatalog, Lausanne 1992.

Nicolai 2007
Bernd Nicolai, Der Werkbund im Ersten Weltkrieg – eine Gratwanderung, in: Nerdinger 2007, S.70–74.

Nierhaus/Orosz 2012
Andreas Nierhaus und Eva-Maria Orosz (Hrsg.), *Werkbundsiedlung Wien 1932. Ein Manifest des Neuen Wohnens*, Ausstellungskatalog Wien Museum, Wien 2012.

Noseda 2007a
Irma Noseda, «Soll es eine Verherrlichung des Hässlichen auf Erden sein?» Werkbund und Fotografie: Von der Reform zum Wortführer der Avantgarde, in: Gasser 2007, S. 32–45.

Noseda 2007b
Irma Noseda, Von der Guten Form zum unsichtbaren Design, in: Breuer 2007, S. 76–185.

Oestereich 2000
Christopher Oestereich, *«Gute Form» im Wiederaufbau. Zur Geschichte der Produktgestaltung in Westdeutschland nach 1945*, Berlin 2000.

Ornament 1924
Die Form ohne Ornament. Werkbundausstellung 1924, Katalog, Stuttgart, Berlin, Leipzig 1924.

Pallini 2004
Stéphanie Pallini, *Entre tradition et modernisme. La Suisse romande de l'entre-deux-guerres face aux avant-gardes*, Bern 2004.

Paulsson 1949
Gregor Paulsson, Die soziale Aufgabe im kunstindustriellen Unterricht, in: *Werk* 36 (1949), H. 8, S. 260–271.

Posener 1964
Julius Posener, *Anfänge des Funktionalismus. Von Arts an Crafts zum Deutschen Werkbund*, hg. von Ulrich Conrads, Bauwelt Fundament 11, Berlin u.a. 1964.

Rapport Général Lausanne 1922
Première Exposition Nationale d'Art Appliqué. Lausanne, 6 Mai–25 Juin 1922: Rapport Général, Lausanne 1922.

Ritter/Schmitz 2006
Lucius Burckhardt, *Warum ist Landschaft schön? Die Spaziergangswissenschaft*, hg. von Markus Ritter und Martin Schmitz, Berlin 2006.

Röder 1993
Sabine Röder, *Moderne Baukunst 1900–1914. Die Photosammlung des Deutschen Museums für Kunst in Handel und Gewerbe*, Ausstellungskatalog, Krefeld 1993.

Röthlisberger 1915
H[ermann] R[öthlisberger], Die I. Ausstellung des Schweizerischen Werkbundes im Kunstgewerbemuseum Zürich, in: *Werk* 2 (1915), H. 1, S. XIII–XV.

Rollier 1921
Arist Rollier, Werkbund und Heimatschutz, in: *Heimatschutz* 16 (1921), H. 1, S. 60–62.

Roth 1950
Alfred Roth, Werkbund-Ausstellung in Zürich [Vorwort], in: *Werk* 37 (1950), H. 8, S. 225.

Roth 1985
Alfred Roth. Architekt der Kontinuität – architect of continuity, mit einer Einführung von Stanislaus von Moos, Zürich 1985.

Rucki/Huber 1998
Isabelle Rucki und Dorothee Huber, *Architektenlexikon der Schweiz 19./20. Jahrhundert*, Basel u.a. 1998.

Rüegg 2002a
Arthur Rüegg (Hg.), *Schweizer Möbel und Interieurs im 20. Jahrhundert*, Basel 2002.

Rüegg 2002b
Arthur Rüegg, Musterhäuser, Siedlung Eglisee Basel, 1930. Ernst Mumenthaler und Otto Meier, in: Rüegg 2002a, S. 306–307.

Rüegg 2002c
Arthur Rüegg, Von der Utopie zum konkreten Fall 1925–1940, in: Rüegg 2002a, S. 95–117.

Rüegg/Tropeano 1995
Arthur Rüegg und Ruggero Tropeano (Hg.), *Wege zur «Guten Form». Neun Beiträge zur Geschichte der Schweizer Produktgestaltung*, Basel 1995.

SBZ Sonderheft 1935
Sonderheft zur Ausstellung Land- und Ferienhaus in Basel, in: *SBZ* 105 (1935), Nr. 21.

Schilder Bär 2002
Lotte Schilder Bär, Aus dem Reduit ins moderne Leben, in: Rüegg 2002a, S. 135–175.

Schilder Bär/Wild 2001
Lotte Schilder Bär und Norbert Wild, *Designland Schweiz, Gebrauchsgüterkultur im 20. Jahrhundert*, hg. von Pro Helvetia, Zürich 2001.

Schilling 1997
Rudolf Schilling, Design als Wirtschaftsförderung, in: Made in Switzerland 1997, S. 184–189.

Schlosser 1916
Heinrich Schlosser, Schweizer Spielwaren, in: *Heimatschutz* 11 (1916), H. 2, S. 17–26.

Schmidt 1927
Hans Schmidt, Die Mietwohnungen der Schweizergruppe an der Ausstellung «Die Wohnung» in Stuttgart, in: *Werk* 14 (1927), H. 9, S. 272–278.

Schmidt 1935
Georg Schmidt, Ausstellung «Land- und Ferienhaus» (Einfaches Bauen und Wohnen für Wochenend, Ferien und Alltag), Abteilung III «Wohnbedarf», zusammengestellt vom Schweizerischen Werkbund SWB, in: *Werk* 22 (1935), H. 7, S. 237–252.

Schmidt 1944
Georg Schmidt, Werkbund und Nachkriegszeit, in: SWB Vorträge 1944 S. 9–29.

Schmidt 1948
Georg Schmidt, Abschiedsbrief an Egidius Streiff, in: *Werk* 35 (1948), H. 7, S. *89*–*90*.

Schmidt 1959
Georg Schmidt, Richard Bühler zum 80. Geburtstag, in: *Werk* 46 (1959), H. 6, S. 114*.

Schmidt 1963
Georg Schmidt, *50 Jahre Schweizerischer Werkbund. 200 Jahre unbewältigte Maschine*, Separatabdruck aus der National-Zeitung, 25.10.1963.

Schneider 2005
Beat Schneider, *Design – Eine Einführung. Entwurf im sozialen, kulturellen und wirtschaftlichen Kontext*, Basel 2005.

Schnell 2001
Dieter Schnell, Chalet oder Bungalow? Zur Schweizer Holzbaupropaganda in den 1930er Jahren, in: *Kunst + Architektur der Schweiz* 52 (2001), H. 3, S. 52–59.

Schnell 2005
Dieter Schnell, *Bleiben wir sachlich! Deutschschweizer Architekturdiskurs 1919–1939 im Spiegel der Fachzeitschriften*, Basel 2005.

Schwartz 1999
Frederic J. Schwartz, *Der Werkbund, Ware und Zeichen 1900–1914*, Dresden 1999.

Schwartz 2007a
Frederic J. Schwartz, Neue Formen der Kultur im Industriezeitalter, in: Nerdinger 2007, S. 12–14.

Schwartz 2007b
Frederic J. Schwartz, Von der Gründung zum Typenstreit, in: Nerdinger 2007, S. 48–51.

Schweizer Ausstellung Köln 1948
Schweizerische Architektur-Ausstellung Köln 1948, Köln 1948.

Sigg 1921
Johannes Sigg, Qualität, in: *Werk* 8 (1921), H. 11, S. 211–215.

Streiff 1935
[Egidius Streiff], Ausstellung «Land- und Ferienhaus», in: *Werk* 22 (1935), S. 158–160.

Streiff 1936
Egidius Streiff, Die Schweizer Abteilung an der Triennale in Mailand 1936, in: *Werk* 23 (1936), H. 8, S. 245–255.

Streiff 1940
Egidius Streiff, Historismus und «Wohnen 1940». Anmerkungen zu dem Artikel «Situation der Architektur 1940», in: *Werk* 27 (1940), H. 12, S. 365–368.

Streiff 1944
Egidius Streiff, Zur Erneuerung des Hotel-Mobiliars, in: *Schweizer Hotel-Revue*, Nr. 47, 23.11.1944.

Streiff 1946
Egidius Streiff, Formgebung in der schweizerischen Industrie, in: *Werk* 33 (1946), H. 5, S. 138–154.

SWB Publikationen
→ siehe S. 451–453

Tessenow 1916
Heinrich Tessenow, *Hausbau und dergleichen*, Berlin 1916.

Wegleitung 1914
Der Schweizerische Werkbund, 1. Kollektivausstellung. Das deutsche Museum für Kunst in Handel und Gewerbe in Hagen i. W., Wegleitungen des Kunstgewerbemuseums Zürich Nr. 4, [Zürich 1914].

Wegleitung 1926
Das Neue Heim. Ausstellung 4. November bis 24. Dezember 1926, Wegleitungen des Kunstgewerbemuseums Zürich Nr. 68, Zürich 1926.

Wegleitung 1927
Form ohne Ornament. Ausstellung 20. Februar bis 27. März 1927, Wegleitungen des Kunstgewerbemuseums Zürich Nr. 70, Zürich 1927.

Wegleitung 1933
Fotoausstellung des SWB, Wegleitungen des Kunstgewerbemuseums Zürich Nr. 115, Zürich 1933.

Wegleitung 1976
Beispiel Zürich: Lernen vom Industriequartier. Beitrag des SWB zur Ausstellung «Erholungsraum Stadt», Wegleitung des Kunstgewerbemuseums Zürich Nr. 306, Zürich 1976.

Wegleitung 1978
Gründung und Entwicklung 1878–1978: 100 Jahre Kunstgewerbeschule der Stadt Zürich, Schule für Gestaltung. Auftrag: Bilden und Gestalten für Mensch und Umwelt, Wegleitung des Kunstgewerbemuseums Zürich Nr. 315, Zürich 1978.

WOBA 1930
WOBA-Führer durch die Ausstellungs-Siedlung Eglisee. Basel, 16. August–14. September 1930, Basel 1930.

SWB-Publikationen

SWB Ausstellung 1921
Ausstellung Qualität und Schund, Wegleitungen des Kunstgewerbemuseums Zürich Nr. 41, Zürich 1921.

SWB Ausstellung 1950
SWB. Ausstellung der Ortsgruppe Zürich des Schweizerischen Werkbundes im Kunstgewerbemuseum Zürich, mit Beiträgen von Ernst F. Burckhardt, Ernst Gisel, Willy Guhl, Max Ernst Haefeli, Johannes Itten, Hans Neuburg und Willy Rotzler Wegleitung des Kunstgewerbemuseums Zürich Nr. 184, Zürich 1950.

SWB Bill 1949
Max Bill, *Die gute Form. Wanderausstellung des Schweizerischen Werkbundes,* Ausstellungskatalog, Wegleitung des Kunstgewerbemuseums Zürich Nr. 183, Zürich, 1949.

SWB Bill 1957
Max Bill, *Die gute Form. 6 Jahre Auszeichnung «Die gute Form» an der Schweizer Mustermesse in Basel,* hg. von der Schweizer Mustermesse in Basel und vom Zentralvorstand des Schweizerischen Werkbundes SWB, Winterthur 1957.

SWB Broschüre 1977
Quantität und Qualität – Design-Tendenzen von 1900 bis 1978 und der Werkbund, Tagung des Schweizerischen Werkbundes, 10.12.1977, Idee und Gestaltung Werner Blaser und Lucius Burckhardt, Mailand 1977.

SWB CAAD 1993
New Realities – Neue Wirklichkeiten. CAAD: Entwerfen im Zeichen des Computers, Tagungsband, mit Beiträgen von Jean-Jacques Allemann, Andreas Fuhrimann, Leandro Madrazo, Alois Martin Müller, Gerhard Schmitt, Alex Bloch, Mark de Vries, André Streilein, Urs Wyss, Schriftenreihe 17 Museum für Gestaltung Zürich, Zürich 1993.

SWB Dokumente 1991–1997

SWB Dokument 1991a
Der Gestaltungswettbewerb. Kulturinstrument, Modemacher oder Alibi?, mit Beiträgen von Martin Albers, Leo Balmer, Franco Clivio, Mario Erdheim, Urs Fanger, Leonhard Fünfschilling, Rös Graf, Urs Graf, Martin Heller, Guido Nussbaum, Marlies Tschopp, SWB-Dokument Nr. 1, Zürich 1991.

SWB Dokument 1991b
Heimat, Heimatschutz, Heimatdesign, mit Beiträgen von Leo Balmer, Leonhard Fünfschilling, Martin Heller, Dieter Hoffmann-Axthelm, Hermann Huber, Georg Mörsch, SWB-Dokument Nr. 2, Zürich 1991.

SWB Dokument 1992
Angemessenes Gestalten, mit Beiträgen von Leo Balmer, Roman Baur, Polly Bertram, Martin Heller, Walter Keller, Gabriel Terzi, Ueli Zbinden, SWB-Dokument Nr. 3, Zürich 1992.

SWB Dokument 1997
Kulturwandel. Entwicklungen im Banne der Neuen Medien, mit Beiträgen von Bettina Heintz, Christian Lutz, Alois Martin Müller, Ellen Meyrat-Schlee und Florian Rötzer, SWB-Dokument Nr. 4, Zürich 1997.

SWB Flugblätter 1914–1917

SWB Flugblatt 1914
Wander-Ausstellung des Schweizerischen Werkbundes und des Deutschen Museums für Kunst in Handel und Gewerbe in Hagen i. W., 1. Flugblatt des Schweizerischen Werkbundes, [um 1914], o. S.

SWB Flugblatt 1915a
Heinrich Schlosser, *Das moderne Inserat,* 2. Flugblatt des Schweizerischen Werkbundes, Februar 1915.

SWB Flugblatt 1915b
[Heinrich Schlosser], *Schweizer. Spielwaren,* 3. Flugblatt des Schweizerischen Werkbundes, 1915.

SWB Flugblatt 1916a
Gustav Ammann, *Über den Garten,* 4. Flugblatt des Schweizerischen Werkbundes, 1916.

SWB Flugblatt 1916b
Erik v. Stockar-Castell, *Zeitgenössische kirchliche Kunst,* 5. Flugblatt des Schweizerischen Werkbundes, 1916.

SWB Flugblatt 1917
Hermann Röthlisberger, *Was will der Schweizerische Werkbund?,* 6. Flugblatt des Schweizerischen Werkbundes, 1917.

SWB Flugblatt 1919
Frieda Gentner, *Die Berufsausbildung der Verkäuferin,* 7. Flugblatt des Schweizerischen Werkbundes, 1919.

SWB Flugblatt 1922
Alfred Ramseyer, *Kunst und Feste,* 8. Flugblatt des Schweizerischen Werkbundes, 1922.

SWB Flugblatt 1924
Hermann Röthlisberger, *Was will der Schweizerische Werkbund?,* 6. Flugblatt (Erstauflage 1917) des Schweizerischen Werkbundes, 1924.

SWB Good Design 1957
Good Design in Switzerland. Traveling Exhibition oft the Swiss Werkbund, Vorwort von Annemarie Henle Pope, Einführung von Alfred Roth, Zürich 1957.

SWB Gut wohnen 1943
Paul Artaria und Egidius Streiff, *Gut Wohnen. Ein Ratgeber für praktische Wohnungsgestaltung,* hg. vom Schweizerischen Werkbund, Basel 1943.

SWB Hotelzimmer 1948
SWB-Wettbewerb zur Erneuerung von Hotelzimmern, Schweizer Hotel-Revue, 1948, Beilage «Hoteltechnik», Nr. 4/5

SWB Kommentare 1–42

SWB Kommentare 1
Aktion «Wer baut mit uns Werkbund-Wohnungen?», *SWB Kommentare 1,* in: *Werk* 54 (1967), H. 9, S. 573–580.

SWB Kommentare 2
Nach 15 Jahren: Bilanz der «Guten Form», *SWB Kommentare 2,* in: *Werk* 54 (1967), H. 11, S. 731–734.

SWB Kommentare 3
Jahrestagung und Generalversammlung 1967 Bern, *SWB Kommentare 3,* in: *Werk* 55 (1968), H. 1, S. 73–74.

SWB Kommentare 4
Graphik als Umwelt, *SWB Kommentare 4,* in: *Werk* 55 (1968), H. 3, S. 185–188

SWB Kommentare 5
Die «Gute Form» am Ende ihrer Möglichkeiten, *SWB Kommentare 5,* in: *Werk* 55 (1968), H. 6, S. 403–406

SWB Kommentare 6
Badener Tagung zum Reformplan der Kunstgewerbeschule, *SWB Kommentare 6,* in: *Werk* 55 (1968), H. 8, S. 537–544.

SWB Kommentare 7
Wohnen heute an der OLMA, Sondernummer zur Ausstellung, *SWB Kommentare 7,* in: *Werk* 55 (1968), H. 10, S. 677–684.

SWB Kommentare 8
Das manipulierte Glück, Bericht über die Informationstagung für Pädagogen und Gestalter, *SWB Kommentare 8,* in: *Werk* 55 (1968), H. 12, S. 1–8.

SWB Kommentare 9
Max Bill zum 60. Geburtstag, *SWB-Kommentare 9,* in: *Werk* 56 (1969), H. 2, S. 125–128.

SWB Kommentare 10
Wozu Werkbund?, *SWB-Kommentare 10,* in: *Werk* 56 (1969), H. 4, S. 267–270.

SWB Kommentare 11
Zur heutigen Situation in der bildenden Kunst. Eine ästhetische Untersuchung im Felde des industriellen Designs, *SWB-Kommentare 11,* in: *Werk* 56 (1969), H. 6, S. 417–420.

SWB Kommentare 12
Kunst als Information – Information als Kunst, Teil 1, *SWB-Kommentare 12,* in: *Werk* 56 (1969), H. 10, S. 713–720.

SWB Kommentare 13
Kunst als Information – Information als Kunst, Teil 2, *SWB-Kommentare 13,* in: *Werk* 56 (1969), H. 12, S. 857–864.

SWB Kommentare 14
Dem Werkbund eine Chance!,
SWB-Kommentare 14, in: *Werk* 57 (1970), H. 2, S. 121–124.

SWB Kommentare 15
Wieviel Landschaft braucht der Mensch? Ausbeutung oder Nutzbarmachung der Natur? Wie lange ist es uns in der Schweiz noch wohl?,
SWB-Kommentare 15, in: *Werk* 57 (1970), H. 4, S. 261–272.

SWB Kommentare 16
Neue Zielsetzung des SWB Herbst 1969,
SWB-Kommentare 16, in: *Werk* 57 (1970), H. 9, S. 611–618.

SWB Kommentare 17
Was sind die SWB-Kommentare? Zum Redaktionswechsel,
SWB-Kommentare 17, in: *Werk* 58 (1971), H. 1, S. 53–56.

SWB Kommentare 18
Intelligenz – Kreativität – Erziehung,
SWB-Kommentare 18, in: *Werk* 58 (1971), H. 2, S. 125–132.

SWB Kommentare 19
Betrifft: unsere Städte / Zur Definition des Wortes «Planung» / Der visuelle Terror unserer Städte,
SWB-Kommentare 19, in: *Werk* 58 (1971), H. 5, S. 337–344.

SWB Kommentare 20
Gegen-Information,
SWB-Kommentare 20, in: *Werk* 58 (1971), H. 7, S. 481–488.

SWB Kommentare 21
Noch mehr Gegen-Information,
SWB-Kommentare 21, in: *Werk* 58 (1971), H. 10, S. 693–700.

SWB Kommentare 22
Bericht zur Aktion 71 «Lehrzeit – Leerzeit»,
SWB-Kommentare 22, in: *Werk* 59 (1972), H. 3, S. 125–128.

SWB Kommentare 23
Das schweizerische Bildungswesen – Versuch der Andeutung einer Gesamtkonzeption wünschbarer Bildungsstrukturen,
SWB-Kommentare 23, in: *Werk* 59 (1972), H. 5, S. 345–348.

SWB Kommentare 24
Schule – Welche Bildung?,
SWB-Kommentare 24, in: *Werk* 59 (1972), H. 7, S. 369–372.

SWB Kommentare 25
Unterrichtstechnologie – was ist das?,
SWB-Kommentare 25, in: *Werk* 59 (1972), H. 9, S. 493–496.

SWB Kommentare 26
Rheinstrom – Peinstrom, DWB-SWB-Tagung 1972 Basel / Rhein-Bodensee-Gebiet aus deutscher Sicht,
SWB-Kommentare 26, in: *Werk* 59 (1972), H. 11, S. 621–624.

SWB Kommentare 27
«Grenzfall Rhein» fordert Analyse über die Belastbarkeit des Naturraumes / Das Planteam SWB,
swb-journal, Nr. 27 (*SWB-Kommentare*), in: *Werk* 60 (1973), H. 2, S. 491–492.

SWB Kommentare 28
Ausstellung über Kunsthandwerk in Basel und Toronto / Zürich refusiert Fragebogen / Kritik am Zürcher Baugesetz,
swb-journal, Nr. 28 (*SWB-Kommentare*), in: *Werk* 60 (1973), H. 5, S. 629–630.

SWB Kommentare 29
Noch ist Zürich nicht verloren,
swb-journal, Nr. 29 (*SWB-Kommentare*), in: *Werk* 60 (1973), H. 6, S. 771–772.

SWB Kommentare 30
Der Werkbund braucht eine Doktrin für eine besondere Dienstleistung,
swb-journal, Nr. 30 (*SWB-Kommentare*), in: *Werk* 60 (1973), H. 7, S. 875–876.

SWB Kommentare 31
Die Energiekrise wird geprobt / Zeichen und Signale,
swb-journal, Nr. 31 (*SWB-Kommentare*), in: *Werk* 60 (1973), H. 7, S. 903–904.

SWB Kommentare 32
Trotzdem: die Stadt von morgen ist nicht die Stadt von gestern,
swb-dokument, Nr. 32 (*SWB-Kommentare*), in: *Werk* 60 (1973), H. 7, S. 1033–1034.

SWB Kommentare 33
Angeklagt: Bundesrat Furgler,
swb-journal-oev 33 (*SWB-Kommentare*), in: *Werk/Œuvre* 60 (1973), H. 9, S. 1147–1150.

SWB Kommentare 34
Mittelschule von morgen im Zeichen der pädagogischen Provinz / Die Reform der Mittelschule muss aus einer Gesamtbildungskonzeption heraus entwickelt werden / «Kunsterziehung» ist neu zu definieren,
swb-journal-oev 34, in: *Werk/*Œuvre 60 (1973), H. 11, S. 1457–1458.

SWB Kommentare 35
Chaos und Monotonie – Ausdrucksformen der optisch zerstörten Umwelt / Projekte für einen Film und eine Ausstellung,
swb-dokument-oev 35, in: *Werk/Œuvre* 60 (1973), H. 12, S. 1629–1632.

SWB Kommentare 36
Heimatschutz gewinnt Bundesgenossen,
swb-journal-oev 36, in: *Werk/Œuvre* 61 (1974), H. 1, 115–116.

SWB Kommentare 37
Thearena (das Theater, das gewissermassen auf die Strasse geht),
swb-journal-oev 37, in: *Werk/*Œuvre 61 (1974), H. 2, S. 239–242.

SWB Kommentare 38
Design Information Zürich,
swb-journal-oev 38, in: *Werk/Œuvre* 61 (1974), H. 4, S. 501–502.

SWB Kommentare 39
Mit Heiny Widmer die zeitgenössische Kunst diffamieren,
swb-journal-oev 39, in: *Werk/Œuvre* 61 (1974), H. 5, S. 633–634.

SWB Kommentare 40
Wohnungsnot durch Wohnungsbau / Stadt Bern: «Aktion Wohnschutz» / Stadt Zürich: Schutz des bisherigen Wohnraumes – Expansion der Arbeitsplätze / Stadt Basel: Wohnschutzmassnahmen lassen auf sich warten,
swb-dokument-oev 40, in: *Werk/Œuvre* 61 (1974), H. 6, S. 759–762.

SWB Kommentare 41
Man gewöhnt sich langsam daran / BSA: Limmatraum wieder aktivieren Stadt / Wandlung des Limmatraumes,
swb-dokument-oev 41, in: *Werk/Œuvre* 61 (1974), H. 8, S. 995–998.

SWB Kommentare 42
Macht Eigentum frei?,
swb-dokument-oev 42, in: *Werk/Œuvre* 61 (1974), H. 10, S. 1259–1262.

SWB Kolumnen 1974–1977

SWB-Kolumne: Werk, Werkbund und Œuvre, in: *Werk/Œuvre* 61 (1974), H. 10, S. 1166.

SWB-Kolumne: Qualität und Qualitätsbegriffe, in: *Werk/Œuvre* 61 (1974), H. 11, S. 1300.

SWB-Kolumne: Zur Kulturförderung im Kanton Bern, in: *Werk/Œuvre* 61 (1974), H. 12, S. 1432.

SWB-Kolumne: St.Galler Museum: Denkmal? – und denk mal!, in: *Werk/Œuvre* 62 (1975), H. 2, S. 138.

SWB-Kolumne: Ist der Deutsche Werkbund in seiner Existenz bedroht?, in: *Werk/Œuvre* 62, H. 3, S. 236.

SWB-Kolumne: Statt Theater, in: *Werk/Œuvre* 62 (1975), H. 4, S. 346.

SWB-Kolumne: Glatt an den Bedürfnissen vorbei, in: *Werk/Œuvre* 62 (1975), H. 5, S. 448.

SWB-Kolumne: Basel – bewohnbare Stadt?, in: *Werk/Œuvre* 62 (1975), H. 6, S. 554.

SWB-Kolumne: Kunstgewerbeschule Zürich: Besteht noch Aussicht auf Reform?, in: *Werk/Œuvre* 62 (1975), H. 7, S. 636.

SWB-Kolumne: Zürcher «Thearena-Wochen» – zweite Runde, in: *Werk/Œuvre* 62 (1975), H. 8, S. 704.

SWB-Kolumne: Wir brauchen künstlerische Gestalter, nicht Kunstgewerbler, in: *Werk/Œuvre* 62 (1975), H. 9, S. 788–789.

SWB-Kolumne: Ums Quantifizieren / Geographen treten aus der Reserve, in: *Werk/Œuvre* 62 (1975), H. 10, S. 876.
SWB-Kolumne: Die Altstadtplätze von Luzern, in: *Werk/Œuvre* 62 (1975), H. 11, S. 964.

SWB-Kolumne: Begegnungen in der DDR – Eindrücke in Fragmenten, in: *Werk/Œuvre* 62 (1975), H. 12, S. 1044.

SWB-Kolumne: Stadtquartier im Aufbruch oder im Abbruch?, in: *Werk/Œuvre* 63 (1976), H. 1, S. 16.

SWB-Kolumne: EPA, in: *Werk/Œuvre* 63 (1976), H. 2, S. 88.

SWB-Kolumne: Öffentlicher Verkehr, in: *Werk/Œuvre* 63 (1976), H. 3, S. 156.

SWB-Kolumne: Werkbund und Politik, in: *Werk/Œuvre* 63 (1976), H. 4, S. 238.

SWB-Kolumne: Drei Musterhäuser oder: Als Zürich noch Avantgarde war, in: *Werk/Œuvre* 63 (1976), H. 6, S. 390–391.

SWB-Kolumne: Polyvalente Räume. Modellfall Kaserne Basel, in: *Werk/Œuvre* 63 (1976), H. 7/8, S. 466.

SWB-Kolumne: Gestalterschulen im permanenten Dilemma, in: *Werk/Œuvre* 63 (1976), H. 9, S. 570.

SWB-Kolumne: Remo G. Galli, 3 Monate Thearena III, in: *Werk/Œuvre* 63 (1976), H. 10, S. 658.

SWB-Kolumne: Werkbund und Handwerk, Beiträge von Leonhard Fünfschilling, Margit Staber, Peter Erni und Daniel Reist, in: *Werk/Œuvre* 63 (1976), H. 11, S. 734–735.

SWB-Kolumne: Resolution zum Bau von Kernkraftwerken in der Schweiz, in: *Werk/Œuvre* 63, H. 12 (1976), S. 818.

SWB-Kolumne: SWB-Thesen zur Kulturvermittlung, in: *Werk-Archithese* 64 (1977), H. 4, S. 50–52.

SWB Kunst am Bau 1977
Kunst am Bau, Ausstellungszeitung zum Projektwettbewerb «Künstlerische Gestaltung ETH-Hönggerberg» in der Roten Fabrik, 31. Januar bis 20. Februar 1977.

SWB Landesverkleidung 1984
Landesverkleidung 1991. Warnung vor der Rückkehr einer verbrauchten Idee, hg. vom Schweizerischen Werkbund, Konzept Hanns Fuchs, mit Beiträgen von Lucius Burckhardt, Hanns Fuchs, Leonhard Fünfschilling und Otti Gmür, Gümlingen 1984.

SWB Noseda 2004
Irma Noseda, *Die gute Fotografie der guten Form,* Fotoessay innerhalb des Geschäftsberichts 2004.

SWB Plakat 1989
SWB-(Falt-)Plakat, Gestaltung Lars Müller und Mihaly Varga.

SWB Qualität und Schund 1921
Schweizerischer Werkbund SWB (Hg.), *Wanderausstellung «Qualität und Schund». Veranstaltet im Kunstgewerbemuseum der Stadt Zürich*, Begleitschrift, 1921.

SWB Reck 1988
Hans Ulrich Reck (Hg.), *Kanalarbeit. Medienstrategien im Kulturwandel*, im Auftrag des Schweizerischen Werkbundes, mit Beiträgen von Bazon Brock, Roman Brodmann, Marianne Christen, Gabrielle Goettle, Wulf R. Halbach, Friedrich Kittler, Gertrud Koch, Richard Kriesche, Markus Kutter, Rudolf M. Lüscher, Marshall McLuhan, Tania Modleski, Harry Pross, Heide Schlüpmann, Linda Stibler, Martin Stingelin, Andreas Stöcklin, Eva Suter, Hans Ulrich Reck, Micky Remann, Liliane Weissberg und Oswald Wiener, Basel und Frankfurt am Main 1988.

SWB Risse im Lack 1985
Schweizerischer Werkbund SWB mit Leonhard Fünfschilling und Hermann Huber (Hg.), *Risse im Lack. Auf den Spuren der Autokultur*, mit Beiträgen von Peter F. Althaus, Dietrich Garbrecht, Werner Geissberger, Otti Gmür, Peter Hotz, Werner Jehle, Aldo Losego, Beat Schweingruber und Nikolaus Wyss, Zürich 1985.

SWB Schriftenreihen 1971–1992

SWB Schriftenreihe 1971
Arbeitsblätter zu kulturpolitischen Fragen, mit Beiträgen von Florian F. Adler, W. Bachmann, M. Bruppacher, Lucius Burckhardt, R. Deppeler, Werner Geissberger, Jakob Hohl, Verena Huber, Alexander J. Seiler, Klaus Pfromm, E. Zietzschmann, SWB Schriftenreihe Nr. 1, Zürich 1971.

SWB Schriftenreihe 1972
Zürcher Theaterprobleme, mit Beiträgen von Hans Curjel, Bruno Schäfer, Alexander J. Seiler, Matthias Knauer, Christoph Kuhn, SWB Schriftenreihe Nr. 2, Zürich 1972.

SWB Schriftenreihe 1973
Das Kind und sein Raum, mit Beiträgen von Rémy Droz, Leonhard Fünfschilling, Gonsalv K. Mainberger, Heinz Stalder, SWB-Schriftenreihe Nr. 3, Zürich 1973.

SWB Überall ist jemand 1992
Überall ist jemand – Räume im besetzten Land, Textband zur Ausstellung, hg. vom Museum für Gestaltung Zürich zusammen mit dem Schweizerischen Werkbund SWB, mit Beiträgen von Lucius Burckhardt, Mario Erdheim, Peter Erni, Katharina Feldhusen, Leonhard Fünfschilling, Köbi Gantenbein, Daniel Güth, Martin Heller, Dieter Hoffmann-Axthelm, Hermann Huber, Werner Jehle, Bruce Meier, Ellen Meyrat-Schlee, Christian Moczala, Hans Ulrich Reck, Gerhard Schmitt, Zürich 1992.

SWB Unsere Wohnung 1942
Unsere Wohnung. Wanderausstellung des Schweizerischen Werkbundes, Führer durch die Ausstellung im Gewerbemuseum Basel 13.12.1942–7.2.1943, red. von Hermann Kienzle, Basel 1942.

SWB Vorträge 1944–1962

SWB Vorträge 1944
Werkbund und Nachkriegszeit, Beiträge der Tagung in Basel 1943 von Georg Schmidt, Jean Mussard und Berchtold von Grünigen, Basel 1944.

SWB Vorträge 1954
Das Konstante und das Modische, Beiträge der Tagung in Biel 1953 von Max Bill, Hans Finsler, Hugo Häring und Edgar Kaufmann, [Zürich] 1954.

SWB Vorträge 1955
Warum Werkbund?, Beiträge der Tagung in St. Gallen 1955 von Hans Finsler, Åke H. Huldt, Hans Schwippert, Zürich 1955.

SWB Vorträge 1959
SWB und Heimatschutz, Beiträge der Tagung in Lenzburg 1958 von Sigfried Giedion, Hans Marti, Heinrich Peter und Alfred Roth, Basel 1959.

SWB Vorträge 1960
Die Probleme der Planung, Wohnung, Ausstattung an der Schweizerischen Landesausstellung in Lausanne 1964, Anregungen und Vorschläge der Referate der Jahresversammlung in Bern, 7.11.1959, Broschüre, [Zürich 1960].

SWB Vorträge 1962
Funktion – Qualität – Preis, Beiträge der Tagung in Basel 1961 von Emil Anderegg, Lucius Burckhardt, Ernst Kadler, Alfred Roth, Basel 1961, [Zürich] 1962.

SWB Warenkatalog 1949–1969

SWB Warenkatalog 1949
Schweizer Warenkatalog/Catalogue suisse de l'Equipement 1949, Redaktion Egidius Streiff, Gestaltung Richard P. Lohse, Zürich 1949.

SWB Warenkatalog 1954
Schweizer Warenkatalog, Catalogue suisse de l'Equipement 1954
Redaktion Alfred Altherr, Gestaltung Richard P. Lohse, Zürich 1954.

SWB Warenkatalog 1960
Wohnen heute 3. Warenkatalog des Schweizerischen Werkbundes 1960
Redaktion Alfred Altherr, Typografie Richard P. Lohse, Zürich 1960.

SWB Warenkatalog 1962
Wohnen heute 4. Warenkatalog des Schweizerischen Werkbundes
Beiträge von Ulrich P. Wieser und Eugen Gomringer, Typografie Richard P. Lohse, Zürich 1962.

SWB Warenkatalog 1965
Wohnen heute 5. Warenkatalog des Schweizerischen Werkbundes 1965/66, hg. vom Schweizerischen Werkbund, Beitrag von Hans Fischli, Typografie Richard P. Lohse, Teufen 1965.

SWB Warenkatalog 1967
Wohnen heute 6. Warenkatalog des Schweizerischen Werkbundes 1967/68, mit einer Einführung von Hans Fischli, Typografie Richard P. Lohse, hg. vom Schweizerischen Werkbund, Teufen 1967.

SWB Warenkatalog 1969
Wohnen heute 7. Schweizer Warenkatalog 1969/70, mit einem Essay von Peter F. Althaus, Typografie Arthur Niggli, hg. vom Schweizerischen Werkbund, Teufen 1969.

SWB Werbeschrift 1921
Albert Baur, *Kunst und Kaufmann. Werbeschrift, herausgegeben vom Schweiz. Werkbund bei Anlass der Schweizer Mustermesse Basel*, Basel 1921.

SWB Werkbundfragen 1927
Werkbundfragen, Öffentliche Kundgebung im Rathaus Zürich 10. Sept. 1927, Beiträge von E. Richard Bühler, Walter Gropius, Hermann Kienzle, Ernst May, Karl Moser, Zürich 1927.

SWB Werkbund Material 1979–1981

SWB Werkbund Material 1979
Das Auto in der Schule
Werkbund Material 1 (1979), Nr. 0, Verantwortlich für die Redaktion: Otti Gmür.

SWB Werkbund Material 1980/1
Kommunaler Wohnungsbau und kommunale Wohnbaupolitik am Beispiel der Stadt Zürich von 1900 bis heute
Werkbund Material 2 (1980) Nr. 1, Verantwortlich für die Redaktion: Leonhard Fünfschilling.

SWB Werkbund Material 1980/2
Niemandsländer
Werkbund Material 2 (1980) Nr. 2, Verantwortlich für die Redaktion: Urs Graf.

SWB Werkbund Material 1980/3
Zu Fuss gehen
Werkbund Material 2 (1980) Nr. 3, Verantwortlich für die Redaktion: Otti Gmür.

SWB Werkbund Material 1981/1
Landi 91. Zwang zum Alten oder Chance für Neues?
Werkbund Material 3 (1981) Nr. 1, Verantwortlich für die Redaktion: Leonhard Fünfschilling.

SWB Werkbund Material 1981/2–3
Auf den Spuren einer (auch) kreativen Bewegung
Werkbund Material 3 (1981) Nr. 2–3, Verantwortlich für die Redaktion: Leonhard Fünfschilling.

SWB Werkbund Material 1982/1
Schweiz 1991 Experimente
Werkbund Material 4 (1982), Nr. 1, Verantwortlich für die Redaktion: Leonhard Fünfschilling.

SWB Werkbundsiedlung 1967
Arbeitsgruppe SWB-Siedlung Adlikon, Ist das eine Werkbundsiedlung?, in: *Werk* 54 (1967), H. 10, 609–640.

SWB Werkbundtag 2010
BlickMal. Point(s) de vue, Beiträge zum Werkbund-Tag 2010 von Bernd Nicolai, Aldo Giardini, Gudrun Sachse, Lino Sibillano, Stefanie Wettstein, Rolf Winnewisser, Zürich 2010.

SWB Wettbewerb 1948
SWB-Wettbewerb zur Erneuerung von Hotelzimmern, in: *Schweizer Hotel-Revue*, 1948, Beilage «Hoteltechnik», Nr. 4/5, unpag. [4 S.].

SWB Wohnberatung 1950
Alfred Altherr, *Richtlinien für neutrale Wohnberatungsstellen*, in: *Werk* 37 (1950), H. 2, S. 46–54.

SWB 25 Jahre 1939
25 Jahre Schweizerischer Werkbund, hg. vom SWB zur Tagung an der Landesausstellung 1939, mit Beiträgen von E. Richard Bühler, Hermann Kienzle und Egidius Streiff, Zürich 1939.

SWB 50 Jahre 1963a
Zum 50jährigen Bestehen des Schweizerischen Werkbundes, Themenheft *Werk* 50 (1963), H. 10.

SWB 50 Jahre 1963b
SWB: 50 Jahre Mitarbeit an der kulturellen Entwicklung unseres Landes Prospekt, Gestaltung Emil Ruder, 1950.

SWB 50 Jahre 1963c
Georg Schmidt, *1913–1963. 50 Jahre Schweizerischer Werkbund. 200 Jahre unbewältigte Maschine*, Separatdruck National-Zeitung, [Basel] 1963.

SWB 70 Jahre 1983
70 Jahre Schweizerischer Werkbund SWB Broschüre zur Ausstellung, Vorwort Otti Gmür, Gestaltung Rös Graf, Zürich 1983.

SWB 80 Jahre 1993
Gestaltung in der Rezession. Werkbund-Versammlung und Tagung aus Anlass des 80-jährigen Bestehens des SWB – Eine Bewegungsraumbesichtigung, Einleitung von Martin Albers, Faltbroschüre, o.O. 1993.

SWB 90 Jahre 2003
SWB Werk+Bund+Wohnen. Die zehn Werkbund-Siedlungen des 20. Jahrhunderts, Beilage zu *Hochparterre* 16 (2003), H. 12.

Abbildungsnachweis

Wenn nicht anders angegeben, stammen die abgebildeten Dokumente aus dem Archiv des Schweizerischen Werkbundes (Archiv SWB, 161 Abbildungsnummern). Die Urheber sind in den entsprechenden Bildlegenden genannt. Literaturangaben sind gekürzt wiedergegeben und werden in der Bibliografie aufgelöst.

Altherr/Vesely 1930:
Abb. 428
Archiv Bernd Nicolai:
Abb. 013
Archiv Dr. Jakob Meyer, Basel:
Abb. 433
Archiv Geberit AG:
Abb. 181
Archiv Martin Albers:
Abb. 444
Archiv Verena Huber:
Abb. 417–419
Archiv Yves Dreier:
Abb. 028–032
Archives de la construction moderne, EPFL, fonds Alphonse Laverrière:
Abb. 429
Bildarchiv Foto Marburg:
Abb. 157
Fotostiftung Winterthur:
Abb. 077, 078
gta Archiv/ETH Zürich (Fotosammlung SWB):
Abb. 160–162, 283, 361, 362, 372–377, 438
gta Archiv/ETH Zürich (Nachlass Niklaus Morgenthaler):
Abb. 389–393
gta Archiv/ETH Zürich (Nachlass Alfred Roth):
Abb. 327 (*Werk und Zeit* 1956), 437
Guyer/Kettiger 1947:
Abb. 386, 387
Hochparterre 2003:
Abb. 042
http://www.thisisdisplay.org/collection/good_design_catalog (2.9.2013):
Abb. 133
L'Œuvre:
Abb. 019 (1926), Abb. 021 (1928), Abb. 020 (1929), Abb. 015, 016 (1931), Abb. 022 (1932)
Moderne Bauformen 17 (1918):
Abb. 062
Mollerup 1997:
Abb. 134, 135
Musée historique Lausanne:
Abb. 183, 184
Museum für Gestaltung Zürich, Designsammlung, Konvolut SWB:
Abb. 034, 035, 043, 053–056, 079, 080, 081, 087, 139, 175, 192–196, 256, 263–268, 278–281, 297–323, 328–330, 333, 339–345, 360, 379, 380, 381–383, 384–385 (*Schweizer Hotel-Revue*, 1948, Beilage *Hoteltechnik*, Nr. 2), 399–402, 435, 439
Museum für Gestaltung Zürich, Plakatsammlung:
Abb. 026, 065, 071, 075, 260, 378, 407, 408, 422
Norddeutsche Bauzeitung 8 (1912):
Abb. 002
Œuvres 17 (1933):
Abb. 023
Œuvres 19 (1935):
Abb. 024, 025
Ornament 1924:
Abb. 073, 074
Rheinisches Bildarchiv Köln:
Abb. 156
Röder 1993:
Abb. 003
Sammlung der Bergischen Universität Wuppertal:
Abb. 324
Sammlung René Spitz, Köln:
Abb. 325, 326
Schweizerische Baukunst 2 (1910):
Abb. 001
Schweizerische Landesausstellung Lausanne 1964, Goldenes Buch, Lausanne 1964:
Abb. 163
Schweizerische Nationalbibliothek Bern:
Abb. 388 (*Schweizer Hotel-Revue*, 1948, Beilage *Hoteltechnik*, Nr. 2)
Schweizerische Nationalbibliothek Bern, Graphische Sammlung:
Abb. 404
SWB Landesverkleidung 1984:
Abb. 164
SWB Satzungen 1913:
Abb. 014
Tessenow 1916:
Abb. 010
Universitätsbibliothek Basel:
Abb. 431
Wegleitung 1950:
Abb. 085, 086, 089, 090
Werk:
Abb. 007, 158, 159 (1914), Abb. 009, 057–061, 168–171 (1915), Abb. 004, 173, 174 (1916) Abb. 005, 008, 091, 172 (1917), Abb. 006, 012 (1918), Abb. 092, 093, 430 (1922), Abb. 349 (1924), Abb. 094 (1925), Abb. 350–353 (1926), Abb. 051 (1929), Abb. 348, 368–371 (1930), Abb. 095, 365, 366 (1931), Abb. 354, 355 (1932), Abb. 358, 359 (1934), Abb. 096, 189, 191 (1935), Abb. 052 (1937), Abb. 097 (1939), Abb. 098, 432 (1940), Abb. 099 (1944), Abb. 176, 177 (1946), Abb. 100 (1947), Abb. 259 (1949), Abb. 088 (1950), Abb. 082, 083 (1951), Abb. 178 (1954), Abb. 101 (1956), Abb. 084 (1957), Abb. 396, 397 (1958), Abb. 179, 180, 182 (1962), Abb. 409 (1966), Abb. 262, 410, 411 (1967), Abb. 102, 405 (1968), Abb. 103, 104, 119, 120 (1969), Abb. 121, 122, 127 (1970), Abb. 123 (1971), Abb. 124 (1972)
Werk-Archithese :
Abb. 117 (1977), Abb. 118 (1978)
Werk/Œuvre:
Abb. 105 (1973), Abb. 040, 041, 106–110, 125, 126 (1974), Abb. 111–115, 141 (1975), Abb. 116 (1976)
Zentralbibliothek Zürich, Alte Drucke:
Abb. 070 (*Schweizer Illustrierte Zeitung* 1918), 271 (*Wochenzeitung* 1955), 128–130 (*Die Woche* 1958)
Zürcher Hochschule der Künste ZHdK/Archiv:
Abb. 011, 050, 064, 068, 069, 143, 144, 167, 395, 420, 421, 436

COPYRIGHTS

Für die Werke von
Max Bill (Abb. 053, 075, 079, 192, 206, 264, 265, 359), Binia Bill-Spoerri (Abb. 079, 359), Robert Gnant (Abb. 128–130), Camille Graeser (Abb. 074), Rolf Iseli (Abb. 390, 393), Richard Paul Lohse (Abb. 054, 084, 215, 226, 274, 284–289, 378, 398), Josef Müller-Brockmann (Abb. 222–224, 404), Charlotte Perriand (Abb. 365) und Tom Wesselmann (Abb. 136)
© 2013, ProLitteris, Zurich

Für die Werke von
Richard Hamilton (Abb. 137)
© R. Hamilton. All Rights Reserved/
2013, ProLitteris, Zurich
Le Corbusier (Abb. 088, 353, 365)
© FLC/2013, ProLitteris, Zurich
Jackson Pollock (Abb. 296)
© Pollock-Krasner Foundation/
2013, ProLitteris, Zurich
Heiri Steiner (Abb. 048, 166, 210)
© Fotostiftung Schweiz/2013, ProLitteris, Zurich
Jean Tinguely (Abb. 137)
© The Niki Charitable Art Foundation/
2013, ProLitteris, Zurich
Michael Wolgensinger (Abb. 177, 263, 285)
© Fotostiftung Schweiz/2013, ProLitteris, Zurich

Für die Werke von
Max P. Linck (Abb. 076), Ernst R. Linck (Abb. 007, 012, 064, 350), Gotthard Schuh (Abb. 078)
© Fotostiftung Schweiz
Jupp Ernst (Abb. 324)
© Sammlung der Bergischen Universität Wuppertal
Hans G. Conrad (Abb. 325, 326)
© Sammlung René Spitz Köln
Hans Finsler (Abb. 077, 272, 283, 365, 366)
© Stiftung Moritzburg Halle
Ernst Scheidegger (Abb. 053, 227)
© 2013 Stiftung Ernst Scheidegger-Archiv Zürich

Für folgende Werke
Abb. 157
© Bildarchiv Foto Marburg
Abb. 136, 137, 190, 284–296
© Schweizerischer Werkbund SWB, Zürich
Abb. 431
© Staatsarchiv Aargau/Ringier Bildarchiv

Abbildungen Cover und Rückseite siehe Seitenverweise. Zudem *Werkbundausstellung,* Zürich 1918, Foto Ernst R. Linck © Fotostiftung Schweiz (Cover oben rechts, ZHdK/Archiv); *Foto-Wanderausstellung,* Winterthur 1933, Gestaltung Paul Schneider (Rückseite oben Mitte, Museum für Gestaltung Zürich, Plakatsammlung); Werbestand der Bürstenfabrik Walter AG an der MUBA, Gestaltung Hermann Eidenbenz, 1936 (Rückseite unten, Archiv SWB)

Index

Im Index sind Namen aus dem Haupttext, den Bildunterschriften und den Anmerkungen (ohne bibliografische Angaben) aufgeführt von Ateliers, Firmen, Museen, Personen, Schulen und Vereinigungen. Nicht aufgelistet sind Institutionen, die mit dem SWB in engem Austausch standen und stehen wie der Bund Schweizer Architekten (BSA), der Deutsche Werkbund (DWB), L'Œuvre (OEV) sowie die (Kunst-) Gewerbemuseen Aarau, Basel, Bern, St.Gallen, Winterthur und Zürich (Museum für Gestaltung) und die Departementsstellen des Bundes.

Für Angaben zu Lebensdaten, Beruf und Vereinszugehörigkeit verweisen wir auf Bignens 2008, HLS und Rucki/Huber 1998.

Index der Ereignisse

Autorinnen und Autoren

Sibille Arnold
Studium der Kunstgeschichte BA in Bern und Venedig. Derzeit absolviert sie am Institut für Kunstgeschichte der Universität Bern den Monomaster Denkmalpflege und verfasst eine Masterarbeit zu einem architekturpädagogischen Thema.
→ S. 363

Eva Bigler
Kunsthistorikerin und Erziehungswissenschaftlerin MA, Masterarbeit zur Baugeschichte des Warenhauses Loeb Bern am Institut für Kunstgeschichte der Universität Bern.
→ S. 360

Régine Bonnefoit
1995 Promotion in Kunstgeschichte an der Universität Heidelberg. 2006 Habilitation an der Universität Passau mit einer Studie über die Linientheorien von Paul Klee. 1992–1994 Assistenz am Département des arts graphiques du Louvre, 1995–1998 Forschungsstipendium am Kunsthistorischen Institut in Florenz, 2000 Volontariat an den Berliner Museen, 2001–2006 Hochschulassistenz an der Universität Lausanne. Seit 2006 Kuratorin der Fondation Oskar Kokoschka in Vevey und seit 2008 Förderungsprofessur des SNF an der Universität Neuchâtel.
→ S. 67, 420

J. Christoph Bürkle
Architekturhistoriker und -theoretiker. Promotion über Hans Scharoun. Verleger, Dozent, Publizist und Verfasser von zahlreichen Büchern und Aufsätzen zur Architektur. Präsident des Architektur Forums Zürich.
→ S. 133, 353

Melchior Fischli
Studium der Kunstgeschichte in Zürich und Tätigkeit u. a. am Kunsthistorischen Institut in Florenz (MPI), seit 2012 wissenschaftlicher Mitarbeiter an der Universität Bern. Derzeit Dissertation zur Debatte um Stadtsanierung und Denkmalpflege um 1900. Ausserdem Beiträge zur schweizerischen Architekturgeschichte der 1930er- bis 1950er-Jahre.
→ S. 244, 366, 371, 377, 425, 426

Martin Gasser
Fotografiestudium an der ETH Zürich und am Rochester Institute of Technology, Rochester, N.Y., USA. 1987–1990 Studium der Kunst- und Fotografiegeschichte an der Princeton University, Princeton, N.J., USA, und Promotion über das fotografische Werk von Jakob Tuggener (1996). Seit 1998 Konservator und Kurator an der Fotostiftung Schweiz, Winterthur.
→ S. 136

Thomas Gnägi
Studium der Kunstgeschichte an der Universität Zürich, 2012 Promotion über die Entwurfszeichnung an der Universität Bern. Bis 2010 wissenschaftlicher Mitarbeiter am Institut für Geschichte und Theorie der Architektur (gta) der ETH Zürich, bis 2013 Dozent für Architekturgeschichte an der Zürcher Hochschule angewandter Wissenschaften ZHAW (vormals HSZ-T). Wissenschaftlicher Mitarbeiter und Ausstellungskurator.
→ S. 11, 17, 85, 87, 163, 171, 193, 198, 200, 204, 207, 251, 302, 319, 325, 326, 328, 331, 375, 380, 383, 395, 399, 401, 403, 406, 409, 433, 434, 435, 437, 438, 440, 441

Jürg Hünerwadel
Rechtsanwalt und Architekturhistoriker MA. Studium der Jurisprudenz in Bern; 1992–2011 anwaltliche und richterliche Tätigkeit. 2006–2012 Studium der Geschichte und Kunstgeschichte in Bern. Seit 2011 Inventarisierender und Rechtskonsulent bei der Denkmalpflege des Kantons Bern.
→ S. 192, 277, 293, 322, 369

Monika Imboden
Studium der Geschichte an der Universität Zürich, wo sie auch als wissenschaftliche Assistentin tätig war und ihre Dissertation zu den Anfängen des schulärztlichen Dienstes in Zürich verfasste. Bevor sie Ende 2011 ihre Stelle als Geschäftsführerin des Schweizerischen Werkbundes antrat, arbeitete sie als Museumskuratorin und Autorin.
→ S. 9, 93

Katja Köhler Schneider
Theatermalerin und Kunsthistorikerin MA. Studium der Architekturgeschichte und Denkmalpflege, Kunstgeschichte sowie Theaterwissenschaften an der Universität Bern. Bis 2013 Hilfsassistenz am Institut für Kunstgeschichte der Universität Bern (Lehrstuhl Prof. Dr. Bernd Nicolai). Interessensschwerpunkte: Neues Bauen, Wandmalerei, Theaterbau.
→ S. 189

Selina Lauener
Studium Arts Education, Kunstgeschichte und Exhibition Design an der Hochschule der Künste Bern, der Universität Bern sowie an der Fachhochschule Düsseldorf. Sie setzt sich künstlerisch und theoretisch mit Ausstellungsgestaltung und partizipativen Kunstformen auseinander. In diesem Zusammenhang hat sie im In- und Ausland Ausstellungen kuratiert und an Buchprojekten mitgearbeitet. Derzeit arbeitet sie als Kunstlehrerin und als freischaffende Künstlerin.
→ S. 207

Bruno Maurer
Studium der Kunstgeschichte, Publizistikwissenschaft und Kirchengeschichte an der Universität Zürich. 1988–1993 Assistent am Lehrstuhl für Kunst- und Architekturgeschichte an der ETH Zürich. 1992–1995 Redaktor der Zeitschrift *archithese*. Seit 1994 Forschungskoordinator am Institut für Geschichte und Theorie der Architektur (gta) der ETH Zürich und seit 2001 zudem Leiter des Archivs.
→ S. 149

Bernd Nicolai
Professor für Architekturgeschichte und Denkmalpflege am Institut für Kunstgeschichte der Universität Bern. Forschungsschwerpunkte sind Architektur und Skulptur des Mittelalters, Architektur im industriellen Zeitalter, Reformbewegungen um 1910, Moderne-Transfer sowie Architektur der Globalisierung.
→ S. 11, 47, 335, 430, 431

Christopher Oestereich
Promovierter wissenschaftlicher Mitarbeiter am Lehrstuhl für Kunst- und Designgeschichte der Bergischen Universität Wuppertal. Studium der Neueren und Neuesten Geschichte und Volkswirtschaftslehre in Trier und Köln. Tätigkeiten als Ausstellungskurator und Museumspädagoge. Publikationen u. a. zur Kultur- und Wirtschaftsgeschichte des Design und zur Technikgeschichte.
→ S. 309

Iwan Raschle
Grafiker und Journalist. Von 2004 bis 2008 gehörte er dem Vorstand der Ortsgruppe Bern an, ab 2006 auch dem SWB-Zentralvorstand. Seit März 2008 ist er Erster Vorsitzender des Schweizerischen Werkbundes.
→ S. 9, 93

Raphael Sollberger
Studium der Kunstgeschichte und Denkmalpflege an der Universität Bern. Derzeit als Inventarisator bei der Denkmalpflege des Kantons Zürich tätig. Forschungsschwerpunkte sind das Verhältnis zwischen Heimatschutz und Werkbund, der Schweizer Siedlungsbau sowie das Ausstellungswesen der ersten Hälfte des 20. Jahrhunderts.
→ S. 187, 239

Christoph Wieser
Architekturtheoretiker. Studium in Zürich und Lausanne, Nachdiplom und Assistenz an der ETH Zürich. 2005 Promotion und Lehrauftrag an der ETH Zürich. 2003–2009 Redaktor von *werk, bauen + wohnen*. Seit 2006 Dozent an der ZHAW in Winterthur; 2009–2013 ebenda Leiter Zentrum Konstruktives Entwerfen. Lebt und arbeitet als freier Autor in Zürich.
→ S. 273

Jasmine Wohlwend Piai
Studium der Kunstgeschichte und Neuesten Geschichte in Bern, Rom und Zürich. Seit 2010 ist sie wissenschaftliche Assistentin am Lehrstuhl für Architekturgeschichte und Denkmalpflege in Bern, seit 2011 im Forschungsprojekt zum SWB tätig. Im Rahmen einer Dissertation beschäftigt sie sich mit der Ausstellungstätigkeit des SWB im internationalen Kontext.
→ S. 11, 17, 105, 123, 125, 127, 139, 145, 221, 242, 248, 271, 317, 411, 421, 422, 423, 428

Pasquale Zarriollo
Kunsthistoriker MA und Dipl. Architekt FH. Arbeitet als freischaffender Entwurfsarchitekt und verfasst eine Dissertation zum Thema der Schweizer Freibäder in der Moderne am Institut für Kunstgeschichte der Universität Bern.
→ S. 356

Adeline Zumstein
Studium der Kunstgeschichte mit Schwerpunkt Architekturgeschichte und Denkmalpflege an der Universität Bern. Seit 2011 arbeitet sie an der phil. hist. Fakultät der Universität Bern an einer Dissertation. Daneben ist sie als freischaffende Kunsthistorikerin tätig und Mitinhaberin eines Büros zur Bearbeitung kulturhistorischer Informationen.
→ S. 63, 419

Dank
Impressum

Die vorliegende Publikation wäre nicht ohne die Hilfe zahlreicher Personen und Institutionen möglich gewesen. Ihnen allen gilt unser Dank. Insbesondere danken wir den Archiven, die heute ehemalige Bestände und Dauerleihgaben des Schweizerischen Werkbundes konservatorisch betreuen und zu denen wir uneingeschränkt Zugang erhielten: Wir bedanken uns bei Renate Menzi und Nava Sutter Sala von der Designsammlung des Museums für Gestaltung Zürich, bei Martin Gasser und Rosa Schamal von der Fotostiftung Schweiz Winterthur sowie bei Bruno Maurer, Filine Wagner und Daniel Weiss vom gta Archiv der ETH Zürich. Des weiteren danken wir Alessia Contin von der Plakatsammlung, Christina Reble vom Ressort Publikationen sowie Louis Schlegel von der Designsammlung des Museums für Gestaltung Zürich und Guido Krummenacher sowie Rolf Wolfensberger vom Archiv der Zürcher Hochschule der Künste. Ferner danken wir Joelle Neuenschwander Feihl von den Archives de la construction moderne der EPFL, Stephanie Riebe vom Filmpodium der Stadt Zürich, Johanna Lohse James von der Richard Paul Lohse-Stiftung Zürich, Lise Rochat vom Musée historique de Lausanne, Arthur Rüegg von Arthur Rüegg Architektur Zürich, Theo Immisch von der Sammlung Photographie der Stiftung Moritzburg, Yolanda Canonica von der ProLitteris, Marc Schwarz von schwarzpictures Zürich, Werner K. Rüegger von der Schweizer Baumuster-Centrale Zürich, dem Schweizerischen Bundesarchiv Bern, der Schweizerischen Nationalbibliothek Bern, Sophie Menoud und Danielle Ritter vom Schweizerischen Nationalfonds, dem Schweizerischen Wirtschaftsarchiv Basel, Simone Strebel vom Staatsarchiv Basel-Stadt, der Studienbibliothek Winterthur, Margrit Schacher vom Verlag Orell Füssli Zürich und der Zentralbibliothek Zürich. Wir danken den Autorinnen und Autoren, den Seminarteilnehmern des Hauptseminars *100 Jahre Werkbund* der Universität Bern, dem Sekretariatsteam des Instituts für Kunstgeschichte der Universität Bern sowie Agatha Rhis von der Bibliothek.

Ganz besonders bedanken wir uns beim Ersten Vorsitzenden Iwan Raschle, der Geschäftsführerin Monika Imboden, ihrem Vorgänger Bernd Zocher und Eva von Büren von der Geschäftsstelle sowie dem ganzen Zentralvorstand des Schweizerischen Werkbundes, insbesondere auch den Arbeitsgruppen Werkbund Er-Ahnen und Grafik mit Verena Berger, Verena Huber, Ueli Vogt, Jost Wächter und Philippe Weissbrodt. Ohne zahlreiche Personen wären viele Informationen, schriftliche und fotografische Dokumente – gerade auch zur jüngeren Geschichte des SWB – im Dunkeln geblieben: Martin Albers (Zürich), Yves Dreier (Lausanne), Remo G. Galli (Bern), Otti Gmür (Luzern), Eugen Gomringer (Rehau), René Haubensak (Zürich), Leonhard Fünfschilling (Zürich), Verena Huber (Zürich), Jakob Meyer (Basel), Ellen Meyrat Biffiger (Bern), Bruno Müller-Hiestand (Zürich), Simone Rümmele (Zürich) und Peter Steiger (Zürich).

Wir bedanken uns bei Thomas Kramer und Cornelia Mechler vom Verlag Scheidegger & Spiess sowie der Lektorin Kirsten Rachowiak und der Korrektorin Beate Bücheleres-Rieppel. Einen besonderen Dank verdient die Grafikerin Simone Koller, die auch bei der Bildredaktion mitgewirkt und alle unsere Wünsche grafisch souverän umgesetzt hat. Ohne die zahlreichen Gönnerinnen und Gönner wäre die aufwendige Buchproduktion nicht realisierbar gewesen – wir bedanken uns bei Ihnen ganz herzlich.

HERAUSGEBER
Thomas Gnägi, Bernd Nicolai und Jasmine Wohlwend Piai

GESTALTUNG UND SATZ
Simone Koller, Zürich

BILDREDAKTION
Thomas Gnägi, Simone Koller und Jasmine Wohlwend Piai

LEKTORAT
Kirsten Rachowiak, München

KORREKTORAT
Beate Bücheleres-Rieppel, Wehrheim

SCHRIFT
AS Blond von Aurèle Sack

LITHOGRAFIE, DRUCK UND BINDUNG
DZA Druckerei zu Altenburg GmbH, Thüringen

ISBN 978-3-85881-387-9

Verlag Scheidegger & Spiess AG
Niederdorfstrasse 54
CH-8001 Zürich
Schweiz

www.scheidegger-spiess.ch

Das Projekt wurde grosszügig unterstützt von:

FNSNF
Schweizerischer Nationalfonds zur Förderung der wissenschaftlichen Forschung

forbo

ERNST GÖHNER STIFTUNG

prohelvetia

Bernische Denkmalpflege-Stiftung

VOLKART STIFTUNG

MIGROS kulturprozent

Stadt Zürich Kultur

Otto Gamma-Stiftung-Zürich

girsberger seating

vitra.

SWISSLOS-Fonds Basel-Stadt

tisca tiara
tisca tiara stiftung

embru

Electrolux

wohnbedarf
modern seit 1931.

teo jakob